HANDBUCH DER WEBEREI

UNTER BESONDERER BERÜCKSICHTIGUNG DES AUFBAUES UND DER ARBEITSWEISE DER WEBSTÜHLE

VON

ING. BOHŮMIL VLČEK

O. PROFESSOR DER TSCHECHISCHEN TECHNISCHEN HOCHSCHULE BRÜNN

MIT 669 ABBILDUNGEN IN EINEM ANHANG

WIEN
VERLAG VON JULIUS SPRINGER
1933

ISBN 978-3-7091-5960-6 ISBN 978-3-7091-5994-1 (eBook)
DOI 10.1007/978-3-7091-5994-1

Softcover reprint of the hardcover 1st edition 1933

Vorwort.

Obwohl in Mitteleuropa fast 500000 mechanische Webstühle verschiedener Art in Betrieb sind, hat keines der in den letzten Jahrzehnten erschienenen Textil-, Lehr- oder Handbücher eine wirklich gründliche, systematische, vom Standpunkt des Praktikers aus geschriebene Behandlung dieser Maschinen gebracht. Dies ist um so mehr zu verwundern, als eine solche Beschreibung sich zweifellos für das technische Personal der Webereien, wie für die gesamte Textil- und Textilmaschinenindustrie, besonders aber für die Baumwollindustrie als äußerst nützlich erweisen würde. Von den zuletzt erschienenen Büchern über Weberei sind meiner Auffassung nach manche zu kurz und ohne gute Abbildungen gehalten; andere wieder sind unnötig weitschweifig und schwer übersichtlich. Auf praktischen Erfahrungen beruhende Ratschläge, nach denen der Praktiker so oft sucht, fehlen in diesen Büchern meistens.

Diese verschiedenen Umstände haben mich zur Abfassung dieses „Handbuchs der Weberei" veranlaßt, indem ich den wichtigsten, in Mitteleuropa vertretenen mechanischen Webstühlen eine übersichtliche Behandlung angedeihen ließ. Mein Buch wendet sich ebensosehr an die Praxis, wie an die Studierenden technischer Hochschulen und textiltechnischer Fachschulen.

Nach dem Abschluß der Arbeit danke ich allen, die mir zu ihr Anregungen gegeben oder Material beigetragen haben, insondere meinem Bruder, Ing. Jar. Vlček, Professor der höheren Textilfachschule in Brünn. Dem Ministerium für Schulwesen und Volkskultur, bei dem ich freundliche Unterstützung bei der Deckung mancher Auslagen gefunden habe, bin ich zu Dank verbunden, ebenso den leitenden Persönlichkeiten vieler Textilfabriken, die meine eigenen praktischen Erfahrungen ergänzten. Der gleiche Dank gebührt den vielen Firmen, die mir bereitwilligst Angaben, Zeichnungen, Modelle usw. darboten, insbesondere den Firmen: Webstuhl- und Webereimaschinenfabrik AG., vorm. A. Hohlbaum in Jägerndorf, Tannwalder Maschinenfabrik AG. in Tannwald, Nordböhmische und Oberlausitzer Fabrik für Webstühle C. A. Roscher in Georgswalde und Neugersdorf, Webstuhlfabrik G. Thiele in Rumburg, Firmen J. Horák und Ig. Hornych in Lomnice a. Pop., Maschinenfabrik G. Schwabe in Bielitz, Sächsische Webstuhlfabrik AG. vorm. Louis Schönherr in Chemnitz, Sächsische Maschinenfabrik AG. vorm. R. Hartmann in Chemnitz, Großenhainer Maschinenfabrik in Großenhain, AEG. in Berlin, Siemens-Schuckert-Werke in Berlin, Platt Brothers Ltd. Oldham, Ateliers Diederichs, Bourgoin, Ateliers de Construction Guillaume Diederichs, St. Colombe, Sandauer Maschinenfabrik AG. Žandov, Eduard Kornick Maschinenfabrik in Chemnitz, Gebrüder Stäubli Maschinenfabrik in Horgen und vielen anderen.

Mein Dank gebührt auch der Verlagsbuchhandlung Julius Springer, die dieser mühsamen Arbeit volles Verständnis entgegenbrachte.

Für Ratschläge zur künftigen Erweiterung, Ergänzung oder Berichtigung des Stoffes bin ich jederzeit zugänglich, und übergebe diese Arbeit mehrerer Jahre den Fachgenossen mit dem Wunsch, daß sie mit demselben Verständnis und derselben Ehrlichkeit aufgenommen werden möge, mit der ich sie geschrieben habe.

Brünn, 17. Juni 1933.

Ing. Bohůmil Vlček,
o. ö. Professor der tschechischen Technischen Hochschule
in Brünn

Inhaltsverzeichnis.

Seite

Einleitung 1

Die Webstühle 4

I. Die Handwebstühle 4

II. Die mechanischen Webstühle 4

Die Baumwollwebstühle 5

I. Die Bewegungsmechanismen der Kette 6

A. Mechanismen für das Nachlassen, Spannen und für die Führung der Kette 6

1. Die Kettenbaumbremsen 6
2. Die Kettenbaumregulatoren 9
3. Der Streichbaum 9
4. Die Kreuzschienen 10
5. Das Blatt 10

B. Die Einrichtungen für die Fachbildung 10

1. Das Geschirr 10
2. Die Fachbildung 12
3. Die Fachbildemechanismen 13

a) Die Exzentervorrichtung 13
b) Die Schaftmaschinen 16
c) Die Jacquardmaschinen 24

Die verschiedenen Größen der Jacquardmaschinen 25

C. Die Vorrichtungen zum Breithalten und zum Abführen der Ware 33

1. Das Blatt oder Riet 33
2. Die Breithalter 34
3. Der Brustbaum 34
4. Die Aufwindevorrichtung 35
5. Der positive Regulator 35

II. Die Mechanismen für die Schußbewegung 38

1. Die Schützen 38
2. Die Lade und ihre Bewegung 40
3. Das Blatt oder Riet 42
4. Die Schlagvorrichtungen 42
5. Die Schützenwechsel 47

III. Die Einrichtungen zur Abstellung und leichteren Bedienung des Webstuhles . 56

1. Die Abstellmaschinen 57

a) Der Schützenwächter 57
b) Der Schußwächter 58
c) Der Kettenfadenwächter 59

2. Andere Hilfseinrichtungen 59

a) Die Meßvorrichtungen 59
b) Der Schußzähler 60
c) Die Einrichtung zur Umkehrung des Webstuhlganges 60
d) Der Schußfühler 60
e) Die Vorrichtung für richtiges Aufstecken 60
f) Die Schutzvorrichtungen 60
g) Die Sicherheitsvorrichtungen 61

IV. Die Steigerung der Leistungsfähigkeit mechanischer Webstühle 61

1. Schnellaufende Webstühle 61
2. Automatische Webstühle 63

Seite
a) Automatische Stühle für einfarbige Ware mit Spulenauswechsel (Northrop-Stuhl) . . . 64
b) Der automatische Northrop-Webstuhl in der Ausführung anderer Firmen 66
c) Der automatische Webstuhl von Grüner-Čerych 66
d) Die automatischen Webstühle von B. Vlček 68
e) Der automatische Webstuhl, System „Vickers-Stafford" 76
f) Der Steinen-Webstuhl 76
g) Der Platt-Toyoda-Automatenstuhl 76

V. Spezielle Baumwollwebstühle 79

VI. Allgemeine Angaben und Erläuterungen für den Webstuhlbetrieb 79
1. Systeme und Konstruktionen der Webstühle 80
2. Die Blattbreite 81
3. Die Geschwindigkeit des Webstuhles 81
4. Der Antrieb des Webstuhles 82
5. Der Schlag 82
6. Das Blatt 82
7. Die Größe des Schützens 82
8. Die angebaute Schaft- oder Jacquardmaschine 82
9. Die Nebenvorrichtungen 83
10. Die Webstuhlbreite 83
11. Die Webstuhltiefe 83

VII. Die Bedienung des Webstuhles 83
1. Die Richtlinien für die Montierung des schmalen Stuhles 83
2. Die Vorbereitung des Webstuhles (Das Vorrichten) 85
3. Das Weben am Stuhl 87
4. Die Instandhaltung der Webstühle 87
5. Die Webfehler und ihre Ursachen 89

Die Einrichtung von Webereien 93
A. Das Erzeugungsprogramm 93
B. Die Auswahl des Arbeitsortes 96
C. Die Bauausführung 96
D. Die Berechnung der Maschinenanzahl 97
E. Die Antriebsart der Webereien 98
F. Die Webereibeleuchtung 101
G. Die Ventilation 103
H. Die Nebeneinrichtungen 103
I. Der Webereibetrieb 106

Die Seidenwebstühle 108
I. Die Bewegungsmechanismen der Kette 109
A. Die Kettenbaumlagerung und die Kettenlängsbewegung 109
1. Die Kettenbäume 109
1a. Die Kettenbaumlagerung und Bremsung 109
2. Die Kettenbremsen 109
3. Der Streichbaum 110
4. Die Kreuzschienen 110
5. Das Blatt 111
B. Die Fachbildungseinrichtung 111
1. Die Exzentervorrichtung 111
2. Die Exzenterkarten 111
3. Die Schaftmaschinen 111
4. Die Jacquardmaschinen 111
5. Die Leistenbildungsapparate 113
C. Die Mechanismen für das Breithalten und Ableiten der Ware 114
1. Das Blatt 114
2. Die Breithalter 114
3. Der Brustbaum 115
4. Die Aufwindevorrichtung 115
5. Die Regulatoren 115
a) Der Kompensationsregulator der Firma Diederichs in Bourgoin 115
b) Der Kompensationsregulator der Firma Hohlbaum 115

Seite

c) Der neue Aufwinderegulator des Seidenwebstuhles der Firma Honegger 116
d) Der ältere Regulator der Firma Honegger 116

II. Die Mechanismen für die Bewegung des Schusses am Seidenstuhl 117
1. Die Schützen 117
2. Die Lade 117
3. Das Blatt 118
4. Der Schützenschlag 119
a) Die normale Ausführung 119
b) Der Schützenschlag mit Schlagauslösung 120
c) Die Schlagdämpfung der Schützen 120
5. Die Schützenwechsel 120

III. Einrichtungen für leichtere Webstuhlbedienung 122
a) Der Schützenwächter 122
b) Der Schußwächter 122
c) Der Kettenfadenwächter 122

Die Einrichtung der Seidenwebereien 122

Die Kunstseidenwebstühle 123

Die Leinenwebstühle 124

Mechanische Webstühle für Gurte, Riemen und Schlauchgewebe 124

Die Jutestühle 124
I. Die Bewegungsmechanismen für die Kette 124
II. Die Fachbildevorrichtung 125
III. Die Vorrichtung zur Stoffführung 125
IV. Die Bewegungsmechanismen des Schusses 125
V. Die Einrichtung für leichtere Webstuhlbedienung 126

Die Tuchwebstühle 126
I. Der Kurbelwebstuhl der Firma G. Schwabe, Bielitz 126
A. Bewegungsmechanismen der Kette 126
1. Die Kettenlängsbewegung, Spannung und Führung 126
a) Kettenbaumbremsen 126
b) Die Kettenbaumregulatoren 127
c) Der Streichbaum 127
d) Die Kreuzschienen 127
e) Das Blatt 127
2. Die Fachbildevorrichtungen 127
a) Die Schaftmaschinen 128
b) Die Jacquardmaschinen 129
c) Die Mittelleistenapparate 129
3. Webstuhlteile zur Breithaltung und Führung der Ware 129
a) Das Blatt 129
b) Die Breithalter 129
c) Der Brustbaum 129
d) Die Warenaufwicklung 129
B. Die Bewegungsmechanismen für den Schuß 130
1. Die Schützen 130
2. Die Ladenbewegung 130
3. Der Kurbelschlag 131
4. Die Schützenwechsel 131
C. Die Einrichtungen zur Kontrolle und Abstellung des Stuhles 133

II. Der breite Webstuhl der Sächsischen Maschinenfabrik vorm. Hartmann 134
A. Mechanismen für die Kettenbewegung 134
1. Das Ablassen, Führen und Spannen der Kette 134
a) Die Bremsen 134
b) Der Streichbaum 134

Seite
2. Die Fachbildevorrichtung . . . 134
3. Die Breithalter . . . 135
B. Die Mechanismen der Schützenbewegung . . . 135
III. Der breite, schnellaufende Stuhl der Firma Ateliers Houget in Verviers . . . 137
IV. Die Kurbelwebstühle für endlose Papierfilze in Schlauchform . . . 138
V. Die Webstühle der Großenhainer Maschinenfabrik . . . 139
A. Die Bewegungsmechanismen der Kette . . . 139
1. Die Kettenlängsbewegung und Führung . . . 139
a) Die Bremsen . . . 139
b) Der Streichbaum . . . 139
2. Die Fachbildung . . . 139
3. Die Vorrichtungen zur Kettenführung . . . 139
4. Die Warenaufwicklung . . . 139
B. Die Schützenbewegung . . . 139
C. Die Einrichtungen zur leichteren Webstuhlbedienung . . . 141
VI. Wächtlers halbautomatischer Webstuhl . . . 142
VII. Die Einrichtung von Wollwebereien . . . 142
Die Rutenzugwebstühle für Plüschteppiche . . . 143
Einleitung . . . 143
I. Die Rutenwebstühle der Sächs. Webstuhlfabrik vorm. Louis Schönherr . . . 144
a) Die Schaftrutenwebstühle . . . 144
b) Die Jacquardrutenstühle . . . 144
A. Die Bewegung der Kette . . . 144
1. Die Bindekette . . . 144
2. Die Füllkette . . . 144
3. Die Polkette . . . 144
B. Die Fachbildung . . . 146
C. Bewegungsmechanismen des Schusses und der Ruten . . . 146
D. Die Einrichtungen für leichtere Stuhlbedienung . . . 148
II. Der englische Rutenwebstuhl mit 70 cm Blattbreite der Firma W. Smith, Heywood, England . . . 149
A. Die Mechanismen für die Kettenbewegung . . . 149
B. Die Fachbildung . . . 150
C. Die Schuß- und Rutenbewegung . . . 150
D. Die Einrichtungen zur leichteren Stuhlbedienung . . . 151
III. Der 12/4 breite Rutenzugteppichstuhl der Sächs. Maschinenfabrik vorm. Hartmann . . . 151
A. Die Kettenbewegungsvorrichtungen . . . 152
B. Die Schützen- und Rutenbewegung . . . 152
C. Die Abstellvorrichtungen für leichtere Stuhlbedienung . . . 153
IV. Der Rutenzugteppichstuhl für 90 cm Blattbreite der Sächsischen Maschinenfabrik 153
V. Die Konstruktion des Fachexzenters für 10/4 und breitere Stühle . . . 153
A. Das Exzenter für die Bindekette . . . 154
B. Die Exzenterkonstruktion für die Füllkette . . . 154
VI. Webstühle für Doppelplüsche . . . 154
Der Webstuhl für Doppelplüsch der Firma Tonnar in Dülken, Rheinland . . . 154
A. Die Bewegung der Kette . . . 154
B. Mechanismen für die Fachbildung . . . 156
C. Die Wächtervorrichtungen . . . 157
VII. Die Brüsseler Teppichstühle der Firma W. Smith in Heywood bei Manchester (Engl.) 157
VIII. Die Einrichtung der Plüsch-, Plüschteppich- und Samtwebereien usw. . . . 158
Die Roßhaarwebstühle . . . 158
Die Stühle für Drahtweberei . . . 159
Die Bandwebstühle . . . 159
I. Die Kettenbewegung . . . 159

Seite
A. Die Lagerung, Spannung und Führung der Kette . . . 159
1. Die Kettenbäume . . . 159
2. Der Streichbaum . . . 160
3. Das Blatt . . . 160
B. Die Fachbildung . . . 160
C. Die Mechanismen zum Breithalten und Ableiten der Ware . . . 160
II. Die Schützenbewegung . . . 160
1. Die Schützen . . . 160
2. Die Lade . . . 160
3. Das Blatt . . . 160
4. Die Schützenbewegung . . . 161
5. Der Schützenwechsel . . . 161
III. Die Einrichtungen für leichtere Bedienung des Stuhles . . . 162

Neue Webstuhltypen . . . 163
I. Der Webstuhl von Souček . . . 163
II. Der Gabler-Webstuhl . . . 164
III. Der Rundwebstuhl von Jabuley . . . 165
IV. Der Webstuhl System „Seaton" . . . 166

Die Webstuhleinrichtung für die einzelnen Gewebearten . . . 167
I. Die Einrichtung für glatte, ungemusterte Gewebe . . . 167
1. Das leinwandbindige Gewebe . . . 167
2. Das köperbindige Gewebe . . . 167
3. Das atlasbindige Gewebe . . . 167
4. Die Karogewebe . . . 168
5. Damastartige Gewebe . . . 168
6. Das Gewebe mit verschiedenen einfachen Ketten- und Schußeffekten . . . 168
a) Das Gewebe mit wellenförmig gekrümmten Kettenfäden . . . 168
b) Mit Häkchenstab erzeugtes Gewebe . . . 168
c) Mit Nadelstab hergestelltes Gewebe . . . 169
d) Das Faltengewebe . . . 170
7. Das Struckgewebe . . . 171
8. Das Gewebe mit lanzierten Kettenfäden . . . 171
9. Das Ripsgewebe . . . 171
10. Das Pikeegewebe . . . 171
11. Der Schußdublee . . . 171
12. Das Hohlgewebe . . . 171
13. Das Schlauchgewebe . . . 171
14. Das Frottiergewebe . . . 172
15. Manchester und Corde . . . 172
16. Plüsche und Samte . . . 173
17. Das Drehergewebe . . . 173
II. Die Einrichtung für gemusterte Gewebe . . . 174
1. Beim einfachen Jacquardgewebe . . . 174
2. Gewebe mit mehrfädiger Kettenmusterung . . . 175
a) Die Einrichtung mit Vorderschäften . . . 175
b) Die Einrichtung mit Hebeschäften unterhalb des Platinenbodens . . . 176
c) Die Einrichtung mit Hebeschäften unterhalb des Schnürbretts . . . 177
3. Das Damastgewebe . . . 177
a) Das Weben der Damasttischzeuge . . . 179
b) Die Beseitigung des Kreuzfaches . . . 180
c) Das zweischüssige Damastgewebe . . . 180
4. Das Kanevasgewebe . . . 180
5. Das Broschiergewebe . . . 181
a) Die Ringellade . . . 182
b) Die Broschierlade mit verzahnten Schützen . . . 182
c) Die Schweizer Broschierlade . . . 182
d) Mechanische Webstühle mit Broschiereinrichtung der Firma Roscher in Georgswalde, Böhmen . . . 182

Seite

6. Mehrchorige Gewebe 185
7. Das Flanellgewebe 185
8. Das Ripsgewebe 186
9. Das Gobelingewebe 186
10. Das Lampasgewebe 188
11. Das Pikeegewebe 189
12. Das figurierte Matelasségewebe 189
13. Das gemusterte Frottiergewebe 190
14. Die Flor- oder Polgewebe 190
15. Gemusterte Tapestrinteppiche 191
16. Das Chenillegewebe 191
17. Die Knüpfteppiche 192
18. Das Drehergewebe 193

Abbildungsanhang . . . . . *1—252*

Sachverzeichnis (hinter dem Abbildungsanhang) *253*

Literaturverzeichnis.

Braulík: Úzké mechanické stavy tkalcovské (Schmale mechanische Webstühle). Praha 1908.

Brüggemann: Die Gewebeherstellung. München-Berlin 1928.

Donat: Bindungslehre. Wien-Leipzig 1912.

Dornig: Die Praxis der mechanischen Weberei. Wien-Leipzig.

Finsterbusch: Die mechanische Weberei und die Fabrikation der Kunst- und Figurendreher. Altona 1888.

Hanton: Automatic Weawing. Manchester 1929.

Kinzer: Technologie der Handweberei. Brno 1926.

Kinzer-Walter: Theorie und Praxis der Ganz-Damast-Weberei 1901.

Mikolaschek: Mechanische Weberei. Wien-Leipzig 1908.

Repenning: Die mechanische Weberei. Leipzig 1921.

Utz: Moderne Fabrikanlagen. Leipzig 1907.

Vlček: Bavlnářské stavy (Baumwollwebstühle). Praha-Brno 1925.

Vlček: Schwabe' ův široký stav (Breiter Webstuhl v. d. Firma Schwabe). Brno 1926.

Vlček: Za nejvyšší výkonností automatického stavu (Die höchste Leistung des automatischen Webstuhles. Brno 1928.

Vlček: Prutové stavy (Rutenwebstühle). Praha 1931.

Einleitung.

Die Weberei (the weaving) ist jener Industriezweig, der sich mit der Erzeugung von Webwaren beschäftigt, die Technologie der Weberei bespricht diese Erzeugung in kritischer Form.

Man unterscheidet eine Technologie der Handweberei und der mechanischen Weberei, je nachdem ob die Stühle von Hand aus oder mechanisch betrieben werden. Die Handweberei verschwindet bei den heute gangbaren Fabrikaten so gut wie ganz, sie wird nur noch bei einigen kostbaren Stoffen, besonders in der Möbelstoffweberei und Musterweberei verwendet.

Gewebe und Bindung. Gewebe nennt man flächenartige Fadengebilde, die aus zwei sich rechtwinklig nach bestimmten Regeln kreuzenden Fadensystemen bestehen.

Jenes Fadensystem, das die Längsrichtung des Stoffes einhält, heißt die Kette (the warp), das andere, das Quersystem, nennt man den Schuß (the weft). Die Regel, nach der die Fadenverkreuzung erfolgt, nennt man die Bindung.

Von den eigentlichen Geweben unterscheiden sich die Geflechte, Strickgewebe und Tüllstoffe nach ihrer Herstellungstechnik.

Geflechtware im engsten Sinne des Wortes nennt man die Erzeugnisse mit nur einem Fadensystem, dessen Fäden sich untereinander schräg durchflechten, wobei derselbe Faden von dem einen zum andern Rand geht. In weiterem Sinne versteht man unter Strickware ein flächenförmiges Fadengebilde aus einem oder mehreren Fäden, die Schlingen bilden und mit den vorhergehenden Schlingen des eigenen Fadens oder der Nachbarfäden zusammenhängen.

Geklöppelte Erzeugnisse unterscheiden sich von den einfachen Strickwaren dadurch, daß die schräg verflechtenden, benachbarten Fäden sich bei ihrer Kreuzung gleichzeitig, gegenseitig umwinden.

Einen Übergang zwischen Webwaren und Strickwaren bilden die Tüllgewebe (Tülle). Diese haben nämlich außer den Kettenfäden noch verflechtende Schüsse, welche gleichzeitig die Kettenfäden umwinden.

Das Weben. Um das Eintragen des Schusses in das Gewebe zu erleichtern, teilt man die Kettenfäden in 2 Gruppen, und in den entstandenen Zwischenraum, welcher das Fach genannt wird, trägt man den Schuß ein. Dies ist das Wesen des Webens.

Die Fäden werden zwecks leichterer Fachbildung durch die Litzenaugen geführt. Bei einfachen Mustern, wo sich die Fadenverkreuzungsgesetze schon nach geringen Fadenzahlen wiederholen, sind die Litzen zwecks leichterer Führung an 2 Latten, sog. „Schaftstäbe", aufgereiht; diese Litzengruppe wird als Schaft bezeichnet. Die durch die Litzenaugen eines und desselben Schaftes gemeinsam geführten Fäden sind also gleichartig bindend. Die verschieden bindenden Fadengruppen ergeben die Anzahl der Schäfte und die Größe der Bindung. Man unterscheidet ein-, zwei- und mehrfädige Bindungen nach der Anzahl der verschieden bindenden Kettenfäden und gleichzeitig unterscheidet man nach der Anzahl der Schüsse ein-, zwei- und mehrschüssige Bindungen. Die Anzahl der Ketten- und Schußfäden, nach der sich die Fadenstellung wiederholt, nennt man den Ketten- oder Schußrapport der Bindung. Bei gemusterten Stoffen, wo große Mannigfaltigkeit der Fadenlage besteht (also große Rapportzahl), können die Litzen nicht auf Schaftstäbe gereiht werden, da dies zu viel Schaftstäbe ergäbe. Die Schaftstäbe würden dadurch je Stab zu wenig Litzen erhalten, was das Weben unmöglich machen würde. Man hängt daher in diesem Fall die Litzen auf gesondert hebende Schnüre (Hebeschnüre), welche die Kettfäden durch Hebeelemente (Platinen und Schnüre) heben. Gleichbindende Fäden werden wieder womöglich mit denselben Hebeelementen gehoben. Der Rapport des Musters in der Ketten- und Schußrichtung ist bei dieser Art, die man als Muster- oder Jacquardbindung bezeichnet, bedeutend größer als bei Schaftbindungen. Bei Schaftbindungen verwendet man meist bis 16, selten bis 32 Schäfte. Eine größere Schaftzahl ist praktisch unbrauchbar, da hierdurch eine zu große Fachtiefe entsteht, die wieder wegen des nötigen reinen Faches zu große Kettenfadenspannungen, als Brüche, ergibt.

Die Gesamtheit aller Schäfte oder Hebeschnüre mit den Litzen, Anhangeisen und sonstigem Zubehör nennt man das Geschirr (Werk). Man unterscheidet Schaft- und Jacquardgeschirre, je nachdem einfache (glatte) Schaftgewebe oder gemusterte (Jacquard) Gewebe gearbeitet werden.

Gewebearten und ihre Bindungen. Die Gewebe unterscheidet man nach ihrem Material, ferner nach ihrer Bindung, eventuell Veredlung, Farbe und anderen Merkmalen. Die Handelsbezeichnungen sind zahlreich und bringen oft nur geringe Abweichungen in der Bindung oder Veredlung zum Ausdruck. Für die Erzeugung und das Aussehen der Ware hat die Bindung größte Bedeutung.

Man teilt die Gewebebindungen in 2 Gruppen, und zwar in einfache und in zusammengesetzte Bindungen; teilt demgemäß die Stoffe in einfache oder glatte und in gemusterte oder Jacquardgewebe ein.

Die Grundbindungen. Die einfachsten mit Schäften erzielbaren Bindungen sind: 1. Die Leinwandbindung, 2. die Köper-, 3. die Atlasbindung (Abb. 1—3).

1. Die Leinwandbindung (Abb. 1) ist die einfachste Bindung, sie wiederholt die Fadenstellung nach 2 Fäden in Kette und Schuß (Rapport 2). Man webt sie mit 2 Schäften, eventuell bei Teppichen mit einem. Bei dichteren Ketten nimmt man 4 Schäfte, bei Seide auch mehr. Bei der Leinwandbindung liegen die Kettenfäden abwechselnd über und unter dem Schußfaden, wobei die geraden und ungeraden Fäden in der Lage wechseln. Jede Kreuzung des Kettenfadens mit dem Schuß bildet einen Abbindepunkt (kurzweg Bindepunkt oder Punkt). An jenen Stellen, wo die Kettenfäden über den Schüssen liegen, zeichnet man die Bindepunkte in den Fachzeichnungen voll an. Das Bild der Leinwandbindung gleicht einem Schachbrett.

2. Die Köperbindung (Abb. 2) zeigt die Bindungspunkte in schräg zusammenhängenden Reihen (bei gleicher Dichte in Kette und Schuß und Steigung um einen Bindepunkt nach rechts oder links, bilden diese Stellen eine Linie, die unter 45° geneigt ist). Diese Abbildung stellt einen vierbindigen Köper dar.

3. Die Atlasbindung (Abb. 3) weist verstreute Bindepunkte auf, die schräg unterbrochene Linien bilden. Die Abb. 3 zeigt einen fünfbindigen Atlas. Man zeichnet die Bindungen auf kariertes Papier, Linienpapier, Cartarigata.

Man kann aus den Grundbindungen viele andere Schaftbindungen ableiten, z. B. aus der Leinwandbindung verschiedene Ripse (in der Ketten- oder Schußrichtung verstärkte Leinwandarten). Aus den Köpern kann man verstärkte mehrreihige, verzierte und ähnliche Köper schaffen. Aus Atlas entstehen verstärkte, schattierte und andere Atlasse. Im Handel erscheinen oft sehr verschiedene Stoffbenennungen, wobei sich die Waren in Bindung und Material nur wenig unterscheiden.

So benennt man gewöhnliche Baumwollweißware mit einfacher Leinwandbindung je nach der Ausrüstung als Molinos, Baumwolleinwand, Kaliko, Schirting (shirt = Hemd), Hemdenleinwand oder Webe, auch Nanking usw. Die Unterschiede liegen in der Zahl, Feinheit, Art der Garne, der Veredlung usw.

Breitere und stärkere gewalkte Wollgewebe in Leinwandbindung heißen Tuch. Leinwandartig abgebundene Seidengewebe nennt man Taft. Juteleinwand heißt auch Sackleinwand (Hessian), Hanfleinwand wird als Segel bezeichnet usw.

Für einfache Schaftgewebe, mögen sie aus welchem Material immer sein, kann man bei gleicher Grundbindung mit verschieden farbigen und verschieden starken Ketten- und Schußfäden weben (Farbenverflechtungen). Dies ergibt im Handel wieder verschiedene Bezeichnungen. Kettengestreifte Baumwollstoffe heißen Kanevas (Kanavas), solche, etwas feinere, evtl. karierte Zephir (bzw. Oxford), breite farbige, dicht gewebte Leinwandstoffe für Inletts, nennt man Inlettstoff oder kurzweg Inlett. Man nennt auch glatte Baumwollstoffe öfter Geschirrstoffe oder Webe. (Siehe oben.)

Durch Kombinationen der Bindungen, des Materials, der Erzeugungsart und anderes kann man vielerlei wichtige Geschirrstoffarten erzielen. (Dieselben werden bei den speziellen Webstühlen besprochen.) Ähnlich werden die gemusterten Stoffe nach ihrer Herstellungstechnik und anderen Grundsätzen gegliedert. Die wichtigsten und typischen Gattungen der gemusterten Stoffe sind im Kapitel „Die Einrichtung der Webstühle für Mustergewebe" beschrieben.

Die Webstühle.

(Looms.)

I. Die Handwebstühle.

(Hand looms.)

Früher wurde nur auf Handstühlen gewebt. Die Handwebstühle der Ägypter hatten die Kettenebene lotrecht, später wurde sie meist waagerecht ausgeführt. Der moderne Großbetrieb arbeitet fast ausschließlich auf mechanischen Stühlen. Der Handwebstuhl (Abb. 4—5) besteht aus dem Gestell oder Rahmen, auf dem die anderen Bestandteile gelagert sind. Rückwärts vom Arbeiter aus gesehen, liegt oben oder unten (je nach Stuhlsystem) der Kettenbaum V. Die Kette läuft von ihm zum Streichbaum S_1 und von hier zu den Kreuzschienen C_{1-2}, durch das Geschirr L_1, L_2, durch das Blatt und dann als Ware über den Brustbaum P und die Traverse S_2 (Querbaum) auf den Warenbaum Vb.

Die Schäfte werden je nach ihrer Zahl (Größe des Geschirres) entweder bei kleiner Schaftzahl (2—6) durch die Walze V_1 (Wellenvorrichtung Abb. 4—5) oder durch einen Hebelmechanismus bei mehr als 6 Schäften, bzw. durch eine Schaftmaschine bei mehr als 8 Schäften gehoben. Die Fachbildung erreicht man durch Treten der Tritte P_1, P_2. Schaft- und Jacquardmaschinen haben nur einen Tritt, der vermittels der Messer und Platinen die Schäfte oder Hebeschnüre hebt. Größere Muster arbeitet man auf der Jacquardmaschine, die unter Umständen jeden Faden oder kleine gleichbindende Fadengruppen aushebt, um sie auf der Oberseite geltend zu machen (siehe Einleitung).

Das Nachlassen der Kette und das Aufwickeln der fertigen Ware erfolgt entweder unterbrochen oder stetig. In Abb. 5 ist das unterbrochene Nachlassen der Kette durch das Sperrad und die Klinke B möglich. Das Aufwinden der Ware auf den Warenbaum Vb erfolgt in Abb. 4—5 gleichfalls periodisch. Das Breithalten der Ware am Webrande erfolgt durch Breithalter R (Nebenskizze oben in Abb. 5).

Die Handweberei ist heute nur mehr auf einige sehr feine und kostbare Stoffe beschränkt (Gobelins, Knüpfer, Frottierstoffe und ähnliche).

II. Die mechanischen Webstühle

(power looms)

paßten sich mit der Zeit durch ihre Entwicklung den verschiedenen Stoffarten an, so daß einige Haupttypen von Webstühlen entstanden und jede Type eine ganze Reihe verschiedener Konstruktionen nach der Stoffstärke, Stoffbreite, Garnart, Stoffzweck und anderen Gründen erhielt. Die mechanischen Webstühle kann man, soweit sie nicht Sonderkonstruktionen darstellen, in 3 Gruppen einteilen.

1. Webstühle mit zwei zur Lade parallelen Wellen, wovon die eine, die untere a) die halbe Umdrehungszahl der oberen Hauptwelle erhält (übliche Stuhltype für Baumwolle, Flachs, sog. schmaler oder englischer Stuhl, einfacher Baumwollwebstuhl); b) die untere Welle hat dieselbe Tourenzahl wie die Hauptwelle (Webstuhltypen der Firma Hutchinson, Hollingsworth in Dobcross). Der schmale englische Stuhl wurde etwa 1785 von E. Cartwright erfunden und ihm patentiert[1].

[1] Siehe Grothe, H.: Bilder und Studien zur Geschichte vom Spinnen und Weben. Berlin 1875.

2. Webstühle mit einer Hauptwelle und einer sie antreibenden Vorgelegewelle; die Hauptwelle ist parallel zur Lade, die Seitenwelle (Vorgelegewelle) ist zur Lade senkrecht und erhält den Antrieb von der Transmission über eine Schwungscheibe mit Reibungskupplung. (Diese Bauart wird für schwere, also breite Stühle, meist Tuchstühle, verwendet.)

3. Der Antrieb erfolgt für die Stuhlteile von der auf der Seitenwand gelagerten Welle, die man dann als Hauptwelle bezeichnen kann, wobei auch die Lade durch eine Winkelübertragung von dieser Seitenwelle bewegt wird. (Diese Gruppe ist besonders bei den extrabreiten Filztuchstühlen von Schönherr vertreten.)

Innerhalb dieser drei Gruppen unterteilt man noch weiter, z. B. die erste Gruppe in Leinwandstühle, Schaft- und Jacquardstühle. Die Type 1a nennt man auch glatte Baumwollstühle. Die Webstühle der Gruppe 1b und die der anderen beiden Gruppen verwendet man für Wolle, sie werden deshalb auch Wollwebstühle bzw. Tuchstühle genannt.

Daneben gibt es noch mancherlei Sonderwebstuhlarten, Spezialstühle für besondere Gewebe, z. B. Webstühle für Tragbänder, Gurten, Schläuche, Bänder, Möbelstoffe, Drahtgewebe usw. Die Webstühle sind auch nach den Materialien zu unterscheiden, z. B. als Baumwoll-, Flachs-, Seiden-, Jutestühle und andere. Ebenso teilt man die breiten Stühle in Woll-, Teppich-, Filztuchstühle usw. ein.

Die Bezeichnung der Stühle, die sich in der Konstruktion, Verwendung usw. stark unterscheiden, ist in der Praxis eine so mannigfaltige, daß man kaum eine Norm für die Einteilung der Webstühle geben kann. Neben der Einteilung nach den, auf den Webstühlen erzeugten Geweben, kann man auch die Stühle nach dem Ursprungsland, dem Erfinder oder Erzeuger benennen, z. B. unterscheidet man englische, sächsische, amerikanische Stühle oder Crompton-, Schönherr-, Hartmann-, Honegger-, Pilling-, Hattersley-, Northrop-, Souczek-, Seatonstühle usw.

Man kann auch die Stühle nach den wichtigsten Einrichtungen, z. B. nach der Fachbildung in: Exzenter- oder Tritt-, Schaftmaschinen- und Jacquardmaschinenstühle, oder nach dem Schützenschlag in: Oberschlag-, Unterschlag-, Federschlag-, Exzenterschlag-, Friktionsrollenschlagstühle usw., schließlich nach der Lade in: Stühle mit einfacher oder einzellige, einschützige Stühle und Wechselstühle einteilen.

Für Spezialgewebe werden auch Spezialbezeichnungen verwendet, eine Sondergruppe bilden die für die Großproduktion verwendeten Automatenstühle.

Die Baumwollwebstühle.

(Cotton power looms.)

Die schmalen oder englischen Webstühle (English power looms) waren die ersten mechanischen Webstühle und werden am häufigsten in der Baumwollindustrie verwendet. Sie besitzen 2 parallel verlaufenden Wellen (Abb. 6). Von diesen empfängt die obere Welle Hh ihre Drehung von der Transmission (oder Elektromotor) und wird die Hauptwelle genannt. Die untere Sh wird von der Hauptwelle durch ein Zahnradgetriebe 1:2 angetrieben, so daß sie die halbe Umdrehungszahl besitzt. Ihre Tourenzahl ist dadurch bestimmt, daß sie die Schlagmechanismen trägt und der Schlag von derselben Seite nach je 2 Touren der Hauptwelle wirkt. Man bezeichnet sie als „untere Welle“ oder auch Schlagwelle. Durch 2 Schubstangen wird von der Hauptwelle die Lade A bewegt, in der das Blatt gelagert ist, das die Schütze während des Schusses führt und den eingetragenen Schuß anschlägt. Die Lade trägt an ihren Enden die Schützenkasten. Die untere Welle Sh besitzt 2 Schlagexzenter E, welche die Schlagarme R und den Schützen c in Bewegung setzen. Je nachdem, ob der Schlagarm oberhalb oder unterhalb der Kettenebene gelagert ist, unterscheidet man einen Ober- und einen Unterschlag. In den Abb. 6 und 158 ist ein Oberschlag, in Abb. 168—169 ein Unterschlag gezeichnet. Durch das Exzenter E (Abb. 6) der Unterwelle Sh wird die Rolle L mit der senkrechten Welle H rasch zum Ausschwingen gebracht. Letztere trägt oben mit Hilfe der Kronenkupplungsscheiben und dem Deckelstück den Schlagarm R, der durch den Riemen R_1, den Treiber b und den Schützen c in Bewegung setzt. Nach dem Schlage geht der Schlagarm R durch eine Feder und einen Riemen in seine ursprüngliche Lage zurück.

Damit der Kraftverbrauch und die Geschwindigkeit der Hauptwelle innerhalb einer Umdrehung gleichmäßig ist, versieht man jeden Webstuhl mit einem Schwungrad, das bei kurzer Bewegung des Webstuhles von Hand aus auch als Handrad dient. Als Schwungmasse wirken allerdings auch die Bremsscheibe, Riemenscheibe und die Zahnräder. Das Schwungrad soll aber nur so groß sein, als das für einen gleichmäßigen Gang erforderlich ist, widrigenfalls man überflüssigerweise bei jedem Anlauf zu viel Energie einbüßt.

Damit sich die Bewegung bei den breiten Baumwollwebstühlen auf die untere Welle gleichmäßig überträgt, wird der Antrieb der Unterwelle Sh durch 2 Zahnradpaare durchgeführt, die in der Nähe der Webstuhlseitenwände eingebaut sind.

Die Kette führt man von dem rückwärts gelegenen Kettenbaum Vo um den Streichbaum S und die 2 Kreuzschienen c_1, c_2 herum, dann in das Geschirr L_{1-4} und von dort in das Blatt, worauf dann das fertige Gewebe über den Brustbaum P zur Wickelwalze D (Sandbaum) geht. Diese besorgt durch ihre rauhe Oberfläche die Aufwicklung auf den Warenbaum Vb. Der Andruck des Sandbaumes an den Warenbaum erfolgt nach Abb. 6 durch den Hebel C und das Gewicht Q_2.

Das Fach wird durch Schäfte oder ein Jacquardgeschirr gebildet. Die Schäfte werden entweder durch Exzenter oder durch eine Schaftmaschine bewegt. Beim Jacquardgeschirr ist die Einzelbewegung auch für jeden Kettenfaden durch die Jacquardmaschine möglich.

Alle Mechanismen der mechanischen Webstühle, die direkt dem Webeprozeß dienen, kann man in 3 Gruppen einteilen, und zwar:

1. Die Bewegungsmechanismen der Kette,
2. die Bewegungsmechanismen des Schusses,
3. die Bewegungsmechanismen, welche die Stuhlbedienung erleichtern und die Tätigkeit anderer Mechanismen sichern.

I. Bewegungsmechanismen der Kette.

(Mechanisms for moving the warp.)

A. Mechanismen für das Nachlassen, Spannen und für die Führung der Kette.

(Mechanisms for let-off, tension and guide of the warp.)

1. Die Kettenbaumbremsen (brake, let-off, motion) Abb. 7—15.

Damit sich die Kette nur soweit als erforderlich abwickelt und dabei mit einer bestimmten Spannung läuft, wird der Kettenbaum gebremst und die Ware aufgewickelt oder derselbe erhält manchmal auch eine besondere Ablaßvorrichtung (Regulator). Bei den schmalen Stühlen kommen überwiegend Bremsen in Betracht.

Da der Durchmesser des Kettenbaumes im Laufe des Webens abnimmt, so ist es notwendig, die Bremsung entsprechend dem kleiner werdenden Drehmoment der Kettenspannung zu regulieren, um eine konstante Kettenspannung einzuhalten. Je nachdem, wie die Regulierung durchgeführt wird, unterscheidet man

1. Bremsen mit Handregulierung.

2. Bremsen mit selbsttätiger Regulierung. Diese Bremsen kommen nur vereinzelt in der Leinenweberei vor, in der Baumwollweberei werden sie nicht verwendet.

Ebenso teilt man auch die Kettenbaumregulatoren in 2 Gruppen ein.

1. In positive Regulatoren, welche die Kette bei jedem Schuß um das gleiche Stück nachlassen.

2. In negative Regulatoren, die nach der Kettenspannung oder der fertig werdenden Ware die Kette nachlassen, wie es eben die Ware bzw. ihre Spannung erfordert.

Kettenbaumregulatoren werden bei den glatten Baumwollstühlen nicht verwendet.

Zur Bremsung erhält der Kettenbaum Vo an beiden Enden Bremsscheiben B, um die ein Seil einigemal geschlungen ist, das mit einem Ende am Haken h auf der Stuhltraverse oder am Boden befestigt ist und mit dem anderen Ende am Bremshebel P hängt, der durch das Gewicht Z (Abb. 7—8) belastet wird.

Seltener wird das Seil direkt auf den Kettenbaum aufgewickelt, wie dies z. B. bei Nebenketten mit geringerer Fadeneinstellung der Fall ist.

Praktische Winke für die Bedienung der Bremsen. Eine größere Kettenfadenspannung (Bremsung) erreicht man durch eine größere Anzahl von Windungen des Seiles, durch größere Bremsgewichte bzw. Verschiebung derselben auf einen größeren Hebelarm. Wenn die Verschiebung des Gewichtes nicht ausreicht, so verwendet man eine zweifache Hebelübertragung (Abb. 9—10) oder eine Zahnrad- oder Kettenradübertragung zur Verstärkung der Bremswirkung. Man kann auch mit einem Gewicht beiderseitig bremsen (Bremse der Firma Lupton Place, Abb. 11).

Das Bremsseilende bzw. Bremskettenende, das mit dem Bremshebel beweglich ist, soll nach der entgegengesetzten Seite gerichtet sein, nach welcher die Kette abläuft. Die Kettenspannung hängt vom Material, von der Gesamtzahl der Kettenfäden, von der Gewebebindung und von der Schußdichte ab.

Ist die Kette nicht entsprechend gespannt, dann öffnet sich das Fach schlecht, der Schützen flattert und der Webstuhl schlägt, unter Umständen reißen auch besonders an der Leiste die Fäden. Gewebe, die mit schlechter Spannung hergestellt sind, haben keine schöne Oberseite, der Schuß tritt unregelmäßig hervor.

Bei zu großer Spannung leidet dagegen nicht nur die Kette selbst, sondern auch das Geschirr, die Litzen reißen, der ganze Stuhl geht schwerer. Sind in diesem Fall die Schäfte durch Federn tief zu ziehen, so reicht die Federkraft nicht aus, man erhält ungleiches Tiefziehen und wieder unreines Fach.

Durch die Abnahme des Kettenbaumdurchmessers muß auch die Bremsung zur Konstanthaltung der Kettenspannung, durch Verschiebung des Gewichtes auf den kleineren Hebelarm P, vermindert werden (Abb. 7—8).

Seilbremsen wirken durch die Seildehnung elastisch, Kettenbremsen geben harte Spannung. (Schwere Flachs- und Baumwollstühle.) Baumwollstühle haben meist Seilbremsen. Die Seilknoten lockern sich jedoch und müssen deshalb nachgebunden werden. Man verwendet heute auch oft Kettenbremsen, da die Ketten eine größere Lebensdauer haben, auch wenn die Kettenfadenspannung härter sein soll.

Die Kettenbäume sind entweder Holzbäume (aus 2 oder mehreren Längsteilen verleimt), mit eingeschlagenen Eisenzapfen versehen, oder man verwendet Mannesmannrohre bzw. andere gewalzte Rohre als Kettenbäume (Abb. 12). Bei Kettenbremsen erhält der Holzbaum einseitig oder beiderseitig gußeiserne Bremsscheiben. Bremsseile können direkt auf dem Holzbaum aufgelegt werden. Bei Eisenbäumen kann man die Bremsketten direkt auflegen.

Die Breite der aufgewickelten Kette auf dem Kettenbaum ist etwa 2,5% größer (schütterer eingestellt) als im Webstuhlblatt und diese Breite wieder etwas größer als die Stoffbreite. Die Kettenbreite ist bei Baumwollstühlen durch den Zwischenraum der Randscheiben bestimmt.

Das Streben nach einer elastischen und möglichst konstanten Kettenspannung führte zu neuen Konstruktionen. Als Beispiel sei die Bauart der Firma A. Baer & Co., Zürich, angeführt (Abb. 13).

Das Gewicht Q wirkt auf den Hebel P und durch den Hebel S auf den Backen A. Gleichzeitig wirkt das andere Ende des Hebels P auf den Backen B. Das Ende des Hebels P drückt dabei auf die Rolle K, die auch als Stoßfänger dient. Die Bremskraft läßt sich durch Verschiebung von Q auf P oder durch Stellen der Schraube S und Hebel R regulieren. Durch Einschrauben der Schraube S' wird der Druck der Backen vergrößert und umgekehrt. Die Konstruktion ermöglicht kleine Bremsgewichte (etwa $^1/_8$ des gewöhnlichen Gewichtes).

Von den vielen Neukonstruktionen haben sich nur wenige behauptet.

Es sei noch die in letzter Zeit erschienene Pickelsche federnde Kettenbaumbremse erwähnt, die für verschiedene Stuhlsysteme verwendbar ist. Erzeuger ist die Firma Eduard Kornick, Chemnitz.

Diese Bremse besitzt zum Unterschied von anderen nur kurze Bremshebel und kein Gewicht. Sie kann fast auf allen Webstühlen verwendet werden und läßt die feinste Regulierung zu. Mit einer Bremse können zwei oder auch mehrere Bäume gebremst werden. Die Einrichtung der Pickelschen Bremse ist folgende: In die auf dem Boden befestigte Grundplatte A (Abb. 14—15) ist der Fuß B eingeschoben, an den die hülsenförmige Mutter X angegossen ist; in diese reicht die Schraube b der senkrechten Spindel H hinein. Auf der Spindel H ist das Federgehäuse C, mit der Feder D im Innern, gelagert. Diese wird von der Platte E niedergedrückt, die sich an die Kügelchen Kl stützt, wodurch das Niederdrücken der Feder erleichtert wird. Das Zusammendrücken der Feder D läßt sich durch das Handrad Rk regeln. Ihr Druck wird durch die Gehäuse C, durch die Zwinge V_3 auf den gebogenen Hebel K und durch die Zugstange S auf den Ring G übertragen. Dieser Ring ist dann durch die Zugstangen Sr_1, Sr_2 mit den Seiten der Bremsscheiben der Bäume verbunden (in diesem Falle werden zwei Bäume gebremst). Die Zugstangen Sr_1, Sr_2 sind oft zur Dämpfung mit Federn versehen (F auf der Zugstange Sr_1); ihre Zugkraft kann durch Flügelmuttern reguliert werden. Mit dem Handhebel Q kann die Bremse rasch angezogen und nachgelassen werden. Dieser Hebel ist auf dem Zapfen V im oberen Teile des Federgehäuses gelagert und durch die Zugstange S_1 (auf den Zapfen V_1, V_2) mit dem gebogenen Hebel K verbunden, der sich um die Zwinge V_3 dreht. Der Hebel K ist, wie schon oben angeführt, durch die kurze Zugstange S mit dem Druckringe G verbunden.

Ist der Arm Q herabgelassen (siehe Abb. 14), so wirkt die Bremse durch den Federdruck D. Ist der Arm Q gehoben, so wird der Druck der Feder D nicht aufgehoben, es sei denn, der Baum ist freigegeben und kann von Hand aus gedreht werden (Abb. 15).

Winke für die Behandlung der Bremsen. Eine gute gleichmäßige Ware setzt einwandfreie Kettenbaumbremsung voraus. Dabei ist folgendes zu beachten: a) Die Kettenbaumzapfen sind regelmäßig sparsam zu ölen, damit keine ruckweise Baumbewegung eintritt. b) Die Bremsscheiben und Bremsflächen sind immer gleichmäßig glatt und sauber zu halten sowie leicht zu ölen. Trockene Bremsen geben eine harte Spannung, dabei nützen sich besonders die Bremsketten ungleichmäßig ab. c) Der Lauf der Bremsorgane am nackten Holzbaum ist zu vermeiden, da sich die Seile oder Ketten leicht in das Holz einreiben, also eine ruckweise Bremsung erfolgt. d) Alle Verbindungsstellen, Bolzen usw. der Bremsketten, Bremsseile sowie die Zapfenhebel müssen leicht beweglich sein. Jede Klemmung verringert die Empfindlichkeit. e) Bremsketten oder Bremsseile sollen nicht auf zu kurzem Hebelarm des Bremshebels angreifen, da sonst die geringsten Belastungsänderungen an der Bremse große Schwankungen in der Kettenfadenspannung erzeugen. f) Es ist auch notwendig, die Lage des Streichbaumes in waagerechter Richtung während des Webens nicht zu verändern, da sich dadurch der Widerstand der Kette am Streichbaum ändern würde.

Die Kettenbäume der einfachen Baumwollstühle werden meist in offenen Lagern gelagert (Abb. 6, 7—8, 9—10, 11, 14—15, 16).

Bei Verwendung mehrerer Kettenbäume muß man gesonderte Lagerarme nehmen (Abb. 16). Damit die Bäume am Stuhl nicht zu viel Raum einnehmen, werden sie zweckmäßig übereinander gelagert.

2. Die Kettenbaumregulatoren

werden bei den Baumwollstühlen nur in Spezialfällen verwendet (technische Gewebe).

3. Der Streichbaum (Abb. 17)

bringt mit dem Brustbaum die Kette in die waagerechte Lage. Auch führt man die Kette deshalb nicht direkt vom Kettenbaum auf den Warenbaum, da sich die Lage derselben durch die Änderung der Baumdurchmesser im Geschirr ändern würde. Zur leichteren Teilung und Auffindung der Faden legt man nach dem Streichbaum ein Fadenkreuz ein (Kreuzschienen).

Der Streichbaum kann entweder fest oder nur drehbar oder auch schwingend gebaut sein (beweglich). Der bewegliche Streichbaum (Abb. 6) hat den Vorteil, daß durch seine Schwingung die Kettenspannungen konstant gehalten werden, indem er die bei der Fachbildung jeweils nötige Kettenlänge nachgibt. Er kann aber bei Leinwand und anderen gleichseitigen Bindungen nur dann verwendet werden, wenn ein Hoch- und Tieffach genommen wird. Bei Offenfach- oder Stehfacheinrichtungen greift die Streichbaumbewegung die stehenbleibenden Fäden zu sehr an.

a) Der feste Streichbaum

hat etwa ein Profil wie Abb. 17 zeigt, es wird mit Rücksicht auf die Belastung in der Mitte des Baumes verstärkt. Der Streichbaum wird auf Armen gelagert, die durch Schrauben verstellbar sind. Manchmal ist er rohrförmig. Die Entfernung des Streichbaumes vom Fußboden beträgt etwa 975 mm, er soll ungefähr um eine halbe Fachhöhe höher gelagert sein als der Brustbaum, um dem Weber die Aufsicht über die Ware und Kette zu erleichtern. Die Entfernung des Streichbaumes vom Geschirr wählt man nach dem Kettenmaterial: für elastische, nachgiebige Ketten (Wolle) nimmt man sie kürzer, für hartgedrehte (Leinen, Jute usw.) oder feine Ketten (besonders Seide) muß dieser Abstand länger sein. Durch die Fachbildung tritt eine Fadendehnung ein, die bei großer Entfernung von Warenrand und Streichbaum das Garn weniger beansprucht, als bei kurzer Länge. Auch wird bei großer Länge das Fach leichter geöffnet. Dagegen erreicht man bei geringerer Entfernung des Geschirres vom Warenrand leichter ein reines Fach.

Der Streichbaum muß glatt, genau gerade und horizontal gelagert sein. Er muß genau parallel zum Blatt liegen, damit die Kettenfäden über die ganze Breite der Ware gleich gespannt bleiben. Die Lage des Streichbaumes hat daher großen Einfluß auf das Aussehen des Gewebes. Liegt der Streichbaum zu hoch, so werden die Fäden des Hochfaches viel weniger gespannt sein müssen als die Fäden des Tieffaches und umgekehrt.

Bei Leinwandbindung legt man den Streichbaum immer etwas höher, wodurch die Schüsse auf der Oberseite besser hervortreten und auch besser angeschlagen werden.

Bei Köper und Atlasbindungen spannt man die oben und unten gelegenen Fäden etwa gleich stark, damit aber der Anschlag nicht auf die geringere Fädenanzahl übertragen wird, reguliert man die Spannung der Fäden durch die Lage des Streichbaumes. Heben z. B. nur wenig Fäden je Rapport aus (Schußbindungen), so legt man den Streichbaum eher etwas höher. Werden dagegen mehr Kettenfäden gehoben (Kettenbindung), so wird der Streichbaum besser etwas gesenkt. Wird dieser Spannungsausgleich nicht angewendet, so überträgt sich der Ladenanschlag auf ungleiche Fadengruppen, wodurch neben den Kettenfäden auch die Litzen und die ganze Schaftaufhängung leiden.

b) Der bewegliche Streichbaum S (Abb. 6),

der durch besonderen Exzenter der Hauptwelle Hh ausschwingt, ist mit seinen Zapfen in Armen gelagert. Bei Leinwandbindung muß das Exzenter derart gestellt werden, daß es dann in die höchste Lage gelangt, wenn die Kurbel nahe der Stellung 1 ist. Bei Köper und Atlas muß das Exzenter dann in die höchste Lage kommen, wenn die Kurbel nahe vor der Stellung 3 steht (Abb. 41).

4. Die Kreuzschienen

sind entweder runde oder flache Stangen, sie halten das Fadenkreuz und dadurch die Kettenfäden in Ordnung. Die Kreuzschienen, in Abb. 6 mit c_1, c_2 bezeichnet, erleichtern das Aufsuchen gerissener Fäden. Sie werden mit einer Schnur an den Streichbaum gebunden, um ihr Weiterwandern mit der Kette zu verhindern. Man stellt sie aus weichem, astfreiem Holz her. Die erste Kreuzschiene in der Kettenlaufrichtung ist meist rund, die zweite flach und mit Blech beschlagen. Die Zahl der Kreuzschienen ist je nach der Schaftzahl verschieden, ebenso hängt sie und die Art der Fadenkreuzung zwischen den Schienen auch von der Kettendichte ab. In Abb. 18 sind die wichtigsten Arten im Zusammenhang mit dem Schafteinzug angegeben.

Abb. a Anordnung für achtschäftigen Einzug.
Abb. b Anordnung für vierschäftigen Einzug.
Abb. c Anordnung für sechsschäftigen Einzug.
Abb. d Anordnung für dreischäftigen Einzug.
Abb. e Anordnung für vier- und achtschäftigen Einzug.
Abb. f Anordnung für drei- oder sechsschäftigen Einzug.
Abb. g Anordnung für Leinwand oder Köper (vierfach bindend).
Abb. h Anordnung für Leinwand oder Köper.

Die Abb. f und g werden für schüttere Ketten, die anderen für dichte oder vom Schlichten verklebte Ketten verwendet.

Bei Baumwolleinen (Mollino) werden die Kreuzschienen ungefähr dreimal soweit vom Streichbaum befestigt, als die Fachhöhe beträgt. Man verwendet hier auch das Doppelfadenkreuz, während bei Wolle und Seide das einfache Fadenkreuz zur Anwendung kommt. Dasselbe wird auf dem Webstuhl mit dem Geschirr aufgenommen. Bei anderen Einzügen als in der Abb. 17 angegeben, leidet leicht das gute Aussehen der Ware (Streifenbildung).

In Abb. 19 ist der Einzug der Kettenfäden in das Geschirr und in das Blatt bei gleichzeitiger Verteilung in den Kreuzschienen angedeutet. Die Kreuzschienen haben großen Einfluß auf die Spannung der Kette und das reine Abweben der Ware. Besonders wichtig ist die Entfernung vom Geschirr; die den Schäften näher liegende Kreuzschiene soll nicht zu stark sein. Bei hart geschlichteten Ketten verwendet man zur besseren Fadenteilung mehr als zwei (meist 4—6) Kreuzschienen.

5. Das Blatt.

Das in der Lade angebrachte Blatt dient zur Parallelführung der Fäden; außerdem führt es den Schützen und auch den eingetragenen Schuß, der durch das Blatt zu dem anwachsenden Stoff geschlagen wird (siehe S. 33 und 42).

B. Einrichtungen für die Fachbildung.

1. Das Geschirr (Zeug, mounting)

ist für einfache Stoffe ein Schaft-, für gemusterte Stoffe ein Jacquardgeschirr. Die Fäden werden durch die Litzen (Helfen) geführt. Bei einfach gemusterten Stoffen sind die Litzen der gleichbindenden Fäden auf je 2 Schaftstäben befestigt und bilden einen Schaft, womit sie leicht bewegt werden können. Alle Schäfte zusammen werden als Geschirr bezeichnet. Bei großen Mustern sind nur wenig Fäden gleichbindend, sie werden durch ihre Helfen mit Hebeschnüren durch ein Hebeelement, eine sogenannte Platine, gehoben. Als erster Schaft gilt allgemein der, der am weitesten vom Weber liegt und wo die Kette eintritt. In der Bandweberei bzw. Frottierweberei ist die Bezeichnung umgekehrt. Als erster Kettenfaden oder als erste Helfe im Geschirr gilt die erste Helfe am linken Geweberand, vom Weber aus hinten gesehen. Die Dichte der Litzen wird auf 1 Zoll oder 1 cm angegeben und mit Schablonen kontrolliert.

Die Anzahl der Litzen auf einem Schaft richtet sich nach der Kettendichte, der Bindung, der Garnnummer und nach dem Muster. Je mehrfädiger die Bindung ist, desto weniger Litzen kommen auf einen Schaft. Wird die Anzahl der Litzen je Schaft zu groß, so verdoppelt oder vervielfacht man lieber die Anzahl der Schäfte.

Man verwendet für Leinwand z. B. 2 oder 4 Schäfte; Einzug nach Abb. 6 und 19. Bei sehr dichter Seide wird Leinwand mit 6 oder 8 Schäften gearbeitet. Die gewöhnlichen Baumwoll-, Leinen- und Wollwaren erhalten Schäfte mit 8—9 Litzen je Zentimeter, Seide 14 Litzen, Jute 8 und weniger.

Die Litzengröße (Nummer) und Ausführung des Helfenauges richtet sich nach der Garnnummer der Kettendichte, nach der Webarbeit überhaupt bzw. der Spannung der Kette u. a. In der Baumwollweberei findet man die ungefähre Litzennummer, wenn man die Garnnummer durch 4—6 dividiert. Webt man beispielsweise eine Kette Nr. 30, so nimmt man Litzen Nr. 30/6 oder, was ungefähr dasselbe ist, 20/4.

Bei komplizierten Einzügen werden die Schäfte mit der größeren Litzenzahl gegen den Weber verlegt; man schont damit auch die Kettenfäden, besonders wenn sie häufig heben. Nur bei der Leinwandbindung wird davon abgewichen.

Damit im Geschirrlager der Weberei gleich erkannt wird, zu welcher Warengattung (Artikel) ein Geschirr gehört, wird auf der oberen Latte die Dichte und die Breite des Geschirres angeschrieben. Zur leichteren Kontrolle kann man auch auf dem oberen Schaftstab bei festgebundenen Geschirren das Nachzählen der Litzen dadurch unterstützen, daß man mit einem farbigen Faden je 20 Litzen abbindet. Ältere Geschirre können durch Auslassen von Litzen oder Verwendung nur weniger Schäfte und ähnlichen Maßnahmen auch für andere Stoffe verwendet werden.

In der mechanischen Weberei verwendet man entweder gefirnißte Zwirnlitzen oder Drahtlitzen (Abb. 20). Die Litzen (Helfen) sind aus gezwirnten Baumwoll-, Leinen-, Hanf- oder auch aus Woll- bzw. Seidenfäden hergestellt; sie sind entweder auf Stäben fest untereinander verflochten oder auf denselben verschiebbar. (Leicht gebundene, rumorende Helfen.) Die abgebundenen Litzen werden dort angewandt, wo die Fadendichte gleichmäßig über die Warenbreite verteilt ist, die rumorenden, wo sie ungleichmäßig ist.

Die Drahtlitzen (Helfen) sind glatter, dauerhafter, gleichmäßiger gespannt, aber auch schwerer und teurer als die Zwirnlitzen, sie erfordern auch höhere Einziehlöhne als die letzteren. Die Zwirnlitzen dagegen rauhen wieder bald auf und reißen leichter, so daß sie abgebunden werden müssen. Die Drahtlitzen sind austauschbar. Für stark gespannte Ketten nimmt man besser Drahtlitzen, da sonst die Zwirnlitzenaugen schon nach dem Abweben von 2—3 Stücken besonders durch mineralische Zusätze der Schlichte leicht durchschnitten werden und ausgewechselt werden müssen (Abb. 21—23).

Gerissene Litzen geben Kettenfadenbrüche, Nester im Gewebe und Schützenschläge. Die Drahtlitzen behalten leichter ihre Lage und gestatten ein besseres Abweben. Unbenutzte Geschirre werden in Geschirrkammern auseinander gehängt, damit sie nicht leiden (Abb. 325—326).

Die Schaftstäbe dürfen wegen der Fachtiefe nicht zu stark sein. Bei Baumwolle 6—10 mm, bei Seide 5—8 mm, bei Wolle 8—12 mm. Ihre Höhe hängt von der Schaftbreite und Kettenspannung ab; sie müssen aus astfreiem Holz sein. Die Aufhängung der Schäfte erfolgt in etwa $^1/_6$ der Stablänge von den Enden (Abb. 24). Die Litzen (Helfen) müssen beim Weben eine angemessene Spannung besitzen, sind sie zu locker, so schlagen die Schäfte gegeneinander und reiben die Helfen aneinander, reißen eventuell Fäden ab, wodurch die Aufhängung herausspringt. Die Schafthöhe beträgt 26—35 cm.

Bei Geschirrbestellungen sind anzuführen:

1. Die Geschirrbreite, gemessen von der ersten bis zur letzten Litze mit Angabe der Warengattung,
2. die Geschirrhöhe,
3. die Schaftzahl,
4. die Litzenzahl (Helfen) im Schaft und Geschirr,
5. die Litzenhöhe und Augengröße,
6. die Garnnummer und Litzendrahtstärke,
7. die Farbe der Firnisimprägnierung (entgegengesetzt zur Kettengarnfarbe) und
8. Angabe der Augen ob in Garn, Metall oder Glas (Musterbeilage).

2. Die Fachbildung.

Zur richtigen Verbindung der Ketten- und Schußfäden müssen die Kettenfädengruppen je nach der Bindung gehoben werden. Diese Teilung der Kette nennt man das Fach.

Die Fachbildung erfolgt bei der sog. Aufhängung der Schäfte im Sack (Gewichts- oder Federtiefzug der liegenbleibenden Schäfte) mittels Heben.

1. Jener Fäden, die über den Schußfäden liegen sollen, und zwar durch Heben derselben um die ganze Fachhöhe (Abb. 25A). Fachbildung durch Hochfach allein.

2. Die Fäden befinden sich bei der Ruhelage in einer horizontalen Ebene und ein Teil derselben wird tief gezogen, der Rest der Fäden hebt. Die gesamte Hoch- und Tiefbewegung gibt die Fachhöhe (Abb. 25B). Die Einrichtung wird als Hoch- und Tieffach bezeichnet.

3. Die Kettenfäden sind in der Ruhelage nach oben geknickt, das Fach wird durch Tiefziehen des kleineren Teiles der Fäden gebildet und der Tiefzug um die volle Fachhöhe ausgeführt (Abb. 25C). Man spricht dann vom reinen Tieffach. In der mechanischen Weberei wird das Tieffach nur selten verwendet, besonders nicht bei einfachen Geweben. Eine besondere Fachform bildet das Hoch-, Tief- und Stehfach, welches besonders bei Damast und ähnlichen Geweben in der Jacquardweberei vorkommt.

Bleiben die gehobenen Fäden oder die tiefgezogenen durch einige Schüsse hindurch in ihrer Lage, wie es für kleinere Fadenbeanspruchung und ruhigeren Webstuhllauf zweckmäßig ist, so bleibt das Fach während dieser Schüsse offen; man nennt es dann Offenfach.

Würden alle Schäfte gleich hoch heben oder senken, so würde ein unreines Fach entstehen, weil die Fäden nicht in je einer Ebene liegen würden. Für ein „reines" Fach ist es notwendig, daß die hinteren Schäfte höher heben oder tiefer senken als die vorderen. Ein unreines Fach ist schädlich, der Schützen fliegt schlecht durch und reißt die in das Fach hängenden Fäden ab oder er fällt, von den Fäden abgelenkt, aus den Stuhl. Eine zu große Schaftzahl erfordert für die rückwärtigen Schäfte zu großen Hub und verursacht daher eine sehr starke Beanspruchung (Fadenbrüche) für die eingezogenen Kettenfäden. Dies wird um so ungünstiger, je stärker die Schaftstäbe sind. Man hmal werden zur Verringerung der Fachtiefe Litzen mit ungleich langen Helfen auf dencungeraden und den geradzahligen Schäften verwendet (Abb. 26).

Die Wahl des Fachbildemechanismus hängt von der Gewebeart, der Bindung und vom Garn ab. Besonders ist zu beachten, daß nicht zu viele Schäfte gleichzeitig gehoben werden müssen und der Stoff rein gewebt wird. Das Hochfach wird nur dann verwendet, wenn z. B. eine Ware, die auf der Oberseite Schußeffekt hat, mit dieser nach oben verwebt werden soll. Dieser Mechanismus kann auch bei Stoffen genommen werden, bei denen auf der Oberseite Ketteneffekt vorherrscht und die Ware mit der Oberseite nach unten gewebt wird. Im umgekehrten Falle wäre die Fachbildung für Tieffach zu verwenden. Das volle oder Hoch- und Tieffach kommt besonders für beiderseitige Gewebe in Betracht. Das Weben mit der Oberseite nach unten schützt den Stoff vor Beschmutzung der rechten Seite. Das Weben mit der Oberseite nach oben läßt aber wieder die Fehler in der Ware besser erkennen, weshalb man teure oder komplizierte Gewebe meist mit der Rechtsseite nach oben webt. Es ist vorteilhaft, wenn bei der Fachbildung die größere Fadenzahl unten liegt, besonders wenn die Kettenfäden in der Gewebebreite ungleichmäßig gehoben werden, um für den Schützen eine gerade Bahn zu erreichen. Wird der Schützen durch unreines Fach abgelenkt, so fliegt er unter Umständen heraus oder zerreißt die Kettenfäden.

Bei Baumwollstoffen soll das Fach etwa 10—12 cm hoch sein, bei Seide etwa 6—7 cm. Die Fachhöhe richtet sich nach der Höhe des Schützen. Die Fäden des Oberfaches sollen mindestens 5 mm oberhalb des Schützen laufen. Eine zu große Fachhöhe steigert aber den Kraftbedarf und reißt leicht die Fäden, weshalb man das Fach gerade nur so hoch macht, daß der Schützen gut durchläuft.

Die Schaftanzahl und der Geschirreinzug hängt von der Bindung ab. Der Einzug in die Schäfte bzw. der Hebeschnüre in das Schnürbrett und die Zahl derselben, richtet sich nach dem Muster. Der Einzug und das Vorrichten des Geschirres erfordert große Aufmerksamkeit. Heben die Schäfte oder Litzen nicht ordnungsgemäß, so entsteht falsche Abbindung. Sie kann auch durch falsche Aufhängung der Schäfte oder schlechte Exzentereinstellung verschuldet sein. Bei Schaftmaschinen entsteht dieser Fehler durch mangelhafte Karten, Steckenbleiben der Platinen oder Nadeln. Das gleiche gilt für Jacquardgeschirre.

Zur Kontrolle, ob die Kette richtig in die Schäfte eingezogen ist, hebt der Weber die Schäfte vor dem Weben der Reihe nach entsprechend dem Einzug und beobachtet die Fadenhebung. Bei teuren oder komplizierten Geweben wiederholt er diese Prüfung nach je 10—20 m abgewebter Ware.

Wenn beim Weben ein Faden reißt, so muß der Weber nach Behebung des Fehlers beobachten, ob der Faden richtig eingezogen wurde. Bei komplizierter Ware wird für die Fehlersuche ein eigener Arbeiter bestimmt. Nach Kontrolle des Einzuges in das Geschirr muß auch der Einzug in das Blatt nachgesehen werden.

Der Webmeister muß die Leistung und Güte der Arbeit öfter kontrollieren, die Schußzahl prüfen und überhaupt die Stühle beobachten. In Rohweißwebereien soll ein Meister höchstens 80 Stühle beaufsichtigen, bei schwierigerer Ware entsprechend weniger.

3. Die Fachbildemechanismen

besorgen die Schaftbewegung und erzielen die Fachbildung. Fachbildegetriebe zerfallen in die Exzenter- oder Triebmechanismen, die Schaft- und die Jacquardmechanismen. Das Hochziehen der Schäfte erfolgt durch die Fachbildegetriebe, das Rückziehen durch Federn oder Gegenzugvorrichtungen (Abb. 27—28, Schweizer Federzug). Man verwendet oft Schäfte mit leichten Litzen, die letzteren sollen nur mäßig gespannt sein.

In Abb. 29 ist ein oberer Gegenzugmechanismus angeführt. Die Schäfte 1—4 sind an den Rollen K_{1-4} aufgehängt. Nach der Bindung werden die zugehörigen Schäfte abwechselnd tiefgezogen bzw. gehoben.

a) Die Exzentervorrichtung.

Die Abb. 30—31 und 32 zeigen die Fachbildeexzenter für kleine Bindungen. Der Gegenzug erfolgt durch eine einfache sog. Wellenvorrichtung. Man unterscheidet direkten oder indirekten Schafthub. Die Exzenter sind unrunde Scheiben, die auf Tritte wirken und bei einfacher Leinwandbindung oft kreisförmig sind (exzentrisch). Für die Leinwandbindung nach Abb. 6 sind 2 Walzen (v), 2 Tritte und 2 Exzenter verwendet. Da der dem Warenrand nähere Schaft eine kleinere Hubhöhe zurücklegen muß, so wird auch der Hub des zugehörigen Exzenters niedriger sein müssen, um das reine Fach zu wahren. Die Reinheit des Faches kann auch bei gleichgroßen Exzentern erreicht werden, wenn die unterschiedliche Hubhöhe durch entsprechende Einhängung in den Zughebeln berücksichtigt wird. Die Exzenter für die Leinwandbindung (Leinwandexzenter) werden in der Regel auf der unteren Welle (Schützenschlagwelle) aufgekeilt. Manchmal sitzen sie auch auf einer besonderen Welle, die mit gleicher Tourenzahl wie die untere Welle, also 1:2 zur Hauptwelle, läuft. Für drei- und mehrfädige Bindungen (Köper) verwendet man Exzenter, die auf einer eigenen Welle aufgekeilt sind oder auf einer Hülse festsitzen, die lose auf der unteren Welle läuft. Die Exzenter sind dann von der Hauptwelle aus mit einer solchen Übersetzung angetrieben, daß eine volle Umdrehung der Exzenter nach so viel Schüssen (Hauptwelltouren) erzielt wird, als der Schußrapport Schüsse hat. So werden z. B. die Exzenter für einen vierbindigen Köper von der unteren Welle 1:2 angetrieben, also von der Hauptwelle 1:4 (Abb. 30—31).

Für dreibindigen Köper ist demnach die Übersetzung von der unteren Welle auf die Exzenterwelle 1:1,5, also Räder mit 20/30 oder 24/36, 30/45 Zähnen und andere. Bei vierbindigem Köper, wie oben, Räder 20/40, 24/28, 30/60 Zähnen und andere. Für fünfbindigen Atlas oder fünfbindigen Köper 1:2,5 übersetzt, also Räder 20/50, 24/60, 30/75 und andere. Die Bradford-Anordnung treibt die Exzenterhülse von der Hauptwelle in einer Übersetzung bei dreibindiger Ware 1:3, vierbindiger Ware 1:4, fünfbindiger Ware 1:5, sechsbindiger Ware 1:6.

Die Bradforder Exzentereinrichtung (Abb. 33) hat die Exzenter außerhalb des Stuhles, die viel leichter zugänglich sind. Man befestigt sie deshalb wegen leichteren Umtausches auf den freien Enden der unteren Welle Sh. Die Exzenter werden auch auf einer Hülse angegossen und diese auf das vorstehende Ende der unteren Welle gelagert. Diese Hülse wird von der Hauptwelle durch eine Zahnradübersetzung angetrieben, die der Fadenzahl des Schußrapportes entspricht. Die Exzenter wirken auf die Rollen der Tritte und diese fassen durch die Zugstangen T_{1-4}, die zweiarmigen Hebel S_{1-4} und die Wellen, welche die Segmente und Schäfte tragen. Das reine Fach wird durch Hebel S und durch Schrauben auf den Zugstangen T geregelt. Der Hub der Schäfte wird durch die Nasen der Exzenter erzielt.

Bei Fachschluß, d. h. wenn die Schäfte einander begegnen, muß die Hauptwellenkurbel etwas vorgeneigt sein, und diese Voreilung muß um so größer sein, eine je mehrschüssige Bindung wir weben. Bei Leinwandbindung steht die Kurbel lotrecht nach oben (Abb. 41).

Die Konstruktion des Fachexzenters wird so durchgeführt, daß das Fach während $^1/_4$ bis $^1/_3$ Umdrehung der Hauptwelle offenbleibt; d. h. das Exzenter ist für den Zeitraum des Schaftstillstandes kreisförmig. Die verbleibende $^3/_4$- oder $^2/_3$-Umdrehung der Hauptwelle besorgt die Schaftbewegung. $^1/_4$-Drehung der Hauptwelle entspricht $^1/_8$-Umdrehung der unteren Welle (Abb. 34—36). Analog $^1/_3$ Hauptwellentour $^1/_6$ Umdrehung der unteren Welle usw. (Abb. 37).

Konstruktion der Leinwandexzenter. Bei dieser Bindung sitzen 2 Exzenter auf der unteren Welle, laufen also halb so schnell wie die Hauptwelle. Der Schaftstillstand dauert $^1/_8$ Tour der Hauptwelle. Die Schaftbewegung dauert $^3/_8$ Touren der unteren Welle. Während der eine Schaft $^1/_4$ Tour der Hauptwelle lang unten ruht, steht der 2. Schaft ebenso lange oben. Beim nächsten Fach wechseln die Schäfte die Lage. Dem oberen Schaftstillstande entspricht demnach $^1/_8$ der Schaftbewegungszeit (Exzentertour), dem unteren Stillstand ebenfalls $^1/_8$ hiervon; der Schaftbewegung nach aufwärts entspricht sinngemäß $^3/_8$ Exzentertour und nach abwärts das gleiche Maß. Dauert die Schaftruhe $^1/_3$ Tour der Hauptwelle, das ist $^1/_6$ Tour der unteren Welle, dann verbleibt eine $^2/_6$-Umdrehung der unteren Welle für die Aufwärtsbewegung des Schaftes, ferner $^1/_6$-Umdrehung der unteren Welle für den oberen Stillstand und $^2/_6$-Umdrehung der unteren Welle für die Schaftbewegung nach abwärts. Die gesamte Schaftbewegung umfaßt also eine ganze Umdrehung der unteren Welle. Damit der Schafthub gleichmäßig erfolgt und der Stuhl ruhig läuft, wird jeder der Schaftbewegung zugehörige Bogen (Exzenterumfang) in eine bestimmte Anzahl von gleichen Teilen geteilt, innerhalb welcher der Zuwachs des Radius nach einer harmonischen Diagrammlinie erfolgt. Dann zieht man die Radialstrahlen und zugeordneten Kreisbogen, zeichnet die Rollen ein und bildet ihre Einhüllungslinie in die Exzenterkurve. Der Rollendurchmesser beträgt 60—75 mm. Schließlich zeichnet man die Tragrippen, Nabe und Schrauben ein.

Die Schaftbewegung erfolgt entweder gleichförmig oder bis zum halben Hub beschleunigt und für den Rest des Hubes verzögert. Durch sinusförmige Hubkurven heben die Exzenter ruhiger und werden die Kettenfäden geschont.

In Abb. 37 und 38 ist die sog. englische Konstruktion der Leinwandexzenter angegeben. Der Hub ist so groß wie der Rollendurchmesser. Für den Schaftstillstand ist, wie schon gesagt wurde, $^1/_6$ Tour der Exzenterwelle bestimmt. Der Hub wird nach Abb. 38 während $^1/_3$ Tour der Exzenterwelle anheben und während $^1/_3$ Tour derselben fallen. Wie aus der Abb. 37 ersichtlich, wurde der Bewegungsbogen (Exzenterdrehwinkel) für den Hub in 6 gleiche Teile geteilt, während der Hub selbst sinusförmig in 6 ungleiche Teile geteilt wird. In diesem Falle geht also der Schaft am Anfang und Ende des Hubes langsamer, in der Mitte schneller. Soll der Schaft zu Beginn gleichförmig beschleunigt und zu Ende des Hubes ebenso verzögert werden, so muß der Hub im Verhältnis 1:3:5 usw. steigen, von der Mitte im Verhältnis nur mehr 5, 3, 1 zunehmen. Auch könnte man eine Teilung im Verhältnis 1:2:3:4 usw. und zurück verwenden. Die Übergangsbogen müßten allerdings in gleiche Teile geteilt werden. In Abb. 38 ist ein Leinwandexzenter gezeichnet, bei welchem sowohl die Beschleunigung als auch die Verzögerung der Schäfte ungleichförmig sind. Es wird nicht nur der Hub, sondern auch der Umfang in ungleiche Teile geteilt, und dann wird wie oben vorgegangen (Abb. 37).

Die Fachbildungsexzenter mit Nut (Nutenscheiben, scroll plates, Abb. 39—40) haben den Vorteil, daß die Auf- und Abwärtsbewegung der Schäfte zwangsläufig ist. In ihre Bahn reichen die Gleitstücke (Gleitsteine, Schuhe) der Hebel hinein, von welchen die Schäfte durch Zugstangen (Drähte) und Schafthebel bewegt werden. Mittels zweier Stellschrauben S lassen sich die Exzenter zeitlich in die den Schäften entsprechende Lage bringen. Nutscheiben werden meist bei schwereren Stühlen (Teppichstühlen, Schlauchwebstühlen oder ähnlichen) verwendet.

Der Exzentermechanismus kann auf 3 Arten aufgebaut sein. 1. Für Hochfach, 2. für Tieffach und 3. für Hoch- und Tieffach. In den ersten beiden Fällen werden die Schäfte durch Exzenter ausgehoben und der Exzenterhub entspricht der Höhe des Hoch- oder Tieffaches. Im dritten Fall reicht der Exzenterhub vom Hoch- ins Tieffach. Ist die Exzenterumfangskurve so ausgeführt, daß bei zwei aufeinanderfolgenden Hebungen der Schaft ausgehoben bleibt, so spricht man von Offenfachexzentern, wenn jedoch in einem solchen Fall bzw. nach jedem Schuß der Schaft in die Ausgangslage zurückkehrt, vom Geschlossenfach.

Der Mechanismus für Hochfach. Die Exzenter heben die Schäfte aus der Ruhelage in das Hochfach und die Federn oder Federzugregister führen dieselben wieder zurück. Für Tieffach gilt die umgekehrte Bewegung.

Bei Hoch- und Tieffach sind die Schäfte in der Mittellage (als Ruhelage) eingehängt und werden aus dieser gehoben und gesenkt.

Dabei ist die Bewegung der Schäfte voneinander meist unabhängig. Verwendet man dagegen einen Gegenzugmechanismus (Rollen oder Wellenvorrichtung), so ist die Bewegung zwangsläufig.

Um ein reines Fach zu erzielen, werden die Schäfte entsprechend der Entfernung vom Warenrand höher gehoben. Sind die Tritte rückwärts gelagert, so gibt man den Exzentern auch ungleiche Exzentrizität (siehe Leinwandexzenter Abb. 34—35). Ebenso baut man Köper- und andere Exzenter mit verschiedener Exzentrizität. Sind die Tritte vorne gelagert, so nimmt man gleichhubige Exzenter und ändert die Aushebung, dem reinen Fach entsprechend, in der Schafthebelanhängung. Das Fach muß im günstigsten Arbeitsmoment offen sein (vor Beginn des Schützenlaufes).

Die zeitliche Einstellung der Einzelmechanismen des Stuhles erfolgt nach der Stellung dieser Teile zur jeweiligen Stellung der Webstuhlhauptwelle bzw. ihrer Kurbeln. Das Diagramm (Abb. 41) gibt die wichtigste Stellung der Hauptteile des Stuhles an, d. h. man sieht aus demselben, wo zur Zeit des Arbeitsbeginnes dieser Teile die Hauptwellenkurbel steht.

Bei Leinwandbindung öffnet man das Fach vollends in dem Augenblick, wo die Hauptwellenkurbel am tiefsten liegt. Bei Köper oder Atlas steht bei größter Fachöffnung die Kurbel 45° hinter der tiefsten Lage. Je mehrfädiger (mehrschüssiger) die Bindung ist, desto näher rückt die Kurbel dem rückwärtigen Totpunkt (Abb. 41).

Der Schützenschlagbeginn muß dabei der Fachöffnung angepaßt sein, er liegt bei Köper bei Beginn der Fachöffnung, bei Leinwand beginnt er bei Fachwechsel.

Bei dichterer Ware wird das Fach weiter geöffnet, damit der Schuß besser angeschlagen wird. Ebenso öffnet man das Fach bei raschlaufenden Stühlen etwas früher.

Die Exzentervorrichtung von Horák (Abb. 32). Die Schäfte hängen auf Winkelhebeln U_1, U_2, die durch die Zugstange T verbunden sind. Auf die Rolle L des rechten Hebels U_2 wirken die auf der Welle H aufgesetzten Exzenter. Diese Welle wird durch eine Kegelradübersetzung K_1, K_2 im Übersetzungsverhältnis 1:4 von der Welle G angetrieben. Dieselbe erhält wieder ihren Antrieb durch Kettenräder R, im Verhältnis von 1:2 übersetzt, von der Hauptwelle. Die Exzenterwelle ist 1:8 von der Hauptwelle übersetzt, man kann daher mit dieser Einrichtung alle achtschüssigen Bindungen oder die in 8 enthaltenen Schußrapporte 2 und 4 mitweben. Soll man sechsschüssige Bindungen weben, so wird das Verhältnis der Tourenzahl zwischen Hauptwelle und Exzenterwelle 1:6 (bzw. 1:3 von der Schützenschlagwelle).

Die Exzenterkarten (Abb. 42—44) dienen als Exzenterersatz, wenn der Schußrapport zu groß, d. h. der Winkelraum für einen Schuß am Exzenter zu klein würde. Sie bestehen aus Holzbrettchen, in welchen die Hebedaumen (Nasen) für die Schafthubrollen befestigt sind. Durch einfaches Auswechseln dieser Hebenasen ist leicht ein Bindungswechsel möglich. Diese Einrichtungen bilden den Übergang von den Trittexzenterstühlen zu den Schaftmaschinenstühlen. Exzenterkarten werden besonders in der Seidenweberei verwendet. Man schaltet sie dem Schußrapport entsprechend je Schuß um eine Karte bzw. um einen Zahn des die Kartenkette führenden Kettenrades.

Praktische Winke für die Benutzung glatter Webstühle. Die schmalen Baumwollstühle sind meist Exzenterstühle (Innentrittstühle oder sog. Lancashirestühle, Außentrittstühle, Bradfordstühle, Bundradstühle, Tappetwheelstühle und Exzenterkartenstühle). Infolge ihrer einfachen Bauart können die Trittstühle sehr rasch laufen (mit 200—240 Touren bzw. Schüssen in der Minute) und können von wenig geschulten Arbeitern bedient werden. Deshalb sind sie für glatte Ware und besonders für Massenproduktion gut geeignet. Werden solche Stühle wegen des raschen Ganges mit guten, festen und gut geschlichteten Ketten belegt, sowie mit Kettenfädenwächtern und selbsttätigen Spulenwechselmechanismen (Automaten) ausgerüstet, so können sie bei kleinen Bindungsrapporten größte Ausnützungsmöglichkeit bieten. Ein Arbeiter kann dann eine größere Anzahl von Webstühlen, in neuerer Zeit bis zu 40, bedienen.

Mit einfachen Stühlen kann man bis zwanzigbindige Ware herstellen, für Schnellbetrieb verwendet man natürlich nur Leinwand oder vierfädige Bindungen bei Innentrittstühlen, oder zwei- bis sechsfädige Bindungen auf Bradfordstühlen. Mit Bundradstühlen, die bis zwölfbindige Ware ermöglichen, arbeitet man meist langsamer, besonders bei stärkerer Ware, wie Teppiche und ähnliches. Je größer der Bindungsrapport, also komplizierter die Bindung, ferner je breiter der Stuhl, desto langsamer wird der Gang desselben und desto kleiner seine Leistung.

b) Die Schaftmaschinen.

Die Schaftmaschinen (dobbies) sind solche Fachbildevorrichtungen, bei welchen das Heben der Schäfte mittels einer indirekten Übertragung, welche durch Karten gesteuert ist, hervorgebracht wird. Die Steuerung erfolgt mittels Karten, die als hölzerne Stiftenkarten oder aber als Blech- oder Papierkarten ausgeführt sind. Infolge der leichten Auswechselbarkeit der Karten ist der Bindungswechsel bei Schaftmaschinen viel leichter, während bei Trittstühlen die Exzenterauswechslung Montagearbeit verursacht.

Nach der Antriebsart, Tourenzahl und Konstruktion unterscheidet man Einhub- und Doppelhubmaschinen. Bei den Einhubmaschinen werden die Schäfte durch Hilfsmechanismen (Platinen und Schaftziehhebel, Schemel) bewegt, wobei diese Bewegungsteile für einen Schuß (eine Tour der Hauptwelle) ein volles Spiel machen. Bei den Doppelhubmaschinen hat jeder Schaft doppelte Hebemechanismen, von welchen eine Gruppe bei den ungeraden Schüssen, die andere bei den geraden Schüssen arbeitet. Die Einhubmaschinen können wegen der raschen Bewegung der Einzelteile nur bei mäßiger Webstuhltourenzahl noch verläßlich arbeiten. Die Doppelhubmaschinen können infolge der doppelten Hebevorrichtungen mit der halben Tourenzahl der Hauptwelle also mit der Tourenzahl der unteren Welle (Schützenschlagwelle) arbeiten. Man kann sie auch von einer Nebenwelle antreiben, die halb so schnell wie die Hauptwelle läuft. Trotz der hohen Schußzahl (Hauptwellentourenzahl) läuft die Schaftmaschine hier also langsam.

Verwendet man Einhubmaschinen, so richtet man sie für Hoch- und Tieffach ein, so daß die Schäfte nur um die halbe Fachhöhe (Hoch- oder Tieffach) bewegt zu werden brauchen.

Die Doppelhubschaftmaschinen (double lift dobbies). Die Dickinson Schaftmaschine (Dickinson dobby) gehört zu den ältesten Schaftmaschinen (Abb. 45). Die Schäfte sind auf Schafthebeln M_1, M_2 eingehängt, die durch Verzahnung verbunden sind. Wenn also nur ein Hebel M_1 oder M_2 hebt, geht der andere und damit der ganze Schaft mit. Der Hub der Hebel $M_{1,2}$ erfolgt bei den geraden Schüssen durch die Platinen P_1 und das Messer N_1, bei den ungeraden Schüssen durch die Platinen P_2 und das Messer N_2. Die Messer sind auf dem Balancierhebel W befestigt und werden durch eine Zugstange T auf und ab geschwungen. Dieselbe ist von der Schaftmaschinenkurbel auf der unteren Welle angetrieben. Der Platinenhub und der Schafthub erfolgt nur dann, wenn die Platine gegen das Messer neigt, was durch eine leere Stelle in der Karte auf dem Prisma H_1, H_2 herbeigeführt wird. Die Prismen werden abwechselnd an die Platinen angedrückt. Die Klötzchen in der Karte bewirken dagegen ein Abdrücken der Platine. Der Schützenwechsel entscheidet, welchen Schüssen die Messer zugeteilt sind. Die Klötzchenkarten sind auf dem Wagen D gelagert und dieser wird mit dem Rahmen R abwechselnd je Schuß nach rechts und links geschoben. Es bedeutet also eine leere Stelle der Karte den Schafthub, dagegen ein Stift die Schaftruhe. Die ruckweise Drehung des Prismas erfolgt durch Wendehaken O bei jedem zweiten Schuß. Das zweite Prisma wird durch zwei Kegelräderpaare vom ersten angetrieben. Der genaue Schaltwinkel des Prismas wird durch den Drücker Z (bzw. dessen Feder) erzielt. Das Stifteln der Karte wird etwa nach Abb. 58 durchgeführt. Auf jedem Prisma müssen mindestens soviel Karten vorgesehen werden, als das Prisma Seiten hat. Bei sehr kleinen Rapporten nimmt man daher ein Vielfaches vom Rapport. (In Abb. 45 ist der Drücker als flache Feder durchgeführt.)

Die Hodgson-Schaftmaschine (Schaufelschaftmaschine) (Abb. 46) ist ebenfalls eine Doppelhubmaschine; sie hat für jeden Schaft eine Doppelplatine mit zwei Zähnen. Die Platinen sind direkt an die Schafthebel R angeschlossen, auf denen die Schäfte eingehängt sind. Die Platinen P können bei den ungeraden Schüssen vom Obermesser N_1, bei den geraden Schüssen vom Untermesser N_2 gefaßt werden.

Die Messer werden durch die Winkelhebel U_1, U_2, die Zugstangen T_1, T_2 von den Tritten und den Exzentern der unteren Welle bewegt (Abb. 47). Für die ungeradzahligen Schüsse werden jene Platinen gezogen, für deren Nadeln J die Karte voll ist. Bei geradzahligen Schüssen wirkt das Untermesser, und es wird für die Platinen nur der Fachwechsel geschlagen; bei Gleichfach wird der Schaft durch den Sperrzahn Z hochgehalten. Das Prisma dreht sich nach außen, d. h. die Oberseite desselben vom Stuhle weg.

Das Fach bleibt offen, wenn der Schaft nicht gesenkt werden muß (Hochfach und Offenfach). Diese Schaftmaschine ist also eine Offenfachschaftmaschine. Für jede Platine, die beim geradzahligen Schuß ihren Schaft senken soll, muß die Karte ein Loch besitzen. Für diese Schaftmaschine gilt also folgende Kartenschlagregel: Bei ungeradzahligen Schüssen wird für alle Schäfte, die nicht heben sollen, gelocht (negative Schlagweise). Bei den geradzahligen Schüssen wird für jene Schäfte gelocht, wo die Bindung wechselt (Abb. 60).

Das Prisma schlägt bei jedem Schuß an und wird durch die Zugstange (T_3) von einem Exzenter auf der Hauptwelle bewegt. Es wird vom Wendehaken O′ von innen gedreht. Das Prisma muß eine gerade Kartenzahl erhalten. Bei ungerader Schußzahl im Rapport nimmt man den doppelten Rapport. Jede Karte gilt für einen Schuß. Die Messer werden durch Zapfen und Nuten geführt, nach der Messerform nennt man die Maschine Schaufelschaftmaschine. Die Form der Führungslitze ist wegen Platinenübernahme von einem Messer zum andern entsprechend angepaßt.

Die Hodgson-Maschine ist auch für positive Setzweise der Karten einrichtbar. Ein Stift bedeutet dann immer Schafthub. An Stelle der zweiseitigen Platine werden zwei kleinere Platinen gekuppelt, die ihre Nasen nach oben gerichtet haben. (Stäubli in Horgen).

Der Prismenanschlag erfolgt in dem Augenblick, wenn die Messer in der äußersten Lage sind.

Die Schaftmaschine System Hattersley ist wegen ihrer zweckmäßigen Konstruktion sehr verbreitet. Sie wird von zahlreichen Webstuhlfabriken gebaut. Als Beispiel sei die besonders häufige Maschine der Firma Stäubli in Horgen angegeben. Sie wird mit Papierkarte ausgeführt, kann aber auch nur Stiftenkarten erhalten (Abb. 48).

Die Schaftmaschine von Stäubli mit endloser Papierkarte (Abb. 48). Die Schäfte sind in Schafthebel (Schemel) R eingehängt, diese tragen wieder den Stützhebel O, in welchem die zwei zugehörigen Platinen P_1, P_2 gelenkig gelagert sind. Unterhalb der hakenförmigen Platinenenden bewegen sich abwechselnd durch die Zugstangen T_1, T_2 und den dreiarmigen Hebel T, die Messer n_1, n_2. Der Hebel T wird durch eine Zugstange V von der unteren Welle (Schützenschlagwelle) zum Ausschwingen gebracht. Kommt eine Platine P_1 oder P_2 mit ihrem Zahn zum Eingriff in eines der Messer n_1 oder n_2, so wird sie gezogen (nach rechts, Abb. 48), der Stützhebel O wird als einarmiger Hebel bewegt und geht entweder mit dem oberen oder unteren Ende nach rechts und hebt dadurch den Hebel R und den Schaft. Die Steuerung der Platinen P_1, P_2 an die Messer n_1, n_2 wird bei den gewöhnlichen Hattersley-Maschinen durch Stifte in Holzkarten (direkte Platinensteuerung) oder in neuerer Zeit durch Löcher in einer Papierkarte erreicht (indirekte Platinensteuerung).

a) Direkte Platinensteuerung mit Holzkarten. Diese werden auf das Prisma H (Abb. 48) aufgelegt und heben mit ihren Stiften die Stifthebel L_1 und L_2 (L_2 Nasenhebel, L_1 gerader Hebel) und senken so die Platinen P_1, P_2, um sie mit den Messern in Eingriff zu bringen. Den ungeradzahligen Schüssen entsprechen die oberen Platinen und Messer, den geradzahligen Schüssen die unteren. Das Prisma wird von den Wendehaken S nach außen gedreht. Durch die Drehung des Prismas und der Karten in der andern Richtung (hier nach links) ist es möglich, Schaftmaschinen zu bauen, bei welchen die angeführte Wirkung der Ober- und Untermesser bzw. Platinen vertauscht ist. Das Prisma läuft bei solchen Maschinen nach innen. Das Stifteln der Holzkarten wird nach Abb. 59 durchgeführt.

In der jüngsten Zeit baut die Firma Gebr. Stäubli in Horgen bei Zürich eine neue Schaftmaschine mit schwingenden Messern, wo jedoch die Messerhebel durch Trittexzenter bewegt werden, die in der Schaftmaschine eingebaut sind. Hierdurch ist ein schonender Messerhub, Schonung der Platinennasen und entsprechend langer Fachstillstand, also eine hohe Stuhltourenzahl möglich. Die Messerhebel sind dann mit Stangen V_1, V_2 versehen, die als gefederte Rahmen durch zwei Rollen geführt sind.

Bei diesen Maschinen ist auch das Prisma H außerhalb des Maschinenrahmens gelagert, so daß die Karten gut zugänglich und leicht auswechselbar sind. Die Drehung des Prismas erfolgt entweder durch ein Sperrad und eine Sperrklinke (Abb. 49) oder zwangsläufig durch eine Schneckenübersetzung.

b) Papierkarten verwendet man in neuerer Zeit zur Verbilligung der Kartenläufe besonders dort, wo Muster mit großen Schußrapporten gewählt werden. Eine Karte besorgt immer die Fachbildung durch zwei Schüsse hindurch (zwei Schußlinien). 1 m Papierkarte umfaßt etwa 333 Schüsse. Man verwendet Papierkarten erst von Rapporten mit mehr als 100 Schuß (das sind 50 gewöhnliche Holzkarten) an. Die Papierkarte läuft über einen Zylinder W, der sie an der Nadel n anschlägt. Kommt eine volle Stelle der Karte an die Nadel, so wird diese zurückgedrängt, die zugehörige Platine M vom Messer Z abgeneigt und der Schaft bleibt liegen. Ein Loch in der Karte läßt die Nadeln eintauchen, die Platinen M an das Messer Z anlegen, so daß sie beim nächsten Messerhub gehoben werden. Die Zwischenhebelübertragung (indirekte Übertragung) zwischen Karte und Platinen ist notwendig, da die schwache Papierkarte die Belastung nicht aushält. Ein Loch in der Karte bedeutet also Hebung des Schaftes (positive Schlagweise). Das Schlagen der Papierkarte (Lochung) erfolgt mittels einer Musterkarte, die auf grob geteiltem Linienpapier die Bindung eingezeichnet erhält. Die Bindung ist dabei so gezeichnet, daß der erste Schuß oben, der zweite darunter usw. eingetragen ist, also umgekehrt wie in den üblichen Bindungszeichnungen. Diese Musterkarte wird in einer Leseschiene einer eigenen Kartenschlagmaschine eingelegt, deren Schlagbreite mit der Breite des Linienpapieres und mit der Breite der zukünftigen Papierkarte übereinstimmt. Dann wird mit Hilfe von Tasten schußweise, durch Niederdrücken der Schlagplatinen, entsprechend den Bindungspunkten das Lochen des Kartenpapieres durchgeführt. Zu diesem Zweck werden die Schlagbolzen zuerst kartenweise (also für je zwei Schüsse) durch Niederdrücken von Tasten eingelesen und dann wird durch Kurbeldrehung der Maschine das Schlagen der Bolzen ausgeführt. Die Karte wird dann gleich um zwei weitere Schüsse geschaltet und ist für das Lesen und Schlagen der nächsten zwei Schüsse schlagbereit. Damit die Karten endlos zusammengeklebt werden kann, werden am Ende der Karte noch einmal die ersten vier Schüsse geschlagen.

Das Zusammenkleben der Karte erfolgt am besten an der Schaftmaschine am Musterzylinder, damit die Löcher genau übereinander liegen.

Man baut auch Papierkartenschaftmaschinen mit doppeltem Kartenlauf. Sie werden als sog. Kartensparvorrichtungen mit Vorteil dort verwendet, wo groß karierte Gewebe aus Ketten- und Schußstreifen verhältnismäßig einfacher Bindungen aufgebaut sind.

Kartensparvorrichtungen. Bei größeren und komplizierteren Mustern (für karierte [Abb. 50, 51] oder längsgestreifte Stoffe) sind längere Kartenläufe notwendig; diese verursachen größere Kosten und verlangen größeren Raumbedarf. Deswegen spart man mit den Karten. Gewöhnliche Schaftmaschinen mit einem Kartenlauf erfordern eigentlich bei diesen Geweben trotz der einfachen Bindungen wegen der Streifen soviel Karten[1] als das ganze Karomuster Schüsse hat (oft einige 100 Karten). In der Handweberei oder bei sehr großen Karomustern auch in der mechanischen Weberei, wechselte man früher einfach nach Ablauf einer Bindung die Karte aus, wozu immer der Stuhl abgestellt werden mußte. Durch Verwendung mehrerer Musterzylinder, am häufigsten zwei, kann man jedem Musterzylinder eine Bindung zuordnen und schaltet durch einen dritten Zylinder, der die sog. Wechselkarte trägt, abwechselnd eines der Prismen ein. Die Musterzylinder erhalten dann nur die geringst mögliche Kartenzahl, die für die einfache Grundbindung des Streifens nötig ist, der dritte Zylinder muß einen Schaltungsrapport erhalten, der dem ganzen Karomuster entspricht.

[1] Wo immer zwei Schüsse in der Karte gestiftelt sind, braucht man nur die Hälfte.

Auch bei einfachen Bindungen kann man mit den Karten sparen. Die Leinwandbindung kann man z. B. mit einer Karte bei allen Doppelhubmaschinen System Hattersley weben, weil eine Reihe der Stifte auf die ungeraden Stiftenhebel (Fühlerhebel) wirkt und die andere Reihe auf die geraden Stiftenhebel, was stets gleich bleibt. Man kann evtl. bei diesen Maschinen die Stiftenhebel anders, z. B. mit der Schnur oben halten. Im anderen Fall sind mindestens soviel Karten notwendig, als das Prisma Seiten hat.

Bei der Dickinsonschaftmaschine, Burnleyschaftmaschine und ähnlichen muß man beim Sparen für Leinwand 2 Karten haben, von denen eine stets bei ungeraden und die andere bei geraden Schüssen wirkt. (Jede der beiden Karten befindet sich auf einem Prisma.)

Ebenso sind bei der Hodgsonschaftmaschine für Leinwand 2 Karten notwendig, aber mit einem Prisma, welches sich dann um eine Teilung hin und her dreht.

Eigentliche Kartensparvorrichtungen haben ihre größte Bedeutung bei den karierten und längsgestreiften Geweben.

Bei karierten Stoffen (Abb. 50, 51) benutzt man meistens zwei evtl. drei und mehr Prismen (bei den Schaftmaschinen in der mechanischen Weberei, siehe S. 21), oder man benutzt bei Einhubmaschinen evtl. auch bei Doppelhubmaschinen Karten mit mehreren Reihen von Stiften oder Löchern. (Die Einhubmaschinen kommen überall in der Handweberei, manchmal auch in der mechanischen Weberei vor.) In diesem Falle ist das Prisma verschiebbar, so daß einmal eine Reihe, ein zweites Mal die andere Reihe usf. wirken. In der Handweberei, wo zur Beherrschung der Platinen Nadeln benützt werden, kann man auch das Nadelbrett gegen einzelne Löcherreihen nach Bedarf verschieben und so verschiedene Bindungen nacheinander weben. In der gleichen Weise kann man auch diese Einrichtung in der mechanischen Weberei benutzen.

Die Benutzung von zwei Zylindern ist aus der Beschreibung der Abb. 52, 54, 56 ersichtlich. Nach Abb. 56 wird die Umwechslung der beiden Zylinder durch verschiedene Höhe der Kettenglieder der Wechselkette R erzielt. Die Firma Horák konstruierte solche Schaftmaschinen auch mit 3 Zylindern, von denen jeder bei einer anderen Bindung wirkt. Auf den Seiten 21 und 22 ist die Zweiprismenschaftmaschine dieser Firma beschrieben und eine genaue Anleitung für die Benutzung beigefügt.

Eine einfache und praktische Anpassung der Prismenwechselvorrichtung dieser Maschine für exaktes Ausweben der beiden Bindungen kann man durch die Verlängerung des stehenden Armes (für Y) erzielen. Dieser verlängerte Arm bekommt dann eine neue Klinke, welche die Umwechslung der äußeren Zylinder immer bei dem geraden Schuß verursacht. Bloß die Drehung dieses Prismas findet in anderer Richtung statt.

Die Schußstreifen mit mehreren Bindungen kann man auch mit einem Zylinder weben. Dann ist es z. B. bei 2 Bindungen notwendig die geraden Karten für eine Bindung und die ungeraden Karten für die andere Bindung zu benutzen. Beim Weben der Schüsse derselben Bindung schaltet man den Zylinder immer um 2 Karten weiter. Bloß beim Übergang von der einen Bindung zur anderen schaltet man um eine Karte weiter. (Die beiden Bindungen haben am besten dieselbe Kartenanzahl, evtl. ist die eine das kleinste gemeinsame Vielfache der anderen.)

Bei längsgestreiften Geweben benutzt man vorteilhaft 2 Prismen, welche gleichzeitig wirken, und zwar hebt ein Prisma eine Gruppe der Schäfte, während das zweite Prisma die andere Gruppe hebt (siehe Schaftmaschine mit Papierkarte und Holzprisma in Abb. 48). Ein praktisches Beispiel für diesen Fall siehe S. 21 zweiter Absatz.

Die Papierkartenschaftmaschine. Der dreiarmige Hebel T (Abb. 48) wird von der Schützenschlagwelle (unteren Welle) durch die Zugstange V für je zwei Schüsse ein volles Spiel erhalten. Er bewegt die Zugstange A und das Messer Z. Damit die Stifthebel L auch für die ungeradzahligen Schüsse bedarfsweise gehoben bleiben, auch wenn das Messer Z schon zurückgeht, so schnappt in die Einschnitte der Stifthebel der Draht D ein, der rechtzeitig durch die Rolle C, den Arm B und eine Feder zurückgedrückt wird (Abb. 48a). Beim nächsten Schuß fallen die oben gehaltenen Stifthebel herab, da der Draht D durch den Arm B und die Rolle C abschwingt. Der Kartenzylinder dreht sich mit der Karte nach innen, und deshalb verwendet man die oberen Nadeln der Platinen M für die ungeraden Schüsse, die unteren für die geraden.

Solche Schaftmaschinen können auch mit doppelter, gleichzeitig wirkender Karteneinrichtung (zwei Kartengruppen) arbeiten und finden auch dort praktische Anwendung, wo die eine Zahl des kleineren Schußrapportes — bei zwei Kettenstreifen verschiedener Bindungen — nicht in der Zahl des zweiten größeren Streifens enthalten ist. Beim Weben solcher Streifen mit bloß einer Kartengruppe benötigt man eine zu große Anzahl von Karten. Das kleinste gemeinsame Vielfache verlangt z. B. bei Rapporten von 10 und 208 Schüssen 1040, das sind 520 Holzkarten, je zwei Schüsse. Bei dieser Maschine kommt eine solche Anordnung vor, bei der die kleinere Bindung auf dem Holzprisma, die zweite, größere Bindung auf der Papierkarte (an betreffender Walze) angeordnet wird.

Die Schaftmaschinen der angegebenen Systeme Stäubli werden auch von der Firma Horák in Lomnice gebaut. Dieselbe baut auch eine Zweiprismenschaftmaschine für zweierlei Bindungen. Dieselbe wird wie die oben erwähnten Kartensparvorrichtungen dort mit Vorteil verwendet, wo breite Schußstreifen in einfachen Bindungen aber großen Rapporten abwechseln (Abb. 50, 51).

Die Zweiprismenschaftmaschine der Firma Horák in Lomnice an der Popelka (Abb. 52, 53, 54) ist im wesentlichen der Hattersley-Maschine ähnlich. Sie kann sowohl als Einprismenmaschine (Ausschaltung des zweiten Prismas) glatte Ware als auch als Zweiprismenmaschine zweibindige, karierte Ware mit verhältnismäßig kleiner Kartenanzahl weben. Ein Muster, das z. B. 64 Schuß achtbindigen Atlas und 60 Schuß sechsbindigen Köper als Karo arbeiten sollte, erfordert auf einer gewöhnlichen Schaftmaschine 124 Karten. Auf einer Zweiprismenmaschine erhält in diesem Fall ein Prisma acht Atlaskarten (16 Schuß) und 12 Köperkarten (24 Schuß), da die Musterzylinder achtseitig sind, also acht Karten mindestens erfordern. In dem genannten Beispiel erfordert der sechsschüssige Köper deshalb 12 Karten. Man braucht also insgesamt für obige zwei Bindungen nur $8 + 12 = 20$ Karten, hat also 104 Karten erspart.

Bei der Horákmaschine sind die Schäfte auf Schafthebeln A_1, A_2 aufgehängt, die durch die Zugstange Z′ und die Winkelhebel R mit der Stütze O zusammenhängen. An der letzteren sind die zwei Platinen P_1, P_2 eingelenkt. Die Platinen P_2 werden durch Nadeln gehalten, die sich auf Stifthebel L_1 und L_2 stützen, die wieder durch die Kartenläufe H_1 und H_2 horizontal gehalten werden. Das Anliegen der Hebel L_1 und L_2 erfolgt durch ihr Übergewicht, welches die Gewichtswirkung der Platinen überwindet. Ein Stift in der Karte hebt die Hebel L_1 und L_2, senkt die Nadeln und Platinen P, diese kommen in den Messerbereich und der Schaft wird gehoben. Die Messer N_1, N_2 werden vom dreiarmigen Hebel R′ und der Zugstange V von der Schützenschlagwelle bewegt. Die Prismen H_1 und H_2 wirken abwechselnd, entsprechend der jeweilig arbeitenden Bindung. Die Prismen sind auf einem Waagebalken W gelagert und lösen sich bei Bindungswechsel nach Bedarf in ihrer Wirkung ab. Die Drehung der Prismen (Schaltung) erfolgt durch Sperrklinken nach jedem zweiten Schuß, so daß jede Karte für zwei Schüsse gilt.

Die unteren Platinen P_1 und das untere Messer N_1 wirken bei den ungeradzahligen Schüssen, die oberen Platinen P_2 und ihr Messer N_2 bei den geradzahligen Schüssen.

Wird eines der Prismen gesenkt, so hört auch seine Drehung auf, da seine Schaftklinke mittels einer am Waagebalken angeschlossenen Kette aufgehoben wird. Die Prismen drehen sich oben nach innen. Der Prismenwechsel erfolgt durch einen eigenen Wechselmechanismus (Kartensparvorrichtung). Auf der Welle des Waagebalkens (W) sitzt hinten ein nach oben gerichteter Arm, er trägt einen Hebel Y mit zwei Klauen (Zähnen). Dieser kann mit Hilfe der Platine I nach rechts und links ausschwingen und demnach kann auf seinem rechten oder linken Zahn der Ansatz des dreiarmigen Hebels T anschlagen. Soll das Prisma H_2 statt des Prismas H_1 wirken, so ist nötig, daß auf dem Prisma H_3 ein Stift der Karte eingreift. Durch ihn wird die Platine I angehoben, der Anschlag hebt den rechten Zahn des Zahnhebels Y an, wodurch der Arm und der Waagebalken W nach rechts neigt und das Prisma H_2 zum Eingriff bringt. Der Prismenwechsel kann nur bei einem geradzahligen Schuß erfolgen und nur dann richtig, wenn der letzte Schuß auf dem Prisma H_1 abgewebt hat. Soll nun wieder das Prisma H_1 in Tätigkeit treten, dann ist es notwendig, daß am Prisma H_3 eine leere Karte kommt (kein Stift). Dieselbe bewirkt, daß die Platine I gesenkt bleibt und der linke Zahn des Zahnhebels Y mit dem Ansatz in Berührung kommt, wodurch der Arm und der Waagebalken W nach links neigt, das Prisma H_1 angehoben und H_2 entfernt wird. Der Wechsel des Prismas H_1 an Stelle von H_2 erfolgt bei ungeradem Schuß und daher nicht richtig, da der letzte Schuß am Prisma H_2 noch nicht abgewebt hat. Um diesen Fehler zu beseitigen, kann man folgende Vorkehrungen treffen:

1. Für das Prisma H_1 wird noch eine besondere Karte zugegeben, in deren zweite Reihe Stifte für den letzten Schuß des linken Prismas H_2 eingesetzt werden und mit dieser am Prisma H_1 überzähligen Karte wird sogleich zu arbeiten begonnen. Dabei können allerdings die Karten des Prismas H_1 nicht mehrmals wiederholt werden.

2. Man läßt den Wechsel der Karten um zwei Schüsse später erfolgen. Hierzu ist es nötig, am Prisma H_2 eine überzählige Karte hinzuzugeben, welche den ersten Schuß des Prismas H_1 einbehält. Dieser Schuß wird für diese Bindung als letzter Schuß gewebt und mit ihm zugleich die zweite Bindung zu weben begonnen.

Die Drehung des Prismas H_3 erfolgt durch einen besonderen Hebel G mit Sperrklinke, welcher sich mit seiner Rolle auf den hintersten Stützhebel O stützt. Es erfolgt also dann eine Drehung des Prismas H_3, wenn in den Karten auf den Prismen H_1 oder H_2 in den rückwärtigsten zwei Löchern ein Stift kommt. (Über falsche Schafthebung siehe S. 89—91.)

Horáks Schaftmaschine „Progreß“. Die Firma baut auch Progreß-Schaftmaschinen mit hängenden Platinen ohne Nadeln, die sich infolge ihres Eigengewichtes leicht an die fast senkrecht laufenden Messer legen (Abb. 55).

Die Progreß-Schaftmaschine der Firma Horák in Lomnice ist eine Doppelhubmaschine und hat einen besonders leichten Gang, einfachen Bau und guten Schafthub. Dadurch kann der zugehörige Webstuhl mit höherer Tourenzahl laufen.

Die Schäfte sind in den Schafthebeln S_1, S_2 (Abb. 55) eingehängt, der linke Hebel hängt durch die Zugstange St am Hebel P. Dieser trägt auf Zapfen des linken Armes auf der Vorder- und Rückseite zwei Hängeplatinen P_1, P_2. Die Platinen stehen direkt unter der Einwirkung der Winkelhebel p_1, p_2. Mittels dieser Hebel werden die Platinen solange von den Messern abgehalten, als nicht ein Stift in der Karte unter den linken Arm des Stifthebels p_1 oder p_2 kommt. Wenn ein Stift kommt, dann neigt sich die Platine P_1 oder P_2 zum Messer und wird mitgenommen, wobei der Hebel P den Schaft hebt. Die Messer bewegen sich mittels der Zugstangen T_1, T_2 und des Hebels $V_{1,\,2}$ in schrägen Nuten, wobei der Hebel V_1 durch die Zugstange X von der unteren Welle seine Bewegung erhält. Damit die hinteren Schäfte höher heben als die vorderen (reines Fach), sind die hinteren Zugstangen an längere Hebelarme des Hebels P angehängt als die vorderen. In der höchsten Messerlage soll das Messer etwa 10 mm über dem Platinenzahn stehen, da sonst die Platine nicht sicher einschnappt.

Das Prisma dreht sich nach innen, eine Karte gilt für zwei Schüsse und ein Stift bedeutet Schafthub (positive Steckweise). Die inneren Platinen P_1 wirken bei ungeraden, die äußeren Platinen P_2 bei geraden Schüssen.

Bezüglich ihrer Fachbildung ist diese Maschine weder für völliges Offenfach, noch für Geschlossenfach gebaut, denn der Ladenanschlag erfolgt bei halbgeschlossenem Fach. Ein Schaft, der bei einigen nacheinanderfolgenden Schüssen gehoben werden soll, bleibt nicht oben, sondern senkt sich um ungefähr $^1/_2$ Fachhöhe und hebt wieder für den nächsten Schuß. Da diese Maschine ohne Nadeln arbeitet, wirkt sie etwas sicherer; sie hat außerdem weniger Gelenke, die Messer reiben nicht so sehr, und sind ausbalanciert. Ebenso sind die Schäfte und Platinen gegeneinander ausgewuchtet und daher der Gang der Maschine leichter. Die Karten werden wie bei der Stäubli- oder Horák-Zweiprismenmaschine angefertigt (Abb. 59).

Die Zweiprismenmaschine von Stäubli (Abb. 56—57) war das Vorbild für die Horák-Zweiprismenmaschine. Die Arbeitsprismen H_1, H_2 wechseln in dem Falle, wenn ein höheres Glied in der Kette R auf dem kleinen Prisma F_2 vorgesehen wird.

Die Schaftmaschine für große Schaftanzahl. Um eine größere Schaftzahl auf eine begrenzte Geschirrtiefe zusammenzudrängen und dadurch leichter größere Muster zu weben, werden die Oberteile der ungeraden und die Unterteile der geraden Schäfte (Schaftstäbe) verschieden lang gemacht, so daß die Schaftstäbe nicht einander gegenüberliegen, wodurch sie eine verhältnismäßig kleinere Tiefe einnehmen (Abb. 26). Zum Heben solcher Schäfte verwendet man eine besondere Schaftmaschine, wie sie z.B. von der Tannwalder Maschinenfabrik konstruiert wird.

Die Aufstellung der Schaftmaschine am Webstuhl. Die Lagerung der Schaftmaschine am Stuhlgestell (Abb. 61) erfolgt in der Regel auf Konsolen V, die an der Traverse H der Webstuhlkrone K (Dragoner) befestigt werden. Zur Versteifung des Stuhles in der Querrichtung und besseren Befestigung der Schaftmaschine werden vorerst auf die Konsole U-Eisen U (Abb. 61) aufgelegt; auf diesen befestigt man die Schaftmaschine. Manchmal wird noch die Konsole V durch die Stangen unterstützt (Abb. 53, erstes Bild).

Die Schäfte werden an jene Platinen gehängt, die dem Warenrand näher liegen, so daß zwischen dem vordersten Schaft und der nach hinten geneigten Lade ungefähr 25 mm Spielraum bleibt. Infolgedessen brauchen die Schäfte rückwärts nicht so hoch gehoben zu werden und der Weber kann die näheren Schäfte besser bedienen und beobachten.

Damit die Schaftmaschinen in Übereinstimmung mit den anderen Mechanismen des Stuhles arbeiten (Schlag, Lade), so muß ihr Antrieb in einem bestimmten Zeitmaß zur Ladenbewegung, zum Schlagmechanismus und anderem mehr erfolgen, d. h. einer bestimmten Lage dieser Teile entspricht immer eine bestimmte Lage der Fachbildemechanismen.

Z. B. müssen bei der Leinwandbindung die Schaftmesser einander begegnen, wenn die Kurbel, welche die Doppelhubschaftmaschine antreibt, waagerecht steht (Abb. 62) und die Kurbel der Hauptwelle oben steht, während sie bei Köper, Atlas etwas nach vorne geneigt ist und dies um so mehr, je weniger Kettenfäden abbinden (Abb. 63). Analog stellt man den Messerantrieb der Doppelhubjacquardmaschinen ein.

Die Aufhängung der Schäfte ist so auszuführen, daß in den kleineren Distanzen die Höhenlage der Schäfte für den Ruhezustand möglichst wechseln kann. Deshalb werden die Aufhängeschnüre mit Durchziehschlingen versehen, welche das Einstellen der Schafthöhenlage ermöglicht (Abb. 64). Zieht man z. B. die Schnur im Teil 1 nach unten, so hebt man den Schaft auf der betreffenden Seite. Zieht man die Schnur im Teil 2 nach unten, so senkt man den Schaft. Der Schaft wird bloß um die Länge $L/_2$ gehoben, da die andere Hälfte von $L/_2$ durch Verlängerung des Teiles 2 verlorengeht.

Die Schlinge A darf sich nicht lockern. Sie wird so durchgeflochten, wie dies Abb. 64—65 zeigen.

Bei schweren Stühlen benutzt man für denselben Zweck spezielle Schaftaufhänger (Schaftregulierer), mit welchen man nach Bedarf die Höhe der Schäfte einstellen kann. (Siehe Tuchstühle Abb. 402—403 und S. 129.)

Die Nuttallschaftmaschine für Hoch-, Tief- und Geschlossenfach (Abb. 66—68). Diese Maschine hebt und senkt die Schäfte aus dem Geschlossenfach, in welches sie nach jedem Schuß zurückkehrt. Die Schäfte sind an Schafthebeln aufgehängt, welche durch Schnüre mit den Hebeln P verbunden sind und die mit Rollen in Nutführungen der Schilde St laufen. An diese sind auch die unteren Hebel der Schäfte befestigt, so daß durch Senkung des Schafthebels P der Schaft gehoben wird und umgekehrt. Zu jedem Schaft gehört neben dem Schafthebel P ein Schild St und zwei Rollplatinen (Hilfsplatinen) Pl und Pp, auf welche die Karte mit ihren Rollen einwirken. Der Schafthebel P wird also mit seiner Rolle in der Rille des Schildes St zwangsläufig geführt.

Die Schilder St bzw. S sind durch die Zapfen S_2, S_3, S_4 mit dem Schilde S verbunden und schwingen mit ihm um den, auf dem Schilde D befestigten Zapfen S_1. Der Schild (die Wiege) ist an der Seitenwand des Webstuhles oder seitlich vom Stuhl am Fußboden in einem kräftigen Bock gelagert.

Das Übersetzungsrad II auf dem Zapfen des Schildes D überträgt die Drehung des Rades I von der Hauptwelle Hh auf das Rad III.

Das letztere ist am Zapfen S_1 lose aufgesetzt und hat auf der Nabe ein fest aufgesetztes Exzenter E. Außerdem besitzt das Rad III einen Zapfen c, womit es im gleichen Sinne die Sternräder h_1, h_2 und auch die Prismen H_1, H_2 dreht. Das Exzenter E bewegt die Schilde (die Wiege oder Schaukel) der Maschine durch die Zugstange T_1, den Hebel R und die Schubstange T_2. Das Exzenter wird vom Rad III mit derselben Geschwindigkeit wie die untere Welle getrieben, die Übersetzung von der Hauptwelle I über II nach III beträgt 1:3 und 3:2, insgesamt also $^1/_2$.

Das Heben und Senken der Schäfte wird durch die Rollenkarten auf den Prismen H_1, H_2 gesteuert. Eine Rolle in der Karte hebt die Platine Pl oder Pp und damit das Segment Sl oder Sp, so daß sich die Rille auf dem entsprechenden Schilde St weichenartig nach oben oder unten verstellt. Durch die nächste Ausschwingung des Schildes tritt dann die entsprechende Bewegung der Schafthebel und der Schäfte ein. Es bedeutet also eine Rolle in der Karte immer ein Heben des Schaftes, eine Hülse der Karte ein Senken desselben.

Für jeden Schuß erfolgt eine Ausschwingung aus der Mittellage des Schildes (der Wiege), so daß einmal die linke und einmal die rechte Platinenreihe und Rollkarte wirkt.

Sind die Schilder St, S nach links geneigt, so wird das linke Prisma H_1 gedreht. Sind die Schilder St, S nach rechts geneigt, so wird das rechte Prisma H_2 gedreht. Die Prismen werden also immer nach zwei Schüssen gedreht.

Wirkt das linke Prisma, so gehen die Schilder nach rechts. Wirkt das rechte Prisma, dann gehen die Schilder nach links. Eine Karte enthält die geraden, die andere die ungeraden Schüsse.

Die Nuttal-Schaftmaschine verwendet man bei dichter, schwerer Ware, wie Manchester und besonders bei Hosenzeugstoffen aus Baumwolle (Warnsdorfer Waren).

c) Die Jacquardmaschinen (Jacquard machines).

Die Jacquardmaschinen verwendet man beim Weben von Mustern mit größerem Rapport (z. B. 20 und mehr Fäden). Bei den Schaftmaschinen kann man Muster von höchstens 16 Fäden bei schmalen Stühlen und 32 bei Tuchstühlen weben, denn selbst bei geringer Dicke der Schaftstäbe wird bei höherer Zahl der Schäfte das Geschirr zu tief. Die in die hinteren Schäfte eingezogenen Fäden, die wegen der Reinheit des Faches höher gehoben werden, würden zu sehr angespannt und reißen. Deshalb läßt man bei größeren Mustern die Litzen von Hebeschnüren und gleichbindende Fäden und Litzen werden von je einer Platine der Maschine bedient. Die Platinen werden durch Nadeln und diese von Karten gesteuert (ein Loch bedeutet einen Hub der Platinen).

Einteilung der Jacquardmaschinen. Die Jacquardmaschinen Abb. 69—70 werden nach ihrer Teilung (Mittelentfernung der Nadeln), nach ihrer Bauart und ihrer Größe (die gewöhnlich benutzte Platinenzahl stimmt mit der Zahl der verschieden bindenden Fäden überein) eingeteilt.

Nach der Nadelteilung unterscheiden wir Maschinen mit grober (6,83 mm), feiner (5,7 mm), feinfeiner Teilung (etwa 4 mm) und feinster Teilung (etwa 2,85 mm).

Die wichtigsten Größen der Maschinen mit grober Teilung sind die 200er, 400er und 600er Maschinen. Sie haben 4, 8, 12 Längsreihen zu 51 Platinen, insgesamt also 204, 408, 612 Platinen. In der Praxis kommen auch Abweichungen vor. Die Längsreihe mit 25, 50 oder 75 Löchern und einigen Reservelöchern gestattet eine schnelle Bestimmung der Maschinengröße durch Zählung der Löcher in der Querreihe. Für verschiedene Zwecke (Mustervergrößerung, Hilfsbewegung am Stuhl) sieht man zur Grundzahl (200 bis 2000) 2—8%, bei Feinstichmaschinen sogar 10% evtl. mehr Reserveplatinen vor.

Die gangbarsten Maschinen sind die mit feiner Teilung, und zwar die 400er, 600er, 800er Maschinen mit 8, 12, 16 Längsreihen zu 55 Platinen, im ganzen also 440, 660, 880 Platinen.

Die verschiedenen Größen der Jacquardmaschinen.

I. Wiener oder sächsische grobe Teilung:

Maschine	Reihen Längs-	Reihen Quer-	Platinen
100 er	4	26	= 104
200 er	4	51	(25:26) = 204
200 er	8	26	(26) = 208
300 er	6	51	(25:26) = 306
400 er	8	51	(25:26) = 408
500 er	10	51	(25:26) = 510
600 er	12	51	(25:26) = 612
800 er	12	68	(34:34) = 816
1000 er	12	87	(25:26:25:11) = 1044 usw.

II. Feine Wiener Teilung:

100 er	4	28	(28) = 112
200 er	4	55	(27:28) = 220
300 er	6	55	(27:28) = 330
300 halbe	12	28	= 336
400 er	8	55	(27:28) = 440
500 er	10	55	(27:28) = 550
600 er	12	55	(27:28) = 660
700 er	14	55	(27:28) = 770
800 er	16	55	(27:28) = 880
900 er	12	82	(27:28:27) = 984
1000 er	14	82	(27:28:27) = 1148
1200 er	16	82	(27:28:27) = 1312

III. Grobe Elberfelder Teilung wie I mit folgenden Abweichungen:

400 er	8	52	(26:26) = 416
600 er	10	62	(31:31) = 620
800 er	10	80	(27:26:27) = 800
800 er	10	84	(28:28:28) = 840 usw.

IV. Grobe Berliner Teilung wie I mit folgenden Abweichungen:

400 er	8	52	(26:26) = 416
600 er	12	55	(28:27) = 660
800 er	12	70	(5:20:20:20:5) = 840
900 er	12	83	(4:25:25:25:4) = 996 usw.

Grobe englische Teilung:

Maschine	Reihen Längs-	Reihen Quer-	Platinen
300 er	8	44	(15:14:15) = 352

Feine englische Teilung:

1000 er	16	72	(36:36) = 1152

V. Lacassesche oder französische feine Teilung:

100 er	4	28	4 × (28) — 8 = 104
200 er	8	28	8 × (28) — 8 = 216
300 er	6	56	6 × (28:28) — 16 = 320
400 er	8	56	8 × (28:28) — (4 × 4) = 432[1]
400 er	16	28	16 × (28) — 8 = 440[1]
600 er	12	56	12 × (28:28) — 16 = 656[1]
880 er	16	56	16 × (28:28) — (4 × 4) = 880[1]
1000 er	12	84	12 × (28:28:28) — 24 = 984
1100 er	14	84	14 × (28:28:28) — 24 = 1152
1300 er	16	84	16 × (28:28:28) — 24 = 1320[1]
1700 er	16	112	16 × (28:28:28:28) — 32 = 1760
2200 er	16	140	16 × (28:28:28:28: 28) — 40 = 2200
2600 er	16	168	16 × (28:28:28:28: 28:28) — 48 = 2640

VI. Feine Schroersche Teilung:

400 er	6	67	= 402
500 er	8	67	33:34 = 536[1]
600 er	6	100	= 600
600 er	10	67	= 670
800 er	8	100	= 800
800 er	12	67	33:34 = 804[1]
1000 er	10	100	= 1000
1000 er	16	67	34:33 = 1072[1]
1200 er	12	100	33:34:33 = 1200[1]
1400 er	14	100	= 1400
1600 er	16	100	33:34:33 = 1600[1]

Feine Verdolsche Teilung:

800 er	8	112	(56:56) = 896
1300 er	8	168	(56:56:56) = 1344

Der Preis der Karten ermäßigt sich gegenüber dem der groben Teilung bei feiner Wiener Teilung um ungefähr 15%, bei Lacasse-Maschinen um etwa 30% und bei den Verdol-Maschinen um etwa 50%.

Bei der Verdol-Maschine mit 1344 Platinen hat die Karte bei 1000 Schüssen eine Länge von etwa 27 m.

Die Karten der wichtigsten Jacquardmaschinen sind in den Abb. 71—72 dargestellt. In der Abb. 71A ist ein Stück einer Karte mit grober Teilung (aus der Karte heraus-

[1] Diese Teilungen sind in der Praxis mehr benutzt.

geschnitten), in der Abb. B wird analog ein Kartenstück feiner (Wiener) Teilung, in der Abb. C ein Kartenstück einer Lacasse-Teilung (natürliche Größe), in der Abb. D ein Kartenstück einer Verdol-Maschine (natürliche Größe) gezeigt.

In der Abb. 72 A ist ein verkleinertes Stück der Karte einer 400er Maschine mit grober Teilung dargestellt.

Abb. 72 B ist das verkleinerte Bild einer Karte der 600er Maschine mit grober Teilung.
Abb. 72 C ist das verkleinerte Bild einer Karte der 300er Maschine mit feiner Teilung.
Abb. 72 D ist das verkleinerte Bild einer Karte der 400er Maschine mit feiner Teilung.
Abb. 72 E ist das verkleinerte Bild einer Karte der 800er Maschine mit feiner Teilung.
Abb. 72 F ist das verkleinerte Bild einer Karte der 1200er Maschine mit feiner Teilung.

Die feine Teilung heißt auch verkürzte oder Halbteilung. Die Abb. G. H. Ch sind verkleinerte Bilder der Lacasse-Teilung, Abb. I ist das verkleinerte Bild der Verdol-Maschinenkarte zum Vergleich des Raum- und Papierbedarfes dargestellt.

Der Konstruktion nach unterscheidet man einerseits Einhub- und Doppelhub-Jacquardmaschinen, andererseits nach der Fachbildung, Hochfach- und Hoch- und Tieffach-Jacquardmaschinen. Die letzteren erhalten zur Erreichung des Tieffaches einen beweglichen Platinenboden. Die Einhubmaschinen verwendet man nur mehr in der Handweberei. Die mechanische Weberei zieht Doppelhubmaschinen oder die Einhubmaschine mit beweglichem Platinenboden vor.

Bei den Doppelhubmaschinen sind zwei Platinensysteme, eines für die geradzahligen und eines für die ungeradzahligen Schüsse verwendet, wie dies ähnlich bei den Doppelhubschaftmaschinen ausgeführt war.

Bei den Maschinen mit beweglichen Platinenböden werden die gehobenen Platinen, für deren Nadeln in den Karten Löcher vorgesehen waren, in das Hochfach gezogen, die übrigen, das sind die „gelassenen“ Platinen, mit dem Platinenboden in das Tieffach gesenkt. Dadurch erhalten Platinen, Schnüre und Litzen nur den halben Hub; derselbe kann langsamer und sicherer erfolgen. Durch das Doppelhubsystem wird gleichfalls die Sicherheit des Aushubes auch bei höherer Webstuhltourenzahl erreicht.

Jede Platine hebt so viel Fäden, so oft sich dieselben in gleicher Abbindungsart in der Gewebebreite wiederholen. Ist z. B. ein Muster mit 200 Fäden in der Stoffbreite viermal wiederholt, so verwendet man eine 200er Maschine, die je vier Hebeschnüre (Litzen) je Platine aushebt. Das Schnürbrett R′ (Abb. 73) ist in einem besonderen Rahmen eingesetzt, der je nach der Maschinenbreite 1,85 m vom Platinenboden (bei breiteren Waren weiter) entfernt ist. Dies bestimmt die gesamte Maschinenhöhe und lichte Höhe des Websaales, da die anderen Höhenmaße der Maschine gegeben sind. Die Litzen werden unten durch Anhangeisen beschwert, die die Hebeschnüre spannen und die Helfenaugen in gleicher Höhe und Entfernung halten. Unter dem Platinenboden (Abb. 69—70) sind die Platinenschnüre Ps mit dem Karabiner Y an die Hebeschnüre Zs geschnürt, diese gehen durch den Rost G, der mit seinen Glasstangen (geringe Reibung) für die Rand- und Mittelfäden den gleichen Hub erzwingt.

Das Gewicht der Anhangeisen wird dem Jacquardgeschirr, also der Garnfeinheit und Fadendichte angepaßt. Die Praxis verwendet als Faustregel: das Gewicht G des Anhangeisens wird bestimmt aus $G = \frac{5000}{d}$, wobei d die Kettenfädenzahl je 10 cm bedeutet. G wird in Gramm errechnet.

Es empfiehlt sich nicht, zuviel Arten von Anhangeisen zu verwenden, weil dies die Arbeit erschwert. Am besten verwendet man Anhangeisen gleicher Stärke, aber verschiedener Länge je Garnitur, um das Unterscheiden sowie Anpassen der Garnituren zu erleichtern.

Die Schnürordnungen. Um bei gegebenen Mustern eine entsprechende gesetzmäßige Ordnung in der Reihenfolge der Schnüre, das ist Verbindung der Platinen, Platinenschnüre, Hebeschnüre und damit der Litzen und Kettenfäden zu erreichen, müssen die Hebeschnüre in bestimmter Reihenfolge in das Schnürbrett eingezogen sein. Diese

Reihenfolge wird als Einzug oder Schnürordnung bezeichnet. Sie darf nicht mit der Schnürweise verwechselt werden, die als offene oder gekreuzte Schnürweise (englische oder deutsche Schnürweise) die Aufstellung des Platinenbodens zum Schnürbrett kennzeichnet. Man unterscheidet Schnürordnungen „gerade durch", „spitz" und „gemischt". Außerdem unterteilt man das Schnürbrett und die Jacquardmaschine in Längsreihen, in eine oder mehrere Gruppen (Corps), wenn man Gewebe mit mehreren Kettensystemen arbeitet. Man beginnt die Schnürung bei der ersten Platine (links hinten), die die erste Hebeschnur (im ersten Loch des Schnürbrettes links hinten) hebt. Bei der Schnürordnung „gerade durch" verbindet man die erste Platine mit der ersten Hebeschnur, die zweite Platine mit der zweiten Hebeschnur usw., und diese heben den ersten, zweiten usw. Faden (Abb. 73).

Bei symmetrischen Mustern (Spitzmustern) hebt die erste Platine den ersten Faden links und den letzten Faden rechts, die zweite Platine den zweiten Faden links und den vorletzten rechts usw. (Schnürordnung im Spitz). Auf jeder Platine hängen doppelt so viele Hebeschnüre, als Rapporte in der Stoffbreite vorhanden sind (Abb. 74). Wechselt der glatte mit dem Spitzeinzug, so entsteht der gemischte Einzug (Abb. 75). Er wird für kompliziertere Muster verwendet. In der gezeichneten Abb. ist ein gemischter Einzug für die symmetrische Bordüre (erste bis 200. Platine) und ein viermal wiederholtes Grundmuster (201.—400. Platine) angegeben.

Wechselt das Muster und erfordert abwechselnd geraden und Spitzeinzug, so entsteht die gemischte Beschnürung (zusammengesetzte Muster).

a) Die Einhub-Jacquardmaschine (Abb. 69—70) wird nur mehr in der Handweberei benutzt. Ihre Hauptteile sind aus Holz. Die Platinen P werden durch Nadeln J und diese durch Karten auf dem Prisma H gesteuert. Ein Loch in der Karte bedeutet Anliegen der Platine am Messer N und das Ausheben der zugehörigen Kettenfäden beim nächsten Messerhub. Der Messerkasten mit den Messern N wird bei jedem Schuß (Fachhub) durch Zugstangen und den Hebel R gehoben, dessen Ende durch die Trittschnur und den Tritt tiefgezogen wird. Der Weber tritt vor jedem Schuß das Fach aus. Während des Messerkastenhubes bringt die am Messerkasten befestigte Rolle A die Kulisse K zum Ausschwingen und dadurch wendet das Prisma H an einem der Wendehaken O_1 bzw. O_2. O_1 dient für das normale Vorwärtsweben, O_2 wird durch eine Schnur eingeschaltet, bei gleichzeitiger Ausschaltung von O_1, wenn man zurückarbeiten, also Schuß suchen bzw. auftrennen will. Der Drücker T erzwingt durch seine Federung durch die Feder F den Druck auf die Laterne des Prismas und die genaue Schaltung um 90°. Der Anschlag der Karte und Aushub der Messer muß sinngemäß im richtigen Zeitpunkt zur Fachbildung und zum Ladenanschlag erfolgen. Die Karten müssen angeschlagen haben, bevor der Messerhub beginnt.

Die Einhubjacquardmaschine (Abb. 76—77) wird in der mechanischen Weberei so eingerichtet, daß der Platinenboden D beweglich wird, der Messerkasten B mit den Messern N hebt gleichzeitig, wenn der Platinenboden gesenkt wird. Beide Teile bewegen sich um die halbe Fachhöhe nach oben und unten. Daher ist bei gleicher Hubzeit wie bei der früheren Einhubmaschine wegen des halben Weges nur die halbe Geschwindigkeit für den Platinenhub und die Platinenbodensenkung nötig; beide Teile arbeiten deshalb wesentlich sicherer. Es wurde hier also das gleiche Ziel wie bei den Doppelhubjacquardmaschinen verfolgt.

b) Die Doppelhub-Jacquardmaschine der Firma J. Horák in Lomnice a. d. Popelka (Double lift Jacquard machine). In Abb. 78—79 ist eine 400er Maschine dargestellt. Sie hat 800 Platinen, die eine Hälfte l_1, l_2, l_3 ist dem Messerkasten N_2 zugeordnet und wirkt bei den ungeraden Schüssen, die andere Hälfte p_1, p_2, p_3 wird von den Messern N_1 bei den geraden Schüssen bedient. Jede Platine trägt die dem Muster entsprechende Anzahl von Hebeschnüren. Beim Heben der einen Platine und Platinenschnur wird die liegengebliebene Platine ihre Platinenschnur locker durchhängen lassen. Die Messerkasten werden durch die Zugstangen T_1, T_2 vom Messerhebel V auf- und abbewegt. Derselbe wird mittels Schubstange T vom Rad 2 angetrieben, das wieder vom Rad 1 mit der Übersetzung 1:2 gedreht wird. Die Welle H_1, auf welcher das Rad 1 sitzt, ist von der Hauptwelle des Stuhles durch einen Kettentrieb 1:1 angetrieben. Die Platinen liegen federnd an den Messern an, sie sind wieder durch Nadeln und die Karte auf dem Prisma H gesteuert. Ein Loch in der Karte beläßt die Platine am Messer, bedeutet also Platine- oder Fadenhub (Abb. 78—79).

Das Prisma H ist auf zwei beweglichen Linealen F gelagert, dieselben werden durch die Schubstange S, Hebel R, N, die Exzenterstange M und das Exzenter E auf der Jacquardmaschinenhauptwelle H_1 bewegt. Der Prismenanschlag erfolgt bei jedem Schuß in dem Augenblick, wo die Messer $N_{1,2}$ die Endstellungen erreichen. Die Wendung des Prismas erzielt man wieder mit Wendehaken O. Das Rückdrehen des Prismas H beim Schußsuchen und bzw. Heraustrennen wird durch Umschaltung der Wendehaken mittels der Schnure S und des Winkelhebels U erreicht. O wird abgehoben, so daß der Gegenhaken eingreift und das Prisma verkehrt schaltet. Zur Erzielung eines kleineren Schaltwinkels baut man bei neueren Maschinen das Prisma H fünfseitig, um beim Wenden der Karten kleinere ruhigere Bewegungen zu erreichen (sichere Kartenauflage).

In Abb. 80—81 ist eine ähnliche Ausführung einer 400er Doppelhubmaschine in der Bauart der Firma Hohlbaum, Jägerndorf, dargestellt. Die Bewegung der Messerkasten ist in Abb. 81 angegeben. Die Messerkasten Ns_1, Ns_2 werden durch zwei doppelarmige Hebel P_1, P_2, die Zugstangen T_1, T_2, die Kurbel und Gegenkurbel an der unteren Welle bewegt. Die Prismenbewegung erfolgt mittels der Zugstange T_4, Winkelhebel U, Zugstange T_3 von dem Exzenter auf der Hauptwelle.

c) Die Jacquardmaschine mit zwei Prismen. So wie bei den Schaftmaschinen mit zwei Prismen, arbeitet man auch bei Jacquardmaschinen mit dieser Einrichtung, wenn größere, schußstreifenbildende Muster in zwei verschiedenen Bindungen abwechselnd arbeiten. Man kann dann wieder die Kartenzahl reduzieren. Die Maschine wird von allen bedeutenderen Jacquardmaschinenfabriken gebaut, z. B. Horák in Lomnice, (Schroers) Zangs in Krefeld, H. Große in Greiz und anderen. Die abwechselnde Einschaltung der beiden Prismen erfolgt wieder durch zwei kleine Sonderplatinen, die von einer eigenen Wechselkarte gesteuert werden.

d) Die Verdol-Jacquardmaschine erhält (Abb. 82) zur Verbilligung des teuren Kartenmaterials eine kleinere, schwächere Papierkarte. Dadurch wird es möglich, sehr große Maschinen auf kleinem Raum zu bauen. Zur Schonung der schwachen Papierkarte werden die Hauptnadeln J der Platinen noch von Hilfsplatinen k geführt, die wieder von den lotrechten Hilfsnadeln l gesteuert werden. Erst auf die letzteren wirkt die über dem Zylinder v laufende Papierkarte K.

Bei jedem Schuß wird die Karte (Musterzylinder v) angeschlagen, unmittelbar darnach schlägt der Hilfsmesserkasten mit seinen Winkelmessern y rechts an. Ein Loch in der Karte läßt die Nadel k unten, der Hilfsmesserkasten geht an k vorbei, dadurch bleibt auch die Nadel J in Ruhe, so daß sie auch die Hauptplatine P am Messer läßt. Der zugehörige Kettenfaden wird gehoben (positive Schlagweise).

e) Kombinierte Schaft- und Jacquardmaschinen, wie sie einige Fabriken, z. B. die Firma C. Zangs AG., Krefeld, bauen, werden zum Ausweben der Namen sowie für kleinere Muster bei Hand- und Tischtüchern benutzt. In Abb. 83 ist eine solche Namenherstellung dargestellt. Eine einfache Jacquardmaschine zum Einweben der Namenleisten baut Firma Schwabe, Bielitz (Abb. 83).

f) Spezielle Jacquardmaschinen. Von den speziellen Jacquardmaschinen sei bloß die Doppelhub-Jacquardmaschine für Frottiergewebe näher beschrieben.

Die Doppelhub-Jacquardmaschine für Frottiergewebe ist wegen der Kartenersparnis besonders konstruiert. Die Messer der Maschine sind entweder verschiebbar oder umklappbar, so daß die zweinasigen Platinen der Maschine einmal auf einer, das andere Mal auf der anderen Seite in Eingriff kommen. Die verschiebbaren Messer werden deshalb zweiseitig durchgeführt. Nachstehend ist die Maschine mit verschiebbaren Messern beschrieben (Abb. 84—86).

Das Verschieben der Messer wird durch eine besondere Vorrichtung besorgt. Der ganze Messerkasten M ist auf die Stangen St geführt und wird durch die Federn F stets nach links gezogen. Die exakte Lage der Messer kann man durch die Stellringe K erzielen. Das dreimalige Anschlagen einer und derselben Karte an die Nadeln wird durch ein kleineres Nebenprisma besorgt. Die Wendehaken O_1, O_2 des Hauptprismas P sind durch die Scheibe S während dreier (eventuell zweier) Schüsse in der Höhe gehalten, so daß die Prismalaterne L frei durch dieselben (die Wendehaken) durchgehen kann. Auf einer Seite ist die Scheibe S abgeschnitten, so daß die beiden Wendehaken O_1, O_2 herabsinken und der obere Haken eine weitere Drehung des Hauptprismas P ausübt. Die stetige ruckweise Drehung (Schaltung) des Nebenprismas wird durch den Wender W (des Messerkastens) erzielt (Abb. 84).

Das eigentliche Verschieben des Messerkastens wird durch die Rolle des Hebels P_4, P_3 durchgeführt. Die Rolle wird an das Stück L (das auf der Stange St sitzt) gedrückt, was vom Exzenter E und Kl (stets nach drei, eventuell zwei Schüssen) hervorgerufen wird. Das ruckweise Weiterdrehen der Laterne L_1 und damit auch des Exzenter E wird durch den Wendehaken O', Winkelhebel U, Zugstange Z vom Messerkasten besorgt.

Praktische Winke. Der Anschlag des Prismas muß dann erfolgen, wenn die Messer eingefallen, also unter die Platinenköpfe gelangt sind. Der Wendehaken soll das Prisma möglichst um den richtigen Schaltwinkel drehen, so daß, der Drücker nur das genaue Einstellen des Prismas für den Kartenanschlag besorgen muß. Drückt die Drückerfeder zu schwach, so überspringt das Prisma leicht. Das Prisma beginnt seine Drehung erst, wenn es entsprechend von den Nadelspitzen abgerückt ist. Zur genauen Einstellung der Prismen und Kartenlöcher an die Mitte der Nadeln haben die Prismenlager Feineinstellung.

Bei zu früher Prismenwendung reißt die Karte. Das Aufwickeln der Karten auf dem Prisma (Verklemmen, Verhängen) tritt dann ein, wenn die Warzenlöcher zu klein sind, also die Karte schlecht aufliegt oder die Bindeschnüre stark ausgedehnt sind. Dagegen springen die Karten von den Warzen, wenn die Warzenlöcher zu groß sind und die Karten locker gebunden sind. In beiden Fällen tritt falsches Ausheben (nicht rapportmäßig) auf. Falsche Aushebungen im Gewebe, die rapportmäßig eintreten, deuten auf falsch geschlagene Karten hin.

Eisenplatinen und Messerkastenführungen sowie die Nadeln und der Federkasten müssen regelmäßig geschmiert werden. Das Öl muß sparsam mittels Fadenpinsel aufgetragen werden (Abb. 87). Übermäßiges Schmieren gibt fleckige Ware.

Werden nach längerer Arbeitszeit Nadeln schadhaft (Verbiegen, Klemmen), so treten falsche Aushebungen unregelmäßig auf; man wechselt dann am besten alle Nadeln aus, da der Austausch einzelner zu zeitraubend ist.

Die Doppelhubmaschinen für Hochfach müssen für die richtige Fachhöhe die Schubstangen des Messerkastenantriebes einstellen, um den richtigen Platinenhub zu erreichen. Diese beiden Schubstangen haben ungleiche Länge, ihr Hub entspricht dem Kurbelwellenradius, mit welchem sie gekuppelt sind. Durch Verschiebung der Kurbelzapfen wird der Kurbelradius direkt proportional dem Fachschub verstellt. Das Prisma muß in dem Augenblick einfallen, wenn die Messer etwa 0,5 cm von den Platinennasen entfernt sind. Die Kurbeleinstellung erfolgt analog wie Abb. 62—63 zeigt.

Das Fach muß für die geraden und ungeraden Schüsse die gleiche Fachhöhe besitzen.

Die Einhubmaschine für Hoch- und Tieffach (Abb. 76) hat einen beweglichen Platinenboden, er bildet das Tieffach gleichzeitig, wie die Messer das Hochfach ausgehoben haben. Die Zugstange T_1 besorgt den Messerhub, T_2 die Platinenbodensenkung. Die Hebel P_1, P_2 stellt man auf das Geschlossenfach ein, also für gesenkte Platinen und Messer und gehobenen Platinenboden. Für diesen Zeitpunkt stellt man auch die Kurbeln Kl auf der

Hauptwelle Hh ein. Die Kurbel für den Messerantrieb eilt um etwa 5° über den oberen Totpunkt vor, so daß der Platinenboden erst senkt, wenn die Messer schon etwas angehoben werden (2—4 mm). Abb. 88.

Für die angegebenen Kurbel, Messer und Platinenbodenstellungen paßt man die Schubstangenlängen T_1, T_2 ein.

Die Jacquardmaschinen mit beweglichen Platinenböden werden zur leichteren Überwindung der Kettenspannung bei schwereren Waren verwendet (Teppiche, Möbelstoffe und ähnliche).

Die Kurbel oder das Exzenter für den Prismenantrieb sitzen auf der Hauptwelle. Die Zugstangenlänge für den Prismenantrieb wird wie früher aus der Prismenstellung (Anschlagstellung) bestimmt. Der Anschlag erfolgt vor Beginn der Bewegung der Messer und Platinenbodenbewegung.

Die Oberkanten der Messer haben in der tiefsten Lage etwa 5 mm Abstand von den Platinennasen. Das Prisma soll (durch volle Kartenstellen) die Nadeln um etwa 5 mm zurückdrängen, so daß auch die Platinennasen ebensoweit von den Messerkanten weggedrückt sind.

Lange Karten werden durch besondere Kartenführungen geleitet (Abb.89—91). Ähnlich führt man lange Karten bei Schaftmaschinen und Schützenwechseln. Der Kartenlauf muß leicht und sicher sein, das Arbeiten am Stuhl und das Licht nicht behindern. Eine besondere sichere Kartenführung zeigt Abb. 88.

Die fünfseitigen Prismen der Jacquardmaschinen ermöglichen eine ruhigere und genaue Kartenschaltung, wenn dieselbe durch ein fünfzackiges Sternrad Hv auf der Prismenwelle H_2 erfolgt. Das Sternrad wird durch ein Stiftenrad C_k geschaltet, welches wieder durch eine Kettenübersetzung R_k 1:1 von der Hilfswelle angetrieben wird. Die letztere läuft mit der Tourenzahl der Hauptwelle (Abb. 92—93).

Das Zerreißen der Karten durch schlechtes Anliegen verhindert man durch bewegliche, gefederte Warzen (Abb. 94). Sie verhindern aber nicht die falsche Aushebung.

Die Lagerung der Jacquardmaschine auf dem Stuhlgestell kann, wie früher erwähnt, in zwei Arten erfolgen. Sie ist für die „Schnürweise" kennzeichnend. Nach der deutschen oder verkreuzten Schnürweise steht das Prisma mit den Kettenfäden gleichlaufend (wie Abb. 95—96 I, II). Bei der englischen oder offenen Schnürweise liegt das Prisma parallel zum Schuß (Abb. 96). In den Abb. 97—98 Ia—IVa sind seltenere Aufstellungsarten der Jacquardmaschinen nach deutscher und englischer Art angeführt. Die verkreuzte Schnürweise ergibt seitliche Kartenläufe und gutes Licht am Stuhl, aber schwieriges Aussuchen von Schnürungsfehlern. Die englische Schnürweise führt die Karten über der Ware und dem Weber, erreicht die entgegengesetzten Vor- und Nachteile wie die vorige.

Die Lagerung der Jacquardmaschine kann auch statt am Stuhl, allerdings nicht so genau, auf der Gebäudekonstruktion (Oberlichte) über dem Stuhl erfolgen. Abb. 99—100 zeigt die Befestigung bei alten Eisenshedbauten. Bei modernen Eisenbetonbauten kann man besondere Querträger vorsehen. Die alte Aufstellung (Abb. 100) zeigt die Quertraversen Tr_1 auf den Stellstücken K festgeschraubt und diese an der Haupttraverse Tr_2 mittels Schrauben H_1, H_2 befestigt.

Die grobe Höheneinstellung erfolgt durch K, die Feineinstellung durch Schraube Sr_1. Die Verschiebung der Maschine in horizontaler Richtung bei lockeren Schrauben H_1, H_2 durch Verschieben des Stückes K.

Die richtige Lagerung der Jacquardmaschine wird auch manchmal durch die in Abb. 101—104 gezeichneten Einrichtungen erzielt. In Abb. 101—102 ist die Totalansicht einer Jacquardmaschinenbefestigung auf dem Balken A_1, A_2 angegeben. Die letzteren können mittels der Schrauben S_1, S_2 und ihrer Reguliervorrichtung (Abb. 103—104) in der Höhenlage eingestellt werden. Der Balken A ist am Träger N gelagert und dieser durch die Schrauben F_1, F_2 mit der Unterlage P verbunden, die dann mit den Haken E_1, E_2 am Träger Tr befestigt ist. Die Höhenlage der Maschine wird durch die Schrauben S_1, S_2

und die Schrauben F_1, F_2 fixiert. Die Abb. 105—106 zeigt eine Einrichtung, bei welcher die Stellschrauben S in die Unterlage P, die durch die Schrauben E, die an den Trägern Tr halten, eingebohrt werden.

Das Kartenschlagen ist bei großen Mustern der teuerste Teil der Webstuhlvorbereitung. Es geschieht

a) mit Hilfe der Handschlagplatte bei kleinen Mustern,

b) mit der Clavismaschine bei mittleren Mustern,

c) mit der sog. großen Kartenschlagmaschine bei großen Mustern,

d) mit der Kartenkopiermaschine beim Herstellen mehrerer gleicher Kartenläufe für verschiedene Stühle.

a) Die Handschlagplatte wird nur noch in der Handweberei verwendet. Sie besteht aus zwei eisernen, genau gleichgelochten und aufeinander eingepaßten Platten. Die dazwischen eingelegte Pappkarte wird durch einen Lochstempel gelocht.

b) Die Clavismaschine wird für kleinere und mittlere Muster verwendet. Sie schlägt eine Querreihe in der Karte auf einmal. Die Schlagstempel werden durch Keilplatinen verriegelt, so daß sie bei Bewegung des Schlagrahmens Löcher schlagen. Das Einlesen der Keilplatinen erfolgt von Hand aus für je eine Querreihe.

c) Die großen Kartenschlagmaschinen schlagen analog alle Löcher einer Karte auf einmal. Die Keilplatinen sind mit einem sog. Leviergestell verbunden. Dasselbe erleichtert das Einlesen der Hebeschnüre schußweise eventuell durch mehrere Arbeiterinnen.

d) Die Kartenkopiermaschine legt eine vorhandene Kette der Jacquardmaschine vor und die Platinen und Hebeschnüre derselben bedienen die Keilplatinen der Schlagstempel der eigentlichen Schlagvorrichtung. Man kann außerdem mehrere Karten übereinanderlegen und gleichzeitig schlagen.

Die Lochung einzelner vergessener Kartenlöcher erfolgt durch eine Lochzange (Abb. 107).

Die Herstellung der Karten auf photographischem Wege hatte bis jetzt wenig Erfolg. Versucht wurde sie von Szepanik, Barzykovski, Regal und anderen. In neuester Zeit führt sich die Maschine von Uhlig (Maschinenfabrik Große, Greiz) ein, wesentlich verbessert wird sie durch die besonders einfache Konstruktion Patent Bernhardt-Födemessy, Wien. Dieselben ermöglichen besonders ein äußerst schnelles, billiges Kartenschlagen für die sonst komplizierten Kartenschlagarbeiten für mehrchorige Gewebe.

Die Levier- und Kartenschlagmaschine erleichtert und beschleunigt besonders bei größeren Patronen das Kartenschlagen bedeutend. Die Patrone wird zuerst an den vertikalen Sempelschnüren von Hand aus eingelesen und schußweise durch Schlingen der Latzschnüre gefaßt. Die Einlage der Latzschnüre ist also dem Gewebemuster ähnlich. Die Anzahl der Sempelschnüre entspricht der Fadenanzahl im Muster. Das Einlesegestell wird entweder selbständig verwendet und dann die Levierung auf die Kartenschlagmaschine übertragen, oder es ist direkt in der Kartenschlagmaschine eingebaut.

1. Das selbständige Einlesegestell hat im Kasten H eigene Platinen Pl, die im Rost Rt geführt sind und an Federn F hängen. Unter dem Rost sind die Sempelschnüre S an die Platinen angehängt und in zwei Gruppen geteilt. Die vordere Gruppe geht mit der Anzahl einer Platinenreihe durch den Kammstab N. Unterhalb desselben werden die Schnüre dieser vorderen Gruppen durch die Kreuzschienen C_1, C_2 ins Kreuz eingelesen. Die Schnüre der hinteren Gruppe gehen über das Brett M und werden unter der Walze Va mit der vorderen Gruppe vereinigt. Das Muster wird nach der Patrone eingelesen und die eingelesenen Latzschnüre werden bis zur unteren Walze Va eingelegt. Dann wird der vorbereitete Teil der Karten geschlagen, indem die Levierung an die Schlagmaschine angehängt wird (Abb. 108—110).

2. Die Levier- und Kartenschlagmaschine Abb. 111—113 ist zweckmäßiger, da die Arbeit rascher durchgeführt werden kann. Die Platinen Pl sind an den Schnüren S_1 in Ösen aufgehängt. Durch die gleichen Ösen laufen die Schnüre S_2, die zur Kartenschlagmaschine

führen. Die Schnüre S_1 gehen über Glasstäbe des Rahmens G, G_1 und werden durch Gewichte Z wieder in ihre obere Lage zurückgebracht.

Die eingelesenen Sempelschnüre kommen zur Kartenschlagmaschine (Abb. 114), wo sie an die Platinen Pl angehängt werden. Dies kann durch Bewegung des Rostes Rt unterstützt werden. Die Platinen hängen wieder an den Schnüren S_1, die über die Glasstäbe des Rahmens 1 und 2 laufen und mit den leichteren Gewichten Zv die Gewichte der Platinen ausgleichen. Mit den Knoten X sind die Schnüre S_1, S_2 verbunden, dieselben sind dann über die Rollen Kl des Rahmens 3, die Glasstäbe des Rahmens 4 und durch die Bretter D_1, D_2 geführt und durch die Gewichte Zt gespannt. Das Brett D_2 dient zur Entlastung der Jacquardmaschine, insofern als der Riemen und die Handkurbel auf der Welle Hr das Brett D_2 heben. Dadurch werden auch die Schnüre S_3 entlastet, die zu den Nadeln der Jacquardmaschine J und zu den Schnüren S_2 an der Stelle X_1 führen.

Die Schlagstempel Pv (Abb. 114—117) sind an den Platinen der Jacquardmaschine J mittels Feder und Schnüren Sp aufgehängt. Die Schlagstempel haben 3 Kerben, die obere ist die tiefste. Soll in der Karte ein Loch geschlagen werden, so muß die mittlere Kerbe bei gesenktem Schlagstempel am Lineal Y gestützt werden.

Das Schlagen der Löcher erfolgt durch Heben der Platte Kd an jenen Stellen, wo die Schlagstempel in den Kerben gesperrt sind. Die Platte Kd ist mit dem Schlitten K verschraubt und wird durch die Schubstangen T_1, T_1' und den auf der Welle Hs sitzenden Arm Q und Q' bewegt. Die Welle Hs wird durch den Gewichtshebel P_1, Z_1 gedreht. Das Heben der übrigen Schlagstempel besorgt die Jacquardmaschine J (Abb. 114), die durch den Hebel P, Zugstange T, Tritt P_2, mit dem Gewichte Z_2 betätigt wird. Jene Schlagstempel, deren Platinen von den Messern abgeneigt blieben, was durch Lockerung der Schnüre S_3 erzielt wurde, bleiben gleichfalls liegen. Die Bedienung der Schnüre S_3 erfolgt durch Tiefziehen der Schnüre S und Platinen Pl durch die Schnüre S_1, S_2 bei aufgehobenen Gewichten.

Die eingelesenen Latzschnüre werden reihenweise genommen, jedes Sempelgestell wird von einem Arbeiter bedient, die der Reihe nach die Schnüre S ziehen. Die Schlagstempel müssen bei herausgeschobenen Linealen Y gehoben werden, was durch Verschiebung des Handgriffes V_1 nach rückwärts oder durch die Welle Hs mit der Nase Oz, Zugstange T_3 und die Arme R_1, R erfolgt (Abb. 115—117). Der Arbeiter verschiebt also zuerst das Lineal Y, tritt den Fußtritt, faßt dann den Handgriff V_1 und schlägt die an der Schlagplatte Kd vorhandene Karte durch kräftige Schwingung des Hebels P_1.

Beim Kopieren legt man der Jacquardmaschine die fertigen zu kopierenden Karten am Prisma auf; die Schnüre S_{1-3}, die zu den Sempeln führen, sind da nicht nötig und werden einfach entlastet, indem die Platte D_2 die Gewichte hebt. Dadurch sind auch die Federn der Jacquardmaschine geschont. Die Schlagstempel werden direkt von den Platinen gesteuert.

Das Kartenbinden wird bei kleinen Kartenläufen von Hand aus am Kartenbinderahmen oder bei großen Kartenläufen auf den Kartennähmaschinen ausgeführt. Der Kartenbinderahmen hat einen mit Prismenteilung versehenen Rahmen für je 10 Karten, die gleichzeitig aufgelegt und abgebunden werden. Die Kartenbinde- und -nähmaschine näht mit einstellbarer Stichlänge (der Kartenteilung entsprechend) die Karten genau aneinander. Die Kartenbindeschnüre müssen zäh sein, ohne sich bei gleichzeitiger leichter Biegsamkeit wesentlich zu dehnen.

Die Kartenläufe für sehr lange Musterrapporte erfordern besondere Führung zur Schonung der Karte. Nach je 10 Karten wird ein Tragdraht eingebunden, der sich auf die Kartenführung stützt. Abb. 88 zeigt ein Beispiel.

Die Mittelleistenapparate (split selvedge motions) (Abb. 118—125). Wenn zur Fachbildung einzelner kleiner Fadengruppen in der Gewebemitte eine besondere Dreherabbindung notwendig ist, um später eine Teilung des breiten Gewebes in 2 oder 3 schmale Gewebe zu ermöglichen (der Kette nach), so werden die oben genannten Apparate verwendet.

Sie bilden z. B. bei Handtüchern, Servietten, Franzentüchern u. a. sog. falsche Leisten, so daß die beim Teilen der Gewebe abgeschnittenen Schußfäden einen besseren Halt bekommen. Man stellt auf diese Art auch billige Kunstwollgewebe in besonders großen Breiten her, da diese Waren infolge des sehr schlechten Materials sehr langsam gewebt werden müssen, erreicht man die große Produktion auf einem Stuhl durch Nebeneinanderlegen mehrerer Gewebebahnen. Hierdurch wird eine bessere Rentabilität der Stühle erreicht.

Mit den Mittelleistenapparaten wird eine festere Abbindung der abgeschnittenen Schußenden erzielt. Man verwendet als Kettenfaden für die Mittelleiste kräftigeres Garn, das in Gaze (Dreherbindung) abbindet. Die einfachste Abbindung ergibt die Vorrichtung für Leinwanddreher etwa nach Abb. 122. Die Stehfäden S sind nicht in Litzen eingezogen, dagegen werden die Drehfäden O einmal in die Halblitzen (Dreherlitzen auf dem Dreherschaft) und einmal in die Grundlitzen des Grundschaftes L eingezogen. Der Dreherschaft $^1/_2$ L wird im Geschirr vorne, der Grundschaft L hinten eingehängt. Senkt sich der Halbschaft bei gleichzeitigem Heben des Grundschaftes, so gelangt der Dreherfaden stets über den Schußfaden, und zwar einmal links und das zweitemal rechts vom Stehfaden in die Ausgangslage zurück. Dadurch liegt der Drehfaden immer unter den Stehfaden und wird dabei jedesmal durch einen Schuß abgefangen, der über den Stehfaden aber unter dem Drehfaden liegt.

Zwischen dem Halb- und dem Grundschaft ordnet man bei glatten Seidenwaren die Leistenschäfte ein.

Häufig werden auch Mittelleistenapparate mit Nadeln verwendet. Sie wurden seinerzeit von Stäubli eingeführt, als Beispiel ist eine Ausführung von Horák in Abb. 120—125 angegeben. Die Stehfäden sind in die oberen, beweglichen Nadeln J_1 eingezogen, die Drehfäden in die unteren stehenden Nadeln J_2. Die oberen Nadeln J_1 sind in einem besonderen Rahmen geführt. Dieser wird durch einen Riemen R oder von einer Reserveplatine gehoben und durch eine Feder zurückgezogen. Die abwechselnde Links- und Rechtsführung der beweglichen Nadeln, die die Drehfäden führen, wird von einer unrunden Scheibe, die auf den Nadelhalter wirkt, besorgt. Der Rückzug erfolgt durch die Feder F. Die Drehung der unrunden Scheibe besorgt ein vierzähniges Sperrad R_1 bei jedem Hub der beweglichen Nadeln.

Die Mittelleistenapparate der Firma G. Stäubli, Horgen (Schweiz) waren für viele Konstruktionen vorbildlich, sie sind durch eine Räderübersetzung 1:1 bzw. 1:2 im Nadelantrieb, leicht an ein- oder zweischüssige Dreherstoffe anpaßbar.

Für die Mittelleistenbildung kann man auch Broschierschützen verwenden, ähnlich wie dies die Bandweberei tut, um die Ränder zu umsäumen. Die Ränder werden dann dicker[1].

Das Zerschneiden der Ware, längs der Mittelleisten, kann direkt am Webstuhl erfolgen (Abb. 126). Man verwendet ein besonderes Messer N, welches am Brustbaum Pr befestigt ist, so daß der Stoff bei seinem Fortschreiten zerschnitten wird. Diese Vorrichtung wird auch in der Bandweberei verwendet.

C. Vorrichtungen zum Breithalten und zum Abführen der Ware.

1. Das Blatt oder Riet (reed)

hält die Fäden in der richtigen Ordnung und Dichte nebeneinander. Es hat außerdem das Anschlagen des Schusses und die Führung des Schützens zu besorgen und wird später bei der Schußführung und Bewegung eingehender behandelt werden. Die Kettenfäden werden in die Zähne des Blattes oder der Rohre zwei- bis vierfädig eingezogen. Dabei muß die Bindung berücksichtigt werden, um keine Kammstreifen zu erhalten. Bei schütteren Stoffen wird einfädig, bei Leinwand zweifädig eingezogen. Vom Blatt an

[1] Siehe auch Seidenweberei S. 113.

ist die Kette vom Schuß durchwebt und geht als Ware über den Brustbaum zum Warenbaum. Die Kammdichte ist die Zahl der Zähne je 1 cm, sie ist der Kettenfädendichte und der Bindung angepaßt.

2. Die Breithalter (temples)

halten die Ware am Webrand, wo momentan der Schuß eingetragen wird, breit gespannt, um ein Durchbiegen der Schußfäden bei Fachschluß und ein zu starkes Einspringen der Ware in der Breite zu verhindern. Die Schrumpfung in der Breite beträgt 5—10% je nach Bindung, dem Material, der Kettenspannung, der Schußstärke und anderem mehr.

Bei den Baumwoll- und Wollwebstühlen verwendet man Breithalter mit schiefgestellten Nadelscheiben (ring temples) (Abb. 127—128). Da der Stoff etwas über der Mittelebene der Nadelringe auf die Nadeln gebracht wird, so muß er den schräg laufenden Scheiben folgen und sich beim weiteren Vorrücken der Nadelringe ausbreiten. Damit sich die schiefgestellten Scheibchen drehen können, sind sie auf die Zapfen E (Abb. 128) gelagert, die senkrecht zur Rotationsebene stehen. Diese Ringzapfen sind schräg auf dem Hauptbolzen aufgesteckt.

Für stärkere Leinenwaren erhält der Breithalter ungleich geneigte Ringe, die gegen die Mitte zu eine geringere Neigung haben, damit die Ausbreitwirkung allmählich gesteigert wird.

Die Walzenbreithalter (side roller temples) haben ein oder zwei Walzen mit aufgebogenen Spitzen (etwa in der Art einer Raspel); sie eignen sich für leichte und schüttere Gewebe, wogegen die Ringbreithalter für dichtere Waren bestimmt sind.

Bei schütterer Ware erzeugen die Ringbreithalter in der Ware Streifen, wogegen die Walzenbreithalter bei dichter Ware zu wenig breit spannen.

Wickeln sich die Fadenabfälle am Stuhl auf die Ringe der Breithalter, so sollen sie sorgfältig abgenommen werden. Das Abschneiden der Fäden mit Schere oder Messer beschädigt leicht die Nadelspitzen. Breithalter dürfen nur mit nicht harzendem vegetabilischen Öl geschmiert werden, damit man allfällige Ölflecke aus der Ware leicht entfernen kann. Von Zeit zu Zeit werden die Breithalter mit Petroleum gereinigt (eingelegt), um Öl und Staubreste zu entfernen. Das Steckenbleiben der Breithalter, welches die Ware leicht beschädigt, ist immer auf Verschmutzung oder mangelhafte Pflege zurückzuführen.

Bei schwerer oder schmaler Ware nimmt man Breithalter wie bei den Handwebstühlen oder Ringbreithalter nach Abb. 129.

Bei sehr feiner Seidenware werden keine Breithalter verwendet, die Warenbreite wird nur durch das rechtzeitige Öffnen und Schließen des Faches und durch die breiteren Leisten der Ware erreicht.

Die Breithalter müssen an die Warenränder genau nach der Stoffbreite angepaßt werden und sind federnd gelagert (Abb. 130), damit sie beim Drehen die Ware nicht schädigen und nachgeben, wenn der Schützen im Fach steckenbleibt. Sie dürfen nie in die Schützenbahn reichen und müssen in der Höhenlage etwa 1 mm über der Schützenbahn liegen. Beim Ladenanschlag soll zwischen dem Blatt und den Breithaltern ein Zwischenraum von etwa 2 mm vorhanden sein.

Praktische Winke. Die Ware wird zu schmal, wenn die Kette zu wenig und der Schuß zu stark gespannt ist. Das gleiche geschieht, wenn der Schuß bei noch gekreuztem Fach angeschlagen wird oder wenn der Schuß zu weich ist bzw. zu scharf gedreht ist, so daß er die Ware stark einzieht. Auch zu eng gestellte Breithalter haben diese Wirkung. Harter Schuß, z. B. Flachs, Hanf, Jute, eventuell gestärkter Schuß läßt die Ware weniger einspringen. Dagegen ist der Einsprung kräftiger, je dichter die Abbindung und Fadenverkreuzung ist.

3. Der Brustbaum (breast beam).

Bei Baumwollwebstühlen ist meist eine gußeiserne Querverbindung „Traverse“. Sein Name stammt vom Handwebstuhl nach der Lage in der Brustnähe, der Querschnitt ist

U-förmig oder viertelkreisförmig oder auch rund. Er ist in der Mitte verstärkt (bombiert), um das Zusammenlaufen der Ware in der Breite und ein Durchbiegen des Baumes zu verhindern. Er wird bei Leinwandbindung etwa 70 mm, bei Köper- und ähnlichen Bindungen etwa 80 mm tiefer montiert als der Streichbaum. Bei den gewöhnlichen Stühlen ist er etwa 900 mm vom Fußboden entfernt. Seine Lage ändert sich auch nach der Webstuhltiefe und Fachhöhe. Bei Einhubschaftmaschinen lagert man den Brustbaum um etwa 20—25 mm höher als die Ladenbahn; bei Hoch- und Tieffachschaftmaschinen etwa 30—35 mm höher.

4. Die Aufwindevorrichtung

auch Regulator genannt (taking up motion or mechanism), welche die Ware aufwickelt, muß bei den mechanischen Stühlen in dem Maß aufwinden, als Ware fertig wird. Sie schaltet also für jeden Schuß das gleiche Stück (gleiches Schußmaterial vorausgesetzt), die Anzahl der Schüsse je Zentimeter muß immer dieselbe sein.

Man spricht im letzten Falle von sogenannten positiven Regulatoren. Ist das Schußmaterial in der Stärke ungleichmäßig, so kann man eine gleichmäßig aussehende Ware nur dadurch erreichen, daß man bei schwächerem Schuß weniger, bei stärkerem Schuß mehr schaltet. In diesem Fall spricht man von negativen Regulatoren. Dieselben winden also nur so viel Ware auf, als der Schußstärke entsprechend fertig wird. Einen Übergang vom positiven zum negativen Regulator bildet der Kompensationsregulator. Derselbe schaltet positiv, wenn der Stoff gleichmäßig anwächst, und er wirkt nur dann wie ein negativer Regulator, wenn durch zu starkes Schußmaterial ein stärkeres Anwachsen der Ware, also eine größere Lockerung derselben durch den Ladenanschlag eintritt.

Der positive Regulator als Warenaufwicklungsvorrichtung liefert in Verbindung mit der Seilbremse als Kettennachlaß eine ziemlich gleichmäßige Schußdichte. Er wird bei Baumwoll-, Kammgarn-, Jutestühlen verwendet. Bei schwerer Baumwoll- und Leinenware verwendet man eine kräftige Kettenbremse wegen des kräftigen Ladenanschlages und der meist hohen Schußdichte. Die negativen Regulatoren werden bei ungleichem Schußmaterial, also bei Tuchstühlen und Grobleinenstühlen verwendet. Die Kompensationsregulatoren werden bei Seidenwebstühlen verwendet.

5. Der positive Regulator (positive taking up motion, Abb. 131—134).

Die Ware wird nicht direkt auf den Warenbaum Vb gewickelt, da sich derselbe durch die Warenaufwicklung beständig ändert und demnach eine sehr komplizierte Schaltung erfordern würde. Das Gewebe wird vom sogenannten Sandbaum D gewickelt, der durch seinen Andruck den Warenbaum Vb mitnimmt. Da sich der Sandbaum D bei jedem Schuß um ein kleines immer gleichbleibendes Stück dreht, schaltet er auch die Ware um die gleiche Stücklänge. Der Andruck des Sandbaumes (Riffelbaumes) D wird durch die Hebel C und die Gewichte Q_2 erzielt (Abb. 6). Der Durchmesser des Warenbaumes Vb ist dann für die Warenaufwindung ohne Einfluß. Der Sandbaum D (Abb. 135—136) wird durch die Zahnräder 4, 3, 2, 1 (in Abb. 131—132), das Sperrad R und die Sperrklinke Zn, mittels Arm m angetrieben.

Der letztere wird vom Zapfen c des Ladenarmes M bewegt. Die Schaltklinke (Regulatorklinke) Zn kann um ein oder mehr Zähne schalten, je nachdem wie dies die Schußdichte der Ware erfordert. Eine Verschiebung des Mitnehmers, der in der Ladenstelze befestigt ist und in den Schalthebel m (Abb. 131) eingreift, bewirkt feine Änderungen in der Schaltung, also in der Schußdichte. Dazu sind mehrere Sperrklinken Zp notwendig. Größere Änderungen erzielt man durch Austausch des Zahnrades 1 (Wechselrad). Soll die Schaltklinke nur bei jedem zweiten Schuß wirken, so benutzt man den Daumen c (Abb. 137) auf der unteren Welle Sh (Schützenschlagwelle). Die Sicherheitsklinke Zp (Abb. 131) verhindert ein Zurückdrehen des Sperrades R und ein Nachlassen der

Ware. Die dritte Klinke (Ausgleichsklinke) Ze hat die gleiche Aufgabe, sie verhindert ein Nachlassen der Ware (Rücklauf), wenn auch die Klinken Zn und Zp ausgehoben sind. Dies ist immer der Fall, wenn sie vom Schußwächter gehoben werden, sobald der Schußfaden reißt oder ausbleibt. Im letzten Fall rückt nämlich der Schußwächter den Webstuhlantrieb aus, der Stuhl läuft jedoch durch die Schwungmassen der Hauptwelle und Schützenschlagwelle etwa 1—2 Touren weiter, so daß in diesem Falle bei Schaltung der Ware durch den Regulator eine Blende in der Ware entstehen würde. Deshalb läßt die Ausgleichsklinke das Gewebe etwas nach, wodurch die Entstehung einer Blende verhindert wird. Dieser kleine Nachlaß an Ware ist nur dadurch möglich, daß die Ausgleichsklinke Ze aus zwei Teilen besteht, von welchen sich der obere auf dem unteren Teil verschieben läßt. Die Größe der Verschiebung wird durch eine Schraube geregelt. Die Rückkehr in die Anfangslage erfolgt durch das Eigengewicht des oberen Klinkenteiles.

Die Schußdichte in der Ware regelt man für größere Intervalle durch Austausch des Wechselrades 1 (treibendes Rad), dessen Zähnezahl im umgekehrten Verhältnis zur Schußdichte steht. Ist also Z_1 die Zähnezahl des alten Rades 1 und Z_2 die Zähnezahl des neuen, meist gesuchten Wechselrades, ferner N_1 die alte und N_2 die neue Schußdichte, so gilt die Beziehung $Z_1 : Z_2 = N_2 : N_1$, aus welcher die neue Zähnezahl Z_2 errechnet wird. Falls man nur ein annähernd passendes Wechselrad vorrätig hat, so nimmt man noch die oben erwähnte Feineinstellung der Schaltklinke Zn vor.

Ist die auf einem Webstuhl, in der Ware vorhandene Schußdichte unbekannt, so ermittelt man dieselbe aus der Gleichung:

$$\text{Schußdichte } N = \frac{1{,}015 \cdot Z \cdot Z_2 \cdot Z_4}{n \cdot Z_1 \cdot Z_3 \cdot O},$$

worin Z die Zähnezahl des Schaltrades, n die Anzahl der Zähne, um die sich das Schaltrad bei einer Schaltung dreht, Z_1—Z_4 die Zähnezahl der Zahnräder 1—4 und O den Umfang des Sandbaumes in Zentimeter oder in englischen bzw. französischen Viertelzoll (je nachdem die Schußdichte in Zentimeter oder Zoll angegeben ist) bedeuten. Die Zahl 1,015—1,08 wird deshalb in die Gleichung eingeführt, weil der Einsprung der Ware, nach der Abnahme derselben vom Stuhl die Schußdichte erhöht. Der Einsprung und die Zahl 1,015 steigert sich, weil eben der Einsprung die Ware verkürzt. Der Sandbaum erhält bei gußeiserner Ausführung eine geriffelte, rauhe Oberfläche, um eine sichere Mitnahme der Ware zu erreichen. Bei hölzernen Sandbäumen gibt man einen Überzug aus Riffelblech (Baumblech), bei feiner Ware (Seide) einen Überzug aus Schmirgelleinwand.

In der für die Schußdichte N angegebenen Gleichung sind gewöhnlich lange Zeit alle Werte des Bruches in einem gegebenen Webstuhl konstant, nur die Zähnezahl Z_1 des Wechselrades 1 ist veränderlich. Die Gleichung kann daher auch einfacher lauten $N = \frac{K}{Z_1}$, worin K die vorerwähnte Zusammenfassung der konstanten Werte, also die sogenannte Regulatorkonstante bedeutet.

Praktisch ermittelt man dieselbe einfach, indem man ein Stück Ware webt, die Schußdichte in diesem für 1 cm abzählt, und da die Zähnezahl des Rades Z_1 abgezählt werden kann, ist nun die Konstante K leicht errechenbar. Neue Schußdichten, die erwünscht sind, erfordern dann nur die Berechnung des neuen Wechselrades Z_1, da die neue Schußdichte N und die Konstante K bekannt sind.

Die auf diese Art praktisch bestimmte Konstante hat den Vorteil, daß man den Einsprung in der Kettenrichtung nicht zu berücksichtigen braucht, nur muß man bei ihrer Bestimmung, die Schußdichte im abgewickelten Gewebe abzählen.

Die Berechnung der Zähnezahl ist auch graphisch möglich, denn die Relation zwischen Schußanzahl und Zähneanzahl des Wechselrades ist durch eine gleichseitige Hyperbel darstellbar; aus Abb. 138 ist es möglich, die eine oder andere Größe abzulesen.

Die Schrumpfungsprozente können praktisch einfach bestimmt werden, wenn die praktisch gefundene Konstante durch den Ausdruck

$$\frac{Z \cdot Z_2 \cdot Z_4}{n \cdot Z_3 \cdot O} \text{ (Übersetzungskonstante)}$$

dividiert wird.

Bekommen wir trotz dieser Reguliereinrichtung einen Stoff von ungleicher oder unrichtiger Schußdichte, so ist dies das Zeichen einer Störung in der Waren- oder Kettenlängsbewegung; aber sie kann auch durch falsche ,,Vorrichtung" oder durch eine schlechte Vorbereitung (Montage) des Stuhles verschuldet werden.

Praktische Ratschläge. Eine ungleiche Schußdichte, eventuell auch unvollkommenes Anschlagen des Blattes an den Warenrand werden verschuldet:

1. Durch den Regulator (die Drehklinke greift ungleich ein, sie läßt aus, ist abgenutzt oder schlecht gestellt; die Zahnräder greifen schlecht ein, haben falsche Teilung oder fehlerhafte Zähne). Auch die Räder können schlecht aufgesetzt sein, sie springen heraus, bleiben stecken usw. Man überprüft den regelrechten Eingriff der Zahnräder durch Drehung des Regulators am leeren Stuhl, durch Abfühlen des Ganges oder durch Einlegen eines dünnen Papieres, das zwischen den Zähnen nicht beschädigt werden soll.
2. Wenn die Lager der Kurbeln oder der Ladenzapfen zu sehr abgenutzt sind.
3. Wenn die Kette ungleichmäßig nachgelassen wird (die Scheibe bremst unregelmäßig oder das Bremsgewicht bleibt stecken, berührt den Boden usw.). Ungleichmäßiges Bremsen wird z. B. bei der Kettenbremse auch dadurch verschuldet, daß die Kette nicht geschmiert ist und zeitweise rutscht oder es stockt bei der Seilbremse zeitweilig das Seil, so daß während mehrerer Schüsse ein ungleichmäßiges Nachlassen der Kette eintritt und auch das Blatt beim Ladenanschlag den Warenrand unregelmäßig oder gar nicht erreicht.
4. Wenn die Zapfen bzw. die Lager des Kettenbaumes oder des Sandbaumes nicht zentrisch gelagert oder ausgelaufen sind.
5. Wenn Unregelmäßigkeiten in der Bindung, d. h. streifenweise nach größeren Schußzahlen sowie scharfe Übergänge in der Verkreuzung vorhanden sind.
6. Wenn der Schuß reißt und sich wieder verfängt.

Streifen in der Schußrichtung (Blenden) entstehen selbst bei zahlenmäßig richtiger Schußdichte, wenn das Schußgarn ungleiche Stärke aufweist (Verschulden der Spinnerei). Auch ungleiche Farbe, Material und ungleiche Garndrehung erzeugen diesen Fehler.

Das ,,Anwachsen" der Ware am Warenrand (Webrand) und Lockern derselben durch den Ladenanschlag kann durch den Regulator verschuldet werden, wenn derselbe falsch schaltet bzw. die Kette zu schwach gespannt ist. Der gleiche Fehler entsteht, wenn der Schußfaden zu stark ist oder der Stuhl einen zu schwachen Ladenanschlag hat, d. h. es ist entweder der Ladenhub zu kurz oder das Blatt ist zu schwach, so daß es bei kräftigem Anschlag nachgibt.

Diese Fehler behebt man: a) durch ein richtiges Wechselrad für den Regulator;

b) durch Erhöhung der Kettenspannung (Bremsung);

c) durch Verwendung der richtigen Garnstärke beim Schußfaden, seltener durch Anfeuchten desselben;

d) durch Verwendung entsprechend kräftig gebauter Stühle, besonders bei hohen Schußdichten und Kettenspannungen;

e) durch Instandhaltung der Hauptwellen und Ladenlagerungen;

f) durch Verwendung entsprechend fester Blätter.

Nimmt die Ware nur an den Leisten zu, so daß dieselben wellig werden, so sind vor allem die Leistenfäden zu wenig gespannt und weben zu wenig ein. Sie werden dann infolge schärferer Verkreuzung als das übrige Gewebe durch den Anschlag des Blattes stark gestaucht, die Leistenfäden dehnen sich, was nach Abnahme der Ware wellige Warenränder und dadurch viele Fehler in der Ausrüstung gibt. Auch bei lockerem Schuß und schlechtem Anschlagen desselben kann die Spannung der Ware beim Ladenanschlag sowie das Aussehen der Warenoberfläche (Rauheit) leiden. Die Spannung des Schußfadens wird im Schützen durch entsprechendes Bremsen eingelegter Fadenenden oder Pelzeinlagen und ähnliches geregelt.

II. Die Mechanismen für die Schußbewegung.

(Mechanisms for moving the weft.)

1. Die Schützen (shuttles, Abb. 139—140).

Der Schuß wird mit Hilfe des Schützen in das Fach eingetragen. Größe, Gestalt und Ausführung des Schützen richtet sich nach dem Garnmaterial und der Nummer des Garnes, die der Schußfaden haben soll. Bei altägyptischen Handstühlen wurden als Schützen Brettchen verwendet, die an ihren Enden gekerbt waren und in welche Kerben der Schußfaden aufgewickelt wurde. Später hat man erst den Schuß auf eine Spule gewickelt und diese in einem Schützen (Schiffchen) untergebracht, um ein besseres Durchwerfen des Fadens durch das Fach zu erreichen. Die Spule war dabei auf einem Röhrchen aufgewickelt, der Faden lief beim Durchschießen unter Drehung des Röhrchens ab. Am zweckmäßigsten läuft jedoch der Schußfaden von Schleifspulen (Kötzer, Cops) ab. Bei diesen ist der Schußfaden in kegelförmigen Schichten, die mit verschiedener Steigung wechselnd gewickelt sind, auf der Spule aufgestapelt, so daß er beim Einschießen in der Richtung der Spulenspindel, also axial leicht abläuft, ohne die Spule zu drehen. In dieser Form kommen die Spulen oft direkt aus der Spinnerei (Schußkötzer, Cops, Pincops), so daß man sie direkt in den Schützen einlegen kann. Zur Erreichung von Höchstleistungen gehen moderne Webereien heute auch bei billigem Schußmaterial zum Umspulen des Schußgarnes von den Spinnkötzern auf möglichst große Schußspulen über. Sie erreichen dadurch eine Reinigung des Fadens, also reinere Ware und weniger Unterbrechungen des Webens. Schlauchspulen sind auf die nackte Spindel gesponnen oder gespult. Sie werden in eigene Schützen ohne Spindel eingeklemmt und laufen vom Hinterende ab. Man verwendet sie wegen der starken Beanspruchung beim Spulen (infolge der Reibung in den festen Trichtern der Spulmaschine) nur für stärkere Garne (Wolle, Hanf, Jute, Teppichgarne). Die Schützen sind für die Aufnahme der Schußspule entsprechend ausgehöhlt. Die Spule wird auf einer kippbaren Spindel aufgesteckt oder bei Schlauchspulen nur geklemmt. Die Schützen werden aus Buchsbaum-, Buchen- oder Persimonholz imprägniert hergestellt. Sie erhalten für Handstühle einen Spitzenbeschlag aus Draht (Abb. 139A) oder für mechanische Stühle sowie auch Seidenhandstühle, Stahlspitzen. Ihr Gewicht, ihre Länge, Schwerpunktslage, Form sind für ihre große Lebensdauer, für reines Weben, ruhigen Gang der Stühle wichtig. Neben den Spitzen ist auch ihr sonstiger Außenbeschlag für ihren Schutz und ihre Führung wichtig. Einzelne Schützensorten sind aus den Abb. 139—140 ersichtlich.

Man unterscheidet rechte und linke Schützen je nach der Lage des Fadenauges an der dem Weber zugekehrten Schützenseite und am linken bzw. rechten Schützenende. Rechte Schützen werden auf linken und linke auf rechten Stühlen verwendet. Dadurch wird das vor der Schußgabel liegende Fadenstück kürzer.

Praktische Winke. Der Schützen muß scharfe, glatte Spitzen und glatte Außenflächen haben, damit er keine Kettenfäden oder den Schuß zerreißt. Für gleiche Stuhlgattungen sind gleiche Schützen zu verwenden. Auf genaues Maß und Außenflächenneigung werden sie auf Spezialfräsmaschinen abgefräst. (Bauart Stäubli in Horgen oder J. Cook in Manchester, Abb. 141—142.) Bei richtiger Form und Schwerpunktslage und richtigen Längen-, Höhen- und Breitenmaßen ist der Schützenlauf ruhig. Schlecht gebaute Schützen flattern beim Flug. Den Andruck des Schützen an die Ladenbahn und an das Blatt erreicht man durch schräges Abfräsen der vorderen Seitenfläche, die dem Weber zugekehrt ist und der oberen Fläche. Durch diese Abschrägung preßt der Luftwiderstand den Schützen fest in seine Bahn (Abb. 143). Zur Kontrolle der Schützenmaße und Neigungswinkel benutzt man eine besondere Lehre (Abb. 144). Die Vorderwand schließt in der Regel mit dem Boden einen Winkel von 90° ein. Lockere Schützenspitzen werden mittels Aufpreßvorrichtung (Abb. 145) festgepreßt.

Der Schützen soll so breit sein, daß er die Schützenkastenzunge bzw. ihren Stecher etwa 6—7 mm über den Anschlag desselben hebt. Er muß mit entsprechendem Widerstand in den Kasten einfahren. Ist die Rückenwand des Schützen auf einer Holzbahn geführt (in der Lade), so kann auch diese bei Bedarf abgehobelt werden. Zwischen dem Schützen und dem äußeren Ende der Lade soll ein Zwischenraum von etwa 3 mm und zwischen der Spitze und der Innenwand 4—5 mm sein. Die genaue Einstellung der Kastenbahn zur Ladenbahn ist für sicheren Schützenlauf höchst wichtig.

Das Schützenauge soll immer dem Weber zugekehrt und bei einseitigem Wechsel dem Wechselkasten abgewendet sein, damit sich der Schußfaden nicht an der Picker- oder Wechselspindel verfangen oder beschmutzen kann.

Bei Schützenbestellungen ist anzugeben: 1. die Schützenlänge, 2. die genauen Außenmaße, 3. die genauen Innenmaße, 4. die Länge der Pickerspindel, 5. Form und Art der eventuellen Ausnehmungen (seitliche Öffnungen), 6. Art und Form der Spitzen, 7. Angabe, ob linke oder rechte Schützen zu liefern sind, 8. Art und Zahl der Bremsaugen, 9. Holzart, 10. Beschlag, 11. die Fadenbremseinrichtung. Bei Spezialschützen sendet man am zweckmäßigsten Musterschützen ein.

Schützen für Hubkastenwechsel erhalten niedrige Spitzen, um beim Schalten des Schützenwechsels am Pickerloch besser vorbeizukommen. Die Schützenspindel soll kräftig durch eine Klappfeder gehalten sein. Unrichtige Bremsung des Schußfadens im Schützen gibt Fadenschlingen (Nester) und unreine Warenoberfläche.

Das Abfallen ganzer Fadenschlingen beim Schießen erfolgt bei zu weich oder schlecht oder zu hart gespultem Material. Für den richtigen Ablauf ist auch die Neigung (Konus) der Wickelschichten am Kötzer wichtig. Auch zu stark ausgetrocknete Kötzer geben besonders bei zu heftigem Durchwurf durch das Fach, also zu hartem Schützenschlag, ein Abfallen zu vieler Windungen und damit Lockerwerden und Schlingenbildung des Schusses. Bei zu scharfem Schützenschlag prallt auch der Schützen leicht vom Dämpfleder zurück und lockert den Schußfaden, was besonders bei zu leichten oder zu stark abgenutzten Schützen eintritt. Ferner tritt das Abfallen bzw. zu lockere Schußeintragen ein, wenn der Kötzer schlecht oder zu locker auf der Schützenspindel bzw. deren Feder sitzt. Auch falscher Schützenlauf, unrichtiger Zeitpunkt oder falsche Kraft des Schützenschlages bzw. unrichtige Einstellung des Schützenwechsels können den guten Fadenablauf verhindern. Fehlerhafte Einwebung des Schusses kann aber auch andere Ursachen haben. Besonders gefährlich ist das Steckenbleiben des Schützen im Fach und Anschlagen desselben oder aber das Herausfliegen des Schützens aus dem Stuhl.

Der Schützen bleibt im Fach stecken: 1. Wenn das Fach im unrichtigen Zeitpunkt gebildet wird oder nicht die richtige Höhe erreicht (die Fachhöhe muß bei geöffnetem Fach einen Zwischenraum von 3—5 mm zwischen dem Schützen und der Kettenfadenebene des Oberfaches ergeben).

2. Wenn der Durchwurf (Schützenschlag) nicht im richtigen Zeitpunkt erfolgt (früh oder zu spät) oder zu schwach ist. Auch fehlerhafte Treiber (ausgeschlagen), stark abgenutzte Pickerspindeln sind Ursache des Schützenschlages, ebenso falsche Höhenlage oder falsche Abmessungen des Treibers. Lockerungen von Einzelteilen im Schützenschlagmechanismus oder von Antriebsrädern an der Schützenschlagwelle sind Ursache von Schützenschlägen und großem Kraftbedarf. Die Antriebsräder des Schützenschlages müssen nach längerer Betriebszeit neu aufgekeilt eventuell mit den Wellen ausgewechselt werden.

3. Wenn die Fadenspannvorrichtung im Schützen nicht in Ordnung ist (je rascher der Schützen läuft, desto größere Fadenbremsung ist nötig).

4. Wenn ein Hindernis (Fremdkörper, Unsauberkeit, ausgelaufene Schützenbahn, Holzsplitter) den Gang des Schützen hemmt.

5. Zu leichte Schützen mit falscher Schwerpunktslage und zu wenig Energie (zu wenig lebendige Kraft) sind gleichfalls Ursachen für Schützenschlag. Man hilft eventuell durch Eingießen von Blei ab (Abb. 146). Um bei besonders wertvollen Ketten ein Zerreißen der Kettenfäden durch das Anschlagen des steckengebliebenen Schützen im Fach zu verhindern, verwendet man das „fliegende" Blatt, das beim Anschlag des steckengebliebenen Schützens herausfliegt.

Der Schützen fliegt aus dem Fach und Webstuhl heraus (Schützenschlag): 1. Wenn die Pickerspindeln falsch eingestellt (Abb. 158), zu stark abgenutzt oder verbogen sind.

2. Wenn die Schützenbahn fehlerhaft, d. h. besonders die Ladenbahn uneben oder beschädigt ist, oder das Blatt nicht in genauer Ebene mit den Rückwänden der Schützenkästen steht (siehe Abb. 147). Ferner, wenn der Schützen schadhaft oder falsch geformt oder zwischen dem Blattende und den Ladenarmen (Schützenkästen) zu viel freier Raum ist. Derselbe muß mit alten Blättern eventuell altem Holz oder Eiseneinlagen ausgefüllt werden. Auch eine lockere Rückwand des Schützenkastens bzw. eine verbogene Wand desselben oder eine andere Lage der Rückwand als in der Blattebene sowie eine falsche Federung und Stellung der Schützenkastenzunge (Abb. 147, 158) rufen gleichfalls Schützenschlag hervor.

3. Falsche Gewichte, Maße und Schwerpunktslagen des Schützen können so, wie sie laut obigem das Steckenbleiben erzeugten, auch Schützenschlag hervorrufen. Der Schwerpunkt des Schützens soll außerhalb der Mittelachse, mehr gegen die Ladenbahn und das Blatt zu liegen. Bei Oberschlagstühlen rückt der Schwerpunkt noch mehr gegen die Spitze des Schützens, der dann den erwähnten Bleiausguß erhält. Die Vertiefung für die Aufnahme der Schützenspitze im Treiber wird um etwa 3 mm höher und ebenso nach vorne gebohrt als die Mittellinie der Schützenspitzen, hierdurch erhält das gegen die Ware gerichtete Ende des Schützens einen Andruck an die Ladenbahn und das Blatt (Abb. 668—669 und 666—667). Die Vertiefung wird mit einem eigenen Versenkbohrer gebohrt oder mit einem Dorn einfach in den Picker eingeschlagen[1].

4. Schützenschläge werden auch durch unzeitgemäße Fachbildung hervorgerufen (siehe S. 14 und Abb. 41).

5. Auch ein falsch eingestellter Zeitpunkt für den Ladenanschlag, falsche Fachbildeexzenter oder mangelhafte Schlagexzenterformen rufen Schützenschläge herbei. Der Schlag muß im Moment des Schützenabfluges, also im Augenblick der größten Schlagstärke, für den Schützen die Maximalgeschwindigkeit erzeugen. Zu kurze oder zu lange Schlagriemen, falsch eingestellte Schlagkupplung rufen ebenso wie unrichtige Aufkeilung des Exzenters auf der unteren Welle einen falschen Zeitpunkt, also zu harten oder zu weichen Schlag herbei. Der Schlag wird zu hart, wenn der Schlagriemen zu kurz oder die Schlagkurve des Exzenters zu steil ist bzw. einen zu großen Hub hat. Auch die Übersetzung vom Exzenter über Schlagrolle und Schlagarm (Hebelverhältnis) sind höchst wichtig. An dem Hebelverhältnis (Entfernung des Exzenters von der Stuhlwand) kann der Schlag leicht richtig gestellt werden.

6. Wenn die Fäden des Oberfaches nicht rein ausgehoben sind, können sie den Schützen aus der Bahn lenken und Schützenschlag hervorrufen, auch schlecht eingelegte Breithalter können den Schützen ablenken; aus diesem Grunde hält man bei Webstühlen, die ohne Breithalter arbeiten, das Fach der Unterfäden durch eine Eisenstange am Webrand in einer Ebene. Die häufigste Ursache für Schützenschläge sind abgerissene eingewickelte Kettenfäden bzw. gerissene Helfen.

2. Die Lade und ihre Bewegung (lathe and its movement).

Die Lade besteht aus dem Ladenklotz (Bahn) und dem Ladendeckel, zwischen welchen das Blatt eingeklemmt ist. Sie stützt sich auf zwei Ladenarme (Stelzen), die um eine

[1] Siehe S. 44 mit der Fußnote 1 und die Abb. 668—669 und 666—667.

Welle schwingen. Letztere ist oft als Traverse mit Zapfen ausgebildet (Abb. 6, 148—149). Die Ladenbewegung (Anschlag) ist in Größe und Zeitpunkt der Bewegung wichtig.

Die Größe des Anschlages (Ladenhub) hängt von der Fachlänge und vom Kurbelradius ab. Die Pendelbewegung wird durch zwei Schubstangen, die von der doppelt gekröpften Hauptwelle angetrieben sind, durchgeführt. Die Lade muß im Augenblick des Anschlages genau horizontal und parallel zur Hauptwelle liegen, beide Kurbeln müssen genau in einer Ebene liegen, damit das Blatt über die ganze Breite gleichzeitig am Warenrand anschlägt. Diese Bedingung erfordert auch genau gleiche Länge der beiden Schubstangen. Dieselben liegen bei der höchsten Kurbelstellung in der Regel waagerecht. Der Ladenhub darf nicht zu groß sein, da sonst die Kettenfäden zu sehr am Blatt reiben. Bei Baumwoll- und Siedenstühlen ist der Ladenhub 12—13 cm, also der Kurbelradius 6 bis 6,5 cm. Der Ladenanschlag erfolgt wegen der sinusförmigen Bewegung bei langsamer Ladenbewegung, so daß die Fäden nicht so beansprucht werden. Das Verhältnis $\frac{r}{l} = \frac{\text{Kurbelradius}}{\text{Schubstangenlänge}}$ ist bei Baumwollstühlen $\frac{1}{3{,}5}$ bis $\frac{1}{5{,}5}$, bei Seidenstühlen $\frac{1}{6}$. Das Verhältnis $\frac{r}{l}$ bei den verschiedenen Webstuhltypen:

Webstuhl	Erzeuger	$\frac{l}{r}$
Glatter Stuhl	W. Dickinson	3,85
Glatter Stuhl	Butterworth & Dickinson	3,40
Glatter Stuhl	G. Keighley	3,80
Atlasstuhl mit Außentritt	Butterworth & Dickinson	4,75
Atlasstuhl mit Exzentereinrichtung	H. Livesey	3,90
Manchesterstuhl, einschüssig	Platt Brothers	4,72
Glatter Stuhl mit Exzentersteigwechsel	Lancaster & Co.	4,43
Glatter Stuhl mit Steigwechsel von Eccles	Butterworth & Dickinson	4,60
Köperstuhl mit Schußautomat und Unterschlag	Northrop & Co.	4,16
Atlasstuhl	Butterworth & Dickinson	4,54
Schirtingstuhl mit Wardschaftmaschine und Steigwechsel	Wright-Shaw I. Dugdale& Sons	4,20
Schirtingstuhl mit Überspringerrevolver	Hattersley & Sons	5,45
Brokatstuhl mit Doppeljacquardmaschine	Atherton Bros	4,80
Brokatstuhl mit Jacquardmaschine für Bordüren	Butterworth & Dickinson	4,45
Frottierstuhl mit L.- u. Y.-Schaftmaschine und Exzenterwechsel	Hacking & Co.	4,90
Frottierstuhl mit Doppelhubjacquardmaschine	Hattersley & Sons	5,05
Webstuhl für Überzüge mit Doppelhubjacquardmaschine und Exzentersteigwechsel	Sowdens	5,50
Glatter Seidenstuhl	Smith Bros	5,75
Seidenstuhl von Rüti	Webstuhlfabrik Rüti, Zürich	6.00

Die Sandauer Maschinenfabrik baut geteilte Schubstangen nach Abb. 150, die aus 2 Gußteilen MN bestehen und durch die Feder F aneinander gedrückt werden. Bei Hemmung der Ladenbewegung schieben sich diese Teile gegeneinander und verhindern Brüche. Die Schraube S_1 spannt die Teile durch die Federkraft F so fest aneinander, daß sie bei normaler Beanspruchung wie ein Teil funktionieren.

Die Lade muß so eingestellt werden, daß die Fäden des geöffneten Unterfaches leicht auf der Fadenbahn liegen, so daß der Schützen ungehindert durchfliegt. Die Einstellung des Ladenarmes und der Bahn erfolgt durch Schraube S bei gelockerten unteren Querschrauben (Abb. 148—149). Die Ladenbahn liegt in der Höhenlage etwa 1—2 cm tiefer als der Brustbaum und etwa 75 mm über der Hauptwelle. Sie muß sich nach rechts und links durch Verstellen der Füße N verschieben lassen und wird durch Schrauben gesichert. Die Ladenbahn muß genau horizontal sein und liegt etwa 1—2 mm tiefer als das Grundplattenende des Schützenkastens (Abb. 147). Der Winkel zwischen Blatt und Ladenbahn ist etwa 85—88°, je nach Tourenzahl des Stuhles, wobei der Winkelscheitel in der Blattebene gegen die Ware zu liegt. Bei raschlaufenden Stühlen ist der Winkel spitzer als bei solchen mit geringer Tourenzahl. Zu schwache Laden biegen leicht infolge des Anschlages nach hinten durch, was Störungen gibt und unrein angeschlagenen Schuß erzeugt. Die Schützenbahn ist aus weichem aber dichtem Holz und wird mit Rotbuche ausgelegt. Der Ladendeckel ist meist Tannenholz und wird eventuell auch ausgekleidet. Bessere Konstruktionen verwenden Erlenholz zweiteilig.

3. Das Blatt oder Riet (reed)

hält die Fäden in gleicher Entfernung, schlägt den Schuß an und führt den Schützen. Nach der Lagerung des Blattes unterscheidet man ein festes oder bewegliches sog. fliegendes Blatt. Das feste Blatt verwendet man bei glatten Baumwoll- und Wollstühlen. Das bewegliche oder federnde Blatt bei Seiden- und feinen Baumwollstühlen. Sehr dichte und feste Ware erfordert feste Blätter. Bewegliche Blätter können nur bei leichterer Ware verwendet werden, es sei denn, daß der Blattwerfer eine sehr starke Federung erhält (Schnelläuferstühle 210 Touren und mehr). Das feste Blatt sitzt mit Beilage von Papier in den Nuten des Ladenklotzes und Ladendeckels, es hat auch seitlich etwas Spielraum, so daß es beim Anschlag des Schusses ein wenig nachgibt. Der oben genannte Winkel des Blattes mit der Schützenkastenrückwand wird erreicht, wenn das äußere Ende der hinteren Schützenkastenrückwand etwa 3 mm aus der Ladenbahn nach vorne liegt. Die Lage der Schützenkasten, etwa 2 mm über der Bahn, ist für das glatte Herausfliegen der Schützen notwendig (Abb. 147; dies gilt für Schützenkastenende).

Die Blätter für Baumwollketten sind etwa 10—12 cm hoch, für Seidenketten 8—10 cm. Die Blattzähne bei Baumwollware sind etwa 2,5—3 mm breit (Zahnstärke gemessen senkrecht zur Blattebene). Die Dichte der Zähne oder Blattnummer ist entweder die Gesamtzahl der Zähne im Blatt bei gegebener Breite oder die Zähnezahl je 10 cm. Das Blatt wird immer um 2—3 cm breiter gewählt als die Warenbreite.

Rostige Blätter reinigt man mit Petroleum, Benzol und Bimsstein und glättet sie mit Holz. Verbogene Blattzähne werden mit der Weberzange (feine Blattzange) und dem Ansatzeisen glatt gebogen, wobei die Zähne durch eine Lötlampe warm gemacht werden.

Die mechanische Weberei verwendet meist in Zinn gelötete Blätter, die Handweberei in Pech gesetzte (gepichte) Blätter. Der oben erwähnte Spielraum des Blattes für weichen Ladenanschlag darf nicht zu groß sein, da sonst Schußstreifen entstehen. Bei zu lockerem Blatt legt man mehr Papier ein. Das Blatt darf nicht zwischen Deckel und Bahn gezwängt werden.

Je mehr Fäden je Zahn eingezogen sind, desto leichter entstehen Blattstreifen. Um dies bei feinen Seidenstoffen zu verhindern, verwendet man ein zweites sog. Zwirnblatt. Die Zähne desselben sind um eine halbe Zahnteilung gegen die Zähne des ersten Blattes versetzt und teilen bei gleicher Zahndichte die Fädengruppen des ersten Blattes.

Für Sondergewebe verwendet man auch besondere Blätter, so z. B. für schwankende Kettendichte, wellige Lage der Kettenfäden oder Zusammenziehung der Kettenfäden bei Krawatten, Ripsen, Gobelins, Gaze usw. Das Blatt hat dann schräg gemustert eingestellte Zähne und die Dichte ändert sich durch Veränderung der Höhenlage des Blattes. Für gebogene Schußlage verwendet man wellige Blätter (Abb. 151—157).

Für die Stoffränder hat das Blatt 4—8 stärkere Zähne, die das Zusammenziehen der Kettenfäden in der Schußrichtung durch die Warenspannung verhindern. Diese Blattzähne sind auch weiter geteilt, da die Randfäden meist stärker sind.

Wird der Schuß feucht verwebt, so hat das Blatt besonders bei feinen Stoffen Messingzähne (Rostflecke!).

Für veränderliche Stoffbreite kann man verschiebbare, divergierende Blätter verwenden oder eine Zahnteilung im Lauf, durch eine Schraubenspindel verstellbar.

Bei Blattbestellungen ist anzugeben: 1. Blattbreite in Zentimeter oder Zoll, Zähnezahl und Zahnstärke. 2. Die Gesamthöhe des Blattes eventuell Zähnezahl auf 10 cm. 3. Ob das Blatt zu löten oder zu pechen ist. 4. Der Verwendungszweck (Kettenfädendichten).

4. Die Schlagvorrichtungen.

Der Schützenschlag (picking motion). Bei Handstühlen wurde der Schützen ursprünglich durchgeschoben, später abwechselnd mit der rechten und linken Hand durch das Fach geworfen (Abb. 139 A). Im Jahre 1738 führte John Kay die Schnellschütze ein, die auf Rollen läuft und durch Anreißen des Treibers mittels einer Schnurverbindung durchgeschossen wird (Abb. 4—5). Der Treiber wird dann von einem spanischen Rohr[1] wieder in die Ausgangslage gezogen. Der Gegentreiber fängt den Schützen auf und wird von diesem in die äußerste Stellung gedrückt (Abb. 139 B). In den Abb. 139—140 C—N sind verschiedene Arten gebräuchlicher Schützen angeführt.

Am mechanischen Stuhl wird der Schützen durch einen Schlagarm bewegt. Derselbe faßt den Treiber (Picker) durch einen Schlagriemen oder der Schlagarm wird direkt in eine Öffnung des Pickers eingeführt. Liegt der Schlagarm oberhalb der Kettenebene, so hat der Stuhl Oberschlag, liegt er unter derselben, so ist Unterschlag vorhanden. Bei den glatten Baumwoll-, Jute- und Leinenstühlen verwendet man meist den Oberschlag, während bei feineren Baumwollwaren und besonders modernen Seidenstühlen, sowie bei breiten, schweren Stühlen (Wollwebstühle, Möbelstoffstühle und bei sehr schnell laufenden Stühlen) fast ausnahmslos Unterschlag verwendet wird. In neuester Zeit verwenden einzelne Webstuhlfabriken, z. B. Rüti, überhaupt nur Unterschlag. Der Oberschlag verunreinigt leicht die Ware durch abfliegende Schmutzteilchen, man webt bei seiner Verwendung die Ware deshalb gerne „verkehrt“, d. h. mit der Oberseite nach unten. Der Oberschlag wirkt infolge seiner Bauart nicht so schlagkräftig wie der Unterschlag.

Der Picker (Treiber) wird aus starkem Büffelleder oder Schweinerohhautleder evtl. Fibre hergestellt; er soll einstreifig sein und wird zweckmäßig durch Nieten zusammengezogen. Vor Verwendung legt man ihn einige Wochen in Öl. Der Treiber erhält entsprechende Ausnehmungen und Bohrungen für die Pickerspindel, den Schlagarm und eine Vertiefung für die Schützenspitze. Dieselbe muß dann um 2—3 mm tiefer liegen als die Ausnehmung im Picker (wegen der geneigten Pickerspindel).

Die Pickerspindel soll aus hartem Stahl hergestellt und genau gerade sein, sie muß sparsam geschmiert werden und ist rein zu halten. Die untere Treiberführung bedarf nur geringer Schmierung.

Sind die Treiber ausgeschlagen, so können sie gewendet werden. Gut geführte Webereien benötigen je Stuhl drei Treiber jährlich.

Das Einlegen der Treiber in Öl soll 3—4 Wochen dauern oder sie werden unter 10 at Öldruck getränkt (Abb. 324).

Die Treiber werden zur Dämpfung der raschen Schlagbewegung am Ende des Schlages durch ein Dämpfleder (Fangriemen) abgefangen. Man verwendet auch gewellt auf der Pickerspindel aufgezogene Riemen. Zu trockene Treiber brechen gerne und laufen bald auf. Paßt die Pickerspindel zu streng, so muß der Picker mit einer rotglühenden passenden Rundeisenstange durchgestoßen werden. Ein Ausschlagen der Öffnung bringt leicht ein Platzen oder schlechtes Passen des Pickers. Ist die Öffnung für die Pickerspindel zu groß, so wird der Treiber schlecht geführt, er eckt, und der Schützen fliegt schlecht.

Der Oberschlag (overpick, Abb. 6, 158). Bei diesem wird der Treiber von der Pickerspindel geführt, er wird durch den Schlagriemen R_1 und den Schlagarm R bewegt. Der letztere ist zwischen Klemmscheiben auf einer verstellbaren feinen Zahnkupplung an der Vertikalwelle H (Treiberwelle) gefaßt (Abb. 6, 159—160). Die Treiberwelle H wird durch den Arm R, Rolle L und Exzenter E in rasche Bewegung versetzt (Abb. 6).

Die Exzenternase ist durch den Schlag sehr stark beansprucht, deshalb wird sie aus Hartguß oder Stahlguß gesondert hergestellt und mit zwei Schrauben an der Exzenterscheibe, in Kreisschlitzen stellbar (Umfangsrichtung), befestigt. Die Schlagnasenkurve steigt nach dem Hubgesetz 1:3:5:7:9:6:4:2. Sie erzeugt eine gleichförmig beschleunigte Schützenbewegung. Die Dauer des Schützenschlages (Abb. 41) ist bei schmalen Stühlen $^1/_4$ Tour der Hauptwelle, bei breiten Stühlen $^1/_3$ Tour. Jeder Stuhl hat ein linkes und

[1] Abb. 4—5 ist ohne spanisches Rohr; der Treiber wird durch den Schützenschlag in Ausgangslage geschoben.

rechtes Exzenter. Dieselben sind um 180° gegeneinander versetzt auf der Schützenschlagwelle montiert.

Der Schlagarm schließt meist mit der Achse der Schlagrolle einen rechten Winkel ein (Abb. 161). Ist der Schlag zu hart, so wird der Arm in der Kupplung etwas zurückgerückt, also der Schlagwinkel zeitlich zurückverlegt. Eine weitere Schlagschwächung erreicht man durch Abschieben des Exzenters von der Stuhlwand. Die Schlagrolle darf aber dabei nicht die Berührung mit dem Exzenter verlieren (Abb. 162). Der Schlag wird kräftiger, d. h. er erhält eine größere Maximalgeschwindigkeit des Schützen im Moment des Abfluges (Schlagstärke), wenn der Schlagarm länger wird bzw. das Übersetzungsverhältnis zwischen Exzenterhub und Schlagarm vergrößert wird. Langsamer laufende Stühle müssen besonders bei größerer Blattbreite verstärkten Schlag erhalten, damit der Schützen gut durchfliegt, ohne stecken zu bleiben. Der Schlag beginnt bei tiefster Lage der Hauptwellenkurbel eventuell etwas dahinter (Diagramm Abb. 41, 161). Breite Stühle erfordern längere Zeitdauer für den Schützendurchlauf. Der Schlag wird nach dem hinteren Totpunkt der Kurbel eingestellt. In diesem Zeitpunkt (Lade hinten) soll der Schützen schon in der Mitte der Ladenbahn sein.

Der Schlag ist beendet, wenn die Kurbel, etwa 45° hinter der Vertikallage ist. In diesem Augenblick liegt die Rolle auf der Exzenterspitze und der Schlagarm ist um etwa 10° schon von der Webstuhlwand nach innen gerückt, der Treiber hat noch etwa 60 mm Weg vor sich (Abb. 161). Der Schlag soll nur so kräftig sein, als zum Durchwurf des Schützen und Einlauf in den Gegenkasten nötig ist, da sonst die Picker und Schlagteile des Stuhles leiden. Bei zu schwachem Schlag bleibt der Schützen im Fach stecken, es gibt einen „Schützenschlag". Bei zu starkem Schlag leiden alle Teile des Schlagmechanismus und steigt der Kraftbedarf.

Ist der Schlag durch Versuche eingestellt, so werden die Schrauben der Schlagarme festgezogen. Bei richtiger Einstellung haben die Schlagarme bei Oberschlag eine parallele Lage zu den Seitenwänden, wenn die Kurbel die äußerste Grenzlage erreicht.

Die Schlagarme sind aus Eschen- oder Akazienholz und etwa 50—60 cm lang.

Der Schlagriemen muß in voller Breite ziehen, ist gut zu befestigen, darf nicht brechen oder anreißen und muß zähe sein. Der Treiber ist auf der Pickerspindel und in einer Nute des Schützenkastens geführt. Die Pickerspindel ist an der Innenseite (beim Blatt) höher und etwa 2 mm weiter entfert von der Rückwand als am Außenende, damit der Schützen nicht herausspringt (Abb. 158)[1]. Damit der Schützen beim Einlauf weich aufschlägt, wird er durch eine gefederte Zunge in der Schützenkastenwand abgebremst und von Dämpf- und Fangriemen abgefangen. Die Zunge ist durch den Arm q und die Feder F eingedrückt (Abb. 6).

Die Schützenkastenzunge soll mit ihrer Vorderfläche an der Schützenmitte anliegen. Bei glatten Laden soll die Zunge 8—10 mm aus der Rückwand des leeren Schützenkastens hervorragen.

Die Einstellung der Schützenkastenwände, ihre Neigung zueinander, ist für das richtige Auffangen des Schützen wichtig. Der Kasten wird beim Blatt etwa 5—6 mm und am äußeren Ende um 3—4 mm breiter als der Schützen eingestellt.

Die gewellten Dämpfriemen am Ende der Pickerspindel können bei richtiger Wahl lange Fangriemen ersparen.

Erreicht der Schlagarm seine äußerste Grenzlage, so soll sein Ende noch etwa 50 mm freien Schlagraum vor sich (zum Ende des Schützenkastens) haben, diesen richtigen Weg des Schlägers erreicht man durch Einstellen der Zahnkupplung K_2 auf der Treiberwelle H (Abb. 159—160).

Die Welle H wird durch eine Feder in die Ausgangslage zurückgezogen. Die Schlagstärke (Maximalgeschwindigkeit des Pickers) läßt sich durch Höher- oder Tieferstellen der konischen Rolle regeln, ferner durch Verstellen der Lager der Welle H, durch Ände-

[1] Richtige und falsche Stellung der Pickerspindel bei Oberschlag siehe in Abb. 668—669 und 666—667.

rung der Entfernung des Exzenters E von der Stuhlwand oder durch Verkürzung des Schlagriemens R_1 ändern. Der Zeitpunkt des Schlages kann durch Vor- oder Zurückdrehen der Schlagnase mit der Exzenterscheibe E geändert werden; deshalb sitzt das Exzenter auf einer eigenen Nabe und ist in zwei bogenförmigen Nuten verstellbar. Der Schlag beginnt, wenn die Kurbel der Hauptwelle Hh durch ihre tiefste Lage hindurchgeht.

Große Veränderungen des Schlagzeitpunktes können durch Verdrehung der ganzen unteren Welle bzw. Versetzung der Zahnräder, welche von der Oberwelle aus die Unterwelle treiben, erreicht werden. Kleine Veränderungen können durch Verdrehung des Exzenters bzw. der Nase erreicht werden (Abb. 163).

Um das Zahnrad K_1 an der Hauptwelle des Stuhles bzw. das Rad K_2 an der Schützenschlagwelle nicht abmontieren zu müssen, wird das Zahnrad K_1 durch Schrauben mit dem Schwungrad R verbunden. Es kann durch Lösung der Schrauben leicht verstellt werden und damit den Zeitpunkt des Schlages ändern (siehe Abb. 164—165). Diesen Antrieb baut für schmale Stühle die Firma Haase in Krefeld. Die Schützenbewegung wird zeitlich und räumlich zur Gewebemitte (Kettenrichtung) symmetrisch ausgeführt.

Der Schützen springt nach Einlauf in Kasten zurück, wenn der Schlag zu stark oder wenn die Feder der Kastenzunge zu schwach bzw. die Schützenführung zu stark geölt sind. Ferner, wenn der Treiber zu hart bzw. nicht am Fangriemen aufschlägt. Der gleiche Fehler tritt ein, wenn die Kette zu stark gespannt ist, der Treiber ausgelaufen ist oder der Schützen unruhig läuft. Auch wenn der Schützen nicht in der Treibermitte anschlägt, oder die Tourenzahl zu groß bzw. zu klein ist, ferner auch, wenn die Schlagnasen des Exzenters zu stark abgenutzt sind.

Dieser Übelstand tritt auch ein, wenn die Schützenbahn oder das Blatt nicht genau gerade sind, ferner Kettenfäden im Wege stehen, die Ladenbahn tiefer liegt als der Schützenkastenboden; bei schlechten, zerschlagenen Treibern und Treiberführungen und bei falschem Anfassen des Schützens durch den Treiber.

Die Lebensdauer wird beim Treiber gering, wenn der Schlag zu heftig oder der Schlagarm im Pickereingriff zu scharfkantig ist. In diesem Fall schlägt der Picker auch leicht einen Zahn in den Treiber. Dieses bezieht man auf den Unterschlag (s. unten). Ein Treiber hat bei glatten Stühlen eine Lebensdauer von 3—4 Monaten.

Um für den Schützenschlag Kraft zu sparen und die Teile der Schlagvorrichtung (Schlagzeug, Treiber, Schützen, Schlagriemen) zu schonen, kann man auch die Schützenschlagbremse, richtiger Schützenbremse durch eine Vorrichtung, wie Abb. 166 zeigt, im Augenblick des Schlages lockern. Ein zweiarmiger Hebel T ist in dem Lager L, das an der Lade mittels Schrauben befestigt ist, drehbar gelagert und verbindet den Ladenklotz und Ladenarm in der Art, daß sich seine Achse etwa 60 mm über dem Ladenzapfen der Zugstange O befindet. Der kürzere Arm k des Hebels T ist rechtwinklig unter dem Arm R abgebogen, mit dessen Hilfe er die Schützenkastenzunge führt. Der andere Arm des Hebels T greift in einen länglichen Ausschnitt des Bügels U ein, der auf der Zugstange O stellbar befestigt ist. Zur besseren Befestigung des Bügels an der Zugstange ist ein Holzklötzchen eingelegt.

Der Hebel T ist durch den Bügel U so eingestellt, daß die Bremse Br ganz geöffnet ist, wenn die Hauptwellenkurbel die tiefste Lage durchläuft und der Schlag beginnt. Bevor noch der Schützen in den Kasten einläuft (die Hauptwellenkurbel im hinteren Totpunkt), lockert der Hebel T den Arm R und die Schützenkastenzunge bremst den in den Schützenkasten fliegenden Schützen. Das entsprechende Andrücken des Armes R wird nach der höheren oder tieferen Einstellung des Bügels U erzielt.

Zur Verringerung des Kraftverbrauches beim Schlag wird in neuerer Zeit die Schützenkastenbremsung vor Beginn des Schlages auf einen Augenblick aufgehoben, um das leichtere Herausschleudern des Schützens aus dem Kasten zu ermöglichen (siehe Ruthartstuhl für Hochleistung).

Das Dämpfen des Anschlages beim Einlauf des Schützens in den Kasten wird durch Abfangen des Treibers mit dem Fangriemen und Dämpfriemen erzielt. Der einlaufende Schützen faßt mit dem Treiber zuerst den Fangriemen und dieser zieht dadurch den Picker des gegenüberliegenden leeren Kastens an das innere Kastenende. Der letzte Rest der Energie des einlaufenden Schützen wird durch einen gewellten Pufferriemen vernichtet, der auf der Pickerspindel aufgefädelt ist. Der Fangriemen geht an der Vorderfläche der Ladenbahn durch eigene Ösen (Riemen R_2 in Abb. 158). Der spezielle Schlagdämpfer ist in Abb. 167 angegeben.

Der Schlagdämpfer hat die Aufgabe, den Anschlag des einlaufenden Schützens abzufangen und ermöglicht eine Verkürzung des Fangriemens. Jeder Schützenkasten hat einen Blechbügel T, der zwei Spiralfedern P_1 und P_2 trägt, die letztere Feder ist die stärkere. Sie fängt den Anschlag des Treibers nach dem Schuß auf, der Schlag wird durch das Pufferklötzchen N und den Riemen R_2 auf die Feder P_2 übertragen. Der Riemen R_1 und die schwächere Feder P_1 fangen den Schlag des einlaufenden Schützens auf. Beide Riemen sind durch die Kupplung S gebunden, die eine Änderung der Fangriemenlänge und damit eine Schlagdämpfung ermöglicht.

Der Unterschlag (underpick, Abb. 168—169) hat den Schlagarm R am Fuß der Ladenwelle drehbar gelagert, so daß der Arm mit der Lade schwingt und unbehindert den Schützen wirft. Der Ausschlag des Armes R wird vom Arm U, der an den Fußhebel O oder Schlagschuh anschlägt, erzielt. In seine Anfangslage kehrt der Arm durch die Feder G zurück. Die Schlagvorrichtung ist an beiden Stuhlseiten ausgeführt.

Der Arm U erhält eine Nase N, auf welche die Rolle L, die am Rad Z_2 befestigt ist, aufschlägt. Z_2 sitzt auf der Schützenschlagwelle Sh. Die Schlagnase N ersetzt in diesem Fall das Schlagexzenter. Auf der zweiten Webstuhlseite ist statt des Rades Z_2 ein dreiarmiger Radstern für die Befestigung der Schlagrolle montiert. Der Arm R wird mit seinem oberen Ende in einem Ausschnitt der Ladenbahn geführt; er greift in den Schützenkasten und damit in die Treiberöffnung ein. Der Ausschlag des Armes nach innen wird durch den Riemen n abgefangen.

Die Schlagstärke oder Maximalgeschwindigkeit des Schützens wird hier durch Verstellen des Armes R gegenüber dem Arm U oder durch Verstellen des Drehzapfens am Arm U (Hebelarm) geändert. Der Zeitpunkt des Schlages läßt sich durch Verschieben des Zapfens der Rolle L in dem bogenförmigen Schlitz einstellen.

Der Unterschlag wird bei Schützenwechsel oft als sog. unabhängiger oder beliebiger Schlag ausgeführt. Es ist beim Schützenwechsel eben oft notwendig, durch mehrere Schüsse hindurch von derselben Seite zu schießen. Dies erfordert aber, daß die Schlagarme für jeden Schuß schlagbereit sind. Dagegen muß jener Schlagarm, in dessen Kasten der Schützen einlaufen soll, am Schlag behindert werden, d. h. der Schlag für diese Seite wird ausgekuppelt (Schlagauslösung). Man führt beispielsweise für die Auskupplung des Schlages verschiebbare Schlagnasen aus. An jener Seite, wo nicht geschossen werden soll, wird das Exzenter axial auf der Schützenschlagwelle aus dem Bereich der Schlagrolle geschoben. Der Schlag auf dieser Seite ist dann ausgekuppelt (ausgelöst). Die Auslösung wird durch eine Karte und einen Hilfsmechanismus, der ähnlich einem Schützenwechsel funktioniert, ausgeschaltet. Die Exzenter müßen allerdings doppelnasig sein.

Bei Seidenwebstühlen (Abb. 362—63) wird z. B. der Schlagarm Rp durch einen Riemen vom kürzeren Arme der Seitenwelle H in rasche Bewegung versetzt. Die Seitenwelle ist längs der Stuhlwand, also quer zum Stuhl und zur Hauptwelle gelagert, sie wird durch eine Rolle und das Schlagexzenter bedient. Im Fuße, in welchem der Schlagarm gelagert ist, befindet sich eine Sperrklinke, dieselbe wird vom Schützenwächter des gegenüberliegenden leeren Kastens eingekuppelt, so daß auf der Ausgangsseite der Schlag erfolgen kann. Sind beiderseits leere Schützenkästen vorhanden, so ist beiderseits der Schlag eingekuppelt. Sind jedoch beiderseits volle Kasten — was die Gefahr des Schützenschlages erzeugen könnte —, so wird auf beiden Seiten der Schlag ausgekuppelt. Auch diese Kupplungsart ermöglicht beiderseitigen, unabhängigen, beliebigen Schlag.

5. Die Schützenwechsel (shuttle change motions)

werden dort verwendet, wo ein Wechsel im Schußmaterial oder in der Farbe desselben eintreten soll (Querstreifung). Bei Verwendung von ungleichem Schußmaterial (Streichgarn) ist der Schützenwechsel auch bei einfarbigem Material wegen des Ausgleiches der Schußanlage (Gleichmäßigkeit der Ware) notwendig. Bei mehrfarbigem Schuß muß die Zahl der Schützen der Farbenzahl im Schuß entsprechen. Die Anzahl der Schützenkästen, die hierzu notwendig sind, wird durch die Konstruktion des Wechsels bestimmt. Es sollen mindestens bei jeder Wechselstellung auf jeder Ladenseite ein freier Schützenkasten vorhanden sein — beim unabhängigen Schützenschlag; bei abhängigem genügt bloß ein freier Kasten auf einer Seite. Der Schützenwechsel bringt automatisch, von einer Karte gesteuert, den jeweilig notwendigen Schützen in die Bahn, d. h. er ,,wechselt“. Die Mechanismen, welche diese Bewegung durchführen, heißen Schützenwechsel, oder kurz ,,Wechsel“. Sie zerfallen in einen Steuerapparat und einen Wechselapparat.

Je nachdem, ob am Stuhl an beiden Seiten oder nur einseitig Wechselkasten vorhanden sind, spricht man von beid- oder einseitigen Schützenwechseln. Einseitige Wechsel erfordern wegen der Schützenrückkehr in den Wechselkasten für jede Farbe eine gerade Schußzahl im Muster. Man unterscheidet nach dem Antrieb noch abhängige und unabhängige Wechsel, dann nach der Laufrichtung der Kastenseiten gleichläufige oder gegenläufige Wechsel. Beim abhängigen Wechsel laufen beide Schützenkastenseiten in gleicher Richtung. Beim gegenläufigen Wechsel in entgegengesetzter Richtung. Beim abhängigen Wechsel sind beide Kastenseiten gekuppelt und werden gemeinsam gesteuert. Nach der Anordnung der Schützenkästen unterscheidet man Steigwechsel (Hubkastenwechsel) und Revolverwechsel. Die Handweberei verwendet noch horizontalarbeitende Schubwechsel.

Die Hubkastenwechsel (Steigwechsel) (drop box motions) sind heute allgemein häufig, besonders bei Baumwoll-, Seiden- und Wollstühlen. Sie sind namentlich für langsam laufende Stühle verwendbar. Der Schützenwechselmechanismus bewegt die Steiglade beim ,,Wechseln“ mit Exzentern, in neuerer Zeit durch Kurbeln. Um mit möglichst wenig Kurbeln oder Exzentern auszukommen, sucht man den Exzentermechanismus dadurch zu vereinfachen, daß man die Wechselexzenter bzw. Kurbeln aufeinander aufsteckt. Bei Wechseln um einen Kasten verwendet man das Exzenter oder die Kurbel den Radius r, beim Wechseln um zwei Kästen den Radius 2r, beim Wechseln um drei Kästen verwendet man zwei Kurbeln mit dem Radius $2r + r$. Die genannten Schaltungen um eine, zwei oder drei Kastenteilungen werden durch die entsprechende Drehung der Exzenter zwangsweise ausgeführt.

Bei einem Vierkastenwechsel verwendet man zwei Exzenter (Kurbeln), wovon ein Exzenter um einen Kasten, das zweite um zwei Kästen wechselt, werden beide Exzenter gleichläufig gedreht, so addieren sich die Exzentrizitäten und der Schützenwechsel wechselt um drei Kästen (Abb. 170—173).

Für einen Sechs-Kastenwechsel verwendet man drei Kurbeln; die erste wechselt um einen Kasten, die zweite und die dritte wechselt um je zwei Kästen, durch Kombinationen der drei Exzenter kann man dann um einen, zwei, drei, vier oder fünf Kästen wechseln. Diese Konstruktion kann man auch so ausführen, daß das erste Exzenter (Kurbel) um einen Kasten, das zweite ebenfalls um einen Kasten, das dritte um drei Kästen wechselt. Bei einem Acht-Kastenwechsel sind drei Exzenter (Kurbeln) nötig, die um je einen, zwei und vier Kasten wechseln (Abb. 174—179).

Einen Vierkastenschützenwechsel (Steigwechsel) mit Exzentern, besonders für Seidenstühle, zeigt Abb. 180—181.

Das Exzenter E_1 mit der Exzentrizität e ist im zweiten Exzenter E_2 mit der Exzentrizität 2e eingebaut. Der Exzenterring O des letzteren hängt an der Zugstange A und dem Hebel P, welcher auf der Stange B den mit der Lade schwingenden Schützenkasten trägt. Der Hebel P wird bei abhängigen Wechseln auf eine Welle aufgesteckt, die unten im Stuhl durchläuft, und auf der anderen Ladenseite den zweiten Schützenkasten trägt. Die Kästen laufen dann gleichläufig, d. h. der erste Kasten links entspricht dem ersten Kasten rechts. Man spricht dann von beiderseitig abhängigem Wechsel. Wenn man die Schützenkastenhebel P auf beiden Webstuhlseiten unabhängig einbaut und dann von einer oder zwei Hilfsvorrichtungen steuert, die auf einer oder auf beiden Stuhlseiten vorhanden sind, so spricht man von einem beiderseitigen, unabhängigen Schützenwechsel. Es kann dann einem Kasten auf der linken Seite jeder beliebige Kasten der rechten Seite zugeordnet werden.

Die Exzenter E_1, E_2 in Abb. 180 werden beim Wechseln durch zehnzahnige Stiftenräder und fünfzahnige Bolzenräder gedreht. Wenn die Bolzen in die Zähne des zugehörigen Zahnkranzes eingreifen sollen, so müssen sie durch den Wechselmechanismus axial verschoben werden, um zum Eingriff zu kommen. Diese Verschiebung erfolgt durch die Scheibenräder K′c und K″c, die auf einer Hülse aufgesetzt sind und durch eine Räderübersetzung 1, 2, 3 (1:1) von der Hauptwelle gedreht wird. Der Wechsel kann also bei jedem Schuß erfolgen. Das Verschieben der Scheibenräder K′c und K″c wird durch eine volle Stelle der Karte erreicht, indem die Nadel J_1 oder J_2 in die schiefe Nut der Nabe des Scheibenrades eingreift und dieses bis zum Eingriff der Zähne in das Sternrad verschiebt. Nach dem Weiterdrehen der Exzenter kommen die Scheibenräder Kc durch die Feder G wieder in ihre Anfangslage. Damit der Wechsel nicht ein oder das andere Exzenter durch Schwerpunktsverschiebungen des Mechanismus weiterdreht, ohne daß eine Steuerung erfolgt ist, wird neben dem Zahnrad eine unrunde Scheibe (Teller) mit zwei Ausnehmungen T_1, T_2 am Exzenter befestigt, die mit ihren Ausschnitten am Scheibenrad Kc anliegt und dasselbe arretiert.

Das Prisma H wird durch die Feder F nach links gedrückt, es wird durch die Doppelnasenscheibe am Rad 4 bei jedem Schuß abgehoben. Während der Schwingung wird dasselbe durch das Sternrad Hv geschaltet. Man kann also bei jedem Schuß einen Wechsel vornehmen.

Die Nadeln J_1, J_2 sind in den Bügeln V geführt, das rechte Ende der letzteren kann herabgelassen werden, so daß die Nadeln mit dem Prisma H nicht in Berührung kommen. Das Senken der Bügel V_1, V_2 wird durch Schrauben erreicht, welche die Sperrklinke Z abheben und damit auch die Bügelbedienung. Der beliebige Wechsel wird durch die Bügel erzielt, die mittels Winkelhebel von Reserveplatinen der Jacquardmaschine oder Schaftmaschine gehoben werden.

Der Wechsel, d. h. die Kastenbewegung muß beendet sein, wenn die Hauptwellenkurbel etwa 45° vor ihrer Tiefstlage steht. Durcheilt die Hauptwellenkurbel die Höchstlage, so soll der Eingriff der Bolzen in das zehnzahnige Sternrad erfolgen. In diesem Augenblick beginnt der Wechsel seine Verstellung.

Durcheilen die Kurbeln die vordere Totpunktslage, so soll der Wechsel beendet sein (Abb. 41). Die Schaltung des Wechsels muß genau um die Kastenhöhe, wenn der Schützen in seinen Kasten[1] eingelaufen ist, erfolgen. Die Exzenter müssen deshalb genauest arbeiten, der ganze Wechselmechanismus soll möglichst wenig Gelenke haben, da deren Totgang Ungenauigkeiten bringt. Die Schützenkastenstange B muß ihr Gelenk, um die Ladenbewegung nicht zu behindern, genau im Drehpunkt der Lade erhalten.

Die unteren und rückwärtigen Schützenkastenwände müssen genau bezüglich ihrer Lage so montiert werden, wie dies beim gewöhnlichen Schützenkasten ausgeführt wurde (Abb. 147). Das Wechseln des Schusses wird auch im Kartenlauf der Jacquard- oder Schaftmaschine durch Markierung mit Farbe an der betreffenden Karte angezeichnet,

[1] Wie z. B. nach Abb. 41, wo das Fach fast geschlossen ist, oder sich die oben und unten gehenden Schäfte begegnen, wenn die Offenfachmaschine benutzt wird.

da dies das Aufsuchen von fehlerhaften Farben möglich macht bzw. das falsche Wechseln genau markiert, so daß die Behebung des Fehlers erleichtert ist.

Die Kartenschlagweise für den Schützenwechsel, welche das Wechseln der einzelnen Karten vorschreibt, ist in Abb. 182 angegeben.

Bei der Montage eines Webstuhles mit Steigkasten ist zu beachten, daß der Schützenkasten nach Auslösung der Sicherheitskupplung für die Schützenkastenstange, sich von Hand aus leicht in der Schützenkastenführung bewegen läßt und nicht klemmt. Bei jeder Wechselstellung bzw. Schützenkastenstellung müssen die Böden der Schützenkasten, welche augenblicklich in der Bahn liegen, genau von der Ladenbahnebene ausgehen, bloß die äußeren Enden um 2—3 mm höher liegen als die Ladenbahn, damit der Schützen unbehindert geschossen werden kann. Die Überprüfung der genauen Lage der Schützenkasten und der Ladenbahn erfolgt mittels genauem Eisenlineal (Montierlineal) und Wasserwaage.

Bleibt der Schützenwechsel bzw. die Kasten in seiner Bewegung stecken, so kann dies folgende Ursachen haben:

1. Die Grube (das Grübchen), das ist die Vertiefung im Treiber zur Aufnahme der Schützenspitze, ist zu tief, so daß der Schützen darin hängen bleibt und den Wechsel behindert.

2. Der Schützen fliegt nicht ganz in den Kasten hinein, in den er bestimmt ist und behindert den Schützenwechsel dann, weil die Schützenspitze aus dem Kasten hervorschaut.

3. Der Treiber bleibt im Kasten oder an der Spindel stecken (oft nur einen Augenblick) und der Schützenschlag ist einerseits behindert und findet überdies leicht im falschen Zeitpunkt statt. Der Zeitpunkt des Schlages muß genau richtig zum Schützenwechsel abgestimmt sein, zu frühes oder zu rasches Wechseln kann den schon früher erwähnten „Schützenschlag“ (vorzeitiger oder verspäteter Schlag) hervorrufen.

Der Vierkastenwechsel System Hacking in der Bauart der Maschinenfabrik Roscher in Georgswalde, Böhmen, und Neugersdorf, Sachsen (Abb. 183—184).

Auf den Exzentern E_1, E_2 ist der Exzenterring O aufgeschoben. Der letztere faßt mit der Zugstange T_2 den Hebel P, der wieder durch Vermittlung der Sicherheitskupplung X mit der Schützenkastenstange T_3 zusammenhängt und die Schützenkästen trägt. Die Sicherheitskupplung verhindert bei Klemmung des Schützenwechsels infolge von Störungen seiner Funktion, Brüche im Wechselmechanismus. Die Drehung der Exzenter E_1, E_2 aus der Höchst- in die Tiefstlage oder zurück erfolgt durch je ein Zahnrad K_1' und K_2'. Die letzteren sind von den doppelt so großen Zahnrädern K_1 und K_2 bewegt. Diese erhalten wieder die Bewegung von einem vierzähnigen Sperrad R_1, R_2, in welche die Sperrklinken Z_1, Z_2 eingreifen, die im Winkelhebel U gelagert sind. Wird das Sperrad $R_{1,2}$ und das Rad K_1, K_2 um 90° gedreht, so muß das Rad K_1' und K_2' und ebenso Exzenter E_1 und E_2 um eine halbe Umdrehung (180°) weiterschalten. Die Drehung des Sperrades um 90° besorgt der Winkelhebel U mit seiner Sperrklinke dann, wenn dieselbe in einen Zahn des Sperrades einfällt. Dies erfolgt, sobald die Klinkenstütze $V_{1,2}$, die mit ihrem Hebel verbunden ist, herabsinkt. Die Bedienung der Klinkenstütze erfolgt durch die Zugstange P_1' und P_2' und die Platinen P_1 und P_2. Auf die Stifte dieser Platinen wirkt das Prisma H, das mit seinen Karten bei jedem zweiten Schuß ausschwingt, was mit Hilfe des Hebels A und der Zugstange J und ihrer Kurbel, die auf der unteren Welle Sh aufgesetzt ist, erfolgt. Das Eingreifen der Sperrklinke und damit das „Wechseln“ besorgt also eine volle Stelle in der Karte. Ein Loch hat keinen Einfluß. Da die Wechselmechanismen von der Schützenschlagwelle Sh angetrieben werden, so wirkt der Wechsel nur bei jedem zweiten Schuß und wird deshalb meist als einseitiger Wechsel verwendet. Damit die Exzenter nur genau so weit gedreht werden als nötig ist, werden sie durch die Federbremse F abgebremst. Um jedes Exzenter an zufälliger Verdrehung durch Schwerpunkts- oder Schwungwirkung zu behindern, greift der Stift des Hebels V_1, V_2

in einen Einschnitt der Bremsscheibe ein; dieser Stift wird aus dem Einschnitt herausgehoben, wenn gewechselt werden soll. Dabei wird die Bremsfeder F gespannt. Die Sicherheitskupplung X zwischen den Hebeln P und T_3 verhindert, wie erwähnt, Brüche am Wechselmechanismus. Die Ausführungsmöglichkeit dieser Konstruktion des Sicherheitsgliedes ist verschiedenartig.

Das Schalten des Prismas erfolgt durch den Wendehaken bei jedem zweiten Schuß. Das Schlagen der Karte bzw. der Wechsel der Schützenstellung hängt immer davon ab, welche Bewegungen zur Erreichung der nächsten Kastenstellung notwendig sind. Bei verschiedener Stellung kann das Schlagen der gleichen Karte für die nächste Stellung eine andere Kastenstellung hervorbringen. Man nennt solche Wechsel auch Wechsel mit abhängiger Schlagweise. Für das Weben sehr großer Muster kann man die Steuerung des Wechsels statt durch eine eigene Schützenwechselkarte auch von der Karte der Jacquardmaschine steuern (Reserveplatine). Man führt dann von den Hebeln P_1, P_2 Schnüre zu den Jacquardplatinen.

Der Sechskastenwechsel der Firma G. Thiele, Rumburg (Böhmen). Bei diesem Wechsel sind, wie schon früher erwähnt, drei Exzenter nötig. Die Abb. 185 zeigt die Wechselstellung. Die Drehung der Exzenter E_{1-3} erfolgt durch die Schwungscheibe U (Abb. 186), die sich um 180° rechts oder links drehen kann.

Verbinden wir eines der Exzenter mit der Schwungscheibe und unterbrechen die Verbindung wieder nach einer halben Umdrehung, so wechselt das Exzenter die Stellung, während die Schwungscheibe wieder in die Anfangslage kommt. Die abwechselnde Drehung der Scheibe U erzielt man durch Kuppeln des Zahnrädchens K mittels zweier Zähne, die sich auf der Scheibe befinden, in welche das Zahnrädchen übergeht. Dieses Rädchen K ist mittels Hebel P auf seiner Welle verschiebbar, so daß die Zähne des Rädchens in die Öffnungen der Scheibe U eingreifen können. Ist das Rädchen K im Eingriff, so wird es durch die Feder Pr, die auf den Hebel P wirkt, gesichert.

Das Rädchen K schwingt durch den Hebel G angetrieben, dessen oberes Ende in ein Zahnradsegment endet und in das Rädchen K eingreift. Das untere Ende des Hebels erfaßt eine gebogene Zugstange, die an der Kurbel Kl angreift, die letztere ist auf der unteren Welle Sh aufgesetzt. Die genaue Schaltung um 180° erreicht man durch richtige Einstellung der gebogenen Zugstange M in der Gabel des Rechens G.

Die Verbindung der einzelnen Exzenter mit der Schwungscheibe U erreicht man durch Eingreifen des zugehörigen Zapfens C_{1-3} in eine diametralliegende Nut der Scheibe U. Die Zapfen C_{1-3} gehen durch die Exzenter. Die anderen Enden derselben sind in Armen gelagert, die auf den Hülsenenden T_{1-3} gehalten sind und fortschreitend aufeinander geschoben werden. Das früher erwähnte Zapfenende ist genutet. Die Zapfen der Exzenter E_2, E_3 sind gleichfalls in ihren Armen so gelagert, daß sie darin verschoben werden können.

Die Verschiebung der Hülsen erfolgt von Hand aus oder automatisch. Die Handverschiebung erfolgt durch die Hebel D, die in die an den Enden der Hülsen T eingedrehten Nuten eingreifen.

Auf den andern Arm dieser Hebel wirken die Federn F ein. Durch ihre Einwirkung werden die Hülsen T aus den Mitnehmern C nach dem Einrücken sofort wieder ausgerückt, wenn die Kraft nicht mehr auf den Hebel D wirkt. Man kann bei dieser Konstruktion für jeden Schuß jeden beliebigen Kasten in die Ladenbahn bringen.

Das selbsttätige Verschieben der Hülsen T_{1-3} wird erreicht, indem zuerst die Schieber S_{1-3} durch Vermittlung der Nadeln J_{1-3} in jene Nuten hineingeschoben werden, worauf erst die Schieber S_{1-3} parallel zu den Hülsen T_{1-3} verschoben werden und diesen auf diese Art ihre Bewegung mitteilen (Abb. 186, 187).

Je nachdem, mit welchem Exzenter gewechselt werden soll, muß der Verschieber S mit der Nadel zuerst in die zugehörige Nut der Hülse T eingerückt werden. Das Eingreifen der Schieber S in die Nuten der Hülse T wird durch die entsprechend vorbereiteten Karten erreicht, die fortlaufend durch das Prisma H an die Nadeln J gedrückt werden, welche dann ihrerseits die Exzenter beeinflussen.

Die Bewegung der Schieber S parallel zur Exzenterwelle erfolgt durch zwei, miteinander verbundene Lineale A, B. An das Lineal A ist der senkrechte Arm des rechtwinkligen Hebels R angelenkt, während der waagerechte Arm mittels Zugstange T′ den einarmigen Hebel faßt.

Dieser Hebel schlägt durch Einwirkung des Exzenters V, das auf der Kurbelnabe aufgegossen ist, im entsprechenden Augenblick aus. In die Ausgangslage wird der Hebel durch die Feder F′ zurückgebracht. Dadurch sind die Lineale A, B mit den Schiebern S gezwungen, sich abwechselnd in der Richtung der jeweilig laufenden Exzenterwelle zu bewegen.

Damit im Laufe der Bewegung die Fühlung der Nadeln J mit den Schiebern S nicht unterbrochen wird, sind die letzteren an ihren Enden mit Knöpfen versehen. Nach dem Eingriff in die Nuten der Hülsen T und der Entfernung des Prismas H mit den Karten von den Nadeln J kehren die Schieber wieder infolge der Federwirkung in ihre Anfangslage zurück, dadurch gelangen auch die Nadeln J in die Ausgangslage. Den federnden Anschlag des Prismas H mit der Karte an die Nadeln J erreicht man mittels der Zugstange P′, welche die Schwingung des Hebels G auf das Prisma H überträgt. Die Schaltung des Prismas bewerkstelligt der Wendehaken Ob, der in die Zähne des Sperrades Y eingreift und dieses beim Ausschlag des Prismas weiterdreht.

Nach obigem entspricht also eine volle Stelle in der Karte einem Weiterdrehen des zugehörigen Exzenters, während ein Loch in der Karte keinerlei Veränderung hervorruft.

Wird die Einschaltung (Bewegung) irgendeines Exzenters verlangt, so bleibt also die Karte an dieser Stelle nicht durchlocht. Für die einzelnen Wechselbewegungen um einen bzw. zwei Kästen sind die zugehörigen Karten aus der Abb. 188 zu ersehen, sie sind in einem Teil für das Steigen des Schützenkastens, im anderen für das Fallen desselben gezeichnet.

Die Kurbelwechsel (crank box motions) sind vorteilhafter als Exzenterwechsel, da sie geringere Reibungswiderstände haben. Der Kraftbedarf ist also geringer, die Kurbeln sind sichtbar, daher leicht kontrollierbar, Montage und Bedienung sind erleichtert. Der erste Kurbelwechsel für schmale Stühle wird von Eccles für vier Kästen konstruiert. Dabei wurden zwei Kurbeln benutzt, von welchen die erste um einen Kasten, die zweite um zwei Kästen wechselte. Das Wechseln um drei Kästen (vom ersten auf den vierten Kasten) erfolgte durch gleichzeitige Wirkung beider Kurbeln. In Abb. 189—191 ist das Beispiel eines Sechskastenkurbelwechsels nach dem Vorschlag des Prof. B. Vlček gezeigt. Derselbe besitzt als erste Kurbel k_1 eine feste Kurbel auf der Welle, die zweite Kurbel k_2 sitzt auf dem Kurbelzapfen der ersten Kurbel und die dritte Kurbel k_3 auf dem Zapfen der zweiten Kurbel. Die Drehung der Kurbeln k_1, k_2, k_3 um eine halbe Umdrehung erreicht man durch die Scheiben I, II, III, an welche Zahnräder angegossen sind; in letztere greifen Zahnstangen h_1, h_2, h_3 ein (Abb. 189), welche mittels Hebel R, der Zugstange N und Kurbel K auf und ab bewegt werden. Die Kurbel k_1 ist direkt auf der Welle befestigt, die auf dem anderen Ende eine Scheibe mit einem Zahnrad trägt. Die Scheiben II bzw. III haben eine Nut, in welche die Kurbelzapfen eingreifen. Die Kurbeln haben auf der Gegenseite verlängerte Arme, in deren Ausschnitte die Zapfen der Scheiben II und III eingreifen (Abb. 192—193). Vergleiche auch mit Abb. 194—196.

Die Zahnstangen h werden durch die Nadeln i bedient, an welche die Karten des Prismas H_1 anschlagen. Eine volle Stelle der Karte bedeutet einen Eingriff der Zahnstange, also einen Wechsel. In der Abb. 188 sind die Karten für einen Sechskastenwechsel bei Anwendung von Kurbeln bei einem Verhältnis der Kurbelarmhalbmesser 1:2:2 angegeben.

Der Anschlag des Prismas H_1 an die Nadeln i wird durch den Hebel p erreicht, auf dessen Rolle das Exzenter E wirkt. Die Drehung des Prismas erfolgt durch den Wendehaken. Damit sich durch Gewichtswirkungen im Wechsel nicht irgend eine Kurbel selbsttätig verdreht, ist jede Scheibe I, II, III mit je einem Einschnitt versehen, in welchem eine der Sperrklinken z_{1-3} unter Einfluß der Feder g einschnappt. Soll aber eine Kurbel gedreht werden, so wird die Klinke durch die geknickte Nadel i aus dem zugehörigen Einschnitt ausgehoben.

Der Mechanismus dieser Kurbelwechsel kann für das Weben von Schußstreifen mit einer Kartensparvorrichtung versehen werden. Besonders bei häufiger Wiederholung einfacher Bindungsrapporte durch viele Schüsse hindurch nimmt man nur soviel Karten als für einen Rapport nötig sind, nach Ablauf des Rapportes dreht sich das Prisma zurück und läuft neuerlich vor. Dies wird so oft wiederholt, als sich der Rapport wiederholt (Repetiervorrichtung).

Einen Schützenwechsel für Kartenersparnis zeigt Abb. 197—199. Die Drehung der Scheiben K_1, K_2 um je eine halbe Umdrehung erfolgt mit Hilfe der Zahnstangen h_1, h_2, die auf einem Hebel gelagert sind und durch die Zugstange T_2 von einem Exzenter bewegt werden, das auf der unteren Welle (Schützenschlagwelle) sitzt. Die Zahnstangen stützen sich hinten auf die Nadeln J_1, J_2, welche von den Karten des Prismas H_1 beeinflußt werden. Das Prisma H_1 ist auf dem Hebel P gelagert, derselbe wird durch ein Exzenter ausgeschwungen und damit das Prisma an die Nadeln angeschlagen. Ein Loch in der Karte beläßt die Nadel in Ruhe, hat also keinen Einfluß. Eine volle Stelle in der Karte drückt die Nadel zurück, drängt die Zahnstange h_1, h_2 an ihr Zahnrad, welches bei der nächsten Bewegung die Scheiben K_1, K_2 um eine halbe Umdrehung dreht. Um ein Überlaufen der Scheiben K_1, K_2 zu verhindern (durch Schwungmassenwirkung oder durch Gewichtswirkung aus der Ruhelage), ist jede der Scheiben wieder mit einem Einschnitt versehen, in den eine Sperrklinke Z_1, Z_2 eingreift. Dieselbe wird durch die Feder F_2 angedrückt, die auch die Nadeln J_1, J_2 in ihre ursprüngliche Lage zurückbringt. Die Feder F_1 führt die Zahnstange in ihre Anfangslage zurück.

Die Kurbel K_1 und der Zapfen C_1 sind als ein starres Stück gebaut. Der Zapfen C_1 wirkt auf die Kurbel k, auf deren zweitem Ende sich der Zapfen C_2 befindet, der wieder durch die Zugstange T_1 den Schützenkasten beeinflußt. (Schnitt 1—2.) Der Zapfen C_2 ist verlängert, so daß er in den Ausschnitt der Scheibe K_2 reicht. Durch entsprechendes Einstellen der Scheibe K_1 und des Zapfens C_1 sowie der Scheibe K_2 und des Zapfens C_2 erreicht man die vier verschiedenen Lagen des Schützenkastens (siehe Abb. 200—203).

Das Prisma H_1 wird durch die Wendehaken O_1 bzw. O_2 geschaltet. Beim Ausschlag des Prismas greift einer der Wendekaken in das Sperrad des Prismas und dreht damit das Prisma um eine Karte vor oder zurück. Der für den Eingriff bestimmte Wendehaken wird von der Kartensparvorrichtung angegeben. Die letztere wird von der Nadel J_3 beeinflußt, die auf den Arm R einwirkt, der auf der Welle fest gelagert ist und den Ausschlag auf die Klinke Y überträgt. Die letztere schaltet durch ihren Eingriff in das Sperrad das Prisma H_2 um eine Karte weiter. Ist die Karte also voll, so dreht sich das Prisma H_1 um eine Teilung weiter. Ist aber auf der Karte eine Blechnase n (auch ein Drahtbügel) eingelegt, so wird der gefederte Bügel Tr gehoben, der den Wendehaken O_2 zum Prisma H_1 führt. Hierdurch erfolgt sofort eine Drehung nach rückwärts. Eine Überdrehung des Prismas H_2 wird an der Laterne L durch einen Drücker und eine Feder verhindert.

In der Abb. 204 sind die Karten für diesen Schützenwechsel angegeben. Der Wechsel wird durch eine volle Stelle in der Karte bewirkt, und zwar im rechten Kartenteil eine volle Stelle einen Wechsel um einen Kasten, im linken Kartenteil eine volle Stelle einen Wechsel um zwei Kasten. Eine volle Stelle in der Mitte bewirkt eine Drehung der Steuerungskarte der Kartensparvorrichtung, also eine Drehung des sog. kleinen Prismas. Ein Loch in der Karte gibt weder für den Schützenwechsel noch für das kleine Prisma eine Einwirkung.

Nachfolgend sei ein Beispiel für folgendes Schußmuster ausgeführt:

m Schüsse rot, r Schüsse blau,
n Schüsse gelb, s Schüsse grün.

Für jede der Farben sei eine größere Anzahl von Schüssen mit wiederholender Bindung zu verwenden. Das Prisma muß sich also bei jeder Farbe so oft vor- und rückwärts drehen, als sich der Rapport während der Farbe wiederholt. Nach Ablauf der Farbe folgt auf dem Prisma eine Übergangskarte, welche einen anderen Schützenkasten mit der nächsten Farbe in die Ladenbahn bringt. Auch die neue Farbe erhält wieder eine Kartengruppe, die sich entsprechend oft wiederholt. Für jede Karte, auch für die Übergangskarte, gelten zwei Schüsse. Bei der Übergangskarte wird überdies der Schützenwechsel betätigt (Farbenwechsel). Die einzelnen Kartengruppen müssen sich mit ungeraden Zahlen wiederholen, damit nach Einschaltung der Übergangskarte die nächste Kartengruppe folgen kann. Beispielsweise sei vorausgesetzt, daß

für m rote Schüsse sich e Karten a mal, für r blaue Schüsse sich g Karten c mal,
für n gelbe Schüsse sich f Karten b mal, für s grüne Schüsse sich h Karten d mal wiederholen.

Die Zahlen a, b, c, d sind ungerade Zahlen. Aus der Kartenanzahl und der Zahl der Wiederholungen läßt sich die Schußanzahl errechnen[1].

$$m = 2\left[\frac{(a+1)}{2} \cdot e + \frac{(a-1)}{2} \cdot (e-2)\right] + 2$$

$$n = 2\left[\frac{(b+1)}{2} \cdot f + \frac{(b-1)}{2} \cdot (f-2)\right] + 2$$

$$r = 2\left[\frac{(c+1)}{2} \cdot g + \frac{(c-1)}{2} \cdot (g-2)\right] + 2$$

$$s = 2\left[\frac{(d+1)}{2} \cdot h + \frac{(d-1)}{2} \cdot (h-2)\right] + 2$$

Die 2 am Ende dieser Gleichungen bedeutet jene zwei Schüsse, welche in den Übergangskarten gesetzt sind.

Nach den angeführten Gleichungen wurden die Werte m, n, r, s für die einzelnen Kartengruppen zusammengestellt.

		Die Kartenanzahl in der Gruppe (e, f, g, h)												
		2	3	4	5	6	7	8	9	10	11	12	13	14
Anzahl der Wiederholungen (a, b, c, d)	1	6	8	10	12	14	16	18	20	22	24	26	28	30
	3	10	16	22	28	34	40	46	52	58	64	70	76	82
	5	14	24	34	44	54	64	74	84	94	104	114	124	134
	7	18	32	46	60	74	88	102	116	130	144	158	172	186
	9	22	40	58	76	94	112	130	148	166	184	202	220	238
	11	26	48	70	92	114	136	158	180	202	224	246	268	290
	13	30	56	82	108	134	160	186	212	238	264	290	316	342

Für die Karten des kleinen Prismas H_2 gilt folgende Regel: Soll sich das Prisma nach rechts, also weiter vorwärts drehen, so erhält die zugehörige Karte keinen Stift; soll sich aber das Prisma nach links, also rückwärts drehen, so muß auf der Karte ein Stift vorgesehen werden. Dementsprechend werden also die Karten für den Wechsel mit Stiften versehen (gesetzt). Wird von einer Bindungsgruppe, nach ihrer mehrfachen Wiederholung zu einer zweiten Gruppe übergegangen, so müssen auf dem kleinen Prisma drei Karten ohne Stift hintereinander folgen. Die erste von ihnen gehört der alten Bindungsgruppe an, die zweite ist die Übergangskarte und die dritte gehört zur neuen Gruppe. Wird irgendeine Gruppe nur einmal wiederholt, dann gehört die Karte auf dem Prisma H_2 der Übergangskarte und gleichzeitig dieser einen Gruppe an. Siehe Gruppe 3; beispielsweise m mit 22 gelben Schüssen, n mit 24 blauen Schüssen, r mit 8 roten Schüssen. Wie aus der oben angeführten Tabelle ersichtlich, müssen für eine Gruppe von 22 Schüssen 4 Karten

[1] Siehe Textilní Obzor 1906 Nr. 2 S. 54.

(c = 4) 3 mal (a = 3), eine Gruppe von 24 Schüssen 3 Karten (f = 3) 5 mal (b = 5), eine Gruppe von 8 Schüssen 3 Karten (g = 3) 1 mal (d = 1) wiederholt werden.

In der Abb. 205 sind die Bindungskarten für dieses Beispiel und die Wechselkarten für das kleine Prisma (Wechselprisma) angegeben. Die volle Stelle in der Mitte der Karten 2, 5, 7, 9 bewirkt die Drehung des kleinen Prismas, wobei eine weitere Karte auf das Prisma H_2 wirkt. (Siehe die römischen Zahlen auf den Karten 2, 5, 7, 9.)

Die Revolverwechsel (revolving box motions). Bei diesen Wechseln sind die Schützen in trommelförmigen Wechselzylindern an den Enden der Ladenbahn eingebaut. Die Trommeln können kastenweise vor- oder zurückschalten, oder es ist die Schaltung um 1—3 Kästen vor oder zurück möglich. Im ersten Fall spricht man von abhängigen oder kastenweise schaltenden Revolvern, welche dem Dessinateur gewisse Beschränkungen in der Musterung auferlegen, im zweiten Fall von beliebigen oder unabhängigen Revolverwechseln, auch Überspringern, die eine freiere Wechselung der Kästen und Musterung ermöglichen. Die kastenweise schaltenden Revolver können wieder einseitig, d. h. nur an einem Ladenende eingebaut sein oder sie sind beiderseitig vorgesehen. Das gleiche ist bei unabhängigen Wechseln möglich. Einseitige Wechsel erfordern für jede Farbe gerade Schußzahlen. Für ungeradzahlig gemusterte Gewebe müssen beiderseitig Wechsel vorgesehen sein. Die Schaltung der Revolver kann entweder nur für eine Seite allein erfolgen und die zweite Seite dreht sich durch eine Verbindungswelle unter der Ladenbahn zwangsläufig mit. Man spricht dann von „Pick-á-Pick"-Stühlen[1]. Bei völlig unabhängigen Wechseln ist jeder Revolver für sich ohne Rücksicht auf die Stellung des Revolvers am anderen Ladenende beliebig schaltbar.

Einfacher Revolverwechsel (simple revolving box motion, Abb. 206—208). Am äußeren Ende der Ladenbahn sitzt der sechszellige Schützenkasten mit einer sechszähnigen Laterne, in welche der Wendehaken O_1 oder O_2 eingreifen kann. Die Wendehaken sind in den Hebeln P_1, P_2 gelagert, die an ihrem Ende die Platinen p_1, p_2 tragen. Die Platinen werden von dem Messer n des Hebels D erfaßt und gehoben, wenn sie am Messer anliegen. Der Hebel D ruht mit seiner Rolle auf dem Exzenter E_1, welches den Hebel hebt oder senkt. Kommt eine der Platinen p_1, p_2 an das Messer n, so wird durch P_1 oder P_2 der zugehörige Wendehaken O_1, O_2 herabgezogen und der Schützenkasten im einen oder anderen Sinne gedreht. Das Anliegen der Platinen p_1, p_2 an das Messer n erzielt man durch die Winkelhebel U_1, U_2 dann, wenn gegenüber dem Nadelende J des waagerechten Armes dieser Hebel ein Loch in der Karte vorgesehen wird. Die waagerechten Arme der Hebel U_1, U_2 werden durch die Gabel V und das Exzenter E_2 bei jedem zweiten Schuß gehoben. Bei jedem zweiten Schuß kann also eine Einwirkung der betreffenden Nadel und Platine p_1, p_2 eintreten.

Die Drehung des Prismas H erfolgt durch den Wendehaken z, der auf dem horizontalen Arme eines Winkelhebels sitzt, so daß bei jedem Hub der Hebel U_1, U_2 das Prisma geschaltet wird. Ein Überdrehen des Prismas (Überspringen) verhindert der Drücker.

Die Wendehaken werden durch die Federn P an die Laterne gedrückt.

Das Überlaufen des Revolvers verhindert der Drücker T. Außerdem senkt sich bei jeder Drehung durch den Zapfen S_1 (evtl. S_2) auch der andere Wendehaken O_2 (evtl. O_1) ein wenig, so daß seine Nase dem nächsten Zapfen der drehenden Laterne so nahe kommt, daß ein Überdrehen ausgeschlossen ist.

Um eine Beschädigung des Wechselmechanismusses (Brüche) zu verhindern, wird nach Abb. 207 eine Sicherheitslagerung des Hebels D vorgesehen. Solche Störungen treten leicht ein, wenn der Schützen nicht ganz in den Kasten fliegt oder zu stark klemmt. In diesem Fall bleibt das linke Ende des Hebels D hängen und der Zapfen C wird unter Überwindung der Feder F_3 durchgedrückt. Gleichzeitig wird ein eigener Hebel mit einem Dorn (Stecher) zum Ausschlag gebracht, der auf die Abstellung des Webstuhles einwirkt.

[1] „pick and pick".

In der Abb. 207 wird der Hebel D bei C nach oben geknickt. Sollte dieser Wechsel bei jedem Schuß erfolgen können, so müßte das Exzenter E_1 auf der Schützenschlagwelle zwei Hubnasen erhalten, oder man müßte ein einhubiges Exzenter mit derselben Umdrehungszahl antreiben wie die Hauptwelle.

Wird die Drehung des Schützenkastens auf der einen Seite durch ein Zahnrad oder eine Welle auf die andere Seite übertragen, so kann der Wechsel als beiderseitiger Wechsel verwendet werden. Die Steuerung der Revolverwechsel kann auch durch Reserveplatinen der Schaft- oder Jacquardmaschinen ausgeführt werden.

Die Überspringer oder unabhängigen Revolverwechsel (swing box motions, Abb. 209—210). Für die Drehung des Revolvers um 1—3 Kästen in beliebiger Richtung ist es nicht mehr möglich, Wendehaken zu verwenden, sondern es wird auf der Achse des Revolvers ein Zahnrad k vorgesehen, welches durch eine Rahmenzahnstange, die von der rechten oder linken Seite eingreifen kann, bedarfsweise gedreht wird. Beide Zahnstangen bilden also ein starres Stück, ihr Hub wird auf Schaltung um 1—3 Kästen eingestellt. Je nachdem ob die linke oder rechte Zahnstange eingreift, schalten die Revolver in oder gegen den Sinn des Uhrzeigers (vor- oder rückwärts). Der Rücklauf des Zahnstangenrahmens erfolgt leer, d. h. außer Eingriff der Zahnstange. Die verschiedenen Bewegungen des Rahmens K werden durch drei verschieden große Exzenter E_{1-3} erzielt, von denen jedes seinen Hebel P_{1-3} und das zugehörige Messer hebt. Das Andrücken der Platinen P_1'—P_6' an die Messer wird durch die Winkelhebel J ausgeführt und damit werden die Zahnstangen bewegt.

Soll sich der Schützenkasten nach vorne drehen, so greift der Rahmen vorne (in Abb. 209—210 links) an, bei Rückdrehung greift der Rahmen rückwärts (in Abb. 209—210 rechts) ein. Der Eingriff des Rahmens wird durch eine Einlage in dem unteren Teil des Rahmens, eine Zugstange T″ und die Hebel A_3, A_4 geregelt. Dieselben hängen durch einen Stift C_3 zusammen und werden von den Platinen P_5', P_6' gesteuert. Das Heranführen dieser Platinen erfolgt in bekannter Art wie beim einfachen Revolver durch die Winkelhebel J, die wieder von der Karte gesteuert werden (siehe die Karten für die Schützenkastendrehung vor und zurück in Abb. 211).

Das Überdrehen des Schützenkastens (Überlaufen des Revolvers) verhindert hier gleichfalls der Drücker T′, der durch einen eigenen Hebel A_2 und dessen Platine P_4' abgehoben wird, sobald der Schützenkasten gedreht werden soll[1]. Diese Lockerung des Drückers erfolgt also knapp vor dem Wechsel, wenn die Laterneklinken Z_1, Z_2 ausgehoben werden, so daß der Revolver frei drehbar ist. Die Steuerung der Platinen erfolgt durch eine eigene Wechselkarte, es kann aber die Wechselplatine P_1'—P_6' auch von der Schaft- oder Jacquardmaschine mittels Reserveplatinen und Übertragungswinkel bedient werden.

Mit dem Wechsel muß auch der Schützenschlag kombiniert werden, da man von einer Seite oft durch mehrere Schüsse hindurch schießt, hierzu wird die früher erwähnte Schlagauslösung verwendet.

Der Revolverwechsel der Firma C. A. Roscher, Georgswalde (Böhmen). (Abb. 212—213.) Dieser Wechsel kann wegen seiner kleinen Bewegungen eine höhere Tourenzahl des Stuhles einhalten als andere Wechsel. Die Hubbewegung ist bei ihm nämlich durch eine Räderübersetzung 1:3 reduziert.

Das Rad X ist mit 18 Zähnen versehen. Seine Drehung wird von der Klinke Y_1 in einer Richtung und von der Klinke Y_2 in der anderen Richtung besorgt; je nachdem welche Klinke zum Eingriff in das Rad X gelangt, dreht sich der Revolver vor oder zurück.

Die Übersetzung des Rades X über das Rad A auf B ist so gewählt, daß bei einer Drehung des Rades X um einen Zahn der Schützenkasten um eine Kastenteilung weitergeschaltet. Beide Klinken bewegen sich gleichzeitig, weil ihre Zugstange t_2 und t_2' an einem Hebel hängt, der durch drei Exzenter und drei Platinen zwecks Drehung um 1—3 Kästen betätigt wird.

[1] Deswegen hat die Platine P_4' eine Blechnase und so braucht man für sie keinen Platz (Loch) in der Karte.

Mittels der Rollen K_1, K_2 werden die Klinken zum Eingriff mit dem Rad X gebracht, was man durch ein Loch in der Karte erreicht. Sobald eine der beiden Rollen auf die Klinke drückt, entfernt sich auch der Drücker und ermöglicht die Drehung des Schützenkastens.

Der Zeitpunkt des Wechsels. Der Kastenwechsel durch das Steigen oder Drehen des Kastens kann dann beginnen, wenn die Kurbel der Hauptwelle ihre höchste Lage überschritten hat; der Wechsel muß beendigt sein ehe der Schlag beginnt. Das ist ungefähr dann, wenn die Kurbel der Hauptwelle etwa 22,5° ($^1/_{16}$ Umdrehung) vor ihrer tiefsten Lage steht. Alle Vorbereitungen für die Wechselbewegung müssen entsprechend früher zur richtigen Zeit erfolgen (z. B. Anschlag des Prismas u. a.). Soll die Drehung des Schützenkastens genau sein, so müssen die Zapfen der Laterne genau in den Achsen der Kasten liegen. Den Zeitpunkt für die Drehung des Schützenkastens gibt die Abb. 41 an.

Für das Einstellen des Revolverwechsels bei der Montage wird empfohlen, das Exzenter, welches den Wechsel bewirkt, so einzustellen, daß dasselbe beim Anschlag des Schusses (Ladenanschlag) nach oben gerichtet ist (siehe Zeitdiagramm Abb. 41). Der zugehörige Messerhebel steht horizontal, wenn das Exzenter am tiefsten steht. Die Nase der Platine soll dann etwa einen Zentimeter vom Messer entfernt sein. Der Wendehaken des einfachen Revolverwechsels muß in der Ruhelage etwa 1 cm über dem Zapfen der Laterne stehen. Ist der Wendehaken am tiefsten, so soll zwischen seiner Nase und dem Laternenzapfen schon etwa 2 mm Spielraum vorhanden sein. Die Drehung des Prismas wird auch durch Gabeln bewerkstelligt.

Die Wände des Revolverkastens, d. h. die Führungswände des Schützens müssen wie früher schon beim glatten Stuhl auseinandergesetzt wurde, genau nach dem Blatt und der Schützenbahn eingestellt werden. Die Lage der rückwärtigen Schützenkastenwand wird durch ein Lineal, wie früher schon erwähnt, kontrolliert. (Siehe S. 41 und Abb. 147.)

Die Lage der Treiberspindel wird dementsprechend so eingestellt, wie dies schon früher bei den glatten Stühlen angegeben wurde. Das äußerste Ende der Treiberspindel muß genau in der Achse des Schützenkastens liegen.

Zwischen dem Schützenkasten und der Bahn sowie zwischen dem Bügel und der Lade darf kein zu großer Zwischenraum vorhanden sein.

Die richtige Funktion des Revolverwechsels hängt von der richtigen Einstellung der einzelnen Teile des Steuerungs- und des Wechselmechanismusses ab. Ungenaues Einfallen der Nadelhebel, schlechtes Aufsitzen der Karten, unrichtige Spannung der Federn, falsche zeitliche Wirkungen der Einzelteile führen Störungen des Wechsels herbei, die sich auch durch Schützenschläge bemerkbar machen. Auch bei guten Fabrikaten kann schlechte Wartung oder mangelndes Verständnis des Bedienungspersonals Fehler in der Funktion des Wechsels hervorrufen.

III. Einrichtungen zur Abstellung und leichteren Bedienung des Webstuhles.

Um die Bedienung des Webstuhles zu erleichtern und ein schnelleres, sicheres, fehlerfreies Weben zu ermöglichen, soll der Stuhl möglichst ohne Beihilfe des Arbeiters beim Eintreten von Störungen in der Funktion der Einzelmechanismen, sowie bei Fadenbrüchen selbsttätig abstellen. Hierdurch wird naturgemäß eine reinere und bessere Ware erzeugt. Der Webstuhl erhält daher eine Reihe von Abstellmechanismen, die den Webstuhl abstellen, sobald am Stuhl oder an der Ware Störungen eintreten. Der Stillstand des Stuhles muß erreicht werden, ehe eine Warenbeschädigung oder ein Webstuhlschaden (Bruch) eintritt; z.B. stellt der Stuhl ab, wenn der Schützen nicht ordnungsgemäß arbeitet oder der Schußfaden bzw. ein Kettenfaden reißt usw. Die Abstellmechanismen heißen dann Schützenwächter, Schuß- und Kettenwächter u. ä.

Zur Vermeidung von Verletzungen des Arbeiters sind außerdem Schutzvorrichtungen vorgesehen.

Zur Verhinderung von Maschinenbrüchen erhält der Webstuhl Sicherheitseinrichtungen (Sicherheitskupplungen, Sicherheitsfedern unter zweiteiliger Ausführung der besonders gefährdeten Teile), welche beim Eintreten von Fehlern, besonders bei Hemmungen, ein Nachgeben dieser Teile ohne Bruch ermöglichen.

1. Die Abstellmechanismen (stop motions).

a) Der Schützenwächter (shuttle guard)

stellt den Stuhl ab, sobald der Schützen nicht richtig in den zugehörigen Kasten eingefahren ist (Abb. 6). Die rückwärtige oder vordere Wand bei glatten oder Steigwechselkasten hat eine Öffnung, und in diese greift federnd eine Bremszunge. Dieselbe wird in ihrer Mitte in den Schützenkasten eingreifen, sobald der Schützen fehlt. Läuft dagegen der Schützen richtig in den Kasten, so wird die Zunge hinausgedrängt, hebt das Hebelende p, welches dann über den Frosch z hinübergleitet ohne denselben an seiner Einkerbung zu fassen.

Bei breiten Stühlen ist meist die vordere Wand des Schützenkastens geschlitzt. Der Fühlhebel q tritt unter Wirkung der Zungenfederung an den Kasten, drängt den Arm p*, der von der Feder F an den Frosch z angedrückt wird, in die Einkerbung desselben, so daß beim Ausschwingen der Lade nach vorne auch der Frosch zurückgeht und den Abstellbolzen nach vorne schiebt, der seinerseits folgende Bewegungen auslöst:

1. Der Ausrückhebel (Abb. 6) wird aus seiner Rast geworfen und stellt den Stuhl ab.
2. Es wird eine zur Webstuhlbremse auf der Hauptwelle führende Zugstange betätigt, welche die Bremse an der Webstuhlhauptwelle durch Freiwerden eines Gewichtes auslöst und den Webstuhl dadurch früher zum Stillstand bringt.
3. Der vor dem Abstellfrosch z vorgelagerte Bolzen drückt die Feder Z zurück, die dann den Anschlag des Abstellstechers p mildert. (Manchmal wird zwischen dem Abstellmechanismus, Ausrückstange und ihrer Anschlagfläche zur Dämpfung an der Seitenwand eine Gummieinlage eingelegt.)

Damit sich beim einseitigen Anschlag des Abstellhebels p (Stechers) die Lade nicht durchbiegt, sieht man besser zwei Hebel p, die auf einer gemeinsamen Welle sitzen, an den beiden Ladenenden vor. Dadurch wird das Abstellen des Stuhles bei jedem Anschlag möglich, während bei der einseitigen Anordnung des Stechers, ein Abstellen erst nach zwei Schüssen möglich ist, d. h. wenn der Schützen an der betreffenden Seite einlaufen soll. Für jene Ladenanschläge, bei denen auf der betreffenden Seite regelrecht ein leerer Schützenkasten kommt, darf dies nicht zur Abstellung führen. Die Länge des Hebels p muß so bemessen sein, daß bei ihrem Anschlag an den Frosch z zwischen dem Blatt und dem Webrand des Stoffes noch etwa 60 mm Raum bleibt, damit der allenfalls eingeklemmte Schützen das Blatt bzw. die Ware nicht beschädigt (Kettenfadenbruch). Ist dieser Zwischenraum nicht vorhanden, so entstehen schwere Gewebeschäden und Blattbeschädigungen evtl. auch Ladenbrüche.

Abb. 214 zeigt einen ähnlich gebauten Schützenwächter wie Abb. 6.

Der Schützenwächter versagt, wenn

1. die Puffer oder Frösche abgenutzt bzw. deren Anschlagkanten, Kerben ausgeschlagen sind oder die Federn zu stark gedehnt oder zu schwach gespannt sind,
2. der Abstellmechanismus nicht richtig eingestellt, z. B. der Puffer zu hoch oder zu tief ist, oder die Pufferschraube schlecht gestellt ist,
3. Teile der Abstellvorrichtung infolge Lockerung oder Klemmung steckenbleiben (sehr häufig, wenn die Klemmschrauben an der Verbindungswelle der Arme p unter der Ladenbahn sich lockern oder die Zunge in der Rückwand des Schützenkastens nicht richtig eingreift u. ä.).

* An jeder Webstuhlseite ist ein Fühlhebel q, ein Arm (Stecher) p und ein Frosch (siehe ad. 3 u. w.).

Beim Revolverwechsel, wo die Verwendung der Schützenkastenrückwand nicht möglich ist, verwendet man ein sog. „fliegendes" Blatt (siehe Abb. 158). Dieses neigt sich nach rückwärts, sobald der Schützen im Fach steckenbleibt, durch die Neigung des Blattes wird ein Stecherhebel wie früher gehoben, welcher an den Frosch und Abstellhebel anschlägt und den Stuhl abstellt (Abb. 219 R). Damit der Stuhl auch beim federnden Blatt rasch stehenbleibt und das Blatt nicht zu nahe an den gewebten Stoffrand kommt (eingeklemmter Schützen), wird oft zwischen die Lade und die Seitenwand der Anschlag A (Abb. 216) eingeschoben. Dieser Anschlag wird in normaler Weise von der Sperrklinke P gehalten, welche von der Feder F_1 in einen der Zähne der Tragstange T gedrückt und dadurch gehalten wird. Wird dagegen das Blatt durch einen Schützenschlag nach rückwärts herausgeschleudert, so wird die Sperrklinke P aus den Zähnen ausgehoben, die Stange T mit dem Einschubstück A wird frei und betätigt die Abstellschiene. Der Hub der Stange T wird nach oben durch einen Ring begrenzt.

Damit der Stillstand des Stuhles rascher erfolgt, kann die Abstellbremse nach Abb. 214 als sog. Schnellbremse eingerichtet werden. Fig. 215 zeigt die dem Revolverwechsel angepaßte Form des speziellen Schützenwächters.

b) Der Schußwächter (weft stop motion, Abb. 217—219)

stellt den Webstuhl ab, sobald der Schußfaden reißt oder ausgeht (fehlt).

An einem Blattende ist in der Blattebene ein gröberer Rost R eingesetzt, in welchem bei jedem Anschlag der Lade eine entsprechend abgebogene, lange Gabel X eingreift. Diese ist auf einem Tragbolzen in einem besonderen Gleitlager an der Seitenwand des Webstuhles gelagert. Die Gabel ist an ihrem rechten Ende, das mit einem Haken versehen ist, etwas schwerer, so daß der Haken nach unten zu fallen trachtet. Er wird durch den Schußfaden, der das andere Ende der Gabel beim Ladenanschlag zurückdrückt, am Einfallen verhindert. Der vorhandene Schußfaden verhindert daher das Eingreifen der Gabelenden in das Gitter und das Einfallen des Hakenendes in den unter dem Hakenende schwingenden Zahn des Armes Y. Reißt oder geht der Schußfaden aus, so fällt der Haken der Gabel in den Zahn des Armes Y ein. Dadurch nimmt der Arm die Gabel X und zugehörigen Tragbolzen mit, was folgende Bewegungen auslöst:

1. Der Tragbolzen wird den beim Schützenwächter erwähnten Abstellhebel S betätigen und den Stuhl abstellen.

2. Der Winkelhebel Z, welcher die Bremse B bis dahin hochgehalten hatte, senkt sich und zieht damit die Bremse B an, wodurch der Webstuhl früher zum Stillstand kommt (Abb. 217, wo die Verbindung des Bremshebels B, P durch W klar ist).

3. Der Arm U mit seiner Welle hebt die Sicherheitssperrklinke am Ende der Welle aus, wodurch auch die Schaltklinke des Regulators ausgeschaltet wird, so daß das Gewebe etwas nachgelassen wird (gelockert) bzw. die Fortschaltung der Ware durch den Regulator unterbleibt (siehe positiver Regulator S. 35).

Das Ausschwingen des Armes Y erreicht man durch einen auf der Schützenschlagwelle aufgesetzten Daumen E evtl. auch durch eine exzentrische Scheibe an derselben, wodurch bei jedem zweiten Schuß der Arm Y unter dem Schußgabelende hindurch schwingt, da auch der Schußfaden nur bei jedem zweiten Ladenanschlag vor dem Gitter (Rost) der Schußgabel liegt. Soll die Abstellvorrichtung bei jedem Schuß wirken (zur Verkleinerung der fehlenden Schußfadenstücke im Gewebe), so muß diese auf beiden Seiten des Stuhles vorgesehen werden. Für diesen Fall sowie für breite und für Wechselstühle gibt man evtl. die Schußfühlgabel in die Mitte der Ladenbahn, wodurch sie bei jedem Schuß wirkt und das fehlende Stück an Schußfaden höchstens gleich der halben Warenbreite werden kann (Zentralschußwächter).

Ist die Schußgabel am Stuhle rechts angebracht, so verwendet man linke Schützen und umgekehrt.

Auf Revolverstühlen ist der seitliche Schußwächter unverwendbar, man muß ebenso wie für den Schützenwächter besonders angepaßte Formen verwenden (Abb. 215).

Der Schußwächter versagt bei falscher Funktion besonders in nachstehenden Fällen:

1. Wenn die Schußgabel infolge Verbiegung bei jedem Ladenanschlag an die Stäbe des Gitters schlägt, oder wenn sie zu hoch oder zu tief sitzt und den Schußfaden nicht fängt, ferner wenn sie schlecht ausbalanciert ist, so daß der Haken nicht gut einfällt. Ebenso kann eine zeitlich falsche Einwirkung der einzelnen Teile, z. B. falsche Montage des Schwingungsarmes u. ä. oder Lockerung einzelner Teile ein Versagen hervorrufen.

2. Wenn die Lade durch falsche Montage oder durch Abnutzung ihrer Bolzen eine unrichtige Lage der Schußgabel herbeiführt.

3. Wenn z. B. ein Teil der Schußwächtereinrichtung zu sehr abgenutzt ist (besonders der Zahn der Gabel).

4. Wenn der Schußfaden zu locker ist, so daß er die Gabel nicht zurückdrängen kann. In diesem Falle stellt der Schußwächter ab, und der lockere Schußfaden wird unter Schlingenbildung (Nestbildung) angeschlagen.

Dagegen stellt der Webstuhl grundlos oder überflüssigerweise ab, wenn:

1. das Exzenter, das die Rolle und den Hebel Y bedient, zu bald oder zu spät wirkt,

2. wenn die Schußgabel, wie schon erwähnt, falsch eingestellt ist oder klemmt, zu wenig hebt und von Y gefaßt wird.

c) Der Kettenfadenwächter (warp stop motion)

stellt den Webstuhl ab, sobald ein Kettenfaden reißt. Diese Abstellvorrichtung wird durch den abgerissenen Kettenfaden zur Wirkung gebracht. Sie gestattet wegen der Entlastung des Webers bei gutem Kettenfadenmaterial eine hohe Webstuhltourenzahl, erfordert aber die genaue Einhaltung der Kettenfadenzahl und der Ketteneinstellung (Fadendichte).

Meist werden auf den Kettenfäden Lamellen L (Abb. 220—221) aufgehängt, durch deren untere Öffnungen gekerbte, sich gegeneinander verschiebende Lineale hindurchgehen. Reißt ein Kettenfaden, so fällt seine Lamelle herab, und die Verschiebung der Lineale A, B wird verhindert, was zum Abstellen des Webstuhles führt.

Statt der Lamellen verwendet man auch federnde Drahtwinkelhebel oder glatte Federdrähte, die sich gegen je zwei Fäden des Fadenkreuzes stützen (Abb. 222). Sobald ein Faden reißt, legt sich der Federdraht an einen stromführenden, blechbeschlagenen Stab, wodurch ein Magnetisierungsstrom geschlossen wird und den Webstuhl abstellt.

2. Andere Hilfseinrichtungen.

Außer den genannten Abstellmechanismen verwendet man noch andere Einrichtungen, welche die Bedienung des Webstuhles erleichtern, z. B. Gewebemeßvorrichtungen, Karierkontrollvorrichtungen, Schußzähler, Einrichtungen zur Umkehr des Webstuhlganges für das Auftrennen oder Schußsuchen; ferner Schußfühler, die vor Ablauf des letzten Schußfadenstückes von der Schußspule den Webstuhl abstellen oder eine neue Schußspule automatisch auswechseln.

a) Die Meßvorrichtungen

werden besonders bei karierten Stoffen verwendet, um bei breiteren Schußstreifen eine genauere Kontrolle zu ermöglichen.

In Abb. 223 ist eine Vorrichtung dieser Art angeführt. Über den Sandbaum D wird ein Meßband P (evtl. Stahlband) von bestimmter Länge geführt. Dieselbe hängt von der Rapportlänge oder einem Vielfachen derselben ab. Hat das Band an einer Stelle eine Öffnung, so fällt der Stift Z ein, sein oberer Teil drückt den Haken der Gabel X in den Schwinghebel Y, wodurch der Webstuhl in bekannter Art abstellt. Der Weber wechselt dann den entsprechenden Schuß mit der nächsten Farbe aus. Diese einfache

Karierverrichtung wird bei glatten Stühlen ohne Wechsellade verwendet. Von der Entfernung der Öffnungen in dem Band hängt die Breite der farbigen Streifen ab.

b) Der Schußzähler (Abb. 224)

wird besonders dort verwendet, wo der Weblohn von der gewebten Schußanzahl direkt abhängt, z. B. in der Wollweberei. Er muß deutliche verläßliche Zählung verbürgen und gegen Manipulationen des Arbeiters gesichert sein. Heute existieren im Betrieb auch Zähler, welche den Lohn direkt am Stuhl zeigen.

c) Die Einrichtung zur Umkehrung des Webstuhlganges

wird besonders beim schnellaufenden Ruthardtstuhl verwendet. Sie wird dort beschrieben werden. Bei elektrischem Einzelantrieb durch Drehstrom kann eine Umkehr des Ganges leicht durch Polumschaltung zweier Phasen erreicht werden (Seidenwebstühle!).

d) Der Schußfühler

bewirkt bei automatischen Stühlen (besonders Seidenstühlen) das Abstellen des Stuhles oder namentlich bei Baumwollstühlen und ähnlichen den Austausch einer neuen Schußspule, wenn der Schußfaden zu Ende geht, um Stillstände zu verhindern. Näheres siehe bei den automatischen Webstühlen Abb. 236—237.

e) Die Vorrichtung für richtiges Aufstecken

der Schußspulen auf die Schützenspindel ist aus Abb. 225 ersichtlich. Beim Aufstecken wird zunächst die Schützenspindel ausgekippt, dann der Kötzer in die Vertiefung N gelegt, worauf durch einen Tritthebel mit dem Bügel O die Schützenspindel durch die Stange T in den Kötzer hineingedrückt wird. Nach dem Eindrücken geht die Stange T durch die Feder F wieder hoch.

f) Die Schutzvorrichtungen

sollen den Arbeiter vor Verletzungen und Unfällen schützen. Besonders gefährlich sind herausfliegende Schützen, während Schläge durch die Ladenschwingung und die Schlagarme nur bei ungeübten Arbeitern, also seltener vorkommen. Auch Zahnradgetriebe müssen durch Verschalungen verkleidet werden, damit sie den Weber nicht an den Kleidern fassen.

Das Herausfliegen des Schützens über die Kettenebene verhindert man durch sog. Schützenfänger; z. B. durch eine Fangstange, einen stärkeren Spanndraht, ein Brett (Abb. 226 III—VII[1]) oder Fangösen oberhalb der Kettenebene. Der Schützenfänger wird nur beim Weben eingelegt, beim Blattstechen, Anknüpfen der Fäden, beim Schußsuchen und Auftrennen wird er ausgehoben. Manchmal schwingt der Schützenfänger auch beim Ladenvorgang aus und stellt sich erst für den Schützendurchlauf bereit.

Eine solche Vorrichtung ist in Abb. 228 angeführt. Die Schützenfangstange ist an ihrem aufgebogenen Ende mit der Zugstange T verbunden, wodurch ihre entsprechende Bewegung erreicht wird. Sobald der Schützen den Kasten verläßt, stellt sich der Schützenfänger bereit und hebt sich wieder, sobald der Schützen richtig in dem gegenüberliegenden Schützenkasten eingelaufen ist. Damit der Weber beim Fadeneinziehen und Knüpfen beim Blatt nicht behindert ist, liegt der Schützenfänger in der Ruhelage am Ladendeckel an. Die Feder F, welche durch die Zugstange T den Fänger L mit dem Schwinghebel U verbindet, verhindert einen Unfall des Webers, falls dieser mit der Hand dem Fänger unvorsichtigerweise zu nahe kommt.

Das Herausfliegen des Schützens seitlich aus dem Stuhl in die Arbeitsplätze verhindert man durch Fangnetze. Dieselben werden entweder an der Decke des Saales aufgehängt oder an der Webstuhlwand befestigt oder aber stehen seitlich auf der Erde (Abb. 226 I, II).

[1] Siehe auch Abb. 227.

Zur Verhinderung von Verletzungen durch die Schlagarme beim Oberschlag verwendet man besonders bei ungeübten Webern kleinere Netze im Innern des Stuhles.

Damit der Sandbaum nicht die Kleider des Webers beschädigt, wird er mit einem Schutzbrett verdeckt.

g) Die Sicherheitseinrichtungen.

Die wichtigsten Sicherungen gegen Brüche einzelner Webstuhlteile sind besonders beim Schlagmechanismus und beim Schützenwechsel notwendig. Sie wurden schon beim Schützenschlag als Sicherheitskupplungen und bei den Schützenwächtern als Schlagauslösungen, Stechervorrichtungen, fliegendes Blatt mit den Abstellvorrichtungen verbunden. Man führt die Sicherheitskupplungen meist als stark gefederte, zweiteilige Bestandteile aus und ist die betreffende Sicherheitsfeder für normale Belastungen so stark dimensioniert, daß die zwei Bestandteile wie ein starres Glied wirken. Bei Überbeanspruchung über die Normalbelastung (also bei Störungen) wird ein Brechen des Teiles durch Dehnung der starken Feder verhindert.

IV. Die Steigerung der Leistungsfähigkeit mechanischer Webstühle.

Die Leistungsfähigkeit der mechanischen Webstühle wurde auf drei Arten erhöht.

1. Man steigerte die Arbeitsgeschwindigkeit bzw. die Tourenzahl des Webstuhles so weit, wie dies noch die sichere Funktion der einzelnen Mechanismen zuließ, um eine möglichst große Produktion zu erreichen. Die Tourenzahl der Stühle ist allerdings nicht allein durch die Konstruktion des Stuhles, besonders seine Blattbreite und die für dieselbe erforderliche Schützendurchlaufszeit gegeben, sondern sie ist auch durch die Festigkeit des verwebten Materials, ferner durch die Warengattung und ihre Bindung begrenzt. Der Kraftbedarf schnellaufender Stühle steigt rasch, ebenso wie der Verschleiß einzelner Stuhlteile auf eine unangenehme Höhe. Durch die konstruktive Anpassung des Webstuhles an hohe Geschwindigkeiten entstanden die sog. schnellaufenden Webstühle (Schnelläufer, siehe S. 61), zu welchen man Webstühle von über 180 Schuß je Minute rechnet.

2. Eine Erhöhung der Stuhltourenzahl kann auch durch Verkürzen der Arbeitsstillstände des Webstuhles infolge von Störungen erreicht werden. Bei fester Kette sind Kettenfadenbrüche selten, es bleibt daher nur die Pause, die beim Auswechseln oder Ausgehen des Schusses entsteht. Diese Pause fällt beim automatischen Stuhl weg, welcher in diesem Falle selbsttätig, ohne Stillstand des Stuhles eine neue Spule oder einen neuen Schützen einführt.

3. Bei der Seide, wo die Stoffbreite ziemlich schmal ist, sowie bei minderwertigem Material (Kunstwolle) steigert man die Leistung des infolge der geringen Materialfestigkeit langsam laufenden Stuhles durch Einschaltung größerer Warenbreiten oder durch Arbeiten mehrerer Stücke nebeneinander (Mittelleistenapparate).

1. Schnellaufende Webstühle (fast running power looms).

Die ersten Versuche zur Erhöhung der Webstuhlgeschwindigkeit wurden zur Jahrhundertwende in Amerika, England und Frankreich durchgeführt. Die Compagnie de fonderies et forges de l'Horme baute schon im Jahre 1893 Laeserson-Wilke-Webstühle für 300 Schuß je Minute bei 80 cm Blattbreite in fast betriebsfähiger Ausführung[1]. Auch die Firma Diederichs in Bourgoin baute einen Stuhl für sehr feste Baumwollwaren mit 300 Schuß je Minute.

Von den bekannten Konstruktionen sei der Webstuhl der Tannwalder Maschinenfabrik in Tannwald (Böhmen) konstruiert von ihrem Oberingenieur Ruthardt, beschrieben. Dieser erreicht bei guter Montage und gutem Kettenmaterial 240 und mehr Touren je Minute (Abb. 229—232).

[1] Siehe Textilní obzor 1903 S. 5.

Die Hauptwelle Hh dieses Stuhles ist zwischen den Kurbeln viel kräftiger ausgeführt als beim einfachen Baumwollstuhl, da sie besonders durch den Ladenanschlag sehr angestrengt wird. Sie ist in diesem Teile als gewalztes Rohr gebaut (siehe Abb. 230).

Der Schlag wird durch ein Exzenter mit geschlossener Nutenführung E ausgeübt, so daß die Bewegung des Armes Pp eine vollständig zwangsläufige ist. Der Arm Pp überträgt durch die Zugstange T die Bewegung auf den Schlagarm Rp. (Abb. 231).

Damit der Schlag weniger Kraft erfordert, wird die Bremswirkung der federnden Zunge in der Vorderwand des Schützenkastens zu Beginn des Schützenschlages aufgehoben. Dies besorgt der Anguß X auf der Schubstange des Webstuhles durch den Druck auf den zweiarmigen Hebel U mittels der Zwischenhebel P_{1-3}.

Dadurch wird auch Kraft beim Schützenschlag gespart; ferner ist der ganze Gang des Stuhles ruhiger und der Schlag sicherer. Die Einzelteile des Stuhles erfordern wegen der hohen Arbeitsgeschwindigkeit und der dadurch bedingten kurzen Arbeitszeit der Einzelteile eine besondere konstruktive Durchbildung.

Der Schützenwächter. Sein Stecher p ist vom Arm R_1 beeinflußt, der sich längs der Fläche K an der Seitenwand des Stuhles bewegt. Der Stecher p sitzt mit den Armen R_1, R_2 auf der Welle h_1. Der Arm R_2 trägt einen Anschlag Y, der bei fehlendem Schützen in den Kasten eingreift, wodurch der Stecher in den Zahn der Bremse Br eingreift und so die Bewegung der Rolle des Armes R_1 auf der Kurvenfläche verhindert. Der Arm bleibt hierdurch hochgehoben, so daß der gesenkte Stecher p auf den Frosch Z fällt, denselben verschiebt und diesen Anschlag auf die Flachfedern Z' überträgt, welche die Erschütterung durch den Ladenanschlag mildern. Der Frosch drückt auch den Ausrückerhebel nach vorne und durch die Verschiebung der Riemengabel bleibt der Stuhl stehen.

Der Ruthardt-Stuhl ist auch für Rückbewegung beim Auftrennen eingerichtet. Durch das Neigen des Ausrückerhebels Sp nach links (zurück) verschieben die Zugstangen s und t die Gabel auf die Festscheibe Pr, die auf ihrer Nabe das Kettenrad K_1 trägt. Durch die Kette wird die Bewegung auf die Schützenschlagwelle Sh übertragen und der Stuhl zurückgedreht. Bei senkrechter Lage des Ausrückers ist der Stuhl abgestellt. In dieser Lage wird der Ausrückhebel durch die Federn F_1, F_2 und die Haken H_1, H_2 fixiert.

Zur Dämpfung des Anschlages des Schlagarmes Rp verwendet man einen Puffer N aus zähem Holz an der Seitenwand des Stuhles. Ist der Schlagarm gerade senkrecht, so berührt er eben den Puffer N.

Praktische Winke. Die Befestigung rasch laufender Stühle am Betonfußboden wird mit Fundamentschrauben ausgeführt. Der Stuhl wird zur Vermeidung von Erschütterungen, durch welche auch seine Lebensdauer leidet und der Schuß unsicher wird, auf geteerte Hartfilzunterlagen gestellt. Der Antriebsriemen soll möglichst breit sein, damit der Stuhl leicht anläuft; die Riemen müssen entsprechend gepflegt werden. Man darf nur einwandfreies Adhäsionsfett verwenden. Übermäßig und ungleich fette Riemen geben ungleichen Zug und Lauf des Stuhles, evtl. der Schützenschläge. Auch die Riemenscheiben dürfen nicht durch übermäßige Schmierung und Spritzöl aus den Rädergetrieben und dem Schlagmechanismus ölig werden, um den Riemenzug nicht zu behindern. Kräftige, nicht zu schwere Holzriemenscheiben auf der Transmission haben noch genug Schwungmasse für den gleichmäßigen Gang und ziehen selbst einen Ruthardt-Stuhl noch gut durch.

Die rasch laufenden Zahnrädergetriebe müssen mit einem einwandfreien Öl (nicht Vaselin!) geschmiert werden. Zur Vermeidung von Ölflecken in der Ware schmiere man lieber häufiger und sparsamer. Der Schlagmechanismus erfordert besonders sorgfältige Einstellung und Pflege.

Die Instandhaltung aller raschlaufenden Stühle, also auch der Ruthardt-Stühle, muß namentlich den besonders schnell arbeitenden Teilen höhere Sorgfalt zuwenden, um die Lebensdauer des Stuhles zu verlängern und die Zahl der Reparaturen zu vermindern. Schlecht gepflegte Stühle geben besonders bei Schnelläufern nicht nur schlechte Ware, sondern erfordern auch viel Kraft (ein schmaler Baumwollstuhl benötigt bei etwa 160 Touren $^1/_3$ PS, der Ruthardt-Stuhl bei 240 Touren 1,5 PS). Die Zapfen der Schlagrollen, die Welle des Schützenwächters unter der Ladenbahn, die Pleuelstangen und die Hauptlager sind täglich zu schmieren.

Der Ruthardt-Stuhl hat noch folgende Besonderheiten: Der Warenbaum (Wickelwalze) ist auswechselbar, so daß er rasch ersetzt werden kann.

Die Schwungräder sind zur Vermeidung der Massenwirkungen mit Reibungskupplungen versehen, die beim plötzlichen Abstellen des Stuhles durch die Wächter, Überbeanspruchungen der Hauptwelle, der Ladenarme und der Seitenwände vermeiden. In die Nabe des Schwungrades wird ein Ölfilz eingebaut, der die Lauffläche des Schwungrades sparsam schmiert, so daß beim plötzlichen Abstellen des Stuhles die Schwungmasse voreilen kann.

Ruthardt verwendet auch besonders große Schußspulen und Schützen, um die Stillstände, auch beim Jutewebstuhl, für den Schußspulenwechsel möglichst selten zu machen. Man verwendet deshalb in modernen Webereien nicht mehr Spinnkötzer für die Schützen, sondern spult lieber auf schnellaufenden Spulmaschinen ein (S. 38).

2. **Automatische Webstühle** (automatic power looms).

Die durch das Reißen oder Ausgehen des Schußfadens eintretenden Stillstände des Webstuhles verringern die Leistung des Stuhles bei gewöhnlichen Baumwollstühlen um 5—15%, je nach Größe der Spulen im Schützen, der Haltbarkeit des Ketten- und Schußmaterials und der Art des Webstuhles. Unter Berücksichtigung aller dieser Stillstände ergibt sich ein gewisser „Wirkungsgrad" des Webprozesses als Verhältnis der tatsächlich geleisteten Schußzahl zur theoretisch möglichen Leistung. Der Wirkungsgrad hängt natürlich auch vom Weber ab. Man kann je nach Art der Ware und Güte der Betriebsführung 60—80% Wirkungsgrad erreichen. Zur Verringerung der Stillstände beim Schußspulenwechsel verwendet man auch möglichst große Schußspulen. Bei langsamer laufenden breiten Stühlen kann der Weber während des Webstuhlganges leere gegen volle Schützen austauschen. Bei dieser Manipulation können jedoch sehr schwere Fingerverletzungen des Webers eintreten. Die Zahl und Dauer der Stillstände kann durch die Geschicklichkeit des Webers weitgehend herabgesetzt werden. Sie erfordert aber eine bedeutende Fertigkeit und Aufmerksamkeit, besonders wenn der Weber bis zu vier Webstühle allein bedient. Die Bedienung von mehr als vier Stühlen durch einen Weber führt bei nichtautomatischen Webstühlen schon zu großen Stillständen, also ungünstiger Ausnutzung.

Um die Arbeitslöhne je 1 Meter Ware herabzusetzen und jedem Weber eine größere Anzahl von Webstühlen zuteilen zu können, ohne daß die Leistung des einzelnen Stuhles herabsinkt, werden die Stühle mit automatischen Vorrichtungen ausgerüstet, welche ohne Unterbrechung des Arbeitsganges eine neue Spule oder einen neuen Schützen einschieben, sobald der bisherige Schußfaden gerissen oder ausgegangen ist. Man unterscheidet demnach zwei Arten von automatischen Webstühlen: 1. Webstühle, welche in dem genannten Fall bloß die Spule im Schützen austauschen, 2. Webstühle, bei welchen die Schützen mit der Spule ausgetauscht werden. Beim Austausch der Schützen sind für jeden Stuhl viele und dadurch teure Schützen notwendig, dieselben leiden außerdem sehr durch die Inanspruchnahme beim Auswechseln, sie nutzen sich ungleich ab und ergeben dann im Präzisionsmechanismus des Automaten Störungen. Der Spulenaustausch ist leichter, billiger und bei den neuesten Konstruktionen nahezu ebenso sicher wie der Schützenaustausch.

In technologischer Hinsicht hat der Schützenwechselautomat außerdem noch Nachteile gegenüber dem Spulenwechsler beim Aufstecken der Kopse, in der Einfädlung des Schußfadens, bei der Schützenregulierung, durch größeren Schützenverbrauch und im Zeitverlust für das Abziehen der leeren Hülsen aus den Schützen.

In der letzten Zeit wird ein Spulenwechselautomat gebaut, der auch die Verwendung von Selfaktorkopsen gestattet und die Vorteile des Spulen- und Schützenwechselautomaten vereinigt. Dieser Automat wechselt die Spulen samt der Spindel aus, und das Abziehen der Hülse und Aufstecken der Spule wird von einem mitgelieferten automatisch wirkenden Apparat durchgeführt. Die ersten automatischen Webstühle wurden von Northrop in Amerika im Jahre 1895 konstruiert, sie hatten Spulenwechsel und verbreiteten sich bald besonders in Amerika wegen der dortigen hohen Weblöhne, auch in England und Österreich wurden sie bald verwendet.

Automatische Webstühle werden seit einigen Jahren auch der Buntware angepaßt, so haben z. B. Northrop und Rüti, Roscher Stühle für zweifarbige Schüsse verwendet; ferner haben Crompton und Knowless und Rüti Vierfarbenautomaten gebaut.

Einen Übergang von den glatten einfachen Stühlen zu den Automaten bilden die halbautomatischen Stühle. Sie werden bei breiten Stühlen und bei Seide verwendet (siehe S. 140). Sie stellen den Webstuhl durch einen Fühlermechanismus ab, ehe der Schußfaden ausgegangen ist (Rüti). Man erreicht dadurch weniger Warenfehler.

Demnach kann man die automatischen Stühle in folgende Hauptgruppen einteilen:

1. Automatische Stühle für einfarbige glatte Ware,
2. Automatische Stühle für mehrfarbige gemusterte Ware (zwei und vierfarbig).

Die erste Gruppe hat Spulen- oder Schützenauswechslung, die zweite Gruppe dagegen nur Spulenauswechslung.

a) Automatische Stühle für einfarbige Ware mit Spulenwechsel. Der automatische Webstuhl von Northrop (Abb. 233—235)

gehört in die erste Gruppe, er tauscht die alte Spule gegen eine neue, wenn der Schußfaden gerissen, ausgegangen, oder wenn nur noch ein kurzes Stück Schußfaden vorhanden ist. Der Austausch erfolgt dann, ohne daß im Gewebe ein Schußfehler entsteht dadurch, daß ein sog. Schußfühler bei jedem Ladenanschlag die Garnwickelschichten abfühlt und von denselben abgedrängt wird. Ist nur noch wenig Garn vorhanden, so wird der Schußfühler weniger zurückgedrängt und löst die automatische Spulenauswechslung aus, ohne daß eine Unterbrechung der Schußfadenlage eintritt.

Der Spulenwechsel. Das Entfernen der alten, ausgearbeiteten Spule und das Hineinschieben der neuen Spule in den Schützen erfolgt im Augenblick des Ladenanschlages durch den Arm X, der durch den Schußwächter oder den Schußfühler in Tätigkeit gesetzt wird.

Die neuen, vollen Spulen sind im sog. Spulenmagazin in trommelförmiger Anordnung am Umfang des Magazines gelagert. Dasselbe befindet sich an einer Seite des Webstuhles so eingebaut, daß die Mittellinie des Schützenkastens bei jedem Ladenanschlag genau unter die Achse der untersten Spule des Magazines gelangt. Das Magazin dreht sich nach dem Laden des Schützens (Spulenwechsel) infolge einer Federspannung des Schaltradgetriebes R_1 um eine Spule weiter, so daß für die nächste Auswechslung sofort wieder eine neue Spule vorbereitet ist.

Das Drehen des Magazines erfolgt bei der Bewegung des Armes X nach aufwärts durch die Klinke Z_2, wobei die Kette, welche den Hammer mit der Schaltklinke verbindet, nachgelassen wird, so daß die an der Achse angreifende Drehfeder F_4 die Magazinstrommel mittels Klinke Z_2 und Sperrad R_1 nach rechts dreht. Bei der Bewegung des Armes X nach abwärts dreht die Kette wieder die Schaltklinke Z_2 nach links, um die neue Federvorspannung für F_4 zu erreichen.

Der Umtausch der Spulen wird durch das Reißen oder Ausgehen des Schußfadens hervorgerufen. Reißt der Schuß, so wird die Gabel V nicht weggedrückt und der Haken h nimmt den zweiten Arm der Schußgabel mit, schiebt die Teile S und U nach vorn, so daß sich die Arme P_{1-3} auf der Welle H nach links neigen und der Arm P_4 nach rechts neigt. Hierdurch senkt sich der Winkelhebel X, der Hammer schiebt im Augenblick des Ladenanschlages vermittels einer Kerbe und eines Zahnes N, der an der Ladenbahn sitzt, eine neue Spule in den Schützen, welcher gleichzeitig die alte Spule herauswirft. Der Kerbenhebel Z würde sich infolge der Feder F_1 heben, er ist aber vom zweiarmigen Hebel P_4 gehalten, dessen oberer Teil ständig an der Rolle des Kerbenhebels Z anliegt.

Damit die neue Spule sicher in den Schützen hineingeschoben wird, muß eine besondere Schützenspindel vorgesehen sein. Sie hat zwei mit Rillen versehene Klemmbacken, in welche die Ringe des verstärkten Endes der Schußspule hineingeschoben werden (Abb. 139 E). Dadurch ist die Spule im Schützen gut fixiert, es braucht nach dem Auswechseln nur noch der Schußfaden in die Schützenösen richtig eingezogen zu werden. Dies geschieht selbsttätig durch die Schützenbewegung, da der Schützen an einem Ende (am rechten Ende, wenn das Magazin rechts liegt) an Stelle der gewöhnlichen Ösen einen geschweiften Schlitz erhalten hat, durch welchen der Schußfaden beim Einlauf des Schützens in den Schützenkasten bei der Rückbewegung der Lade selbsttätig eingefädelt wird.

Das freie Fadenende jeder Schußspule des Magazines ist durch einen Einschnitt in der Scheibe K_3 zum Zapfenende der Trommel geführt und dort aufgewickelt. (Großer Schußfadenabfall bei automatischen Stühlen.) Dadurch hat der Schußfadenbeginn eine zweckmäßige Lage für das Einfädeln des Fadens im Schützen. Die Scheibe K_3 ist an ihrem Rande zur Bremsung und Spannung des Schußfadens mit einem Plüschstreifen beklebt.

Der Spulenwechsel beim Zuendegehen des Schusses. Sobald nur noch wenige Windungen auf der Schußspule vorhanden sind, berührt, wie erwähnt, der Schußfühler, der bei jedem Ladenanschlag durch das sonst vorhandene Schußgarn zurückgedrängt wurde, nun die Spule selbst und kann gleichzeitig, z. B. an der Berührungsstelle infolge des fehlenden Garnes, einen Blechkontakt an der Spindel berühren. Dadurch wird ein Stromkreis geschlossen, der Elektromagnet W zieht das Vorderende der doppelarmigen Zunge an (Kerbenhebel), dessen rechtes Ende in die Bahn des Zahnes Z′, des hammerförmigen Armes gelangt. Der Spulenwechsel erfolgt also wieder durch die Kraft der Lade.

Die Spulen sind an den Spindelenden im Magazin leicht federnd gehalten, sie können leicht herausgeschlagen werden, und der Arbeiter kann auch das Magazin leicht mit Spulen füllen. Das Magazin enthält etwa 28 Spulen (Abb. 234).

Die Schußfühlervorrichtung (weft feeler arrangement) Patent E. Spitz, Prag (Abb. 236—237).

Der Schußfühler kann bei automatischen und auch bei glatten Stühlen verwendet werden. Er wird am Drehzapfen des Schußwächterarmes bzw. mit Wirkung auf die Schußgabel eingebaut und stellt den Webstuhl ab, ehe der Schußfaden gänzlich ausgeht. Dadurch sind sog. Schußstraßen (Blenden) vermieden. Das mühselige oder das zeitraubende Rückarbeiten oder Kartensuchen besonders bei Schaft- und Jacquardmaschinen, die Rückdrehung des Regulators und besonders die oft schwierige Aussuchung der Schützenwechseleinstellung fällt fort. Man erreicht ein besseres Aussehen der Ware.

Die Vorrichtung (Abb. 236—237) ist einfach konstruiert und kann auf jedem Webstuhl angebracht werden. In der Vorderwand des Schützens und im Schützenkasten ist gegenüber dem Spulenansatz eine Öffnung von 3 mal 1 cm vorgesehen. In diese Öffnung fühlt der Schußfühler beim Ladenanschlag hinein und wird durch das auf der Spule vorhandene Garn zurückgedrängt.

Während der normalen Arbeit wird, solange genug Garn auf der Schußspule vorhanden ist, der Kopf T beim Ladenanschlag in den Schützen hineinfühlen, die Spindel V wird nach links gedrängt, und der Webstuhl stellt nicht ab. Sobald der Schußfaden ausgeht, berührt die Platte X den Schützen, bevor der Kopf des Fühlers T die letzten Garnschichten bzw. die blanke Spindel erreicht. Die Platte X verschiebt sich dadurch nach rückwärts, wobei schon eine Verschiebung derselben gegenüber der Spindel V um 0,5 mm genügt, damit sich das Ende des Fingers P gegen den Frosch Z emporhebt.

Durch diese Bewegung wird die normale Verschiebung der Fühlerspindel V in ihrem Lager L verhindert. Die Lade nimmt beim Vorgang durch den Druck der vorderen Schützenwand auf die Platte X, die ganze Fühlvorrichtung und damit auch den in den Frosch Z eingeschnappten Finger P mit, bringt den Arm R zum Ausschwingen, wodurch der Ausrückhebel Sp ausgelöst und der Webstuhl abgestellt wird.

b) Die automatischen Webstühle von Northrop in der Ausführung anderer Firmen.

Automatische Webstühle System Northrop werden heute von verschiedenen Firmen gebaut. Eine besondere Konstruktion hat der Northrop-Stuhl der Firma Hartmann, Sächsische Maschinenfabrik, Chemnitz, Modell UM, der in Ladenbreiten von 95—230 cm gebaut wird.

Webstühle mit größerer Blattbreite als 175 cm erhalten zur Erreichung eines längeren Ladenstillstandes in der Ladenrücklage einen besonderen Ladenantrieb, so daß genügend Zeit für den Schützendurchlauf erreicht wird.

Die stärker beanspruchten Gußteile der Northropstühle erfordern ein Gußeisen mit einer Zugfestigkeit von 18—36 kg je mm^2.

Die höhere Tourenzahl und die häufige Inanspruchnahme der automatischen Vorrichtung erfordert überhaupt eine besonders gute Auswahl der Baumaterialien (Gußeisen, Temperguß, Stahl und Holz). Die feinen Teile des Wechselmechanismus sind aus Stahl als Präzisionsteile gebaut.

Seit der Erfindung Northrops wurde eine größere Anzahl automatischer Stühle patentiert, die nur teilweise in der Praxis Aufnahme fanden. Vielfach war auch die komplizierte Konstruktion Ursache vieler Störungen. Von neueren Konstruktionen seien erwähnt: die Bauarten Grüner-Čerych, B. Vlček, Vickers-Stafford, Whittaker, Platt-Toyoda, Rüti, Henry Baer, Hansen u. a. Die erstgenannte Bauart verwendet einen drehbaren Schützenkasten mit vier Kästen, der bei Einlauf eines leeren Schützens bzw. eines Schützens, in dem der Faden ausgegangen oder gerissen ist, sofort um 90° weiterdreht, so daß wieder ein voller Kasten in die Bahn kommt. Der Mechanismus wird von der Schußwächtereinrichtung betätigt.

c) Der automatische Webstuhl von Grüner-Čerych.

Dieser Webstuhl gehört in die zweite Gruppe, welche im gegebenen Zeitpunkt den ganzen Schützen auswechselt.

Die Konstruktion bietet ein gutes Beispiel einer richtig ausgeführten Schützenauswechslung (Abb. 238).

Das Einschieben des neuen Schützens und das Herauswerfen des alten wird von einem vierkastigen, drehbaren Schützenkasten ausgeführt. Die Schußgabel bewirkt, daß der Wendehaken nach dem Ausgehen oder Reißen des Schußfadens an die Laterne anschlägt, welche den Schützenkasten dreht. Dadurch gelangt der früher eingeschobene volle Schützen in die Ladenbahn, während der „ausgegangene“ Schützen herausfällt und in den leer gewordenen Kasten ein neuer Schützen eingeschoben wird. Die Bezeichnung „ausgegangener“ Schützen betrifft entweder einen Schützen mit gerissenem Schußfaden oder mit einer leer gewordenen Spule. Der Wechselmechanismus vollführt die Auswechslung gewissermaßen in zwei Perioden, und zwar die Vorbereitung für das Wechseln und dann die Durchführung des Wechselns. Diese Arbeitsteilung ermöglicht die Erzielung größerer Zeiträume für die Einzelbewegung und einen sicheren Umtausch der Schützen. Die Vorbereitungsperiode kann zeitlich in aller Ruhe erfolgen, wodurch die eigentliche Wechselbewegung besonders verläßlich wird. Die ersten automatischen Stühle nach dem Northrop-System hatten als besonderen Fehler neben ihrer komplizierten Konstruktion einen zu kurzen Zeitraum für die eigentliche Schützen- oder Spulenauswechslung. Diese Mängel hat Grüner-Čerych folgendermaßen beseitigt:

1. Die Zeitdauer für die Auswechslung wurde dadurch verlängert, daß der Schützen in der Richtung der Kastenschwingung (Ladenbewegung) eingeschoben wurde; Northrop und seine Nachahmer verwendeten eine Wechselbewegung, die senkrecht zur Schwingung des Schützenkastens erfolgte, so daß die Einschiebezeit für die neue Spule zu kurz und die Auswechslung bei dem schnelleren Gang unsicher wurde.

2. Die arbeitenden Hauptteile des Wechselmechanismusses sind teils im Stuhlgestell festgelagert oder auf solchen bewegten Teilen angebracht, wo sie durch die Webstuhlerschütterungen nicht leiden. Hierdurch wird eine größere Genauigkeit und längere Lebensdauer erreicht.

3. Der Auswurf der leeren Schützen erfolgt durch einfaches Herausfallen derselben aus dem drehbaren Schützenkasten, sobald dieser die tiefste Lage erreicht hat, in welcher sich der Kasten selbsttätig öffnet. Durch diese Einrichtung kann man die volle Tourenzahl des Webstuhles, etwa 170 Umdrehungen in der Minute beibehalten, und auch die Schützen leiden nicht. Bei den früheren Konstruktionen, wo die leeren Schützen durch eine besondere Schützenkastenbewegung mittels Federn ausgeworfen wurden, litt die ganze Vorrichtung unter den Erschütterungen des Stuhles. Bei zu schwachen Federn wurde die rechtzeitige Bewegung des Schützenkastens nicht erreicht, weshalb man größere Zeiträume für die automatische Auswechslung benötigte und dadurch den Gang des Stuhles und damit die Produktion verlangsamen mußte.

4. Durch die übersichtliche Anordnung (alle Teile des Automaten auf einer Webstuhlseite, die Schußgabel mit dem Schußwächter auf der anderen Seite) ist eine leichte Montage und Bedienung möglich.

Die Einrichtung des automatischen Webstuhles (Abb. 238) sei nachstehend beschrieben: Nach dem Reißen oder Ausgehen des Schußfadens schwingt der gabelförmige Hebel und mit ihm der Hebel i, der auf der gleichen Welle h sitzt, nach rechts, wodurch der Wendehaken k aus der Verzahnung y gelöst und von der Feder l gehoben wird. Der leere Schützen läuft dann in den oberen Kasten des Automaten hinein.

Beim nachfolgenden Ladenanschlag wird, ehe die Lade die vorderste Lage erreicht, der Schützen in den Kasten 2 ungefähr in der Richtung des fortschreitenden Kastens hineingeschoben. Während des unmittelbar folgenden Ladenrückganges wird zu Beginn desselben der Wendehaken k mit seinem Zahn an den Bolzen r anfassen (unten links), hierdurch wird der Schützenkasten um 90° gegen den Uhrzeiger gedreht. Der Kasten 2 gelangt also an die Stelle des Kastens 1, d. h. nach oben.

Da die Drehung des Schützenkastens erst dann beginnt, wenn die Lade aus der vordersten Lage etwas zurückgegangen ist, so bleibt für das Einschieben des neuen Schützens genügend Zeit für die sichere Durchführung der Bewegung. Damit der Schützenkasten vom Wendehaken bei den nächsten Schwingungen der Lade nicht ohne Bedarf weitergedreht wird, ist es notwendig, die Fühlungnahme des Wendehakens mit dem Bolzen r solange zu unterbrechen, als nicht gewechselt werden soll. Dies erfolgt selbsttätig noch ehe der Schützenkasten seine Viertelkreisdrehung beendet hat. In diesem Zeitraum hat sich der Wendehaken gesenkt und gelangt dabei unter den Zahn y des Hebels i, dieser wird durch das Eigengewicht des waagrechten Armes 5 und der Zugstange m (mit dem Arm n) nach links geneigt und sichert so den Wendehaken k in der unteren Stellung. Der Webstuhl kann dann seine normale Arbeit fehlerlos weiter verrichten.

Der vierteilige Schützenkasten ist auf der kräftigen Welle a gelagert, welche aus den Enden des Ladenklotzes hervorschaut und ist auf der Welle fest verschraubt.

Die vier Schützenkästen sind um je 90° gegeneinander versetzt, haben zwei gußeiserne, genau bearbeitete Stirnwände C_1 C_2, die sich leicht um die Welle a drehen. Jeder einzelne Kasten hat außerdem eine Grundplatte b, an welcher die Vorderwand c befestigt ist, die nach der Größe des Schützens einstellbar ist.

Die Rückenwand d jedes Schützenkastens ist abhebbar, sie wird von den Federn g gehalten, die sich auf das an der Welle a befestigte Exzenter f stützen. Die Lagerung und die Form des Exzenters ist so gewählt, daß die Federn g dann am stärksten gespannt sind, wenn sich der Kasten in der Schützenbahn befindet (in der Lage 1, Abb. 238a).

In der tiefsten Lage des Kastens stützt sich die Feder g auf die niedrigste Stelle des Exzenters f und bewirkt so den Ausschlag der Rückwand d, wodurch der „ausgegangene" Schützen in den darunter angebrachten Korb fällt.

Zwischen der Grundplatte b und dem Boden der Rückwand d ist der notwendige Zwischenraum für die Führung des Treibers vorgesehen. Durch den Ausschlag des Winkelhebels i, welcher auf der Welle h der Schußgabel gelagert ist, wird gleichzeitig durch die Zugstange m der Pufferhebel n gehoben, so daß er gegenüber dem Anschlag s zu liegen kommt, der auf dem Ladenarm M angeschraubt ist. Der Anschlag s schlägt dann bei der Vorschwingung der Lade an den Hebel n an, und bei seiner Weiterbewegung bringt n den Hebel o zum Ausschlag, der den Schieber p oben nach links drückt, wodurch ein neuer Schützen in den Kasten 3 gelangt. Der neue Schützen befand sich unmittelbar vorher am Ende des anliegenden Magazinmundes. In der äußersten Vorlage der Lade befindet sich in der Kammer 1 ein leerer, ausgegangener Schützen, in 2 wurde gerade ein voller eingeschoben, während der Kasten 3 bereits entleert ist. Der Kasten 4 enthält ebenfalls einen leeren Schützen, welcher bei der nächsten Vierteldrehung des Schützenkastens unten herausfällt. Damit der drehbare Schützenkasten beim regulären Weben genau in der Schützenbahn fixiert ist, wird er von einem besonderen Hebel Z (Abb. 238a) gehalten, der in seiner Lage durch einen, oben mit einem schrägen Ansatzstück j versehenen Stützhebel 6 gesichert ist. Auch die schweren Erschütterungen, wie der Schützenschlag oder der Ladenanschlag, bewirken dann keine Abweichung des Schützenkastens.

In dem Augenblick, wo der Schützenkasten gedreht (also entarretiert) werden soll, hebt, wie S. 67 angeführt, der Pufferarm 5 des Hebels i auch das Ende j des Hebels 6, der dadurch weggedrängt wird. Der obere Teil des Hebels j wird nun außer Eingriff mit der Nase u des Hebels Z gebracht, wodurch der Schützenkasten für die nächste Drehung frei wird.

Nach Beendigung derselben erfolgt wieder der Eingriff des Wendehakens in den Zahn y des Hebels i, der Puffer 5 senkt sich und gibt den Hebel 6 frei, welcher, durch die Feder 7 gezogen, sich unter die Keilnase u des Sicherungshebels Z schiebt und eine Weiterdrehung verhindert.

Der Stützhebel 6 sitzt am Zapfen 8, welcher in dem an dem Puffer s des Ladenarmes M angeschlossenen Lager 10 befestigt ist. Um die Lage und Arbeit des Puffers s und des Lagers 10 zu sichern, ist eine Konsole 9 verwendet. Mit den Schrauben 12 wird es möglich, die entsprechende Lage des Sicherungshebels Z zu erreichen. Hierdurch kann auch die genaue Lage des Schützenkastens zur Schützenbahn erreicht werden. Die Berührungsfläche des Sicherungshebels Z an dem Zapfen r ist als Vulkanfibrebelag q ausgeführt.

Die Konstruktion dieses Automaten ist so durchgeführt, daß überflüssige Bewegungen des Schützenkastens entfallen, die Wechselbewegung ist eine rotierende (wie bei den früher erwähnten Revolverstühlen), das Einschieben des Schützens erfolgt in der Bewegungsrichtung der Kästen und die Konstruktion ermöglicht durchaus eine sichere Durchführung der Wechselbewegung[1].

d) Entwürfe der automatischen Stühle von Prof. Ing. B. Vlček.

Der größte Nachteil automatischer Webstühle war, wie schon erwähnt, die verhältnismäßig kurze Zeit für das Einschieben des neuen Schützens bzw. der neuen Spule. Dadurch war das sichere Einschieben gefährdet, und der störungsfreie Lauf des Stuhles behindert.

Deshalb versuchte der Verfasser eine Konstruktion, welche die Zeitspanne für die Schützenauswechslung (bzw. für den Spulenwechsel) soweit wie möglich verlängert. Er

[1] Siehe Textilní obzor 1917 S. 94—108.

erreichte dies damit, daß das Magazin mit den Schützen oder Spulen in ständiger oder zeitweiliger Verbindung mit der schwingenden Lade verbleibt.

Die Eingriffsdauer für das Einschieben des Schützens bei den älteren Konstruktionen sei daher mit der Zeitspanne verglichen, die für diese Funktion bei der Konstruktion des Verfassers nötig ist.

a) Bei den bisherigen Automaten schob man in der Regel den neuen Schützen oder die neue Spule in dem Augenblick ein, wo sich die Lade in der vordersten Stellung befand. In dieser Stellung verblieb die Lade höchstens durch eine Zehnteltour der Hauptwelle. Nur bei einzelnen automatischen Webstühlen, z. B. beim „Kip Bakerstuhl" verbleibt das Magazin länger, etwa während einer Hauptwellentour mit dem Schützenkasten in Verbindung, und im geeigneten Augenblick erfolgt der Wechsel der Schützen. Die Verhältnisse beim Einschieben im vorderen Totpunkt der Lade seien nachstehend erwogen. Bei einem Stuhl mit 180—200 Touren je Minute und 0,1 Tour als Austauschzeit gerechnet, würde die Auswechselung der Spule eine Zeit von etwa 0,0333 Sekunden bzw. 0,030 Sekunden erfordern. Dieser außerordentlich kurze Zeitraum erschwert die sichere Durchführung des Austausches. Deshalb setzte man bei den automatischen Stühlen, welche den Wechsel der Schützen oder Spulen im Augenblick des Ladenanschlages, also in etwa 0,1 Tour, ausführen, die Tourenzahl auf ungefähr 165 Touren in der Minute herab. Man erreicht dann für die Austauschzeit immerhin einen Zeitraum von 0,0363 Sekunden, welcher trotz des geringen Gewinnes an Zeit schon genügt, um den Austausch sicherer durchzuführen.

Beim zweiten Fall der neueren Konstruktion, wo der Schützenkasten und das Magazin ständig oder wenigstens längere Zeit in Verbindung mit der Lade bleibt, kann für den Austausch der gesamte Zeitraum verwendet werden, der zwischen dem Einlaufszeitpunkt des Schützens und seinem Auslaufszeitpunkt liegt. Tragen wir diese zwei Zeitpunkte in Abb. 239 auf einem Kreisbogen ein, der einer Umdrehung der Hauptwelle des Webstuhles entspricht, so zeigt diese Darstellung den Zeitgewinn für den Schützenaustausch besonders deutlich. Diese beiden Zeitpunkte sind in der Abb. 239 mit a und b bezeichnet. Nach praktischen Erfahrungen legt man bei b etwa $^1/_8$ Umdrehung der Hauptwelle vor die lotrechte Mittellinie und benutzt dann für den Schützendurchlauf etwa $^5/_8$ Umdrehung der Hauptwelle (einschließlich des Schützenschlages), so daß etwa $^3/_8$ Hauptwellentouren für den Austausch übrig bleiben. Dies wäre bei 180 Touren des Stuhles ungefähr ein Zeitraum von 0,125 Sekunden für die Auswechslung, was gegenüber dem früheren Zeitraum von 0,033 Sekunden einen beträchtlichen Zeitgewinn darstellt. Da also für das Einschieben des Schützens oder der Spule annähernd 3—4 mal soviel Zeit zur Verfügung steht als früher, so wird der Austausch sicherer. Es kann sogar die Tourenzahl des Stuhles, welche früher durch die Austauschbewegung begrenzt war, erhöht werden, ohne daß die Sicherheit der Bewegung leidet.

Das Einschieben des neuen Schützens (Spule) erfolgt am besten in der vordersten Lage der Lade, wo die Fläche, über welche der Schützen eingeschoben wird, die gleiche Lage besitzt wie die Ladenbahn. Bei einer Einschubzeit für den Schützen von $^1/_4$ Tour der Hauptwelle beträgt dieselbe bei 180 Touren also $\frac{60}{180 \cdot 4}$ Sekunden $= 0{,}0833$ Sekunden, was gegenüber früher immer noch die $2^1/_2$fache Zeit für die Auswechslung ergibt. Dabei hat der Stuhl schon 180 Touren, gegen früher also um 15 Touren mehr! Man steigert die Tourenzahl trotz der längeren Austauschzeit nicht höher als auf 180 Touren, da die übrigen Teile der Wechselbewegung sonst zu sehr beansprucht werden und auch andere Übelstände, z. B. die Massenwirkung bei Drehung des Schützenkastens und anderes, störend wirken.

Die erreichte Mehrleistung an Ware liegt besonders in dem Zeitgewinn, der sich infolge Ausschaltung der Webstuhlstillstände, die sonst die Schützenauswechslung erfordert, ergibt.

Die Erhöhung der Tourenzahl des automatischen Webstuhles von 165 auf 180 bis 200 Touren in der Minute gleicht also den Produktionsnachteil gegenüber dem glatten, einfachen Stuhl aus; außerdem tritt noch infolge der Bedienung einer größeren Stuhlzahl durch einen Weber eine wesentliche Lohnersparnis ein. Bei der Warenkalkulation müssen allerdings die höheren Kosten der notwendigen, besseren Kettenmaterialien miteingerechnet werden.

Ein Stuhl mit 200 Touren kann bei einer Stoffbreite von 82 cm und einer Materialmenge von 820 m je Schußspule mit dieser Spule 1000 Schuß einweben, er kann also 5 Minuten ununterbrochen weben, worauf die Auswechslung erfolgen muß. Rechnet man bei einem gewandten Weber 3 Sekunden Austauschzeit, so muß in 8 Stunden (480 Minuten) bei einem gewöhnlichen Stuhl 95 mal im Tage der Schützen ausgewechselt werden, was einen Zeitverlust von 285 Sekunden oder $4^3/_4$ Minuten ergibt. Dieser Zeitverlust entfällt bei automatischen Webstuhl, er ist ein relativ geringer Vorteil dieses Stuhles; die wirklichen Vorteile desselben liegen, wie schon erwähnt, namentlich in Lohnersparnissen.

Die Zahl der Stühle, die von einem Weber bedient werden kann, hängt von der Geschicklichkeit des Webers und besonders vom verwebten Garnmaterial, namentlich der Kette ab. Die Kettenfadenbrüche bringen dann, abgesehen von Funktionsstörungen, die Hauptursachen der Stillstände. Bei gutem Material und tüchtigen Webern wurden in Amerika 40 und mehr Stühle je Weber erreicht.

Verwendet man dagegen an Stelle eines automatischen Webstuhles einen glatten Stuhl, so hat derselbe nach obigem bei einem 8stündigen Arbeitstag eine effektive Arbeitszeit von 7 Stunden und 55 Minuten oder 475 Minuten. Der Stuhl macht also 475 $\times$ 180 Schuß im Tag bei einer Webstuhltourenzahl von 180 Touren, was einer Gesamtleistung von 85500 Schuß entspricht. Dagegen macht der automatische Stuhl bei 165 Touren in 8 Stunden, ohne Rücksicht auf die Stillstände durch Kettenfadenbruch, nur 79200 Schüsse im Tag, was einer Minderleistung von 7,5% entspricht. Dies würde bei einer Schußdichte von 20 Faden eine tägliche Minderleistung von 435 cm Ware ergeben.

Die Lohnersparnisse durch das Mehrstuhlsystem müssen immer mit den Mehrkosten für die besseren Garne und heute auch mit den bedeutenden Amortisationskosten für die weit teuere Anschaffung der automatischen Stühle in Vergleich gezogen werden. Bei den neuesten Versuchen erreichte eine österreichische Weberei (Ebensee) bis 36 Stühle je Weber. Bei höheren Stuhlzahlen je Arbeiter steigt trotz guten Kettenmaterials die Gesamtzeit für die Webstuhlstillstände, es sinkt daher die spezifische Webstuhlleistung, und die Ware wird je Meter wieder teurer.

Besonders wichtig ist der Grenzfall, bei welcher Tourenzahl die Leistung des automatischen Stuhles mit der Leistung eines einfachen, glatten Stuhles, der etwa 180 Touren macht, übereinstimmt, wobei vorausgesetzt sei, daß Kettenfadenbrüche nicht vorkommen und sonst keine Störungen des Webstuhlganges eintreten.

Diese Tourenzahl wäre

$$x = \frac{180 \cdot 475}{480} = 178 .$$

Erfordert also beim gewöhnlichen Stuhl das Auswechseln der Schützen insgesamt 5 Minuten täglich, so gleicht die Leistung eines automatischen Stuhles von 178 Touren der Leistung eines glatten Stuhles mit 180 Touren. Ist X die Tourenzahl des Automatenstuhles und n die Drehzahl des einfachen Stuhles, so gilt allgemein

$$X = n \frac{475}{480} = 0{,}9895\, n ,$$

d. h. bei gleicher Leistung kann der automatische Stuhl etwa 1% weniger Touren machen. Noch ungünstiger wird die Leistung des automatischen Stuhles gegenüber dem glatten Stuhl, wenn moderne Schnelläuferstühle, wie etwa der Ruthardt-Stuhl und andere zum

Vergleich herangezogen werden. Der Automat erreicht dann höchstens 180—190 Touren, während der glatte Schnelläufer 240 und mehr Touren je Minute erzielt.

Wie aus dem vorstehenden ersichtlich, hat der automatische Webstuhl erst dann eine Bedeutung für die Praxis, wenn er sicher mit höchster Tourenzahl laufen kann. Dies gilt besonders für den automatischen Schützen bzw. Spulenwechsel, wie die neueren Konstruktionen, die nachstehend angeführt sind, zeigen.

Die Schützenautomaten. Als ein Beispiel, welches besonders günstige Auswechslungsverhältnisse anstrebt, sei das System des Prof. Ing. B. Vlček angeführt. Dasselbe wurde von der Firma H. A. Plarre in Greiz seinerzeit gebaut.

Da der Auswurf des leeren Schützens die schwierigste Bewegung bildet, wurde diese Aufgabe zuerst gelöst.

Der vorteilhafteste Auswurf des Schützens erfolgt durch Herausfallen desselben. Der gewöhnliche Schützenkasten müßte einen sich öffnenden oder verschiebbaren Boden besitzen, der mit dem zugehörigen, genauen Bewegungsmechanismus konstruktiv viel zu schwierig lösbar wäre. Deshalb wählten schon vor 10 Jahren Grüner-Čerych und andere den drehenden Wechselmechanismus, welcher in der tiefsten Lage des Schützenkastens den leeren Schützen auswirft.

Der Austausch mit einem verschiebbaren Schützenkasten erfordert zwei Bewegungen, um den leeren Schützen abzuwerfen, während der drehbare Kasten nur eine Bewegung erfordert. Bei der verschiebbaren Lagerung muß nämlich der Schützenkasten vor- und zurückgeschoben werden, und ist diese Lösung bei nicht zu großer Verschiebung (sehr kleine Schützen) mit Vorteil verwendbar (Konstruktion B). Dem gegenüber hat der drehbare Schützenkasten bei mehreren Zellen (Kästchen) immer ein neues Kästchen zur Aufnahme des neuen Schützens bereit, das in Fühlung mit dem Magazin steht (Konstruktion A).

Bei der Konstruktion B wird der Schützenkasten für die Zeit der Füllung mit dem Magazin in Verbindung gebracht und verbleibt dort etwa während einer halben Umdrehung der Hauptwelle.

Konstruktion A. Das Prinzip dieser Anordnung ist aus den Abb. 240—241 ersichtlich. Das Magazin ist pendelnd gelagert und mit der Lade derart verbunden, daß der untere, schwingende Teil des Magazins, wo der volle, neue Schützen eingeschoben wird, mit dem Schützenkasten zusammenhängt, während der obere Teil, der ständig auf derselben Stelle bleibt, zum Nachfüllen neuer Schützen (Spulen) bestimmt ist.

Damit der Schützen frei herabfällt, muß das abwerfende Kästchen nach unten zu offen sein und seine Wände auseinanderbringen, um die Klemmung des Schützens zu beseitigen (Abb. 240—241, Schnitt A—B und C—D).

Dies erreicht man dadurch, daß der Schützenkasten nach Reißen oder Ausgehen des Schußfadens und nach Rückkehr des Schützens in diesen Schützenkasten um einen genau begrenzten Winkel dreht, z. B. um $^1/_4$ oder $^1/_6$ Drehung und so immer neue Schützen fortschreitend in die Schützenbahn bringt. Das Kästchen mit dem zu Ende gegangenen oder gerissenen Schußfaden gelangt in die tiefste Lage und läßt dann den Schützen herausfallen. Diese Konstruktion wurde schon vor etwa 20 Jahren von Walker und vor 10 Jahren von Grüner-Čerych verwendet.

Das Abwerfen des Schützens wird durch die Zentrifugalkraft und das Schützengewicht unterstützt, so daß nur ein geringes Entfernen, meist nur der vorderen Schützenkastenwand, genügt, um das Herausfallen des Schützens zu ermöglichen. Die Entfernung der Vorderwand ist zweckmäßiger, da die Rückwand für die genaue Führung des Schützens beim Schützenschlag eine starre unveränderliche Lage haben soll (siehe Abb. 240—241, Schnitte A—B und C—D).

In den folgenden beiden Varianten wird vor allem die Konstruktion für den Schützenumtausch angeführt, die aber auch für den Spulenumtausch nach entsprechenden Änderungen eingerichtet werden kann.

Das Herausfallen des Schützens kann raschest erfolgen, wenn, wie erwähnt, die Zentrifugalkraft mitwirkt, trotzdem läßt man das Kästchen eine kurze Zeit lang nach unten offen. Die Klemmung und Reibung des Schützens und damit die Behinderung der Auswurfbewegung wird vermieden, wenn die Feder, welche die vordere bewegliche Schützenkastenwand und Schützenkastenzunge hält, im Moment des Auswurfes entlastet wird. Die Entlastung wurde auch schon von früheren Konstrukteuren verwendet.

Die Umtausch- oder Wechselvorrichtung, System Vlček nach der Bauart A (Abb. 241 C—D) funktioniert folgendermaßen: Der Wechselmechanismus wird in bekannter Art vom Schußwächter oder vom sog. Schußfühler in Tätigkeit gesetzt. Letzterer wird mit Rücksicht auf die bekannte Konstruktion nicht besprochen, die Anpassung des Schußfühlers läßt sich aber leicht durchführen.

Geht der Schußfaden im Schützen aus oder reißt er, dann dreht sich der Schützenkasten C, der gewissermaßen das letzte Kästchen des Magazins abschließt und erhält einen neuen Schützen, mit dem der Webstuhl weiterwebt. Der alte Schützen fällt bei der Drehung des Schützenkastens unten heraus, und indessen wird aus dem Magazin ein neuer Schützen in das vordere Kästchen geschoben, welches leer von unten kam.

Es sei angenommen, daß sich der austauschende Schützenkasten links und der Schußwächter rechts befindet (Abb. 241, Schnitt C—D). Fliegt der leere Schützen bzw. der Schützen mit gerissenem oder ausgegangenem Schußfaden nach rechts, so erfaßt der Schlagkopt des Schußwächters 1 den Zahn der Gabel 2, diese drückt mittels Zapfen 3 (der Zapfen 3 sitzt auf der Gabelstange) den Arm 4 und 5 nach rechts, wodurch der Wendehaken 6 des Schützenkastens gesenkt wird. Dadurch wird während des nachfolgenden Ladenanschlages der Schützenkasten C gedreht, so daß von links ein voller Schützen nach rechts fliegt. Die Drehung des Schützenkastens C erfolgt also nicht sofort, wenn der Schußwächter das Reißen oder Ausgehen des Schußfadens gemeldet hat, sondern erst dann, wenn der leere Schützen, der gerade auf der rechten Seite weilte, von dieser nach links in den drehbaren Schützenkasten zurückkehrt. Der Wechsel und Auswurf ist eben nur auf der Seite des letzteren möglich (siehe Abb. 242).

Die Drehung des Schützenkastens beginnt ungefähr in der Lage 10 der Hauptwelle, das ist ungefähr $^{1}/_{16}$ Tour hinter der höchsten Kurbellage. Die einzelnen Kurbellagen sind in Abb. 242 I—III für die erste, zweite und dritte Umdrehung zur Beurteilung des Drehungsmaßes in den einzelnen Arbeitsperioden dargestellt. Die Drehung ist in der Lage 13 beendet, d. h. wenn sich die Kurbel im vorderen Totpunkt befindet. Es bleibt also Zeit genug übrig, daß die Schützenkastenbewegung ruhig durchgeführt wird und der nachfolgende neue Schützen seinen Lauf in aller Sicherheit beendet. Da aber für die Drehung des Schützenkastens der bloße Anschlag des Wendehakens 6 auf die Laterne 7, sobald diese vorne steht, nicht genügen würde, so ist der Wendehaken auf dem doppelarmigen Hebel 8 gelagert. Derselbe trägt auf dem unteren Arm den Puffer 9, an welchem das Anschlagstück 10 der Lade anschlägt, sobald diese nach vorn geht. Die Massenwirkung der Lade verbürgt eine ruhige sichere Durchführung der Drehbewegung. Dieselbe beginnt verläßlich in der Stellung 13, und die genaue Lage des Schützenkastens C wird durch den Drücker 11 gesichert. Das Herablassen des Puffers 9 erfolgt zugleich mit der Senkung des Wendehakens.

Das Heben des Puffers 9 erfolgt wieder, wenn die Lade hinten steht, mit einer Stange, die unten eine Feder mit einer Hülse und Rolle besitzt, auf welcher der Puffer 9 ruht.

Beendet der Schützenkasten C seine Drehung, so hebt sich durch Zapfen 12 und Hebel 15 die Stange 13 mit ihrer Rolle 14. (Die Stange 13 ist mit dem Ladenarm 16 gelenkig verbunden.) Die Rolle 14 kommt dabei auf das Exzenter E der Hauptwelle des Webstuhles. Das Heben der Stange 13 erfolgt dadurch, daß der Zapfen 12 des Puffers 9 den Hebel 15 zum Ausschlage gerade dann bringt, wenn der Puffer 9 seine äußerste Rechtslage erreicht. Dies ist gerade der Augenblick, wo die Drehung des Schützenkastens zu Ende geht.

Der Schützenkasten wird also sofort bei Beginn der nächsten Umdrehung der Hauptwelle nach Meldung des gerissenen oder ausgegangenen Fadens geladen. Dies erfolgt laut (Abb. 242 III. Umdrehung) in der Zeit von 10,5—15,25 des Zeitdiagrammes.

Das Exzenter E beginnt den Schützen in den Kasten zu drücken, wenn sich die Kurbel ungefähr $^1/_{16}$ Tour hinter der Höchstlage befindet (das ist ungefähr Lage 10,5 im Zeitdiagramm). Sobald die Kurbel ungefähr $^1/_8$ Tour hinter dem vorderen Totpunkt steht, ist der Schützen vollständig eingeschoben. Zu Beginn des Füllens ging die Lade nach vorn, wodurch das Einschieben des Schützens beschleunigt wurde. Ist der Schützen in das vordere Kästchen des Schützenkastens hineingedrückt, so wird der Drücker 17 durch die Feder 25 herausgeschoben, da sich die Stange 13 gesenkt hat und der Hebel 16 sich infolge seiner Federung vom Drücker 17 entfernt.

Das Exzenter E, welches das Einschieben des Schützens besorgt, ist derart konstruiert, daß die Einschiebung des Schützens in ungefähr $^1/_{12}$ Umdrehung der Schützenschlagwelle, das ist $^1/_6$ Umdrehung der Hauptwelle, erfolgt. Das Exzenter sitzt auf der Schützenschlagwelle, da der seitliche Schußwächter die Auswechslung des Schützens nur nach zwei Schüssen zuläßt (Abb. 243).

Sobald der Schützen eingeschoben ist, muß die Einrückstange 13 sofort wieder hinabgelassen werden. Dies erfolgt dadurch, daß das Exzenter E am Ende seiner Lauffläche eine Erhebung besitzt, welche die Stange 13 etwas weiter nach rechts schiebt, wodurch der Haken 20 und der Zahn 19 außer Eingriff kommen, so daß die Stange 13 sofort tief geht. Der Haken 20 geht dabei nur so weit nach rechts, als der Anschlagbolzen erlaubt. Damit der Anschlag der Stange 13 unten gedämpft wird, ist an der Seitenwand der Puffer 21 mit der Feder 22 vorgesehen (Abb. 240, Schnitt A—B).

Ein weiteres Heben der Stange erfolgt wieder, wenn der Schußfaden ausgegangen oder gerissen ist.

Da die Flächen längs welcher das Einschieben der Schützen erfolgt, ständig in einer Ebene liegen (Abb. 244), ist das Einführen des neuen Schützens sicher durchführbar.

Die Führungsflächen bestehen aus der Vorderwand des Kästchens, welches den neuen Schützen aus dem Boden des Magazins aufnimmt. Sie werden mit Hilfe des Armes 26 und der Ansatzstücke 27, 28, welche die Verbindung der Lade mit dem Magazin aufrechterhalten, dauernd in einer Ebene gehalten (Abb. 244).

Eine Sicherung des Mechanismus ist für den Fall notwendig, daß der Schützen in den Schützenkasten C nicht vollständig hineinfliegt. Der Schützenkasten könnte sich dann beim nächsten Schützenumtausch nicht drehen; es muß also der Webstuhl abgestellt werden, damit nicht ein Teil des Wechselmechanismus bricht.

Für diesen Fall ist der Hebel 8, der den Wendehaken 6 trägt, aus zwei Teilen zusammengesetzt, die mit Hilfe des Zapfens 23 und des Drückers 24 miteinander zusammenhängen. Sie bilden derartig für die normale Arbeit ein starres Ganzes. Sobald jedoch der Wendehaken 6 den Schützenkasten C infolge Klemmung nicht drehen kann, so springt der Zapfen 23 aus dem Einschnitt des Drückers, wodurch derselbe gehoben wird und mit seinem Zapfen 21 den Arm 22 hebt. Dieser überträgt mittels Welle H die Bewegung auf den Arm 22′, derselbe bewegt durch den Bolzen 22″ den Einrückhebel P, der aus seiner Rast herausgeworfen wird, die Riemengabel ausrückt und damit den Webstuhl abstellt (Abb. 241).

K o n s t r u k t i o n B. Da bei der S. 71—73 angeführten Konstruktion A für eine Vierteldrehung des Schützenkastens eine bestimmte, wenn auch noch so kurze Zeit benötigt wird und dieser Zeitraum die Tourenzahl des Webstuhles begrenzt, so wurde noch ein zweiter Entwurf ausgeführt, bei welchem die Drehung des Schützenkastens bloß um $^1/_8$ Umdrehung erfolgt, so daß nur der halbe Zeitaufwand für die Bewegung nötig ist. Der Schützenkasten ist nicht als Teil eines Zylinders ausgeführt, sondern er besteht nur aus zwei diametral angeordneten Kästchen l und r, die nach rechts oder links um O gedreht werden können (siehe Abb. 245—246).

Solange der Schützen normal arbeitet und der Faden glatt abwebt, befindet sich das Kästchen r in der Schützenbahn unter dem Treiber, während das linke Kästchen l hinten liegt (Abb. 245, 247).

Reißt oder geht der Schußfaden aus, so schiebt sich das rechte Kästchen r unter die ständig schwingende Mündung des Schützenmagazins, um den neuen Schützen aufzunehmen. Unterdessen gelangt das linke Kästchen l in die Schützenbahn unter den Treiber, damit es den leeren Schützen (bzw. den ausgegangenen Schützen) auffängt.

Die genaue Lage der Kästchen wird durch das Einfallen der Sperrklinke 10 gesichert. Der Schützenkasten wird durch die Zugstange 19 solange in dieser Stellung gehalten, bis der leere Schützen in das linke Kästchen eingelaufen ist.

Dabei wird gleichzeitig der Boden des Kästchens l mit einem besonderen Anschlagdorn 14 nach unten gedrückt, der Schützen kommt hinunter, und das inzwischen mit dem neuen Schützen gefüllte Kästchen r gelangt in die Schützenbahn (Abb. 247—249).

Diese Anordnung hat gegenüber der früheren den Vorteil, daß die Drehung des Schützenkastens nur halb so groß ist, daher sicherer durchgeführt wird. Es sind weniger Schützen erforderlich, und man kann bei ihr den Schützenwächter verwenden.

In der Rückwand des Kästchens r ist ein Arm vorgesehen, der auf den Hebelarm der Welle H einwirkt, welche an geeigneter Stelle einen Stecher trägt. Fährt der Schützen in den Schützenkasten schlecht oder gar nicht ein, dann senkt sich der Stecher wie beim gewöhnlichen Schützenwächter, schlägt an den Anschlag und stellt den Stuhl in bekannter Art ab.

Auf den Schützenwächter kann man auch die Einwirkung der Schützenkastenzunge des linken Kästchens durch den Arm x übertragen, wodurch der Webstuhl gleichfalls abstellt, wenn der Schützen nicht in das Kästchen l eingelaufen ist. Dies erfolgt also auch, wenn der Schützen aus dem Kasten herausragt, weil er vielleicht durch zu starke Zungenbremsung nicht voll eingelaufen ist. Deshalb ist es auch nicht notwendig, an diesem Wechselsystem noch besondere Sicherungen anzubringen, wie dies bei den früheren Konstruktionen der Fall war, was also wieder größere Einfachheit und Sicherheit erreicht.

Die Drehung des Kästchens l und r nach rechts wird folgendermaßen erreicht. Reißt der Schußfaden oder geht er aus, so wird durch den Schußwächter der Arm 4 abgedrängt, dadurch der Hebel 4′ gesenkt, so daß die Zugstange 5 (Abb. 245—246) den Arm 6 mit der Rolle 7 herabzieht. Dadurch wird aber auch der Haken 8 gesenkt, welcher dann den Zapfen 9 abfängt.

Hierdurch werden die Schützenkästen bei dem nachfolgenden Rückgang der Lade durch Drehung um die Achse O nach vorn geschoben, die Klinke 10 fällt in die Verzahnung 11 des linken Kästchens l und sichert so die Lade des Schützenkastens für den richtigen Eingriff des Treibers.

Inzwischen ging der Schützen aus dem Magazin in das rechte Kästchen r und der leere Schützen in das Kästchen l. Dann wird die Klappe K an einem Ende gehoben, am anderen Ende gesenkt, welch letzteres Ende den Schützen durch seine Lederauflage abfängt. Durch die Lagenveränderung der Lade wird die Klinke 10 außer Eingriff mit der Verzahnung 11 gebracht, und die Kästchen l und r werden durch den Einfluß der Feder F zurückgeschoben. Die genaue Einstellung läßt sich durch die Zugstange 19 durchführen. Steht die Lade vorn, so wird der Haken 8 durch die Einwirkung der Feder 12 gehoben. Gleichzeitig klappt der Boden des linken Kästchens nach abwärts, denn sein Arm 13 schlägt an den Anschlagbolzen 14 an, und der leere Schützen fällt durch die Blechröhre 15 nach unten. Sein Ausschlag wird durch eine Klappe mit Federdämpfung gemildert (siehe Abb. 247—249).

Aus dem Trog K entnimmt der Weber wieder die ausgeworfenen Schützen und füllt sie mit neuen Spulen.

Der Spulenautomat (Abb. 250—254). Beim Spulenumtauschsystem arbeitet man immer mit demselben Schützen, welcher derartig eingerichtet sein muß, daß die Spule leicht herausgeschlagen und eine neue eingeschoben werden kann, ohne daß ein Stillstand des Webstuhles eintritt. Dies erzielt man dadurch, daß die meisten Konstruktionen mit einem Schlagarm, dem sog. Spulenhammer arbeiten, der durch die Kraft der Lade bewegt wird. Diese Konstruktion wurde schon seinerzeit von Northrop ausgeführt.

Beim Northrop-Stuhl wurde die alte Spule im Augenblick der vorderen Wendung der Lade herausgeschlagen und eine neue Spule eingeschoben. Der Spulenwechsel erfolgte also in einer äußerst kurzen Zeit. Um den Wechsel sicherer zu gestalten, d. h. mehr Zeit für denselben zu gewinnen, wird bei dem Automaten Patent Vlček ein schwingendes Magazin Z verwendet, das längere Zeit, etwa ein und ein Achtel Umdrehung der Hauptwelle mit der Lade in Verbindung bleibt, so daß das Entfernen der alten Spule und das Einschieben der neuen, in diesem langen Zeitraum weit verläßlicher durchgeführt werden kann. Für diese Arbeit wird beim Northrop-Stuhl nur etwa 0,1 Sekunde gebraucht, dagegen ist bei der angeführten Konstruktion etwa 5 mal so lange Zeit für die Durchführung der Bewegung notwendig.

Die Durchführung der Wechselbewegung verläuft etwa folgendermaßen: sobald die Schußgabel meldet, daß der Schußfaden gerissen oder ausgegangen ist, so wird das Magazin Z dadurch gelockert, daß der Arm 1 auf bekannte Art ausschwingt, und so durch seinen Druck auf den Zapfen 2 sich selbst sowie den Haken 3 senkt, der hierdurch außer Eingriff mit dem Zapfen 4 gelangt, welcher das Magazin bisher in der vorgeneigten Lage hielt.

Das freigewordene Magazin schlägt mit seinem Zapfen 6 auf einen der beiden Bügel 7 an, die an den beiden Enden der Schützenkasten vorgesehen sind. Dadurch wird auch die Welle 8 gedreht, so daß der Arm 7 den Ladehebel 10 (Hammer) durch den Druck auf den Daumen 9 unter die Treiberspindel drückt. Hierdurch gelangt der Ladehebel 10 mit seinem Ansatzstück gerade über die letzte Spule des Magazins und über den Schützen.

Wirkt der Schußwächter im vorderen Wendepunkt der Lade, dann beginnt die Entarretierung (Lockerung) des Magazins Z und die Bewegung des Ladehebels 10 erfolgt bei Rückbewegung der Lade, sobald der leere Schützen in den Kasten eingelaufen ist, der auf jener Webstuhlseite liegt, die den Wechselmechanismus trägt. Vorausgesetzt wird, daß sich die Gabel des Schußwächters und der Drücker auf der rechten Webstuhlseite und das Magazin auf der linken Seite befinden. Der Ladehebel 10 wird infolge des Einflusses des Hebels 11 nach abwärts gedrückt und schiebt dadurch eine neue volle Spule an die Stelle der auszuwechselnden Spule in den Schützen. Das Ansatzstück des Ladenhebels ist aufklappbar, damit es bei der Bewegung des Zapfens 11′ emporgehoben wird, weil sich dieser bei jeder Bewegung aufwärts bewegt und der Ladehebel infolge des festen Ansatzstückes diese Bewegung sonst behindern würde. Das Magazin Z verbleibt dabei in Verbindung mit der Lade.

Ist der Spulenaustausch beendet, was schon nach etwa $^1/_8$ Hauptwellentour nach dem vorderen Totpunkt der Lade der Fall ist, so kann der Ladehebel gehoben und nach rückwärts geneigt werden. Dies wird sofort durchgeführt, da schon nach einem weiteren Achtel Umdrehung der Hauptwelle die Treiberbewegung beginnt. Damit dem Ladehebel eine möglichst lange Zeit zum Laden und Füllen gelassen wird, bleibt das Magazin also noch während $^1/_8$ Hauptwellentour nach dem vorderen Totpunkt, also nahezu bis zum Beginn des Schlages mit dem Schützenkasten in Verbindung. Etwa $^1/_8$ Umdrehung der Hauptwelle vor Beginn des Schlages löst sich das Magazin vom Schützenkasten, schwingt von der Lade weg, fängt mit seinem Zapfen 4 den Haken 3 und bleibt solange in dieser Lage, bis der nächste Wechsel erfolgt. Die Rücklaufbewegung des Magazins Z erzielt man durch das Exzenter E zeitgerecht, da das Exzenter auf der unteren Welle Sh (Schützenschlagwelle) entsprechend montiert ist. Die Bewegung wird außerdem durch die Zugstange 12 und den zweiarmigen Hebel 13 übertragen.

Das Magazin Z ist drehbar gelagert, jedoch ist dieser Drehzapfen 14 auch senkrecht verschiebbar, so daß das Magazin mit der Spule, die zum Einschieben bestimmt ist, sich stets in Verbindung mit der Lade und genau über dem Schützenkasten befindet. Damit dieser Anforderung besser entsprochen wird, ist der Schützenkasten durch den Hebel 13 von unten gleichfalls gehalten. Der eine Arm des Hebels 13 ist auf dem anderen Arm verschiebbar, damit der bewegliche Teil genau der Bewegung des Magazins folgen kann. Er erhält zu diesem Zweck eine Rollenführung, die auf der entsprechend konstruierten Fläche K aufruht.

Das regelrechte Vorschieben der Spulen besorgen zwei mit Zäpfchen versehene Scheiben 16.

Der Ladehebel ist, wie oben ausgeführt, ausschwingbar und mit einem Ansatzstück 17 versehen, mit welchem die Rolle 11′ den Hebel 11 herausdrückt. Das Ansatzstück 17 ist aufklappbar, damit der Ladehebel nicht herausgeschoben werden kann.

Infolge der Vereinfachung der beschriebenen Einrichtung wird höhere Betriebssicherheit und größere Arbeitsgeschwindigkeit des automatischen Stuhles erreicht.

e) Der automatische Webstuhl, System „Vickers-Stafford".

Bei diesem automatischen Webstuhl wird der Schützen ausgewechselt, und zwar erfolgt der Wechsel bei stillstehendem Webstuhl dann, wenn sich der Schützen auf der Seite des Magazins befindet.

Auf einer Seite des Stuhles befindet sich das Magazin mit neuen Reserveschützen. Der Wechsel erfolgt bei Ablauf oder Reißen des Schußfadens, was wieder der Schußwächter einleitet, sobald sich der Schützen auf der Seite des Magazins befindet.

Alle Bewegungen, die Abnahme des auszutauschenden Schützens, die Einführung des neuen, vollen Schützens aus dem Magazin in den Schützenkasten werden langsam und dadurch sicher ausgeführt. Die Bewegungen werden ebenso wie die Wiederingangsetzung des Stuhles von Exzentern abgeleitet. Die Abnutzung der Schützen ist gering, da die Auswechslung langsam vor sich geht. Die Anpassung der Spulen an die Schützen ist bei dieser Konstruktion nicht so schwierig (siehe Abb. 264).

f) Der Steinen-Webstuhl

hat ein Spulenmagazin, dessen Inhalt für zwei Tage ausreicht, und eine Schützeneinfädlungsvorrichtung für den Schußfaden. Der Webstuhl arbeitet mit elektrischem Schußfühler und hat eine spezielle Beleuchtung, welche aufleuchtet, wenn der Stuhl zum Stillstand kommt.

Dieses Stuhlsystem ist in mehreren europäischen Webereien in guter Verwendung. Es benutzt Kettenfadenwächter und eine automatische Kettenbaumbremse, wodurch eine besonders gleichmäßige und reine Ware erzielt werden kann.

g) Der Platt-Toyoda-Automatenstuhl

ist eine der letzten Automatenkonstruktionen. Er ist auch mit einem mechanischen Schützenwechsel versehen (Abb. 255—258).

Die Schußspulen erhalten an der Spulenbasis besonders durchgefräßte Nuten y und sind sehr genau auf der Schützenspindel aufgesteckt. Solange noch genügend Garn auf der Schußspule vorhanden ist, kann der Fühler, welcher durch den Schützenkasten und den Schützen die Spule anfühlt, die Garnschichten nicht durchdrücken und wird selbst durch den Ladenvorgang zurückgedrängt. Sind nur noch wenig Garnwindungen auf der Schußspule vorhanden, so wird der Fühler diese eindrücken und durch seine neue Stellung die Auswechslung des neuen Schützens einleiten. Der Automat wechselt also nur bei abgearbeiteter Spule. Soll er auch bei gerissenem Schußfaden wirken, so muß er vom Schußwächter bedient werden.

Die Lage der Spule wird durch die Nute x an der Schützenspindel gesichert. Beim Ladenvorgang tastet der Spulenfühler durch einen Schlitz in der Schützenwand gegen die Nute y, und wenn sich nur noch wenige Garnschichten auf der Spule befinden, so werden dieselben von dem Spulenfühler durchstochen, und der Schützenwechsel wird eingeleitet (Abb. 255).

Der Taster kann auch bei Selfaktorschußkopsen verwendet werden, er ist aber nicht so empfindlich.

Ist noch genügend Garn auf der Schußspule vorhanden, so drückt die Fadenschicht den Fühler A beim Ladenanschlag zurück, und diese Bewegung wird mittels Winkelhebels B auf die Stange C übertragen, welche den Anschlag des Schußwächterhammers D nicht mitnehmen kann (Abb. 255). Dagegen wird durch das Eindringen des Fühlers A in die Nute die Bewegung der Stange C mittels der Arme E F und der Welle G_1 auf die andere Seite des Stuhles übertragen. Durch Drehung der Welle G_1 hebt der Hebel H den Stecher K in die Bahn des Puffers L_1, der auf der Lade befestigt ist. Der Puffer schlägt auf den Stecher K, drückt den Hebel M nach rechts, den Arm N nach links und durch den Drücker P wird nun mittels Verbindung O mit N der unterste Schützen aus dem Magazin gedrückt und gleichzeitig der leere Schützen herausgestoßen (Abb. 256).

Der neu eintretende Schützen hebt die vordere und hintere Schützenkastenwand hoch, und der Finger T senkt sich. Bleibt einer oder beide Schützen hängen, so können sich die Kastenwände nicht senken, der Finger T schlägt beim Ladenvorgang gegen V und stellt den Stuhl ab.

Ist das Magazin entleert oder liegt der auszuwechselnde Schützen nicht richtig, so wird der Stuhl mittels einer besonderen Abstellvorrichtung abgestellt.

Nach erfolgtem Schützenwechsel wird das freie Fadenende des Schußfadens bis zur Webkante durch eine an der Breithalterstange befestigte Schere abgeschnitten, um reine Leisten zu erhalten. Bei der Schützenauswechslung wird durch den Finger Z_3 der gegen den Puffer L_2 schlagende Stecher K_1 gehoben. Hierdurch fallen auch der Arm R und die Stangen M_1 und T_2, welche sonst die Schere N_1, N_2 bei Nichtbenutzung hochhalten, so daß die Schere zur Wirkung kommt (Abb. 257).

Dieses Webstuhlsystem verwendet zur Erzielung einer besonders gleichmäßigen Ware auch bei ungleichem Schuß einen automatisch wirkenden, negativen Kettenbaumregulator. Sobald die Kettenspannung ein gewisses Maß überschreitet, wird die Kette selbsttätig nachgelassen.

Die Kettenfaden laufen vom Kettenbaum über die Streichbäume D und E. Der Streichbaum D ist im Hebel C gelagert, der am Gegenende die Stange H trägt. Durch die Verbindungsstange V wird der Schlitzhebel U an der Ladenstelze und damit der Schalthebel K und das Schaltrad betätigt. Die Bewegung des Schaltrades wird durch die Kegelräder M und N, die Welle O_1, die Schnecke P_1, das Schneckenrad R, die Querwelle R' und von dieser über die Stirnräder S auf die mit einem Zahnkranz versehenen Flanschen T des Kettenbaumes übertragen.

Mit dem Abnehmen des Kettenbaumdurchmessers steigt die Kettenspannung und sinkt der Streichbaum D, der Hebel G und die Stange H werden gehoben, wodurch das Ende der Verbindungsstange V in der Schlitzführung U auf größeren Hub gebracht wird. Die Stange V und der Schalthebel K bewirken dadurch eine entsprechend größere Schaltung des Rades L, wodurch die notwendige Kettenlänge nachgelassen wird.

Der Arm G ist am Vorderende als Segment ausgebildet, in welches die Bremse Br paßt. Die Bremse muß stets Kette nachlassen, wenn die Reguliervorrichtung in Tätigkeit gesetzt wird, damit durch den Kettennachlaß die Spannung der Kette ausgeglichen wird.

Zur Nachstellung der Kettenspannung von Hand aus wird durch das Pedal P das Sperrad außer Eingriff mit dem Kegelrad M gebracht. Man kann dann den Kettenbaum A durch die Welle O_1 und O_2 mit den Rädern K_1, K_2, K_3 von Hand aus drehen (Abb. 258).

Dieser Stuhl erreichte bei 42″ (1067 mm) Blattbreite im Durchschnitt 220 bis 240 Touren je Minute.

Der Wirkungsgrad des Stuhles wird je nach Qualität der Ware mit bis 95% angegeben, wobei der Wirkungsgrad des Webers miteingerechnet ist.

Ein Weber kann allerdings mit Beihilfe von Hilfsarbeitern, Spulenträgern usw. 30 bis 50 Webstühle bedienen. Für die Webkostenberechnung der Ware müssen allerdings die erheblichen Kosten für Hilfsarbeiter, die Kosten für die größere Anzahl von Stuhlmeistern, die höheren Gangkosten und die hohen Anlagekosten berücksichtigt werden.

Der Kraftbedarf beträgt bei Transmissionsantrieb $^1/_3$ PS je Stuhl; bei Einzelantrieb muß mit $^1/_2$ PS gerechnet werden. Der Grundflächenbedarf beträgt bei 42″ Blattbreite 2,34 m × 1,32 m.

Eine Zusammenstellung der verschiedenen Automaten zeigt Abb. 259—265. Es bedeuten die

Abb. 259 den Northrop-Stuhl,
Abb. 260 den Vlček-Stuhl,
Abb. 261 den Whittaker-Stuhl,
Abb. 262 den Henry Baer-Stuhl,
Abb. 263 den Grüner-Čerych-Stuhl,
Abb. 264 den Vickers-Stafford-Stuhl,
Abb. 265 den Hansen-Stuhl.

In Abb. 266 ist die Konstruktion Northrops für vierfarbigen Schuß dargestellt.

Die Leistung der Automatenstühle hängt nicht nur von der entsprechenden Tourenzahl der Hauptwelle, sondern auch von der Qualität des Materiales ab. Nach „amerikanischen" Berichten bedient ein Weber bis 60 Stühle und sind dort etwa 600000 Automatenstühle in Betrieb.

Bei den derzeitigen wirtschaftlichen Verhältnissen können sich in europäischen Webereien Automatenstühle nur bei gutem Verkauf der alten Stühle und vollem doppelschichtigem Betrieb der Automatenstühle rentieren.

Beim Übergang zu automatischen Stühlen müssen namentlich folgende Punkte beachtet werden:

1. Gründliche Reparatur der Stühle (wenn bei alten Stühlen nur der Automat nachgeschafft wird).

2. Anschaffungskosten für die Neuinvestierung, die sich entweder auf die Automaten allein oder auf den Neukauf der automatischen Stühle erstreckt.

3. Die Anschaffung der Kettenfadenwächter.

4. Die Anschaffung der neuen Schußspulen und der zugehörigen neuen Schußspulenmaschinen.

5. Einstellung des Neupersonales (einer größeren Anzahl von Stuhlmeistern oder sehr intelligenten Vorarbeitern).

6. Die Berücksichtigung der teuren Garnmaterialien.

Im allgemeinen kann man Automaten nur unter folgenden Bedingungen empfehlen:

1. Bei Massenerzeugung leicht herstellbarer, glatter Stapelartikel, die man mit Schußgabel ohne Fühler weben kann, um nicht zuviel Abfälle und Geldverluste zu erleiden, welche die erreichten Lohnersparnisse übersteigen würden.

2. Bei dauerndem Arbeitermangel, bei ungelernten oder schlechten Arbeitern, die für Automaten leichter auszubilden sind. Die Instandhaltung der Automaten müssen aber die oben erwähnten intelligenteren Meister besorgen.

3. Die Anwendung muß unter modernster Betriebsführung in Großbetrieben erfolgen, da nur dann die ganze Erzeugung auch die nötigen großen Produktionsmengen gewährleistet, und daß beispielsweise Anknüpfmaschinen, rationellste Vorbereitungsarbeiten möglich werden.

4. Arbeiten in zwei Dauerschichten.

5. Verwendung nicht zu dichter Ketteneinstellungen im Verhältnis zur Garnnummer und Blattdichte.

6. Stets gleichbleibende Garnqualität der eigenen oder ständig liefernden Spinnerei.

Bei diesen Bedingungen kann die Automatisierung Resultate liefern, wie sie z. B. eine italienische Weberei mit 1615 gewöhnlichen Stühlen erzielte.

In diesem Betrieb wurden in 16 Stunden (2 Schichten je 8 Stunden) 121568 m Gewebe von 625 Arbeitern erzeugt. Dagegen hatte die Weberei vor Automatisierung des Betriebes mit 958 Arbeitern nur 82760 m erzeugt. Nach den angeführten Daten ist die Warenproduktion um 45% gestiegen und die Arbeiterzahl um 33% gefallen; der Arbeitslohn nach der Automatisierung also höher. Die Arbeiterin verdient bis 25% mehr. Bei gutem Material kann der Gesamtwirkungsgrad der Weberei 92,7% erreichen. Die Webstühle bleiben auch dann im Lauf, wenn der Arbeiter die Arbeitsstelle verläßt. Maßgebend sind jedoch die Herstellungskosten für 1 m Ware[1].

V. Spezielle Baumwollwebstühle.

1. Die breiten Baumwollstühle haben eine Blattbreite von über 100 cm, sie ähneln sonst den schmalen Stühlen, sind aber besonders in den angestrengten Mechanismen stärker gebaut.

Bei besonders breiten Stühlen hat die Schützenschlagwelle einen beidseitigen Zahnradantrieb, damit sie nicht zu stark gebaut werden muß und trotzdem ruhig läuft.

2. Spezialstühle mit verschiebbarem Blatt, mit Häkchenstab, Nadelstab oder Broschierlade und anderem können auch bei anderen Materialien verwendet werden. Sie sind im letzten Kapitel bei den Webstuhleinrichtungen für einzelne Gewebearten angegeben.

3. Die Frottierstühle werden hauptsächlich für Baumwollwaren benutzt (Handtücher, Bademäntel), sie werden ebenso wie die

4. Manchester- und Cordstühle dort beschrieben.

5. Die Samt- und Plüschstühle sind bei den Rutenwebstühlen erwähnt.

6. Weitere Spezialstühle sind gleichfalls im letzten Kapitel angeführt.

VI. Allgemeine Angaben und Erläuterungen für den Webstuhlbetrieb.

Wenn man mechanische Webstühle neu anzuschaffen oder zu beurteilen hat, so beachte man namentlich folgende Punkte:

1. Das System und die allgemeine Konstruktion des Webstuhles (leichter oder schwerer Stuhl, schmaler oder breiter Stuhl bzw. Sonderwebstuhl).

2. Die Blattbreite, die von der gewebten Warenbreite abhängt.

3. Die Tourenzahl des Stuhles bzw. die Schlagzahl je Minute.

4. Die Antriebsart, ob ein rechter oder linker Stuhlantrieb vorzusehen ist, d. h. die Antriebsriemenscheibe rechts oder links vom Weber liegt. Die Drehrichtung der Antriebstransmission und des Stuhles ergibt dann offene oder gekreuzte Antriebsriemen. Die Lagerverteilung und Riemenscheibenverteilung auf der Transmission ist durch die Webstuhleinteilung gegeben.

5. Art des Schlages, ob derselbe als Ober- oder Unterschlag ausgeführt ist.

6. Die Art des Blattes, ob ein sog. „Festblattstuhl", auch „Schlägerstuhl" verwendet wird, oder ob ein fliegendes Blatt verwendet werden soll.

7. Die Bestimmung der Größe der Schützen und der Kötzer, die auch für die Größe der Schützenkasten und ihrer Einrichtung am Stuhl maßgebend ist.

8. Ob für die Fachbildung einer Schaft- oder Jacquardmaschine einer bestimmten Type die notwendige Tragkonstruktion vorzusehen ist, damit man diese am Stuhl entsprechend verankern und den Antrieb dafür vorsehen kann.

9. Es ist genau anzugeben, welche Nebeneinrichtungen noch am Stuhl gewünscht werden, z. B. Schützenwechsel, ihre besondere Art, allfällige Mittelleistenapparate,

[1] Gute Resultate kann man erwarten vom Automat Pat. R. Hrdina, Č. Kostelec (angem. im April 1933 in ČSR). Diesen kann man jedem glatten Stuhl leicht und billig aufmontieren.

Fangfadenvorrichtungen, evtl. besondere Ausführungen der Regulatoren usw. Alle diese Vorrichtungen müssen jederzeit so angebracht werden können, daß sie sich nicht behindern.

10. Die gesamte Webstuhl-Außenbreite (Raummaß) ist infolge der Ladenkonstruktion und der Stuhlwände sowie der Schützenkasten um 1—1,3 m größer als die Blattbreite. Die Ausmaße der Webstuhltiefe werden meist von der Webstuhlfabrik bestimmt, sie hängen von der Konstruktionsart des Stuhles und der erzeugten Ware ab. Die Stuhlaußenmaße (Breite und Tiefe) sind für die Raumausteilung beim Bau von Webereianlagen wichtig.

1. Systeme und Konstruktionen der Webstühle.

Auf dem Kontinent bildeten meist englische Konstruktionen das Vorbild für die Webstuhltypen, z. B. die Systeme Pilling, Livesey, Hodgson, Hattersley, Atherton und Smith Brothers, die zu den verbreitetsten zählen.

Im nachstehenden sind Tabellenwerte über Ausmaße und Gewichte von Stühlen einiger Maschinenfabriken angeführt.

Es baut z. B. die Firma Niederlausitzer Webstuhlfabrik C. A. Roscher in Georgswalde, Böhmen, folgende Stuhltypen in nachstehend angeführten Ausmaßen:

1. System Pilling	bei einer Blattbreite von 74—184 cm
2. System Livesey	„ „ „ „ 75—320 „
3. System Hodgson	„ „ „ „ 55—320 „
4. System Hattersley	„ „ „ „ 55—320 „
5. System Atherton	„ „ „ „ 83—350 „
6. System Atherton, schwere Type	„ „ „ „ 69—425 „
7. System Smith Brothers	„ „ „ „ 112—215 „

Die ersten vier Typen baut die Firma in leichter, mittlerer und schwerer Bauart, je nachdem für welche Stoffart sie bestimmt sind und versieht sie mit Innen- oder Außentritten.

Die Tannwalder Maschinenfabrik erzeugt Baumwollstühle nach ihrem Modell C_2, das von der Pillingtype abgeleitet ist, für mittlere und leichte Baumwollware.

Blattbreite cm	Stuhlgewicht etwa kg	Bodenfläche m	Blattbreite cm	Stuhlgewicht etwa kg	Bodenfläche m
100	670	2,25 × 1,40	180	930	3,05 × 1,40
110	700	2,35 × 1,40	190	1000	3,15 × 1,40
120	725	2,45 × 1,40	200	1040	3,25 × 1,40
130	750	2,55 × 1,40	210	1080	3,35 × 1,40
140	775	2,65 × 1,40	220	1120	3,45 × 1,40
150	800	2,75 × 1,40	230	1160	3,55 × 1,40
160	825	2,85 × 1,40	240	1200	3,65 × 1,40
170	850	2,95 × 1,40	250	1240	3,75 × 1,40

Die Webstühle der Tannwalder Maschinenfabrik für schwerere Baumwollware nach Modell „H“ (das von der schwächeren Type Atherton abgeleitet ist) werden in folgenden Ausmaßen erzeugt:

Blattbreite cm	Stuhlgewicht etwa kg	Bodenfläche m	Blattbreite cm	Stuhlgewicht etwa kg	Bodenfläche m
100	810	2,30 × 1,50	180	1130	3,10 × 1,50
110	850	2,40 × 1,50	190	1170	3,20 × 1,50
120	890	2,50 × 1,50	200	1300	3,30 × 1,50
130	930	2,60 × 1,50	210	1340	3,40 × 1,50
140	970	2,70 × 1,50	220	1380	3,50 × 1,50
150	1010	2,80 × 1,50	230	1420	3,60 × 1,50
160	1070	2,90 × 1,50	240	1460	3,70 × 1,50
170	1090	3,00 × 1,50	250	1500	3,80 × 1,50

Die Firma Gustav Thiele in Rumburg (Böhmen) erzeugt folgende Webstuhltypen:

Type	Muster	Blattbreite cm	Gewicht kg
„Pilling"	A	60—170	500— 790
„Pilling"	B	60—190	535— 900
„Livesey"	0	60—140	475— 685
„Livesey"	I	60—170	525— 820
„Livesey"	II	60—210	575—1030
„Hodgson"		65—275	545—1150
„Hattersley"	D	65—285	605—1210
„Atherton"[1]	6	65—160	550— 900
„Atherton"	10	80—300	780—1750
„Atherton"	14	90—350	1330—2650
„Hall"[2]		90—240	740—1250
„Smith Brothers"		90—240	800—1320

[1] Unterschlag-Webstühle für Flachs(Leinen)-Ware.
[2] Unterschlag-Webstuhl für Baumwollsamt.

2. Die Blattbreite.

Nach den angeführten Angaben ist die Blattbreite am wichtigsten. Ist die Stoffbreite gleich b cm, dann ist die Blattbreite bei Stoffen bis zu 1,5 m Breite ungefähr b + 10 bis 12 cm, bei breiteren Stoffen ungefähr b + 13 bis 26 cm.

3. Die Geschwindigkeit des Webstuhles.

Die größte Schlaganzahl des Webstuhles bei einer Blattbreite von 90 cm ist etwa 250 Schläge in 1 Minute. Es ist selbstverständlich, daß diese Geschwindigkeitsgrenze neben der Konstruktion des Webstuhles auch durch die Festigkeit des Garnes bestimmt ist. Würden wir die Tourenzahl allzu sehr steigern, dann würde die Kette derart oft reißen, daß sich die Leistung nicht steigern, sondern im Gegenteil infolge des ständigen Anknüpfens noch verringern würde. (Ausnahmeleistungen von 300—400 Schlägen in 1 Minute sind nur bei einzelnen Konstruktionen und unter besonderen Umständen versuchsweise möglich.)

Allgemein kann man sagen, daß die Schlagzahl in 1 Minute um so größer sein kann, je fester die Kette und der Schußfaden, je schmäler der Webstuhl und je leichter der Schützen ist. (Das Gewicht des Schützens darf nicht unter einen gewissen Wert sinken.)

Die gewöhnlichen Baumwollwebstühle erhalten in 1 Minute:

bei	einer	Blattbreite	von	85	cm	eine	Schlaganzahl	von	210
,,	,,	,,	,,	107	,,	,,	,,	,,	200
,,	,,	,,	,,	115	,,	,,	,,	,,	180
,,	,,	,,	,,	120	,,	,,	,,	,,	170
,,	,,	,,	,,	130	,,	,,	,,	,,	165
,,	,,	,,	,,	150	,,	,,	,,	,,	150
,,	,,	,,	,,	160	,,	,,	,,	,,	140
,,	,,	,,	,,	170	,,	,,	,,	,,	130
,,	,,	,,	,,	225	,,	,,	,,	,,	120
,,	,,	,,	,,	250	,,	,,	,,	,,	110

Bei den Schaft-, Jacquardmaschinen und bei Schützenwechseln leisten die Webstühle um ungefähr 10—20% weniger.

In England, wo die Geschwindigkeit der Webstühle verhältnismäßig größer ist, sind folgende Tourenzahlen üblich:

Für 40″	ungefähr	101,6	cm	Blattbreite,	gewöhnlicher Webstuhl, fliegendes Blatt	220—230	Schläge
40″	,,	101,6	,,	,,	gewöhnlicher Webstuhl, festes Blatt . .	190—200	,,
40″	,,	101,6	,,	,,	Einhubschaftmaschine	130—140	,,
40″	,,	101,6	,,	,,	Doppelhubschaftmaschine	180—200	,,
40″	,,	101,6	,,	,,	und Webstuhl mit Schützensteigwechsel	160—170	,,
40″	,,	101,6	,,	,,	u. Webstuhl mit Revolverschützenwechsel	180—190	,,
40″	,,	101,6	,,	,,	Einhub-Jacquardmaschine	120—130	,,
40″	,,	101,6	,,	,,	Doppelhub-Jacquardmaschine	160—180	,,

Bei den schwereren Flachs-, Leinenwebstühlen[1], Jutewebstühlen und ähnlichen ist die Schlaganzahl je Minute bedeutend geringer, so haben z. B. Flachswebstühle und Webstühle für Segeltuch:

bei	80 cm	Blattbreite	ungefähr	140	Schläge	in	einer	Minute,
„	105 „	„	„	135	„	„	„	„
„	145 „	„	„	110	„	„	„	„
„	212 „	„	„	100	„	„	„	„
„	370 „	„	„	42	„	„	„	„

Jutewebstühle (Kurbelstühle):

bei	122 cm	Blattbreite	ungefähr	135	Schläge	in	einer	Minute,
„	140 „	„	„	130	„	„	„	„
„	158 „	„	„	125	„	„	„	„
„	210 „	„	„	105	„	„	„	„

4. Der Antrieb des Webstuhles.

Wir unterscheiden nach der Antriebslage, rechten oder linken Stuhlantrieb, derselbe kann als Transmission oder elektrischer Antrieb ausgeführt, der letztere als Einzel- oder Gruppenantrieb gebaut sein. Bei Riemenantrieb erfordern offene Riemen eine größere Riemenspannung und größeren Kraftbedarf als gekreuzte. Als Riemenschlupf kann bis 4% Verlust gerechnet werden, da der Riemen nicht immer genau auf der Riemenscheibe läuft. In schlecht geführten Betrieben läuft oft ein Teil des Riemens auf der Leerscheibe, was zu ungleichmäßigem Ausziehen des Riemens führt. Man soll daher zeitweise die Riemen wenden. Die Riemenbreite muß der Antriebsscheibenbreite möglichst entsprechen, bei zu schmalen Riemen (schlechte Qualität, ausgedehnte Riemen) läuft der Stuhl schlecht an, es gibt Schützenschläge. Auch ölige, schlecht genähte Riemen ziehen ungleich.

5. Der Schlag

ist entweder als Ober- oder Unter- oder auch als Mittelschlag gebaut. Wenn auch der Oberschlag auf älteren Stühlen noch sehr häufig verwendet wird, so trachtet man doch im neueren Webstuhlbau besonders bei höheren Tourenzahlen dem Unterschlag den Vorzug zu geben.

6. Das Blatt

ist entweder fest oder fliegend (siehe früher).

7. Die Größe des Schützens

hängt von der Größe des Kopses und dieser wieder von der Art und Nummer des Schußgarnes ab. Auch mit der Kettenart und Fachhöhe hängt der Schützen zusammen. Je größer die Schußspule, desto weniger Webstuhlstillstände und desto größer die Produktion. Demgegenüber behindern aber große Schützen wieder die Geschwindigkeit des Stuhles, so daß es für jede Stuhltype ein gewisses günstigstes Verhältnis zwischen der Schützengröße und der Stuhlgeschwindigkeit gibt.

8. Die angebaute Schaft- oder Jacquardmaschine

erfordert eine einseitige Wellenverlängerung für die Schützenschlagwelle evtl. auch für die Hauptwelle, damit der Kurbelantrieb für die Doppelhubmaschinen und der Prismenantrieb vorgesehen werden können. Manchmal treibt man auch Doppelhubmaschinen von der Hauptwelle und verwendet dann eine Kettenradübersetzung 1:2 (siehe Horákmaschine, Abb. 78—79). Man kann auch den gesamten Antrieb für die Schaft- oder Jacquardmaschine von einem solchen Kettenradantrieb abnehmen und verzweigt den Antrieb für das Prisma und die anderen Teile erst oben in der Maschine. Für sehr schwere Antriebe muß das freie Ende der Schützenschlag- oder Hauptwelle, besonders bei sehr

[1] Welche den Baumwollwebstühlen sehr ähnlich sehen.

schweren Jacquardmaschinen noch in einem Außenlager außerhalb des Webstuhlgestelles gelagert werden.

9. Die Nebeneinrichtungen,

welche in den sonst fertig montierten Stuhl eingebaut werden können, hängen von der Art der erzeugten Ware ab.

Man kann je nach Bedarf Schützenwechsel, Mittelleistenapparate oder besondere Regulatoreinrichtungen verwenden. Ihre Konstruktion und Einstellung wurde schon früher an den entsprechenden Stellen besprochen. Ebenso der evtl. Einbau von Meßvorrichtungen für die Ware. Broschiervorrichtungen, besondere Leistenfangvorrichtungen, Einrichtungen für Frottiergewebe usw. können an gewöhnlichen Stühlen eingebaut werden, oder man geht, wenn die Vorrichtung zu kompliziert wird, lieber zu einer Sonderkonstruktion des Webstuhles über.

10. Die Stuhlbreite

außen ist bei schmalen Stühlen bis 1,5 m Blattbreite um etwa 120 cm größer als die Stoffbreite, bei breiteren Stühlen bis 150 cm größer.

11. Die Webstuhltiefe

beträgt meist 1,40—1,50 m. Bei schweren und Sonderstühlen noch mehr (Maß H Abb. 267). Die Länge der Seitenwand (Maß D) mißt 900—1000 mm, die Brustbaumhöhe über Fußboden 875—1000 mm, der Streichbaum liegt um etwa 35 mm höher als der Brustbaum.

Bei Bestellung von Reserveteilen für Webstühle muß der betreffenden Webstuhlfirma die Webstuhlnummer, Fabriknummer evtl. Katalognummer des Teiles angegeben werden. Für ein und denselben Betrieb soll aus Gründen rationeller Betriebsführung möglichst nur ein Webstuhlfabrikat, womöglich nur ein Stuhlmodell verwendet werden. Für sachgemäße Großproduktion müssen die Stühle nach Gruppen und Typen zusammengepaßt sein, um eine einheitliche Betriebswirtschaft zu ermöglichen (Ersatzteile, Zubehör). Der Preis eines Stuhles der Firma Roscher, Georgswalde, Type Pilling, Modell A, I, für einen Schützen, Oberschlag, Festblatt, beweglichen Streichbaum, hölzernen Kettenbaum, gegossenen Sandbaum, ohne Breithalter, Schützen, Treiber, Riemen, Blatt und Geschirr für eine Blattbreite von 136 cm und ein Gewicht von 690 kg ist 385 RM. Vor dem Kriege kostete ein solcher Stuhl 300 Mark.

Die Type Livesey Modell C_4 dieser Firma mit zweifacher Doppelschaft- und Innentrittvorrichtung, einer Blattbreite von 170 cm und einem Gewicht von 1000 kg kostet 620 RM.

VII. Die Bedienung des Webstuhles.

Neue Stühle müssen sachgemäß montiert, dann zum Weben richtig vorbereitet und während des Webens entsprechend gepflegt werden.

1. Die Richtlinien für die Montierung des schmalen Stuhles.

a) Die notwendigsten Werkzeuge: eine Wasserwaage, ein Satz Schraubenschlüssel von 16—28 mm, ein Eisen- und ein langes Holzlineal, ein Metermaß und ein Senkel.

b) Der Fußboden für den Stuhl muß entsprechend hart (am besten Beton), horizontal, gereinigt und vorbereitet sein. Alle Bestandteile des Stuhles, besonders die Lager, müssen gereinigt, ihrer Verwendung angepaßt und rechts und links verteilt sein.

c) Nach der Lage der Riemenscheibe auf der Transmission und dem Antrieb des Stuhles (rechts oder links) bestimmt man die Lage des Stuhles am Boden und zeichnet besonders die Stellung der Riemenscheibe mit Kreide am Fußboden an.

d) Die Seitenwände werden vorläufig provisorisch gestützt, auf etwa 5 cm starke Holzunterlagen aufgelegt und angenähert in die Wasserwaage gestellt. Sie erhalten den gegenseitigen Halt durch provisorische Einhängung der Querverbindungen. Die definitive

Befestigung der Stuhlfüße erfolgt später durch Schrauben (Abb. 268) oder der Stuhl wird auf starken Filzplatten, die mit Pech getränkt sind, angeklebt (Schalldämpfung). Das Klebmittel besteht aus einem Teil Pech oder Teer, vier Teilen Kolophonium, etwas Talk oder Öl. Wird Teer verwendet, so klebt die Unterlage besser. Die Mischung ist gut aufzukochen; die Filzplatten werden sofort in die heiße Mischung getaucht.

e) Die provisorisch verbundenen Seitenwände werden dann durch Senkel und Wasserwaage in die richtige Lage gebracht, dann werden die obere Webstuhlkrone und der Brustbaum eingelegt, das Gestell wird in Diagonalrichtung übermessen, und schließlich legt man die Haupt- und Schützenschlagwelle ein. Die letztere wird gleich mit der richtigen Reihenfolge der Schlagexzenter, der Schußwächterdaumen und ihrer sonstigen Teile versehen und eingebaut.

Dann wird durch Kontrolle mit der Wasserwaage die genaue Horizontallage der Wellen und der Querverbindungen überprüft. Die richtige Stellung der Längs- und Querwände wird durch Messung der Raumdiagonalen des Webstuhlgestelles bestimmt. Dann werden sowohl die Verbindungsschrauben als auch die Lagerschrauben angezogen. Durch Drehung der Wellen überzeugt man sich, ob dieselben leicht laufen, nicht in den Lagern klemmen. Eingeklemmte Wellen erkennt man am Klang beim Abklopfen mit einem leichten Hammer, sie geben dann einen harten Schlag. Hierauf werden an den Wellenenden die Zahnräder, das Handrad und die Riemenscheiben angebracht; die Lage derselben zur Transmission wird mittels Schnur und Senkel überprüft. Bei guter Ausführung der Stuhlwände, besonders der Füße und ebenem Boden braucht man durch die Unterlagen nicht viel auszugleichen. Man stellt in neuerer Zeit die Stuhlfüße auf etwa 8—10 mm starke elastische Auflagen.

f) Nunmehr kann die Lade eingelegt werden, d. h. die Ladenarme werden in der Ladenwelle aufgesteckt und dann die Ladenbahn und der Ladenklotz angeschraubt. Die Ladenbahn muß genau horizontal und parallel zur Hauptwelle liegen. Man legt deshalb die Schubstangen ein, achtet dabei sehr auf die genau gleiche Länge der beiden, gleichmäßiges Anziehen der Lager in den Stangenköpfen und Arretierung der Sicherungsschrauben, sobald man sich durch Drehen von dem leichten Gang der Lade und dem genauen Anschlag überzeugt hat. Die Horizontallage der Ladenbahn kann durch entsprechendes Stellen der Ladenarmfüße erreicht werden, worauf diese Höhenstellschrauben besonders sorgfältig arretiert werden.

g) Nun wird der Schlagmechanismus montiert und eingestellt; es werden der Sandbaum und der Warenbaum eingelegt, hierauf der Regulator, der Schützenwächter, der Schußwächter, die Bremse und der Streichbaum eingelegt und eingestellt und schließlich der Schützenwechsel montiert. Der letztere kommt ebenso wie die Schaftmaschine meist im fertigen Zustand zusammengestellt aus der Maschinenfabrik und braucht nur am Webstuhl richtig befestigt zu werden. Für Schaft- oder Jacquardmaschinen müssen die über der Kettenebene liegenden Quertraversenverbindungen das Anschrauben entsprechender Konsolen für diese Maschinen gestatten. Die Befestigung muß immer so erfolgen, daß die Funktion dieser Maschine und der Gang des Stuhles nicht gestört, daß ferner möglichst Ölspritzer von diesen Maschinen auf die Ware vermieden werden. Die Antriebsstange der Schaft- oder Jacquardmaschine bzw. die Antriebskette wird am Schluß eingelegt.

Das Einlaufen des neumontierten Stuhles. Vor der Betriebsverwendung des neumontierten Stuhles muß derselbe im leeren Zustand, also ohne Material, bis etwa 6 Stunden leer einlaufen. Dabei werden alle Lager geschmiert, der ganze Webstuhl gründlich untersucht, der Schützenwächter wird durch Arretierung außer Tätigkeit gesetzt oder einfach ein Schützen in den Kasten gesteckt, wobei aber der Schützenschlag ausgekuppelt ist. Dies kann erfolgen durch Ausheben der Schlagarme und Festbinden derselben evtl. durch bloßes Aushängen der Schlagriemen. In diesem Zustand läßt man den leeren Stuhl zuerst von Hand aus einige Hauptwellenumdrehungen machen, und wenn das richtige Arbeiten der Einzelteile überprüft ist, so läuft nun der Stuhl leer mit Kraftbetrieb.

Während des Ganges wird der leerlaufende Stuhl beobachtet, ob sich alle Teile richtig bewegen, ob sich keine Schrauben lockern, ob die Lager ruhig und nicht warm laufen. Geht der Stuhl bisher in Ordnung, so legt man die Schlagarme ein, bringt die gereinigten Schützenkasten und ihre Führungen an, legt das Blatt ein, legt Schützen ein und dreht nun abermals den Stuhl zuerst einigemal von Hand aus. Dann geht man wieder auf Kraftbetrieb über und läßt eine Zeitlang, etwa noch 1—2 Stunden, den Stuhl mit leeren Schützen arbeiten. Steckenbleibende oder herausfliegende Schützen machen auf Montagefehler aufmerksam. Der Schützenschlag muß weich und ruhig erfolgen, wobei der Schützen immer richtig in den Kasten eingefahren sein muß. Der Schlagmechanismus ist mit besonderer Sorgfalt einzuregulieren (siehe früher).

Läuft der Webstuhl nun im Leerlauf gut, so kann man die Schaft- oder Jacquardmaschine, den Wechsel und die übrigen Teile montieren und auch im Leerlauf auf ihr Zusammenarbeiten mit den übrigen Teilen des Stuhles überprüfen.

2. Die Vorbereitung (Vorrichtung) des Stuhles zum Weben.

Wenn nach obigem der Webstuhl richtig montiert, eingelaufen und gereinigt ist, werden die arbeitenden Flächen und Lager bezüglich der Schmierung nochmals nachgesehen, und dann wird an die Vorbereitung des Stuhles für irgendeine Warenart geschritten. Die Webstuhlvorrichtung richtet sich vor allem nach der Art der Ware, ihrer Bindung, ihren Garnqualitäten und Garndichten.

Die einfachen glatten Stoffe werden mit einfacher Trittvorrichtung mit sog. Gegenzügen oder Rollzügen bzw. Wellenvorrichtungen gewebt. Die Fachbildung besorgt dabei eine Exzentervorrichtung. Für größere Bindungsrapporte über 8—10 Fäden greift man zu Schaftmaschinen, und falls die Schaftzahl etwa 30 Schäfte übersteigt oder auch schon früher, wird zur Jacquardmaschine übergegangen.

Für Leinwand und die einfachen Schaftbindungen wird bei geschlossenem Fach das Streichbaumexzenter derart eingestellt, daß die Kettenfäden bei Fachschluß durch den Streichbaum gespannt werden (Spannungsausgleich siehe S. 10).

Nun werden in den Stuhl die Bäume eingelegt, der Warenbaum und Kettenbaum eingebremst, das Geschirr mittels Schienen eingehängt, und nun wird an den Einzug der Kettenfäden in die Schäfte geschritten.

Der Einzug in das Geschirr kann auch außerhalb des Stuhles auf einem besonderen Einziehgestell (Abb. 269) bei guter Beleuchtung vorgenommen werden. Dies erfolgt meist nur bei neuen Stoffarten oder neuen Geschirren. Bei fortlaufend gewebter Ware läßt man immer ein Ende des abgewebten Stückes und ein Stück Kette (Drahm) im Geschirr und die neue Kette wird an die alte einfach nur angedreht. Man trachtet also immer danach, auf einem Webstuhl fortlaufend dieselbe Ware zu erzeugen.

Der Einzug der Kettenfäden in die Helfen erfolgt mittels Einziehhäkchen (Abb. 270). Damit die Litzen für das Einziehen die Lage beibehalten und man mit den Häkchen besser in die Ösen trifft, werden in die Unterteile der Litzen, unter die Ösen, Holzstäbe eingezogen (Abb. 271).

Der Einzug in die Schäfte erfolgt der Bindung entsprechend entweder als geradedurch oder glatt (Abb. 2—3, 58—60) oder als versetzt (Abb. 1) oder als Spitzeinzug usw.

Der Einzug in das Blatt (das Blattstechen) erfolgt mit Hilfe von gewöhnlichen flachen Einziehmessern, Blattstechmessern (Abb. 270 I, II) oder mittels selbsttätig weiterschaltenden Blattstechmessern, die beim einfachen Stechen immer um je eine Zahnteilung weiterschalten (Abb. 272). Man erreicht dies auch durch eine doppelte Messerspitze, von welcher ein Zahn ungefähr um die Blatteilung zur Seite gebogen ist. Diese Messer kann man nur dann verwenden, wenn die Blattzähne unbeschädigt sind und die Zahnteilung nicht zu dicht ist. Abb. 272a zeigt eine Blatteinziehvorrichtung.

Das Andrehen der Kette wird bei gleichbleibender Stoffart verwendet. Man knüpft die neuen Kettenfäden einfach an die alten an und erspart so den Einzug in das Geschirr und das Blattstechen.

Das Andrehen kann heute bei Großproduktion auch in mittleren Webereien einige Arbeiter sparen, wenn man moderne Andrehmaschinen verwendet. Dieselben kosten allerdings etwa 30000 RM. je Maschine, sind in der Kettendichte einstellbar und brauchen während der Arbeit nur beobachtet zu werden. Sie arbeiten bis 7mal so schnell wie ein geübter Andreher. Das Anknüpfen von Hand aus erfolgt durch Weberknoten (Abb. 273b zeigt das Handanknüpfen der Fäden beim Weben und Vorbereitung: A. Tuchmacherknoten, B. Kammgarnknoten, C. Seidenknoten, D. Weberknoten für Baumwolle und Leinen) mit der Hand oder durch Anknüpfvorrichtungen (Abb. 273 und 273a).

Zur Ordnung der Fäden beim Einziehen und Andrehen verwendet man auch einen Kamm (Abb. 274).

Die Verbindung der neuen Kette mit dem Warenbaum erfolgt mittels Schnüren oder durch einen Leinwandstreifen oder Anhängen der Fädengruppen an die fertig gewebte alte Ware.

Seidenketten und feine Baumwollketten werden vor dem Anknüpfen mit einer Bürste durchgebürstet, die Kettenfädenbündel, etwa 4,5 cm breit, werden der Reihe nach genau gleich gespannt, und etwa 10—12 cm vor dem Ende jedes Bündels wird in genau gleicher Entfernung vom Warenrand ein Knoten gebunden (siehe Abb. 275).

Die so entstandenen Schlingen werden durch eine kräftige Schnur an einen Draht angeschlossen (Rute) und dieser mittels Schnur am Warenbaum angebunden (siehe Abb. 275). Bei einfachen, nicht zu dichten Baumwollketten ist die Unterteilung in Bündel nicht notwendig.

Nunmehr wird das Geschirr bei vollständig rückwärts geneigter Lade eingehängt. Der vorderste Schaft soll dann etwa 1″ weit vom Ladendeckel entfernt sein. Die Schäfte werden genau ausgerichtet, und man legt sie deshalb so nahe an die Lade, damit ihr Hub nicht zu groß sein muß. Besonders bei größerer Schaftzahl ist die für die Schäfte nötige Raumtiefe ziemlich bedeutend, man muß dann die Schäfte, die am weitesten von der Lade liegen, besonders hoch ausheben. Die Aufhängung der Geschirre erfolgt auf der oberen Querverbindung, der sog. Webstuhlkrone. Zuerst wird der dem Weber am nächsten liegende Schaft eingehängt, wobei die Kettenfäden im Unterfach gerade auf der Schützenbahn aufliegen müssen (Durchfliegen des Schützens, Abb. 61). Die Helfenaugen werden deshalb etwa 1 cm tiefer gezogen als die Ladenbahn. Nach dem ersten Schaft werden die übrigen Schäfte ausgerichtet, wobei die Kettenfäden bei Tieffach immer auf der Ladenbahn liegen und die Fäden des Oberfaches ein reines Fach bilden müssen.

Sollen die Schäfte in die Schaftmaschine eingehängt werden, so ist zu beachten, ob dieselbe für Hochfach bestimmt ist (was meist in der Baumwollweberei der Fall ist), oder ob eine Hoch- und Tieffachbildung berücksichtigt werden muß.

Bei den Hoch- und Tieffachmaschinen werden die Schäfte entsprechend der Art der Fachöffnung und dem Ladenanschlag eingehängt, wobei zu beachten ist, ob der Ladenanschlag bei voll geöffnetem, halb oder ganz geschlossenem Fach erfolgen kann.

Sollen Schäfte für Trittexzenter (Offenfachexzenter) oder für eine Hoch- und Tieffacheinrichtung eingehängt werden, so werden sie in der Mittellage waagerecht aufgehängt. Bei Fachbildung liegen dann die unteren Kettenfäden wieder auf der Schützenbahn.

Bei den Schaftmaschinen für Hochfach werden die Schäfte in das Unterfach durch Federzugvorrichtungen herabgezogen. Diese müssen so kräftig an den Schäften ziehen, daß wieder die Kettenfäden im Unterfach auf der Schützenbahn liegen. Das entsprechend stärkere Heben der rückwärtigen Schäfte erfolgt entsprechend der Entfernung vom Warenrand, durch Einhängen der Schäfte in die zugehörigen Hebelarme (reines Fach).

3. Das Weben am Stuhl.

Für eine ordentliche Ware ist es notwendig, den Webstuhl sachgemäß zu bedienen. Hierzu ist vor allem ein entsprechend eingearbeiteter, gewissenhafter Weber notwendig. Derselbe soll auch ohne Hilfe des Meisters kleinere Fehler beheben können.

Bei glatter Ware bedient ein Weber bis vier schmale Stühle. Je nach Beschaffenheit der Ware, Konstruktion des Stuhles und den Arbeiterverhältnissen werden bei besseren, gemusterten Waren oft nur zwei oder ein Stuhl von einem Weber bedient[1]. Dies ist besonders bei breiteren und Wollwebstühlen der Fall.

Soll der Stuhl anlaufen, so muß die Hauptwellenkurbel und Lade rückwärts liegen, der Schützen bereits im zugehörigen Kasten eingelaufen sein, damit bis zum nächsten Schützenschlag möglichst viel Zeit gewonnen wird, um den Stuhl bis dahin auf volle Geschwindigkeit zu bringen. Die Ware muß trotz sorgfältiger Schmierung des Stuhles rein bleiben, was durch sauberes Arbeiten erzielt werden kann. Unordentlicher Webereibetrieb gibt auch unordentliche Ware.

Kettenfäden, die beim Schlichten und Bäumen eingeschnitten haben, müssen herausgezogen evtl. geknüpft werden. Man schießt die ersten Schüsse evtl. mit farbigem Anschuß, überzeugt sich nochmals vom richtigen Arbeiten aller Teile, kontrolliert durch Hochziehen der Schäfte den Einzug und beginnt dann mit dem regelrechten Weben.

4. Die Instandhaltung der Webstühle.

In den nachfolgenden Ausführungen ist diese wichtige Betriebsfrage besonders für die Baumwollweberei und die dort noch am häufigsten verwendeten Oberschlagstühle behandelt.

Für einwandfreien Gang und tadellose Arbeit des Webstuhles sowie für eine reine fehlerfreie Ware ist folgendes zu beachten:

a) Die in Verwendung stehenden Webstuhlsysteme müssen für die zu erzeugende Ware richtig ausgewählt sein.

b) Der richtige Zusammenbau der arbeitenden Bestandteile muß durch entsprechend genaue Montage und das zeitlich richtige Zusammenarbeiten der einzelnen Teile gewährleistet sein. Über die Einstellung der Einzelteile zueinander wurde schon früher das Wichtigste gesagt. Besonders sorgfältig ist die gute Instandhaltung und die rechtzeitige Reparatur namentlich der stark beanspruchten Teile zu beachten. Die Lager der Haupt- und Schützenschlagwelle dürfen nicht ausgelaufen sein, ebenso müssen die Lager der Schlagarme und Treiberwellen genau passen und richtig eingestellt sein. Der Schlag muß mit der entsprechenden Stärke, dabei aber weich und zeitgerecht erfolgen. Die Lager der Lade, der Schlägerwellen usw. dürfen auch nicht zu sehr ausgelaufen sein. Das gute Zusammenarbeiten der Einzelteile, besonders das richtige Passen der Hauptwellen und Schützenschlagwellenlager fühlt der erfahrene Webstuhlmeister durch Anfühlen der Stuhlwände und Auflegen der Handfläche auf den Ladendeckel des laufenden Stuhles. Auch das Arbeitsgeräusch der einzelnen Teile namentlich beim Schlag bildet für ihn einen wichtigen Anhaltspunkt. Das Einlaufen des Schützens in den Kasten muß ein vollständiges sein, den richtigen Anschlag des Blattes an den Warenrand beurteilt man besonders bei schwerer Ware durch Anfühlen des Warenrandes während des Ganges.

c) Die richtige Arbeit der Einzelteile beurteilt man noch folgendermaßen: Die Schützenbahn muß für guten sicheren Schützeneinlauf in den Kasten in der Mitte der Bahn 2—3 mm tiefer liegen als außen, auch muß die Mitte etwa 4—5 mm gegen die Bahnenden zurückgebogen sein. Bei breiten Stühlen beträgt diese Wölbung bis 8 mm (siehe Abb. 147). Ladenbahn und die hinteren Schützenkastenwände müssen miteinander einen Winkel von 85—87° einschließen. Die Schützenkastenrückwand muß am Ladenfuß festgeschraubt sein, wodurch man eine starre Konstruktion und die dauernde Einhaltung der Winkelstellung der Rückwand erreicht.

[1] Automatenweberei siehe S. 63 und 78.

Evtl. kann die Rückwand um etwa 0,25 mm gegen das Blatt vorstehen, aber nicht umgekehrt!

Die Lagerung der Pickerspindel wurde für den richtigen Schützenlauf schon früher beim Schützenschlag und seiner Einstellung behandelt (siehe S. 43 und 44).

Für den richtigen Lauf des Schützens muß namentlich auch das Fach rechtzeitig öffnen, wobei die Kettenfäden des Unterfaches auf der Ladenbahn leicht aufliegen müssen oder höchstens 1 mm über der Ladenbahn stehen dürfen, um den sicheren Lauf des Schützens nicht zu gefährden.

Die obere Führungsleiste der Rückwand des Schützenkastens soll sich an der Einlaufseite des Schützens etwa 4 mm, am Ende des Kastens etwa 2 mm über der Höhe des Schützens befinden. Die Einstellung der anderen Bestandteile des Schützenkastens und des Schlages wurde schon früher auf Seite 41 behandelt.

Beim Festblattstuhl soll der Stecher die Lappen am Vorderende schräg und scharf abgeschnitten haben, sie müssen auch gehärtet sein, damit sie nicht aus dem Einschnitt des Frosches, der etwa 8 mm tief sein soll, herausspringen können. Der gehobene Stecher muß über den Frosch-Wellen 4—6 mm hoch hinweggehen, da sonst der Stecherlappen nicht zeitgerecht einfallen kann.

Beim Eingriff des Stecherlappens soll die Kurbel der Hauptwelle oben und ein wenig nach vorn stehen, so daß beim Eingriff des Frosches der Stoßriegel etwa 1 cm nachgeben kann.

Der Stecher beim Blattwerferstuhl muß so stark angefedert werden, daß der Schuß durch das Blatt genügend angeschlagen wird (siehe Abb. 158) und der Schützen eine gute Führung am Blatt hat.

Dies wird durch entsprechende Nasen an den Blattstützhebeln unter dem Brustbaum und durch den entsprechenden Druck der Preßrolle an die Flachfeder erreicht (siehe S. 58).

Die Einstellung der Schußwächtergabel wurde schon auf S. 58, 59 angegeben.

Der Schützenschlag von der der Schußgabel abgewendeten Seite darf namentlich bei Blattwerferstühlen und bei schwerer Ware nie zu spät erfolgen, damit der Schützen nicht in die schwingende Schußgabel gerät, auch darf der Schlag nicht übermäßig scharf (hart) sein.

Bei ausgelaufener Schlagnase oder beim Weben sehr schwerer Ware kann leicht der Schlag zu schwach werden, d. h. der Schützen kommt nicht mehr vollständig in den gegenüberliegenden Schützenkasten hinein. Dann muß der Schlag verstärkt werden, was dadurch geschieht, daß man entweder den Schlagriemen verkürzt (dann war auch der Zeitpunkt des Schlages falsch), oder man setzt besser das Schlagexzenter etwa 5—15 mm gegen die Stuhlwand, oder man stellt die Schlagrolle etwas tiefer oder stellt den Schlagarm in der oberen Zahnkupplung um etwa 2 Zähne nach innen. Für diese Verstellung muß die Schlagspindel mittels Schlitz stellbar sein.

Man kann statt dieser Schlagverstärkung auch den Schlag etwas früher erfolgen lassen, um mit einem schwächeren Schlag auszukommen, muß aber dann das Fach etwas früher öffnen, damit der Schützen längere Zeit zum Durchlauf hat. Bei zu spät erfolgendem Schützenschlag ist diese Änderung nicht durchführbar.

Bei Beginn des Schlages nach der tiefsten Stellung der Hauptwellenkurbel ist es besonders bei Schnelläufern mit festem Blatt (etwa 220 Touren) unmöglich, den Schützen rechtzeitig in den gegenüberliegenden Kasten zu bringen, es kommt leicht zu Rückschlägen des Schützens und selbst zu Schützenschlägen. Überdies werden dadurch der Schlagmechanismus, Arme und besonders die Picker, zu stark beansprucht und bald unbrauchbar.

Das Zerbrechen der Hülsen kann bei weichen Papierhülsen leichter verhütet werden als bei solchen aus Hartpapier. Bei zu weich gespulten Bobinen, die mit zu steilem Konus gespult sind, tritt eine Spulenbeschädigung leicht ein, die sich in Materialverlust und Webfehlern zeigt. Die Schützenspindel muß gut „ausgefüttert" sein, d. h. die Bobinenhülse und die Schußspule festhalten, damit sie beim Weben nicht von der Schützenspindel rutscht.

Für die Schlagstärke des Schützens gilt die praktische Regel, daß der Schlag, der den Schützen mit dem Ende der Bobine gegen den Picker treibt, kräftiger sein soll als der Schlag von der Gegenseite, um gewissermaßen durch die Schlagwirkung die Schußspule kräftiger auf die Schützenspindel aufzutreiben.

Für den Einlauf des Schützens darf die Schützenkastenöffnung nicht zu weit sein, damit der Schützen beim Einlauf nicht flattert und beim Herausschießen gerade herausfliegt. Die vertikale Schlagwelle muß nach Vollendung des Schlages ruhig stehenbleiben, weil jede folgende Vibration den weiteren Schlagverlauf ungünstig beeinflussen würde. Die Fangriemen dürfen nicht so lang sein, daß die Picker zu hart aufschlagen.

5. Die Webfehler und ihre Ursachen.

Durch unrichtige Vorbereitung oder falsche Bedienung des Stuhles oder auch durch Materialfehler in den Garnen entstehen Fehler, die entweder den Gang des Stuhles behindern oder die Ware minderwertig machen.

Die Webfehler können eingeteilt werden in:

I. Fehler, die durch jene Webstuhlteile verschuldet sind, welche die Kette bewegen;

II. Fehler, durch jene Webstuhlteile verschuldet, die an der Schußbewegung beteiligt sind;

III. Garn- oder Materialfehler;

IV. allgemeine Fehler.

Gruppe I.

1. Fehler, durch die Kettenbremse verschuldet, siehe S. 7, 8.
2. Fehler, durch schlechten Schafthub verschuldet, siehe S. 12.
3. Fehler, durch Zusammenschrumpfung der Ware, siehe S. 34.
4. Fehlerhafte ungleichmäßige Schußdichte siehe S. 37.
5. Fehler, durch Anwachsen der Ware, siehe S. 37.
6. Fehler, durch Anwachsen der Leisten, siehe S. 37, 38.
7. Fehler, durch Reißen der Kettenfäden (siehe Gruppe III).

Gruppe II.

1. Fehler, durch den Schützen verschuldet, siehe S. 39, 40.
2. Fehler, durch den Schlag verschuldet, siehe S. 45.
3. Fehler, durch den Schützenwächter verschuldet, siehe S. 57.
4. Fehler, durch den Schußwächter verschuldet, siehe S. 59.

Gruppe III.

1. Eine unreine Ware entsteht durch Unachtsamkeit oder Unsauberkeit des Webers, durch schlecht gepflegte Webstuhlteile, besonders des Schützenkastens, der Kastenzunge, der Pickerspindel und des Pickers. Namentlich bei Oberschlag fliegen lose Verunreinigungen von den Schlagteilen oft mit Öl vermengt bis in die Ware. Namentlich das Tropfen des Schmieröles, das Herabfallen von Unreinigkeiten von dem über der Kette liegenden Webstuhlteilen muß vermieden werden. Der Schmierung muß überhaupt größte Aufmerksamkeit zugewendet werden, eventuell ist verseifbares Webstuhlöl zu verwenden, damit entstandene Flecke leichter ausgewaschen werden können.

Namentlich von der Treiberspindel kann leicht Spritzöl in die Ware kommen. Die Treiberspindel muß deshalb immer hinter dem Treiber und nicht vor demselben geschmiert werden. Eventuell wird sie mit Paraffin geschmiert. Die Schützenzunge soll möglichst nur am Zapfen geschmiert werden. Sonst sollen der Treiber und das Schlagleder sowie alle Teile, die mit der Kette oder dem Schuß in Berührung kommen, rein sein. Der Schußfaden soll nicht den Boden des Schützenkastens berühren, da er sonst schmutzig wird, er muß also entsprechend gespannt sein. Das Blatt darf nicht rosten, für feuchten Schuß muß ein Messingblatt verwendet werden.

Der Arbeiter ist strengstens anzuweisen, die Ware rein zu halten. Es ist zweckmäßig, das Essen und Tabakkauen beim Stuhl zu verbieten.

2. Schlechte Leisten an der Ware entstehen bei zu dichten Randfäden oder wenn die Kette in der Leiste schlecht oder zu fest gespannt ist (Fehler vom Aufbäumen); ferner, wenn unter dem Einfluß der Schäfte an den Leisten kein entsprechendes Fach gebildet wird oder wenn sich dasselbe zu unrichtiger Zeit bildet. Wenn die Leisten auf einer besonderen Leistenbildevorrichtung gewebt werden, so muß ihr Fach etwas früher öffnen. Ein unreines Fach oder ein unrichtiger Schlag können leicht ein Verfangen des Schusses in den Leisten herbeiführen, namentlich wenn der Schlag zu stark oder zu schwach ist. Durch zu starken Schlag prallt der Schützen zurück, wenn nun der Schuß locker oder rauh ist oder irgendwo hängt bzw. ungleich von der Schußspule abläuft oder das Blatt an den Rändern fehlerhaft ist, so tritt durch Hängenbleiben des Schußfadens eine Schlingenbildung, also eine unreine Leiste auf.

Schlechte Leisten entstehen auch, wenn der Schuß wohl gut gespannt ist, aber auf einem zu breiten Stuhl eine zu schmale Ware gearbeitet wird. Die Fehler entstehen dann auf jener Seite, an welcher sich das Auge des Schützens befindet. Dem wird durch Befestigung eines Drahtstückes vor dem Schützenauge vorgebeugt, doch darf dieser Draht nicht aus dem Schützen hervorschauen. Genügt diese Maßregel nicht, so muß auf dieser Schlagseite ein stärkerer Schlag vorgesehen werden. Schlechte Leisten werden auch durch ein unreines Fach, besonders an den Rändern verschuldet.

3. Kettenstreifen entstehen als Fehler durch Ungleichheiten der Kette bezüglich Materialbeschaffenheit, durch ungleiche Fadenspannung, durch Farbenunterschiede, durch Schweiffehler, ferner durch schlechten Einzug in das Blatt (zu viel Fäden je Zahn), durch ein schlechtes, verbogenes Blatt usw. Besonders bei Schweifungsfehlern entstehen durch Spannungsunterschiede in den Fadenbündeln leicht kettenstreifige Waren.

4a. Schußstreifen (Schußblenden) entstehen dann, wenn die Schäfte nicht richtig ausheben (rapportweise), auch wenn die Schäfte zu stark gespannt werden oder das Fach zu hoch ist. Ein richtiges Fach soll nur etwa 0,5 cm höher sein als der Schützen. Schußstreifen entstehen auch, wenn das Geschirr zu nahe oder zu weit vom Blatt liegt, wenn die Spannung der Kette ungleich ist, wenn die Lager des Waren- oder Kettenbaumes unrichtig montiert sind bzw. durch zu starke oder verkrümmte Zapfen einklemmen und sich ruckweise drehen. Ferner bei Schußdichten- und Garnnummerdifferenzen.

4b. Regelmäßig gestreifte Ware, sog. paarige Ware, entsteht durch auffallende Abteilung zu je zwei Kettenfäden im Rohr des Blattes aus nachstehenden Ursachen: Durch ungleiche Spannung der Kettenfäden infolge eines zu tiefliegenden Streichbaumes (er soll etwa eine halbe Fachhöhe höher liegen als der Brustbaum), der sich nicht rechtzeitig bewegt (Abb. 41). Paarig gestreifte Ware entsteht auch, wenn die Kreuzstäbe zu nah oder zu weit vom Geschirr liegen, oder die Kettenfäden des Unterfaches nicht an der Ladenbahn liegen (unrichtige Montage der Lade). Auch unrichtiger Einzug in das Geschirr und Blatt erzeugt diesen Fehler (bei Leinwandbindung siehe S. 10). Als weitere Ursache für das Paaren der Fäden gilt auch das zu späte Einschießen.

5. Unebene Stellen in der Ware entstehen durch ungleich starken Schuß, auch bei ungleicher Kettenspannung, ungleicher Garndrehung sowie beim Weben mit verschiedenem Schußmaterial, weshalb eine genaue Garnübernahme vor dem Weben wichtig ist.

Auch bei unreinem Fach oder nicht rechtzeitiger Öffnung desselben, bei schlecht montiertem Streichbaum bzw. dessen Exzenter, wodurch die Kette unrichtig oder zu wenig gespannt wird, oder bei verschieden gespanntem Schußfaden kann der erwähnte Fehler entstehen. Ein Ringeln des Schußfadens und Schlingenbildung tritt ein, wenn der Schützen beim Aufschlag abprallt, also der Schlag zu hart ist.

6. Schlingen oder Nester im Gewebe entstehen, wenn die Kette beim Schweifen und Aufbäumen ungleich aufgewunden wurde oder der Schlag zu hart ist, oder das Fach zu klein bzw. die Kettenfäden zu wenig oder zu locker gespannt sind, oder wenn sich das Fach im falschen Zeitpunkt öffnet. Wenn die Entfernung vom Warenrand zum Schützenkasten zu groß ist, wenn der Schußfaden schlecht aufgespult oder gespannt ist, wenn die Leisten locker sind, wenn ungleich dimensionierte Schützen verwendet werden, können gleichfalls Nester erzeugt werden. Mit Rücksicht auf den Schußwächter muß je nach seiner Lage rechts oder links auch ein rechter oder linker Schützen verwendet werden, weil sonst ebenso Schlingenbildung eintritt, wie wenn die Leistenbindung mit dem Schußwechsel nicht übereinstimmt usw.

7. Schlechtes Ausheben der Kettenfäden bei Schaftgeweben tritt durch falsches Heben der Schäfte, Kartenfehler, Fehler in der Steuerung der Schaftmaschine und andere Ursachen ein. Besonders ein Hängenbleiben der Steuerungsteile der Schaftmaschine (Stifthebel) durch Schmutz und Öl erzeugt leicht diesen Fehler. Ebenso können fehlerhafte Schnüre, Federn oder Litzen diese Warenfehler hervorbringen.

Bei gemusterter Ware und Papp- oder Papierkarten führen Kartenfehler, wie schon früher erwähnt, leicht ein unreines Muster herbei. Namentlich falsch anliegende, schlecht zentrierte Karten, die mit den Lochmitten nicht genau gegenüber den Nadeln stehen oder zu große Warzenlöcher in der Karte rufen diesen Fehler hervor.

Das richtige Anschlagen der Karten und Nadeln wird dadurch überprüft, daß man die Nadelenden mit Farbe anstreicht und dann eine volle Karte anschlägt. Legt man dann diese Karte auf eine zweite, in welche alle Löcher geschlagen sind, so müssen die Abdrücke der ersten Karte genau in den Lochmitten der zweiten Karte liegen. Ist dies nicht der Fall, so muß das Prisma verstellt werden. Durch mehrmaliges Anschlagen einer vollen Karte kann man auch die richtige Wirkung einzelner Nadeln kontrollieren.

Die Kettenfäden bleiben unten liegen (besonders bei Jacquardmaschinen), wenn die Nadeln verbogen sind und dauernd die Platine vom Messer abdrängen. Es können aber auch eingeklemmte Nadeln oder Platinen ein dauerndes Anliegen der Platinen am Messer erreichen, so daß dann die Kettenfäden dauernd oben bleiben.

Öffnet sich das Fach nicht rechtzeitig oder liegt die Kette nicht gut an der Schützenbahn, so entstehen sog. Über- und Unterschüsse. Dieselben treten namentlich bei breiten Stühlen, bei verspätetem Schafthub oder bei ungleich schräg aushebenden Schäften ein, wenn die Kettenfäden in der Nähe einer Leiste weit weniger gehoben werden als an der anderen. Die Ursache dieses Fehlers liegt entweder in der Fachbildung oder in einer schlecht von verschiedener Spannung aufgewundenen Kette. Vernachlässigt man einen gerissenen Faden, dann reißen durch Verhängung bald Nachbarfäden, es entsteht ein größerer Fehler, ein Nest oder ein Loch. In der Nähe desselben wird auch das Fach unrichtig gebildet und die Schußfäden liegen locker. Den Webfehlern kann man durch eine ordentliche Vorbereitung der Kette, rechtzeitiges Anknüpfen mit kleinen Knoten vorbeugen.

8. Das Reißen der Kettenfäden tritt auch ein,

a) wenn die Kette zu schwach ist, schlechtes, morsches, durch Färben oder Leimen beschädigtes Material enthält oder wenn beim Schlichten und Weben die Kette zu trocken wird (Luftbefeuchtung),

b) wenn die Kettenspannung zu groß oder zu klein ist,

c) wenn die Kettendichte zu hoch ist, so daß die Fäden aneinander oder am Geschirr und den Blattzähnen zu viel reiben. Man verwendet in diesem Fall daher lieber eine doppelte Schaftzahl; bei Leinwand statt 2, 4 Schäfte oder bei vierschäftiger Bindung statt 4, 8 Schäfte. Bei Baumwollketten nimmt man bis 10 Litzen auf 1 cm, bei Seidenketten doppelt so viel und mehr.

d) Wenn die Litzen und Augen zu grob sind oder die Blattzähne grob rauh oder ausgerieben sind oder die Litzen zu sehr spannen oder das Blatt zu niedrig ist, so werden die Kettenfäden im Blatt oder Geschirr geknickt und reiben auf.

e) Wenn ein unreines oder zu niedriges Fach gebildet wird, reißt der Schützen die Fäden oder reibt sie auf. Liegen die Fäden zu sehr an der Ladenbahn, so werden sie von dieser aufgerieben.

f) Fehlerhafte Schützen mit schlechten Spitzen, zu weite Schützenkasten, eingeschnittene oder eingedrückte kleine Bruchstücke der Blattzähne in den Schützen verursachen besonders bei Seide oft zu spät beachtete Fehler. Scharfe Kanten an den Schützen sind durch Abschmirgeln zu glätten.

g) Die Leistenfäden reißen, wenn sie schlecht eingezogen sind oder der Schuß vom Schützen ungleich gespannt wird oder wenn die Leistenfäden am Kettenbaum infolge zu starker Spannung in die tieferen Fäden einschneiden und dadurch klemmen. Auch schlecht gewundene, übereinander verlaufende Fäden vom Schweifen oder Schlichten erzeugen beim Weben Fadenbrüche.

Reine Leisten erfordern sorgfältiges Schweifen, Schlichten, gutes Bremsen der Kette und des Schusses und ordentliche Breithalter.

Ist das Kettenmaterial sehr schlecht, so muß das Weben durch entsprechendes Schlichten, Einreiben mit Wachs oder Paraffin (bei Seide) oder mit Wachs oder Öl (bei Wolle) erleichtert werden. Auch die Luftbefeuchtung kann die Festigkeit der Fäden erhöhen und das Weben erleichtern.

Verwebt man stark eingespannte und dicht eingestellte Ketten, so müssen dieselben aus entsprechend festem Material gewählt sein. Bei stark gespannten Litzen muß man den Zug der Federn mildern oder die Zugvorrichtung in Ordnung bringen, wenn dieselbe zu schwer geht. Unreines Fach muß durch entsprechende Geschirraufhängung ausgeglichen werden.

Stumpf gewordene Spitzen der Schützen müssen durch Abschmirgeln eventuell Überdrehen wieder die Neuform erhalten, rauhe Stellen am Schützen müssen durch Schmirgeln geglättet werden, ungleich stark dimensionierte Schützen (nur bei kleinen Differenzen) müssen auf gleiches Maß gebracht werden (siehe S. 38 und Abb. 141—142).

Müssen an einer Stelle der Ware mehrere Fäden geknüpft werden, so sind die Knoten in der Fadenlängsrichtung zu verteilen, damit der Fehler in der Ware nicht so auffällt. Beim Knüpfen dürfen Ketten- und Schußfäden besonders bei hellen Farben nicht beschmutzt werden. Beim Weben fein gemusterter heller Ware müssen die Arbeiter bei schwitzenden Händen dieselben öfter in verdünnter Formalin- oder Chromsäurelösung waschen und dann mit Federweiß einstauben.

9. Fehler durch den Schuß verursacht. Schußstreifen oder Schußblenden entstehen bei ungleichem Ladenanschlag, ungleicher Farbe des Schusses, ungleichem Material, ungleicher Drehung oder Dicke bzw. Schußfadenspannung oder durch Regulatorfehler. Auch eine schlechte Bindung oder fehlender Schuß erzeugen diese Schußstraßen. Der häufigste Fehler ist der Schußfadenbruch infolge Materialfehlers. Auch hängenbleibender Schuß im Schützenwechsel oder irgendeine scharfe Kante im Schützenkasten oder an der Schußgabel oder auch ein scharfer Blattzahn, Spulfehler oder chemische Schädigungen des Materials rufen Schußbrüche hervor. Ebenso können zu große Schußspannung, zu starke Bremsung des Schützens, unvollständig eingelaufene Schützen oder das Reiben des Schußfadens an den Kanten des Schützenkastens zu Fadenbrüchen führen. Der Schußfaden kann durch schlechte Fadenbremsung im Schützen, schlecht auf der Schützenspindel aufgesteckte Schußspulen oder an zersplitterten Treibern hängenbleiben. Auch zu lockerer Schußfaden bringt durch Herunterfallen in den Schützenkasten Fadenbrüche (siehe S. 39).

Gruppe IV. Allgemeine Fehler.

Von diesen Fehlern seien bloß solche angeführt, die durch schlechten Allgemeinzustand des Stuhles entstehen. Z. B. mangelhafte, ausgelaufene Lager, die einen unruhigen Stuhlgang herbeiführen und Fadenbrüche erzeugen.

Der unruhige Gang der Stühle kann außer durch Abnutzung der Lager auch durch schlechte Unterzüge entstehen oder wenn alte Stühle zu hohe Tourenzahlen machen.

Eine schwankende Tourenzahl des Stuhles kann aber auch eintreten, wenn der Riemen zu wenig gespannt ist oder schlechte Riemenverbindungen hat oder durch Riemenschmiermittel zu sehr verkleistert wurde. Auf einen guten Zustand der Antriebe muß in erster Linie gesehen werden, da dieselben sonst in allen Teilen des Stuhlbetriebes, besonders bei der Fachbildung und beim Schützenschlag störend wirken und Warenfehler erzeugen. Eine ständige Überprüfung der abgewebten Ware muß gleich bei Ablieferung derselben durch die Arbeiter unbedingt vorgesehen werden.

Die Einrichtung von Webereien.

(Webereianlagen.)

Die Anlage von Webereien erfordert ähnlich wie bei anderen Textilbetrieben die vorherige Festlegung der unten angeführten Punkte.

A. Bestimmung des Erzeugungsprogrammes.
B. Wahl des passenden Ortes für die Fabrikanlage.
C. Die Bauart des Objektes.
D. Bestimmung der Maschinenzahl (Webstühle und Hilfsmaschinen).
E. Festsetzung der Antriebsart.
F. Die Beleuchtung.
G. Die Beheizung und Ventilation.
H. Die Nebeneinrichtungen (Transporteinrichtungen, Reparaturwerkstätten, hygienische Anlagen).

A. Das Erzeugungsprogramm.

Die Einrichtung einer Weberei im gesamten und einzelnen hängt in erster Linie von dem Fabrikat ab, das erzeugt werden soll. So unterscheidet man Baumwollwebereien für Rohware, Buntware, gemusterte Ware, Rauhware und andere. Analog wird auch bei Woll- und anderen Webereien eine weitgehende Unterscheidung nach der Ware notwendig.

Soll eine Weberei konkurrenzfähig sein, so muß der Betrieb eine bestimmte Größe haben, weil er sonst unrationell wird. So werden z. B. Webereien für grobe, glatte Ware (einfache Weißwaren) nicht mit weniger als mit 200—300 Stühlen eingerichtet. Andererseits hängt die Erzeugungsmenge von der Tourenzahl der Stühle, der Warenbreite, Schußdichte und Bindung ab. Auch das Material ist sehr ausschlaggebend.

Die Leistung V eines Stuhles in Meter Ware in einem Arbeitstag beträgt $V = \frac{n \cdot 60 \cdot p \cdot k}{d \cdot 100}$. Hierin bedeuten n die Tourenzahl des Stuhles je Minute, p die Anzahl der Arbeitsstunden im Tag, k den nutzbaren Leistungskoeffizient (schwankt um 0,7—0,8 und mehr), d die Schußanzahl auf 1 cm. Die Leistung eines glatten Baumwollstuhles bei einer Schußdichte von 20 Schuß je Zentimeter und 180 Touren je Minute beträgt etwa 40 m Ware in 8 Arbeitsstunden.

Der Wirkungsgrad eines Webstuhles ist das Verhältnis zwischen wirklich geleisteter Arbeit und der theoretisch gedachten Höchstleistung bei aufenthaltslosem Gang.

Er ist bei den Baumwollstühlen ungefähr folgender: Beim glatten einschützigen Stuhl etwa 75%, beim glatten einschützigen breiten Stuhl 65%, beim glatten zweischützigen Stuhl 65% (2-Stuhl-System), beim glatten zweischützigen Stuhl 60% (3-Stuhl-System), beim mehrschützigen schmalen Stuhl 60%, beim mehrschützigen breiten Stuhl 55%, beim einschützigen schmalen Automatenstuhl 80%. Leinenstühle haben wegen der größeren Zahl von Kettenfädenbrüchen einen bis 15% kleineren Wirkungsgrad.

Die Leistung eines Stuhles hängt vor allem von der Tourenzahl und von der Zeitdauer der Webstuhlstillstände ab. Je mehr man letztere reduziert, desto mehr steigt die Produktion an Ware. Eine Verringerung der Stillstände erreicht man vor allem durch eine sorgfältige Vorbereitung der Kette (Schweifen, Schlichten, Bäumen), um möglichst Kettenfädenbrüche zu vermeiden. Die Stillstände für das Auswechseln der Schußspulen werden in neuerer Zeit dadurch verringert, daß man unbedingt alles Schußgarn und auch möglichst große Spulen umspult. Die entstandenen Spulkosten werden durch das rationellere Weben reichlich eingebracht. Dies führte in neuerer Zeit auch zur Einführung besonders großer Schützen.

In vielen Webereien werden noch die von der Spinnerei bezogenen Schußkopse in den Schützen direkt eingelegt und verwebt. Dies gibt aber viel mehr Stillstände, eine geringere Produktion, mehr Abfallmaterial, also größere Verluste. Moderne Großbetriebe spulen, wie erwähnt, unbedingt um und können dann bei Einführung der großen Schußspulen eventuell so günstige Produktionsziffern erreichen, wie sie sie sonst nur durch Automatisierung erreicht hätten.

Die Leistungsfähigkeit einer mechanischen Weberei kann man namentlich in folgender Weise erhöhen:

1. Durch Verwendung einer entsprechend guten Garnqualität, die sich für die herzustellende Ware besonders gut eignet.

2. Durch sorgfältigste Vorbereitung des Kettenmaterials (Spulen, Schären, Schlichten, Bäumen), worduch die Zahl der Fehler in der Ware und die Webstuhlstillstände verringert werden.

3. Durch richtige Wahl der Tourenzahl des Webstuhles, die der Garnqualität, der Gewebegattung, der Bindung und der Geschicklichkeit des Arbeiters angepaßt sein muß. Die Tourenzahl der Stühle ist zeitweilig nachzuprüfen, ob dieselbe nicht durch Riemendehnung abgenommen hat.

4. Die Aussetzungszahl (Zahl der Stillstände) des Webstuhles muß durch Vermeidung von Störungen, sorgfältige Bedienung und möglichst gutes Garn, sowie möglichst große Schußspulen weitgehendst herabgesetzt werden.

5. Das Einlegen und die Vorbereitung neuer Ketten soll besonders tüchtigen Arbeitern anvertraut werden. Die Weber sollen möglichst bei den Stühlen bleiben und unnütze Wege, wie Materialversorgung, Schußholen, vermeiden. Für die Zubringung und die Materialtransporte sind eigene billigere Hilfsarbeiter vorzusehen. Bei der Arbeit müssen alle Umstände vermieden werden, die eine Ermüdung der Weber hervorrufen. Besonders wichtig ist ein fußwarmer Bodenbelag und eine zweckmäßig angebrachte Beleuchtung und Beheizung. Die Beleuchtung muß namentlich bei dunkeln, dicht eingestellten Ketten sehr reichlich sein. Die richtige Temperatur, Reinheit und Feuchtigkeit der Arbeitsluft sind nicht nur für den Weber und dessen Gesundheit, sondern auch für die Güte der Ware von Wichtigkeit.

Auch die Leistungsfähigkeit älterer Baumwollwebereien kann neben der Verbesserung der Warenqualität durch entsprechende Maßnahmen erhöht werden. Namentlich wenn die Stühle noch in gutem Zustande sind und eine befriedigende Tourenzahl besitzen.

Bei günstigen Verhältnissen und genügendem Betriebskapital kann man die Automatisierung mit neuen Stühlen am leichtesten durchführen.

Bei alten Webstühlen muß man zuerst feststellen, ob sich noch der Anbau von Automaten lohnt und welche Type der Automaten für die Webstuhlgattung und die betreffende Ware am geeignetsten ist. Will man nur Automaten an alte Stühle anbauen, so müssen die Webstühle zuerst einer Generalreparatur unterzogen werden. Bei dieser müssen die wichtigsten Teile, namentlich die Wellen, Lager, der Schlag, die Wächtermechanismen, sorgfältig instand gesetzt werden. Ebenso müssen Kettenfadenwächter sowie die für die Automaten nötige Schußumspulmaschine angeschafft werden.

Hat die Weberei eine eigene Spinnerei (nur bei sehr großen Betrieben), so kann die Schußumspulmaschine wohl erspart werden, wenn man die Automatenspulen auf der Ringspinnmaschine spinnt. Ohne den Spulprozeß bleibt das Garn ungereinigt und fehlt die für die Automatenweberei nötige Garnkontrolle, so daß man durch Schußfadenbrüche zuviel Zeit verliert.

Bei Ausrüstung der Stühle mit Anbauautomaten kommen folgende Ausgaben in Betracht:

1. Kosten der angebauten Automaten.
2. Ausgaben für die Automatenspulen und die Umspulmaschine.
3. Ausgaben für die allgemeine Webstuhlreparatur sowie Reparatur und Anpassung aller Vorbereitungsmaschinen.
4. Auslagen für die neuen Kettenfadenwächter.

Alle diese Ausgaben hängen natürlich mit der Größe des Betriebes und der herzustellenden Ware zusammen. Die Kosten für den Anbau der Automaten erfordern den größten Betrag. Für einen ständig guten Arbeitseffekt in der Weberei muß man die größte Ausnutzung der Webstühle anstreben, d. h. man muß die richtige, dem Material entsprechende Tourenzahl wählen. Die Tourenzahl ist, wie schon angeführt, abhängig vom Kettenmaterial, der Schußdichte, der Schaftanzahl, der Bindung und vom Schußmaterial. Der Effekt (Wirkungsgrad) eines Stuhles soll mindestens 60—75% betragen. Der Wirkungsgrad ist das Verhältnis der wirklich geleisteten Schüsse zu den theoretisch möglichen. Desgleichen soll der Gesamtwirkungsgrad der ganzen Weberei möglichst günstig sein.

Auch die Person des Webereidirektors, sein Organisationstalent, sein Weitblick, seine Arbeiterkenntnisse und Fachkenntnisse sind für den Webereibetrieb von größter Bedeutung. Die Leistung der Maschinen muß möglichst die größte für das betreffende Material sein. Jede scheinbare Unrentabilität muß stets mit Ziffern begründet und auf ein erträgliches Maß gebracht werden. Die erträgliche Unrentabilität ist durch den Verlauf der Konjunktur begrenzt. Schon aus den genannten Gründen ist das Schußumspulen vorteilhaft, da dann die Stühle mit dem gereinigten Schußgarn schneller laufen können. Moderne Schußspulmaschinen haben bis 4000 oder 5000 Spindeltouren, automatische Brems- und Abstellvorrichtungen mit stets gleicher Fadenspannung, wodurch die Kontinuität des Fadens gesichert wird. Der jeweilige nötige Spulendurchmesser muß an die Schützengröße angepaßt werden.

Höchst wichtig ist auch die richtige Disposition für den Fabrikationsgang, um die eingelaufenen Aufträge rechtzeitig abzuliefern und möglichst Webstuhlstillstände zu vermeiden. Namentlich das Warten auf Ketten muß durch entsprechende Vorräte an Kettenbäumen vermieden werden.

Die Garnqualität und die ganze Vorbereitung verlangen ständige genaue Überwachung, welche in Großbetrieben von eigenen Garnmanipulanten durchgeführt wird. Schlecht gespultes Material ist rechtzeitig von der sonst zur Verantwortung zu ziehenden Zettlerin zu melden.

Das Aufbäumen beim Schlichten wird manchmal zur Erzielung längerer Ketten benutzt, indem man dieselben durch überstarkes Spannen dehnt. Dies ist jedoch für die spätere Verarbeitung schädlich, da das Garn diese notwendige Elastizität verliert. Namentlich dort, wo man große Produktion ohne Automaten erreichen und daher höhere Schützen und ein höheres Fach verwenden will, ist die Garnelastizität von besonderer Wichtigkeit.

Bei schlechtem Kettenmaterial belegt man zweckmäßig mehrere Stühle mit gleichen Ketten, weil die Weber sich dann besser einarbeiten können und dadurch eine größere Produktion erreichen.

Besonders wichtig ist bei Vorbereitung der Kette die Einstellung der Kettenbreiten am Kettenbaum, die um 2—10 cm breiter sein muß als die Kammbreite, damit die Leisten nicht zu stark im Kamm reiben und reißen. Die Kettenfäden in der Mitte des Geschirres müssen senkrecht zum Blatt laufen. Eine große Bedeutung für die Ausnutzung des Stuhles hat auch das Lohnsystem, wobei das Prämiensystem für Weber und Meister

Vorteile bringt. In neuerer Zeit baut man für große Produktion Schnelläuferstühle[1] ohne Automaten mit bis 240 Touren und rüstet sie mit Kettenfadenwächtern und großen Schützen aus.

In Zukunft wird man vielleicht auch Automaten besonders für Massenartikel eventuell auch Buntwaren öfter verwenden. Bei letzteren soll man zumindest auch ohne Automatisierung wenigstens das Mehrstuhlsystem einführen. Die schwierige Lage in der Industrie zwingt zu immer stärkerer Rationalisierung. Ob man dieselbe durch Automaten oder Mehrstuhlsysteme erreicht, muß die notwendige Vorkalkulation lehren, die der Wirtschaftlichkeit des Betriebes entsprechend jedem Weber entsprechend viele Stühle zuweist. Bei Automatenstühlen spielt die Güte des erreichten Gewebes im Zusammenhang mit den Garnkosten und der Zuverlässigkeit des Automaten eine große Rolle. (Näheres über Automatensysteme siehe S. 78.)

Die Anzahl der Baumwollstühle, welche einem Weber zugeteilt werden kann, hängt von der Ware, von der Garnbeschaffenheit, Bindung und Kettendichte, von der Stuhlgeschwindigkeit, von der Benutzung der Kettenfadenwächter sowie von der Übung der Weber, vom Lohn und anderen Verhältnissen ab. Bei einfachen, glatten Stühlen ohne Automaten hat man in England schon im größeren Umfang je 8 Stühle je Weber erreicht.

Manche Webstuhlfabriken trachten ihre Webstühle der Rationalisierung auch in anderen Richtungen anzupassen. Z. B. baut die Tannwalder Maschinenfabrik sogenannte halbautomatische Stühle als Festblattstühle mit 200 Touren und mehr je Minute. Je nach der Größe der Schußspule und Härte der Windung hat diese Firma 20—45 Minuten Laufzeit des Stuhles für das Abweben eines Kopses erreicht. Bei automatischen Stühlen richtet sich die Zahl der Weber bzw. die Zahl der Stühle je Weber nach der Konstruktion der Automaten, der Benutzung des Schußfühlers, des Kettenfadenwächters und der anderen automatisch arbeitenden Hilfseinrichtungen.

Bei Errichtung einer Weberei sind auch die Vorbereitungsabteilungen, wie Schweiferei, Schlichterei, Spulerei usw. mit größter Umsicht anzugliedern. Die Miteinrichtung einer Appreturanlage (Bleiche, Färberei, Druckerei) ist nur bei sehr großen Betrieben rationell. Sie hängt von besonderen Bedingungen (Wasser, Arbeitermaterial usw.) ab.

Mit der Wahl der Ware sind die zu verarbeitenden Garne gegeben.

B. Die Auswahl des Arbeitsortes.

Man wird Webereien nur dort einrichten, wo genügend billige und möglichst gute Arbeitskräfte zur Verfügung stehen und auch die anderen Lebensbedingungen günstig sind. (Nähe der Bahn und andere Verkehrswege, Nähe der Garnerzeuger, billige Elektrizität bzw. Kraftversorgung, günstige Absatzgebiete usw.)

C. Die Bauausführung

der Webereien wird immer noch am zweckmäßigsten als Schedbau ausgeführt. Namentlich der moderne Laternensched hat sich wegen der guten Lichtverteilung als besonders zweckmäßig erwiesen. Fenster in den Seitenwänden sind tunlichst nur an Nordseiten anzubringen, direktes Licht ist durch geripptes Glas zu zerstreuen. Wo Mangel an Bodenfläche herrscht, muß notgedrungen zum Hochbau geschritten werden. Da dieser eine ungüstige Lichtverteilung hat, so entstehen lange Grundrisse mit verhältnismäßig geringer Raumtiefe. (6 schmale Stühle oder 4 breite Stühle.)

In neuerer Zeit werden bei Schedbauten weittragende Spannweiten in Flach- oder Bogendächern verwendet. Die Laternen sind dann quer zu den Hauptbogenrippen gerichtet (Abb. 276 links).

---

[1] Der schnellaufende Stuhl der Firma Diederich in Bourgoin macht 300 Touren, erfordert aber sehr feste Ketten.

Die Säulenteilung einer Weberei hängt von der Bauart der Stühle, also von der Ware ab, wobei entsprechend Bedienungsraum gerechnet werden muß. Gangbare Teilungen sind 5,5—6,5 m. Die Saalhöhe beträgt 4,25 m, bei Jacquardmaschinen entsprechend mehr.

D. Die Berechnung der Maschinenanzahl.

a) Die Webstuhlzahl richtet sich nach der erforderlichen Gesamtproduktion und der Leistung eines Stuhles. Soll z. B. eine Weberei je Monat L m Ware erzeugen, so ist die Webstuhlzahl $N = \frac{L \cdot d \cdot 100}{n \cdot 60 \cdot p_m \cdot k}$. Hierin bedeutet p_m die Zahl der Arbeitsstunden je Monat, k den Leistungskoeffizienten (bei glatter Ware 0,75, bei Buntware 0,6—0,7), $d =$ Schußeinstellung je 1 cm und $n =$ Tourenzahl. Zur berechneten Webstuhlzahl wird ein Zuschlag von 10% als Betriebsreserve zugeschlagen.

Die Zahl der Vorbereitungsmaschinen wird nach ihrer Leistung festgesetzt. Nach praktischen Erfahrungen rechnet man in Rohweißwebereien eine bis jetzt übliche Schweifmaschine auf 80—100 Stühle, eine neuzeitliche (von Schlafhorst) sogar auf 200, ferner je 2 Aufspulspindeln[1] je Webstuhl. Die Schlichtmaschine versorgt je nach Größe bis 250 Stühle und mehr mit geschlichteten Ketten.

Die Raummaße der Stühle, der Vorbereitungs- und Hilfsmaschinen hängt in erster Linie von der Warengattung, vom Garnmaterial und der Warenbreite ab.

b) Die Austeilung der Stühle und sonstigen Maschinen der Weberei ist so zu wählen, daß die Bedienung aller Maschinen und der ganze Betrieb, insbesondere auch der Antrieb möglichst einfach wird. Der Standort des Webers sowie die Aufstellung der Schaft- und Jacquardmaschine ist so durchzuführen, daß auf die Arbeitsfläche kein Schatten fällt.

Die Vorbereitungsmaschinen werden in der Regel in besonderen Räumen aufgestellt.

Die Vorbereitungsräume, der Lagerraum für die Garne sowie für die fertige Ware ist so anzuordnen, daß die Garnausgabe für Schuß und Kette, der Transport der Kettenbäume aus der Schweiferei und Schlichterei leicht und ohne Hindernisse erfolgt. Für Kettenbäume müssen immer entsprechende Lagerungsräume besonders in der Schweiferei und Schlichterei vorgesehen werden. Der Transport der Kettenbäume erfolgt entweder auf Handwagen (Abb. 277) oder auf einer Hängebahn (Abb. 278).

Die letztere wird so eingerichtet, daß die aufgehängten Bäume bequem in alle Webstuhlgassen befördert werden können. Die Hängebahn muß auch an die Antriebsverhältnisse und die Gebäudeform angepaßt werden (Abb. 279—281).

Die Anordnung des Garnlagers der Spulerei, Schweiferei und Schlichterei ist zu den eigentlichen Websälen so zu disponieren, daß die Fließarbeit in der Materialbewegung nicht gestört wird. Zur Kontrolle des Garnverbrauches und zur Feststellung der Verarbeitungsverluste werden die Ketten- und Schußgarne bei der Ausgabe gewogen. Außerdem werden während der Fabrikation die Kettenbäume, alle Spul- und Webabfälle sowie sonstigen Garnreste sorgfältig gesammelt und gewogen. Die rationelle Verwertung der Abfälle spielt in der modernen Warenkalkulation eine bedeutende Rolle.

Die Anordnung der Garnausgabestelle erfolgt an einem zentralen Punkt der Webereianlage, falls die Weber selbst das Material holen, was jedoch Zeitverluste bedingt. Rationell geführte Großbetriebe führen die Garn- und Kettenbaumtransporte durch eigene Leute eventuell unter Zuhilfenahme von Hängebahnanlagen oder Transportbändern durch, um die Weber möglichst beim Stuhl zu belassen. Ein Beispiel einer Garnausgabestelle in einer englischen Weberei zeigt Abb. 282—283. Für den Schußspulentransport sind handliche Einheitskisten aus Drahtgeflecht empfehlenswert.

c) Die räumliche Austeilung der Maschinen muß so erfolgen, daß Material und Ware den kürzesten Weg gehen, bei einwandfreier Bewegungsmöglichkeit der Arbeiter um die Maschine.

[1] Auch die neuzeitlichen Spulmaschinen haben der Konstruktion nach größere Leistung.

E. Antriebsart der Webereien.

Der Antrieb der einfachen glatten Stühle ist wie auch bei anderen Stühlen, von wesentlichen Einfluß auf die Lebensdauer des Stuhles und auf die Qualität der erzeugten Ware.

Der Antrieb kann, wie erwähnt, reiner Transmissionstrieb, Gruppentrieb oder Einzelantrieb sein. Der reine Transmissionstrieb kann mit hoch an der Decke und den Säulen gelagerten Transmissionen oder mit tief liegender Transmission, die in Fußbodenkanälen untergebracht ist, erfolgen (Schedbau). Die Transmissionswellen können parallel oder senkrecht zu der Hauptwelle des Stuhles eingerichtet werden.

Beim Parallelantrieb ist die Gesamtlänge der nötigen Transmissionswellen um etwa 40% größer als beim senkrechten Trieb (Webstuhlmaße). Es erfordern beispielsweise 1496 Stühle etwa 2650 m Wellen bei Parallelantrieb und nur 1500 m bei senkrechtem Trieb. Allerdings hat der letztgenannte Antrieb die Nachteile des Halbkreuztriebes. Der reine Transmissionsantrieb hat eine Störung des Lichteinfalles zur Folge. Auch wird die Ware bei dieser Antriebsart leicht durch Tropföl oder Schmutzteilchen, die vom Riemen abfliegen, beschmutzt.

Bei unten gelagerten Transmissionen, die nur im Schedbau möglich sind, entfallen wohl die genannten Nachteile, dagegen bringen die Riemen aus den Kanälen sehr viel kalte Luft in die Arbeitsräume, weshalb die Transmissionsgruben eigene Heizung erfordern, die entsprechend kostspielig ist. Die Schwankungen der Webstuhltourenzahl sind im allgemeinen bei Transmissionstrieb größer als bei den anderen Antriebsarten, namentlich dann, wenn die Tourenzahlen derselben niedriger sind. Tourenschwankungen durch bewegte Massen der Antriebsmaschinen entstanden, werden eventuell gesteigert durch die weitere Übertragung bis auf die Webstühle und rufen dort Schützenschläge hervor.

Bis zum Jahre 1900 wurde fast ausschließlich der Transmissionstrieb verwendet. Die Stühle wurden zweckentsprechend in Rohweißwebereien zu je vier mit den Riemenscheiben zusammengestellt, was übersichtlicheren Antrieb ergab (Abb. 284—285). Die genannten Nachteile der Transmissionen in gemauerten Kanälen zeigen sich auch, wenn durch eine Transmission die Webstühle in zwei Stockwerken angetrieben werden. Falls Transmissionskanäle vorhanden sind, so können dieselben auch zu Lüftungs- und Heizzwecken sowie als Lagerräume verwendet werden. Bei Webstuhlgruppen zu vier Stühlen wird der Antrieb aus Sicherheitsgründen und wegen der leichteren Zugänglichkeit zwischen die Stühle verlegt. Bei Anlage neuer Webereien verwendet man für leichtere Stühle (Seide, Baumwolle, Leinen und leichte Kammgarne) durchwegs Einzelantrieb, bei schweren Stühlen (Wolle, Möbelstoffe, Filze) ist der Gruppenantrieb besser. Die gewählte Tourenzahl der Stühle bleibt beim Gruppenantrieb dann meist dauernd dieselbe, da man heute in der Erzeugung meist auf Stapelartikel übergeht. Der elektrische Einzelantrieb hat als besondere Vorteile: Wegfall der Riemen, besseres Licht, die Riemen wirbeln keinen Staub auf, man spart Kraft und vermeidet Ölflecke durch Transmissionsöl, was besonders in Webereien für feinere Waren, namentlich bei Seide wichtig ist.

Beim Gruppenantrieb bleiben wohl die Nachteile der Riemenantriebe, doch kann durch Ausschalten einzelner Transmissionsstränge, bei Webstuhlstillstand, immer noch Kraft erspart werden. Bei Einzelantrieb beträgt die Kraftersparnis bis 25 und 30% gegenüber dem Kraftbedarf bei reinem Transmissionsantrieb. Der Einzelantrieb ist auch dem Gruppenantrieb überlegen, indem er auch hier weniger Kraft benötigt und leicht Geschwindigkeitsänderungen ermöglicht. Der Gruppenantrieb hat wieder kleinere Einrichtungskosten, leichtere Bedienung und ist bei gleichartigen Stühlen besonders vorteilhaft. Für Gruppen- und Einzelantrieb verwendet man geschlossene, ventiliert gekapselte Motoren. Die Größe der Motoren hängt von der angeschlossenen Webstuhlzahl und deren Bauart ab (Abb. 286—287). Bei Vergleichsmessungen an glatten Stühlen wurde bei Einzelantrieb je Webstuhl in 8 Stunden eine Ersparnis von ungefähr $^3/_4$ kw-h gegenüber dem

Gruppenantrieb gefunden. Natürlich verwendet man, soweit Transmissionen in Betracht kommen, Kugellager (Abb. 288), um Kraft zu sparen.

Bei Webereihochbauten mit elektrischem Antrieb kann man leichtere Deckenkonstruktionen, bei Schedbauten leichtere Dachkonstruktionen und Tragsäulen erreichen, als bei Transmissionsantrieb. Der Gruppenantrieb ist auch in den Tourenschwankungen günstiger als der reine Transmissionsantrieb.

Der Einzelantrieb erfordert für den Motor ein bis 100% größeres Anzugsmoment als der mittlere Bedarf des Stuhles beträgt. Ein mittlerer Motorantriebsbock mit Zahnradübersetzung wiegt etwa 90 kg.

Die Ausgleichung der Drehzahlschwankungen des Webstuhles durch die rotierenden Massen des Motors ist beim Einzelantrieb günstiger als bei Transmissions- oder Gruppenantrieb. Man kann deshalb die Drehzahl und Leistung des Webstuhles beim Einzelantrieb um etwa 10% höher steigern als bei den anderen Antriebsarten, wobei man auch noch wegen der geringeren Schwankungen weniger Fadenbrüche bekommt.

Der Einzelantrieb mit Riemen und Wippe ist elastischer als der Zahnradantrieb, er muß nur stets genügende Riemenspannung halten.

Wird der Einzelantrieb mit feststehendem Motor und Spannrolle ausgeführt, so ist er viel billiger als der Zahnradantrieb und werden auch hier die Drehzahlschwankungen besser gedämpft. Kombiniert man dagegen Spannrolle und Wippe, so wird das, was durch die Spannrolle erreicht wurde, mit der Wippe verdorben.

Die Abb. 289 zeigt einen Antrieb mit Spannrolle und Winkelhebel, der nicht nur viel billiger ist als Zahnräderantrieb, sondern auch nur die Hälfte desselben wiegt.

Der Motoranlauf ist hier viel ruhiger, wodurch der Motor geschont wird, nur steigt die Tourenzahl des Webstuhles nicht so rasch und so hoch wie beim Zahnradantrieb. Dagegen hat der elastische Riemenantrieb ein Vorteil, daß sich die Zahl der Webstuhlbrüche vermindert und der Lauf der Stühle bei wachsendem Kraftbedarf besser ist.

Die Motoren für Einzelantrieb müssen nebst großem Anzugsmoment auch bei schwankendem Kraftbedarf einen günstigen Wirkungsgrad aufweisen.

Der Stator des Motors wird entweder auf einer Wippe (Abb. 290—291) oder in einem besonderen Bock (Abb. 292—294) gelagert. Die Stellung des Motors läßt sich nach Bedarf regeln. Um beim Anlauf des Motors infolge der hin- und hergehenden Massen des Webstuhles (Lade, Schützenschlag) keinen zu starken Betriebsstoß in den Motoranker zu bekommen, verwendet man beim Zahnradantrieb eine besondere Schleuderkupplung, die erst bei einer gewissen Motortourenzahl den Webstuhl mitnimmt. Die Ausführung einer solchen Rutschkupplung, die die Zahnräder auch schont, zeigt Abb. 295 (evtl. 292).

Dieselbe benutzt zur Übertragung 6 gefederte Schrauben, um weicheren Anlauf zu erzielen. Um bei Riemenantrieb die Gleitverluste zu vermeiden, hat man im englischen Stuhlbau statt der Riemen zur Verbindung von Motor und Hauptwelle Gallsche oder Zobelsche Präzisionsketten verwendet (Abb. 296—297). Der Antrieb ist wohl starr und präzis, doch leiden die Motoren zu stark.

Der Motorantrieb mit Wippe ist verschieden ausführbar. Der mit besonderem Verdeck ausgeführte Stator wird gewöhnlich als Wippe gebaut. In Abb. 290—291, 298—299 ist die Wippe auf zwei senkrecht stehenden Federn F aufgehängt resp. gelagert, um die Riemenstöße zu mildern. Eine ähnliche Konstruktion zeigt Abb. 300 mit bloß einer Feder. Die Ausführung wird auch von der Firma Wichterle in Proßnitz gebaut. Viele andere, die der Siemensschen Konstruktion ähneln, haben bloß eine Feder F. Die Abb. 301 hat eine ähnliche Motorlagerung mit Feder F_1, wobei der Riemen durch die Spannrolle Kl entsprechend gespannt gehalten wird. Die Konstruktion Abb. 302 verwendet zur Dämpfung zwei Federn F. Mit dem Motor ist ein verstellbarer Arm U verbunden, welcher mit einem Ende zwischen die beiden Federn F greift. Die Motoren für Gruppenantrieb werden oft mit Spannrollen gebaut (Abb. 289), die auf einem Winkelhebel U gelagert sind. Die Riemenspannung wird durch das verschiebbare Gewicht Q reguliert. Spannrollen haben immer Kraftverluste. Siemens-Schuckert verwendet eine Spannrolle Kn mit einer Scheibe D, die mit einem anliegenden, mit Gewicht Q belastetem Arm Nr verbunden ist. Durch die Verwendung der verschiedenen Ausschnitte in der Scheibe D kann man die richtige Lage der Spannrolle Kn und die entsprechende Spannung des Riemens erzielen (Abb. 303—304).

Die Firma G. Schwabe in Bielitz baut den Motor direkt in die Seitenwand des Wollwebstuhles ein und der Riemen wird durch das Gewicht des Motors sowie durch die Spannung der Feder F, welche die Spannrolle in derselben Richtung zieht, gespannt (Abb. 305—306).

Die Ausführung eines Zahnradbockes für Webstuhlantrieb mit Motor und Schleuderkupplung zeigt Abb. 307—308.

Auf der Hauptwelle des Webstuhles ist die Scheibe Bk befestigt, auf deren abgesetzter Nabe sich das Zahnrad B lose dreht, dasselbe wird durch das Ritzel A angetrieben.

Die Federn F_1, F_2 drücken in der Ruhelage durch die Arme R_1, R_2 die mit Holzklötzchen versehenen Bremsbänder P_1, P_2 an die Scheibe Bk.

Bei anlaufendem Motor sind die Bremsbänder entsprechend gespannt, so daß sie die Scheibe mitnehmen. Die Spannung der Federn F_1, F_2 muß so groß sein, daß die Zentrifugalkraft überwunden und auf die Webstuhlwelle die Motorkraft, welche nötig ist, übertragen wird.

Durch plötzliches Einhalten des Stuhles, z. B. durch den Schützenwächter, schlagen die Arme R_1, R_2 infolge der Trägheit aus und die gespannten Federn lockern die Bremsbänder, wodurch der Motor entlastet wird und durch die plötzliche Geschwindigkeitsänderung des Stuhles nicht leidet.

In Abb. 309—310 ist ein gleichartiger Zahnradbock angegeben, nur hat er keine vorteilhafte Entlastung des Motors für plötzlichen Webstuhlstillstand. Für Einzelantrieb glatter, schmaler Stühle verwendet man in der Regel Drehstromkurzschlußankermotoren mit 50 Perioden und etwa 0,3 PS, für Jacquardmaschinen nimmt man etwa bei kleinen Breiten 0,7 PS. Die Motortourenzahl und Leistung muß dem Webstuhl angepaßt werden, man nimmt meist 960 Touren.

Das Zahnrad an der Motorachse ist meist ein Ritzel aus Rohhaut oder Textilit. Bei Riemenantrieb sind beste geleimte Riemen Bedingung. Der Motorschalter wird am Fußboden oder an der Seitenwand des Webstuhles angebracht und direkt mit dem Ausrückhebel verbunden.

Bei Webstühlen, deren Konstruktion auch den Rückwärtslauf gestattet (für das Schußsuchen), kann man die Anordnung eines Umkehranlassers mit Vorteil verwenden (Abb. 311). Der Anlasser ist in der Abbildung für Vorwärtslauf gezeichnet; soll der Stuhl rückwärts laufen, so wird das Segmentgewicht Q nach rechts geneigt, dadurch die Bremse Br gelüftet, worauf durch Heben des Handgriffes G der Strom im Umschalter umgeschaltet wird. Die Konstruktion kommt besonders bei Seidenstühlen vor. Schwer anlaufende, besonders breite oder hochtourige Stühle erhalten im Antrieb eine Reibungskupplung mit Schwungmassen eingebaut, dieselbe schließt sich, sobald die Webstuhltourenzahl das richtige Maß erreicht hat.

Webereien, die eventuell für die angeschlossene Färberei und Appretur und im Winter für die Lokalheizung, Dampf benötigen, verwenden für den Antrieb ihrer Stromerzeuger (Generatoren) Gegendruckturbinen bzw. Gegendruckdampfmaschinen, die dann die Schlichtmaschine und die anderen Wärmeverbraucher mit dem Abdampf heizen. In diesem Falle stellt sich dann die eigene Krafterzeugung weit billiger als jeder von auswärts bezogene Strom. Für eine reine Weberei ohne Appretur und Färberei ist bei eigener Stromerzeugung eventuell auch Dieselmotor oder Rohölmotorantrieb zu erwägen. Das in der Schlichterei gewonnene Kondenswasser wird vorteilhaft zum Schlichtekochen oder direkt zur Kesselspeisung verwertet. Auch für die Vorbereitungsmaschinen ist der Einzelantrieb am vorteilhaftesten. Man kann namentlich häufig in die Lage kommen, die Schlichterei allein in Überstunden arbeiten zu lassen und kann dann bei Stillstehen der Weberei auch die einzelnen Schlichtmaschinen nach Bedarf für sich allein betreiben. Ist die Schlichterei als alleiniger Verbraucher des Abdampfes in Betracht zu ziehen, so ist ihr Wärmeverbrauch verhältnismäßig weit geringer als der Auspuffdampf der Dampfmaschine ergibt. Bei modernen Anlagen ist es dann immer noch besser mit dem Abdampfüberschuß das Speisewasser vorzuwärmen, als auf eine Kondensationsanlage (nach der Entölung) für die Kraftmaschine überzugehen.

Die Bestimmung der Motorgröße bei Einzelantrieb. Bei den früheren Berechnungen der Webstuhlmotoren wurde die Rückwirkung der Lade und der übrigen hin und hergehenden Massen auf den Motor zu wenig berücksichtigt, trotzdem diese Wirkung namentlich bei schweren Stühlen bedeutend ist. Der Schützenanschlag, die Geschirrbewegung, die Fachbildung und Kettenspannung kann man gegenüber dem Kraftverbrauch der Lade verhältnismäßig noch zurückstellen. Die Schwankung der Verbrauchenergie für die Ladenbewegung des normalen Baumwollstuhles wechselt während einer Umdrehung der Hauptwelle etwa nach Abb. 312.

Aus dieser ist auch klar, daß die Lade zeitweilig Energie verbraucht (Kurventeile über der Abszissenachse) und dann wieder Energie in das Antriebnetz zurückliefert (Kurventeile unter der Abszissenachse). Massenwirkung sowie die Schwerkraftwirkung der Weblade sind aus der Abb. 312a, 312b ersichtlich. In der Abb. 312 sind beide Kurven (Wirkungen) zusammengezogen.

Diese Rückwirkungen der Lade führen besonders bei schweren Stühlen eine Fasenverschiebung zwischen Strom und Spannung hervor (d. h. cos Φ wird schlechter), wie Abb. 313 zeigt. Diese Phasenverschiebung ist im Diagramm 314 noch nicht so bedeutend, da dasselbe von einem einfachen glatten Baumwollstuhl mit nur 145 Schuß oszillographisch aufgenommen wurde. In den beiden letzten Diagrammen sind die Spannungswellen von gleicher Höhe, die Spannung also konstant, dagegen schwankt die resultierende Stromstärke mit demselben Rhythmus, wie die Abb. 313, 314.

Die Dimensionierung der Webstuhlmotoren mit dem günstigsten Leistungsfaktor ist nicht ratsam, weil keine besonderen Ersparnisse erreicht werden. Beispielsweise, hat ein Motor mit 0,5 kW bei Vollast 80% Wirkungsgrad und ein zweiter Motor gleicher Leistung 84% Wirkungsgrad, so beträgt die Ersparnis im Jahr bei 300 Tagen und achtstündiger Arbeit mit 75% Webstuhlausnutzung 1800 Stunden

$$1800 \cdot 0{,}5 \cdot \frac{0{,}84 - 0{,}80}{0{,}84} = 43 \text{ kW}.$$

Man wähle also lieber etwas reichlichere Motoren, die dann den Vorteil der geringeren Erwärmung und längeren Lebensdauer haben.

Die Bedeutung des möglichst großen Anlaufsmomentes wurde schon oben ausgeführt. Der Webstuhl erreicht raschest die volle Drehzahl und vermeidet Schützenschläge. In Abb. 315 ist eine Anlaufzeit von 0,28 Sekunden oder etwa $^3/_4$ Touren der Hauptwelle vorgesehen.

F. Die Webereibeleuchtung.

Das Tageslicht gibt die vorteilhafteste Beleuchtung und wird dieselbe am besten im modernen Laternensched durch die Oberlichten erreicht. Der alte Sägesched war wesentlich ungünstiger und der Hochbau ist durch sein Seitenlicht am ungünstigsten. Für die Abendarbeit ist heute ausschließlich elektrische Beleuchtung mit Einzelbeleuchtung der Stühle verwendbar. Jeder Stuhl erhält an der Arbeitsstelle der Ware, bei heikler Arbeit auch an der Kettenbaumseite, eine gasgefüllte Glühlampe. Zweckmäßig werden entsprechende Lichtschirme angebracht, die womöglich das Licht quer und schräg zur Kettenrichtung werfen und nur die Arbeitsstellen beleuchten, so daß die Augen der Weber geschont sind. Außerdem erhält der Arbeitsraum eine eigene allgemeine Raumbeleuchtung durch hochkerzige Armaturen. Die Beleuchtung der Lagerräume und Höfe erfolgt durch hochkerzige Metallfadenlampen (früher Bogenlampen).

Infolge ihrer Vorteile bezüglich Ökonomie und Betriebssicherheit haben die heutigen gasgefüllten Metalldrahtlampen alle anderen Systeme überholt. Dabei soll an Stärke der Beleuchtung also Energieverbrauch unbedingt nicht gespart werden. Während europäische Webereien mit einer Beleuchtungsstärke von 80—100 Lux arbeiten, haben amerikanische Betriebe nach dem Grundsatz, Licht ist Kapital, vielfach über 200 Lux in Verwendung. Die Betriebsvorteile liegen in viel rascherem Auffinden der Fehler, daher größerer Produktion bei reinerer Ware.

Die Einrichtung einer Beleuchtungsanlage muß sich dem Bau anpassen, die Form der Beleuchtungskörper dem Arbeitszweck, auch die Beschaffenheit der Luft im Arbeitslokal (Reinheit) spielt eine Rolle. Für Webstühle werden heute auch vielfach Röhrenlampen verwendet, die bei heikler Ware besonders nur die Kettenebene beleuchten.

Man verwendet entweder Raumbeleuchtung oder Einzelbeleuchtung. Die erstere verwendet wenig weit voneinander entfernte sehr starke Lichtquellen und viel Energie, die Einzelbeleuchtung des Arbeitsplatzes spart Energie und gibt immer noch gute Arbeit. Dagegen ermüden die Augen der Arbeiter leichter, wenn sie abwechselnd von der hell beleuchteten Arbeitsstelle in den dunkleren Raum der Umgebung schauen. Aus diesem Grunde kombinieren moderne Webereien Einzellicht und Raumlicht.

Die Beleuchtungskörper müssen staubdicht verschlossen sein und eine glatte Außenform erhalten, um die Ablagerung von Staub zu verhindern.

Die direkt wirkenden Beleuchtungskörper ersparen Strom; geben aber Schattenbildung, die indirekt wirkenden Geleuchte vermeiden wohl Schattenbildung, erfordern aber viel Strom und sind bei den Scheddächern wegen der Lichtverluste der Glasdächer unwirtschaftlich.

Die indirekte Beleuchtung verwendet man daher hauptsächlich dort, wo glatte, weiße Decken und Wände vorkommen, also bei Hochbauten.

Die Beleuchtung des einzelnen Arbeitsplatzes muß folgende Bedingungen erfüllen:

1. Konzentrierung des Lichtes auf die Arbeitsstelle.

2. Abblendung des übrigen Lichtes außer der Arbeitsstelle, um den Arbeiter nicht zu blenden.

3. Der Stromverbrauch soll möglichst gering sein.

Die Textilindustrie verwendet folgende Beleuchtungsstärken:

Lagerräume, Notbeleuchtung und ähnliches	10—20 Lux
Spinnerei, Vorbereitung	15—40 ,,
Spinn- und Spulmaschinen und ähnliche	40—90 ,,
Webereien, Vorbereitung, Nachbehandlung	35—60 ,,
Einfache Stühle	50—100 ,,
Webstühle mit Jacquardeinrichtung	80—120 ,,
Wirkmaschinen	60—120 ,,
Nähmaschinen	60—250 ,,

Die höheren Werte kommen dort in Betracht, wo feine oder dunkel gefärbte Garne (schwarze) verarbeitet werden.

In Räumen, wo die Maschinen viel Raum erfordern (Schweiferei) ist Raumlicht zu empfehlen. Außerdem erhält die Arbeitsstelle noch Einzelbeleuchtung. Bei sehr breiten Maschinen können 2 Arbeitsplatzlampen verwendet werden. In neuerer Zeit verwendet man am Arbeitsplatz der Schweifmaschine schräges Seitenlicht mit Reflektoren.

In der Schlichterei verwendet man Einzelbeleuchtung besonders an den Fadenauflaufstellen. Die Installation muß für nasse Räume (Dampf) dicht ausgeführt werden (wasserdichte Armaturen).

Bei den Webstühlen für halbwegs feineres Garnmaterial muß unbedingt Einzelbeleuchtung der Arbeitsstelle am Warenrand und hinter dem Geschirr erfolgen. Nur in Websälen mit wenig wertvollen Waren (Kunstwolle, Jute, Grobgewebe) kann Raumbeleuchtung verwendet werden. Für einen schmalen Stuhl genügt eine Lampe an der Arbeitsstelle, bei breiten Stühlen müssen zwei Geleuchte verwendet werden. In neuerer Zeit verwendet man röhrenförmige Tiefstrahler, die nach der Höhe verstellbar angeordnet werden. Besondere Sorgfalt erfordert die Beleuchtung bei sehr feinen, dicht eingestellten, dunklen oder gar schwarzen Ketten mit hoher Schaftzahl.

Je nach Bedarf verwendet man für die Einzelplatzbeleuchtung bzw. Raumbeleuchtung folgende Geleuchte: Werkstattlampen (Arbeitsplatzlampen mit Schirm), Spiegellampen, Innenstrahler für indirekte Raumbeleuchtung, ferner Tiefbreitstrahler und Tiefstrahler für direkte Einzelplatzbeleuchtung, für die Webereibüros nimmt man vorteilhaft halbindirekte Beleuchtung durch Innenraumluzetten, auch staubdichte Innenraumleuchten aus verschiedenen Glassorten, Steilstrahler oder Schrägstrahler (siehe Broschüre der AEG.: Elektrizität in der Textilindustrie).

G. Die Ventilation.

Die Ventilation der Websäle und insbesondere der Schlichtereiräume erfordert besonders sorgfältige Durchführung. Im Sommer muß drei- bis viermaliger Luftwechsel der Arbeitsräume je Stunde erfolgen, im Winter mindestens ein- bis zweimaliger Luftwechsel erfolgen. Vielfach verbindet man in modernen Betrieben Heizung und Lüftung in der Art, daß Hochdruckheizkörper in Verbindung mit Ventilatoren die Warmluft von der Decke des Websaales an vielen Stellen desselben gegen den Fußboden schleudern. Auf diese Art wird der Arbeiter am wenigsten durch Luftzug belästigt und die höchste Ökonomie für Beheizung und Lüftung erreicht. Die Dampfheizung durch Rippenrohre oder die alte Zentralluftheizungsart ist überlebt und lohnt es sich auch in alten Webereien, solche unökonomische Heizanlagen auszuscheiden und durch die genannten kombinierten Heizungs- und Lüftungsanlagen zu ersetzen. Für die Heizung verwendet man zweckmäßig Abdampf.

H. Die Nebeneinrichtungen.

Luftbefeuchtung, Selbstlöscheinrichtungen usw. kommen in Webereien seltener vor als in Spinnereien. Wenn man dagegen sehr feine Garne verarbeitet oder feingeteilte Jacquardmaschinen (Verdol) verwendet, so ist eine Luftbefeuchtungsanlage wegen gleichmäßigem Verhalten der Jacquardkarten sehr zweckmäßig. Feuerlöscher, wie selbsttätige Sprinkler sind in Webereischedbauten selten, hingegen bei Hochbauten, besonders bei teuren Webstühlen zweckmäßig.

Die Luftbefeuchtung verwendete ursprünglich Hochdruckwasserleitungen, die durch feine Öffnungen das Wasser zerstäubten, in neuerer Zeit werden Injektorbefeuchter (Abb. 316) verwendet, bei welchen das Wasser durch Preßluft zerstäubt und mitgerissen wird. Die wesentlichste Bedingung der Luftbefeuchtung ist, daß die Raumfeuchtigkeit in allen Stellen der Arbeitslokale gleichmäßig ist und daß die maschinelle Einrichtung der Weberei nirgends durch übermäßige Feuchte (Rosten) leidet.

Bei dem Injektorluftbefeuchter wird das Wasser von einer Pumpe in ein kleines Hochreservoir geleitet und geht von da zu den Befeuchtungskörpern. Ein Kompressor mit reichlicher Wasserkühlung erzeugt die Preßluft, die ebenfalls durch Wasser gekühlt wird und dann über einen Windkessel zu den einzelnen Apparaten geht.

In dem Apparat tritt die Luft durch das Ventil E_2 ein, während das Wasser durch E_1 zuströmt. Dasselbe gelangt dann in dem gebogenen Röhrchen T zu den Düsen. In jeder Düse sind drei Längsschlitze vorgesehen, durch welche die komprimierte Luft aus dem Apparat entweicht, das Wasser aus den Röhrchen mitreißt und als feinen Nebel zerstäubt.

Die Apparate können auch zwei und mehrere Düsen erhalten. Acht Düsen verbrauchen ungefähr in einer Stunde 35—36 kg Wasser. Die Preßluft hat einen Druck von nur 0,6—0,8 at, man benötigt 8,5—9 m^3 Luft je Stunde und Düse.

Das zugeführte Wasser wird vollständig zerstäubt, so daß Wassertropfen auf die Stühle oder die Ware nicht vorkommen. Das Wasser fließt aus den Hochreservoiren einfach zu und ist die Wasserzuleitung gegen Staub, Verunreinigung, also Verstopfung gesichert, was ein häufiger Nachteil alter Apparate war. Die Anordnung der Befeuchtungsanlage, die Wasser- und Luftführung sind aus Abb. 317 ersichtlich.

Der Einbau dieser Apparate erfolgt in neuerer Zeit gleich in die Blechrohrleitungen, welche die Zufuhr der frischen Luft für die Websäle besorgen. Man verbindet die Luftzufuhr rationell im Winter mit der Heizung, im Sommer mit einer Luftkühlung (Luftfilter).

Die Injektorapparate bewältigen große Wassermengen, weshalb für einen bestimmten Websaal nur wenige Apparate notwendig sind. Sie nehmen wenig Raum ein, haben kein Tropfwasser, das man bei den älteren Konstruktionen zurückleiten mußte, die Bedienung ist einfach. Die Raumhöhe zwischen Preßluft- und Wasserrohr ist etwa 385 mm, so daß die Apparate auch in den niedrigsten Arbeitsräumen verwendet werden können.

In Abb. 317 ist die Kühlung der aus dem Kompressor kommenden komprimierten Luft, die Abzweigung zu den einzelnen Apparaten, sowie die Kompressorkühlung ersichtlich.

Bei dem älteren Apparat von Mertz (Abb. 318) ist eine doppelt wirkende Hochdruckpumpe P, ein Wasserreservoir R und die zugehörigen Zuleitungen zu den Befeuchtungsapparaten vorhanden. Die Rohrleitung hat eine Abzweigung II, die mit 8—9 at das Wasser zu den Apparaten leitet und einen Entwässerungsstrang IV, welcher das überflüssige und das Tropfwasser wieder in das Reservoir zurückführt. Die Pumpe P saugt das Wasser aus dem Reservoir R über einen Saugkorb und die Rohrleitung I an, das Wasser wird sorgfältigst durch ein Siebfilter gereinigt, damit sich die Befeuchtungsapparate nicht verstopfen. Die Füllung des Reservoirs durch die Rohrleitung A kann auch von der Wasserleitung erfolgen oder wenn eine solche nicht vorhanden ist, durch die Pumpe P. Der Schwimmer Pl dient zur selbsttätigen Wasserzuführung und hält den Wasserspiegel ständig in gleicher Höhe. Ein Überfallrohr C tritt in Funktion, wenn der Schwimmer versagt und führt zur Ablaßrohrleitung D, durch welche im Bedarfsfalle auch das gesamte Wasser abgelassen werden kann. Für den Winter erhält das Reservoir Dampfheizung oder Kondenswasserzufluß.

Die Einstellung des konstanten Druckes von 8—9 at in der Rohrleitung wird folgendermaßen erzielt: Das Ventil wird geschlossen, die Pumpe in Betrieb gesetzt, wodurch der Druck im Windkessel steigt und den Widerstand des Überdruckventiles überwindet, so daß das Wasser in den Saugbehälter zurückfließt. Unterdessen stellt man die Regulierschraube so lange, bis der verlangte Druck von 8—9 at erreicht ist. Die Regulierschraube wird dann durch eine Schraubensicherung arretiert, um Druckänderungen zu verhindern. Für Frostgefahr kann das Wasser durch ein Ablaßventil aus dem Druckstrang abgelassen werden, was im Winter bei größeren Betriebsstillständen zweckmäßig ist.

Um das Abrosten zu verhindern, baut man die Befeuchtungsapparate aus Zinkblech oder Messingblech, die zugehörigen Armaturen aus Metall. In Abb. 319 ist eine derartige Ausführung dargestellt.

Das Wasser wird in den Befeuchter durch die Rohrleitung A und das Filter F, welches Verunreinigungen abhält, zugeführt. Es fließt dann durch den Hahn S_1, das Röhrchen N, in den Arm E, wo es unter einem Druck von 6,7—9 at an dem Kegel K zerstäubt wird. Dieser saugt so von oben Luft an, welche dann von dem Mantel V abprallt, nach unten sinkt und, nachdem sie auf den Kegel D aufgeschlagen hat, oberhalb des Tellers T in den Raum hinaustritt. Das überschüssige Wasser fließt längs des Mantels V und des Kegels D in den Teller T hinab, von wo es durch die Rohrleitung G, Z wieder in den Sammelbehälter geleitet wird.

Wenn sich die kleine Öffnung des Kegels L verstopft, so kann sie rasch durch die Nadel J und den Hebel P mit der Zugstange T′ auf einen Augenblick herabgezogen werden, wodurch die Kegelöffnung durchstoßen wird. Der Doppelring C unterstützt die Zerstreuung des Wassers unter dem Kegel K. (Mertz rechnet mit ungefähr 2,5facher Lufterneuerung, bei 65% Feuchtigkeit.)

Der ganze Apparat, namentlich die Filter und die Rohrleitungen müssen rein gehalten werden, was regelmäßig mittels Durchspülung der Einrichtung mit Druckwasser erfolgt. Hierzu ist eine besondere Abzweigung vom Druckrohrstrang mit einem eigenen Ventil vorgesehen. Würde sich diese Rohrleitung verstopfen, so könnte das unzerstäubte Wasser nicht in das Reservoir zurückfließen und die Apparate würden überlaufen.

Die Mertzapparate werden in der Regel an der Decke befestigt und so verteilt, daß alle Stellen des Websaales gleichmäßig feuchte Raumluft erhalten.

Die Feuchtigkeit läßt sich dadurch regeln, daß einige oder alle Apparate zeitweilig still gesetzt werden oder aber man setzt den Wasserdruck durch Lockerung der Ventilfeder des Überdruckventils herab. Dabei ist aber zu beachten, daß die Apparate nicht zu tropfen beginnen.

Es empfiehlt sich, die Apparate eine halbe Stunde vor Betriebsschluß abzustellen und die Ventilatoren allein weiter laufen zu lassen, damit die Feuchtigkeit im Arbeitssaal nicht über 100% steigt und allenthalben Tropfenbildung hervorruft.

In Baumwollwebereien ist eine relative Luftfeuchte von 60—75% am vorteilhaftesten. Bei Automatenstühlen geht man auf 85—90% hinauf, in Leinenwebereien mit feinen Ketten auf 75—85%, bei härteren Leinenketten auf 80—90%, bei Jacquardstühlen auf 75—85%. Ferner nimmt man in Jutewebereien 70—80%, Seidenwebereien 65—70%, Wollwebereien 70—80%, Ramiewebereien 80—90% Feuchtigkeit. Vergleichshalber sei auch die Feuchtigkeit für Spinnereibetriebe angegeben: Streichgarnspinnerei 50—60%, bei den Baumwollspinnvorwerken 60%, in der Feinspinnerei 80% bei einer Raumtemperatur von 20° C und 70% bei 30° C (damit die Luft nicht zu schwül wird).

Als zweckmäßigster Feuchtigkeitsmesser wird das Polymeter von Lambrecht in Göttingen (Pfalz) empfohlen, das in Abb. 320 abgebildet ist.

Als Beispiel einer Webereianlage sei der Betrieb der Firma Scheibler in Lodz (Polen), der 3000 Stühle für Rohweißweberei umfaßt, angeführt. Das Projekt stammt von C. Sequin und Knobel Rüti (Abb. 321). Es wurde ein zweiflügeliges Laternensched-gebäude gewählt, um eine leichtere Kraft- und Transportverteilung zu erreichen. Im vorderen Teile des Gebäudes sind die Schweiferei, Schlichterei, die Kanzleien, im rückwärtigen Teil die Hilfswerkstätten, die Tischlerei und Schlosserei eingeteilt. Die hygienischen Anlagen (Klosette, Waschanlagen usw.) sind um den Betrieb verteilt.

Die Garnausgabe (Kette und Schuß) erfolgt im Vordertrakt für beide Gebäudeteile. Im ganzen sind 13 Schlichtmaschinen (je eine für 230 Stühle), 52 Schärmaschinen (je eine für etwa 58 Stühle) verwendet. Der Antrieb erfolgt in diesem Fall noch durch Transmission und Kegelradübertragung mittels Dampfmaschine (1000 PS). Dies bedingt bedeutende Kraftverluste und könnten vom Gesamtkraftbedarf bei Umänderung des Betriebes für Einzelantrieb mindestens 25% erspart werden. Bei Transmissionsantrieb kann man im Durchschnitt bei guten Anlagen 0,25—0,3 PS je Webstuhl rechnen. Bei leichterer und schmaler Ware noch weniger. In der angegebenen Anlage ist das Maschinenhaus und Kesselhaus abgesondert, das letztere hat 8 Tischbeinkessel mit je 200 m² Heizfläche. Für Modernisierung dieses Betriebes wäre neben Übergang auf Einzelantrieb die Einrichtung eines Hochdruckkessels und einer Gegendruckdampfturbine mit direkt gekuppeltem Generator zu empfehlen. (In Abb. 321 ist billigerer Gruppenantrieb gewählt worden.)

Im Gebäude liegen die Haupteingänge in den Frontmitten, die Notausgänge an den Ecken. Dieselben sollen so disponiert sein, daß kein Arbeiter bei allfälliger Feuersgefahr weiter als 40 m zum nächsten Notausgang hat.

Die Weberei verwendete ursprünglich das Zweistuhlsystem, hat also bei 3000 Stühlen 1500 Weber und etwa 100 Hilfsarbeiter.

In Rohweißwebereien rechnete man vor dem Krieg in Mitteleuropa etwa 900 Mark

Anlagekapital je gewöhnlichen glatten Stuhl. Bei teurerer Ware bis 2800 Mark. An Grundfläche benötigt eine Weberei einschließlich der Vorbereitungsmaschinen 7—9 m^2 Bodenfläche je Stuhl. Werden die Maschinen stärker zusammengedrängt, so ist dies für die Fabrikation unvorteilhaft. Als Anlagekapital für das Weberei-Schedgebäude kann je nach Ausführung 36—60 Mark Vorkriegswährung je m^2 gerechnet werden.

In Abb. 322 ist eine mittlere Webereianlage dargestellt.

Abb. 276 zeigt den Schnitt durch einen Eisenbetonsched. Die Abb. 323 stellt die Befestigung der Transmissionslager an den Betonträgern und Säulen vor, für welche Befestigung schon beim Bau die entsprechenden Aussparungen im Beton ausgelassen werden.

I. Der Webereibetrieb.

Ein dauernd ökonomischer Betrieb erfordert neben moderner Einrichtung auch rationellste Betriebsführung, deren Merkmal die geringst möglichen Erzeugungskosten je 1 m Ware sind. Zu einer guten Webereileitung sind neben den erforderlichen Fachkenntnissen, schnelle Überlegung, Umsicht und Energie notwendig. Namentlich eine Erfassung und genaue Kontrolle jeder einzelnen Untergruppe in der Erzeugung gibt Aufschluß über die allfälligen Betriebsmängel. Noch wichtiger ist eine erstklassige Organisation des Verkaufsapparates.

Bei jedem Unternehmen ist zur genauen Übersicht der Ausgaben und Eingänge eine entsprechende Organisation der kaufmännischen Führung, Evidenz derselben durch entsprechende Buchhaltung notwendig, wobei moderne Betriebe meist vom Buchsystem abgegangen sind und das Kartotheksystem wenigstens für die innere Betriebsbuchführung und Betriebskontrolle verwenden. Daneben werden noch einzelne Hauptbücher, wie das Journal, welches alle Ein- und Ausgänge enthält, dann das Kassabuch und das Hauptbuch für die Bilanz geführt. Für die innere Betriebsbuchhaltung sind wichtig: die Garnbücher, die Lohnbücher, das Gebäude-, Maschinen- und sonstiges Inventarkonto, die Regiekonti (Gehalte, Steuern, Versicherungen usw.), die Hilfsmaterialienbuchführung (Schlichte, Schnüre, Picker, Schützen, Reparaturwerkstätten), ferner als besonderes Konto das Kohlenkonto. Je detaillierter die Aufschreibungen erfolgen, desto leichter ist die Auffindung von Fehlerquellen. Das Kalkulationsbuch für die Ware und Produktionsbuch wird so geführt, daß nur wenige Eingeweihte über den richtigen Stand Aufschluß erhalten können. In der modernen Kalkulation wird möglichst jede Einzelphase der Erzeugung festgehalten, um die teuren Posten besonders beaufsichtigen zu können. Man unterscheidet eine Vorkalkulation, welche unbedingt nach Fertigstellung der ersten Probestücke durch die Nachkalkulation zu überprüfen ist, um nicht unangenehme Überraschungen zu erleben.

Der Verkaufspreis einer Ware setzt sich zusammen aus: a) den Materialkosten (Garnwert), b) den Erzeugungskosten, die wieder genau zu unterteilen sind, c) dem Reingewinn.

Die Ersparnis an Material ist nur insoweit möglich, daß man bei bester Qualität, genauesten Vertrag mit dem Spinner, der Marktlage entsprechend eventuell spekulativ die Garne einkauft. Mindere Garne erfordern eine besonders scharfe Kontrolle, da sonst trotz niedrigen Garnpreises infolge der Qualitätsverminderung und größeren Zahl der Betriebsstillstände infolge Fadenbruch eine wesentliche Verteuerung in der Ware eintritt. Die Erzeugungskosten bestehen aus: Verzinsung und Abschreibung der Einrichtung, den Lohnkosten, den Kraftkosten (Kohle, Strom) und den Hilfsmaterialkosten (Webereiutensilien, Riemen usw.). Gerade hier bringt die Detailkontrolle wesentliche Ersparnisse.

Die Regie zerfällt in eine fixe Regie (unveränderliche Steuern, Beamtengehälter, Versicherungen, Beleuchtung, Beheizung) und eine schwankende Regie (Löhne, Erzeugungssteuern, Kohle, Hilfsmaterial). Die feste Regie ist besonders belastend für die Erzeugung und erhöht besonders bei eingeschränktem Betrieb die Erzeugungskosten je m Ware bedeutend. Die schwankende Regie geht parallel mit der Erzeugung.

Bezüglich der Abschreibung sind oft behördliche Vorschriften vorhanden, damit nicht durch übermäßige Abschreibungen verschleierte Gewinne entstehen. Man schreibt beispielsweise ab: Bei massiven Gebäuden (Eisenbeton) 1,5%, bei Ziegelbauten 2%, bei schwach belasteten Kesseln 5%, bei stark belasteten modernen Großleistungskesseln 8—10%, bei Dampfmaschinen und Turbinen 10%, bei Wasserturbinen 4%, bei den Transmissionen 5%, bei den Vorbereitungsmaschinen 8%, bei Schaft- und Jacquardmaschinen 10%, bei breiten Stühlen 4%, bei schmalen Stühlen 6%.

Webereien, die schmale und breite Stühle verwenden, amortisieren die Gebäude wie oben mit 1,5—2%. Die gesamte Einrichtung mit 5% bei Rohweißweberei und 6% bei Buntweberei.

Englische Betriebe schreiben ab:

für Betonbau	1%	Transmission	8%
Ziegelbau	2%	Vorbereitungsmaschinen	10%
Schwach belastete Kessel	10%	Jacquardmaschinen	20%
Stark belastete Kessel	15%	Schaftmaschinen	12,5%
Dampfmaschinen	4—6%	Webstühle je nach Tourenzahl	4—6%
Lichtanlage	15%		

Die Hilfsmaterialien, wie Geschirre, Treiber, Schützen müssen in besten Qualitäten bei genauester Verbrauchskontrolle, namentlich Kontrolle der Verwendungszeit beobachtet werden.

Die Treiber sollen z. B. gut trocken vor Gebrauch lagern und dann 6—8 Wochen in Öl eingelegt werden, wieder getrocknet und erst 2—3 Monate nach dem Ölen verwendet werden. Gut geölte Treiber haben eine bis doppelt so große Lebensdauer als nicht imprägnierte. Zur schnelleren Imprägnierung verwendet man heute kleine Druckkessel in der Anordnung wie Abb. 324 zeigt.

Die Schützen werden in entsprechender Holzart gewählt, z. B. Buchsbaum, Persimon, Steinholz, Lignoston, für Tuchschützen auch Weißbuche. Auch die Schützen werden vor der Verwendung etwa 6 Wochen in warmes Leinöl eingelegt und dann ebensolange oder länger getrocknet. Sie sind dann schwerer und dauerhafter. Heute wird auch oft das Imprägnieren der Schützen mit Öl in Hochdruckkesseln mit wesentlich geringerem Zeitverbrauch durchgeführt.

Die Schlagriemen und Schlagkappen müssen aus bestem Kernleder hergestellt sein, dabei spezifisch leicht und zähe sein. Die besten Qualitäten sind Chrom-, Rindsleder oder Büffelleder. Sie dürfen nicht zu fett sein oder sich bei Gebrauch dehnen und müssen in trockenen Räumen luftig aufgehängt werden.

Die Geschirre müssen nach Bindungen geordnet im Geschirrlager (Abb. 325—326) stuhlweise zusammengebunden, übersichtlich aufgehängt sein. Die Geschirrkammer muß trocken sein, damit besonders bei den Drahthelfen und Blättern kein Rost eintritt. In Abb. 325—326 sind besondere Aufhänger dargestellt. Die Schaftösen (Ohren) dürfen nicht zu tief in den Schaftrahmen eingebohrt werden, um die Litzen nicht zu schädigen.

Die Garnmanipulation und Kontrolle besorgt auch die Garnkalkulation, sie gibt Ketten- und Schußgarne aus und registriert diese für die Kalkulation. Sie führt auch eine ständige Kontrolle der Abfälle. Die Garnausgabe soll, wie schon angeführt wurde, möglichst leicht von der Weberei erreichbar sein. Die Schußausgabe erfolgt kistenweise. Die Verteilung wird vorteilhaft durch eigene Hilfsarbeiter besorgt, damit der Weber nicht den Stuhl verlassen muß.

Besonders größere Webereien müssen wegen der weiteren Entfernungen die Transporte genau organisieren, um in der eigentlichen Weberei keine Zeitverluste zu erleiden. Neuere Webereien haben die Schußspulen auch auf Brettchen aufgespindelt und sind für diese Brettchen ständig volle Reservebrettchen vorhanden, die automatisch ausgewechselt werden, wenn in der Garnausgabe ein leeres Brettchen abgeliefert wird. Zur Erleichterung der Kontrolle erfolgt die Brettchenausgabe nach Stuhlnummern über Fächer, die außerdem die Nummer des Webers tragen. Es ist hier auch eine Leistungskontrolle der einzelnen Weber möglich. Eine Schußausgabe mit Fächern zeigt Abb. 282—283. Die Numerierung der Fächer ist vom abholenden Arbeiter und vom Beamten aus sichtbar. Die Ausgabe wird von einem Garnmanipulationsbeamten kontrolliert und verbucht. Der leitende Beamte der Garnmanipulation überblickt die Arbeit in der Ausgabe und muß durch die Transportleitung dafür sorgen, daß der Weber nicht auf Material zu warten braucht. Jedenfalls muß die Transportfrage der Schußgarne so gelöst werden, daß keineswegs Stillstände der Webstühle eintreten können. In Automatenwebereien kann der Weber eher den Stuhl verlassen und Material holen. Obwohl auch hier, namentlich wenn er viele Stühle zu bedienen hat, eigene Transportarbeiter vorteilhaft sind.

Je nach dem Aufbau und Preis der Ware ist die Zahl der Stühle, die einem Arbeiter zugeteilt sind, veränderlich. Es hängt dies auch vom Arbeiter und von den Organisationsverhältnissen ab. Auf je 60—100 glatte Stühle teilt man einen Stuhlmeister und zwei Vorrichter ein.

Für die Schweif- und Schlichtmaschinen wird je Maschine ein Arbeiter nötig.

Für Schußspulmaschinen wird je nach Laufgeschwindigkeit und Qualität des Garnes mit bis 35 Spindeln je Arbeiterin gerechnet. Moderne Schnellspulmaschinen (Leeson) erfordern auf je 15 Spindeln eine Arbeiterin, da sonst die Maschine unnütze Stillstände hat.

Die Löhne sollen immer so bemessen sein, daß der Arbeiter bei Gewissenhaftigkeit und Fleiß sein Auskommen hat. Lohndrückerei verringert die Leistungen in Qualität und Quantität.

Die Verkaufsunkosten können dadurch verringert werden, daß besonders kleinere Betriebe, die gegenseitig nicht Konkurrenzartikel erzeugen, einen gemeinsamen Verkaufsapparat unterhalten. Der Reingewinn hängt außer von der Führung des Betriebes auch von den wirtschaftlichen Umständen ab.

Die Seidenwebstühle.

(Power looms for silk.)

Diese Webstühle erfordern wegen der Eigenart des zu verarbeitenden Materials, seiner Feinheit und wegen der für die Wareneinheit nötigen sorgsamen Webtechnik, eine besondere Bauart der Stühle, die durch die Form der Seitenwände und besonders durch die Längenmaße charakterisiert ist. Die Fachhöhe und die Schützenhöhe ist wegen des feinen Schusses gering, die Fachlänge trotzdem wegen der Schonung der Kette groß. Die Ausführung des Stuhles ist eine viel genauere als beim Baumwollstuhl. Der Ladenhub ist kürzer als bei den Baumwollstühlen und beträgt 11—12 cm gegen einen Hub von 13 bis 14 cm bei Baumwolle.

Während des Ladenanschlages wird der Kettenablaßmechanismus eventuell gesperrt, damit die weiche Gegengewichtsbremse nicht übermäßig die Kette nachläßt.

Der Schlagmechanismus ist als Unter- oder Mittelschlag gebaut (der letztere seltener), damit die von den Schlagteilen abgeschleuderten Unreinigkeiten nicht auf die Ware fliegen.

Die Warenaufwicklung erfolgt wegen der Feinheit des Materials bei seiner gleichzeitigen Ungleichheit und nötigen Warendichte durch einen eigenen, sehr fein schaltenden Warenbaumregulator, der als sog. Kompensationsregler gebaut ist, d. h. er schaltet nur genau das jeweilig fertiggewordene Warenstück. Auch die Fachbildemechanismen sind dem feinen Material entsprechend fein ausgeführt. Die Fachbildung durch Schaft- oder Jacquardmaschinen ist ebenfalls dem feinen und dichten Material angepaßt.

Die Bremsung der Kette erfolgt weich mit genau konstanter Spannung durch die sehr empfindlichen Gegengewichtsbremsen.

Zur Erzielung einer möglichst großen Fachlänge legt man wegen der Kettenschonung das Kettenbaumgestell separat vom übrigen Stuhl 1—2 m weit entfernt an. Dadurch wird die Kettenspannung sehr gering. Auch die Vorbereitung und Vorrichtung des Stuhles ist wegen des feinen Materials eine besondere.

Die Einzelmechanismen seien im nachfolgenden in ähnlicher Reihenfolge wie bei den Baumwollstühlen besprochen.

I. Bewegungsmechanismen für die Kette.

A. Die Kettenbaumlagerung und die Kettenlängsbewegung (Führung, Spannen und Nachlassen der Kette).

1. Die Kettenbäume

sind für Seide besonders sorgfältig ausgeführt, erstklassig im Holz, glatt lackiert und haben einen Durchmesser von 120—150 mm. Die Bremsscheiben sind meist kleiner als bei Baumwolle, als Muffe am Baumende ausgeführt (wegen der schwächeren Spannung).

1a. Die Kettenbaumlagerung und Bremsung (Abb. 327—328, 329—330).

Kunstseiden und Reinseidenketten werden beim Bäumen mit sehr feiner Kreuzwindung der Fäden aufgewickelt, d. h. man stellt den Reihkamm mit den Kettenfäden zuerst senkrecht zur Kettenrichtung und stellt ihn dann allmählich schräg, so daß die späteren Windungen der Kette mit dichterer Einstellung gewickelt sind und nicht einschneiden. Der Kettenbaum erhält dadurch auch in der Nähe der sog. Leistenfäden einen sog. Hals. Zur Sicherheit gegen das Einschneiden legt man außerdem beim Aufbäumen zwischen die einzelnen Windungen einen glänzenden Karton ein, der die Fäden stützt und meistens die konträre Farbe der Kettenfäden hat.

Der Kettenbaum ist in einem Sondergestell gelagert und erhält meist eine Gegengewichtsbremse, wie Abb. 327—328 darstellt. Die in Abb. 329—330 gebildete Seilbremse ist seltener. (Starke Kunstseide, die auch auf gewöhnlichen Baumwollstühlen verwebt werden kann.)

Die Kettenbaumlagerung in den besonderen Ständern erfolgt in genau gleicher Höhe mit dem Fach. Bei sehr heiklen Waren liegt auch die Warenaufwicklung in derselben Höhe, um das Material möglichst zu schonen. Außerdem wird die Ware mit einem Schutztuch bedeckt und meist mit der linken Seite nach oben gewebt. Werden mehrere Bäume verwendet, so müssen dieselben auf dem gesonderten Ständer entsprechend gelagert werden. Die Entfernung der Kettenbäume vom Geschirr ist, wie schon erwähnt, etwa 2 m, daher auch der Raumbedarf der Stühle größer. Da die bisher üblichen hölzernen Kettenbäume speziell in der Kunstseidenweberei große Mängel aufweisen, haben die Kupferwerke Böhmen eine neue Art von Kettenbäumen hergestellt. Diese Kettenbäume V mit Scheiben K (Abb. 331) sind aus Leichtmetall und bieten einen bedeutenden Vorteil gegenüber Holzbäumen mit Blechscheiben. Sie werden besonders in der Kunstseidenweberei benutzt. Die Vorteile dieser Kettenbäume liegen hauptsächlich in dem geringen Gewicht und der glatten Oberfläche.

2. Die Kettenbremsen

müssen mit sehr weicher Spannung Kette nachlassen, weshalb man die Gegengewichtsbremsen verwendet. Die Spannung bleibt ziemlich konstant, da der Kettenbaumdurchmesser nur unwesentlich abnimmt.

Die Bremsscheiben sind wegen der kleinen Spannung als Muffen aufgeführt, um welche das Bremsseil zweimal umgewickelt ist (Abb. 327—328). Die außenliegenden Seilenden sind mit einer Traverse verbunden, welche die gemeinsame Gewichtsbelastung trägt. Ebenso sind die inneren Gegenenden der Seile mit einer zweiten Gewichtstraverse belastet. Die äußere Traverse hat die schwereren Gewichte. Der Gewichtsunterschied bewirkt die Kettenspannung, die demnach genau regulierbar ist, da die Gewichtsdifferenz zwischen den Außen- und Innengewichten beliebig einstellbar ist. Gelangt beim Abweben das innere kleinere Gewicht auf den Boden, so lockert sich beim Aufschlagen des Gewichtes die Seilumschlingung auf der Bremsmuffe, das Seil gleitet gegen das größere Gewicht zu nach außen ab, und die Kette ist wieder mit der Gewichtsdifferenz gespannt.

Dieses regelmäßige Aufschlagen des kleinen Gewichtes wird als das „Spielen" der Bremse bezeichnet.

Um auch noch den Ausgleich der Kettenspannung selbst für die geringe Änderung des Kettenbaumdurchmessers zu erreichen, legt man beim Beginn des Webens auf die äußere Traverse mehr Gewichte auf und verkleinert während des Abwebens die Gewichtsdifferenz zwischen den Außen- und Innengewichten durch regelmäßige Abnahme einzelner Gewichte an der äußeren Traverse. In besonderen Fällen kann man zur verfeinerten Wirkung der Bremsgewichte die Gewichtsübertragung durch größere Seilräder oder Wellen- und Zahnräder oder durch Walzen- eventuell Hebelübersetzung vergrößern.

Gegengewichtsbremse mit Zahnradübersetzung. Diese Konstruktion wird häufig verwendet, um mit kleineren Gewichten dieselbe Kettenspannung zu erreichen. Man verwendet hierfür eine Zahnradübersetzung, deren größeres Zahnrad auf dem Kettenbaum sitzt und mit einem kleineren Rad in Eingriff steht. Das letztere sitzt auf einer zum Kettenbaum parallelen Walze, die die Seile und Gegengewichtsbremsen erhält. In ähnlicher Weise vergrößert die Firma Diederich in Bourgoin die Wirkung der Gewichte durch Zahnradübersetzung. Das größere Rad sitzt wieder am Kettenbaum, das kleinere erhält die über einen Hebel wirkende Gegengewichtsbelastung.

Der Kettenbaum-Regulator für Seidenstühle mit Spannvorrichtung in der Bauart C. Zangs AG., Krefeld (Rheinland) ist in Abb. 332—333 dargestellt und zeichnet sich durch eine besonders empfindliche Spannvorrichtung für die Kette aus.

Der Antrieb dieses Reglers wird von der Schützenschlagwelle Sh aus, mittels Exzenter E, der Zugstange T_1, der Hebel P_1, P_2, der Zugstange T_2 auf den zweiarmigen Hebel P übertragen, welcher mit seinem Arm und der Klinke Z das Sperrad R dreht. Der Hebel P, welcher mit seinem Zapfen im Auge der Zugstange T_2 eingreift, schaltet negativ, also nach Bedarf. Diese Schaltung wird durch die Kegelräder K_1, K_2, die Schnecke S, das Schneckenrad K_3 auf den Kettenbaum übertragen, das ganze Rädersystem ist auf dem Winkelhebel U gelagert, der um den Zapfen O_1 schwingt. Das Gewicht Q_1 zieht den Regulator nach unten und spannt so die Kette. Das Gewicht Q_2 wirkt dem Gewicht Q_1 entgegen, um die Spannungsschwankungen in der angespannten Kette herabzusetzen und eine gewisse Elastizität in der Kettenschaltung zu erzielen. Wenn die Kettenspannung abnimmt, so sinkt auch der ganze Regulator herab und gleicht so die Spannung wieder aus.

3. Der Streichbaum

wird bei Seidenstühlen in der Regel fest gelagert und nur von der darüberlaufenden Kette gedreht, sonst hat er keine Bewegung und hat auch keinen Einfluß auf die Kettenspannung während der Fachbildung. Die für die Fachbildung nötige Kettenverlängerung wird bei richtiger Einstellung der Gegengewichte leicht durch dieselben ausgeglichen. Der Streichbaum wird als genaue, glatte, lackierte Holzwalze ausgeführt und ist in Lagern oder Rohrhülsenlagern des gesonderten Kettenbaumgestelles gelagert (Abb. 327 bis 330).

4. Die Kreuzschienen

sind wegen Schonung der Seidenketten als glatte, eventuell mit Blech beschlagene Holzstangen ausgeführt, haben flaches oder ovales Profil und werden durch Schnüre in angemessener Entfernung vom Streichbaum gehalten. Man fügt zu den Kreuzschienen auch manchmal eine paraffinierte Schiene C_1 und eine Verteilungsschiene C_4 hinzu. In Abb. 334 stellen C_2, C_3 die gewöhnlichen Kreuzschienen dar.

5. Das Blatt

wird für Seidengewebe sehr oft in feinem Messingdraht mit gelöteten Zähnen ausgeführt und hat 40—45 Zähne je Zentimeter.

B. Die Fachbildungseinrichtung.

Das Geschirr (Werk) ist in allen Einzelheiten für das feine Kettenmaterial entsprechend zu wählen. Die Litzen sind aus feinen Zwirnen hergestellt, meist werden aber spezielle Drahtlitzen vorgezogen. Früher haben manche Seidenwebereien ihre eigenen Geschirre aus feinen Baumwollzwirnen selbst hergestellt.

Die Fachbildungsvorrichtung bei den Seidenstühlen richtet sich nach der Bindung und Art der Stoffe.

1. Die Exzentervorrichtung

mit einfachen, offenen Exzentern, wie bei Baumwollstühlen mit oberen, einfachen Gegenzugrollen, wie sie Abb. 29 zeigte, wird nicht verwendet.

Man webt dagegen die Seidenwaren bei Leinwandbindung (Taffet) zwar mit zwei Exzentern und Tritten, aber die Schäfte werden auf zwei kegelförmig abgestufte Rollen aufgehängt (Abb. 335). Die Vergrößerung des Rollendurchmessers gegen den Kettenbaum zu ist notwendig, damit die rückwärtigen Schäfte für das reine Fach höher ausheben.

Die Bewegung der geradzahligen und ungeradzahligen Schäfte wird mittels Winkelhebel U_1, U_2, die der Zugstangen T_1, T_2, von den Exzentern E_1, E_2 erzielt. Die Rollen K_1, K_2 sind durch einen Riemen verbunden, so daß die Schäfte beiderseits gleichmäßig gehoben werden. Die Rollenlager sind gegen das Blatt zu verschiebbar, um die Schaftaufhängung in die richtige Entfernung von der Lade zu bringen (Abb. 336—337).

2. Die Exzenterkarten,

die auf einer Trommel laufen (Abb. 42—44) werden heute nur sehr selten verwendet. Man zieht vielmehr selbst für einfache Bindungen Schaftmaschinen leichter Bauart vor. Auf denselben kann man beispielsweise Leinwandbindung ohne Karten weben, d. h. man hält die Hilfsplatinen dauernd gehoben, indem man sie mit einer Schnur hochbindet.

3. Die Schaftmaschinen

für Seidenstühle sind zarter gebaut und auf kleinerem Raum zusammengedrängt, da nur leichte, dichtstehende Schäfte zu heben sind. Führend auf diesem Gebiet ist Fa. Stäubli in Horgen (Schweiz), auch Horák (Lomnice ČSR.) und andere bauen dieselben (Abb. 48 bis 57). Zur Kartenersparnis werden Karten aus Papier verwendet (Abb. 48).

Auch die Zwei- und Mehrprismenmaschinen werden speziell dort verwendet, wo streifenweise einfache Bindungen gewebt werden sollen (siehe Kartensparvorrichtungen bei den Baumwollstühlen).

4. Die Jacquardmaschinen

für Seide sind gleichfalls feiner gebaut als bei den Baumwollstühlen; sie werden meist als Doppelhubmaschinen ausgeführt. Einhubmaschinen sind nicht in der mechanischen Seidenweberei verwendet.

Die Stuhltourenzahl kann so bei Seidenjacquardmaschinen bis auf 160 Touren in der Minute gebracht werden.

Die Doppelhubjacquardmaschine Bauart Horák ist aus Abb. 78—79 ersichtlich. Die entsprechenden Schnurgallierungen zeigen für einfache und symmetrische Muster die Abb. 78—79.

Die Firma Honegger in Rüti konstruierte eine Seidenjacquardmaschine etwa nach Abb. 338.

Die Verdolmaschinen nach Abb. 82 sind für feine, dichte Seidenstoffe, namentlich Krawatten sehr gebräuchlich. Siehe hierzu S. 28.

Die 800er Doppelhubjacquardmaschine mit oberen Hebeschäften (Obertringles) (Abb. 338) wird mit Vorteil bei jenen Waren verwendet, bei welchen die Grundbindung in Atlas oder einer anderen einfachen Bindung durchgewebt ist, deren Abbindepunkte in den Figurabbindungen ihre Fortsetzung finden.

Es können beispielsweise achtbindiger Atlas und Leinwandbindung kombiniert werden. Die zweifädige Leinwandbindung verlangt zweifädige Kettenfädenteile und zweifädige Abstufung in der Kontur der Abbildung des Musters.

Die Jacquardmaschine erhält ihren Antrieb mittels einer Kette R_1 von der Hauptwelle des Webstuhles. Durch das Rad K_1, die Kegelräder K_2, K_3 mit einer Übersetzung 1 : 2, mit der Zugstange T, den Hebeln P_1, P_2, durch die Zugstangen T_1, T_2 und die Stangen Tn_1, Tn_2 werden die Messerkasten bewegt.

Das fünfkantige Prisma wird von dem Kegelrad K_3 mittels der Räder K_4-K_7 und der Ketten R_2, R_3 ruckweise gedreht. An dem Zapfen des Kegelrades K_7 ist das Zahnrad K_8 exzentrisch gelagert, welches mit dem elliptischen Zahnrad K_9 im Eingriff steht und an dessen Welle die Platte Z mit den Zapfen C_1, C_2 befestigt ist.

Die Platte Z greift mit diesem Zapfen in das Sternrad Hz des Prismas H ein. Die Prismenschwingung erfolgt durch das Exzenter E, welches auf dem Zapfen des Rades K_7 sitzt. Die Zugstange T_5 des angeführten Exzenters ist fest, so daß dieses mit seinem Zapfen jene Bahn in dem Exzenterring beschreibt, welche der Prismenbewegung entspricht. Die Prismenanordnung ist auf den Geleisen D verschiebbar.

Die Stange T_4 führt beiderseits das Prisma. Sie ist hinten mit der Gegenplatte C verbunden, welche auf die hinteren Nadelenden einwirkt. Vor dem Nadelstab B liegt eine Messingschutzplatte A, auf welche die Nadelenden eingestellt werden. Diese Platte wird durch die Stange T_6 geführt und die Feder F_2 gefedert.

Die Hebeschäfte Cn_{1-32} sind in Rosten Pr_{1-32} geführt und werden von speziellen Platinen ausgehoben. Die ungeraden Hebeschäfte werden durch das Platinensystem Pl_1, die geraden durch das System Pl_2 bedient.

Die Anzahl der Hebeschäfte ist gleich der Reihenzahl der Platinen beider Systeme, in unserem Fall also 32 Hebeschäfte (Tringles).

Je nach der Zahl der Kettenfäden in dem von einer Platine auszuhebenden Kettenfädenteil trägt jede Platine die entsprechende Anzahl von Hebeschnüren, bei Leinwandbindung also 2 Schnüre.

Eine Hebeschnur bzw. ein Band hat 2 Platinenschnüre, und zwar eine für das Platinensystem Pl_1 und eine für das System Pl_2. Dies begründet die Fortsetzung der Abbindepunkte aus dem Grund des Gewebes in der Figur (Muster) desselben. Die in Abb. 73 geschlagene Atlasbindung zeigt die Übereinstimmung mit der Schaftwirkung. Die Schnürordnung ist „gerade durch“.

Die Hebeschäfte und die Reserveplatinen werden von den Karten K_I und die Figurplatinen von den Karten K_{II} gesteuert.

In der Seidenweberei werden besondere Gallierungen verwendet. Die Hebeschnüre werden nicht immer einfach geführt, wie in der Baumwollweberei, sondern man nimmt zuerst die zwei Schnüre der ersten zwei Platinen in der ersten Querreihe des Schnurbrettes, dann zwei Platinen nach der Mitte dieser Querreihe und so abwechselnd weiter, wie Abb. 339 zeigt.

Wenn z. B. in der Querreihe der Jacquardmaschine 16 Platinen vorhanden sind (800er Maschinen), so führt man die Schnüre der ersten und zweiten Platinen in das erste und zweite Loch des Schnürbrettes. Die Schnüre der

3. und 4. Platine in das 9. und 10. Schnürbrettloch,
5. und 6. Platine in das 3. und 4. Schürbrettloch,
7. und 8. Platine in das 11. und 12. Schnürbrettloch,
9. und 10. Platine in das 5. und 6. Schnürbrettloch,
11. und 12. Platine in das 13. und 14. Schnürbrettloch,
13. und 14. Platine in das 7. und 8. Schnürbrettloch,
15. und 16. Platine in das 15. und 16. Schnürbrettloch.

Diese Gallierungsart hat bei Kettenfädenbruch den Vorteil, daß man sehr leicht erkennt, in welchem Blattzahn der zerrissene Faden gehört, da bei dieser Gallierung stets zwei Fäden von hinten mit zwei Fäden von vorne zusammengeführt werden. Eine andere Gallierungsart zeigt Abb. 339, die zur Vermeidung von Kettenstreifen dient, welche in Seidengeweben bei gewöhnlicher Leinwandbindung infolge verschiedener Kettenfädenspannung leicht eintritt. Sie wird in folgender Weise ausgeführt. Die in gerader Reihenfolge genommenen Hebeschnüre 1—16 der ersten Querreihe werden in das

1.	5.	9.	13.	3.	7.	11.	15.
2.	6.	10.	14.	4.	8.	12.	16.

Loch des Schnürbrettes eingezogen. Bei dieser Gallierung entstehen in den 16fädigen Gruppen keine Kettenstreifen.

Zur Verhütung dieser Streifenbildung, welche nicht mit Blattstreifen verwechselt werden darf, wird bei den leinwandbindigen Geweben der oben erwähnte, spezielle Einzug benutzt. Man zieht auch versetzt ein, z. B. die erste Hebeschnur in das erste Loch, die zweite in das dritte Loch, die dritte in das zweite Loch usw.

Zur Erleichterung des Einzuges in das Schnürbrett wird derselbe auf einem besonderen Tische (Abb. 341—342) durchgeführt, wo die Hebeschnüre mit ihren Schlingen auf die Stange L aufgefädelt werden. Die 1.—7. Schnur wird bei der gewöhnlichen Gallierung in das 1.—7. Loch des Schnürbrettes (Schnürbrettrapportes) eingezogen usw. (gerader Einzug oder „Schnürordnung gerade durch"). Schnüre, die zu demselben Rapport gehören, werden hinter den Haken H gelegt.

5. Die Leistenbildungsapparate

werden in der Seidenweberei in mannigfaltigen Systemen verwendet. Sie haben die Aufgabe, entweder besondere Leisten (Ajour) bei einfachen Geweben oder die Mittelleisten zu bilden, wenn mehrere schmale Waren nebeneinander gewebt werden. Die Abb. 120—125 zeigen einfache Leistenapparate von Stäubli und Horák.

E. Langjahr baut für das Weben zweier Waren nebeneinander den etwas komplizierten Apparat Abb. 343. Derselbe beruht auf folgender Erwägung. Um auch die inneren Leisten so fest zu weben wie die äußeren, werden dieselben mit einem besonderen Schuß durchwebt. Man hebt hierfür die inneren Randfäden (Abb. 343) über die Ebene des Oberfaches und durch dieses erhöhte Fach läuft ein besonderer kleiner Schützen, so daß die inneren Leisten außer durch den Hauptschuß noch durch den Nebenschuß nach einer bestimmten Bindung durchwebt werden.

Man verwendet zwischen den inneren Leisten gewöhnlich noch besondere Baumwollkettenfäden, damit die inneren Ränder der beiden Stoffe beim Aufschneiden nicht so leicht beschädigt werden. Diese Baumwollfäden fallen beim Zerschneiden der beiden Gewebebahnen heraus, da sie von den kleinen Schützen nicht durchwebt sind. Außerdem sind gegen die Stoffbahn zu an der inneren Leiste Fangfäden vorgesehen, mit welchen der Schuß aus dem kleinen Schützen auf der einen Seite abgefangen wird. Dann folgen die eigentlichen Leistenfäden, welche außerhalb der Leiste wieder durch Fangfäden abgeschlossen werden, die den Schuß aus dem Kleinschützen auf der anderen Seite abfangen.

Je nachdem, nach wieviel Schüssen der kleine Schützen durch beide Leisten hindurchgeht, unterscheiden wir ein Durchweben mit drei und mehr Schüssen. Am häufigsten werden drei Schüsse genommen.

In Abb. 346 bedeutet ein kleiner Kreis über dem betreffenden Faden den Hub desselben in das erhöhte Fach. Ein voller schwarzer Punkt bedeutet den Hub des Fadens für die Abbindung des Hauptschusses. Treffen beide Zeichen an derselben Stelle zusammen, so wird der Faden in das erhöhte Fach gehoben. Da jeder Faden von Nr. 1—2 auf zwei Arten gehoben werden kann, gehören zu jedem Faden bzw. jeder Fadengruppe (wie bei Fäden 2—7) zwei Platinen.

Für das erhöhte Fach heben die betreffenden Jacquardplatinen mittels Hebel, für das gewöhnliche Oberfach heben andere Platinen direkt. Die Reinheit des erhöhten Faches wird durch stufenweise Verbindung der Hebeschnüre auf entsprechenden Hebelarmlängen erzielt. In der Abb. 346 (links) ist die Leistenbindung für beide Schüsse zerlegt, die einzelnen Fäden sind durch die zugehörigen Platinen bezeichnet. In Abb. 346 ist rechts die Kartenpatrone angegeben, und in diesem Muster sind die Fäden nach den Platinen 1—14 zusammengestellt.

Nachdem der erste Fangfaden mit dem dritten und der zweite mit dem vierten Fangfaden für den Hauptschuß der Ware zugleich gehoben wird, so sind soviel Platinen (14 Stück) notwendig. Es sind hierzu auch 24 Karten nötig, wenn sie für den Platinenteil der Leisten selbständig geschlagen werden. Manchmal ist die Bindung dieser Leisten in den Karten für den Grund geschlagen, was aber bei einer größeren Kartenzahl mehr Arbeit erfordert.

Die Bewegungen des kleinen Schützen zeigen Abb. 343, 344 (347). Der Schützen bewegt sich in einem Schlitz der Platte A (Abb. 347), welche in der Mitte der Lade am Ladenklotz befestigt ist und teilweise auch am Blatt anliegt. Der Schützen wird von zwei Zähnen bewegt, die sich durch den Einschnitt der Platte A für das erhöhte Fach allmählich heben, damit die höher gehobenen Kettenfäden nicht reißen. Diese Zähne bewegen sich einerseits seitlich, was mit dem Lineal M erzielt wird, in welchem sie die senkrechte Bewegung erhalten. Die zweite Bewegung erreicht man durch eine Nut Dr in der Platte, in welche die Zähne mit ihren Zäpfchen eingreifen. Beide Bewegungen werden gleichzeitig dadurch erreicht, daß sich das Lineal M durch die Zugstange T_1 seitwärts bewegt. Die Bewegung der Stange T_1 bewirkt man mit dem Winkelhebel U, der Zugstange T_2, dem Hebel P_2, der Zugstange T_3, dem Hebel P_1 mit dem Gleitstück, welches in der Nut der Scheibe E gleitet, wodurch der Hebel P_1 ausschwingt. Die Ausführung der Platte A ist aus der Abb. 347 ersichtlich, welche einen ähnlichen Apparat für Handwebstühle zeigt.

Wird beim Auftrennen der Ware (Schußsuchen) mit diesem Apparat der Schußfaden herausgenommen, so muß der kleine Schützen zum Stillstand gebracht werden, damit die inneren Leisten durch diesen Schuß nicht weiter verwebt werden. Dies erreicht man durch Abhebung der Zugstange T_1 vom Zapfen des Hebels U. Die Zugstange T_1 wird dann in einen Haken des Ladendeckels eingehängt. Die falsch eingetragenen Schüsse müssen im Hauptgewebe und auch aus dem Leisten herausgezogen werden, wobei auch der Sonderschuß aus den Mittelleisten entfernt werden muß (Abb. 343).

Da in den inneren Leisten verhältnismäßig mehr Schüsse eingetragen sind, ist die Ware an dieser Stelle dicker und würde auf dem Warenbaum beim Aufwickeln eine Verdickung ergeben, welche dann eine stärkere Spannung der zugehörigen Kettenfäden hervorruft. Um über die ganze Breite der Ware eine gleichmäßige Kettenfädenspannung einzuhalten, wird deshalb die Ware auf dem Warenbaum mit Ausnahme der verstärkten Leisten zeitweilig mit Pappendeckelblättern unterlegt.

C. Die Mechanismen für das Breithalten und Ableiten der Ware.

1. Das Blatt

ist bei Seidenstoffen wesentlich feiner geteilt und wurde schon früher behandelt (S. 11, 42, 111).

2. Die Breithalter

werden in der Seidenweberei nicht gerne verwendet, da sie die feine Ware an den Leisten zu sehr beschädigen. Man benutzt sie nur in feinerer Bauart (feine, kleine Nadeln!), namentlich bei kombinierter oder schwerer Ware. Die ohne Breithalter sonst eintretende Schrumpfung der Ware vermeidet man durch entsprechende Webstuhleinrichtung, namentlich durch Anpassung der Kurbelstellung der Hauptwelle.

Als Breithalterwalzen werden schmälere, mit feinen Nadeln besetzte Scheiben verwendet. Benutzt man gewöhnliche Breithalter, so umwickelt man die Stachelwalzen mit Baumwollfäden, um die Einstechtiefe der Nadeln zu vermindern und die Ware zu schonen. Im letzteren Fall muß darauf geachtet werden, daß sich die Baumwollfäden nicht um die Walzenzapfen wickeln und die Breithalter nicht steckenbleiben.

Auch die gewöhnlichen Stachelscheiben werden benutzt, wobei jedoch nur die größte, äußere Scheibe in Eingriff kommt. Neuerdings benutzt man auch Gruppen von zwei oder drei geriffelten oder glatten Hartgummiwalzen, bei denen die Leistenführung nach Skizze 130 angeordnet ist.

3. Der Brustbaum

wird bei Seidenstühlen gewöhnlich als eine genau runde, mit Tuch überzogene Holz- oder Rohrwalze ausgeführt. Seltener werden einfache, glatte Holzwalzen verwendet.

4. Die Aufwindevorrichtung (Sandbaum, Riffelbaum)

ist dem feinen, glatten Material entsprechend mit fein geriffeltem Messingblech überzogen, früher wurde auch Schlangenlederüberzug verwendet.

5. Die Regulatoren

werden bei Seidenstühlen, mit Rücksicht auf das feine Schußmaterial, die hohe Dichte und gewisse Ungleichheiten im Schuß mit einer besonders empfindlichen Schaltung (Kompensationsschaltung) ausgeführt. Positive Regulatoren werden nur bei gröberen Kunstseidengeweben verwendet, wenn dieselben auf einfachen Baumwollstühlen gewebt werden. Die Kompensationsregulatoren bilden eine Kombination von positiven und negativen Reglern; in der Regel schalten sie positiv, d. h. sie schalten ein bestimmtes Warenstück. Wenn jedoch infolge stärkeren Schußmaterials die Ware stärker anwächst, so wirken sie negativ, schalten also nach Bedarf und gleichen die Unregelmäßigkeiten aus. (Sie kompensieren also.) Bei gleichmäßigem Schußmaterial und mäßiger Schußanzahl braucht ein gut eingestellter Regulator nur wenig zu kompensieren, d. h. er schaltet nahezu ständig positiv. Die Kompensation äußert sich nur bei Materialschwankungen im Schuß oder bei schlecht eingestellten Regulatoren.

a) Der Kompensationsregulator der Firma Diederichs in Bourgoin.

Der Kompensationsregulator der Firma Diederichs in Bourgoin ist aus der Abb. 348 ersichtlich. Derselbe erhält seine Bewegung von dem auf der unteren Welle Sh gelagerten, zweiteiligen Exzenter E. Die Bewegung wird durch den zweiarmigen Hebel A, die Zugstange B, den Hebel C und die Zugstange D auf den Hebel G übertragen, auf dessen Rolle K_3 der Schwingdaumen X ruht, welcher beim Hub des Hebels G, die Trommel K_1 klemmt und dann dreht. Diese Trommel K_1 wird durch die Bremse Br gebremst und damit am Zurückwinden verhindert. Auf der Welle O sitzt vorne ein Handrad Rk, hinten eine Schnecke S, welche das Zahnrad K_2 und damit den Warenbaum V dreht. Zur Veränderung der Schußdichte wird die Zugstange D im Hebel C verstellt; für eine größere Schußzahl je Zentimeter wird D zum Drehpunkt hin, für eine kleinere vom Drehpunkt weg verschoben. Bleibt der Webstuhl stehen, so wird die Bremse Br durch die Zugstange T vom Ausrückhebel R ausgelöst (R ist nicht in Abb. 348 gezeichnet; Rk, S siehe Abb. rechts).

Damit beim wachsenden Warenbaumdurchmesser die Schußdichte je 1 cm nicht sinkt, wird die Zugstange B im Einschnitt des Hebels C vom Drehpunkt weggeschoben. Diese Verschiebung wird durch den Winkelhebel U, die Zugstange T_2 vom Zapfen der Eisenwalze V_1, die auf dem Warenbaum aufliegt, ausgeführt.

b) Der Kompensationsregulator der Firma Hohlbaum.

In Abb. 349 ist der Regulator der Firma Honegger in einer Ausführung der Webstuhlfabrik vorm. A. Hohlbaum in Jägerndorf dargestellt.

Die Schwingung der Lade wird durch die Zugstangen und Hebel T_1, P_1, T_3, T_2, P_2, P_3, T_4 und durch die Kulisse K, Ks auf den Warenbaum übertragen. Die Klinke Z, welche die Lineale T_2 und T_3 verbindet, wird dann ausgehoben, wenn nicht geschaltet werden soll. (Also, wenn noch nicht genug Ware für eine Schaltung vorrätig ist.) Die Steuerung der Klinke erfolgt, in der Regel von einem Fühlstift, der durch das fliegende Blatt beeinflußt wird. Manchmal kann die Klinke Z von einer Reserveplatine der Schaftmaschine oder Jacquardmaschine gesteuert werden, wobei ein Ausheben der Platine die Schaltung des Warenbaumes unterbricht (Abb. 350).

Die Schußdichte wird durch Verschiebung des Zapfens C_1 in den Nuten der Hebel P_2, P_3 geregelt. Bei zunehmendem Warenbaumdurchmesser muß die Winkelschaltung des Warenbaumes verringert werden, was durch die Bewegung des Winkelhebels U sowie durch das Heben der Kulisse Ks und des Zapfens der Zugstange T_4 im Rahmen K geschieht.

c) Der neue Aufwinderegulator des Seidenwebstuhles der Firma Honegger in Rüti.

Dieser Regler ist als positiv arbeitender Warenaufwinder gebaut. Die Schaltung des Warenbaumes wird vom Exzenter E (Abb. 351) der unteren Webstuhlwelle Sh hervorgerufen, welche eine schwingende Bewegung des Winkelhebels U_1 verursacht. Dieser überträgt dann mittels Hebel R, Zugstange T_1, Kulisse K, die mit dem Sperrad R_1 ein Stück bildet, die Bewegung auf die Trommel Bz und erreicht durch die Klinke Z_1 eine Drehbewegung. Das Rad R_2 sitzt auf der verlängerten Hülse des Lagers fest und verhindert mit den Klinken Z_2 ein Zurückdrehen der Trommel Bz. Die Drehung der Trommel wird von den Rädern K_{1-4} übertragen. (Der Rädertrieb kann mit einer Gabel von der Zugstange des Webstuhlanlassers aus, ausgerückt werden.) Die Schaltung wird dann weiter durch Welle Hr, Schnecke S, Zahnräder K_{5-7} und Scheibe D direkt auf den Warenbaum Vb übertragen. Der Zapfen C verbindet das Rad K_7 mit der Platte D. Wird fertige Ware vom Warenbaum abgenommen (je 50 oder je 100 m), so wird der Zapfen C herausgezogen und so lange gedreht, bis die Schweifung des Zapfens C auf dem Zäpfchen c aufsitzt. Dadurch ist die Verbindung zwischen der Scheibe D und dem Rad K_7 unterbrochen, und man kann dann die Ware abwickeln. Nach dem Abwickeln wird der Zapfen C wieder in die Normallage gebracht (Abb. 351—352).

Auch hier muß entsprechend der gleichmäßigen Schußdichte die Schaltung des Warenbaumes entsprechend der Durchmesserzunahme verkleinert werden. Deshalb bewegt man die Gußwalze V mit dem Hebel U_2 nach links, hebt die Schleife Ks und vermindert dadurch den Ausschlag der Kulisse K. Das Hebelübersetzungsverhältnis von U_2 muß immer derart sein, daß bei Vergrößerung der Armlänge in der Kulisse K genau jene Verkleinerung des Kulissenwinkels erreicht wird, die dem Anwachsen des Warenbaumdurchmessers bei gleichbleibender Schußzahl je Zentimeter entspricht.

Die Veränderung der Schußdichte erfolgt durch Verschiebung des Zapfens der Rolle K_I im Ausschnitt des Hebels R. Dies wird einfach mit dem Handrad der Schraubenspindel S_1 bewerkstelligt. Um immer für gleiche Waren die gleiche Schußdichte leichter einzustellen, ist auf dem Hebel R ein Maßstab angebracht, dessen Zahlen nur den Wert einer bestimmten Marke für gleiche Dichte bei gleicher Ware haben.

d) Der ältere Regulator der Firma Honegger.

Eine zweite Konstruktion eines Seidenwebstuhlregulators zeigt die Abb. 353 als Bauart der Firma Honegger in Rüti in Originalausführung. Die Drehung des Warenbaumes wird vom Ladearm hervorgerufen. Die Ladenschwingung wird durch die Zugstange T_1, Hebel P_1, Stange T_2, Hebel P_2, P_3, auf die Zugstange T_3 übertragen. Eine Klinkenvorrichtung der Kulisse K, die schon der vorbeschriebene Regulator aufwies, verwandelt die Schwingung in eine Drehbewegung, die durch die Zahnräder K_{1-4}, S, K_{5-7} auf den Warenbaum übertragen wird.

Die Regelung der Schußdichte bei wachsendem Warenbaumdurchmesser wird wie in der vorbeschriebenen Konstruktion ausgeführt.

Die Schußzahl je Längeneinheit wird durch Verschiebung des Zapfens C in dem Ausschnitt des Hebels P_2 verändert. Nach Lockerung der Mutter läßt sich die Schleife und Platte und damit die Schaltung durch beliebige Einstellung des Zapfens C regeln. Wird die Kulisse Ks nach aufwärts geschoben, so erzielt man eine größere Schußdichte. Der Maßstab auf dem Hebel P_2 ermöglicht das Vermerken bestimmter Einstellungen.

II. Die Mechanismen für die Bewegung des Schusses am Seidenstuhl.

1. Die Schützen

für die Seidenweberei sind den kleineren Schußspulen und Fachhöhen entsprechend, etwas niedriger als für andere Materialien (2—2,2 cm), um durch die niedrige Fachhöhe eine schonende Kettenfadenspannung zu erreichen.

Damit der Schuß glatt und genau im Fach liegt, also die Länge des eingetragenen Schusses genau der Stoffbreite entspricht, verwendet man zur Erzielung einer gleichmäßigen Ware einen Schützen mit besonderen Ausschweifungen, so daß der Schuß beim Schützenschlag fast senkrecht zur Kettenrichtung eingetragen wird (Abb. 140 I, J). Auch die Spannung des Schußfadens beim Auslauf aus dem Schützen muß sorgfältig geregelt werden. Man verwendet meist zwei Ösensysteme, von welchen eines federt, wodurch der durch beide Ösensysteme geführte Schuß sich automatisch und gleichartig spannt.

Bezüglich der Fehler durch die Schußeintragung ist das Gesagte sehr sorgfältig zu beachten, da Seidengewebe, besonders feinerer Qualität derart rein gewebt sein müssen (Krawattenstoffe), daß sie vom Stuhl weg verkaufsfähig sind (stuhlfertige Ware).

2. Die Lade

hat eine besonders glatte genaue Bahn aus erstklassigem Holz eventuell Vulkanfiber. Sie ist oft zur Schonung der Kettenfäden mit dichtem Seidenplüsch überzogen.

Die Ladenbewegung des Seidenstuhles erfolgt entweder durch einfache Schubstangen von der gekröpften Hauptwelle aus. Der Hub ist wegen des feinen Materiales und der hohen Schußdichte (40—100 und mehr Schuß) kleiner als bei Baumwollstühlen (11 bis 12 cm).

Der kleine Hub schont die Kette und spart Kraft. Man verwendete aber auch schon früher geknickte Ladenschubstangen (Abb. 354), wobei durch Einschaltung einer kurzen Lenkstange ein längerer Ladenstillstand bei offenem Fach erreicht wurde, was wieder ruhigeren Schützenlauf auch bei kleinem Fach ermöglichte.

Der neue Ladenantrieb für breite Seidenstühle der Firma C. Honegger in Rüti (Abb. 354) hat mehrteilige Schubstangen, bestehend aus den Teilen T_1 und O. An dem Verbindungsgelenk beider Teile ist der Zapfen durch einen schwingenden Hebel T_2 unterstützt. Hierdurch erreicht man eine Beschleunigung der Ladenbewegung beim Vorgang derselben und eine Verlangsamung der Ladenbewegung beim Schützendurchlauf.

Ähnliches erreicht die Firma Schroers in Krefeld durch die kurzen und langen Kurbelstangen O und T_1, welche wieder gelenkig verbunden sind. Die längere Kurbelstange T_1 wird durch den Hebel T_2 unterstützt (Abb. 355).

Die Beschleunigung der Ladenbewegung beim Vorgang und der Stillstand der Lade in der äußersten Rücklage wird in neuerer Zeit noch einfacher ausgeführt. Die Maschinenfabrik Zschopau in Sachsen baut seit längerem ein einfaches exzentrisches Kettenradgetriebe, das bei gleichbleibender Geschwindigkeit der Hauptantriebsscheiben des Webstuhles eine entsprechende Ladenbewegung nach obigem gibt.

Die Firma Diederichs in St. Colombe-les Vienne verwendet eine Konstruktion Abb. 356, welche die Betriebsgeschwindigkeiten der Lade dem Schützendurchlauf anpaßt. Wie schon früher ausgeführt wurde, muß die Lade und damit die Kurbel genau dem Schützenlauf entsprechend bestimmte Lagen einnehmen. Ein richtiger Schützendurchlauf erfordert einen längeren Zeitraum und könnte man bei gleichbleibender Tourenzahl des Stuhles, bei entsprechendem Ladenstillstand ruhiger und sicherer durch das Fach führen. Dies ist namentlich für die empfindlichen Seiden und Kunstseidengewebe von größerer Bedeutung. Durch entsprechende konstruktive Durchbildung der Ladenbewegung kann man auch gerade für Seiden und Kunstseidenstühle eine entsprechend höhere Tourenzahl erreichen, wenn man die erwähnte Lineargeschwindigkeit des Schützens mäßig halten kann. Hierzu ist aber „entsprechender Ladenstillstand“ nötig.

Die Firma Diederichs erzielt durch den Apparat „Excentric“ (Abb. 356), der auch von deutschen Maschinenfabriken schon längere Zeit gebaut wird (siehe vorher Maschinenfabrik Zschopau), eine gleichmäßige Drehung der Antriebsscheibe bei ungleichmäßiger Drehung der Kurbelwelle. Dies ergibt einen raschen Vorgang der Lade und einen langsamen Ladengang in der Nähe der größten Fachöffnung, also während des Schützendurchlaufes. Auch der Schützenschlag wird dadurch weicher. Die Lade erreicht auf diese Art die Stellungen für die kritischen Ein- und Austrittslagen des Schützens früher bzw. später als bei gleichmäßiger Drehung. Dadurch ist ein früheres Abschnellen und späterer Einlauf des Schützen möglich. Man erreicht eine mäßige Schützengeschwindigkeit, kann also eventuell die Tourenzahl des Stuhles falls es das Kettenmaterial noch verträgt, bis um 10% steigern.

Die Antriebsscheibe Hk trägt einen lose auf der Kurbelwelle aufgekeilten Zapfen C_1. Auf der Kurbelwelle ist eine feste Kurbel Kl angebracht, die eine radiale Kurbelschleife trägt. Ein Verbindungshebel der radial durch die Kurbelschleife K und Kurbelzapfen C_2, die zwei früher genannten Teile verbindet, dreht sich lose auf der exzentrischen Hülse E, die im Raum feststeht und lose auf der Welle sitzt. Die Kurbelschleife dieses Verbindungshebels wird durch den Kurbelzapfen C_1 der Antriebsscheibe geführt, während der Zapfen C_2 die Kurbelschleife der Kurbel Kl führt. Die Hülse E ist durch einen kurzen nicht abgebildeten Arm gehalten, der am Fußboden oder Webstuhlrahmen sitzt. Infolge der Exzentrizität vollführt die Kurbel Kl und mit ihr die Kurbelwelle die gewünschte wechselnde Drehung, während der Kurbelzapfen C_1 gleichmäßig umläuft.

In Abb. 357 sind nacheinander sechs Stellungen des Apparates gezeigt, die derselbe während einer Webstuhltour einnimmt. Jede der Stellungen entspricht einer Weiterdrehung des Führungsknopfes C_1 um $^1/_6$ Tour der Antriebsscheibe.

Links von den genannten Stellungsbildern ist das Diagramm der Ladenbewegung angegeben. Die Ausschläge der Lade sind als Funktion der Zeit aufgetragen. Das gestrichelte Diagramm der Linie I gibt die Bewegungen der Lade in analoger Art jedoch bei gewöhnlichem Antrieb an.

3. Das Blatt

wird bei Seidenstühlen heute allgemein in einem besonderen Rahmen (Abb. 356 u. a.) nachgiebig gelagert, so daß es durch den Anschlag an den Warenrand namentlich bei größerem Stoffzuwachs (stärkerer Schuß) mehr oder weniger durch den Warenrand zurückgedrängt wird. Man benutzt diese Abweichung des Blattes zur Regulierung der Warenaufwicklung bzw. der Schußdichte. (Näheres siehe Kompensationsregulatoren S. 115.)

Bei Crêpe de Chine-Stühlen stellt man das Blatt wegen des weicheren Hereindrückens des schärfer gedrehten Schusses in das Fach etwas schräg, so daß der obere Blattrand gegen den Kettenbaum zu abgeneigt ist. Dadurch wird eine Art Keilwirkung der Zähne erreicht (Rüti).

Sehr feine Seidenstoffe erhalten, namentlich bei einzelnen Bindungen (Atlas), leicht sogenannte Blattstreifen. Dieselben können durch Benutzung eines zweiten auf der Lade lose aufgehängten Blattes gemildert werden. Auch durch entsprechenden Einzug oder Verkreuzung der Gallierung kann dieser Fehler gemildert werden. Ursprünglich verwendete man statt dieses zweiten Blattes einen einfachen hölzernen Rahmen, der mit feinen Seidenfäden gleichmäßig umwickelt, gewissermaßen ein zweites Blatt darstellte (siehe Abb. 358). In neuerer Zeit verwendet man statt eines solchen zweiten Blattes ein Blatt mit feinen Stahlzähnen.

Seidenstuhl der Firma Benninger und Rüti mit schräg geneigtem Blatt. Bei manchen Stoffarten, besonders Seidenripsen und Crêpe drängt der Schuß stark auf die Oberseite. Deshalb wird das Blatt nach Abb. 359 schräg eingebaut, wodurch es beim Anschlag eine stark nach vorne geneigte Lage annimmt und den Schuß nach abwärts drängt.

Die Abb. 359 zeigt diese Ausführung der Firma Benninger. Das Blatt P sitzt in dem Rahmen B, der sich um die seitlichen Zapfen C drehen läßt. Dieselben sind auf den Armen R gelagert, welche zur Befestigung des federnden Blattes für den Kompensationsregulator verwendet werden.

Um die Schußfäden mit stark nach vorne geneigtem Blatt anzuschlagen, erfolgt die Einstellung der Blattneigung nach dem Schützendurchlauf. Dies geschieht durch die Zugstange T, den Hebel P_1 und die Rolle kl, welche in dem Augenblick des Anschlages durch das vordere Ende der Führung V herabgedrückt wird.

Bei der Rückbewegung der Lade verläßt die Rolle kl den vorderen Teil der Führung V, und der Hebel P_1 drückt das Blatt unter Einwirkung der Feder F_2 in seine gewöhnliche Lage, damit der Schützendurchlauf erfolgen kann. Die Führung V muß also zweckentsprechend geformt sein.

Die Neigung des Blattes beim Anschlag läßt sich bis zu einem gewissen Maß durch Umstellung der Führung V oder des Hebels P_1 ändern.

Will man mit normaler Art des Blattes arbeiten, so wird das Blatt durch Stifte in den Öffnungen O_1, O_2 fixiert. Die Schraube S ermöglicht eine genaue Normalstellung des Blattes.

Die Firma Diederichs in St. Colombe-les Vienne (Rhone) verwendet auch für schwerere Waren eine ähnliche stellbare Wirkung des Blattes durch Vor- und Rückwärtsschieben des Stellringes St in Abb. 360. Die Blattneigung beginnt, wenn der Schützen in seinem Kasten eingelaufen ist, und beim Schützendurchlauf steht das Blatt wieder normal. Die Verstellung der Neigung kann man durch Verlegung des Befestigungspunktes C_3 der Zugstange T erreichen.

Die Feder F führt das Blatt wieder in die Ruhelage.

Für leichtere Ware führt diese Firma die Konstruktion Abb. 361 durch. Die Einstellung des Blattes erfolgt hier durch Vor- oder Zurückziehen des Stückes L_2 und Verlegung des Befestigungspunktes. Diese Einrichtungen geben Ersparnisse an Blättern und Schützen.

4. Der Schützenschlag

des Seidenstuhles als Unter- oder Mittelschlag ähnelt im allgemeinen dem Schlag des Schmalbaumwollstuhles. Es muß naturgemäß, wie schon bei Einleitung des Kapitels angegeben wurde, auf weichen Schlag hingearbeitet werden.

a) Die normale Ausführung

des Unterschlages bei Seidenstühlen hat die Schlagexzenter wie gewöhnlich auf der Schützenschlagwelle. Hingegen liegt im Gegensatz zum Baumwollstuhl die Welle mit der Schlagrolle oft horizontal parallel zur Kettenrichtung, längs der Webstuhlseitenwände. Dadurch kann eine besonders schnelle Abweichung des Schlagarmes bei sehr kurzer Verbindung der horizontalen Treiberwelle mit dem Unterschlagarm erreicht werden.

Soll bei Seidenstühlen mit Schützenwechseln mehrmals von einer Seite geschossen werden, so muß der Schützenschlag eine Schlagauslösung erhalten. Dieselbe erfolgt durch eine Klinke, die den Schlagarm auskuppelt, wenn er auf einer Seite unterbleiben soll. Die Aushebung der Klinken erfolgt durch den Schützenwächter des jeweilig auf der gegenüberliegenden Seite vorhandenen leeren Schützenkastens.

Eine weitere Konstruktion des Unterschlages für Seidenstühle ist in Abb. 362—363 als sogenannter Mittelschlag durchgeführt. Das Schlagexzenter wirkt zuerst auf die Rolle einer kürzeren Welle, welche vorne einen kleinen Arm trägt. Die Befestigung des Armes an der Welle wird ähnlich wie der Schlagarm des Oberschlages an der Treiberwelle zwischen zwei stellbaren gezahnten Scheiben durchgeführt. Dadurch können der Schlagarm und die Schlagstärke entsprechend richtig eingestellt werden.

Der Schlagarm wirkt durch einen kurzen Riemen auf das Schlagsegment der Stelze des hölzernen Schlagarmes und dieser auf den Schützen.

b) Der Schützenschlag mit Schlagauslösung

ermöglicht, wie schonerwähnt, das wiederholte Schießen von derselben Schützenkastenseite. Die Abb. 364—365 zeigt einen solchen auslösbaren Schützenschlag mit Klinkenaushebung.

Durch die Schlagexzenter E, die mit zwei Nasen ausgestattet sind, damit bei einer Umdrehung der Schützenschlagwelle, also bei zwei Umdrehungen der Hauptwelle, zweimal geschossen werden kann, schwingt auf jeder Webstuhlseite zugleich die Schlagrolle Kl aus. Hierdurch wird die Nebenwelle Hp und der Arm P_2 bewegt.

Die Einstellung des Schlages kann wieder durch die verzahnten Scheiben erfolgen. Der Segmentarm P_1 sitzt lose auf der Welle Hp hinter dem Arm P_2. Er ist durch den Riemen Rn mit dem Sektor S_2 verbunden. Der Schlagarm wird dann bewegt, wenn der Hebel P_2 und der Arm P_1 durch die Klinke Z gekuppelt sind. Dieselbe greift in den Einschnitt des Hebels P_2 ein.

Die Steuerung der Klinke Z erfolgt an beiden Webstuhlseiten durch die Drähte C des Armes B, die der Wellen A und G durch die Schützenkastenzungen. Der linke Schlag wird von der rechten Kastenzunge und der rechte Schlag von der linken Zunge gesteuert.

c) Die Schlagdämpfung der Schützen

durch Abfangen der Schützen infolge entgegengesetzter Treiberbewegung, wird bei den neuen Stühlen der Maschinenfabrik Rüti durch Abfangen des Schützen durch den vorgeschobenen Treiber beim Einlauf in den Schützenkasten erreicht. Die kleine Gegenbewegung des Treibers wird nach Abb. 366 durch den Exzenter E der Schützenschlagwelle Sh erreicht. Sie wird durch die Winkelhebel U_1, U_2, die Zugstangen T_1, T_2 dem zweiarmigen Hebel P, der am Treiber anliegt, übertragen. Der Andruck des Hebels U_2 an das Exzenter E wird durch die Feder F_1 erreicht. Die Verbindung des Hebels P mit der Zugstange T_2 ist eine federnde (Feder F_2).

5. Die Schützenwechsel.

In der Seidenweberei werden nur die Steigwechsel (Hubkastenwechsel) verwendet. Die Revolverwechsel sind wegen des größeren Materialabfalles und den etwas unreineren Leisten nicht verwendet.

Vierkasten-Schützenwechsel des Seidenwebstuhles der Firma Honegger-Rüti. Der Schützenwechsel wird durch zwei Kurbeln Kl_1, Kl_2 (Abb. 367—370) hervorgerufen, wovon die Kurbel Kl_1 um einen Kasten, die Kurbel Kl_2 um zwei Kasten wechselt; dies erfolgt dann, wenn die Kurbeln aus der obersten in die unterste Lage oder umgekehrt gedreht werden. Die Kurbelzapfen befinden sich auf den Zahnrädern K_1, K_2 von welchen die Zugstangen T_1, T_2 zu dem zweiarmigen Hebel P_1 (Abb. 370) führen; dieser überträgt mit seinem Drehpunkt X die Kurbelwirkung auf das rechte Ende des zweiarmigen Schützenkastenhebels P_2. Das linke Ende dieses Schützenkastenhebels trägt den Schützenkasten M.

Die Kurbelarme beider Räder K_1, K_2 sind gleich und ihre verschiedene Wirkung erreicht man durch die ungleiche Armlänge des Hebels P_1. Der rechte Arm dieses Hebels ist doppelt so lang wie der linke.

Die Drehung der Räder K_1, K_2 mit den Kurbeln Kl_1, Kl_2 erzielt man stets durch die Zahnräder Kz_1, Kz_2 (Abb. 368, 369), welche nach Bedarf (d. h. jedes für sich) mit Zahnrad A, welches ununterbrochen rotiert, zum Eingriff gebracht werden können. Dieses Rad ist auf der unteren Welle Sh festgekeilt und nur über $^1/_4$ des Umfanges verzahnt; wenn beide Schützenkasten wechseln sollen, wird das Rad A an zwei gegenüberliegenden Stellen des Umfanges verzahnt.

Die Verschiebung der Räder Kz_1, Kz_2 erzielt man mit den Winkelhebeln U_1, U_2 (Abb. 368), welche, solange nicht gewechselt werden soll, von den Nasen der Klinken Z_1, Z_2 (zu jedem Hebel gehört eine Klinke) gehalten werden (Abb. 367—368). Soll ein Wechsel erfolgen, schwingt die Klinke Z_1, Z_2 durch die Zugstange T_1', T_2' von der Jacquardmaschine aus, wodurch der zugehörige Winkelhebel U_1, U_2 frei wird, und dieser schiebt infolge des Einflusses der Feder F_1, F_2 das Rad Kz_1, Kz_2 nach vorne, so daß es in den Eingriff mit den Zähnen des Rades A gelangt.

Nach einer halben Umdrehung des Rades Kz_1 oder Kz_2 wird dieses wieder zurückgeschoben. Dies erfolgt durch die Nase N_1, N_2 des Rades A, die den Winkelhebeln U_1, U_2 mit den Gabeln V_1, V_2 rechtzeitig weggeschoben wird, so daß das Rad Kz_1 bzw. Kz_2 nach rückwärts geschoben wird, wodurch es nicht eingreifen kann. Die Räder Kz_1 und Kz_2 werden, um ein Aufkeilen zu ersparen, auf der abgeflachten Hohlwelle Hd_1, Hd_2 verschoben (Abb. 367—369).

Zum Ausgleich des Schützenkastengewichtes wird das linke Ende des Schützenkastenhebels durch die Kette R und die Feder Fn auf der Trommel Bn entlastet. Sinkt die linke Seite der Trommel, so dreht sich die Feder ein und umgekehrt (Abb. 370).

Die Scheiben D_1, D_2 verhindern ein Überlaufen der Räder Kz_1, Kz_2. Sie sind hierzu mit je zwei Einschnitten versehen. In dieselben fallen die Rollen kl_1 und kl_2 von den Hebeln p_1 und p_2 dann ein, wenn die Einschnitte in die oberste Lage gelangen und die Hebel durch die Federn nach abwärts gezogen werden (Abb. 367).

Zur Verhinderung von Brüchen der Wechselbestandteile bei eintretenden Hemmungen ist die Schützenkastenstange mit einer sog. Sicherheitskupplung versehen. Die Stange ist zweiteilig, die beiden Teile M_1, M_2 sind durch den Zapfen C und die Federn Fn_1 und Fn_2 federnd zusammengehalten. Die Verbindung genügt für normale Beanspruchungen. Bei Überbeanspruchungen, d. h. Schützenkastenklemmung, kann der Schützenkastenhebel P_2 nicht ausschwingen und springt der Zapfen C aus seinem Einschnitt heraus (Abb. 370).

Die Bewegung des Wechsels von Hand aus beim Einstellen und bei der Wechselkontrolle erfolgt durch das Handrad Rk, die Zahnräder K_1, K_2, Kette R_1, welche die Bewegung über das Rad B auf die Zahnräder K_1, K_2 und dadurch auf den Schützeznwechsel überträgt (368—370).

Der beiderseitige Schützenwechsel der Firma Schroers in Krefeld (Abb. 371) ist ein Wechsel mit je vier Kästen. Die rechte Schützenkastenstange ruht auf einem einarmigen Hebel und die linke wird direkt vom Hebel L beeinflußt. Die gefederten Zugstangen Pr_1 und Pr_2 sind mit den Winkelhebeln U_1, U_2 verbunden und diese werden durch die 4 Stangen T_1 von den 4 Kurbelrädern K_2 bedient. Jedes Kurbelrad sitzt in einem einarmigen Hebel und kann mit diesem durch die Rolle der Kartenkette gehoben werden. In diesem Falle kommt dann das Kurbelrad in Eingriff mit der am halben Umfang verzahnten Trommel, welche das betreffende Kurbelrad um 180° drehen (Prinzip der Platinenbewegung von Knowles).

Man verwendet für den vierkastigen Wechsel vier Kurbelräder, davon zwei für den linken und zwei für den rechten Schützenwechsel. Von jedem Kurbelräderpaar wechselt das erste um einen, das zweite um zwei Kästen, bei gleichzeitiger Bewegung beider Räderpaare wird von dem ersten auf den vierten Kasten oder umgekehrt gewechselt. Die 4 Platinen Pl_1 beeinflussen die Hebel R, das Exzenter E_1 und die Kurbelräder. Sie können auch von Reserveplatinen der Jacquard- oder Schaftmaschine gesteuert werden.

Falls der Wechsel wirken soll, werden die 4 Platinen Pl_1 der vorderen Kante des

Hebels R zugeneigt, mit ihm durch das Exzenter E_1 gehoben und damit werden die Schützenkästen bewegt.

Durch die Feder F_1 und den Hebel Tk wird das Kurbelrad nach Durchführung der Bewegung wieder außer Eingriff gebracht. Die Kartenschlagtabelle ist ähnlich wie in Abb. 371 auszuführen.

Die Federn F_1, F_2 wirken gleichzeitig als Sicherheitsvorrichtungen gegen Bruch.

III. Einrichtungen für leichtere Webstuhlbedienung.

(Abstellmechanismen, Schützen-, Schuß-, Kettenfädenwächter.)

Diese Mechanismen sind ähnlich wie bei Baumwollstühlen gebaut, werden aber in letzter Zeit dem feinen Material und der empfindlicheren Ware mehr angepaßt.

a) Der Schützenwächter

erhält z. B. besondere Dämpfungseinrichtungen für den Anschlag des Stechers, um die Abstellung des Stuhles weicher zu gestalten.

Die Anschlagsdämpfung der Lade beim Schützenwächter erfolgt bei der Firma Rüti durch Milderung des Anschlages des Stechers beim Schützenwächter in folgender Art. Der Stecher S (Abb. 372) schlägt an den Zahn des Armes Z an, dieser ist durch die Zugstange T, die Feder F mit dem Lager L der oberen Webstuhlwelle federnd verbunden. Durch das Zusammendrücken der Feder F wird durch die Zugstange auf das Lager ein Zug hervorgerufen, so daß die Zugstange O in entgegengesetzter Richtung auf das Lager wirkt, wodurch ein gemilderter Anschlag und ein Ausgleich entsteht (Abb. 373).

b) Der Schußwächter

werden als Gabelschußwächter seitlich gebaut wie bei Baumwollstühlen (siehe Abb. 217—219) oder als Zentralschußwächter in der Mitte der Ladenbahn. Abb. 374—376 zeigt die Ausführung Rüti in empfindlicherer Konstruktion, die dem feinen Seidenmaterial entspricht.

Die Abb. 374—375 zeigt die Stellung des Schußwächters bei Ladenanschlag und nicht eingetragenem Schuß. Ist dagegen der Schuß eingewebt, so kann das kleine Segment S nicht in den Zahn der Scheibe X einfallen und kann auch dieselbe nicht in ihrer Drehung hemmen. Fehlt dagegen der Schuß, so fällt S in X ein und verhindert die Drehung der Scheibe X, wodurch die Abstellung erfolgt. Bei Ladenanschlag wird die Scheibe durch die Feder F gedreht, gleichzeitig wird der Frosch R durch den Anschlag N nach links geneigt. Vor dem Schützendurchlauf müssen die Gabelspitzen höher stehen als die obere vordere Schützenkante. Die Einstellung besorgt der Riemen A durch die entsprechende Krümmung der Scheibe X und mit dem kleinen Segment S.

Beim Rückgang der Lade wird der Riemen A gespannt und die Scheibe X so gedreht, daß die untere Stelle der Scheibe mittels des kleinen Segmentes die Gabelspitze in die richtige Lage emporhebt.

c) Der Kettenfädenwächter

werden bei Seidenstühlen wegen der dichten Ketteneinstellung und dem daher leichten Versagen der Vorrichtung selten verwendet.

Die Einrichtung von Seidenwebereien.

Bei der Einrichtung von Seidenwebereien wird mit Rücksicht auf das feine Material und die genaue Arbeit schon der Bau der Anlage auf besonders reichliche Raumbemessung und sehr reichen Lichteinfall ausgeführt. In den Vorbereitungsräumen entfallen nur bei Reinseidenbetrieben die Schlichtmaschinen, während Halbseidenbetriebe und Kunstseidenwebereien dieselben benötigen. Wegen der reichlichen Lichtmenge ist der Schedbau die zweckmäßigste Bauform. Bei Verwendung von Schaft- und Jacquardmaschinen werden die Schaftmaschinen zweckmäßig in Reihen direkt unter die Oberlichter gestellt und wechseln die Schaft- und Jacquardmaschinenreihen ab.

Wegen der Lichtfrage und zur Vermeidung von Staubentwicklung und Warenflecken wird heute ausschließlich der Einzelantrieb verwendet.

Die Kunstseidenwebstühle.

Die Kunstseidenwebstühle müssen zur Erzielung einer befriedigenden Ware dem feinen und wenig festem Material, das auch nicht so elastisch ist wie echte Seide, besonders angepaßt werden. Erfahrungsgemäß läßt sich Kunstseide auf wirklichen Seidenstühlen besser verweben als auf umgearbeiteten Baumwollstühlen. Diese Frage ist in der letzten Zeit infolge der enormen Steigerung der Kunstseidenwaren besonders wichtig geworden, und sind gerade viele Baumwollbetriebe und Seidenbetriebe auf Kunstseidenweberei übergegangen.

Das Weben von Kunstseide auf Baumwollstühlen erfordert besondere Vorkehrungen. Die Stühle dürfen nicht zu alt und ausgelaufen sein, sie sollen eine möglichst große Webstuhltiefe haben, um die Kette durch die Fachbildung nicht zu sehr zu beanspruchen. Auch die Leisten erfordern eine sehr sorgfältige Behandlung.

Der Webstuhl muß besonders sauber gehalten werden, namentlich Schützenkästen und Schützenbahn sind rein zu halten. Die Blattzähne und Litzen müssen glatt sein, die letzteren müssen fein sein und kleine Ösen haben.

Wegen der größeren Dichte wird wie bei Seide auch Leinwandbindung mit 6—8 Schäften gewebt, wobei wechselnder Einzug genommen wird, um das Reiben und Reißen der Kettenfäden zu verhindern. Die Kette muß vor dem Weben gut gedämpft und zweckmäßig mit Leinöl geschlichtet werden. Sie muß nach dem Schlichten sofort verwebt werden, und die Ware muß ohne Lagerung in die Appretur kommen.

Die Kettenbaumbremsen erhalten kleine Bremsscheiben. Man webt kurze Ketten mit gleichmäßiger Kettenspannung, die durch Gegengewichtsbremsung wie bei Seidenstühlen erreicht wird.

Die Kreuzschienen und Breithalter müssen feiner sein, der Sandbaum erhält zur Warenschonung einen Überzug aus feinem Glaspapier.

Die Schützen werden zur Erzielung einer gleichmäßigen Schußfädenspannung mit einem Federspanner versehen und der Schußfaden wird durch ein Fell gebremst. Schlingenbildungen und Spannungsdifferenzen sind in der Kunstseidenweberei ein sehr gefürchteter Anlaß zu Fehlern.

Die Kunstseidenweberei ist infolge der Eigenart des Materials, Garndrehung, Materialdifferenzen sehr den Fehlerbildungen ausgesetzt, es treten z. B. sehr leicht unvollkommener Anschlag, kleine Löcher, Nester, Streifen auf; sie müssen sofort bei der Entstehung verbessert werden. Gerade der Baumwollweber muß bei dem Übergang auf das feine Material sehr an saubere Arbeit gewöhnt werden, ehe er ordentliche Ware liefert. Der Seidenweber, welcher von Haus aus genauere Arbeit gewohnt ist, arbeitet sich hier leichter ein.

Beim Knüpfen müssen besonders kleine Knoten, die leicht durch das Blatt und die Litzen gehen, verwendet werden.

Die Lade und das Blatt ist besonders bei feinen Kunstseiden für genauen Schützenanschlag sorgfältig einzustellen.

Schützenschläge, Steckenbleiben des Schützens im Fach, dehnt die Kunstseide an einer Stelle stärker und erfordert dann ein sehr sorgfältiges Unterlegen der Kette am Kettenbaum, da sonst die gedehnte Kette zu Blasen und Fehlerbildungen in der Ware führt. Im ungünstigsten Fall muß die Kette an solchen Stellen abgeschnitten und die Fäden müssen nach Abschneiden frisch eingelegt werden. Zu Beginn der Arbeit muß jeder Kettenteil sorgfältig auf seine Spannung geprüft werden und wird eventuell die Kette der Breite nach vor dem Weben mit einem Kamm von Hand aus sorgfältig durchgekämmt.

Die Leinenwebstühle

werden meist mit der Fachbildevorrichtung in der Bradfordart ausgerüstet. Haben also seitliche Trittexzenter eventuell Revolverwechsel und erhalten öfter Broschierladen oder andere Spezialeinrichtungen. (Die Schlaganzahl je Minute der Leinenstühle siehe S. 82.)

Sehr breite Leinenstühle (für Leintücher oder gar Projektionsleinwand usw.) erfordern stärkere Wände. Die Seitenwände sind hinten höher, der Stuhl hat mehrere Querriegel, sehr schweren Schützenschlag. Die Fachbildung erfolgt durch einfache Leinwandexzenter mit Rollengegenzug. Man verwendet auch Nutenexzenter und Schafthebel.

Die schweren Damaststühle der Firma Atherton Brothers in Preston haben besonders starke Bauart mit Unterschlag, seitlichen Nutenexzentern mit Schafthebeln für zwangsläufigen Schafthub. Die Kettenspannung erfordert besonders kräftige Kettenbremsen namentlich bei Segelstühlen und hat entsprechend hohen Kraftbedarf zur Folge.

Die Anlage von Leinenwebereien wird analog wie bei Baumwollwebereien ausgeführt.

Mechanische Webstühle für Gurte, Riemen und Schlauchgewebe.

Diese Stuhltypen werden etwa nach Abb. 377 von der Firma William Smith Bros Ltd. in Heywood gebaut. Die Abb. 377 zeigt die Konstruktion der deutschen Firma „Maschinenfabrik Oscar Moeschler, K.G., Meerane, Sachsen". Sie haben bis 50 cm Blattbreite und sind mit Unterschlag versehen. Die Fachbildung erfolgt zwangsläufig durch seitlich angebrachte Nutenexzenter. Die Hauptwelle Hh wird durch eine Zahnradübersetzung von einem kurzen, schnell laufenden Vorgelege angetrieben. Dadurch werden die bedeutenden Kettenspannungen für die Fachbildung leichter überwunden. Die Kettenbäume Vo sind durch Ketten gebremst und untereinander eventuell durch Zahnräder verbunden. Man verwendet deshalb mehrere Kettenbäume, da bei dem verschiedenen Material eventuell eine verschiedene Einarbeitung vorkommt. Die Zahl der Kettenbäume hängt von der Bindung ab. Für besonders schwere Gurte und Riemen werden besonders starke Spezialausführungen der Stühle verwendet.

Die fertige Ware H wird auf einem Warenbaum oben Vb und hinten $V_{1,2}$ im Stuhl aufgewickelt, da der Durchmesser des Warenbaumes rasch wächst und der Platz unter dem Stuhl für die aufgewickelte Ware nicht ausreichen würde.

Die Jutestühle.

Die Webstühle dieser Art werden namentlich für das Weben zwei- und vierschüssiger Juteware, besonders Sack- und Packleinen, sowie für Teppiche verwendet. Für die Sackweberei verwendet man auch Spezialstühle, auf welchen Säcke ohne Naht direkt am Stuhl fertig gewebt werden. Die in Abb. 378 dargestellte Konstruktion gestattet das Weben von zwei- und vierbindiger Ware, doch ist bloß die Anordnung für zweischüssige Gewebe gezeichnet. Die Schlaganzahl je Minute der Jutestühle siehe S. 82.

I. Die Bewegungsmechanismen für die Kette.

Für die Juteweberei wird meist nur eine Kette am Stuhl verwendet. Die Kettenablaßvorrichtung ist eine einfache Bremse, Regulatoren werden meist nicht verwendet. Für leichte Waren ist der Kettenbaum mit seinem Zapfen im Gestell gelagert und die Bremse wie bei Baumwollstühlen angeordnet. Bei schwerer Ware werden meist Muldenbremsen L verwendet. In beiden Fällen erfolgt die Bremsung des Kettenbaumes durch die Bremse Bp, die Hebelübersetzung P_3, T_3, R und das Gewicht Q.

Beim Weben leichter Ware schraubt man die Mulde L ab. Der Streichbaum ist meist fest und hat U-Profil nach Abb. 378, 381.

Die Kreuzschienen sind Hartholz- oder Eisenstäbe. Das Blatt ist entsprechend grob und stark.

II. Die Fachbildevorrichtung.

Das Geschirr der Jutestühle ist meist zwei- oder vierschäftig. Die Schäfte erhalten Drahthelfen.

Das Fach wird durch Trittexzenter gebildet. Für zweibindige Ware durch zwei Exzenter E_1, E_2 (in Abb. 378), die an der Schützenschlagwelle Sh angebracht sind. Bei vierschüssiger Ware nimmt man vier Exzenter E_{1-4} in Abb. 379—380, die auf einer Hilfswelle Eh montiert sind, welche wieder durch eine Zahnradübersetzung K_3, K_4 im Verhältnis von 1:2 von der Welle Sh angetrieben wird.

In Abb. 381 ist ein Schußanschlag für einen Jutestuhl gezeichnet. Durch die wechselnde Spannung der geraden und ungeraden Fäden im Ober- und Unterfach erreicht man ein besseres und dichteres Einweben und dadurch ein gefälligeres Aussehen der Ware. Das etwas losere Oberfach ermöglicht einen leichteren Schützenschlag.

III. Vorrichtung zur Stofführung.

Schwere Jutewaren werden meist ohne Breithalter gewebt, da sie genügend steif sind und wegen der festen Kettenspannung der Schuß nicht so leicht einzieht. Für leichtere Ware verwendet man ähnliche Breithalter, die nur etwas kräftiger sind als bei Baumwollstühlen. Auch die einfachen Breithalter, wie sie die Handweberei benutzt, kommen vor.

Der Brustbaum des Jutestuhles ist eine profilierte, gußeiserne, glatte, ungleichschenklige Leiste nach Abb. 378, 381.

Die Warenaufwicklung besorgt ein positiver oder negativer Regulator. Ein positiver Regulator für Juteware ist in Abb. 382—383 ersichtlich.

Die Nadelwalze Y, auf welcher die Warenwickelwalze Vz aufliegt, wird durch die Hebel P_1, P_2, die Zugstange T, die Klinke Z_1 von der Ladenachse O bewegt. Die Klinke Z_1 greift in das Schaltrad R, dessen Drehung durch die Zahnräder K_{1-4} auf die Nadelwalze Y übertragen wird. Die Klinke Z_2 dient als Sperrklinke.

Ein negativer Regulator für Jute ist in Abb. 384 abgebildet.

Die Schwingung des Hebels P auf dem Ladenzapfen O wird durch den Hebel A, die Klinke Z_1, das Sperrad R und das Zahngetriebe K_1, K_2, wobei K_2 am Warenbaum sitzt, in eine rotierende Bewegung verwandelt. Die Klinke Z_2 sperrt wieder die Rückdrehung.

Da wegen des zunehmenden Warenbaumdurchmessers eine größere Kraft für die Aufwindung nötig ist, wird die Feder F stufenweise stärker gespannt. Die Federspannung wird durch den Winkelhebel U, der sich mit zunehmendem Warenbaumdurchmesser links neigt, bewirkt. Der negative Regulator wird bei ungleichem Schußmaterial zur Vermeidung von Blenden verwendet.

IV. Bewegungsmechanismen des Schusses.

Wegen des groben Schußgarnes werden für möglichst seltenes Wechseln der Schußspulen besonders große Schützen für Schlauchkopse verwendet (Abb. 139D). Die Lade des Jutestuhles ähnelt der des Baumwollstuhles in stärkerer Bauart. Der Schlag ist meist Oberschlag wie in Abb. 378. Die obere Webstuhlwelle läuft verkehrt wie bei Baumwollstühlen (siehe Abb. 378). In neuerer Zeit nimmt man besonders bei Ruthardstühlen mit Unterschlag besonders große Schützen bei hoher Tourenzahl.

V. Die Einrichtungen für leichtere Webstuhlbedienung.

(Abstell- und Sicherheitsvorrichtungen.)

Die Schützenwächter für schwere Juteware (Abb. 378) sind wie bei den Baumwollstühlen gebaut, nur stärker konstruiert.

Ist der Schützen nicht im Schützenkasten eingelaufen, so stößt der Anschlag Sk auf den Frosch Z, und dieser schaltet durch eine Verschiebung mittels der Schubstange S den Schalthebel Sp aus.

Die Feder F_2 dämpft den Ladenanschlag.

Der Schützenwächter für leichte Jutestühle hat eine etwas andere Bauart. Durch den Eingriff des Anschlages Sk in den Frosch Z bewegt sich dieser um den Zapfen H_1. Die Bewegung wird durch die Schraube S, den Arm R, die Stange H_2 auf den Schalthebel Sp übertragen, wodurch ausgeschaltet wird. Die Stange H_2 schaltet auch den Regulator aus. Die Frösche sind beiderseitig auf der gemeinsamen Welle H_1 angeordnet. Der Ladenanschlag ist wieder durch die Feder F gemildert (Abb. 385—386).

Die Tannwalder Webstuhlfabrik baut Jutehochleistungsstühle System Ruthard für große Tourenzahl und besonders große Kopse. Die Warenaufwicklung kann bei leichten Juteunterstoffen für Linoleum bis 700 m Ware aufnehmen. Bei noch größeren Stücklängen verwendet man separate Wickelgestelle.

Die Anlage von Jutewebereien weist keine Sonderheiten auf. Wegen der stärkeren Staubentwicklung ist kräftige Luftbefeuchtung und Ventilation empfehlenswert.

Die Tuchwebstühle.

(Buckskinwebstühle.)

I. Der Kurbelwebstuhl (Tuch- oder Buckskinstuhl) der Fa. Georg Schwabe, Bielitz.

Nach der früher angeführten Einteilung der Webstühle in drei Gruppen:

1. Mit zwei parallelen Wellen als Hauptwelle und Schützenschlagwelle,
2. Webstühle mit einer Hauptwelle und dazu senkrechter Antriebswelle,
3. Webstühle mit nur seitlicher Antriebswelle

gehört der Tuchstuhl der Firma Georg Schwabe in die zweite Gruppe.

A. Bewegungsmechanismen der Kette.

1. Die Kettenlängsbewegung, Spannung und Führung.

Bei den breiten Stühlen verwendet man zum Ablassen der Kette entweder filzbelegte Bandbremsen oder Muldenbremsen bzw. Kettenbaumregulatoren.

a) Die Kettenbaumbremsen

sind bei den gewöhnlichen Tuchstühlen, die auch für Kammgarnware verwendbar sind, einfache Reibungsbremsen. Der Kettenbaum (Abb. 387) hat beiderseits Bremsscheiben Bk, mit welchen er in Muldenlagern P ruht, während die Scheibe von oben durch das mit Filz oder Tuch belegte Bremsband B umspannt ist. Auch die Mulde wird vereinzelt mit Filz ausgelegt. Durch mangelhafte Pflege reibt aber der Filz ungleich aus und bremst ungleich. Zweckmäßiger läßt man die Bremsscheibe in der leicht geölten Mulde direkt auf Gußeisen laufen. Das eine Bremsbandende ist am Webstuhlgestell verhängt, das andere Ende durch die Schraube S′ im Bremshebel A regelbar befestigt. Der Hebel A ist in der Stuhlwand gelagert und mit dem verstellbaren Gewichte Q belastet. Die Kette läuft gegen die Richtung des gespannten Bremsbandes.

In Abb. 388—390 ist die gewichtslose neue Kettenbaumbremse der Firma Schwabe gezeichnet. Der Kettenbaum Vo hat beiderseitig Bremsscheiben Bk und Bremsbänder G, die mit einem Ende am Winkelhebel P_1, mit dem zweiten Ende am Winkelhebel P_2 befestigt sind. Die Winkelhebel sind durch die Stange D mit einem Federgehäuse verbunden. Durch das Anspannen der Teile A, B des Gehäuses und der Feder F zwischen dem Teil A und der Mutter C, wird die Federspannung erreicht, welche durch den Winkelhebel P_1, die Stellschraube S_2, den Winkelhebel P_2 auf das zweite Ende des Bremsbandes übertragen wird (Abb. 389).

Wird der Kettenbaum Vo zurückgedreht (Schußsuchen, Trennen), so wird das Federgehäuse durch den Teil B gelockert, wodurch sich auch der Winkelhebel P_1 bewegt und die Feder F das Bremsband G nachläßt (Abb. 388).

b) Die Kettenbaumregulatoren.

Der positive Kettenbaumregulator kommt besonders für Kammgarnmöbelstoffe und leichte Preßtücher in Betracht. Er läßt bei jedem Schuß gleichviel Ketten nach. Zu diesem Zweck hat der Kettenbaum ein Schneckenrad Sk (Abb. 391—392), das von der Schnecke S und der Welle H_2 angetrieben wird. Diese wird durch Kegelräder auf der Welle H_1 gedreht, welche bei jedem Ladenanschlag vom Sperrad K und den Klinken Z_1 geschaltet wird. Die Klinken Z_2 dienen für das Rückwinden. Die Klinken sind am Hebel P_2 gelagert, der durch die Zugstange T_2 Hebel P_1 und Stange T_1 von der Lade bewegt wird.

Um bei veränderlichem Durchmesser des Baumes immer die gleiche Kettenlänge abzuwickeln, wird bei einem kleineren Durchmesser ein entsprechend größerer Schaltwinkel mittels einer besonderen Reguliervorrichtung erreicht. Der Kettenbaumdurchmesser wird durch eine Fühlwalze A abgefühlt, welche die Verstellung des Schaltwinkels regelt.

Die Walze A, die Hebel P_4 und P_3 werden durch die Feder F_1 emporgehoben, dadurch gehen auch P_4 und P_3 in die Höhe, und durch die Zugstange T_3 wird auch das rechte Ende der Zugstange T_2 ständig in dem Ausschnitt des Hebels P_2 emporgeschoben, so daß der Ausschlag ständig größer wird. Hierdurch erhält auch der Kettenbaum O die größere Winkelschaltung.

Soll keine Kette abgelassen werden, z. B. beim Schußsuchen, so werden die Klinken $Z_{1,2}$ durch den Arm V, die Zugstange T_4, den Winkelhebel U und durch eine vom Weber bediente Zugschnur ausgehoben.

c) Der Streichbaum

ist bei Tuchstühlen als drehbare und schwingende Walze Sv in Abb. 393 ausgeführt, der Schwinghebel X ruht mit seinem längeren Ende auf einer Rolle des Ladenarmes O. Der Streichbaum wird bei Fachschluß gehoben und senkt sich bei Fachöffnung, wirkt also ausgleichend auf die Kettenspannung (siehe Abb. 460).

Bei Tuchstühlen werden alle Kettenfäden gleichartig ins Ober- und Unterfach gezogen, sind also ziemlich gleichmäßig gespannt, wenn der bewegliche Streichbaum richtig eingestellt ist.

d) Die Kreuzschienen

werden bei Tuchstühlen als glatte flache Holzschienen ausgeführt (Profil etwa 4×1 cm). Manchmal ist die dem Streichbaum nähere Kreuzschiene als runde Eisenstange ausgeführt.

e) Das Blatt

hat die früher erwähnten Aufgaben, es ist leicht auswechselbar in der Lade gelagert, bei Tuchstühlen ziemlich kräftig, bei Kammgarnstühlen entsprechend dichter.

2. Die Fachbildevorrichtungen.

Das Geschirr ist für gewöhnliche Tuche und Kammgarne durch Schäfte, für wollene Möbelstoffe durch ein Jacquardgeschirr gebildet.

Die Schäfte haben meist Stahllitzen, die durch gefirniste Fadenschlingen auf den Schaftstäben aufgeschoben sind. Auch die Jacquardgeschirre haben meist Stahllitzen, die an die schon erwähnten Schnüre angehängt sind und entsprechende Anhangeisen tragen.

Die Vorrichtungen zur Fachbildung sind entsprechend kräftiger gebaute Schaft- oder Jacquardmaschinen und nur seltener Fachexzenter.

a) Die Schaftmaschinen

werden für verhältnismäßig hohe Schaftzahl (bis 36 Schäfte) als Hoch- und Tiefschaftmaschinen mit Rollen, Blech oder Pappkarten gebaut. Die Rollenkarten ermöglichen direkte Platinensteuerung, die Pappkarten oder Blechkarten meist indirekte Steuerung.

Die Schaftmaschine von Crompton (Abb. 394—399 [I—VI]) war das Vorbild für die meisten späteren Konstruktionen. Sie hat für jeden Schaft eine doppelzahnige Platine, die durch die Steuerung an eines der beiden Messer, je nachdem ob der Schaft in das Hoch- oder Tieffach gehen soll, gebracht und ausgehoben wird. Die Schaftschemel P sind mit Doppelzahnplatinen p versehen, welch letztere durch die Messer N_1 oder N_2 (Abb. I—III) gefaßt werden können.

Die Steuerung durch Rollenkarten. Eine Rolle in der Karte hebt die Platine p an das Obermesser N_1, welches das rechte Platinenende nach links zieht und den Schaft hebt. Eine Hülse in der Karte läßt die Platine p in das Messer N_2 einfallen, und der Schaft geht in das Tieffach. Die Messer haben gegen den Kettenbaum zu einen größeren Hub (Kurbelbewegung), um ein reines Fach zu erzielen. Sie werden durch den doppelarmigen Hebel V auf der Welle H_1 durch die Zugstange T_1 von der Exzenterscheibe E und dem an der Seitenwelle Y befindlichen Kurbelzapfen bewegt. Die Seitenwelle Y läuft mit gleicher Tourenzahl wie die Hauptwelle Hk. Das Prisma wird durch den Wendehaken O und die Zylindergabel von dem Winkelhebel auf der Welle H_2 und dem Exzenter E bewegt. Die Maschine hat also positive Steckweise.

Die Steuerung durch Pappkarten wird in neuerer Zeit weitaus häufiger verwendet. Papierkarten nach Verdol, wie Abb. 48, 82 zeigen, sind verhältnismäßig seltener.

Die Wirkung bei Pappkarten ist etwa folgende: Bei Ausschlag der Welle H_1 und des Hebels V schwingt der Arm auf der Welle H_2 durch die Zugstange t_3 aus und bewegt durch die Zugstange t' auch die Stange d, die auf zwei kleineren Armen der Welle H_I links von H_{II} sitzt. Dadurch schwingen die kleinen Winkelhebel U aus, so daß ihre Zäpfchen aus den Kartenlöchern treten und das Prisma weiterschalten kann.

Kommt in der Karte ein Loch, so taucht das Zäpfchen des linken Hebelarmes U in das Loch, der rechte Arm schlägt an den Zahn 1 der Platine A an, die gelenkig verbundene Platine B wird gehoben und fällt von der Stütze C herab.

Dadurch fällt auch die Platine A herab, p bleibt unten, und das Untermesser zieht den Schaft ins Tieffach. Kommt eine volle Stelle in der Karte und war der Schaft vorher unten, so berührt der Arm des Hebels U die Nasen 1 und 2 nicht, die Platinen A und B bleiben unten, und der Schaft geht in bekannter Art wieder ins Tieffach. Eine volle Stelle der Pappkarte ist also gleichwertig mit einer Hülse der Rollenkarte.

Die Anordnung bei Rollen- und Pappkarten ist aus Abb. IV, VI ersichtlich, die Karten sind für achtschäftigen Köper links und für Leinwand rechts angedeutet.

Die Schafthebevorrichtung der neueren Schaftmaschinen der Firma Schwabe ist in Abb. 400 angegeben. Die Pappkarten wirken auf den Winkelhebel U. Ist ein Loch in der Karte vorhanden, so wird der Hebel durch die Feder F_1 in der gezeichneten Stellung gehalten, so daß der linke Hebelarm die Platine B auf den Querriegel C bringt und die Hauptplatine Pl durch den Teil A gehoben wird, und das Messer N_1 in das Hochfach zieht. Ein Loch in der Karte bedeutet Schafthebung, eine volle Stelle Schaftsenkung, daher positive Schlagweise.

Die Drehung des Kartenzylinders erfolgt über die Zahnradübersetzung K_{1-3} auf das

Kartenprisma, wodurch eine genauere Prismenschaltung erzielt wird als wenn die Wendehaken direkt schalten. Der Drücker Tk hat die Form nach Abb. 401.

Aufhängevorrichtung für den Webstuhl der Firma A. Siegel in Pößneck (Thüringen). Die Regulierung der Schaftaufhängung nach der Firma A. Siegel, Pößneck, wird leicht durchgeführt, indem, ähnlich wie bei dem Webstuhl von Schwabe, am Ende des Kettchens K ein Anhänger aus Blech (Abb. 402 [I]) angebracht ist, in welchem nach Öffnen des Teiles B, D die untere Zugstange E verstellt werden kann. Dann wird der Anhänger wieder geschlossen, indem der kleine Ring A hinuntergelassen wird (Abb. 403 [II]).

b) Die Jacquardmaschinen

für Wollwebstühle sind dem stärkeren Kettenmaterial entsprechend kräftiger gebaut, ähneln aber sonst den Maschinen für Baumwollstühle. Sie haben meist beweglichen Platinenboden um Hoch- und Tieffach analog wie bei den Schaftmaschinen zu bilden. Sie kommen hauptsächlich für die Möbelstoffindustrie und für Musterstühle zur Anwendung.

c) Die Mittelleistenapparate

kommen bei breiten Stühlen zur Anwendung, wenn mehrere schmale Waren nebeneinander gewebt werden. Namentlich in der Kunstwollindustrie, wo man normal breite Ware zu je zwei Stücken nebeneinander mit Mittelleiste auf doppelt breiten Stühlen webt, haben sie eine besondere Bedeutung. Man erreicht dadurch trotz der geringen Webstuhltourenzahl, die durch das Material geboten ist, eine befriedigende Produktion.

3. Webstuhlteile zur Breithaltung und Führung der Ware.

a) Das Blatt

ist meistens in Pech gesetzt, etwa 15 cm hoch. An den Rändern sind die Ziffern eingeschlagen, welche die Kammdichte je 10 cm, das Anschaffungsjahr und eventuell die Liefernummer angeben. Diese Daten sind bei Nachbestellungen gleicher Blätter dem Blatterzeuger anzugeben.

b) Die Breithalter

verhindern das besonders starke Einziehen der Ware durch den Schuß, welches bei Wollgeweben ziemlich stark auftritt. Die Schrumpfung beträgt je nach Bindung und Schußspannung 8—12%. Man baut sie etwas stärker und breiter als bei Baumwollstühlen. Manchmal baut man besondere Breithalterstäbe in Nuten des Brustbaumes ein.

c) Der Brustbaum

ist ein Hartholzriegel, eventuell mit Blech überzogen. Er erhält an den beiden Enden Nuten zur Aufnahme der Breithalter. Längs seiner Oberkante ist die Ausrückstange gelagert. Er wird etwa 92 cm vom Fußboden im Stuhl montiert, liegt also 10—15 cm höher als die Schützenbahn.

d) Die Warenaufwicklung

wird meistens als negativer Warenbaumregulator nach Abb. 404 namentlich für Tuche und Streichgarnwaren ausgeführt. Will man Kammgarnwaren oder genau gemusterte Streichgarnstoffe mit abgepaßten Musterlängen arbeiten, so werden positive Regulatoren verwendet. Der negative Regulator nach Abb. 404 windet die Ware so auf, wie sie zunimmt. Auf dem Warenbaum V sitzt ein großes Zahnrad, in dieses greift ein kleineres Zahnrad ein, das mit dem Sperrad R starr verbunden ist. Das Sperrad wird von der Stoßklinke A geschaltet, die auf dem Winkelhebel U gelagert ist, welcher unter dem Einfluß des Gewichtes Q und dem schwingenden Ladenarmbolzen C_4 steht. Wenn nach Eintragen des Schusses die Ware zugenommen hat, so lockert sich beim Ladenanschlag die Ware zwischen Blatt und dem Warenbaum, und das Gewicht Q kann nun die Warenspannung überwinden und wickelt etwas Ware auf. Wird durch den Ladenanschlag die Ware zu wenig gelockert, d. h. war nur ein dünner Schuß eingetragen, so kann das Gewicht Q die Warenspannung nicht überwinden, und es wird keine Ware aufgewickelt.

Bei zunehmendem Warenbaumdurchmesser muß das Gewicht Q auf größerem Hebelarm wirken, um gleichmäßig weiter zu wickeln. Es wird deshalb selbsttätig durch den Hebel P und die Zugstange T verschoben. Die Verschiebung wird von der Fühlwalze K, die den Warenbaumdurchmesser abfühlt, selbsttätig gesteuert. Je stärker die Kettenspannung wird, desto größer wird die Schußdichte, da der Ladenanschlag den Schuß um so kräftiger anschlagen muß, um die Ware vor dem Blatt zu lockern. Man verstellt daher die Schußdichte durch die Änderung der Kettenspannung oder nimmt ein kleineres Gewicht Q.

Der neue negative Warenbaumregulator der Firma G. Schwabe hat statt des Gewichtes zwei Federn F_1, F_2 auf dem Winkelhebel C vorgesehen. Durch Regulierung der Federspannung wird die Schußdichte geregelt. Für feinere Schaltungen bzw. zur Verhütung kleiner Rückdrehungen bringt man mehrere Sperrklinken in zwei Gruppen mit versetzter Teilung als Gegenklinken an. Jede Klinkengruppe erhält drei Klinken, so daß die Schaltung des Schaltrades bis auf ein Sechstel Zahnteilung herabgesetzt werden kann (wie in Abb. 405). Fehlen die Gegenklinken bzw. ist nur eine einfache Sperrklinke vorhanden, so ist nur eine Schaltung um eine ganze Zahnteilung möglich.

Positive Warenbaumregulatoren (Abb. 406) werden für Waren mit genauer Einhaltung der Schußdichte benötigt. Der Warenbaum ist mittels Arm R auf der Welle Hm aufgesetzt, er wird durch Zugstange T, Winkelhebel U, Stoßklinke Z_1, Sperrad K_1, Kegelräder K_2, K_3, Schnecke S und Schneckenrad Sk geschaltet. Das Schneckenrad sitzt auf dem Zapfen des Warenbaumes. Die Schußdichte richtet sich nach der Räderübersetzung (Wechselrad!) und nach der Größe des Hubes des Armes R. Für die Drehung von Hand aus dient die Kurbel Kl; zur rückwärtigen Drehung dient die Klinke Z_2, wobei die Klinke Z_1 durch die Schnur M gehoben wird.

Die Ausgleichsvorrichtung für die Kettenspannung und dadurch der Ausgleich der Schußdichte durch einen beweglichen Streichbaum, der durch einen einfachen Winkelhebel der Fachbildung entsprechend bewegt wird, war nicht so genau regulierbar. Er erforderte bei jeder neuen Kette eine Neueinstellung durch den Stuhlmeister und wurde vielfach vernachlässigt.

Eine genauere und elastische Regelung der Spannung gibt die Anordnung nach Abb. 407. Der Streichbaum ist auf den Hebeln R_1, R_2 gelagert und übt durch die regulierbaren Federn F_1, F_2 eine elastische Anpassung der Kettenspannung aus. Diese Einrichtung wird besonders dort mit Vorteil benutzt, wo durch Verwendung zweier oder mehrerer Schützen besonders bei ungleichem Schußmaterial eine stärkere Regelung der Kettenspannung notwendig wird (Möbelstoffe).

B. Die Bewegungsmechanismen für den Schuß.

1. Die Schützen

nach Abb. 139 G sind dem stärkeren Schußmaterial entsprechend größer ausgeführt, sie sind etwa 45 cm lang. Für gröbere Garne kommen sehr oft Schlauchschützen vor. Die Vorder- und Rückwand ist mit Stahlblech belegt. Besonders breite Stühle haben eventuell Eisenschützen.

Praktische Daten betreffend der Schützen wurden schon in der Baumwollweberei angegeben.

2. Die Ladenbewegung

ist bei den Tuchstühlen mit Rücksicht auf den kräftigen Andruck des Schusses und den nötigen Ladenstillstand beim Schützendurchlauf entsprechend konstruktiv abgeändert. Man treibt die Lade durch einen Ladenarm und eine kurze Schubstange oder durch einen Ladenwinkel und eine ebensolche kurze Schubstange an. Dadurch erhält man Ladenstillstände mit über ein Drittel Tour Stillstand der Hauptwelle. In der Abb. 393 ist ein Antrieb mit kurzer Schubstange und Arm O angegeben. Der ganze Ladenantrieb muß kräftig gebaut werden. Bei Verwendung eines Ladenarmes geht bei Abstellung des Stuhles die Lade durch das Gewicht der Arme zurück, und der Stuhl bleibt mit offenem Fach stehen. Dies ist besonders für längere Stillstände nachteilig.

3. Der Kurbelschlag

des Schwabestuhles nach Abb. 393 und 408—409 ist ein vollständig zwangsläufiger Schlagmechanismus. Am Ende der Kurbelwelle H sitzt am Zahnrad K_2 eine Kurbel Kl, welche durch die Hebel 1, 2, 3 mit dem zweiarmigen Hebel 4 verbunden ist. Man erreicht wieder infolge Verwendung einer kurzen Schubstange eine kräftige Schlagwirkung. Die gesicherte Zugstange 5 bringt das Segment S_1 zum Ausschwingen und die Stange Ts überträgt die Bewegung auf das Segment S_2. Die Segmente sind mit je einem Zahn versehen, in welchen die Klinke Z, der Arme S′ und S″ eingreift, wenn der Schlag stattfinden soll. Die Zugstange Pt wirkt auf die Schlagarme Rp. Der Klinkeneingriff wird von den Armen r_1, r_3 und den Schützenkastenzungen gesteuert. Ein Schützen im Kasten kuppelt auf der Gegenseite den Schlag aus. Sind beiderseits leere Schützenkästen, so wird beiderseits geschlagen, was ungefährlich ist. Sind beiderseitig Schützen im Kasten, so unterbleibt beiderseitig der Schlag, und der Schützenwächter stellt ab.

Um beim Steckenbleiben des Schützens im Fach oder Hängenbleiben des Wechselmechanismus Brüche zu verhindern, erhält die Zugstange 5 durch zweiteilige Ausführung eine Sicherung. Wenn der Schlagarm Rp nicht schlagen kann, so springt das abgebogene Ende aus dem Einschnitt der Stange 5 unter Überwindung der Feder heraus. Auch die Zugstange Pt hat eine ähnliche Sicherung. Abb. 409 stellt die neuere Ausführung des Kurbelschlages nach Schwabe dar. Siehe auch S. 136.

4. Die Schützenwechsel

bei breiten Stühlen zeigen wohl einen anderen Aufbau, verwenden jedoch ähnlich wie die Wechsel der Baumwollstühle, Kurbeln und Exzenter für die Wechselbewegung. Die Steuerung der Wechsel erfolgt durch Rollen oder Blechkarten, in neuerer Zeit ähnlich wie bei Schaftmaschinen meist durch Pappkarten. Die Steuerung wird für die Wechselplatinen aus Gründen der rationellen Webstuhlerzeugung gleich gebaut, wie die Steuerung der Schaftmaschinen. Der Wechselmechanismus erhält wegen der nötigen Schonung der Pappkarten eine indirekte Übertragung von den Karten auf die Wechselplatinen. Der neue Wechsel der Firma Schwabe in Bielitz mit Rollenkarten ist in den Abb. 410—412 angegeben. Die Anpassung für Pappkarten wäre ähnlich wie in Abb. 396 (III).

Der Vierkastenwechsel verwendete Exzenter und Kurbeln. Ein Exzenter wechselte um einen Kasten, eine Kurbel um zwei Kästen. In Abb. 410—412 (I, III) ist die Kurbel durch ein zweites Exzenter ersetzt.

Das um den Kasten wechselnde Exzenter E_1 hängt durch die Zugstange T_1 an dem doppelarmigen Doppelhebel P_1; das um zwei Kästen wechselnde Exzenter E_2 ist durch die Zugstange T_2 mit dem Winkelhebel P_2, der seinen Drehpunkt auf dem Hebel P_1 hat, verbunden.

Der zweite Arm des Hebels P_2 faßt durch die Zugstange St den Hebel R_1, welcher an seinem zweiten Ende den Schützenkasten trägt. Jede Exzenterdrehung wird also zwangsläufig auf den Schützenkasten übertragen.

Die Wechselvorrichtung ist beiderseitig vorgesehen. Die Steuervorrichtung mit den Exzentern ist nur auf einer Seite des Stuhles an der Schaftmaschinenseite angebracht. Die Exzenter E_1 und E_2 haben je ein angegossenes Zahnrad, in welches die Zahnstange der Platine h eingreift.

Für jede Webstuhlseite sind zwei Platinen und zwei Zahnstangen, im ganzen also vier, nebeneinander vorgesehen. Die Zahnstangenplatinen werden von Messern N_1, N_2

auf oder ab bewegt, je nachdem, an welches Messer die Platine h angelegt wird. Die Bewegung der Messer N_1, N_2 erzielt man durch den schwingenden Hebel V′, der seine Bewegung nach Abb. 413 von der Kurbel der Seitenwelle bekommt. Das Messer N_1 zieht die Platine h am linken Zahn tief, das Messer N_2 hebt sie am rechten Zahn wieder hoch. Die Exzenter bzw. Platinen werden von Karten gesteuert. Dieselben sind später beim Fünfkastenwechsel beschrieben. In Abb. 412 sind die Kastenstellungen mit den zugehörigen Karten (Abb. 411) für den beiderseitigen Vierkastenwechsel angegeben. In der Abb. 412 sind die Exzenterstellungen und Kastenstellungen angegeben. Es entspricht

dem 1. Kasten das Exzenter E_1 unten, E_2 links außen,
2. ,, ,, ,, ,, oben, ,, links außen,
3. ,, ,, ,, ,, unten, ,, rechts innen,
4. ,, ,, ,, ,, oben, ,, rechts innen.

Der Fünfkastenschützenwechsel von Schwabe (Abb. 413—418). Bei diesem sind zwei Exzenter E_1, E_2 verwendet, wovon ein jedes um einen Kasten wechselt und eine Kurbel k (E_3) (eventuell auch ein Exzenter), die um zwei Kasten wechselt. Der Exzenterring des Exzenters E_1 hängt durch eine Zugstange mit dem einarmigen Hebel P_1 zusammen, auf welchem ein zweiter doppelarmiger Hebel P_2 drehbar gelagert ist, welcher durch eine Zugstange mit dem zweiten Exzenter E_2 zusammenhängt. Auf dem anderen Ende des Hebels P_2 ist der Winkelhebel P_3 gelagert, von welchem ein Arm durch die Zugstange T mit der Kurbel k (E_3), der andere durch die Zugstange St mit dem Hebel $R_{1,2}$, welcher den Schützenkasten trägt, zusammenhängt.

Die normale Exzenter- und Kurbellage für den ersten Kasten ist in der Abb. 418 (I) angedeutet. Dreht sich das Exzenter E_1 nach abwärts oder E_2 nach aufwärts, so wird um einen Kasten gewechselt; dreht sich die Kurbel um 180° oder drehen sich beide Exzenter E_1, E_2 für den einen Kasten gleichzeitig aus der Ruhelage um 180°, so wird um zwei Kasten gewechselt. Durch eine gleichzeitige und gleiche Drehung des Exzenters E_1 (oder E_2) und der Kurbel E_3 kann man um drei Kasten wechseln; dreht sich E_1, E_2 als auch E_3 um 180° aus der Ruhelage, die in der Abb. 414 angedeutet ist, wird um vier Kasten gewechselt. Die Drehung der Exzenter und der Kurbel vor und zurück wird auch durch Zahnplatinen und Messer besorgt. Die Kastenstellungen für die einzelnen Karten siehe in der Abb. 418.

In der Abb. 413 ist die Vorrichtung des Fünfkastenwechsels von Schwabe bei Verwendung von eisernen Rollenkarten gezeichnet. Von dem Arme auf der Welle H_2 wird durch die Zugstange t_3 der Arm v und damit auch die Platine r schwingend hin und her bewegt; gelangt eine Rolle unter die Platine, so wird diese emporgehoben, schlägt an die obere Verzahnung des dreiarmigen Hebels m an, drückt diese nach rechts, das linke Ende wird mit der gelenkig verbundenen Platine n gehoben, bis sich diese mit ihrem Zahn auf die Stütze G aufsetzt. Inzwischen senkt sich das rechte Ende des dreiarmigen Hebels und läßt dadurch gleichzeitig das rechte Armende des Winkelhebels e mit Hilfe des Drahtes D_{1-3} nach abwärts sinken. Dadurch schwingt das doppelzahnige Ende der gezähnten Platine h nach links. Geht nun das Messer N_1 gerade nach abwärts, so nimmt es diese Platine mit und diese dreht mit ihrer Zahnstange das Zahnrad des betreffenden Exzenters. Dadurch dreht sich auch das Exzenter und hebt oder senkt mit Hilfe der Hebelvorrichtung den Schützenkasten.

Folgt auf die Rolle in der Karte eine Hülse, so bleibt der Hebel r unten, schlägt mit seinem unteren Zahn an den Puffer der gelenkig verbundenen Platine n, wirft diese von ihrer Stütze G herab, und die stärkere Feder zieht das linke Ende des dreiarmigen Hebels nach abwärts. Dadurch wird das rechte Ende desselben gehoben und mittels des Drahtes D des Winkelhebels e wird die Zahnplatine h oben nach links gezogen, ihr unteres Ende kommt an das Messer N_2 und wird von diesem hochgezogen. Die Zahnplatine dreht das Exzenter, welches durch seine Bewegung die Hebelübertragung auf die Schützenkästen vornimmt.

C. Die Einrichtungen zur Kontrolle und Abstellung des Stuhles.

Der Schußwächter ist bei breiten Stühlen durchwegs als Zentralschußwächter gebaut. Er wird nach Abb. 419—421 (I—III) in der Mitte der Ladenbahn als eine lamellenartige Gabel eingebaut. Dieselbe wird durch den richtig eingetragenen Schuß hochgehalten. Fehlt oder reißt der Schuß, so fällt die Gabel in den Weg des Gleitschlittens A′ in der Führung A, sperrt den Zahn Z und verhindert dadurch die Schlittenbewegung. An dem Schlitten A′ hängt die Stange T_1, dieselbe geht durch ein Auge des am Brustbaum befestigten Zapfens C. Bei jedem Ladenanschlag schiebt sich der Schlitten A′ infolge des Federdruckes F_1 nach links und schwingt der Anschlag N durch die Schnur X links aus. Fehlt der Schuß und sperrt die Gabel den Schlitten A′, so schlägt der Anschlag N unter Einfluß der Feder F_2 an den Puffer U, dieser bringt die Stange T_2, den Anschlag n_2 zum Ausschlag, der wieder durch die Zugstange T die Reibungskupplung ausrückt und den Stuhl abstellt.

Die Abstellung des Stuhles von Hand aus erfolgt durch die Stange St, die längs des ganzen Brustbaumes führt, so daß der Weber von jedem Stand vor dem Stuhl ausrücken kann.

Die neue Ausrückvorrichtung der Firma Schwabe ist aus Abb. 422 ersichtlich. Die Ausrückstange Sp am Brustbaum P ist durch zwei Segmenthebel S_1, S_2 und die Zugstange T_1 mit dem Ausrückhebel verbunden.

Bei elektrischem Einzelantrieb baut die Firma Schwabe den Motor direkt in die Seitenwand ein und spannt den Riemen durch das Motorgewicht und durch die Feder F, die die Spannrolle in gleicher Richtung anspannt (Abb. 306 [evtl. 305]).

Der Schützenwächter hat bei den Wollwebstühlen eine etwas andere Bauart als bei Baumwollstühlen. In der Abb. 393 (evtl. auch 408) wirkt er folgendermaßen: Läuft der Schützen nicht richtig in den Kasten ein, so bleibt die Bremszunge des Schützenkastens br infolge der Federwirkung f_1 des Armes r_1 und des Winkelhebels u in dem Schützenkasten. Daneben wirkt pr. Dadurch schwingt der lange Arm des Hebels u nicht nach abwärts und beim Ladenanschlag schlägt er an den Anschlag n_1 an, der auf der Drückerwelle Sh sitzt. Diese erhält dadurch etwa eine Viertel-Umdrehung und schiebt die Stange T unter Einwirkung der Feder F_2 mit dem Hebel P und dem Teil Ks nach links. An Ks legt sich der längere Arm des zweiarmigen Hebels Pr an, der nun infolge seines Eigengewichtes nach abwärts sinkt. Das kürzere Hebelende von Pr geht nun nach oben, gibt die Kerbe der Spiralkupplung Kr frei, wodurch die Verbindung der Antriebscheibe Rp mit der Losscheibe Rv unterbrochen und der Webstuhl abgestellt wird.

Warenbreite in sächs. Ellen	Arbeitsbreite des Webstuhl. in Metern	Blattbreite in Metern	Ladenlänge in Metern
7/4	1,020	1,070	2,650
8/4	1,150	1,200	2,780
9/4	1,290	1,340	2,920
10/4	1,430	1,480	3,060
11/4	1,570	1,620	3,200
12/4	1,730	1,780	3,360
13/4	1,810	1,860	3,440
14/4	1,930	1,980	3,560
15/4	2,020	2,070	3,650
16/4	2,170	2,220	3,800
17/4	2,370	2,420	4,000
18/4	2,510	2,560	4,140
19/4	2,670	2,720	4,300
20/4	2,870	2,920	4,500
21/4	3,020	3,700	4,650
22/4	3,140	3,190	4,770
23/4	3,240	3,300	4,880
24/4	3,370	3,420	5,000

In der Skizze ist der Schützenwächter mit richtig eingelaufenen Schützen gezeichnet, wobei der lange Arm des Hebels abwärts geneigt ist, so daß er an dem Anschlag n_1 vorbeiläuft und der Webstuhl in Betrieb bleibt.

Breite Stühle werden wegen der nötigen Aufsicht durch den Weber und dem langsamen Gang (80—100 Schuß in der Minute — und jetzt sogar 105—106) nicht als Automaten eingerichtet. Bei sehr langsamem Gang, besonders in der Möbelstoffindustrie, kann ein gewandter Weber den Schützen bei laufendem Webstuhl austauschen, was aber aus Sicherheitsgründen nicht empfohlen wird. Die Firma Schwabe erzeugt Webstühle siehe obenstehende Tabelle.

II. Der breite Webstuhl der Sächsischen Maschinenfabrik vorm. Hartmann.

Der in den Abb. 423—438 dargestellte breite Stuhl gehört nach der Lage der Antriebswelle gleichfalls in die zweite Gruppe. Er wird für alle Arten von Wollgeweben und Möbelstoffe in Blattbreiten von 85—424 cm gebaut. Nachstehend seien nur jene Konstruktionsteile ausführlich beschrieben, die gegenüber den früher behandelten breiten Stühlen besondere Unterschiede zeigen.

A. Mechanismen für die Kettenbewegung.

1. Das Ablassen, Führen und Spannen der Kette.

a) Die Bremsen

sind in gleicher Art ausgeführt wie die schon beschriebenen.

b) Der Streichbaum

ist eine bewegliche Walze W (ein Rohr von 125 mm Durchmesser), schwingt am Winkelhebel X (Abb. 423), welcher mit der Rolle k vom Ladenarm MN aus bewegt wird. Die notwendige Kettenspannung bzw. den Ausschlag der Walze W erreicht man durch Einstellung des Segmentes S, dessen Lage sich durch den Zapfen z fixieren läßt.

2. Die Fachbildevorrichtung.

Je nach dem Muster wird für wollene Bekleidungsstoffe meist eine Schaftmaschine, für Möbelstoffe eine Doppelhubjacquardmaschine für Hoch- und Tieffach und mit beweglichem Platinenboden verwendet.

Die Schaftmaschine von Hartmann kann für Rollen oder Pappkarten eingerichtet werden und ist im Wesen eine Cromptonmaschine. Bei der Pappkartenmaschine ist als besondere Ausführung ein schwingendes Prisma vorgesehen, welches die Nadeln, Platinen und Schaftschemel steuert.

Eine volle Stelle in der Karte (Abb. 424) hebt die Nadel J und den Arm a derart, daß der Schwingrahmen R an a vorbeigeht. Dadurch läßt die Hebelübertragung a, b, c die Doppelplatine pl unten, der untere Zahn derselben wird vom Untermesser M_2 erfaßt. Hierdurch zieht die Platine den Schaftschemel ins Tieffach. Die Messer M_1, M_2 bewegen sich in der Art der Hoch- und Tieffachmaschinen für Einhub und geschlossenem Fach, d. h. sie gehen bei jedem Schuß einmal zusammen und auseinander.

Ein Loch in der Karte läßt die Nadel J in Ruhe, der Arm a bleibt nach Abb. 424 tief, wird vom Rahmen R erfaßt und mitgenommen. Die Bewegung wird auf den Hebel c übertragen, der mit seinem oberen Ende die Platine pl an das Obermesser M_1 bringt. Dieses faßt bei seiner Linksbewegung die Platine an ihrem oberen Zahn und zieht den Schaft ins Hochfach.

Die Maschine hat also positive Schlagweise. Die Messer M_1, M_2 erhalten ihre Bewegung von der Hauptwelle über das Rad K_2, das mit seinem Kurbelzapfen C_1 durch die Zugstange T_2, den Hebel G, E und die beiden Zugstangen t_2, t_3 bewegt. Die Schaftmaschine erzielt das reine Fach dadurch, daß nur das Tieffachmesser M_2 an seinem hinteren Ende einen größeren Hub vollführt. Der Hebel E hat hierfür hinten einen größeren Arm (Abb. 424). Es genügt, wenn die Fäden des Unterfaches in einer Ebene liegen, damit der Schützen gut durchläuft. Bei den gehobenen Schäften ist diese Einrichtung nicht so nötig, da das Fach genügend hoch ist.

Die Prismenbewegung wird durch eine Gegenkurbel des Zahnrades K_2 hervorgebracht. Am Zapfen C_1 ist der Teil 1 befestigt, der mit dem Zapfen C_2 die Gabel 2 und durch den Hebel 3 die Zugstange T_1 bewegt. Die letztere überträgt die Bewegung über den Hebel D und C, die Zugstange t_1 auf den Winkelhebel U, der das Prisma P trägt. Die

Feder F befördert den Andruck des Prismas. Der Drücker tk sichert die genaue Prismenstellung, die Prismendrehung erfolgt durch den Wendehaken Z, der die Laterne des Prismas faßt (Abb. 426).

Der Rahmen R beeinflußt indirekt die Platinen. Er wird von der Kurbel B des Zahnrades K_1 (Abb. 427), das auf der Hauptwelle sitzt, angetrieben. Die Kurbelbewegung wird von der Zugstange T (mit Bruchsicherung) den Hebeln p_1, p_2 und von der Zugstange t auf den Arm r übertragen, welcher auf der Welle h_1 des Rahmens R sitzt.

Die schnurlose Schaftmaschine System „Wolfrum" der Sächsischen Maschinenfabrik vorm. Hartmann. Diese Schaftmaschine (Abb. 428—429) vermeidet in vorteilhafter Weise die Verwendung der Schaftschnüre. Die Platinen der Schaftmaschine steuern die Schäfte direkt, wodurch folgende Vorteile erreicht werden.

1. Durch Entfall der Schnüre ist die Schaftaufhängung vereinfacht, das lästige Umknüpfen der Schaftschnüre bei Vorrichtung einer neuen Kette entfällt.

2. Die Lage der Schäfte, welche sonst durch die Dehnung der Schnüre leidet, bleibt dauernd richtig.

3. Die Schaftbewegung ist ruhiger und sicherer und kann eventuell rascher erfolgen.

Diese Vorteile kommen besonders bei sehr breiten Stühlen und großer Kettenspannung in Betracht, bei welchen sonst eine Schnuraufhängung der Schäfte, Schaftschwankungen und dadurch Webstörungen hervorruft. Die Schäfte sind in einem Rahmen L_1 (Abb. 428—429) gefaßt. Der obere Schaftstab ist mit dem unteren durch Stangen verbunden.

Die einzelnen Schaftrahmen tragen die Platinen Pl, Pl_1, deren Drehpunkte an den Enden X der seitlichen Zugstangen liegen. Die an jeder Schaftseite vorhandenen Platinen erhalten zwei Zähne, die nach Bedarf von den Messern N_{1-4} erfaßt werden können. Die Messerbewegung wird durch die Zugstangen T_1, T_2, T_a, T_b, T_{3-6} (auf der rechten Seite), sowie die Zugstangen T_1, T_2, T_a, T_b, T', T'', T_r, T_r', T_5', T_6' (auf der linken Seite), ferner die Winkelhebel U_{1-6} und die Welle H_2 ebenso wie die Winkelhebel U_{1-6}, U_5', U_6' und die Wellen H_2, H_2' von der Kurbel kl der Schaftmaschinenwelle H_1 erzielt. Die Welle H_1 wird von der Hauptwelle Hh durch Zahnräder angetrieben.

Die Steuerung der Schäfte erfolgt durch Pappkarten. Ein Loch in der Karte läßt die Nadel und Hilfsplatine p an das Messer N sinken, welches die Hilfsplatine mitnimmt. Durch die Linksbewegung derselben entfernt sich die Hauptplatine Pl mit ihrem oberen Zahn von dem Messer N_1, während sich ihr unterer Zahn dem Messer N_2 nähert und gefaßt wird. Da die Platinen Pl untereinander durch die Zugstange t und den Hebel Y verbunden sind, erfolgt am anderen Schaftende der gleichartige Ausschlag der Platine Pl_1. Es bedeutet also wieder ein Loch in der Karte eine Schaftsenkung, eine volle Stelle der Karte Schafthebung, also negative Schlagweise.

Die Prismenbewegung besorgt die Zugstange T_7 und der Winkelhebel P_1, der mit seiner Rolle am Exzenter E_1, der Welle H_1 anliegt.

Die Messerbewegung des Hilfsmessers N für die Hilfsplatine p wird vom Exzenter E_2 hervorgerufen und durch die Hebel P_2, P_3 übertragen.

3. Die Breithalter,

das Blatt, der Brustbaum und die Warenaufwicklung gleicht bei den Hartmann-Stühlen den bereits früher beschriebenen Konstruktionen.

B. Die Mechanismen der Schützenbewegung.

Die Schützen und die Lade sind ungefähr gleicher Art wie die bisher beschriebenen, nur die Verbindung und Ausführung der Ladenarme ist etwas anders gebaut (Abb. 423). Der Unterschlag (Abb. 430—433). Am rechten Ende der Kurbelwelle sitzt ein Exzenter, an dem eine Rolle anliegt. Diese bewegt durch die Hilfshebelvorrichtung

1, 2, 3 das Segment S_1, dadurch die Klinke Sp_1 und den Schlaghebel R_1. Der letztere faßt mittels Riemen G_1 den Schlagarm P_1. Das rasche Anreißen des Segmentes S_1 wird von der Zugstange T auf die Schlagvorrichtung der anderen Webstuhlseite übertragen. Die Feder F hält die Segmente S, S_1 in der Ausgangslage. Der untere Teil der Schlaghebel R und R_1 hat eine muldenförmige Sitzfläche, mit welcher er in der Ruhelage an den Puffer Pr anlegt. Der letztere dämpft die Schläge der Hebel R, R_1 und damit die der Schlagarme P, P_1, welche die Schläge vom Schützen und Treiber erhalten. Die Klinkensteuerung Sp und Sp_1 der Schlagarme R und R_1 erfolgt von Segmenten s und s_1, die wieder in bekannter Art von den Schützenkastenzungen gesteuert werden (Abb. 430—432).

Der Schlagmechanismus hat wieder eine Bruchsicherung, die beim Steckenbleiben des Schützens oder des Schützenwechsels wirkt.

Der Zapfen Z_1 des Schlagarmes P_1 (rechte Webstuhlseite) ist in der Nute der Konsole B_1 verschiebbar gelagert. In seiner Normallage wird er von der Feder F_2 und der Kette k_1 gehalten und verbleibt in dieser Lage bei normalen Beanspruchungen. Bei übermäßigem Widerstand kann er sich in der Nut verschieben. Am Träger des Schützenkastens N_1 sitzt der Winkelhebel U_1 mit der Rolle a_1, die an der Schützenkastenstange Ks_1 anliegt. Der Arm b_1 hängt durch die Zugstange t_1 mit der Klinke z_1, die auf der Konsole B_1 gelagert ist. Die Schützenkastenstange hat soviel Einschnitte v_1 als Schützenkästen vorhanden sind, wobei die Entfernung der Einschnitte voneinander genau der Kastenteilung entspricht. Die Rolle a_1 kontrolliert dadurch die richtige Schützenkastenlage, da sie in die entsprechenden Einschnitte v_1 auf der Schützenkastenstange Ks_1 entsprechend der Schützenwechselbewegung eingreift. Fällt die Rolle a_1 in den zugehörigen Einschnitt (Abb. 432), dann schwingt der Hebel U_1 so aus, daß die Zugstange t_1 die Klinke z_1 in gehobener Lage läßt, d. h. gestützt an das Linealende u_1. Das letztere ist am Zapfen Z_1 angehängt. Dadurch wird die Verschiebung des Zapfens Z_1 in der Nut der Konsole B_1 verhindert, so daß der Schlagarm mit seinem oberen Ende ausschwingen kann.

Ist aber der Schützenkasten nicht genau in der Schützenbahn, so bleibt die Rolle a_1 außerhalb des Einschnittes, der Winkelhebel U_1 bleibt geneigt, und diese Neigung wird durch den Arm b_1 und die Zugstange t_1 auf die Klinke z_1 übertragen. Die Klinke wird gesenkt, gibt das Lineal u_1, den Zapfen Z_1 und Schlagarm P_1 frei. Da der Schlagarm an seinem oberen Ende infolge der unrichtigen Schützenkastenlage nicht ausschlagen darf, bewegt sich das untere Schlagarmende nach links.

Zum Vergleich zeigt Abb. 409 die neueste Konstruktion des Schützenschlages beim Schwabestuhl.

Die Schlagsegmente S, S′ sind größer, und die Arme S′ liegen mit ihren Ansätzen auf federnd gelagerten Schrauben an. Die Schlagsegmente S, S′ werden durch die Federn F_3 und F_3' zusammengehalten. (Die Feder F_3' gehört zur anderen Webstuhlseite.)

Der Vierkastenwechsel von Hartmann (Abb. 434—437). Dieser Wechsel hat nach Abb. 434 zwei Exzenter E_1, E_2. Das Exzenter E_1 wechselt um einen Kasten, E_2 um zwei Kästen, beide Exzenter um drei Kästen. Der Exzenterring O_1 des Exzenters E_1 führt zum Hebel P_1, dessen Drehpunkt X auf dem Hebel P_2 liegt. Wird E_1 um 180° gedreht, dann bewegt sich P_1; wird E_2 um 180° gedreht, bewegt sich P_2 und dadurch auch P_1, dessen Drehpunkt von X zum Zapfen des Stückes O_1 wandert.

Die Schaltung um einen bzw. zwei Kästen wird bei gleicher Exzentrizität von E_1 und E_2 durch entsprechende Hebelverhältnisse erreicht. Die einzelnen Exzenterstellungen sind in Abb. 434—437 dargestellt.

Die Exzenterdrehung wird durch eine Art Knowlesgetriebe (Abb. 438) erreicht. Jedes Exzenter E ist mit einem Zahnkranz Kz verbunden. Derselbe hat zwei verschiebbare Zähne, die abwechselnd in den Bereich der Verzahnung gelangen, da sie miteinander durch den Teil O starr verbunden sind. Ist der untere Zahn Z_2 gesenkt, so kommt er in den Bereich der Zahntrommel B, die sich ununterbrochen dreht, daher das Zahnrad Kz mitnimmt und das Exzenter um 180° dreht.

Das Heben und Senken der Zähne Z_1 und Z_2 erzielt man durch die Doppelnocke V, welche an der Scheibe D_1 angegossen ist. Diese wird durch den Doppelwendehaken Ob nach Bedarf links oder rechts gedreht, je nachdem, welche Seite des Wendehakens eingreift. Die Stellung des Wendehakens wird vom Winkelhebel U gesteuert, welcher durch den Draht Dr an der Wechselkarte hängt.

Die Wechselkarten laufen auf einem eigenen Prisma neben den Schaftkarten. Der Steuermechanismus gleicht dem der Schaftmaschine, nur wird statt der zweizahnigen Platine ein einarmiger Hebel verwendet, der durch den Draht Dr an dem Wechsel hängt.

Der zweizahnige Wendehaken Ob wird vom Exzenter E_3 mittels Rolle Kl, Arm A und Rahmen R (Bruchsicherung) auf und ab bewegt. Die Feder F_1 drückt die Rolle ständig an das Exzenter E_3.

Die Welle H_1 der Trommel B wird von der Hauptwelle durch die Zahnräder K_1, K_2 (Abb. 434) angetrieben. Die Trommel selbst sitzt lose auf der Welle H_1 und ist durch die Nase N des Hebels P mit dem auf der Welle H_1 aufgekeilten Ring K verbunden. Diese Vorrichtung bildet eine Bruchsicherung bei Klemmung des Kastenwechsels. Die Nase N (Abb. 439) greift nur leicht in den Einschnitt des Ringes K ein, so daß sie bei größerem Widerstand herausspringt.

Die Feder F_4 sichert die Arbeitsstellung der Nase N.

Für jede Webstuhlseite ist eine besondere unabhängige Wechselvorrichtung mit je zwei Exzentern und zugehörigen Hebeln und dementsprechendem Steuerapparat vorhanden.

Der rechte Schützenkasten wird von den äußeren Exzentern auf der linken Seite des Stuhles sowie von der Zugstange T_1 und Welle T_r beeinflußt. Die letztere geht durch den Stuhl an die rechte Seite. Der linke Schützenkasten wird von den inneren Exzentern durch die Zugstange T_2 bewegt. Die Schützen- und Schußwächter ähneln den beschriebenen Konstruktionen von Schwabe in Bielitz und der Großenhainer Webstuhlfabrik in Sachsen.

III. Der breite, schnellaufende Stuhl der Firma Ateliers Houget in Verviers.

Dieser Webstuhl ist ähnlich wie der Schwabe- oder Hartmann-Stuhl konstruiert; deswegen wird von gründlicher Beschreibung der einzelnen Mechanismen abgesehen. Näher sei bloß der Schlag, der die sinnreiche Verbesserung der bisherigen Konstruktionen bedeutet, beschrieben.

Die Bremsung der Kettenbäume wird ähnlich wie bei dem Schwabe-Stuhl durchgeführt, oder es wird der positive Kettenbaumregulator benutzt (siehe S. 126—127).

Für das Aufwickeln der fertigen Ware wird nach Bedarf der negative oder positive Regulator benutzt. Die Bewegung des Streichbaumes und der Lade sowie die Konstruktion derselben und der Schaftmaschine wird ähnlich wie bei den oben genannten Stühlen durchgeführt. Der Schützenwechsel ist fast derselben Konstruktion wie der Mechanismus des Hartmann-Stuhles.

Den schnelleren Lauf der breiten Wollwebstühle hat die Firma Ateliers Houget in Verviers durch sinnreiche Konstruktion des Schlagmechanismus erzielt. Sie hat nämlich dem Segmente S_1 (S_1') eine etwas größere Nase gegeben und so in der Form, daß stufenweise in Tätigkeit kommende Stellen dieses Segmentes in der größeren Entfernung von dem Drehpunkte liegen und dadurch den Schlag schneller zum Ende bringen. So wird eine größere Tourenzahl erzielt. Die beschriebene Konstruktion dieses Webstuhles hat auf der Ausstellung in Lüttich im Jahre 1930 105 Umdrehungen in der Minute gemacht. Schwabe 95—100 (nur bei festem Material).

Die Verbindung des Segmentes S_1 (S') mit dem Schlagarme Rp (Abb. 440 u. 441) sowie die Beherrschung des Schlages wird ähnlicherweise wie bei dem Schwabe-Stuhl durchgeführt (siehe Abb. 408—409).

Damit der Schützenschlag nicht gleichzeitig an beiden Seiten entsteht, ist die Schlagklinke Z wie bei dem Schwabe-Stuhl ähnlich von dem Schützenkasten der anderen Webstuhlseite aufgehoben. Die Klinke Z der rechten Seite ist durch den Stift K in der Verbindung mit der Zugstange T und so mit dem Arme r_2 auf der Welle h_2, welche unter dem Ladenbalken B gelagert ist. Am anderen Ende der Welle h_2 sitzt ein zweiter Arm r_6, welcher an die Schützenkastenklappe Br anliegt.

Ist der Schützen in diesem linken Kasten, wird durch die eben beschriebene Verbindung die Klinke Z auf der rechten Seite des Stuhles aufgehoben, so daß der Schlag von der linken Seite durchgeführt wird. Ähnlicherweise wird der Schützen von der rechten Seite ins Fach geworfen.

Die Segmente S_1 und S' sind mit der Zugstange Ts verbunden. Eins von diesen (hier das rechte) wird ähnlicherweise wie beim Schwabe-Stuhl in schnellerem Schwung durch den mit dem Segmente S_1 verbundenen Arm, die Zugstange Tk in Übertragung von der Kurbelwelle gebracht. Durch die Zugstange Ts wird auch das linke Segment S' gleichzeitig geschwungen.

Der Hebel P der rechten Seite bekommt die schwingende Bewegung durch den Winkelhebel R und die Zugstange T_1 vom dreiarmigen Hebel R_1, welcher durch die Zugstange Th und den Winkelhebel R_2 von dem Schlitze der Nutenscheibe Ns beeinflußt wird.

Der linke Hebel P' wird ähnlicherweise vom dreiarmigen Hebel R_1 direkt betätigt.

Diese Schwingungsbewegung der beiden Hebel P und P' bezweckt die Sicherung des schnelleren Stuhllaufes, damit keine der Klinken Z, Z' herunterfällt und dadurch keine Beschädigung einzelner Bestandteile entsteht.

Die Ausschaltung der beiden Schläge beim Schußsuchen erfolgt durch Aushebung der beiden Klinken Z, Z' durch die Schnur Y, welche zu den Stiften K_1, K_1' der beiden Hebel P, P' führt.

Der Stuhl der Firma Houget erhält außerdem eine Einrichtung, welche das Herausnehmen der Schüsse beim Schußsuchen, besonders wenn man mit zwei oder mehreren Schützen arbeitet, erleichtert. (Siehe die ähnliche Einrichtung der Großenhainer Webstuhlfabrik S. 141.)

IV. Die Kurbelstühle für endlose Papierfilze in Schlauchform der Firma Hartmann, Chemnitz

werden mit bis 22,8 m Webbreite gebaut. Man verwendet vorteilhaft Geschlossenfachschaftmaschinen und baut besonders die Ladenbewegung, die Streichbaumbewegung und Schützenbewegung als Sonderkonstruktionen.

Die Lade hat beiderseitigen Vierkastenwechsel, der beiderseitig unabhängig arbeiten kann. Der Hauptantrieb liegt meist rechts, mit Reibungskupplung an der Nebenwelle. Diese läuft im Verhältnis 5:1 zur Hauptwelle. Der Stuhl kann Riemen- oder Elektroantrieb erhalten. Die Hauptwelle und Lade wird während des Schützenlaufes besonders verzögert bewegt, während des Ladenanschlages wird sie sehr stark beschleunigt. Diese Sonderbewegung erreicht man durch eigene Exzenter, auf welchen Rollen laufen, die durch Winkelhebel und Zugstangen die Lade bewegen.

Der Kettenbaum wird in Holz mit 300 mm Durchmesser oder als Eisenrohr mit 170 mm Durchmesser gebaut, hat Mulden- oder Zapfenlagerung, aber manchmal auch beide. Bei besonders breiten Stühlen werden die Bäume bis dreiteilig ausgeführt. Der Streichbaum wird von der Kurbelwelle an drei bis fünf Stellen angefaßt.

Wegen der besonders großen Warenbreite sind sehr große Eisenrollenschützen in Verwendung, die auch genügend viel Schußmaterial aufnehmen können. Sie erhalten einen besonderen Federschlag und eine spezielle kräftige Bremsung der Schützenkastenzungen, die während des Webens automatisch ent- und belastet werden.

Ein 15 m breiter Stuhl macht etwa 18 Schuß in der Minute und benötigt 3,5 kW. Ein 10 m breiter Stuhl macht 28 Schuß bei einem Kraftbedarf von 2,5 kW.

V. Die Webstühle der Großenhainer Maschinenfabrik

ähneln ziemlich den besprochenen Konstruktionen.

A. Die Bewegungsmechanismen der Kette.

1. Die Kettenlängsbewegung und Führung.

a) Die Bremsen

sind nach Abb. 442 Backen- oder Bandbremsen mit Filzbelag. Bei Verwendung zweier Kettenbäume erhält der zweite Baum eine besondere Lagerung und meist schwächere Kettenspannung, eventuell durch eine Seilbremse Bk_1. Kettenbaumregulatoren sind seltener verwendet.

b) Der Streichbaum

ist eine Rohrwalze von etwa 100 mm und wird durch den Winkelhebel X in bekannter Art bewegt. Durch Verstellung des Teiles x kann die Kettenspannung wieder an die Fachbildung angepaßt werden.

2. Die Fachbildung.

Das Geschirr ist wieder ein Schaft- oder Jacquardgeschirr. Bei Möbelstoffen wird durch die Verwendung mehrerer Ketten, die verschieden einarbeiten, die Anwendung mehrere Kettenbäume nötig (Abb. 442).

Die Schaftmaschine von Großenhain ist eine abgeänderte Cromptonmaschine. Jacquardmaschinen werden besonders in der Möbelstoff- und Musterweberei verwendet. Die Einhubmaschinen haben wieder beweglichen Platinenboden oder man benutzt Doppelhubmaschinen, um durch langsameren Gang der empfindlichen Teile eine größere Betriebssicherheit zu erreichen.

3. Die Vorrichtungen zur Kettenführung,

wie das Blatt, die Breithalter, der Brustbaum, ähneln den beschriebenen Konstruktionen.

4. Die Warenaufwicklung

erfolgt durch positive oder negative Regulatoren. Der positive Regulator der Großenhainer Maschinenfabrik (Abb. 443—444) schaltet die Ware durch den Sandbaum R, an welchen dieselbe durch die Walze v geführt wird. Der Warenbaum ist nur eine reine Wickelwalze. Der Sandbaum wird durch das Schneckenrad Sk, Schnecke S, die auf ihrer Welle das Rad K trägt, bewegt. Die Schaltung von K erfolgt durch die Klinken Z, den Doppelhebel U, den Winkelhebel 4, die Zugstange 3, den Winkelhebel 2 und die Zugstange 1, von der Ladenwelle Hm aus.

Ähnlich erfolgt nach Abb. 445—446 die Drehung des Warenbaumes. Das Sperrad r sitzt lose am Zapfen des Warenbaumes und nimmt den Warenbaum nur durch eine Reibungskupplung O mit. Das Sperrad r wird von dem schwingenden Zapfen Hm der Lade mittels Hebel u und Klinke p bewegt.

B. Die Schützenbewegung

ähnelt dem schon beschriebenen Unterschlag der Firma Schwabe. Sie benutzt nach Abb. 447—448 das Segment S, welches am Exzenter E sitzt. Die Rolle Kl und der Hebel 1 schwingen bei jedem Exzenterausschlag rasch aus. Die Segmentbewegung wird von S_1 durch die Zugstange T auf S_2 übertragen; die Schlagkupplung erfolgt wieder in bekannter Art durch die Klinken Z_1, Z_2, die von den Schützenkastenzungen gesteuert werden.

Die Zapfen O_1, O_2 der Schlagarme P_1, P_2 sind durch die gefederten Backen a_1, b_1, und a_2, b_2 klemmend gehalten, und die Klemmung dient wieder als Bruchsicherung. Ist der Schützenschlag behindert, so springen die Zapfen O_1, O_2 aus den Backen a_1, b_1, a_2, b_2. Durch den Tritt p_1, p_2 kann man die Backen a_1, b_1, a_2, b_2 öffnen und den herausgesprungenen Zapfen O_1, O_2 wieder einlegen. Der Schützenwechsel des Großenhainer Stuhles hat Rollenkarten. Er ist nach Abb. 450 ein Fünfkastenwechsel, welcher drei Kurbelräder Kl_1, Kl_2, Kl_3 als Wechselmechanismen verwendet. Die Bewegung der Räder oder Kurbeln wird durch Hebel auf den Schützenkasten übertragen. Die Kurbelzapfen sind durch Zahnräder bewegt, von denen werden die Stangen P_{1-3} beeinflußt. Die Kurbeln Kl_1 und Kl_3 wechseln um einen Kasten, die Kurbel Kl_2 um zwei Kästen und die anderen Kombinationen der Kurbeln um drei bzw. vier Kästen. Die Bewegungen der arbeitenden Teile erfolgen nach Abb. 450.

a) Um einen Kasten durch die Kurbel Kl_1, Zugstange P_1, Hebel 1—5, 10, 11, mit der Zugstange CT. Beim Wechsel dreht sich der Hebel 5 um den Bolzen O_2, der am Hebel 10 gelagert ist. Der letztere ist um den Zapfen O_1 drehbar, der am Hebel 11 festsitzt.

b) Die Schaltung um zwei Kästen erfolgt von der Kurbel Kl_2 über den Hebel P_2, die Hebelübersetzung 8—11, C und die Zugstange T zum Schützenkasten. Mit Kl_2 dreht sich wieder der Hebel 10 um den Zapfen O_1 auf dem Hebel 11.

c) Die Schaltung um einen Kasten durch die Kurbel Kl_3 wird von der Bewegung der Zugstange P_3 durch die Hebelübersetzungen 7, 6, 5, 10, 11, C auf die Schützenkastenzugstange T übertragen. Beim Wechseln mit der dritten Kurbel dreht sich der Hebel 5 um den Zapfen O_2 am Hebel 10, der mit dem auf dem Zapfen O_1 drehbaren Hebel 11 verbunden ist.

Die Drehung der Zahnräder Kl_{1-3} um 180° erzielt man wieder durch die Knowlestrommel B_2, welche die Schützenkästen hebt, während die Trommel B_1 die Zahnräder wieder in die Anfangslage zurückbringt.

Zur Erreichung einer genauen Kastenlage und Kurbeldrehung haben die Zahnräder Kl_{1-3} an zwei genau gegenüberliegenden Stellen eine Zahnlücke mit einem ausgelassenen Zahn und gegenüber eine größere Lücke mit drei Zähnen. Bei der kleinen Lücke erfolgt ein Eingriff der Trommeln B_1 oder B_2, bei der großen Lücke laufen die Trommeln vorbei. Die Hebel R_{1-3} besorgen durch die Nase D das Festhalten der Zahnräder in der jeweilig eingestellten Lage. Die Nase D schwingt mit Hilfe des Exzenters e_1.

Die Wirkung des Wechsels ist aus der Gesamtansicht von Abb. 450 ersichtlich. Für die Belassung des ersten Schützenkastens in der Ladenbahn, d. h. wenn derselbe schon vorher da war, also für Wechselruhe, erhält die Karte nur Hülsen. Eine Rolle bedeutet immer Schützenkastenbewegung (Abb. 453).

Kommt also eine Rolle (Abb. 451) und hebt das rechte Ende von A_1, so wird dessen linkes Ende und damit auch der Draht d_1, der Hebel R und die Platine pl_1 gesenkt. Das Messer n zieht die Platine nach rechts, unterdessen wurde die Nase D durch das Exzenter e_1 gehoben, damit der Hebel R nach rechts gehen kann. Die Zahntrommeln B_1, B_2 laufen als Knowlestrommeln nach innen (Pfeilrichtung) und bewegen in schon bekannter Art, z. B. Kl_1 durch die Trommel B_2, so daß sich das Zahnrad Kl_1 um 180° dreht und den Hebel P_1 und damit auch den Schützenkasten um einen Kasten schaltet.

Soll um zwei Kästen gewechselt werden, so wird der Hebel A_2 durch eine Rolle gehoben, das Zahnrad Kl_2 kommt an die Trommel B_2 und schaltet durch seine Hebelübersetzung um zwei Kästen.

Für eine Hebung um drei Kästen arbeiten die Zahnräder Kl_1 und Kl_2 oder Kl_2, Kl_3 zusammen.

Will man um vier Kästen heben, so müssen alle drei Zahnräder Kl_{1-3} arbeiten.

Eine Hülse bedeutet die Ruhe der zugehörigen Kurbel oder ihre Rückkehr in die Ausgangslage. Wenn der gleiche Kasten in der Schützenbahn bleiben soll, so muß auch die Karte des Wechsels die gleiche bleiben.

Das Ende der Verbindungsstange T trägt wieder die Schützenwechselsicherung gegen

Bruch. Die Stange T nimmt das Segment S mit und der Kerbenteil a, der durch die Feder f im Einschnitt des Segmentes gehalten wird, gleitet ab. In der Normalarbeit nimmt a den Hebel P, die Verbindungsstange t_1 und Tc sowie die Zugstange T_2 und den Schützenkasten mit (Abb. 450, 452).

C. Einrichtungen zur leichteren Webstuhlbedienung.

Der Schußwächter und Schützenwächter ähneln den beschriebenen Anordnungen der Firma G. Schwabe, Bielitz. Nur die Ausrückvorrichtung ist bei Großenhain eine einfache Reibungskupplung, während Schwabe die gefederte Spiralkupplung benutzt (siehe Schwabe-Stuhl).

Der Kettenfädenwächter wird bei Tuchstühlen nicht allgemein verwendet.

Der automatische Schußsucher (Großenhainer Maschinenfabrik) ist eine selbsttätige Einrichtung, welche das Suchen des gerissenen Schusses ermöglicht (Abb. 454—459).

Beim normalen Eintrage des Schusses befindet sich der Mechanismus des Schußsuchers, der im Gehäuse S der Seitenwand des Stuhles gelagert ist, im Stillstand. Der Webstuhl ist wegen der größeren Reinheit der Ware mit zwei Schußwächtern ausgerüstet, und jeder Schußwächter befindet sich $^1/_3$ vom Ende der Schützenbahn.

Reißt der Schuß ab, so wird das Triebwerk des Schußsuchers im Kasten S mittels des Anprallstückes 1, des Hebels 2, der Zugstange 3 und eines doppelarmigen Hebels 4 in Tätigkeit gesetzt (siehe die Bilder I, II in Abb. 455—456). Dabei sinkt die Zugstange t_1 und der Hebel m, während die Kupplung Sp durch den Hebel o eingeschaltet wird. Diese eingeschaltete Stellung der Kupplung ist durch den Sperrzahn z und die Klinke z_1 gesichert. Die Kupplung sitzt an der Welle H, die durch die Kettenräder Ks, K und die Kette R von der Hauptwelle des Webstuhles getrieben wird. Der Bolzen K_1 des Exzenters E_1 treibt den Hebel P_1, stellt die Klinke z_1 mittels der Zugstange t_4 und des Hebels r außer Kontakt mit dem Hebel o, welcher die Tätigkeit der Kupplung beherrscht (siehe Abb. 455—456).

Durch das Drehen des Exzenters E_2, welcher die Rolle K_3 berührt, wird der Wendehaken O_1 durch die Zugstange t_2 emporgehoben, bei gleichzeitigem Einschalten des Wendehakens O_2, wodurch eine rückwärtige Prismabewegung der Schaftmaschine sowie des Wechsels (für zwei Schüsse) erzielt wird, ist dies geschehen, so greift der Wendehaken O_1 wieder ein, und das Prisma des Webstuhles macht wieder nur zwei Umdrehungen nach vorne, wodurch der Webstuhl beim gerissenen Schusse zum Stillstand gebracht wird. Die rückwärtige Prismabewegung für zwei Schüsse wird durch die zweckmäßige Form des Exzenters E_2 erzielt (siehe Abb. 455).

Damit man keine streifige Ware erhält, welche die zwei Umdrehungen beim Leerlauf rückwärts und zwei nach vorne (zusammen also vier) verursachen können, werden am Anfange der Tätigkeit des Schußsuchers die Schlagklinken emporgehoben, und zwar bekannterweise wie beim Warenbaumregulator, was durch den Hebel P_3, Zugstange t_2, Hebel p, Seil t_6 geschieht.

Hat man das Fach gefunden, dann wird die Platine Pl mittels des Exzenters E_1, Hebels P_2 und Zugstange (Schnur) t_3 emporgehoben, deren Nase in das Anschlagstück N der Webstuhllade eingreift, dadurch die Welle v gedreht und die Ausrückstange ausschaltet. Der Webstuhl wird nach dieser Art beim offenen Fache in Stillstand gebracht. Gleichzeitig kommt der Stift K_2 an Exzenter E_2 in Berührung mit dem Hebel P_4, welcher durch die Zugstange t_5, Hebel n die Kupplung Sp wieder ausschaltet.

So kann man sehr leicht ohne das Schußsuchen nach dem Spulenauswechseln oder Einlegen des gerissenen Schusses wieder den Webstuhl in Tätigkeit setzen.

VI. Wächtlers halbautomatischer Webstuhl,

gebaut von der Großenhainer Webstuhlfabrik, ist für mittlere und schwere Ware geeignet. Die Produktion ist bei mittleren Schußgarnen um 15%, bei gröberen noch stärker erhöht.

Der Austausch der Schützen bei ausgelaufenem oder gerissenem Schuß erfolgt während des Ganges mit Hilfe zweier Schützenzellen, die den ersten und letzten Kasten des rechtsseitigen Schützenwechsels bilden.

Die oberste Zelle ist oben offen, so daß der Weber während des Ganges den Schützen einlegen kann; die unterste Zelle ist ein wenig vorgeneigt, so daß der Weber den leeren Schützen bequem herausnehmen kann.

Bemerkt der Weber, daß in irgendeinem Schützen der Faden zu Ende geht, so legt er einen neuen Schützen mit dem betreffenden Schuß in die rechte obere Zelle und bewirkt durch einen Handgriff die Hebung der untersten Zelle in die Ladenbahn, so daß der abgelaufene Schützen in die unterste Zelle einläuft. Die oberste Zelle mit dem neuen Schützen wird nach Bedarf in die Ladenbahn gebracht.

Dieser Stuhl hat den Vorteil, daß die Ware wegen der selteneren Unterbrechungen des Webstuhlganges gleichmäßiger ausfällt und die Erschütterungen und der Kraftbedarf des Stuhles geringer sind.

VII. Die Einrichtung von Wollwebereien.

Die Webereien für Streichgarnwaren sind meist mit der eigenen Spinnerei und Appretur verbunden. Man teilt die Wollwaren ein.

1. Streichgarnwaren (Militärtuch, Loden, Flanell, Melton, Double, Feintuche, Damentuche usw.).
2. Kammgarnwaren (für Herren- und Damenkleider).
3. Cheviotte in Streichgarn und Kammgarn.

Die Einrichtung einer Wollweberei entspricht wieder einem bestimmten Programm, um die Lebensfähigkeit des Betriebes zu sichern. Der kleinste Tuchwebereibetrieb soll wenigstens 20 Stühle haben, um auch noch die Spinnerei und Appretur rationell betreiben zu können.

Schedgebäude ermöglichen eher die Einrichtung der Fließarbeit als Hochbauten.

Der Antrieb wird zweckmäßig als Gruppen bzw. Einzelantrieb gebaut, wobei für Tuchstühle der Gruppenantrieb vorteilhafter ist. Da die Färberei, Appretur und Wollwäscherei viel Dampf benötigen, erzeugt man auch die Antriebskraft mit Hilfe einer Gegendruckdampfanlage selbst und verwendet den Abdampf für Heiz- und Kochzwecke.

Die Abb. 461 gibt ein Schema für einen Streichgarnmodewarenbetrieb mit 42 Stühlen.

Die Spinnereirohmaterialien gehen vom Lager A über eine Brückenwaage in die Wollwäscherei mit dem Leviathan Lv und Spülbottich SB. Zum Färben dient die Färberei mit 4 Färbkesseln K, der Hydrosulfitküpe HK und der Zentrifuge C_2. Der Schnitt durch eine moderne nebelfreie Färberei zeigt die Abb. 461 (rechts oben; Projekt des Dr. B. Bauer, Wien). Nach Trocknen in der Trockenmaschine TM kommt das Material in die Wolferei[1] mit Drehkrempelwolf KW, Spiral-Reiß- und Klopfwolf RW und Endenöffner EO. Aus dem Raum für die gewolfte Wolle kommt das gewolfte und geölte Material in die Spinnerei mit 5 Krempelsätzen (R Reißkrempel, P Pelzkrempel und V Vorspinnkrempel). Das Lager sowie die Wolferei sind feuersicher eingerichtet. Der Schleifbock SBk dient zum Schleifen der Krempelbeläge. Die Selfaktoren S_{1-8} mit je etwa 200 Spindeln besorgen das Fertigspinnen. Das Garnlager ist daneben. In Webereivorbereitung mit 3 Kettenschermaschinen SM, mit dem Wickelbock Wk, der Leim- LM und Trockenmaschine TM bereiten die Ketten vor. Anschließend stehen in der Weberei 4 Spulmaschinen S und 42 breite Stühle W. Die fertige Rohware wird in der Ausnäherei genoppt und ausgenäht, sie kommt dann in die Naßappretur. Dieselbe hat 3 Waschmaschinen WM, 7 Zylinderwalken CW und 1 Hammerwalke HW, eine Zentrifuge C_1, Doppelrauhmaschine RM, Verstreichmaschine VM und einen Kardenfeger KF. Die Trockenappretur hat eine einfache Bürstmaschine BM, Langschermaschine L, Mulden-

[1] Die pneumatische Lagerung der Wolle ist nach Prof. O. Bernhardt.

presse WP, Falt- und Wickelmaschine F, Preßpumpe PP, Packpresse BP, hydraulische Presse HP und einen Preßofen PO. Die Dekatur hat einen Wickelbock WB, Dekatierapparat Dc und Glanzabziehmaschine GlA. Die Spann-Rahm- und Trockenmaschine SRM liegt in dem Dekaturnebenraum. Den Transmissionsantrieb besorgen 2 Dampfmaschinen DM mit 250 PS, die Beleuchtung eine Dynamomaschine D (im Maschinenhaus). Das Kesselhaus hat 2 Dampfkessel DK. Zweckmäßig sind noch besonders bei größerem Betrieb die Werkstätte, Glasverschlag des Spinnmeisters M, Kontors, Expedition, ferner Garderobe und Speisezimmer für Arbeiter usw. Bei feinen Garnen ist eine Befeuchtungsanlage, die mit 70—80% Luftfeuchte arbeitet, zweckmäßig.

Die Rutenzugwebstühle für Plüschteppiche.

Einleitung.

Die Rutenplüschstühle erhalten eine besondere Einrichtung für die Schlingenbildung der Florkette. Die Schlingen können dann wie bei Brüsseler Teppichen stehenbleiben oder werden wie bei Plüsch und Florteppichen aufgeschnitten. Die Schlingenbildung erfolgt durch die Florkette, welche mit den Ruten, die neben den Bindeschüssen eingetragen werden, Schlingen bildet. Die Ruten werden von den Florfäden nach Bedarf abgebunden, man kann die Florkette als glatte oder Schaftmusterung oder Jacquardmusterung arbeiten lassen. Dadurch unterscheidet man glatte und gemusterte Plüsche und dementsprechend glatte und Jacquardrutenstühle.

Für die Bildung geschlossener Schlingen (Brüsseler Teppiche) verwendet man glatte Ruten. Für die Florteppiche erhalten die Ruten am Ende ein Messerchen, das beim Herausziehen die gebildeten Schlingen durchschneidet. Um einen sicheren Halt der Florschlingen zu erreichen, erfolgt das Herausziehen der vordersten Rute erst dann, wenn einige Ruten eingewebt sind (8—10) (Abb. 462).

Die Zahl der eingewebten Ruten hängt auch von ihrer Dichte ab, zu welcher die entsprechende Rutenkopfstärke gewählt werden muß. Z. B. Bei 30 Ruten auf 10 cm wählt man eine Kopfstärke von 3 mm.

Man wählt dann soviel Ruten, daß der Raum zwischen vorderster Rutenführung und Stellung der Blattebene bei Ladenanschlag ergibt. Der Kopf der ersten Rute muß genau in die Nute der Rutenführung einlaufen.

Das Eintragen und Herausziehen der Ruten erfolgt durch eine Gleitvorrichtung und Greifer, die an der rechten Webstuhlseite angebracht sind. Bei breiten Stühlen werden die Ruten durch eine besondere Kette bewegt und durch einen Haken mit gleichmäßiger Geschwindigkeit herausgezogen. Das Eintragen derselben erfolgt durch einen Stahldraht, der einen Reiter mit steigender Geschwindigkeit bewegt. Der Antrieb des Stahldrahtes erfolgt durch eine schneckenförmige Scheibe, und die Lauffläche des Drahtes ist nach einer archimedischen Spirale gekrümmt.

Bei schmalen Stühlen erfolgt das Eintragen und Herausziehen der Ruten durch eine Kurbel oder ein Nutexzenter mit Hebel.

Die Ruten müssen beim Einweben genau geführt werden, damit das Messerchen beim Rückzug genau lotrecht steht. Das Eintragen der Ruten erfolgt etwas schräg zum Blatt, das Ende der Ruten ist etwas abgebogen, um das Blatt nicht zu beschädigen. Deshalb schwingt auch die Rutenführung bei der Eintragung entsprechend aus. Die Rutenführung und -bewegung kann auf verschiedene Art erfolgen.

Der Antrieb dieser Stühle erhält eine Ausrückung, wie bei den Wollwebstühlen. Die Fachbildung bei den Schaftstühlen erzielt man durch eine seitlich angebrachte Exzenter- und Schafthebelvorrichtung.

Zur Erreichung einer genauen Musterung sind Ketten- und Warenbaumregulatoren meist positiv.

I. Die Rutenstühle der Sächsischen Webstuhlfabrik vorm. Louis Schönherr

werden in verschiedenen Breiten erzeugt. Die schmalen Schaft- und Jacquardstühle haben eine Arbeitsbreite von 105—185 cm, dienen meist für Läufer und machen 40 bis 70 Touren je Minute. Die breiten Stühle haben Schaft- oder Jacquardeinrichtung bei einer Arbeitsbreite von 185—360 cm und werden meist für abgepaßte große Teppiche verwendet. Sie machen 28—45 Touren.

Die schmalen Stühle haben Exzenterschlag, die breiten Federschlag.

Der Ladenanschlag ist wegen der nötigen Dichte doppelt. Der Ladenklotz ist aus Gußeisen (Abb. 463, 467).

Die Binde- und Füllketten werden durch eine seitliche Exzentervorrichtung bewegt.

Der Hauptantrieb erfolgt von der Seitenwelle Vh, die die Hauptwelle Hh durch die Kegelzahnräder K_1, K_2 treibt. Der sonstige Antrieb gleicht dem Antrieb der breiten Wollwebstühle. Auf der Hauptwelle Hh sind zwei Zahnräder vorgesehen, das eine treibt den linken Teil der Schützenschlagwelle Sh und damit auch die Nutexzenter für die Fachbildung mit einer Übersetzung 1:2. Das zweite Zahnrad treibt mit einer Übersetzung 1:3 den rechten Teil der Welle Sh und damit den Rutenzugmechanismus und die Jacquardmaschine. Das eigentliche Ausziehen der Nuten wird durch ein Zahnradpaar direkt von der Seitenwelle Vh besorgt (Abb. 469).

a) Die Schaftrutenwebstühle.

Bei den schmalen Stühlen dieser Art wird die Ruteneinrichtung durch ein Stufenzahngetriebe bewegt. Jede Kette erhält wegen der verschiedenen Einarbeitung einen besonderen Baum. Bei den breiten Schaftwebstühlen ist der Rutenmechanismus wie erwähnt, besonders gebaut. Die Rute wird mit einem Seil mit veränderlicher Geschwindigkeit eingezogen (beschleunigt und verzögert); das Herausziehen der Ruten erfolgt durch eine gleichförmig laufende Kette.

b) Die Jacquardrutenstühle

erhalten zur beliebigen Einarbeitung jedes einzelnen Fadens für jeden Kettenfaden eine Spule, die in einem Spulengestell mit besonderer Fadenbremsung angebracht ist. Das Geschirr der Polkette wird an den Hebeschnüren der Jacquardmaschine befestigt.

A. Die Bewegung der Kette.

Die Jacquardrutenstühle arbeiten mit drei Ketten: a) Mit der Bindekette, b) mit der Füllkette und c) mit der Muster- oder Polkette.

1. Die Bindekette

bindet meist mit einer einfachen Bindung ab und ist nach Abb. 467 auf dem Baum AV im unteren Teil des Stuhles gelagert.

2. Die Füllkette

bindet auch einfach ab und ist auf einem besonderen Baum BV im rückwärtigen Teil des Stuhles gelagert.

3. Die Polkette

ist bei glatten Plüschen auf einem besonderen Kettenbaum aufgebäumt. Bei gemusterten Plüschen wird wegen der verschiedenen Einarbeitung für jeden Faden eine besondere Spule verwendet (Abb. 463).

Die Bindekette wird durch einen positiven Regulator (Abb. 464—467) geschaltet. Die Warenaufwicklung erreicht man gleichfalls positiv durch das Schneckengetriebe 3, 4, die senkrechte Welle O_2, welche vom Schaltrad R, Klinke Z und dem Scheibenhebel D geschaltet wird. Derselbe wird durch die Kette R_2 vom Hebel U_1, U_2 und der Kurbel Kl bewegt. Die Kurbel Kl wird durch die Zugstangen On und T_1 von der Hauptwelle Hh angetrieben (Abb. 463).

Bei Änderung der Kettenspannung schwingt der Plattenhebel D mehr oder weniger aus, je nach der Kurbelruhelage, aus der seine Schwingung entsteht. Der Eingriff wird durch den Hebel C (Abb. 464—466), den Anguß C_1 durchgeführt, an welchem sich der Plattenhebel D stützt; er wird dabei von der Feder F_1 an diesen Anguß gedrückt.

Ist die Kettenspannung zu groß geworden, so schwingt die obere Streichbaumlagerung X_1 nach rechts, ebenso der Winkelhebel Uz. Die Kette R_3 lüftet den Hebel C, und dieser weicht, von der Feder F_1 gezogen, mit dem Anguß C_1 nach rechts aus. Dadurch wird auch die Schwingung des Hebels D und das Nachlassen der Kette größer.

Wird die Kettenspannung zu klein, so geht der Hebel Uz nach links, ebenso der Hebel C durch die Kette R_3, so daß die Hebelschwingung D und der Kettennachlaß geringer werden.

Die aktive Länge der Kette R_3 kann durch eine Schraube und zwei Muttern eingestellt werden. Dadurch wird auch der entsprechende Nachlaß der Polkette erzielt.

Die Klinke Z ist an das Sperrad durch die Feder F_3 angedrückt.

Um eine übermäßige Drehung der Schneckenwelle O_2 zu verhindern bzw. bei größerer Kettenspannung und durch Webstuhlerschütterungen einen unerwünschten Kettenablaß zu vermeiden, ist eine Bremse B vorgesehen, die durch Schraube und Feder F_2 geregelt werden kann. Für Einstellung des Warenrandes, Rückdrehen der Ware usw. kann die Welle O_2 mit einem Vierkant und einer Kurbel bei gelockerter Bremse B von Hand aus gedreht werden.

Der Regulator der Füllkette (Abb. 463—466) ist an der Seitenwand Po symmetrisch zum Regulator der Bindekette gelagert. Er ist ähnlich gebaut wie dieser, erhält seinen Antrieb von der Welle O_1 über eine schräge Welle Hs (Abb. 463) und ein Kegelradgetriebe K_1, K_2. Die Regulierung der Kettenschaltung ist ähnlich eingerichtet wie bei der Bindekette.

Der Streichbaum ist für die Füll- und Bindekette aus zwei Röhren gebildet, um welche die Kettenfäden so geführt werden, daß die Bäume bei wachsender Kettenspannung nach rechts schwingen und hierbei einen Gewichtshebel heben müssen.

Der Streichbaum S_1 mit den Stangen X_1, Y_1 (Abb. 463—467) gehört zur Bindekette und der Streichbaum S_2 mit den Stangen X_2, Y_2 zur Füllkette. Die Polkette bzw. Musterkette ist zwischen Führungsstangen Tr geführt, um als Kettenebene geordnet einzulaufen (Abb. 463).

Die Kreuzschienen werden für die Binde- und Füllkette verwendet und sind meist platte Eisenrohre.

Das Blatt nimmt die Bindeketten, Füll- und Polketten auf, man zieht nacheinander zwei Binde-, eine Füll- und soviel Polfäden ein, als der Mustergruppe entsprechen.

Beim vorliegenden Beispiel sind fünf Polkettenfäden je Gruppe, also ein fünfchoriges Gewebe vorgesehen, es sind daher zwei Bindefäden, ein Füllfaden, fünf Musterfäden, im ganzen also acht Fäden je Zahn eingezogen.

Der Brustbaum Pv ist eine Gußwalze mit eingesetztem Zapfen, hat Führungsnadeln für die Ware und wird durch den Warenbaumregulator (Abb. 463—467 rechts) geschaltet. Die Ware geht dann vom Brustbaum auf den Warenbaum Vb, der unter dem Brustbaum gelagert ist. Die Aufwindevorrichtung ist positiv. Sie wird von der Seitenwelle Hp, die ihren Antrieb von der Welle Sh durch zwei gleiche Kegelräder K_1, K_2 erhält, angetrieben. Die Stirnräder K_{5-8}, Welle h, Schnecke Sr und Schneckenrad Sk übertragen diese Bewegung. Eines der Stirnräder ist als Wechselrad ausgeführt.

Das Handrad Rk dient zur Drehung des Brustbaumes von Hand aus bei Einstellung des Warenrandes oder beim Schußsuchen. Dabei muß die Verbindung mit der Seitenwelle Hp bzw. unteren Welle Sh ausgekuppelt werden, um nicht den ganzen Webstuhl zu bewegen. Dies besorgt der Weber durch Auskupplung der Kupplung Sp, indem er mit dem Zeigefinger den Hebel a hebt, und mit dem Daumen den Hebel b nach vorne drückt. Das untere Ende von b stützt sich auf das Ende der Welle Hp und rückt den rechten Teil der Kupplung c aus. Der linke Kupplungsteil d trägt auf seiner verlängerten Nabe das Rad K_5 und sitzt lose auf der Welle Hp. Der rechte Kupplungsteil ist durch die Feder mit der Seitenwelle verbunden und kann verschoben werden.

B. Die Fachbildung.

Das Geschirr der Bindekette (Grundkette) hat zwei Schäfte (Abb. 463) L_2, L_3 und die Füllkette ist im Schaft L_1, der Drahtlitzen hat, eingezogen. Die Schäfte werden durch, die Zugketten a, b, c sowie a_1, b_1, c_1 und durch die Seitenhebel P_{1-3} von den Nutexzentern I—III bewegt. Die Exzenter werden durch die untere Welle Sh, die Räder K_1, K_2, die Seitenwelle und die Räder K_3, K_4 angetrieben. Das Zahnrad K_4 sitzt fest auf der Exzenterwelle He. Die Rollen Kl_{1-3} gleiten in den Exzenternuten und übertragen den entsprechenden Hub auf die Hebel P_{1-3}. (Siehe auch Abb. 467.)

Das Geschirr der Musterkette (Polkette) ist ein Jacquardgeschirr und hat gleichfalls Drahtlitzen mit den zugehörigen Anhangeisen. Die Schnüre der Litzen werden durch ein Schnürbrett Rd zur Jacquardmaschine mit beweglichem Platinenboden Po geführt.

Der Messerkasten und der Platinenboden wird von dem Exzenter E_1, das auf der unteren Webstuhlwelle Sh (siehe Abb. 468) aufgesetzt ist, bewegt. An das Exzenter liegt die Rolle des Hebels P an. Die Bewegung dieses Hebels wird durch die Zugstange T_3, den Hebel P_1 auf den doppelarmigen Hebel P_2 und durch die Zugstange t_1 auf den Messerkasten Ks übertragen. Der Hebel P_2 ist wie der Hebel P_1 mit der Welle H_1 fest verbunden. Der andere Arm des Hebels P_2 ist durch die Zugstange t_3 mit dem zweiarmigen Hebel P_3 verbunden, der die Bewegung durch die Zugstange t_2 auf den Platinenboden Po überträgt (siehe Abb. 463).

Das Prisma wird von der Webstuhlwelle Sh durch das Exzenter E_2, den Winkelhebel U, der Zugstange T_4 und den Hebeln P_4 und P_5 angeschlagen; dieser Hebel P_5 ist durch die Zugstange T_5 mit dem Schwingarme Kn des Prismas Hr verbunden. Das Prisma mit den Karten befindet sich über dem Weber (englische Maschinenaufstellung), wodurch das Prisma und die Karten zugänglich sind.

C. Bewegungsmechanismen des Schusses und der Ruten.

(Mechanisms for moving the weft and wires.)

Damit man beim Weben an Zeit spart, wird die Rute, sobald an sie die Reihe kommt, zugleich mit dem Bindeschuß eingetragen. Deshalb wird ein doppeltes Fach gebildet, d. h. zwei Fächer übereinander; in das untere wird der Schützen geworfen und in das obere die Rute eingezogen (siehe Abb. 463).

Die Schützen (Abb. 470—472, evtl. siehe auch Abb. 139 G) des Bindeschusses sind so ausgeführt wie bei den Wollstühlen.

Der beschriebene Webstuhl eignet sich für zwei- oder dreischüssige Teppiche. Bei den dreischüssigen Teppichen werden zwei Schüsse und eine Rute eingetragen. Die Nutenexzenter für die Fachbildung und der Rutenzugmechanismus erhalten gesonderte Antriebsvorrichtungen.

Auf der oberen Welle Hh sind die Zahnräder K_I und K_{III} aufgekeilt (Abb. 468—469). Das Rad K_I treibt mit der Übersetzung 1:2 das Rad K_{II} und damit die untere Welle Sh sowie die Nutenexzenter für die Fachbildung.

Das Rad K_{III} treibt über das Rad K_{IV} mit der Übersetzung 1:3 den rechten Teil der Welle Sh′ und damit die Jacquardmaschine und den Rutenzugmechanismus.

Für zweischüssige Teppiche (ein Schuß und eine Rute) wird das Zahnrad K_{III} gelöst, die beiden Zahnräder K_{II} und K_{IV} verschraubt, wodurch die Übersetzung 1:2, sowohl für den Antrieb der Nutexzenter als auch für den Antrieb der Jacquardmaschine und den Rutenzugmechanismus dieselbe wird.

Das Eintragen der Ruten nach Abb. 474 (A) gilt für geschlossene Schlingen (Brüsseler) und nach Abb. 474 (B-G) mit lanzettförmigen Messern für zerschnittene Polketten.

Die vorderste Rute wird immer aus dem Gewebe herausgezogen, wobei sie eventuell die Polkette durchschneidet, und dann wird dieselbe Rute sofort als letzte Rute eingewebt.

Das Herausziehen der Ruten wird durch den Haken Hz auf der Kette R (Abb. 469) ausgeführt, wobei das Kettenrad Kr auf der Welle H_3 durch die Zahnradübersetzung K_3, K_4, Welle H_1 und die Kegelräder K_5, K_6 angetrieben wird und die Kette bewegt.

Die Kette R wird in einer eigenen Nut um zwei Führungsrollen Kv und zwei Spannrollen Kn vor der Rutenführung Ko geführt (Abb. 473).

Die Kette R trägt an einer Stelle einen Zahn Hz, der sich im gegebenen Augenblick an der Klinke C des Reiters A fängt, und diesen mit der Rute entlang der Führung V zieht. Die Rute wurde dabei von der am Reiter A gelagerten Klinke B erfaßt.

Das Einschnappen der Klinke C in den Zahn Hz der Kette R muß in der äußersten Linkslage des Reiters A erfolgen. In diesem Augenblick faßt die Klinke B des Reiters A in die Nase der dem Weber am nächsten liegenden Rute (Abb. 473).

Die Klinke C wird dadurch im Eingriff mit dem Haken Hz gehalten, daß der doppelarmige Hebel D, der um den Zapfen Cd schwingt, durch die Feder Fn abgefedert ist.

Die Lösung der Klinke aus dem Haken Hz erfolgt automatisch in dem Augenblick, wo der Reiter durch die Rutenzugvorrichtung auf der Rutenschiene Ko in die äußerste Rechtslage gelangt. Er schlägt dann den oberen Arm des Hebels D an den Zapfen Cp so an, daß dieser ausschlägt und sein unterer Arm die Klinke C aus dem Eingriff mit dem Haken Hz bringt.

Die Feder Pr fängt in diesem Augenblick die Nabe des Hebels D und verhindert so den eventuellen Rückschlag des Reiters A.

Das Einziehen der Ruten in das Fach. An dem Reiter A ist außer der Kette noch das Seil L befestigt, mit welchem die Rute in das Fach eingezogen wird.

Die Bewegung des Seiles L, beim Einziehen der Ruten in das Fach, wird mit der Schnecke Sn, welche auf der Welle H_2 sitzt und deren Drehung von der Kupplung X auf der gleichen Welle H_2 beeinflußt wird, erzielt (Abb. 475—479).

Die Drehung dieser Welle muß genau so beginnen und enden, wie es das Einziehen der Ruten erfordert, und wird mit dem rechtzeitigen Einrücken der Kupplung X erzielt, das von dem besonderen Exzenter E_4 auf der Welle Sh geregelt wird. An diesem Exzenter liegt nämlich die Rolle des Winkelhebels U an, der mittels der Zugstange T_1 und des zweiarmigen Hebels P_2 den linken Teil der Reibungskupplung X mit der Welle H_2 verschiebt (dieser Teil ist auf der Welle fest aufgesetzt). Der rechte Kupplungsteil sitzt fest auf der Hülse Rt, an welche das Kegelrad K_8, das vom Rad K_7 angetrieben wird (auf der Welle H_1), angegossen ist.

Da das Einziehen der Ruten in das Fach schief erfolgt, muß die Rutenführung Ko im Augenblicke, wo die Rute eingezogen werden soll, horizontal ausschwingen, wobei sich das innere linke Ende gegen das Blatt bewegt. Durch das Ausschwingen der Rutenführung Ko wird also auch die Rute, die eingetragen werden soll, dem Blatte genähert; durch den angeführten Ausschlag löst sich auch gleichzeitig und selbständig die Nase der Rute von der Klinke B. Sogleich nach dem Einziehen der Rute, das ist in dem Augenblicke, wo sich der Reiter A in der Nähe des Geweberandes befindet, greift die Klinke B in die Nase der neuen vordersten Rute ein, damit sie der Reiter A bei der folgenden Rechtsbewegung aus dem Gewebe herausziehen und dann wieder in das Fach einziehen kann. Die Führung Ko ist um den Zapfen M (siehe Abb. 473) drehbar, und im entsprechenden Zeitpunkt schwingt sie durch das Exzenter E_3 (Abb. 475), das auf der Welle Sh festsitzt, aus. Am Exzenter E_3 liegt die Rolle des zweiarmigen Hebels P an, welche durch die Zugstange T am linken Ende in der Nähe des Warenrandes mit der Rutenführung Ko verbunden ist. Die Bewegung dieser Teile ist die früher beschriebene.

Die Ladenbewegung dieser Stühle ist eine besondere. Der Ladenklotz ist als gußeisernes Winkelprofil ausgebildet (Abb. 463). Die Bewegung der Lade und des Ladenarmes erfolgt von der Kurbelwelle Hh, die durch die kurze Schubstange On und die lange Stange T_1, den Arm Kl ausschwingt, und in der rückwärtigen Totlage eine besonders langsame Ladenbewegung erzielt.

Der Schützenschlag wird durch eine starke Feder F_4 hervorgerufen; diese wird plötzlich entspannt und bewegt durch eine Hilfsvorrichtung den Schlagarm Rp_1 oder Rp_2 (Abb. 476—477). Das Spannen der Feder erfolgt durch die Kurbel kl auf der Seitenwelle Hp, die Zugstange Ts und die Segmente S_1 oder S_2, je nachdem nach welcher Seite sich die Segmente bewegen.

Soll z. B. von der linken Seite geschossen werden, so muß sich die Kurbel kl der Seitenwelle Hp in die rechte Grenzlage (in der Pfeilrichtung Abb. 476—477) bewegen. Bei dieser Bewegung schwingen auch die Segmente S_1, S_2 durch die Vermittlung der Zugstange Ts nach rechts aus. Zu jedem Segment gehört ein Schlaghebel K_1, K_2 und jeder davon ist durch einen Riemen mit der Feder verbunden.

Das Segment S_2 (S_1) besitzt eine Nase V_2 (V_1), die sich beim Ausschlag (im Inneren des Webstuhles) an den Schlaghebel K_2 (K_1) stützt und denselben mitnimmt; dabei spannt der Hebel K_2 (K_1) die Feder F_4, da er mit der Feder durch den Riemen g_2 (g_1) verbunden ist.

In der gespannten Lage ist der Hebel K_2 durch Eingriff der Klinke Z_2 in dem vierkantigen Zapfen Cn_2 fixiert (Abb. 477).

Die Feder wird abwechselnd auf der linken und rechten Seite entspannt, wodurch der Schlag wechselt. Infolgedessen erfolgt beim Schützenschlag von der linken Seite aus eine Lösung der Feder F_4 links durch das Segment S_1, dessen Schraube Sr_1 beim Ausschlag des Segmentes nach innen (im Webstuhl) an die Klinke Z_1 anschlägt; mit diesem Ausschlag wird dieselbe angehoben und löst so den Schlaghebel K_1, der infolge des Einflusses der gespannten Feder F_4 heftig gegen das Innere des Webstuhles ausschlägt. Diese Bewegung wird dann durch den Riemen g_1 auf den Schlaghebel Rp_1 übertragen.

Der Schützenschlag von rechts erfolgt in gleicher Art. Es geht nur die Kurbel dabei nach links, nimmt die Segmente S_1, S_2 mit, und damit spannt das linke Segment S_1 mit Hilfe des Hebels K_1 die Feder F_4, welche dann im gespannten Zustande durch die Klinke Z_1 gehalten wird. Dabei war die Schraube Sr_1 von der Klinke Z_1 abgerückt; das Segment S_2 neigt sich dabei gleichzeitig nach links, und im entsprechenden Augenblick hebt seine Schraube Sr_2 die Klinke Z_2 aus, gibt die Feder F_4 wieder frei und erzeugt dadurch den Schützenschlag von rechts.

D. Die Einrichtungen für leichtere Stuhlbedienung

bestehen bei diesen Stühlen nur im Schützenwächter. Derselbe ähnelt in seiner Ausführung der Bauart bei den Baumwollstühlen.

Fehlt der Schützen, so taucht die Schützenkastenzunge in den Kasten ein (Abb. 476), infolgedessen schwingt auch der Arm $Sm_{1,2}$ auf der Welle Hn nicht aus, der Anschlag $N_{1,2}$ bleibt in Ruhe und stößt beim Ladenvorgang an den Frosch Z. Durch diesen Anschlag wird der Arm R des hebelförmigen Frosches gehoben, welche Bewegung durch die Zugstange t, den Hebel P, die Welle H, auf den Arm A übertragen wird. Dieser bringt den Anschlag B auf der Welle h zum Ausschlag, wodurch der Ausrücker Sp ausgelöst und der Stuhl abgestellt wird (Abb. 468).

II. Der Englische Rutenwebstuhl mit 70 cm Blattbreite der Firma W. Smith, Heywood, England.

Dieser Stuhl ist für Tapestryteppiche mit einem Schußrapport von je einer Rute und einem Schuß bestimmt.

Der Hauptantrieb kann von der Transmission oder vom Motor erfolgen. Der Riemen Rn treibt die Festscheibe Rp und diese über die Welle Vh und die Zahnräder 1 und 2, die obere Webstuhlwelle Hh (Hauptwelle) (Abb. 481).

Der Anlauf des Stuhles (Abb. 481—483) erfolgt durch die Einrückstange Sp, Zugstange T_5, die Hebel p_1, p_2, P_2, wodurch sich die Riemengabel Vd nach links auf die Festscheibe verschiebt. Mit dem oberen Arme des Hebels P_2 geht auch der kleine Arm r nach links und lockert mit seinem Anschlag N die Bremse Bd. Beim Ausrücken des Stuhles legt sich die Bremse an die Bremsscheibe Rt (Abb. 482) an. Wird der Stuhl von Hand aus gedreht, so tritt man auf den Tritt des zweiarmigen Hebels P_2' und hebt dadurch mittels Zugstange T_9 den Arm r und damit wird wieder die Bremse gelüftet, so daß mit dem Handrad gedreht werden kann.

A. Die Mechanismen für die Kettenbewegung.

Die Jacquardwaren werden wieder mit drei Ketten gearbeitet.

a) Die Bindekette bindet einfach ab, ebenso

b) die Füllkette. Sie sind auf besonderen Bäumen aufgebäumt.

c) Die Polkette ist wieder auf Spulen aufgewickelt.

Der Regulator für die Bindekette A ist wieder positiv (Abb. 483). Er liegt an der rechten Seitenwand des Stuhles. Der Regulator für die Füllkette an der linken Seitenwand.

Die Schaltung des Kettenbaumes erzielt man durch die Schneckenradübersetzung ab, von der Welle O_1, dem Sperrad R_1, durch die Klinke Z. Die letztere schwingt mit dem Winkelhebel Kl_1, der mit seinem zweiten Arm am Hebelsystem des doppelten Ladenanschlages hängt.

Die Spannung der Bindekette wird mit dem Gewicht Q_1 geregelt, die Regulierung ist die gleiche wie bei der Bindekette des sächsischen Rutenstuhles.

Der Regulator der Füllkette (Abb. 483) ist wieder positiv. Der Kettenbaum wird durch die Schneckenübertragung c, d von der Welle O_2 bewegt, welche vom Sperrad R_2, der Zugstange t_2 und vom Winkelhebel Kl_2 geschaltet wird. Der letztere ist wieder ein Bestandteil des Ladenhebelsystemes. Die Ablaßregulierung ähnelt den früher beschriebenen Regulierungen.

Vom Streichbaumhebel Ps, der das Gewicht Q_2 trägt, geht eine Stange t, die eine Stellschraube Sr trägt, die sich an den vorderen Arm eines zweiarmigen Hebels, der plattenförmig ausgeführt ist, stützt. Diese schwingende Platte ist um die Welle O_2 drehbar, und an ihrem rückwärtigen Arme (in der Zeichnung nicht ersichtlich) ist die Zugstange t_2 befestigt und außerdem die Klinke für das Schaltrad R_2 angebracht. Dieses Schaltrad wird von der Klinke sowie der Zugstange t_2 und dem Schwingarm Kl_1 gedreht. Ist die Kettenspannung zu klein, so sinkt das Gewicht Q_2, dadurch geht die Zugstange t nach links und bewegt mit Hilfe der Stellschraube Sr auch den vorderen Arm des Plattenhebels. Der rückwärtige Arm dieses Hebels geht nach rechts und mit ihm auch die Zugstange t_2, die den Zapfen des Hebels Kl_1 solange auf die Zugstange nicht einwirken läßt, bis die Kettenspannung ausgeglichen ist.

Die Polkette läuft einfach von den Spulen unter gleichmäßiger Bremsung derselben ab.

Der Streichbaum ist für jede Schaftkette gesondert vorgesehen. Die Bindekette A geht über den Streichbaum S_1, die Füllkette über den Streichbaum S_2, die Polkette C geht aus dem liegenden Spulengestell Cv um die Stange Tr in das Jacquardgeschirr.

Das Blatt führt alle Kettenfäden, es wird je Zahn wieder gruppenweise eingezogen. In dem beschriebenen Fall mit den Gruppen I—IV (Abb. 481) werden wieder zwei Bindefäden, ein Füllfaden und vier Musterfäden, also sieben Fäden je Zahn eingezogen. Der Brustbaum Pv ist wieder wie beim sächsischen Stuhl als Hohlgußwalze mit Nadelstangen ausgeführt (Abb. 482).

Die Ware wird zur Schonung der Flordecke nicht aufgewickelt, sondern unter dem Trittbrett W des Stuhles abgeführt und dann zusammengelegt.

Die Warenaufwicklung ist positiv, der Aufwinderegulator wird von der Hauptwelle Hh der Schneckenradübersetzung 5, 6, der Welle h, der Schneckenübertragung 7, 8, die den Brustbaum Pv dreht, bewegt (Abb. 483).

Durch Auskupplung bei Sp_1 mittels Winkelhebel U kann man die Aufwicklung unterbrechen und die gelockerte Kette und Ware nach Bedarf weiterziehen.

B. Die Fachbildung.

Die Bindekette ist in Abb. 483 zweischäftig in die Schäfte L_2, L_3 eingezogen, die Füllkette im Schaft L_1 einschäftig, die Musterkette hat Jacquardgeschirr.

Die Binde- und Füllschäfte haben Drahtlitzen und sind wieder durch Nutenexzenter E_{1-3} von den Zahnrädern I, II bewegt. Die Litzen für die Bindekette sind in einem beweglichen Schnürbrett Rd eingezogen. Dieses befindet sich in Ruhe, wenn die Bindekette Fachschluß hat und wird vom Exzenter E_4 der unteren Webstuhlwelle Sh durch die Zugstange T_4, Hebel P, P_1, den geteilten Hebel T′, T″ gehoben oder gesenkt. Die Schnüre haben oberhalb des Schnürbrettes Knoten, die größer sind als die Schnürbrettlöcher, so daß bei Heben des Schnürbrettes über die Mittellage die ganze Musterkette gehoben wird. Beim Senken des Schnürbrettes gehen nur die Fäden in das Unterfach, die nicht von den Jacquardplatinen gehalten werden, also kein Muster bilden.

Die Jacquardmaschine wird vom Exzenter E_4, der Zugstange T_4 und dem zweiarmigen Hebel P_1 angetrieben, der mit seinem zweiten Arm die Messerhebel bewegt.

C. Die Schuß- und Rutenbewegung.

Die Schützen sind für Schlauchkopse nach Abb. 470—472, 139 G eingerichtet, der Schußfaden muß beim Ablaufen vom Kops gut gebremst werden. In der Abb. 471—472 sind drei Arten der Schußfadenbremsung angegeben.

Die Ruten sind nach Abb. 474 so ausgeführt wie bei dem Sächsischen Stuhl und werden ebenso verwebt.

Die Rutenzahl hängt wieder von der Dichte ab, z. B. 28 Ruten auf 10 cm. Das Einweben der Messerruten und Herausziehen erfolgt in bekannter Art.

Das Herausziehen erfolgt wieder mit Haken H am Reiter A (Abb. 481—483). Der letztere läuft auf der Schiene V_1 und wird durch die Zugstange T_{11}, den Hebel P_3, der Zugstange T_{10} von der Kurbel KL und der Seitenwelle Hp bewegt. Diese wird von der oberen Webstuhlwelle durch die Kegelräder 9, 10 in der Übersetzung 1:2 angetrieben (Abb. 481).

Bei der äußersten Linkslage faßt der Reiter A mit dem Haken H die Rute und zieht sie nach rechts heraus, wobei die Florschlingen aufgeschnitten werden. In der äußersten Rechtslage des Reiters A wird der Rutenkopf Pr von den Backen c_1, c_2 gefaßt (Abb. 484) und der Reiter B webt die Rute ein. Das Einweben der Rute erfolgt vom Reiter B mittels Hebel P_5, Zugstange T_6, Winkelhebel P_4 durch Exzenter E_5, welches die Führung längs der Schiene V_2 besorgt (Abb. 481—484). Die Schienenführung V_2 wird von den Armen R_1, R_2 gebildet, an welche der um die Welle Hb schwingende Rahmen eingehängt ist.

Vor dem Einweben der Rute muß der Reiter B mit der Führungsschiene in die Blattebene gebracht werden. Dies erreicht man dadurch, daß die Schiene V_2 mit dem Reiter B um die Welle Hb in bekannter Art zum Blatt ausschwingt. Der Ausschlag des Rahmens und der Schiene wird durch das Exzenter E_6, den Hebel P_6, die Arme $R_{1,2}$ und die Zugstange T_8 erreicht. Die Feder F_2 (Abb. 481—483) drückt die Rolle des Hebels P_6 dauernd an das Exzenter E_6. Der Haken Hz fängt das Rutenende auf der Messerseite nach dem Herausziehen auf und die Zugstange T_7, der Hebel P_7 und Exzenter E_7 auf der unteren Webstuhlwelle bringen das Rutenende zum Blatt (Abb. 482—483).

Das Einführen der Ruten besorgt einerseits der Reiter B durch den Hebel P_5, die Zugstange T_6, mittels zweiarmigen Hebel P_4 und Exzenter E_5, der Hilfswelle Hp, andererseits wird der Ruteneinzug durch die Feder F_1, die stets den oberen Arm des zweiarmigen Hebels P_4 nach links zieht, unterstützt.

In Abb. 485 ist die Bewegung des Hakens H und des Reiters A beim Einweben am deutschen und englischen Stuhl veranschaulicht. Das Bild I zeigt die Rutenbewegung beim sächsischen Stuhl, der Reiter (Mitnehmer) A und Haken H, welche die Rute herausziehen und eintragen, arbeiten nach Detailabb. 485 I mit gleicher Geschwindigkeit. Dagegen wird die Rutenvorrichtung des englischen Stuhles das Anfassen der Ruten schonender ausführen. Der Reiter A in Abb. 484 zieht die Rute heraus, der Reiter B webt dieselbe ein. Dabei hat der Reiter A beim Herausziehen und Einweben der Rute eine gewisse Voreilung vor dem Haken H. Der letztere besitzt beim Herausziehen der Rute anfangs eine kleinere Geschwindigkeit als der Reiter A, der gerade eine Rute eingetragen hat. Die Geschwindigkeit des Hakens H wird aber immer größer, bis sie die Geschwindigkeit des Reiters erreicht, in diesem Augenblick hört die Bewegung beider Teile auf, die früher erwähnten Backen c_1, c_2 fassen den Rutenkopf und tragen die Rute in das Fach ein.

Die Beschleunigung der Hakenbewegung beim Herausziehen der Rute hat eine große Bedeutung, da die kleine Anfangsgeschwindigkeit des Hakens H ein Abreißen des Rutenkopfes verhindert. Beim deutschen Webstuhl ist wegen der größeren Geschwindigkeitsdifferenzen für den Haken und Reiter die Beanspruchung des Rutenkopfes sehr hoch.

Die Ladenbewegung erfolgt wie beim deutschen Stuhl. Der gußeiserne Ladenklotz hat einen winkelförmigen Querschnitt. Die Ladenbewegung erhält wieder doppelten Ladenanschlag mit kurzer Schubstange.

Der Exzenterschlag wird nach Abb. 482 von den Exzentern E′, E″ auf der unteren Webstuhlwelle Sh hervorgerufen.

Soll von links geschossen werden, so trifft die Schlagnase des Exzenters E′ den Arm Pa_1, der an der Schlagwelle Ph_1 angeschweißt ist. Der rasche Ausschlag wird vom Arme Tr_1 und Riemen G_1 auf den Schlagarm Rp_1 übertragen. Analog erfolgt der rechte Schlag, die Schlagexzenter sind um 180° versetzt.

D. Die Einrichtungen zur leichteren Stuhlbedienung.

Auch dieser Stuhl hat als Sicherheitseinrichtung nur den Schützenwächter, der nach Abb. 481—483 der früher beschriebenen Konstruktionen gleicht. Die Schützenkastenzunge j wird bei fehlenden Schützen nicht weggedrückt und trifft daher den Anschlag des Armes Sm nicht. Dadurch wird wieder der Frosch Z verschoben.

Diese Bewegung wird dann vom Zapfen m des Frosches Z auf den Hebel p, die Welle Tz und den Anschlag M übertragen, der durch den Ausrücker den Webstuhl wieder abstellt.

III. Der 12/4 breite Rutenzugteppichstuhl der Sächsischen Maschinenfabrik, vorm. Hartmann

gleicht dem Stuhl mit der Breite 18/4 ziemlich, kleinere Abweichungen sind aus folgender Beschreibung ersichtlich.

Der Webstuhlantrieb in Abb. 487 erfolgt direkt mit einem Elektromotor.

Das Zahnrad K_I auf der Motorachse treibt das Rad K_{II}, das die Kupplungsscheibe S_I

trägt. Dieselbe sitzt auf einer Hülse t der Welle Hp lose und besitzt innen die zweite Reibungskupplungshälfte S_{II}, die auf der seitlichen Webstuhlantriebswelle Hp aufgekeilt ist.

Die Bedienung der Reibungskupplung erfolgt durch Einrückstange Sp, Zugstange T und Hebel P. Die Feder F_7 erleichtert die rasche Auskupplung. Die Bremse Br besorgt das raschere Stehenbleiben des Stuhles. Wenn der Webstuhl von Hand aus bewegt werden soll (Einstellung des Warenrandes, Kontrolle der Fachbildung), so wird der Haken H_1 im Bremshebel der Bremse Br gelöst, zugleich wird der Drücker Sp mit der linken Hand gehalten und man läßt den Zapfen c des Bremshebels Br in den nächsten Zahn einspringen. Dadurch ist die Reibungskupplung S_{II} gelockert und der Stuhl kann mit dem Handrad Rk gedreht werden.

Das Einfallen des Haken H_1 in die ursprüngliche Lage (gezeichnet) erfolgt selbständig beim nächsten Anlassen des Stuhles.

A. Die Kettenbewegungsvorrichtungen.

Die Kettenbaumlagerung, die Spannungsregulierung, Warenaufwicklung und Fachbildung ist ähnlich wie beim früher beschriebenen 18/4-Stuhl, nur etwas schwächer gebaut.

B. Die Schützen- und Rutenbewegung.

Die Schützen für den Bindeschuß sind wie bei den Jute- und Wollwebstühlen als Schlauchkopsschützen ausgeführt. Die Ruten sind gleichfalls in der beschriebenen Form gebaut.

Das Herausziehen nach Abb. 486—487 der Ruten erfolgt mit Haken Hz, Kette R, in der Pfeilrichtung in der Führung Kr. Hz faßt mit Klinke H den Reiter A und zieht ihn mit der Rute längs der Schiene K_1; gleichzeitig wird die Rute von der Klinke H_2' (siehe Grundriß Abb. 487), die am Reiter A gelagert ist, erfaßt. Das Eingreifen des Hakens Hz in die Klinke H in der äußersten Reiterlage links und auch der Klinke B erfolgt in bekannter Art.

Die Lösung der Klinke H aus dem Haken Hz besorgt der Zapfen c_2, sobald der Reiter A in die rechte Grenzlage gelangt und an die schräge Fläche des Frosches Z anschlägt.

Die Klinke H stützt sich oben an den unteren Teil der Führungsschiene K_1. Dieselbe ist an ihrem rechten Ende für die beschriebene Auslösung ausgenommen.

Damit die Klinke H beim Einweben der Rute an der Kette nicht klappert, ist sie durch die Feder F in gehobener Lage gehalten (Grundriß Abb. 487).

Der Reiter A wird in der rechten Grenzlage durch die Rolle Kl von der Klinke H_2 abgefangen und dadurch sein eventueller Rückschlag verhindert.

Die Kettenbewegung R ist die gleiche wie beim 18/4-Rutenstuhl.

Das Einweben der Rute erfolgt wie beim 18/4-Stuhl durch die Platte D, Reiter A, Seil L und Schnecke.

Der Reiter A ist wieder an Schiene K_1 geführt, die im Kopf Hl gelagert ist; die Schiene ist in der Mitte durch die Schraube S versteift.

Die Rutenführung K_2 schwingt um den Punkt M und wird von der Zugstange T_2 und ihrem Exzenter bewegt. Auf der linken Seite ist zum Unterschied zum 18/4-Stuhl die Schiene mit einem Auge und dem Führungszapfen Vc_1 versehen und wird von der Stütze Po gehalten.

Das Eintragen der Rute besorgt der Reiter A; seine Platte D faßt den Rutenkopf und drückt ihn vorwärts. Die Rute wird dabei in der Nutenführung K_2 geführt, wobei der Rutenkopf durch die Feder F_4 angedrückt wird. Die Rute selbst ist durch die Federn F_3 gegen Herausfallen gesichert.

Die Ladenbewegung ist etwas schwächer, sonst aber wie beim 18/4-Stuhl gebaut. Sie erfolgt mit einer geknickten Schubstange und erzielt doppelten Ladenanschlag. Der Stuhl hat wieder Federschlag.

C. Die Abstellvorrichtungen für leichtere Stuhlbedienung

beschränken sich auf den Schützenwächter, der in bekannter Art gebaut ist.

IV. Der Rutenzugteppichstuhl für 90 cm Blattbreite der Sächsischen Maschinenfabrik.

Dieser Stuhl gleicht den breiten Rutenstühlen dieser Firma, nur die Schlagbewegung erfolgt von Schlagexzentern, da die Stuhlbreite gering ist.

Auch die Rutenzugvorrichtung weicht von den beschriebenen Vorrichtungen ab. Der angegebene Webstuhl arbeitet wieder zweischüssig, d. h. mit einem Schuß und einer Rute (Abb. 488—490).

Die Rutenbewegung setzt sich auch hier aus zwei Bewegungen a) dem Herausziehen, b) dem Einweben zusammen, ist also wie bei den englischen Stühlen vorteilhaft gelöst.

A. Das Herausziehen der Ruten besorgt der Haken H mit dem Reiter A, der auf der Schiene K_2 von Zugstange T_1, Hebel R_1, Exzenter E_1 auf der Hilfswelle Hp bewegt wird.

Das Anfassen des Reiters und des Rutenkopfes erfolgt in bekannter Art.

B. Das Einweben wird gleichfalls vom Reiter A und Mitnehmer B besorgt. Eine gemeinsame Antriebsvorrichtung, die vom Exzenter E_1 bewegt wird, besorgt auch hier diese Bewegung.

Der Reiter A ist mit B so verbunden, daß er genau lotrecht an das Blatt gebracht werden kann.

Der Teil B ist am Zapfen V_2 (Abb. 490) des Reiters A verschiebbar befestigt, und mit dem Zapfen V_1 in der Hülse X des Reiters verschiebbar.

Die Verschiebung von B und damit des Rutenkopfes Pr zum Blatt wird mit der Schiene K_1 erreicht (Abb. 488—489).

Die Schiene schwingt um den Punkt Co. Ihr zweites Ende ruht mit einer Rolle auf der Stütze P_1 und ist von dieser geführt.

Die Schwingung der Schiene wird wieder durch die Zugstange T und ihre Exzenter erreicht. Die Schiene selbst hat ein Winkelprofil und ihre Bewegung, die den Teil B und die Rute in die Blattebene bringt, wird durch die Rollen kl_1, kl_2 und den Zapfen V_1 erzielt. Dieser sitzt am Teil B.

Um die Rute richtig in das obere Fach (Rutenfach) einzutragen, wird sie bei der Beendigung des Herausziehens vom Zahn A_1 unter Mithilfe des Teiles B_1 gefaßt (Abb. 488—489). Dadurch ist das Messerende der Rute geführt, welches mit der sich vor dem Einweben der Rute entfernenden Lade nach rückwärts geht. Die Teile A_1, B_1 werden von der Zugstange T_2, dem zweiarmigen Hebel R_2, dem Exzenter E_2 auf der Hilfswelle Hp betätigt. Der Teil B_1 ist auf A_1 verschiebbar, wird von der Feder F_4 nach abwärts gezogen und führt sich längs des gebogenen Teiles V beim Ladenrückgang hoch. Der Hub genügt, um die Rute über die Kopfunterlage P_2 in das obere Rutenfach zu bringen.

Die Feder F_3 dient als Sicherung, wenn das Einziehen der Rute durch einen steckengebliebenen Schützen oder eine gerissene Rute behindert ist.

V. Die Konstruktion eines Fachexzenters für 10/4 und breitere Stühle.

In der Abb. 479 ist ein Exzenter für eine dreischüssige Bindung konstruiert. Der Schußrapport der Bindung beträgt sechs Schüsse und die zwei Ruten, also acht. Da die Ruten immer mit einem Schuß eingetragen werden, ist das Exzenter nur für einen sechsschüssigen Rapport zu konstruieren. Die Exzentertrommel wird von der Hauptwelle 1:6 durch Zahnräder getrieben (Abb. 467 u. 478).

A. Das Exzenter für die Bindekette.

Die Bindekette bindet in Leinwand und erfordert zwei Exzenter.

1. Der Hub des Exzenters II (Abb. 478) sei 75 mm.

1a. Der Hub des Exzenters III für die Bindekette (Abb. 478—479) ist nur 65 mm. Dieser Hub ist um 5 mm kleiner, da der Schaft der Bindekette, der von diesem Exzenter bewegt wird, mehr vorn liegt.

Der Rollendurchmesser wird mit 50 mm gewählt.

Der Schaftstillstand im Hoch- und Tieffach beträgt 3/8 des Umfanges. Die Schaftbewegung beträgt bei Hub oder Senkung je 1/8 Exzenterumfang (Abb. 479).

Die Schaftbewegung ist gleichmäßig beschleunigt und verzögert. Die Exzenter sind wegen der Leinwandbindung um 180° versetzt und die Schäfte begegnen einander zwischen dem ersten und zweiten Anschlag des doppelten Ladenanschlages.

B. Die Exzenterkonstruktion für die Füllkette.

Diese Konstruktion hat etwas abweichende Konstruktionsbedingungen. Der Schaft dieser Kette wird nach dem Eintragen der beiden Oberschüsse gehoben und nach dem Eintragen des dritten Schusses, der unten liegt, tief gezogen (Abb. 462 C).

Da die Bindung der Füllkette dreischüssig und die Bindung der Bindekette sechsschüssig ist, wird das Exzenter zweiseitig symmetrisch (Abb. 480), d. h. der Rapport der Füllkette ist im Rapport der Bindekette zweimal enthalten. Der Schützenschlag dauert etwa $^1/_4$ Tour der Hauptwelle, man zieht jedoch am Fachbildeexzenter $^1/_3$ Tour Stillstand vor.

Da die Welle der Fachexzenter 1:6 zur Hauptwelle läuft, so stimmt $^1/_3$ Tour der Hauptwelle mit $^1/_{18}$ Tour der Exzenterwelle überein. Die Konstruktionsbedingungen in Abb. 480 sind dann folgende: Stillstand im Tieffach 1 $^1/_3$ Tour der Hauptwelle $= ^4/_{18}$ Exzenterumfang. Der Schafthub dauert $^2/_3$ Tour der Hauptwelle $= ^2/_{18}$ Exzenterumfang. Fachstillstand für Schützenlauf und Rutenzug $^1/_3$ Tour der Hauptwelle $= ^1/_{18}$ Exzenterumfang, Schaftniedergang $^2/_3$ Tour der Hauptwelle $= ^2/_{18}$ Exzenterumfang.

Die zweite Exzenterhälfte wiederholt sich. Der Rollendurchmesser ist 50 mm, die Schaftbewegung ist am Anfang beschleunigt und am Ende verzögert.

VI. Webstühle für Doppelplüsche.

Zur Steigerung der Leistung webt man glatte und Moketteplüsche doppelt mit gemeinsamem Flor zwischen den Gewebebahnen.

Die Polfäden der Florkette binden abwechselnd im Ober- und Untergewebe ab, werden direkt am Webstuhl zerschnitten und dann gesondert aufgewickelt.

Der Webstuhl für Doppelplüsch der Firma Tonnar in Dülken Rheinland.

Der Webstuhl hat Riementrieb eventuell von einem Motor auf die Festscheibe Rp bzw. die Losscheibe Rv mit der Welle H_1 über das Zahnradgetriebe K_{1-3} (Abb. 491—492).

A. Die Bewegung der Kette.

Doppelplüsche erfordern immer zwei Ketten: 1. Die Grundkette, die in zwei Teilen für das Ober- und Untergewebe abwebt, und 2. die Florkette, die für beide Gewebe gemeinsam ist.

Die Grundkette Op ist für beide Gewebeflächen auf einem Kettenbaum aufgebäumt und jede Kettenhälfte (Abb. 491) wird in ihrem Grundgewebe abgebunden. Der Gewebeschnitt ist in Abb. 493 angegeben. Der Baum Vp ist auf einem eigenen Kettenbaumständer So gelagert und wird durch die Seilbremse Qp gebremst. Man kann aber auch für jede Hälfte der Grundkette einen eigenen Kettenbaum benutzen.

Die Florkette hat ebenfalls einen eigenen Baum Vv (Abb. 492), der im rückwärtigen Teile des Webstuhles gelagert ist.

Das Ablassen der Grundkette erfolgt selbsttätig dadurch, daß die Aufwindevorrichtung den Stoff zieht und so die durch Bremsscheibe, Seil und Gewicht Qp hervorgerufene Reibung überwindet.

Das Ablassen der Florkette. Die Florkette hat wegen ihres weitgehenden (starken) Einwebens eine verhältnismäßig kleine Ablaßspannung.

Der Baum der Florkette ist lose gelagert (Abb. 492). Ihr Ablassen erzielt man durch die Zugwalze V_1, welche von den Zahnrädern K_7, K_6, K_5, K_4 und von dem Sterne Hz gedreht wird, der wieder durch die Zapfen C_1, C_2 von der unteren Webstuhlwelle Sh geschaltet wird. Die Walze V_2 ist eine Druckwalze. Wird eine neue Kette angedreht, dann legt man diese Walze mit ihrem Zapfen in die Lager L (auf beiden Webstuhlseiten) über die schräge Führungsfläche. Die Walzen V_1, V_2 sind mit Plüsch überzogen.

Da die Höhe des Flores sich nach dem Ablassen der Kette richtet, muß eines der Antriebsräder der Zugwalze V_1 austauschbar sein. Es ist das Rad K_6, das mit den Rädern K_5, K_4 und mit dem Radstern Hz auf der Lyra L_1 gelagert ist. (Die Zähnezahl des Wechselrades ist dem Ablassen der Kette direkt proportional.)

Der Streichbaum. Als Streichbaum der Grundkette dient die Walze Sv (Abb. 491), welche in den Lagern des Ständers So gelagert ist.

Die Stange T (Abb. 492), auf den Seitenwänden des Webstuhles fest gelagert, bildet den Streichbaum der Florkette.

Die Kreuzschienen. Zur Grundkette gehören die gewöhnlichen Kreuzschienen c_1, c_2 (Abb. 491—492). Bei der Florkette werden hohle Stangen T_1, T_2 als Kreuzschienen verwendet. Diese spannen mit Hilfe der Federn F, F′ die Florkette leicht an. Damit die Fadenspannung beim Heben und Senken der Schäfte der Florkette nicht wechselt, müssen sich die Stangen T_1, T_2 gleichzeitig mit den Schäften auf und ab bewegen. Dies erzielt man dadurch, daß die Stangen durch die Zugstangen t_1, t_2, die Segmente s_1, s_2 und durch die Rahmen a, b mit den Segmenten S_5, S_6 der Schäfte L_5, L_6 verbunden werden; diese Kreuzschienen werden also ähnlich wie die zugehörigen Schäfte der Florkette durch den Hebel Pl_7 und die Zugstange t_5 von dem Exzenter E_{VII} gehoben.

Das Blatt führt alle Fäden der Grund- und Florkette. In einen Blattzahn werden zwei Grundfäden und ein Haarfaden eingezogen.

Die Schneidevorrichtung des Plüschwebstuhles (Abb. 492). Das Zerschneiden der Florkette, welche beide Gewebe verbindet, erfolgt beim Weben auf einem besonderen Tische. Dieser Tisch hat zwei selbständige Teile G_1, G_2. Der Teil G_1 ist nach der verwendeten Höhe der Haare einstellbar (mit den Schrauben S_3, S_4). Der zweite Teil G_2 ist auf den Seitenwänden des Webstuhles befestigt und besitzt eine eingehobelte Nut für die Führung des Reiters J. Dieser ist mit einem Messer z versehen, das sich in der Mitte zwischen dem oberen und unteren Gewebe bewegt. Die starke Spannung des Drahtes D verhindert ein Herausschleudern des Reiters nach oben. Ein angelötetes Stück am unteren Teil des Reiters J verhindert dann ein Schleudern nach abwärts.

Die starken Drahtsaiten St, welche den Reiter bewegen, sind mit einem Ende in Öffnungen der Scheibe Ks befestigt. Diese kann so gestellt werden, daß eine stets gleiche Reiterbewegung nach beiden Seiten hin erreicht werden kann (Abb. 494).

Der Reiter J wird durch die Saite St von der Scheibe Ks, durch die Zahnräder K_{II}, K_I, die Welle Hr, die Scheibe Kr und durch die Riemen R_1, R_2 von den Hebeln Pl_1, Pl_2 des Exzenters $E_{I\text{-}II}$ bewegt, das auf der unteren Webstuhlwelle sitzt.

Das Messerchen z wird — bei jeder Reiterbewegung — auf der linken Seite von dem kleinen Schleifstein Y_1 (nur an der Unterseite) und auf der rechten Seite von dem Schleifstein Y_2 geschliffen (an der Oberseite).

Die feinen Karborundschleifsteine (siehe Reiterdetails und Schleifsteine für die rechte Gewebeseite, wo in der Abb. 494 nur die Oberseite des Messers geschliffen wird) sind an den auf Messingblechen befestigten Brettchen angeleimt.

Den Grad des Schliffes kann man mit der Schraube s regeln (Schnitt A-B, Abb. 494).

Der Druck der Schleifsteine auf das Messer darf nicht zu hart sein. Deshalb ist der Schleifstein drehbar gelagert und wird von der Feder f an das Messer angedrückt. Damit der Schleifstein durch den Druck dieser Feder nicht aus der Arbeitslage gerät und das Messer von der Seite an ihn nicht anschlägt, kann seine Lage genau eingestellt werden. Auf der linken Seite (beim Schleifsteine Y_1) wird der Federdruck nach aufwärts von dem Schraubenkopf der Schraube s abgefangen. Auf der rechten Seite (beim Schleifsteine Y_2) wird der Federdruck nach abwärts vom Zapfen c (siehe Detail Abb. 494) abgefangen.

Die Florkette verbindet beide Gewebe nicht in der ganzen Breite, sondern sie läßt die Ränder beider Gewebe frei. Dadurch entsteht an den Rändern des Doppelplüsches ein Hohlraum.

Zum Zerschneiden der Ränder dienen die Messer X_1, X_2, die mit ihren gebogenen Enden in die erwähnten Hohlräume hineinreichen.

Mit den Schrauben s_1, s_1' kann man die Gewebespannung in der Breite regeln.

Der Brustbaum ist bei einem Webstuhle als ein Paar hohler, mit Nadeln versehener Walzen V_3, V_4 (Abb. 492) ausgeführt, die übereinandergelagert sind und die die fertige Ware abführen. Durch die obere Walze wird der obere Teil des abgeschnittenen Gewebes und durch die untere wird die untere Gewebehälfte abgeführt.

Die Aufwindevorrichtung. Diese Vorrichtung ist beim Plüschwebstuhl wegen der gleichmäßigen Flordichte, in der Regel als positiver Regulator gebaut.

Die Nadelwalzen V_3, V_4 (Abb. 491) besitzen auf ihren Zapfen (H_I, H_{II}) Zahnräder 8, 7, welche durch das Zahnradgetriebe 6, 5, 4, 3 und 2 von der Schnecke 1 der Welle H angetrieben werden, die wieder durch den Radstern Hz_1 der unteren Webstuhlwelle Sh bewegt wird.

B. Mechanismen für die Fachbildung.

Das Geschirr.

Die Grundkette wird von dem Ständer So (Abb. 491—492) über die Kreuzschienen c_1, c_2 in die Schäfte L_{1-4} geführt. Die Schäfte 1 und 3 sind für das untere, die Schäfte 2 und 4 für das obere Gewebe bestimmt.

Diese Schäfte sind mit längeren Litzenenden versehen, die bei den ungeraden Schäften nach oben, bei den geraden nach unten gekehrt sind. Durch diese Anordnung wird das Einziehen und raschere Zurechtfinden in den Schäften des oberen und unteren Gewebes erleichtert. Die Schäfte der Grundkette werden durch die Segmente S_{1-4} (Abb. 491) nach aufwärts bewegt durch die Hebel P_{1-4} und durch die Zugstangen von den Platinen Pl_{3-6} nach abwärts bewegt. Die Hebel liegen mit ihren Rollen an entsprechenden Exzentern E_{III-VI} an.

Die Florkette wird um die beiden Zugwalzen V_1, V_2 (Abb. 492), die Streichbaumstange T und über die Kreuzschienen T_1, T_2 in die Schäfte L_5, L_6 geführt. Diese Schäfte sind oben auf den Segmenten S_5, S_6 aufgehängt, unten an die Tritte P_5, P_6 angeschlossen; bewegt werden sie aber nur von einem Exzenter E_{VII} mit der zugehörigen Platine Pl_7 und der Zugstange t_5 (Abb. 495).

Die Exzenter E_{III} bis E_{VII} dienen zur Schaftführung der beiden Grundgewebe.

Bei diesen Stoffen verwendet man für die Grundketten nur Leinwandbindung. Die Schaftmaschine auf der linken Webstuhlseite dient zum Weben von kleinen Mustern der Florkette. In diesem Fall werden die Schäfte derselben hinter den Schäften der Grundkette eingehängt.

Die Schlaggebung. Die Schützen erhalten meist kräftige Baumwoll- oder Kammgarne als Schußmaterial und ähneln den Baumwollschützen.

Die Ladenbewegung wird wie bei Baumwollstühlen durch die Schubstange O und Kurbelwelle Kh besorgt. Der Anguß N auf der Zugstange O und die Schraube S_1 erleichtern den Schützenschlag. Die Schraube S_1 drückt bei der vordersten Stellung der Lade auf den Arm R_1, dadurch schwingt der Hebel R_2 und hebt den Druck der Schützenkastenzunge j auf, wodurch der Schlag erleichtert wird. Die Feder F_1 unterstützt mit dem Arm R_1 die Abbremsung des Schützens und sichert den Stecher S und Arm R_1 in der rückwärtigen Lage.

Der Webstuhl hat Unterschlag. Die Schlagrolle Kp (Abb. 491—492) im Schlitz des Rades K_3 ist auf der unteren Webstuhlwelle links befestigt. Die Rolle schlägt bei ihrer Drehung auf die Nocke z des einarmigen Hebels R, der mit seinem freien Ende das Lederauge O_1 des Schlagarmes Rp faßt und den Schützen mittels des Treibers b treibt.

Auf der rechten Seite des Stuhles (Abb. 492) ist die Schlagrolle kp auf einem besonderen Arm der unteren Welle befestigt. Die Schlagrollen Kp (der linken Seite) und kp sind gegeneinander um 180° versetzt.

C. Die Wächtervorrichtungen

bestehen nur aus einem Schußwächter, der als Gabelwächter gebaut ist. Der Daumen P (Abb. 492) auf der Schützenschlagwelle Sh bringt den Kerbenhebel A und Hammer B zur Schwingung. Der Hammer faßt bei ausgegangenem oder gerissenem Schuß den Haken h der Gabel Vd. Das Abstellen des Stuhles erfolgt in bekannter Art von der Gabel durch den Arm R_3 und Auswerfen des Ausrückers Sp der den Riemen auf die Leerscheibe rückt.

VII. Die Brüsseler Teppichstühle der Firma W. Smith in Heywood bei Manchester (England)

haben eine einseitige Rutenzugvorrichtung, die mit dem Unterschlag abwechselnd arbeitet. Die Firma baut diese Vorrichtung manchmal statt seitwärts auch oben. Bei der seitlichen Vorrichtung werden die Ruten mit besonderen Mechanismen bewegt.

Die Doppelplüschstühle dieser Firma sind stärker gebaut als die Stühle für einfache Ware. Sie haben Unterschlag, seitliche Nutenexzenter, die die Querhebel für die Schäfte steuern, ferner zwei Brustbäume, die als Gußwalzen ausgebildet sind.

Die Ausrüstung der Teppiche besteht meist nur im Leimen auf der Rückseite und bei Florteppichen im Scheren der Rechtsseite.

In der Teppichleimmaschine wird der Teppich über zwei Breithalterriegel Nz mit der Linksseite über die Leimauftragwalze geführt, die in den Leimtrog taucht. Der entsprechende Leimauftrag wird durch die beiden Druckwalzen V_2, V_3 geregelt. Die Anstellung der Auftragwalze wird vom Hebel P beeinflußt. Der überflüssige Leim wird durch den Schaber S aufgestreift, und dann wird die Linksseite durch die Bürste Kr verstrichen. Die Heizung des Leimtroges erfolgt durch das Dampfrohr Pp. Der Zufluß des Leims und des Spülwassers beim Trogreinigen wird durch die Hähne kh_1, kh_2 ermöglicht.

Das Trocknen des Teppiches erfolgt durch die große Trockentrommel B, der Transport des Teppiches durch die Maschine erfolgt durch die Zugwalze Tv, die vom Schneckentrieb Sr und den Zahnrädern K_{3-5} angetrieben wird (Abb. 496).

Die Leim- und Bürstenwalzen werden von der Gallschen Kette Rz_1, Rz_2 und vom Zahnrad R_1 angetrieben, die ihre Bewegung von der Welle H_2, den zwei Kegelradübersetzungen K_6, K_7, der Welle H_1 und den Zahnradwechselkästen Ps mit den Rädern K_1, K_2 erhalten. Der Wechselkasten Ps ermöglicht eine Regelung der Maschinengeschwindigkeit.

VIII. Die Einrichtung der Plüsch-, Plüschteppich- und Samtwebereien usw.

weicht von der Baumwoll- und Wollweberei ziemlich ab, da der Vorbereitungs- und Veredelungsraum andere Raummaße erfordert.

In Abb. 497 ist der Grundriß einer Weberei mit Rutenwebstühlen dargestellt; die einzelnen Räume sind wie folgt angeordnet:

Kn = Kesselraum
A = Lager für das gefärbte Material
B = Vorbereitungsraum:
a = Kettenspulmaschine
b = Schußspulmaschine
c = Spulmaschine für grobe Garne
d = Sektionalschermaschine (evtl. Konusschermaschine)
C = Veredelungsraum:
e = Leim- und Schermaschine für Baumwolle und Jute
f = Schermaschine
g = Teppichleimmaschine usw.

D = Weberei
E = Aufnahme der Ware
F = Putzerei
G = Büro
H = Expeditionsraum
Ch = Zubehör
Y = Schlosserei
X = Tischlerei
K = Kartenschlägerei (Kartenschlagraum)
L = Zeichensaal
M = Büro
N = Direktor
O = Portier.

Die Roßhaarwebstühle

haben folgende besondere Merkmale:

1. Die untere Welle läuft so schnell wie die Hauptwelle.
2. Die Eintragung des Roßhaarschusses erfolgt durch eine besondere Greifervorrichtung. Die Schaftmaschine wird von der unteren Welle angetrieben.
3. Der positive Regulator wird nicht von der Lade, sondern vom Schußwächter bewegt.

Im übrigen ähnelt dieser Stuhl dem Baumwollstuhl. Der Eintragmechanismus für den Roßhaarschuß faßt die Roßhaare des links angebrachten Roßhaarbüschels und trägt sie mittels des Armes R_z in das Fach ein (Abb. 498—501).

Der Arm R_z wird durch den Arm Rp, die Zugstange T_1, T_2, Hebel U_2, P_1 von der Kurbel Kl_1, der oberen Welle Hh des Stuhles bewegt.

Das eingetragene Haar muß beim Einschießen gespannt gehalten werden, was durch die Feder L in Abb. 500—501, die das Roßhaarbüschel festhält, besorgt wird. Die Feder F_3 drückt an der Spitze überdies an.

Beim Fassen des Roßhaares muß die Spitze der Nadel durch die Feder F_3 angedrückt werden.

Vor Ergreifen des Roßhaares muß die Nadelspitze frei sein, dies erreicht man durch Anschlag des Büschels an die Nase N, wodurch die Feder F_3 zusammengedrückt wird und die Feder L nach rechts geht.

Nach dem Eintragen des Roßhaares wird die Nadelspitze durch Anschlag des Hebels Nk (Abb. 500—501) an die federnd gelagerte Rolle Kl frei. Durch diesen Anschlag wird nämlich Nk gedreht, und da der Drehpunkt des Hebels fest ist, der Büchsenzapfen nach rechts geschoben und die Nadelspitze vom Federdruck L befreit.

Die Schaftmaschine ist als normale Doppelhubmaschine gebaut. Sie wird von der Unterwelle angetrieben, die über Kurbel Kl_2, Arm P_2, Zugstange T_3 ihre Bewegung erhält. Sie hat Linksantrieb.

Der positive Warenbaumregulator wird vom Schußwächter gesteuert. Derselbe schaltet das Sperrad durch die Zugstange 1, die Scheibe D und Nase N, welche bei der Vorwärtsbewegung der Lade an den Arm R_3 des Regulators anschlägt (Abb. 498—499).

Wenn kein Roßhaar eingetragen wird, so geht die Nase unter Einwirkung des Schußwächters am Arm R_3 vorbei, und die Regulatorschaltung unterbleibt. Durch den Anschlag wird außer dem Regulator auch das Prisma der Schaftmaschine durch den Winkelhebel U_1 und die Zugstange T_4 bewegt. Der Schußwächter ist dem des Schwabe-Stuhles ähnlich.

Der Eintragsarm für das Roßhaar ist in Abb. 502—504 dargestellt. Geht der Arm A nach links, so dringt die am linken Armende gelagerte Nadel J in das Roßhaarbüschel, das sich im Kasten R befindet, ein, der Nadelhaken faßt ein Haar, die Zunge L hält es fest und bei der Rückbewegung des Armes A wird das Haar in das Fach eingetragen.

Die Stühle für Drahtweberei.

Drahtgewebe werden in Leinwand und Köperbindung gewebt. Als Fadenmaterial dienen weiche Eisen- oder Messingdrähte (geglüht oder ungeglüht) auch Phosphorbronzedraht wird benutzt.

Der Draht wird meist einfach, sehr selten gezwirnt verwebt. Die Drahtgewebe werden als Siebe in der Papierfabrikation, in der Müllerei und als Grobware bei Gittern benutzt. Bei Sieben verwendet man je nach der Ketten- und Schußdichte eine spezielle Numerierung, die aber noch nicht einheitlich ist. Z. B. hat Messingtuch Nr. 10 zehn Drähte auf 25 mm in der Ketten- und Schußrichtung. Daher zehn Maschen auf 1 cm^2 bei einer Drahtstärke von 0,66 mm und einem Gewebegewicht von 2,66 kg je m^2.

Eisensiebe werden nicht mit so dünnen Drähten gewebt wie Messingsiebe. Die Papierfabrikation hat Siebe mit bis 6400 Öffnungen je cm^2.

Drahtgewebe werden auf Handstühlen sowie auf besonders stark gebauten, mechanischen Stühlen gewebt. Die Blattbreite beträgt bis 6 m; charakteristisch ist hier die Lagerung der Lade, die in den massigen Seitenwänden gelagert und als Hängelade ähnlich wie bei Handstühlen ausgeführt ist. Die Lade wird entweder freifallend oder durch einen Kurbel- und Schubstangentrieb bewegt.

Die Bandwebstühle.

Die Bandstühle erhalten besonders gebaute Stuhlwände und auch eigene Anordnungen in den übrigen Mechanismen.

Als Beispiel ist der Bandstuhl der Firma Lüdorf in Barmen angeführt (Abb. 505).

I. Die Kettenbewegung.

A. Die Lagerung, Spannung und Führung der Kette.

1. Die Kettenbäume

werden der Bandform entsprechend als einzelne Spulen ausgeführt. Bei bunten Bändern werden die Fäden einer Farbe auf besondere Spulen aufgewickelt und werden dann nach Bedarf je nach der Farbenordnung in das Blatt eingezogen.

Die Spulen sind in einem besonderen Rahmen R hinter dem Webstuhlgestell gelagert, und jede Spule wird für sich durch ein Kettengewicht Q zur Einschaltung der Kettenfädenspannung gebremst. Die ablaufende Kette bildet mit dem Rollensystem K_1, K_2 eine Schlinge, die mit dem Gewicht Q belastet ist. Wenn das Gewicht hoch kommt, wird die Spule C abgewickelt und die Schlinge wieder gebildet. Die Größe der Gewichte wird nach der Kettenspannung und Garnart gewählt. Für Bänder, die sehr schnell aufarbeiten (geringe Schußdichte) benutzt man zwei Kettenschlingen, die durch eine Doppelrolle und ein Gewicht belastet werden.

Zur Zeitersparnis benutzt man auch selbsttätige Kettenablaßvorrichtungen für jede Spule, die aber oft nur fragliche Arbeitsvereinfachungen bringen.

Zur selbsttätigen Kettenablaßvorrichtung werden die schon bekannten Kettenbremsen und Kettenregulatoren benutzt.

2. Der Streichbaum.

Als Streichbaum dienen die Stäbe T_1, welche auch nach Bedarf in besondere, verschiebbare Lager eingelegt werden.

3. Das Blatt.

Die Dichte sowie die Dicke der Rietstäbe richtet sich nach der Feinheit des Materials. Manchmal ist für jedes Band ein Hinterriet erforderlich.

B. Die Fachbildung.

Das Fach wird nach Bedarf mit Schäften oder mit einer Jacquardmaschine gebildet. In Abb. 505 wird bei dem gezeichneten Bandwebstuhl eine Jacquardmaschine benutzt, wogegen bei einfachen Bändern die sogenannten Gegenzugtümmler oder Gegenzugwalzen verwendet werden. Auch die unabhängige Schaftbewegung durch Exzenter oder Schaftmaschinen wird benutzt. Die Schaftmaschinen werden sowohl für Hoch- als auch für Tieffach, eventuell für Hoch- und Tieffach oder für Offenfach durchgeführt. Es werden Einhub-Schaftmaschinen, Doppelhub- und Doppelfach-Schaftmaschinen benutzt.

In der Abb. 505 ist der gezeichnete Bandwebstuhl mit einer Einhub-Jacquardmaschine ausgerüstet, die durch die Stange T_3 vom Rade K_5 (welches dieselbe Tourenzahl hat wie die Hauptwelle) angetrieben erscheint.

C. Die Mechanismen zum Breithalten und Ableiten der Ware.

Der Warenbaumregulator der Firma Lüdorf erhält seinen Antrieb vom Daumen E der Hauptwelle Hh durch den Hebel P_1, die Zugstange T und den Regulatorhebel P_2 (Abb. 506—507). Der glatte Radkranz K_7 wird beim Rechtsziehen der Stange T und bei Bewegung des Hebels P_2 durch besondere Backen geklemmt und vorwärts gedreht. Wechselräder werden nicht verwendet, man reguliert die Schußdichte durch Verstellen der Zugstange T in den Löchern der Hebel P_1, P_2. Die Räder K_1, K_2 treiben die Zugwalzen V_1, V_2, die bei glatten Bändern mit Tuch überzogen sind (Abb. 505).

II. Die Schützenbewegung.

1. Die Schützen.

Die Bandschützen sind meist aus Buchsbaumholz hergestellt. Sie bestehen aus zwei Teilen, und zwar aus einem mit Nuten versehenen Bogen Führungsstück und einem bogenförmigen Schlitten, der die Schußspule bewegt. Die Bogenbewegung wird durch Schwinggabeln oder durch Zahnräder wie beim Broschieren erzielt (Abb. 140 [K-N]). Die Schützen des Bandstuhles richten sich in Form und Größe nach dem Material, dem Antrieb und der Form der Schützenbahn. Siehe Abb. 508—509.

Die Länge des Schützens richtet sich nach der Bandbreite, also dem Ausschnitt in der Lade, welcher für die Bandkettenfäden vorgesehen ist und als „Sprung" bezeichnet ist. Der Sprung ist der Bandbreite und Schützenlänge direkt proportional. In der Praxis wählt man als Schützenlänge den doppelten Sprung mit einem Zuschlag von 20—30 mm. Z. B. ist bei 50 mm Sprunglänge die Schützenlänge $L = 2 \times 50$ mm + dem Zuschlag, also 125—130 mm.

2. Die Lade

ist als Hänge- oder Stehlade gebaut und wird durch Schubstangen angetrieben. Manchmal wird sie auch als horizontale Ladenbewegung ausgeführt und hat oft doppelten Ladenanschlag. In Abb. 505, 509—510 ist eine Hängelade angegeben, die von der Hauptwelle angetrieben wird.

3. Das Blatt

wird für jedes Band durch ein Riet gebildet, das in einem besonderen Rahmen auswechselbar eingesetzt ist. (Siehe Riete Pr, Abb. 505 und P, Abb. 508—509.)

Man verwendet auch vertikal verschiebbare Riete für wechselnde Bandbreiten (Krawatten, Selbstbinder). Die Verschiebung des Rietrahmens erfolgt durch Exzenter nach Abb. 533—534. Bei gesenktem Riet ist z. B. das Band schmal. Die Schußdichte muß nach der Bandbreite geändert werden.

4. Die Schützenbewegung

erfolgt, wie erwähnt, gerade oder bogenförmig. Im letzten Fall kann man mehr Bänder nebeneinander auf gleicher Breite erzeugen. Zur weiteren Erhöhung der Produktion baut man auch zwei und mehr Schützenbahnen übereinander, wobei die Schützen gerade oder bogenförmig gleichzeitig durch entsprechende Schieber bewegt werden. (Bandstühle der Firma G. Lüdorf & Co., Barmen, K. Kutruff, Basel, F. Suberg & Sohn, Barmen.)

Die Bewegung des Schützens wird entweder durch Stoßstangen oder durch eine zwangsläufige Bewegung erzielt. Die Schützenbewegung durch Stoßstangen ist eine der ältesten; die Stoßstange besitzt kürzere vertikale Stäbe, durch welche die Schützen mitgenommen werden. Die Stoßstange wird durch Tritte, Exzenter, Riemen und Rollen hin und her bewegt. Die Schützenbewegung kann auch zwangsläufig durch Greifer oder durch Zahnrädchen und Zahnstangen durchgeführt werden. Die Bewegung der Zahnstangen wird durch Exzenter oder Kurbeln erzielt. Im letzten Fall werden auch Schützenwechsel benutzt.

5. Der Schützenwechsel.

Die einzelnen Schützenkästen sind gewöhnlich übereinandergelagert; es wird der ganze Schützenkasten aufgehängt und durch Exzenter und Hebel, eventuell durch Rollen oder Hebelübersetzung bewegt.

Der Dreikastenschützenwechsel. Der Schützenwechsel kann durch Exzenter und Hebel, eventuell Rollen erzielt werden. In Abb. 505, 512—513 wird ein Prisma L mit zwei doppelnasigen Daumen von der Jacquardmaschine durch die Schnur X, den Hebel P_6 (in Abb. 512—513) und den Wendehaken H_3 gedreht. Die Daumennasen wirken auf zwei Platinen Pl (in Abb. 512—513 Pl_1, Pl_2, Pl_3, Pl_4), welche auf den Kulissen Kn, Kn′ (Abb. 505, 513) gelagert und auf dem Hebel R_2, den Stangen T_4, dem Bügel T_5 und der Stange T_6 aufgehängt sind.

Auf dem linken Arm des Hebels R_2 ist die Schützenlade B_2, B_3 (Abb. 505) aufgehängt. Die Bewegung der Kulisse nach unten erzielt man durch die Klinken H_1, H_2 (Abb. 505), welche auf den Tritten P_1, P_2 gelagert sind und mit diesen von den Exzentern E_1, E_2, E_3, E_4 auf und nieder bewegt werden. Die Platinen Pl kommen mit den Klinken H_1, H_2 durch die Daumen des Prismas L in Eingriff; so wird die Kulisse nach unten gezogen, und die Schützenlade steigt empor. (In Abb. 505 sind zwei Kulissen gedacht.)

Durch verschiedene Kombinationen der Kulissensenkung kann man die Reihenfolge der Schützenwechsel Cl_{1-3} erreichen. Soll ein Schützen länger laufen, so muß die zugehörige Kulisse ihre Lage behalten. Diese kann in der untersten Stellung durch einen Gegenhaken H_4 gesichert werden. In diesem Fall ist der Gegenhaken H_4 nach links geneigt, was durch einen kleinen Exzenterradius besorgt wird. Zu jedem Trittpaar (Abb. 512—513) gehört eine Kulisse Kn mit zwei Platinen Pl und dem Gegenhaken H_4, die durch die Prismenwelle H_5 mit drei Exzentern (zwei davon steuern die Platinen Pl, das dritte den Gegenhaken H_4) bewegt werden.

Die Exzenterwelle Eh mit den Exzentern E_{1-4} wird von der Hauptwelle Hh durch Zahnräder K_3, K_4 im Verhältnis 1:4 angetrieben.

Der Wechselmechanismus des Dreikasten-Schützenwechsels erhält eine dreikastige Lade, die auf den Stangen T_7 (Abb. 505, 512—513) und den Armen R_2 aufgehängt wird. Dieselben werden rückwärts im Stuhl durch die Zugstange T_6 und den Bügel T_5 gefaßt. Der Bügel T_5 ist gleicharmig und wird durch die Kulissen Kn und Kn′ bewegt. Durch Tiefziehen beider Kulissen arbeitet der untere Schützenkasten, durch Tiefziehen einer Kulisse der mittlere Kasten, durch Heben beider Kulissen der oberste Kasten. Der

Schlag kann „Pick-a-pick", d. h. mit beiderseits gleichen Kästen erfolgen. Die Exzenter E_{1-4} sind um 90° versetzt und auf der Exzenterwelle montiert, sie bedienen vier Tritte P_{1-4}, die paarweise eine der Kulissen Kn oder Kn′ bewegen. In den Kulissenausschnitten laufen dann je zwei Platinen Pl_1, Pl_2 und Pl_3, Pl_4, die gleich arbeiten, mit dem Unterschied, daß die letzten zwei durch die wechselnden Tritte P_{1-4} mit den Klinken N_{1-4} (in Abb. 512 sind diese mit $N_{1,3}$ $N_{2,4}$ bezeichnet, in Abb. 505 mit H_1, H_2) betätigt werden. Es würde bei einer Übersetzung 1:2 von der Hauptwelle auf die Exzenterwelle für jede Kulisse ein Tritt genügen, die doppelte Anzahl ist hier wegen des verzögerten Laufes gewählt.

Die Platinen Pl_{1-4} werden von der Daumenwelle H_5 betätigt, und zwar wird jede Kulisse Kn, Kn′ selbständig durch die Jacquardmaschine bedient. Es werden also zwei Hebel P_6 mit dem Wendehaken H_3 bewegt. Die Daumen I sind so gelagert, daß in dem Fall, wenn eine Kulisse unten bleiben soll, die Haken H_4 und H_4' oberhalb der Kulisse herausgedrückt werden. Dabei werden die Platinen Pl_{1-4} durch Daumen 1—4 unter Überwindung der Feder F_6 bewegt. Soll eine Kulisse oben bleiben, so wird die Laterne L oder L′ durch Ziehen der Schnur X mit dem Hebel P_6 oder P_6' und dem Wendehaken H_3, H_3' durch die Jacquardmaschine um 90° weiter gedreht. Durch die Laterne L oder L′ wird die Daumenwelle so gestellt, daß der Haken H_4 bzw. H_4' nach rechts ausweicht und die Kulisse Kn emporhebt und an die Stange N anschlägt.

Die Verschiebung der Kulissen erzielt man also durch weitere Drehung der Laterne L, L′ mit der Welle H_5 um 90°, was durch Ziehen der Schnur X von einer Reserveplatine aus erreicht wird. Die Klinken N_{1-4} gehen höher, so daß sich die Platinen Pl_{1-4} durch Ausweichen nach hinten befreien.

Die Schützenbahn ist seitlich der Blätter als Schlitten ausgeführt (Abb. 508—509) und wird wie bei den Broschierstühlen schon erwähnt, durch Zahnräder K_{1-3} und Zahnstangen Hr_{1-3} bewegt.

Die Schützenbewegung ist mit ihrem Antrieb auf den Ladenteilen B_2, B_3 und den Trägern N_1 gelagert und ist als Ganzes nach oben und unten verschiebbar, um den Schützenwechsel zu ermöglichen. Der Teil N_2, X_1 und Stange T_2 sind fest und am Ladenarm M angeschraubt (Abb. 508—511). Eine Umdrehung der Hauptwelle Hh bedeutet eine Hebung und Senkung des Kopfes Hl und des Doppelmessers N. Der Schlag ist Pick-a-pick, die Schützenbewegung wird zwangsweise durch Zahnstangen Hr_{1-3} und durch über die Rollen Kl geführte Riemenstreifen mit den Platinen P_1' — P_3' ausgeführt (Abb. 510). Diese Platinen sind mit Haken H_{1-3}, H_1' — H_3' ausgestattet und werden durch die Federn F_{1-3} eventuell F_1' — F_3', jene Platinen vom Doppelmesser N abgehoben, deren Schützenkasten nicht durch den Schützenwechsel in der Bahn des offenen Faches stehen. Liegt ein Schützen gerade vor der Fachöffnung, so kommt die äußere Ausbauchung der Haken H_{1-3} bzw. H_1' — H_3' an den Taster X_1 oder X_1' und das tiefgehende Doppelmesser N zieht den betreffenden Haken tief und den Schützen durch das Fach. Die Drehpunkte der Haken sind nach der Schützenkastenhöhe stufenweise gelagert. Da die Lagerung der Schützenkastenteilung entspricht, so kommt jede Ausbauchung des dem Schützen zugehörigen Hakens gerade gegen den Taster X_1 oder X_1'. Die letzteren sind gefedert, so daß der Haken, der zur nächsten Schützenbewegung vorbereitet ist, ausweichen kann, wenn das Messer nach oben an ihm vorbeigeht.

III. Die Einrichtungen für leichtere Bedienung des Stuhles.

Diese bestehen bei den Bandstühlen aus dem Schützen- und dem Schußwächter.

Der Schützenwächter ist so gebaut wie bei den Baumwollstühlen.

Der Schußwächter wird selten verwendet. Er besteht aus einem kleinen Bügel, der vom Schuß gehalten wird. Bei Schußbruch fällt der Bügel nach unten und beim Ladenvorgang stößt er auf den Ausrückhebel.

Der Hauptantrieb erfolgt über die Festscheibe Rp durch eine Zahnradübersetzung (Abb. 505). Die Ausrückstange am Brustbaum reicht über den ganzen Stuhl und erfaßt über die Welle T_2 und die Hebel Sp, Sp_1 die Riemengabel.

Neue Webstuhltypen.

In der jüngsten Zeit baut man neben den bisherigen Webstuhltypen auch Konstruktionsformen, die in den Hauptmechanismen des Stuhles, namentlich im Schützenschlag völlig andere Ausführungen als die bisherigen Typen zeigen.

I. Der Webstuhl von Souček.

Dieses System hat einen besonderen Schützenschlag. Die im Schützen aufgespeicherte Kraft wird nicht im nächsten Schützenkasten durch Abbremsung wie bisher aufgehoben, sondern wird zum Zusammendrücken von Federn verwendet, die beim folgenden Schlag die aufgespeicherte Energie abgeben und so den nächsten Schlagbeginn erleichtern.

Die Schützenbewegung wird statt mit einem Schlagarm und Exzentern durch Reibungsscheibchen K hervorgebracht, die im Augenblick des Schlages unter sehr rascher Drehung an den Schützen angepreßt werden.

Die Schlagvorrichtung besteht aus einer Rolle K, die auf einem Hebel gelagert ist und nach Abb. 514—517 an den Schützen C angepreßt wird. Die Rollen und die Schützen erhalten eine besondere Ausführung zur intensiven Übertragung der rotierenden Rollenwirkung. Die Rollen besitzen an jedem Ende zwei kräftige Scheiben, die durch Federn aneinandergepreßt sind (siehe Abb. 514—517 rechts unten). Der Andruck wird von den Federn F_2 innen und von den Federn F_1 außen bewirkt. Der Schützen hat keinen vollen Boden, sondern nur zwei untere Rippen, die sich beim Anpressen der Rollen in die Nuten derselben eindrücken und die Bewegung von den Rollen auf den Schützen übertragen. Später verwendete Souček besondere Platten, auf welchen die Schußkötzer in Zelluloidbüchsen angebracht waren (leichte Schützen).

Durch die hohe Rotationsgeschwindigkeit der Rolle K erhält der Schützen infolge des Federandruckes der Rollen sofort eine bedeutende Geschwindigkeit, und die Bewegung wird noch durch die in den Federn vom vorigen Schlag aufgespeicherte Energie unterstützt. Der Andruck der Rolle erfolgt durch ihre Annäherung an den Schützenboden gleich zu Beginn des Schützenschlages.

Nach durchgeführtem Schlag entfernt sich die Rolle K durch Bewegung des Armes U wieder von der Schützenbahn abwärts.

Die Rollen erhalten einen raschen Gurtantrieb mittels Walze H und laufen in Kugellagern (Abb. 517).

Die Abb. 518 I—V zeigt die einzelnen Lagen des Schützens und den Anschlag der Fangvorrichtung.

Der Stuhl läuft noch bei 120 cm Blattbreite und 230 Umdrehungen in der Minute ruhig. Besonders wichtig ist die Kraftersparnis während des Schlages. Der Kraftbedarf für den Schlag wurde von Souček nachstehend gemessen:

Umdrehungen pro min	Kraftbedarf beim Schlag des gewöhnlichen Stuhles in PS	Kraftbedarf beim Schlag des Souček-Stuhles in PS
150	0,6	0,075
180	1	0,125
240	2,47	0,31
300	4,8	0,6

Der Kraftbedarf steigt also besonders beim glatten Stuhl sehr stark, so daß der Schlag sehr zu unregelmäßigem Webstuhlgang beiträgt. Beim Souček-Stuhl wird dieser Übelstand durch die Rotationsbewegung der treibenden Rolle sehr weit herabgesetzt. Der Webstuhl von Souček hat sich bisher in der Praxis noch nicht genügend bewährt.

II. Der Gabler-Stuhl.

Zur Verringerung der Webstuhlstillstände hat Gabler die bisherige Form der Schußspulen und der Schützenbewegung verlassen.

Er baut am Webstuhl eine feste Spindel oberhalb der Lade ein, auf welcher das Schußmaterial in Form einer konischen Kreuzspule, die bis über 40000 m Garn faßt, ein. Das Eintragen des von dieser Spule axial ablaufenden Schußfadens erfolgt durch einen besonderen Greifermechanismus. Derselbe erhält beiderseitig an Stelle der sonstigen Schützenkästen zwei Greifer, die den Schuß als Doppelfaden in das Fach eintragen. Die Schußspulen sind auf festen Spindeln auf der Webstuhlkrone aufgesteckt und der Faden läuft bei stehender Spule über Augen entsprechend geführt, axial von der Spule zu den Greiferenden. Als Reserve bei Schußbruch ist eine zweite Spule vorgesehen.

Der Schußfaden wird zunächst durch einen Führungstrichter, eine äußere Fadenbremse zum Fadenhalter und einer Vorbremse geführt. Die letztere verhindert beim Durchziehen des Schußfadens durch die zweite Fachhälfte ein überflüssiges Nachlaufen des Fadens von der Spule. Die Vorbremse muß fein eingestellt werden, damit der Schußfaden in seiner Geschwindigkeit gedämpft wird, bis er endlich durch das Auftreffen der betr. Teile festgehalten wird. Von dem Fadenhalter geht der Schuß zum Fadenspanner, der den Zweck hat, die eingetragene Schußfädenlänge so zu regeln, daß das Schußende immer innerhalb der Webkante bleibt, und nahezu genau an der gleichen Stelle endet. Die Regulierung des Spanners wird durch eine Schraube bewerkstelligt. Der Schußfaden geht dann zur inneren Fadenbremse (in Abb. 519 als Fadenspanner bezeichnet), die den Schuß an der Warenkante spannt und dessen weitere Zuführung zum Greifer mittels des Fadenholers erleichtert und sichert (Abb. 519).

Man benutzt je einen Greifer auf jeder Seite.

Die Arbeitsweise des linken und des rechten Greifers ist aus Abb. 519—525 ersichtlich.

Die beiden Greifer haben auswechselbare Köpfe, welche zwecks guten gegenseitigen Zusammenarbeitens abweichend ausgeführt sind. Sie benutzen zum Einführen des Schusses eine auswechselbare Vorrichtung und führen den Schuß in der Form einer Schleife bis zur Stuhlmitte.

In Abb. 519 sind die beiden waagerecht geführten Greifer in der äußersten Stellung gezeichnet; der linke ist der Zubringer, der rechte der Abnehmer.

Auf der rechten und linken Seite geht der Schuß von der Spule durch die oben beschriebene Führung und Einrichtung weiter durch den Kopf des Greifers zum Geweberand.

Schieben sich die beiden Greifer nach der Mitte, so wird der Schuß von der linken Seite mit dem linken Greifer LR eingetragen. Der Eintrag des Schusses mit dem linken Greifer wird damit bloß bis zur Mitte des Gewebes durchgeführt (Abb. 519 und 521—523) und von da wird der Schuß mit dem rechten Greifer (Abb. 522) abgenommen und in die rechte Hälfte des Faches eingetragen. Weil der Schuß nach der Abb. 522—523 und 519 auf dem linken (eventuell rechten) Greifer eine Schlinge bildet, so ist es notwendig, den Schuß auf der linken (eventuell rechten) Seite abzuschneiden, wozu die Schneideeinrichtung (Schere) auf jeder Seite dient. Das Abschneiden wird an der vorderen Schlingenhälfte einige Millimeter vom linken Rand durchgeführt.

Das abgeschnittene Schußende sowie die vordere Schlingenhälfte wird vom rechten Greifer in die rechte Fachhälfte gerade eingelegt und dann mit dem Blatt angeschlagen.

Dann wiederholt sich die Arbeit auf der rechten Seite (Abb. 523—525). Mit dem rechten Greifer wird der Schuß in Form einer Schlinge in die Mitte des Faches gebracht, die vordere Schlingenhälfte wird mit der rechten Schere abgeschnitten und von der Mitte wieder mit dem linken Greifer abgenommen, in die linke Fachhälfte eingetragen und dann mit dem Blatt der Lade angeschlagen.

Von jeder Seite werden immer zwei Schüsse eingetragen (siehe Abb. 524—525).

Die Greiferbewegung wird durch Nutenscheiben hervorgerufen, die Fadenhalter und Fadenspanner werden von den Exzentern beeinflußt (Abb. 519).

Es ist klar, daß stets das eine Ende des Schusses zusammen mit dem folgenden, von der gleichen Seite eingewebten Schusse in die Kante eingebunden wird, während das andere, durch die Schere abgeschnittene und nachgezogene Ende innerhalb der gegenüberliegenden Kante, und zwar stets ziemlich genau an der gleichen Stelle, ausläuft.

Die Rolle des Zubringers und Abnehmers wird immer nach zwei Schüssen gewechselt. Durch die beschriebene Arbeitsweise erhalten beide Gewebeleisten genügende Festigkeit. Für verschiedene Gewebebreiten ist es nicht notwendig, die Greiferbewegung zu ändern, nur die Messer der Schneidevorrichtung werden etwas verstellt.

Die Gabler-Stühle für die Baumwolle laufen bei 90 cm Warenbreite mit 165—185 Schüssen in der Minute.

Die Gabler-Stühle haben folgende Vorteile:

1. Schonung der Kette durch niedrigeres Fach und durch Ausscheidung der Schützen.
2. Schonung des Blattes.
3. Milderung des Lärmes und der Erschütterungen durch Ausschaltung der üblichen Schlagvorrichtungen.
4. Die Stillstände für Schützenauswechslung können wegen der großen Schußspulen sehr klein gehalten werden.
5. Man kann bei großer Produktion alle Waren erzeugen, die zweischüssige Bindung haben (Panama). Die Gabler-Stühle laufen schon in einigen Betrieben, z. B. Kahn & Arnold in Augsburg und in einem österreichischen Betrieb, mit gutem Erfolg. Der etwas größere Platzbedarf wegen der Greiferbewegung ist kein besonderer Nachteil.

III. Der Rundwebstuhl von Jabuley.

Rundwebstühle wurden schon wiederholt konstruiert. Einen der ersten baute Herold in Brünn. In der letzten Zeit wurde von Jabuley eine Neukonstruktion versucht. Die abwechselnde Bewegung für die Fachbildung und den Schützenschlag wurde durch eine ununterbrochene Drehbewegung ersetzt. Die Kettenfäden bilden den Mantel eines senkrechten Rohres, dessen Durchmesser mit demjenigen Kreisdurchmesser übereinstimmt, der mit der Gewebebreite übereinstimmt. Dieses Rohr macht eine Drehbewegung um seine Achse. Während des Webens stehen die Schußträger still und sind am Umfang des Rohres in einer waagerechten Ebene verteilt. Jeder Schußträger liefert einen Eintragfaden und legt den vorhergehenden Schuß in seine richtige Lage. Die Schüsse bilden also eine Art mehrgängiges Gewinde, dessen Gangzahl der Anzahl der Schußträger entspricht. Der Rundstuhl legt somit bei einem Arbeitsgang mehrere Schüsse ein. Die Schußgabe wird vom Gewebe betätigt, der Schußfaden rollt ab. Das Abschießen eines Schützen entfällt also. Durch die Rohrform können große Stückbreiten besonders vorteilhaft erzeugt werden, da der Stuhl dann bei gleicher Umfangsgeschwindigkeit den Einbau von mehreren Schußträgern gestattet (Abb. 526).

Die Ware wird am Webstuhl selbst durch Messer automatisch geteilt.

Der Webstuhl enthält vier entsprechend einzeln gebremste Kettenbäume, die oben im Stuhl waagerecht an den Seiten eines Viereckes gelagert sind. Die Kette wird dann ins Kreuz geteilt. Hierauf führt man die Fäden durch eine kreisförmig perforierte Blechplatte, um die Rohrform zu bilden und hierauf durch das kreisförmige Blatt. Die fertige Ware wird unten im Stuhl in doppelter Lage aufgerollt. Eine mit beweglichen Zinken versehene Gabel ist auf halbe Stoffbreite eingestellt und gibt faltenfreies Aufrollen.

Oberhalb des Blattes sind abwechselnd Walzen befestigt, die innerhalb und außerhalb des Kettenrohres liegen. Die äußeren Walzen werden gegen die Mittelachse, die inneren in verkehrter Richtung gedrückt. In dem zwischen den Walzen und dem Rispelblatt entstandenen Zwischenraum sind die Schußträger angebracht. Die sich drehende Kette läuft immer abwechselnd in je einer Hälfte vor oder hinter zwei aneinanderliegenden Schußträgern. Der Fachwechsel geschieht automatisch, analog wie bei Rundstrickmaschinen. Die Schußträger 1, 3, 5, 7 laufen in einem Fach, die Schußträger 2, 4, 6, 8 in einem zweiten Fach.

Die Befestigung des Schußträgers zwischen zwei Fadenbahnen darf den Durchgang der bewegten Kette nicht behindern. Diese Frage wurde so gelöst, daß der Schußträger mit einer starken Rolle auf einer mit konischem Rand versehenen Scheibe ruht, deren abgeschärfter Rand nach oben gerichtet ist. Diese Anordnung verhindert, daß der Schußträger in das Innere des Kettenrohres eindringt. Der Mittelteil dieser Vorrichtung hat eine waagerechte Achse, die an beiden Enden eine doppelrandige Rolle besitzt. Auf einer zu dieser Achse parallelen Welle sind achtseitige Schaufelräder befestigt, die an den genannten Rändern auf der zur Drehbewegung der Kette entgegengesetzten Seite, anliegen. Die Lager dieser Parallelwelle sind von einem beweglichen Gehäusekranz getragen. Eine einstellbare Bandbremse gestattet die Arretierung dieses Kranzes. Die Schaufelradwelle kann bis 1500 Umdrehungen in der Minute erreichen, wobei die Drehbewegung der Welle mit derjenigen der Kette verbunden wird. Man erreicht dadurch, daß der Schußträger in dem durch die Kettenfäden gebildeten Zwischenraum durch die Schaufelradwellen, die Rollenträger und die Scheibe mit dem konischen Rand vollständig festgehalten wird. Bei ihrer Drehbewegung scheinen sich die Schaufelräder in die Kette einzuschrauben, die gleichzeitig frei durchgeht. Der Schußträger ist ferner mit einer senkrechten parallel zu ihrer eigenen Richtung sich bewegenden Stahllamelle versehen, die am Ende einer waagerechten Stange befestigt wird. Die mehr oder weniger starke Rückbewegung dieser Lamelle wird durch eine an ihr angebrachte Schraubenfeder erzielt, welche die Lamelle nach erfolgtem Vorgang wieder in die Ausgangslage zurückführt. Die ganze Bewegung gestattet die Freigabe einer Bandfeder, die sowohl die Bremse zur Arretierung des Gehäusekranzes als auch die Kupplung dieses Kranzes und eines zweiten mit der Kettengeschwindigkeit laufenden Kranzes auslöst. Hierdurch wird eine automatische Kettenwächterabstellung erreicht.

Auf dem Gehäusekranz ist eine Verzahnung vorhanden, die von einem Zahnrad angetrieben wird, welches auf einer Welle befestigt ist, welche die Kettenbewegung ausführt. Die Bewegung dieser Welle wird auf den Sandbaum übertragen, eine Änderung des Zahnrades ermöglicht die Änderung der Schußdichte.

Die Schußspule ist als rechteckig tief gerillte Rolle ausgebildet, die mittels Federnfänger am Schußträger befestigt ist.

Der Schuß wird durch ein Nadelöhr abgerollt, die Nadel ist auf der Mittelachse befestigt und durch eine leichte Feder gebremst. Sie ermöglicht eine sofortige Abstellung des Stuhles.

Der Rundwebstuhl erfordert einen Antriebsmotor mit $^1/_3$ PS. Er ist infolge der Ketten- und Schußwächter sehr leistungsfähig und wird hoffentlich bei verläßlicher Wirkung seiner feinen Bestandteile erfolgreich verwendet werden.

IV. Der Webstuhl System „Seaton“.

Dieser Webstuhl hat wieder einen Greiferschützen, welcher den zugeführten Schuß beiderseitig von zwei oder mehreren großen Spulen abzieht und in genau bemessenen Längen einträgt und abschneidet. Die Eintragsmechanismen sind an Stelle der Schützenkästen eingebaut.

Bei mehrfarbigem Schuß wird wie bei Gabler ein Farbenwähler eingebaut, der automatisch bis zu sieben verschiedene Schüsse in beliebiger Reihenfolge einträgt. Der Eintragmechanismus wird von der Lade bewegt. Jede Farbe muß in einer geraden Schußzahl verwebt werden, weil von jeder Schußspule bei jedem Schuß zwei Schußlängen abgemessen, abgeschnitten und verwebt werden.

Der Farbenwähler läßt sich für beliebige Reihenfolgen und Schußzahlen, sofern dieselben geradzahlig sind, einrichten.

Bei Schußbruch stellt der Stuhl automatisch ab, und es ertönt ein Rufsignal. Die Zuführung der Schüsse durch den Greifer wird nach Abb. 529 in vier Perioden ausgeführt.

Der Greifer zieht den Anfang des Schußfadens von der Spule ab, der nach Abmessung einer bestimmten Länge abgeschnitten wird. Von dieser Länge wird nur die Hälfte in das Fach eingetragen, die andere Hälfte wird in das dritte Fach (übernächste Fach) von der anderen Seite eingetragen. Das Eintragen des Schusses für den zweiten und vierten Schußfaden wird analog durchgeführt. Der Schußrapport ist immer vierschüssig und besteht aus den zwei angeführten Schußfadenteilen.

Die Leisten haben nur halb soviel haltende Schußschlingen wie gewöhnliche Ware, und daher ist der Stuhl auch selten verwendet worden.

Die Produktion ist um etwa 25% höher, die Unregelmäßigkeiten des Schußfadens werden ausgeglichen. Die Musterung ist leichter als beim Gabler-Stuhl.

Die Webstuhleinrichtung für die einzelnen Gewebearten.

I. Die Einrichtung für glatte ungemusterte Gewebe.

1. Das leinwandbindige Gewebe.

Die Vorrichtung eines Webstuhles und Einrichtung desselben hängt von der Bindung, vom Material und sonstigen Besonderheiten der zu webenden Stoffgattung ab.

Leinwandbindiges Gewebe (Abb. 1) wird am einfachsten mit einem Rollenzug (Abb. 4—6) gewebt und können hier Musterungen nur durch verschiedenfarbige (eventuell stärkere) Ketten- oder Schußfäden erzielt werden. Dazu gehören auch Kombinationen der beiden Effekte (karierte Muster).

Der Kettenfadeneinzug bei Leinwandbindung wird für Schonung der Fäden vierschäftig und versetzt ausgeführt (1, 3, 2, 4), da der Schafthub der Schäfte L_3, L_4 dann geringer ist (Abb. 6).

Bei Seidengeweben kann man auch Leinwandbindung oder hier Taftbindung genannt, wegen der hohen Fadendichte, auf 6—8 Schäften weben. Die Rollenzugeinrichtung hat steigende Rollendurchmesser (siehe Abb. 335, 336, 337).

Leinwandbindige Gewebe können auch durch Exzentervorrichtungen nach Abb. 32 oder Exzenterkarten Abb. 42—44 oder Schaft- und Jacquardmaschinen gewebt werden. Glatte Leinwand oder köperbindige Waren werden nur in Ausnahmefällen mit der Jacquardmaschine gearbeitet, wenn die Leinwand- oder Köperbindung Figuren bildet. Bei Schaftmaschinen webt man die Leinwandbindung auch ohne Karten (siehe S. 20). Bei mehrfarbigen Schüssen sind Schützenwechsel zu verwenden. Der Blatteinzug ist zwei-, vier- oder mehrfädig.

2. Das köperbindige Gewebe (Abb. 2)

kann mit Gegenzuggeschirr, mit Außen- oder Innentrittexzentern (Abb. 30—31) oder oberen Exzentern (Abb. 32) gearbeitet werden. Auch Schaft- oder Jacquardmaschinen sind verwendbar.

3. Das atlasbindige Gewebe (Abb. 3)

werden wie köperbindige Ware gewebt. Durch buntfarbige Ketten- und Schußfäden sowie durch verschiedenes und verschieden starkes Fädenmaterial können weitere Verzierungen erzielt werden.

Bei diesen Gewebearten verwendet man meist geraden Einzug in das Geschirr, und der Einzug in das Blatt erfolgt zweifädig, bei größerer Kettenfädendichte mehrfädig.

Die Figurbildungen können durch Kombination von Bindungen und Farbeneffekten erreicht werden. Man verwendet verstärkte Leinwandbindung, einfache oder verstärkte

Köper oder abgeleitete Bindungen, die durch die früher erwähnten, einfachen Einrichtungen gewebt werden können.

4. Die Karogewebe

mit wechselnden Bindungen können auf der Schaftmaschine in der Handweberei mit verschiebbarem Nadelbrett gearbeitet werden. Die mechanische Weberei verwendet für diese Stoffart Schaftmaschinen mit zwei und mehr Prismen (Abb. 52, 54, 56—57, 48) und Schützenwechsel für die mehrfarbigen Schüsse.

5. Damastartige Gewebe

werden mit Doppelgeschirr gewebt. Im rückwärtigen Grundgeschirr werden die Kettenfäden mehrfädig (jeder Kettenteil in einem Helfenauge), im Vordergeschirr einfädig in die einzelnen Helfen eingezogen.

Das Vordergeschirr erhält eine besondere Schaftbewegung für Hoch-, Tief- und Stehfach. Dieselbe erfolgt:

a) Mit Rollen oder Hebelzug.
b) Mit Kontermarsche für Hoch-, Tief- und Stehfach.
c) Mit Spezialmaschine für Hoch-, Tief- und Stehfach (Abb. 530—531).

In der ersten Abbildung ist die Maschine mit einer, in der zweiten mit zwei Platinenreihen dargestellt.

Die Einrichtungen a und c werden auch in der mechanischen Weberei benutzt, die Handweberei benutzt alle drei Einrichtungen.

Ähnlich webt man auch Damasthandtücher in zwei oder drei Reihen nebeneinander.

6. Das Gewebe mit verschiedenen einfachen Ketten- und Schußeffekten.

a) Gewebe mit wellenförmig gekrümten Kettenfäden (Abb. 532).

Hierzu benötigt man ein Blatt P (Abb. 533—534), welches gruppenweise schräge oder auch gekrümmte Zähne hat. Der untere Teil des Blattes kann dabei gleichförmig geteilt sein. Die verschiedene Kettenfadendichte und damit Fadenkrümmung wird durch Höher- oder Tieferschieben des Blattes während des Webens erreicht. Die Verschiebung erfolgt durch die Exzenter E_1, E_2, welche die Rollen K_1, K_2 des Blattträgers steuern. Bei jedem Ladenanschlag werden die Exzenter E_1, E_2 durch das Sperrad R, die Sperrklinke Z, auf der Welle H um einen oder mehr Zähne geschaltet. Nach der Schaltung sichert die Bandbremse B die Exzenterlage. Die Welle H ist auf den Ladenarm gelagert.

Für geradlaufende Kettenfäden muß man das Blatt auswechseln oder in jene Lage einstellen, wo die Zähne gleich geteilt sind.

Ähnlich werden auch Waren mit gekrümmtem Schuß (für die Kragenkonfektion) mit gebogenem Blatt und ebensolcher Lade gewebt.

b) Mit Häkchenstab erzeugte Gewebe.

Das glatte, mit Leinwand oder mit einer anderen einfachen Bindung hergestellte Gewebe wird manchmal dreherartig unter Benutzung eines speziellen Häkchenstabes verziert. Zur Erzielung dieses Effektes hebt man gruppenweise 4, 5, 8 usw. Fäden ins Oberfach; durch die so entstandenen Lücken werden die Häkchen nach unten und gleichzeitig so seitwärts (Abb. 535) geschoben, daß die Häkchen in eine Ladenrinne (vor dem Blatte) hineinkommen. Durch diese Häkchenbewegung kann man untenliegende Fädengruppen ergreifen und seitwärts von der früher erwähnten Fadengruppe heben, wobei gleichzeitig diese Fadengruppe ins Unterfach kommt. Durch das so entstandene Fach wird ein stärkerer Schuß eingetragen, wodurch die Fadengruppen in ihrer Lage fixiert werden.

Abb. 536—537 zeigt die Webstuhleinrichtung für den Häkchenstab mit der Vorführung der Häkelarbeit.

Abb. 536 zeigt ein Detail des Häkchenstabes, den metallenen Teil S mit ausgeschnittener Nute Dr für die erforderliche Bewegung der Häkchen, d. i. für das sichere Eingreifen und Heben der Fäden.

c) Mit Nadelstab hergestellte Gewebe.

Der Webstuhl mit Nadelstab hat ebenfalls eine besondere Einrichtung auf der Lade. In diesem Falle werden die Zierkettenfäden (Effektfäden) eingewebt. Diese Effektart wird meist bei Baumwollwaren benutzt (Abb. 538).

Beim Weben mit Nadelstab wird derselbe vor dem Eintragen des Schusses tief gezogen, so daß die in den Nadeln eingezogenen Kettenfäden abbinden. Will man eine Musterung mit diesen Fäden erzielen, so hebt man den Nadelstab hoch und seitwärts und vollführt dadurch eine Art Stickarbeit. Der Kettenfaden liegt innerhalb des Effektes in der Schußrichtung. Die Bewegung des Nadelstabes hängt von einer Metallschablone Sb ab, die eine Nute Dr trägt. In diese fällt der Zapfen des Hebels C ein (Abb. 539), der durch die Zugstange T den Nadelstab bewegt. Die Seitenbewegung des Stabes darf nur dann erfolgen, wenn die Nadelspitzen über der Kettenebene liegen. Das Heben des Nadelstabes besorgen die Hebeschnüre Sn.

Für symmetrische Muster benötigt man zwei Nadelbretter D_1, D_2, die sich gleichzeitig in entgegengesetzter Richtung bewegen. Die symmetrische Bewegung wird durch den Hebel P und die Zapfen C_1, C_2 erreicht.

Für komplizierte Muster (Jacquard) werden die einzelnen Nadeln unabhängig durch Reserveplatinen der Jacqardmaschine bewegt. Die von den Nadeln geführten Kettenfäden müssen zum Spannungsausgleich noch eine Fadenreserve erhalten, indem sie noch einmal in eine Nebenhelfe hinter dem Geschirr eingezogen sind. Beim Fadenverbrauch durch die Nadeln hebt die Hilfshelfe aus.

Auf den mechanischen Webstühlen wird der Nadelstab in folgender Art eingerichtet.

Die effektfädenführenden Nadeln B (Abb. 540—541) sind auf einem speziellen Nadelstab gelagert, der nach Bedarf ins Hochfach oder Tieffach gebracht werden kann. Beim Schlag wird der Schützen mittels eines Führungskammes A geführt. Der eingetragene Schuß wird durch das Blatt P zugeschlagen, weshalb sich der Führungskamm A vor dem Ladenanschlag senken muß. Dies wird durch den Anschlag des Winkelhebels U_2 auf das Gegenstück N_2 erzielt.

Da aber die Effektkettenfäden dem Muster nach seitwärts hin und her verschoben werden, so muß sich auch der Nadelstab beiderseits bewegen. Dies erfolgt durch Stifte von verschiedener Höhe auf der Holzkarte K. Wenn die Karte ohne Stift in Tätigkeit kommt, bewegt sich der Nadelstab durch die Feder F_1 in die äußerste Rechtslage, so daß der Trägeransatz X nicht mehr in den Weg der Nase N_3 des Nadelstabes kommt. Dadurch bleibt der Nadelstab solange unten, bis wieder eine Karte mit einem Stifte unter die Schaltstange P′ kommt. Nach der Höhe der Stifte richtet sich die Verschiebung des Nadelstabes und der Effektkettenfäden.

Der Kartenzylinder wird durch den Drücker F_3 und Laterne L_1 in seiner Lage gehalten.

Das Hochheben der Schaltklinke Z erfolgt von der Schaft- oder Jacquardmaschine aus.

Sollen die Nadeln längere Zeit auf einer Stelle stehenbleiben, so wird die ruckweise Drehung des Kartenzylinders ausgeschaltet (durch Hochheben der Schaltklinke Z von der Schaft- und Jacquardmaschine aus).

Zur symmetrischen Musterung der Effektfäden muß man zwei Nadelstäbe und einen doppelten Kartenmechanismus verwenden.

Die Effektfäden müssen sehr elastisch gespannt werden, was durch den Spannrahmen (mit zwei Stäben) geschieht. Derselbe ist auf beiden Seiten mit zusammengedrehten Befestigungsschnüren oder Federn nach links abgefedert[1]. Siehe ähnliche Einrichtung beim Drehergewebe.

[1] Siehe V in Abb. 542.

Die Verschiebung des Nadelstabes kann manchmal statt durch Stifte der Holzkarten auch durch die Nute einer Führungsscheibe bewirkt werden.

Die Differenz der Radien der Nute entspricht dem Hub des Nadelstabes. Die Form der Nute wird nach dem Muster durchgeführt (Abb. 543—544).

d) Das Faltengewebe.

Das einfachste Faltengewebe hat wellenförmige Faltungen in der Kettenrichtung. Man erzielt dieselben, indem die Kettenfäden streifenweise schwächer gespannt laufen und von einem eigenen Kettenbaum mit elastischer Bremsung ablaufen.

Die Falten entstehen durch die Spannungsdifferenzen.

Das Plisseegewebe (Abb. 545) kann auch auf einem gewöhnlichen Webstuhl gewebt werden, wenn die entsprechenden Vorkehrungen getroffen sind.

Man verwendet eine straff gespannte Grundkette O_1 und eine schwach gespannte Kette O_2.

Beim Weben der Plisseegewebe wird vorne zwischen dem Brustbaum und Sandbaum ein Spannstab T_1 eingelegt, der mit der Zugstange T_2, der Kurbel R_2, dem Sperrad R, durch die Welle H verbunden ist. Beim Weben des glatten Gewebeteiles wird der Spannstab T_1 durch die Zugstange T_2 links gehalten. Soll man den Plisseeeffekt weben, so wird die Klinke Z_1, Z_2 durch die Schnur A von der Schaft- oder Jacquardmaschine gehoben, so daß beim Ladenanschlag der gekrümmte Bolzen S, die Klinke Hz und den Hebel R_3 mitnimmt. Der letztere hebt die Klinken Z_1, Z_2 aus dem Sperrad R, die Kurbel R_2 mit der Stange T_2 und dem Spannstab T_1 werden frei, und der angeschlagene Geweberand wird ein wenig weitergeschoben.

Die Grundkette O_1 wird vom schwingenden Streichbaum S_1, Hebel R_1 und Feder F_1 wieder entsprechend gespannt. Die zweite Kette O_2 bleibt locker, wodurch der Plisseeeffekt entsteht.

Zur Vorbereitung des früheren Vorganges muß dann das Gewebe durch Linksgehen des Spannstabes T_1 wieder gespannt werden. Dies besorgt der Hebel R_4 durch die Schnur B der Schaft- oder Jacquardmaschine. Die Klinke Z_1 am Hebel R_4 dreht das Sperrad R und die Kurbel R_2 nach links, wodurch auch der Spannstab T_1 mit der Zugstange T_2 nach links geht. Die Sperrklinke Z_2 verhindert die Rückdrehung des Sperrades.

Die eigentlichen Faltenhohlgewebe (Abb. 546) in der Schußrichtung werden mit zwei Ketten Op und Oz und zwei Kettenbäumen gearbeitet.

Der Schuß bindet bei den Falten nur mit der elastischen Oberkette, nach einiger Zeit wird das Stück S mit der Lade mehr angeschlagen, in der Unterkette abgebunden und die Falte gebildet. Die Kettenfäden der straffen Kette Oz und der losen Kette Op wechseln ab.

Faltengewebe mit Faltung in der Kettenrichtung erzielt man durch Bindungswechsel, z. B. verschieden verstärkte Köper. In Abb. 547 wiederholt sich fünf- bis einbindiger Köper in der Breite. Der fünfbindige Köper umfaßt 11 Fäden, der drei- bis zweibindige 7 Fäden, der einbindige 11 Fäden; der ganze Rapport hat 43 Fäden.

Die Bildung der Falten wird an den Bindungswechsellinien erfolgen und die Falten durch die nachkommende Appretur eingepreßt. Für eine Ware von 120 cm Breite muß beispielsweise der Stuhl eine Blattbreite von 140 cm besitzen, da eine Breitenverminderung je nach der Bindung, Einstellung und Garnnummer bis zu 20% eintritt. Die Kettenfäden sollen zwei- bis dreimal so stark sein als der Schußfaden. Die Ketteneinstellung je 10 cm um 30—40 Fäden höher als die Schußdichte. Je dicker das Kettengarn, um so höher die Falte.

Für diese Faltengewebe wird auch Atlasbindung benutzt, und zwar am Anfang und Ende jedes Längsstreifens, während dazwischen in Köper abgebunden wird. Die Köperstreifen können auch zweireihig angeordnet sein. Die Ware wird bunt gewebt oder im

Stück gefärbt, im letzten Fall leidet die Faltung durch den Färbeprozeß. Die Musterung kann auch durch schattierte Schweifung oder mehrfachen Schuß erfolgen.

7. Das Struckgewebe (Abb. 548)

wird mittels gewöhnlicher Fachbildungseinrichtung gewebt.

8. Das Gewebe mit lanzierten Kettenfäden

muß wegen des verschiedenen Einwebens der beiden Kettenfädensysteme, die Lanzierkette und Grundkette auf eigenen Kettenbäumen aufgebäumt haben.

9. Das Ripsgewebe.

Als Rips kann man jedes Gewebe bezeichnen, das mindestens eine dünne Bindekette, eine Musterkette (rechts- oder oberseitig), einen dünnen Bindeschuß und einen stärkeren Füllschuß besitzt; die Bindung muß so durchgeführt werden, daß auf dem Stoffe die für das Ripsgewebe charakteristischen Querrippen entstehen. (Näheres siehe beim Ripsgewebe in dem Abschnitte: Die Einrichtung für gemusterte Gewebe.)

10. Das Pikeegewebe

hat mindestens eine leinwandbindige Kette auf der Oberseite, welche mit einem schwachen Schuß bindet, und eine Steppkette. Näheres sowie den Schnitt durch das Pikeegewebe siehe in dem Abschnitte: Die Einrichtung für gemusterte Gewebe.

11. Den Schußdublee

mit Unterschuß ohne Musterung webt man mit gewöhnlichen Schaftmaschinen oder anderen einfachen Fachbildungsvorrichtungen. Gemusterte Stoffe dieser Art müssen mit der Jacquardmaschine erzeugt werden. Abb. 549 zeigt den Schnitt eines einfachen Schußdubleegewebes. Abb. 550 zeigt den Schnitt eines figurierten Schußdubleegewebes.

12. Das Hohlgewebe

sowie zwei-, drei- und mehrfaches Gewebe erzielt man durch eine entsprechende Bindung. Einzelne Gewebeschichten sind voneinander unabhängig, und die Musterung kann durch Wechsel der einzelnen Schichten oder einzelner Ketten- oder Schußfäden (in verschiedenen Kombinationen) erzielt werden. Durch Reihenfolgekombination der Ketten- oder Schußfäden erreicht man zahlreiche Effekte. Zum Beispiel erreicht man beim Hohlgewebe mit zwei Ketten und drei Schußsystemen bis zwölf Effekte (3×2^2); dagegen bei Dreiketten- und Dreischußsystemen, wenn stets ein bestimmtes Kettenfädensystem mit einem zugehörigen Schußfädensystem auf der Ober- oder Unterseite oder innen bindet, bloß drei reine unkombinierte Effekte.

13. Das Schlauchgewebe

erzeugt man auf besonders stark konstruierten Webstühlen mit schmaler Blattbreite, manchmal mit doppeltem Ladenschlag, vermittels einer, eventuell zweier Umdrehungen der Kurbelachse. Bis 35 cm Blattbreite können diese Webstühle auch mit positiver Schützenbewegung mittels Zahnstangenbetrieb eingerichtet werden. Das Aufwinden der fertigen Ware findet oberhalb des Webstuhles statt. Ist das Schlauchgewebe in Leinwandbindung gearbeitet, so benutzt man vier Schäfte, wovon zwei für die obere, zwei für die untere Schicht dienen. Die beiden Gewebeschichten werden an den Rändern durch den Schuß abgebunden.

In Abb. 551 ist der Schnitt eines Schlauchgewebes mit Leinwandbindung dargestellt. Zur Erzielung einer geschlossenen Leinwandbindung im ganzen Umfange des Schlauchgewebes ist eine ungerade Anzahl von Kettenfäden erforderlich. Die unten gezeichnete Patrone stellt die Zerlegung des Musters vor. Der Schußrapport: ein oberer, ein unterer Schuß des Gewebes; der Kettenrapport: ein oberer, ein unterer Faden.

Ähnlich sind auch die Gurt- und Treibriemenwebstühle eingerichtet.

14. Das Frottiergewebe

hat an einer oder an beiden Gewebeseiten Schlingen, die von einer besonderen losen Kette gebildet sind. Man erreicht dies ohne Ruten auf folgende Art: Neben der straff gespannten Grundkette, die aus glatten Kettenfäden besteht, ist noch eine lose, weiche und rauhere Schlingenkette vorhanden.

Die Schlingenbildung wird dadurch erreicht, daß man zuerst drei bis vier Schüsse mit verkürztem Ladenanschlag einwebt. Dann erfolgt ein kräftiger Ladenanschlag mit größerem Hub und schiebt den entstandenen schmalen Gewebestreifen längs der straff gespannten Kette um 10—15 mm vor. Die lose gespannte Kette geht dabei mit und bildet die Schlingen. Für die beiden verschiedenen Größen des Ladenanschlages ist eine eigene Ladenbewegung notwendig. Die Ware kann als glatte, Schaft- oder Jacquardware gearbeitet werden (Abb. 552).

Der Webstuhl für glatte Frottierware der Firma C. A. Roscher in Abb. 553—554 hat zwei verschiedene Ladenanschläge, von denen einer größer ist, ferner ein stärkeres Nachlassen der Schlingenkette und statt des Sandbaumes eine Nadelwalze.

Die Verkürzung des Anschlages für zwei bis vier Schüsse und der stärkere Anschlag nachher, gibt durch Gleiten des fertigen Gewebestückes auf der Grundkette die Schlingen (Abb. 552). Zur Bildung einer Schlinge muß die entsprechende Länge an der Schlingenkette nachgelassen werden.

Die Schlingenkette ist deshalb auf dem leicht drehbaren Baum Vs gelagert. Die erforderliche Kettenlänge wird durch die mit Tuch überzogene Walze Vr abgezogen, die Abzugslänge wird durch die Teilung S am Rand der ablassenden Scheibe K erzielt. Die letztere hat eine Nut Dk mit 2 Keilsegmenten K_1, K_2, deren Eingriff reguliert werden kann. Dieselben sind am Hebel P_1 gelagert, der durch die Zugstange T_1 und den Winkelhebel U vom Exzenter E_1 auf der Hauptwelle Hh bewegt wird. Soll Kette nachgelassen werden, so zieht eine Platine der Schaft- oder Jacquardmaschine am Hebel P_2, der über Zugstange T_2, den am Ende der Stange T_1 gelagerten Haken mit dem Zapfen C_1 hebt, so daß ihn dann der am Winkelhebel U vorhandene Zapfen C_2 mitnimmt. Durch diese Bewegung klemmen sich die Keile in der Nut der Scheibe K und drehen die Walze Vr. Will man Kette zurücknehmen, so zieht man am Handhebel Rp, wodurch die Klinke Z in das Sperrad R eingreift und aufwindet. Dabei müssen die Segmente durch Heben des Bolzens K′ gelockert werden.

Den verkürzten Ladenanschlag erreicht man durch Senken des Hebels H auf den Zapfen C_3, wodurch die nach vorne gehende Lade das Exzenter E_2 dreht, dessen Exzenterring als Zugstange ausgebildet ist, und durch Drehung des Exzenters einen verkürzten Hub erhält. Der Haken darf nicht unter den Zapfen sinken und wird daher vom Anschlag n_5 abgefangen. Der verkürzte Ladenhub kann auch anders ausgeführt werden.

Die Tschechoslowakischen Patente von R. Hrdina aus Č. Kostelec in Böhmen, siehe Č. S. Patentschrift Nr. 28249 vom 10. April 1929 und Nr. 31616 vom 10. März 1930, verwenden besondere Gelenke und Klinken.

15. Manchester und Corde

haben den Flor durch einen besonderen Schuß gebildet. Die mechanischen Stühle hierfür erfordern eine besondere Bauart, da die Schußdichte bis auf 140 Schuß je Zentimeter steigt. Die Fachbildung besorgen Nutenexzenter oder Nuttallschaftmaschinen, die Stühle haben Kettenfädenwächter. Das Schneiden oder Reißen des Samtes für die Florbildung geschah früher von Hand aus und erfolgt heute durch Schneidmaschinen.

In Abb. 555 ist die Manchesterherstellung in Gewebeschnitten angegeben. Der beidseitige Manchester hat nach Abb. 556 den Flor durch zwei Schußsysteme gebildet. Die Leistenfäden 6—8 sowie das erste Fadenpaar, das die Florschüsse bindet, ist zweifädig und in die Litzen eingezogen. Der Einzug in das Blatt ist zweifädig, die Warenbreite etwa 76 cm, die Kettenfädeneinstellung 20—22 Fäden je Zentimeter, die Kettengarnnummer 20/2—30/2.

16. Plüsche und Samte

bilden den Flor durch Kettenfäden. Die Webstühle sind bei den Rutenstühlen beschrieben.

17. Das Drehergewebe.

Bei diesem Gewebe arbeiten zwei Kettenfädensysteme Oo, Os, von denen eines als Stehfädensystem Os, das zweite als Drehfädensystem Oo bezeichnet wird (siehe Abb. 557). Nach der Umschlingung und Musterungsart unterscheidet man reine Dreher (Gaze), Leinwand- (Halb-), Dreher, Figur- oder Schlangendreher, Dreher mit anderen Bindungen, Doppeldreher (polnischer Dreher oder Volldreher) und Jacquarddreher.

Bei den gewöhnlichen, reinen Drehern sind die Stehfäden nur einmal im Grundgeschirr, die Drehfäden einmal im Grundgeschirr, ein zweites Mal im Drehergeschirr eingezogen. Beim Weben der Dreher kommen die Drehfäden einmal auf die eine, dann wieder auf die andere Seite der Stehfäden. Dabei bleiben die Stehfäden auf demselben Ort, wogegen die Dreherfäden einmal auf die linke, das andere Mal auf die rechte Seite der Stehfäden gelangen.

Beim Schaftdreher sind im einfachsten Falle zwei Schäfte im Grundgeschirr und ein Schaft im Vordergeschirr, in dessen Litzenaugen die Halblitze des Halbschaftes eingeschlungen ist, vorhanden. Die Form der Halblitzen siehe in Abb. 558A, B, C, D, E.

Für die Dreherbildung hebt man einmal den Vorderschaft mit dem Halbschaft zusammen (es entsteht das sogenannte Kreuzfach) und darauf den betreffenden Grundschaft mit dem Halbschaft (hierbei entsteht das sogenannte offene Fach). Weil beim Kreuzfach die Dreherfäden mehr gespannt werden, benutzt man für dieselben verschiedene Spannvorrichtungen (beweglicher oder schwingender Streichbaum (Abb. 559) oder einen Streichstab (Abb. 560) oder Lockerung durch eine kleine Drehung des betreffenden Kettenbaumes mittels eines von der Schaft- oder Jacquardmaschine bewegten Hebels). Wenn der betreffende Hebel freigelassen wird, so wird die Kette mittels eines Gewichtes wieder gespannt. Siehe Abb. 561.

Abb. 559 zeigt die Webstuhleinrichtung mit Bradforder Exzentereinrichtung für ein gewöhnliches Drehergewebe. Die Drehkette sowie die Stehkette ist auf denselben Kettenbaum aufgebäumt, die Drehfäden gehen aber über den Streichbaum S_1, der sich beim Dreherfach (L_3 geht nach oben) senkt und damit die Kettenspannung herabsetzt.

Das einfache glatte Gazegewebe kann auch einfach mittels eines besonderen Rahmens hergestellt werden. Dieser Rahmen X (Abb. 562) hat zwischen den einzelnen Rietstäbchen Nadeln, deren Augen sich in der Höhenmitte des Rahmens X befinden (Abb. 563). Durch diese Nadelaugen werden die Dreherfäden eingezogen, während die Stehfäden abwechselnd links oder rechts durchlaufen. Beim Drehfach liegen die Stehfäden unten, und zwar einmal links, einmal rechts von den Nadelaugen, weshalb der Rahmen X vor jedem Hub nach links oder rechts geschoben werden muß.

Man webt auf diese Art billige Drehergewebe (billige Putzlappen und Handtücher), aber auch manchmal Madrasgewebe.

In Abb. 564 ist die Einrichtung für einen vierfädigen Schaftdreher angegeben. Die Dreherfäden Oo sind zweifädig in den Halblitzen L_4' angezogen. In Abb. 565 ist ein vierfädiger Dreher angegeben, der aber selbständige Bewegung der einzelnen Dreherfäden besitzt. Näheres siehe S. 193, 194.

In Abb. 563 ist ein Stuhl der Firma Schönherr für Madrasgewebe angegeben. Zwischen dem Geschirr und dem normalen Blatt ist ein Dreherblatt X eingelegt, welches außer den normalen Zähnen, noch Zwischenzähne mit Augen nach Abb. 562 für die Drehfäden besitzt. Das Heben und Senken des Blattes X wird von der Kurbel der Kurbelwelle, der Zugstange T_1 und dem Hebel P_1, der lose auf der Unterwelle Sh sitzt, und dem Hebel P_2, T_2, T_3 (T_2, T_3 sind Zugstangen) und der Platine Pl besorgt. Soll das Blatt unverändert

[1] Manchmal hat der Halbschaft seinen Schaftstab ober der Kette — siehe Abb. 570.

bleiben, so hebt die Platine Pl allein durch den Hebel P und Feder F, die Schnur der Schaft- oder Jacquardmaschine Sn ist außer Tätigkeit. Die Seitenbewegung für das Drehfach wird durch den Schützenwechsel oder einen Mechanismus mit Zugstange T_5, Winkelhebel U_3 und T_6 erzielt. In Abb. 566 ist der Einzug und die Abbindung eines starken Musterschusses zwischen den Grundschüssen angegeben. In der Regel liegt der Musterschuß an der Oberfläche und wird in der Appretur angeschoren. Er wird stets unter die gehobenen Stehfäden eingeschlagen.

Der Volldreher (polnischer Dreher) ist ein Drehergewebe, bei dem die Drehfäden mit voller Umschlingung verwebt werden. Der Drehfaden liegt zunächst links unten, der Grundfaden rechts oben. Hierbei erfolgt der erste Schußeintrag. Beim nächsten zweiten Schußeintrag liegt der Drehfaden, der um den Grundfaden geschlungen wurde, links oben. Eine solche Umschlingung ist in Abb. 567 in der Draufsicht und Schnitt angegeben. Es bedeutet (1) den ersten Schuß, (2) den zweiten Schuß, Oo den Drehfaden und Os den Grundfaden.

Dieser Dreher kommt meist nur bei Kongreßstoff vor. Die Schlinge wird als Spinne bezeichnet und soll gut zur Wirkung kommen, weshalb man bei der schütteren Ware mehrfachen Schuß einträgt. Links und rechts von dem Drehfaden läßt man gewöhnlich mehrere Zähne frei.

Für die Fachbildung der Volldreher sind zwei Grundschäfte nötig, ferner eine Dreherstange und ein Dreherschaft. Wegen der schwierigeren Webarbeit läuft der Stuhl langsamer als beim einfachen Dreher. In der mechanischen Weberei verwendet man für diese Ware noch einen Führungsschaft, der die Halbhelfen in richtiger Entfernung vom Blatt hält. Dieselben würden sich sonst nach dem Blattzug verschieben und selbst in die Blattzähne gelangen, Fadenbrüche und Schützenschläge erzeugen.

Die Fachbildung erfolgt folgendermaßen: Der Grundschaft L_1 und Dreherschaft Lo bewegen sich mit dem unten mit einem Schaftstab versehenen Halbdreherschaft so, wie die Abb. 568 darstellt. Der Halbdreherschaft hat einen besonders großen Hub.

Beim nächsten Fach bleiben die Grundschäfte L_1, L_2 im Unterfach, und die Helfen ziehen die Drehfäden ins Oberfach. Die Drehfäden müssen sich dabei um die Grundfäden winden, und es muß auch die Dreherstange gehoben werden, was ein besonders hohes Fach erfordert.

Der Halb- und Ganzdreherschaft müssen gleichhoch gehoben werden, um die Halbhelfen der Drehfäden ungestört ins Oberfach ziehen zu können.

Abb. 569 stellt einen Ganz- und Halbdreher in der Draufsicht und im Längsschnitt dar. 1 ist der erste, 2 der zweite Schuß, Oo der Drehfaden, Os der Grundfaden. Die Fachbildung erfolgt wieder in bekannter Art, der Halbdreherschaft hat oben einen Schaftstab, die Abb. 570—571 zeigt beide Facharten.

II. Die Einrichtung für gemusterte Gewebe.

Die Webstuhleinrichtung für die Gewebemusterung erfordert je nach Bindung, Mustergröße und Material die verschiedenartigsten Vorkehrungen.

1. Beim einfachen Jacquardgewebe

mit einem Ketten- und Schußsystem wird die Musterung durch die Kette oder den Schuß erzielt. Die Patrone wird auf das der Ketten- und Schußdichte entsprechend geteilte Linienpapier gezeichnet. Eine Patronenzeile in der Querrichtung entspricht einem Schuß und liest man in dieser Richtung auch beim Schlagen der Jacquardkarte. Das Muster unterscheidet Grund und Figur durch verschiedene Bindung, meist wechselt Kettenmit Schußbindung. Es können aber auch verschiedene Bindungen Muster und Grund bilden. Man verwendet Leinwand, Köper und Atlasbindungen (Gradel, Barchent usw.). Die Ware wird mit der Rechtsseite nach oben und bei Bedarf nach unten gewebt.

2. Gewebe mit mehrfädiger Kettenmusterung.

Um mit kleinen Jacquardmaschinen verhältnismäßig große Muster zu erzeugen, läßt man jede Platine mehrere Kettenfäden als sogenannten Kettenfädenteil nebeneinander bedienen. Dadurch wird aber auch die Kontur der Muster gröber. Eine solche Kettenfädengruppe wird Kettenteil genannt, man arbeitet drei- bis achtfädig nach folgenden Arten:

1. Alle Fäden des Kettenfadenteiles sind in demselben Auge der Jacquardlitze eingezogen.
2. Die Jacquardlitze hat mehrere Augen übereinander, in welche die Kettenfäden einzeln eingezogen sind.
3. An jede Hebeschnur der Jacquardmaschine sind mehrere nebeneinanderliegende Litzen angehängt.
4. An jede Jacquardplatine werden mehrere Hebeschnüre nebeneinander eingehängt.

Die letztgenannte Art wird nicht empfohlen, weil bei größerer Anzahl der Musterrapporte die Knoten der Platinenschnüre zu groß ausfallen können, was die richtige Schnürhebung erschwert. Z. B. mit einer 400-Jacquardmaschine können wir bei vierfädigen Kettenfädenteilen ein Muster mit 1600 Fäden weben. Die häufigste Gewebeart wird mit Atlas im Muster und im Grund mit einer Bindung gearbeitet, welche beim Weben die Geschirrvorrichtung nicht hindert. Z. B. benutzt man bei zweifädigen Kettenteilen eine zweifädige Leinwand im Grund, wogegen im Muster ein achtfädiger Atlas verwendet wird oder umgekehrt.

Die verstärkte, vierpunktige Leinwand (Abb. 572) wird zur besseren Zusammenstimmung mit achtbindigem Atlas kombiniert. Einpunktige Leinwand wird durch die Atlasbindung gestört (Abb. 573), der Atlas wird nämlich durch Vordergeschirr oder Hebeschäfte (Tringles) in der ganzen Breite gewebt, wogegen die Leinwandbindung in Jacquardkarten eingeschlagen wird.

Die Atlasbindung kann man durch dreierlei Einrichtungen erzielen:

1. Durch das Vordergeschirr mit Fachhelfen (Abb. 574).
2. Durch Hebeschäfte unter dem Schnürbrett (Abb. 575).
3. Durch Hebeschäfte unter dem Platinenboden (Abb. 576—577).

Aus dem Angeführten ist es klar, daß für die gute Zusammenstimmung von Leinwand und Atlas die Hebungen der Atlasbindung in die Hebungen der anderen Bindung fallen müssen. In Abb. 572 stimmen die Leinwandpunkte mit dem Atlas sehr gut überein, in Abb. 573 nicht. Die Größe des Ketten- und Schußfädenteiles sowie die Bindungen darf man nicht ganz beliebig wählen. Eine sehr gute Übereinstimmung von dreifädiger und dreischüssiger Leinwand mit zwölfbindigem Atlas zeigt Abb. 578, wogegen in Abb. 579 bei vierfädiger und vierschüssiger Leinwand mit zwölfbindigem Atlas die Übereinstimmung fehlt. Im ersten Falle sind dreifädige, im zweiten vierfädige Kettenteile verwendet.

Die Musterpatrone für ein solches Gewebe kann man verkürzt aufzeichnen, d. h. ein Punkt in der verkürzten Patrone bedeutet soviel Fäden, als der Kettenteil Kettenfäden und Schüsse besitzt. In einer solchen verkürzten Patrone ist es nicht notwendig, die Leinwand und den Atlas zu setzen, da der Kartenschläger einmal die geraden, ein andermal die ungeraden Schnüre an der Schlagmaschine nimmt, während der Atlas durch die erwähnte Einrichtung ausgewebt wird.

a) Die Einrichtung mit Vorderschäften (auf Hochfach) (Abb. 574[1]).

In diesem Falle sind die Kettenfäden vor dem Jacquardgeschirr durch die Fachhelfen des Vordergeschirres, mit welchen der Atlas gewebt wird, durchgezogen. Da eine größere Schäfteanzahl liegen bleibt, webt man den Atlas mit dem Schußeffekt nach oben. Die

[1] Bloß das Tiefziehen der Schäfte des Vordergeschirres (auch X hinten) kommt in diesem Falle nicht vor.

Schäfteanzahl des Vordergeschirres richtet sich nach der Bindung und den Kettenfädenteilen; auch der Einzug ins Vordergeschirr hängt von der Bindung ab. Die Schäftebewegung wird in der Handweberei durch die Tritte oder Jacquardreserveplatinen bzw. spezielle Schaftmaschine erzielt. In der mechanischen Weberei werden die Vorderschäfte durch Exzenter oder besondere Schaftmaschinen bewegt.

Die Bewegung des Vorderwerkes durch die Reserveplatinen der Jacquardmaschine ist nicht vorteilhaft, da bei mehrschüssigen Schußfädenteilen für jeden Schuß eine besondere Karte notwendig wäre. Das Jacquardfach bleibt eigentlich für zwei oder mehrere Schüsse geöffnet (nach dem Schußfädenteil), wogegen die Schäfte des Vorderwerkes bei jedem Schusse bewegt werden.

b) Die Einrichtung mit Hebeschäften unterhalb des Platinenbodens (Abb. 576—577).

Die Hebeschäfte unter dem Platinenboden sind hölzerne, 2—3 mm dünne, 30—40 mm hohe Stäbe, von der Jacquardmaschinenlänge. Diese Stäbe sind in besonderen Schlingen der Platinenschnüre eingelegt. Jede Platinenschnur hat zwei oder mehrere Schlingen, je nachdem wieviel Kettenfäden der Kettenteil besitzt. Auf jeder Schlinge ist eine Hebeschnur aufgehängt (Abb. 576). Befinden sich die Hebeschäfte im Stillstand, dann darf man die Schlingen nicht auf die Hebeschäfte (Tringles) aufsetzen lassen, weil sie oben sehr bald abgenützt werden. Die Hebeschaftanzahl hängt von der Bindung, der Anzahl der Platinenlängsreihen sowie von den Kettenfädenteilen ab. So zum Beispiel muß man bei einer 200-Jacquardmaschine und einem dreifädigen Kettenteil 12 Hebeschäfte benutzen und könnte mit denselben nur zwölf- oder sechsbindigen Atlas weben, aber nicht achtbindigen. Nicht nur die Maschine, auch der Kettenteil muß der Bindung entsprechen. In Abb. 577 ist die Benutzung der Hebeschäfte unter dem Platinenboden der Doppelhub-Jacquardmaschine gezeichnet. Die Hebeschnüre für Tringles (Hebeschäfte) müssen von beiden Platinensystemen bedient werden.

Die Hebeschäfte unter dem Platinenboden werden durch die Reserveplatinen gehoben, wofür man auf jedem Maschinenende soviel Platinenquerreihen der Jacquardmaschine zur Verfügung stellen muß als der Kettenteil Fäden hat. Im allgemeinen sind zum Heben der Hebeschäfte zweimal soviel Platinen notwendig als Tringles (siehe z. B. Abb. 576). Für die 200-Jacquardmaschine und den zweifädigen Kettenteil wird der erste Hebeschaft (Hebestab) an die 1. und 197. (eventuell 201.), der zweite Hebeschaft (Hebestab) an die 5. und 201. (eventuell 197.) Platine aufgehängt usw. Nimmt man für den ersten Hebestab die 1., 197., für den zweiten die 5., 201. Platine usw., so wird die Schlagpatrone für die 197.—204. Platine genau dieselbe wie für die 1.—8. Platine (Abb. 580 links), im zweiten Falle wird die Schlagpatrone für die 197.—204. Platine symmetrisch zur Patrone für die 1.—8. Platine angeordnet (Abb. 580 rechts). Da der Atlas im Muster leichter mit den Hebeschäften zu weben ist, so webt man auch hier mit der Oberseite nach unten. Die zugehörige Grundbindung, welche auch hier mit dem Atlas im Muster übereinstimmen muß, wird durch die Maschine gewebt (in die Karten eingeschlagen). So z. B. wählen wir in Abb. 580 wieder den achtbindigen Atlas im Muster und die zweifädige und zweischüssige Leinwand im Grund. Die Platinenpatrone, welche die Hebeschäfte hebt, wird am leichtesten nach der Abb. 580 hergestellt. Man zeichnet die Bindung, stellt die Platinen für die einzelnen Hebeschäfte fest, und nach der Bindung wird die Patrone gesucht (gelesen).

Bei den Doppelhubjacquardmaschinen besitzt jeder Hebeschaft stets eine Schnur vom ersten und zweiten Platinensystem. Jede Platine hat dann zwei Schnüre für zwei hintereinanderliegende Schäfte (Abb. 577).

Bei dem achtbindigen Atlas im Muster könnte man auch im Grunde die einfädige Leinwand weben; in diesem Falle müßte man die Schnüre der geraden Platinen in die geraden und die der ungeraden Platinen in ungerade Löcher des Schnürbrettes einziehen.

Bei zweifädigen Kettenfädenteilen wäre aber in der Bindung eine vierfädige Abstufung, dagegen beim dreifädigen eine sechsfädige vorhanden, welche nur bei feinem Material benutzt werden kann.

Die Hebeschäfte unterhalb des Platinenbodens haben den Nachteil, daß die Hebeschäfte bei größerer Hebeschnuranzahl große Knoten besitzen, d. h. eine unsichere Schnürhebung und infolgedessen auch unreine Abbindung erzeugen. Deshalb benutzt man lieber die Hebeschäfte unterhalb des Schnürbrettes.

c) Die Einrichtung mit Hebeschäften unterhalb des Schnürbrettes (Abb. 575, 581—582, 584).

Diese Hebeschäfte sind als eiserne oder hölzerne, 2—3 mm dicke, 3—4 cm hohe Stäbe ausgebildet, welche durch die Oberhelfen gehen. Die oberen Litzenhälften sitzen auf den Hebeschäften nicht auf, da sie sehr bald abgenutzt werden. Die Hebeschäfteanzahl unterhalb des Schnürbrettes hängt von der Bindung und der Längslöcherreihenzahl im Schnürbrett ab.

Die Hebeschäfte werden entweder durch Reserveplatinen der Jacquardmaschine oder durch die Schaftmaschine gehoben; die letztere Art ist vorteilhafter, da wir durch die Hebeschäfte die gewebte Bindung ohne Auswechslung der Musterkarten ändern können.

Damit die Hebeschäfte ruhig aufgehoben werden können, sind sie an beiden Enden in einem Rost geführt und manchmal mit besonderen Endstücken versehen. Die Hebung der Hebeschäfte erzielt man entweder durch zwei oder drei Schnüre, damit sich die Hebeschäfte in der Mitte nicht durchbiegen können. Wenn die Hebeschäfte unterhalb des Schnürbrettes durch die Jacquardreserveplatinen gehoben werden, kann man für jeden Schaft nur eine Platine (Abb. 575) oder zwei Platinen benutzen. In diesem Falle werden beispielsweise bei der 200-Jacquardmaschine zwei vordere und zwei hintere Querreihen zum Heben der Hebeschäfte benutzt, und zwar wird der erste Hebeschaft durch die 2. und 3., der zweite durch die 6. und 7., der dritte durch die 1. und 4. Platine gehoben.

Die zum Heben der Hebeschäfte benutzte Schaftmaschine kann entweder seitwärts oder vorne gelagert werden.

Bei sehr dichten Einstellungen wird die sogenannte französische Gallierung benutzt, welche meist dort wichtig ist, wo viele Hebeschäfte unterhalb des Schnürbrettes vorkommen. Ist z. B. die Anzahl der (versetzten) Längsreihen im Schnürbrett 24 und soll man achtbindigen Atlas weben, dann benutzt man bei der gewöhnlichen Art 24 Schäfte; wenn man aber die französische Bohrung des Schnürbrettes benutzt, so genügen acht Schäfte, weil auf den ersten Schaft die 1., 9., 17., 25., 33. usw., auf den zweiten dann die 2., 10., 18., 26. usw. Litze kommt. Aus dem Angeführten ist ersichtlich, daß stets mit einem Hebeschaft die im Atlas gleichbindenden Fäden gehoben werden, damit der Atlas richtig gewebt wird. In Abb. 581—582 ist die französische Gallierung für zwölfbindigen Atlas und bei 36 (versetzten) Längsreihen gezeichnet. Sollte man im Grund eine einfädige Leinwand weben, dann werden wieder die Schnüre der ungeraden Platinen in die ungeraden und die Schnüre der geraden Platinen in die geraden Löcher eingezogen. Bei zweifädigen Kettenteilen müßte wieder die vierfädige, bei dreifädigen Kettenteilen die sechsfädige Abstufung vorhanden sein.

In Abb. 581—582 ist die Gallierung für Damast mit Hebeschäften unterhalb des Schnürbrettes für zwölfbindigen Atlas mit vierfädiger Abstufung dargestellt.

3. Das Damastgewebe.

Das Damastgewebe ist ein einfaches Gewebe mit mehrfädiger Abstufung in der Kette und im Schuß. Die Muster- und Grundbindung ist entweder Atlas- oder Köperbindung. Das Muster wird durch das Jacquardgeschirr erzielt, und da sonst die in Gruppen gehobenen Fäden nicht durchgebunden wären, benutzt man das Vordergeschirr mit Fachhelfen, mit welchen die betreffenden Fäden tief gezogen werden. Auch der Grund wäre nicht durchgebunden, und deswegen wird ein gewisser Teil des Kettenfädensystems im Grunde durch das Vordergeschirr gehoben, welches etwa 25 cm vor dem Jacquardgeschirr liegt. Die Ösen der Fachhelfen im Vordergeschirr sind etwa 8—10 cm hoch. Jeder Kettenfaden ist also zweimal eingezogen, und zwar erstens im Jacquard-, zweitens im Vordergeschirr (siehe Abb. 574). Manchmal werden auch im Vordergeschirr Fachhelfen ohne Ösen benutzt und dann werden die Kettenfäden in die Ober- und auch in die Unterhelfen eingezogen. In diesem Falle wird aber die Anzahl der Schäfte des Vordergeschirres doppelt so groß, und die Fäden werden dreimal eingezogen.

Die Fachvorrichtung beim Damastgewebe für die Vordergeschirrbewegung kann sehr verschieden sein. Wenn man die Rollenfachvorrichtung in der Handweberei benutzt, so sind z. B. bei acht Schäften zwei Fälle möglich: der erste Schaft ist entweder mit dem achten verbunden oder mit dem fünften. In der Abb. 583 (589) ist die Schnürung für das achtschäftige Vordergeschirr dargestellt, wobei der erste Schaft mit dem achten verbunden ist. In Abb. 584 (590) ist die ganze Schnürung für das achtschäftige Vordergeschirr, dessen erster Schaft mit dem fünften verbunden ist, dargestellt. Beide Schnürpunkte für den Auf- und Niedergang der Schäfte in Abb. 584 ergänzen sich auf der Linie des vierbindigen Köpers. Die Atlasbindung kann man auch mit der Köperbindung kombinieren, z. B. ist in Abb. 585 der achtbindige Atlas mit dem vierbindigen Köper kombiniert. Hebt der erste Schaft, so sinkt der dritte und siebente usw. In der Abb. 586 wird der achtbindige Atlas mit dem achtbindigen Köper kombiniert. In der Abb. 587 ist die Kombination des achtbindigen Atlas mit einfacher Leinwand dargestellt. Bei der Kombination zweier Bindungen muß man auch darauf Rücksicht nehmen, daß der Kettenbindepunkt mit dem Schußbindepunkte nicht an derselben Stelle zusammenfällt. In der Abb. 589 ist eine Damastpatrone mit achtbindigem Atlas im Muster und Grund dargestellt, wobei eine Vorrichtung benutzt wurde, bei welcher der erste Schaft mit dem achten, der zweite mit dem siebenten usw. verbunden ist. In diesem Falle tritt eine reine Konturbegrenzung ein, wenn der Atlaspunkt nicht gerade in der Ecke des Teilungsquadrates gewählt wird. In Abb. 590 wurde eine andere Vorrichtung benutzt, bei welcher der erste Schaft mit dem fünften, der zweite mit dem sechsten verbunden ist. In diesem Falle kommt keine reine Konturbegrenzung zustande. — Sollten sich bei anderen Atlasbindungen die Bindepunkte anschließen, so muß man den Verlauf der einzelnen Punkte so wählen, daß z. B. beim fünfbindigen Atlas die Reihenfolge der Bindepunkte in folgender Weise durchläuft: 2, 5, 3, 1; beim siebenbindigen Atlas: 5, 7, 2, 4; beim achtbindigen Atlas: 6, 1, 4, 7; beim zehnbindigen Atlas: 7, 10, 3, 6; beim zwölfbindigen Atlas: 10, 5, 12, 7 usw.

Sehr vorteilhaft ist die Anwendung der Damastschaftmaschine, wo die Platinen ohne Boden arbeiten und sich nach oben und unten bewegen oder auch zum Stillstand gebracht werden können. In der Abb. 530, 531 ist die Anordnung nach dieser Art dargestellt. Die Platinen werden in ihrer ursprünglichen Lage durch Federn gehalten, und dann z. B. die ungeraden Platinen zur Hebung, die geraden zum Tiefziehen verwendet. Manchmal benutzt man zwei Platinenreihen, wovon die eine zur Hebung, die zweite zum Tiefziehen dient (Abb. 531). Die Platinen können auch direkt auf Flachfedern (Feder mit Spiralende) ruhen.

Da das Jacquardfach für Damaste sich stets nach mehreren Schüssen ändert, wäre es auch überflüssig, für jeden Schuß eine Karte zu nehmen; deshalb schlägt das Prisma eine und dieselbe Karte einigemal an, oder wird der Jacquardmesserkasten durch mehrere Schüsse in der Höhe gehalten.

Dieses Hochhalten des Messerkastens wird in der Handweberei vorteilhaft durch einen Bolzen erzielt, der durch eine Feder unter den Messerkasten geschoben wird und denselben solange in die Höhe hält, bis die Schußfadengruppe gewebt ist. Sobald der letzte Schußfaden der Gruppe eingetragen wurde, zieht man den Bolzen mittels des Winkelhebels und des Hebels, welcher durch die Schnur mit der Platine der Schaftmaschine zusammenhängt, heraus. (Die Schaftmaschine bewegt sich bekanntlich nach jedem Schuß.) Wird der Bolzen derart herausgezogen, so fällt der Messerkasten ein, hebt wieder, und das Prisma schaltet wieder um; beim Niedergang des Messerkastens schlägt stets eine neue Karte an und wird eine neue Schußfadengruppe weitergewebt.

Da die in das Kreuzfach kommenden Kettenfäden stärker beansprucht sind, war man bestrebt, diese größere Fadenspannung etwas zu mildern oder zu beseitigen. Diesbezüglich wurden viele Versuche gemacht, das Kreuzfach zu beseitigen oder die Fadenspannung der gekreuzten Kettenfäden herabzusetzen.

Zur Herabsetzung der Spannung der ins Kreuzfach kommenden Kettenfäden benutzt man ein Hilfsgeschirr hinten in der Nähe des Streichbaumes. Zuerst wurde z. B. ein Geschirr mit Halblitzen benutzt, welche unten mit Anhangeisen beschwert waren (Abb. 574). Die Halblitzen, welche oben mit Augen versehen sind, sitzen auf Hebeschäften, und durch ihre Augen werden die Kettenfäden geführt. Wenn die Spannung der einzelnen Kettenfäden durch das Kreuzfach steigt, wird dadurch die Halblitze etwas gehoben. Dieses Hilfsgeschirr ist etwas tiefer gelagert als der Streichbaum; zwischen demselben und dem Jacquardgeschirr befindet sich eine Querleiste X mit einem Glasstab. Vorteilhafter wäre anstatt dieses Hilfsgeschirrs die Anordnung eines gewöhnlichen Geschirrs mit den üblichen Litzen (Abb. 591)[1]. Dieses Geschirr wird um eine Hälfte der Fachhöhe tiefer gelagert als die in Betracht kommende Streichbaumoberfläche. Durch die entsprechende Schaftbewegung dieses Geschirrs wird die Spannung des Kreuzfaches, welche durch das Tiefziehen der Fäden im Vordergeschirr entstanden ist, ausgeglichen. Es hängt nämlich ein Schaft des Vordergeschirrs mit einem Schaft des Hilfsgeschirrs zusammen, und wenn ein Schaft des Vordergeschirrs nach unten geht, hebt der zugehörige Schaft des Hilfsgeschirrs zum Ausgleich aus.

Das Kreuzfach, welches sonst durch Hebung des Vordergeschirrs entstehen würde, wird durch die Benutzung der Hebeschäfte unter dem Schnürbrett vermieden. Die Beseitigung des Kreuzfaches durch Tiefziehen der Vorderschäfte wird mittels besonderer Anordnungen durchgeführt. Eine derselben stammt von der Firma Oberleitner in M. Schönberg und ist in Abb. 592 dargestellt.

In dieser Abbildung ist eine 400-Jacquardmaschine mit vierfädiger Abstufung angegeben. Die Gallierung ist in zwei festen Schnürbrettern A, B und in einem dritten Schnürbrett C (aus beweglichen Leisten zusammengestellt). Die Latten C sind in der Führung D und E geführt. Die Mittelführung D besitzt besondere Schlitze, die die Schnurverschiebung der Latten C ermöglichen. Die Leisten dieses Schnürbrettes C werden von den Schaftmaschinen bewegt (auf jeder Seite des Webstuhles eine), auf der rechten Seite sind nur die Karten und Platinen durch die Stäbe T_1—T_8 verbunden. Durch die Bewegung einer Leiste in die Mitte gehen die Fäden vom Hochfach ins Tieffach, und gleichzeitig werden die anderen Fäden vom Tieffach ins Hochfach gehoben.

Die Verbindung der Schaftmaschine mit den Hebestäben unter dem Schnürbrett ist in Abb. 592 (rechts unten) gezeichnet. Da die erste Platine mit dem achten Hebestab verbunden ist, erzielt man eine scharfe Abbindung und Konturbegrenzung des Musters.

a) Das Weben der Damasttischzeuge

mit glatter Mitte wird vorteilhaft mit 2 Jacquardmaschinen durchgeführt. Z. B. webt die Maschine I mit Spitzeinzug die symmetrischen Längsränder, die Maschine II webt die Querränder. Soll die ungemusterte Mitte gewebt werden, so muß die zweite Jacquardmaschine durch eine Zahnkupplung ausgeschaltet werden. Sollte eine solche Ware in der Mitte ein Muster erhalten, so verwendet man Maschine II mit 2 Prismen, eines für die Mitte, eines für die Ränder, um Karten zu sparen. Eine gewöhnliche Jacquardmaschine würde hier sehr viel Karten erfordern.

[1] Die Abb. 591 zeigt eine solche Einrichtung der Handweberei.

Gemusterte Tischzeuge mit einem Wappen in der Mitte oder mit Monogrammen in den Ecken (Abb. 593) webt man mit 2 Maschinen und 2 Schnürbrettern, von welchen das eine Brett D beweglich ist. Soll z. B. ein Tischtuch Ränder mit 400 Fäden Rapport und die Mitte mit gleichfalls 400 Fäden erhalten, so sind für die zweifädige Musterung (Kettenfädenteil) für Rand und Mitte je 200 Platinen nötig. Für Monogramme genügen meist 400er Jacquardmaschinen. Für Wappen in der Mitte oder in den Ecken müssen soviel Litzen vorgesehen werden, als es das Wappen verlangt. Die Litzen müssen, um abwechselnd das Wappen und die übrige Musterung zu arbeiten, in zweierlei oben offenen Hebeschnüren aufgehängt sein, und die Hebeschnüre werden einerseits durch die Maschine A—B für das Muster und andererseits durch die Maschine C für das Wappen bewegt. In der Zeit, wo man das Muster webt, ist nur die Maschine A—B tätig; wird auch das Monogramm oder Wappen gewebt, so läuft nur die Maschine C.

Da die Schnüre der Maschine A an den Stellen des Wappens außer Tätigkeit sind, werden sie gelockert, was durch Verschiebung des oberen Schnürbrettes D nach rechts (vorwärts) geschieht. Diese Schnurgruppe ist deshalb noch ein zweites Mal in das verschiebbare Schnürbrett D eingezogen. Ist das Wappen gewebt, so werden diese Schnüre durch Rückführung des Schnürbrettes nach links hinten wieder gestreckt.

Auch in der mechanischen Weberei werden heute Damastgewebe mit besonderen Jacquardmaschinen gewebt.

b) Die Beseitigung des Kreuzfaches

bei Niederzug der Vorderschäfte ist wohl nicht direkt möglich. Man kann aber die Fadenspannung durch ein rückwärtiges Hilfsgeschirr, das von der Schaftmaschine betätigt wird, herabsetzen. Der Antrieb des vorderen Geschirrs erfolgt durch die Hebel P, indem das Hilfsgeschirr durch Schnüre über die Rollen K das Vordergeschirr L_{1-8} bewegt. Das Gewicht Q wirkt ausgleichend (Abb. 591); sonst ist es aber zweckmäßiger, sog. Damastvorrichtungen bzw. Damastmaschinen, wie z. B. die von Oberleitner (Abb. 592) zu verwenden.

c) Das zweischüssige Damastgewebe

hat auch mehrfädige Abstufung mit einer Kette und zwei Schüssen in Ketten- und Schußrichtung. Die Ware zeigt drei Effekte; einen Ketteneffekt in Atlasbindung, zwei Schußeffekte in Atlasbindung. Die Ware wird mit der rechten Seite nach oben gewebt. Die Schüsse an der Unterseite binden in Atlas, welcher durch das Tiefziehen der Vorderschäfte unter Anwendung einer besonderen seitwärts, vorne oder rückwärts gelagerten Schaftmaschine erfolgt. Die Schußbindung an der Oberseite in farbigen Effekten erreicht man durch Hebeschäfte (Tringles) unter dem Schnürbrett und vermeidet das Kreuzfach. Die Abbindung der Kette an der Oberseite erreicht man durch Tiefzug der Vorderschäfte.

In Abb. 594 und 595 sind zwei verschiedene Webearten der zweischüssigen Damaste dargestellt.

1. Die Gruppen von vier Fäden (Abb. 594) sind zuerst ins Jacquardgeschirr J eingezogen, dann ins achtschäftige Vordergeschirr L_1—L_8, das den achtbindigen Atlas einzeln mit beiden Schüssen A, B nicht nur im Grunde I ausbildet, sondern auch die in dieser Bindung figurierenden Schüsse im Effekt II, III stets durchbindet.

2. Eine andere Webeart von zweischüssigen Damasten zeigt Abb. 595, wo bei dem glatten Damastgewebe der Musterschuß B eingewebt, für dessen Durchbinden eine schütter eingestellte Bindekette $Ov_{1,2}$ benutzt wird. Die Abstufung der Umrißlinien ist wieder vierfädig, und die Bindefäden, welche die dreischüssige Leinwand regelmäßig bilden, werden in 2 Schäfte L_9, L_{10} eingezogen.

4. Das Kanevasgewebe

wird als einfaches oder doppeltes Gewebe ähnlich gewebt wie Damast. Die Abb. 596 und 597 zeigen die zugehörigen einfachen Bindungen. Es sei bloß die Herstellung der doppelten Kanevasgewebe angegeben.

Diese besitzen nach Abb. 598 zwei Ketten- und zwei Schußsysteme. Der Kettenrapport verhält sich zum Schußrapport wie 1:1. Die Verbindung beider Gewebe erfolgt an der Ober- und Unterseite in besonderen Karos. Die Fäden werden gruppenweise durch das Jacquardgeschirr gehoben. An einer Platine sind vier Hebeschnüre angehängt, und die einzelnen Kettenfäden sind im achtschäftigen Vordergeschirr durch Helfen geführt. Die ersten 4 Schäfte benutzt man für die Kette (erstes Korps, z. B. weiß), die nächsten vier Schäfte für die zweite Kette (zweites Korps, z. B. blau). Da hier zwei verschiedenfarbige Ketten in zwei Korps zu teilen sind, so nimmt man alle ungeraden Platinen für das eine Korps, die geraden für das zweite Korps. Man kann auch bei der deutschen verkreuzten Schnürweise den Platinenboden nach dem Verhältnis der Fadenzahl in dem Korps nach Trennungslinien parallel zur Schußrichtung teilen. Die mehrfädige Aushebung erzielt man durch die Jacquardmaschine, die Abbindung durch das Vordergeschirr, welches von einer Schaftmaschine für Hoch-, Tief- und Stehfach bedient wird. Dieselbe hat 16 Platinen, 8 davon für das Hochfach, 8 davon für das Tieffach.

Die Lage der Kette im Vordergeschirr muß bei Damastgeweben, wenn eine gewöhnliche Jacquardmaschine benutzt wird, so gewählt werden, daß die Kettenfäden durch die tiefste Stelle der Augen der Fachlitzen des Vordergeschirres laufen. Bei Jacquardmaschinen für das Hoch- und Tieffach müssen die Fäden durch die Helfenmitte laufen, wenn der Platinenboden gerade so tief geht, wie der Messerkasten hebt. Hebt der Messerkasten um $^2/_3$ Fachhöhe und sinkt der Platinenboden um $^1/_3$, so müssen die Fäden im Vordergeschirr in $^1/_3$ der Helfenhöhe von unten gemessen, laufen.

5. Das Broschiergewebe

wird mit besonderen Broschierladen gewebt. Es hat an einzelnen regelmäßig verteilten Gewebestellen kleine Muster aus kostbarem Material. Das einfachste Broschieren bei Handstühlen erfolgt mit Hilfe eines kleinen Schützens (Abb. 140 K—N). Die Ware wird mit der Oberseite nach unten gewebt, und wechselt während des Webens der Broschiereffekte der durchlaufende Grundschuß mit dem kurzen Broschierschuß. Die Länge des Musters und damit Abbindung des Broschierschusses in der Schußrichtung ist $^1/_2$ bis 5 cm.

Bei vielen nebeneinanderliegenden Mustern verwendet man Broschierladen, die während der Erzeugung der Muster in die Kette gesenkt werden.

Die Broschierladen werden besonders in der Seidenweberei häufig verwendet (Abb. 599).

Die Länge der Broschierstellen ist durch die Bahn der Broschierschützchen beschränkt und ist bei mechanischen Stühlen selten länger als 3 cm.

Die Schützchen bewegen sich auf der Lade B, auf der sie durch Zahnstangenbewegung oder Stiftbewegung geführt werden (Abb. 600). Beim Schießen des Grundschusses ist die Broschierlade, die an der Vorderseite des Blattes gelagert ist, ausgehoben. Wenn broschiert werden soll, so taucht die Broschierlade für die Dauer des Effektschusses in die Kette ein. Die Jacquardmaschine hebt die schmalen Fadengruppen in die Öffnungen der Broschierlade hoch und der Broschierschützen bindet ab. Meist wechselt ein Broschierschuß mit einem Grundschuß.

Da die Broschierschüsse nur stellenweise eingebunden sind, darf der Regulator nach ihrem Einschießen nicht schalten, da sonst an den Stellen, wo kein Broschierschuß eingetragen ist, eine Blende entstehen würde. Deshalb wird die Regulatorklinke durch eine Reserveplatine ausgehoben, wenn broschiert wird. Man kann die Klinke auch mit der Broschierlade verbinden. Sobald die letztere eintaucht, wird die Regulatorklinke ausgehoben.

Die broschierten Stoffe werden mit der Rechtsseite nach unten gewebt und die Kettenfäden an den Broschierstellen, dort wo der Broschierschuß hervortreten soll, gehoben. Die Teilung der Muster hängt von der Teilung der Lade ab; die Schiffchen laufen unter den Faden nach links, und dann wird die Vorrichtung wieder ausgehoben und der Grundschuß eingetragen. Echte Broschiermuster erkennt man an den eingebundenen Fäden am Musterrand, während bei lanzierten Mustern die Fadenenden an den Musterrändern abgeschnitten, daher nicht so haltbar sind.

a) Die Ringellade (Abb. 601—602).

Bei dieser sind die Schützen Kr ringförmig und sind in hufeisenförmigen Radkränzen geführt. Die Spulen C mit dem Broschierschuß sind an die Ringzapfen angesteckt. Der Schützendurchlauf erfolgt durch Drehung des Ringes, welche wieder durch Hin- und Herschiebung der Zahnstange Hr erreicht wird, die mit ihren Zähnen den Zahnkranz der Ringkränze bewegt. Die Zahnstangenverschiebung hängt von den Öffnungen der Lade ab, die Radkränze müssen immer genau in die Anfangslage zurückkommen. Beim Broschieren wird die Lade in das Fach gedrückt und die Zahnstange Hr verschoben. Ihr Hub erfolgt bei mechanischen Stühlen durch den Arm R, den Bolzen H_1 und die vertikale Welle H_2.

Man kann die Broschierlade auch seitlich verschieben, um die Muster in versetzten Reihen anzuordnen. Dies kann auch automatisch durch Exzenter geschehen. (Siehe auch Abschnitt Stühle mit Schweizer Broschierlade.)

b) Die Broschierlade mit verzahnten Schützen.

Solche Schützen werden in der Handweberei und mechanischen Band- und Gurtenweberei benutzt. Die Schützen haben eine gerade Verzahnung und werden durch kleine Rohhauträder betrieben, die ihrerseits wieder von einer Zahnstange bewegt werden. Abb. 140 K, L, M, N. Da wird die Zahnstange zwischen zwei Anschlägen nach links und rechts geschoben und damit die Schützen bewegt. Die Öffnung der Schützenführungen muß kürzer sein als der Schützen, damit derselbe sicher hin und her geführt wird.

c) Die Schweizer Broschierlade (Abb. 603—607, Schnitt 7—8)

hat plattenförmige Schützen mit kleinen Kästen, in welche die Spulen eingelegt werden. Es sind z. B. 21 Einlegestellen nötig, um mit 20 Schiffchen zu broschieren. Die Schiffchen werden von einer Rippe z geführt und durch die Feder f gehalten und mit den Armen R und der Leiste U verschoben.

Auch diese Broschierlade kann durch seitliche Verschiebung versetzte Muster nach Abb. 599 erzeugen.

Die Abb. 600 zeigt eine andere Form der Schweizer Broschierlade, die der Wiener Broschierlade nachgebildet ist. An der Lade des Webstuhles sind hölzerne, hohle Führungskästen vorhanden (L), in deren Nuten sich die Schützen Cl mit den Broschierspulen bewegen. Das Verschieben der Spulen resp. Schützchen erfolgt durch Drähte P, die vom Lineal U beherrscht sind. Das Lineal U bewegt sich längs der festen Führung B, L. Die Fixierung der Schützen bzw. Spulen nach der Verschiebung erfolgt durch eine kleine Kugel und die Feder f.

Da beim Broschieren nur wenig Schußmaterial wirklich eingewebt wird, oft nur ein geringer Bruchteil des Schützenweges, so muß beim Schützenrücklauf das frei werdende Fadenstück durch eine Federung der Spule zurückgenommen werden. Die Broschierspulen sind deshalb entweder als zwei übereinander gesteckte Hülsen gebaut, die innere ist durch Federung nur ein kurzes Stück drehbar (jenes Stück, das beim Rücklauf des Schützens wieder aufgewunden werden muß). Die äußere Spule dreht sich auf der inneren Hülse, wenn wirklich Material verwebt wird. Das Anspannen des Broschierschusses kann auch so erfolgen, daß der Faden durch ein gefedertes Auge geführt wird. Statt der Feder kann auch ein Gummiband verwendet werden.

d) Mechanische Webstühle mit Broschiereinrichtung der Firma Roscher in Georgswalde, Böhmen.

a) Die Vorrichtung für die Auf- und Abwärtsbewegung der Broschierlade (Abb. 603—607). Die Broschierlade ist auf zwei Stangen A_1, A_2 gelagert und außerdem in der senkrechten Führung V_1, V_2 geführt. Die Stangen A sind mit der Lade B auf den Stahlbändern P_1, P_2 aufgehängt, die an die Scheiben k_1 und k_2 angeschlossen sind, welche wieder auf der Welle H_4 aufgesetzt sind. Die Welle H_4 ist in Lagern auf den Ladenarmen M_1 und M_2, ungefähr in derselben Höhe wie die untere Welle Sh, gelagert. Auf der Welle H_4 ist in der Mitte noch eine Scheibe k_3 aufgekeilt, an diese das Band P_3 angeschlossen, welches um eine Scheibe k_4, die auf der Ladenwelle O sitzt, herumführt. Das Band P_3 ist mit seinem anderen Ende an den einarmigen Hebel P′ angeschlossen, der mit einer Klinke Z versehen ist (Abb. 603, Schnitt 1—2). Diese Sperrklinke kann sich auf eine feste Unterlage p stützen, wodurch die Lade B gehoben gehalten wird. Auf der unteren Welle Sh des Webstuhles ist die Scheibe K_5 mit zwei Rollen k′ aufgekeilt, diese Rollen befinden sich gerade gegenüber dem Hebel P′.

Wird die Sperrklinke Z gehoben, so löst sie sich von ihrer Unterlage, und der Hebel P′ neigt sich nach links, das Band P_3 wird gelockert, und die Broschierlade B senkt sich; dadurch kommt aber der Hebel P′ in Berührung mit den Rollen k′ der Scheibe K_5, die Rollen neigen ihn wieder zurück, d. h. sie heben wieder die Lade B. Sollen keine Broschierschüsse mehr gewebt werden, dann schnappt die Sperrklinke Z mit ihrem Zahn wieder in ihre feste Stütze p ein, wodurch die Broschierlade B wieder in gehobener Lage gehalten wird. Die Sperrklinke Z wird von einer Platine einer Jacquard- oder Schaftmaschine so gehoben, wie es das Broschieren erfordert.

Die Stangen A sind in ihrem unteren Teile in besonderen Ansatzstücken geführt, die auf der Ladenwelle aufgesetzt sind. Die Broschierlade schwingt infolgedessen ständig mit der Hauptlade.

b) Die Vorrichtung zur Verschiebung der Schiffchen (Abb. 606, Schnitt 7—8). Die Verschiebung der Broschierschiffchen erzielt man durch die Arme R, die eigentlich doppelarmige Hebel sind; ihre unteren Arme wirken auf die Schützchen, der obere Teil hängt mit der Schiene U zusammen, mit deren Hilfe die Schiffchen auf einmal verschoben werden.

Die seitliche Verschiebung der Leiste U erreicht man durch den einarmigen Hebel X, welcher durch die Zugstange T′ mit dem Zapfen der Scheibe Y zusammenhängt; diese Scheibe kann — wie unten ausgeführt wird — eine Drehung um 180° erhalten, wodurch eine Verschiebung der Schiene U erzielt wird.

Die Scheibe Y ist auf der Welle H_5 aufgesetzt, auf deren anderem Ende sich ein Kettenrad R_3 befindet; auf dieses wird die vorerwähnte Drehung durch eine Kette r_2 von der Scheibe R_2 übertragen, und diese erhält ihre Bewegung durch die Kette r_1 und das Kettenrad R_1. Alle genannten Kettenräder sind gleich groß (Abb. 604).

Die ruckweise Drehung des Rades R_1 um eine halbe Umdrehung erreicht man durch einen ähnlichen Mechanismus wie beim Schützenkastenwechsel von Hacking.

Von der unteren Welle Sh wird die Drehbewegung durch ein Paar Kegelräder K_1, K_2 auf die senkrechte Welle H_1 übertragen, von dieser durch ein zweites Kegelräderpaar K_3, K_4 auf die horizontale Welle H_2. Die ersten Räder K_1 und K_2 haben eine Übersetzung von 1:1, das zweite Räderpaar K_3 und K_4 eine Übersetzung von 2:1 (Abb. 603, Schnitt 1—2).

Auf diese Art erhält die Welle H_2 und die angeführten Teile die gleiche Tourenzahl wie die Hauptwelle Hh des Webstuhles. Auf dieser Welle H_2 sind die Scheiben K′, K″ aufgesetzt, welche Naben mit einer schrägen Nut besitzen. Die Scheiben K′, K″ werden durch die Feder F in normaler Entfernung gehalten (Abb. 607, Schnitt 5—6).

Gegenüber jeder Nut befindet sich eine Nadel, die in einem Bügel gelagert und geführt ist. Diese Nadeln sind mit Federn versehen, durch welche sie in die zugehörige Lage gebracht werden.

Gegen die Nadelenden, welche auf der anderen Seite des Bügels herausragen, wird das schmale Brettchen D, das seine Bewegung von dem auf der Welle H_2 aufgesetzten Exzenter E erhält, angeschlagen (Schnitt 5—6). Der Anschlag wird mittels des erwähnten

Brettchens D im Verlaufe einer Umdrehung der Welle H_2 (oder innerhalb eines Schusses) durchgeführt.

Die Bügel werden in der waagerechten Lage (falls nötig) mit Hilfe von Stützklinken gehalten; in diesem Falle schlägt die Platte D bei ihrem nächsten Anschlage an die Nadeln an, schiebt diese in die schräge Nut der Nabe der Scheibe K resp. K′, K″ (ähnl. H′, H″, Ch′, Ch″), diese wird verschoben, und ihre seitlichen Zähne (5) gelangen mit dem zehnzahnigen Sternrad H zum Eingriff. Die beständig drehende Scheibe K rückt dann den Radstern H um eine halbe Umdrehung weiter, welche Drehung mit Hilfe der Ketten und Kettenräder weiter übertragen wird. Damit sich der Radstern H nicht zu weit drehe, ist er mit einer seitwärts abgeschnittenen Platte Ch versehen, an welche sich die Scheibe K anlegt.

Soll diese Vorrichtung nicht wirken, dann wird bloß der betreffende Bügel mit seinem rechten Ende derart gesenkt, daß die herausragenden Enden der Nadeln unter die Platte D gelangen, die dann beim Anschlage keinen Einfluß hat.

Die Senkung des Bügels erreicht man durch bloße Abhebung der Stützklinke mit dem an die Platte D angeschlossenen Drahte d bei jedem Anschlage der Platte D.

Soll aber der Bügel wieder in die gehobene Lage gebracht werden, dann wird er durch die Schnur einer Platine der Jacquardmaschine oder Schaftmaschine gehoben.

Der Bügel Tr′, eine Nadel, eine Scheibe K′ und ein Radstern H′ gehören zur Vorrichtung für die Verschiebung der Schiffchen.

Der andere Bügel Tr″, die Nadel und Scheibe K″, sowie der Radstern H″ gehören zur Verschiebung der Broschierlade.

Nach der Drehung gelangt die Scheibe K durch die Feder F in ihre ursprüngliche Lage. Der Anschlag der Platte D erfolgt durch die Feder p′, die Abhebung besorgt dann die auf der Welle H_2 aufgesetzte exzentrische Scheibe E.

Der Radstern H″ ist auf einer Hülse aufgesetzt; auf ihrem anderen Ende ist ebenfalls eine Kettenscheibe aufgekeilt, der zweite Radstern ruht auf einer unabhängigen Welle H_3; auch die zweite Kettenscheibe R_1 ist auf ihr aufgesetzt.

c) Die Vorrichtung für die Seitwärtsbewegung der Broschierlade (Abb. 605, Schnitt 3—4). Die Broschierlade B (Abb. 603) ist verschiebbar gelagert und hängt durch die Zugstange T″ mit der Schiene (Lineal) N, die in der Führung V_3 geführt ist, zusammen. Diese Führung geht in einen Zapfen über und ist mit seiner Hilfe in dem Lager L′, welches an den Ladenarm M_1 angegossen ist, gelagert. In dieser Führung ist ein Zapfen C fest eingesetzt; für diesen Zapfen C ist in der Leiste N ein Schlitz vorgesehen. Auf dem Zapfen C ist das mit der Nabe der Kettenscheibe R'_3 zusammenhängende Exzenter E aufgesetzt.

Durch diese Scheibe wird die Drehung (um eine halbe Umdrehung) auf das Exzenter übertragen. Dreht sich das Exzenter E aus seiner äußersten Lage nach rechts, so verschiebt sich die Leiste N und dadurch auch die Broschierlade nach rechts und umgekehrt.

Zu dieser Drehung des Exzenters um eine halbe Umdrehung dienen das Kettenrädchen R'_3, die Kette r'_2, das Kettenrädchen R'_2, die Kette r'_1, das Kettenrädchen R'_1, das Sternrad H″, die Scheibe K″, die Nadel und der Bügel Tr″.

Die Broschierlade erfordert also:

1. eine Vorrichtung, mit der man eine Auf- und Abwärtsbewegung der Broschierlade erreichen kann,
2. eine Vorrichtung, durch welche die Schiffchen verschoben werden,
3. eine Vorrichtung, welche die ganze Broschierlade auf die Seite schiebt.

Manchmal wird das Broschieren durch eine Lanzierung ersetzt, welche in dem Einweben eines musterbildenden Schusses über die ganze Warenbreite besteht, was aber mehr Material erfordert. Der Lanzierschuß wird zwischen den Mustern entweder an einzelnen Stellen durch Kettenfäden abgebunden oder überhaupt abgeschoren, daher sind Lanziereffekte nicht so dauerhaft wie broschierte.

6. Mehrchorige Gewebe

werden mit 2—5 Ketten gearbeitet, die im Schnürbrett entsprechende Gruppen von Hebeschnüren erhalten. Bei zweichorigen Waren mit dem Kettenverhältnis 1:1 werden die Fäden abwechselnd einer in das erste, einer in das zweite Korps eingezogen. Die Abb. 608 zeigt die zugehörige Teilung einer 400er Jacquardmaschine in zwei Korps. Bei dreichoriger Ware zieht man bei gleicher Fadenverteilung im Verhältnis 1:1:1 ein. Hat man z. B. eine 600er Maschine mit drei Korps, so können wir die Platinen

1. in drei Abteilungen der Länge nach,
2. in drei Abteilungen der Breite nach teilen.

Die Abb. 610 zeigt eine solche Drittelteilung. Diese Form kommt meist bei englischen Beschnürungen vor, wo das Prisma parallel zum Schuß vor oder hinter der Maschine steht.

3. Man kann die Platinen so teilen, daß für das erste Korps die 1., 4., 7., 10. usw. Platine, für das zweite Korps die 2., 5., 8., 11. usw. Platine und endlich für das dritte Korps die 3., 6., 9., 12. usw. Platine verwendet wird (Abb. 609). Es ist vorteilhaft, wenn die Zahl der Längsreihen durch die Anzahl der Korps teilbar ist. Diese Art benutzt man namentlich dann, wenn einfache und mehrchorige Ware wechselt. Bei einem Verhältnis der Korpsfadenzahl 3:1, 2:1 usw. müssen auch die Platinen in diesem Verhältnis eingeteilt sein. Bei Spitzbeschnürung und Leinwandbindung im Grund oder im Muster, muß man stets in der Mitte und an den Rändern des Rapports eine Litze auslassen, um zwei nebeneinanderliegende Fäden nicht gleichzeitig abzubinden.

Wenn die Grundbindung in Köper abbindet, kann man die Spitzschnürung nicht benutzen, da sonst die Köpersteigung gebrochen wird. Soll zum Beispiel der Einzug des dreichorigen Gewebes mit der Fadenwechslung 1:2:1 durchgeführt werden, dann müssen die Platinen und Löcher des Schnürbrettes auch in diesem Verhältnisse geteilt werden. Weil die einzelnen Einzüge oft symmetrisch sind und Leinwandbindung benutzt wird, so muß stets im Schnürbrett am Anfang und in der Mitte des Rapports das erste Loch ausgelassen werden mit der Ausnahme der äußersten Musterfäden (erste im ersten Rapport, letzte im letzten Rapport).

In Abb. 611 ist eine zweichorige Anordnung bei englischer Aufstellung der Jacquardmaschine und bei glatter Gallierung dargestellt.

Als Beispiel eines zweichorigen Gewebes ist ein Doppel-(Hohl-)gewebe angeführt, dessen Schnitt in Abb. 612 (rechts) und die nach dem Muster (links) zerlegte Bindung dargestellt ist. Jede Kette O_I, O_{II} des einzelnen Gewebes ist in eigenen Korps J_I oder J_I' eingezogen. Solche Doppelgewebe sind oft als Tischtücher benutzt.

In dieser Webetechnik werden auch sog. Kidderminsterteppiche aus Jute oder anderem Material gewebt. Ein Beispiel eines solchen dreifachen Gewebes zeigt Abb. 613 im Schnitte (rechts). Die Mitte dieser Abbildung zeigt die zerlegte Bindung mit dem Einzug in drei Korps J_I, J_{II}, J_{III}; links befindet sich zugehörige Musterverkürzung.

7. Das Flanellgewebe

ist ein Stoff mit einer Kette und zwei Schüssen. Die Musterung der beiden Seiten wird durch den Schuß gebildet, wovon einer auf der Linksseite, einer auf der Rechtsseite im Verhältnis 1:1 (nur selten im Verhältnis 2:2) abbindet. Die Ware ist an beiden Seiten gerauht.

Das gewöhnliche Flanellgewebe wird nach Bedarf auf schmalen oder auf breiten Stühlen gewebt, die für die verschiedenen Schußgarne mit Mehrkastenschützenwechsel ausgerüstet werden.

Das Flanellgewebe mit lanzierter Effektkette besitzt neben den üblichen Schußeffekten noch Streifeneffekte auf der Rechtsseite. Zwischen den gewöhnlichen Schußeffekten befindet sich die Lanzierkette (siehe den Schnitt in Abb. 614). Diese Lanzierkette ist in das zweite Korps eingezogen.

8. Das Ripsgewebe.

Einfache Ripsgewebe haben eine dünne Bindekette, eine Musterkette, die besonders auf der Rechtsseite zur Geltung kommt, ferner einen dünnen Bindeschuß und einen starken Füllschuß. Die Abbindung muß so ausgeführt werden, daß die markanten Querrippen Effekte bilden (Abb. 615).

Das Ripsgewebe wird mit einem Grundgeschirr für die Musterkette und einem Vordergeschirr für die Bindekette gewebt, wie Abb. 616 für einen Jacquardrips zeigt. Die Abbildung zeigt einen einchorigen Rips mit der Musterkette O_1, die in das Geschirr J der Jacquardmaschine eingezogen ist, während die Bindekette in 2 Schäfte $L_{1,2}$ des Vordergeschirres eingezogen wird. In das Blatt wird dreifädig derart eingezogen, daß die Musterfäden immer durch einen Blattzahn verteilt werden.

Der Schnitt des genannten Ripses ist in Abb. 615 angegeben. Ist das Vordergeschirr im Hochfach (bei schütterer Bindekette genügt ein Schaft als Vordergeschirr), so kann man den Füllschuß beim Weben mit der rechten Seite nach unten ohne weiteres eintragen (Abb. 617). In dieser Abbildung sind zwei Chore I, II.

Ripsgewebe erfordern mindestens einen zweischützigen, bei Lanzierripsen einen mehrschützigen Schützenwechsel. Als Bindekette verwendet man feinen Zwirn.

Ripsgewebe mit zwei verschiedenfarbigen Musterketten erhalten zweichorige Beschnürung. In Abb. 618 ist der Schnitt eines zweichorigen Ripses mit vier Effekten (I—IV) gezeichnet.

Zweichorige beidseitige Ripse (Abb. 618) haben keine Bindekette, jede der Musterketten ist in einem eigenen Korps eingezogen. Bindet das erste Korps (O_I im Stück II) die Füllschüsse B im Muster, so bleibt das zweite Korps unter diesen Füllschüssen liegen. Die Bindeschüsse sind mit A bezeichnet. Die Jacquardmaschine und Schnürung ist zweichorig geteilt (halbiert) (Abb. 617 I, II).

Eine andere Art von zweichorigen beidseitigen Ripsen zeigt Abb. 619. Dieselbe hat zwei Korps von Musterketten O_I, O_{II} mit dem Unterschiede, daß O_{II} eine größere Kettenspannung besitzt und gewissermaßen die Bindekette ersetzt. Sie bindet mit dem Bindeschuß A überall in Leinwand ab. Den Grund bildet die stark gespannte Musterkette O_{II} als Ketteneffekt, während sie im Muster unter dem Füllschuß B liegt. Die zweite Musterkette O_I bindet im Grund (I) unten und im Muster (II) oben als glatter Rips ab.

Abb. 620 zeigt den Schnitt eines zweichorigen Ripses mit zwei Mustern und zwei Grundeffekten. Die vier Effekte sind durch die zwei verschiedenen Musterketten erzielt.

Ripse mit Musterschüssen haben außer den Füllschüssen B zur Verzierung der Ripse noch besondere Musterschüsse C aus glänzendem Material, z. B. merzerisierter Baumwolle, Schappseide oder Kunstseide. In Abb. 621—622 bedeutet III den Schußeffekt, welcher Rippen bildet, oberhalb der Ketten O und Ov liegt und nur an der Stelle der langen Flottierungen in der Längsrichtung in die Bindekette Ov einbindet. An den Stellen II und I Musterketteneffekt (Grundeffekt), wo der Schuß C nicht zur Geltung kommt, bleibt er unter der Musterkette O liegen und bindet mit der Bindekette Ov in Leinwand ab. Aus diesem Grund muß auch die Kette Ov im Jacquardgeschirr J_{II} als zweites Korps eingezogen werden.

9. Das Gobelingewebe

hat mindestens zwei Ketten und zwei Schüsse. Die Musterkette Oz trennt dem Muster nach die Schüsse der Rechtsseite, von den Schüssen der Linksseite, damit rechts ein reines Muster entsteht.

Die zweite Kette als sogenannte Bindekette Ov bindet immer in ganzen Schußgruppen in Leinwand, Rips oder Köper ab (Abb. 624). Die Musterkette ist aus stärkerem Garn, dagegen die Bindekette schwächer, weshalb sie an der Oberfläche zurücktritt. Die Musterkette ist im Jacquardgeschirr, die Bindekette im Vordergeschirr (2—4 Schäfte) eingezogen, das Vordergeschirr wird von der Schaft- oder von Reserveplatinen der Jacquardmaschine bedient. Die Ware wird mit der Rechtsseite nach unten gewebt und erfordert beidseitigen Schützenwechsel. Neben dieser Hauptart von Gobelins kommen noch verschiedene Abarten vor. Abb. 623 zeigt die Webstuhleinrichtung für normalen Gobelin mit der Musterkette O und der Bindekette Ov.

Beidseitige Gobelins haben neben der Bindekette eine in zwei Hälften geteilte Musterkette oder zwei selbständige Musterketten. In diesem Fall hat jede Musterkette ihr Korps und ihre Gallierung. Die Bindekette ist wieder im Vordergeschirr eingezogen.

Abb. 624 zeigt einen zweischüssigen doppelseitigen Gobelin, die Abb. 625 den zugehörigen Einzug und die Webstuhleinrichtung. In Abb. 625 wechselt ein Bindefaden Oz mit zwei Musterfäden Ov. In Abb. 626 wechseln zwei Bindefäden Oz mit zwei Musterfäden Ov.

Beidseitige Gobelins können auch mit Ketteneffekten gemustert werden. Abb. 627 zeigt einen beidseitigen Gobelin mit zwei Schüssen und zwei Schußeffekten. Im Schnitt binden die beiden Hälften der Bindekette wieder abwechselnd in Leinwand ab und die beiden Musterketten bilden einmal rechts und einmal links Figur. Man hat also vier Effekte, zwei Ketten- und zwei Schußeffekte; in der Abbildung ist ein Ketten- und ein Schußeffekt an den anderen gelegt.

Die Abb. 628 zeigt wieder ein anderes Gobelingewebe im Schnitt. Es sind sechs Musterschüsse und ein Bindeschuß eingezeichnet. Die Musterkette teilt wieder die effektbildenden Schüsse der Oberseite von den anderen Schüssen. Die Bindeschüsse liegen mehr an der Rückseite und müssen abgebunden sein. Die Bindekette hat zwei Teile; der untere Teil Or bindet wie die Musterkette, bloß die an der Rückseite liegenden Musterschüsse in einer Grundbindung ab (vierbindiger gebrochener Köper) und ist besonders aufgebäumt. Deshalb ist dieser Bindekettenteil Or mit der Musterkette im Jacquardgeschirr J eingezogen und geht zur Erzielung des erwähnten Köpers noch durch das vierschäftige Vordergeschirr. Der obere Bindekettenteil Ol geht immer über die ganze Gruppe der Musterschüsse und über alle Bindeschüsse, und ist deshalb in einschäftiges Vordergeschirr L_1 eingeführt.

In Abb. 629 ist der Schnitt eines Gobelins mit sechs Musterschüssen und einem Bindeschuß dargestellt. Die Musterkette trennt wieder den figurierenden Schuß von den anderen Schüssen an der Rückseite. Die Bindekette besteht aus zwei Teilen; der obere Ol geht über alle (in diesem Falle über sechs) Musterschüsse und unter den Bindeschuß, der untere Bindekettenteil Or geht unter alle Gruppen von Musterschüssen und bindet mit dem Bindeschuß in einer Grundbindung ab. In Abb. 629 binden z. B. alle ungeraden Fäden in Leinwand mit den ungeraden Bindeschüssen und die geraden Fäden umgekehrt ab. Es liegt also eine Hälfte des unteren Bindekettenteiles über dem ersten, fünften, neunten Bindeschuß und die andere Hälfte umgekehrt, doch bleiben beide Systeme unter den Musterschüssen und unter den geraden Bindeschüssen. Die Musterkettenfäden wechseln mit den Bindekettenfäden der Oberseite im Verhältnis 1:1; die Bindekettenfäden der Unterseite wechseln im Verhältnis 1:4. Diese Gobelins werden mit der Rechtsseite nach unten gewebt.

Die Damastgobelins. Bei Damastgobelins kommt die Musterkette an verschiedenen Stellen der Rechtsseite zur Geltung und bildet, durch Kettenatlas abgebunden, den Grund. Das Muster wird wie bei anderen Gobelins durch Schüsse erzielt. Die Musterkette kann man wie beim Damast ins Jacquardgeschirr 5—8fädig nach der Zahl der Fäden im Kettenfadenteil in ein- oder mehrfach gelochte Litzenösen einziehen. Die Kettenabbindung erzielt man durch das Vordergeschirr mit Fachlitzen. Wenn jeder Faden der Musterkette seine eigene Litze besitzt (eigene Hebeschnur), so kann man auch Hebeschäfte benutzen. Diese Gobelins webt man meist mit der Oberseite nach unten, da dann das Atlasweben etwas leichter ist. Die Bindekette kann die Schüsse in dreierlei Art abbinden, wonach man auch drei Gattungen von Damastgobelins unterscheidet.

1. Eine Hälfte der Bindekette geht unter den Musterschüssen und über die Atlasschüsse, die andere Hälfte umgekehrt (Abb. 630).

2. Eine Hälfte der Bindekette geht abwechselnd unter und die andere über den Rapport der eingetragenen Schüsse (Abb. 631).

3. Die obere Hälfte der Bindekette bindet mit den Musterschüssen auch die Bindeschüsse; die untere Hälfte bindet mit den freien Schüssen an der Unterseite in Leinwand oder Köper und zieht nur zeitweise die Bindeschüsse nach innen (Abb. 632). Abb. 633 zeigt die Einrichtung für Damastgobelins, wo die Bindekette nach der ersten Art abbindet. Die Abbindung der Musterkette im Atlas erzielt man mit Hebeschäften; aus diesem Grunde müssen an jeder Platine so viele Hebeschnüre angehängt werden als dem Rapport der Atlasbindung entspricht. Die Bindekette wird im zweischäftigen Vordergeschirr eingezogen. Wenn die Bindekette nach der zweiten Art bindet, wäre die Anordnung ähnlich. Anstatt der Hebeschäfte kann man ein Vordergeschirr mit Fachlitzen benutzen. Bindet die Bindekette nach der dritten Art, so zieht man die Musterkette in das erste Korps ein und die eine Hälfte der Bindekette, welche an der Unterseite bindet, in das zweite Korps; die andere Hälfte der Bindekette zieht man in das Vordergeschirr ein.

Damastgobelins kann man mit Vorteil auch in folgender Art weben. Man teilt die Platinen der Jacquardmaschine nach den Kettenfädenzahlen der Korps in zwei Gruppen ein. Der größere Teil wird meist für das erste Korps gebraucht, man hängt an jede Platine soviel Schnüre, als der Atlasrapport Fäden hat. Von den Platinen des zweiten Korps laufen die Hebeschnüre so zu den Litzen des ersten Korps, daß jede Litze an zwei Hebeschnüren aufgehängt ist. Die Platinen des ersten Korps heben die Fäden in Gruppen aus, so wie es das Muster verlangt (in Masse). Die Platinen des zweiten Korps heben statt der Hebeschäfte oder des Vordergeschirres die einzelnen Atlasfäden. Diese Anordnung hat also weder Hebeschäfte noch ein Vordergeschirr nötig.

Die Bindekette zieht man im Vordergeschirr in gewöhnlicher Litze ein, sie wird mit Reserveplatinen der Jacquardmaschine ausgehoben. Benutzt man eine größere Jacquardmaschine, so teilt man beispielsweise die Platinen in drei Gruppen. Es werden Längsreihen zu 27, 28 und 27 Platinen genommen, und man benutzt die ersten zwei Gruppen für das erste Korps, die dritte Gruppe für das zweite Korps. Die Atlaskarten laufen von den Musterkarten getrennt, obwohl sie am gleichen Prisma liegen. Dadurch erspart man viele Karten.

10. Das Lampasgewebe

ist ein zweichoriges Gewebe mit mehrfädiger Abstufung. Es wird mit der Oberseite nach unten gewebt. Die Musterkette wird gruppenweise in das Jacquardgeschirr eingezogen, welches das Muster erzeugt; sie wird außerdem in das Vordergeschirr in Fachhelfen für Hoch-, Tief- und Stehfach eingezogen, um die Abbindung zu erzielen. Die Bindekette ist auch im Jacquardgeschirr und außerdem in das übrige Vordergeschirr in Fachhelfen eingezogen. Die Bindekette bindet die figurbildenden Schüsse an der Ober- und auch an der Unterseite ab (z. B. im dreibindigen Köper). Deshalb muß man einen Schaft des Vordergeschirres heben, einen tiefziehen und die anderen im Mittelfach liegenlassen.

Wenn keine Schaftmaschine für Hoch-, Tief- und Stehfach zur Bewegung des Vorgeschirrs für die Bindekette vorhanden ist, so kann man eine gewöhnliche Schaftmaschine benutzen, welche durch die Hebelanschnürung eine verschiedene Hebung besorgen kann. Durch diese Maschine können auch die Schäfte der Musterkette bewegt werden.

In Abb. 634 ist der Einzug der Ketten ins Geschirr und Blatt, das Aussehen und der Schnitt des Lampasgewebes dargestellt. Die Abbildung zeigt das Wechseln der Musterfäden Op mit den Bindefäden Ov im Verhältnis 5:1. Die Gruppen von acht Musterfäden Op werden durch eine Jacquardplatine bedient und ins achtschäftige Vordergeschirr L_1—L_8 eingezogen. Die Bindefäden Ov werden in ein besonderes dreischäftiges Vordergeschirr L_9—L_{11} für Hoch- und Tieffach und Stehfach eingezogen. In der Abbildung bedeuten Up die Grundschüsse, Uv die Musterschüsse. Der Blatteinzug hat in unserem Falle stets fünf Musterfäden und einen Bindefaden.

11. Das Pikeegewebe

hat mindestens eine leinwandbindige Kette für die Oberseite (Abb. 635), welche mit schwachem Schuß bindet, und eine Steppkette. Dieses Gewebe wird mit der Rechtsseite nach oben gewebt. Die Oberkette ist im Vordergeschirr für Tieffach, die Pikeekette dagegen im Mustergeschirr (entweder Schäfte oder bei größeren Mustern in Jacquardhelfen) eingezogen. Das Vordergeschirr kann je nach der Einstellung zwei- oder vierschäftig sein (Abb. 636). Beim Eintrag des schwachen Oberschusses geht eine Hälfte der Vorderschäfte nach unten, und die betreffenden figurierenden Fäden der Steppkette werden gehoben. Beim nächstfolgenden starken Schuß bleiben die figurierenden Fäden noch oben, ebenso die ganze leinwandbindige Oberkette. Die Steppkette hat eine größere Spannung, die Oberkette dagegen eine mäßigere. Gewöhnlich sind zwei Oberschüsse, ein Füllschuß, zwei Oberkettenfäden und ein Steppkettenfaden im Rapport. Soll die Steppkette auf der Linksseite nicht lang flottieren, so wird diese mit einem speziellen Unterschuß (Abb. 637) (evtl. Füllschuß) in Leinwand oder in einer anderen Bindung abgebunden. Abb. 638 zeigt diesen Fall mit zwei Steppketten, wo die Steppkette noch in ein spezielles Vordergeschirr mit Fachhelfen eingezogen werden muß. Damit erzielt man eine festere Linksseite (Abb. 639).

Die Anordnung eines gewöhnlichen englischen Webstuhles für einfaches Pikeegewebe ist in Abb. 640 dargestellt. Bei dieser Anordnung sind vier Oberschüsse und zwei Füllschüsse vorhanden. Für die Bewegung der Leinwandschäfte werden die Exzenter auf der Exzenterwelle benutzt. Die Jacquardmaschine wird durch die Nutenscheibe E_3 auf der Unterwelle (lose gelagert) bedient.

In diesem Falle muß man vier Grundschüsse und zwei Füllschüsse eintragen, da es sich hier um die Vorrichtung eines gewöhnlichen englischen Webstuhles mit der Manchesterexzenteranordnung und mit einseitigem Schützenwechsel handelt.

Die Exzenterwelle für die Bindekette dreht sich zur Kurbelwelle im Verhältnis 1:6 (vier Schüsse in Leinwandbindung für den Grund und zwei Füllschüsse). Das Nutenexzenter für die Jacquardmaschine ist lose an der Unterwelle gelagert und bekommt einen direkten Antrieb von der Kurbelwelle im Verhältnis 1:3 durch die Räder K_5, K_6. Dieses Exzenter ist derart gestellt, daß es stets nach dem Einweben des einen Füllschusses und nach dem zweiten Bindeschusse wechselt, womit an der Rechtsseite eine gewöhnliche Bindung mit dem Aussehen eines Pikeegewebes entsteht, das unter zwei leinwandbindenden Grundschüssen stets einen Füllschuß hat.

Abb. 636, 640 zeigen die Webstuhleinrichtung für ein einchoriges Pikeegewebe. Abb. 638 zeigt den Schnitt durch das zweichorige Pikeegewebe, wo neben dem gewöhnlichen Füllschuß noch ein Unterschuß für das Abbinden der gerade nichtbindenden und an der Unterseite flott liegenden Pikeefäden beider Korps benutzt wird.

In Abb. 639 ist die Anordnung des Webstuhles für das Pikeegewebe, das auf der Rückseite mit speziellem Unterschuß (evtl. Füllschuß), der in Leinwand bindet, dargestellt.

12. Das figurierte Matelasségewebe

erhält das Muster auf der Oberseite durch eine feine Kette und einen feinen Schuß (meist Seide usw.) gebildet, im Grund liegt die Steppkette größtenteils auf der Rückseite. Beim Weben mit der Rechtsseite nach oben ist es vorteilhaft, die feine, oben zur Geltung kommende Kette ins Vordergeschirr für Tieffach, hingegen die gewöhnliche Unterkette in das Jacquardgeschirr und in ein anderes Vordergeschirr mit Fachhelfen mit Hochfach einzuziehen. Durch Jacquardhelfen können ähnliche Effekte wie beim Pikeegewebe gebildet werden, und mit Vordergeschirr und seinen Fachhelfen kann die Abbindung der Unterkette nach Abb. 641 erzielt werden.

Der Einzug und die Webstuhleinrichtung eines figurierten Matelasségewebes zeigt Abb. 642; die Steppkette Os und die obere feine Grundkette Op sind angegeben.

13. Das gemusterte Frottiergewebe

wird wie glatte Frottierware gewebt, nur wird die Musterung durch Schlingenbildung einer Kette auf der rechten und linken Seite durch Wechsel evtl. farbiger Schlingenketten mittels der Jacquardmaschine erzielt.

Die Schlingenkette ist also im Jacquardgeschirr eingezogen. Werden mehrere Ketten benutzt, so ist das Schnürbrett mehrchorig. Sonst ist die Einrichtung des Stuhles so, wie Abb. 553—554 zeigt. Bei den beidseitigen Frottiergeweben benutzt man vorteilhaft eine besondere Jacquardmaschine mit doppelnasigen Platinen, die mit ein und derselben Karte für eine Schußgruppe an ein Nadelbrett anschlagen und mit ihren Nasen schußgruppenweise gesteuert werden.

14. Das Flor- oder Polgewebe

hat eine Grundkette in Leinwand-, Rips- oder Atlasbindung und eine Polkette für die Figurbindung. Man unterscheidet Plüsche und Samte. Die Plüsche können gezogen oder geschnitten sein, je nachdem die Schlingen geschlossen bleiben oder aufgeschnitten werden.

Der Plüsch hat in der Binde- oder Grundkette also Ripsbindung, die von einem vorderen oder rückwärtigen Schaftgeschirr gearbeitet wird, und eine Polkette, die wegen der mannigfaltigen Musterung im Jacquardgeschirr eingezogen ist und von gesonderten Spulen abläuft. Die Ruten werden erst nach dem Einweben von 8—12 Ruten gezogen. Bei geschnittenem Plüsch erfolgt auf Handstühlen das Aufschneiden der Polkette längs der gerillten flachen Ruten, am mechanischen Stuhl schneidet das herausziehende Rutenende die Polkette selbst auf. Man kombiniert auch gezogenen und geschnittenen Plüsch.

In Abb. 643 ist die Webstuhleinrichtung für ein vierchoriges Teppichgewebe mit geschnittenen oder gezogenen Schlingen angegeben.

Abb. 644 zeigt den Schnitt eines vierchorigen Teppichgewebes. Abb. 645 gibt die Webstuhleinrichtung für ein Polgewebe mit Ripsgrundbindung und Abb. 646 zeigt den Schnitt dazu.

In Abb. 647 ist der Schnitt eines doppelseitigen Mohairplüsches angegeben.

Neben den Ruten, welche zum Blatt geneigt eingetragen werden, wird ins Unterfach auch ein Hilfsschuß (4) eingewebt, der vor der Gewebeveredlung mit Nadeln so herausgezogen wird, daß die schon geschnittenen, aber doch noch im Gewebe bleibenden Enden der Polkette emporschlüpfen. Abb. 648 zeigt ein ähnliches Gewebe, wobei eine besonders hohe Haardecke erreicht wird. Plüsche mit Rips im Grund können auf leichteren Stühlen gewebt werden, die aber eine größere Tiefe als normale Teppichstühle besitzen müssen.

In Abb. 649 ist ein dreifacher Plüsch angegeben, der nach dem Zerschneiden in zwei einseitige und einen doppelseitigen Plüsch zerfällt. In diesem Falle wechselt die Grundbindung im Rapport 2:1; die Webstuhleinrichtung und Bindung ist in Abb. 650 angegeben. Näheres über Polgewebe siehe im Kapitel „Die Rutenzugstühle“, S. 143.

Gemusterte Polgewebe, die nur im Muster eine Flordecke haben sollen (Abb. 651), besitzen nur ein Grundgewebe, das den Grund in Leinwand, Köper oder Atlas bildet. Die Polkette O befindet sich im Grund an der Linksseite, bindet nur in der Figur rechts ab und wird nach dem Weben im Grund an der Linksseite beseitigt. Mit dem Herausziehen der Polfaden an der Linksseite wird auch ein Teil des Flores am Anfang und am Ende jedes Musters in der Kettenrichtung herausgezogen. (Siehe die in der Abbildung links und rechts punktierte Polkette O.) Um das Muster rein zu erhalten, muß man daher die Polfäden noch mit der nächsten Nadel, über das Muster hinaus einbinden

(X in Abb. 651). In der Patrone gibt man einen Bindepunkt X zu. In der Abbildung bedeutet O die Jacquardmusterkette, Ov die in zwei oder mehr Schäfte des Vordergeschirres eingezogene Bindekette. Auf einen Polfaden kommen 2—6 Grundfäden und auf eine Nadel je nach der Webart der Polfäden 2—4 Schüsse. Die Polfäden sind auf einzelnen Spulen aufgespult.

15. Gemusterte Tapestrinteppiche

sind eine Imitation der Brüsseler Teppiche. Die stark gespannte Bindekette Ov hebt immer zwei Schüsse U_1, U_2 an der Linksseite und an der Rechtsseite aus (Abb. 652), die von den Musterketten O_I, O_{II} beider Korps abgebunden werden. Um den Rippeneffekt zu erhöhen sind die Schüsse und die Musterketten O_I, O_{II} aus gröberem Garn und werden die Musterfäden schütterer eingestellt. Die Anzahl der Musterfäden wird nach Bedarf verschieden gewählt. In angeführtem Beispiel wechseln die Fäden im Verhältnis 2:2:1 derart, daß immer zwei Kettenfäden desselben Korps auf einer Platine hängen. Für die Bindekette Ov wird ein Schaft L benutzt, weil dieselbe leinwandartige zwei und zwei Schüsse bildet.

16. Das Chenillegewebe (Axminsterteppiche usw.)

hat ein ähnliches Aussehen wie geschnittenes Florgewebe. Es besteht aus einer leinwandbindigen Kette und einem Schuß, der eigentlich ein schmaler, mit Flor bedeckter evtl. gedrehter besonderer Gewebestreifen ist. Der Flor des Schusses besteht aus kurzen Fadenstücken, die in Kettenfädengruppen eines Vorgewebes ihren Halt bekommen. Das Vorgewebe wird dann in Längsstreifen zerschnitten, die dann für das Axminstergewebe als Schuß dienen. Je nach den Schußfarben im Vorgewebe kann man die mannigfaltigsten Muster erzielen. Das Vorgewebe muß durch die sog. Vorarbeit erst passend vorbereitet werden. Man webt dasselbe auf einem besonderen Webstuhl aus einer feinen Baumwollkette oder anderem feinen Material mit einem Blatt, das nur streifenweise eingezogen ist. Die Zwischenräume zwischen den Streifen ergeben freie Schußlängen und die spätere Florhöhe für den Axminsterschuß. Man muß soviel Streifen weben, wie das Gewebe Rapporte hat. In der Vorware werden die farbigen Schüsse in der Reihenfolge einer Patrone eingetragen, die der Arbeiter in Form eines Patronenstreifens am Webstuhl der Vorware mitlaufen läßt. Der Schützenwechsel wird bei der Chenillevorarbeit von Hand aus nach dem Patronenstreifen bedient. Man unterscheidet flache Chenille und runde Chenille. Die erste wird vor dem Einweben nach dem Schneiden gedämpft und der Flor in eine Richtung gebügelt, die zweite gedrehte Chenille ist rund und meist nur einfarbig oder einfacher gemustert.

Mit Rücksicht auf die starke Verkürzung bei Rundchenille muß für die Musterung bis 50% Einsprung des Chenillefadens gerechnet und daher die Farbstreifen entsprechend lang gehalten werden. Der Florfaden ist bei Chenillen meist Baumwollgarn, etwa Nr. 10 engl. Man verwendet auch Woll- oder Jutegarne wie Seide und Kunstseide in ähnlicher Stärke. Das Muster in der glatt gemusterten Axminsterware entsteht durch Aneinanderreihen der gemusterten Chenilleschüsse und wird auf einfachen glatten mechanischen Stühlen gewebt. In letzter Zeit webt man besonders billige Jutechenilleteppiche.

Abb. 653 (I) zeigt ein einfaches Chenillegewebe mit vierfädiger Abbindung, das meist als leichter Dekorations- oder Vorhangstoff mit gedrehter Chenille erzeugt wird. Abb. 654 (II) gibt eine leichte Chenilleteppichart an, die z. B. Baumwollabfall, Jute oder billige Streichgarne enthält und Bindekette und Grundkette in Leinwand abbindet. Die erstere ist meist Baumwollgarn mit loser Spannung, die Grundkette Jutegarn mit harter Spannung. Diese Teppiche kann man auch nur mit einer Jutekette und einem Kettenbaum mit normaler Spannung weben, da die Materialien die Beanspruchung vertragen. Als Schuß dient hier gedrehte Chenille. Abb. 655 (III) zeigt leichte Art mit flacher Chenille.

Abb. 656 (IV) zeigt Schnitt und Bindung eines Axminsterteppichs in besserer gebügelter Wollchenille.

Abb. 657 gibt die Webstuhleinrichtung für die Chenillevorware an. Jeder hergestellte Chenillestreifen hat mindestens zwei Paar Stehfäden, die in Leinwand abbinden, und rechts und links je einen Drehfaden, der die Ränder bei Chenille abbindet. Der am mechanischen Stuhl gleichzeitig mitlaufende Patronenstreifen B gibt die Länge und die Farbennummer an, die der Patrone gemäß zu arbeiten ist. Sie erfordert wegen der Handbedienung des Schützenwechsels große Aufmerksamkeit beim Weber.

Die Schneidvorrichtung für die Chenille ist als Kreisschere gebaut, sie schneidet die Chenillevorware in Streifen, welche sofort nach dem Schneiden scharf gedämpft, leicht mit Leimwasser getränkt, gebogen (umgebügelt) und auf scharf geheizten Rillentrommeln getrocknet werden. Dadurch wird die Florlage parallel. Besonders gut arbeitet sich Wollchenille. Beim Weben der Axminsterware webt der Weber schußweise, nach jedem Schuß stellt er den Stuhl ab und richtet mit einem Handkamm den Schuß aus, nachdem er denselben vorher genau nach dem Muster von Hand aus angespannt hat.

17. Die Knüpfteppiche

erhalten verschiedenartige Musterung durch eingeknüpfte kurze Fadenstücke, die mit den Enden auf der Rechtsseite des Teppichs ziemlich hoch emporstehen. Meist wechselt eine Knotenreihe mit ein oder zwei, seltener mit drei oder mehr Grundschüssen.

In Abb. 658—659 sind die zwei häufigsten Knotenarten für das Knüpfen der Smyrna-, Perser- und ähnliche Teppiche angegeben.

Das Handknüpfen erfolgt auf einem aufrechten, etwas zurückgeneigten Knüpfrahmen (einfacher Stuhl). Die Fachbildung für die Grundschüsse erzeugen zwei Schäfte, deren Litzen durch zwei Walzen mit einer Kurbel schwingend bewegt werden. Nach 1—3 Grundschüssen wird nach der vorliegenden Patrone eine Knotenreihe eingeknüpft. Die Grundkette bindet mit den Grundschüssen in Leinwand, der Grundschuß wird von Hand aus mit einem Holzstab durchgeschoben.

Man kann mit einem Fadenstück einen oder mehrere Knoten einknüpfen. Die gleichmäßige Länge der Knüpffadenstücke richtet sich nach der Florhöhe und wird in der Art erreicht, daß man das Flormaterial um eine gekerbte Spule oder ein gekerbtes Lineal wickelt und dann längs der Kerbe aufschneidet. Große Knüpfereien benutzen hierzu eigene Schneidmaschinen.

Die Grundkette ist aus festem Woll-, Baumwoll-, Leinen- oder Jutegarn, seltener Seide, das Knüpfmaterial ist meist feine Glanzwolle, Mohair, Ziegenhaar, Kamelhaar oder Seide. Der Grundschuß ist Baumwolle, Jute oder Kamelhaargarn.

Die Ketteneinstellung bei Smyrnateppichen ist 20—40 Fäden je 10 cm, bei Persern 50—60 und bei Seide bis 160 Fäden je 10 cm. Das Knüpfen erfolgt genau nach der Patrone schußlinienweise; ein Punkt des Tupfpapieres bedeutet einen Knoten.

Das Anschlagen der Grundschüsse erfolgt durch ein besonderes Blatt, die Knoten werden mit bleibeschwerten Gabeln oder Kämmen angeschlagen. In neuerer Zeit werden Knüpfteppiche in genauer Nachahmung der Handarbeit auf mechanischen Stühlen hergestellt. Der Hohlbaumsche Knüpfteppichstuhl, der ungarische Banaystuhl, der eine Nachahmung des Hohlbaumstuhles darstellt, und französische Stuhlarten haben sich schon ziemlich eingeführt.

Die Erzeugung von Knüpfern wird auch als Frauenhandarbeit einfacher so ausgeführt, daß man kurze Fadenstücke mit Hilfe von Knüpf- oder starken Nähnadeln in schüttere Unterstoffe knotenweise einnäht.

Knüpfteppichimitationen werden in neuerer Zeit auch auf einer Art Axminsterteppichstühlen gewebt, die in der Royal Axminsterbauart, System Austin, von der Firma Platt Brothers, Oldham in England, gebaut werden. Die verschiedenfarbigen Fadenstückchen, welche die Haaroberfläche bilden, werden immer unter Doppelschußfäden eingewebt (Abb. 660). Wegen der Zeitersparnis wird der Grundschuß mit einer Nadel als Doppelschuß eingetragen und auf der anderen Seite mit einem Schiffchen mit dem Randfaden abgebunden.

18. Das Drehergewebe (kurz Dreher)

besteht aus zwei Fadensystemen, den Steh- und den Drehfäden. Die Stehfäden laufen gestreckt in der Kette durch, und die Drehfäden sind rechts und links um die Stehfäden geschlungen und durch Schüsse abgebunden. Jeder Drehfaden ist im Geschirr zweimal und zum Spannungsausgleich auch noch in ein Entlastungsgeschirr eingezogen. Er geht (kreuzweise unter dem Stehfaden) also durch drei Litzen, während der Stehfaden nur eine Litze benötigt. Insgesamt sind für zwei Drehfäden, von denen einer Stehfaden ist, vier Litzen nötig, wovon zwei dem Grundgeschirr angehören. Wenn zwei Drehfäden mit zwei Stehfäden wechseln, so muß eine Litzengruppe dem Entlastungsgeschirr, eine dem Drehergeschirr und vier Litzengruppen dem Grundgeschirr angehören. Diese Einteilung muß selbstverständlich auch bei den Platinen der Jacquardmaschine im Verhältnis 1:4:1 durchgeführt werden. Will man z. B. einen verschieden bindenden X-fädigen Dreher weben, so nimmt man für das Grundgeschirr X Teile der Platinen, einen Teil für das Entlasten und einen Teil für die Drehfäden. Die Platinenzahl der Jacquardmaschine muß also in X + 2 Teile geteilt werden.

Die Gallierung wird dreichorig ausgeführt, für jedes Korps ein besonderes Schnürbrett verwendet. In das erste, hinten liegende Korps, dessen Schnürbrett etwa 22 cm hinter dem mittleren Schnürbrett liegt, werden die Drehfäden für die Entlastung eingezogen. In das zweite Korps werden die Steh- und Drehfäden nach der Schnürordnung eingezogen. In das dritte Korps, dessen Schnürbrett 6—8 cm vorne vor dem mittleren Schnürbrett liegt, zieht man die Drehfäden ein, welche zum Zweck der Drehung unter die Stehfäden an die entgegengesetzte Seite derselben gekommen sind (Abb. 661).

Die Dreherlitzen werden aus imprägniertem Baumwollgarn, Wollgarn, Roßhaar oder Draht hergestellt und haben verschiedene Formen. Die Abb. 558 A, B, zeigt einige Ausführungen. Bei dichten Einstellungen wird die Ausführung Abb. 558 E verwendet, bei mittlerer Einstellung Abb. 558 C, D. evtl. E.

Man verwendet auch Litzen mit mehreren Augen. Die Halblitzen sind aus Roßhaar, imprägnierter Baumwolle, Wolle oder Seide und erhalten kleine Anhangeisen (beim Figurdreher) oder werden auf Schaftstäbe aufgezogen und durch Reserveplatinen bedient.

Drehergewebe kann man auch zweichorig weben, wie Abb. 662 zeigt. In diesem Falle heben die Dreherplatinen auch die Entlastungslitzen aus. Zur Entlastung kann man auch die mit kleinen Anhangeisen versehenen Halblitzen benutzen, wie schon früher bei den Damastgeweben gezeigt wurde.

Sehr vorteilhaft kann man Drehergewebe zweichorig mit einem hinten liegenden schiefen Hilfsschnürbrett weben. In diesem Falle wird das Nachlassen der Drehfäden durch Hebeschnüre erzielt, welche im Hilfsschnürbrett hinten durchlaufen, wo durch Schnüreschlingen die Drehfäden eingezogen sind. Das andere Schnurende ist an die Dreherhelfen angebunden, die durch größere Anhangeisen beschwert sind. Die letzteren knicken dadurch die Drehfäden nach oben und halten sie an der Hilfsstange T (Abb. 663a).

Alle Drehfäden werden unter der Hilfsstange T und die Stehfäden über der Stange geführt. Dies hat den Vorteil, daß nicht drei Korps nötig sind, und daß man die beiden Fadengruppen von einem Kettenbaum arbeiten kann, ohne daß das Drehergewebe ein schlechtes Aussehen bekommt; sonst ist es immer vorteilhaft die Jacquarddreher zweibäumig durchzuführen.

Das Nachlassen der Drehfäden auf mechanischen Stühlen erzielt man durch die in Abb. 663 angeführte Vorrichtung.

Zur Ermäßigung der Spannung der Drehfäden benutzt man ein Entlastungsgeschirr in der Nähe des Streichbaumes, in dessen Litzen in nach unten geknicktem Zustand eingezogen werden. Beim Kreuzfach werden die Drehfäden in den Knickstellen gehoben, wodurch sie vorne gelockert werden, was die Arbeit erleichtert. Die Jacquardplatinen sind bei der gewöhnlichen Anordnung in drei Gruppen geteilt. Die hintere Gruppe wird zur Lockerung, die große mittlere Gruppe für das Grundgeschirr, die vordere Gruppe für das Drehergeschirr benutzt. Manchmal sind zwecks Platinenersparnis die hinteren Lockerungslitzen mit besonders geführten Schnüren an die vordere Platinengruppe aufgehängt (Abb. 662 u. auch 663a).

Abb. 663 bringt eine Webstuhleinrichtung mit Jacquardmaschine für Drehergewebe. Die Grundkette Op, welche auf dem unteren Kettenbaume aufgebäumt ist und beliebig abbindet, ist in die auf den hinteren Platinenreihen der Jacquardmaschine hängenden Litzen eingezogen. Dasselbe geschieht mit der Stehkette, für welche je nach der Einstellung die mittleren Reihen reserviert werden. Die Drehkette besitzt einerseits ein gewöhnliches Geschirr und andrerseits ein Drehergeschirr für schweres und leichtes Fach. Die Jacquardmaschine ist nach englischer Art aufgestellt, um das Kartenschlagen und die Schnürung, falls der Dreher nur in Streifen bindet, zu erleichtern. Die Stehfäden sind hier nur in das Jacquardgeschirr eingezogen. Die Schnur A hebt beim schweren Fach und setzt durch den Streichbaum S_3 die Spannung der Drehkette herab. Mittels der Feder F wird die Drehkette gespannt. Die Schnur B hindert das Heben des Streichbaumes S_3 bei gerissener Schnur der Jacquardmaschine. An der Stelle C sind Grund- und Stehkette von der Drehkette getrennt. Ist die Dreherbindung stets ununterbrochen in beliebigen Kettenstreifen vorhanden, so kann auf das Geschirr eine Bradforder Exzentereinrichtung einwirken. Diese Einrichtung wird benutzt, wenn sich alle schweren Fächer (Drehfächer) an denselben Schüssen befinden. Ist das nicht der Fall, dann muß man das Jacquardgeschirr noch vorne mit Halblitzen ausrüsten und hinten noch eine Ausgleichsvorrichtung aufhängen.

Diese Anordnung zeigt Abb. 664. Bei einem schweren Fach (Drehfach) senkt sich zwar der Streichbaum S_3 und bewegt sich die Drehereinrichtung (d. h. die Litzen für Drehfäden mit betreffenden Halblitzen), aber diejenigen Fäden, die nicht gerade beim schweren Fach binden, sind lose und werden durch das Nachlaßgewicht Vz gespannt. Diese Einrichtung ermöglicht eine verschiedenartige Musterung.

Abbildungsanhang.

(S. 1—252)

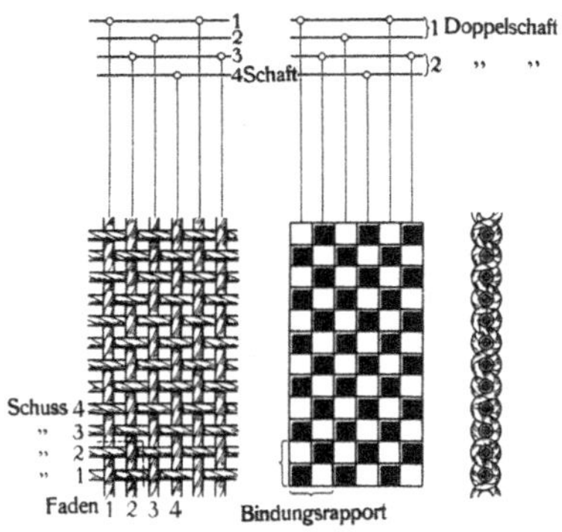

Abb. 1.
Die Leinwandbindung.

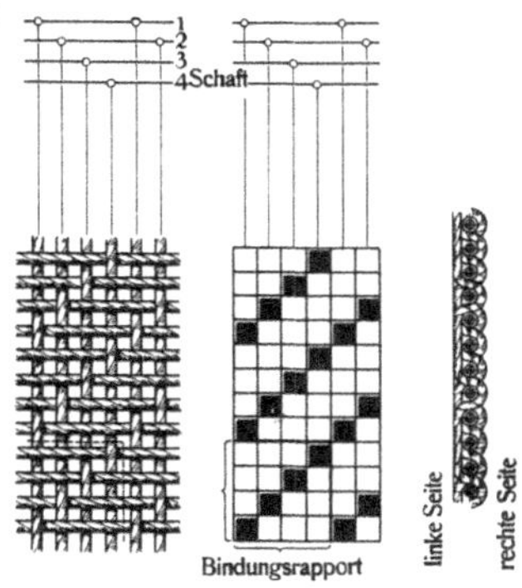

Abb. 2.
Die Köperbindung.

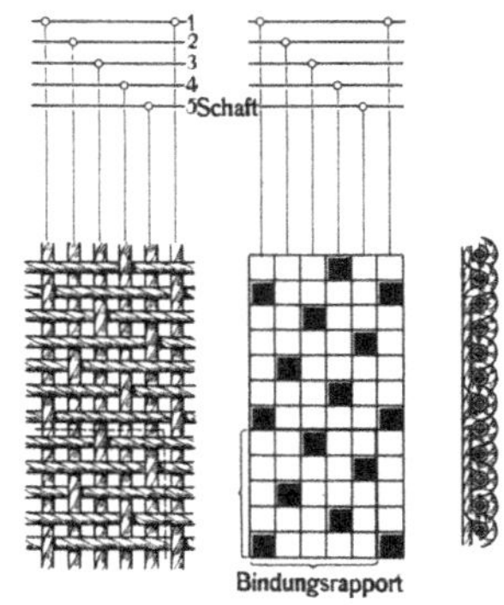

Abb. 3.
Die Atlasbindung.

Abb. 1—3. Die Grundbindungen.

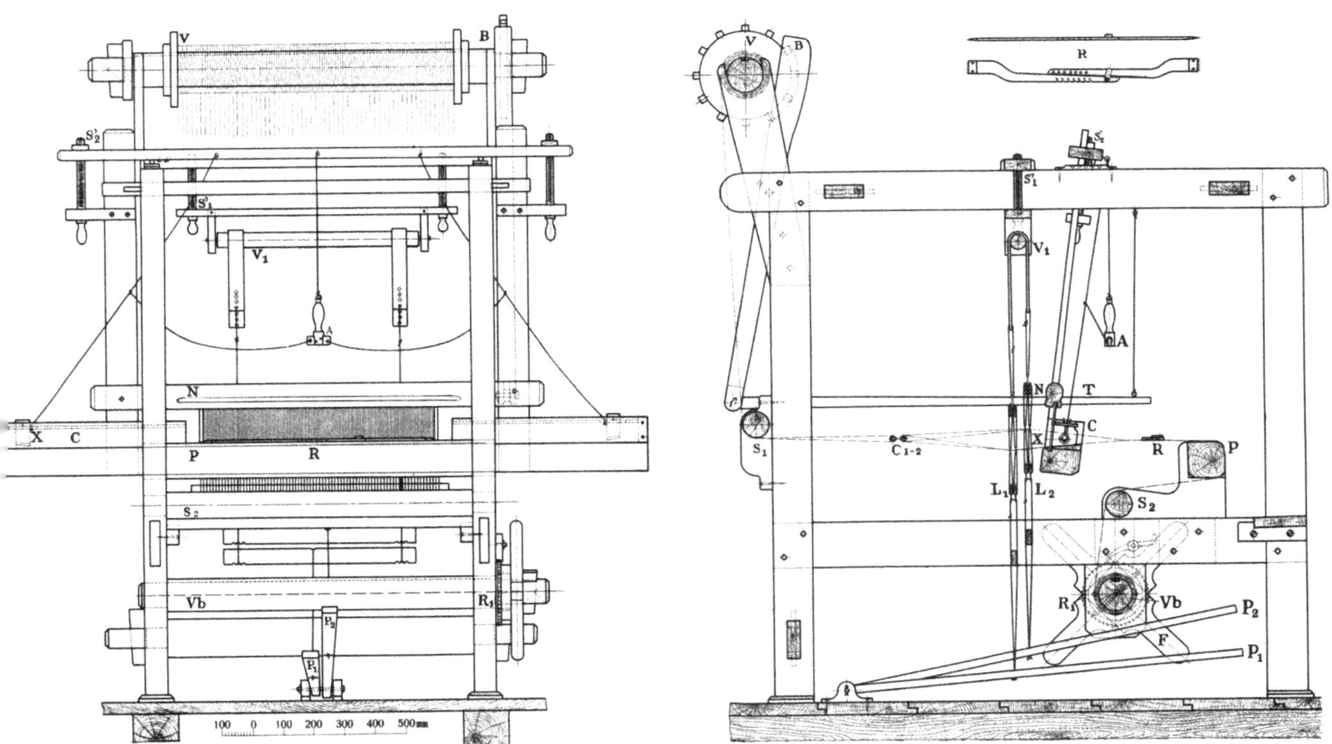

Abb. 4—5. Der Handwebstuhl; rechts oben die Breithalter.

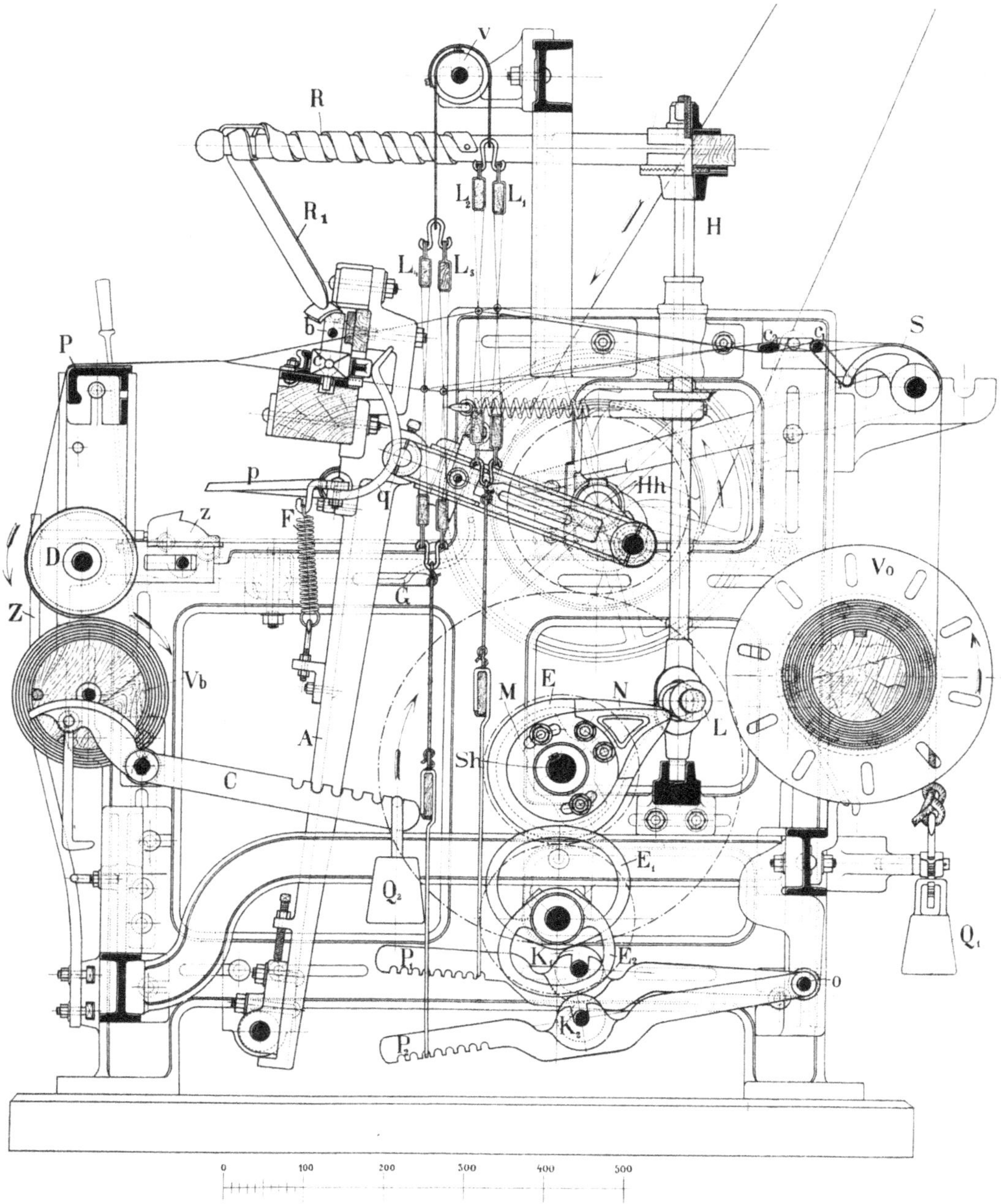

Abb. 6. Der mechanische Webstuhl für Oberschlag. Übersichtsbild.

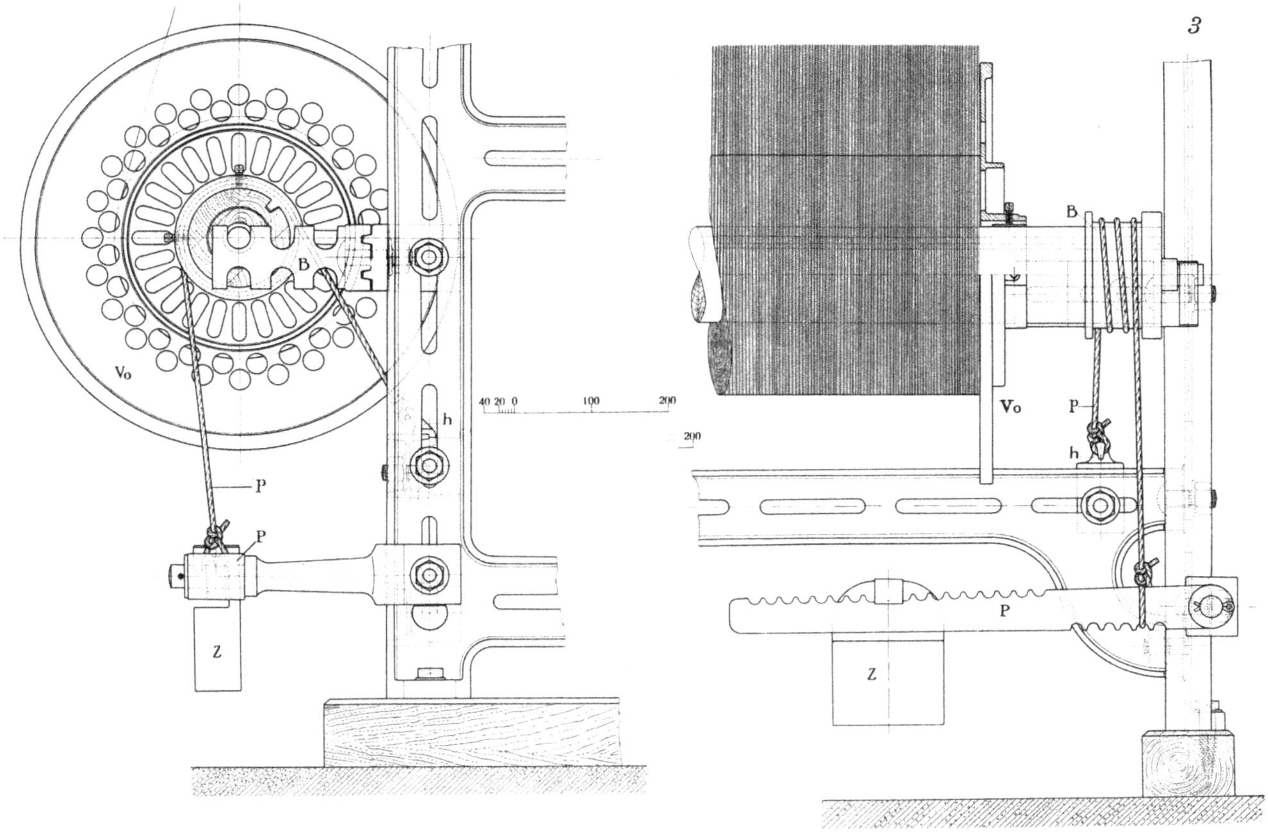

Abb. 7—8. Die einfache **Kettenbaumbremse** (Seilbremse).

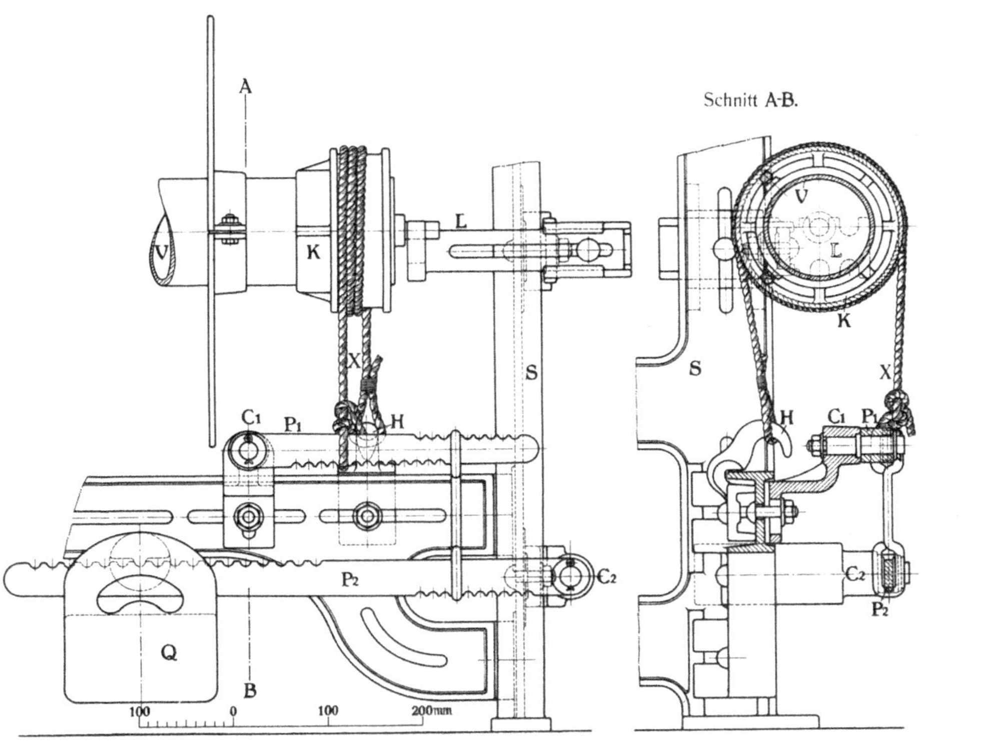

Abb. 9—10. Die Kettenbaumbremse mit zwei Hebeln (für stärkere Bremsung).

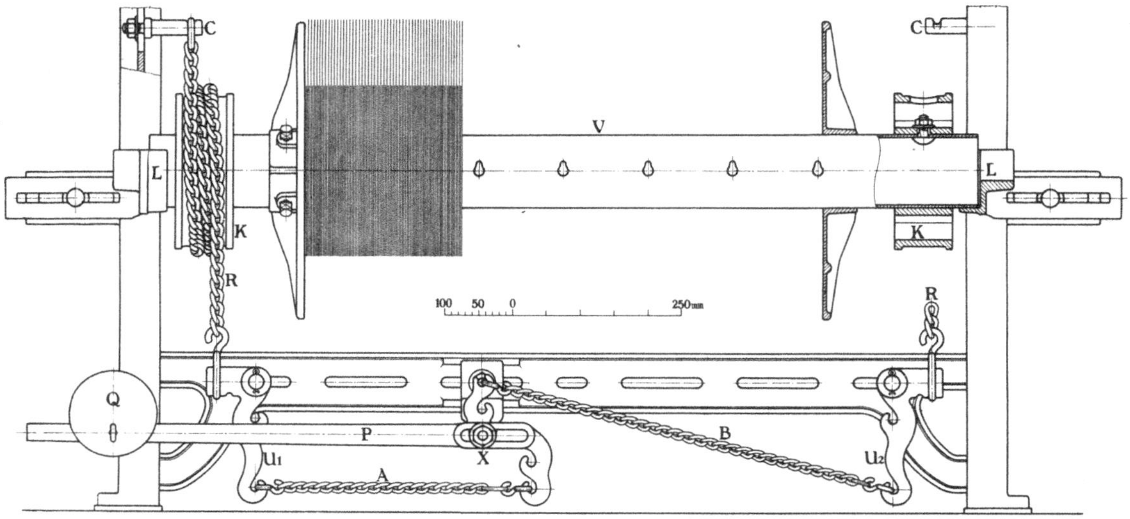

Abb. 11. Die Kettenbaumbremse der Firma Lupton Place (ein Gewicht, beiderseitig wirkend).

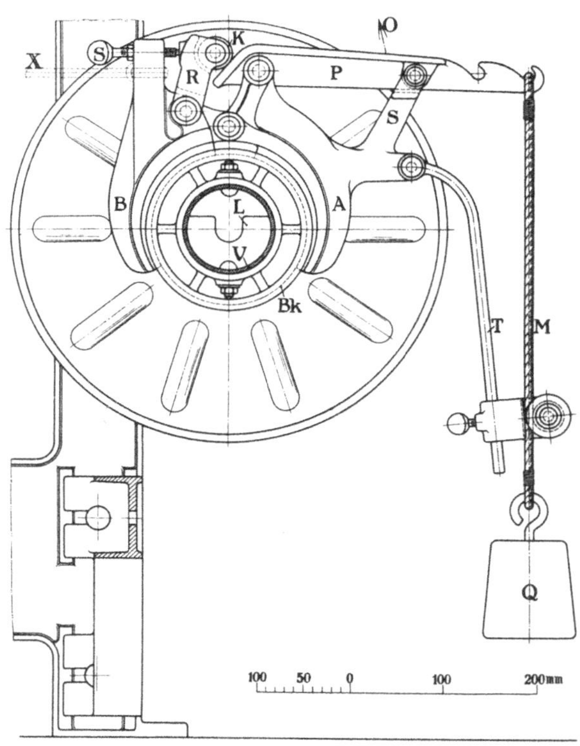

Abb. 13. Die Kettenbaumbremse (schwebende Bremse)
der Firma A. Baer & Comp. in Zürich.

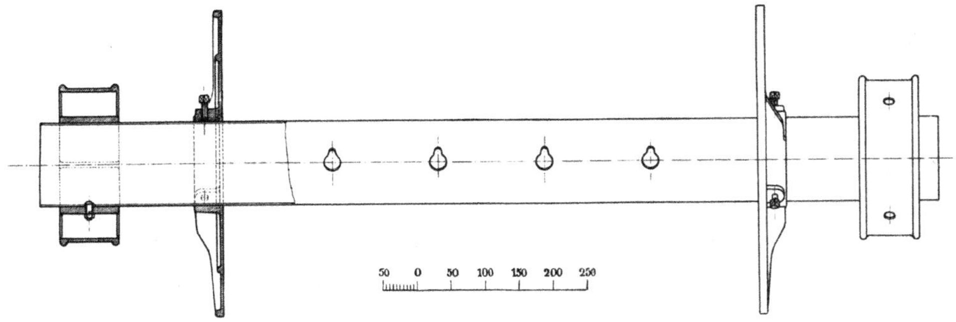

Abb. 12. Der eiserne Kettenbaum (das Walzenrohr mit Scheiben).

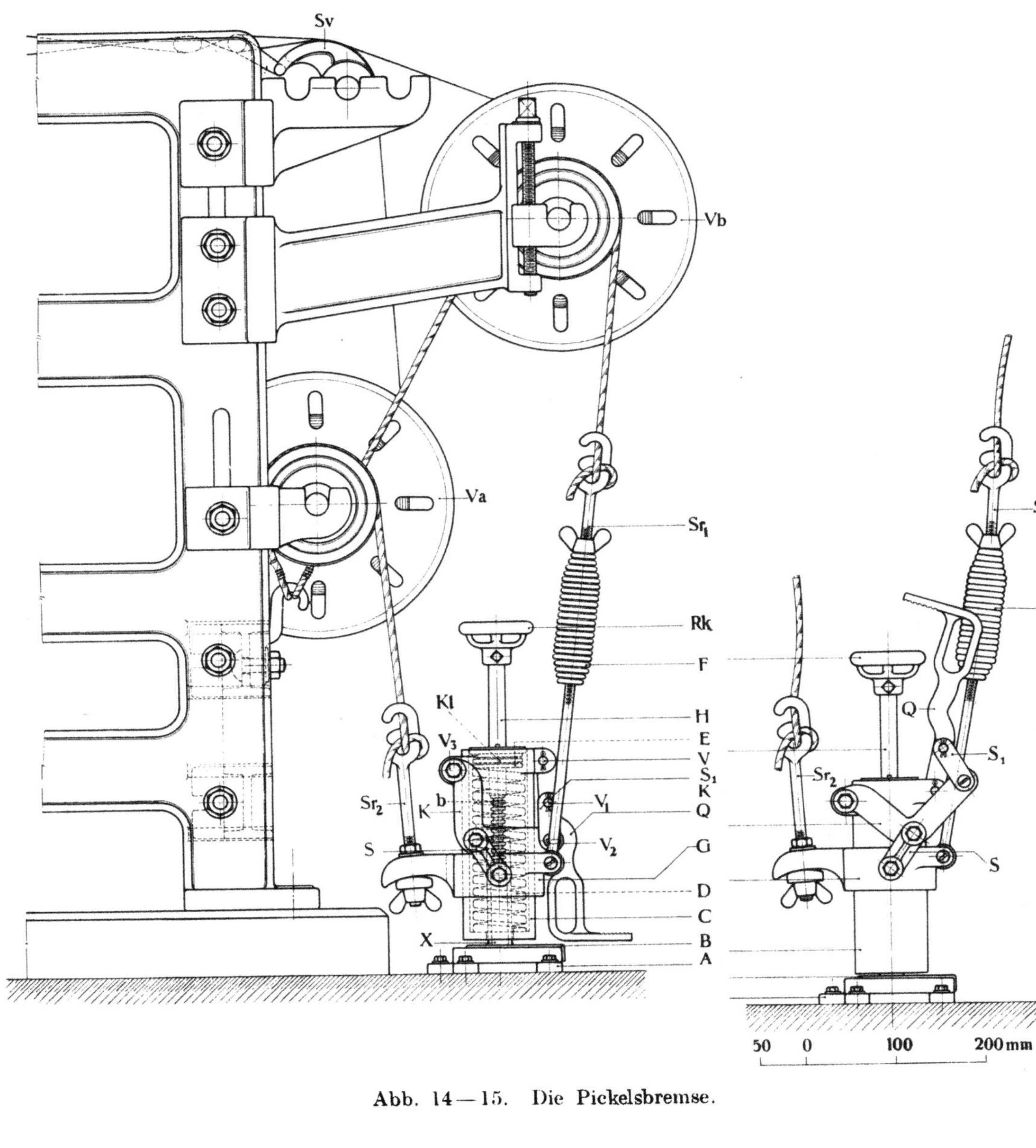

Abb. 14—15. Die Pickelsbremse.

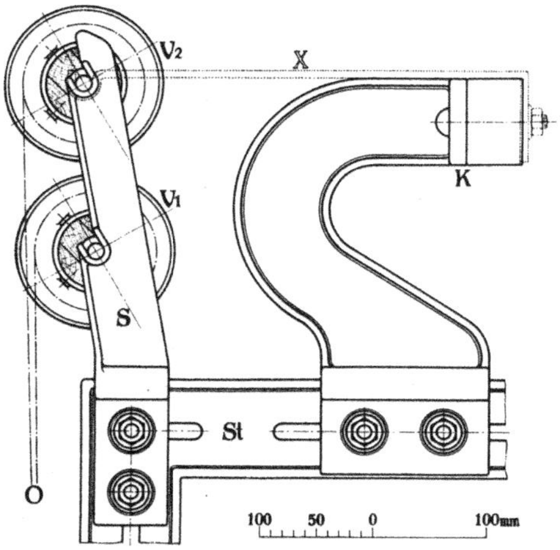

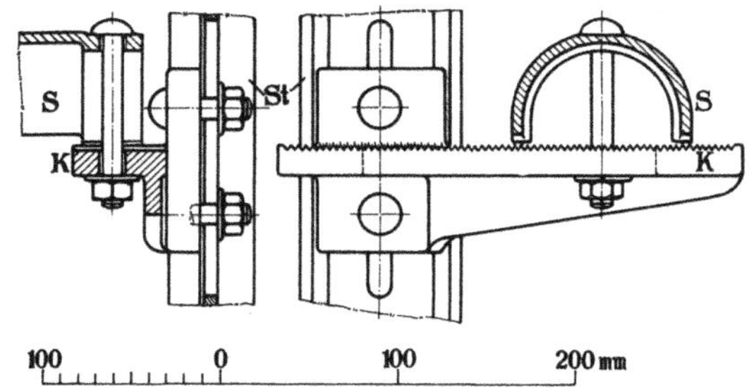

Abb. 17. Der feste Streichbaum.

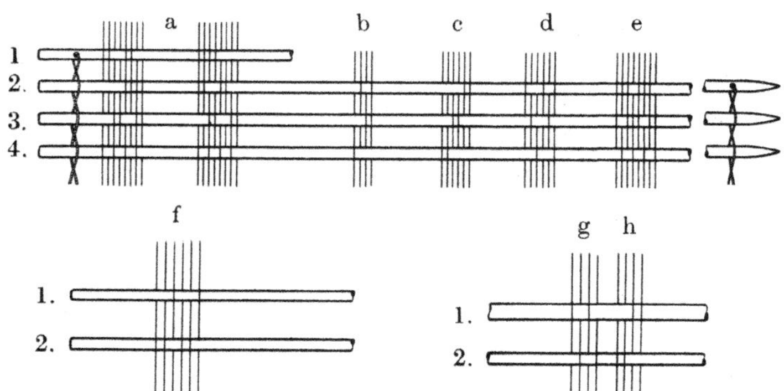

Abb. 18. Die Führung der Fäden durch die Kreuzstäbe.

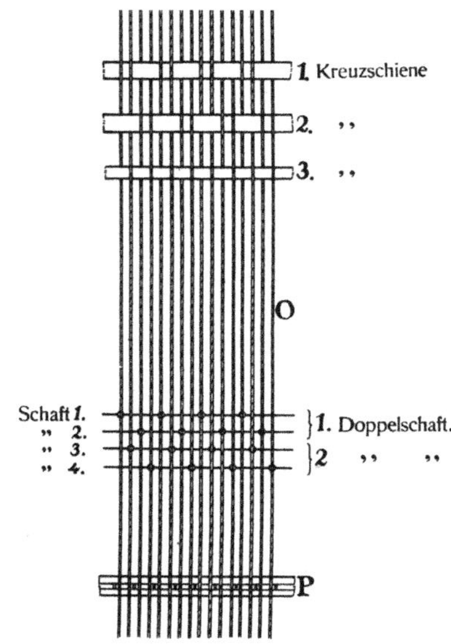

Abb. 19. Die Fadenkreuzung und der Einzug der Fäden für die Leinwandbindung.

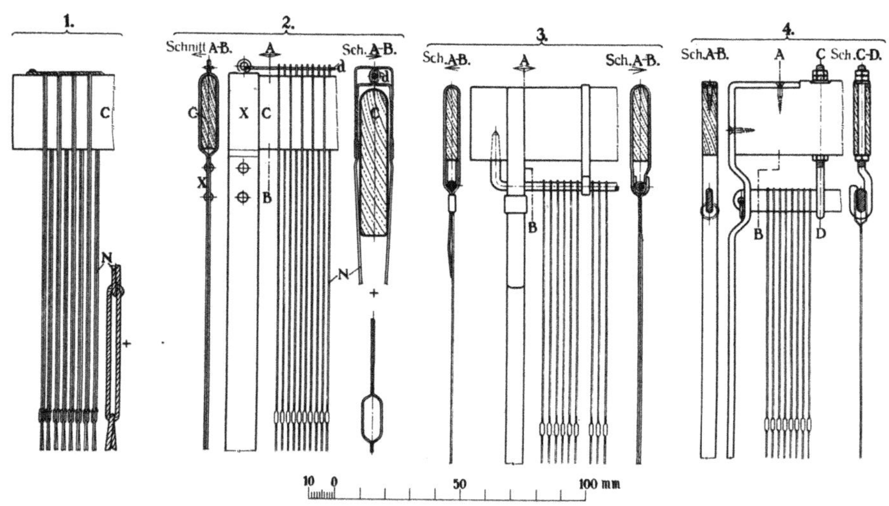

Abb. 20—23. Die üblichen Typen der Zwirn- und Drahtstahllitzen und die Lagerung derselben auf den Schaftstäben.

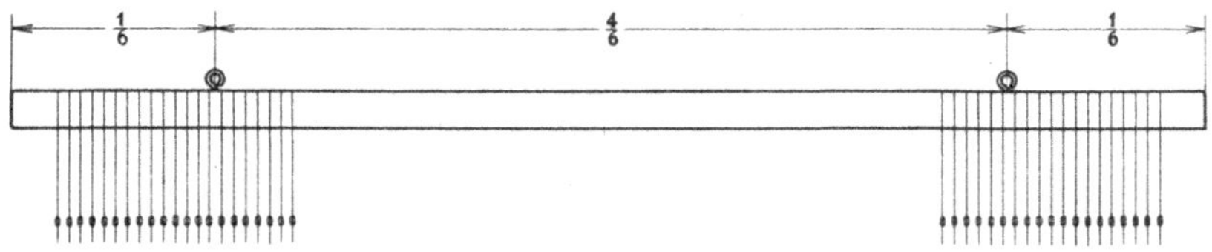

Abb. 24. Geschirrstab und seine Aufhängung.

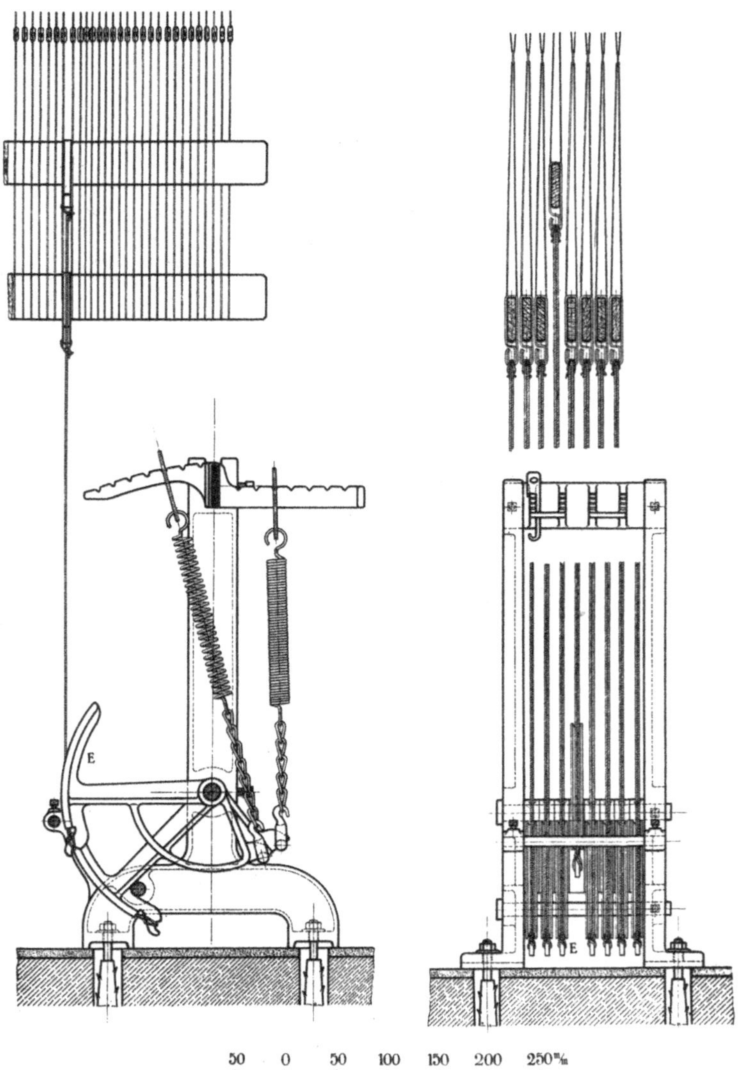

Abb. 27—28. Das schweizerische Federzugregister.

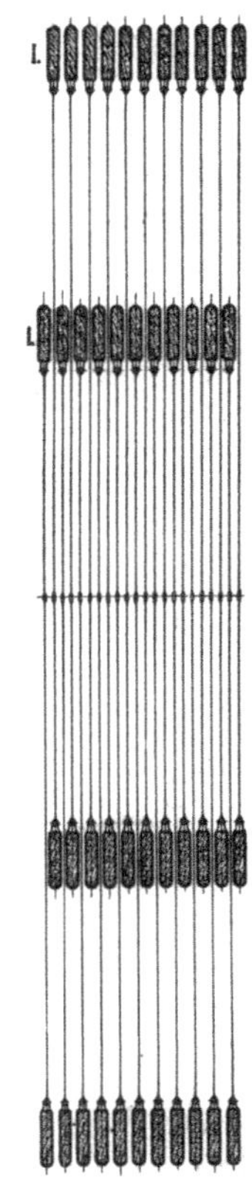

Abb. 26. Das vielschäftige Zeug mit ungleich langen Litzenhelfen.

Abb. 25 befindet sich auf Seite 8.

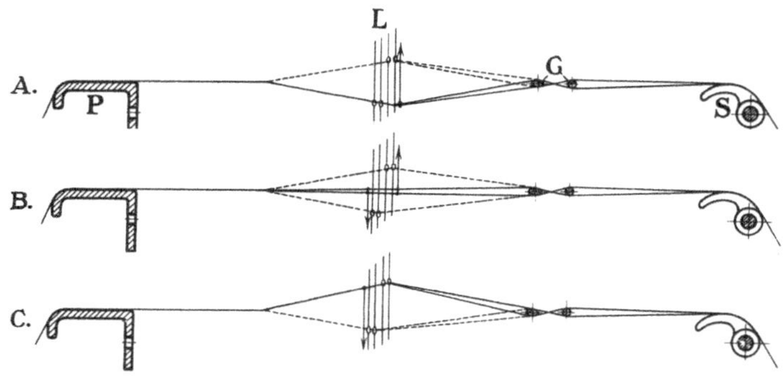

Abb. 25. Drei Fachbildungsarten.

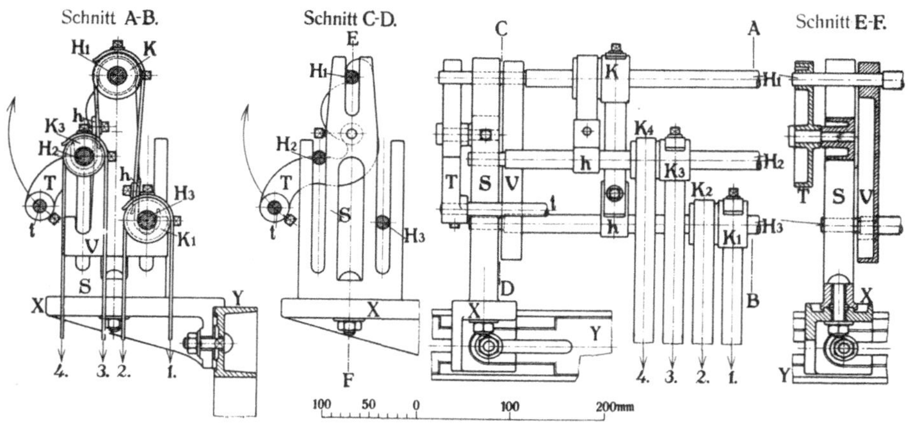

Abb. 29. Gegenzug für vier Schäfte.

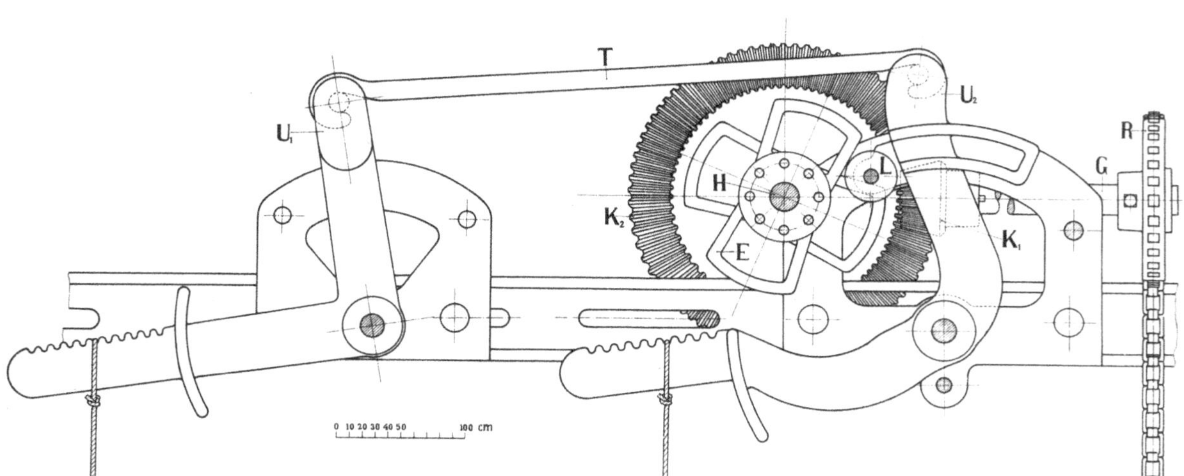

Abb. 32. Exzentervorrichtung nach Horák (Exzenter-Trittmaschine).

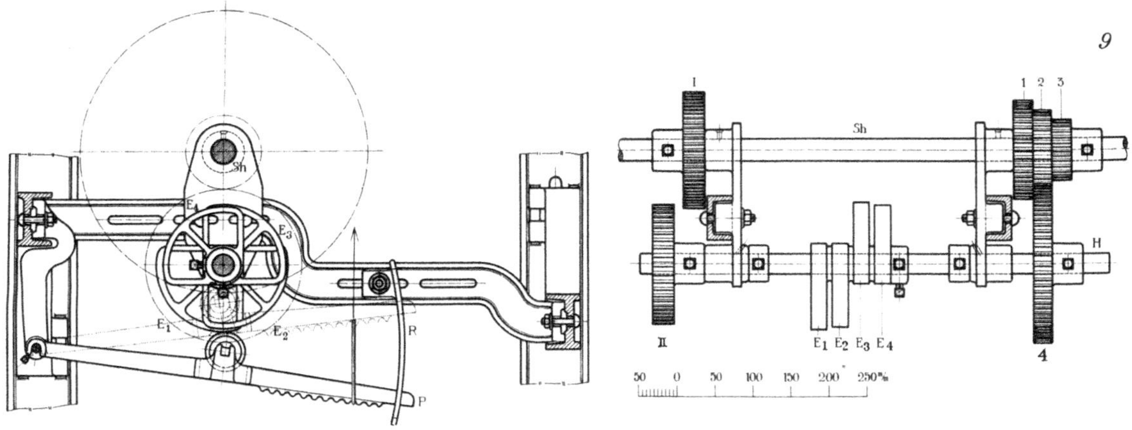

Abb. 30—31. Untere Fachexzentervorrichtung.

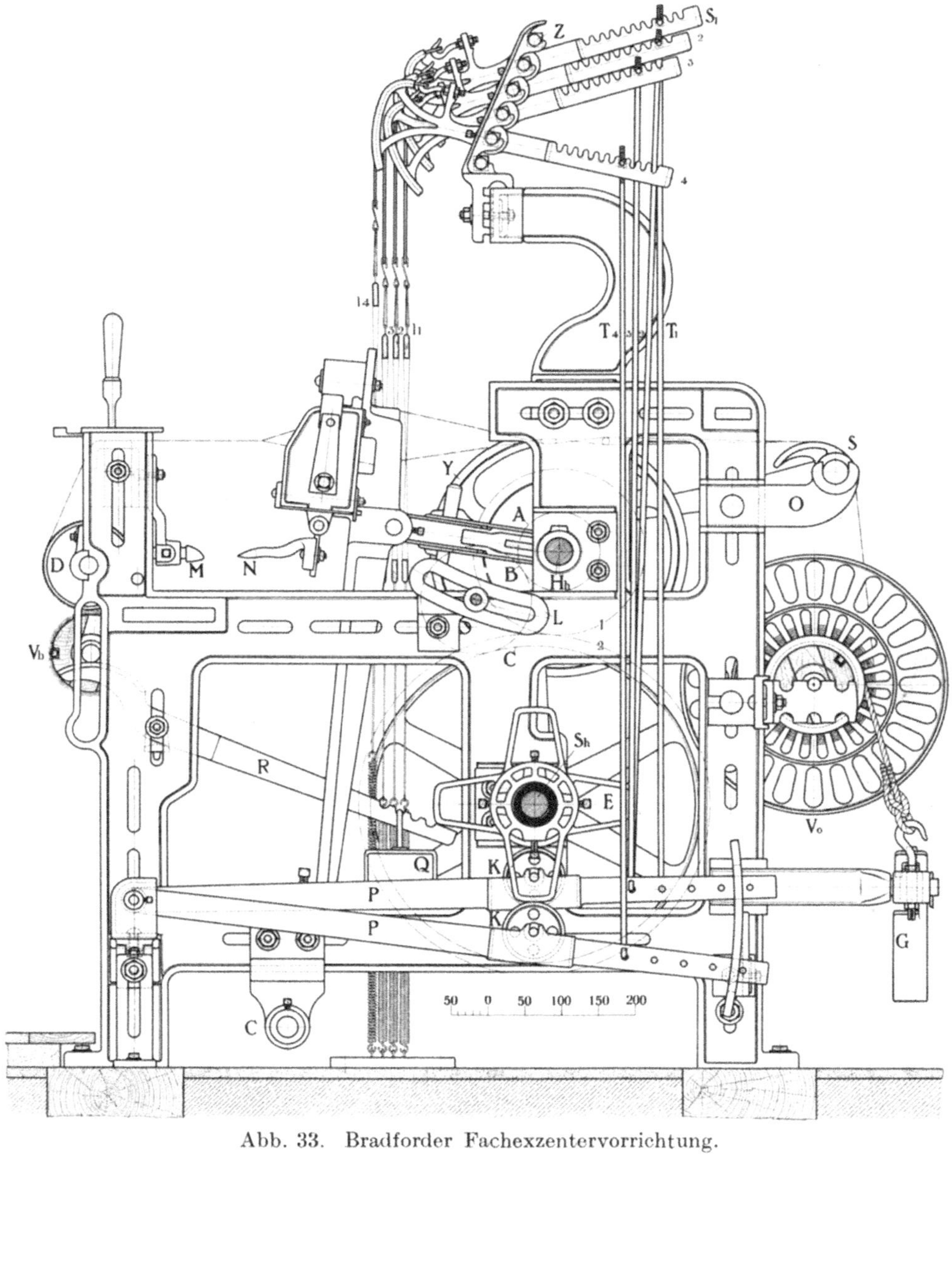

Abb. 33. Bradforder Fachexzentervorrichtung.

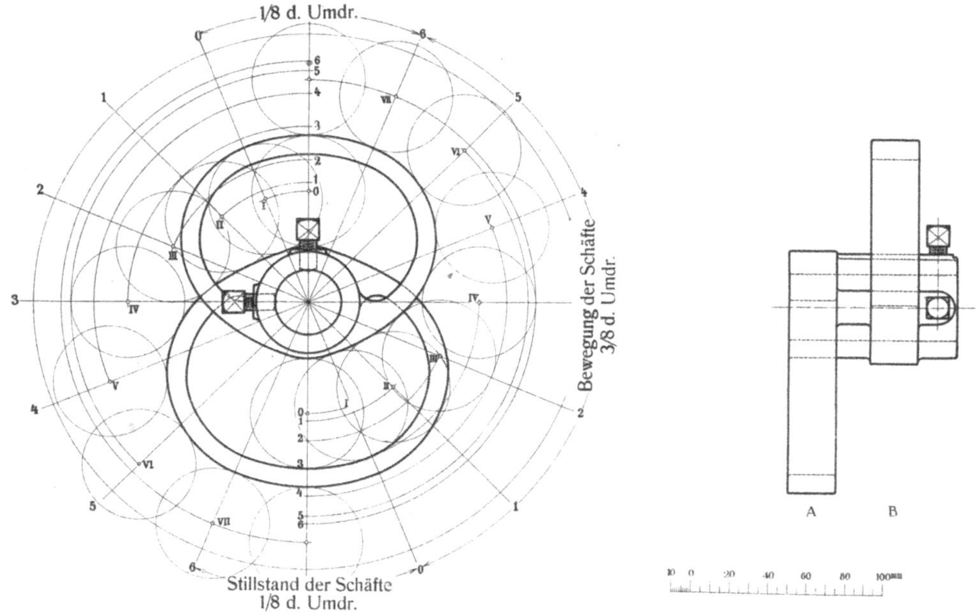

Abb. 34—35. Konstruktion des Leinwandexzenters (Schaftstillstand, 1/8 Umdrehung der unteren Welle, ungleichmäßige Schaftbewegung).

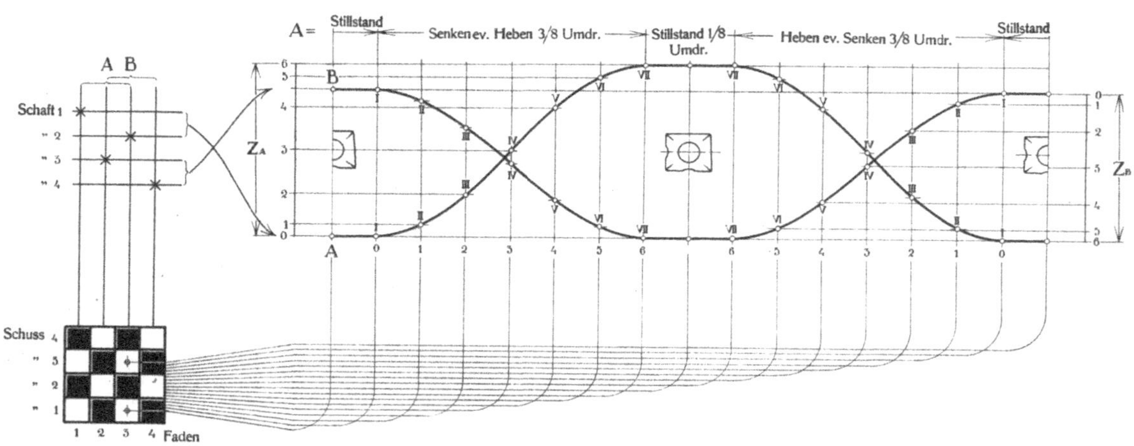

Abb. 36. Das Bewegungsdiagramm der Schäfte für Leinwandbindung.

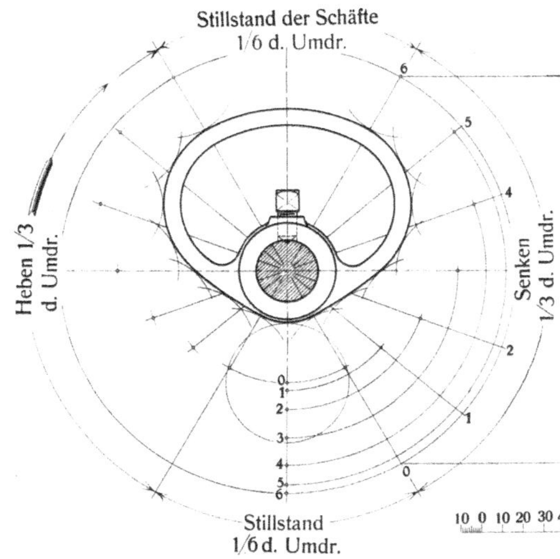

Abb. 37. Leinwandexzenter (Schaftstillstand, $^1/_6$ Umdrehung der unteren Welle und ungleichmäßige Schaftbewegung).

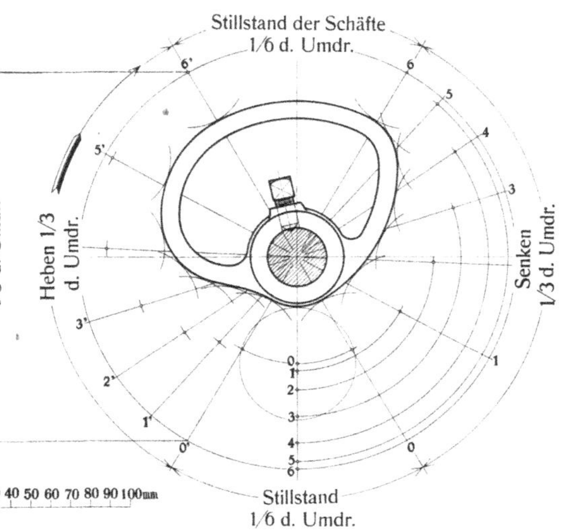

Abb. 38. Leinwandexzenter (ungleichmäßige Bewegungsbeschleunigung und Verzögerung).

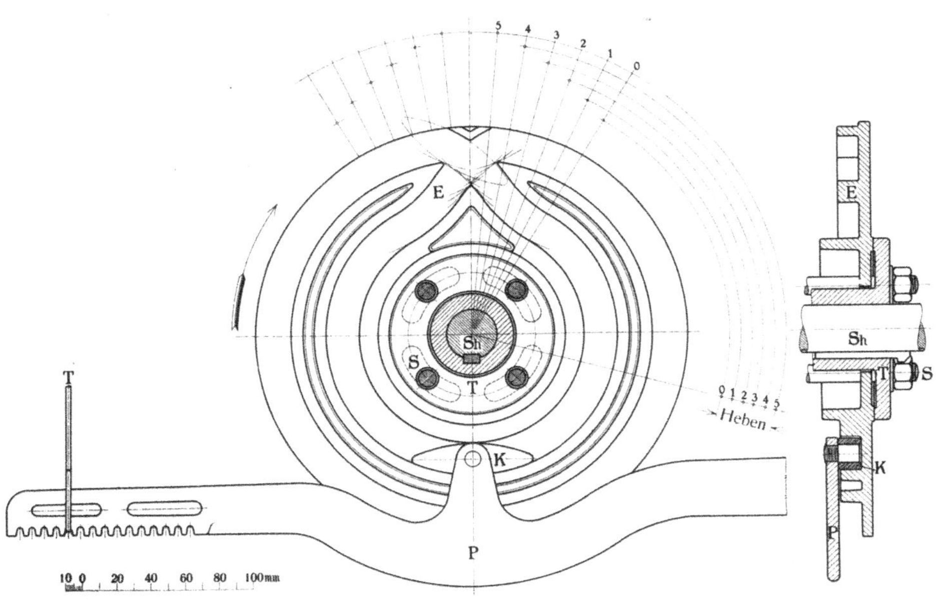

Abb. 39—40. Konstruktion des Nutexzenters.

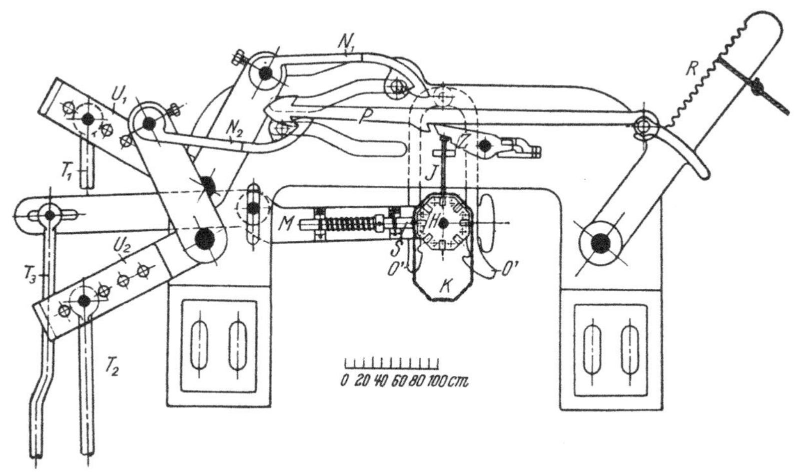

Abb. 46. Schaftmaschine von Hodgson.

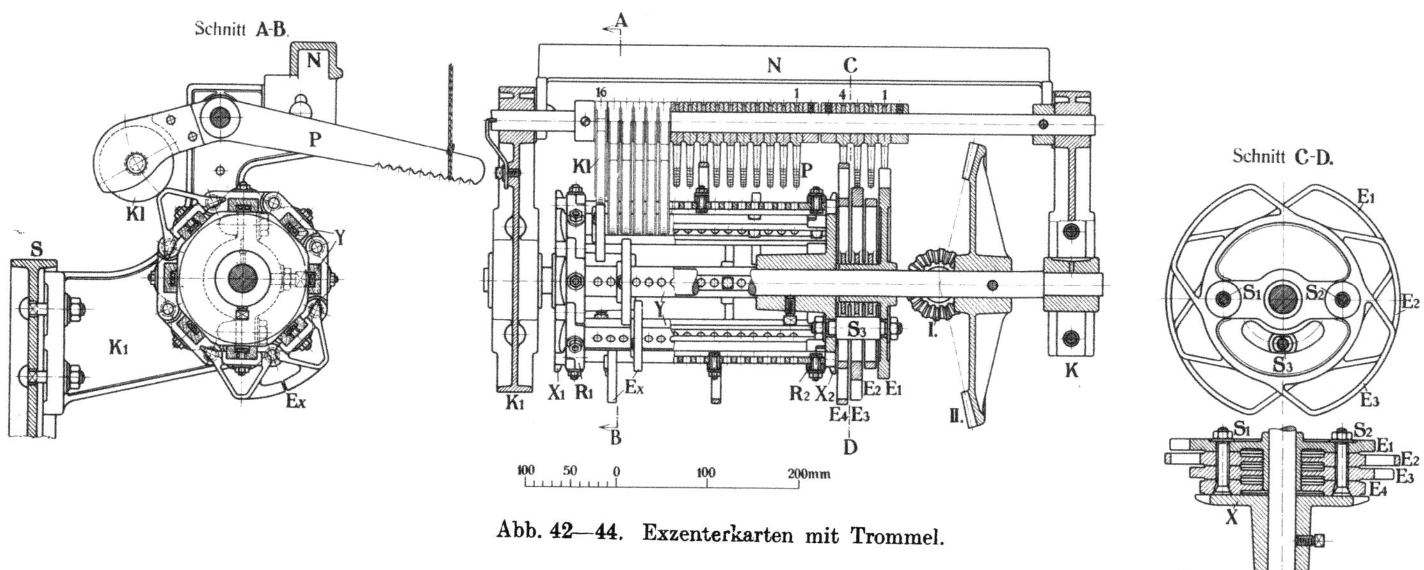

Abb. 42—44. Exzenterkarten mit Trommel.

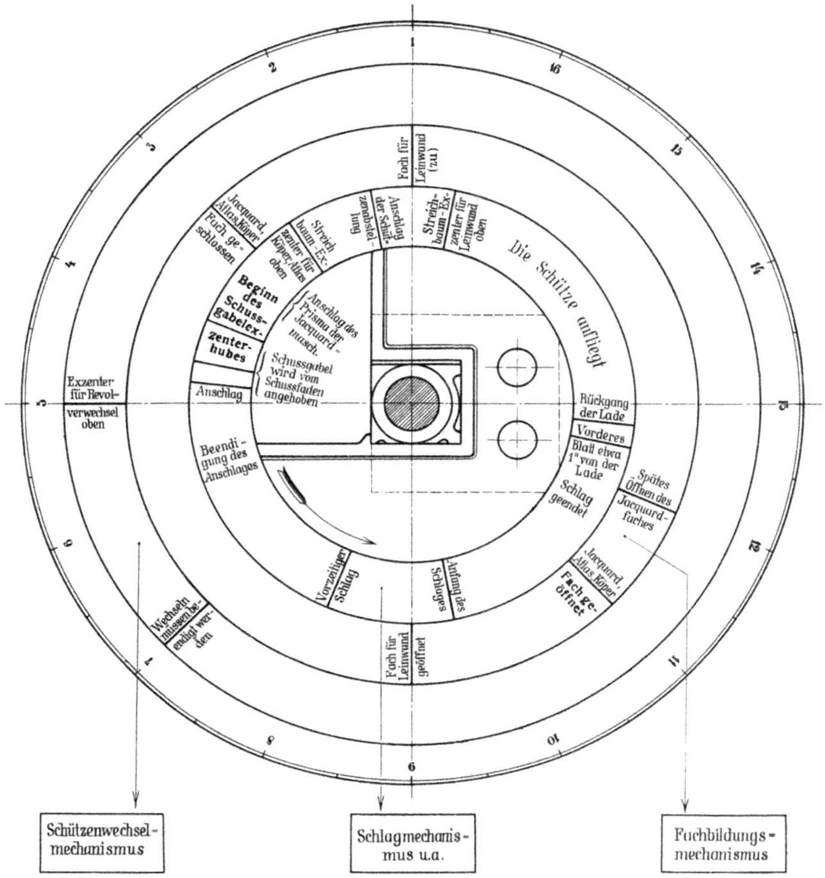

Abb. 41. Diagramm für die Einstellung der Mechanismen des schmalen mechanischen Webstuhles.

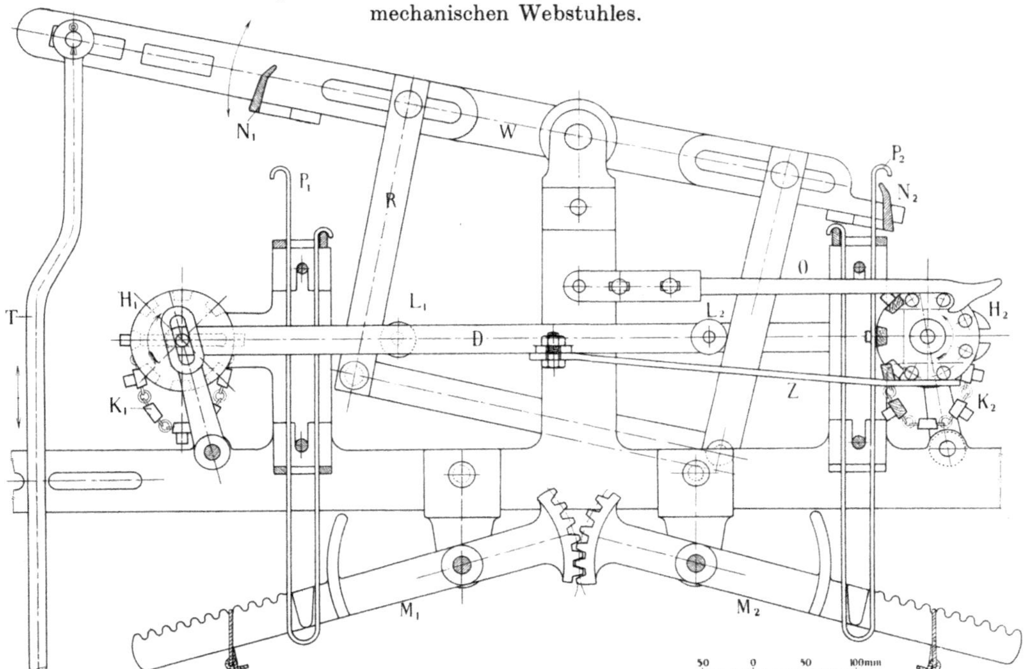

Abb. 45 Dickinsonsche Schaftmaschine.

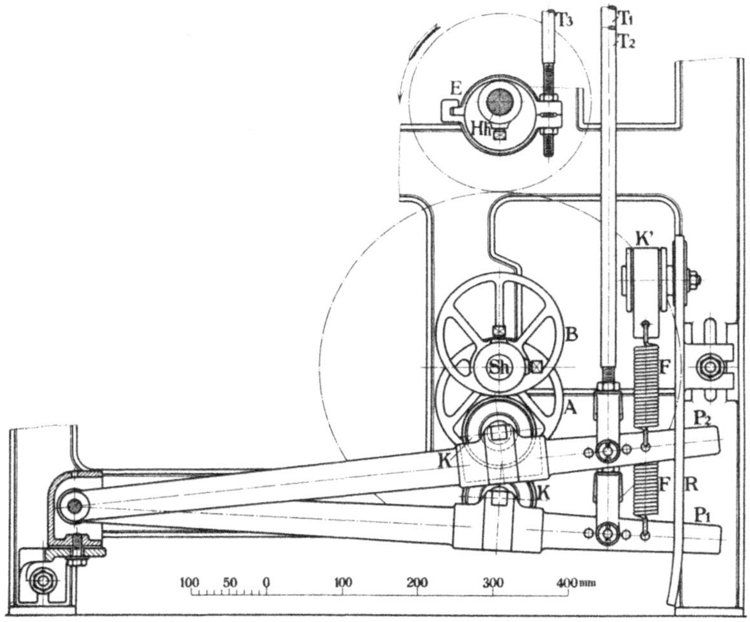

Abb. 47. Antrieb der Hodgson'schen Schaftmaschine.

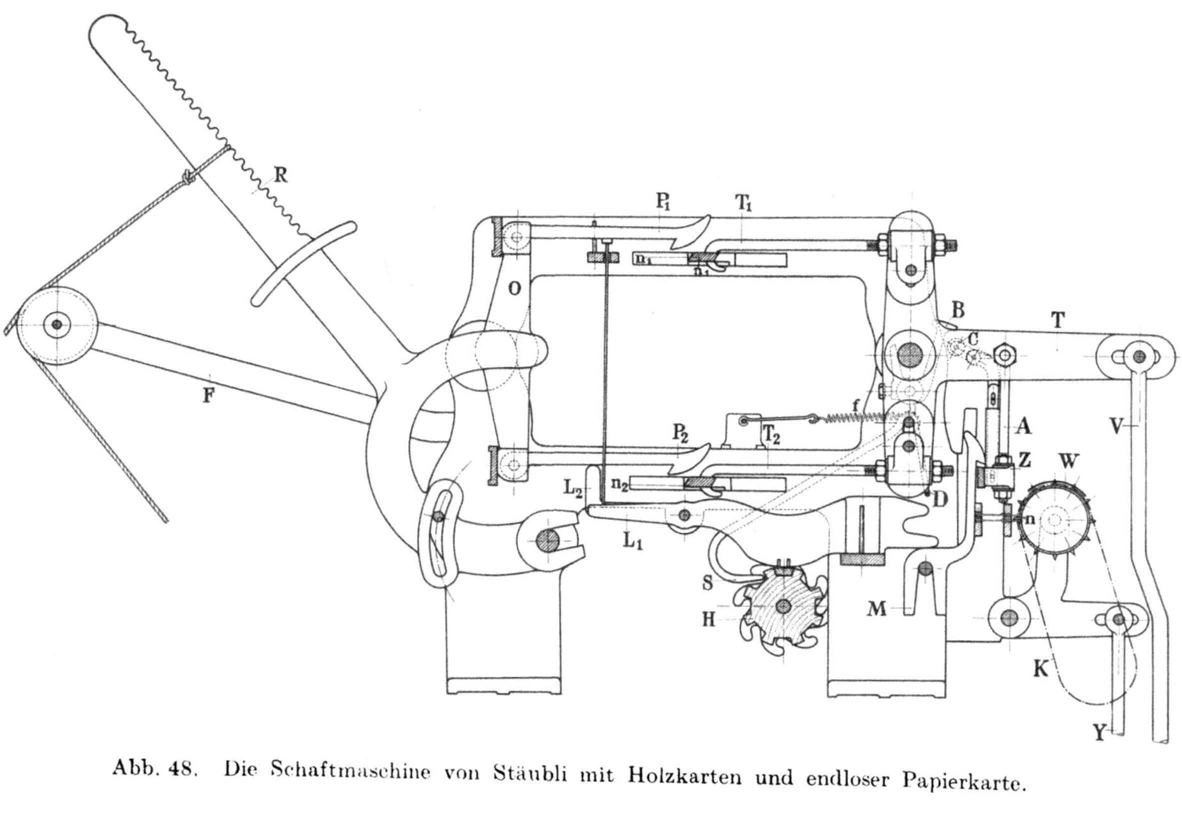

Abb. 48. Die Schaftmaschine von Stäubli mit Holzkarten und endloser Papierkarte.

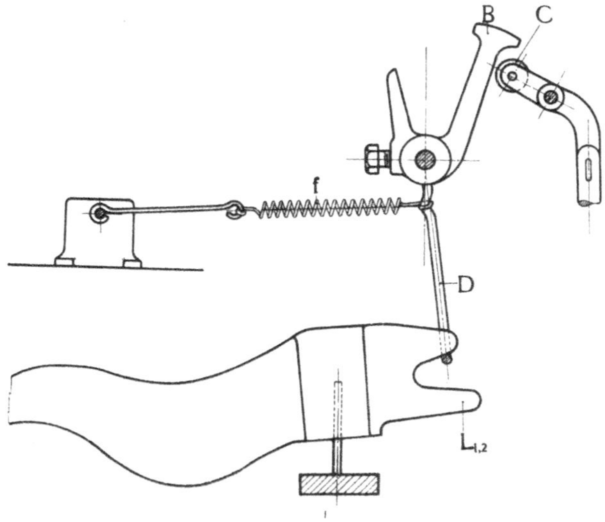

Abb. 48a. Die Steuerung der Stifthebel durch den Draht D.

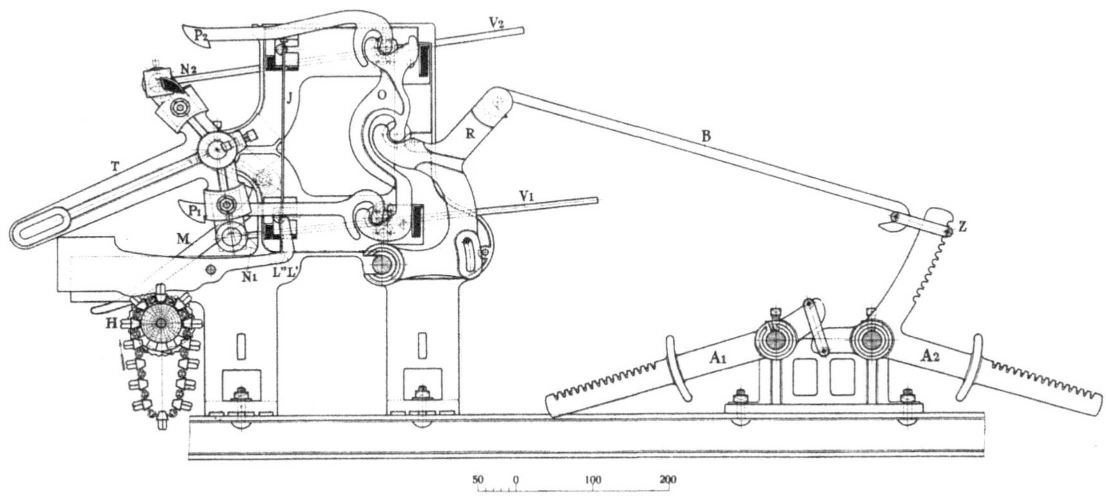

Abb. 49. Schaftmaschine von Stäubli mit Holzkarten und schwingbarem Messer.

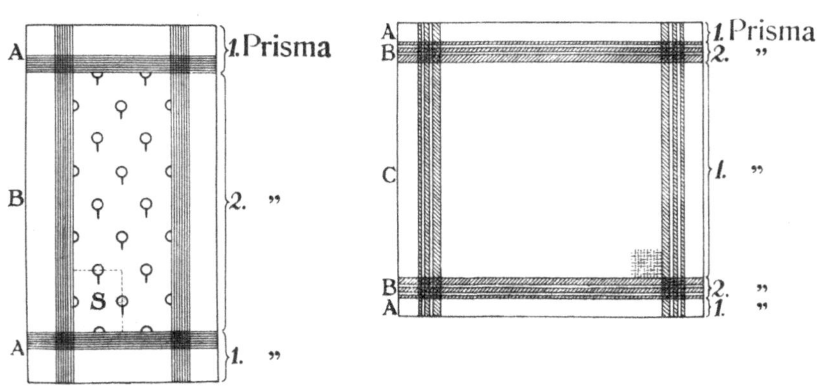

Abb. 50—51. Webmuster für die zweiprismige Maschine.

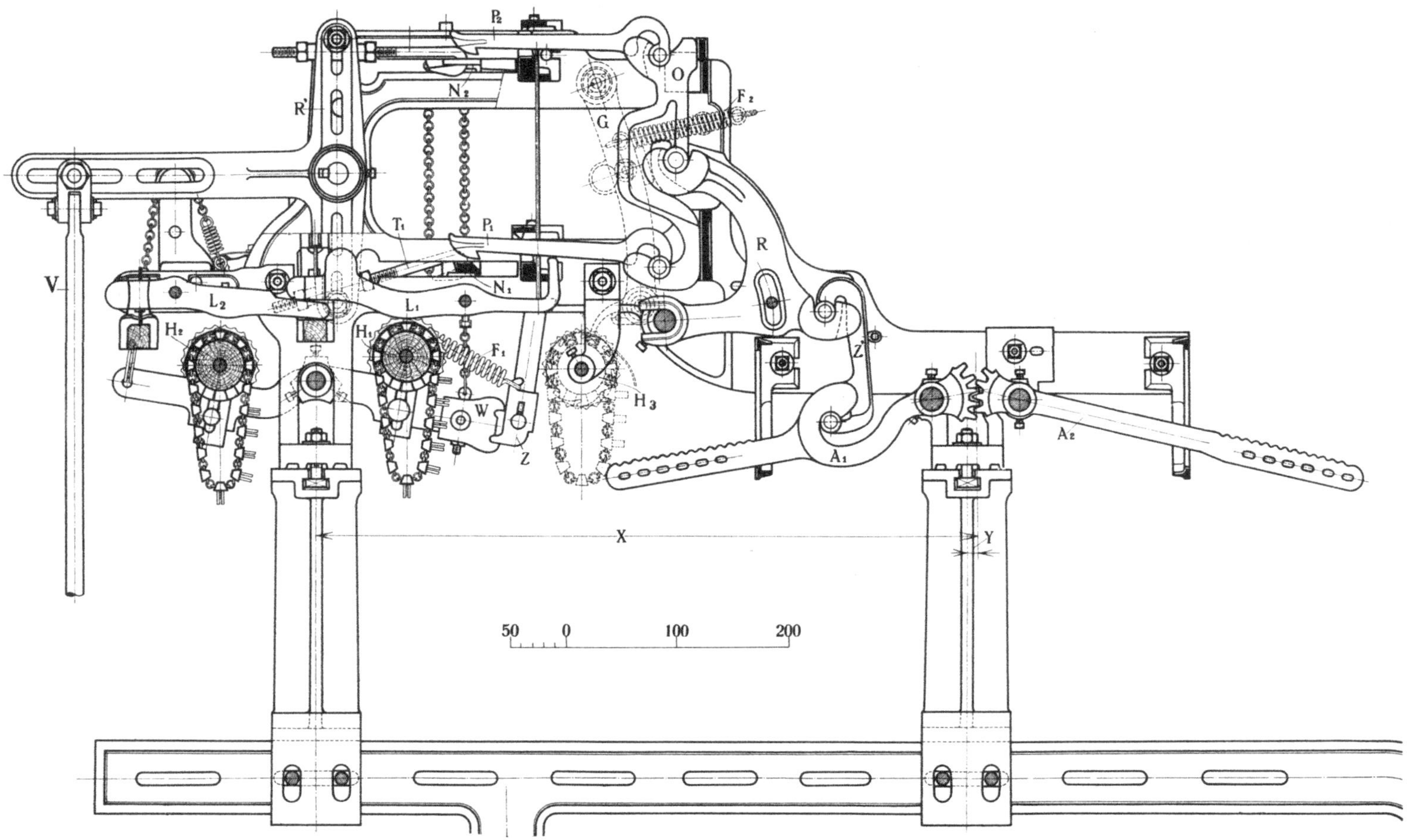

Abb. 52. Zweiprismen-Schaftmaschine der Firma J. Horák in Lomnice a. d. Popelka.

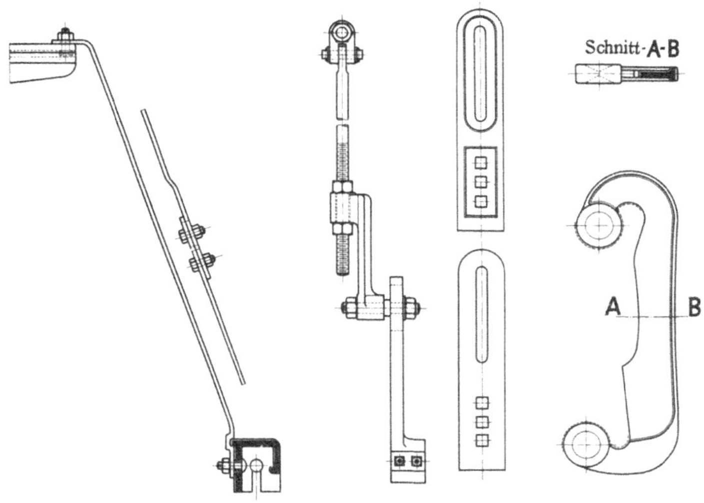

Abb. 53. Details der Horák'schen Schaftmaschine (Stütze der Konsole Y, Kurbel mit Zugstange V, Ev. Verlängerung des dreiarmigen Hebels R', Zugstück Z' in Draufsicht und Schnitt). Alles in Abb. 52.

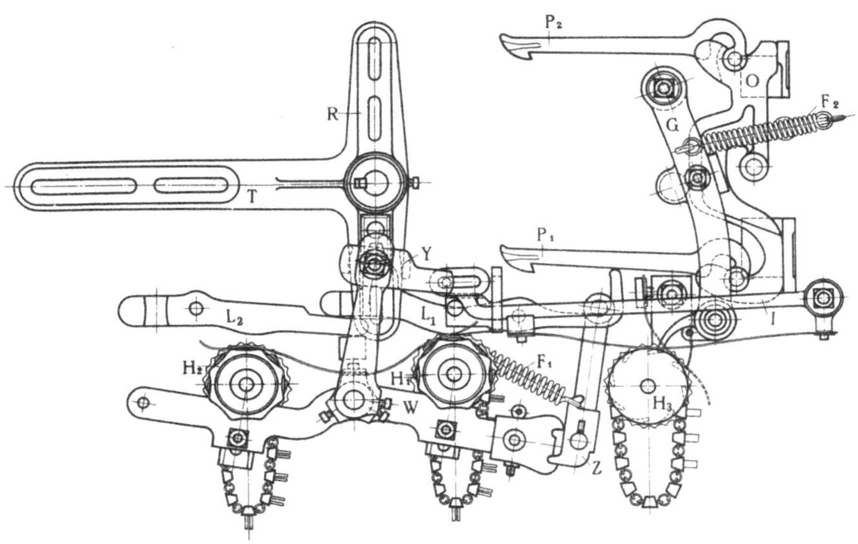

Abb. 54. Wechselvorrichtung der Zweiprismen-Schaftmaschine der **Firma** J. Horák in Lomnice a/P.

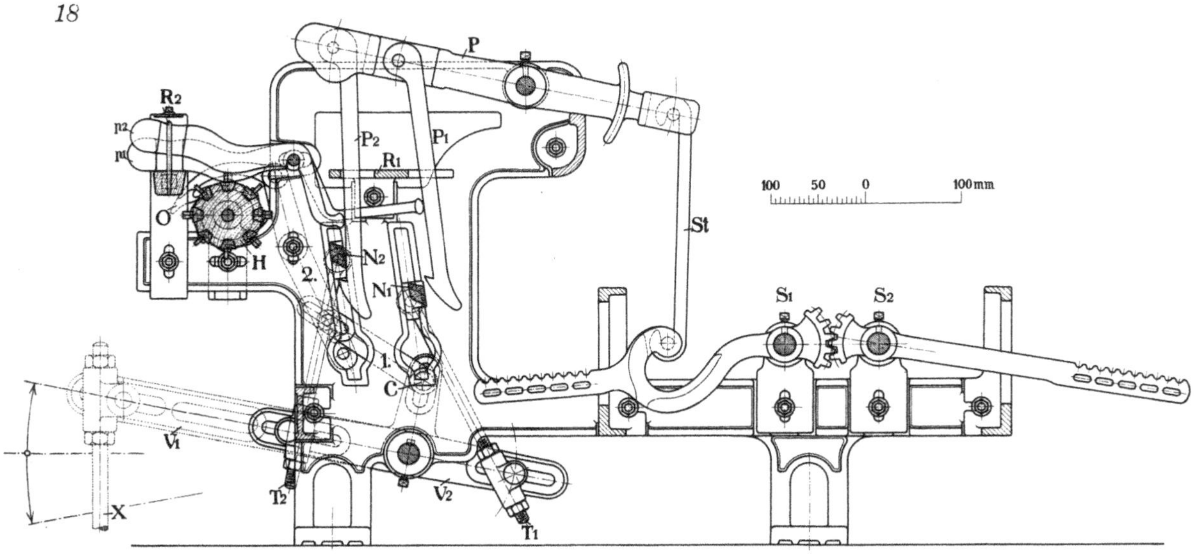

Abb. 55. Schaftmaschine „Progress“ der Firma J. Horák in Lomnice a/P.

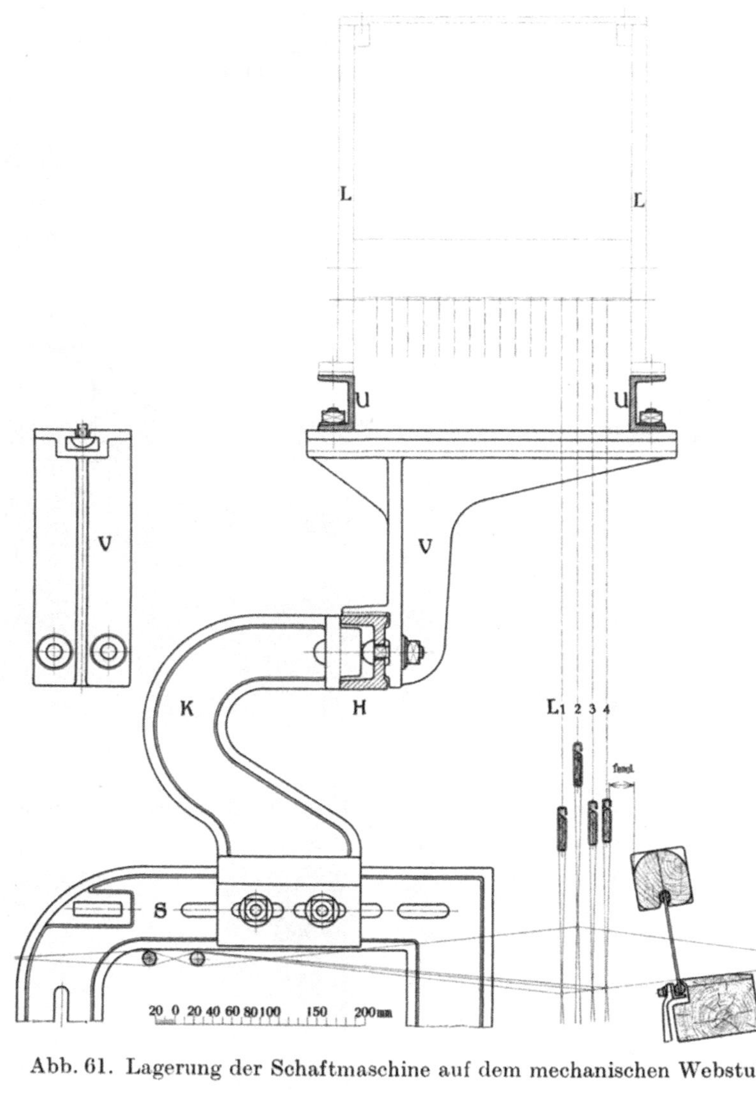

Abb. 61. Lagerung der Schaftmaschine auf dem mechanischen Webstuhl.

Abb. 56.

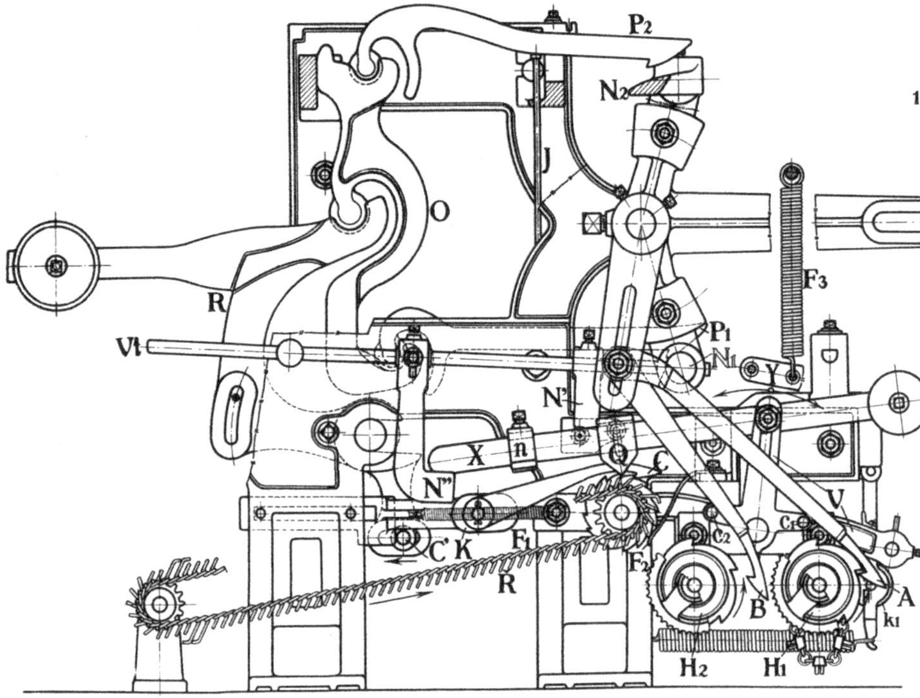

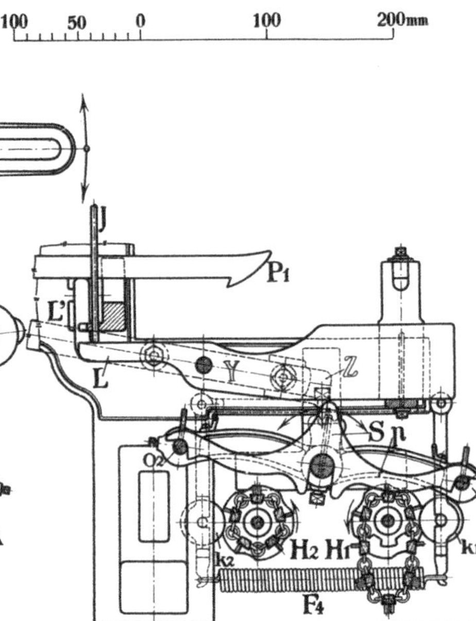

Abb. 57.

Abb. 56—57. Zweiprismen-Schaftmaschine von Stäubli.

Abb. 58, 59 und 60 befinden sich auf Seite 20.

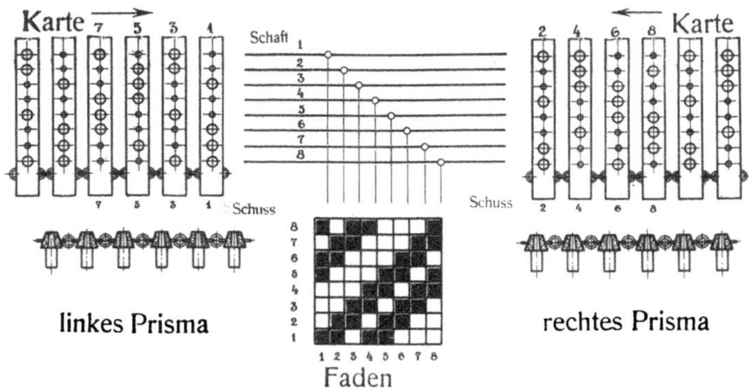

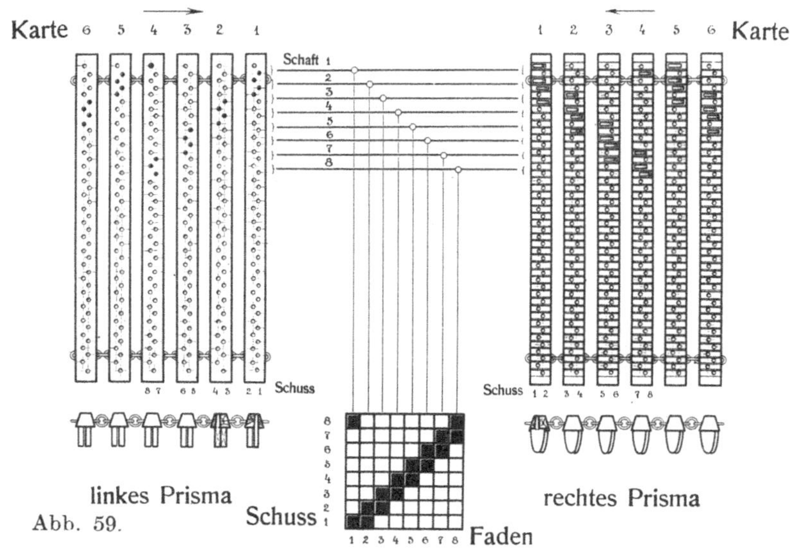

Abb. 59.

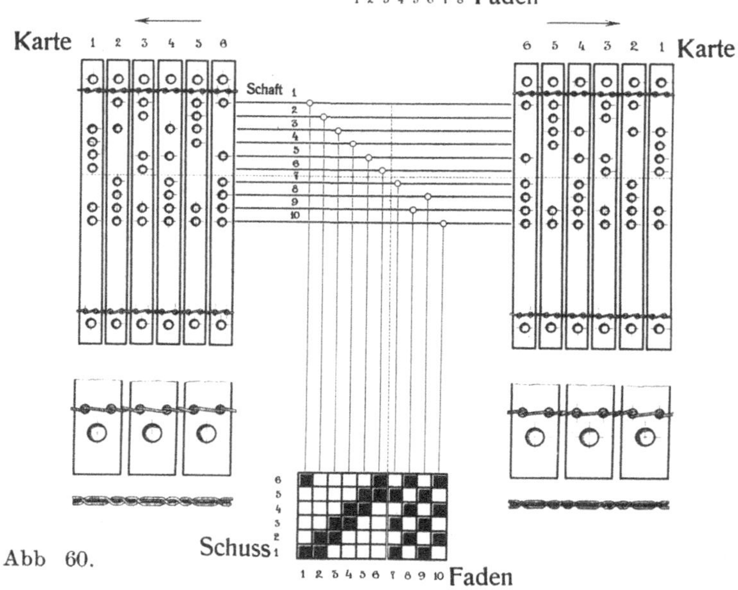

Abb 60.

Abb. 58—60. Anleitung zur Kartenvorbereitung für die Schaftmaschine.
Abb. 58 für die Dickinsonsche Maschine,
Abb. 59 für die gewöhnliche Horáksche oder Stäubli-Maschine.
Abb. 60 für die Hodgsonsche Maschine.

Abb. 62.

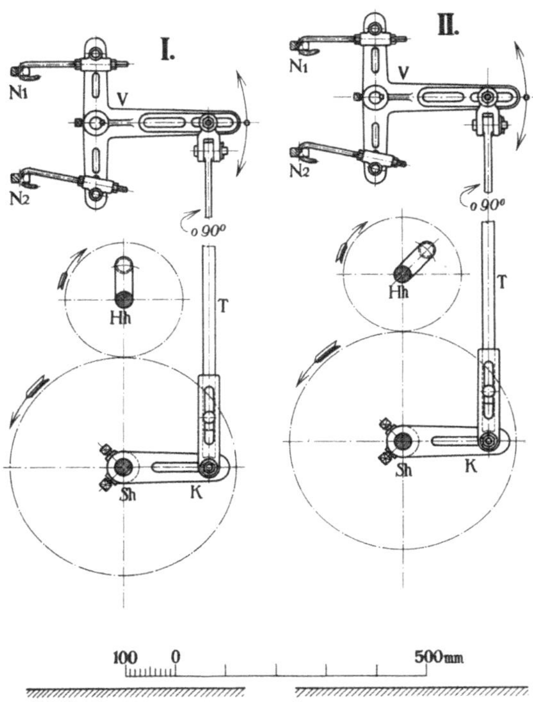

Abb. 62—63. Kurbeleinstellung für die Grundbindungen beim Webstuhl mit Schaftmaschine.

Abb 64. Abb. 65.

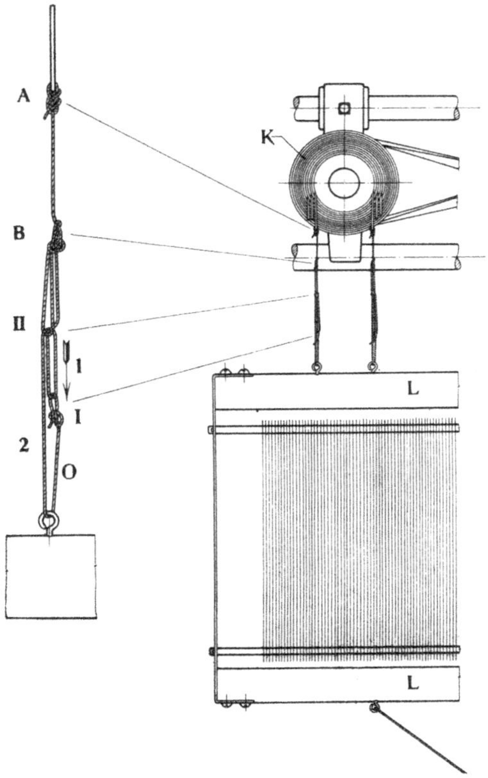

Abb. 64—65. Schnurregulierung der hängenden Schäfte.

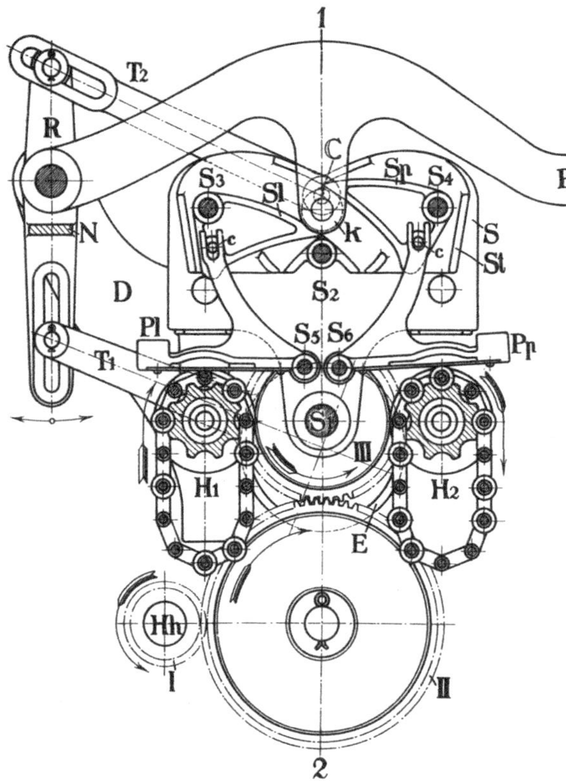

Abb. 66.

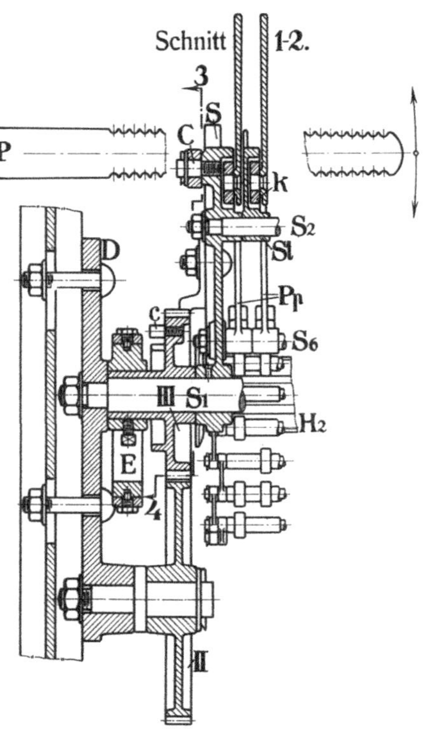

Abb. 67.

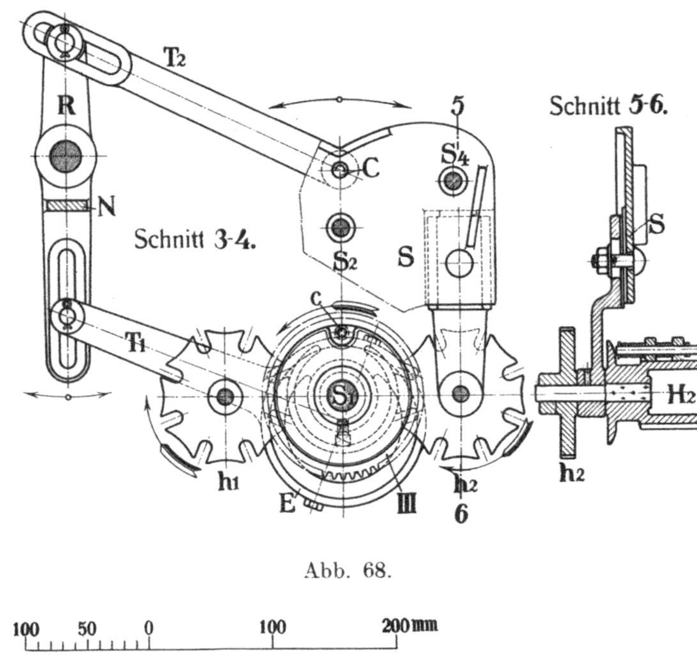

Abb. 68.

Abb. 66—68. Nuttall-Schaftmaschine.

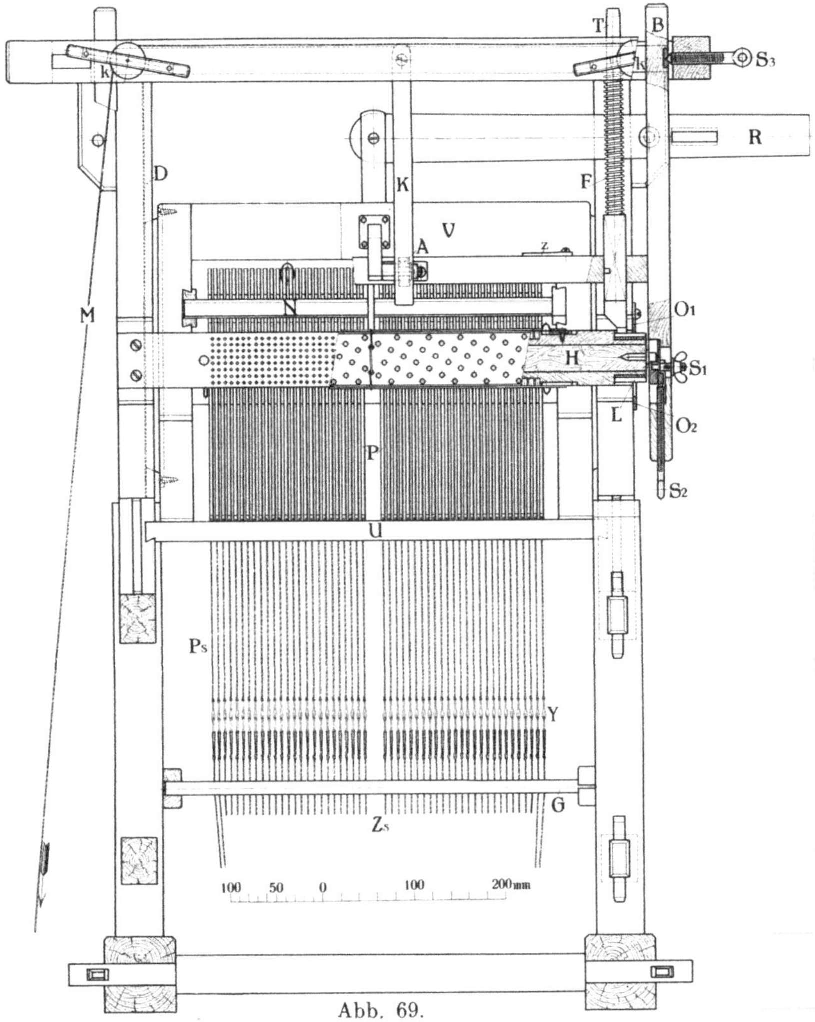

Abb. 69.

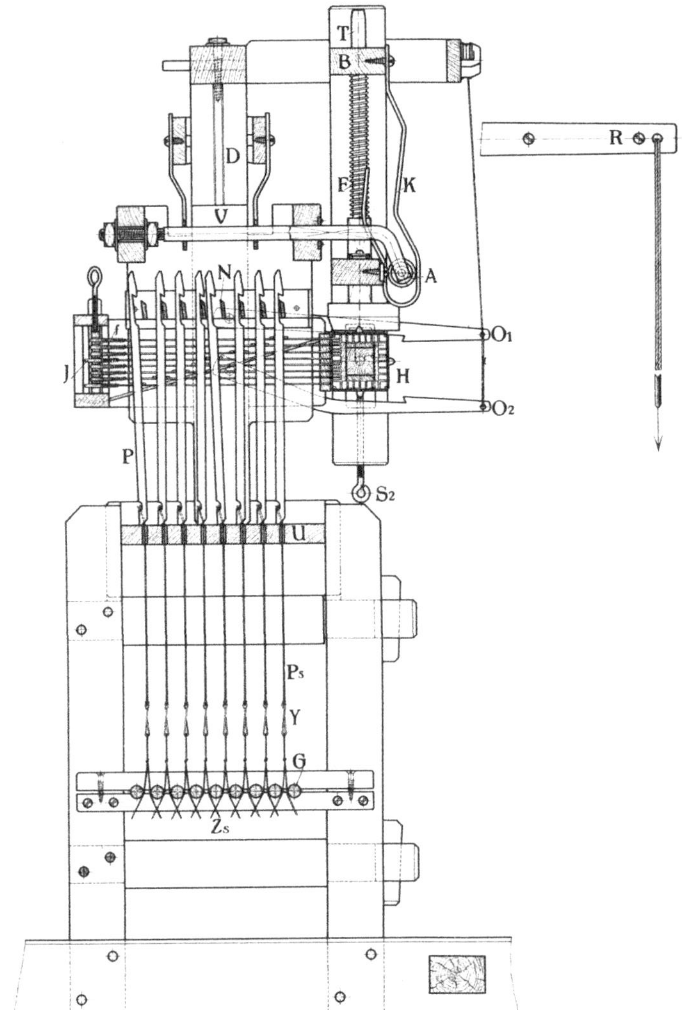

Abb. 70.

Abb. 69—70. Einhubjacquardmaschine aus Holz für Handstühle.

Abb. 72.

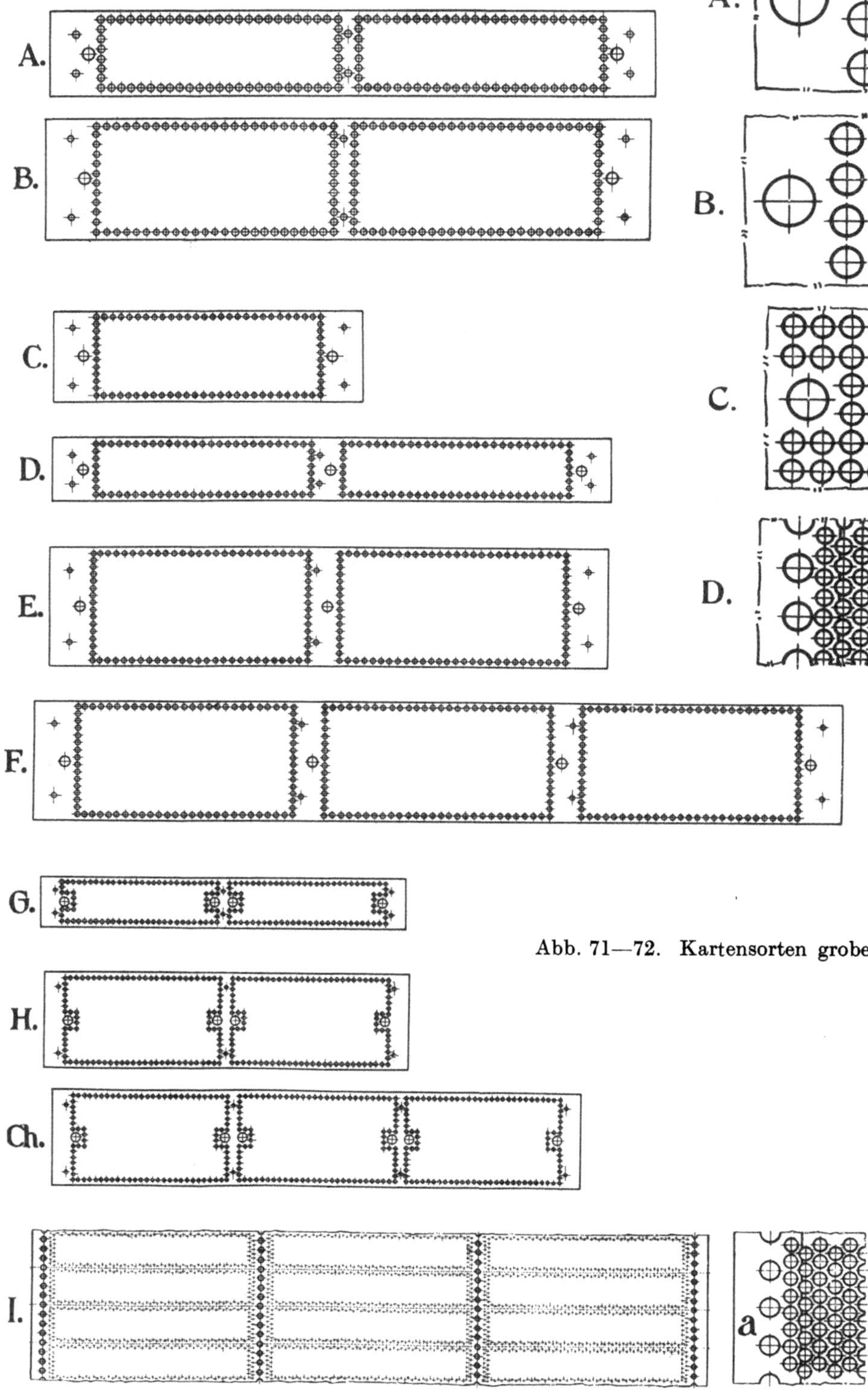

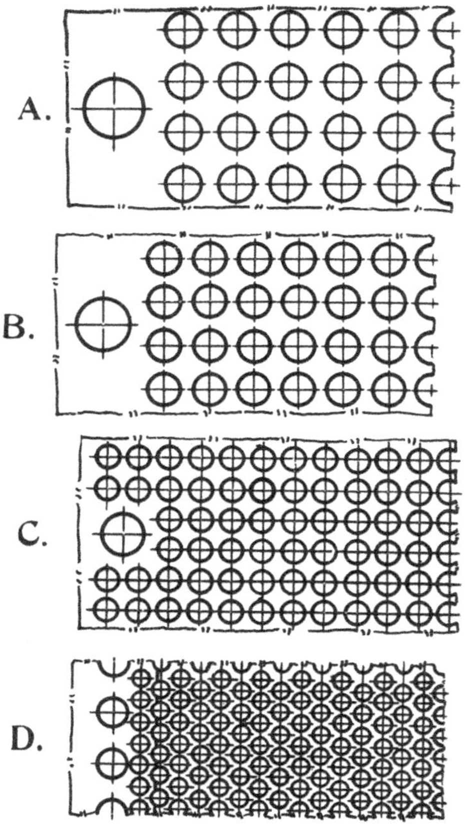

Abb. 71.

Abb. 71—72. Kartensorten grober und **feiner** Teilung.

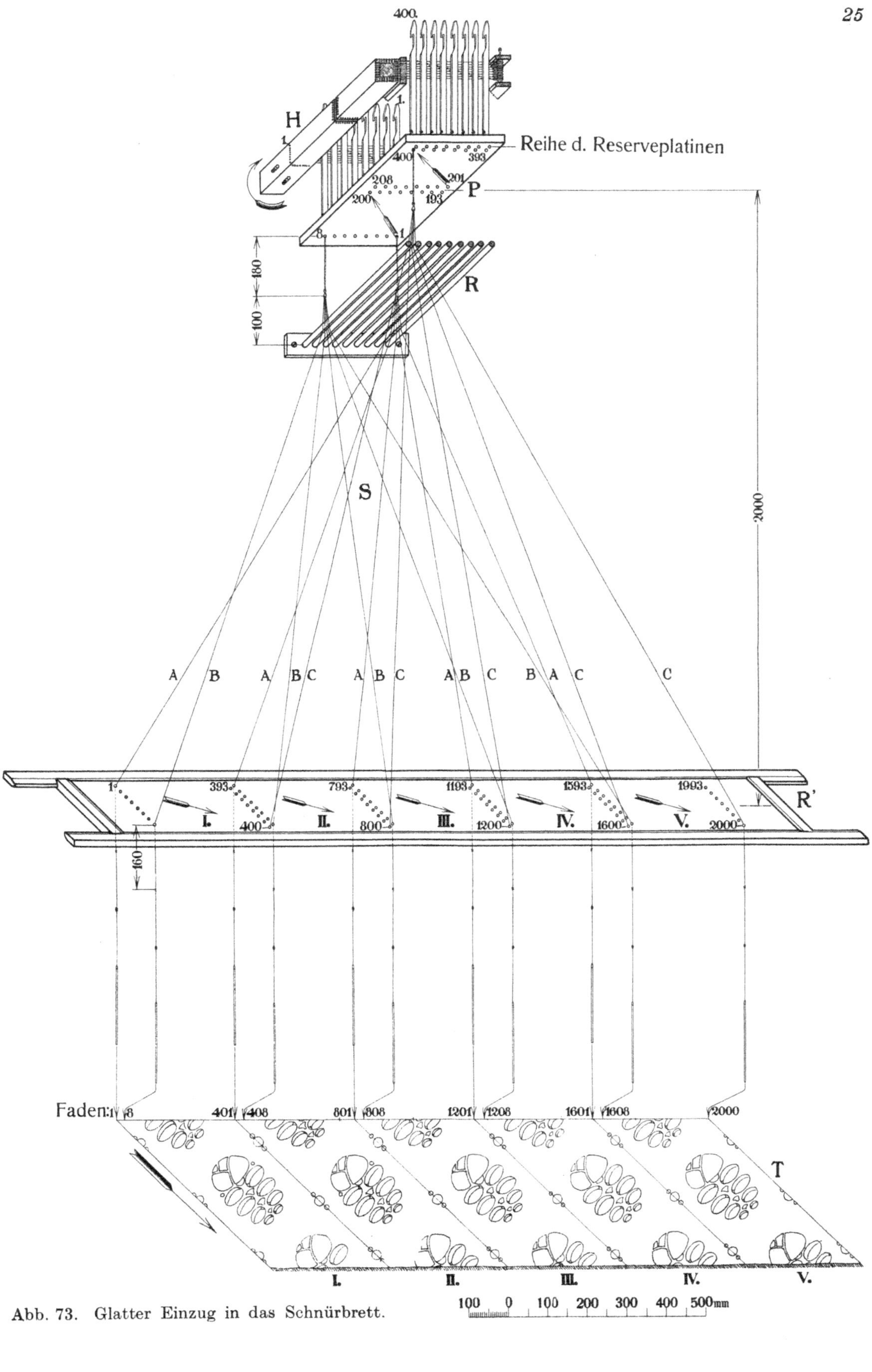

Abb. 73. Glatter Einzug in das Schnürbrett.

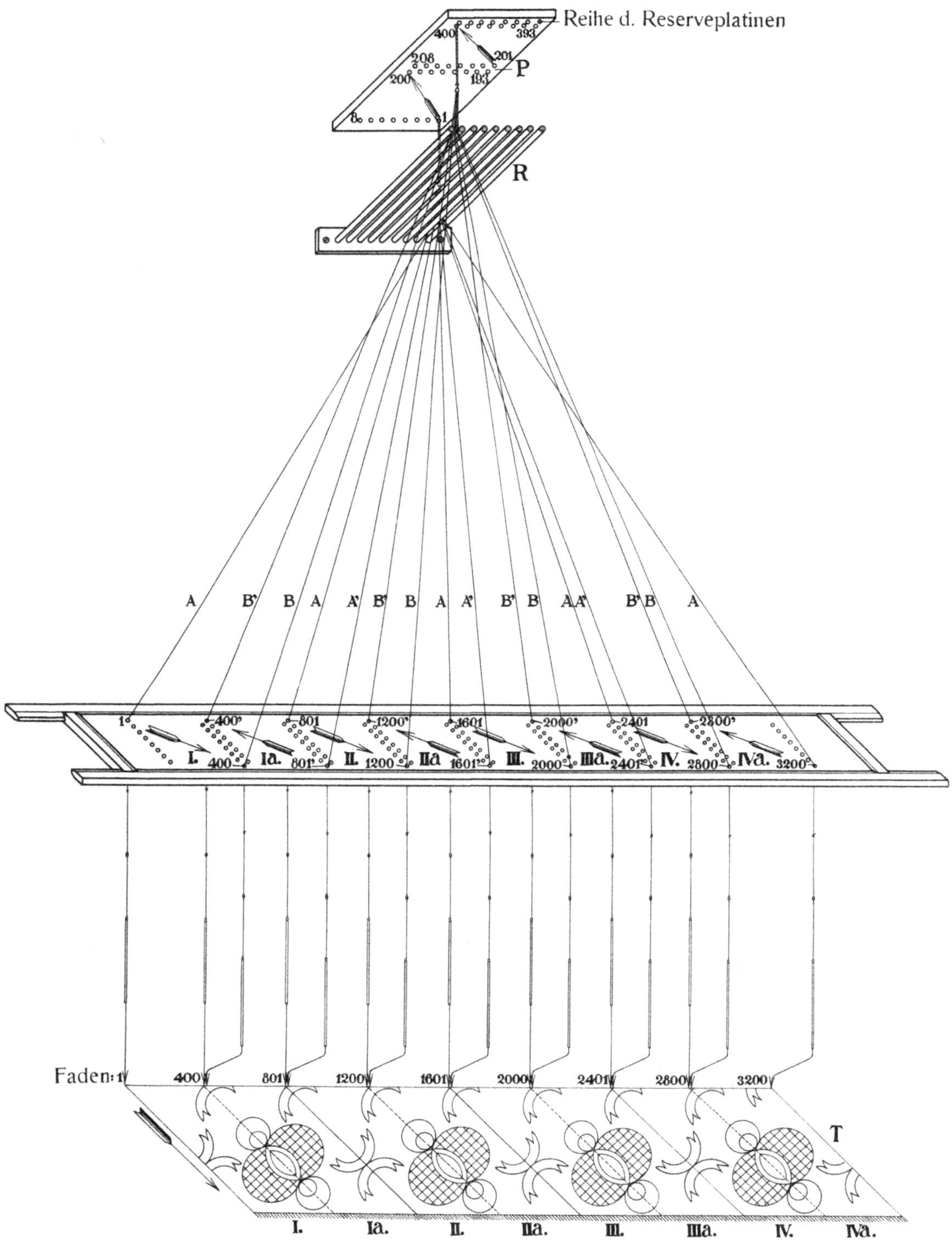

Abb. 74. Spitzeinzug in das Schnürbrett.

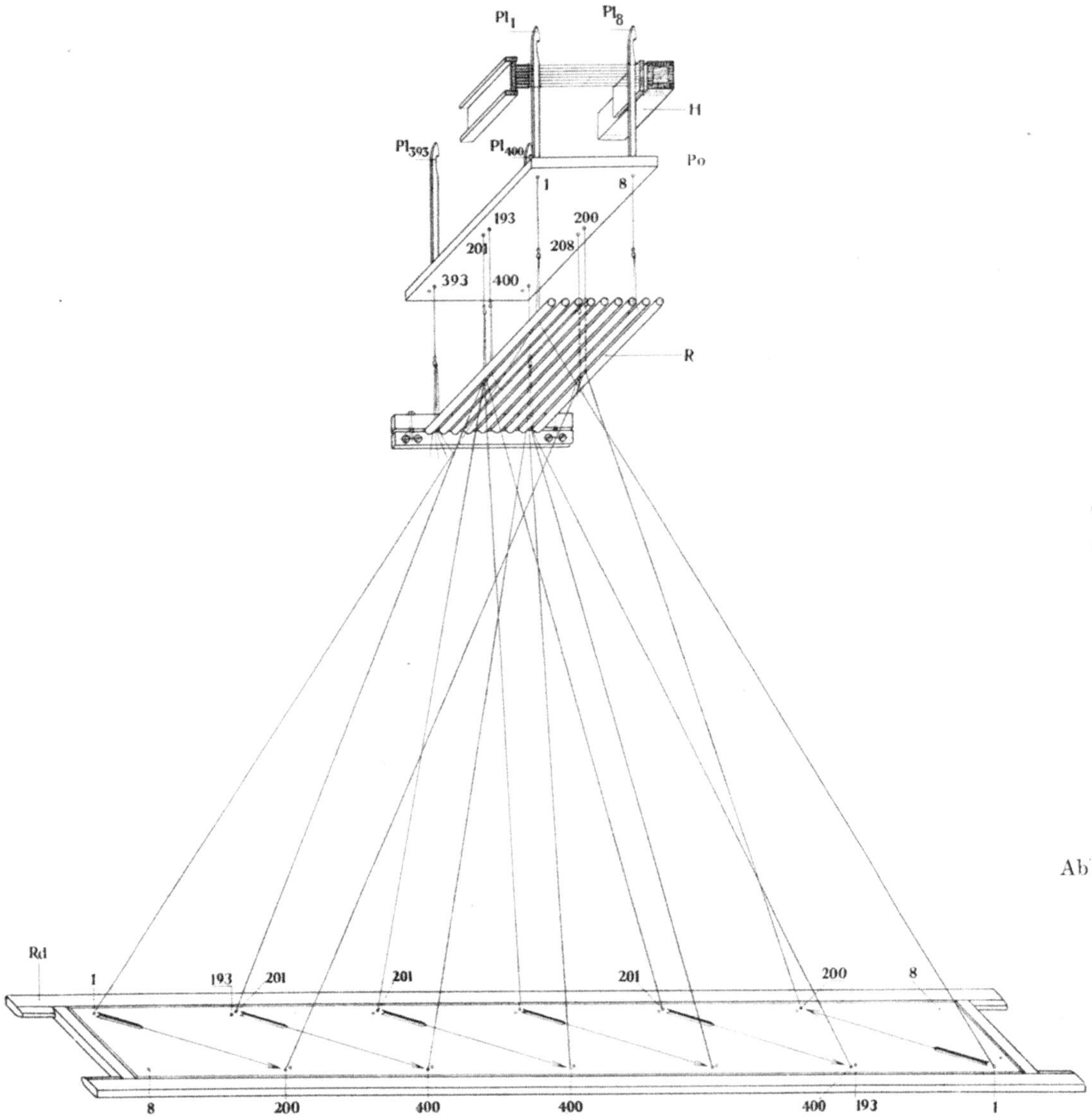

Abb. 75. Gemischter Einzug in das Schnürbrett.

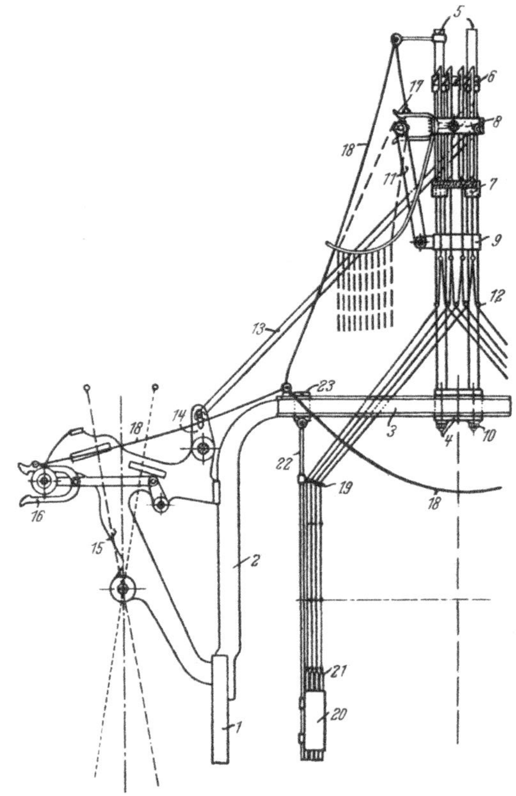

Abb. 83. Jacquardmaschine für die Namenherstellung. (Nach Firma Schwabe, Bielitz).

Abb. 76 und 77 befinden sich auf Seite 28,
Abb. 78 und 79 befinden sich auf Seite 29,
Abb. 80 und 82 befindet sich auf Seite 30.
Abb. 81 befindet sich auf Seite 31.

Abb. 76. Abb. 77.

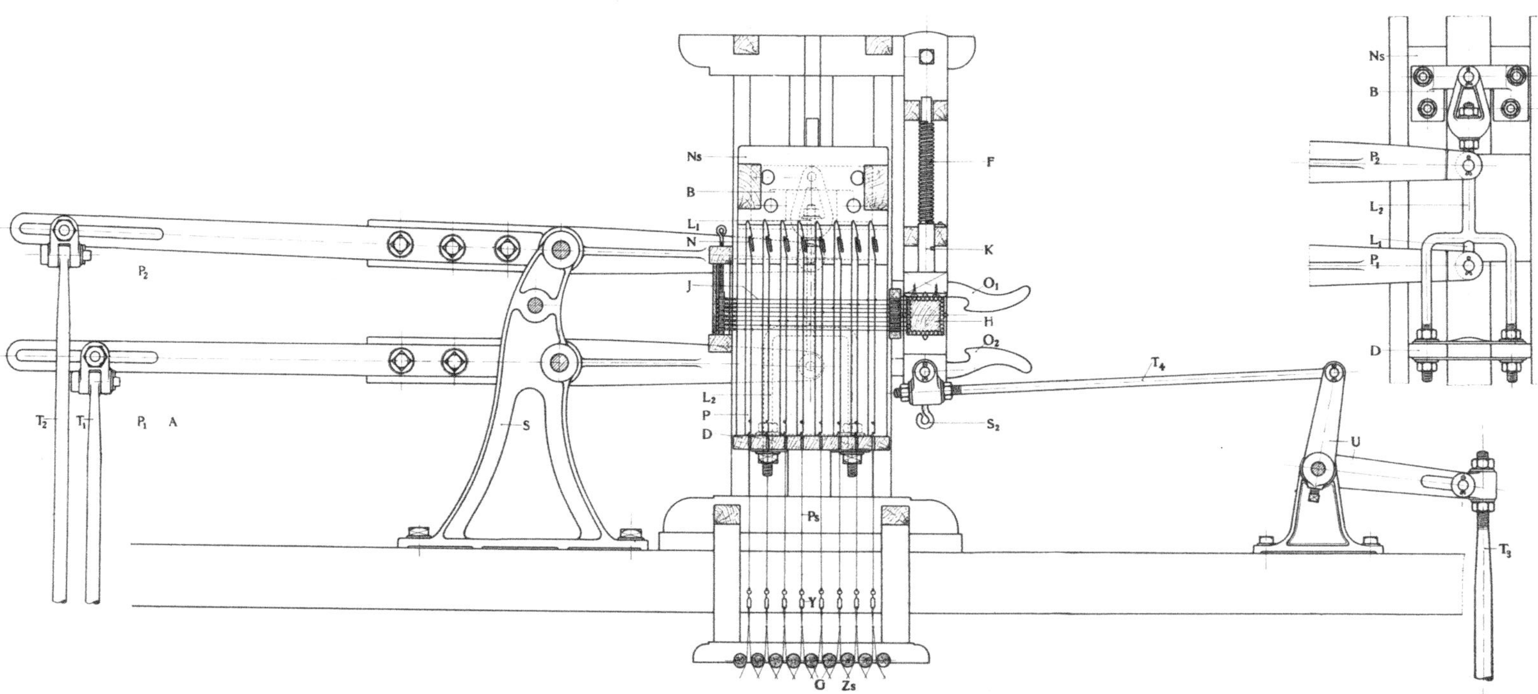

Abb. 76—77. Jacquardmaschine mit beweglichem Platinenboden.

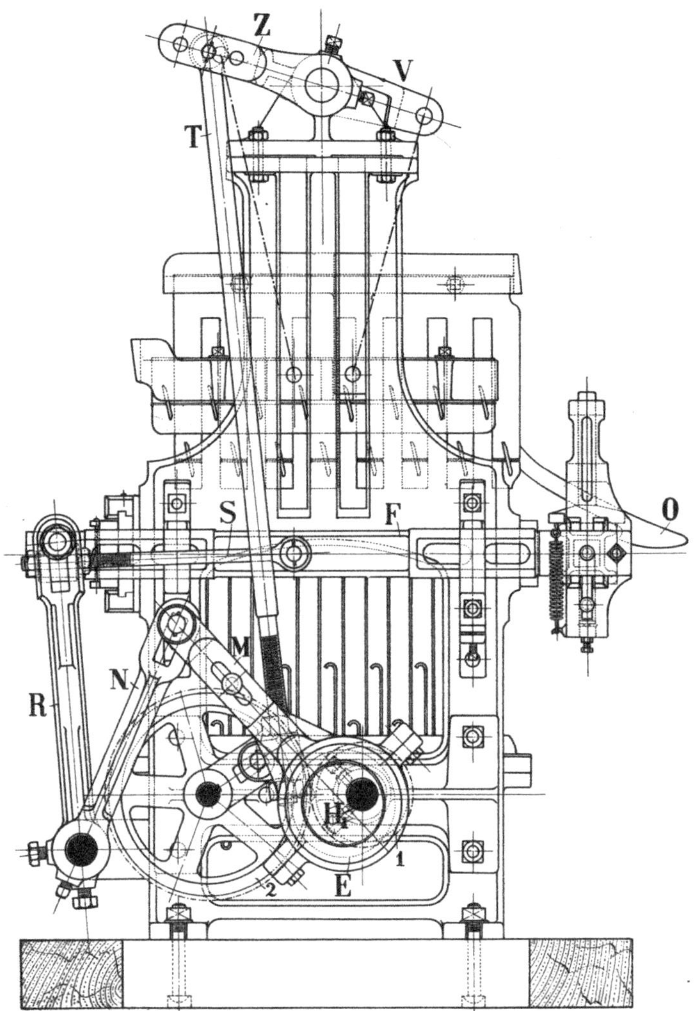

Abb. 78.

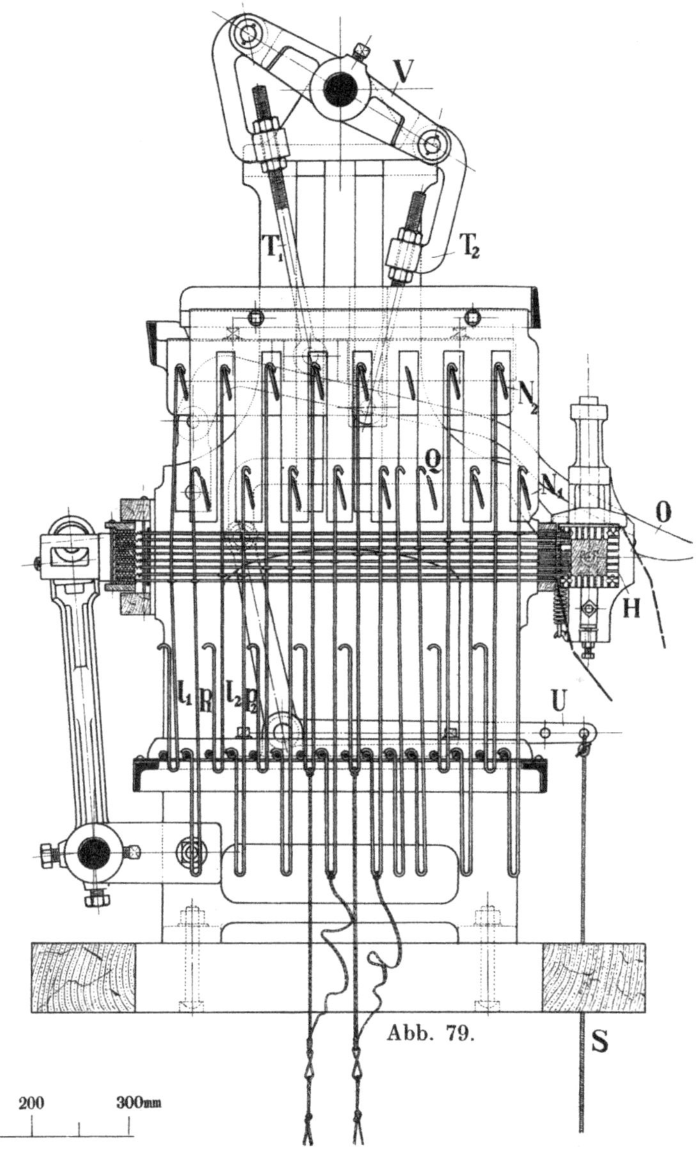

Abb. 79.

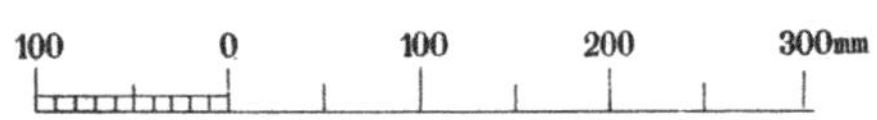

Abb. 78—79. Doppelhubjacquardmaschine, Bauart Horák.

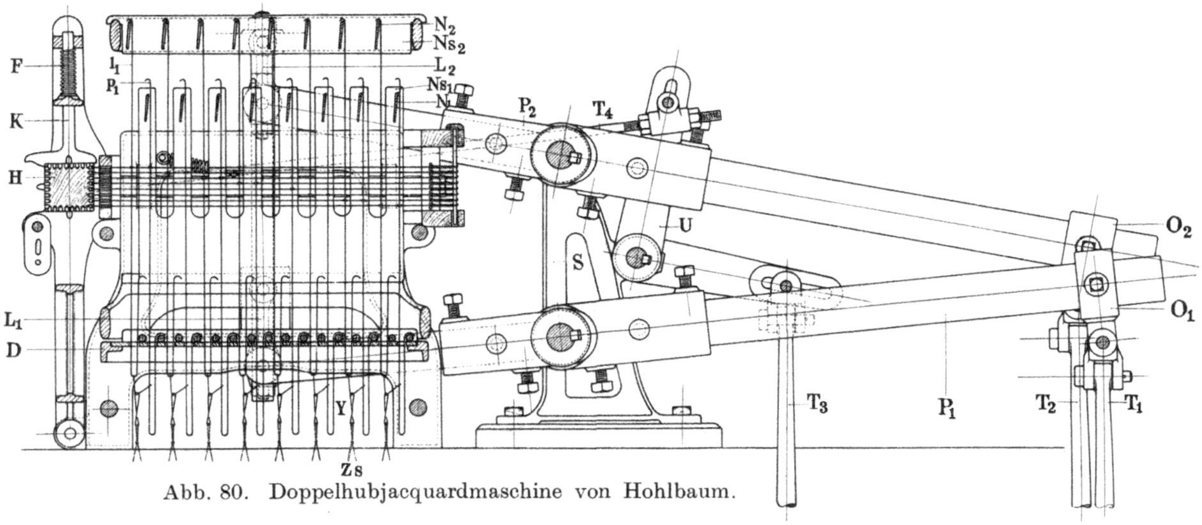

Abb. 80. Doppelhubjacquardmaschine von Hohlbaum.

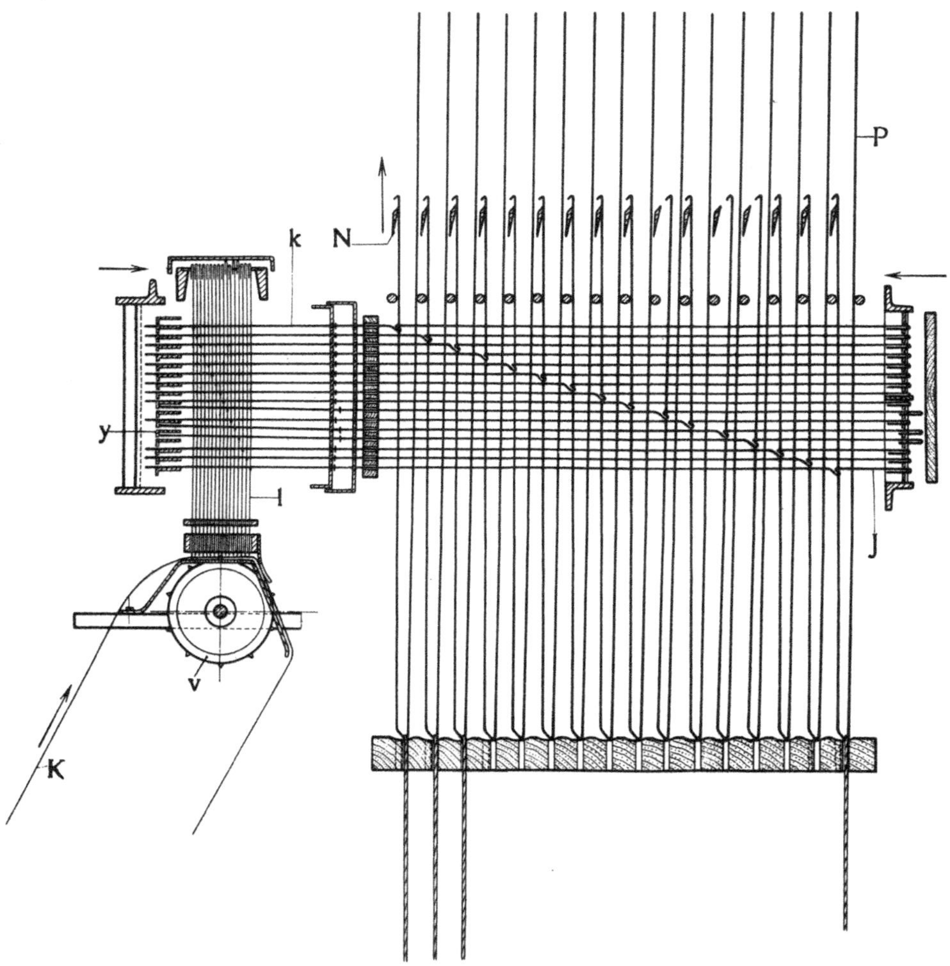

Abb. 82. Verdoljacquardmaschine.

Abb. 83 befindet sich auf Seite 27.

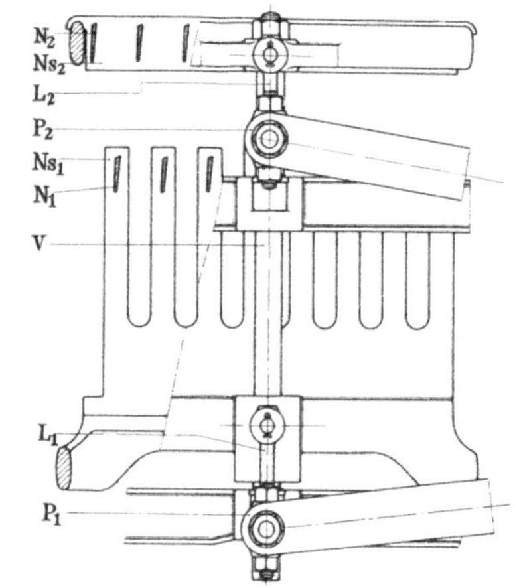

Abb. 81. Detail zur Hohlbaum-Doppelhubjacquardmaschine.

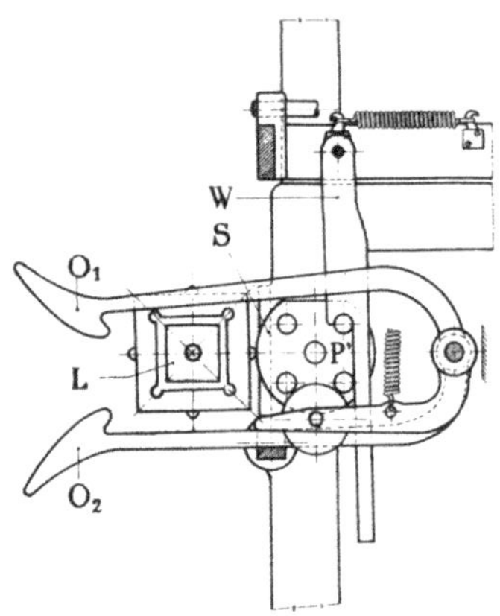

Abb. 84.

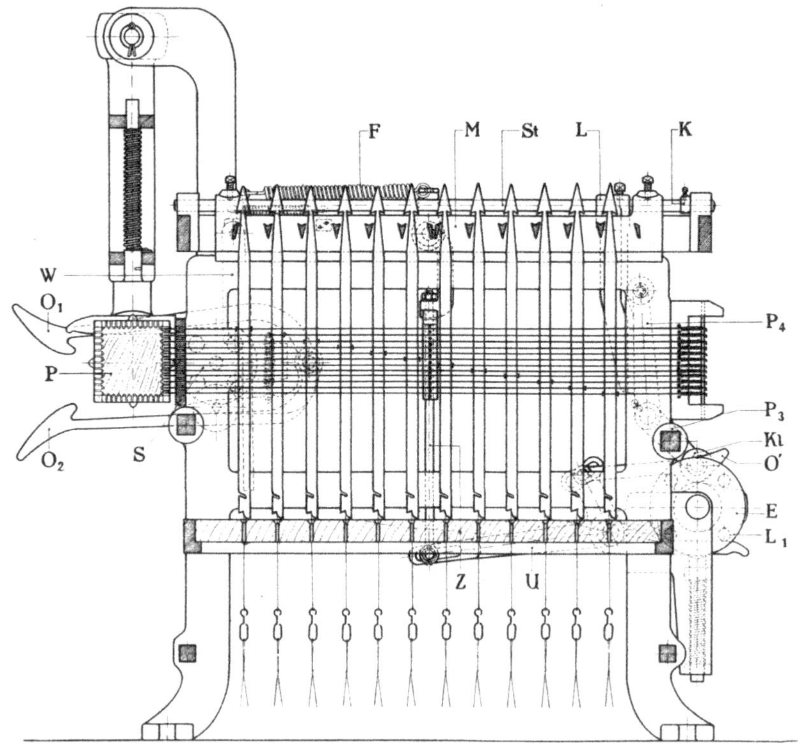

Abb. 85.

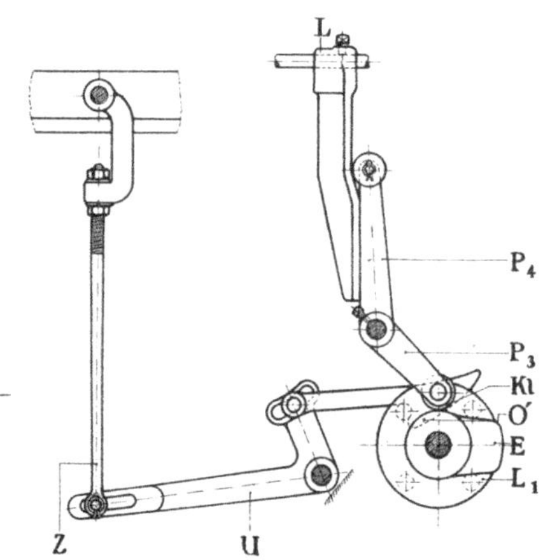

Abb. 86.

Abb. 84—86. Jacquardmaschine für Frottiergewebe.

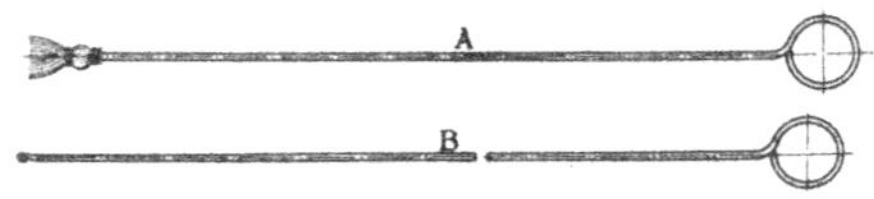

Abb. 87. Pinsel zum Schmieren und Haken zum Herausnehmen der Platinen.

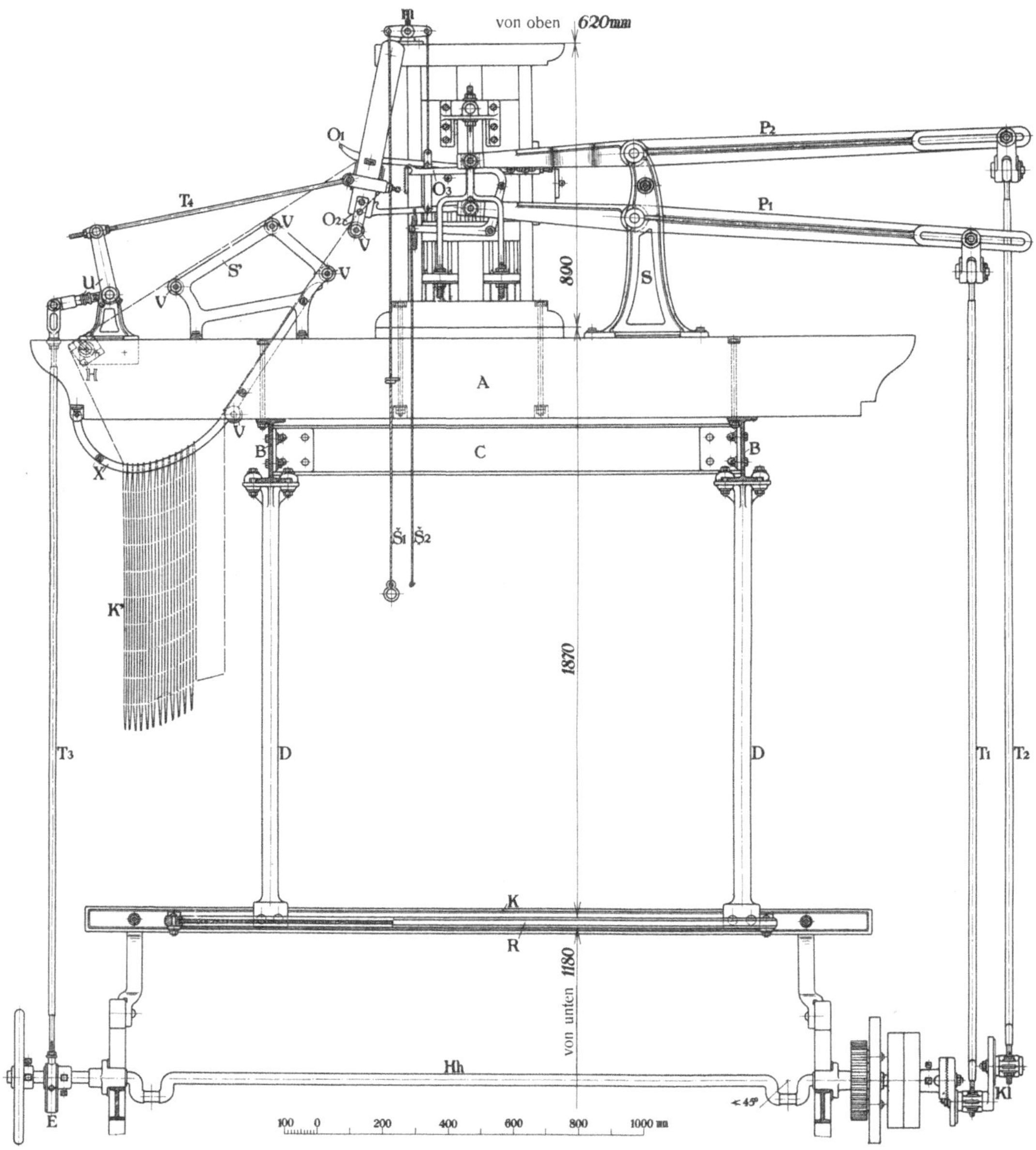

Abb. 88. Lagerung der Jacquardmaschine mit beweglichem Platinenboden auf dem Webstuhle.

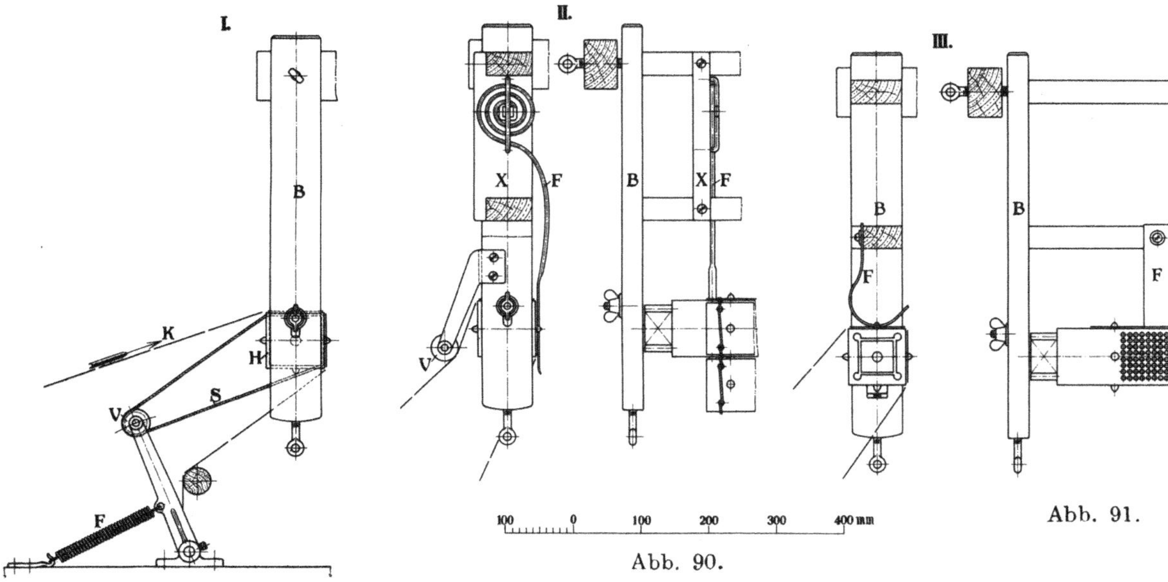

Abb. 89. Abb. 90. Abb. 91.

Abb. 89—91. Hilfsvorrichtung für sichere Kartenführung.

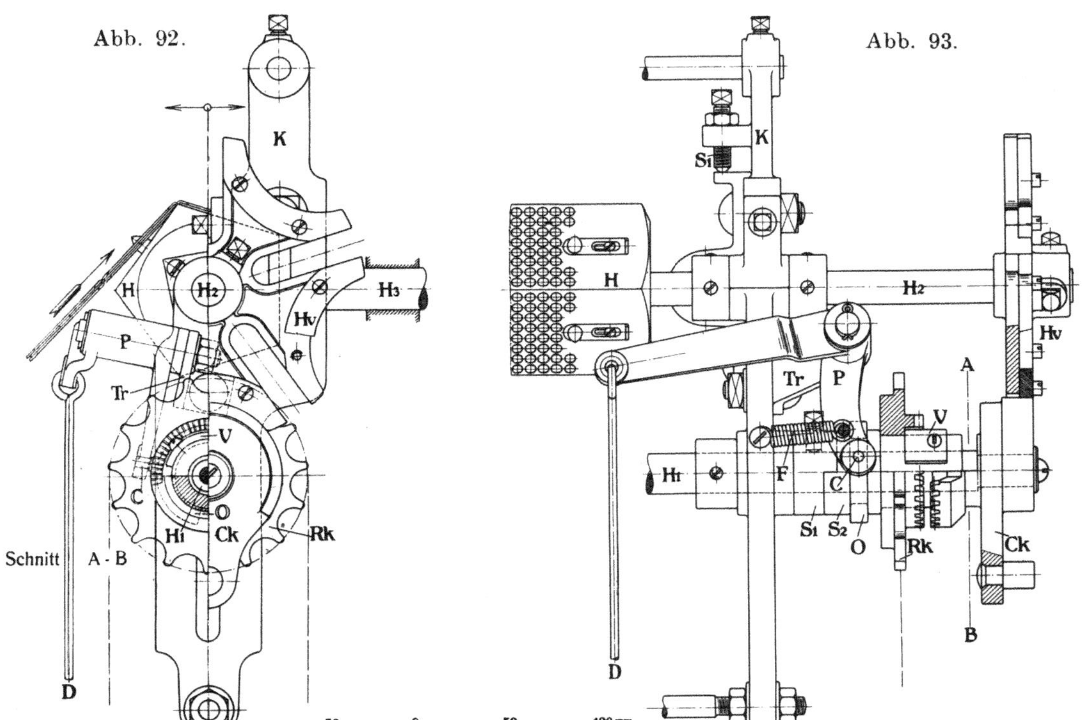

Abb. 92. Abb. 93.

Abb. 92—93. Zwangläufige Prismabewegung der Firma J. Horák in Lomnice a/P.

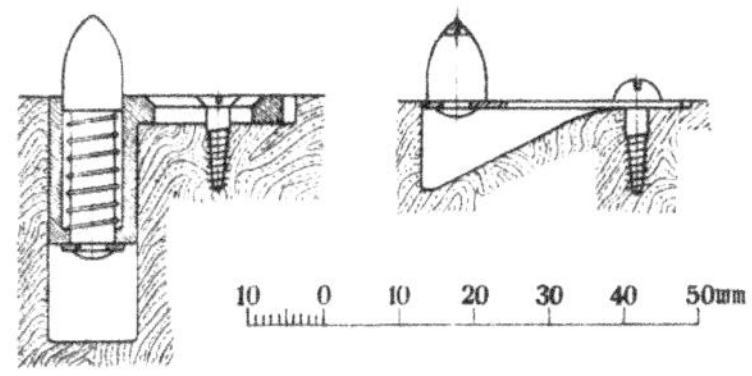

Abb. 94. Federnde Prismawarzen.

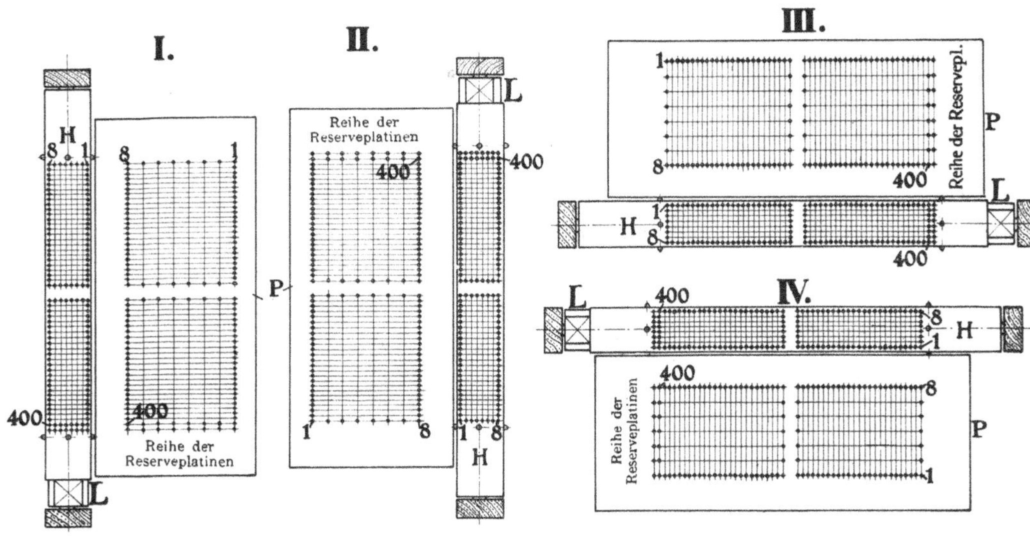

Abb. 95–96. Übliche Lagerung der Jacquardmaschine.

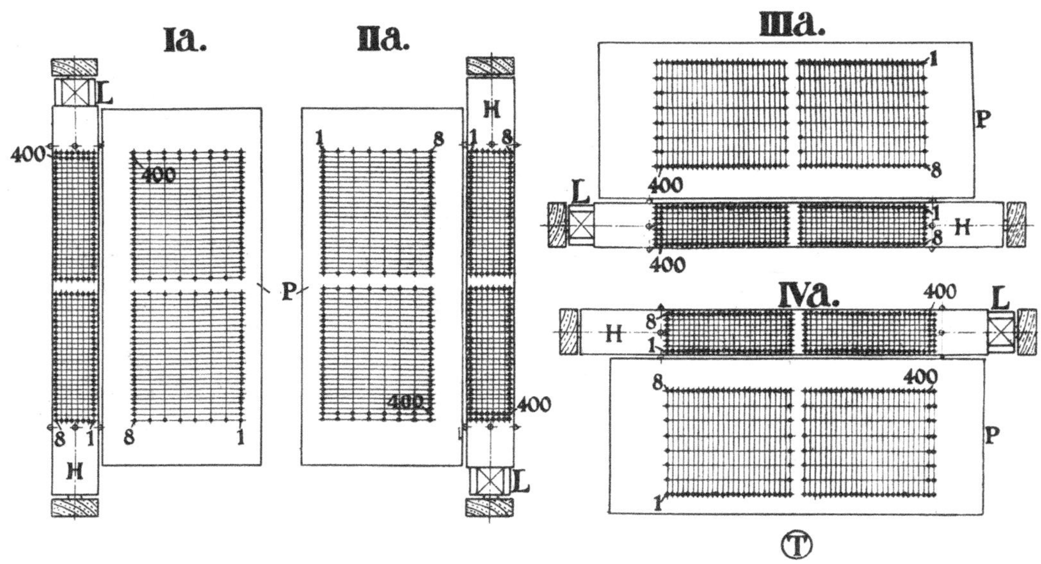

Abb. 97—98. Unregelmäßige Lagerung der Jacquardmaschine.

Die Abb. 99—100 befinden sich auf Seite 36

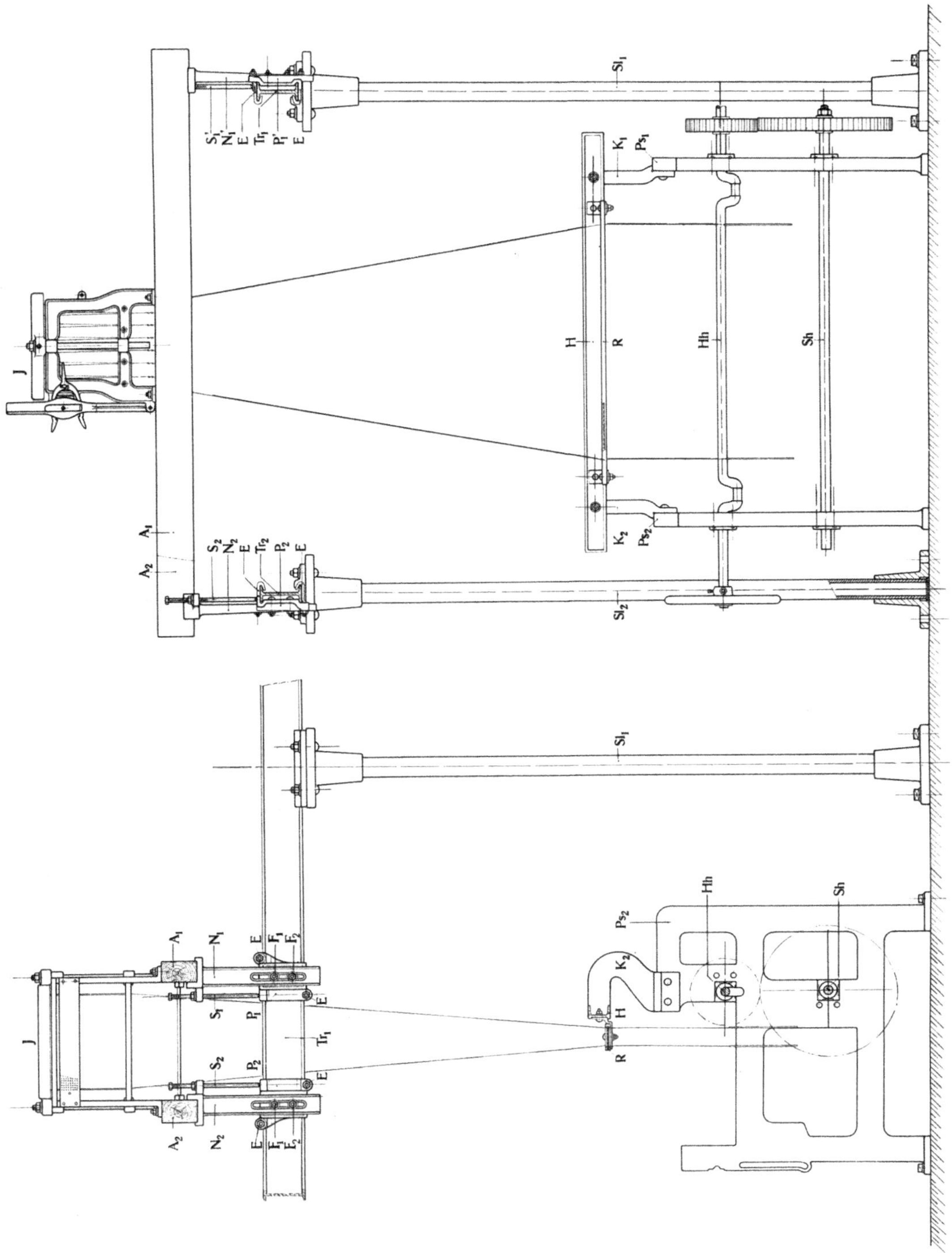

Abb. 101—102. **Stellbare Lagerung der Jacquardmaschine auf den Traversen.**

Abb. 99. Abb. 100.

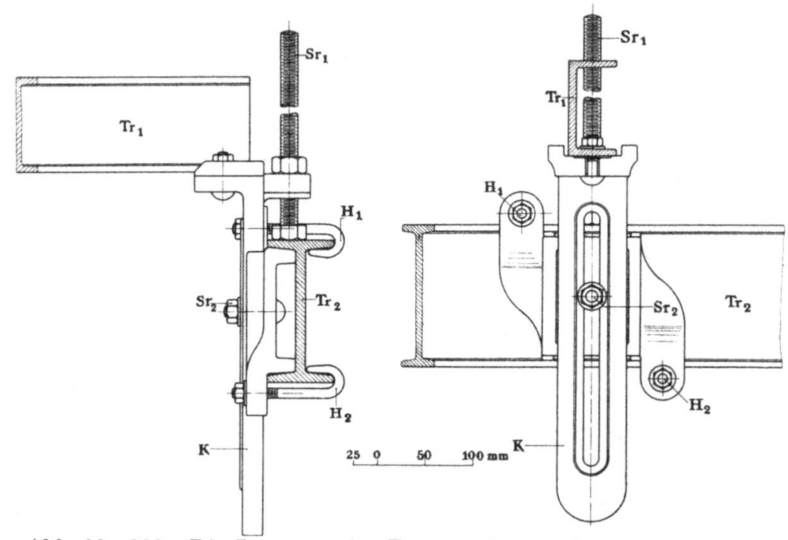

Abb. 99—100. Die Lagerung der Traverse für die Jacquardmaschine.

Abb. 103. Abb. 104.

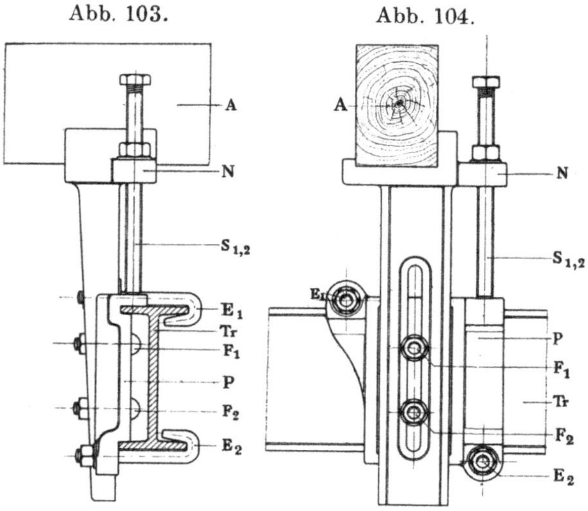

Abb. 103—104. Stellbare Lagerung der Träger für die Jacquardmaschine.

Abb. 105. Abb. 106.

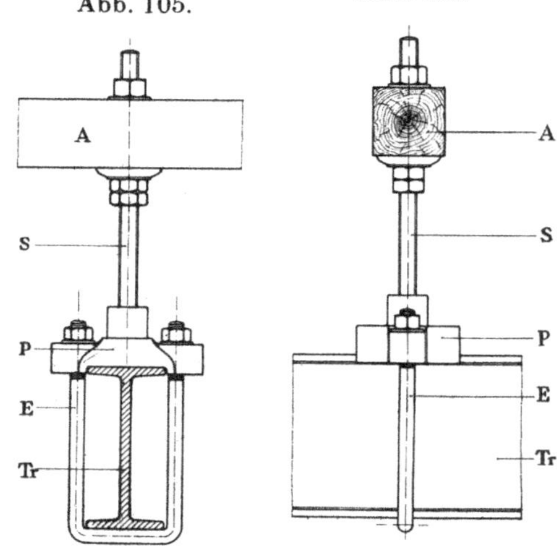

Abb. 105—106. Stellbare Lagerung der Träger für die Jacquardmaschine.

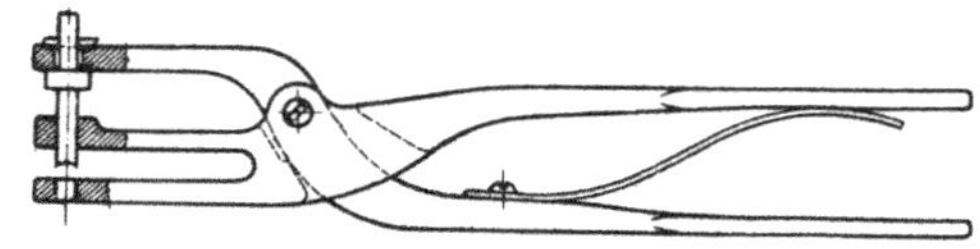

Abb. 107. Lochzange für die Jacquardkarten.

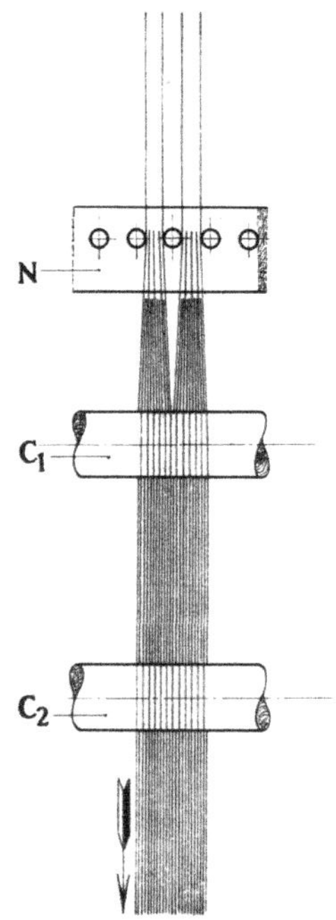

Abb. 108.

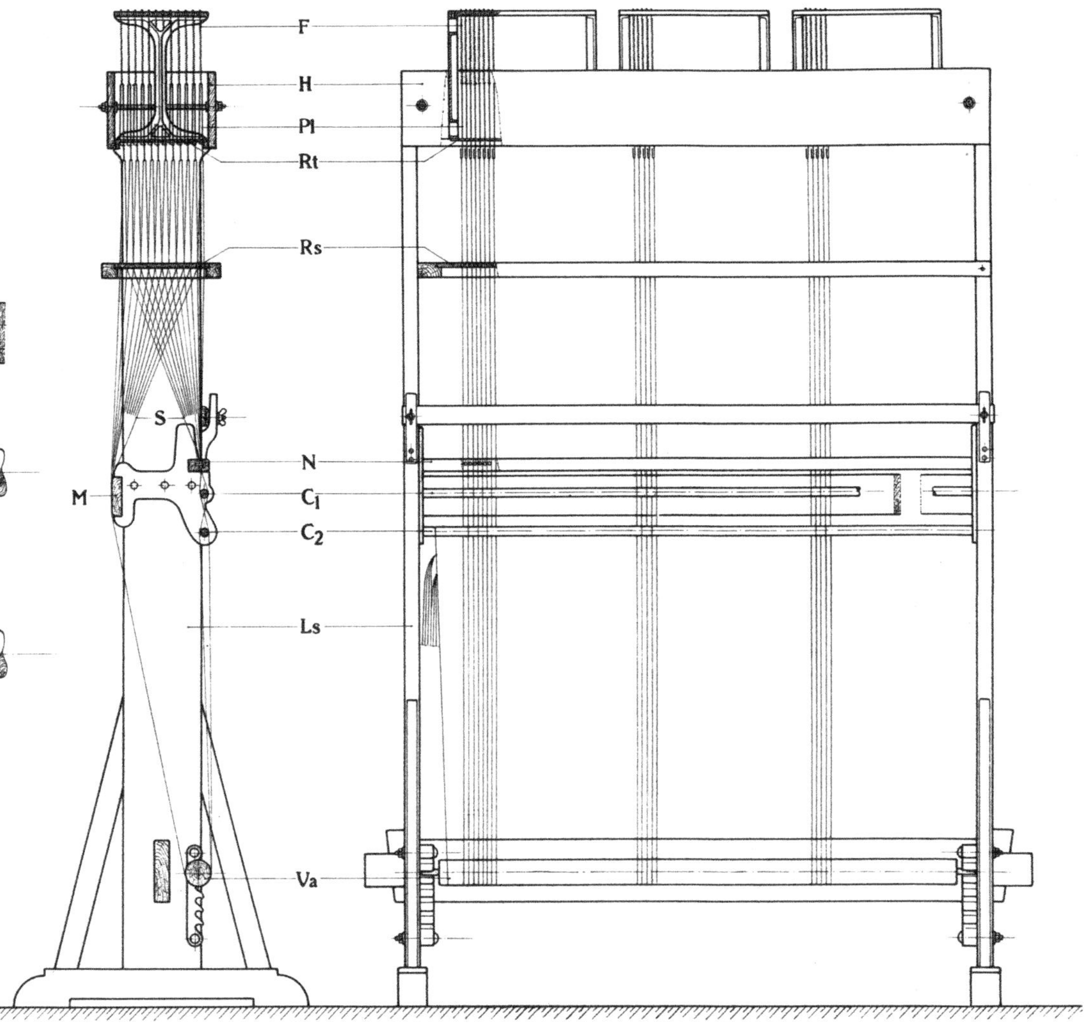

Abb. 109. Abb. 110.

Abb. 108—110. Die Leviereinrichtung.

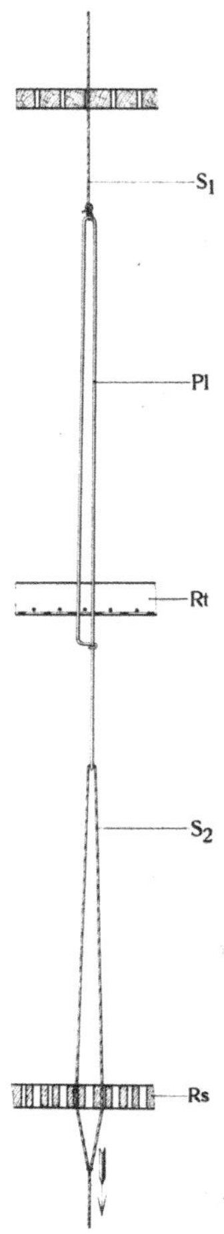

Abb. 111.

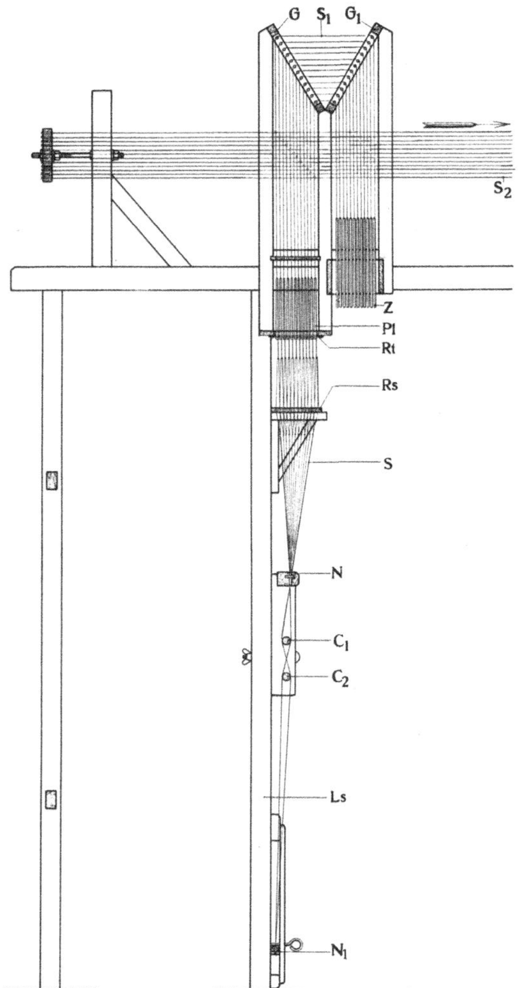

Abb. 112.

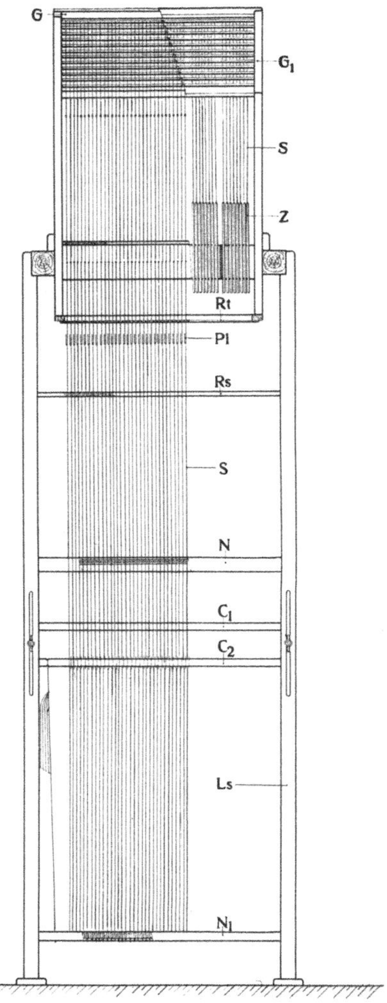

Abb. 113.

Abb. 111—113. Das Leviergestell für eine Jacquardmaschine.

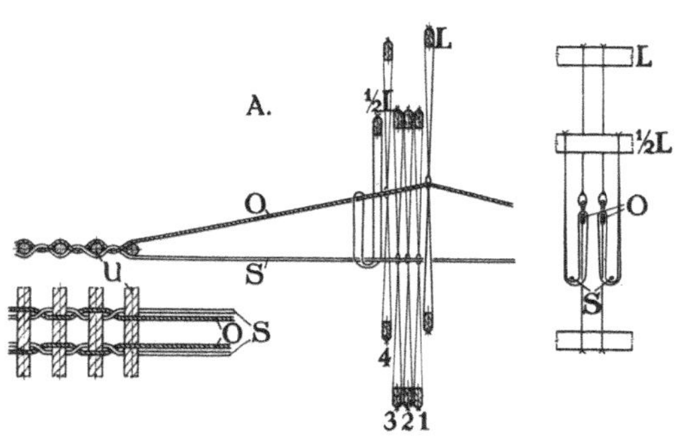

Abb. 118.

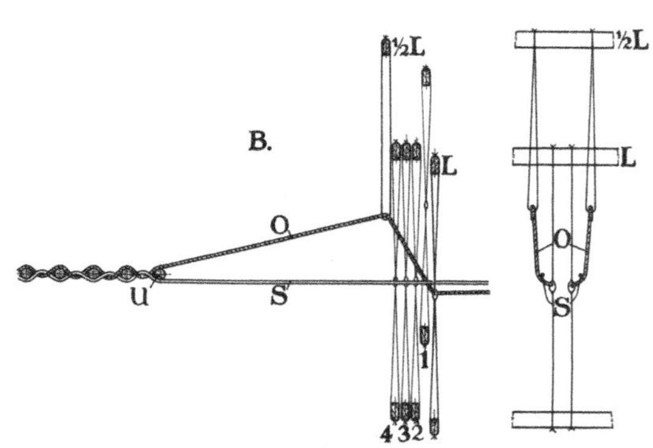

Abb. 119.

Abb. 118—119. Mittelleisteneinrichtungen.

Abb. 115—117 befinden sich auf Seite 40.

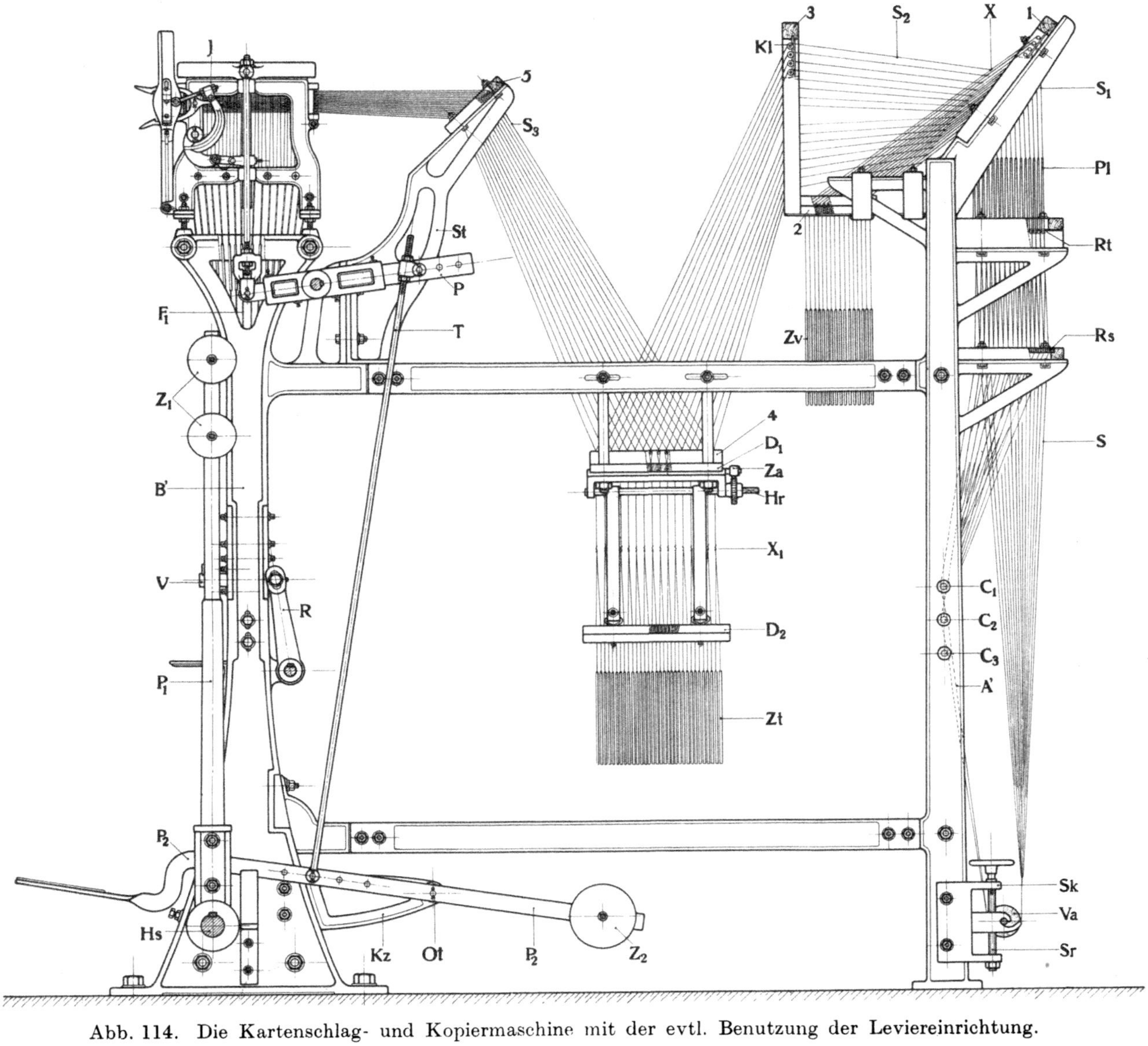

Abb. 114. Die Kartenschlag- und Kopiermaschine mit der evtl. Benutzung der Leviereinrichtung.

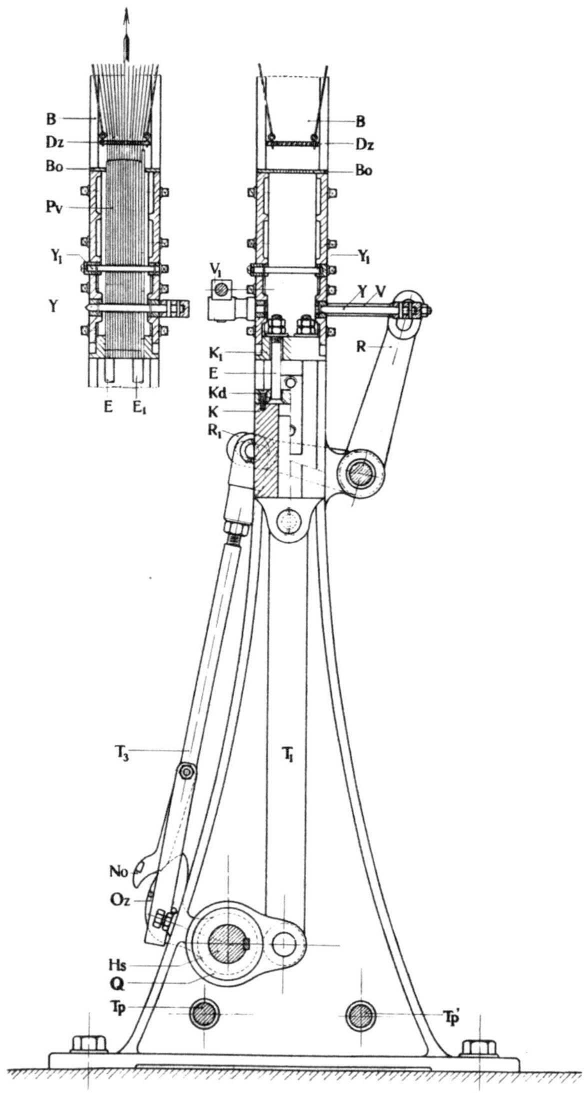

Abb. 115.

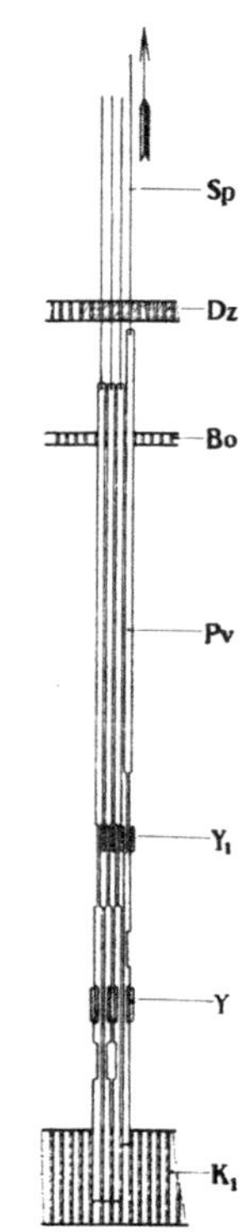

Abb. 116.

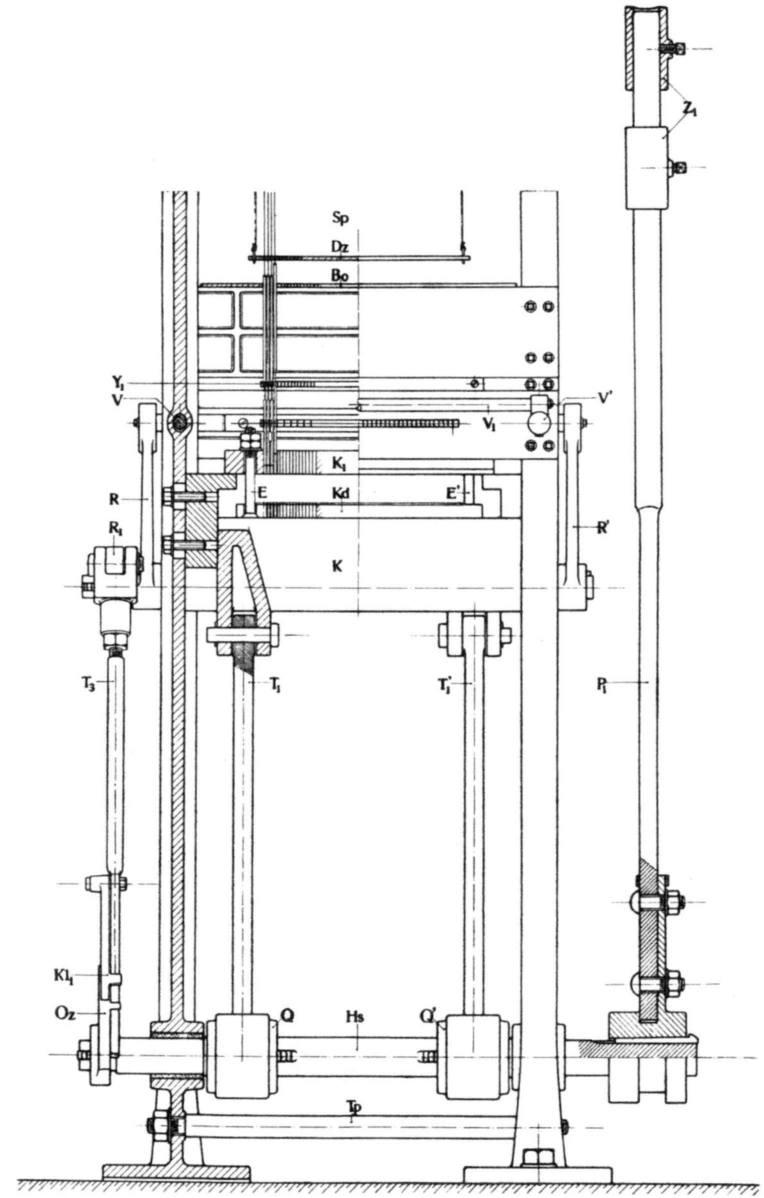

Abb. 117.

Abb. 115—117. Die Kartenschlagmaschine.

Abb. 120. Abb. 121.

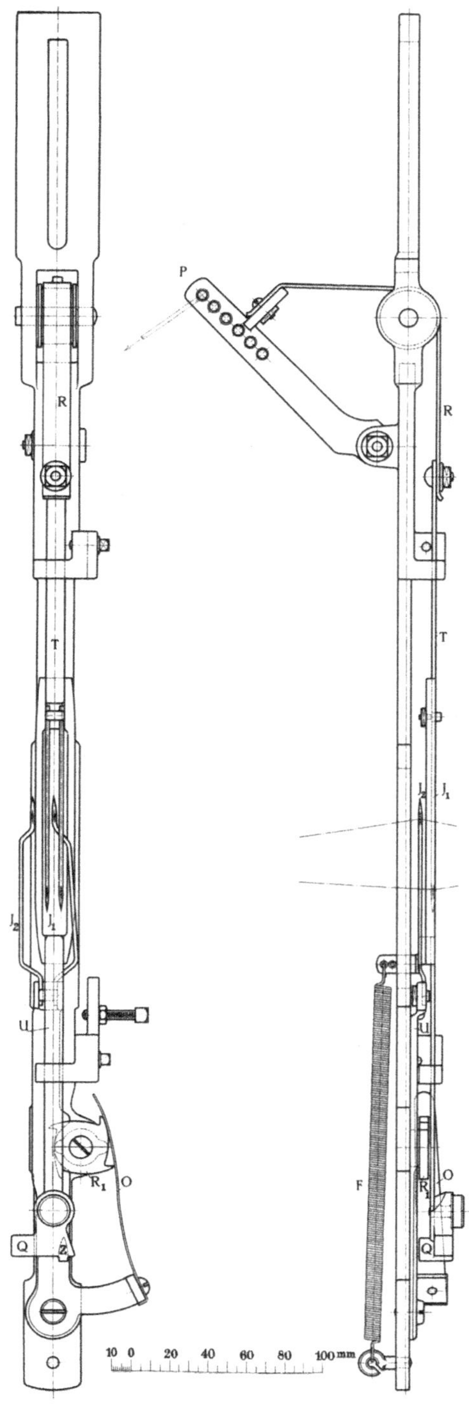

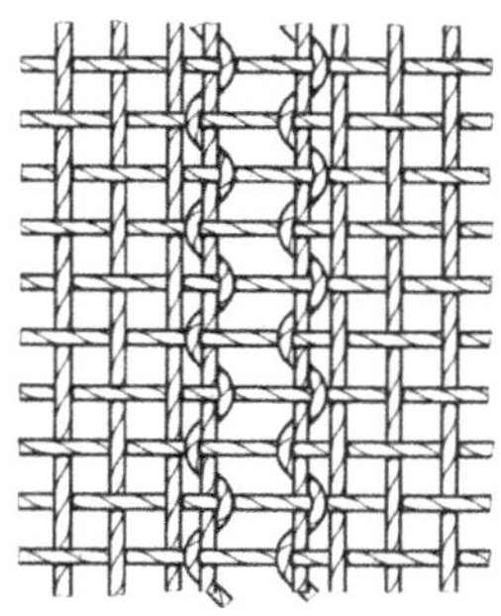

Abb. 122.

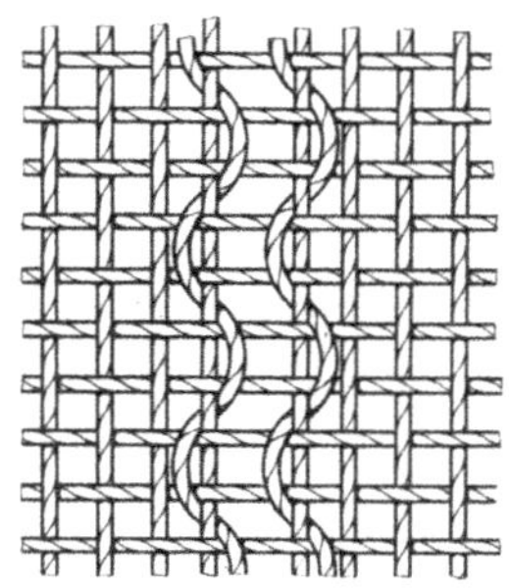

Abb. 123.

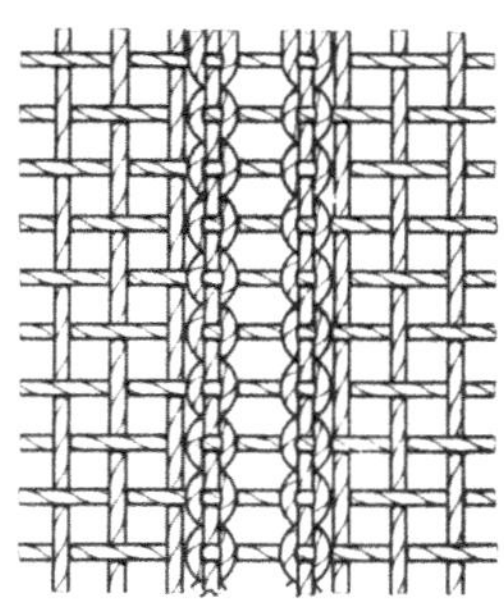

Abb. 124.

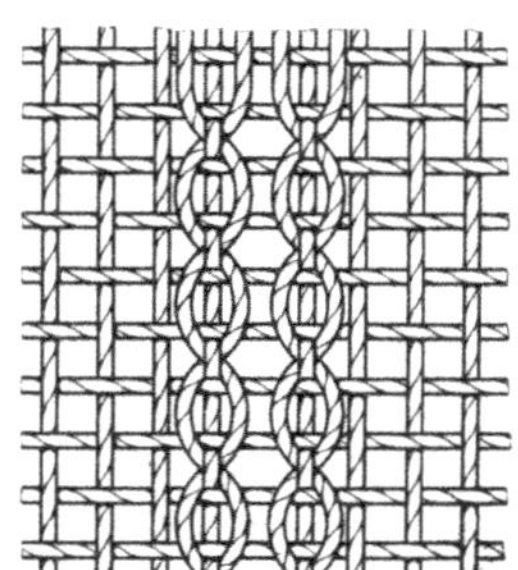

Abb. 125.

Abb. 120—125. Die Leistenvorrichtung und Bindungen von inneren **Leisten.**

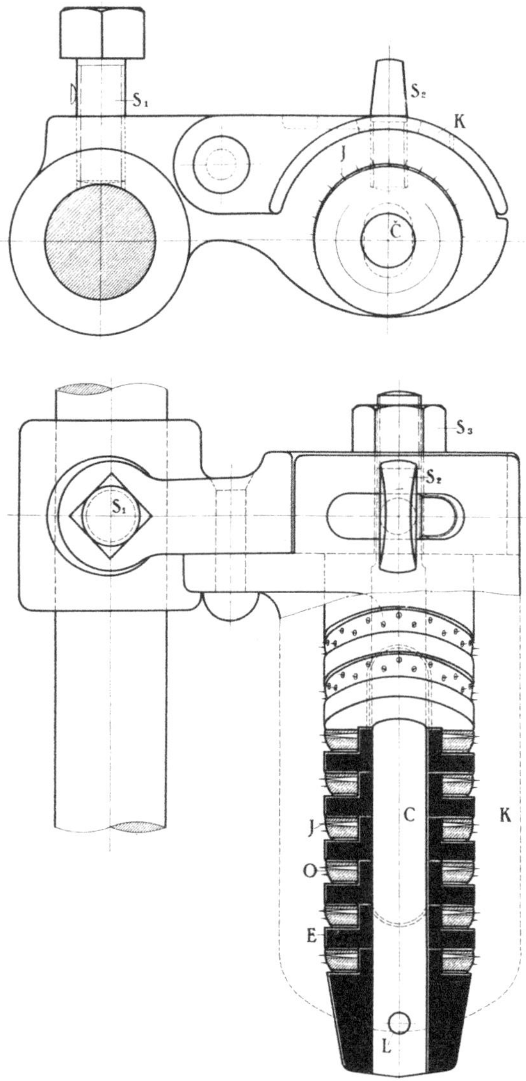

Abb. 127.

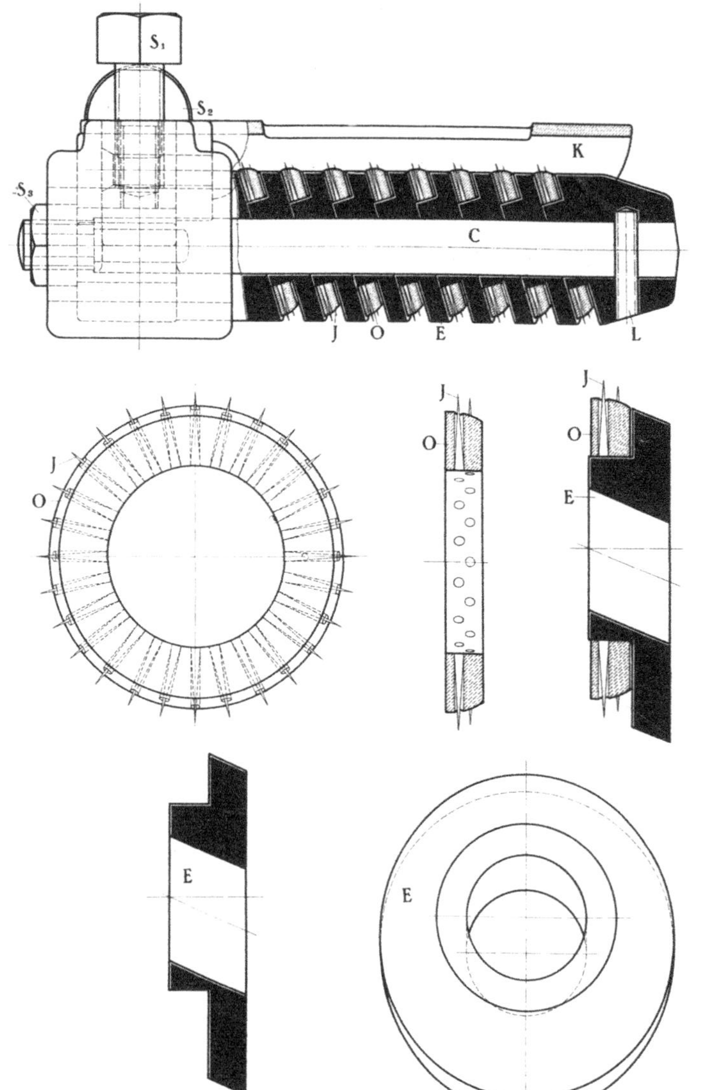

Abb. 127—128. **Breithalter für glatte Stühle.**

Abb. 128.

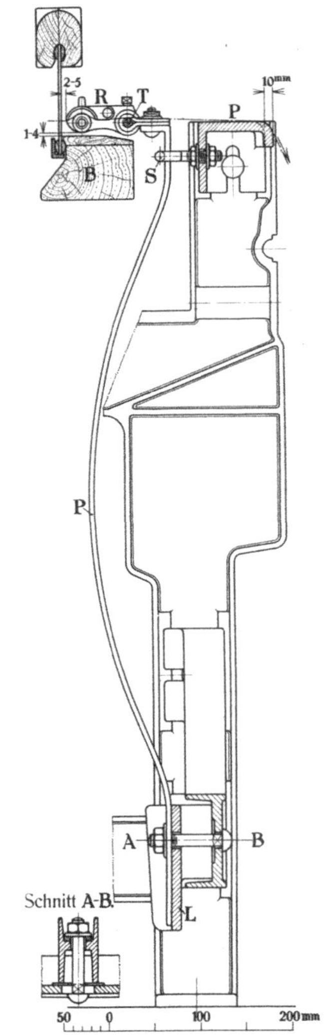

Abb. 130. Lagerung der Breithalter auf dem Webstuhle.

Abb. 131.

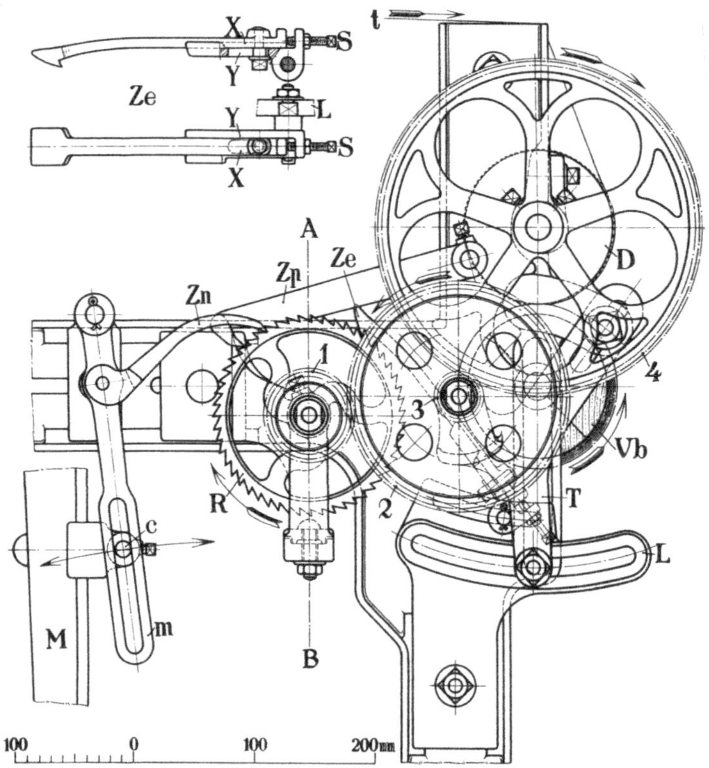

Abb. 132.

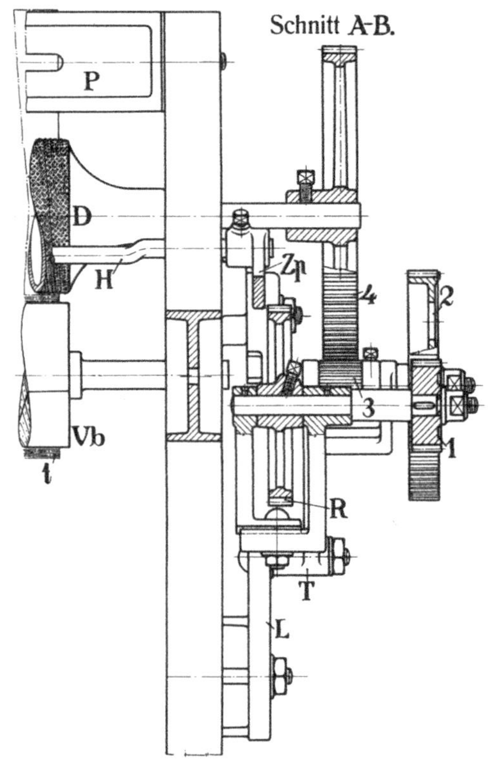

Abb. 131—132. Positiver Regulator des schmalen Webstuhles.

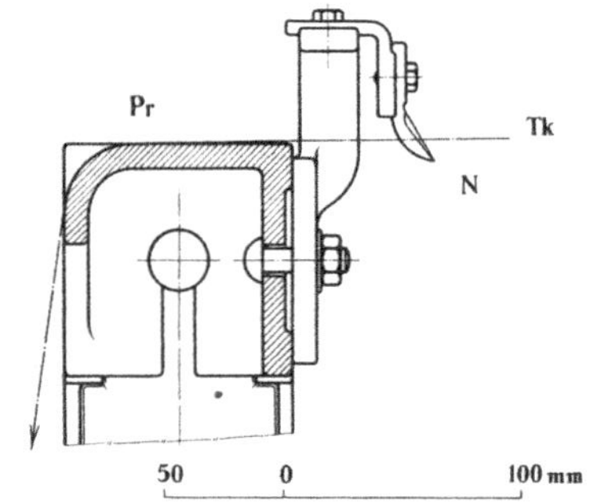

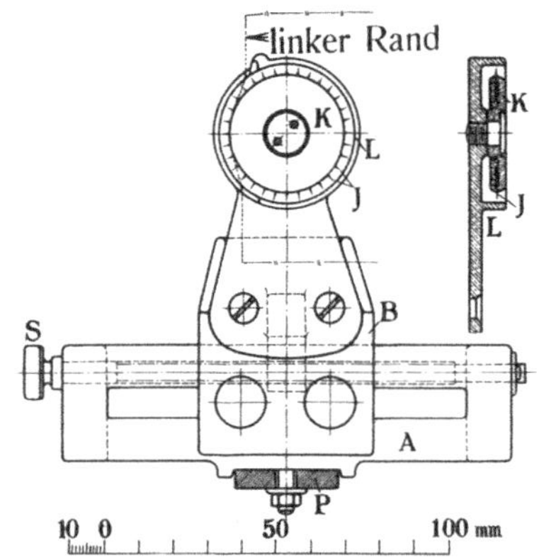

Abb. 129. Scheibenbreithalter für feinere Ware.

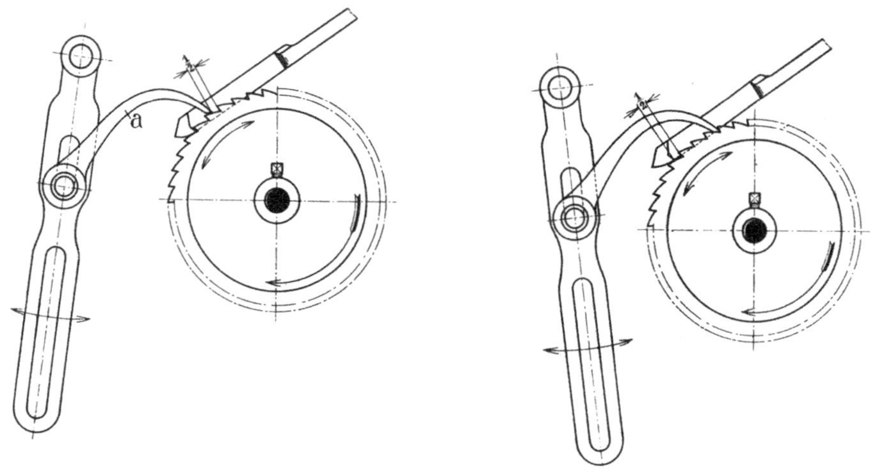

Abb. 133—134. Eingriff der Drehklinke in das Sperrad.

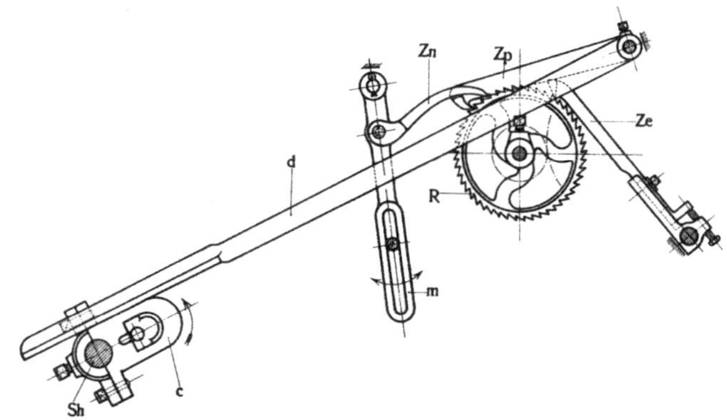

Abb. 137. Antrieb des positiven Regulators (bei jedem zweiten Schuß).

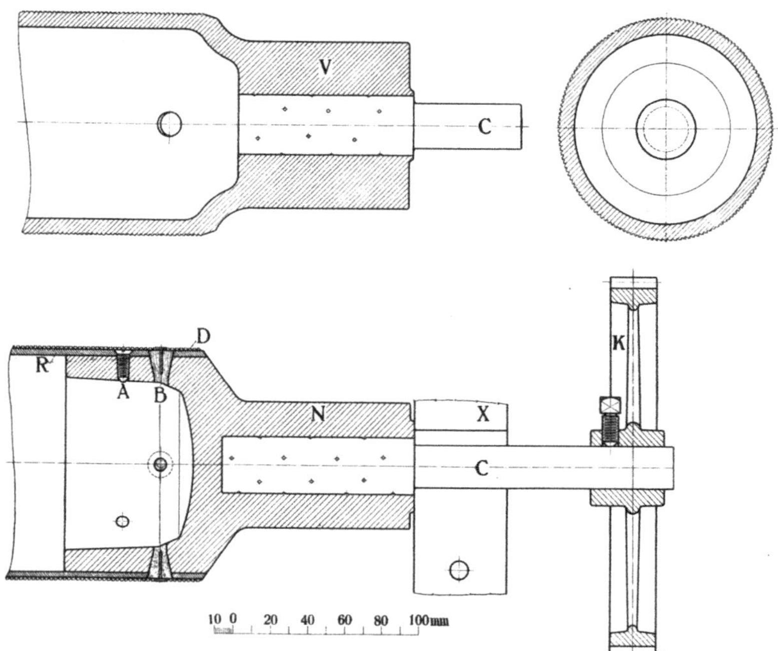

Abb. 135—136. Die Rauhwalze (der Sandbaum) der Aufwindevorrichtung

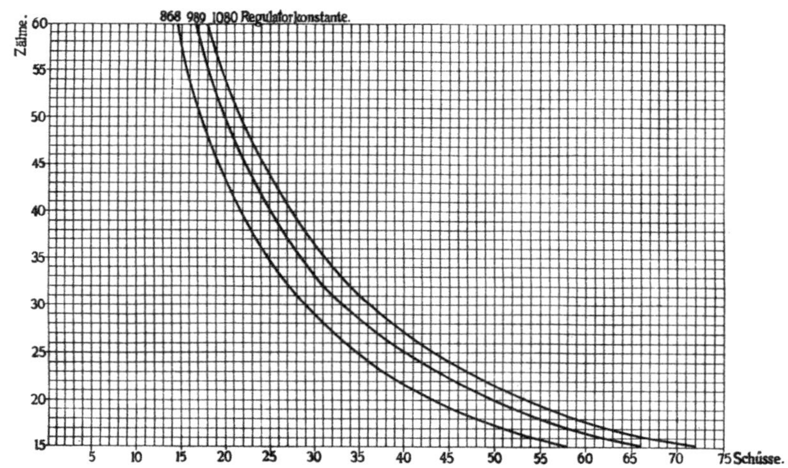

Abb. 138. Schußdichten-Diagramm.

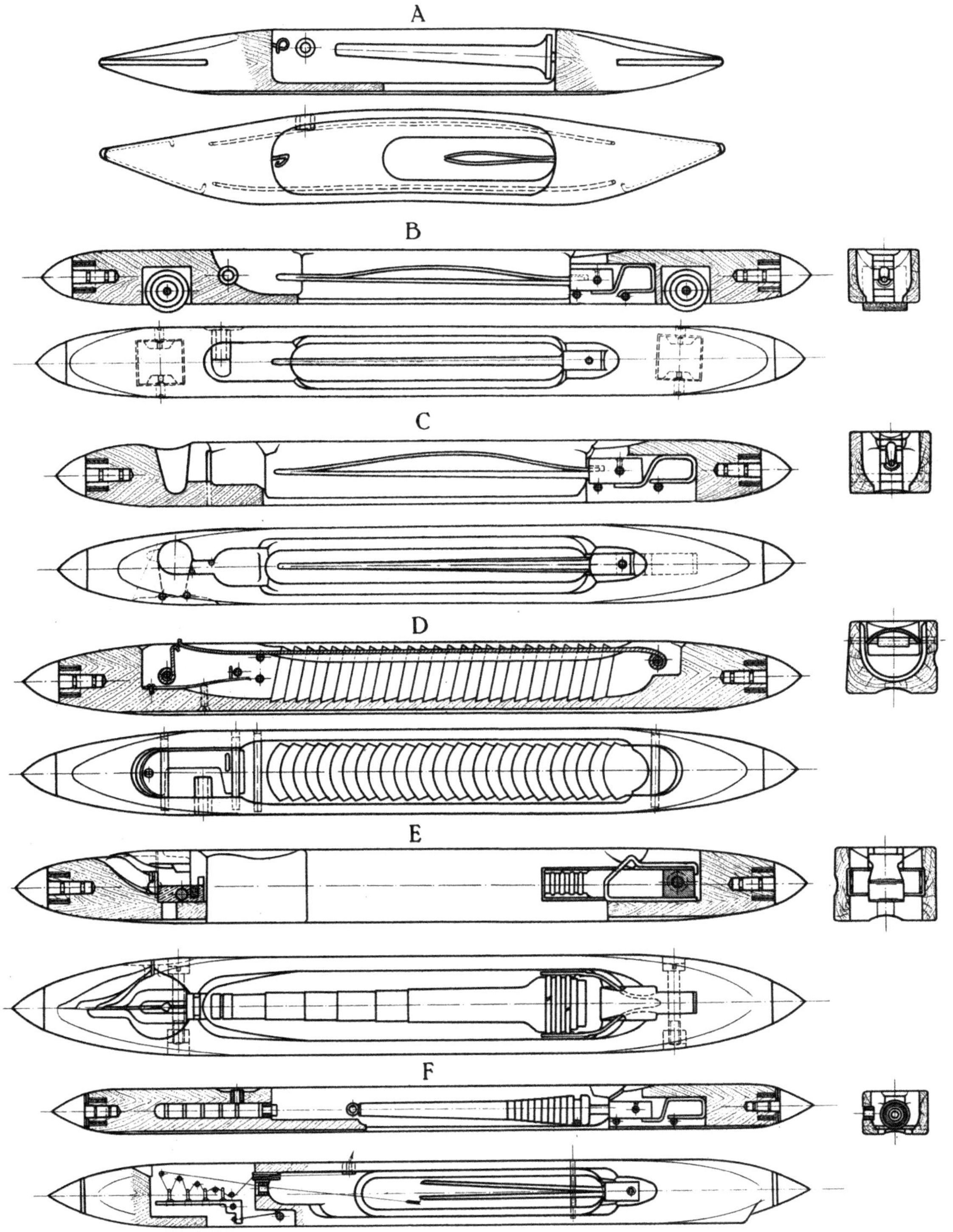

Abb. 139. Schützen: A Handschütze, B Schnellschütze für Handstühle, C gebräuchlicher Baumwollschütze für mechanische Webstühle, D Schütze für Jute, Flachs usw., E Schütze des Northropschen Webstuhles. F Schütze für die Seidenweberei.

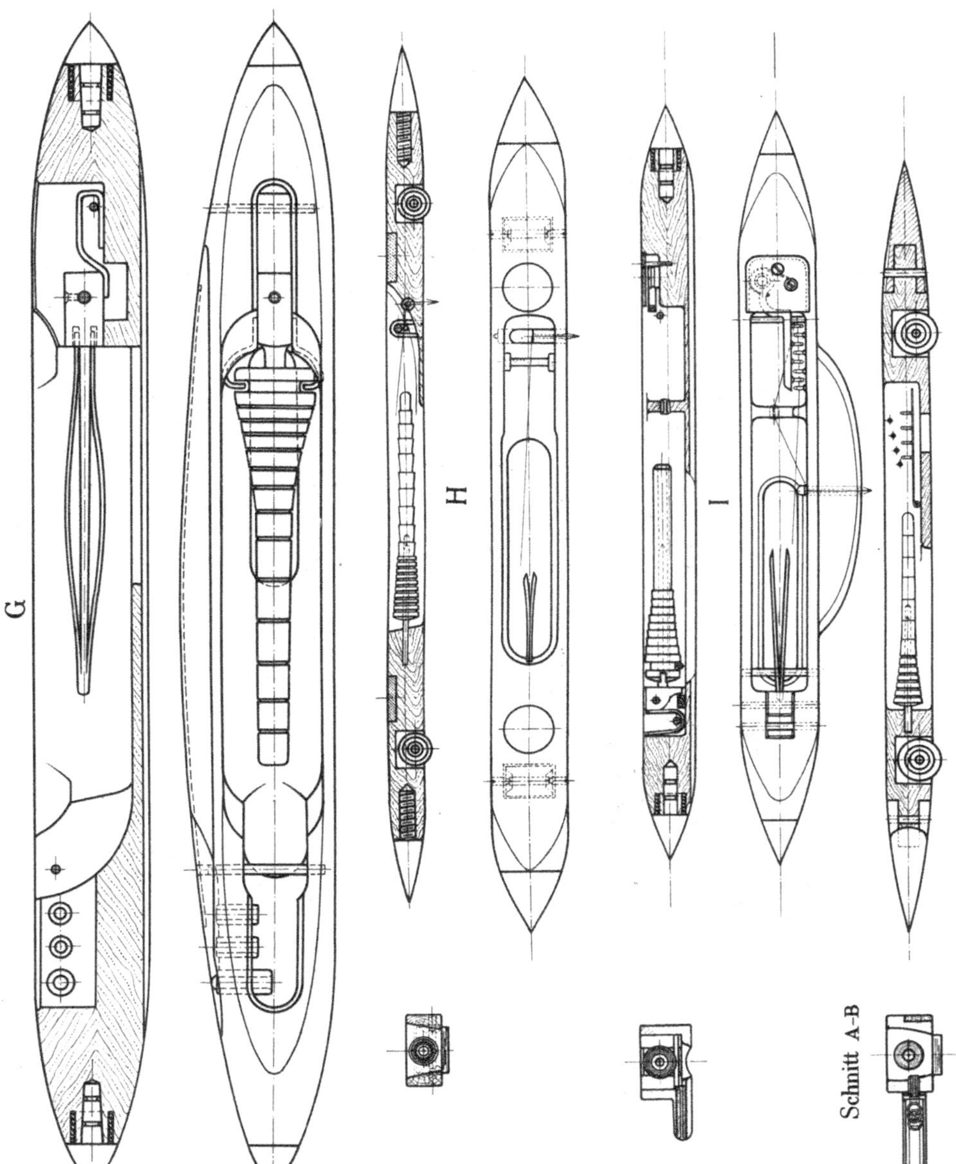
G
H
I
Schnitt A–B

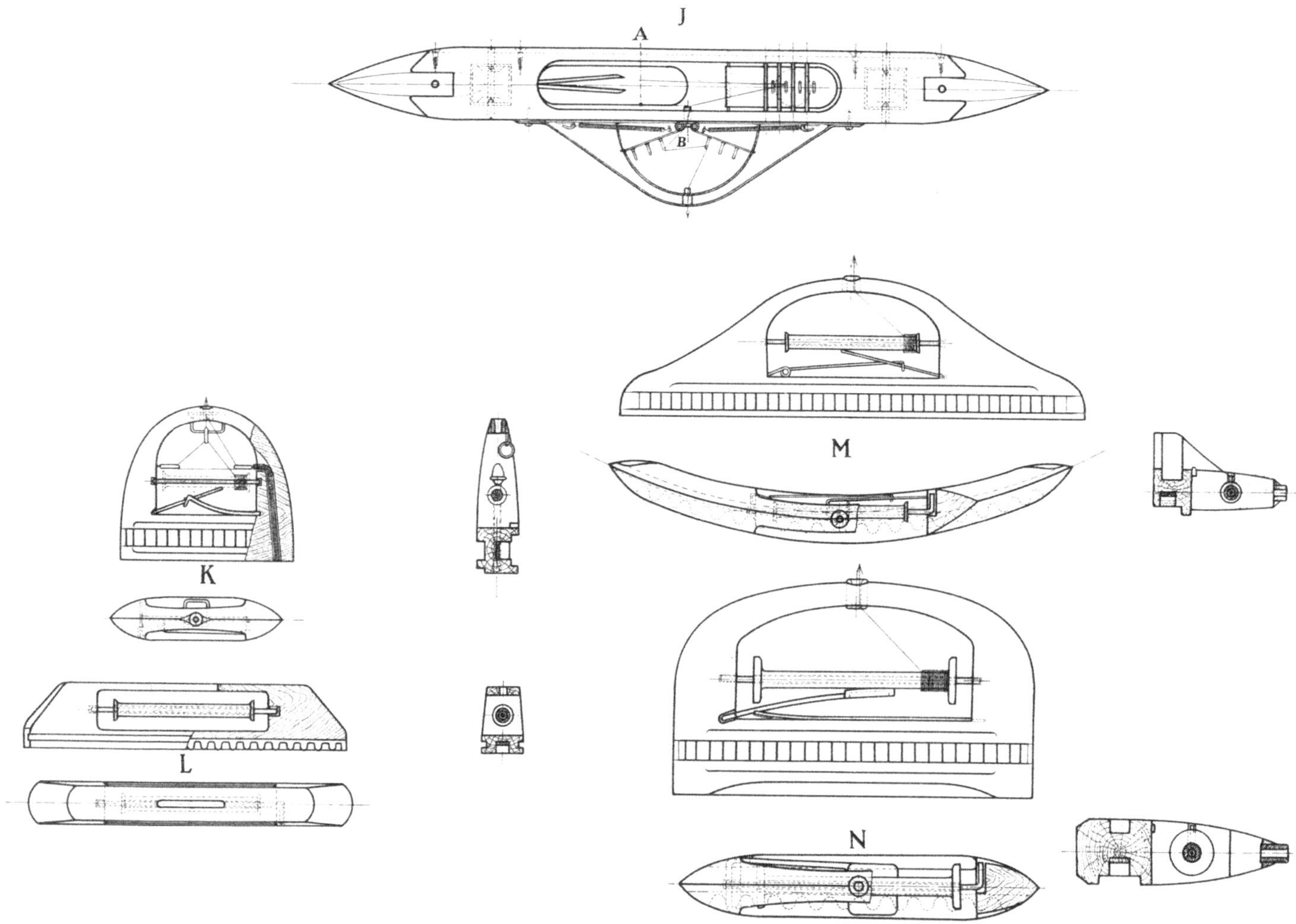

Abb. 140. Schützen: G Schütze für die Wollweberei, H Schütze für Damast (Schnellschütze), I, J Schütze für Seidenstühle, K, L, M, N Schützen für Bänder und Broschierschützen.

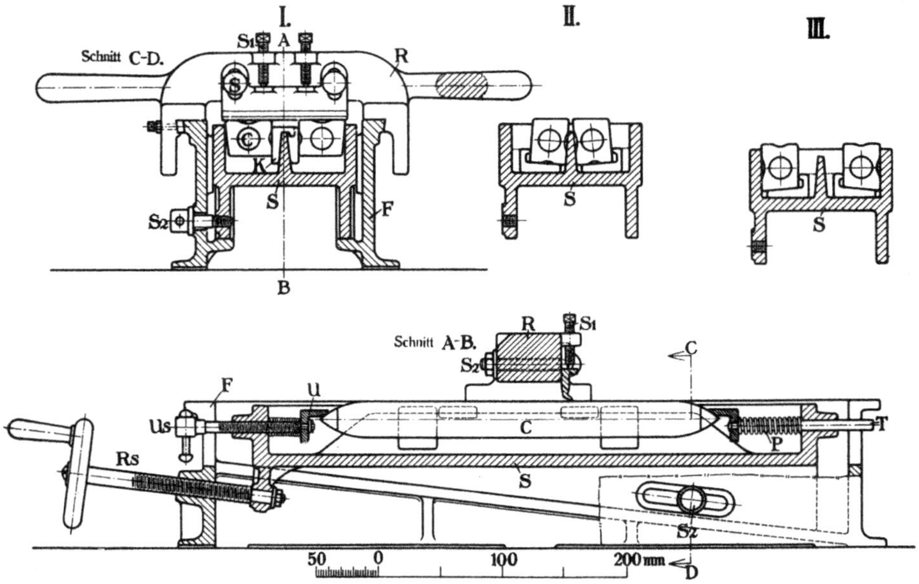

Abb. 141—142. Cooksche Vorrichtung zum Abhobeln der Schützen.

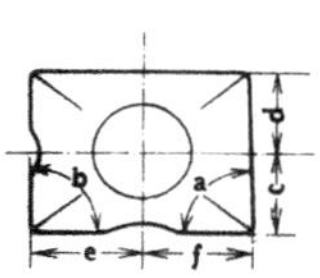

Abb. 143. Profil des Schützen.

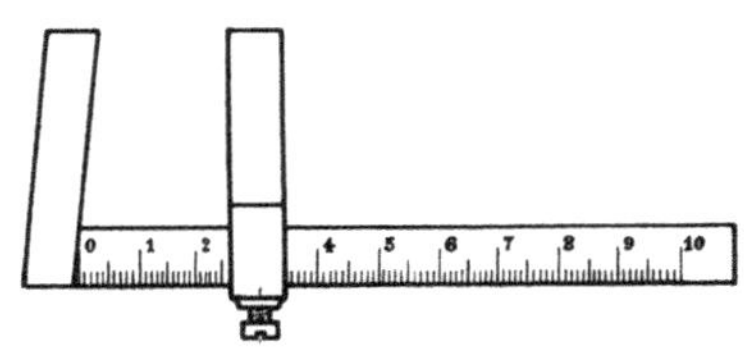

Abb. 144. Schützenmaßstab.

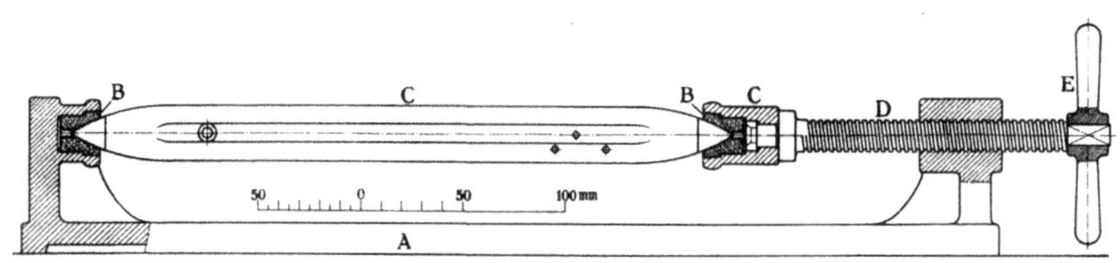

Abb. 145. Vorrichtung zum Einpressen der Schützenspitzen.

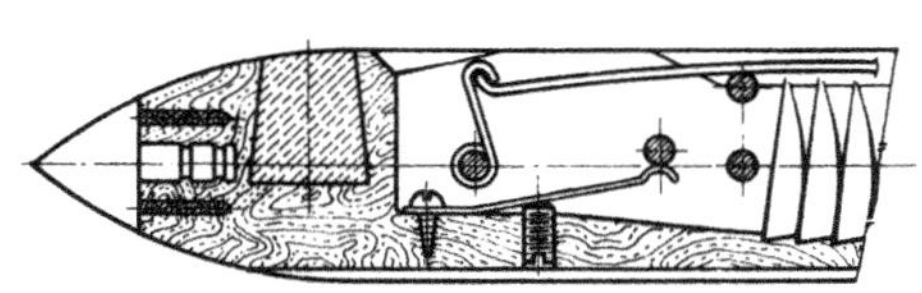

Abb. 146. Schützenspitze mit eingegossenem Blei.

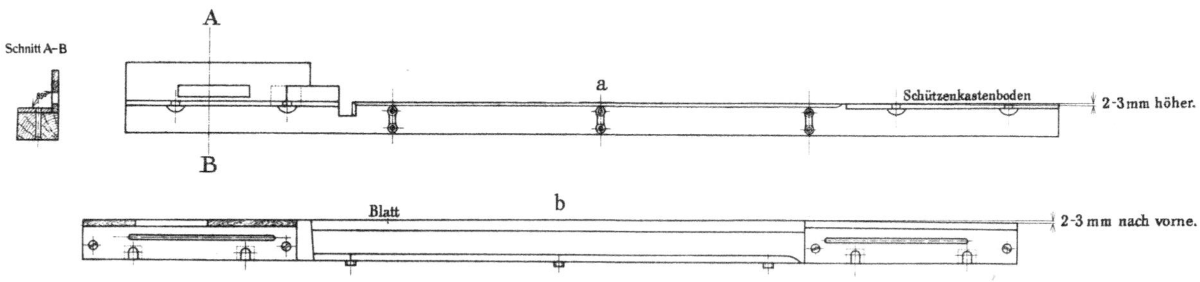

Abb. 147. Die richtige Schützenbahn (Vorderansicht und Draufsicht).

Abb. 148.

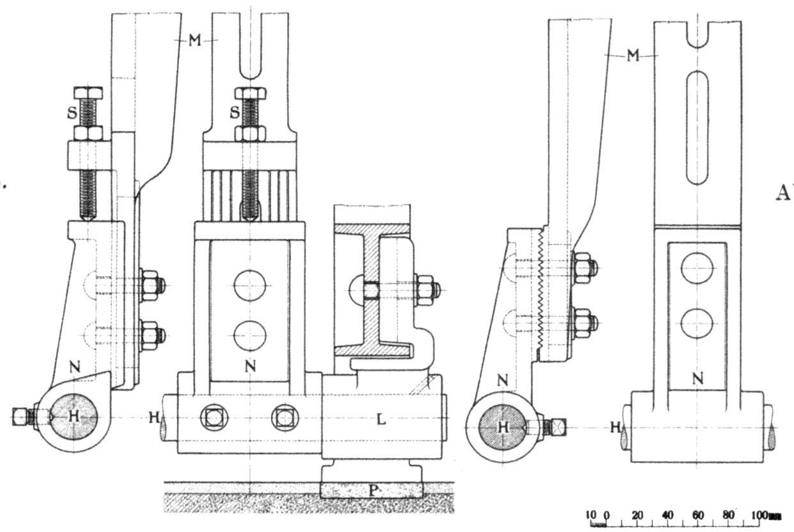

Abb. 149.

Abb. 148—149. Lagerung des Ladenarmes.

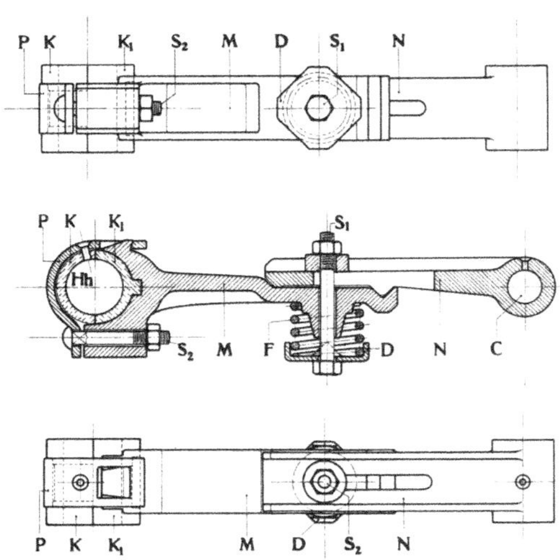

Abb. 150. Geteilte Schubstange der Sandauer Maschinenfabrik.

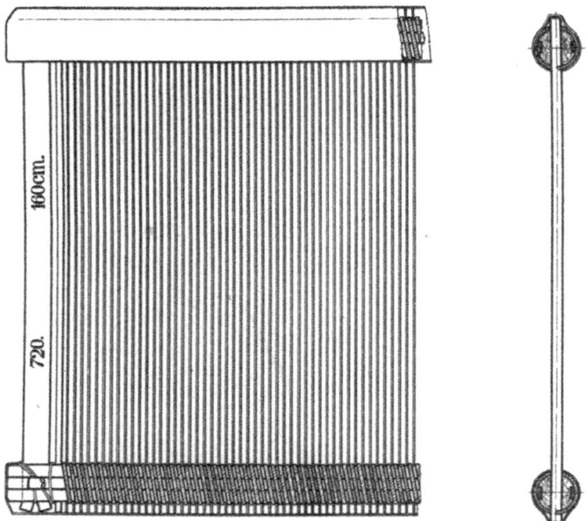

Abb. 151.

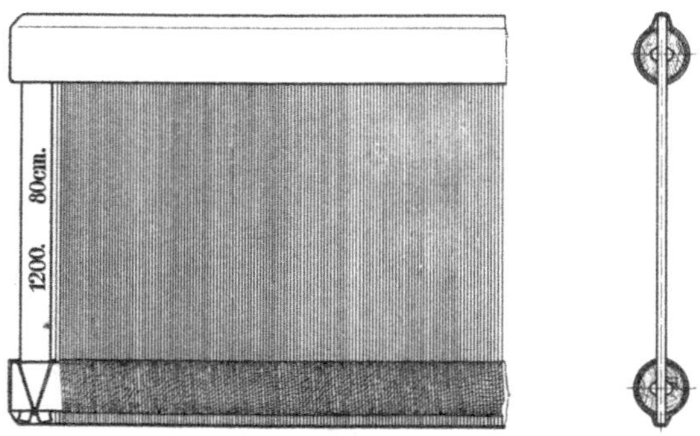

Abb. 152.

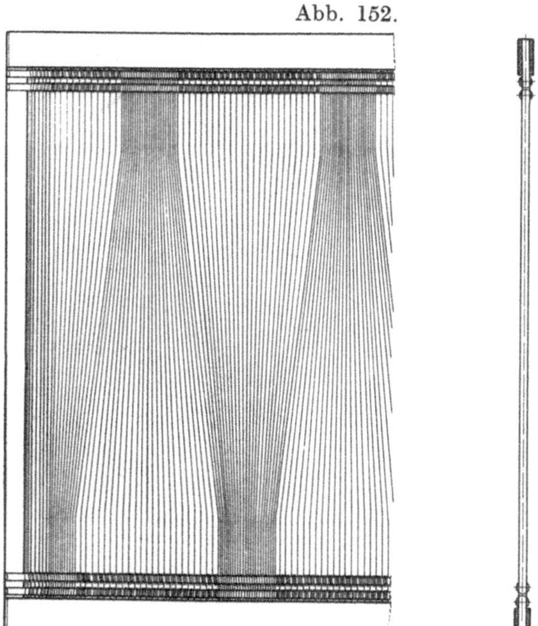
Abb. 153.

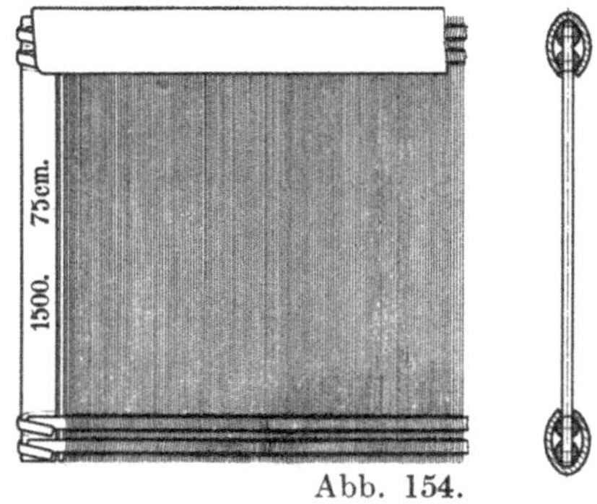

Abb. 154.

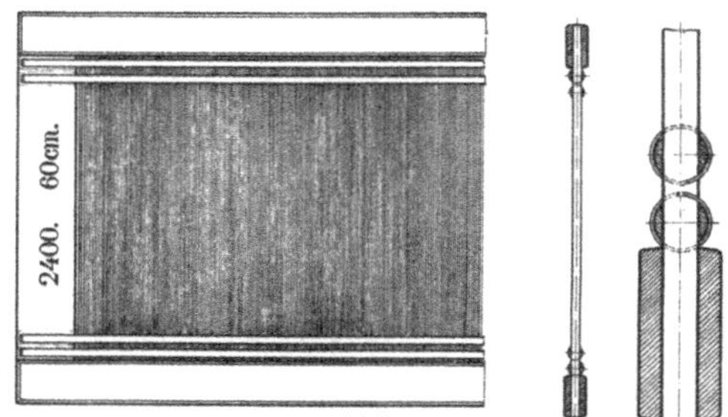

Abb. 155.

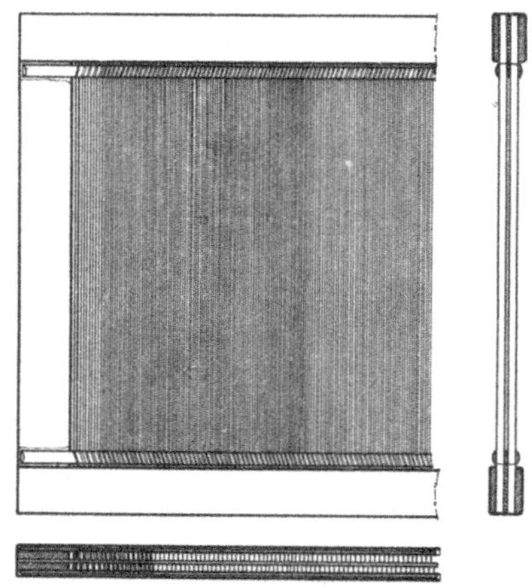
Abb. 156.

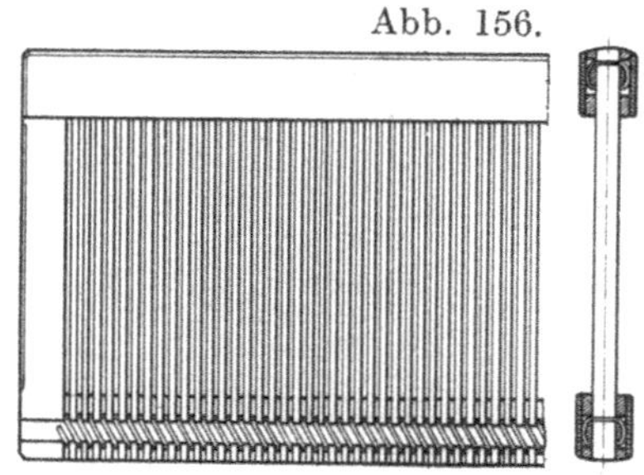
Abb. 157.

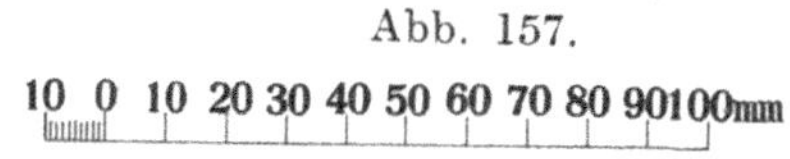

Abb. 151—157. Blätter (Riete).

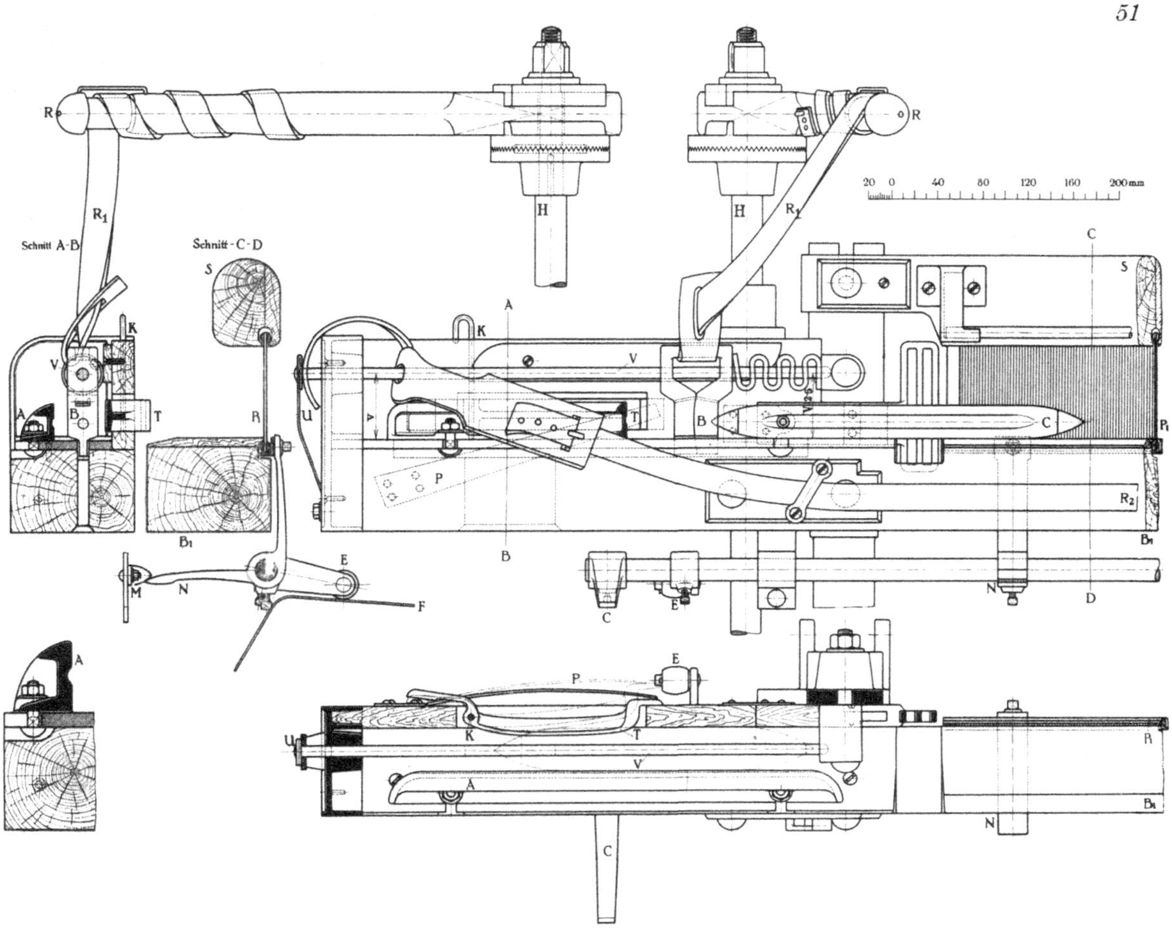

Abb. 158. Oberschlag.

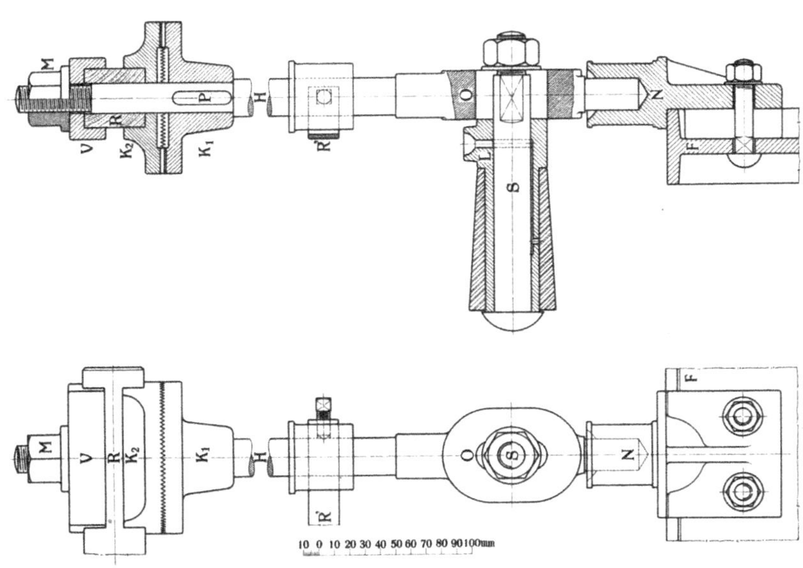

Abb. 159—160. Senkrechte Welle des Oberschlages mit der Lagerung des Schlagarmes.

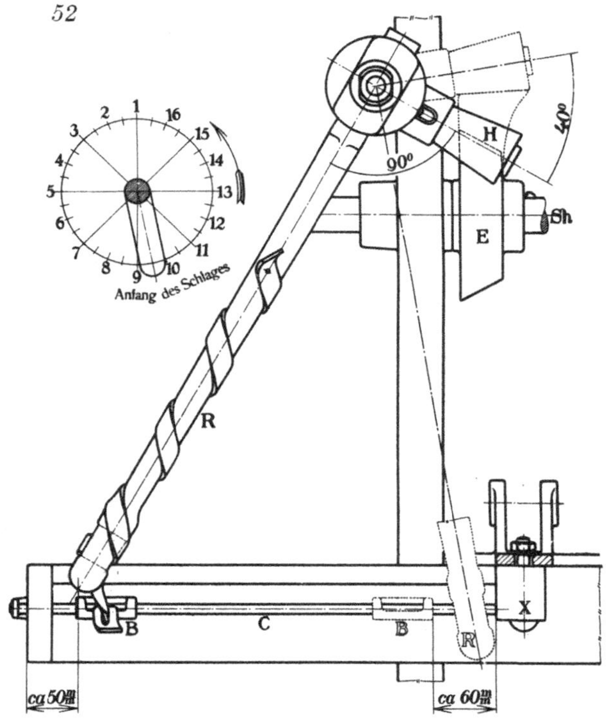

Abb. 161. Zeitdiagramm des Oberschlages.

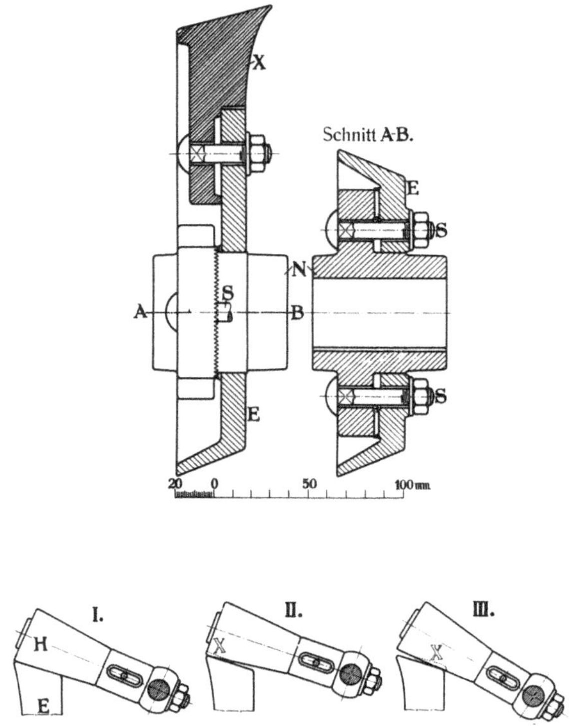

Abb. 162. Einstellung der Schlagrolle zum Exzenter.

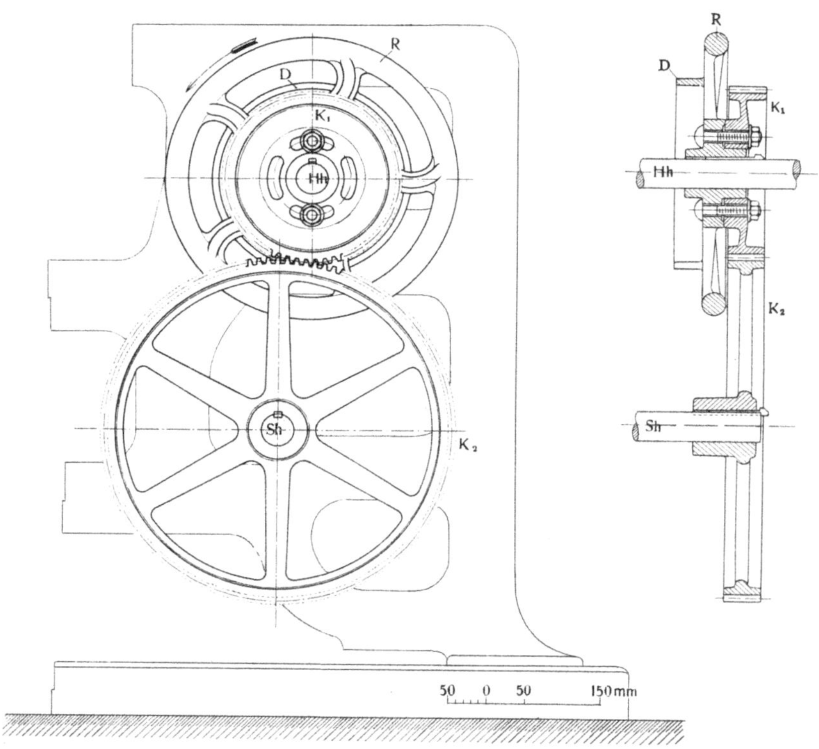

Abb. 164—165. Die Stellvorrichtung für Zahnräder der Hauptwelle.

Abb. 166—167 befinden sich auf Seite 54.

Abb. 168.

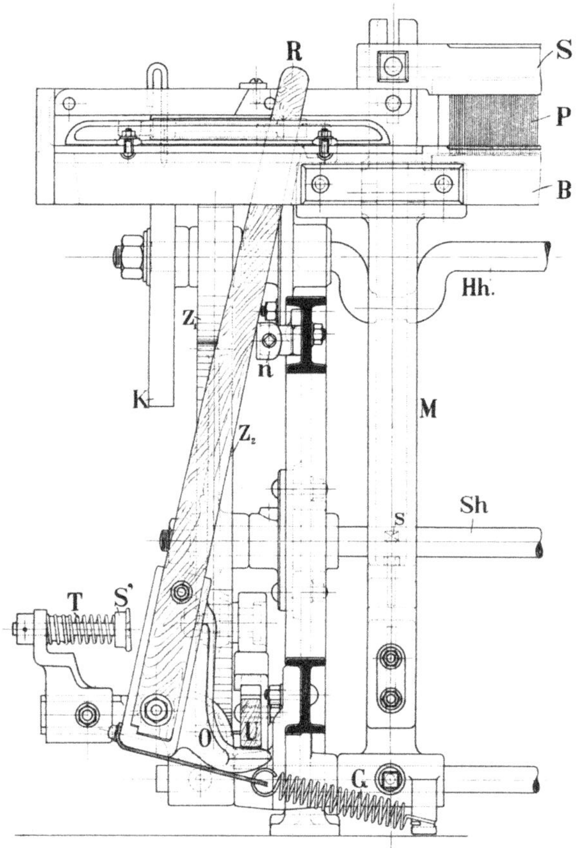

Abb. 169.

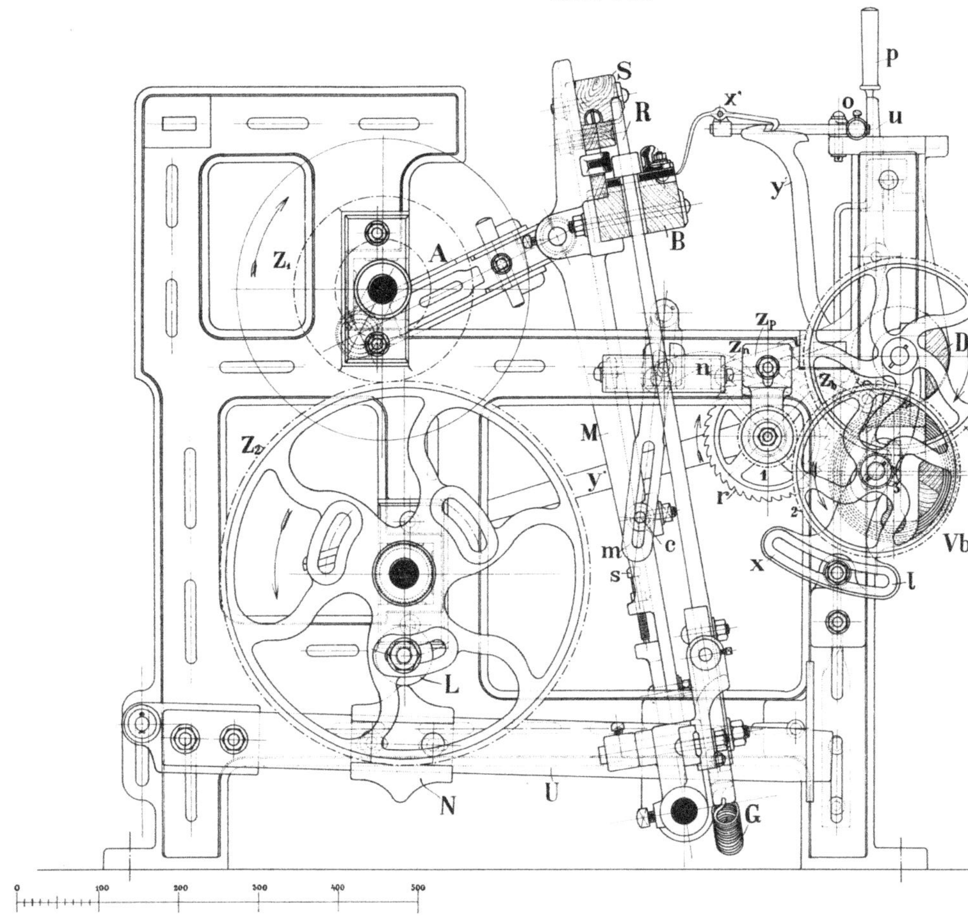

Abb. 168—169. Unterschlag und positiver Regulator.

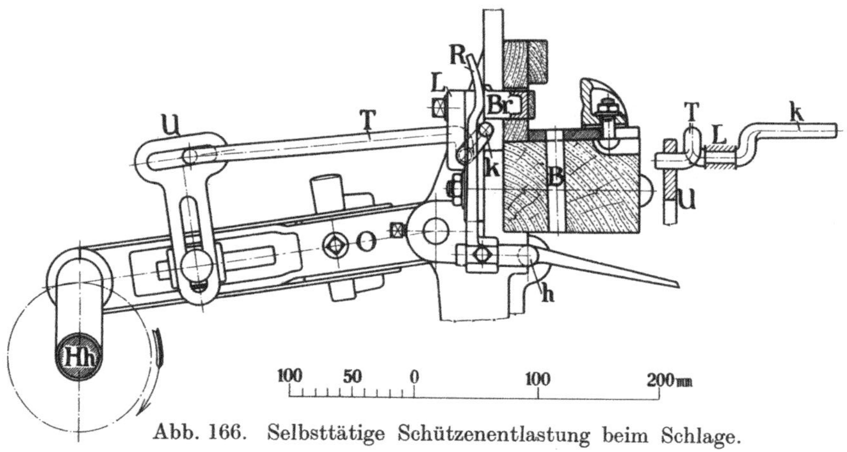

Abb. 166. Selbsttätige Schützenentlastung beim Schlage.

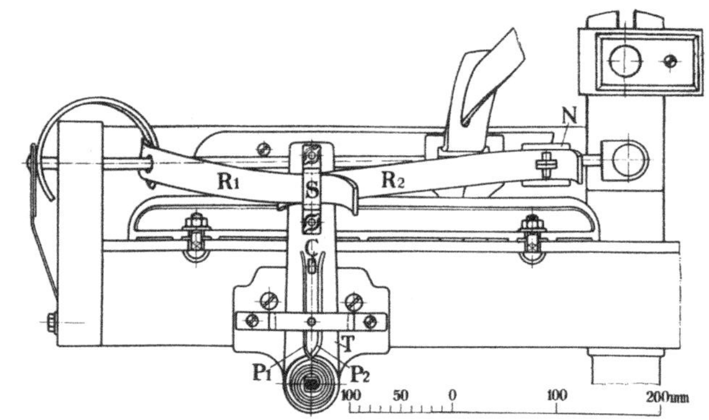

Abb. 167. Schlagdämpfung.

1.

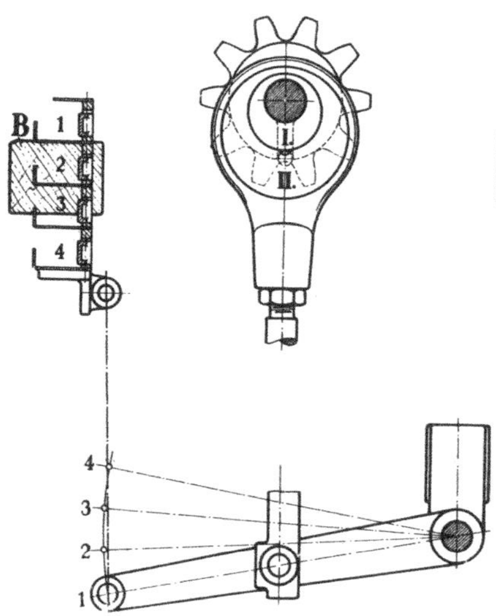

Abb. 170

2.

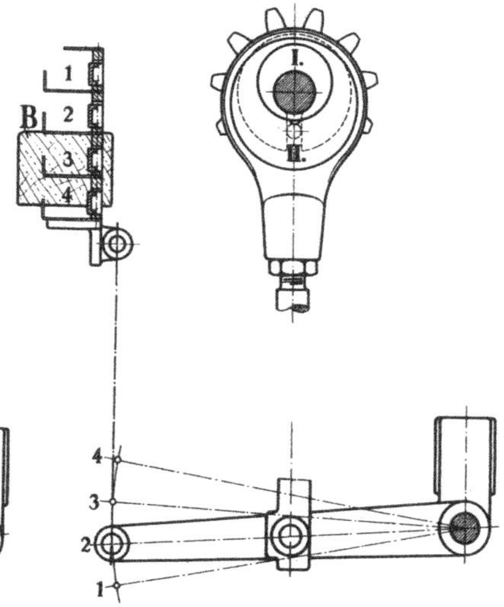

Abb. 171.

3.

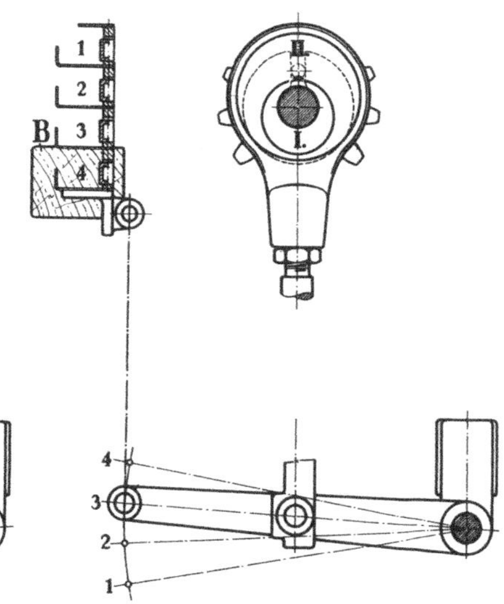

Abb. 172.

4.

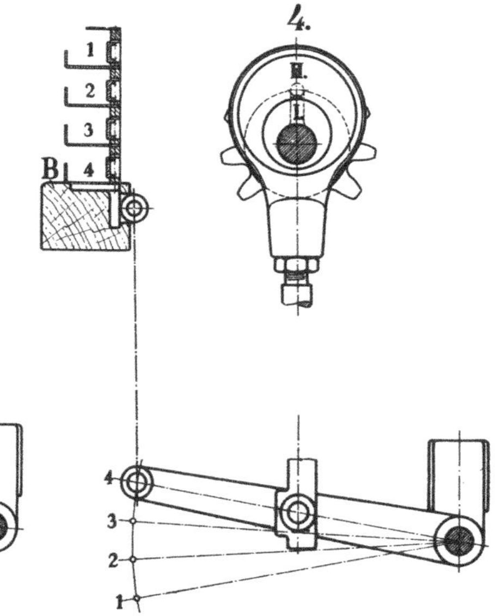

Abb. 173.

Abb. 170—173. Einzelne Exzenter- und Schützenkastenlagen bei Vierkastenwechsel.

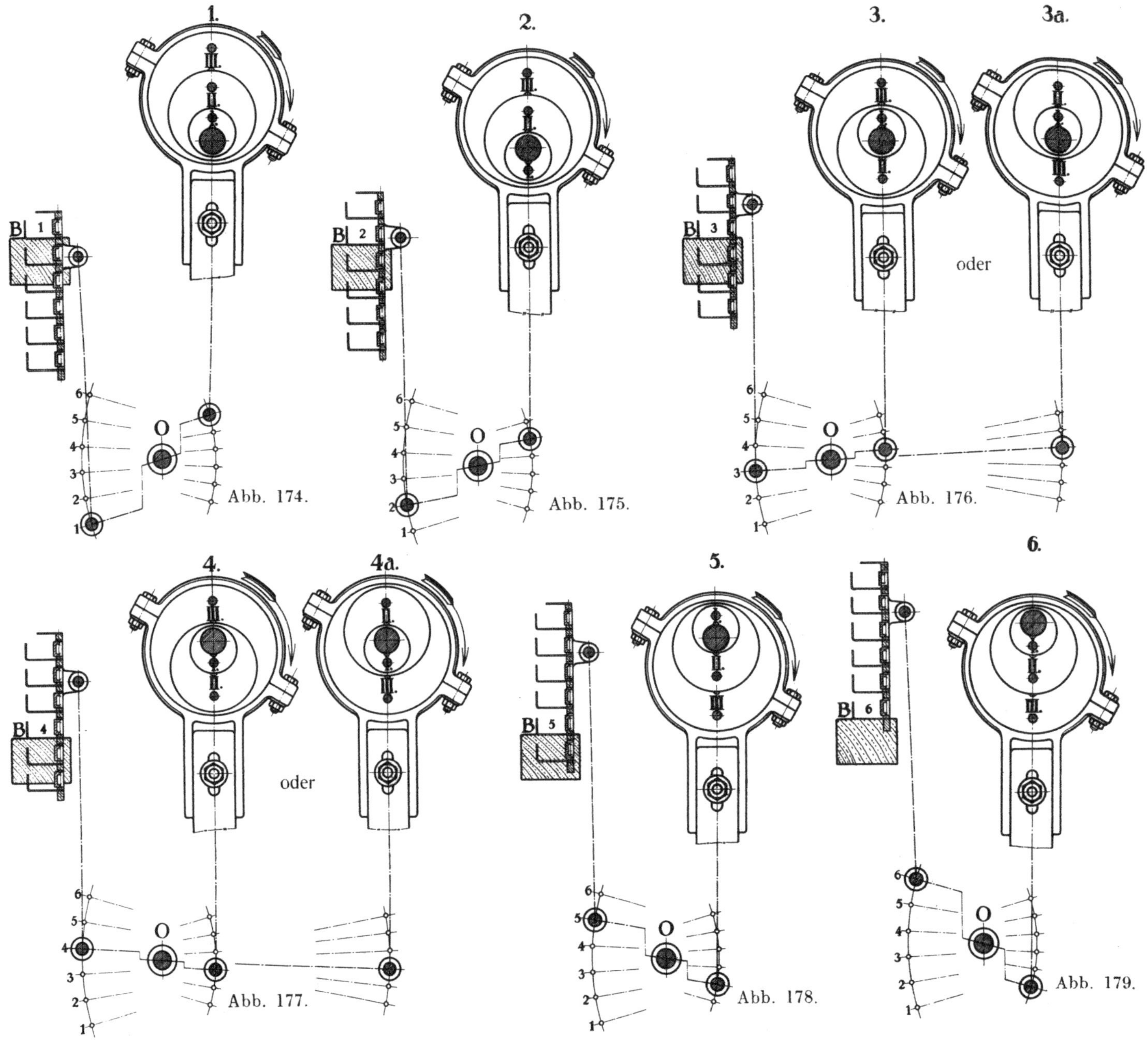

Abb. 174—179. Einzelne Exzenter- und Schützenkastenlagen bei Sechskastenwechsel.

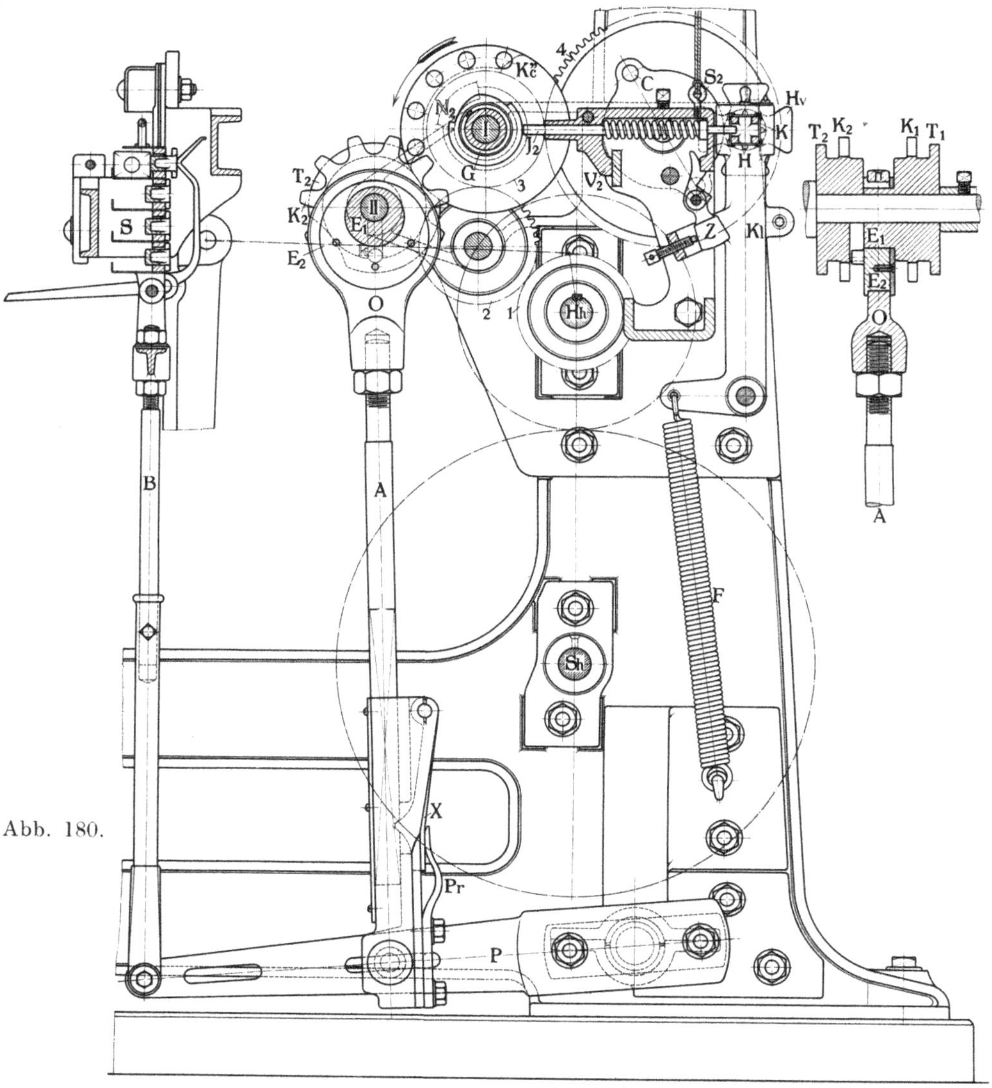

Abb. 180.

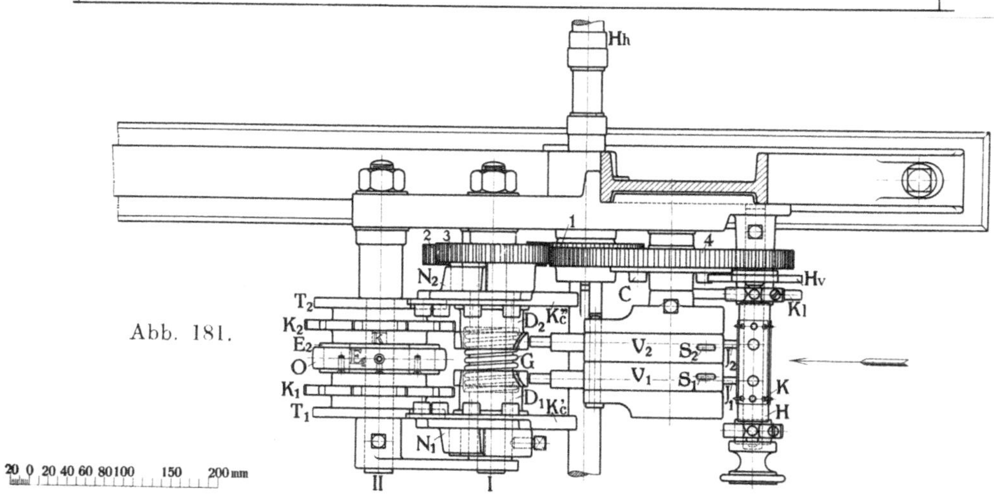

Abb. 181.

Abb. 180—181. Schützenwechsel System Hacking, mit vier Kästen für Seidenwebstühle von der Webstuhl- und Webereimaschinenfabrik A.G. vorm. A. Hohlbaum & Co. in Jägerndorf.

Abb. 182 befindet sich auf Seite 58.

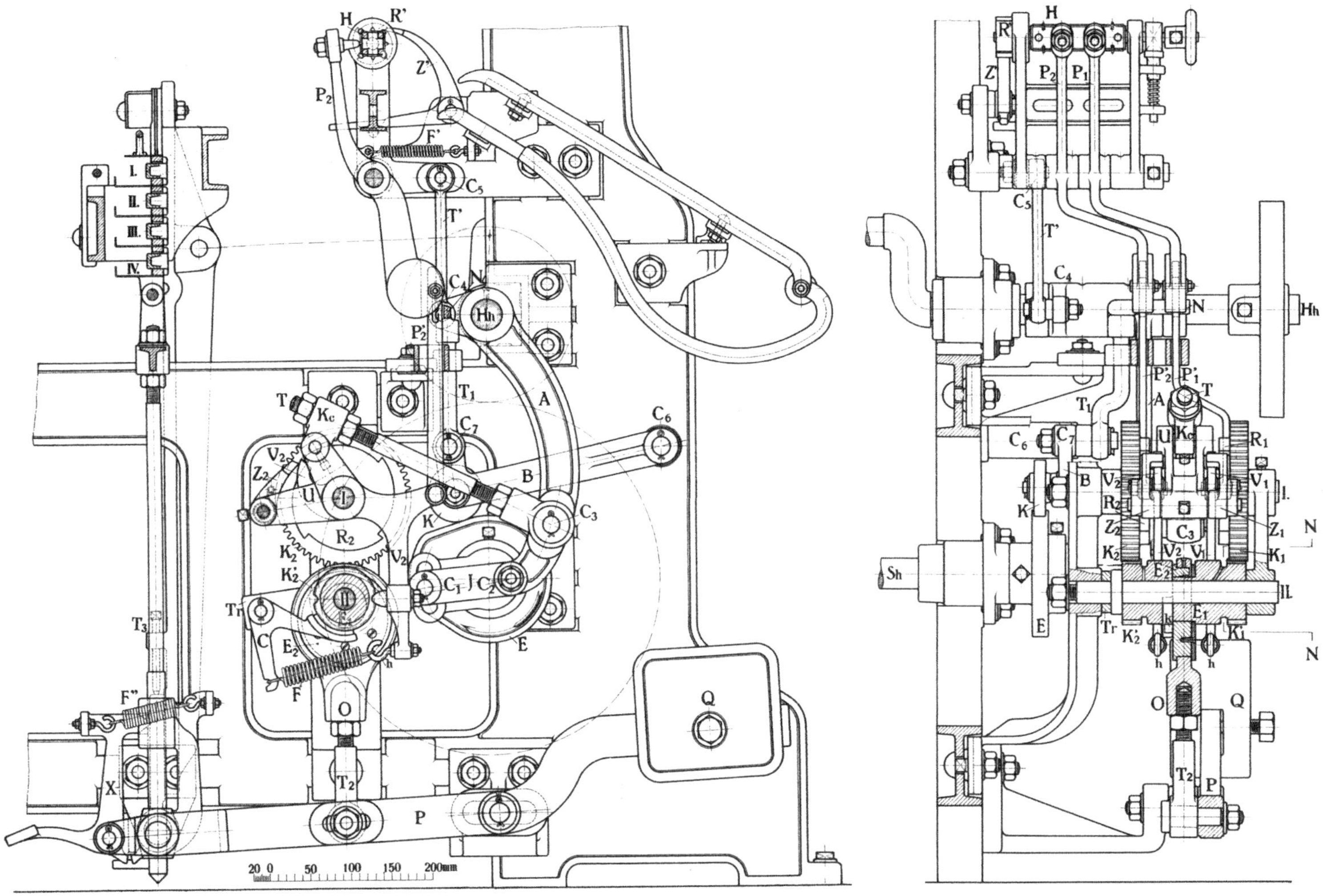

Abb. 183—184. Schützenwechsel mit vier Kästen für Baumwoll- und ähnliche Webstühle von C. A. Roscher in Georgswalde.

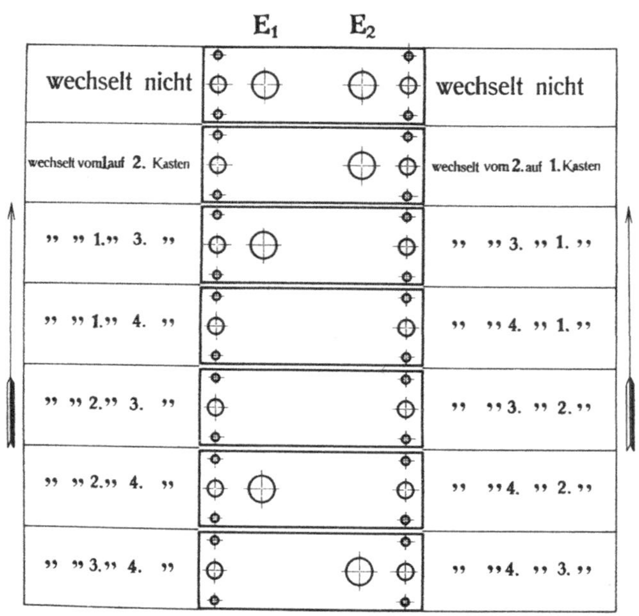

Abb. 182. Karten für den vierkastigen Schützenwechsel.

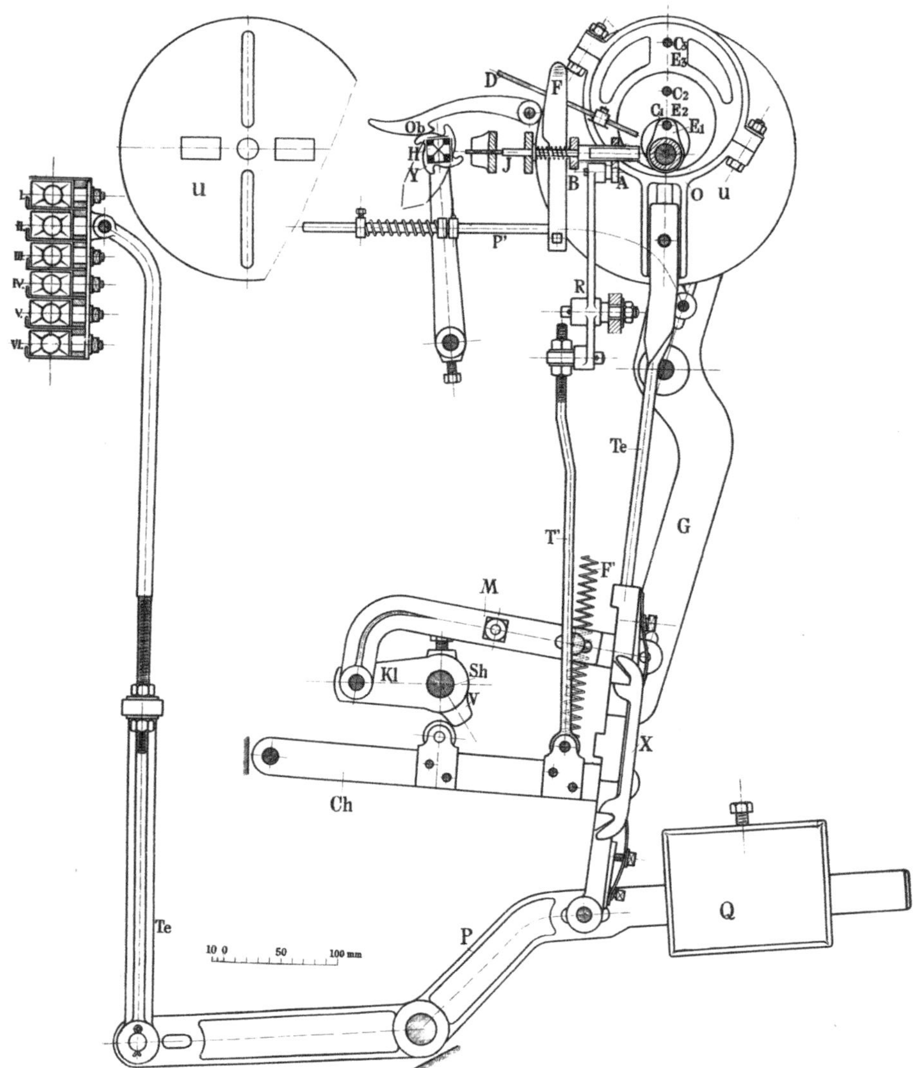

Abb. 185. Der Sechskastenschützenwechsel der Firma Gustav Thiele, Rumburg (Seitenansicht).

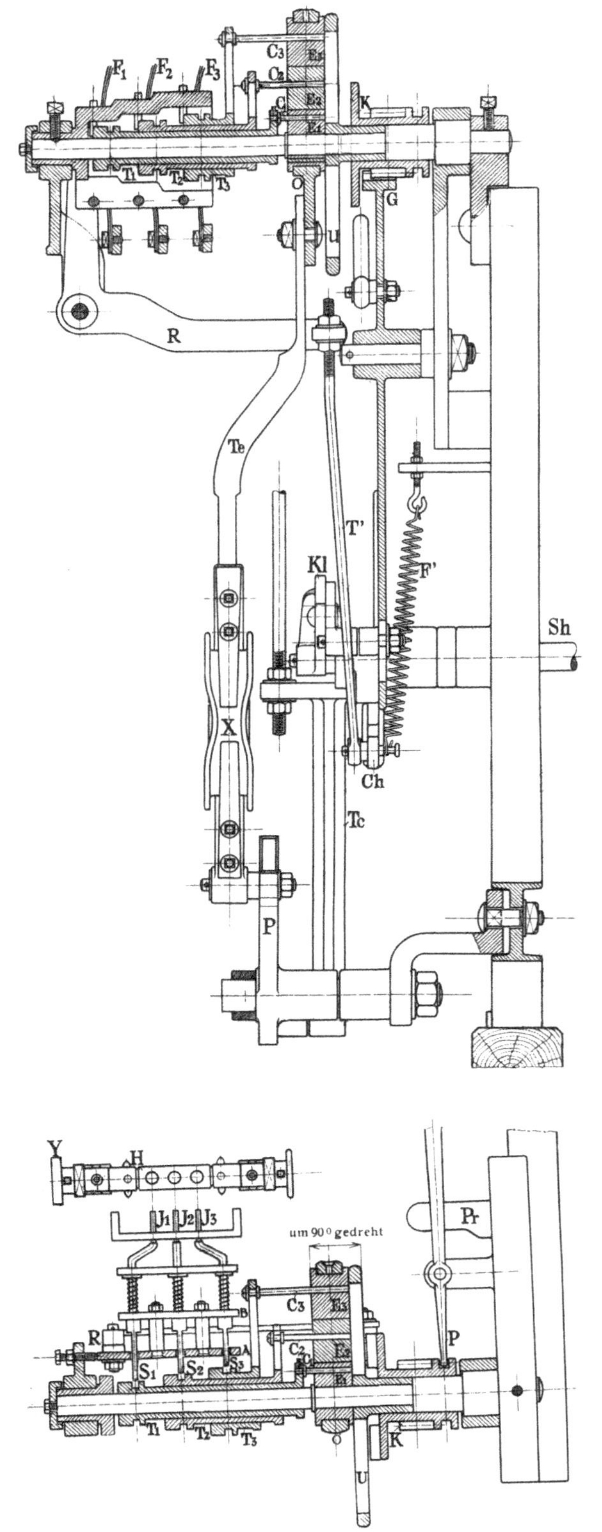

Abb. 186—187. Der Sechskastenschützenwechsel der Firma Gustav Thiele, Rumburg (Schnitte durch die Exzenter).

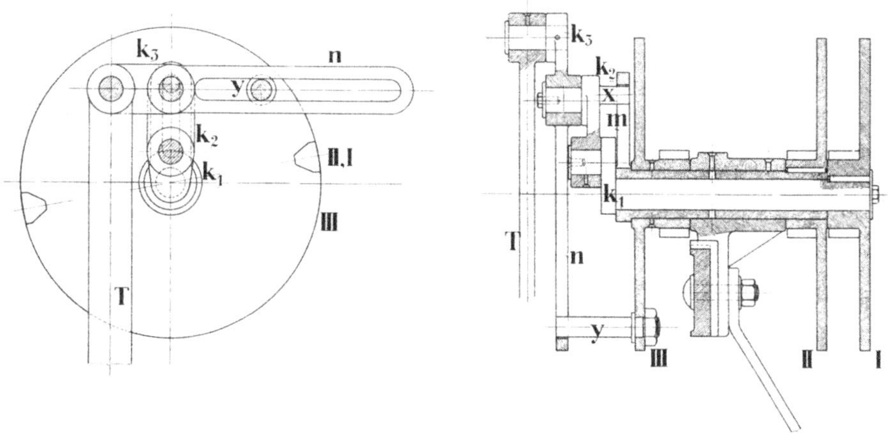

Abb. 192—193. Kurbelmechanismus des Prof. Ing. B. Vlček für einen Sechskastenschützenwechsel.

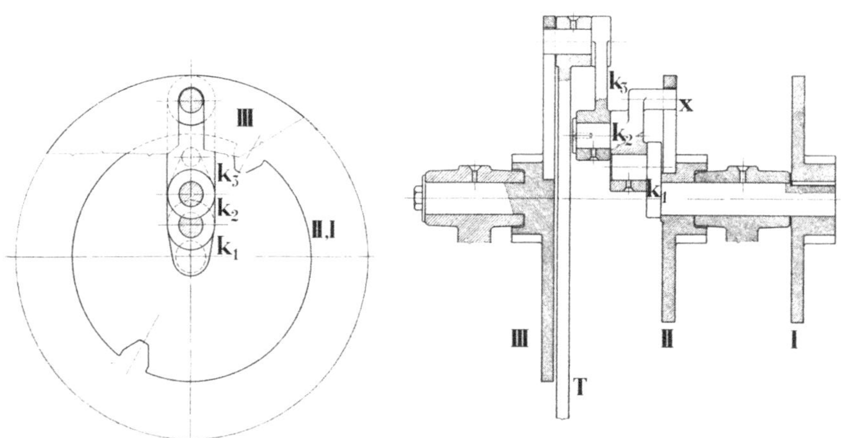

Abb. 194—195. Kurbelmechanismus des Prof. Ing. B. Vlček für einen Sechskastenschützenwechsel.

Wechselt nicht (Stillstand d. Exzenter)												
Karte	wechselt sich Kasten	durch Kasten	Heben dreht sich Exzenter	Heben wie	der Wechsel E	III	II	I	Senken wie	Senken dreht sich Exzenter	wechselt sich durch Kasten	Kasten
1.	1	→ 2	I	nach unten	o	○	○		nach oben	I	1	← 2
2.	1	→ 3	II	„	o	○		○	„	II	1	← 3
3.	1	→ 3	III	„	o		○	○	„	III	1	← 3
4.	1	→ 4	I u. II	„	o	○			„	I a II	1	← 4
5.	1	→ 4	I u. III	„	o		○		„	I u. III	1	← 4
6.	1	→ 5	II u. III	„	o			○	„	II u. III	1	← 5
7.	1	→ 6	I, II u. III	„	o				„	I, II u. III	1	← 6
8.	2	→ 3	I / II	nach oben / nach unten	o	○			nach unten / nach oben	I / II	2	← 3
9.	2	→ 3	I / III	nach oben / nach unten	o		○		nach unten / nach oben	/ III	2	← 3
10.	2	→ 4	II	„	o	○		○	„	II	2	← 4
11.	2	→ 4	III	„	o		○	○	„	III	2	← 4
12.	2	→ 5	I / II u. III	nach oben / nach unten	o				nach unten / nach oben	III / II u. III	2	← 5
13.	2	→ 6	II u. III	„	o			○	„	II u. III	2	← 6
14.	3	→ 4	I	„	o	○	○		„	I	3	← 4
15.	3	→ 5	II	„	o	○		○	„	II	3	← 5
16.	3	→ 5	III	„	o		○	○	„	III	3	← 5
17.	3	→ 6	I u. II	„	o	○			„	I u. II	3	← 6
18.	3	→ 6	I u. III	„	o		○		„	I u. III	3	← 6
19.	4	→ 5	I / II	nach oben / nach unten	o	○			nach unten / nach oben	I / II	4	← 5
20.	4	→ 5	I / III	nach oben / nach unten	o		○		nach unten / nach oben	I / III	4	← 5
21.	4	→ 6	II	„	o	○		○	„	II	4	← 6
22.	4	→ 6	III	„	o		○	○	„	III	4	← 6
23.	5	→ 6	I	„	o	○	○		„	I	5	← 6

Abb. 188. Karten für einen Exzenter- oder Kurbelschützenwechsel mit sechs Kästen.

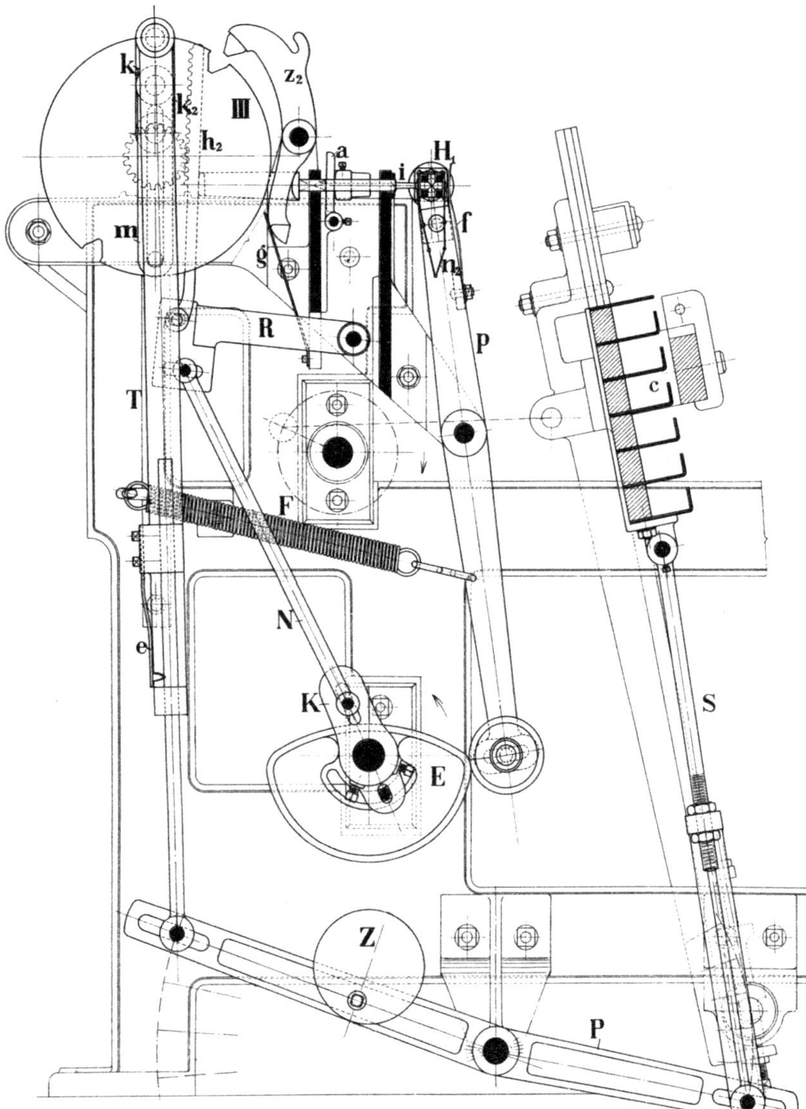

Abb. 189.

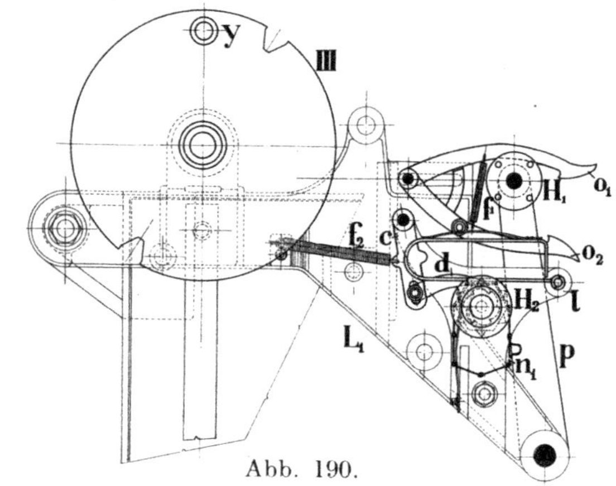

Abb. 190.

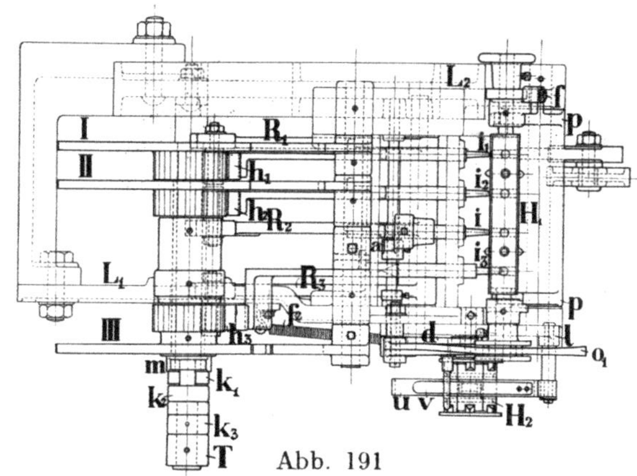

Abb. 191

Abb. 189 — 191. Kurbelschützenwechsel mit sechs Kästen und Kartensparvorrichtung (190, 191).

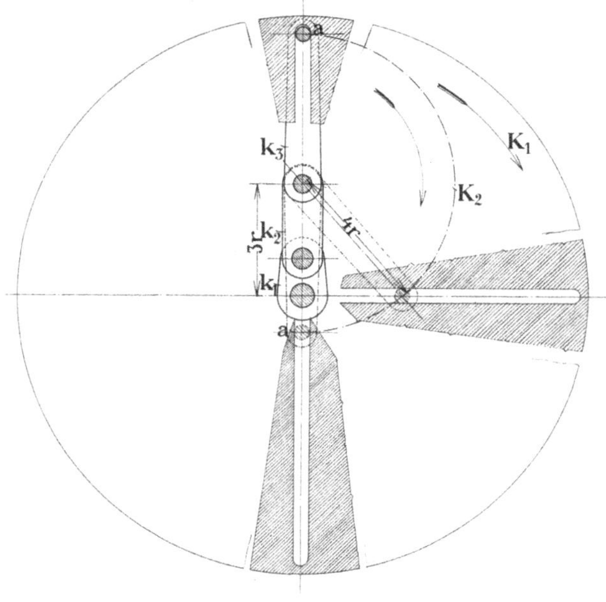

Abb. 196. Kurbeldrehung (eines Schützenwechsels mit acht Kästen).

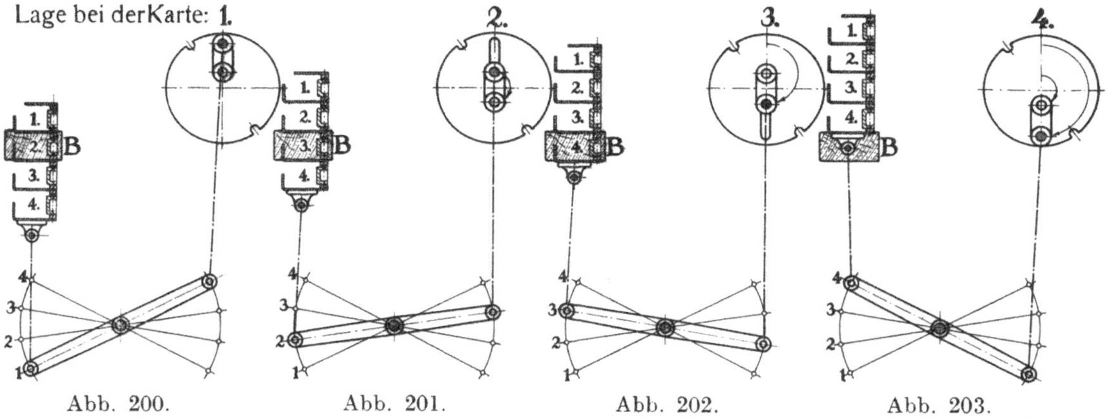

Abb. 200—203. Kurbel- und Schützenkastenlagen des Eccleswechsel. mit vier Kästen

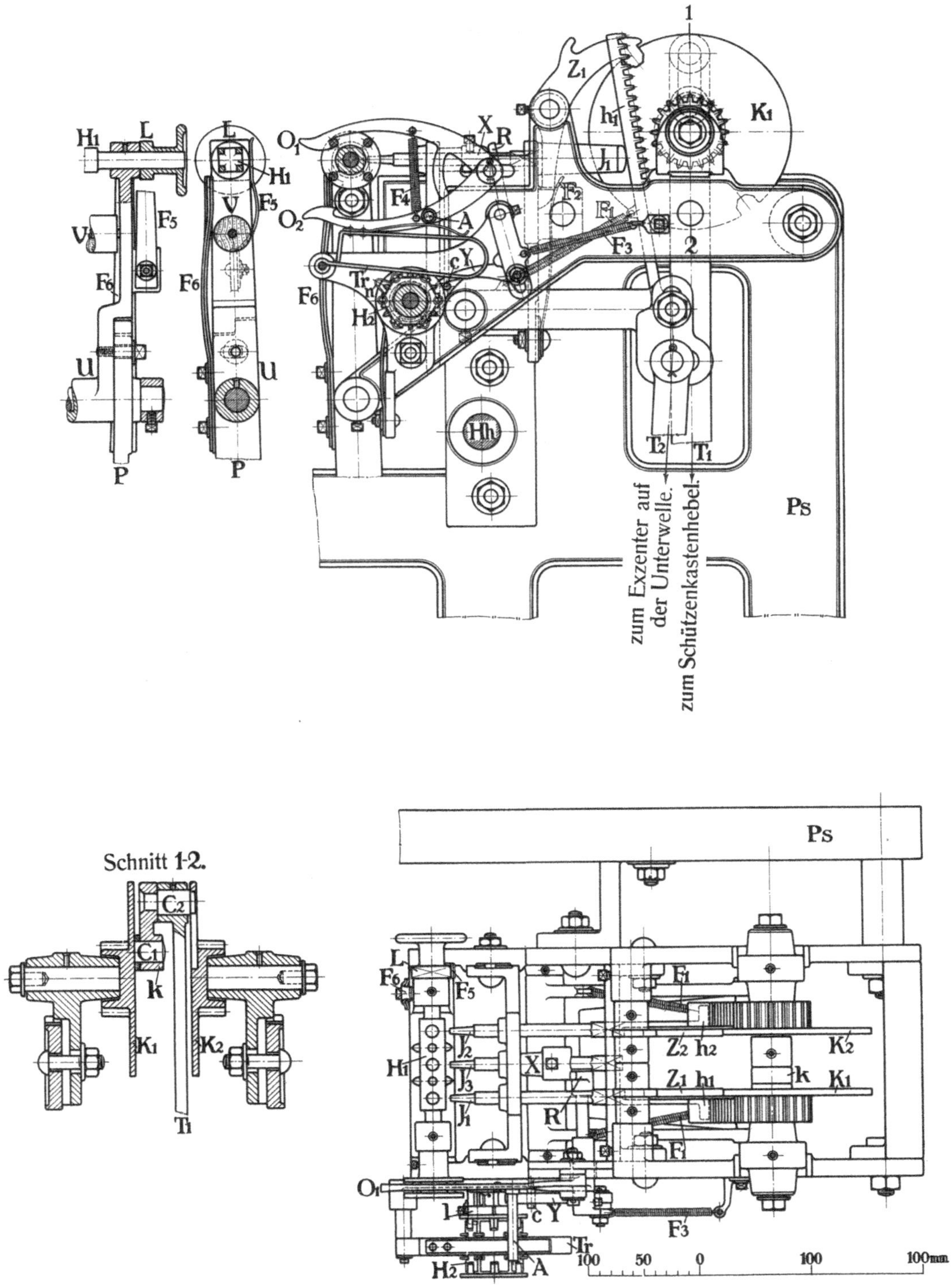

Abb. 197—199. Die Sparvorrichtung des Kurbelwechsels und die Kurbelstellung (links unten) beim Schützenwechsel mit vier Kästen.

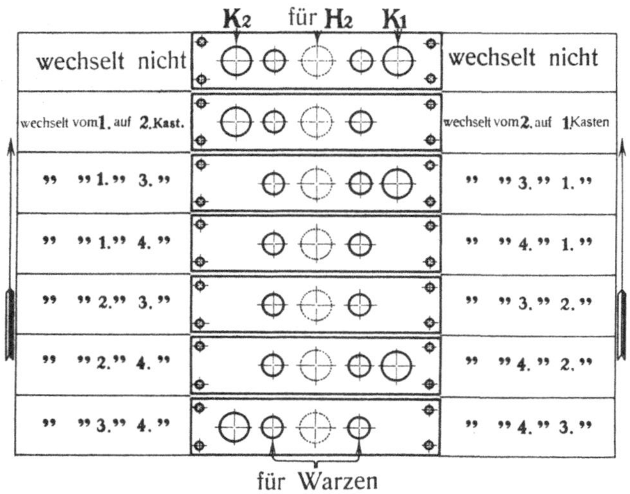

Abb. 204. Karten für einen Schützenwechsel mit vier Kästen (und Sparvorrichtung — ev. Loch in der Mitte).

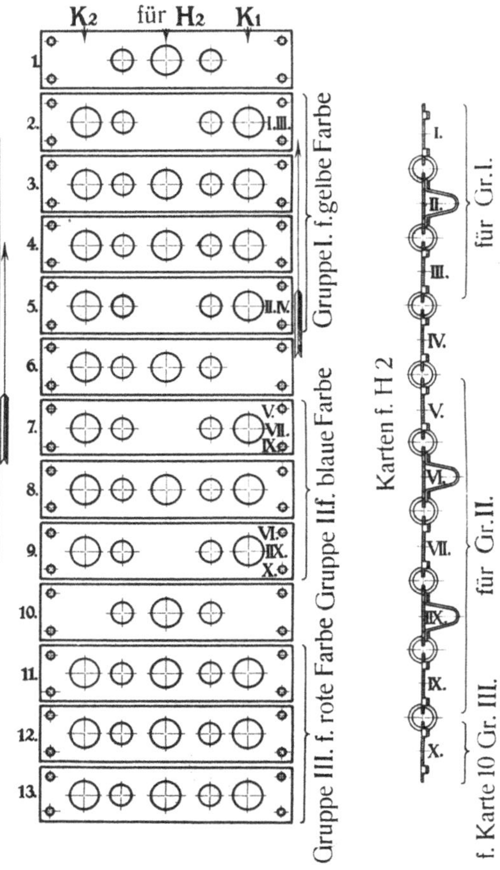

Abb. 205.
Die Karten für Kurbelschützenwechsel mit Sparvorrichtung.

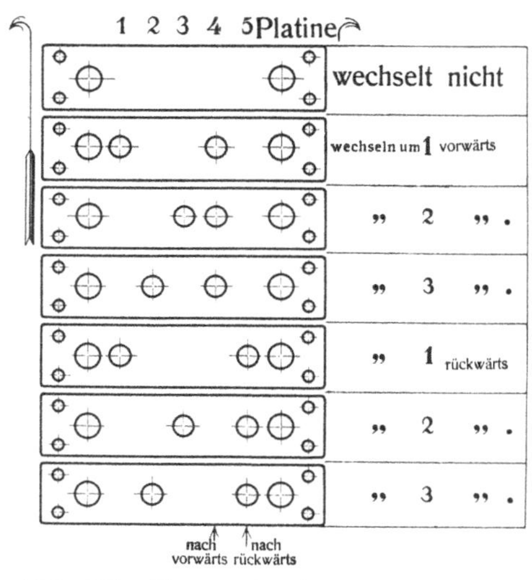

Abb. 211. **Karten für den Revolverüberspringerwechsel.**

Abb. 206—208 befinden sich auf Seite 65.
Abb. 209—210 befinden sich auf Seite 66.

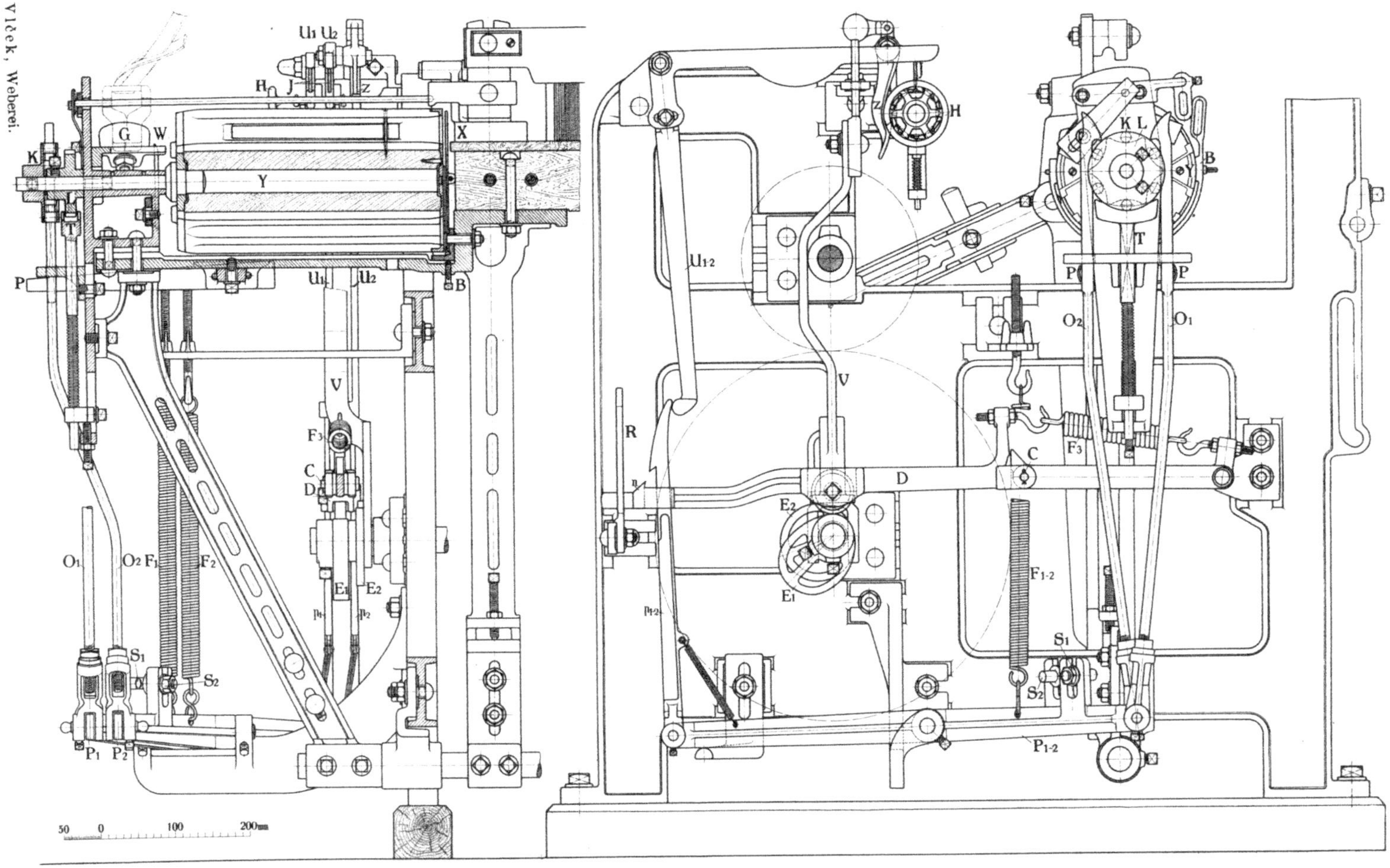

Abb. 206—207. Revolverwechsel mit kastenweiser Schaltung.

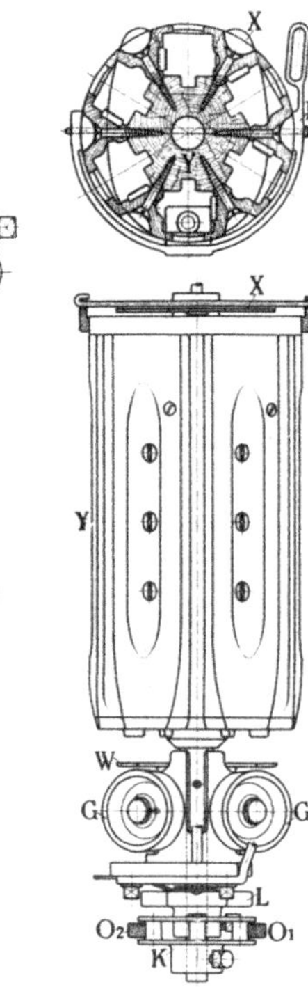

Abb. 208. Revolver-schützenkasten.

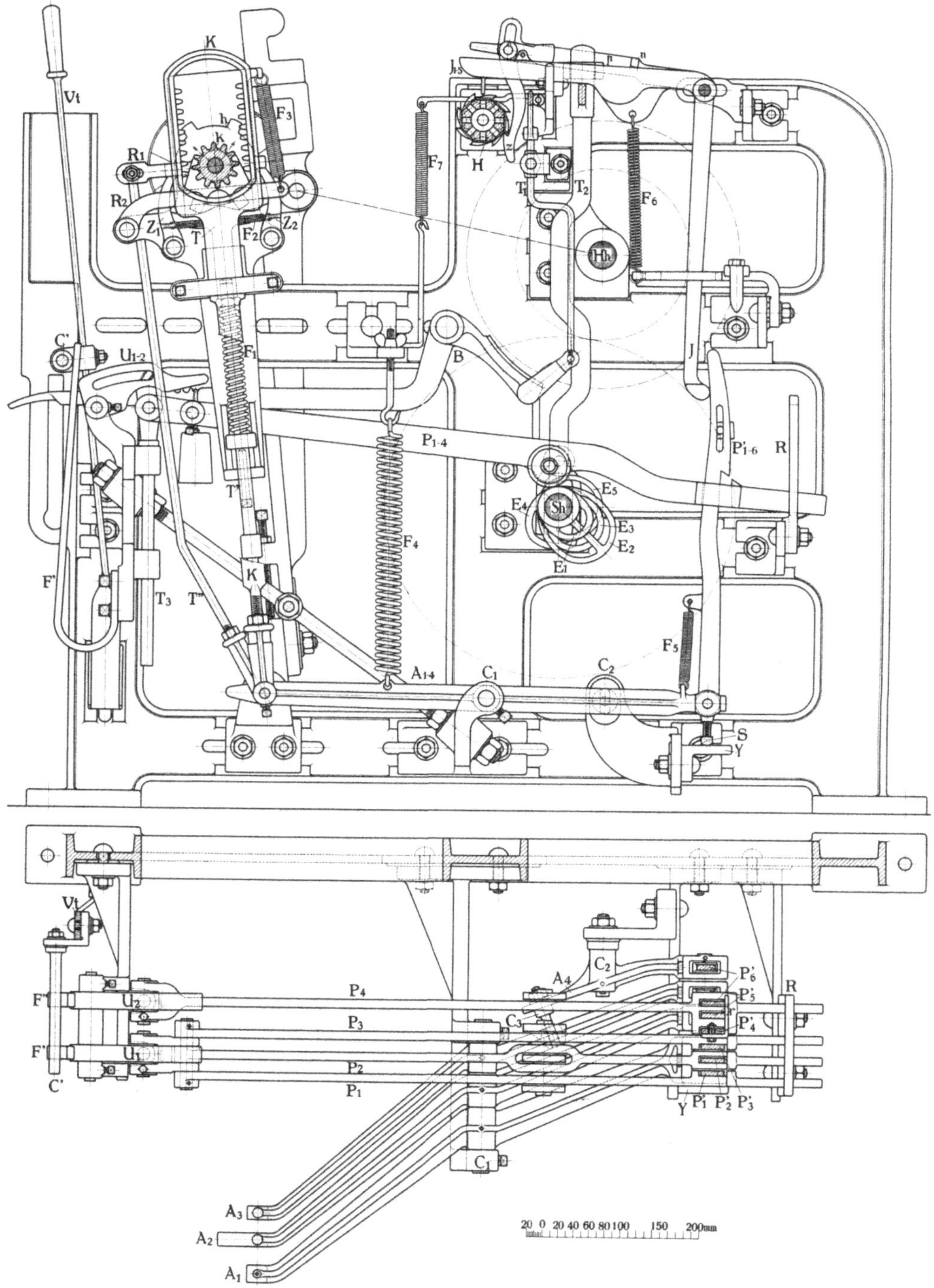

Abb. 209—210. Revolverüberspringerwechsel.
Der untere Hebel A_1 mit P_1', P_2', P_3' ist für den Wechsel um 1, 2, 3 Kästen, der untere Hebel A_2 mit P_4' ist für das Abziehen des Drückers T bestimmt, der untere Hebel A_3, A_4 mit P_5', P_6' dient zur Ablenkung des Rahmens K.

Abb. 211 befindet sich auf Seite 64.

Abb. 212.

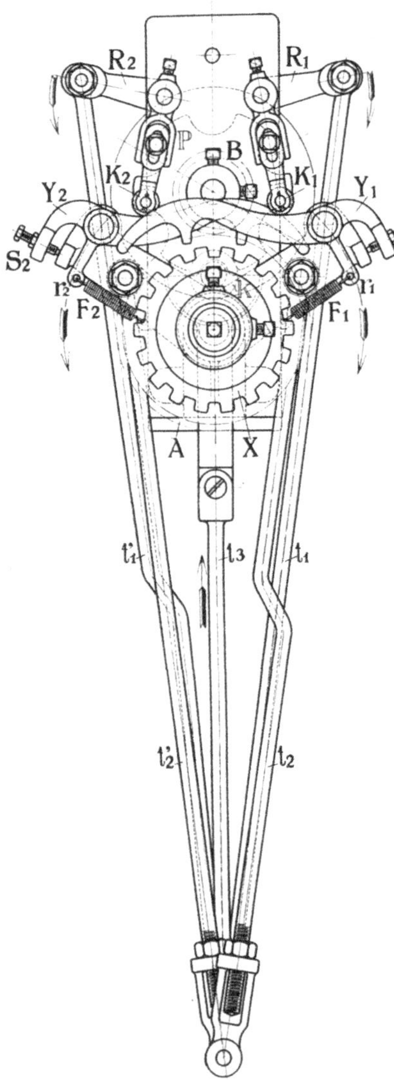

Abb. 213.

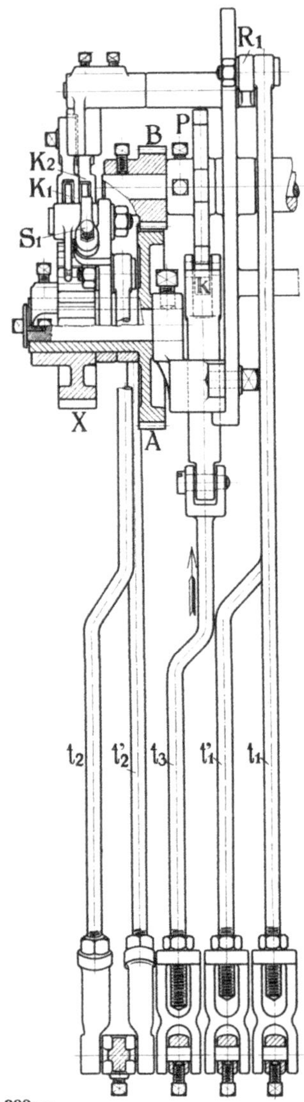

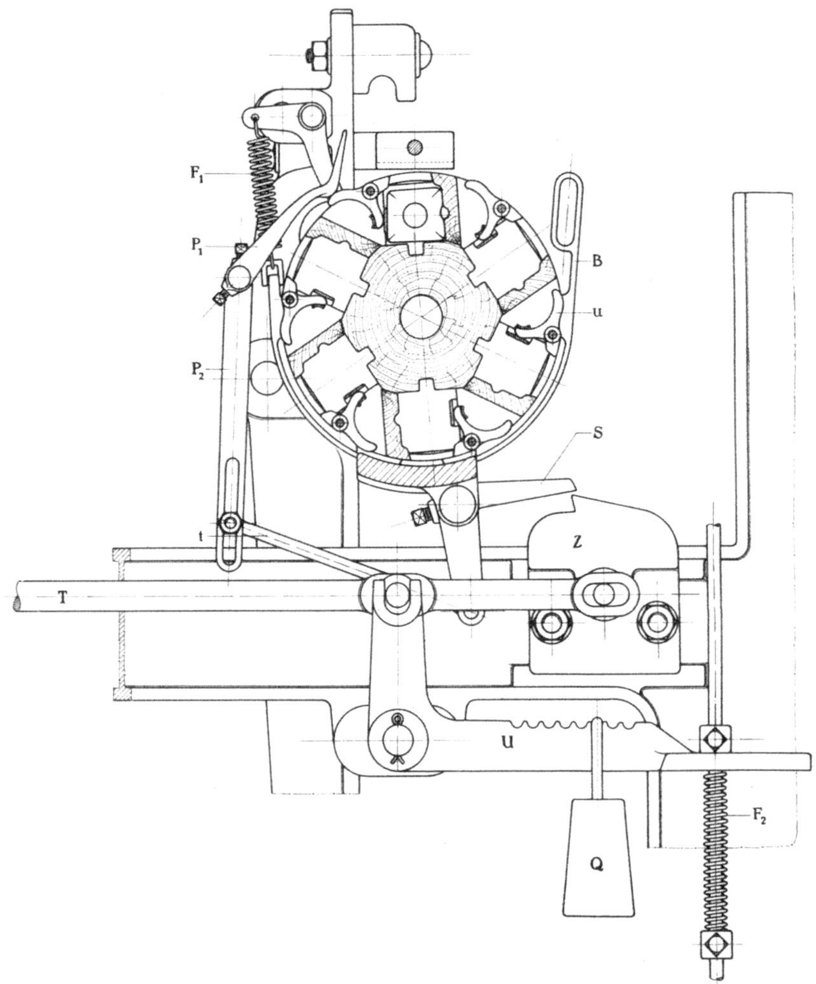

Abb. 212—213. 20 0 20 40 60 80 100 150 200mm

Revolverüberspringer (einseitiger) von C. A. Roscher in Georgswalde.

Abb. 214 befindet sich auf Seite 68.

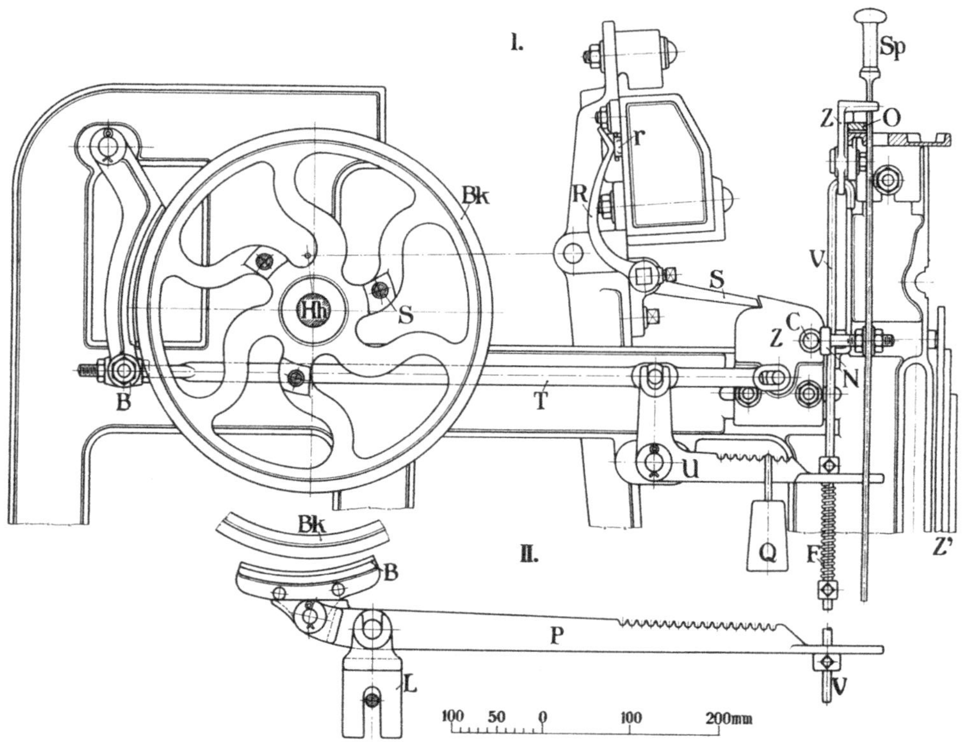

Abb. 214. I. Schnellbremse des Webstuhles. II. Übliche Bremse.

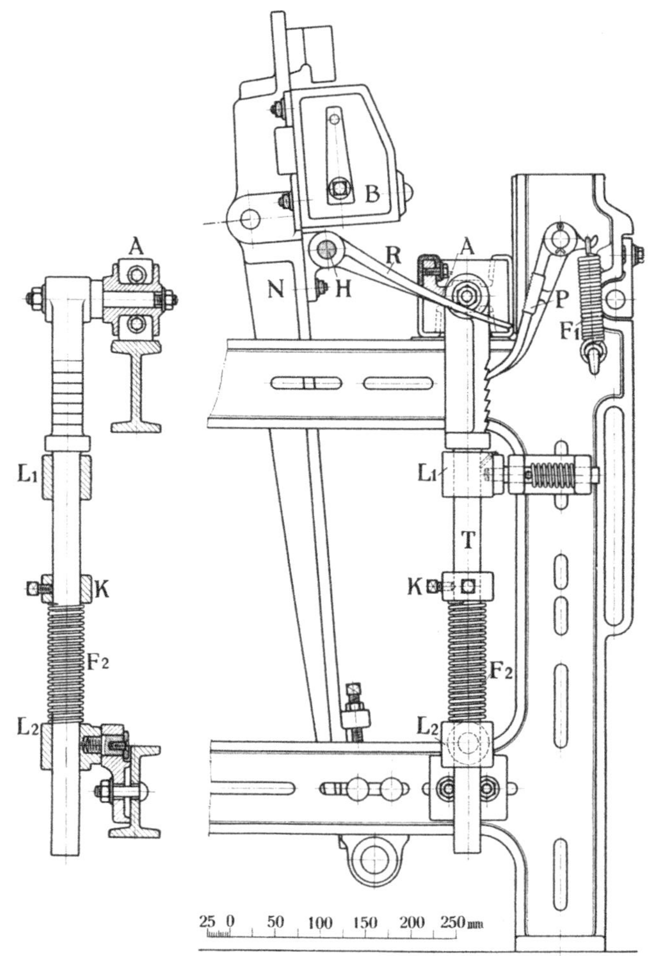

Abb. 216. Der Schützenwächter.

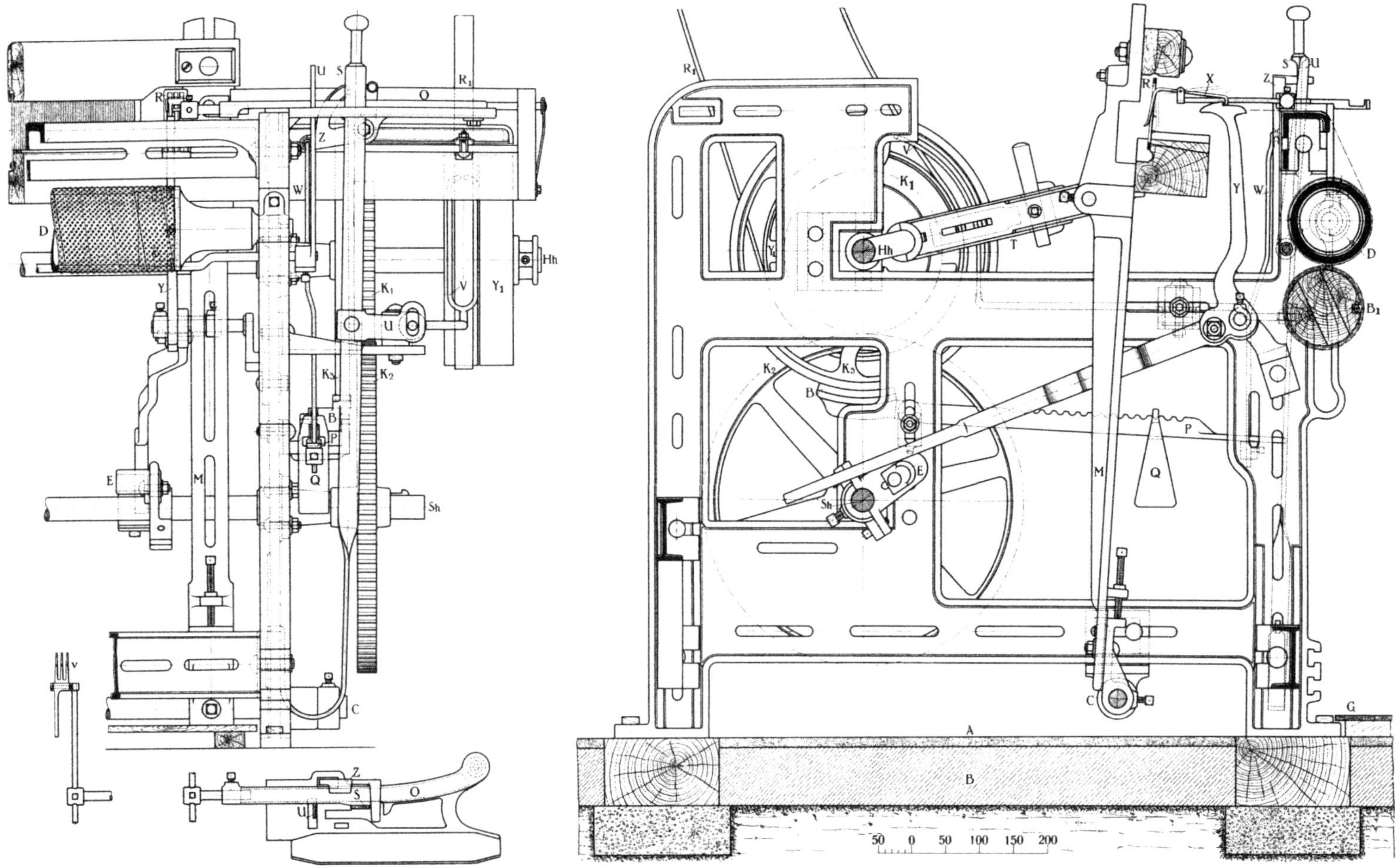

Abb. 217—218. Der Schußwächter des schmalen (engl.) Webstuhles.

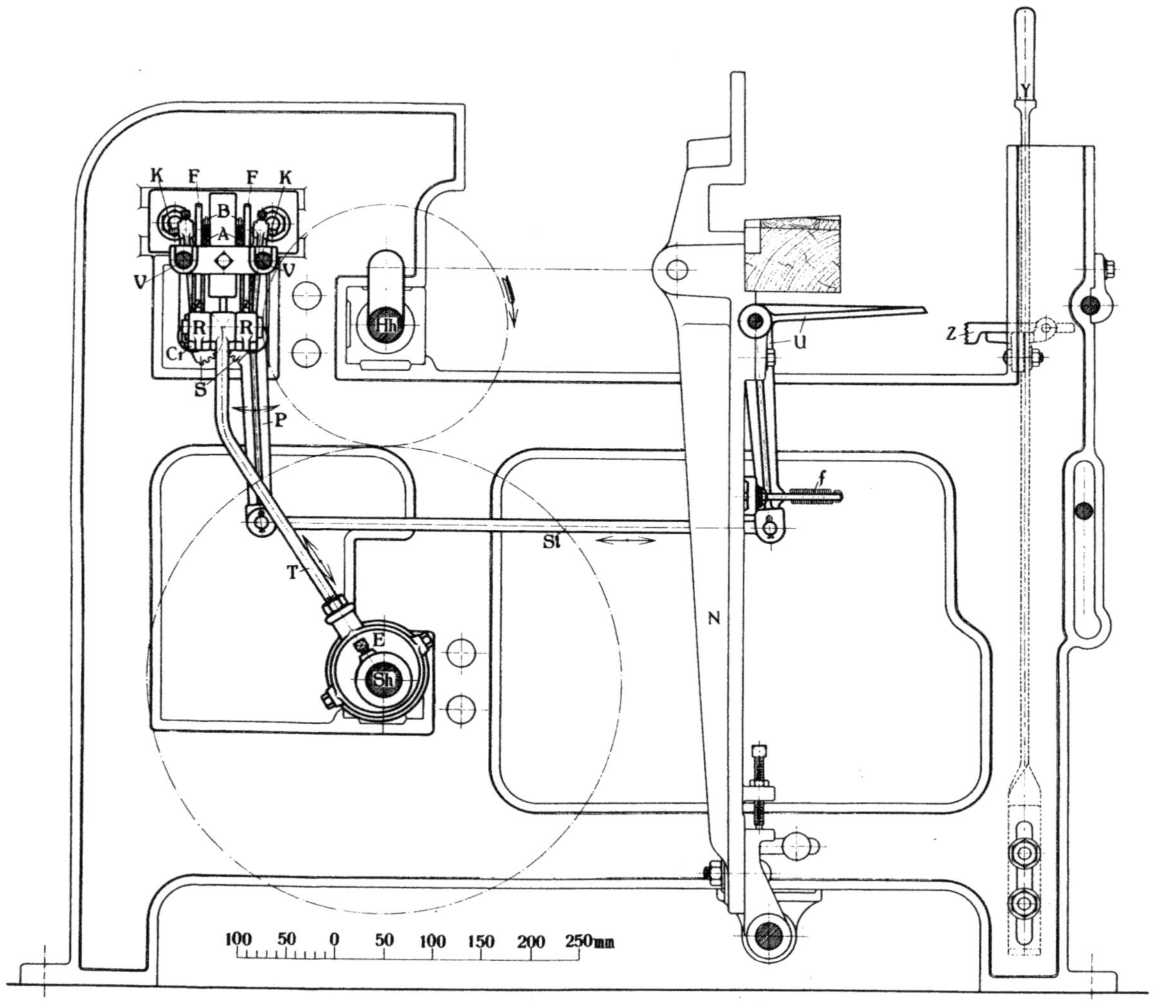

Abb. 220—221. Der Kettenfadenwächter.

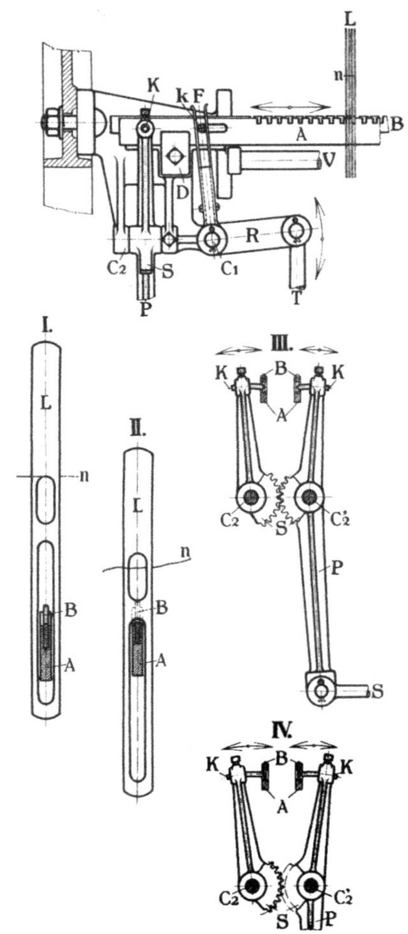

Abb. 222—223 befinden sich auf Seite 72.

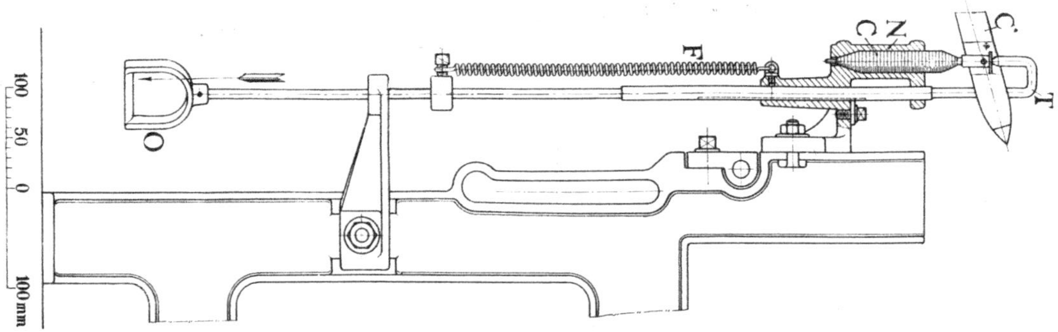

Abb. 225. Spulenaufsteckvorrichtung auf die Schützenspindel.

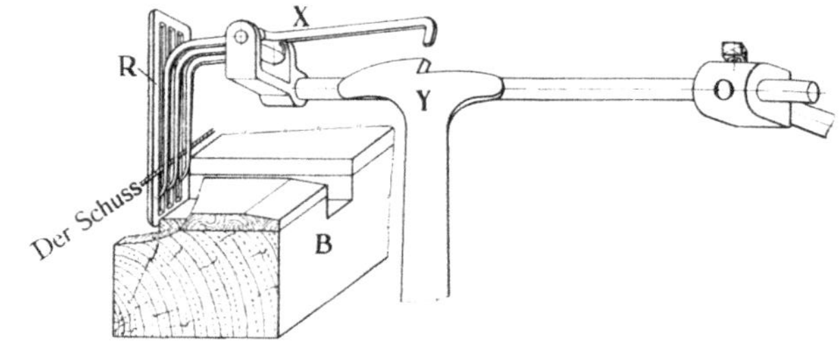

Abb. 219. Die Gabel des Schußwächters.

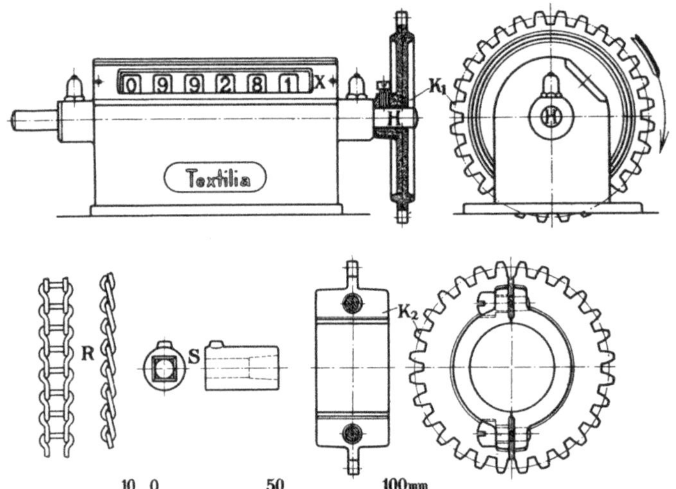

Abb. 224. Der Schußzähler.

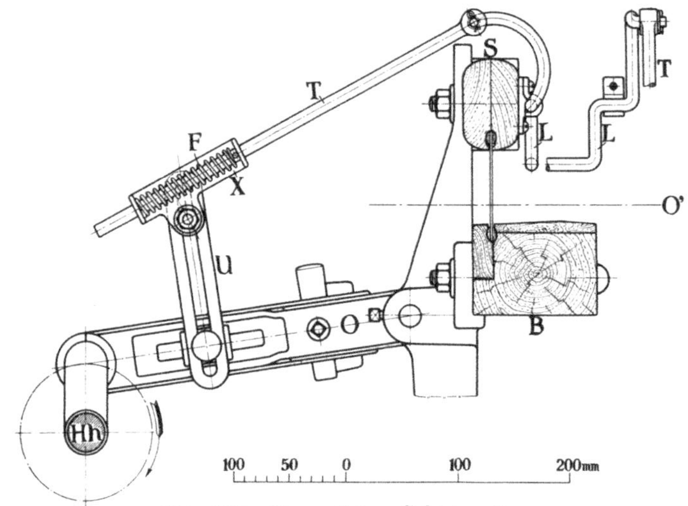

Abb. 228. Beweglicher Schützenfänger

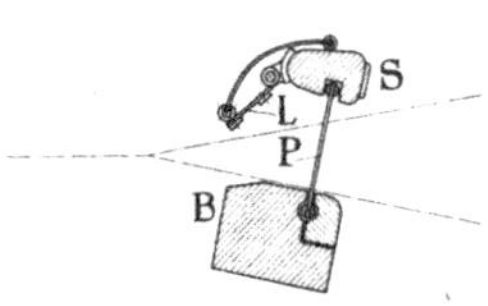

Abb. 226 befindet sich auf Seite 72.

Abb. 227. Schützenfänger.

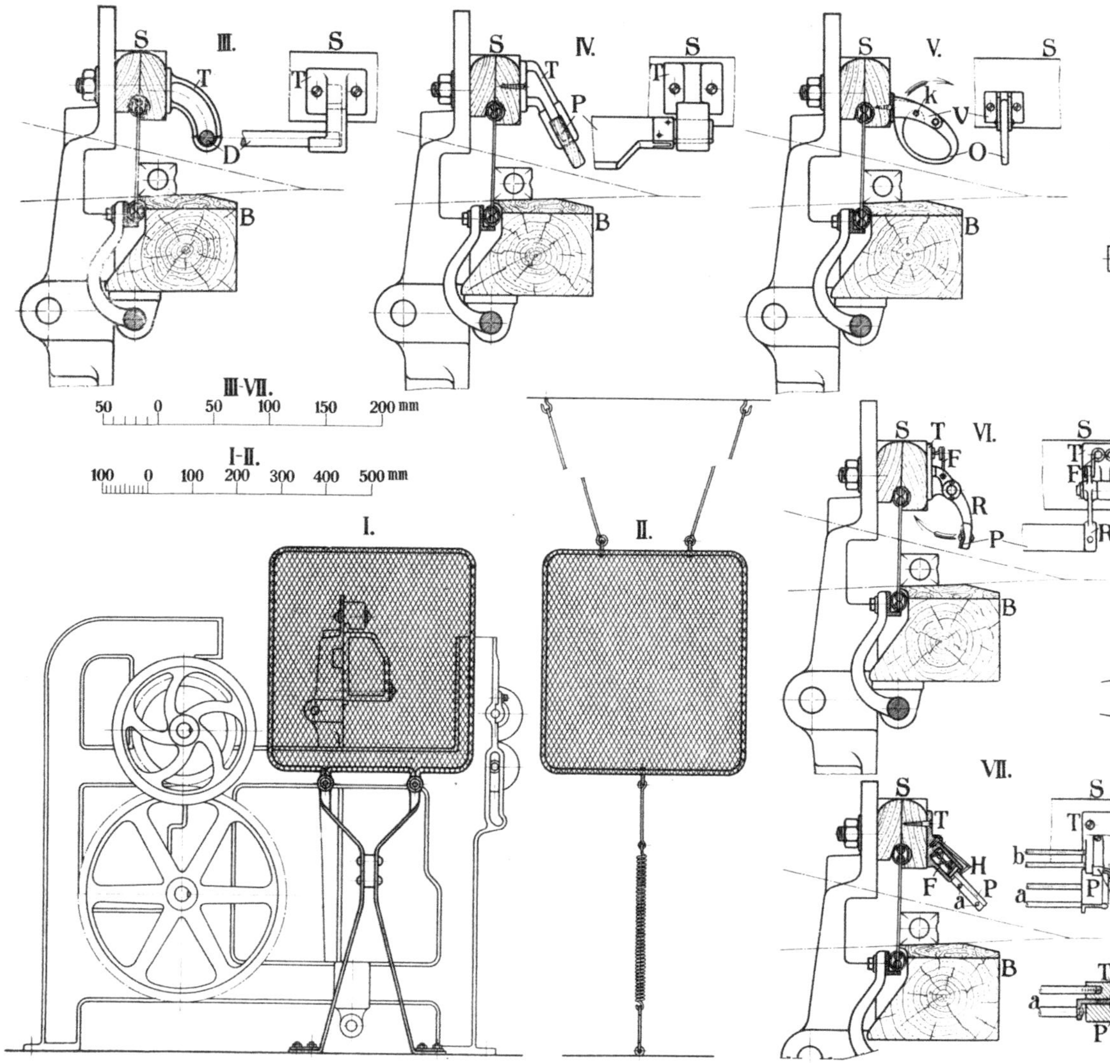

Abb. 226. Schutzvorrichtungen.

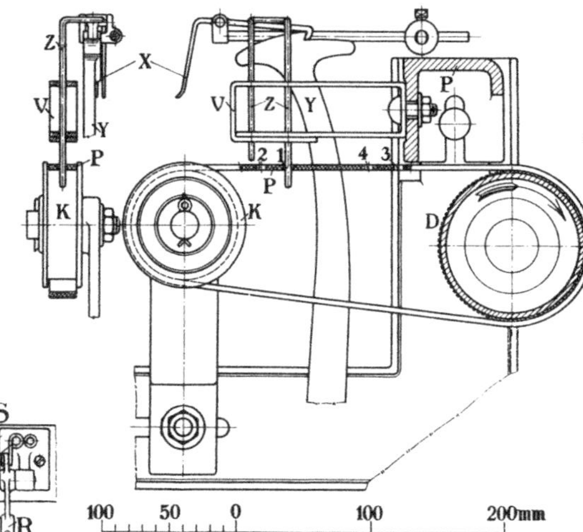

Abb. 223. Die Meßvorrichtung.

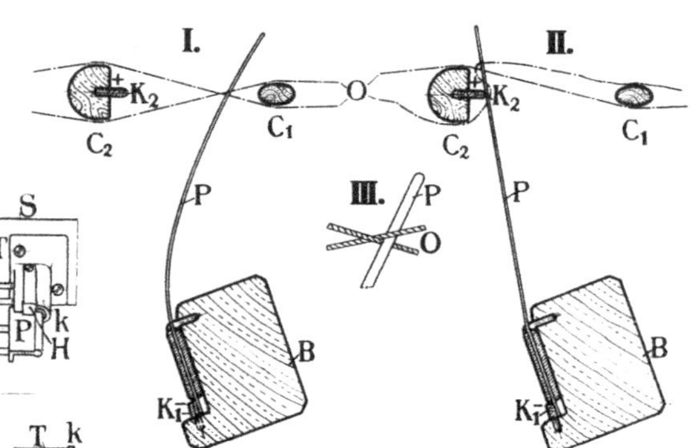

Abb. 222. Elektrischer Kettenfadenwächter.

Abb. 229. Abb. 230

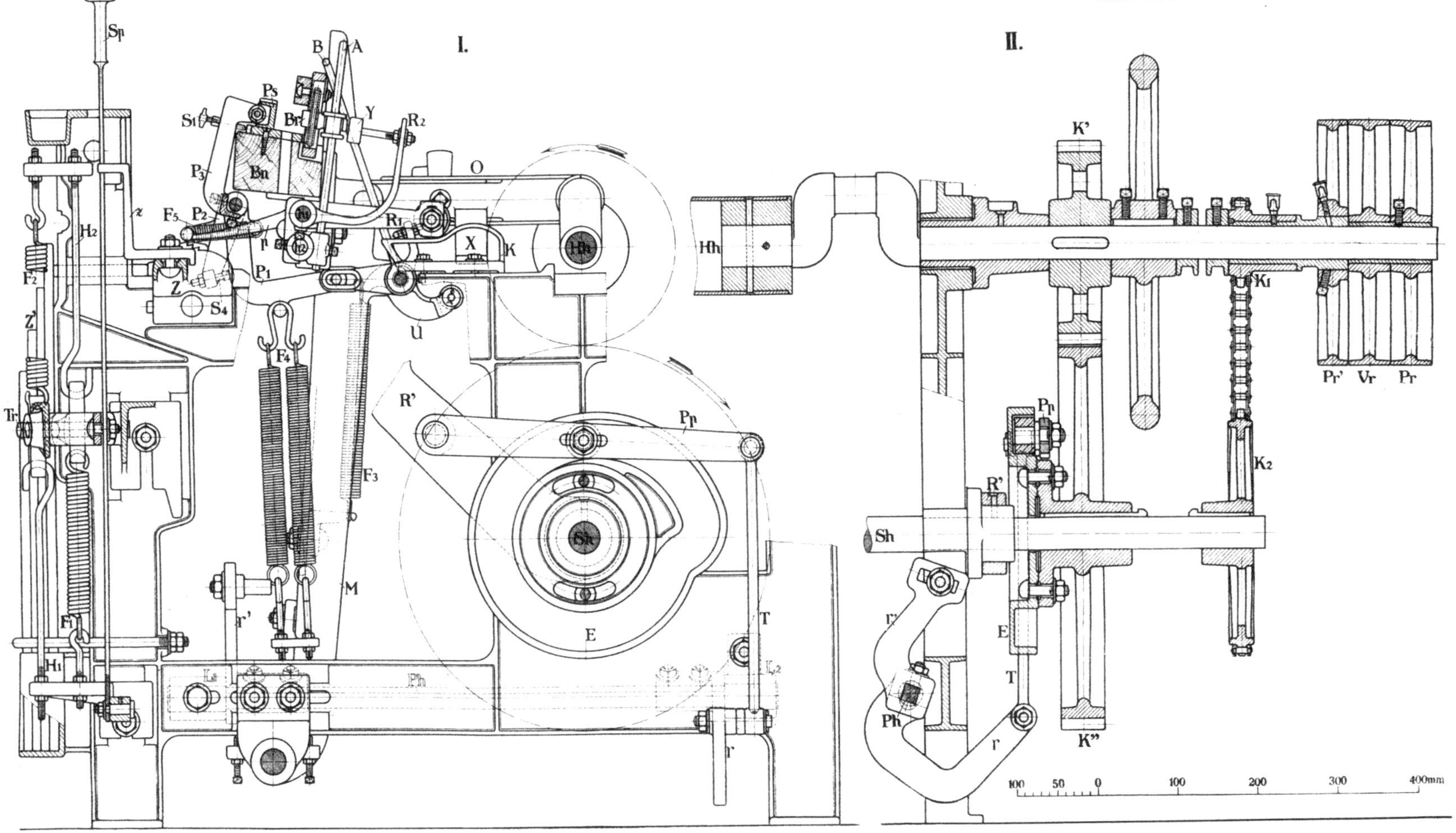

Abb. 229—230. Schnellaufender Webstuhl von Ruthardt.

Abb. 231.

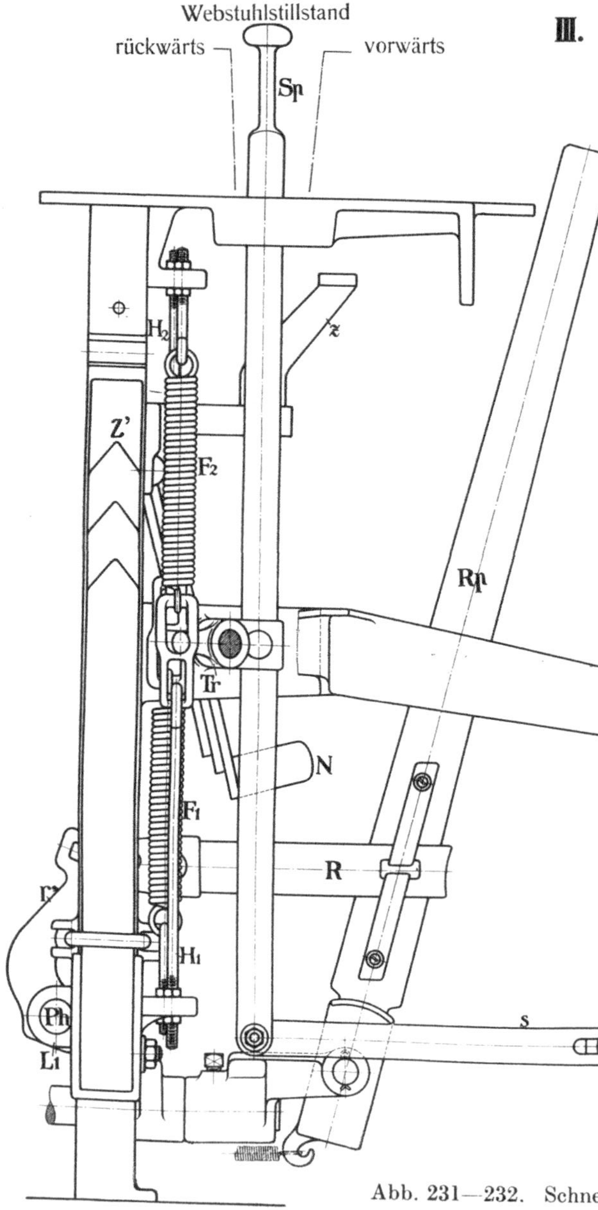

Abb. 232.

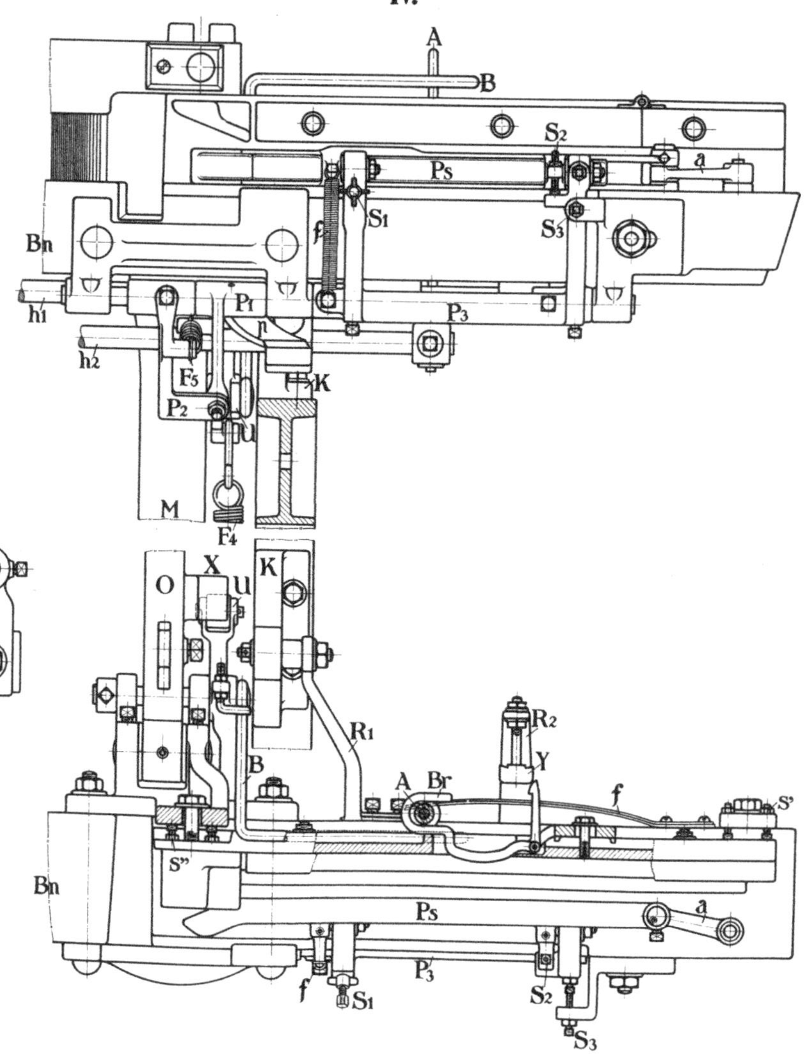

Abb. 231—232. Schnellaufender Webstuhl von Ruthardt (Unterschlag und Schützenkasten).

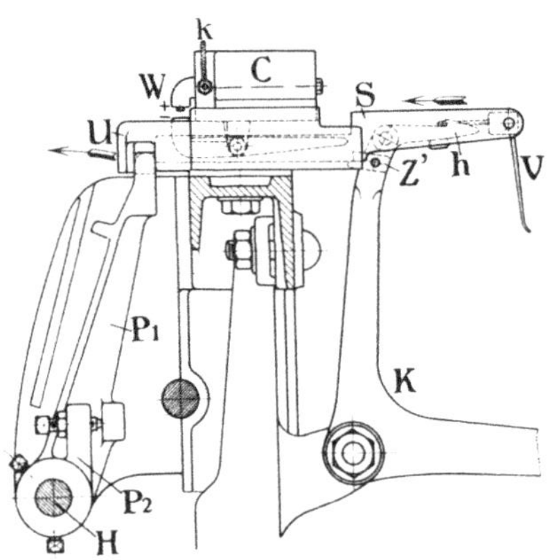

Abb. 233.

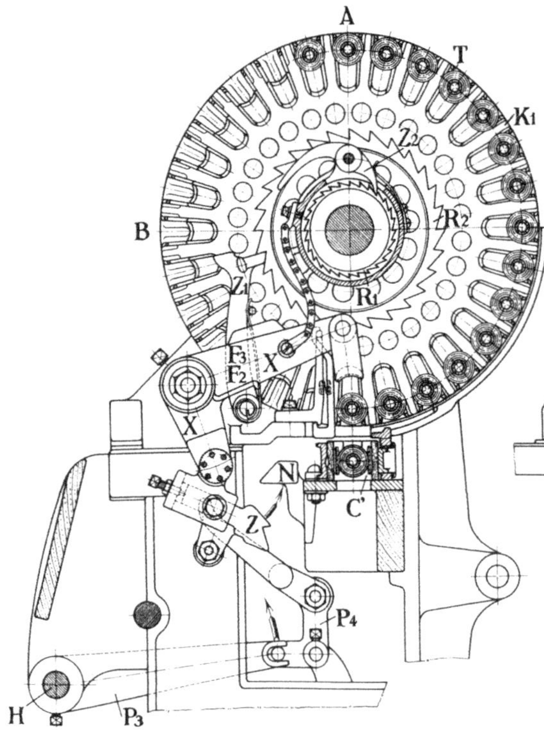

Abb. 234.

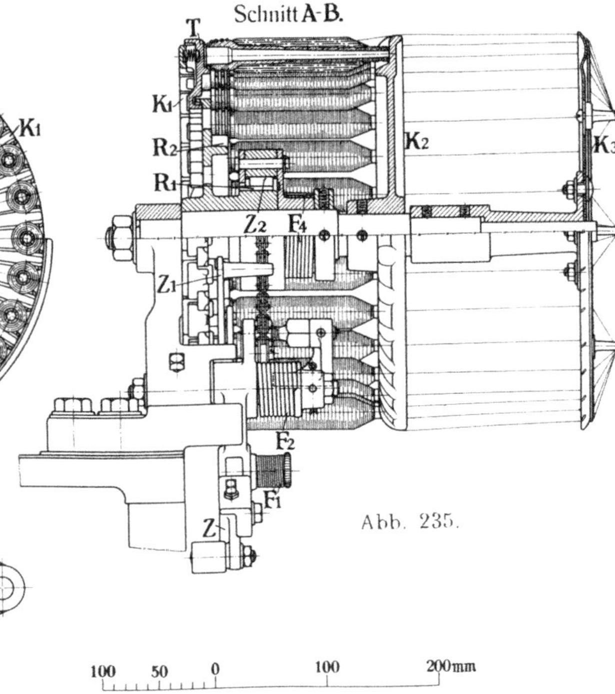

Abb. 235.

Abb. 233—235. Wechselvorrichtung des automatischen Webstuhles von Northrop.

Abb. 236.

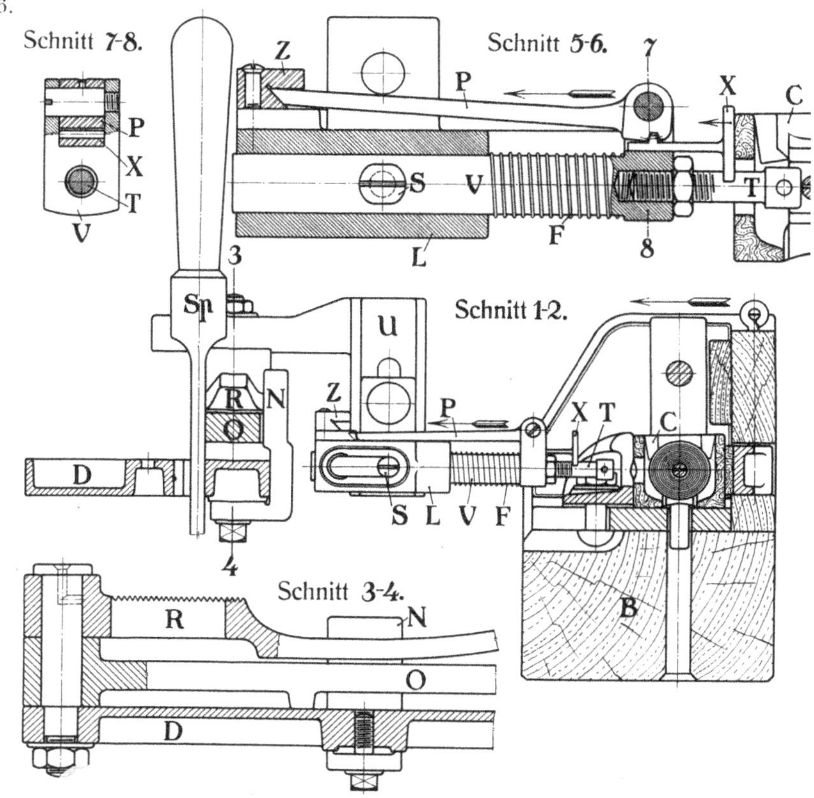

Abb. 237.

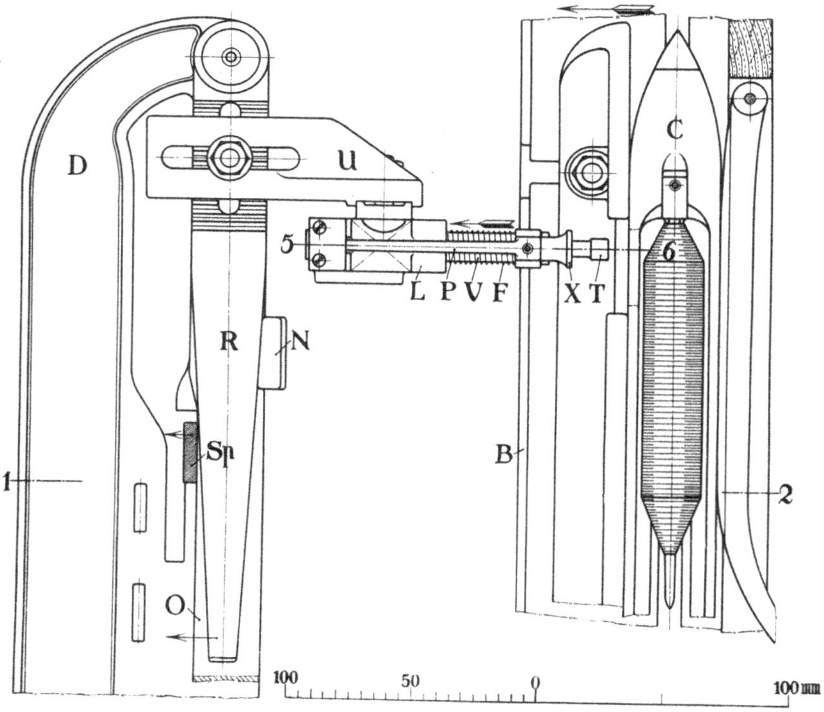

Abb. 236—237. Schußfühler (Konstr. von E. Spitz).

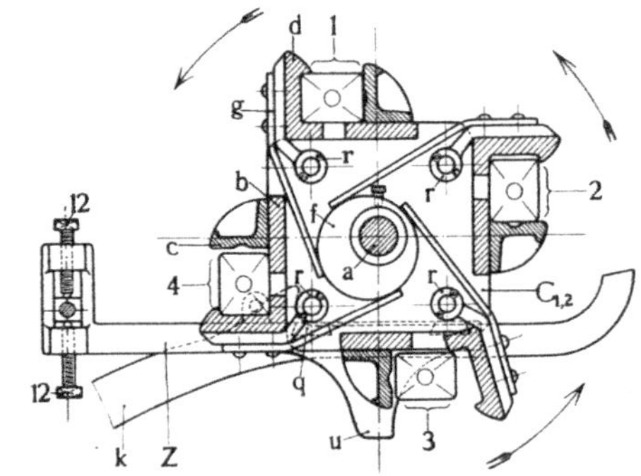

Abb. 238a.

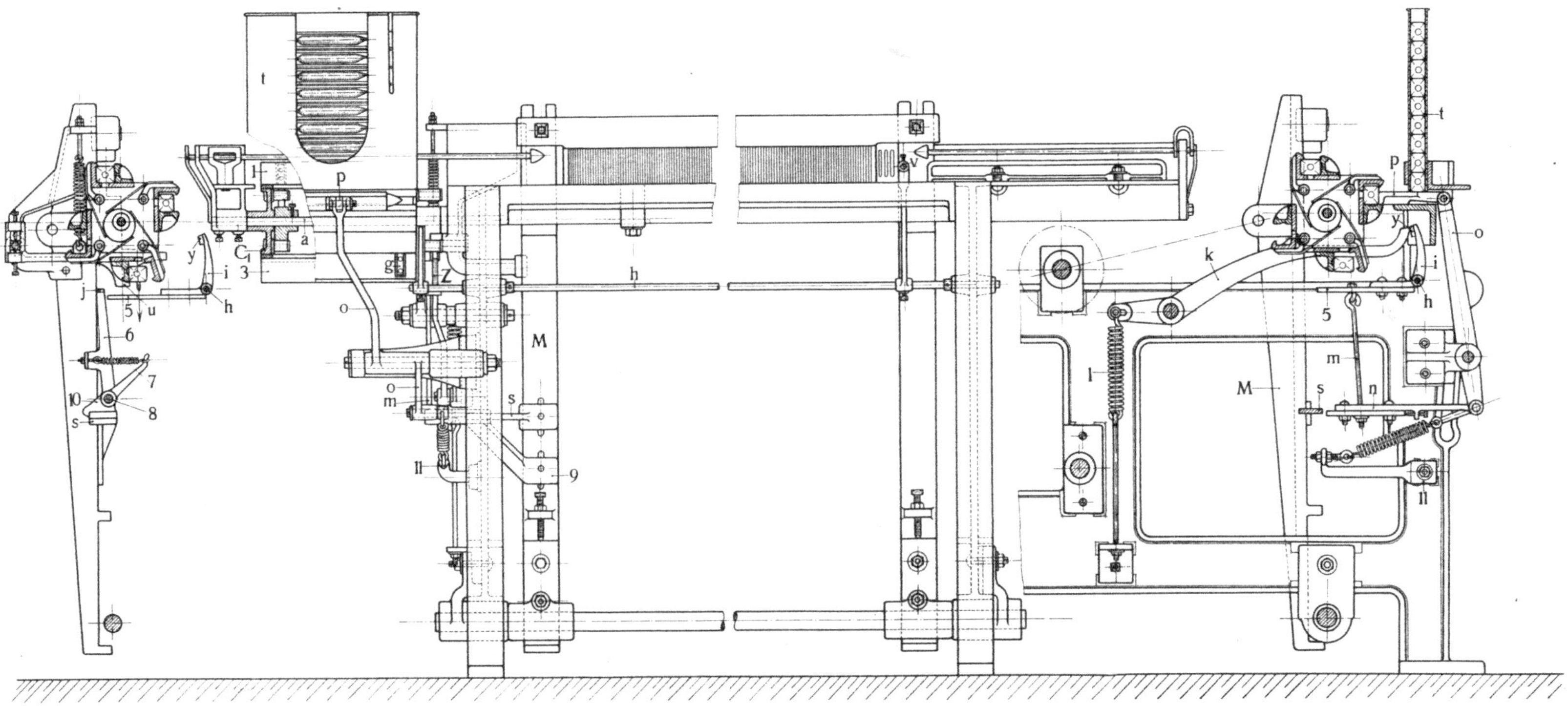

Abb. 238. Der automatische Webstuhl von Grüner-Čerych.

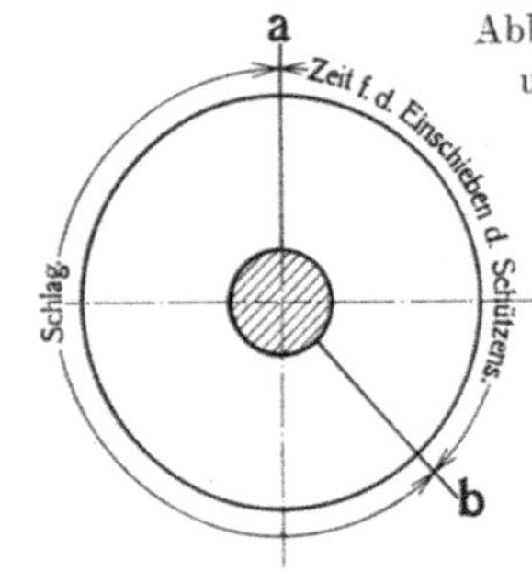

Abb. 239. Zeitdiagramm für den Schlag und das Einschieben des Schützens.

Abb. 240.

Schnitt A-B

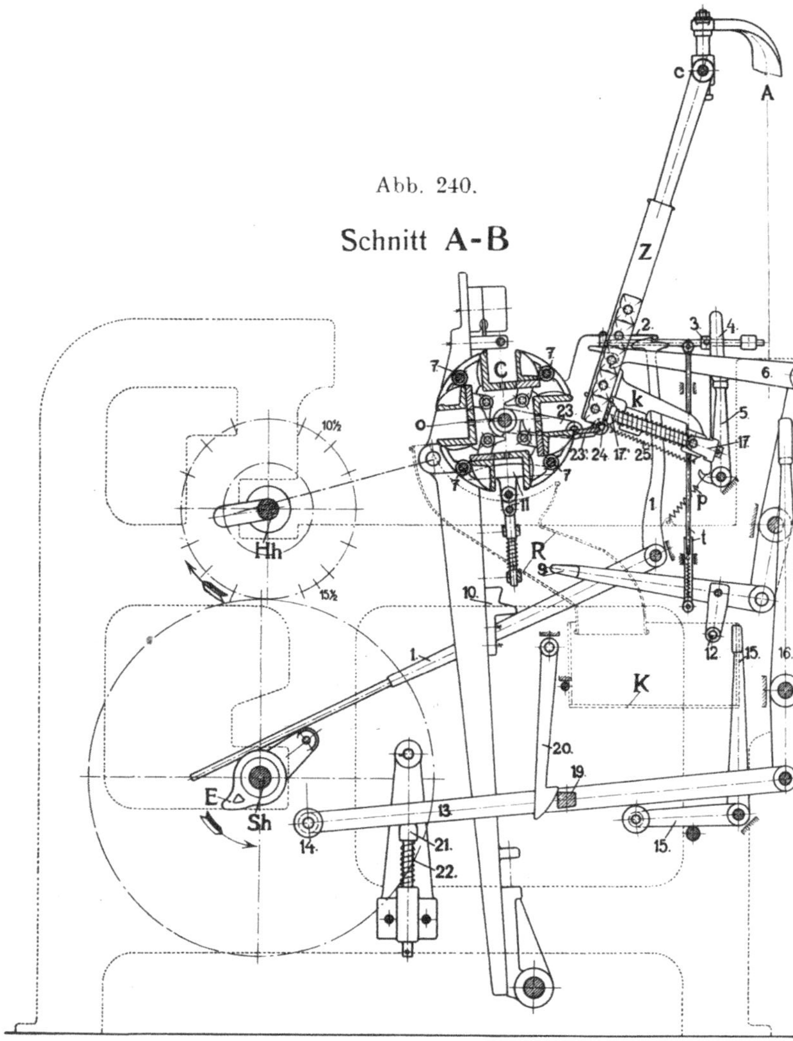

Abb. 241.

Schnitt C-D

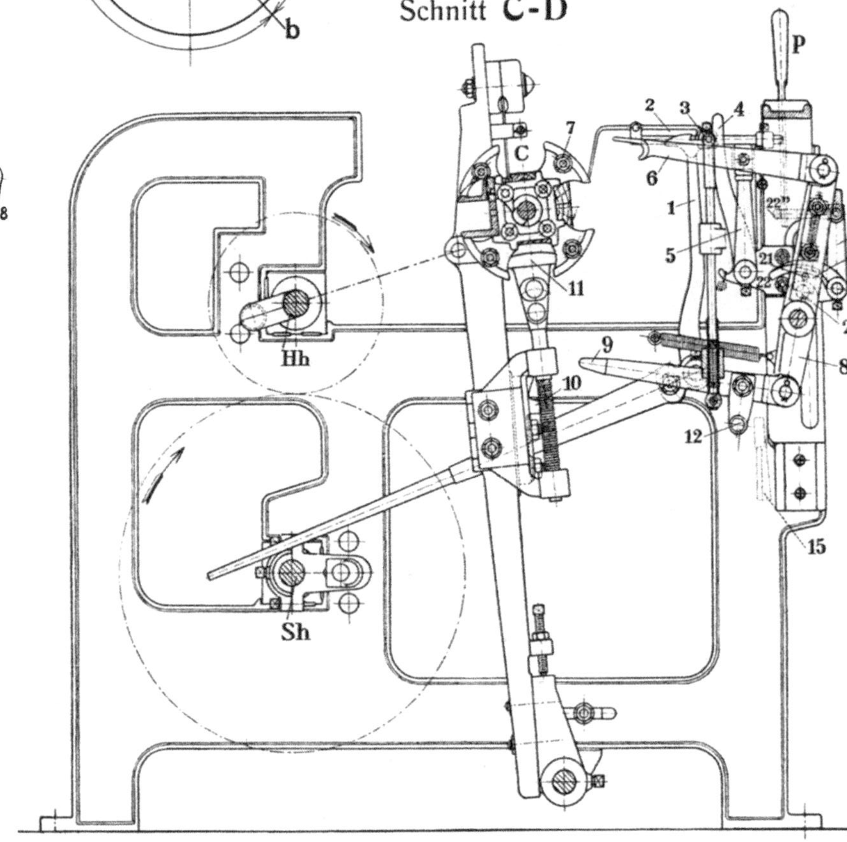

Abb. 240—241. Vlčeks Auswechslungsmechanismus nach der Konstruktion A.

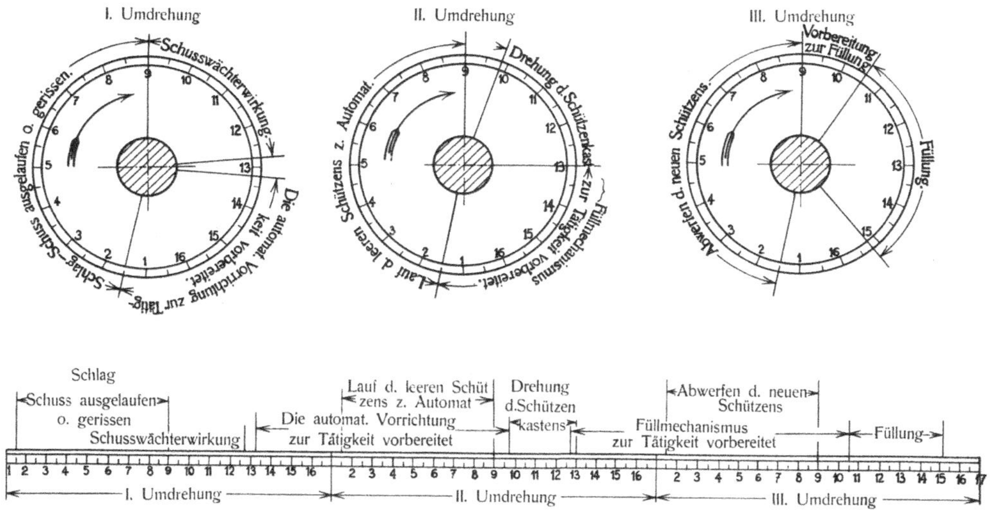

Abb. 242. Zeitdiagramm für die Tätigkeit der einzelnen Mechanismen.

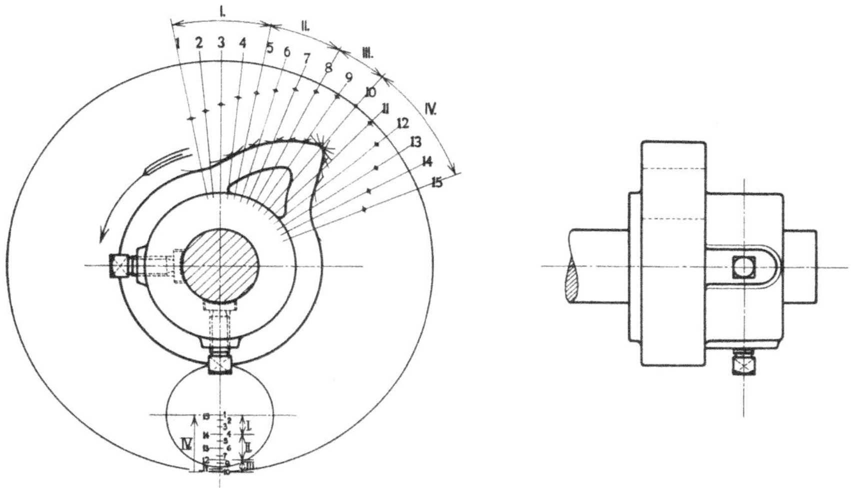

Abb. 243. Konstruktion des Exzenters für das Einschieben des neuen Schützens.

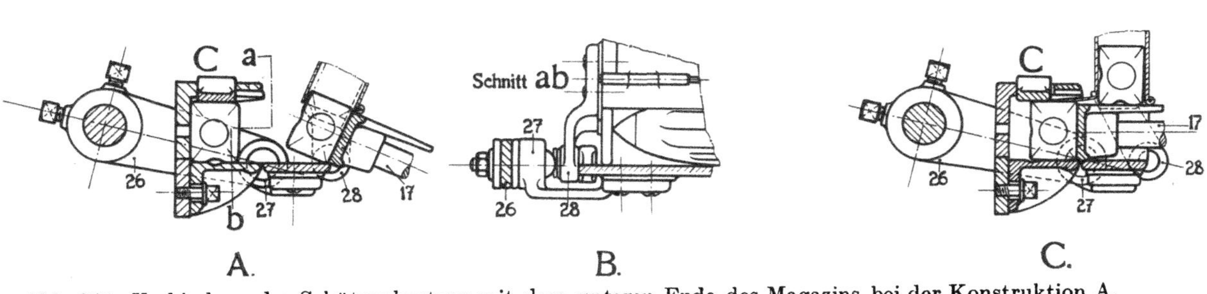

Abb. 244. Verbindung des Schützenkastens mit dem unteren Ende des Magazins bei der Konstruktion A.

Abb. 245

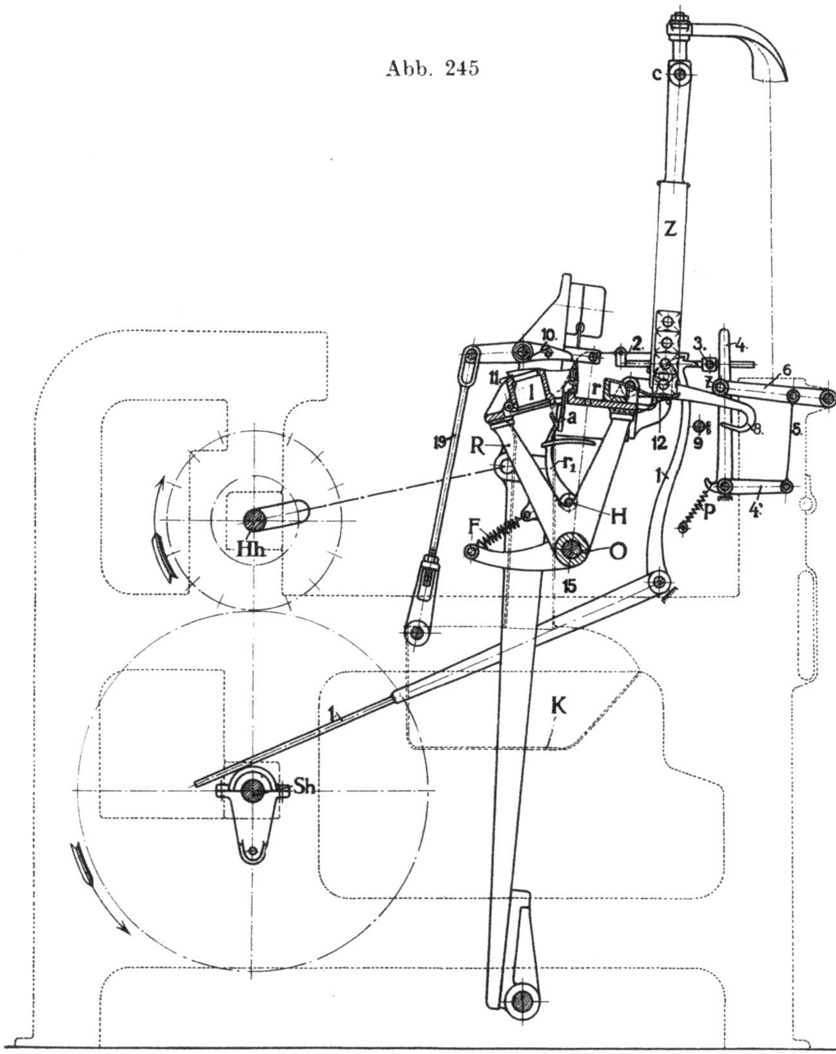

Abb. 246.

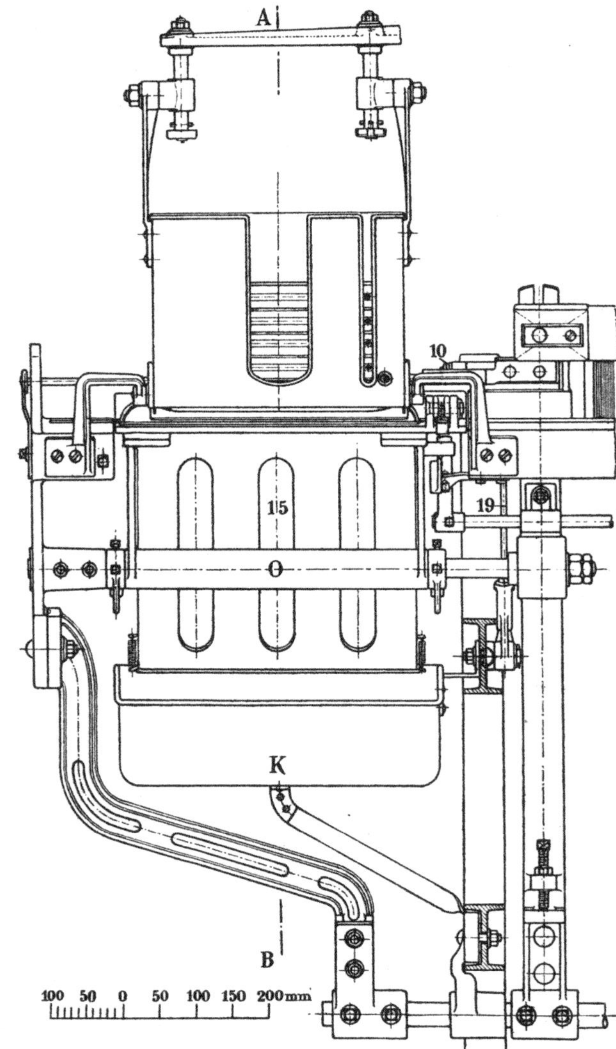

Abb. 245—246. Auswechslungsmechanismus nach Konstruktion B.

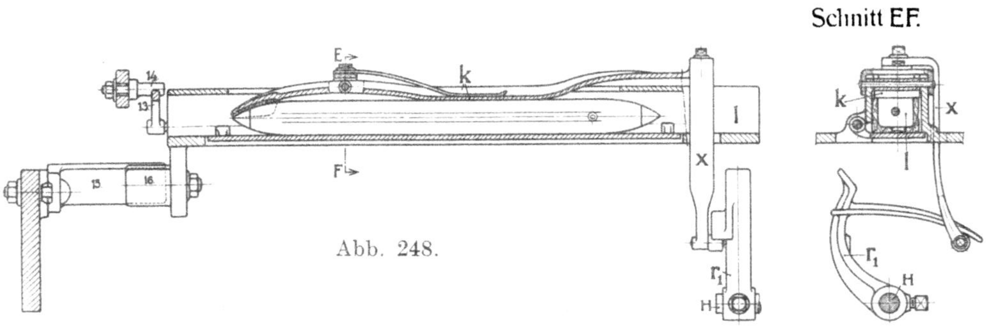

Abb. 248—249. Schützenkasten mit dem abklappbaren Boden für das Auswerfen des leeren Schützen. Abb. 249.

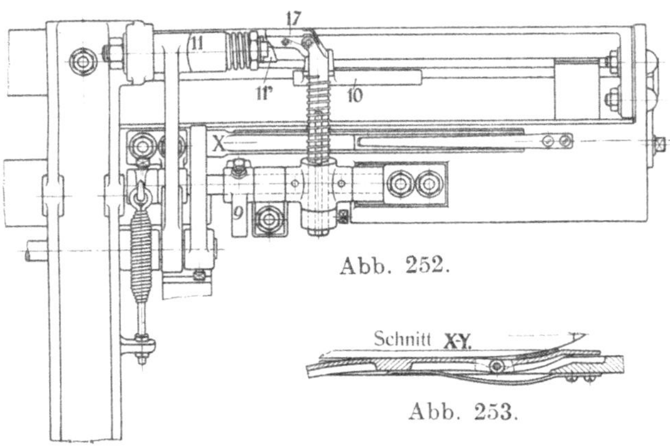

Abb. 252—253. Webstuhl mit automatischer Spulenauswechslung des Prof. Ing. B. Vlček.

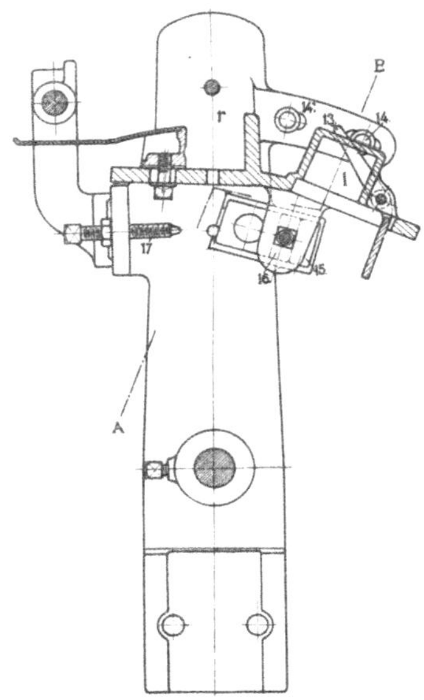

Abb. 247. Konstruktion des Kastenendes.

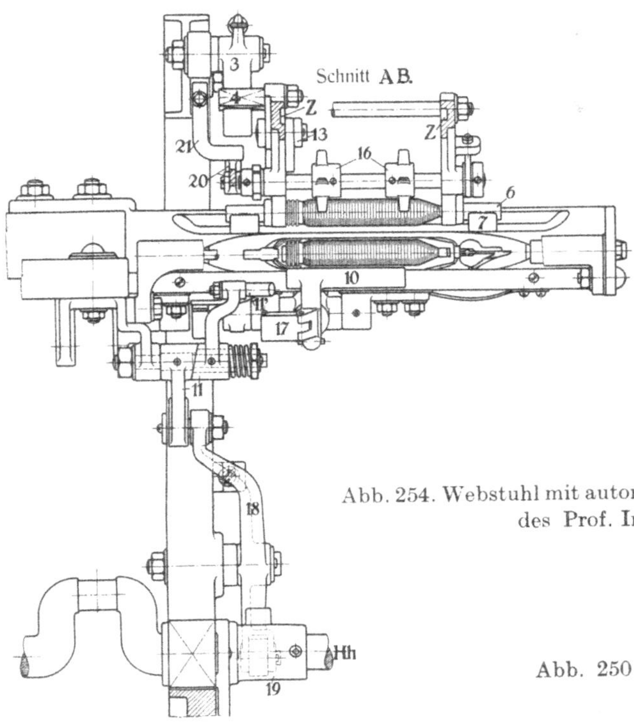

Abb. 254. Webstuhl mit automatischer Spulenauswechslung des Prof. Ing. B. Vlček.

Abb. 250—251 befinden sich auf Seite 82.

Abb. 250.

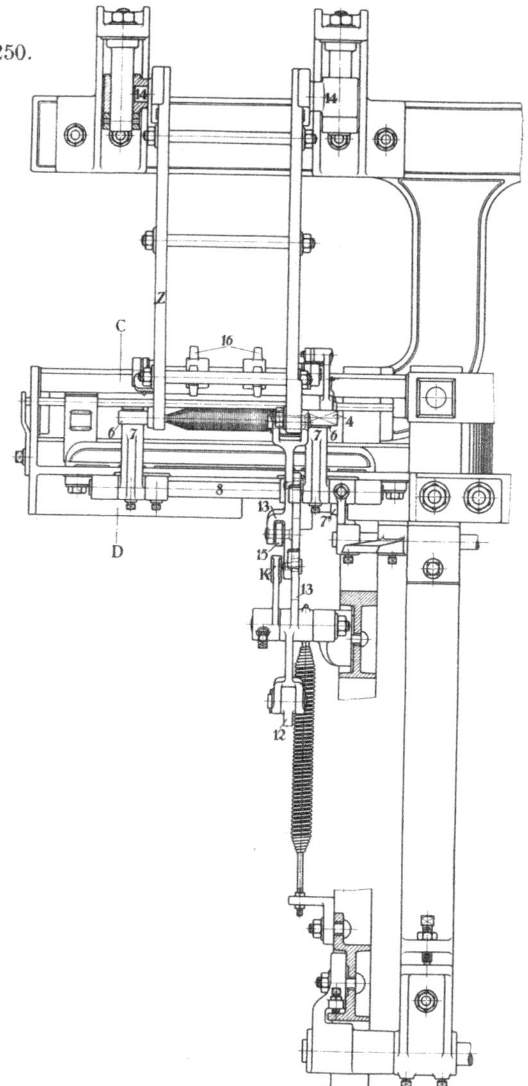

Abb. 251.

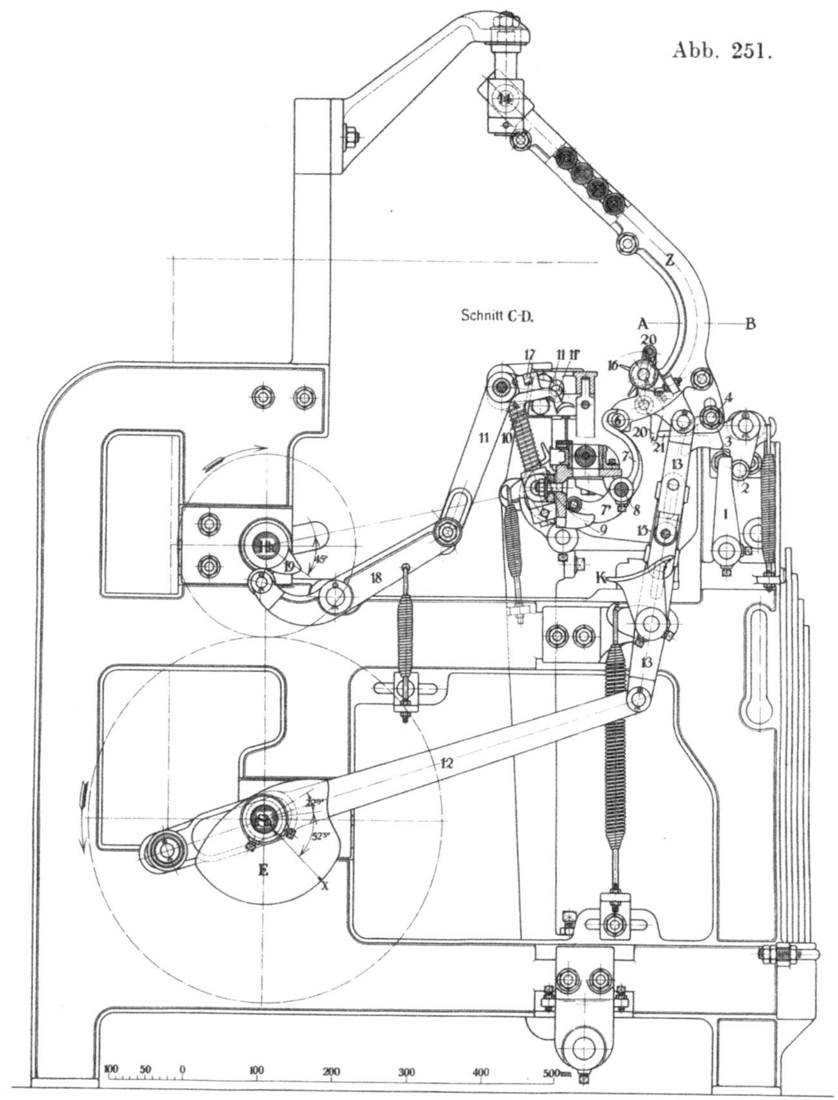

Abb. 250—251. Webstuhl mit automatischer Spulenauswechslung des Prof. Ing. B. Vlček.

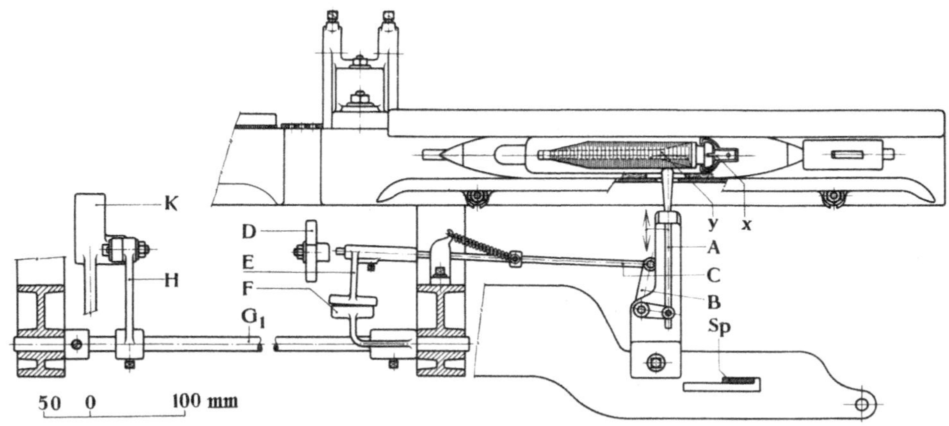

Abb. 255. Der Schußfühler für den automatischen Webstuhl Platt-Toyoda.

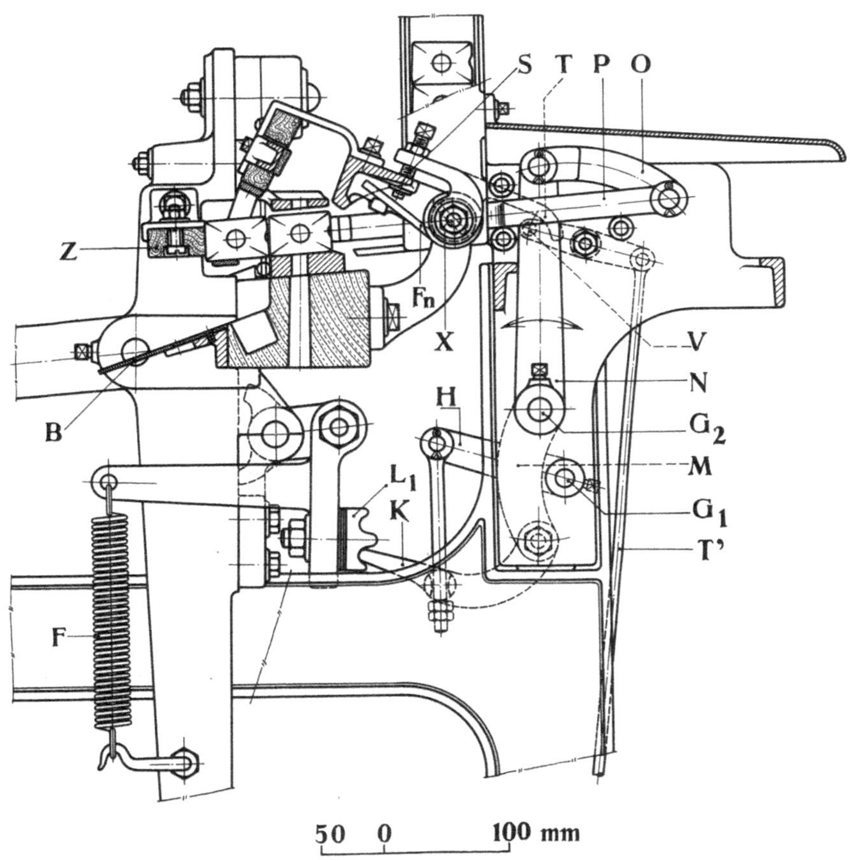

Abb. 256. Die Vorrichtung für automatische Schützenauswechslung vom Platt-Toyoda.

Abb. 252, 253, 254 befinden sich auf Seite 81.

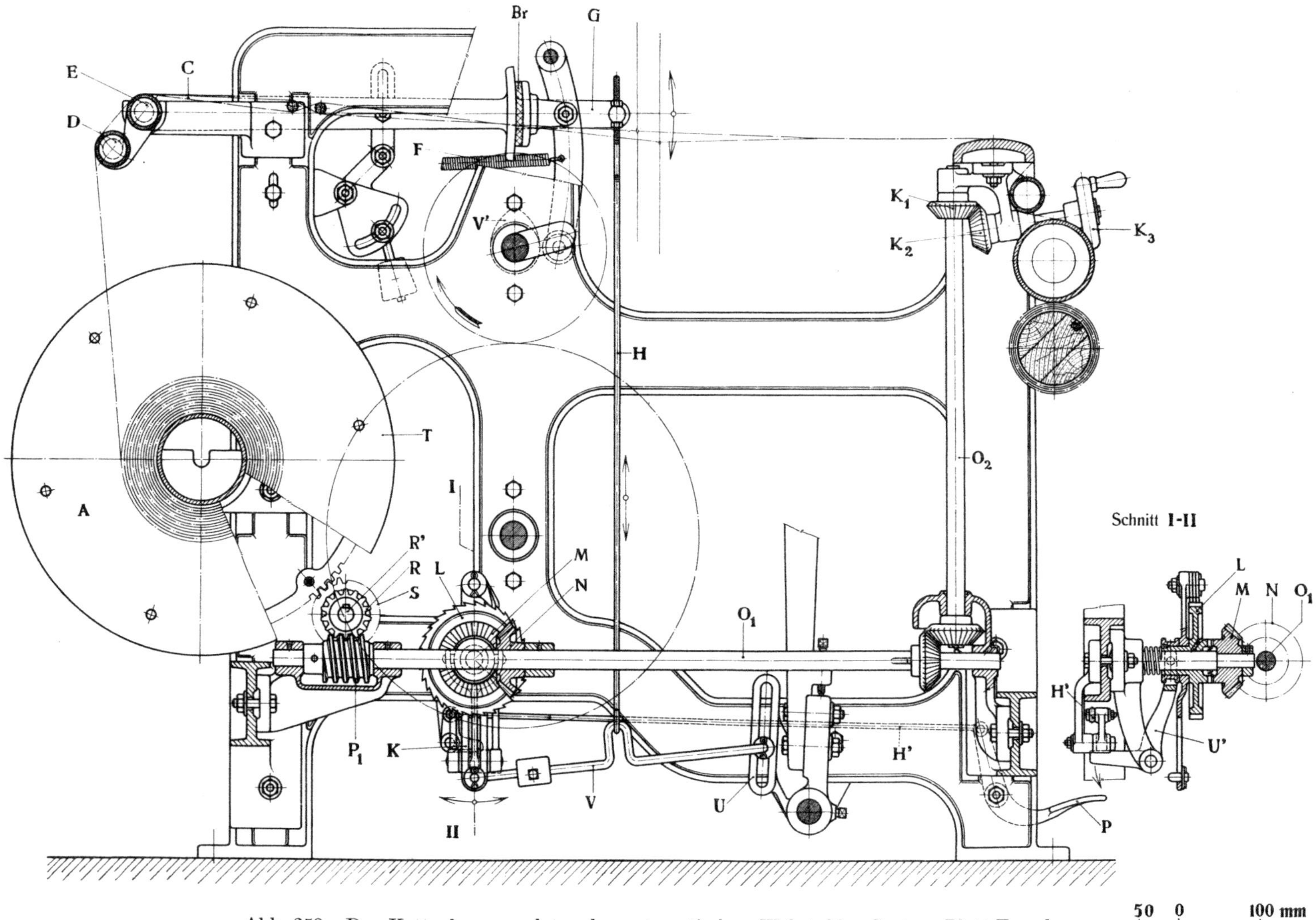

Abb. 258. Der Kettenbaumregulator des automatischen Webstuhles System Platt-Toyoda.

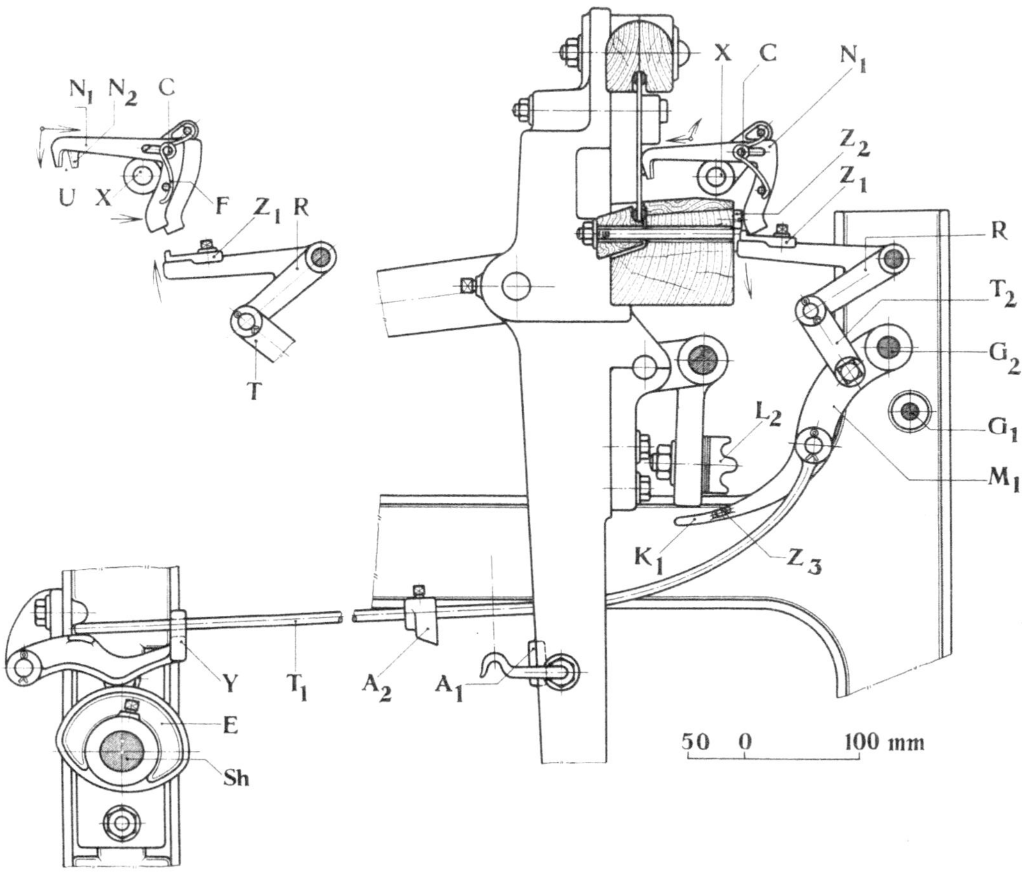

Abb. 257. Die Vorrichtung für automatische Schützenauswechslung vom Platt-Toyoda.

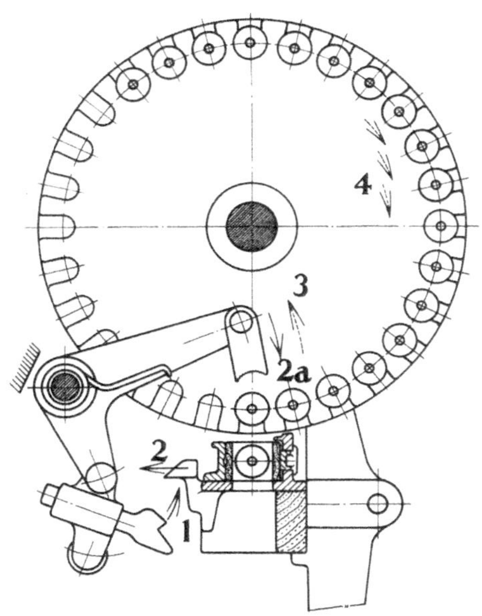

Abb. 259. Northrop-Stuhl.

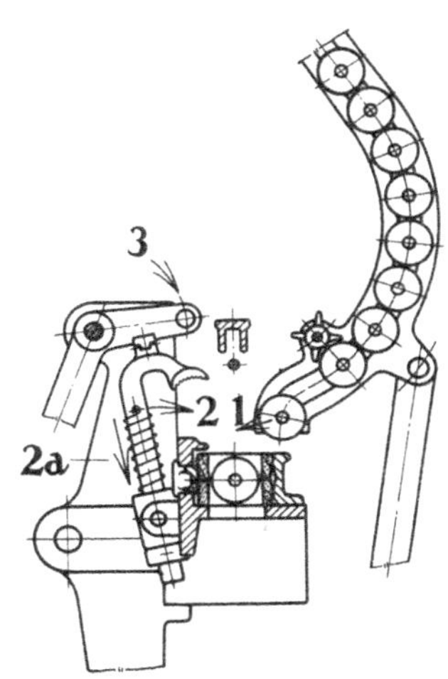

Abb. 260. Vlček-Stuhl.

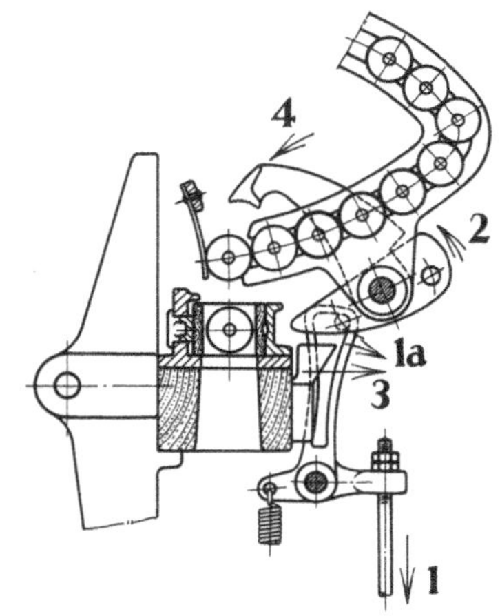

Abb. 261. Whittaker-Stuhl.

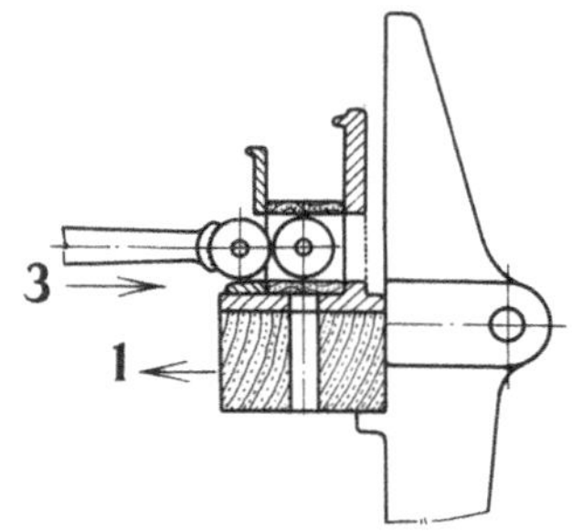

Abb. 262. Henry Baer-Stuhl.

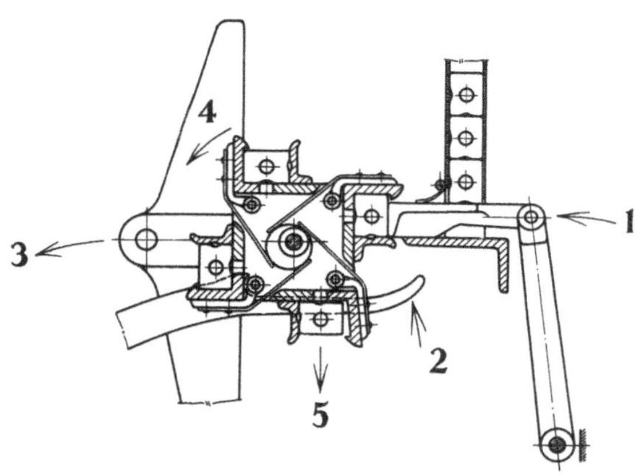

Abb. 263. Grüner-Čerych-Stuhl.

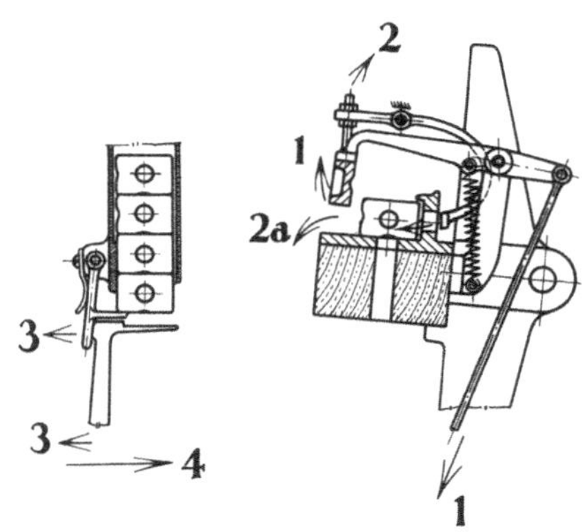

Abb. 264. Vicker-Stafford-Stuhl.

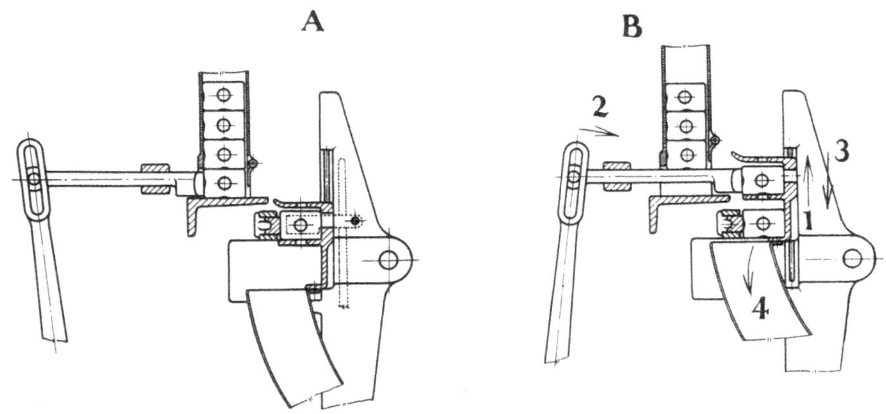

Abb. 265. Hansen-Stuhl.

Abb. 259—265. Verschiedene Mechanismen für Auswechslung der Spulen, evtl. Schützen bei automatischen Webstühlen.

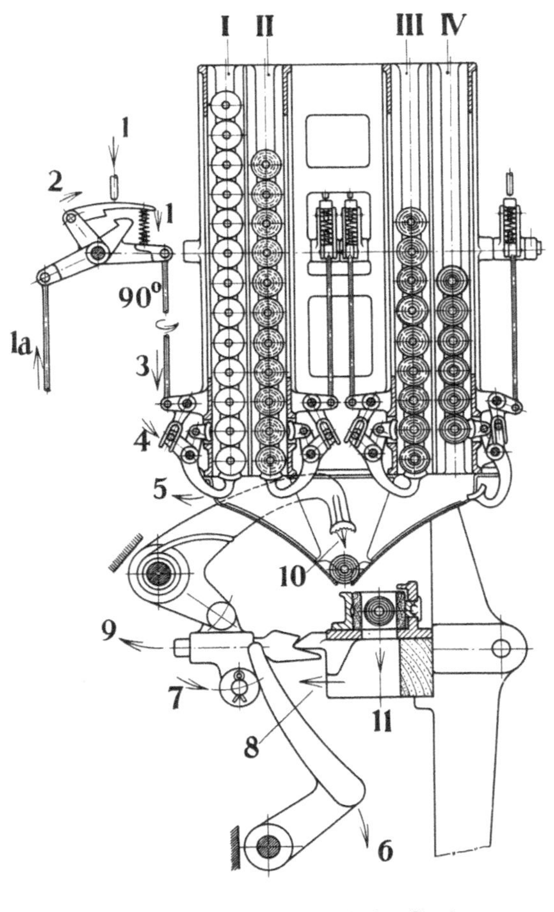

Abb. 266. Roscher's automatische Spulenauswechslung für vier Farben.

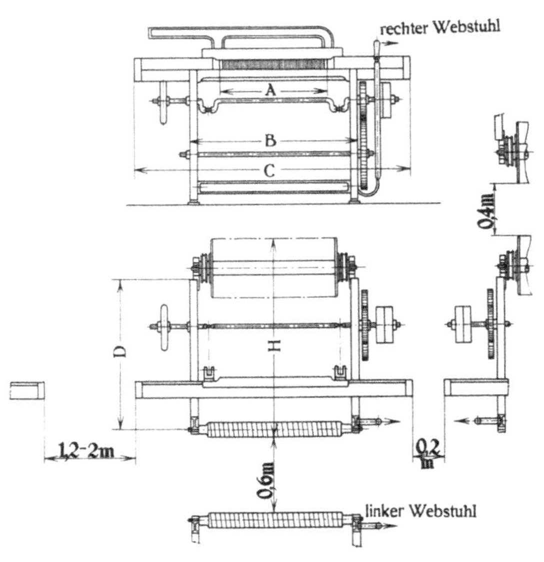

Abb. 267. Gebräuchliche Webstuhlaufstellung in der Weberei.

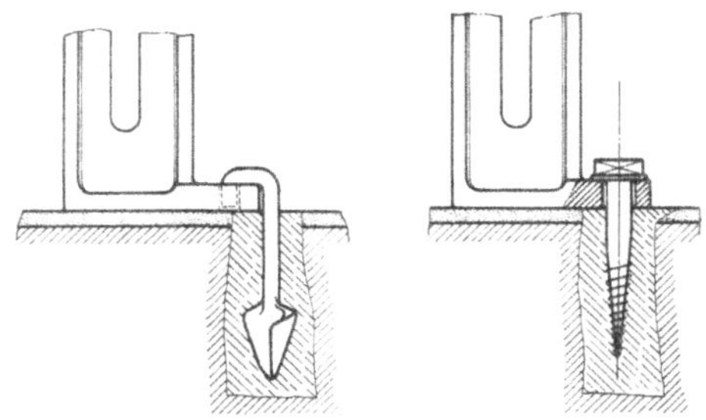

Abb. 268. Haken- und Schraubenbefestigung der Stühle.

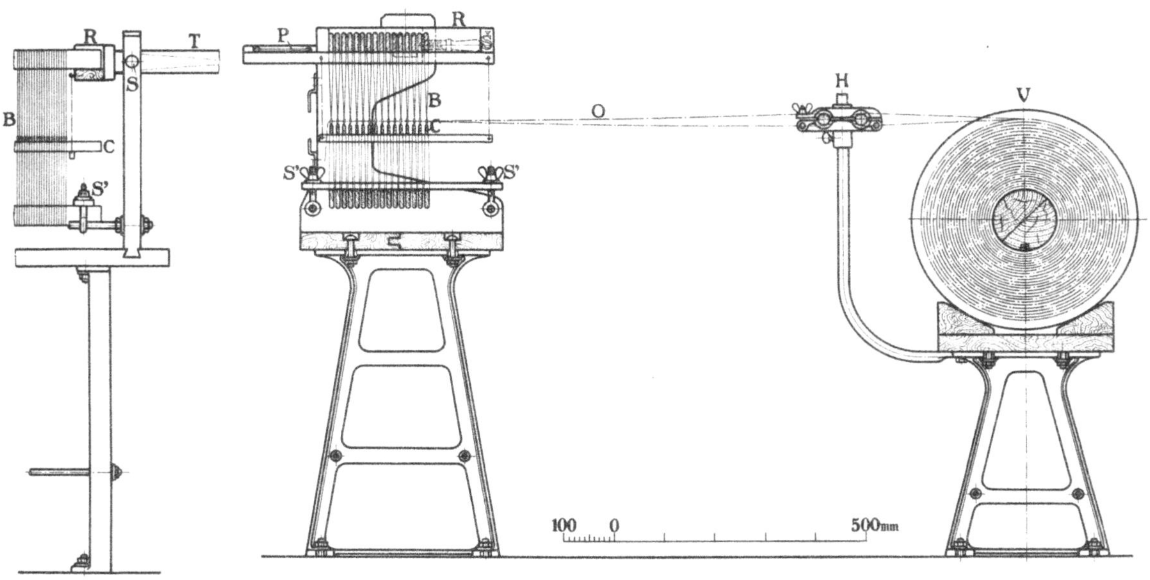

Abb. 269. Ständer für den Ketteneinzug in das Geschirr.

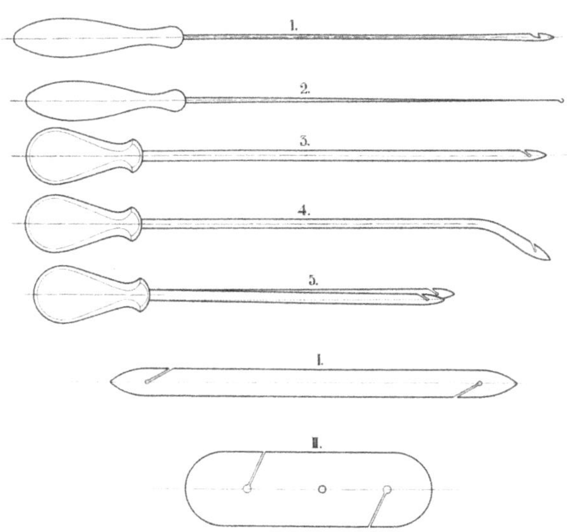

Abb. 270. 1—5 Einziehhaken für den Helfeneinzug. I—II Einziehhaken für das Blatt.

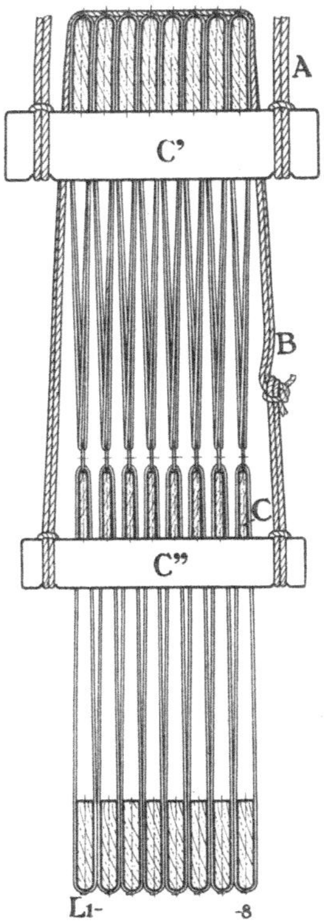

Abb. 271. Die Aufhängung und Anordnung der Schäfte zum Einzug der Kette.

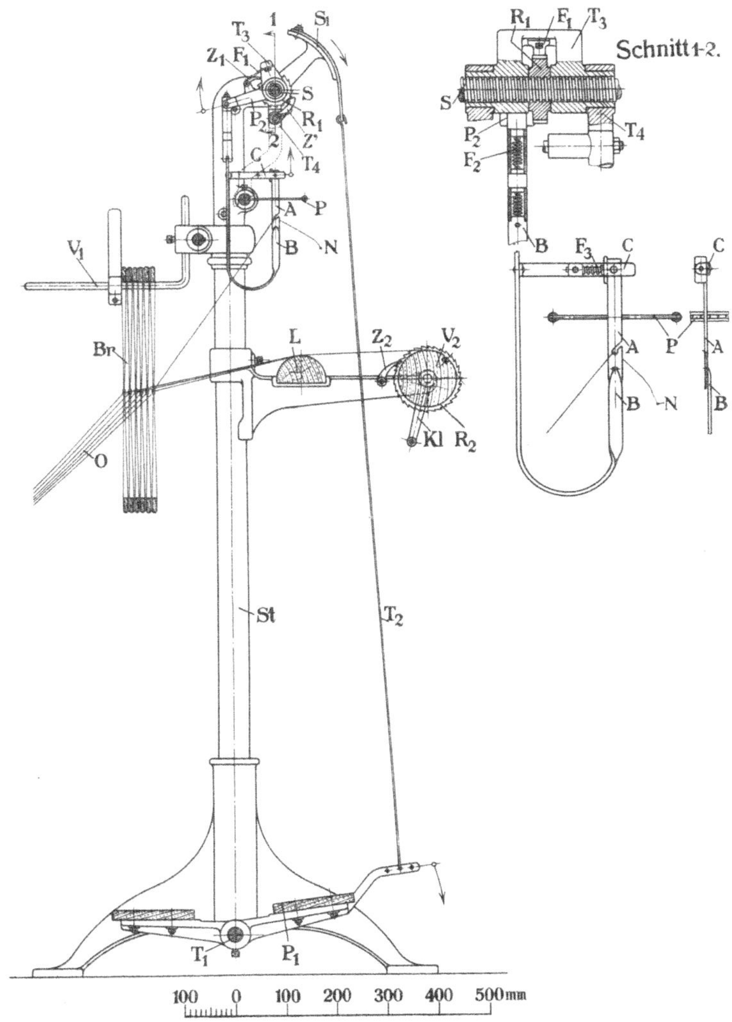

Abb. 272a. Die Blatteinziehvorrichtung.

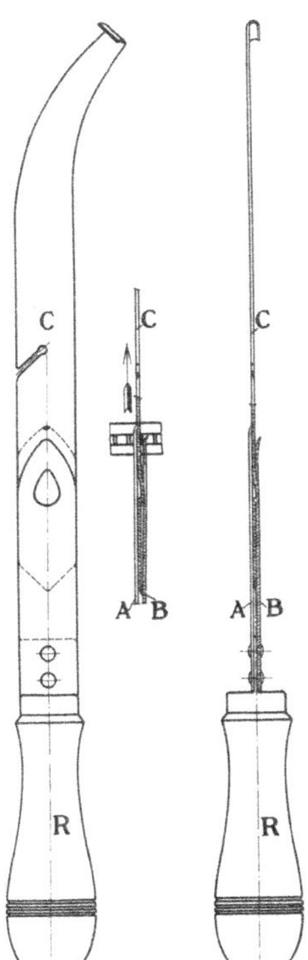

Abb. 272. Blatteinziehhaken, selbsttätig fortschreitend.

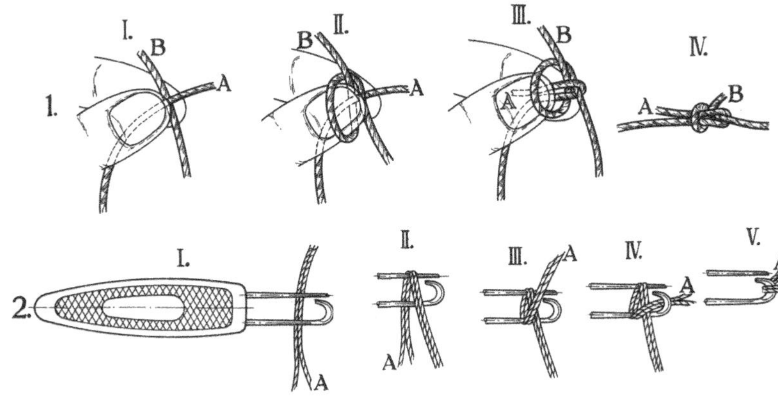

Abb. 273. Der Weberknoten. 1. mit der Hand, 2. mit dem Apparat.

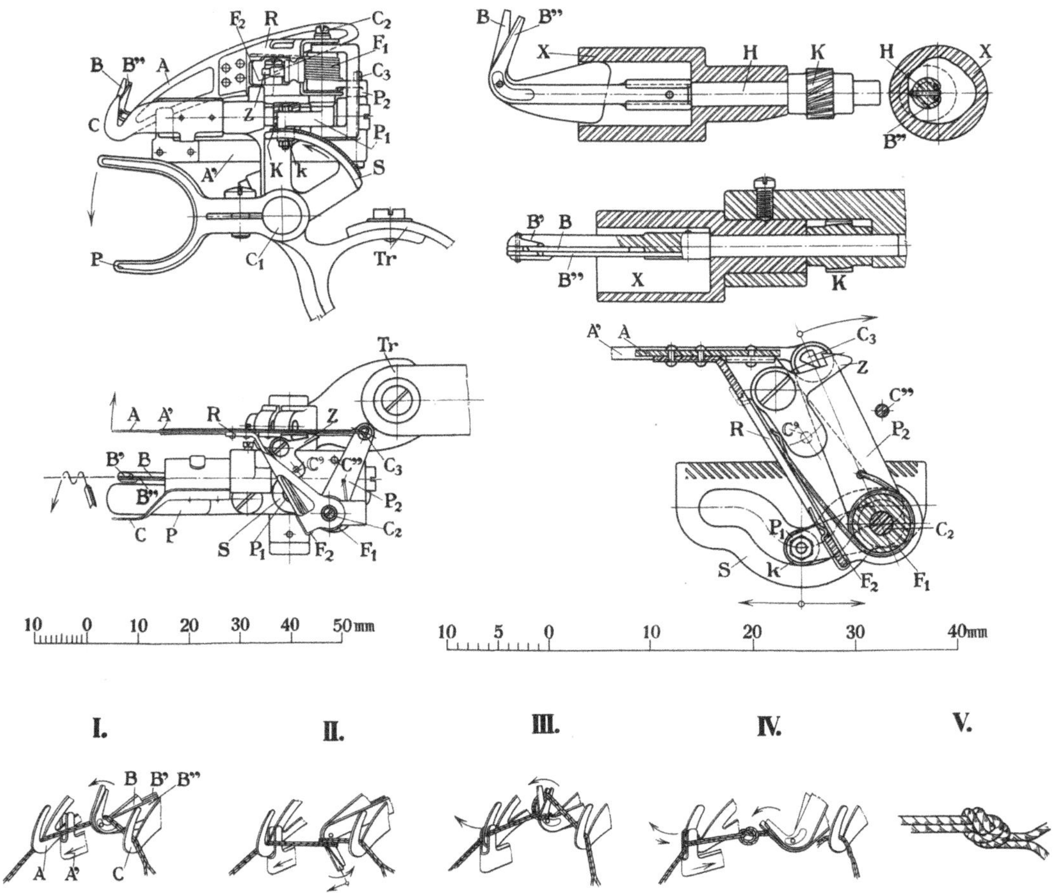

Abb. 273a. Arbeitsweise des Knotenmachers nach Barber.

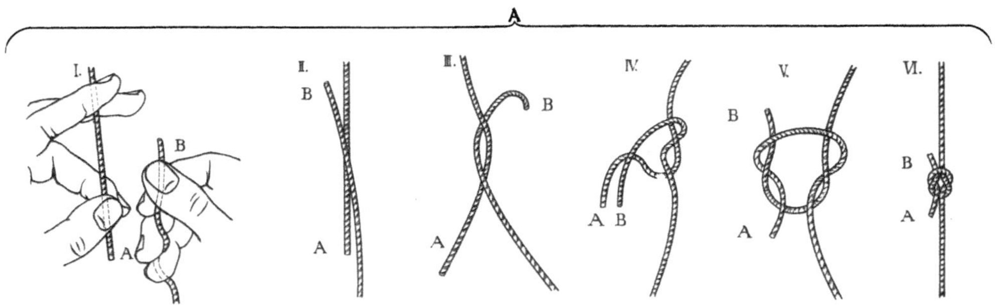

A. Tuchmacherknoten.

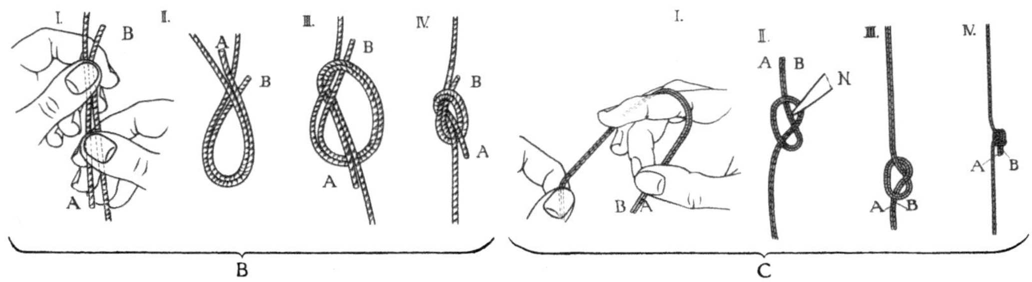

B. Kammgarnknoten.

C. Seidenknoten.

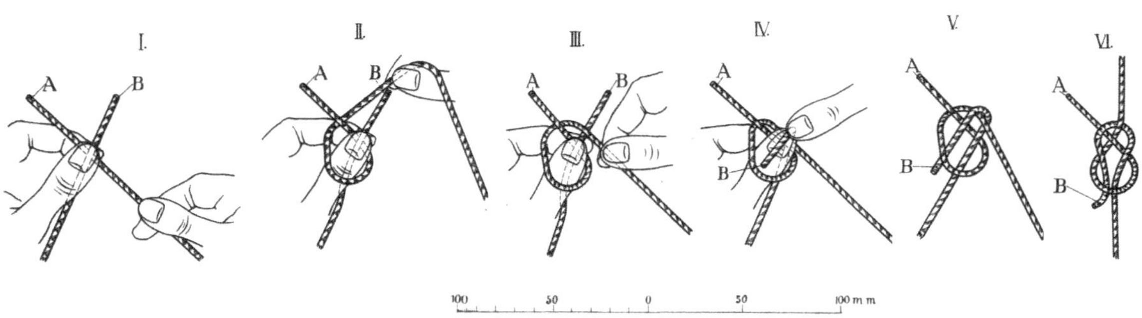

D. Weberknoten (für Baumwolle und Leinen).

Abb. 273b. Anknüpfen der Fäden: A. Tuchmacherknoten.
B. Kammgarnknoten.
C. Seidenknoten.
D. Weberknoten (für Baumwolle und Leinen).

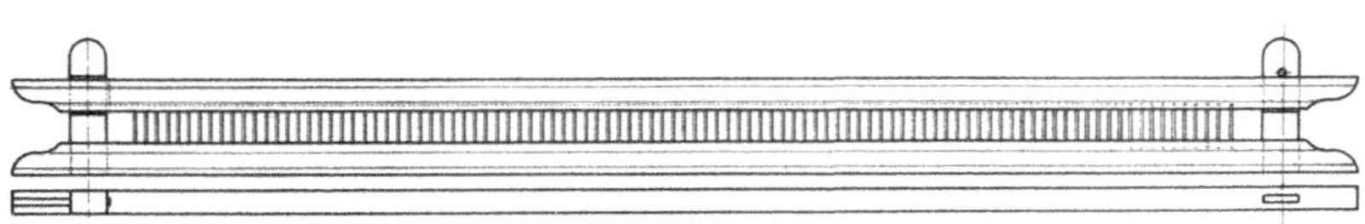

Abb. 274. Der Reihkamm.

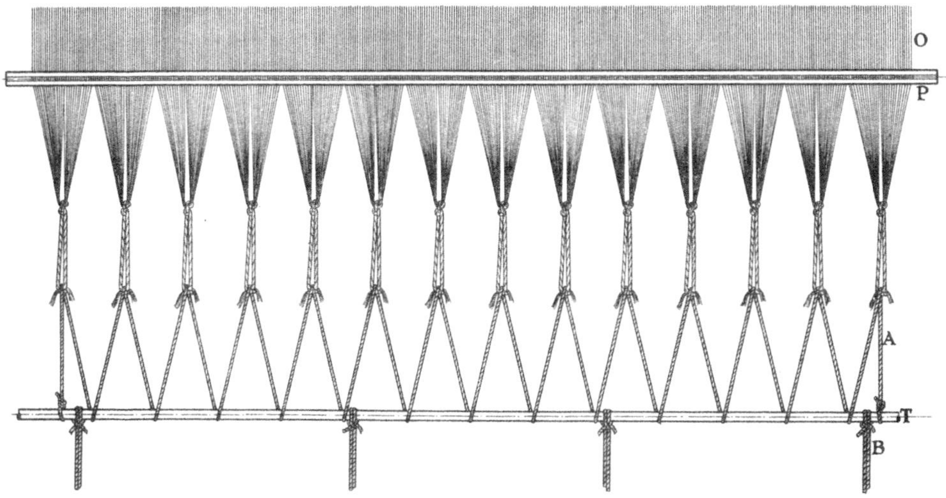

Abb. 275. Anbindung der Kettenfäden am Stab und Warenbaum.

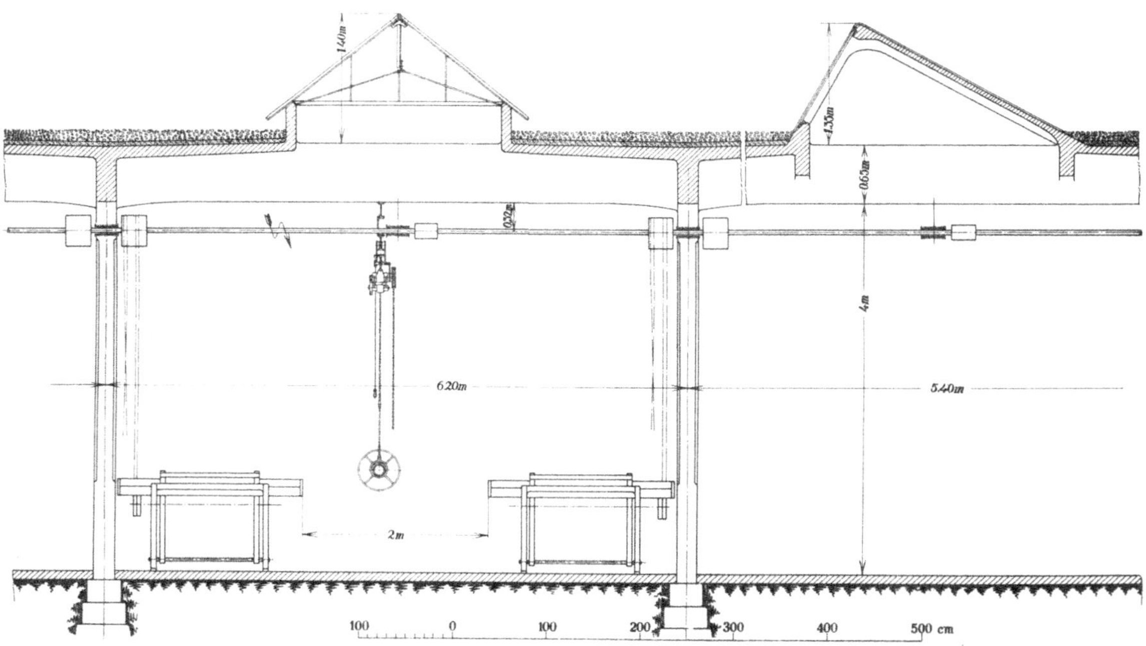

Abb. 276. Zwei Betonschedtypen für die Webereien.

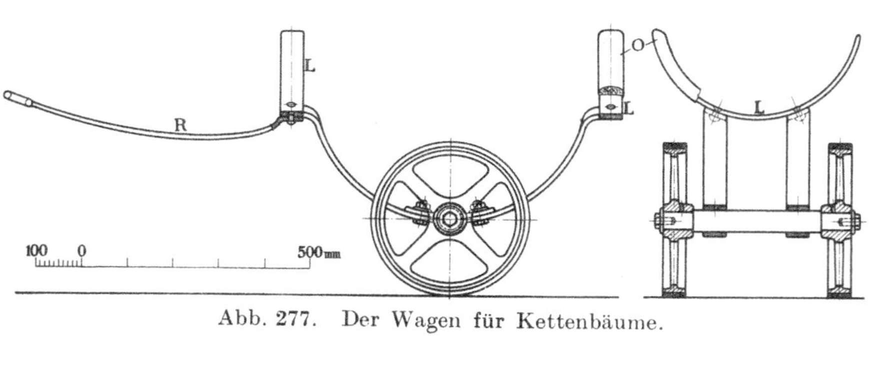

Abb. 277. Der Wagen für Kettenbäume.

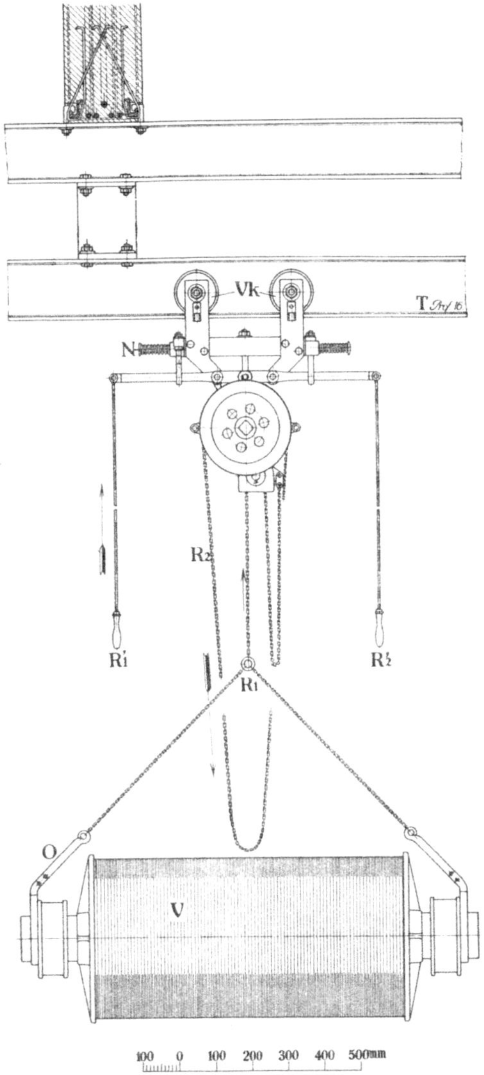

Abb. 278. Die Hängebahn für die Bäume in der Weberei.

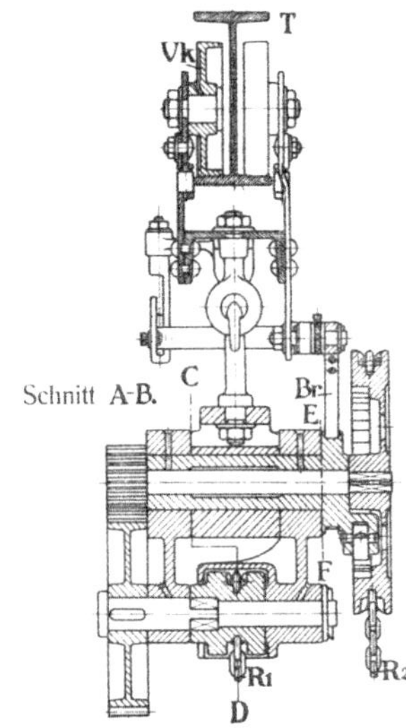

Abb. 279.

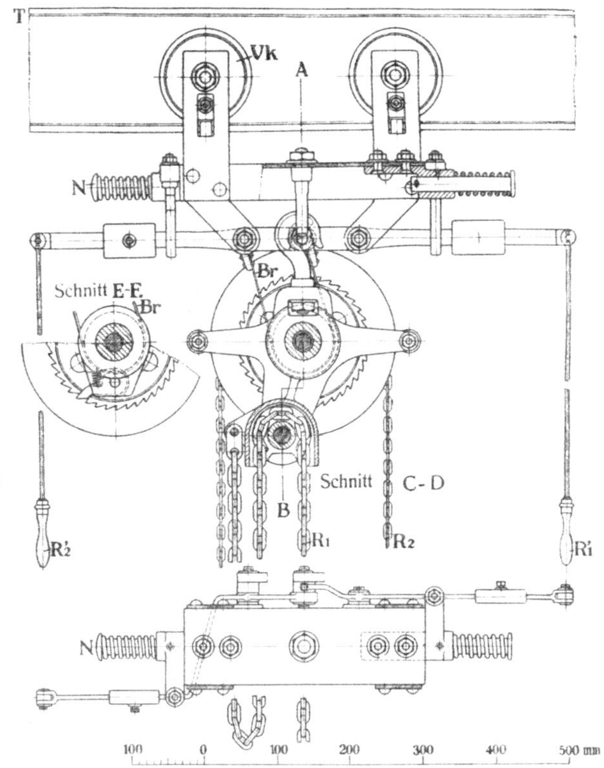

Abb. 280.

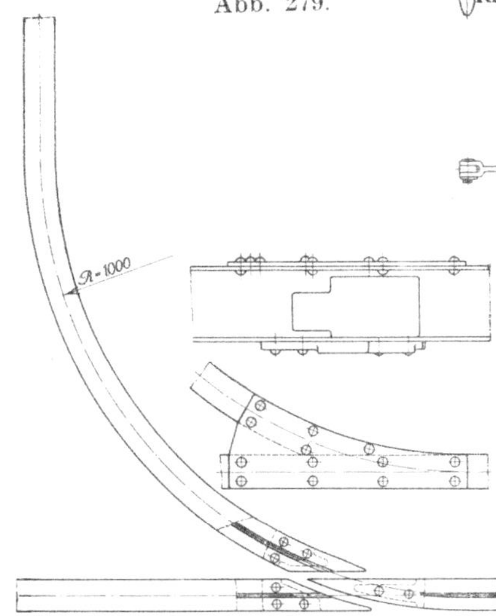

Abb. 281.

Abb. 279—281.

Die Hängebahn für den Kettenbaumtransport.

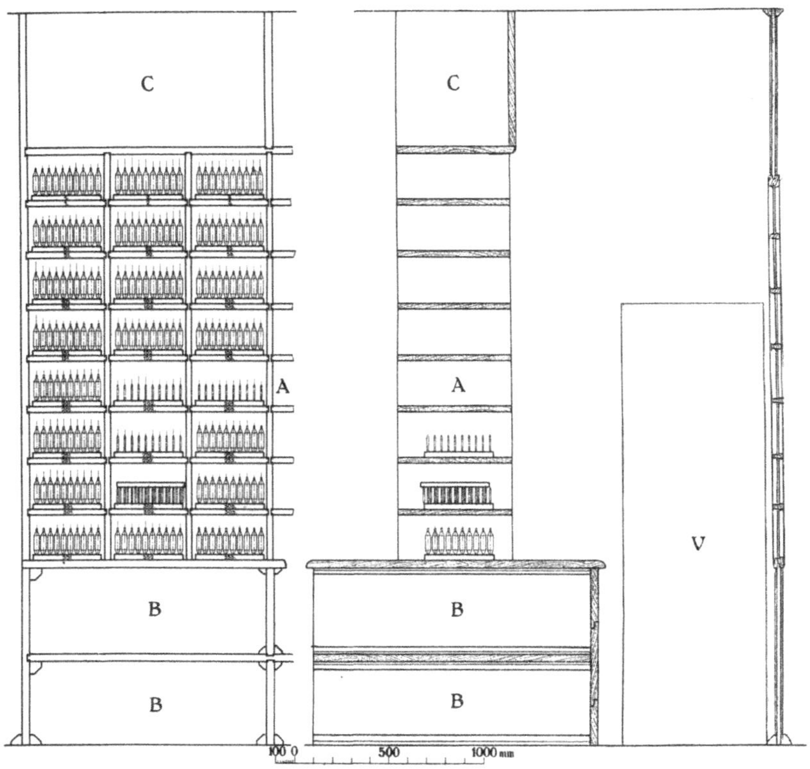

Abb. 282.

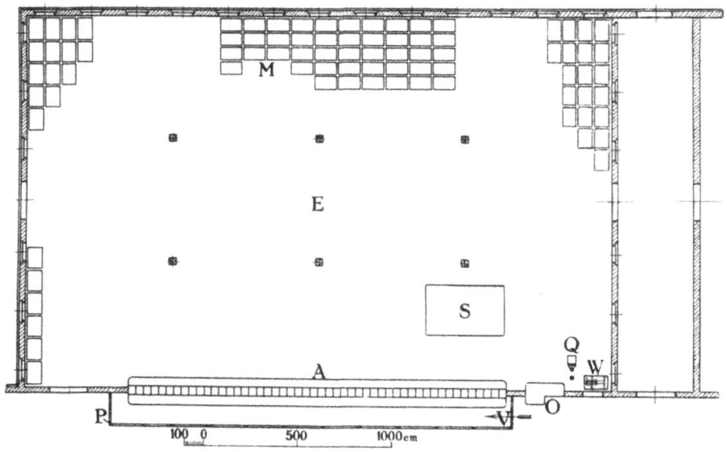

Abb. 283.

Abb. 282—283. Moderne Regale für schnelle Schußausgabe.

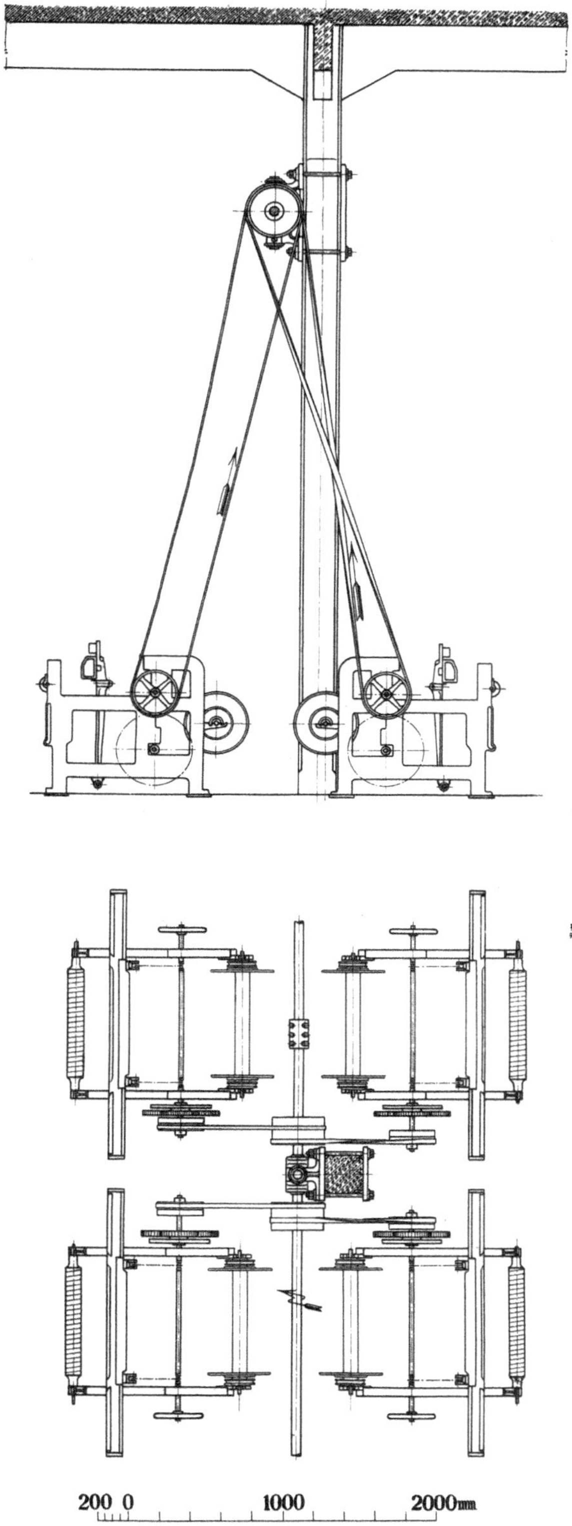

Abb. 284. Der Gruppenantrieb für schmale Webstühle.

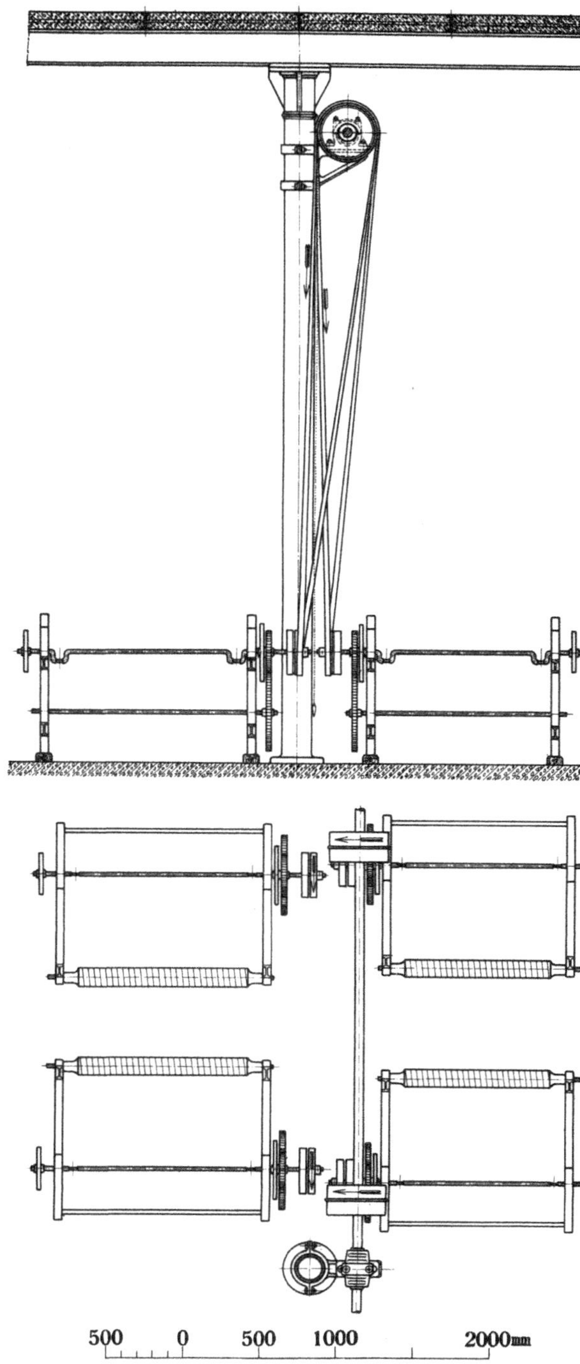

Abb. 285. Der Antrieb der mechanischen Webstühle mit halbgekreuzten Riemen.

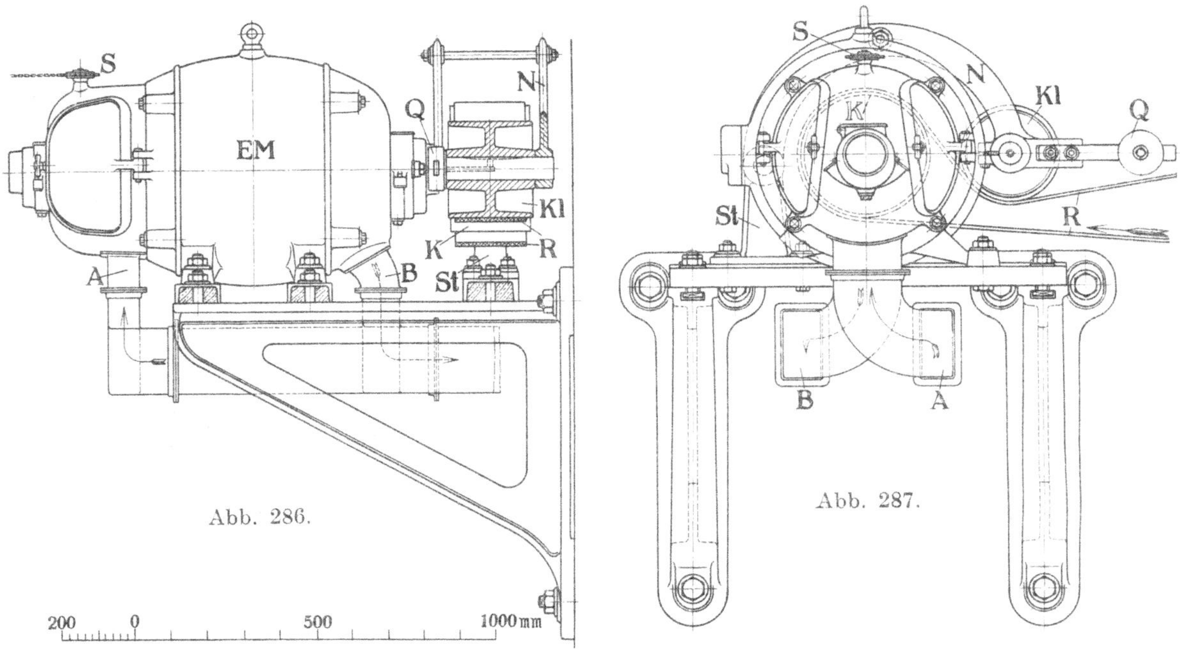

Abb. 286—287. Elektro-Motor für Gruppenantrieb mit Luftkühlung.

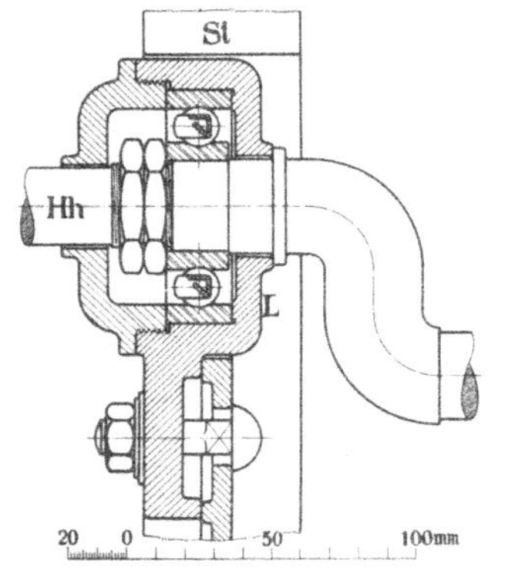

Abb. 288. Kugellager der Hauptwelle des englischen Webstuhles.

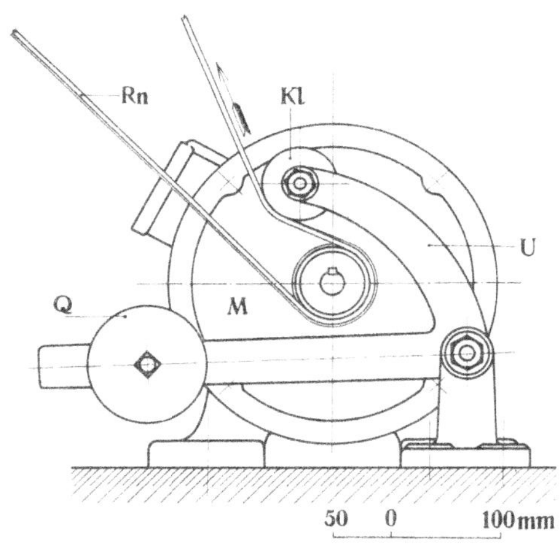

Abb. 289. Webstuhlmotor mit Spannrolle am Winkelhebel.

Abb. 290.

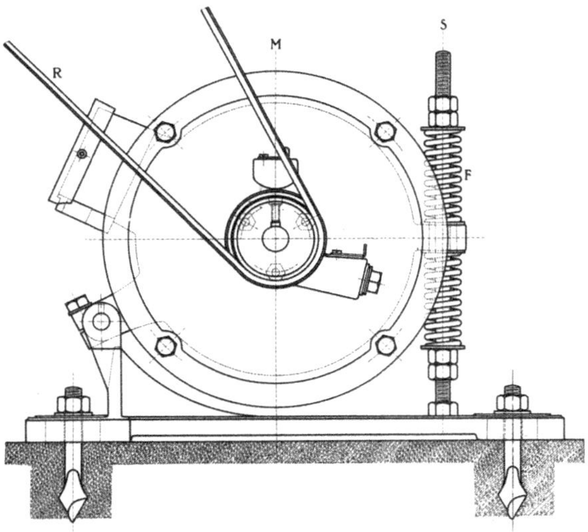

Abb. 291.

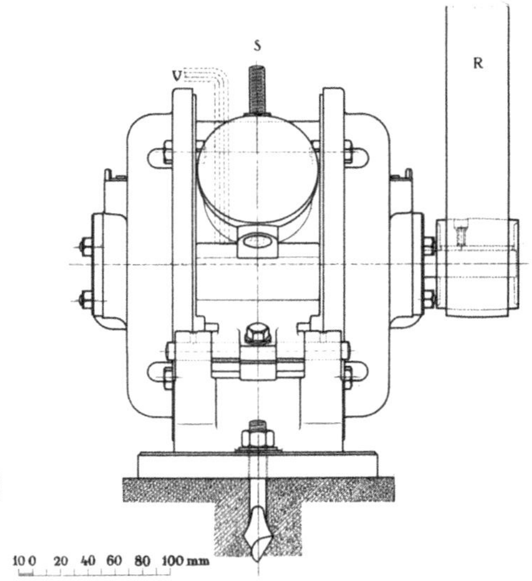

Abb. 290—291. Gewöhnlicher Webstuhlmotor mit wippenartiger Motorlagerung.

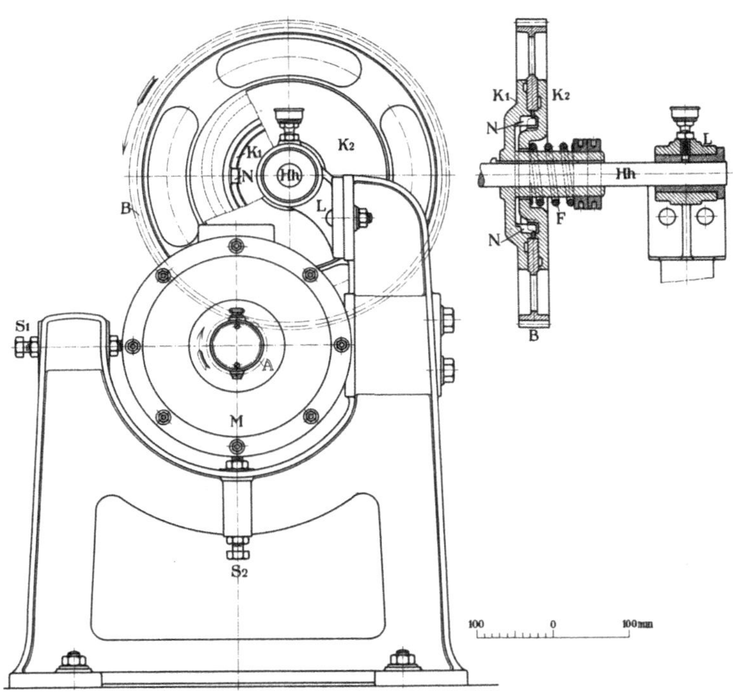

Abb. 292. Der Antriebbock für die Webstühle
mit Zahnradantrieb und Rutschkupplung.

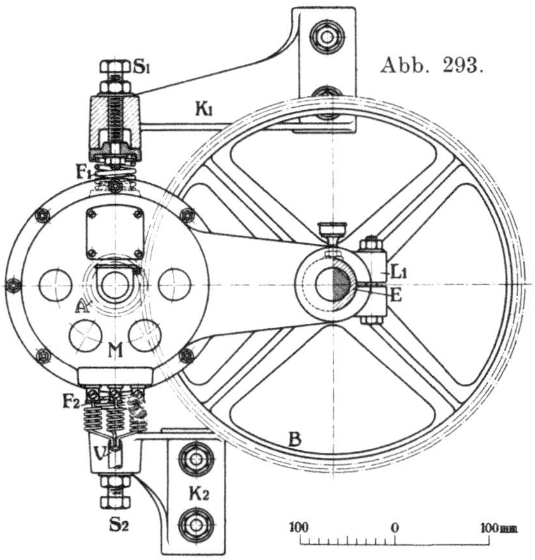

Abb. 293.

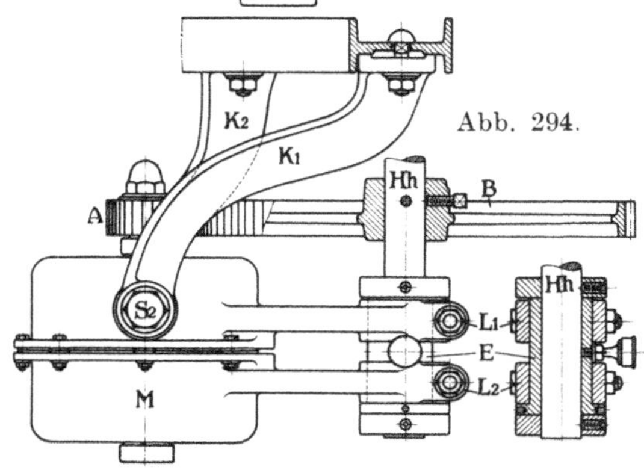

Abb. 294.

Abb. 293—294. Die ältere Lagerung des federnd schwingenden, elektrischen Motors mit Zahnrad antrieb.

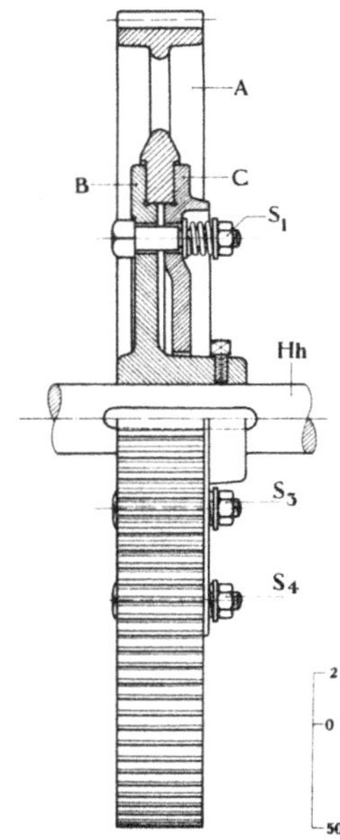

Abb. 295. Eine Durchführung der Rutschkupplung für elektrischen Antrieb der Webstühle.

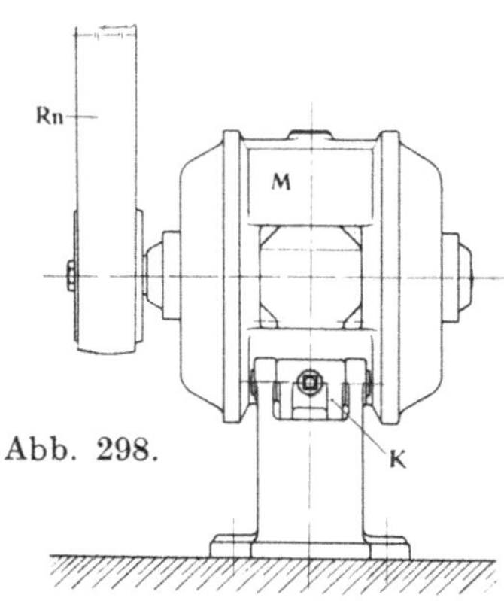

Abb. 298.

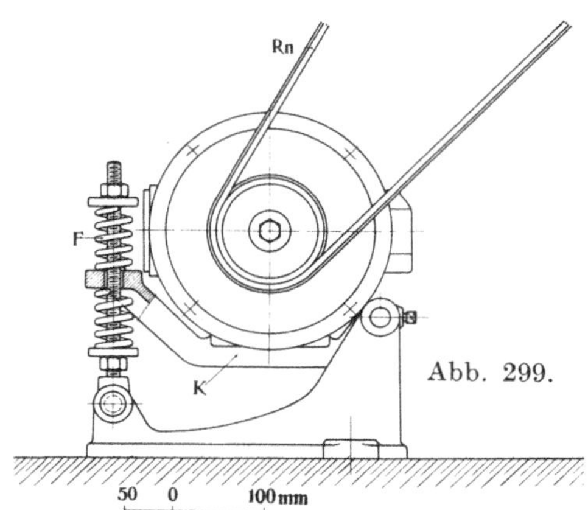

Abb. 299.

Abb. 298—299. Der elektrische Webstuhl-Wippenmotor mit Doppelfeder.

Abb. 296.

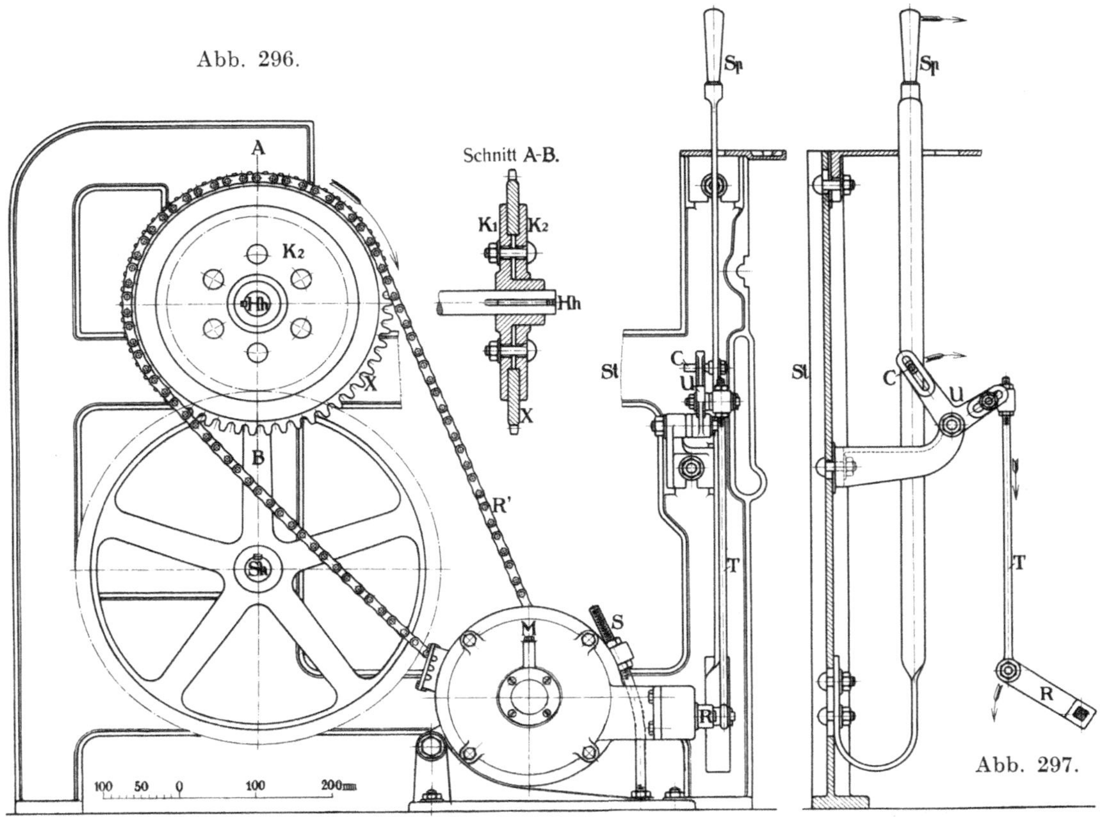

Abb. 297.

Abb. 296—297. Der Webstuhlantrieb mittels Gallscher Kette.

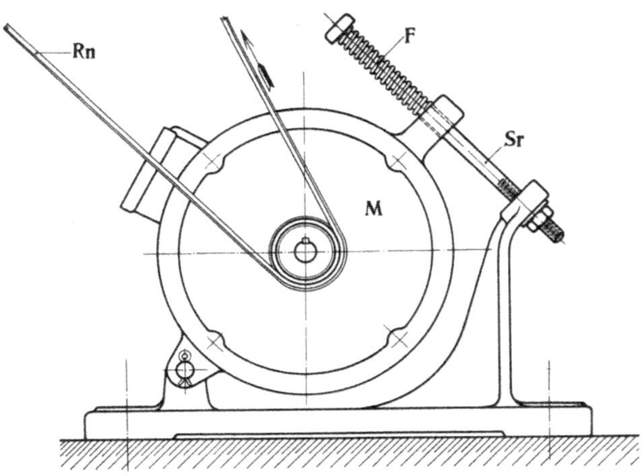

Abb. 300. Der elektrische Webstuhl-Wippenmotor ohne Spannrolle.

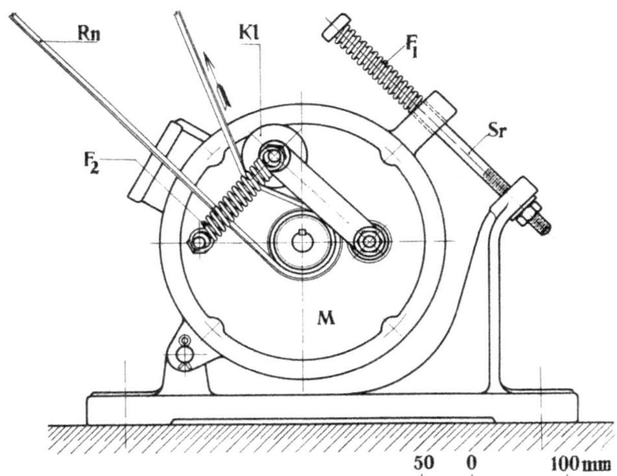

Abb. 301. Der elektrische Webstuhlmotor mit Spannrolle.

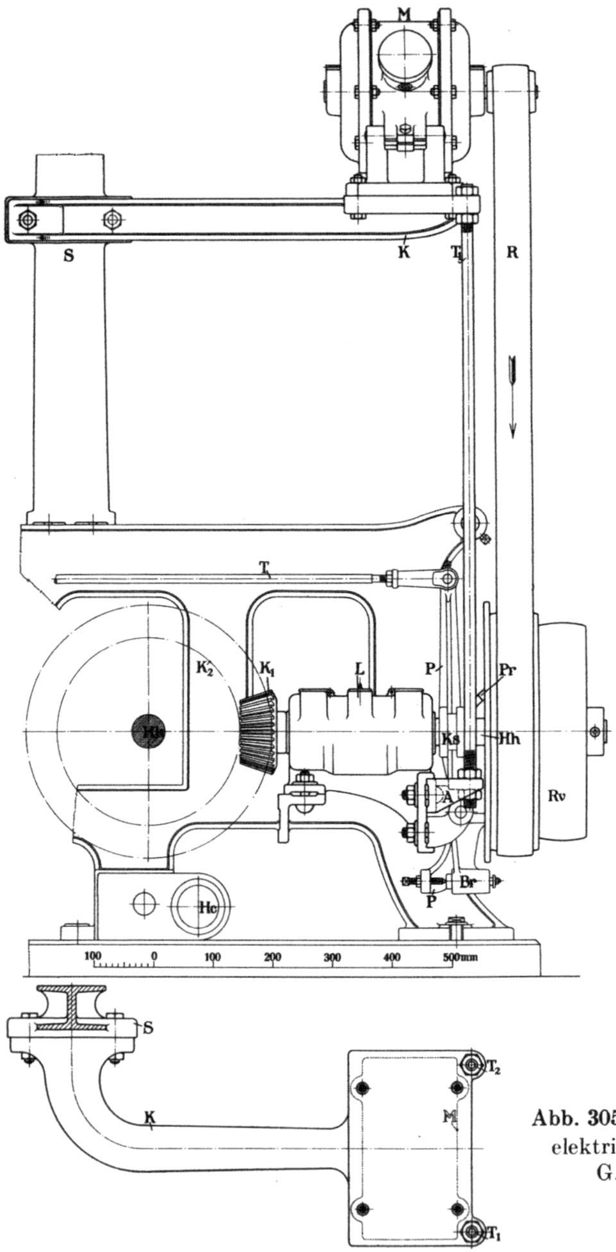

Abb. 305. Webstuhlantrieb durch elektrischen Motor der Firma G. Schwabe in Bielitz.

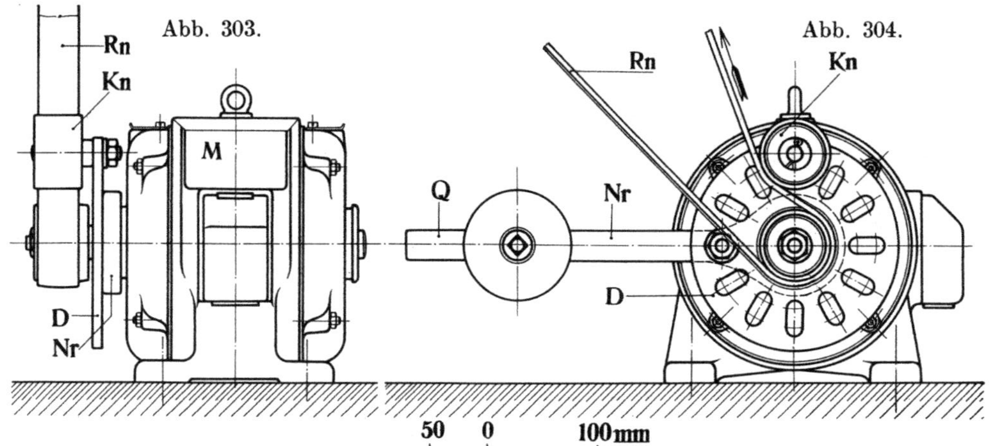

Abb. 303—304. Der elektrische Webstuhlmotor mit der Spannrolle auf der Scheibe (von der Firma Siemens-Schuckert).

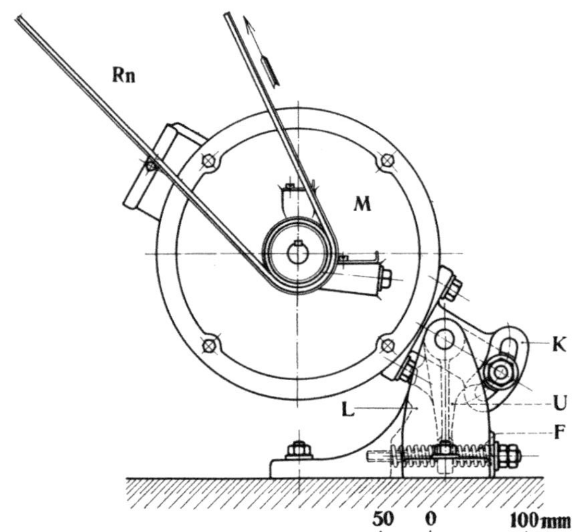

Abb. 302. Der Webstuhl-Wippenmotor mit Doppelfeder.

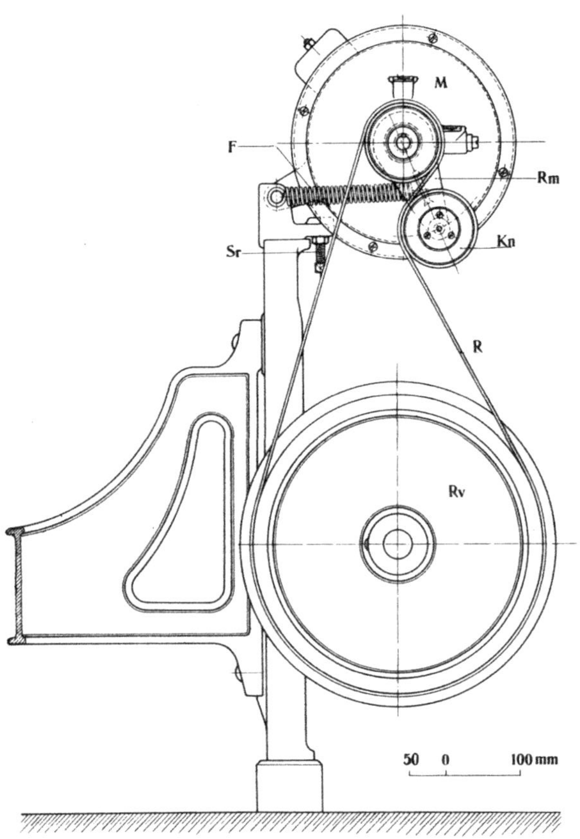

Abb. 306. Neuer elektrischer Antrieb des Schwabe-Webstuhles.

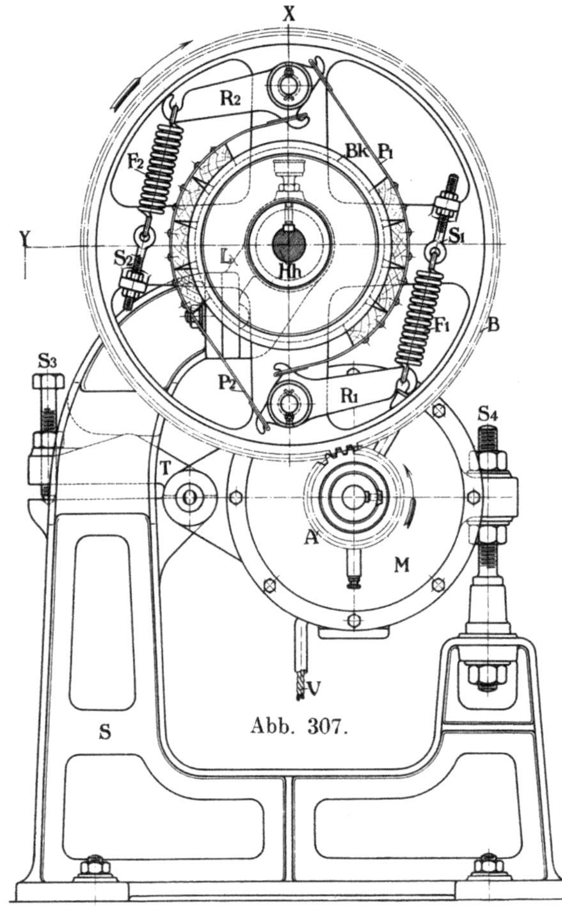

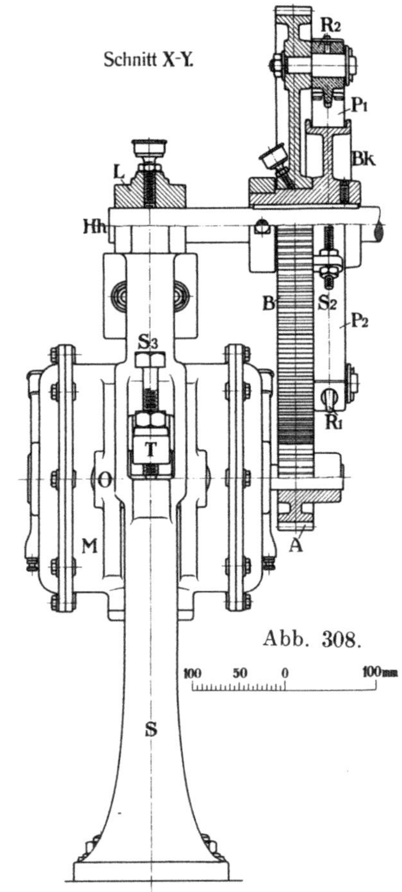

Abb. 307—308. Der Antriebbock für Webstühle mit Bremsband-Rutschkupplung.

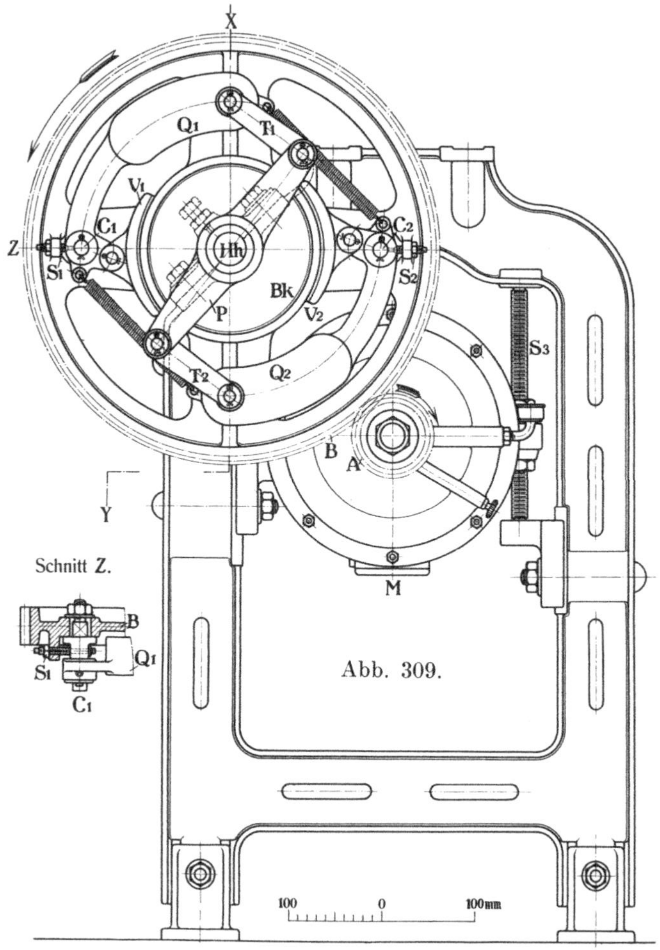

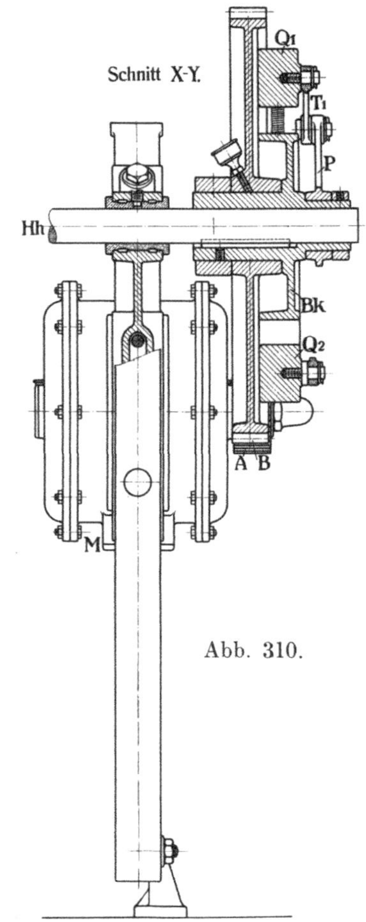

Abb. 309—310. Der Antriebbock für Webstühle mit Fliehkraftrutschkupplung.

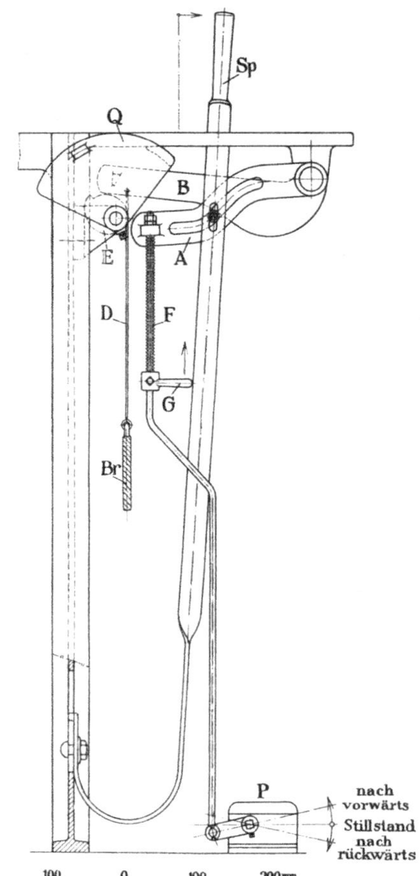

Abb. 311. Ausrückhebel für elektrisch angetriebene Seiden-Webstühle.

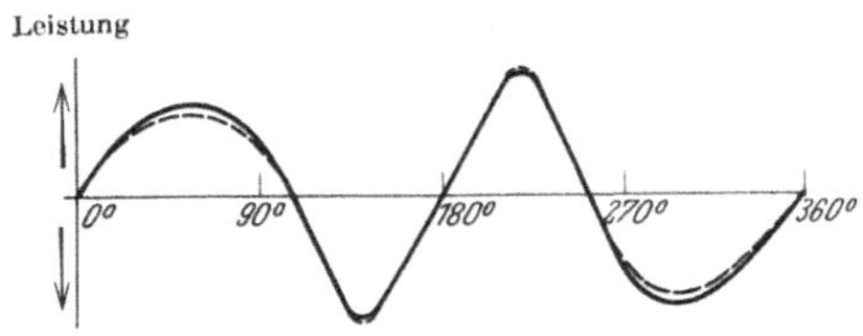

Abb. 312. Gesamtleistungsbedarf der Weblade während einer Umdrehung der Webstuhl-Kurbelwelle.

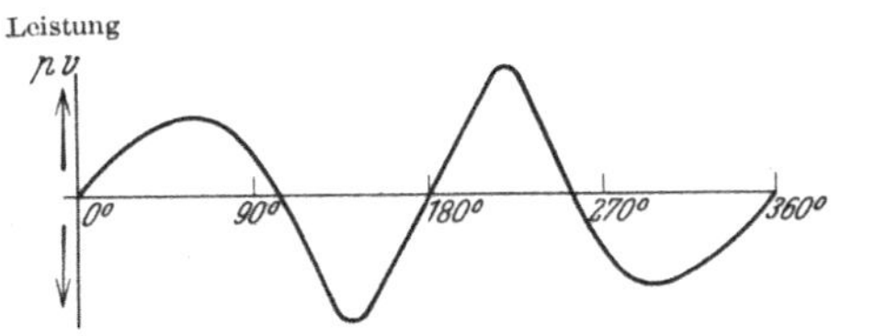

Abb. 312a. Massenwirkung der Weblade während einer Umdrehung der Webstuhl-Kurbelwelle.

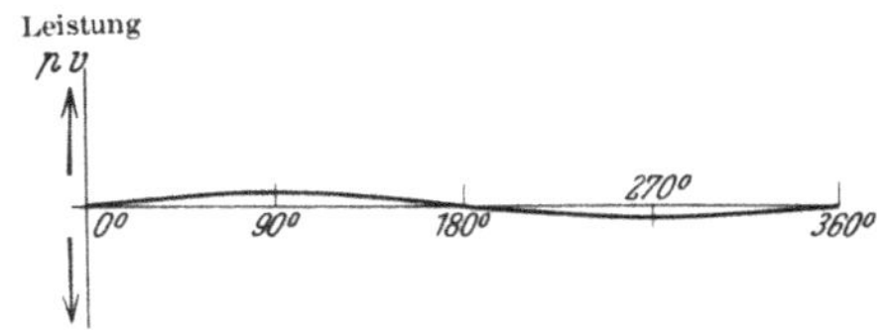

Abb. 312b. Schwerkraftwirkung der Weblade während einer Umdrehung der Webstuhl-Kurbelwelle.

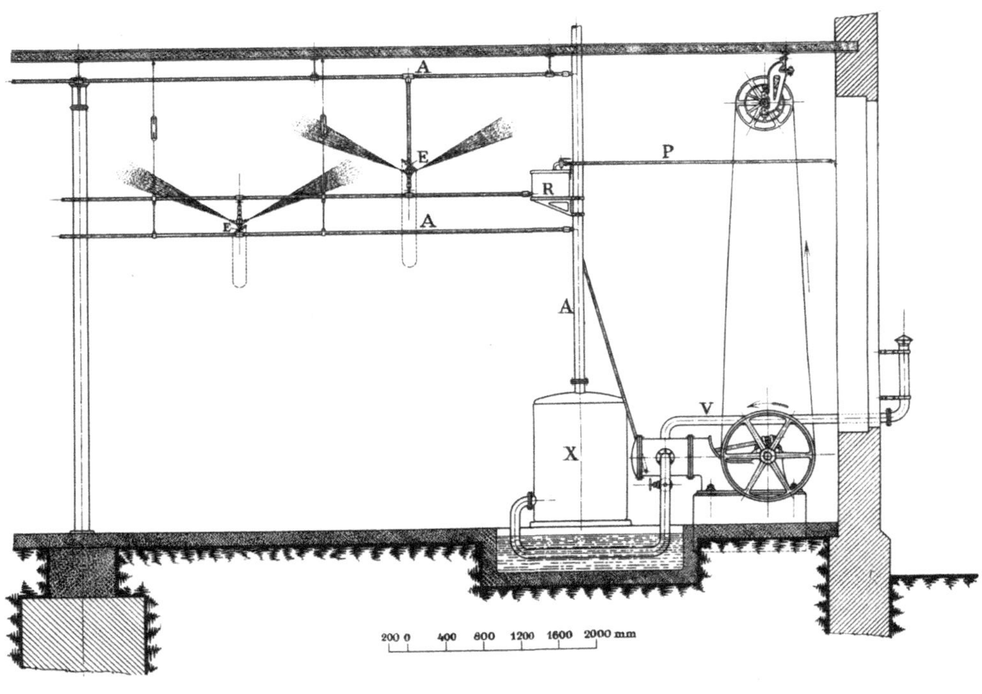

Abb. 317. Disposition der Luftbefeuchtung mit Düsenzerstäubern.

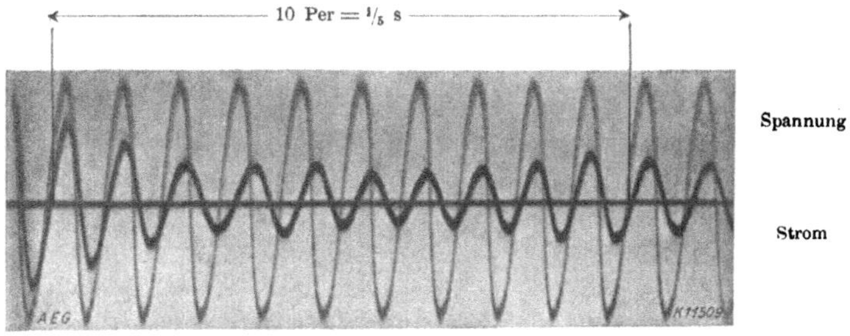

Abb. 313. Verlauf von Strom und Spannung bei Riemeneinzelantrieb eines Bukskin-Webstuhles, 75 Schuß/min.

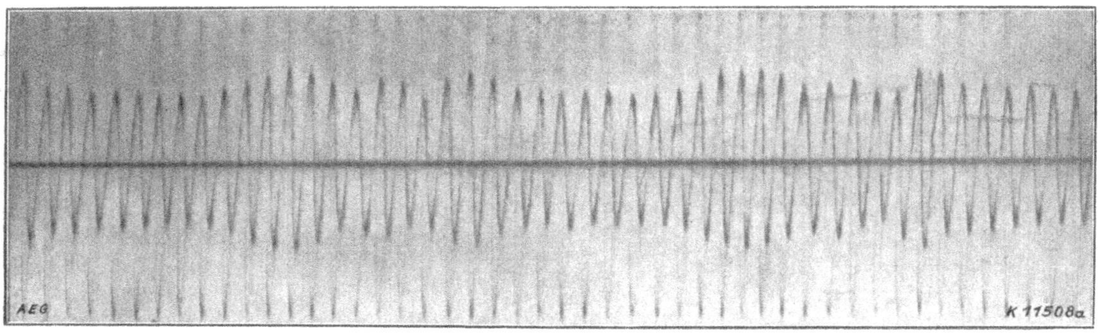

Abb. 314. Verlauf von Strom und Spannung bei Zahnrad-Einzelantrieb eines Baumwoll-Webstuhles, 145 Schuß/min.

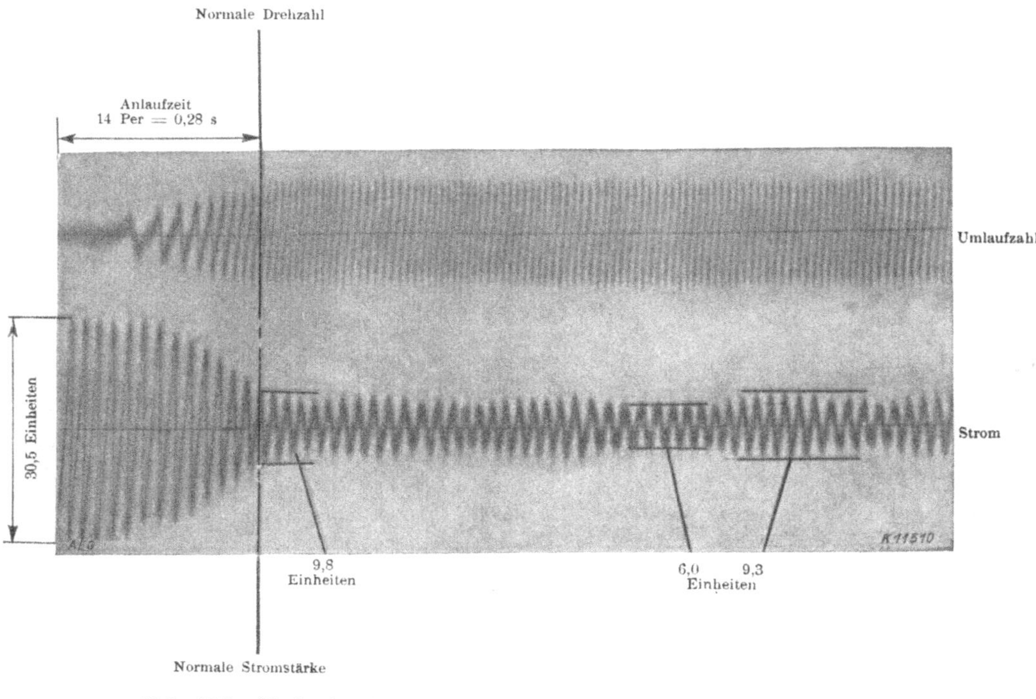

Abb. 315. Umlaufzahl und Strom in Abhängigkeit von der Zeit bei Anlauf eines schweren Baumwoll-Webstuhles, 106 Schuß/min.

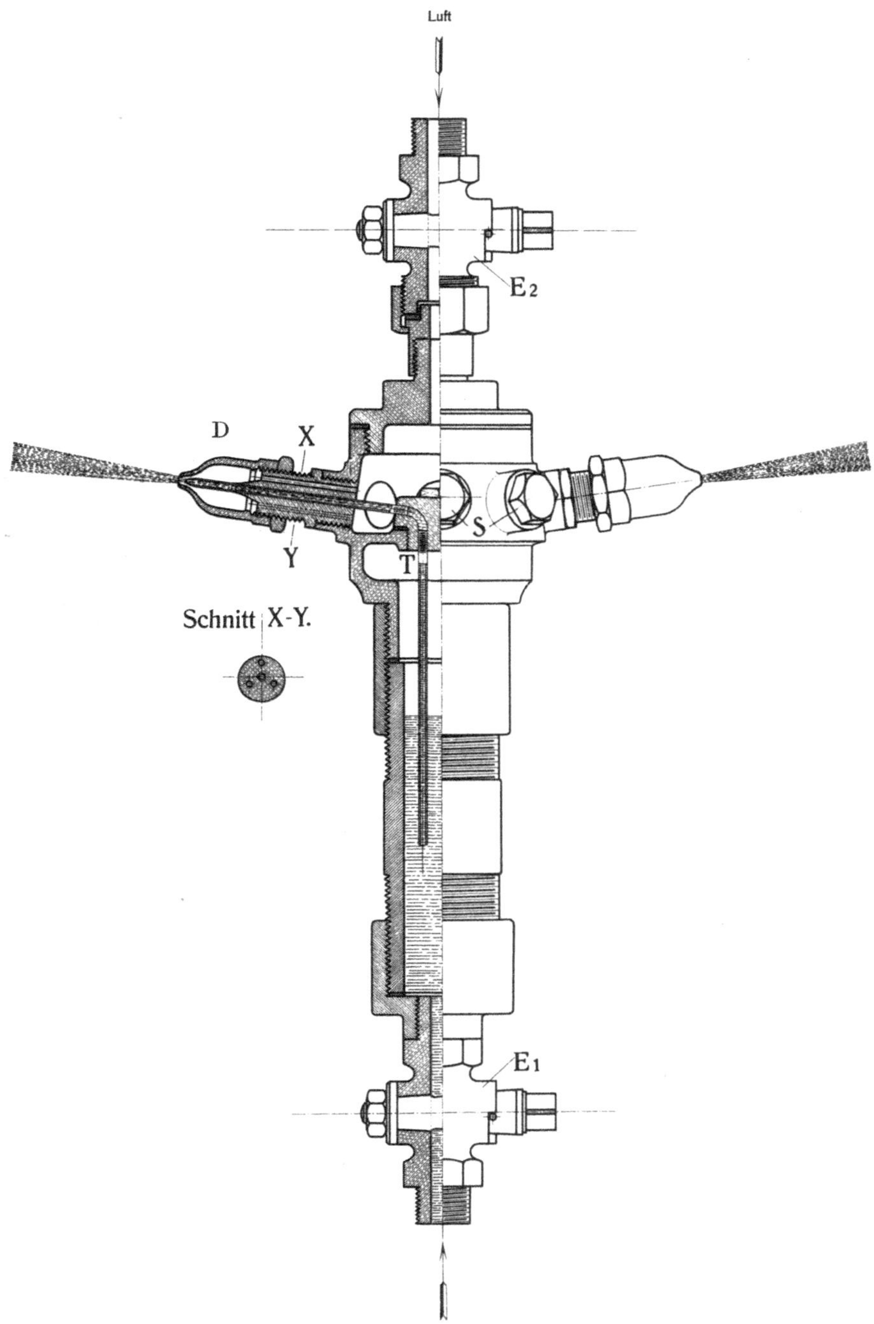

Abb. 316. Der Injektorluftbefeuchter (Düsenzerstäuber).

Abb. 317 befindet sich auf Seite 103.

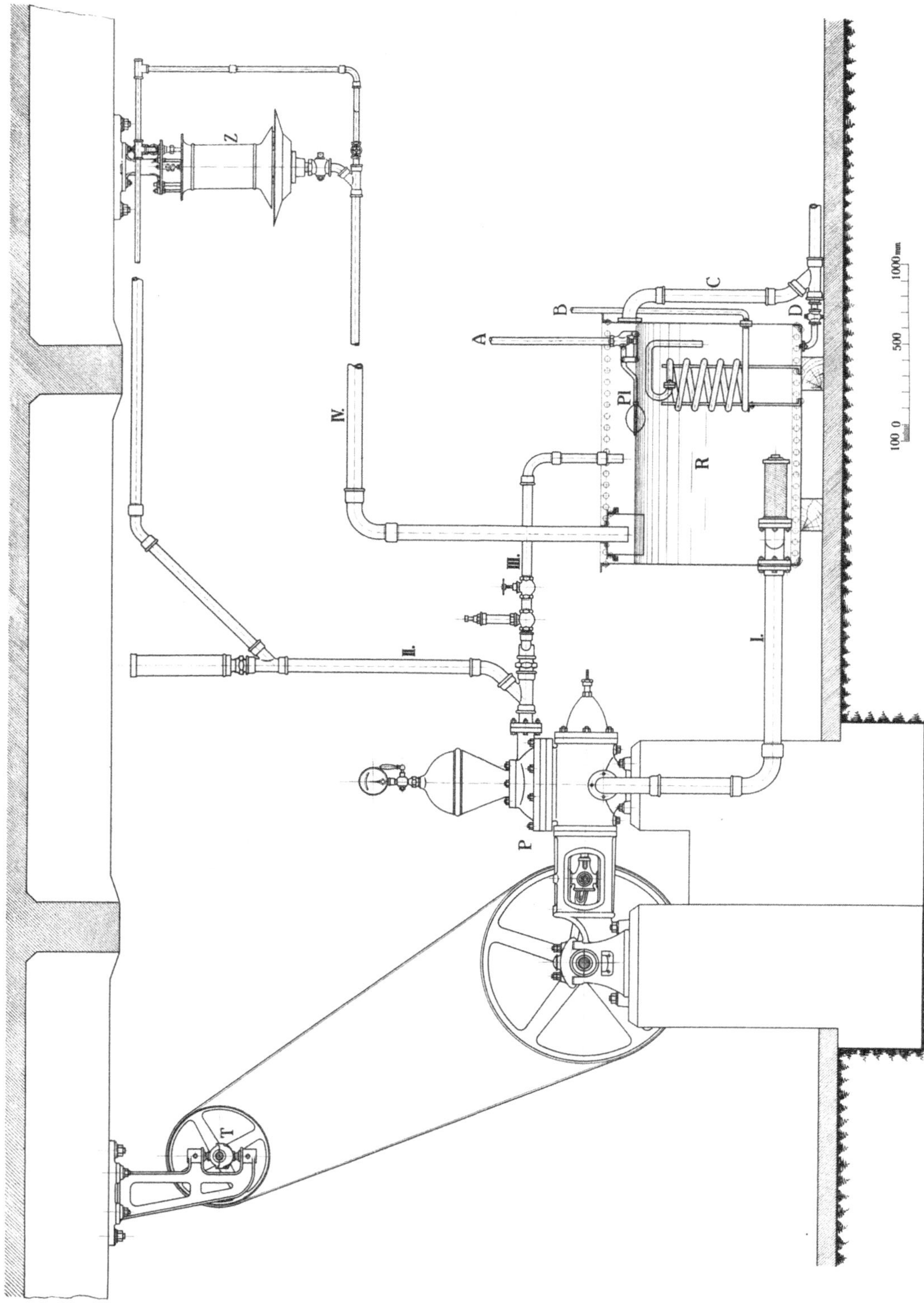

Abb. 318. Disposition der älteren Mertz-Zerstäubereinrichtung.

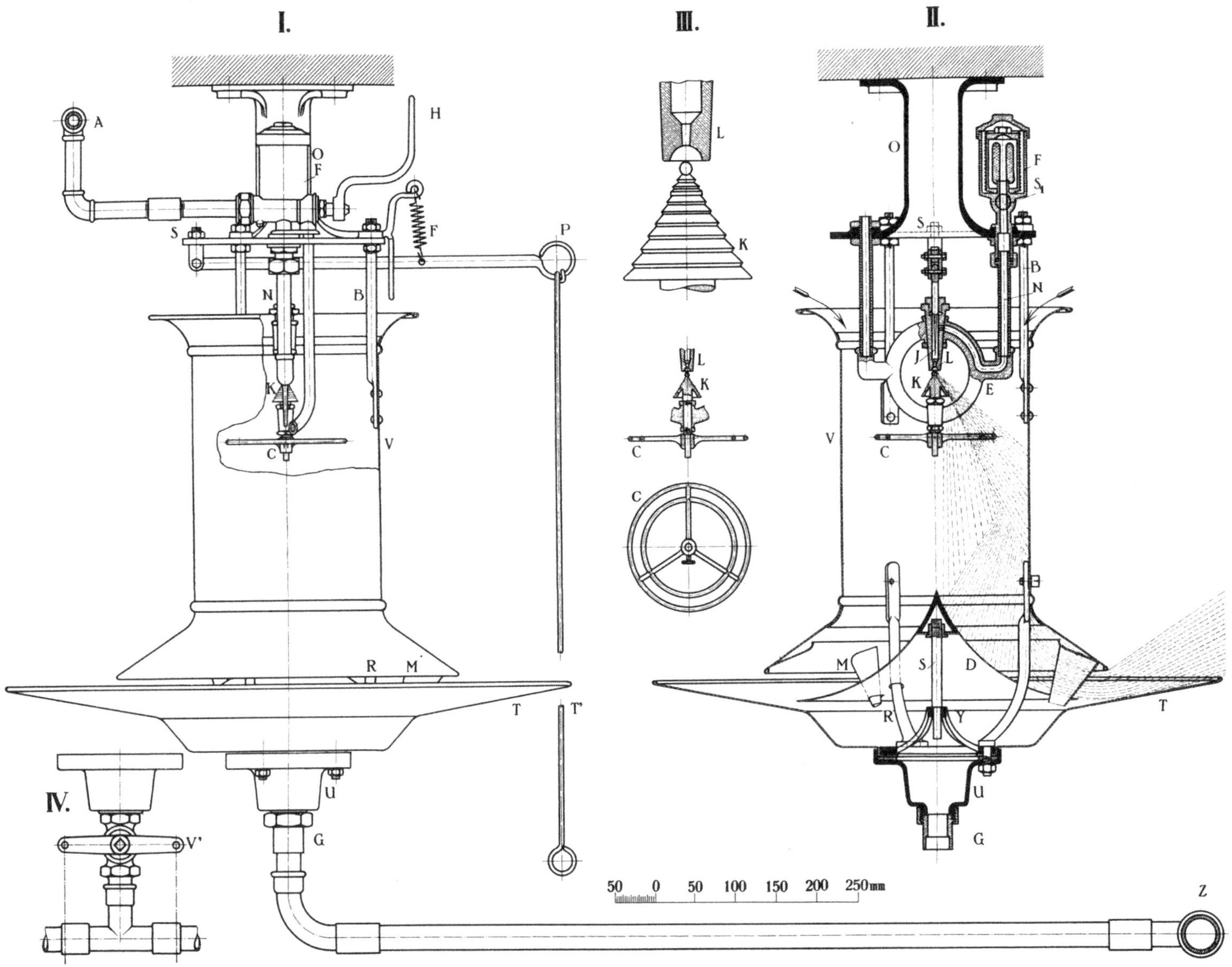

Abb. 319. Mertz'scher Wasserzerstäuber.

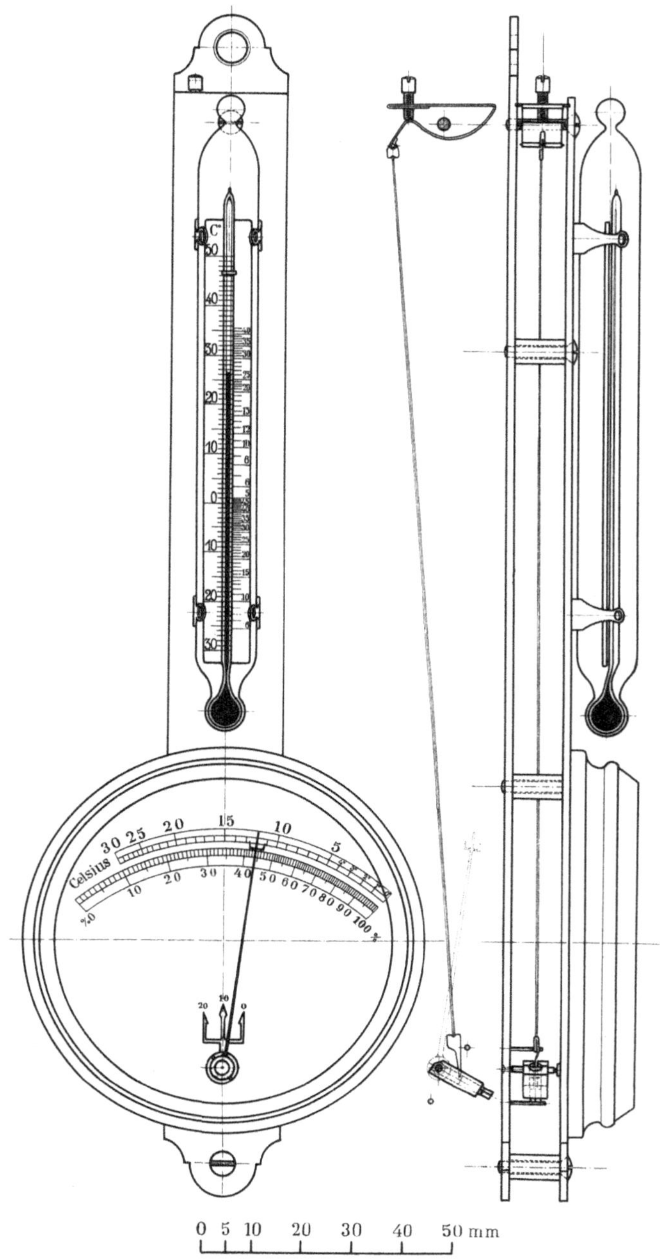

Abb. 320. Lambrechts Polymeter.

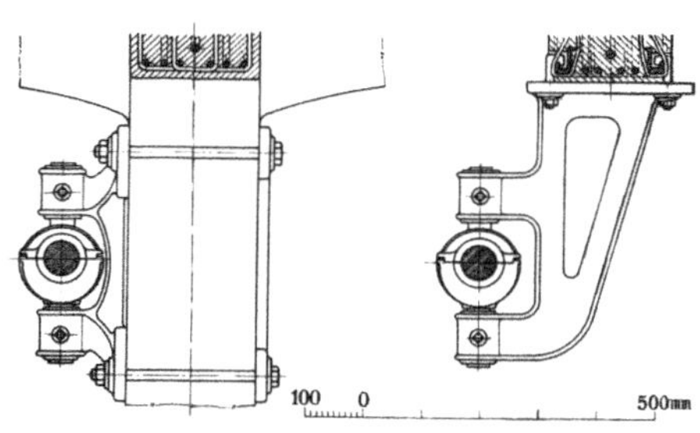

Abb. 323. Lagerbefestigung an den Säulen und Deckenträgern.

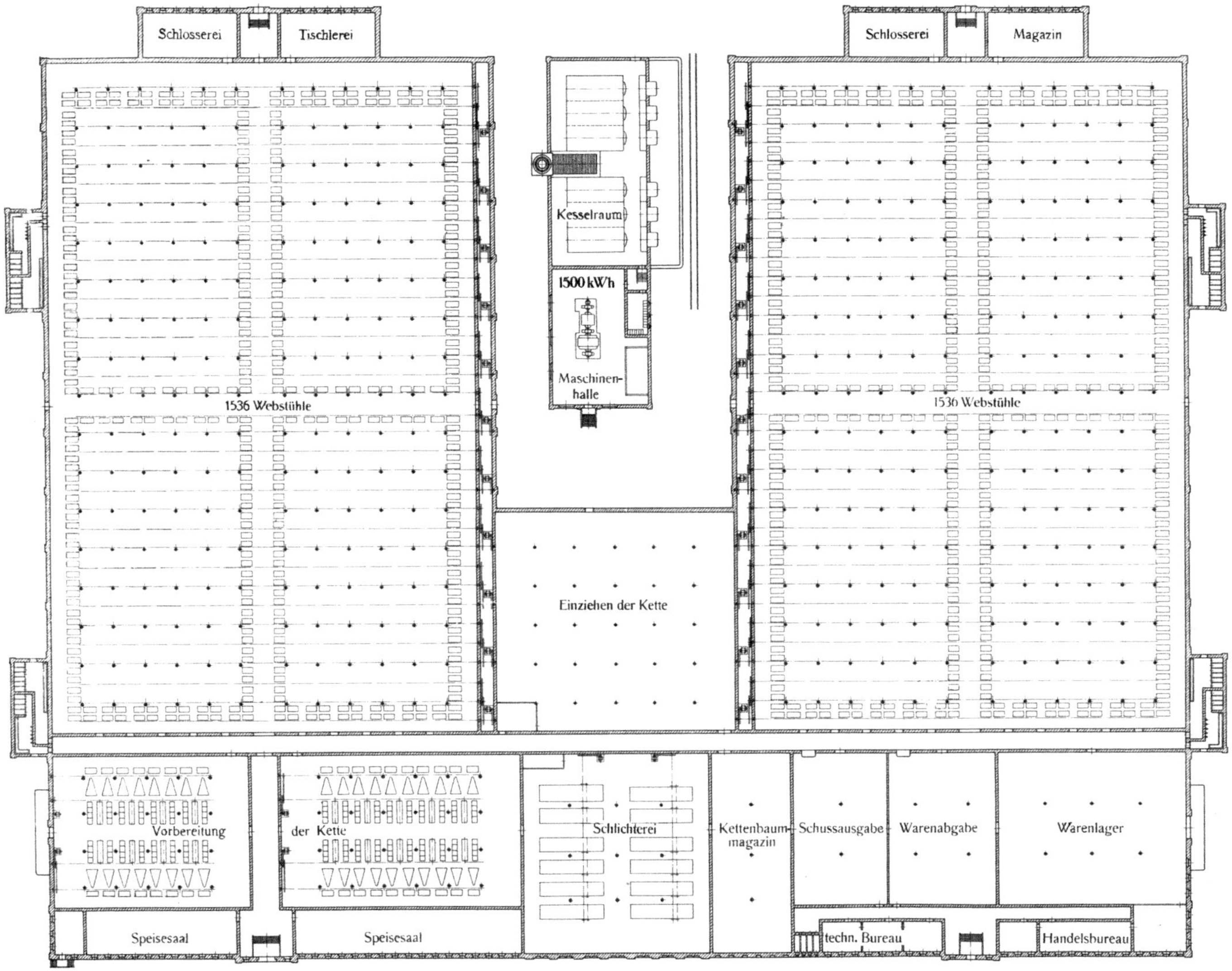

Abb. 321. Plan der Baumwollweberei für 3000 Stühle (mit elektr. Antrieb).

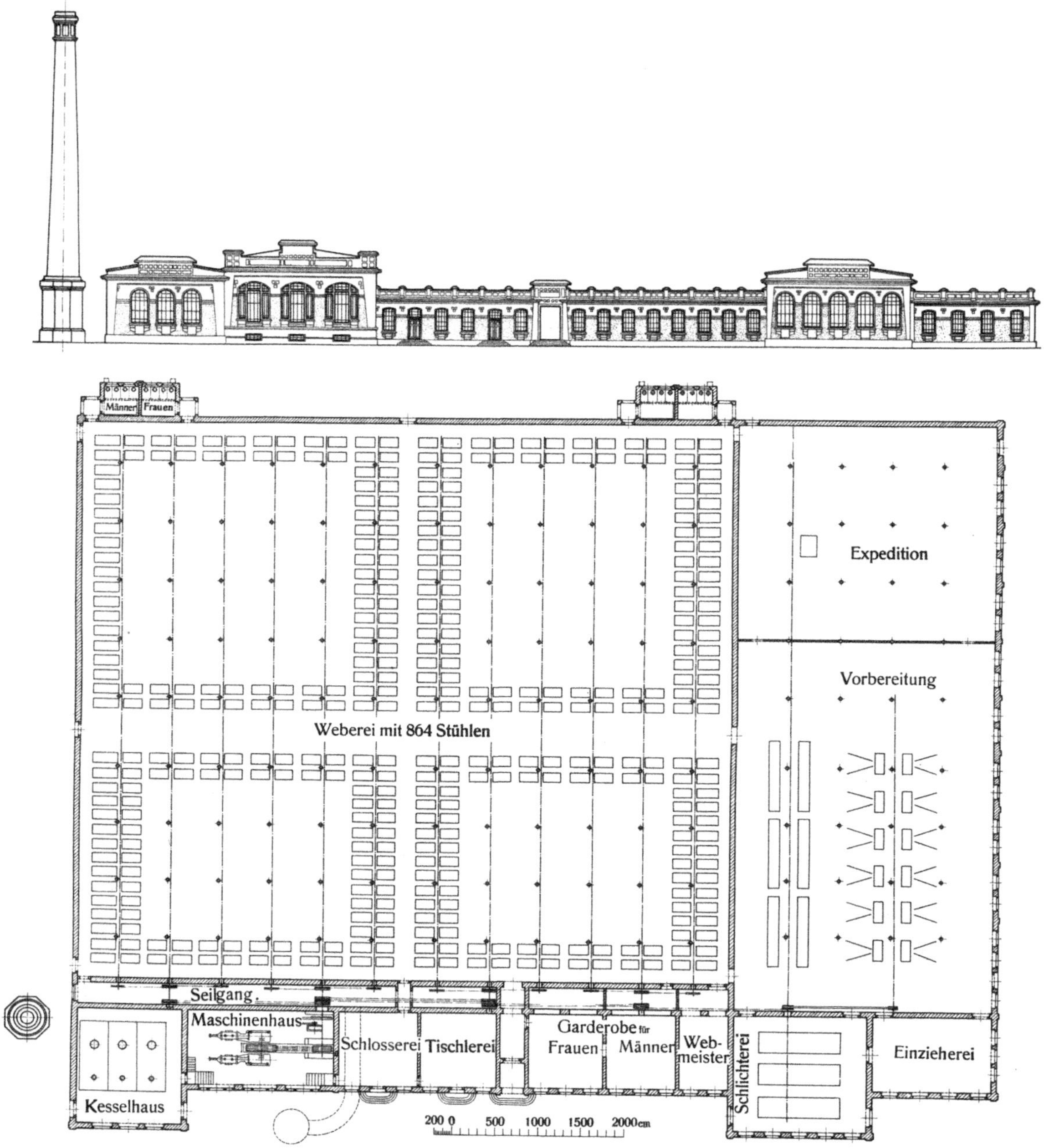

Abb. 322. Plan einer mittleren mechanischen Weberei für 864 Webstühle.

Abb. 323 befindet sich auf Seite 108.

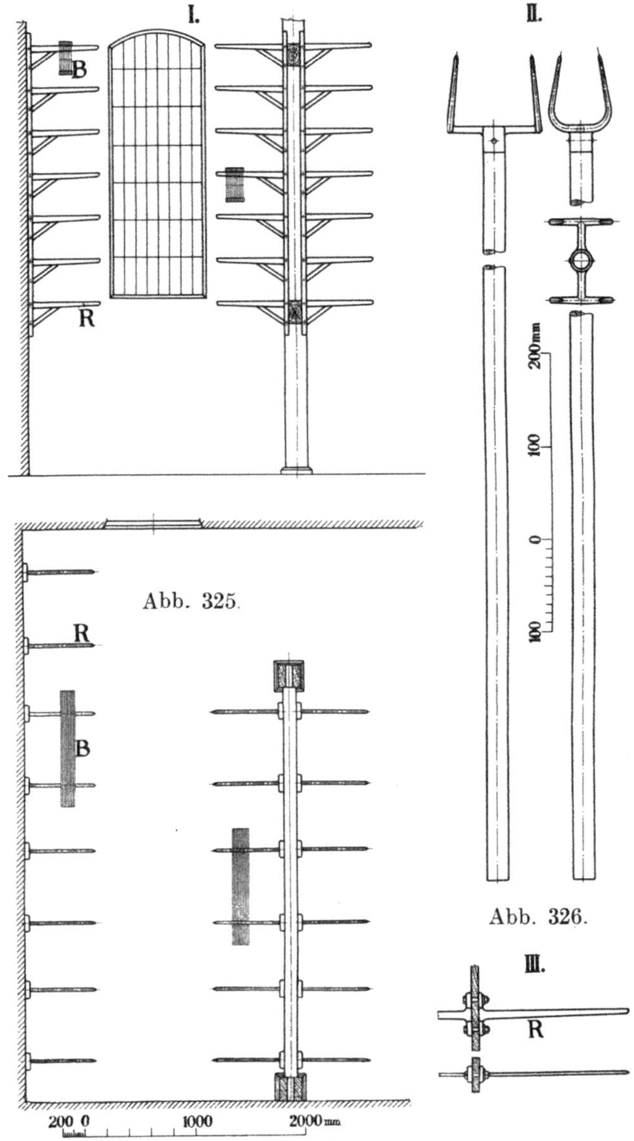

Abb. 325—326. I.) Geschirrmagazin; II.) Rechen für die Abnahme der Geschirre; III.) Ständer und Hängelager für die Geschirre.

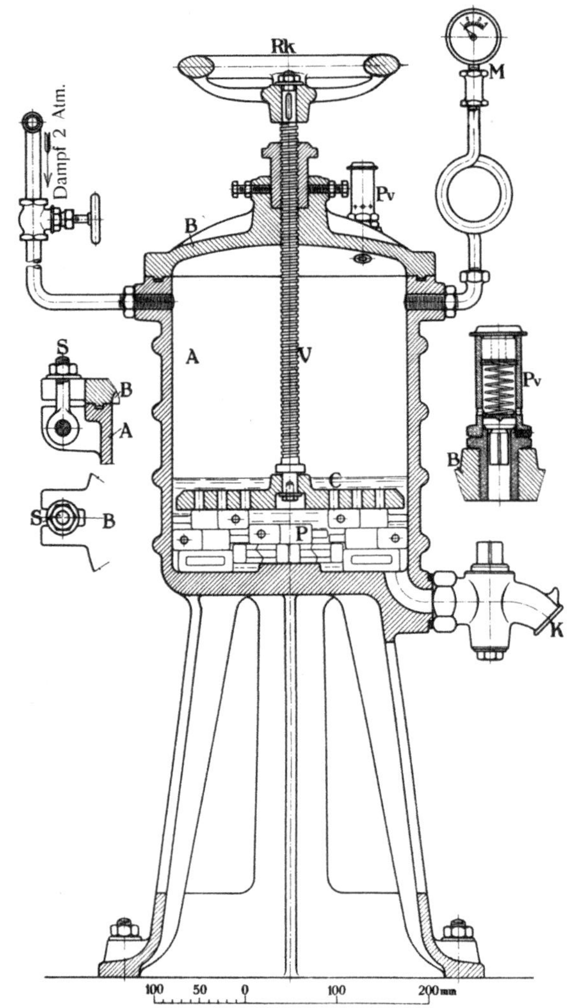

Abb. 324. Der Imprägnierungsapparat für Webstuhlpicker.

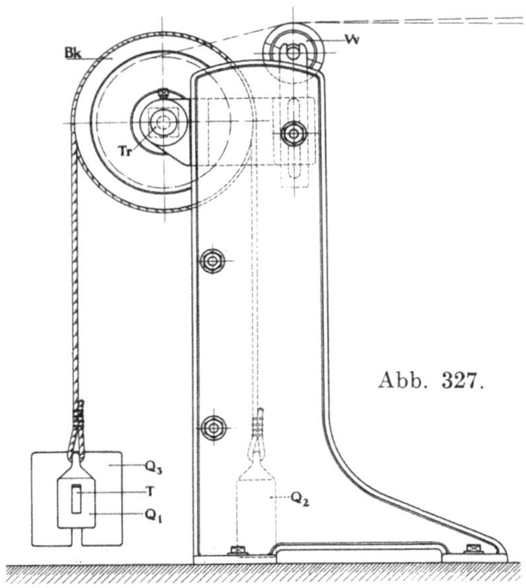

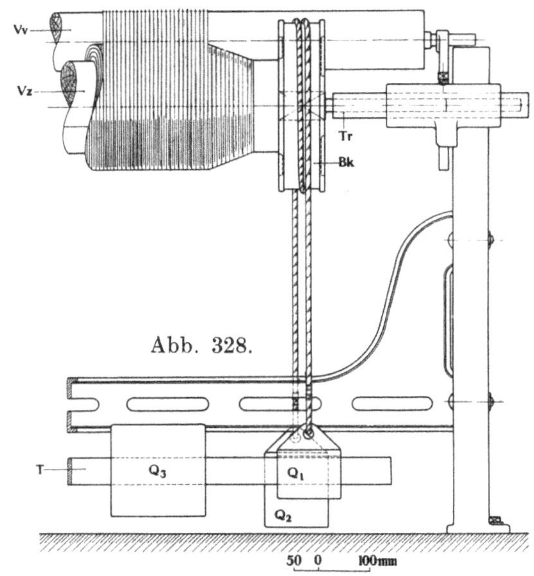

Abb. 327—328. Die verstärkte Gegengewichtsbremse für Seidenwebstühle.

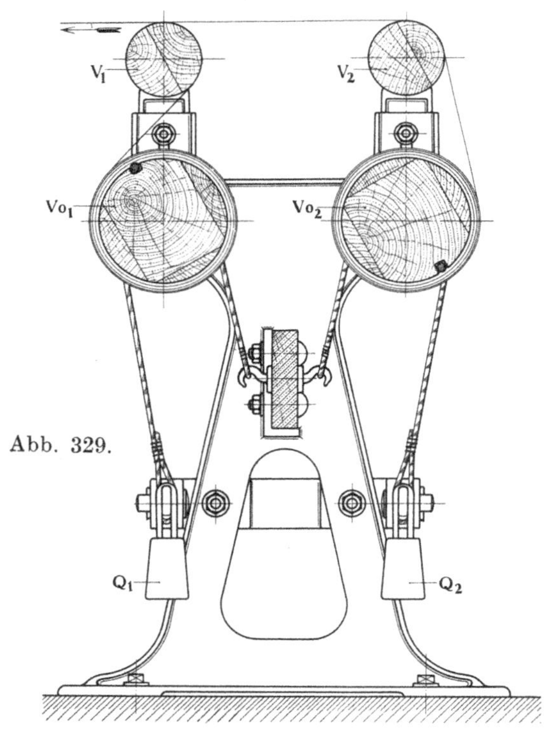

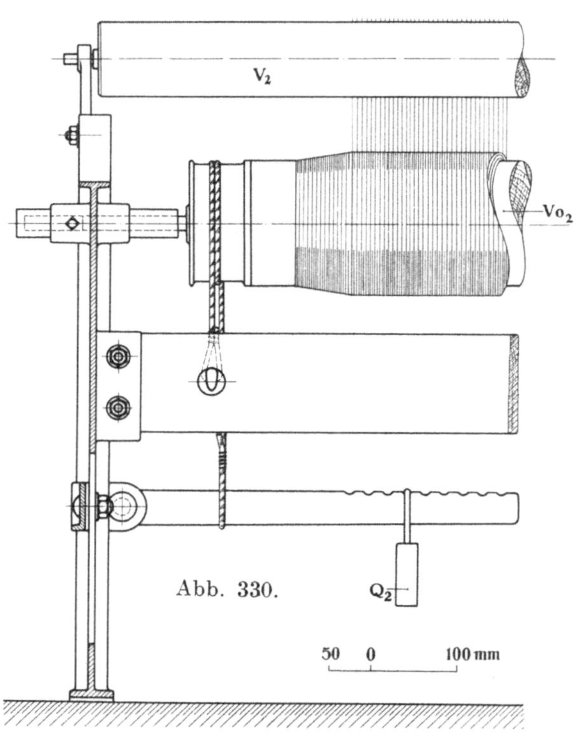

Abb. 329—330. Der Ständer für Kettenbäume mit Seilbremsung.

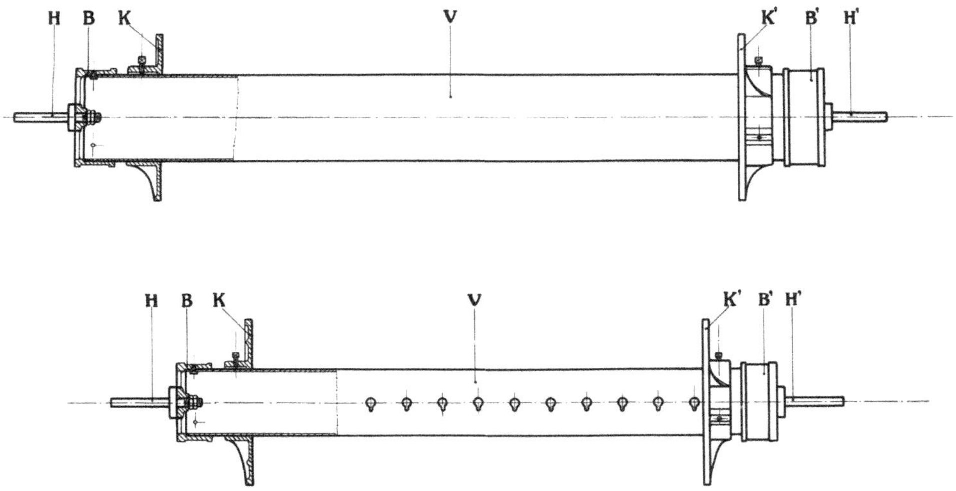

Abb. 331. Die Rohrbäume aus Aluminium.

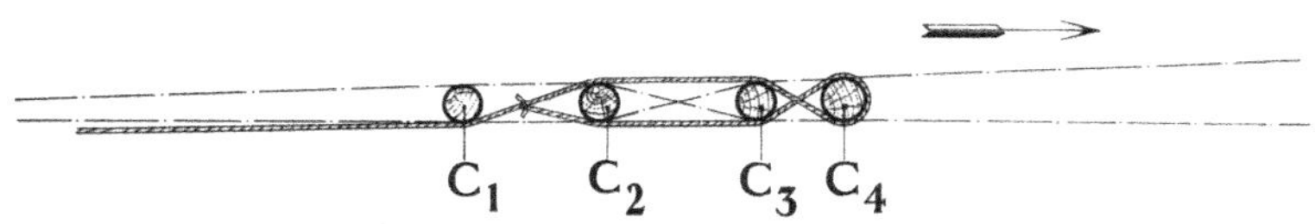

Abb. 334. Die Kreuzschienen bei den Seidenwebstühlen.

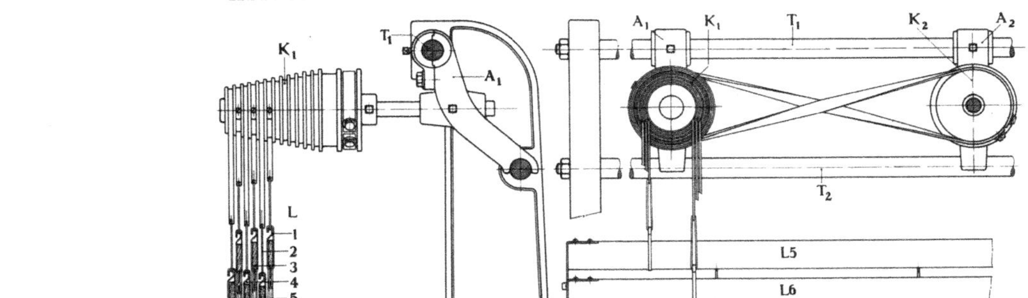

Abb. 335. Taffetvorrichtung für Seidenwebstühle.

Abb. 332 und 333 befinden sich auf Seite 114.

Abb. 332.

Abb. 333.

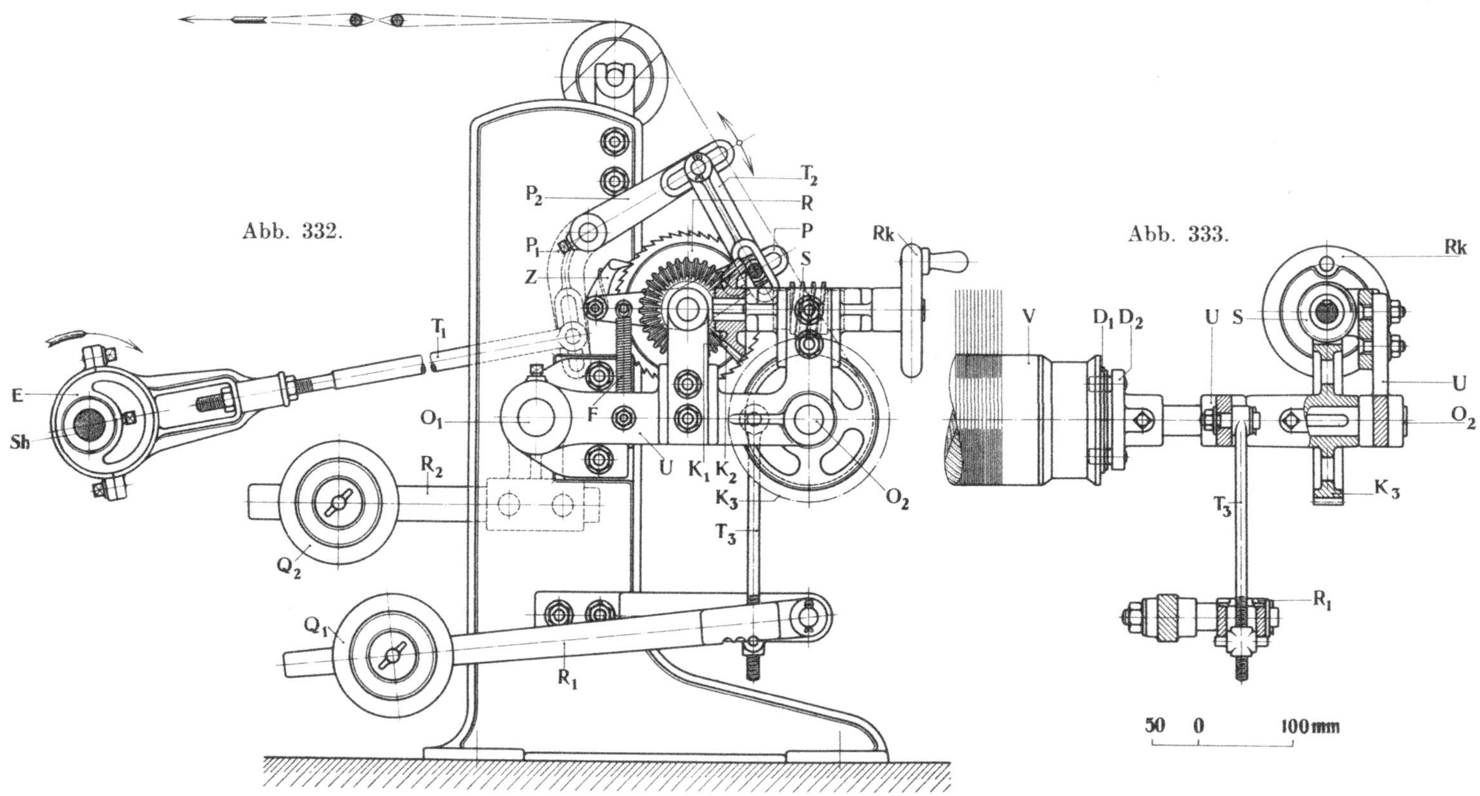

Abb. 332—333. Der Kettenbaumregulator für Seidenwebstühle.

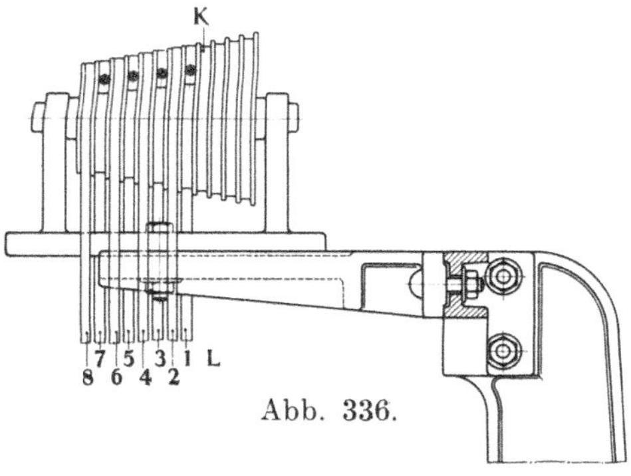

Abb. 336.

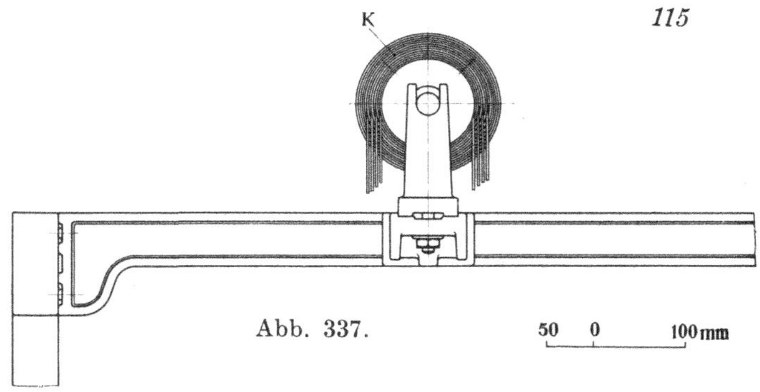

Abb. 337.

Abb. 336—337. Der Stufenkegel für Taffetvorrichtung für Seide.

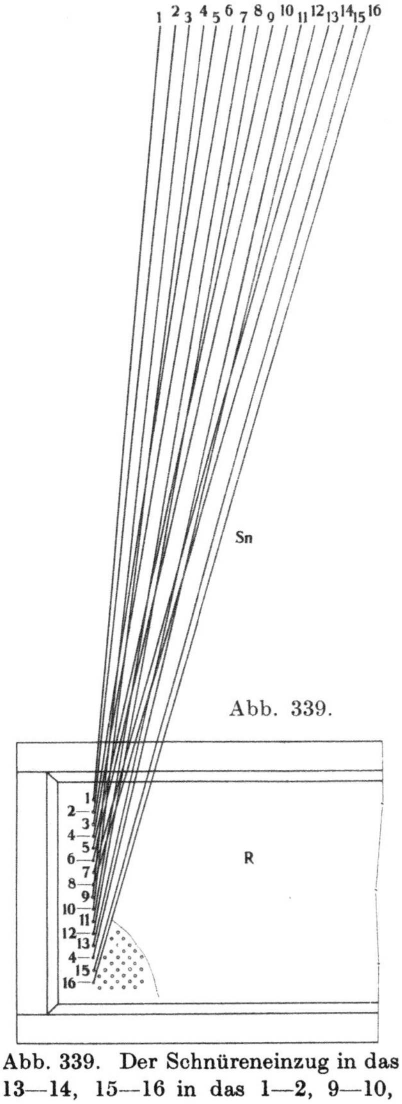

Abb. 339.

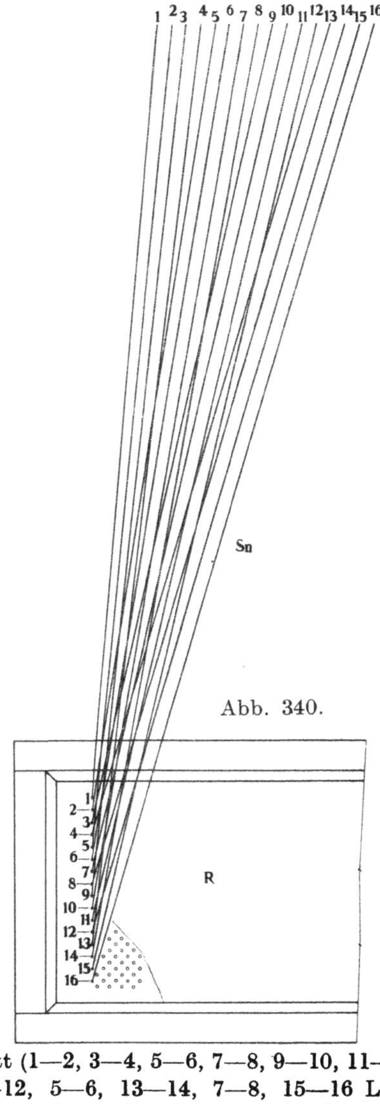

Abb. 340.

Abb. 339. Der Schnüreneinzug in das Schnurbrett (1—2, 3—4, 5—6, 7—8, 9—10, 11—12, 13—14, 15—16 in das 1—2, 9—10, 3—4, 11—12, 5—6, 13—14, 7—8, 15—16 Loch) für leichteren Blatteinzug der gerissenen Fäden und zur Vermeidung der Streifung.

Abb. 340. Der Schnüreneinzug in das Schnurbrett (1, 2, 3, 4, 5, 6—16 in das 1, 5, 9, 13, 2, 6, 10, 14, 3, 7, 11, 15, 4, 8, 12, 16 Loch) zur Vermeidung der gruppenweisen (à 16 Fäden) Streifung im Gewebe.

Abb. 334 und 335 befinden sich auf Seite 113.
Abb. 338 befindet sich auf Seite 116.

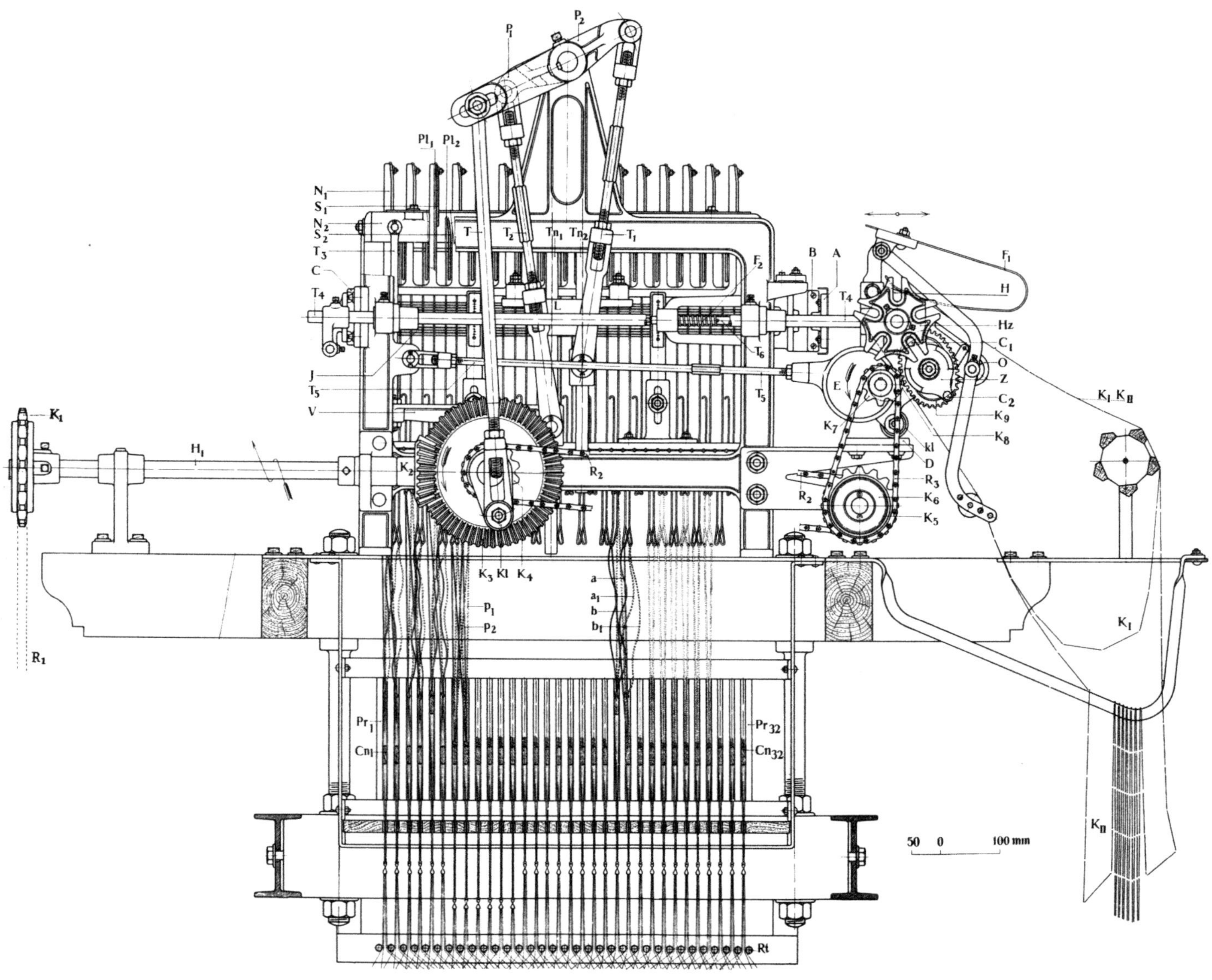

Abb. 338. Die Tringles-Jacquardmaschine mit **den** Oberschäften.

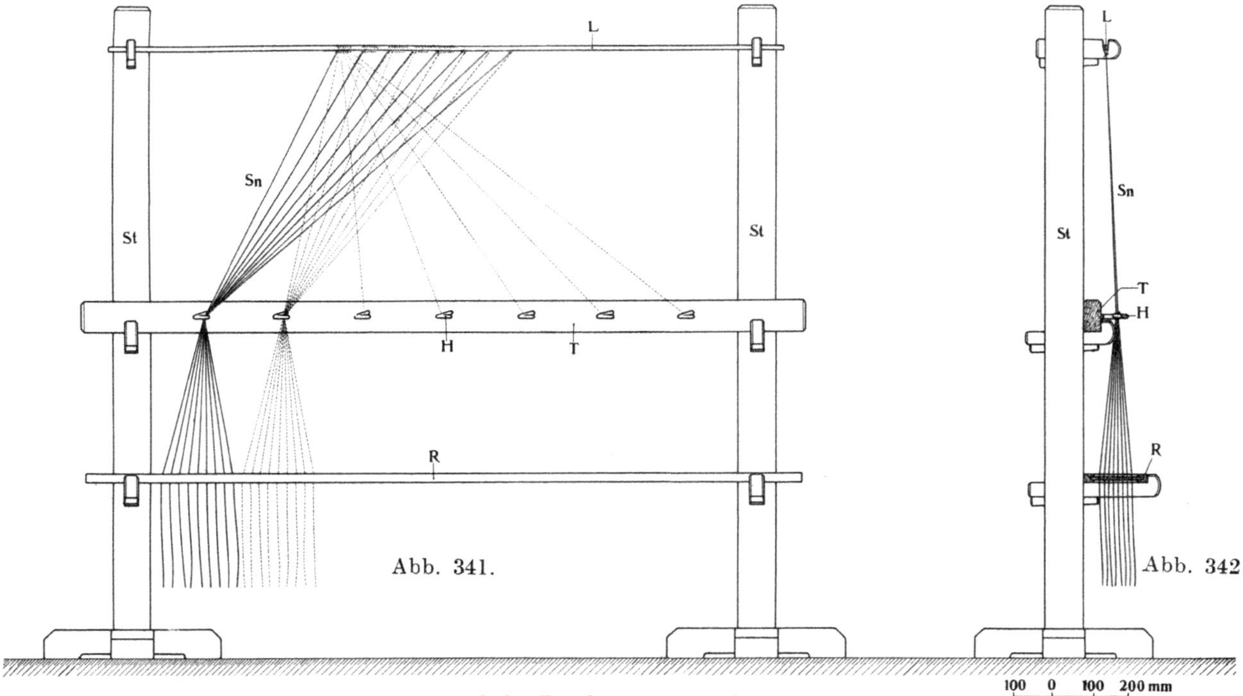

Abb. 341—342. Beschnürung des Schnürbrettes.

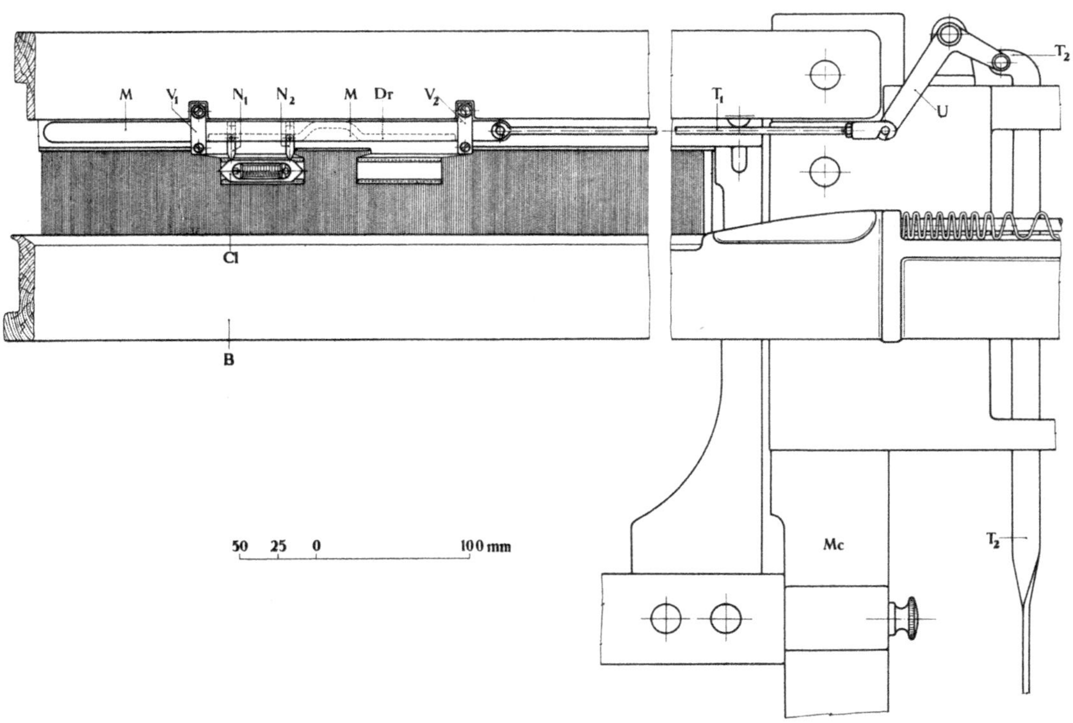

Abb. 343. Die Schützchenführung der Leistenvorrichtung von Langjahr.

Abb. 339 und 340 befinden sich auf Seite 115.

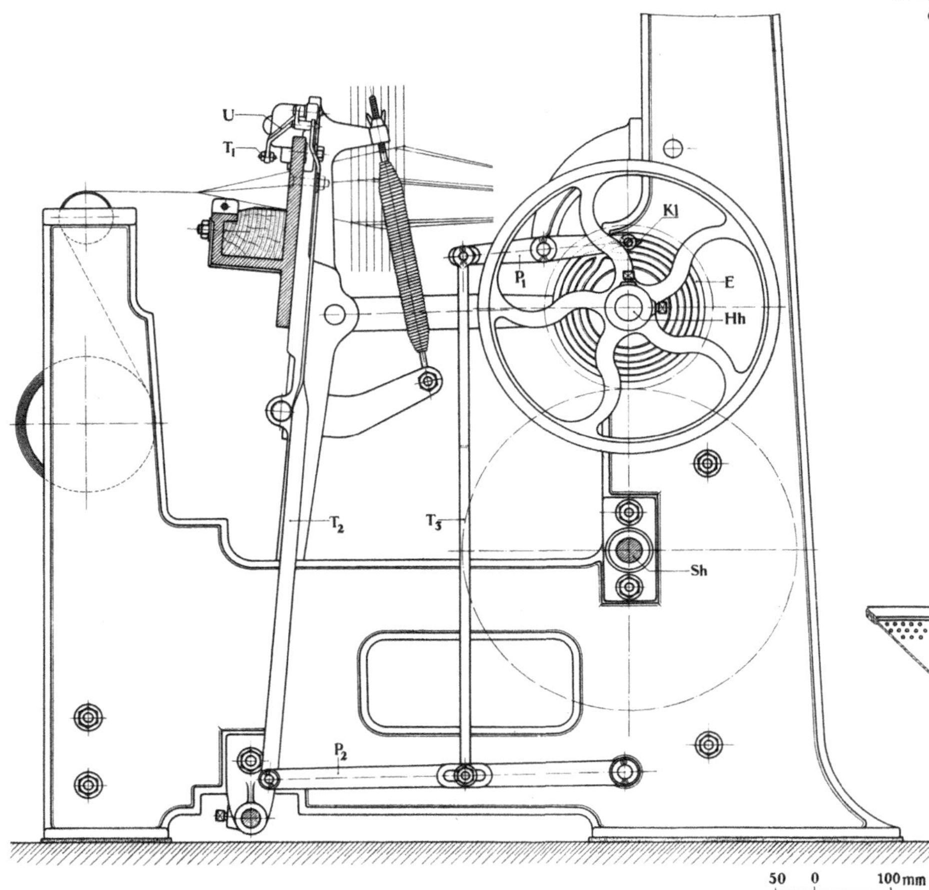

Abb. 344. Die Antriebsvorrichtung der Langjahrleistenvorrichtung.

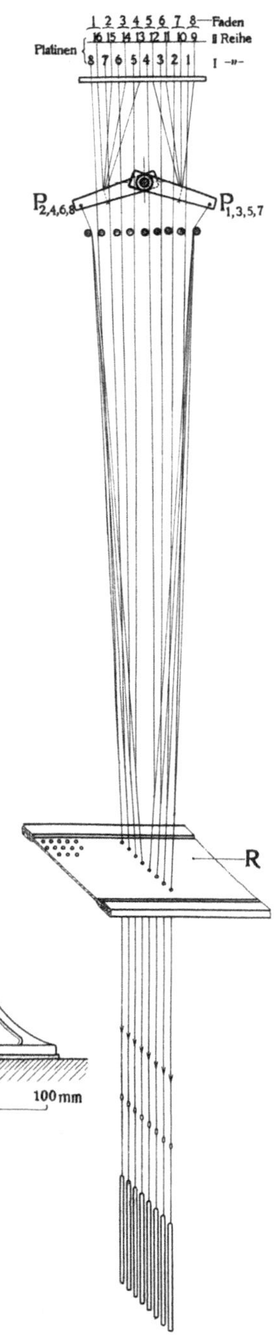

Abb. 345. Die **Schnürenaufhängung für Langjahr-Mittelleistenvorrichtung.**

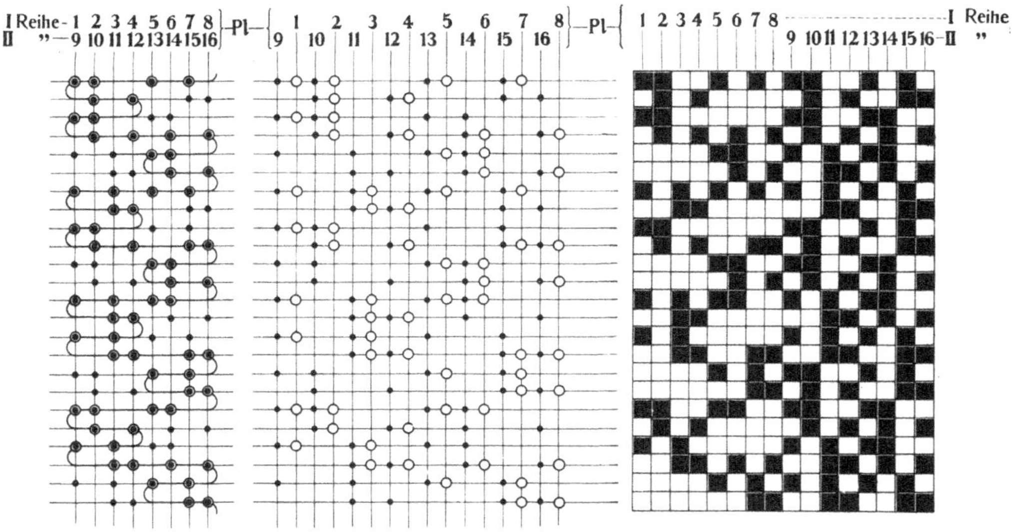

Abb. 346. Die Bindung und Zerlegung der Bindung für Leisten nach Langjahr.

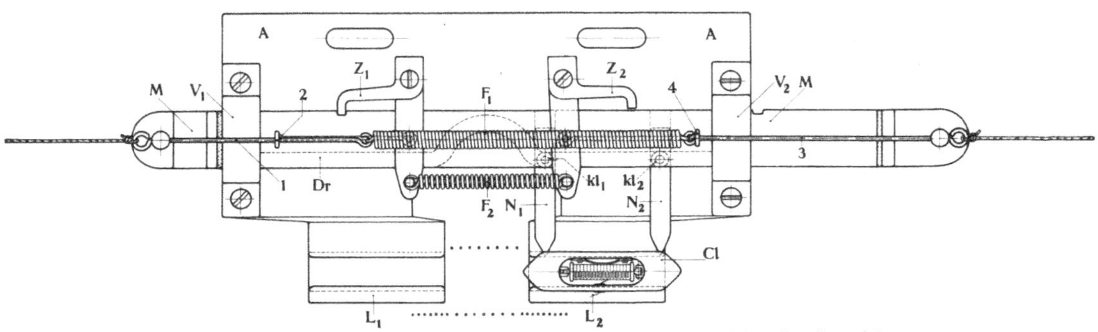

Abb. 347. Die Langjahr-Leistenvorrichtung für Handwebstühle.

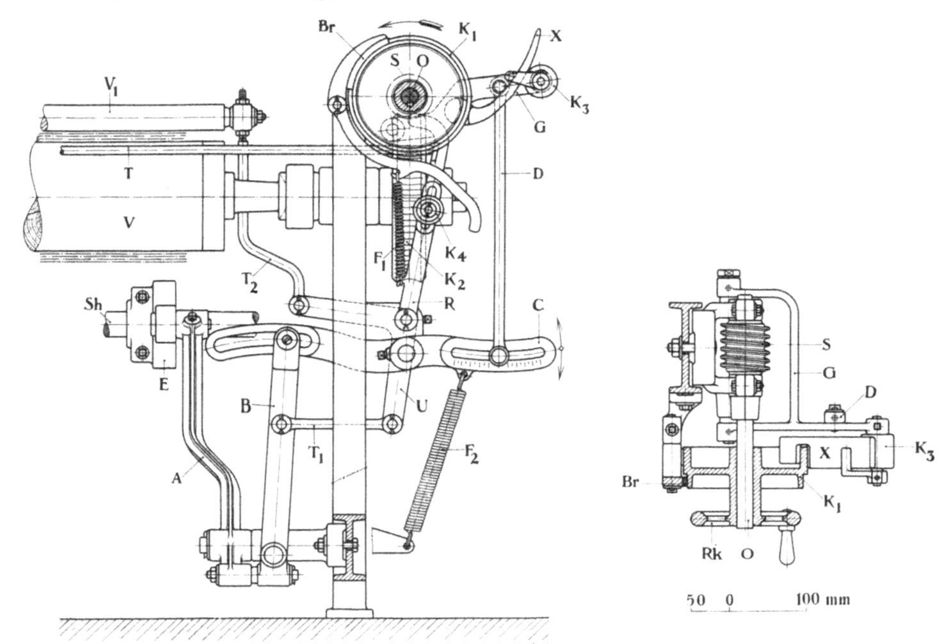

Abb. 348. Der positive Warenbaumregulator für Seidenwebstühle.

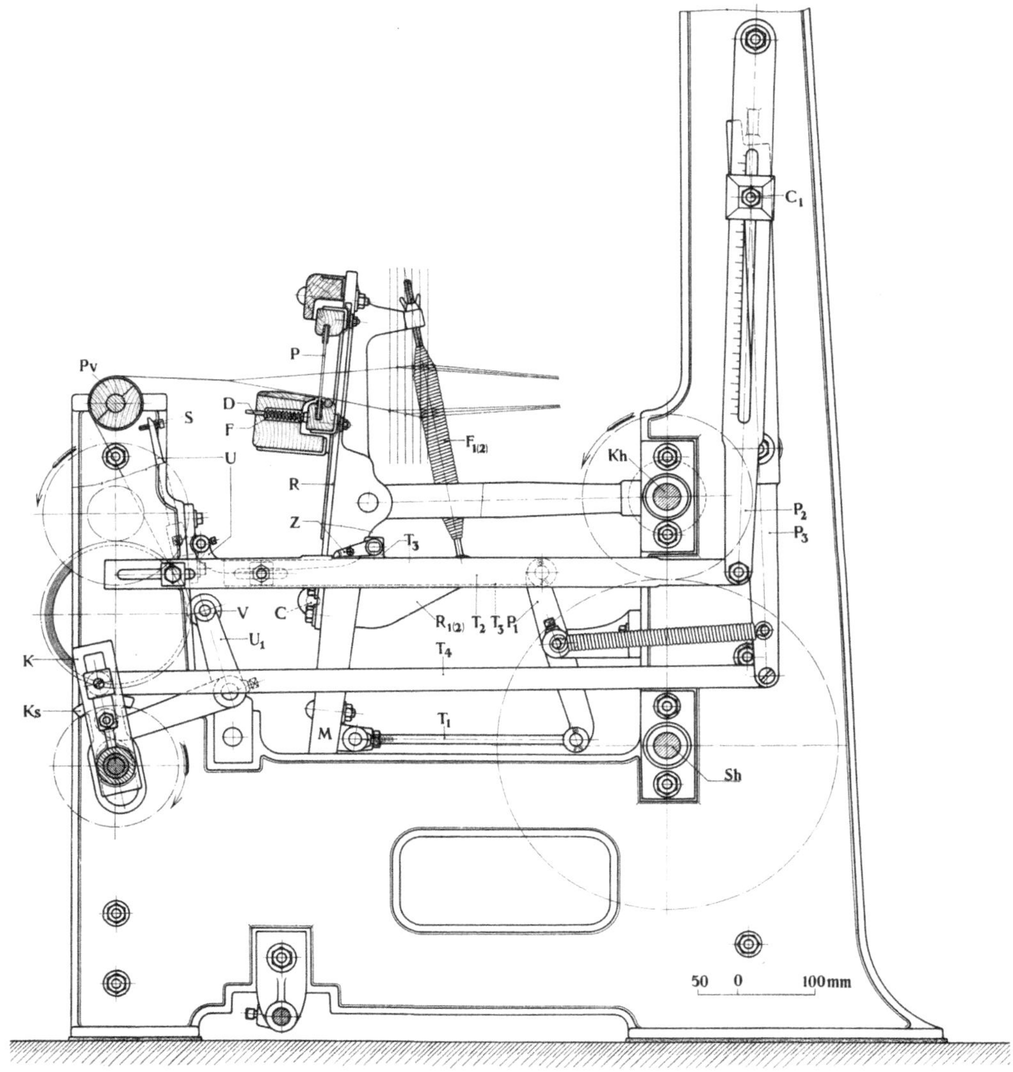

Abb. 349. Kompensationsregulator für Seidenwebstühle.

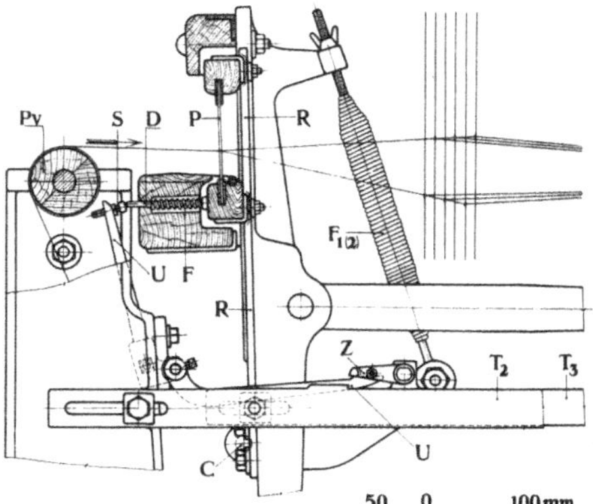

Abb. 350. Detail zum Kompensationsregulator.

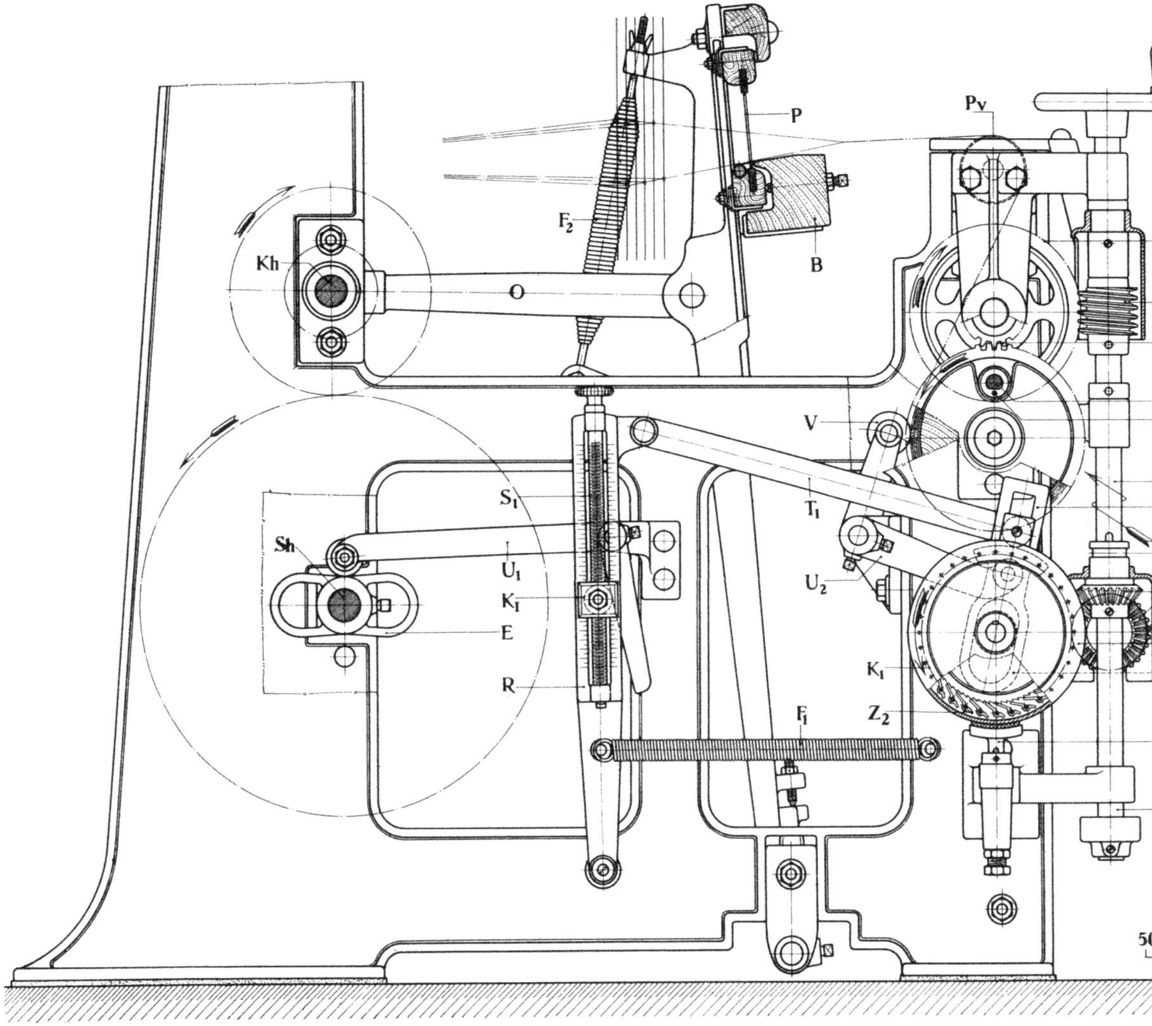

Abb. 351.

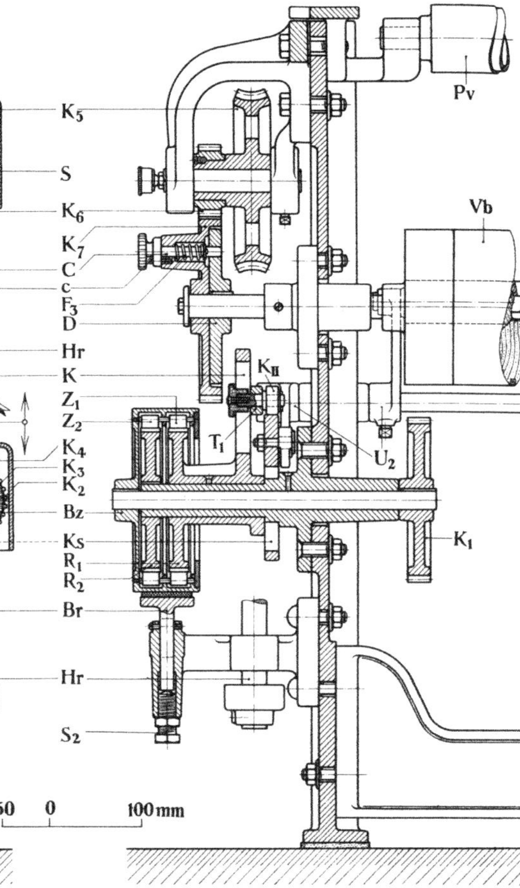

Abb. 352.

Abb. 351—352. Der neue positive Warenbaumregulator für Seidenwebstühle der Firma Honegger in Rüti.

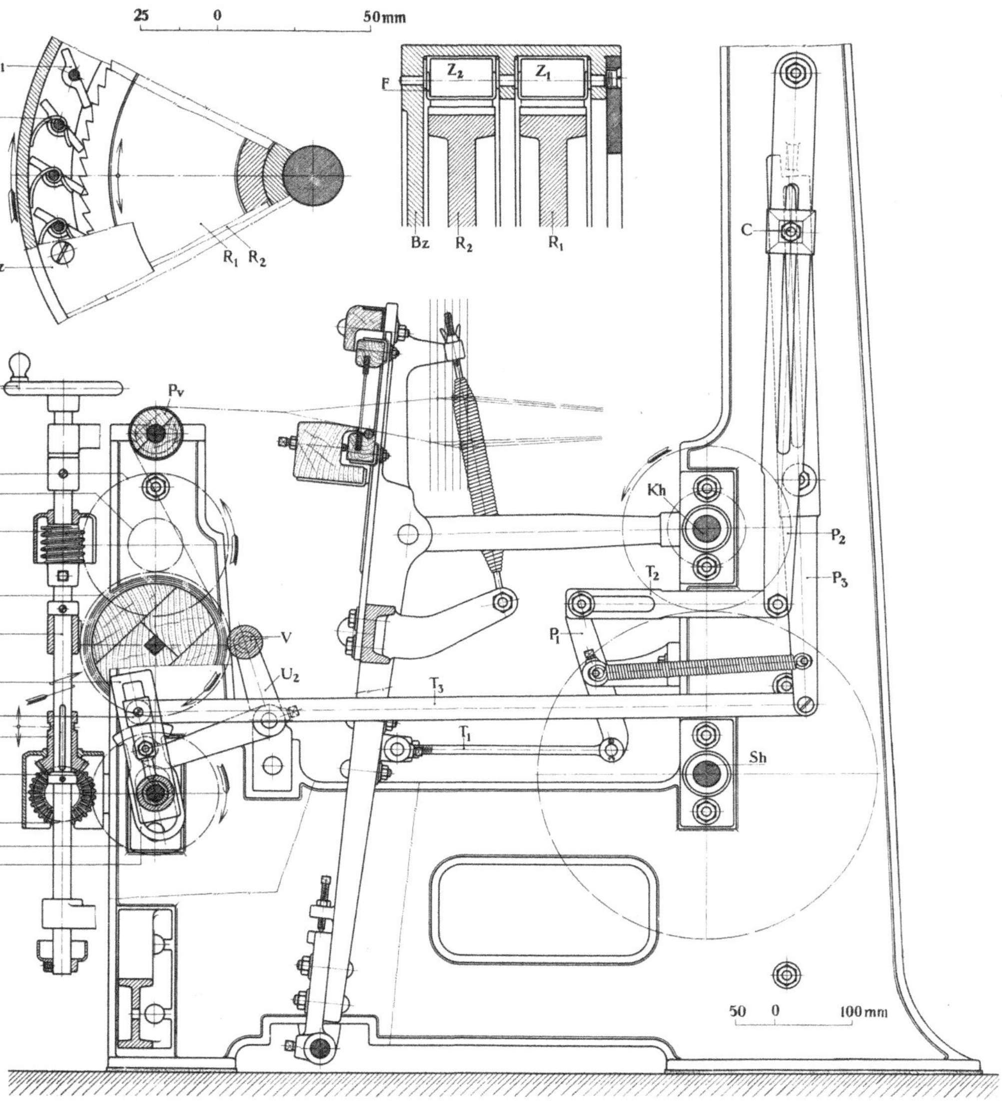

Abb. 353. Kompensationsregulator **für Seidenwebstühle.**

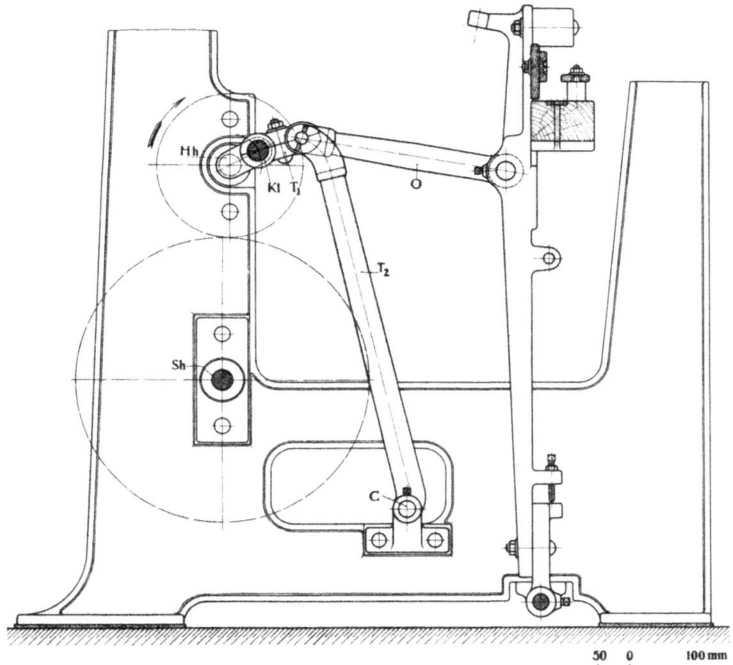

Abb. 354. Die Lade mit der beschleunigten Bewegung.

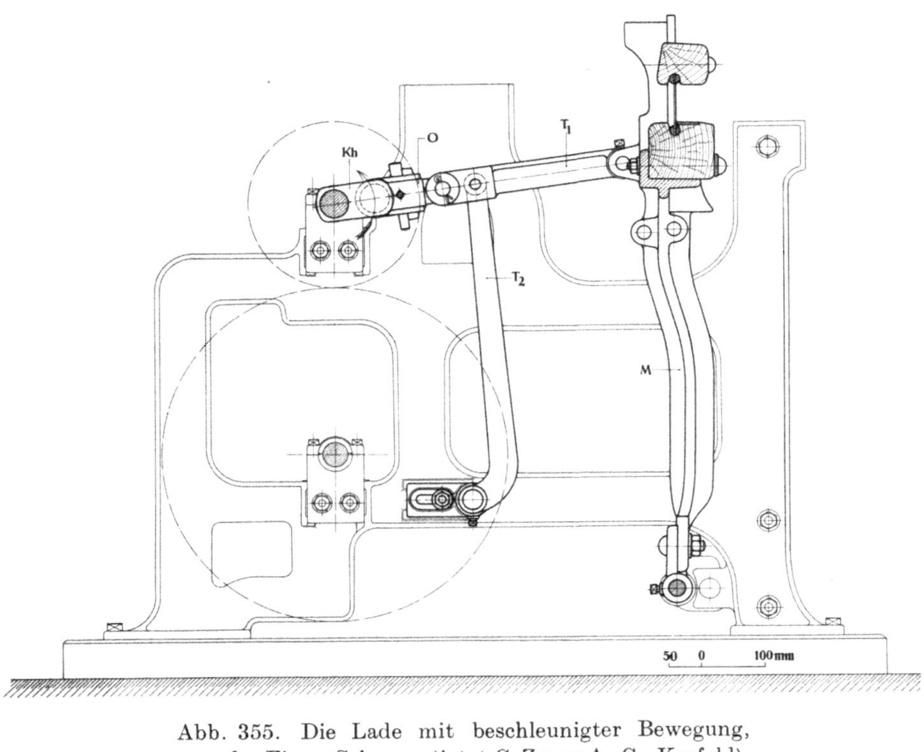

Abb. 355. Die Lade mit beschleunigter Bewegung, von der Firma Schroers (jetzt C. Zangs A.-G., Krefeld).

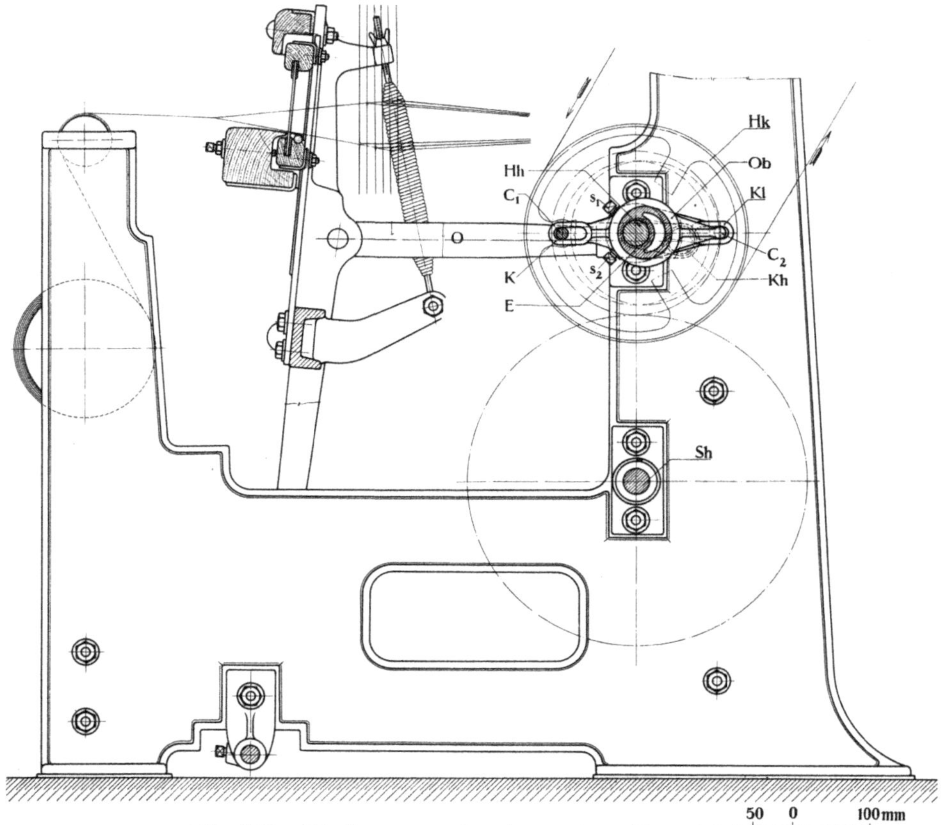

Abb. 356. Die Lagerung des Apparates „Excentric“.

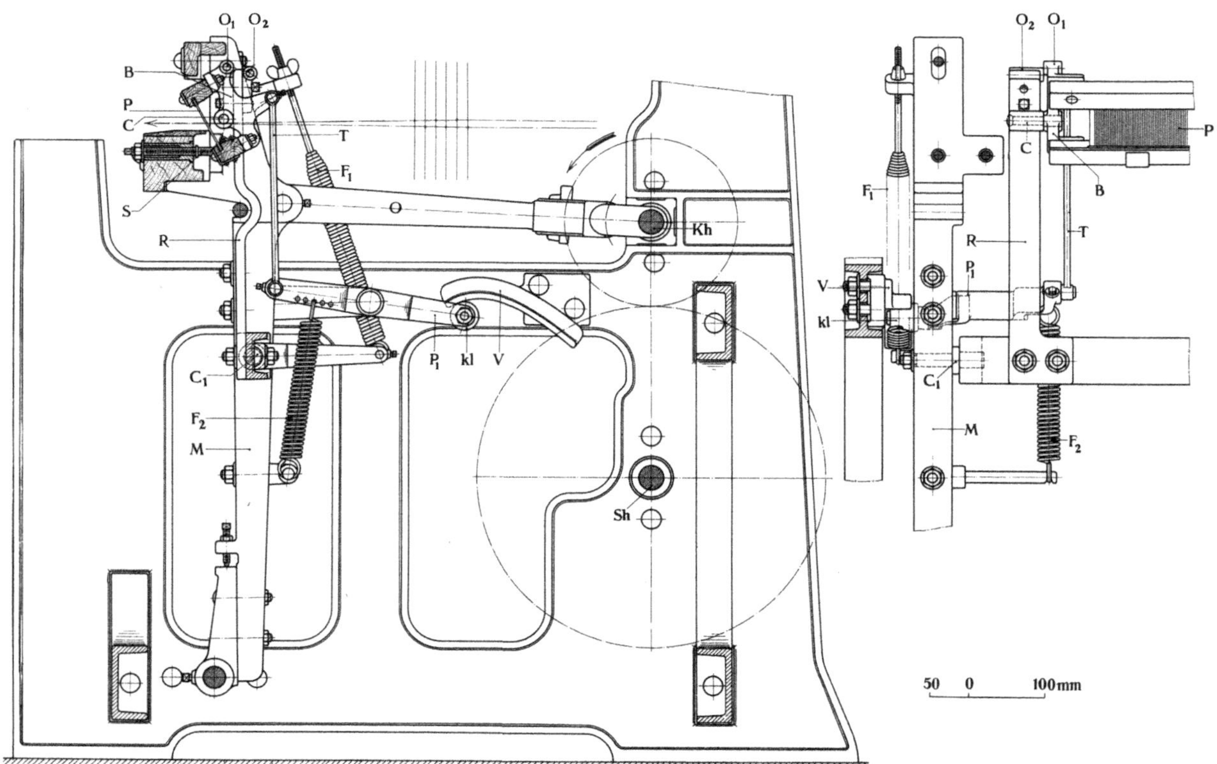

Abb. 359. Der Seidenwebstuhl mit schräganschlagenden, fliegendem Blatt beim Anschlag von der Firma Benninger in Utzwil.

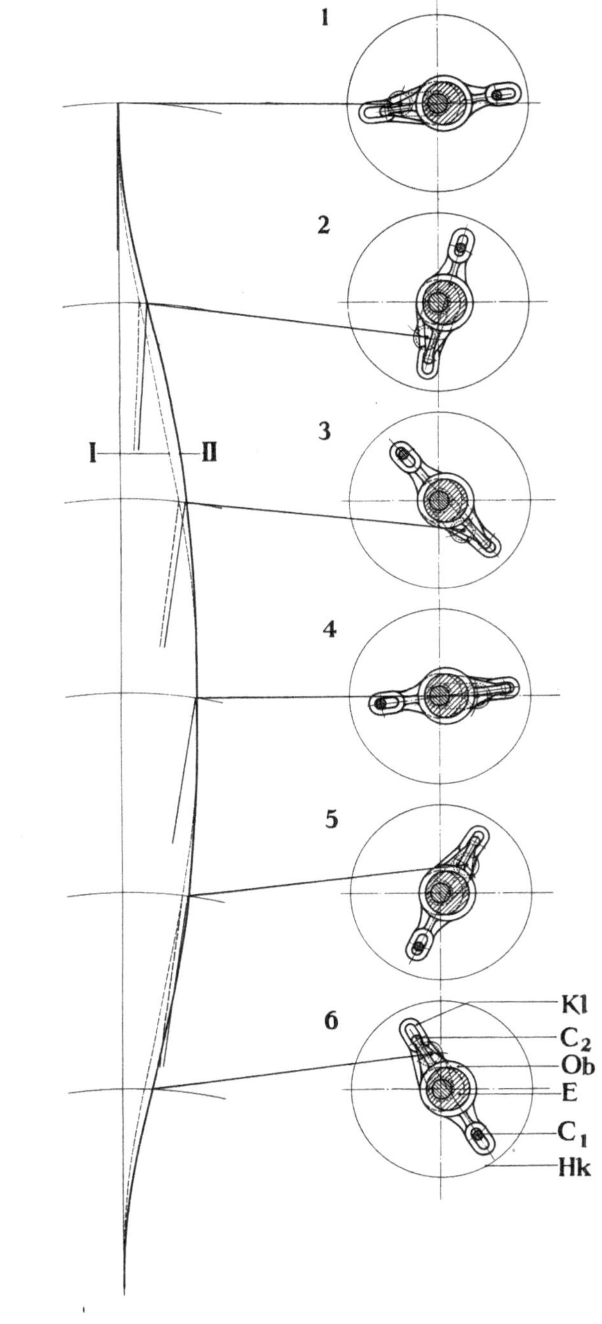

Abb. 357. Apparat „Excentric“ zur Beschleunigung der Ladenbewegung der Seidenwebstühle und das zugehörige Diagramm.

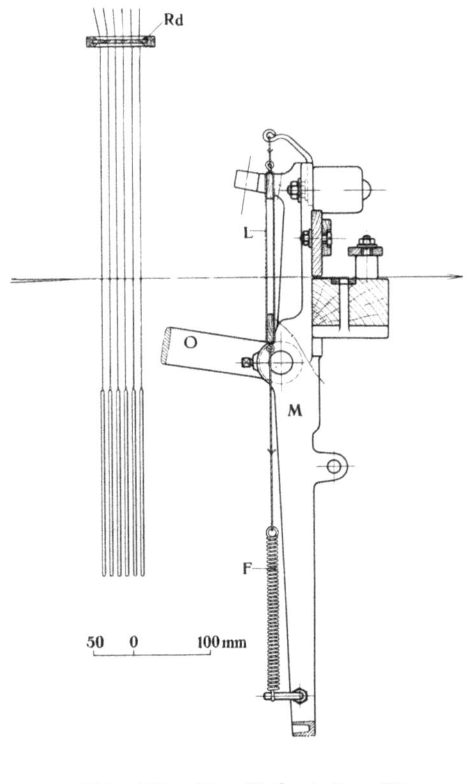

Abb. 358. Der Fadenteiler (L) des Seidenwebstuhles.

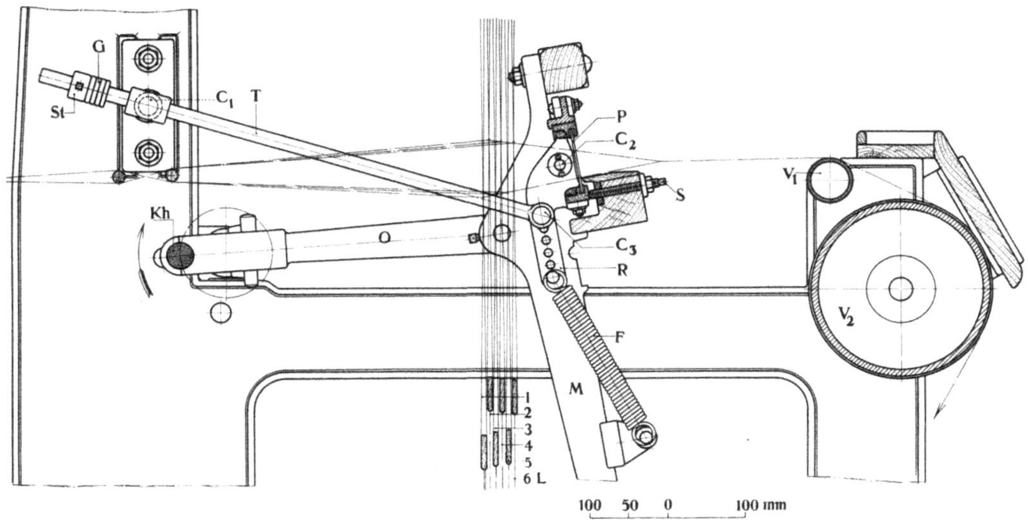

Abb. 360. Verstärkte Blattbewegung für schwere Waren.

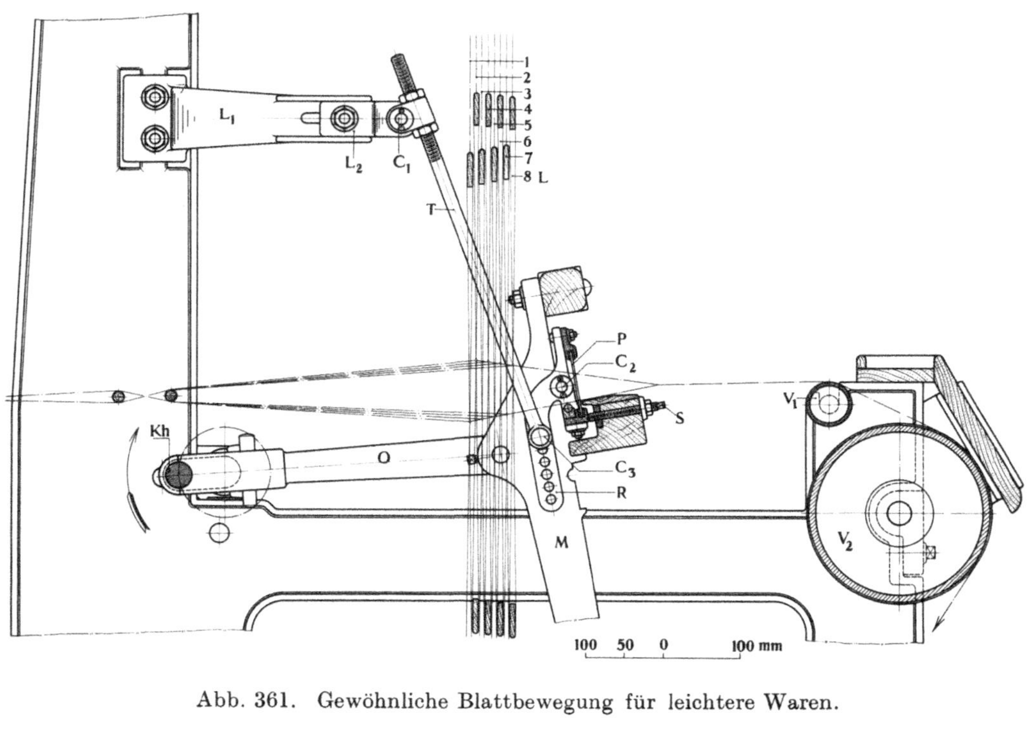

Abb. 361. Gewöhnliche Blattbewegung für leichtere Waren.

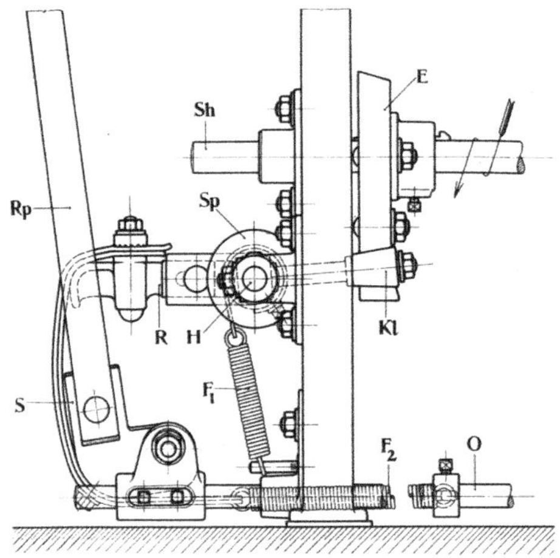

Abb. 362.

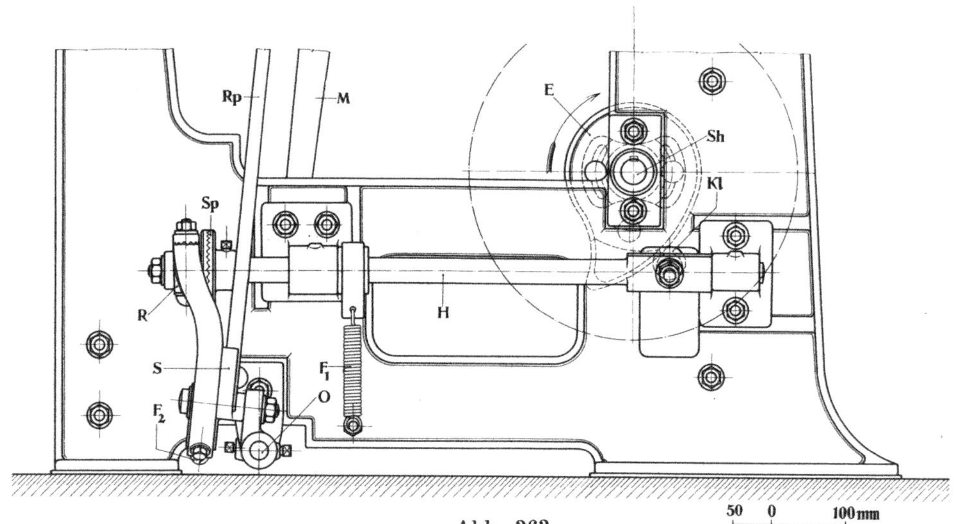

Abb. 363.

Abb. 362—363. Der Mittelschlag für Seidenwebstühle.

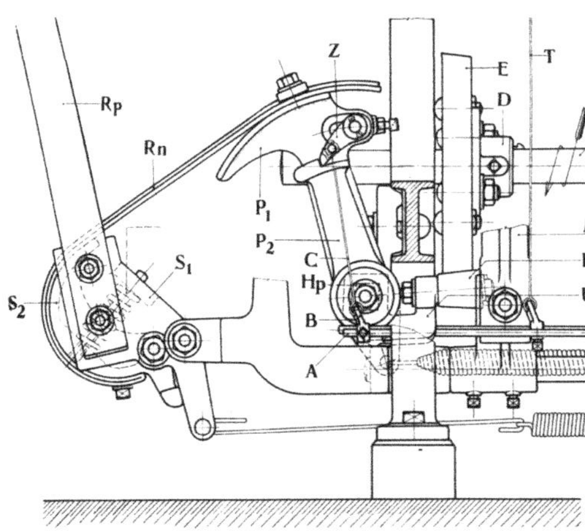

Abb. 364.

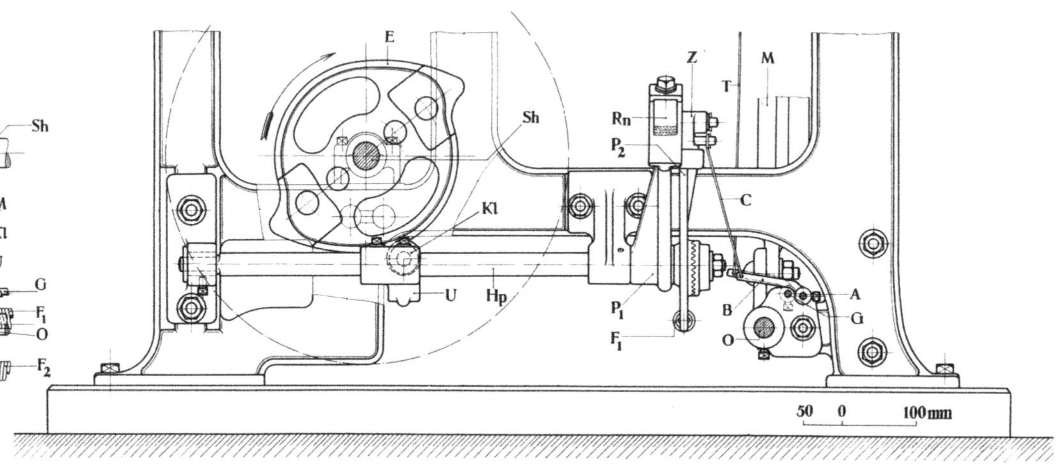

Abb. 365.

Abb. 364—365. Der Unterschlag für Seidenwebstühle („pick and pick“).

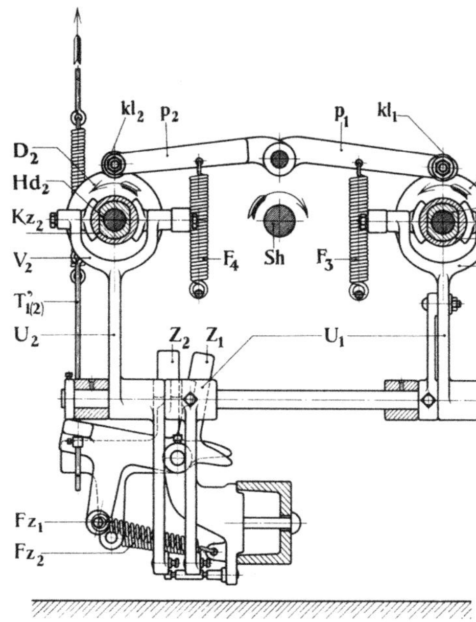

Abb. 367

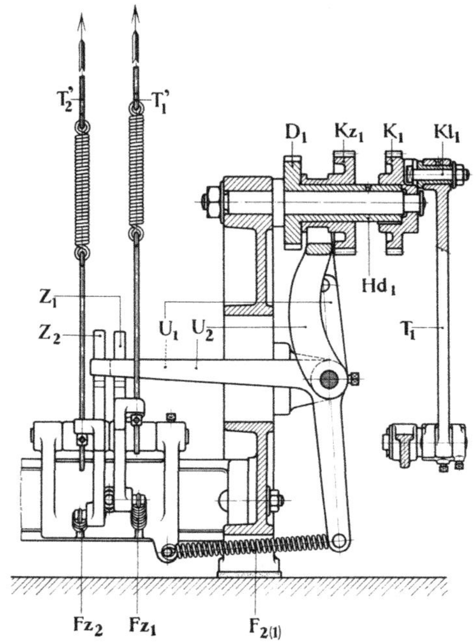

Abb. 368.

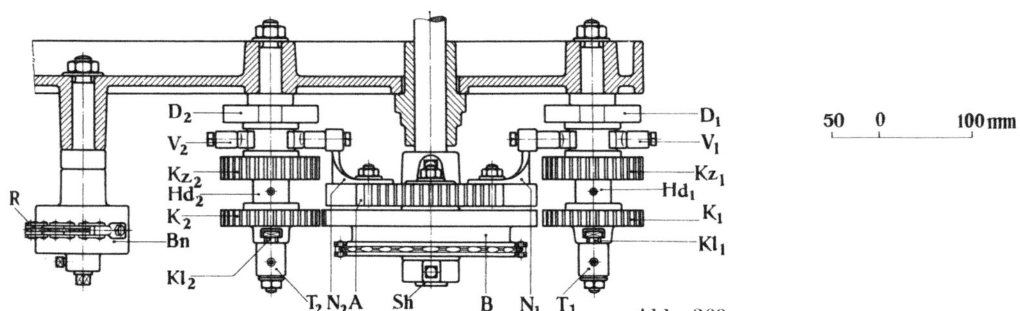

Abb. 369.

Abb. 367 – 369. Detail des Vierkasten-Schützenwechsels des Seidenwebstuhles von der Firma Honegger in Rüti.

Abb. 366 befindet sich auf Seite 129.

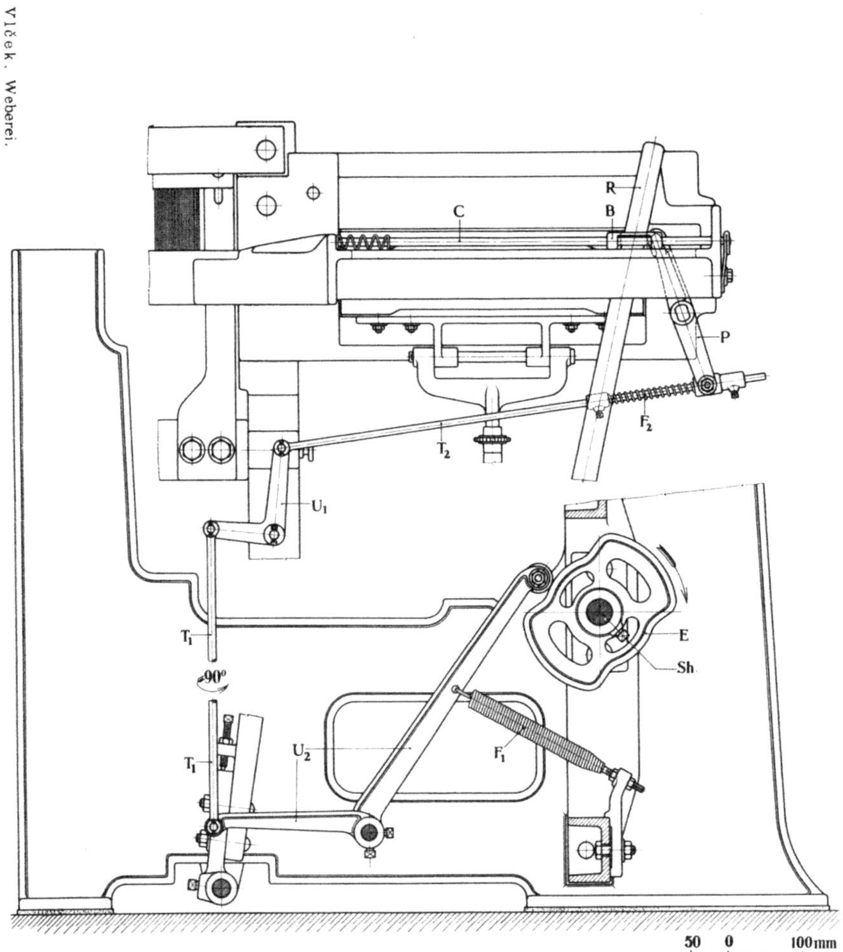

Abb. 366. Die Schlagdämpfung des Schützens von Honegger in Rüti.

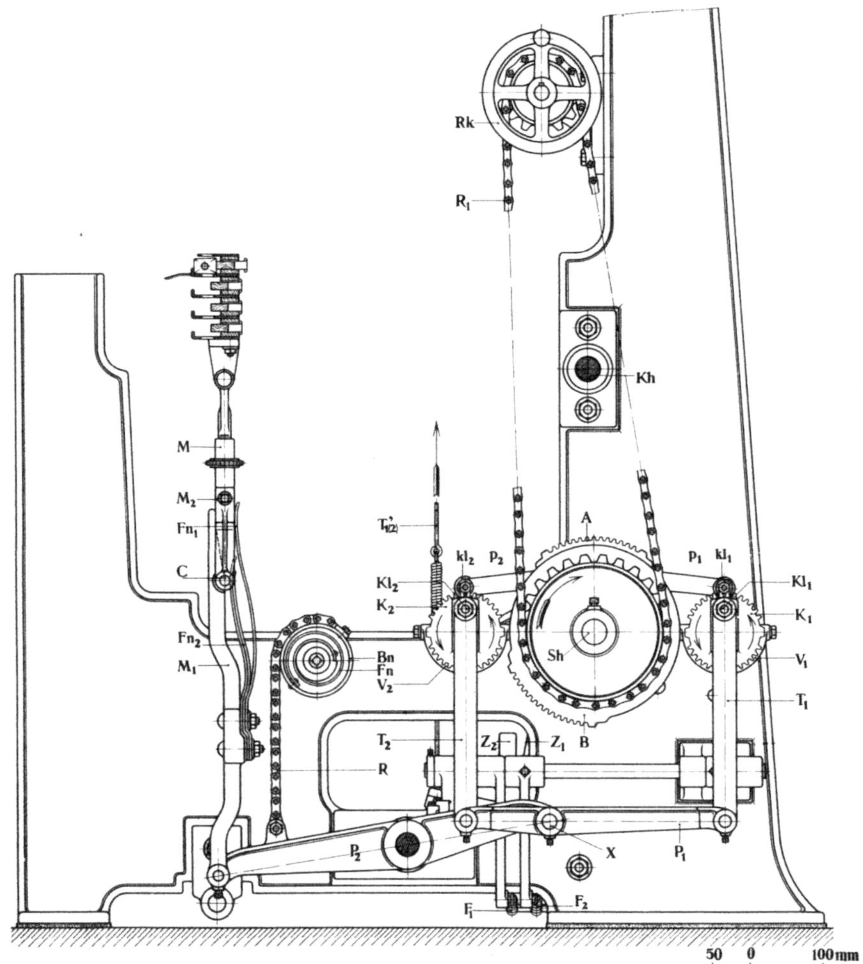

Abb. 370. Der Vierkasten-Schützenwechsel des Seidenwebstuhles der Firma Honegger in Rüti.

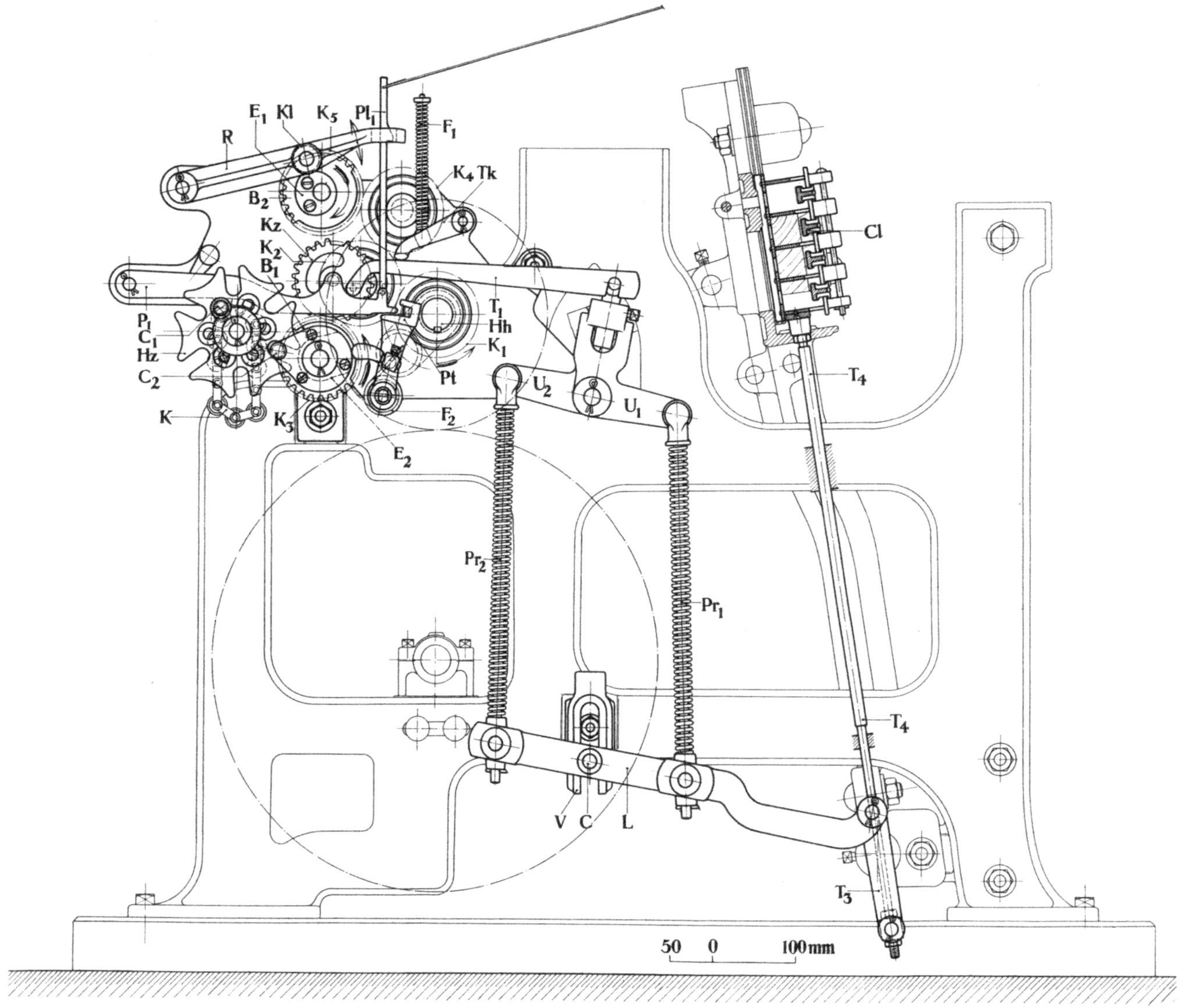

Abb. 371. Der beiderseitige Vierkastenschützenwechsel (Syst. Knowles) für Seidenwebstühle der Firma Schroers (C. Zangs A.-G.,) in Krefeld.

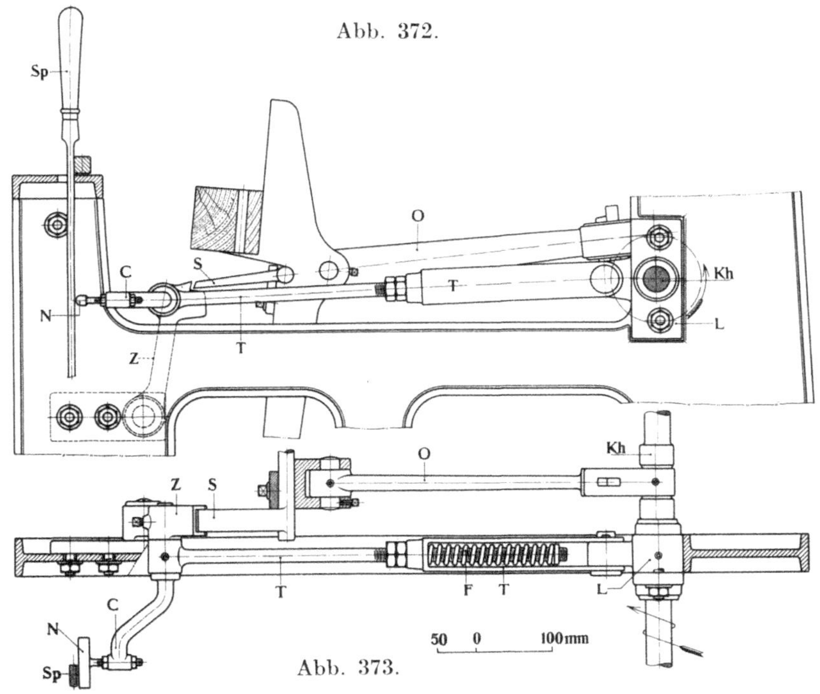

Abb. 372—373. Die Ladeanschlagdämpfung bei der Wirkung des Schützenwächters.

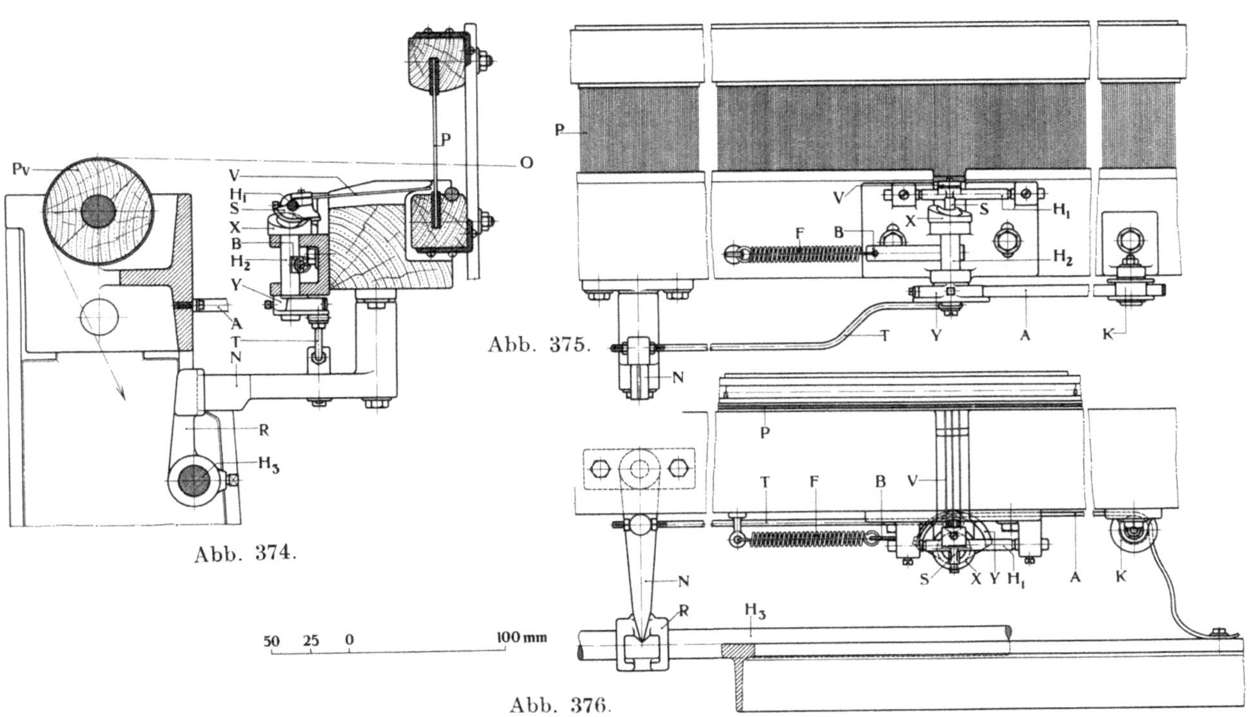

Abb. 374—376. Der Schußwächter für Seidenwebstühle.

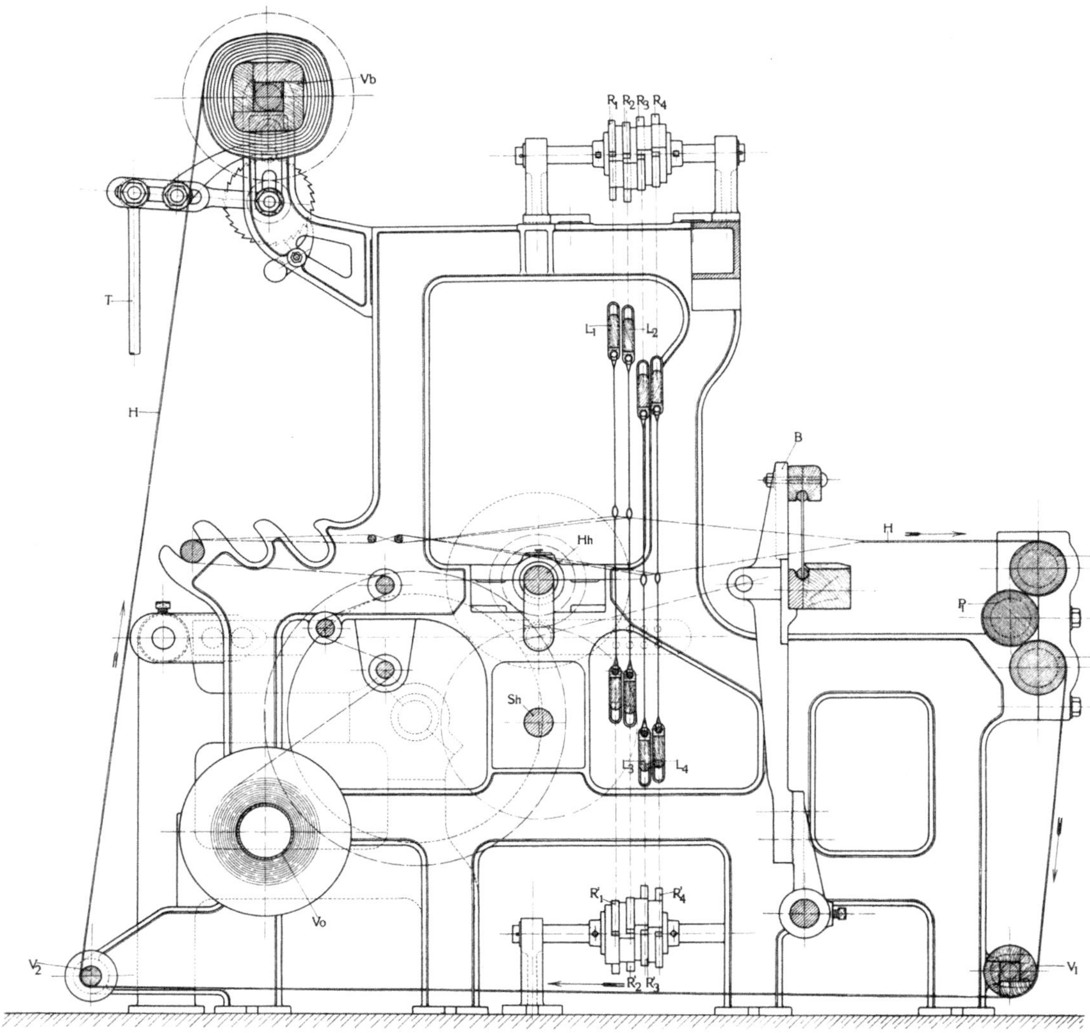

Abb. 377. Der Schlauchwebstuhl mit dem Unterschlag nach der Konstruktion der Firma Oscar Moeschler, Meerane-Sachsen.

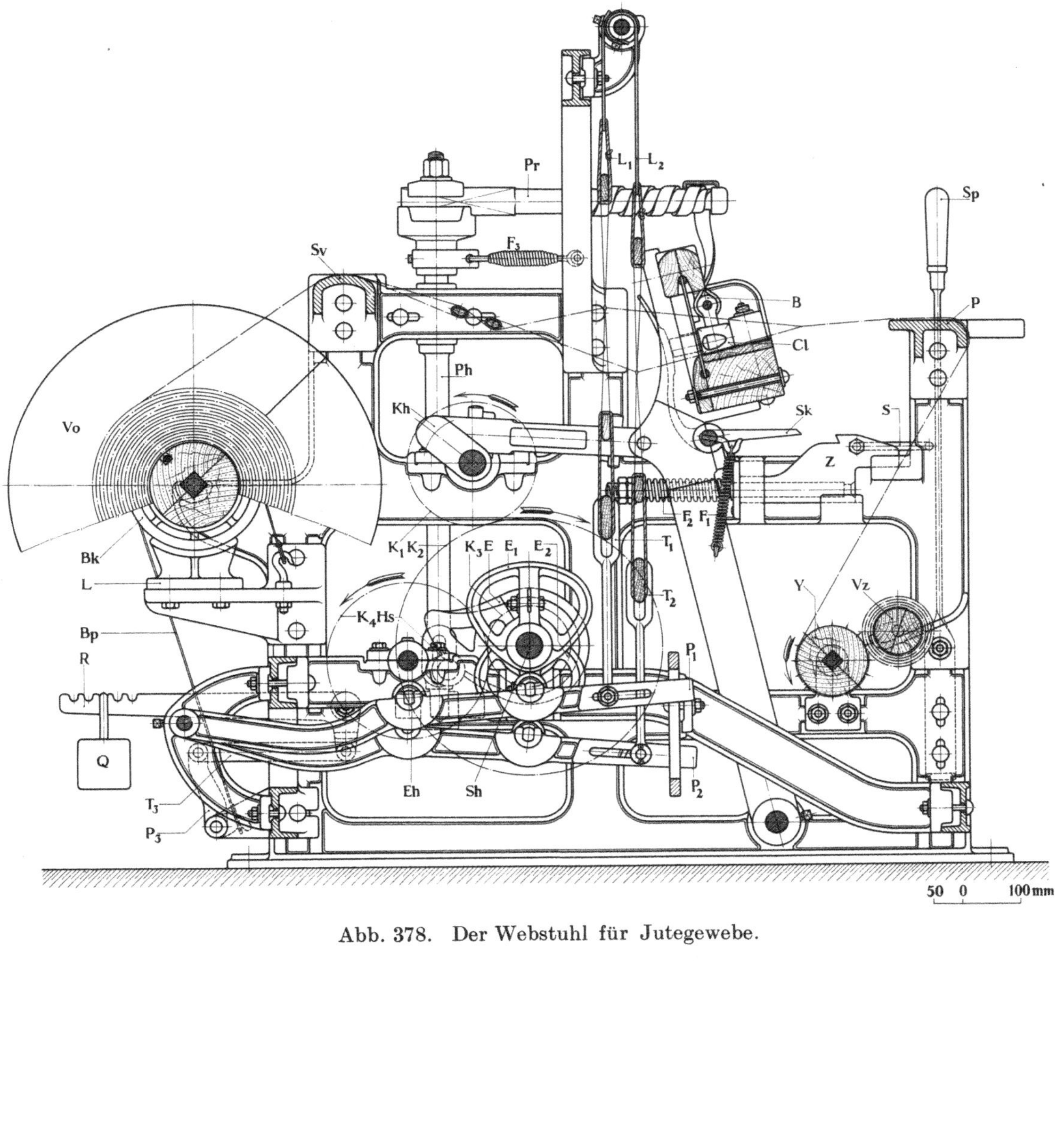

Abb. 378. Der Webstuhl für Jutegewebe.

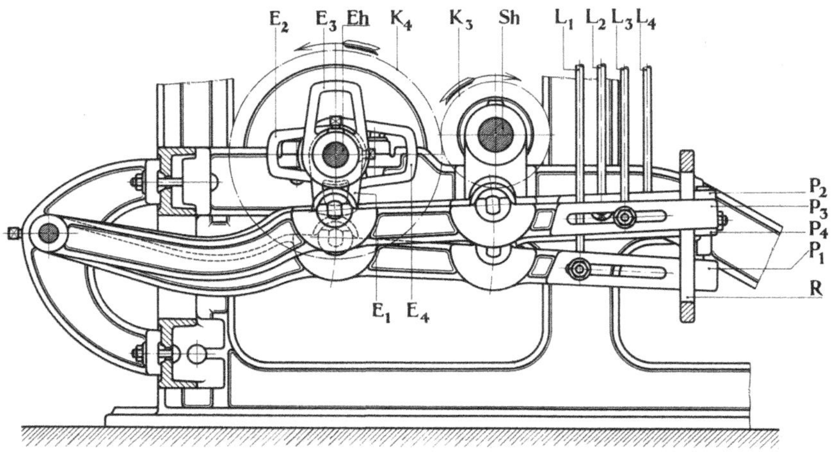

Abb. 379.

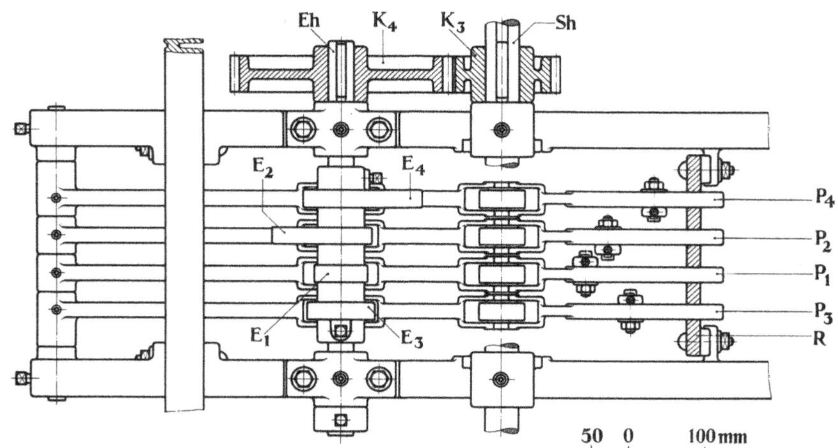

Abb. 380.

Abb. 379—380. Die Trittvorrichtung des Jutewebstuhles.

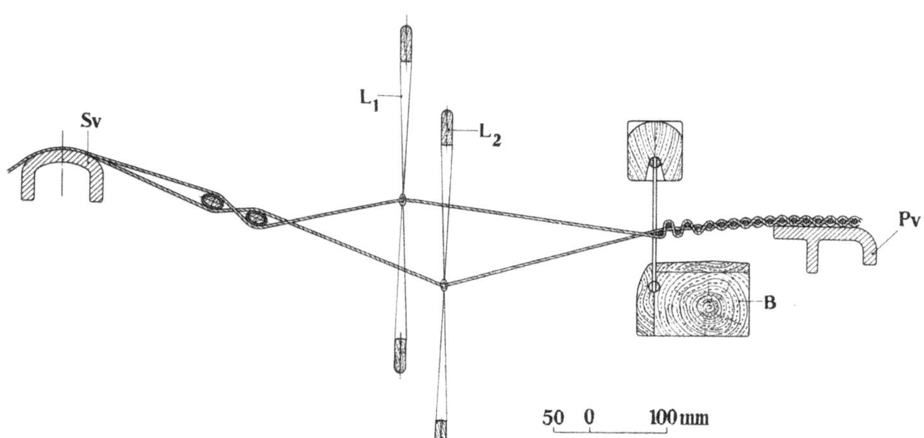

Abb. 381. Die Fachbildung des Jutewebstuhles.

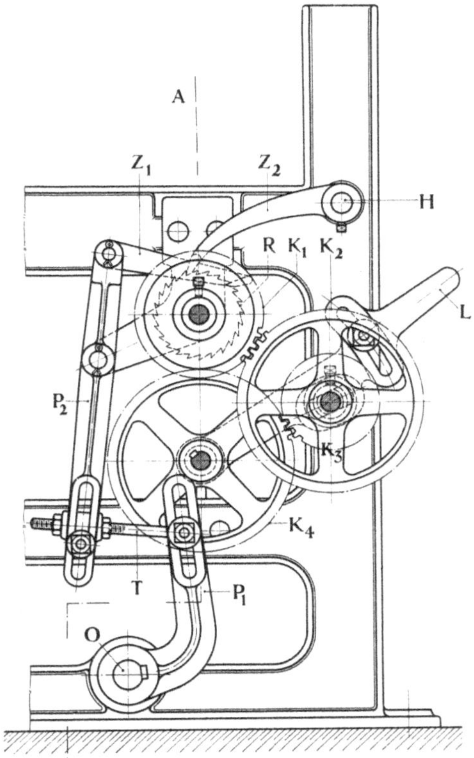

Abb. 382.

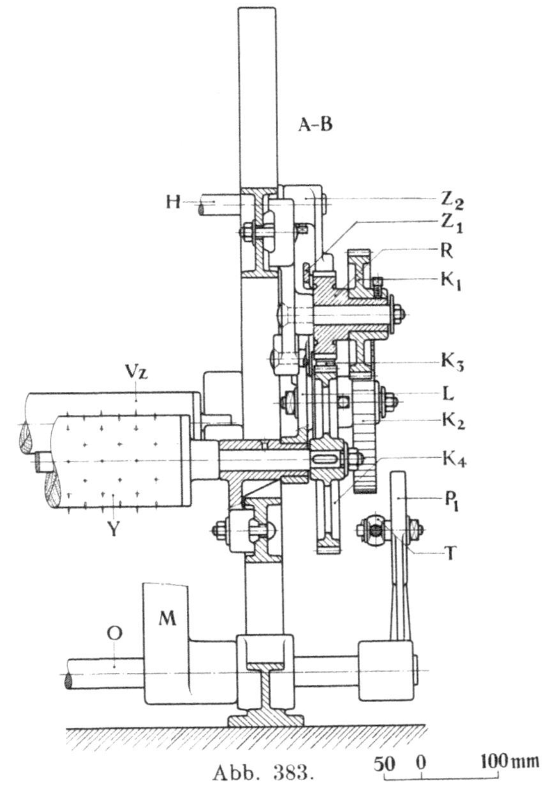

Abb. 383.

Abb. 382—383. Positiver Warenbaumregulator eines Jutewebstuhles.

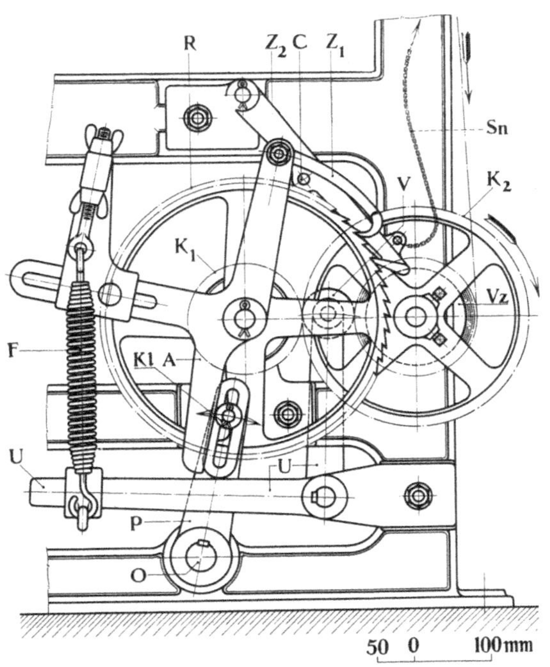

Abb. 384. Negativer Warenbaumregulator eines Jutewebstuhles.

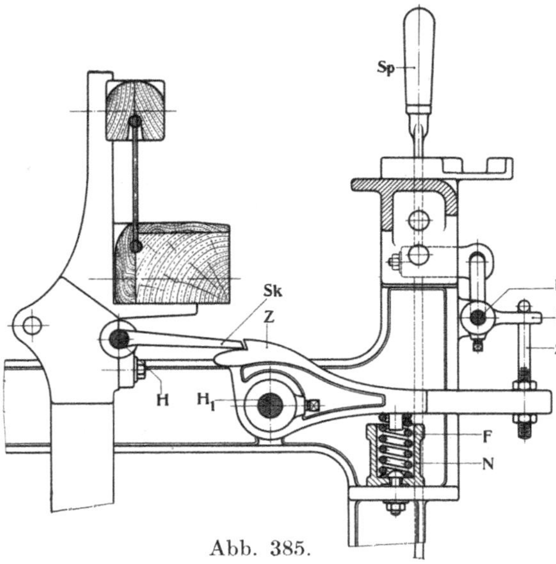

Abb. 385.

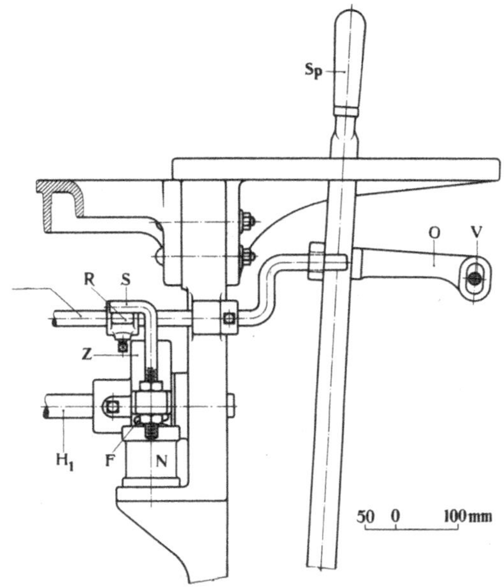

Abb. 386.

Abb. 385—386. Der Schützenwächter des Jutewebstuhles.

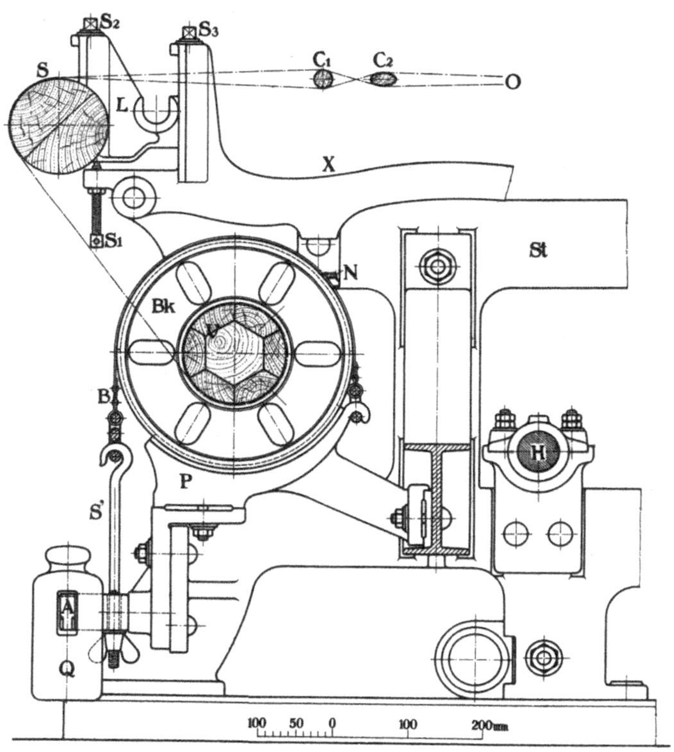

Abb. 387. Die Lagerung und Bremsung des Kettenbaumes
(des Schwabestuhles).

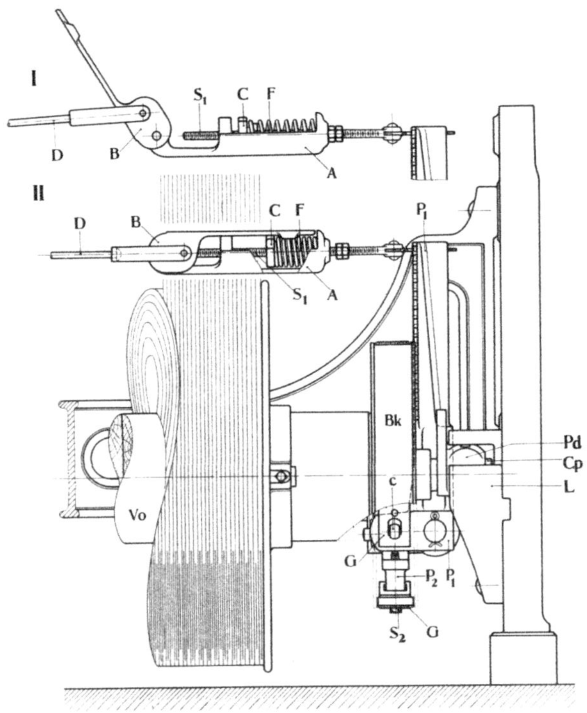

Abb. 388.

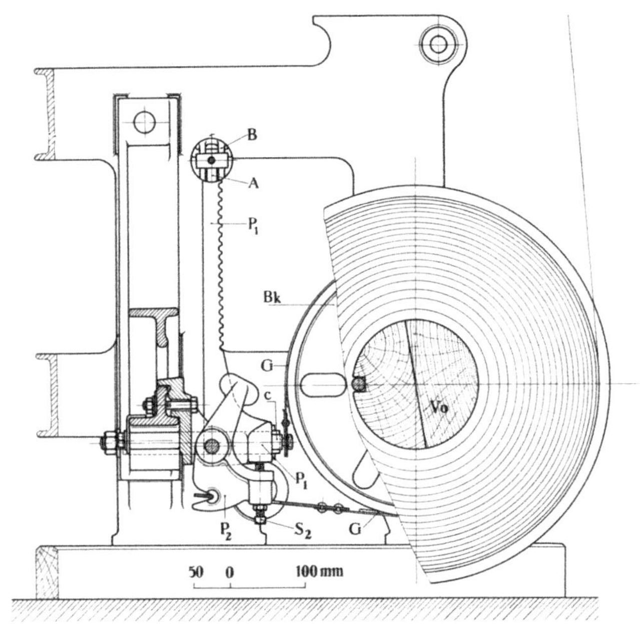

Abb. 389.

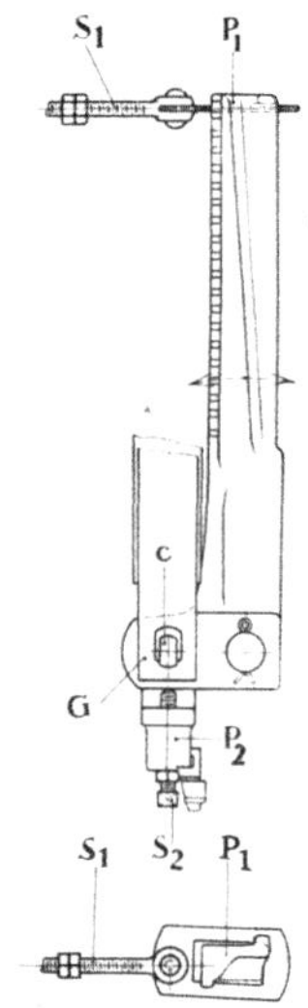

Abb. 390.

Abb. 388—390. Beiderseitig wirkende Kettenbaumbremse des **Schwabe-Tuchwebstuhles.**

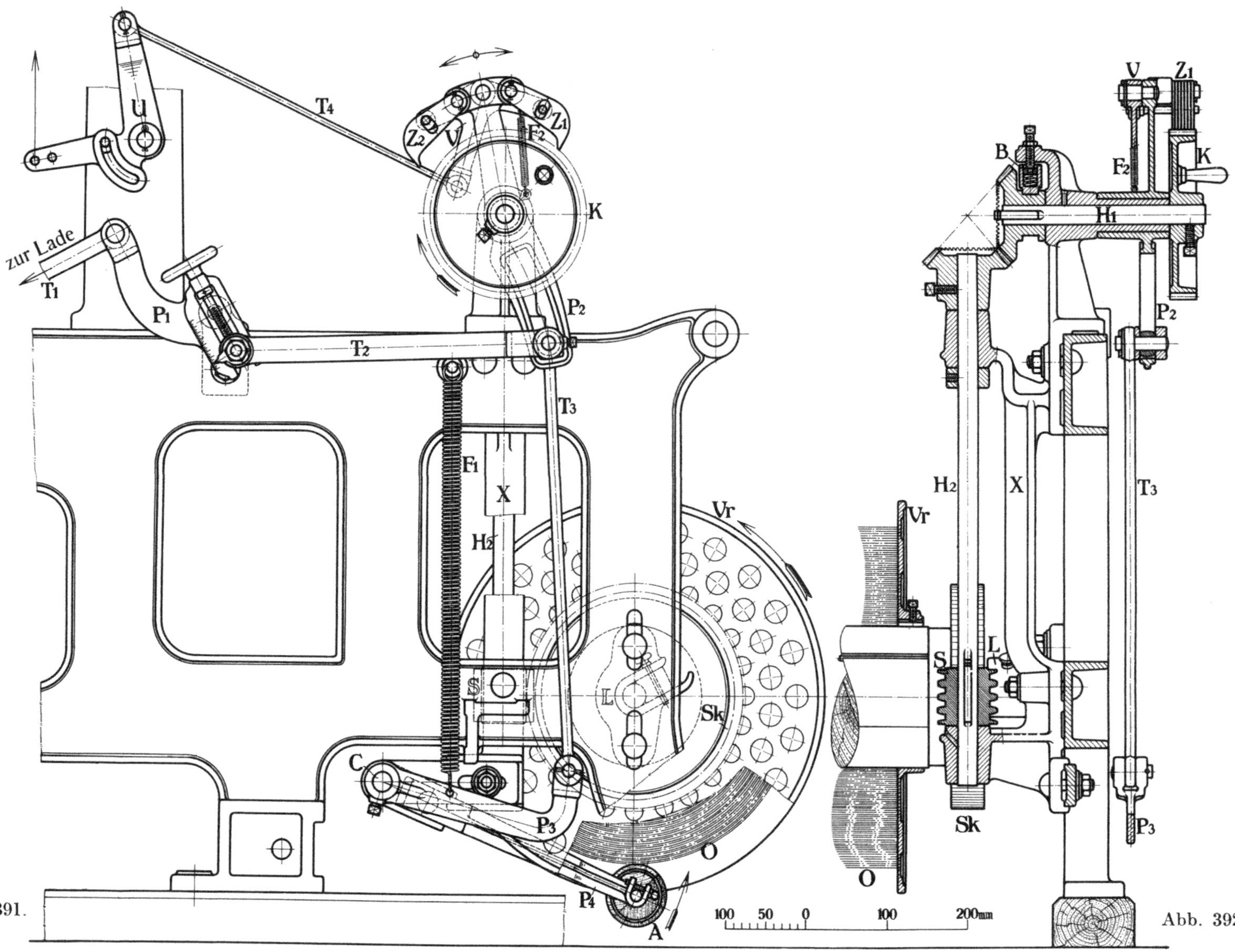

Abb. 391. Abb. 392.

Abb. 391—392. Positiver Kettenbaumregulator des älteren breiten Webstuhltypes.

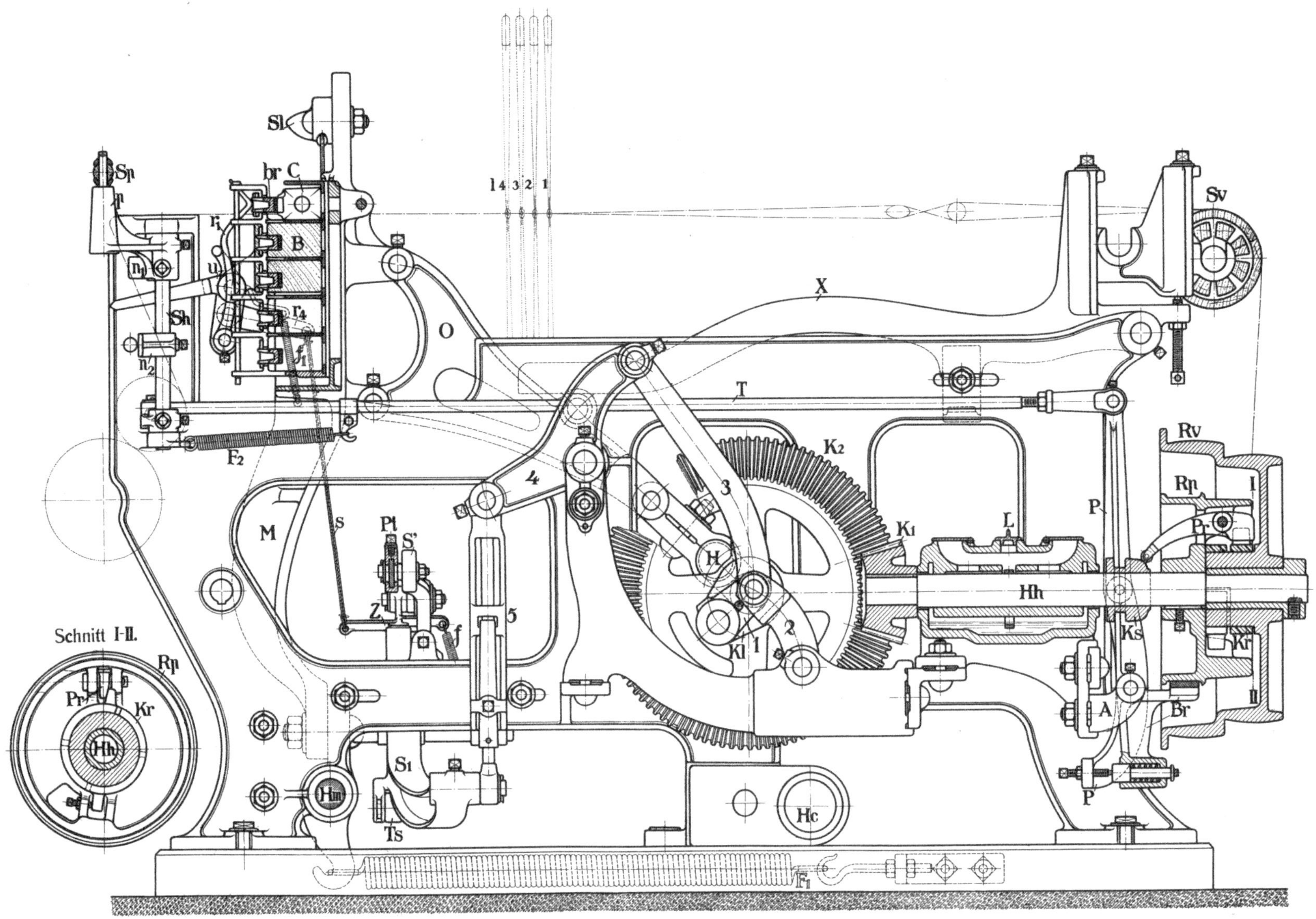

Abb. 393. Der Kurbelwebstuhl der Firma Georg Schwabe in Bielitz.

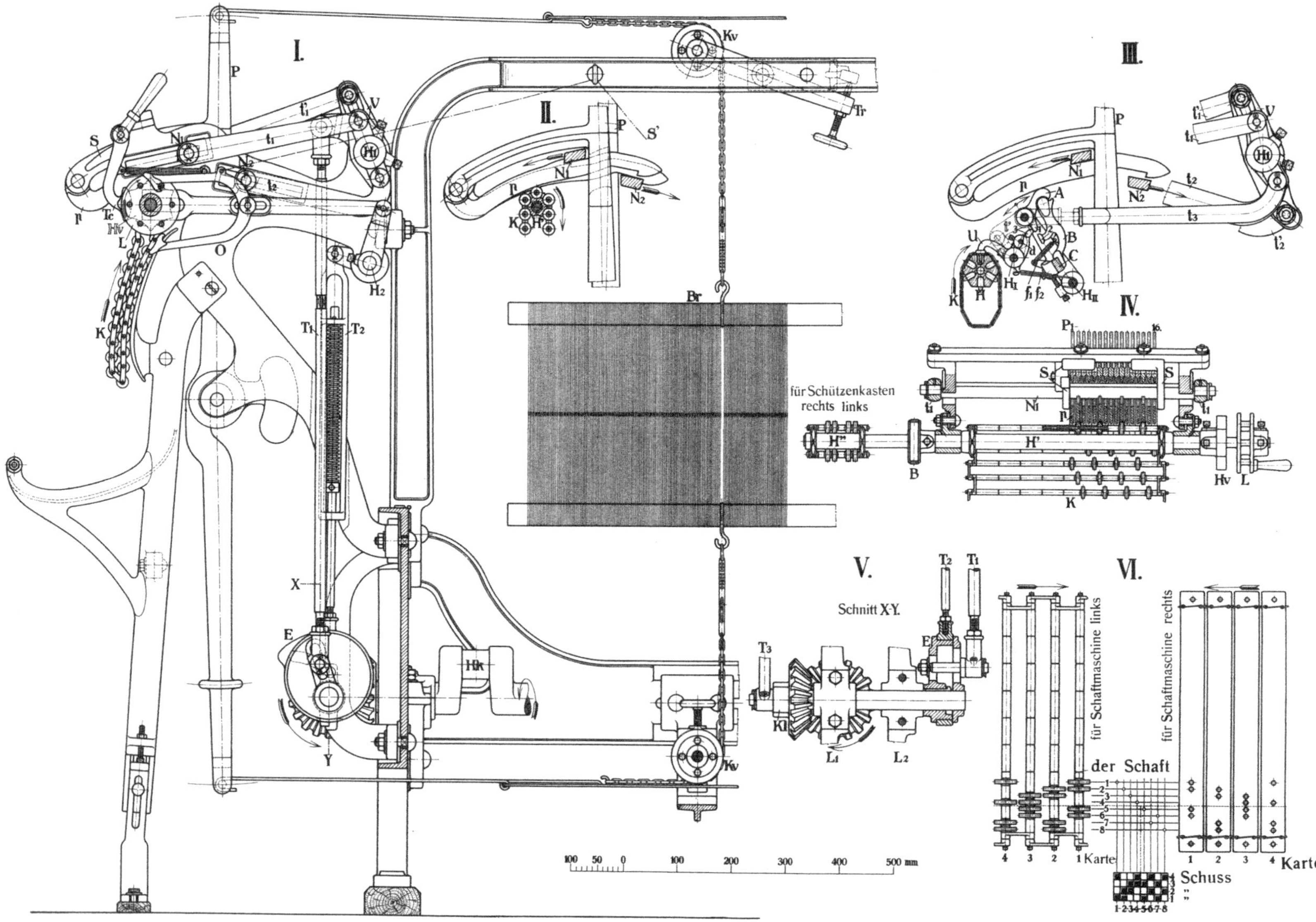

Abb. 394—399. Crompton'sche Schaftmaschine mit Rollen- und Pappkarten. (Von der Firma G. Schwabe, Bielitz).

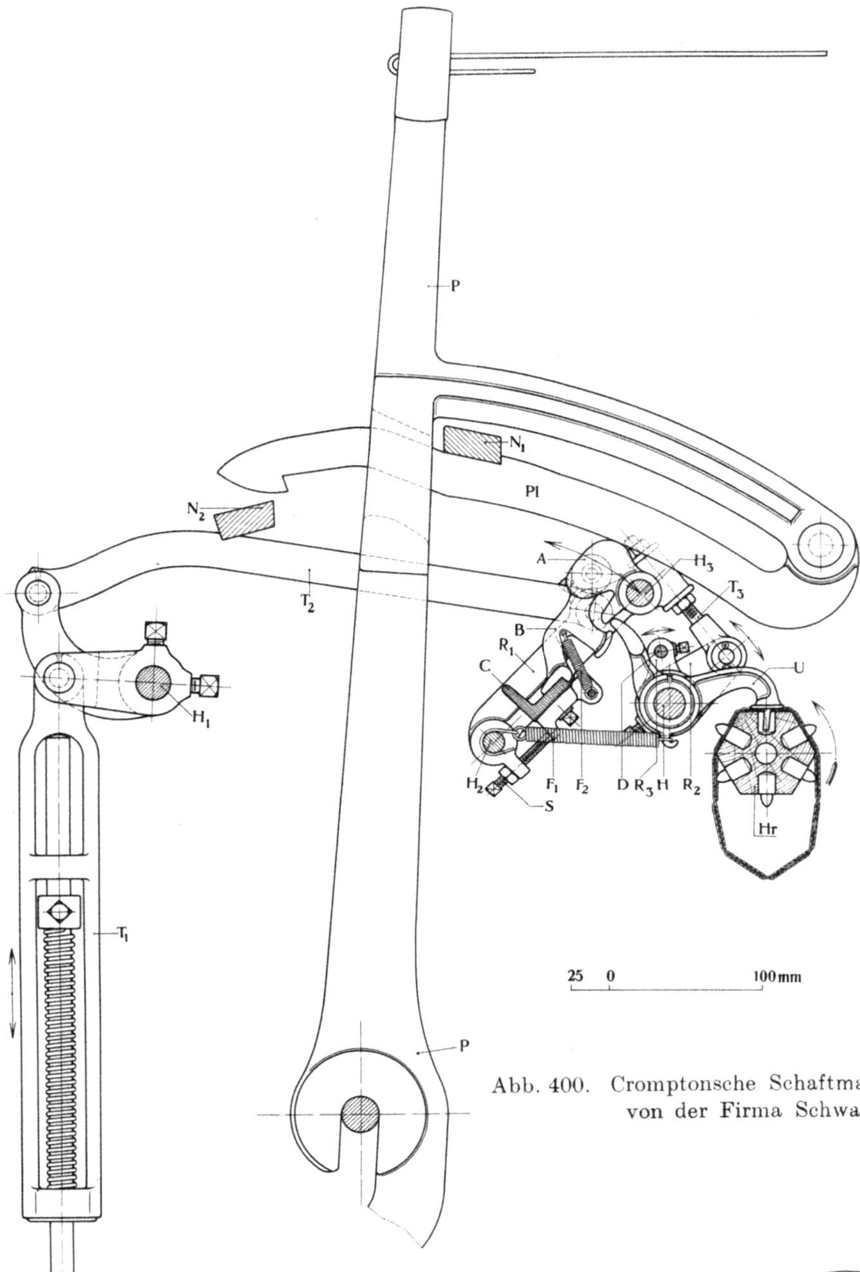

Abb. 400. Cromptonsche Schaftmaschine mit Papierkarte von der Firma Schwabe, Bielitz.

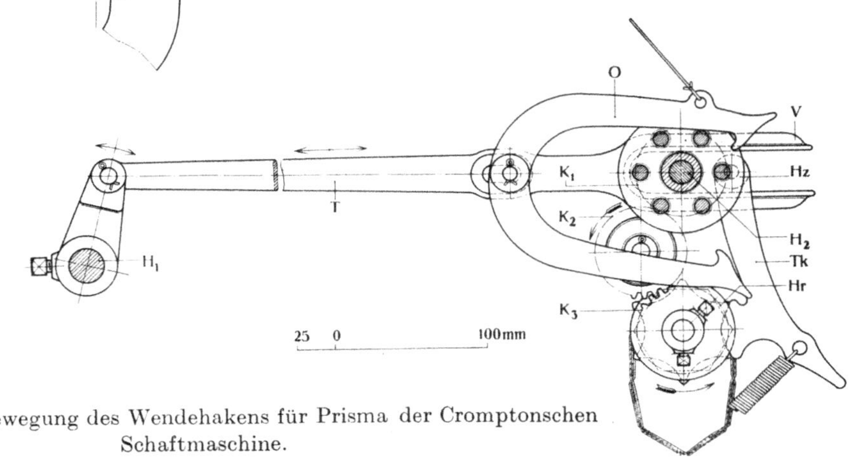

Abb. 401. Die Bewegung des Wendehakens für Prisma der Cromptonschen Schaftmaschine.

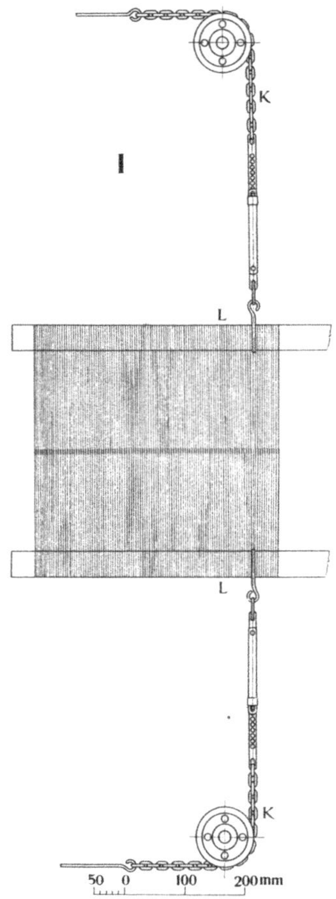

Abb. 402.

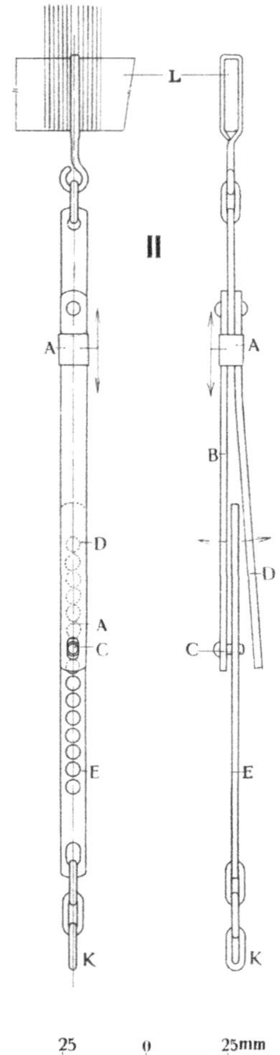

Abb. 403.

Abb. 402—403. **Reguliervorrichtung für das Aufhängen der Schäfte. (Der Schaftregulierer.)**

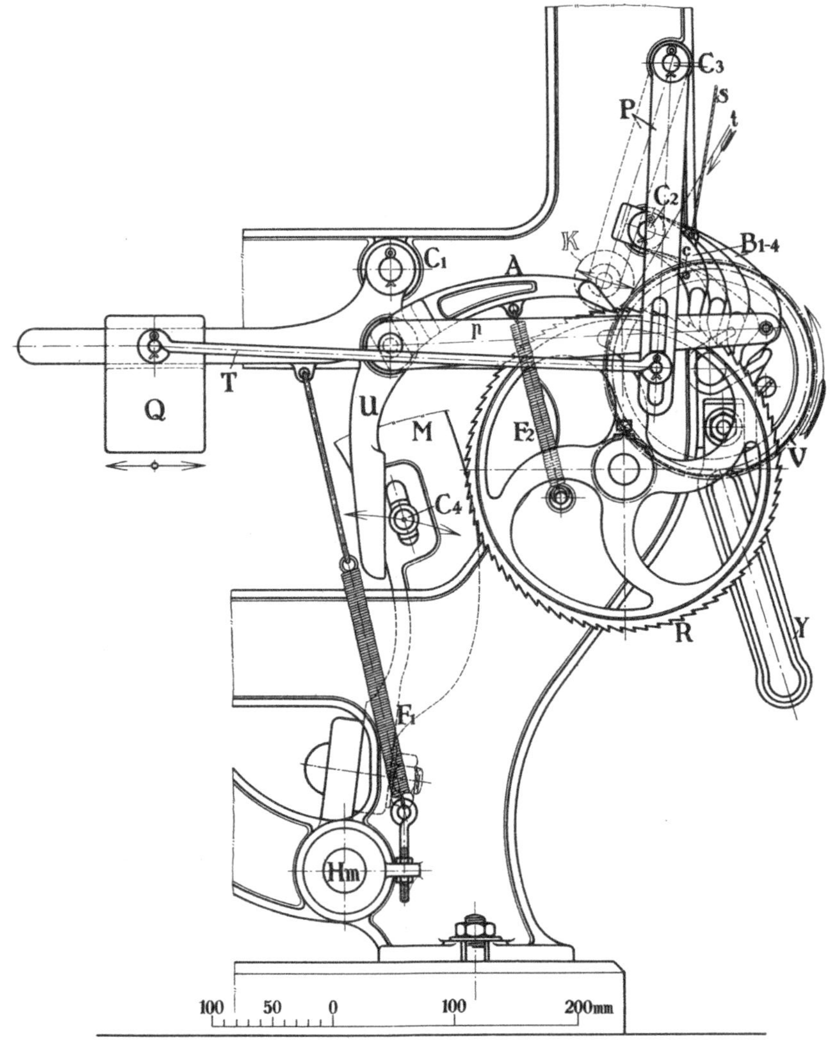

Abb. 404. Negativer Regulator des Schwabestuhles.

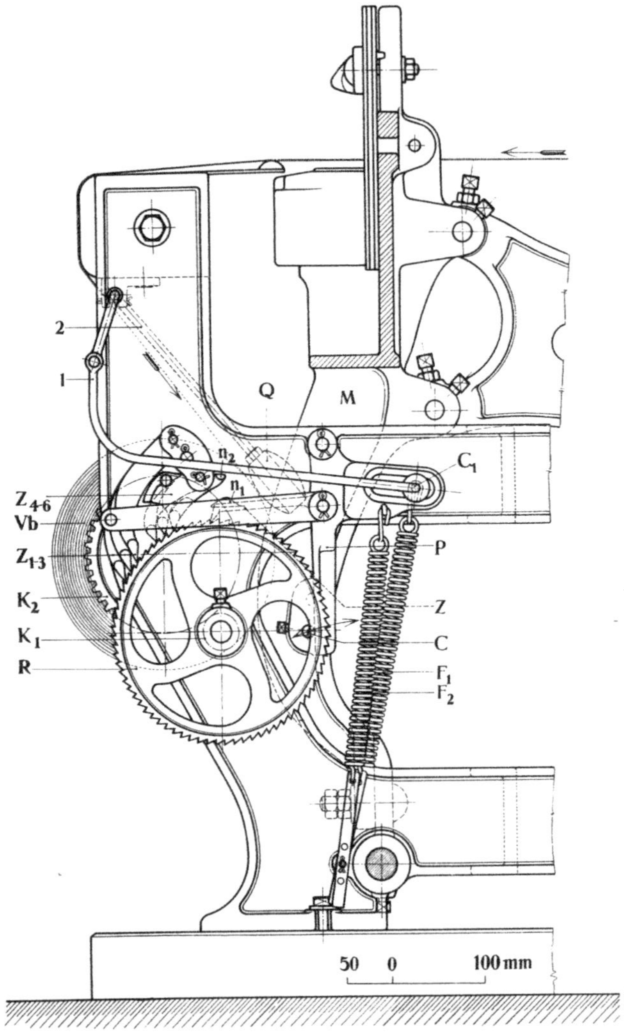

Abb. 405. Negativer Warenbaumregulator des Schwabe-Tuchwebstuhles. (Neuere Konstruktion.)

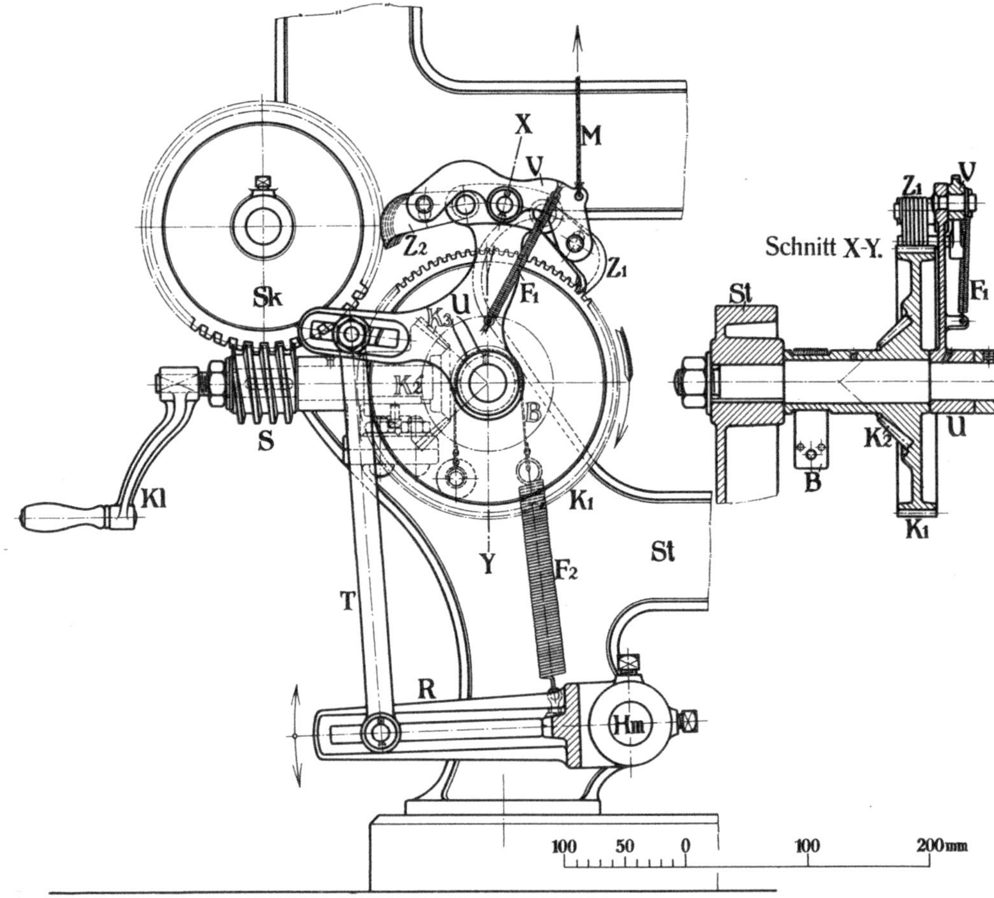

Abb. 406. Positiver Warenbaumregulator des Schwabestuhles.

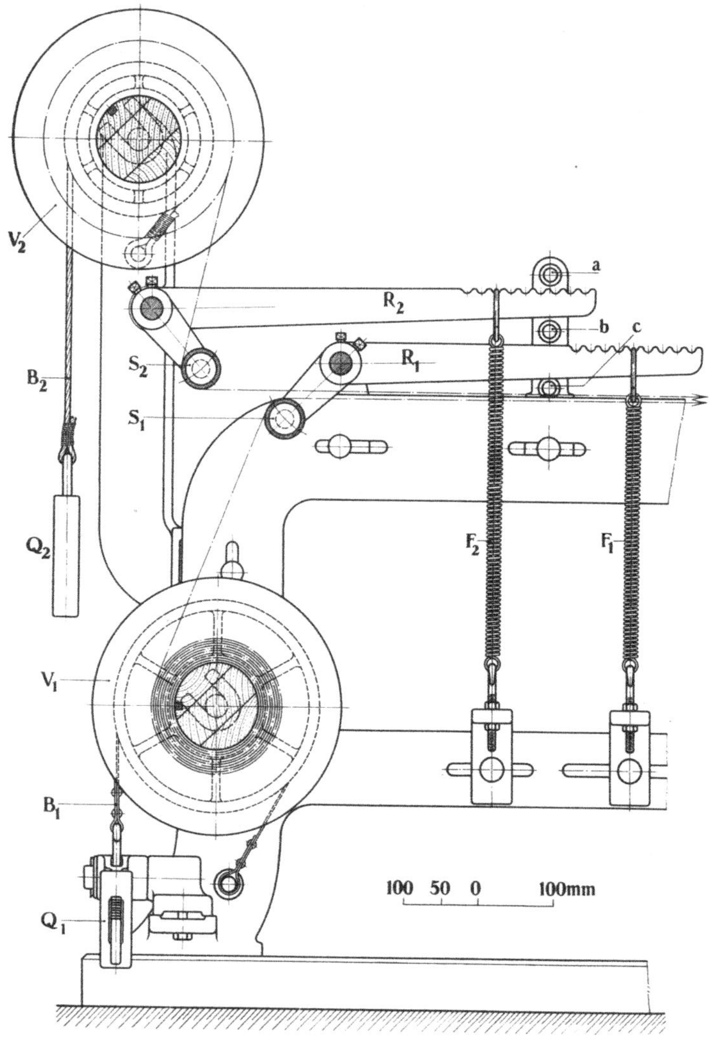

Abb. 407. Ausgleichsvorrichtung für die Ungleichheiten der Schüsse bei breiten Webstühlen.

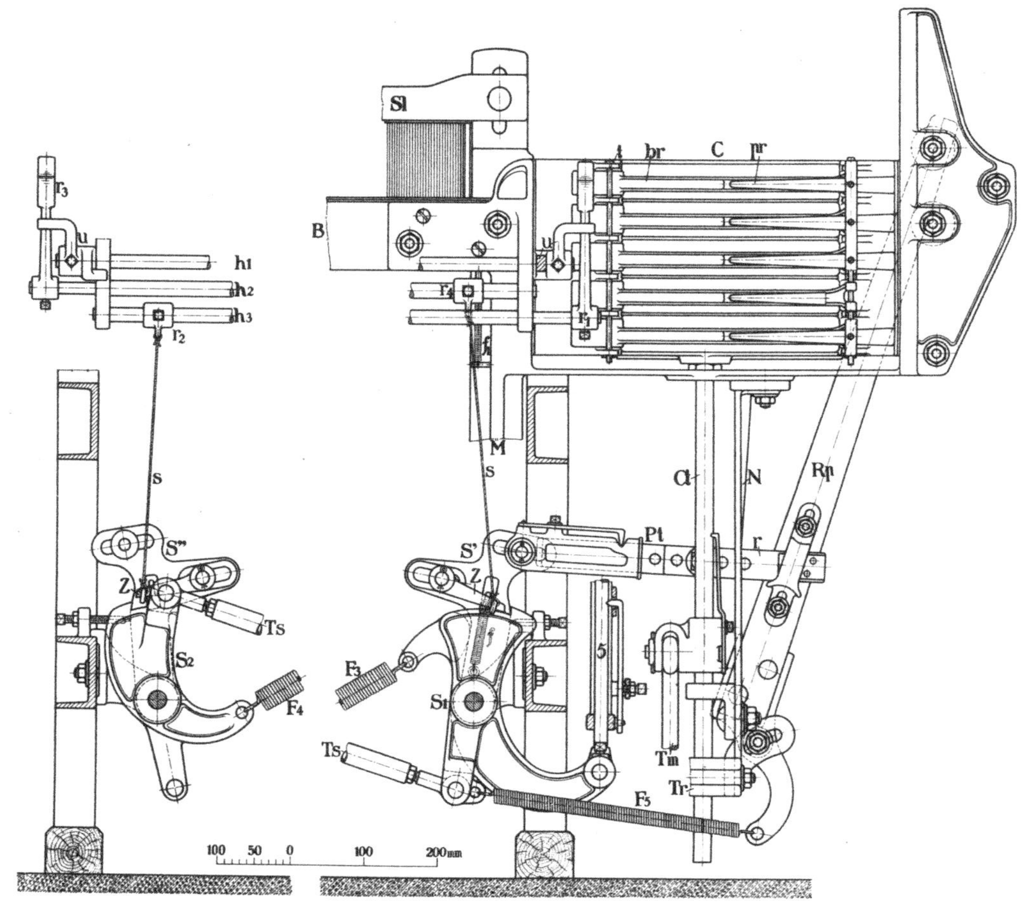

Abb. 408. Der Unterschlagmechanismus des Schwabe-Webstuhles.

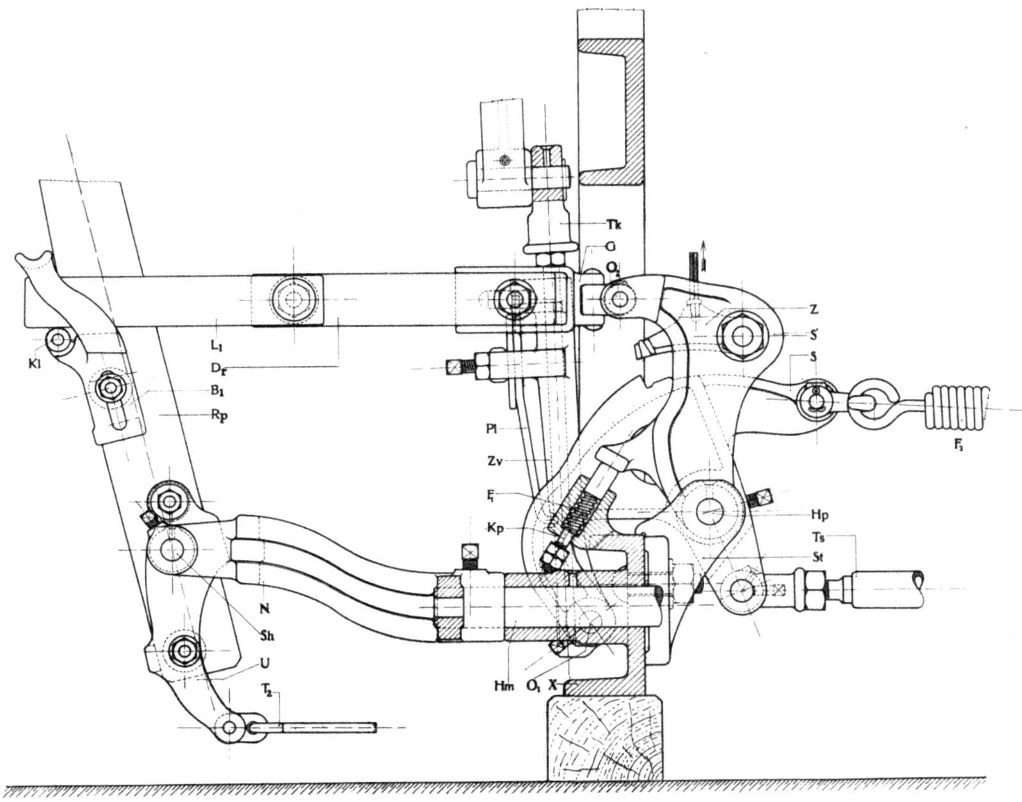

Abb. 409. Die neue Schlagvorrichtung des Schwabe-Webstuhles.

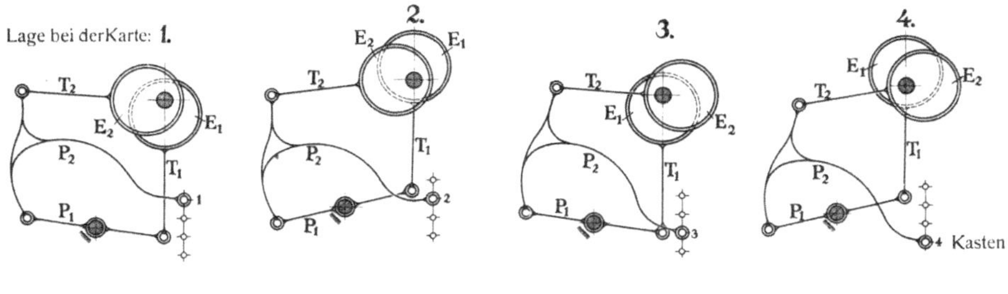

Abb. 412.

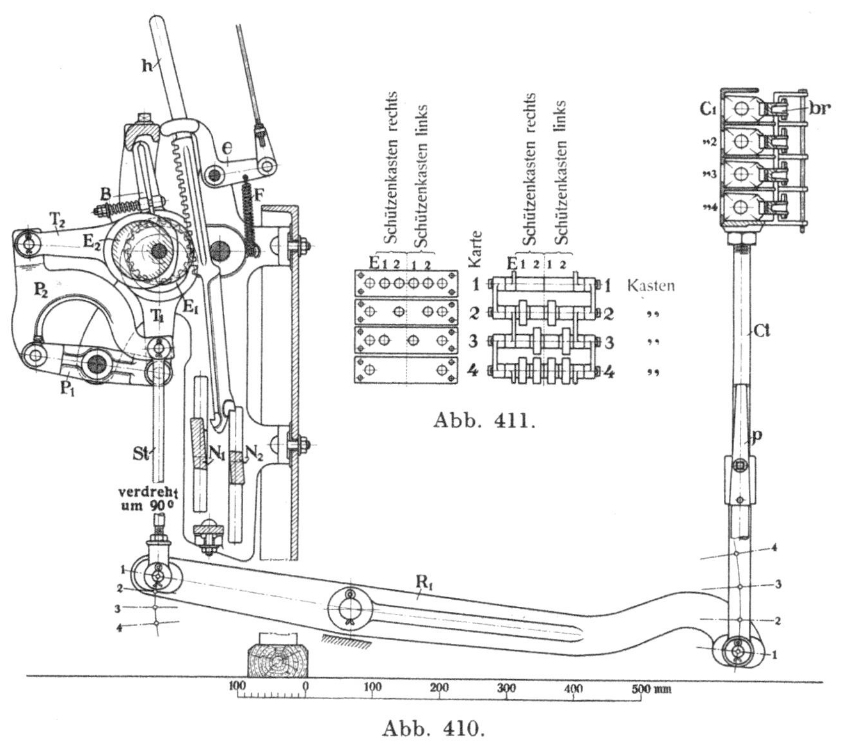

Abb. 411.

Abb. 410.

Abb. 410—412. Der Vierkastenschützenwechsel für den Webstuhl der Firma G. Schwabe, Bielitz.

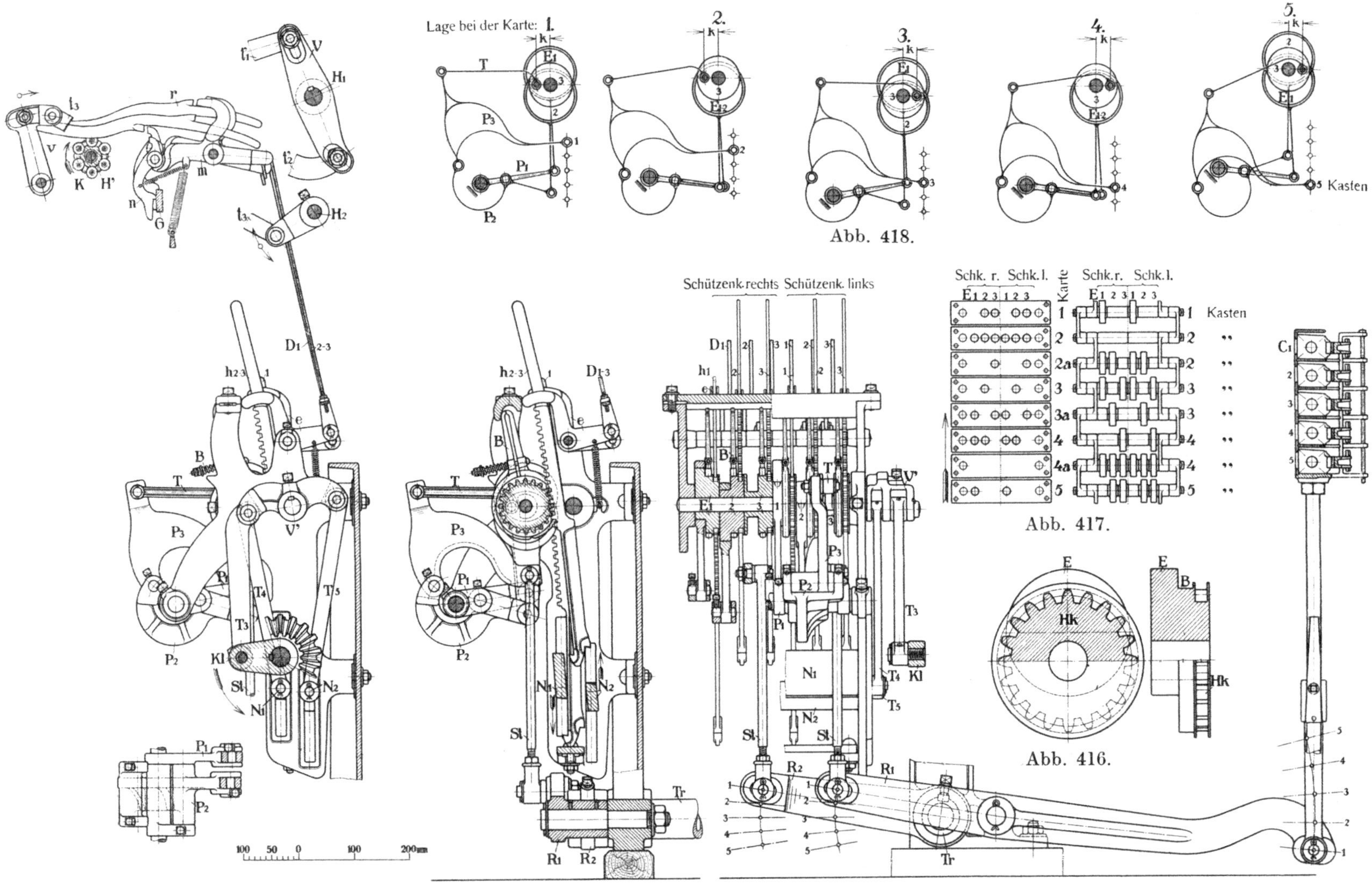

Abb. 413. Abb. 414 Abb. 415. Abb. 416. Abb. 417. Abb. 418.

Abb. 413—418. Fünfkastenschützenwechsel vom Webstuhl der Firma G. Schwabe in Bielitz.

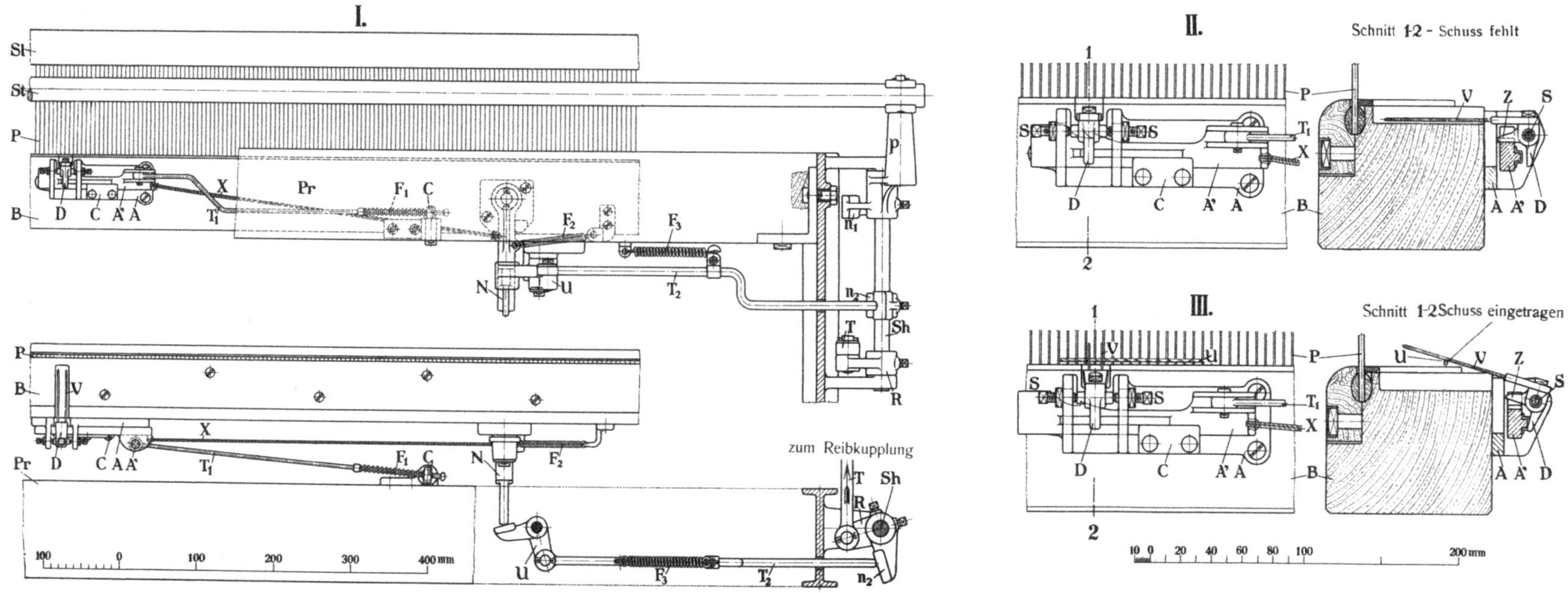

Abb. 419—421. Der Schußwächter für breite Webstühle.

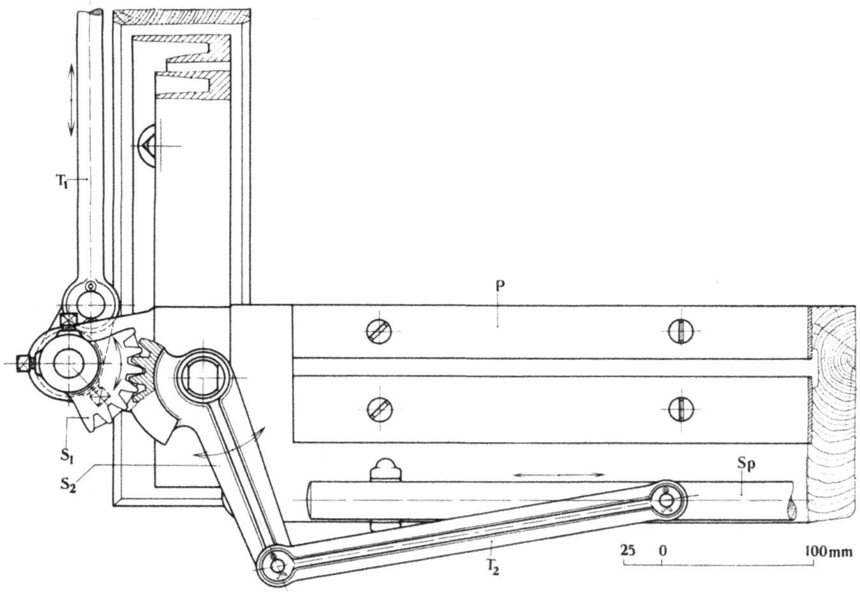

Abb. 422. Die Ausrückstange für den linken Antrieb des Schwabe-Webstuhles.

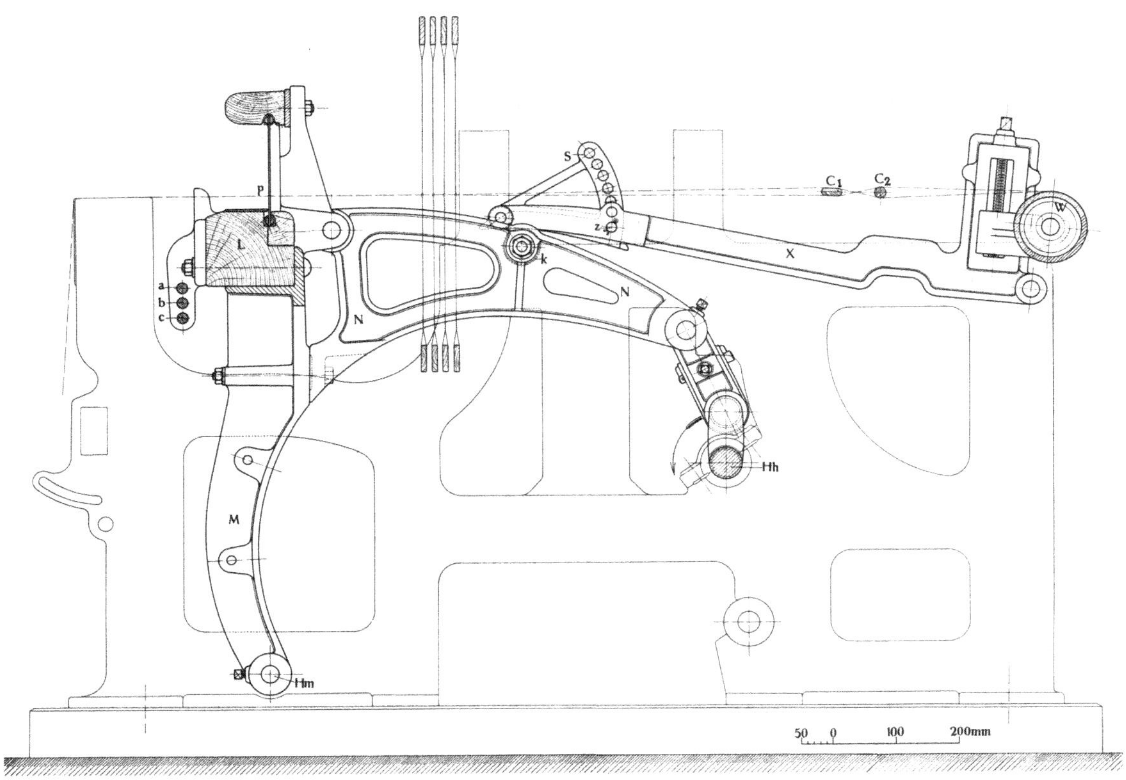

Abb. 423. Die Ladenbewegung der Sächs. Maschinenfabrik vorm. Rich. Hartmann.

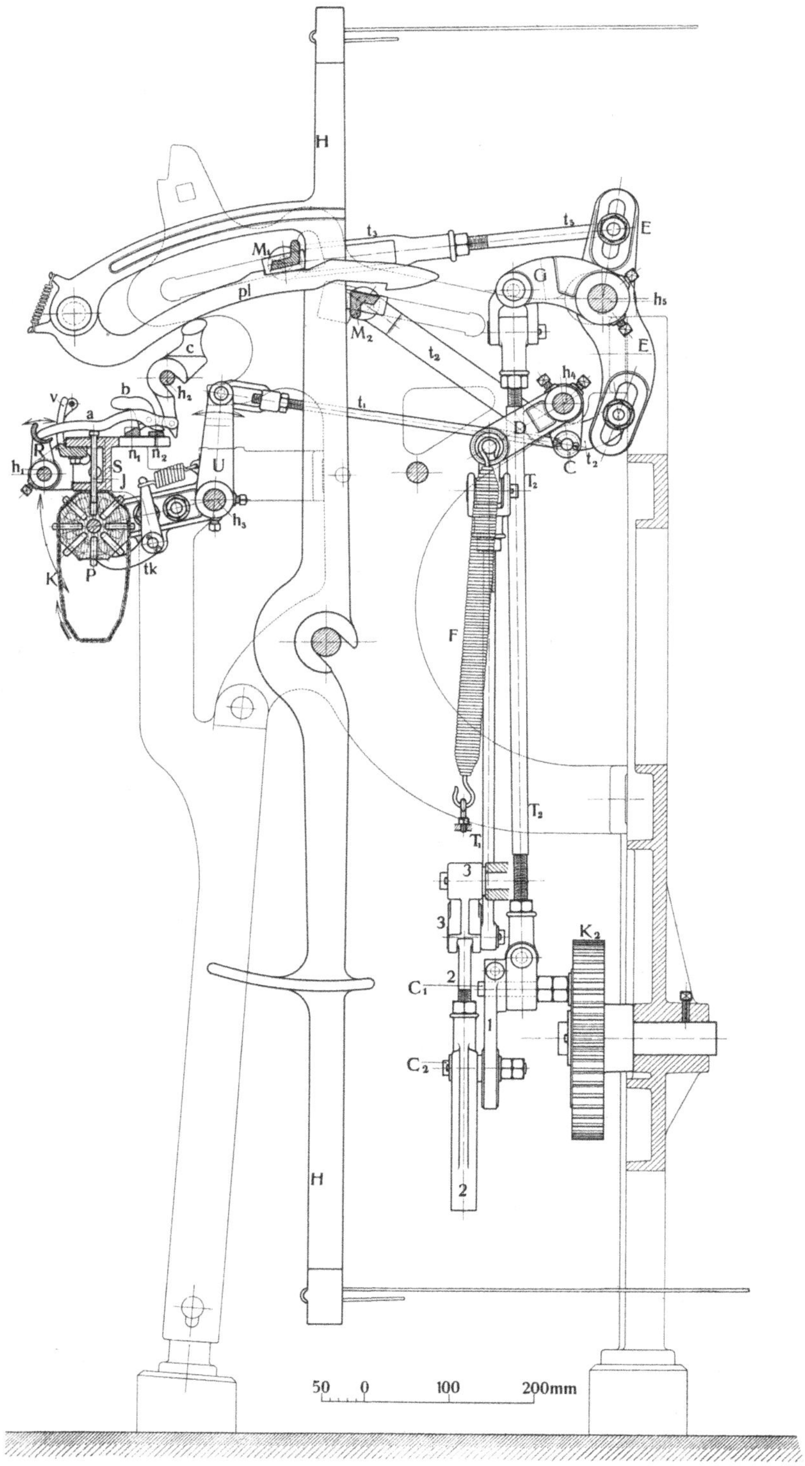

Abb. 424. Die Schaftmaschine mit Papierkarte der Sächs. Maschinenfabrik vorm. Rich. Hartmann.

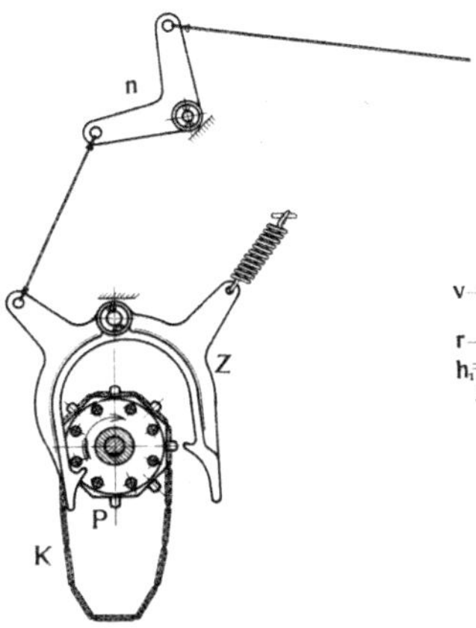

Abb. 426.

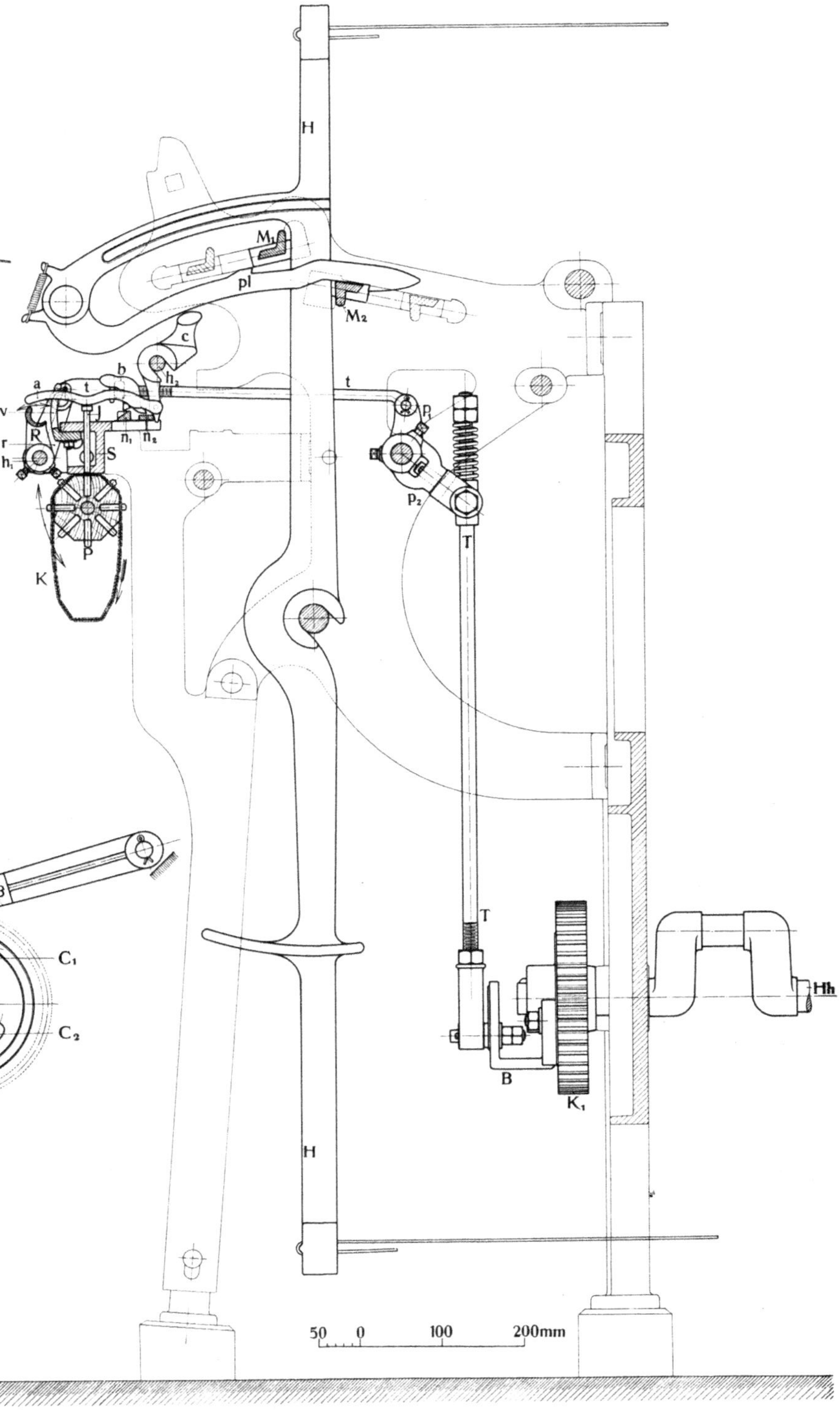

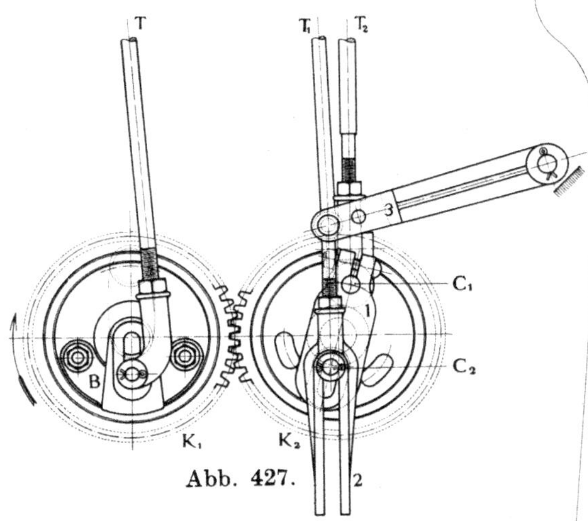

Abb. 427.

Abb. 425.

Abb. 425—427. Die Schaftmaschine der Sächs. Maschinenfabrik vorm. Rich. Hartmann und deren Antrieb (Abb. 427); Antrieb des Prismas (Abb. 426).

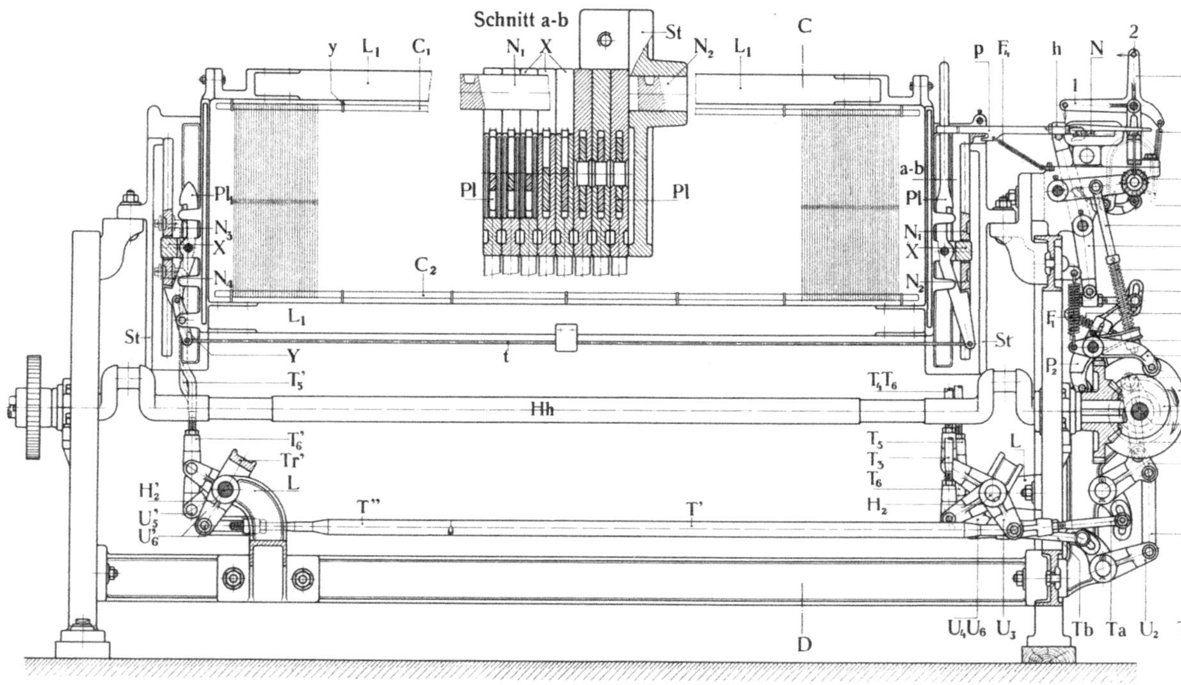

Abb. 428.

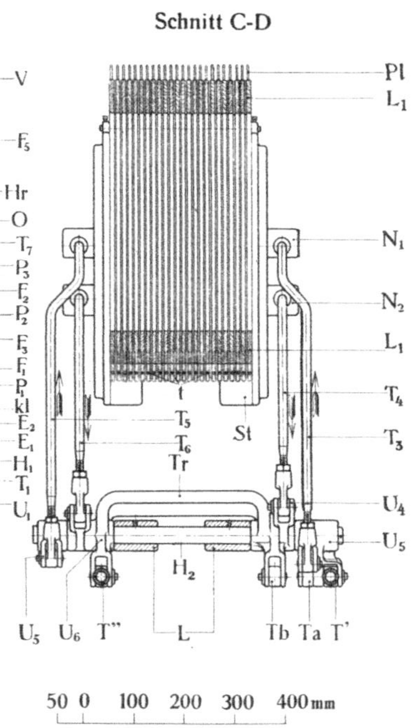

Abb. 429.

Abb. 428—429. Wolfrum-Schaftmaschine der Sächsischen Maschinenfabrik vorm. Rich. Hartmann.

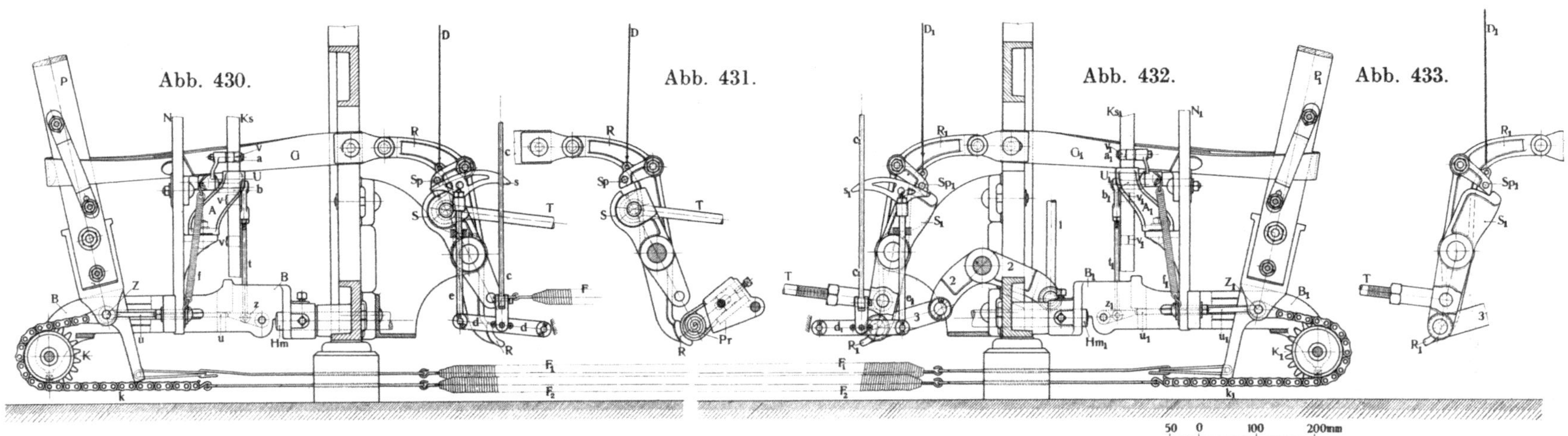

Abb. 430—433. Der Unterschlag des Webstuhles der Sächs. Maschinenfabrik vorm. Rich. Hartmann.

Abb. 434 befindet sich auf Seite 155.

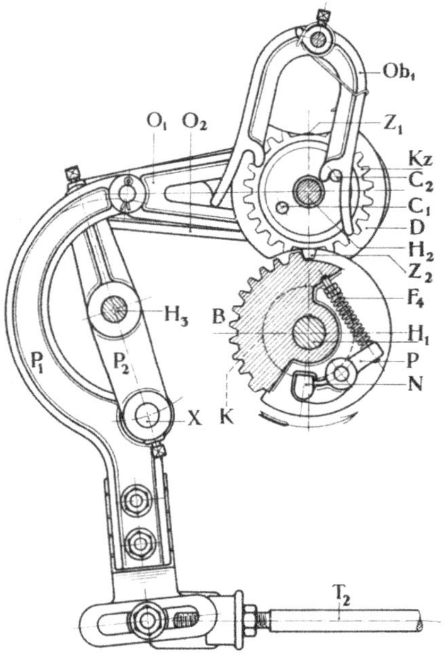

Abb. 435.

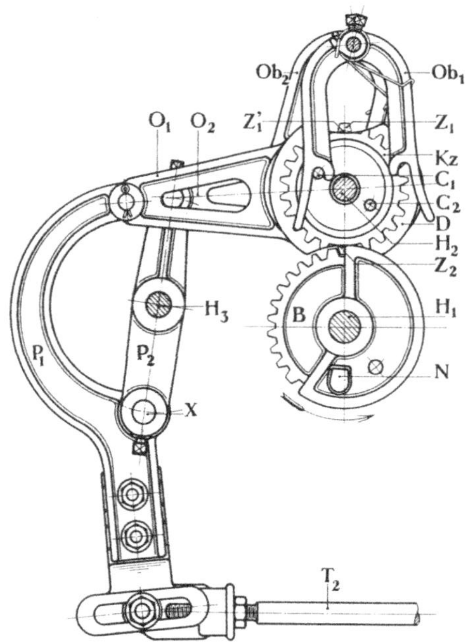

Abb. 436.

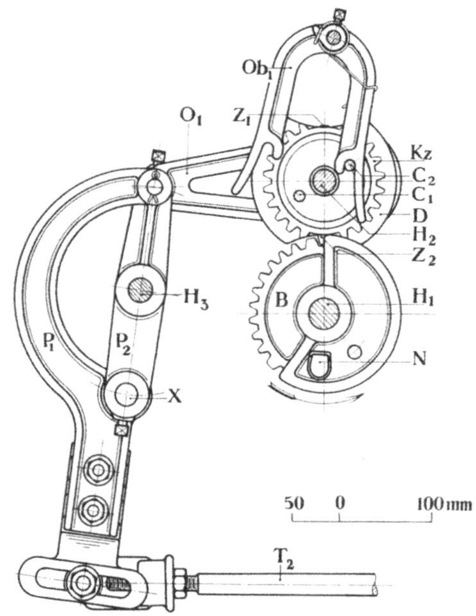

Abb. 437.

Abb. 435—437. Die einzelnen Lagen der Wechselvorrichtung der Sächs. Maschinenfabrik vorm. Rich. Hartmann.

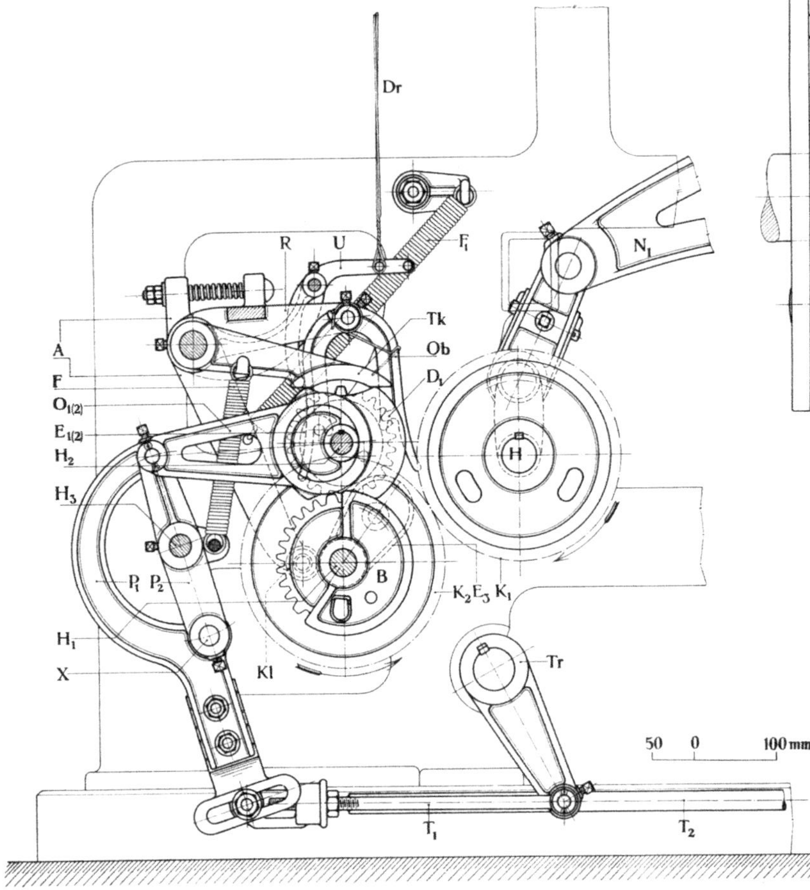

Abb. 434. Die Wechselvorrichtung der Sächs. Maschinenfabrik vorm. Rich. Hartmann.

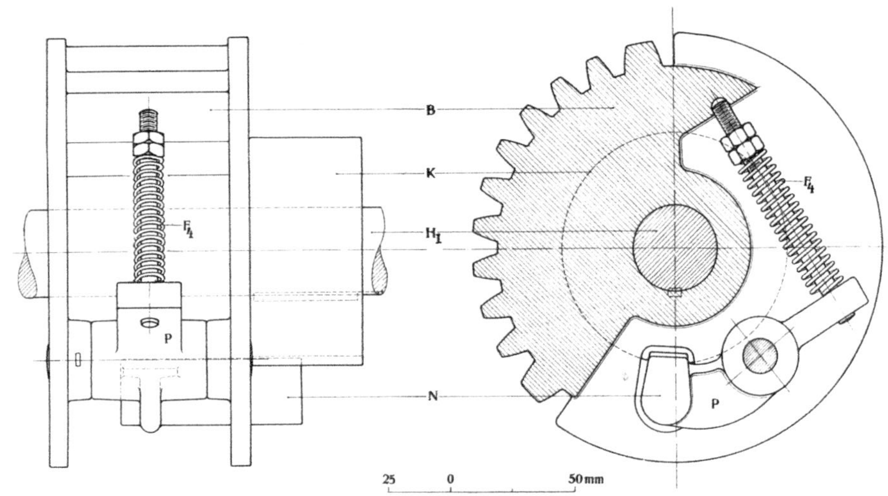

Abb. 439.

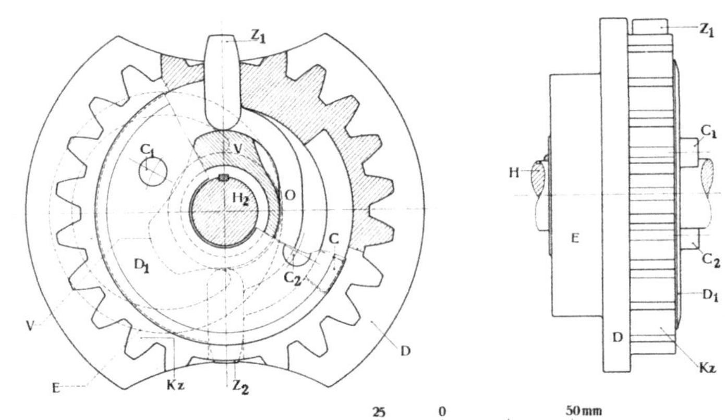

Abb. 438.

Abb. 438—439. Die Zahnräder des Wechsels.

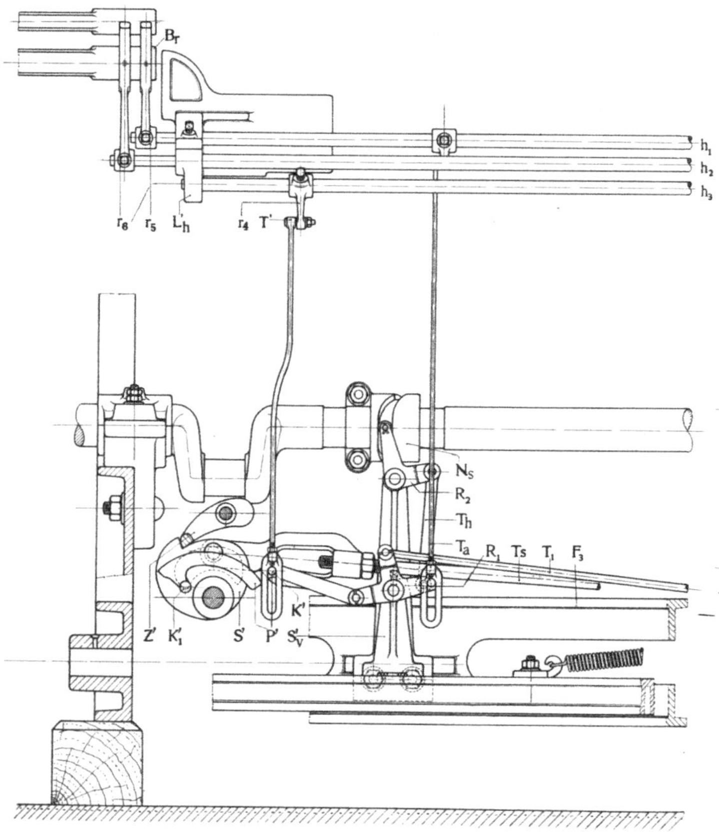

Abb. 440. Die verbesserte Schlagvorrichtung der Firma F. Houget in Verviers.

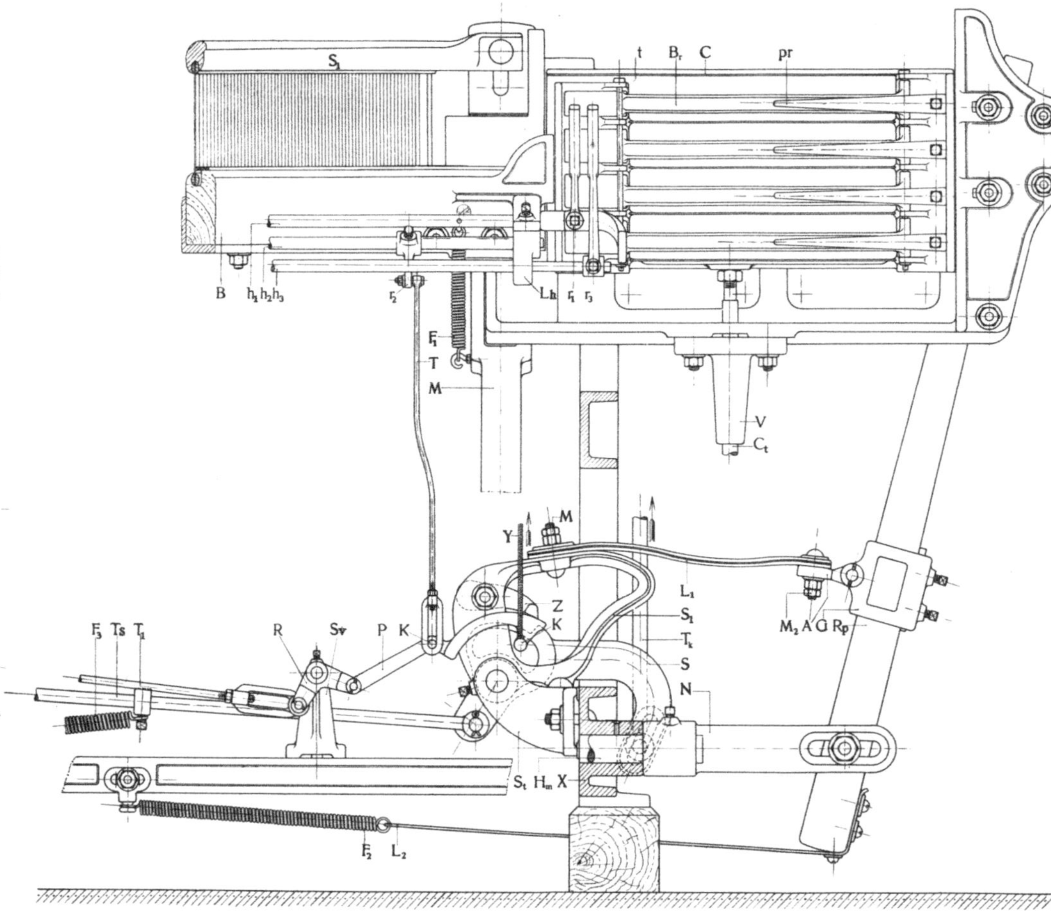

Abb. 441. Die verbesserte Schlagvorrichtung der Firma F. Houget in Verviers.

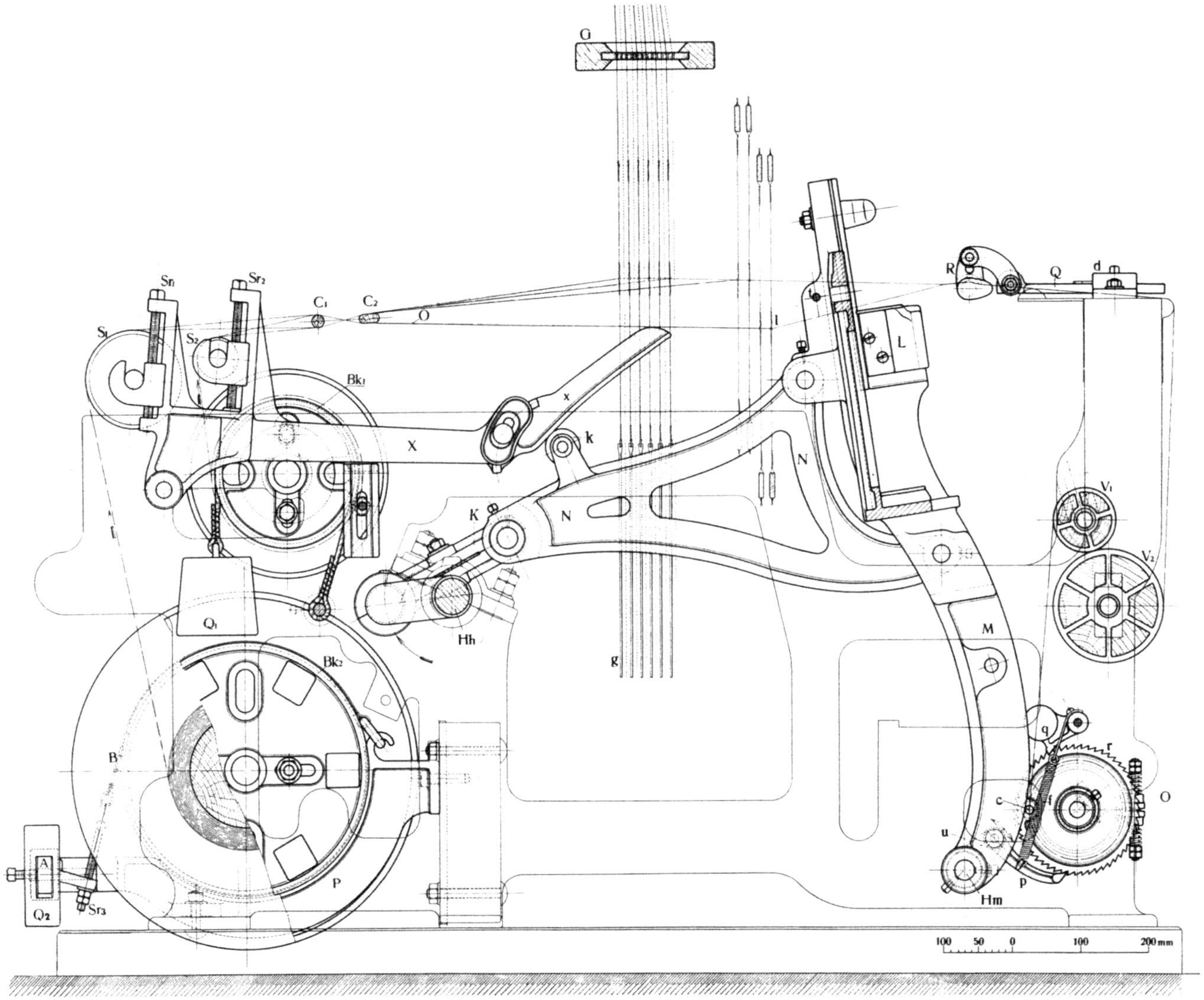

Abb. 442. Die Laden- und Streichbaumbewegung des Webstuhles der Großenhainer Webstuhlfabrik.

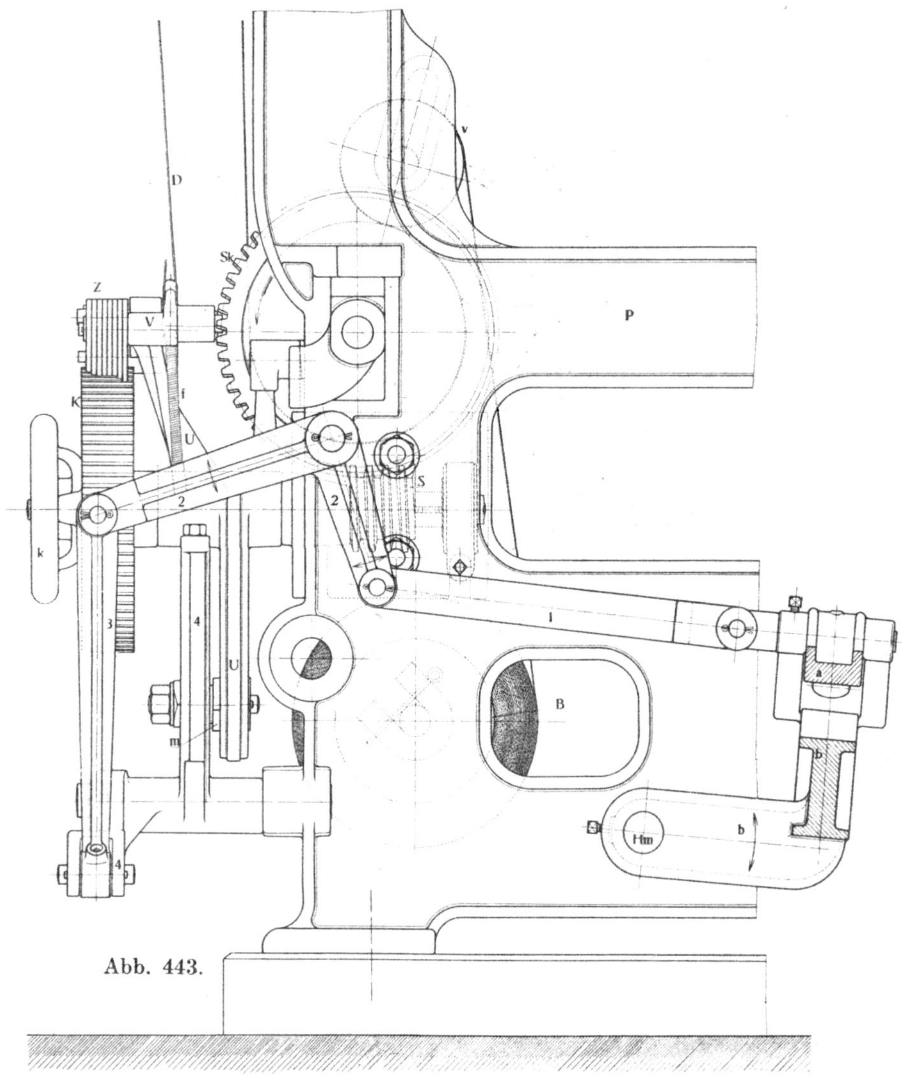

Abb. 443.

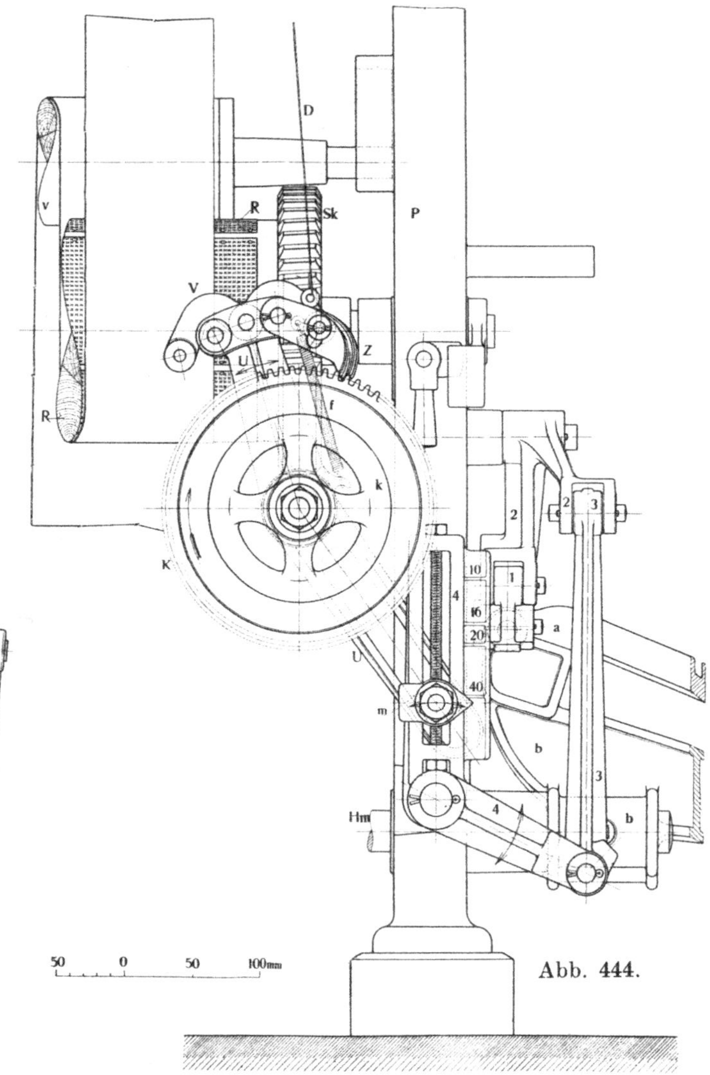

Abb. 444.

Abb. 443—444. Positiver Warenbaumregulator des Webstuhles der Firma Großenhainer Webstuhlfabrik.

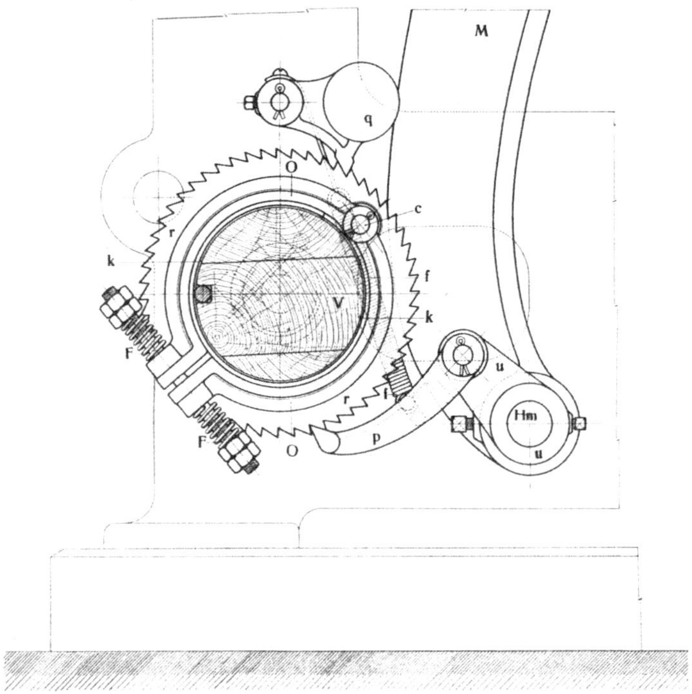

Abb. 445.

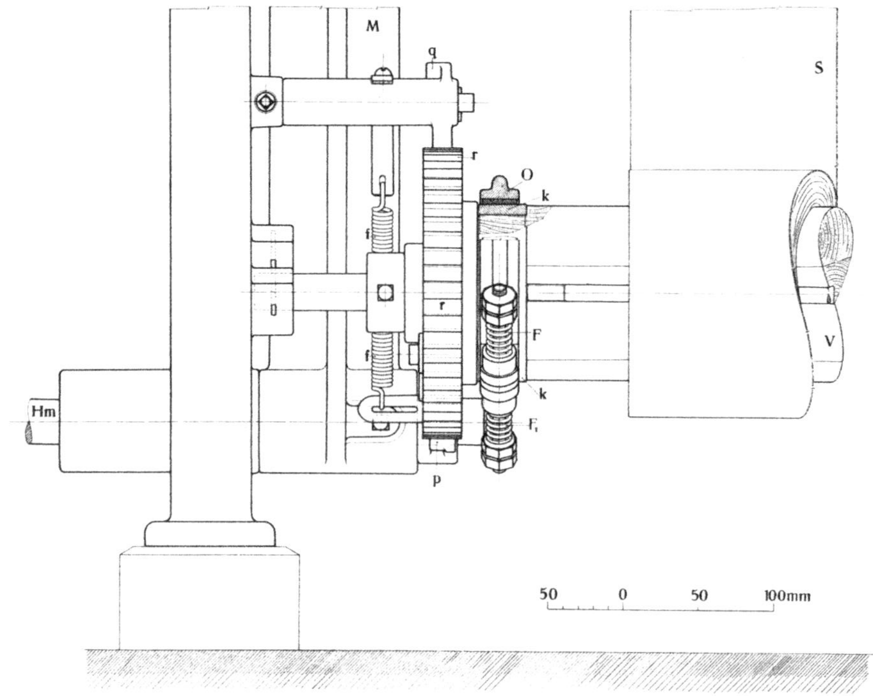

Abb. 446.

Abb. 445—446. Die Aufwickelvorrichtung zum Regulator des Webstuhles **der Großenhainer Webstuhlfabrik.**

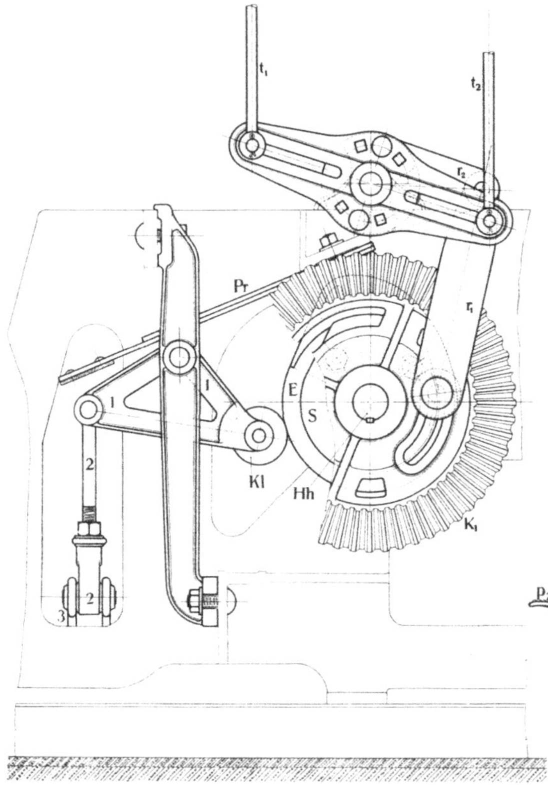

Abb. 447.

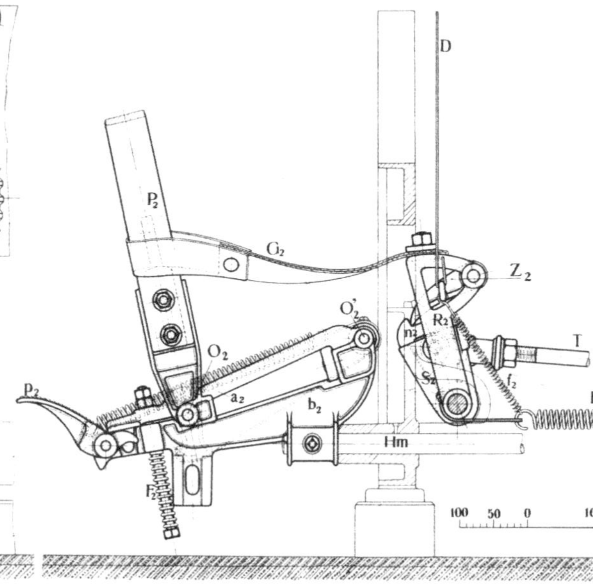

Abb. 449.

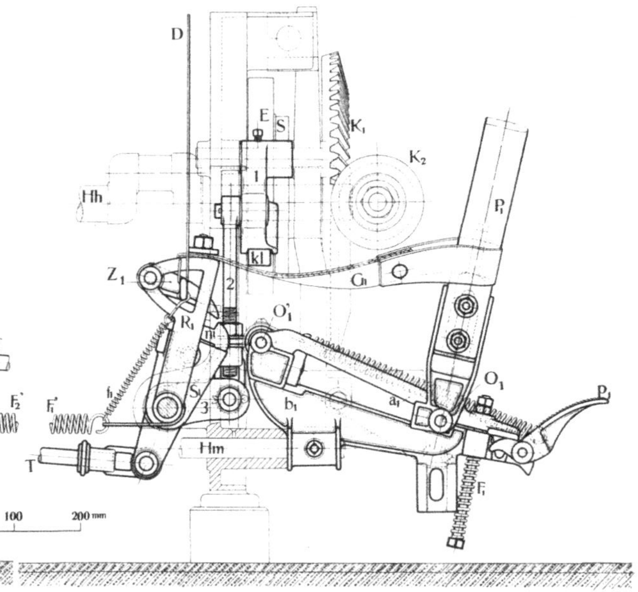

Abb. 448.

Abb. 447. Antrieb der Jacquardmaschine mit beweglichem Platinenboden (Abb. 447) und Schlagvorrichtung durch den Exzenter E. **Abb. 447, 449.** Die Schlagvorrichtung des Webstuhles der Großenhainer Webstuhlfabrik. (Abb. 449).

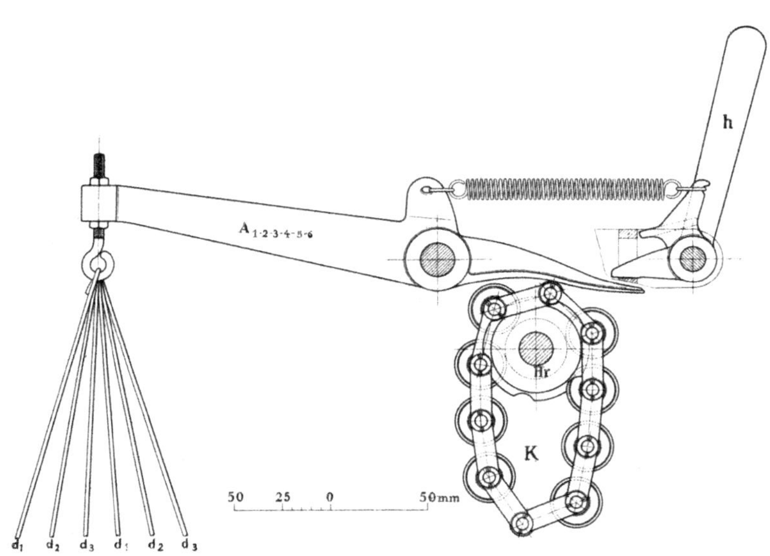

Abb. 451. Die Rollenkarten für die Steuerung des Schützenwechsels für Webstuhl der Großenhainer Webstuhlfabrik.

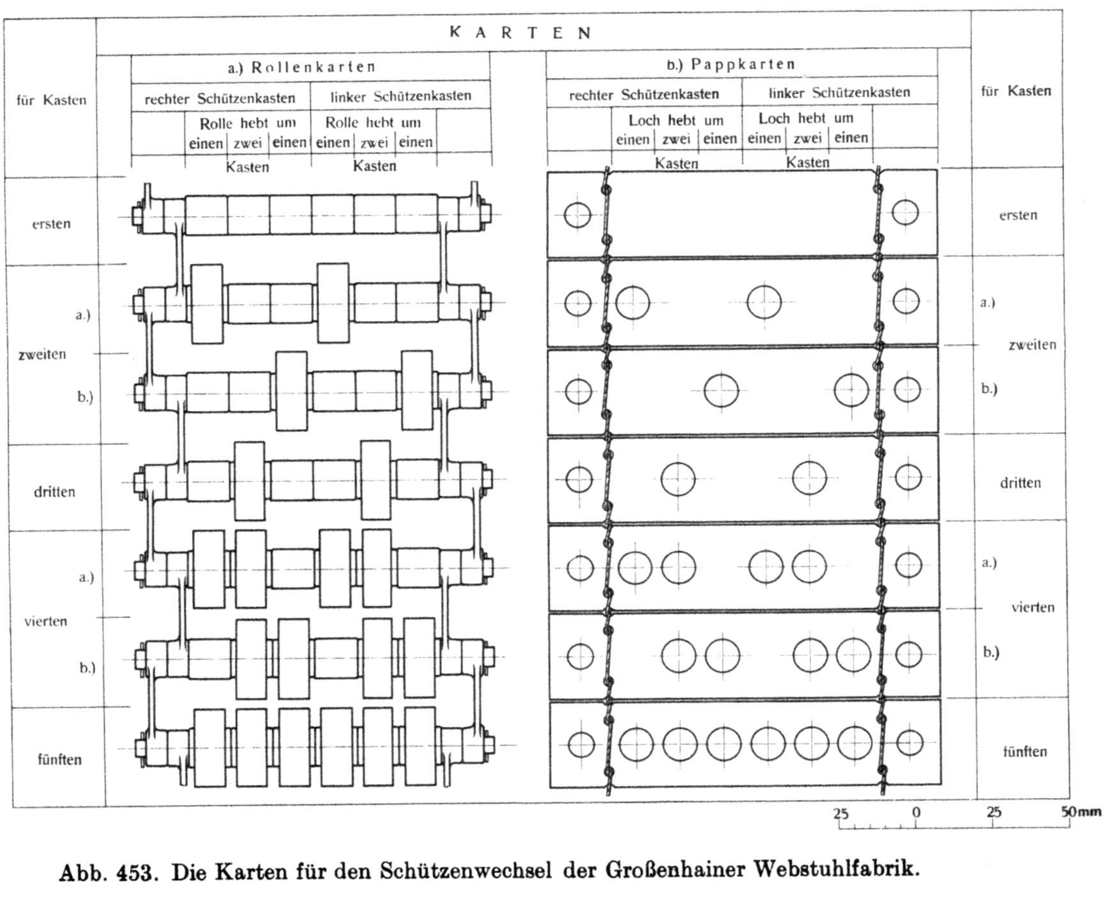

Abb. 453. Die Karten für den Schützenwechsel der Großenhainer Webstuhlfabrik.

Abb. 450 befindet sich auf Seite 162.
Abb. 452 befindet sich auf Seite 163.

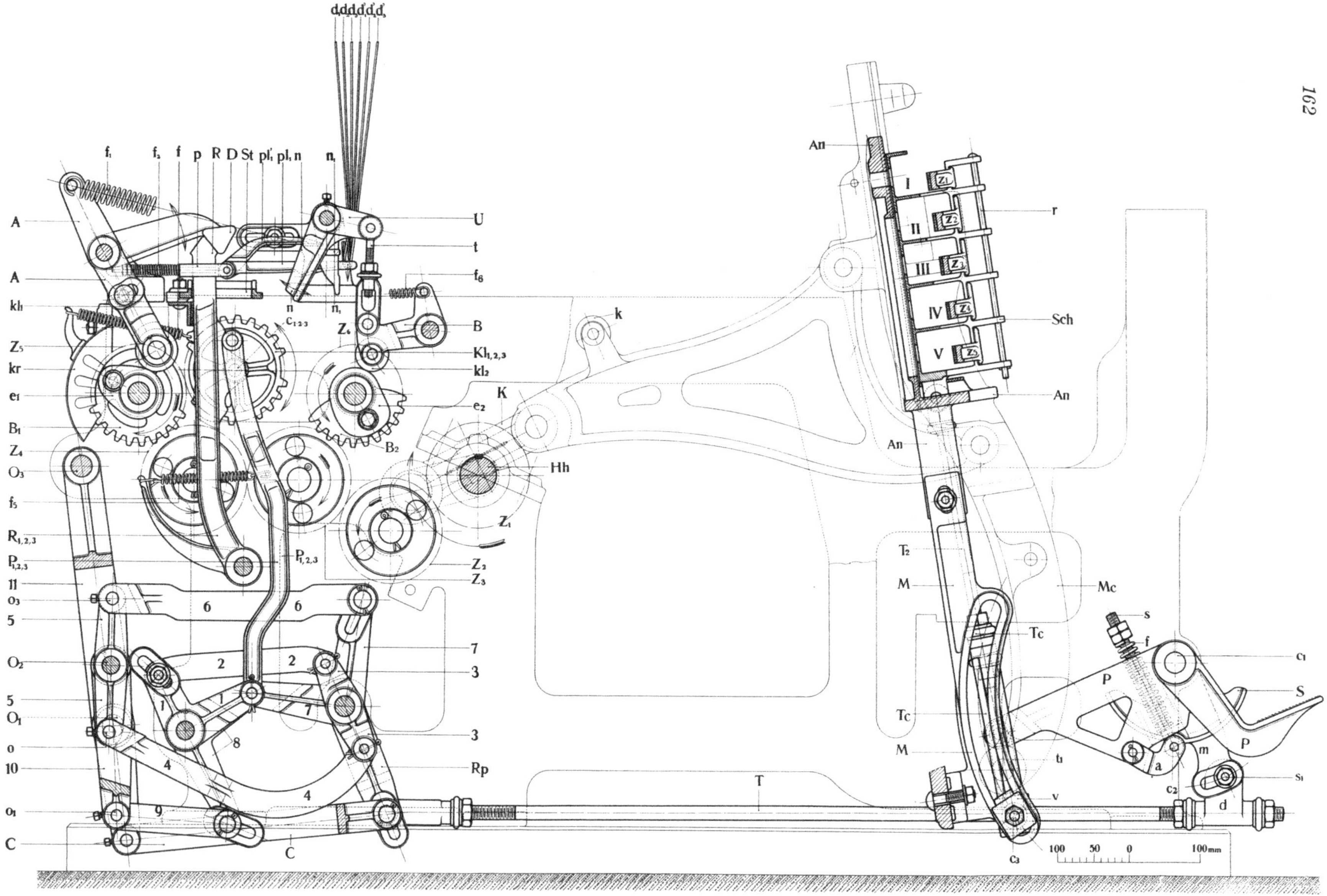

Abb. 450. Der Fünfkastenwechsel der Großenhainer Webstuhlfabrik.

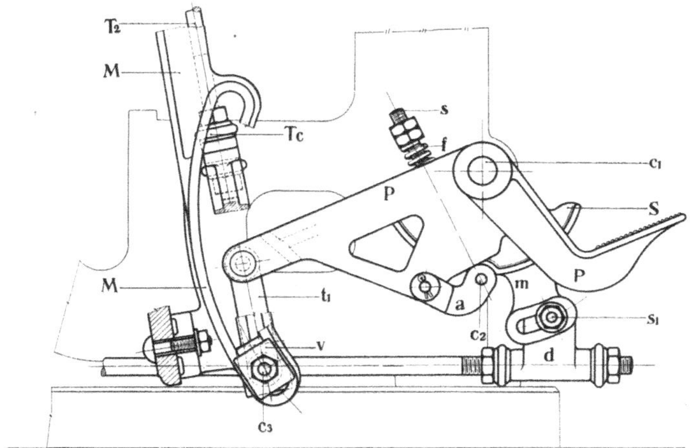

Abb. 452. Detail des Schützenwechsels des Webstuhles der Großenhainer Webstuhlfabrik.

Ansicht II.

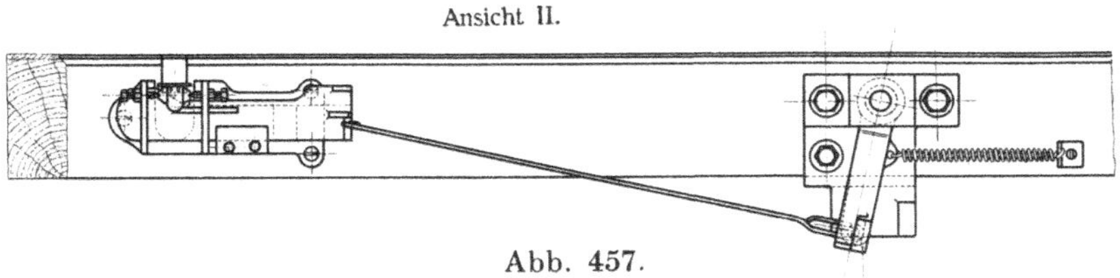

Abb. 457.

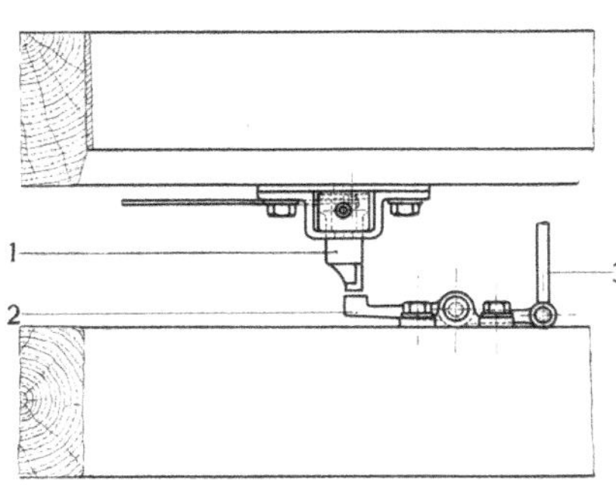

Abb. 458.

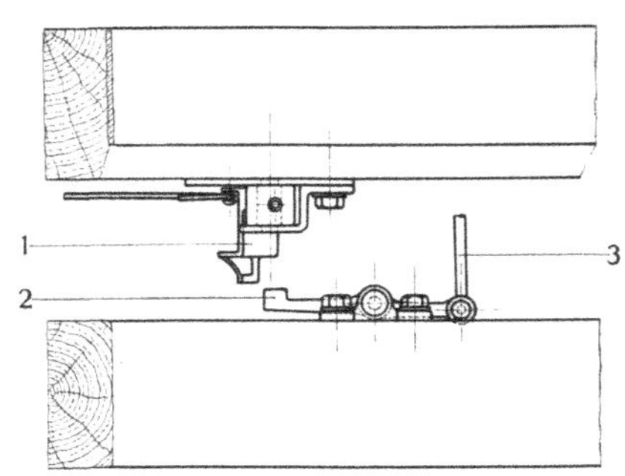

Abb. 459.

Abb. 457—459. Der Schußwächter des automatischen Schußsuchers der Großenhainer Webstuhlfabrik.

Abb. 454 bis 456 befinden sich auf Seite 164.
Abb. 460 befindet sich auf Seite 166.

Abb. 454. Abb. 455. Abb. 456.

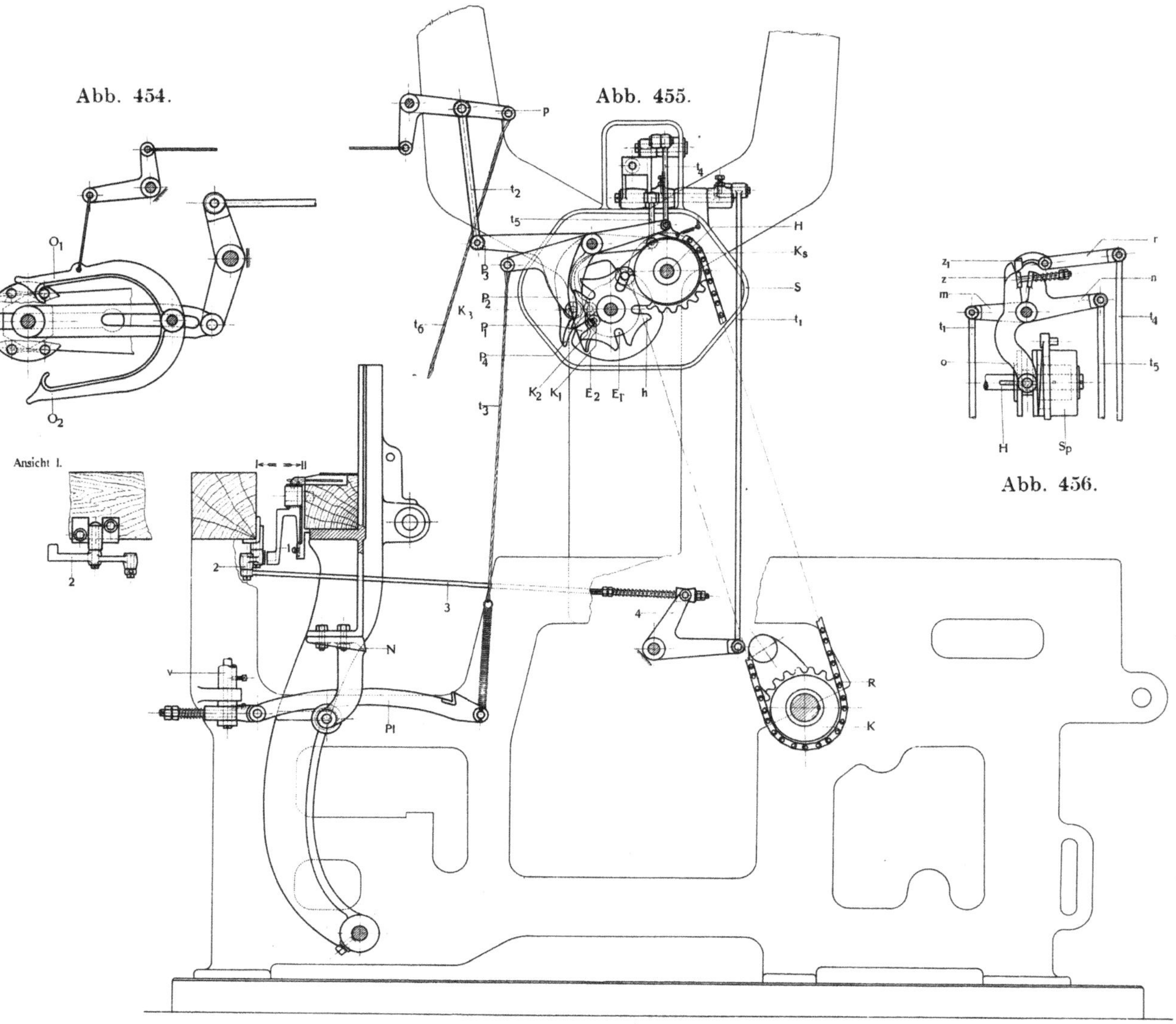

Abb. 454—455. Automatischer Schußsucher der **Großenhainer Webstuhlfabrik.**

Abb. 456. Die Kupplung für automatischen Schußsucher der **Großenhainer Webstuhlfabrik.**

Legende zu Abb. 461 auf Seite 165.

Färberei
- Lv = Leviathan mit 3 Bottichen
- SB = Spülbottich
- C_2 = Zentrifuge mit Oberbetrieb
- HK = Hydrosulfit-Küpe
- K = Farbkessel
- TM = Trockenmaschinen (Kastensystem)

Spinnerei
- EO = Endenöffner
- RW = Spiral-Reiß- u. Klopfwolf
- KW = Dreh-Krempelwolf
- R = Reißkrempel
- P = Pelzkrempel
- V = Vorspinnkrempel
- S_{1-8} = Selfaktoren
- SBk = Schleifbock
- M = Glasverschlag für Meister

Weberei
- S = Spulmaschinen
- SM = Kettenschermaschinen
- Wk = Wickelbock
- LM = Leimmaschine für Ketten
- TM = Trockenmaschine f. Ketten
- W = Webstühle

Appretur
- WM = Waschmaschinen
- C_1 = Zentrifuge mit Oberbetrieb
- HW = Hammerwalke
- CW = Zylinderwalken
- SRM = Spannrahmtrockenmaschine
- RM = Rauhmaschine (doppelt)
- VM = Verstreichmaschine
- KF = Kardenfeger

Appretur
- BM = Bürstmaschine
- L = Langschermaschine
- WP = Walzenpresse (Muldenpresse.)
- De = Dekatierapparat
- GlA = Glanzabziehmaschine
- HP = Hydraulische Presse
- PO = Preßofen
- PP = Preßpumpe
- WB = Wickelbock
- F = Falt- und Wickelmaschine
- BP = Packpresse

Kessel- und Maschinenhaus
- DK = Dampfkessel
- DM = Dampfmaschine 250 PS
- D = Dynamomaschine

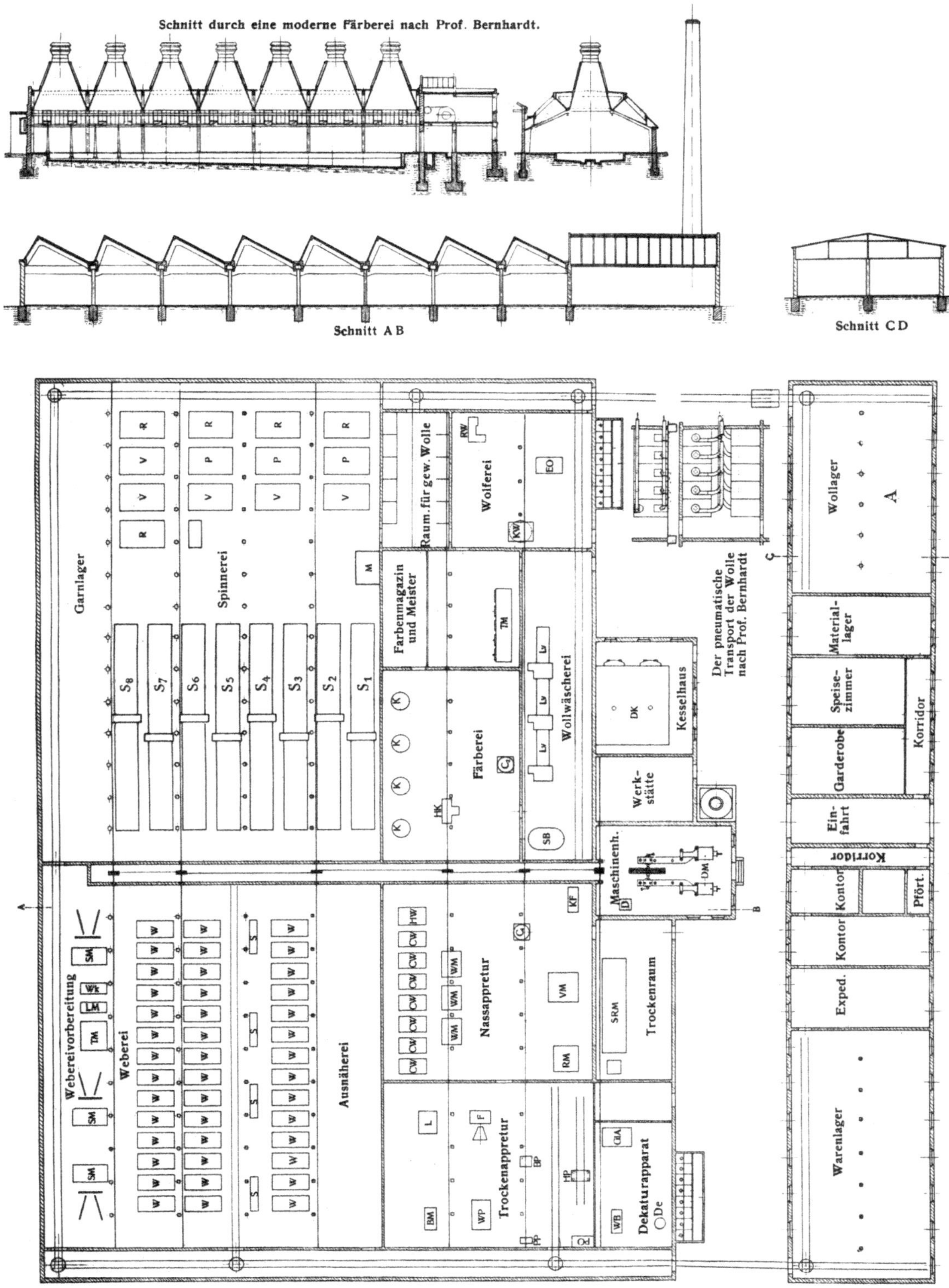

Abb. 461. Die Spinnerei, Weberei, Färberei und Appretur für Streichgarnmodeware.

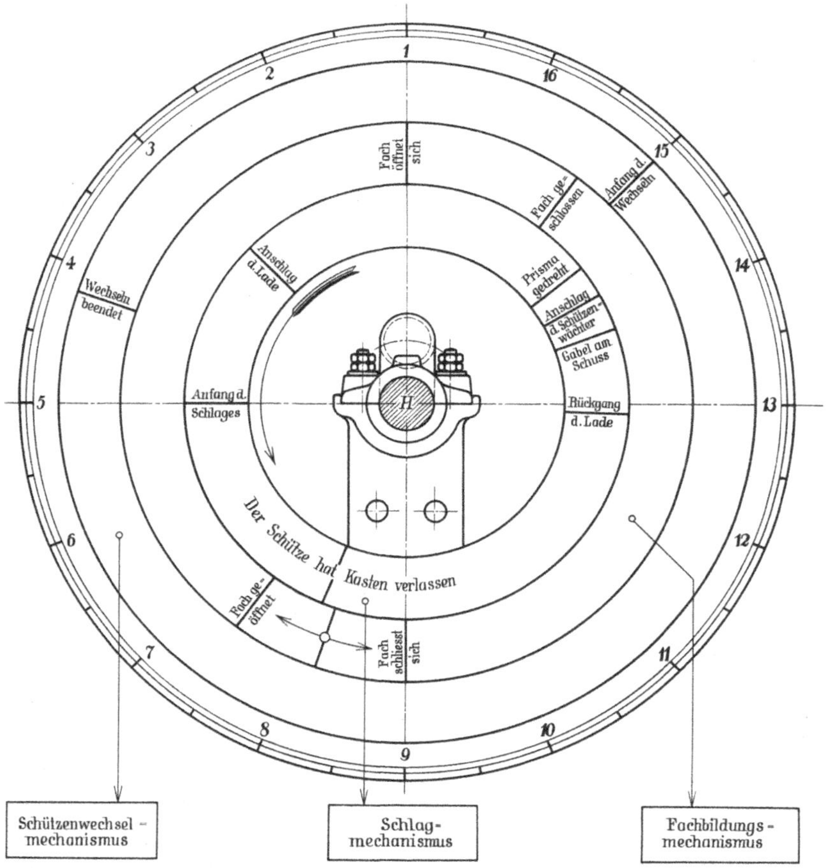

Abb. 460. Zeitdiagramm des breiten Webstuhles (z. B. des Schwabestuhles).

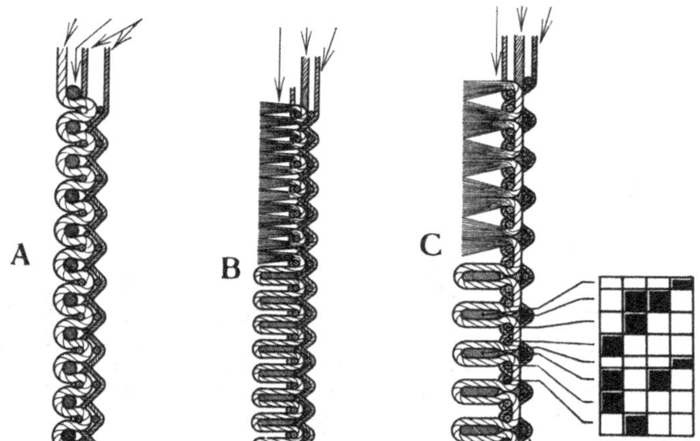

Abb. 462 Verschiedene Teppichbindungen.

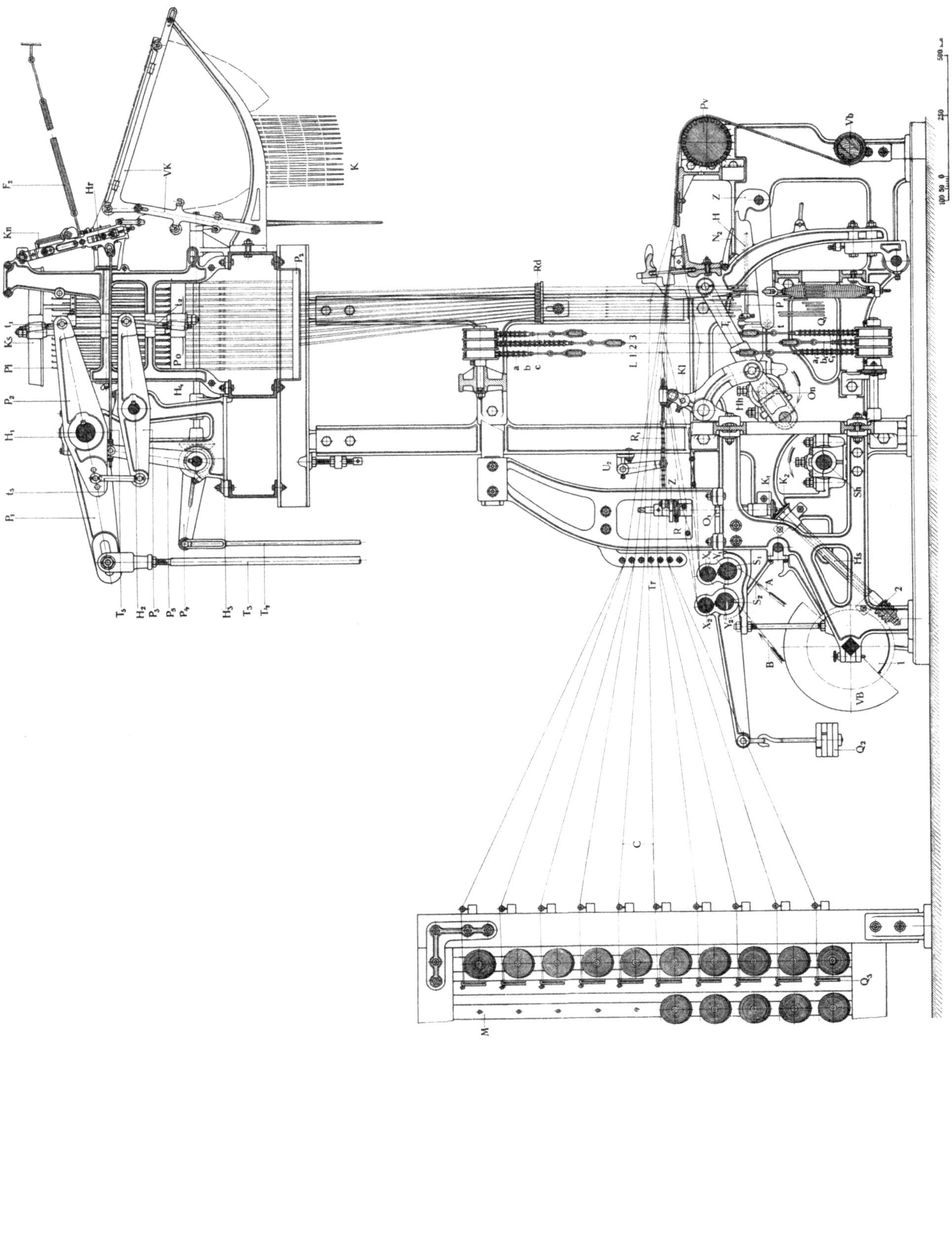

Abb. 463. Rutenwebstuhl $^{18}/_{4}$ der Sächsischen Webstuhlfabrik.

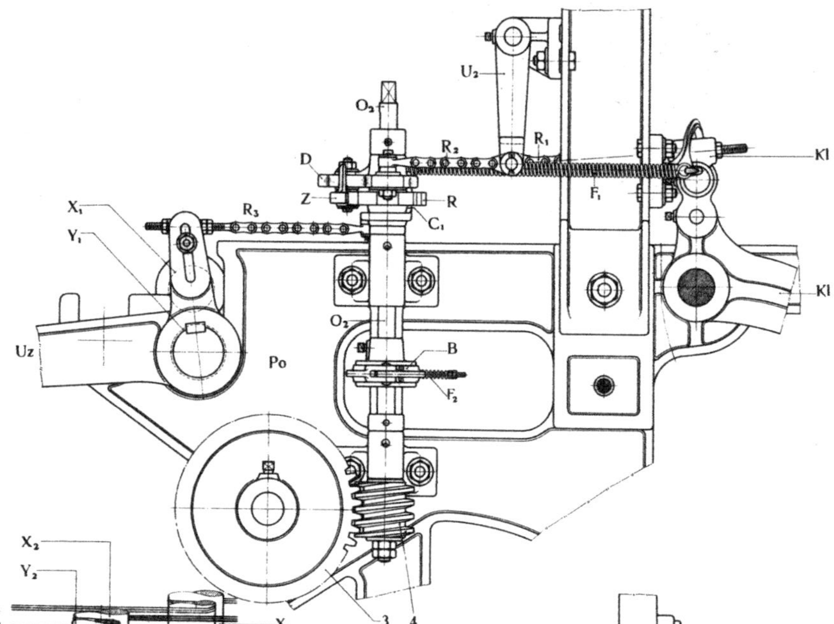

Abb. 464.

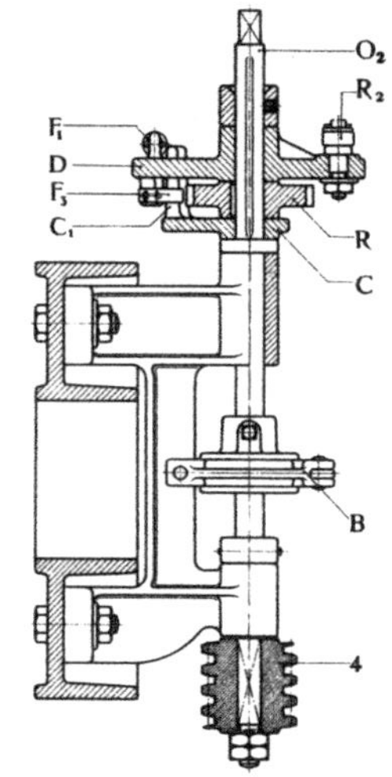

Abb. 466.

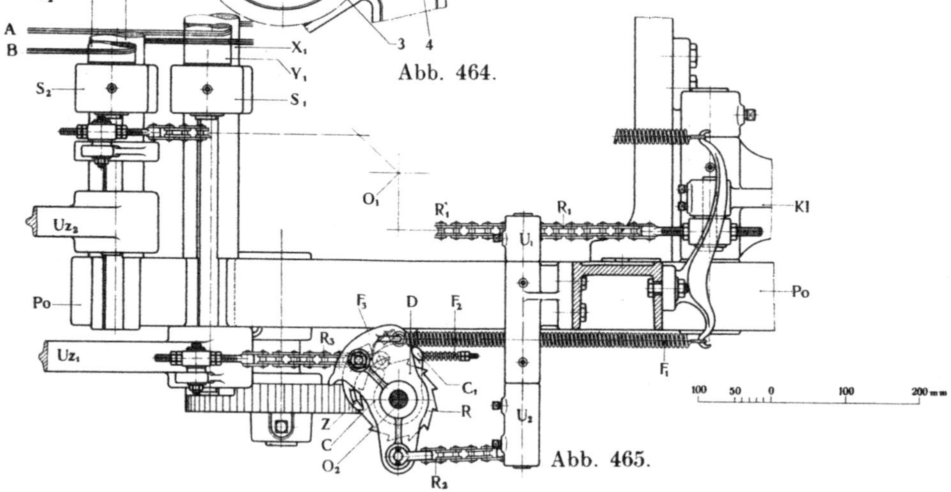

Abb. 465.

Abb. 464—466. Der Regulator der Bindekette (Ablaßvorrichtung).

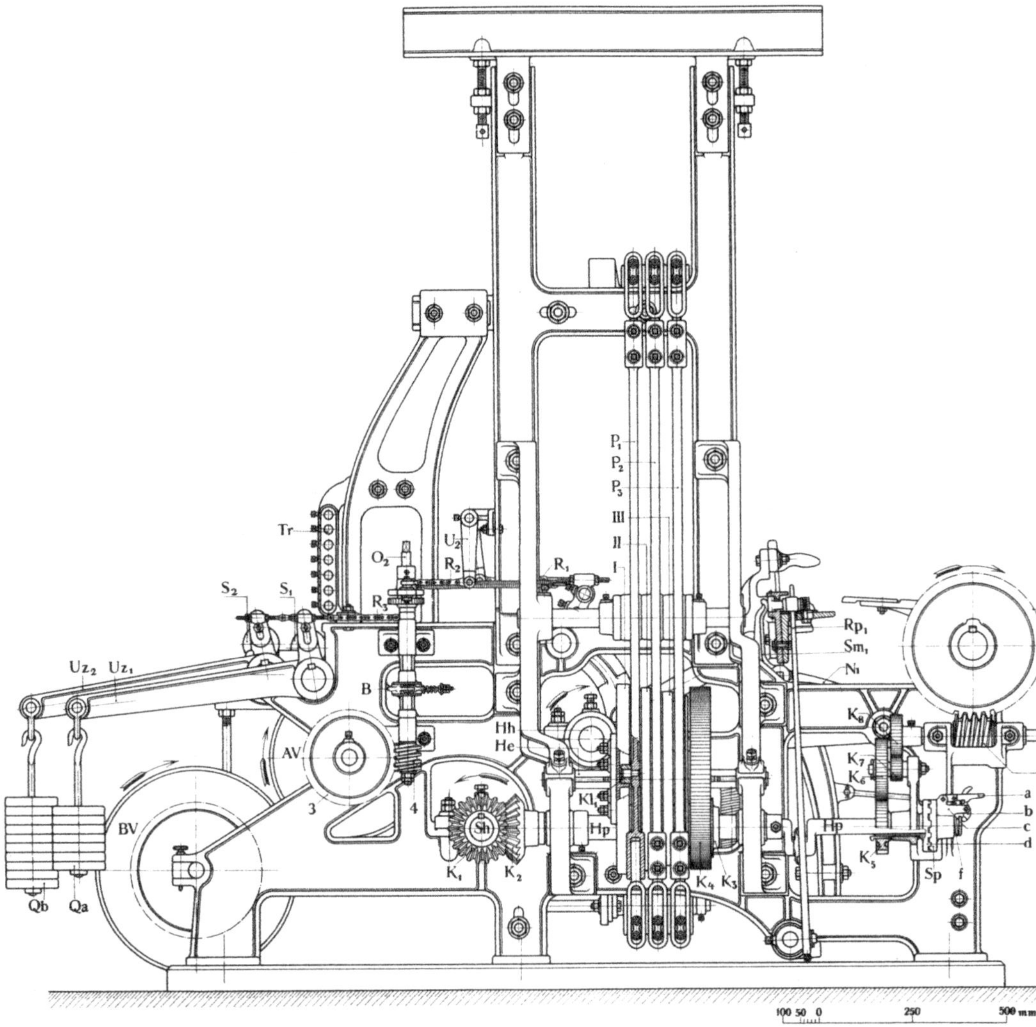

Abb. 467. Seitenansicht (von links) des Teppichrutenwebstuhles.

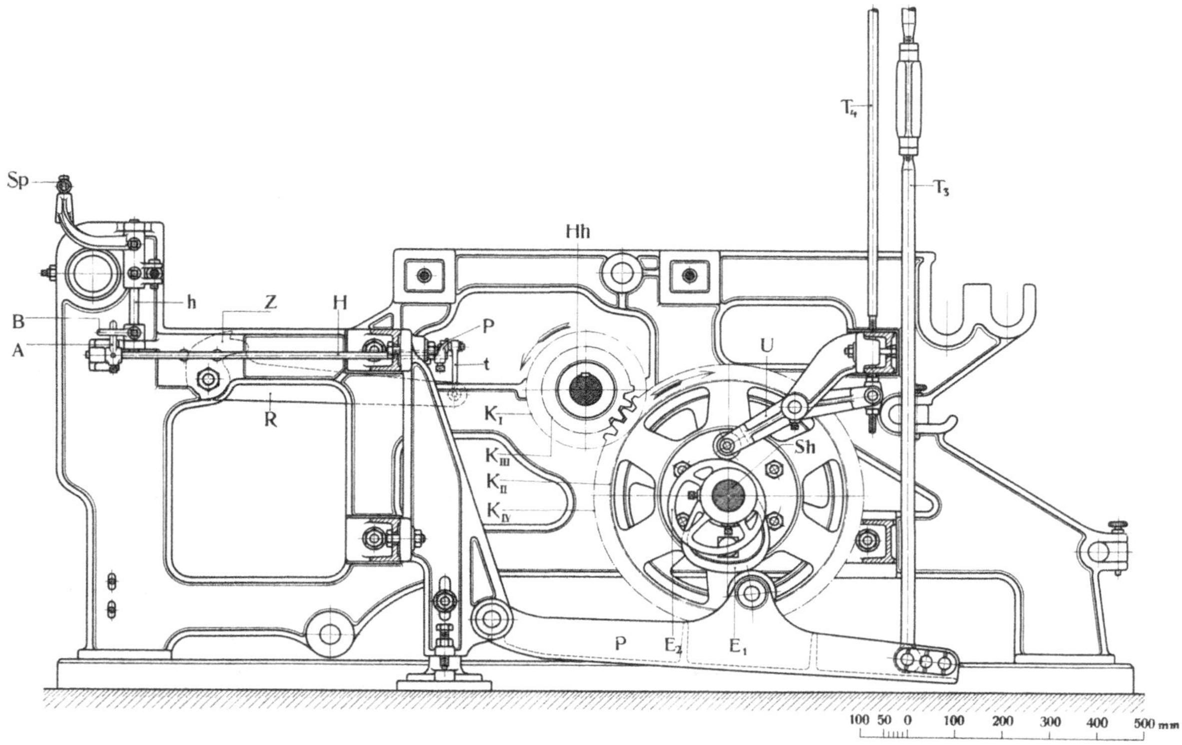

Abb. 468. Hauptantrieb mit Übersetzung von der Hauptwelle zur Unterwelle.

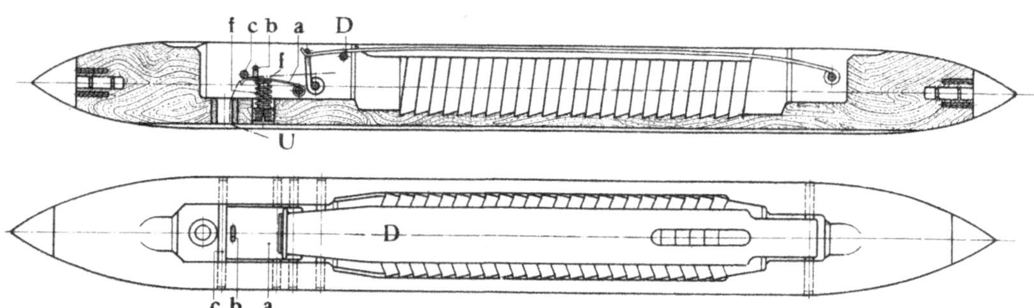

Abb. 470.

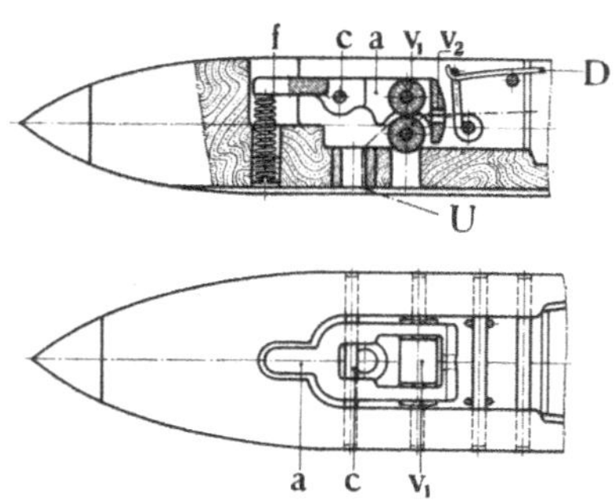

Abb. 471.

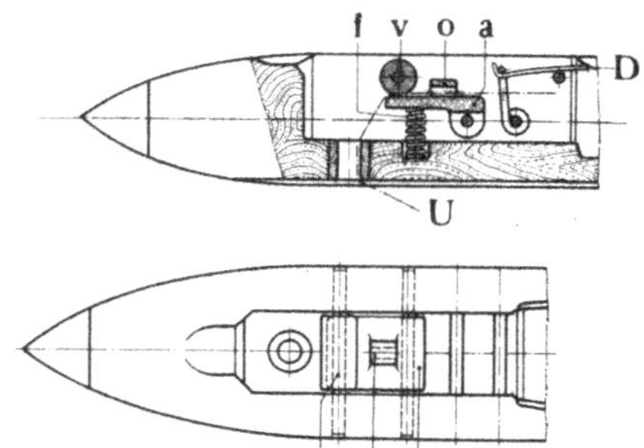

Abb. 472.

25 0 50 100 mm

Abb. 470—472. Die Schlauchkopsschützen mit drei Schußbremstypen.

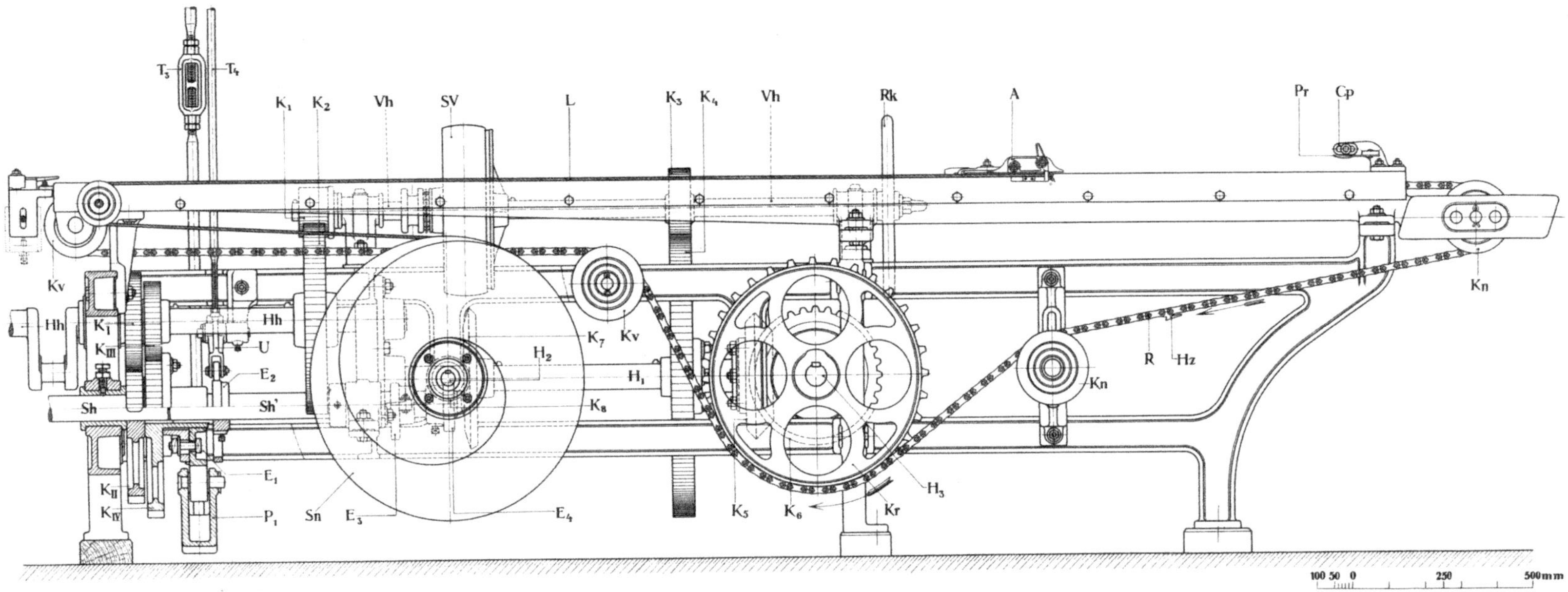

Abb. 469. Die Rutentreibvorrichtung des Rutenwebstuhles der Sächs. Webstuhlfabrik.

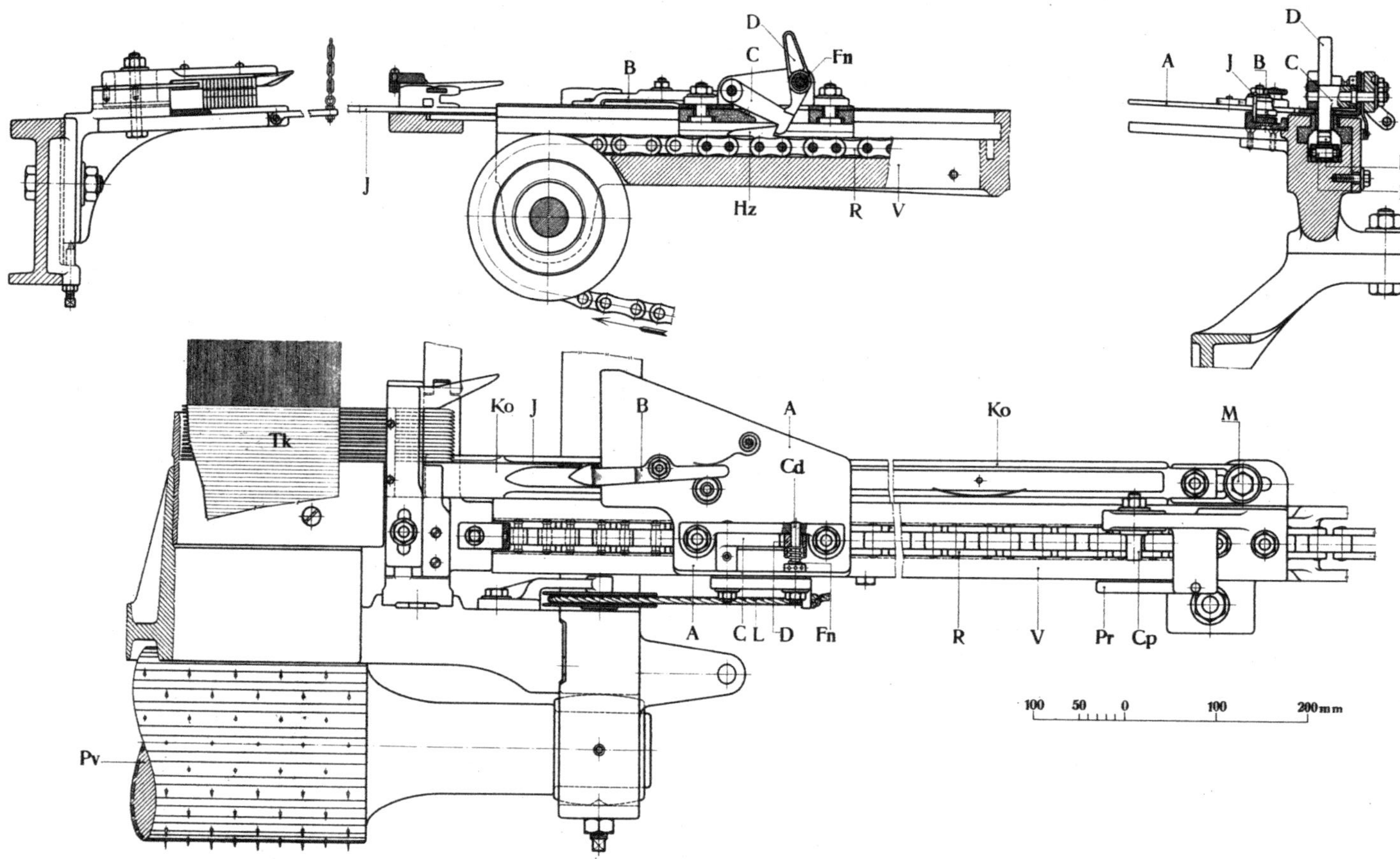

Abb. 473. Details für das Herausziehen und Einweben der Ruten.

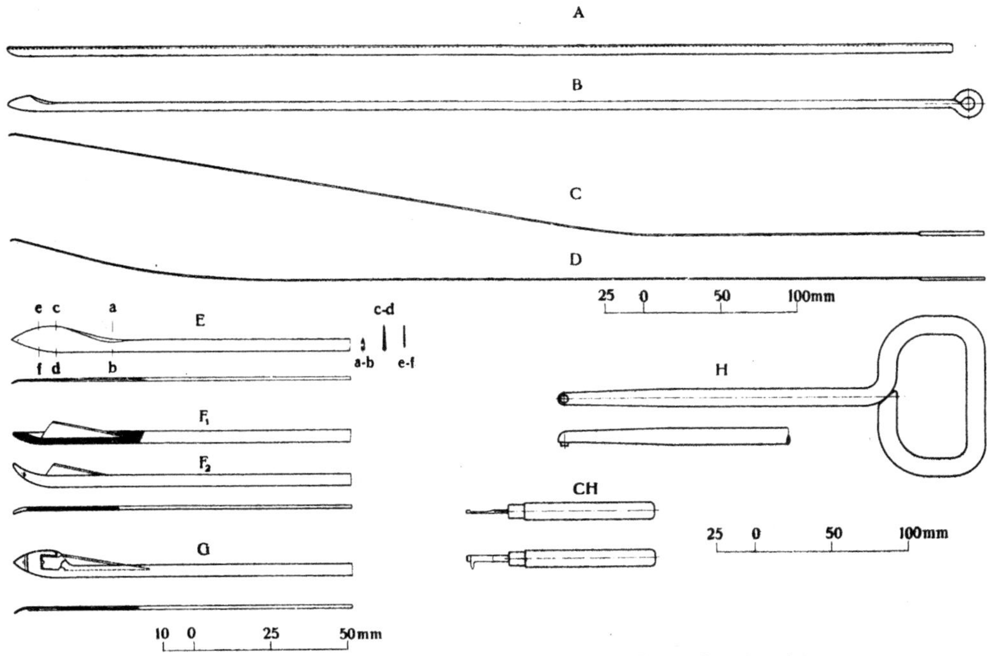

Abb. 474. Type der üblichen Ruten der Teppichwebstühle.

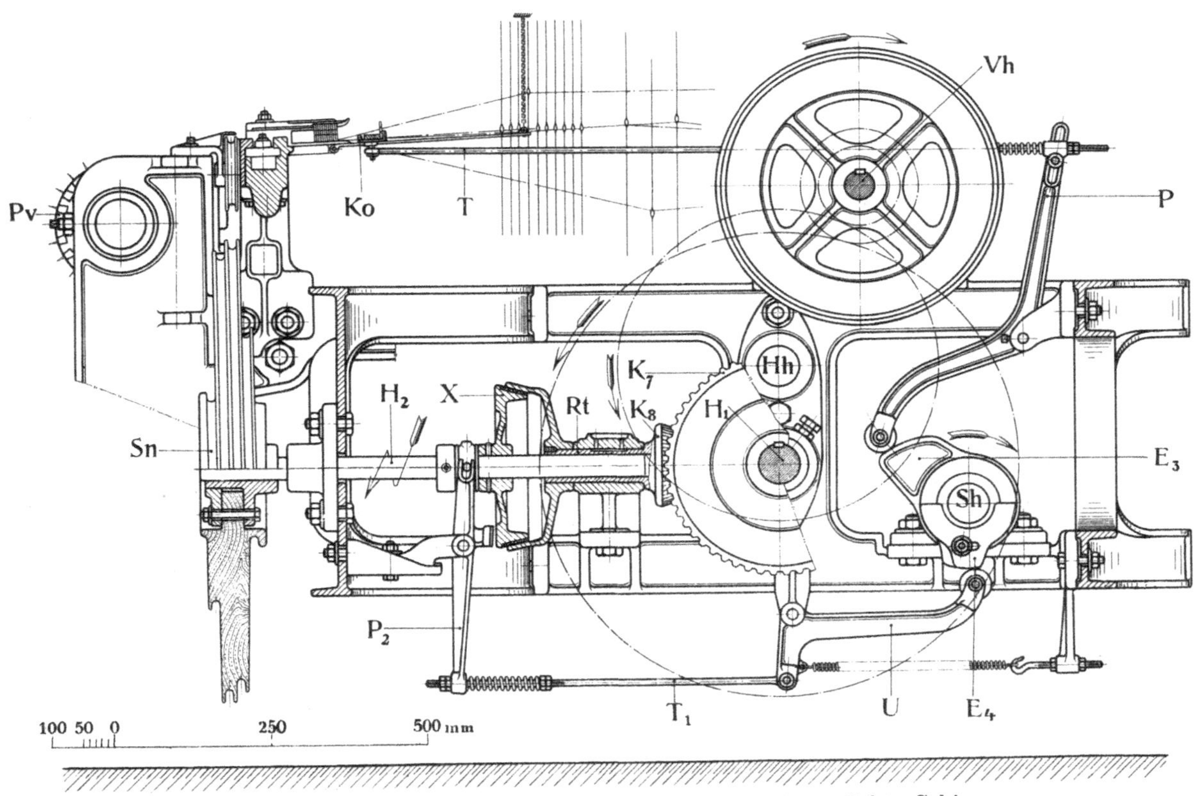

Abb. 475. Die Vorrichtung zur Beherrschung der beweglichen Schiene (Rutenführung) und des Schneckes.

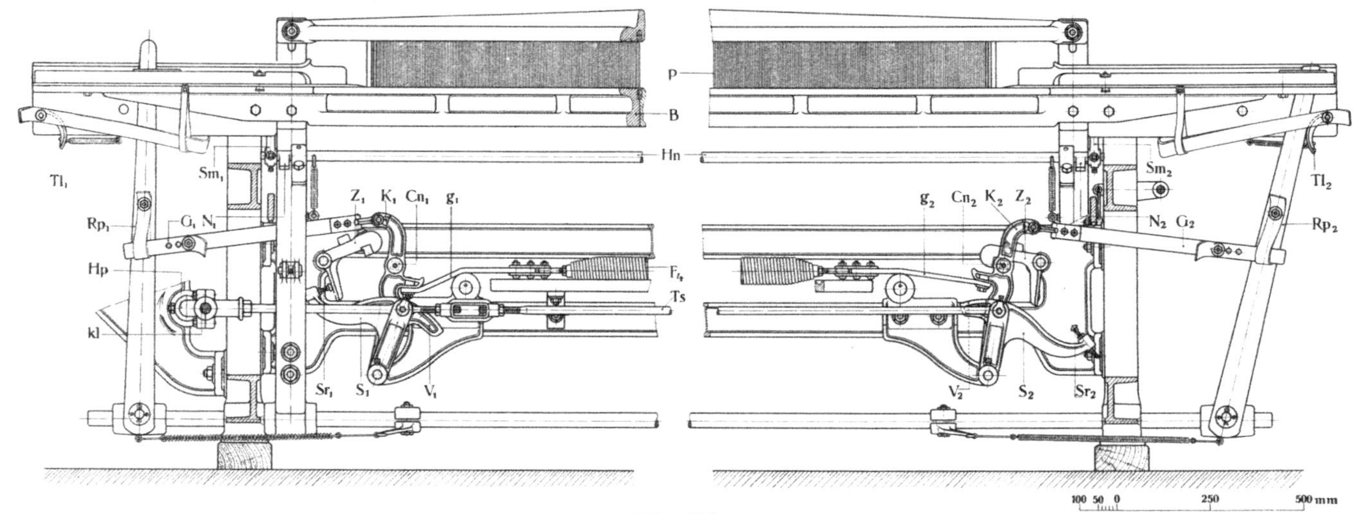

Abb. 476.

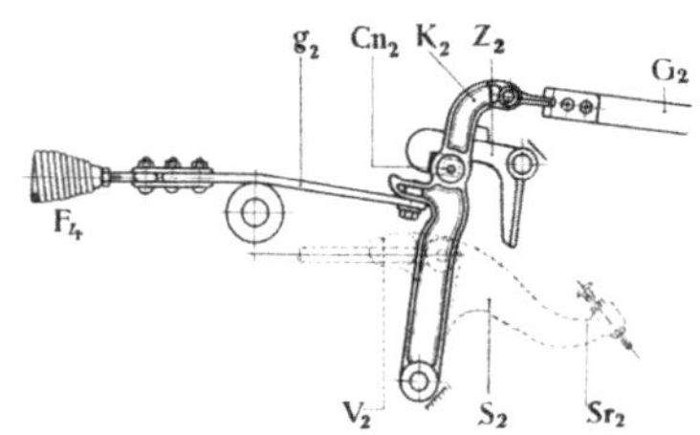

Abb. 477.

Abb. 476—477. Federschlag des ${}^{18}/_{4}$ Teppichwebstuhles.

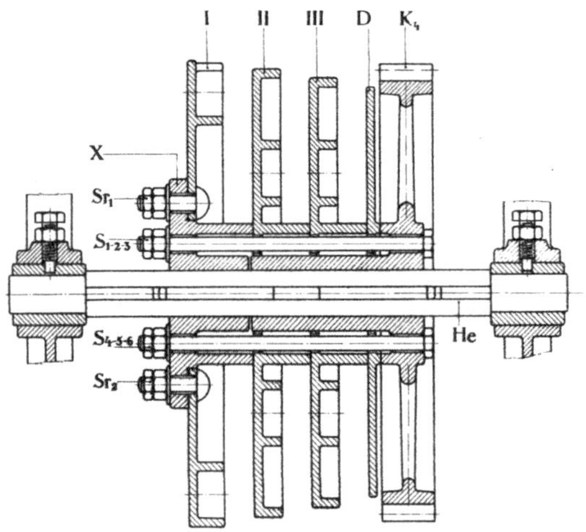

Abb. 478.

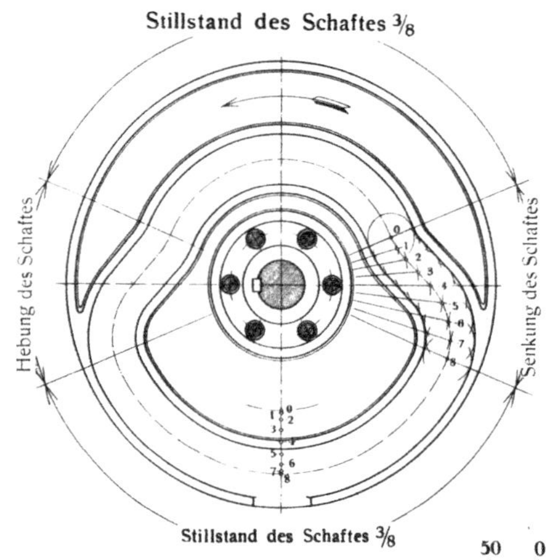

Abb. 479.

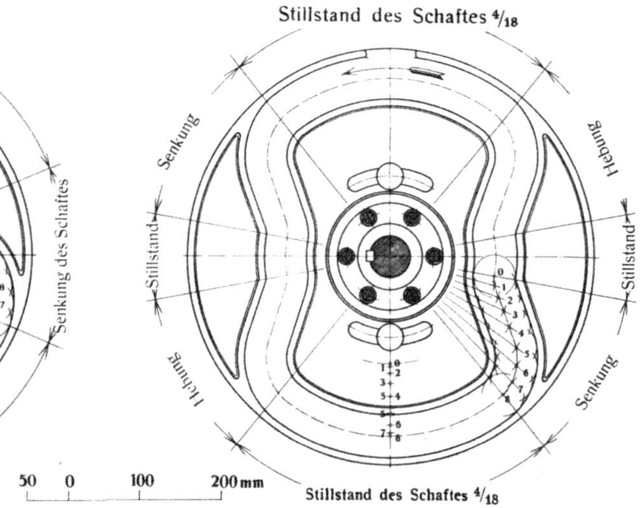

Abb. 480.

Abb. 478—480. Die Konstruktion des Fachexzenters für Rutenwebstühle der Sächs. Webstuhlfabrik.

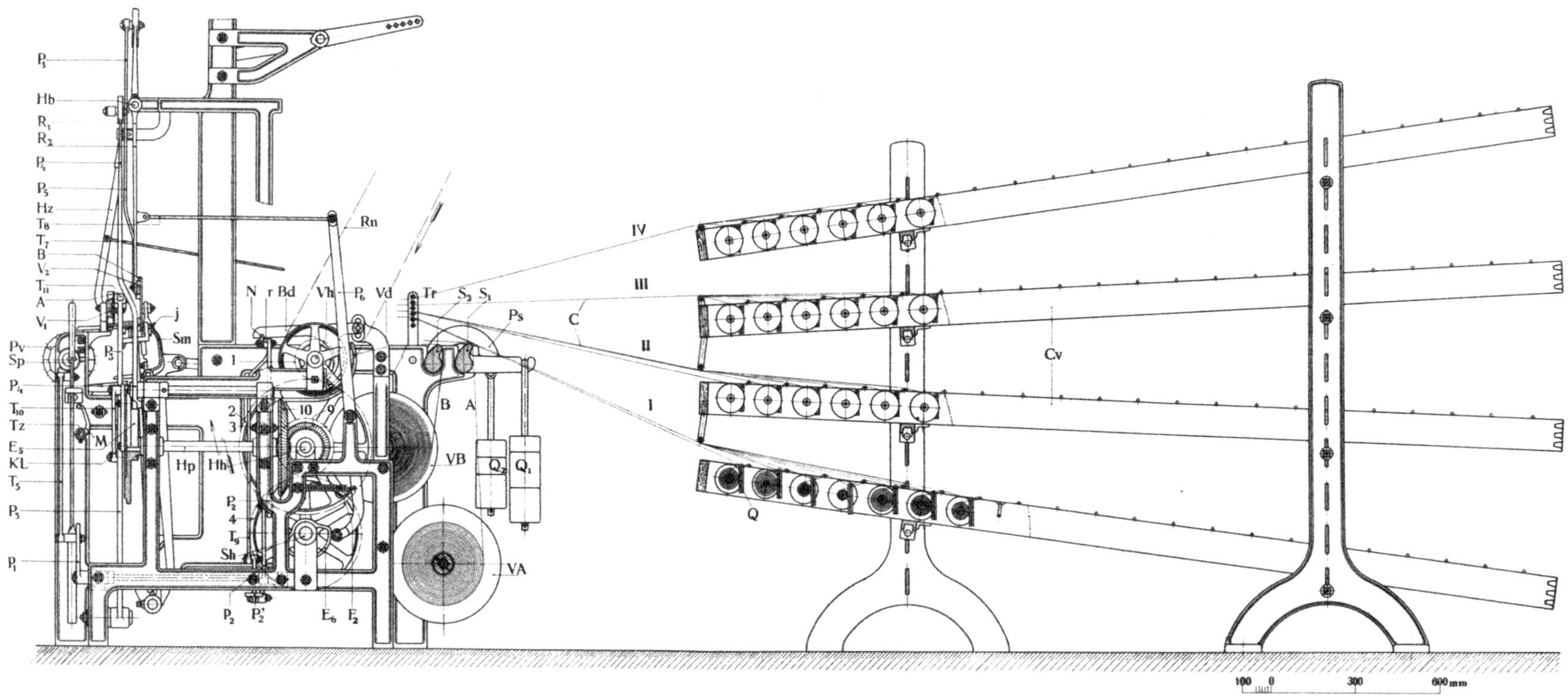

Abb. 481. Englischer Rutenwebstuhl. (Die Seitenansicht und die Kettenführung.)

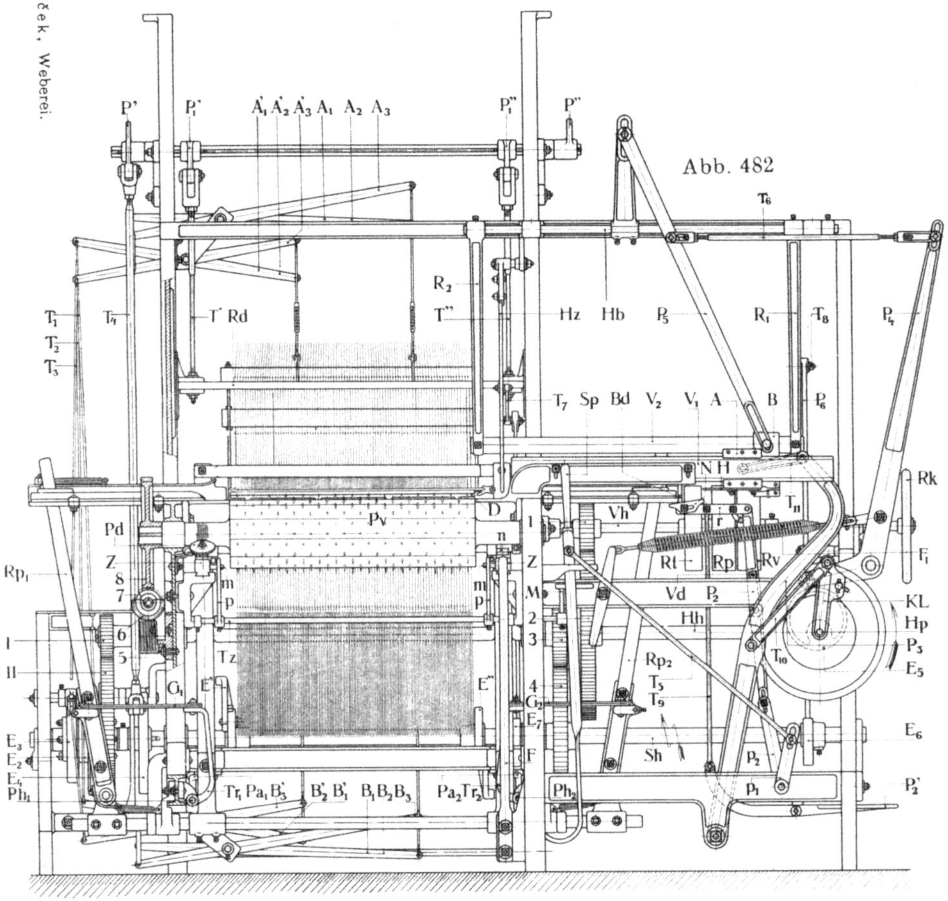

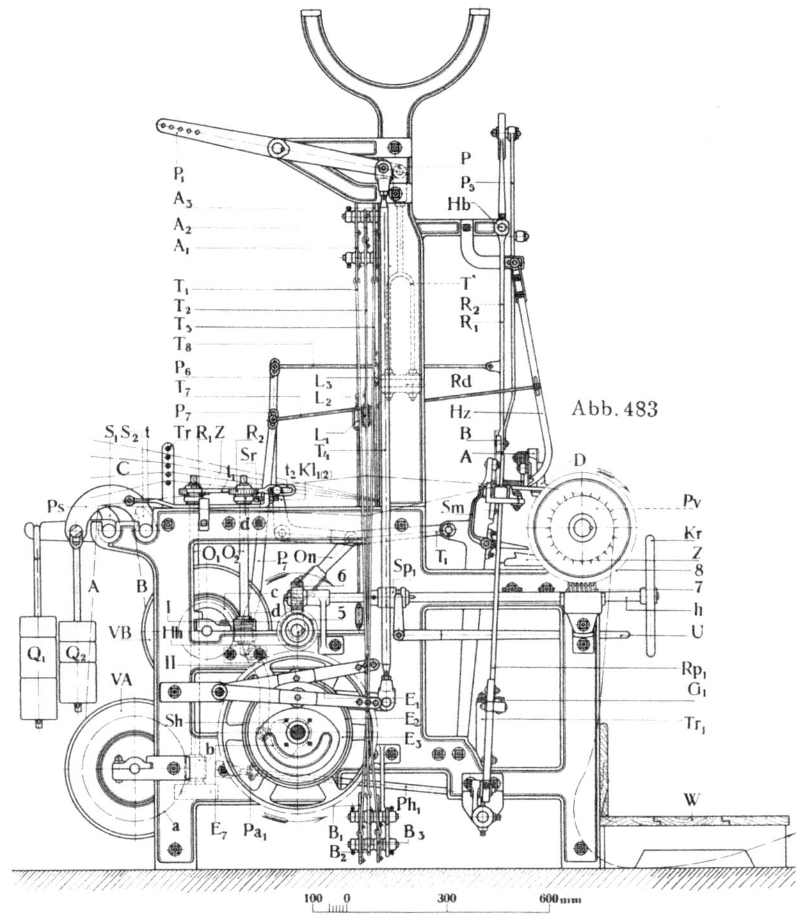

Abb. 482—483. Englischer Rutenwebstuhl von 70 cm Blattbreite.

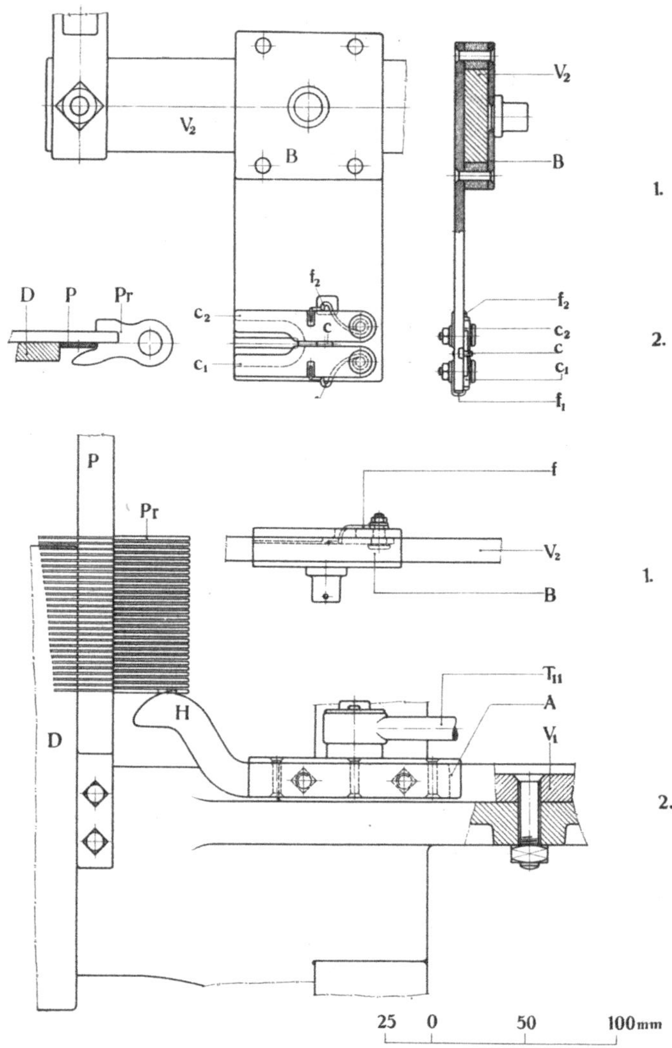

Abb. 484. Die Vorrichtung zum Herausziehen und Einweben der Ruten.

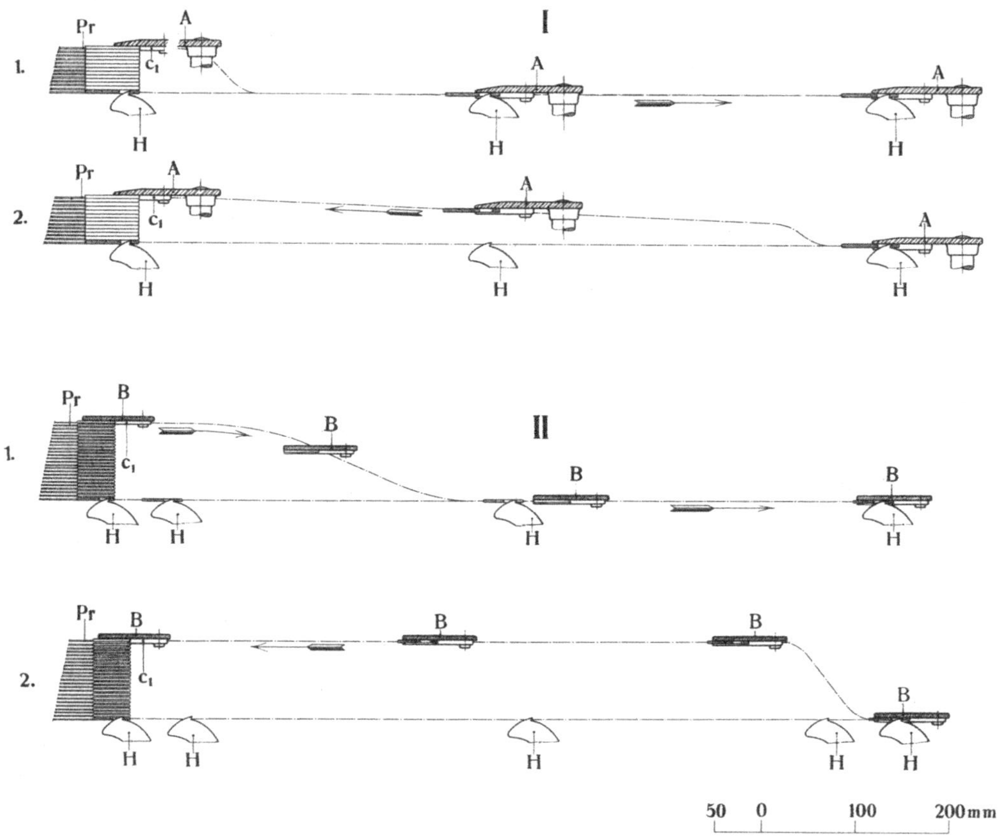

Abb. 485. Schema der Bewegung der Ruten des deutschen (I) und englischen (II) Rutenwebstuhles.

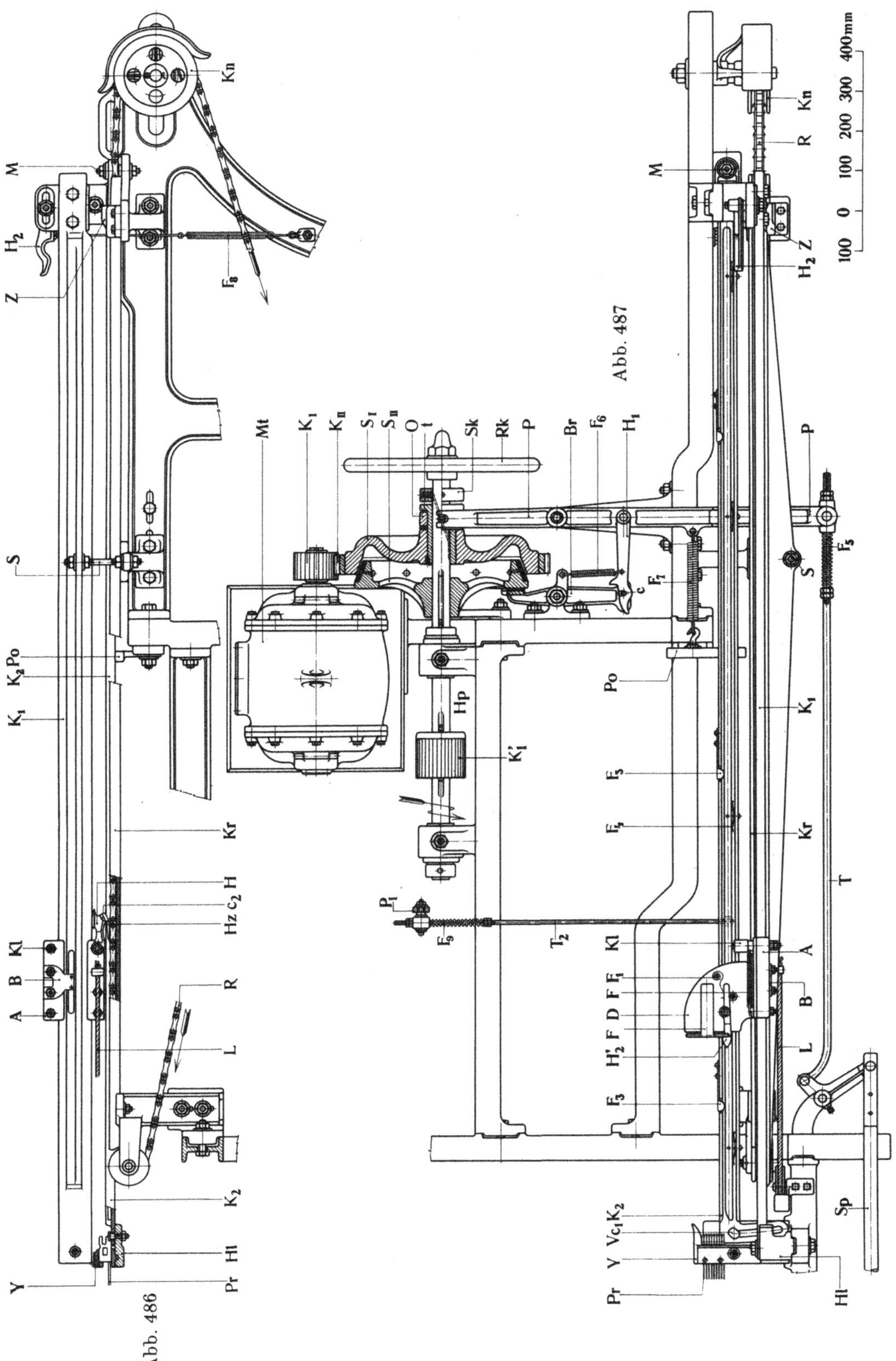

Abb. 486—487. Der Rutenwebstuhl der Sächs. Webstuhlfabrik ($^{12}/_{4}$ Blattbreite).

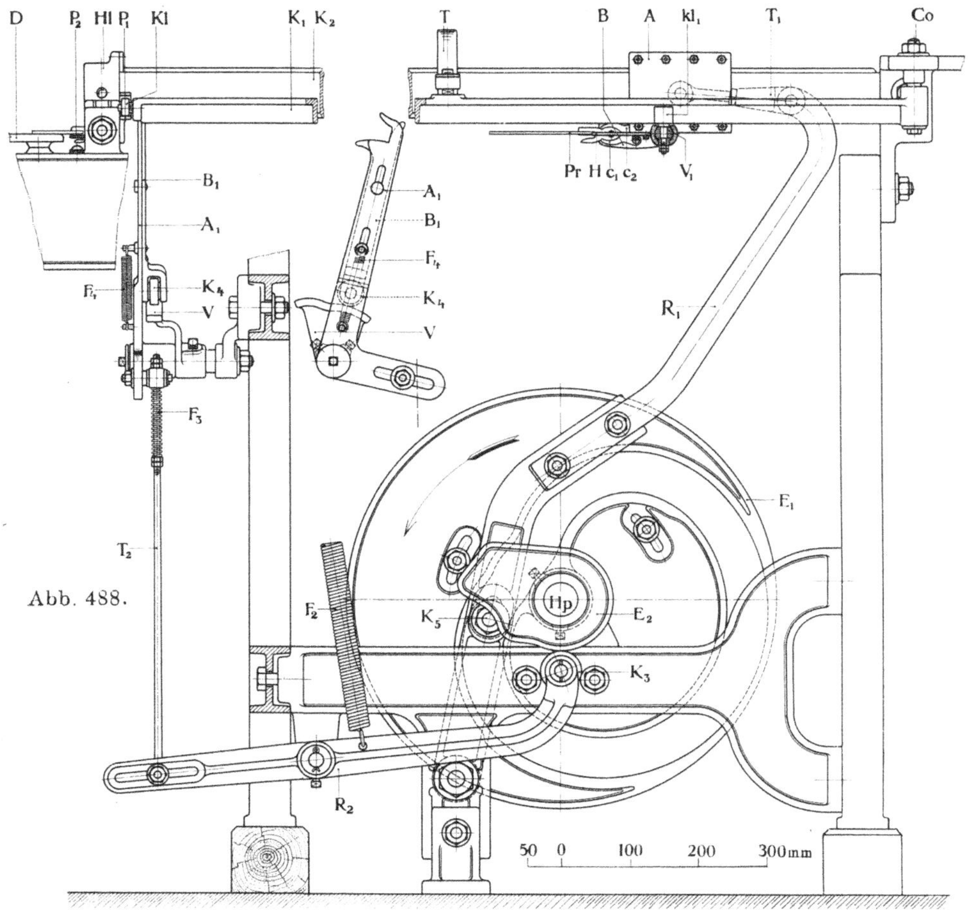

Abb. 488.

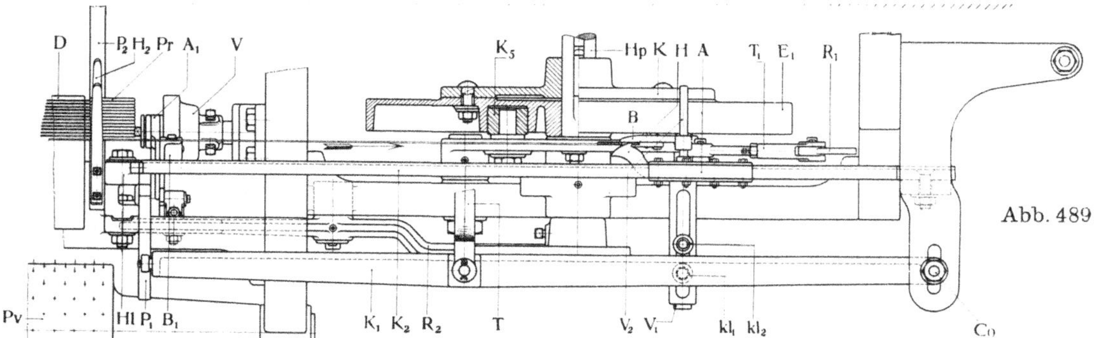

Abb. 489.

Abb. 488—489. Der Rutenbewegungsmechanismus für den Stuhl von 90 cm Blattbreite (Sächs. Maschinenfabrik Hartmann).

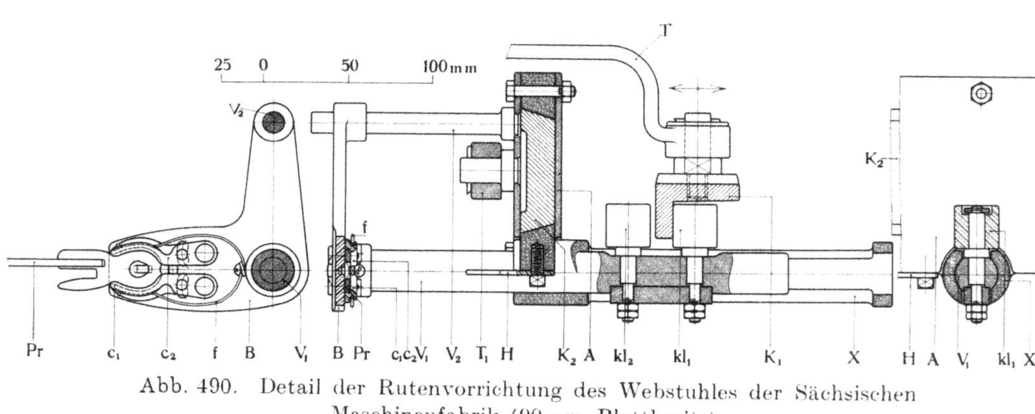

Abb. 490. Detail der Rutenvorrichtung des Webstuhles der Sächsischen Maschinenfabrik (90 cm Blattbreite).

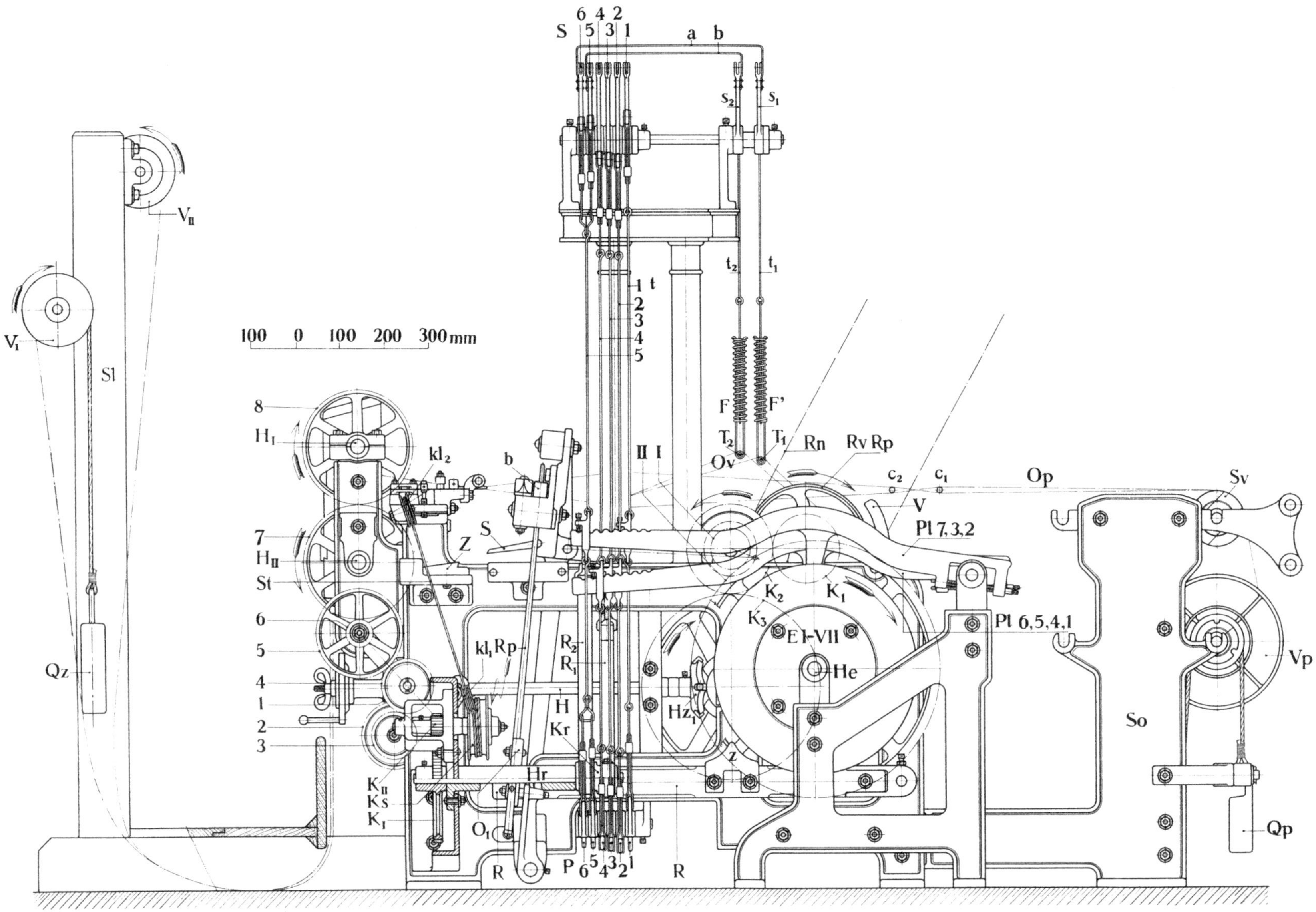

Abb. 491. Der Doppelsamtwebstuhl (Firma Tonnar, Dülken).

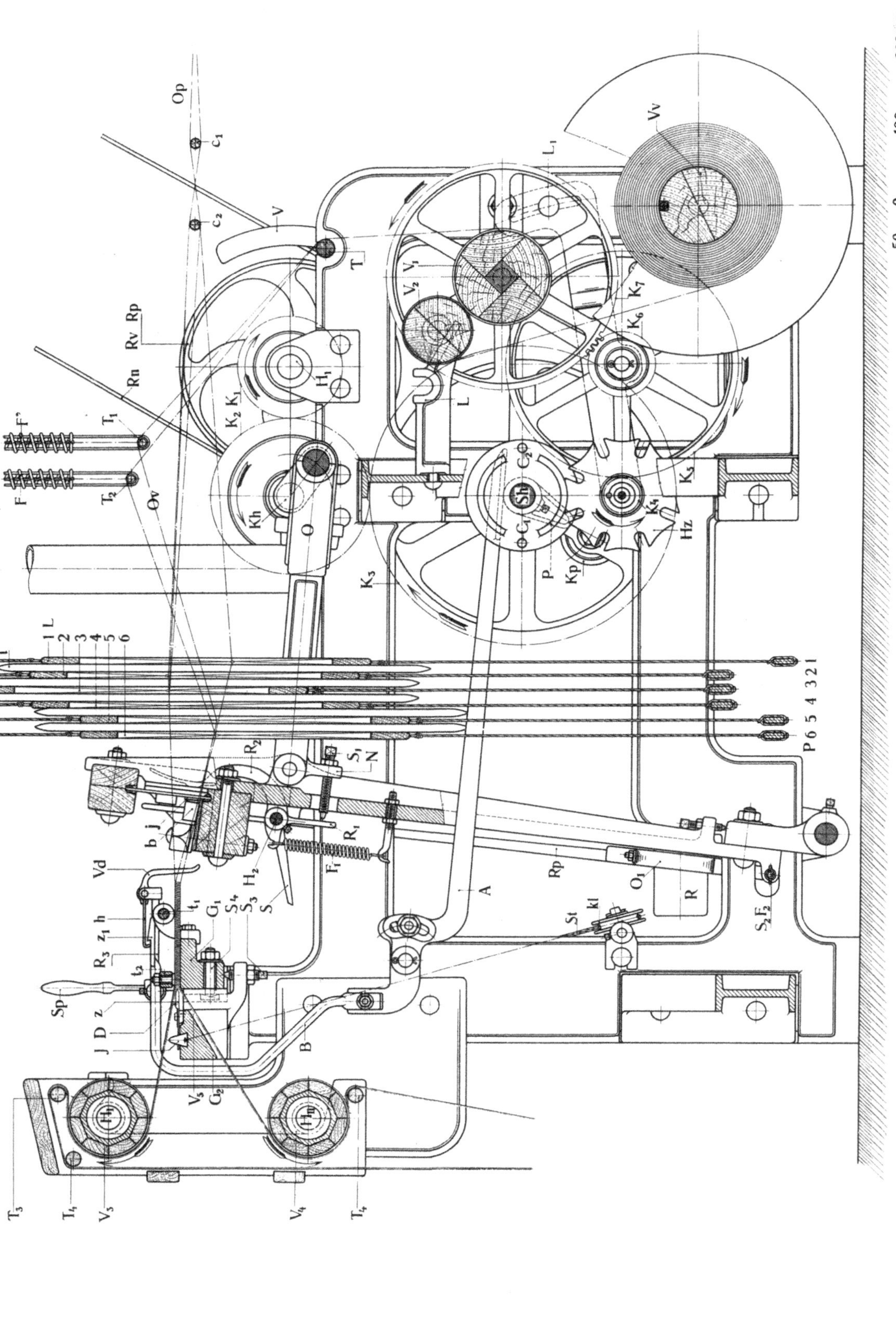

Abb. 492. Längenschnitt des Doppelsamtwebstuhles.

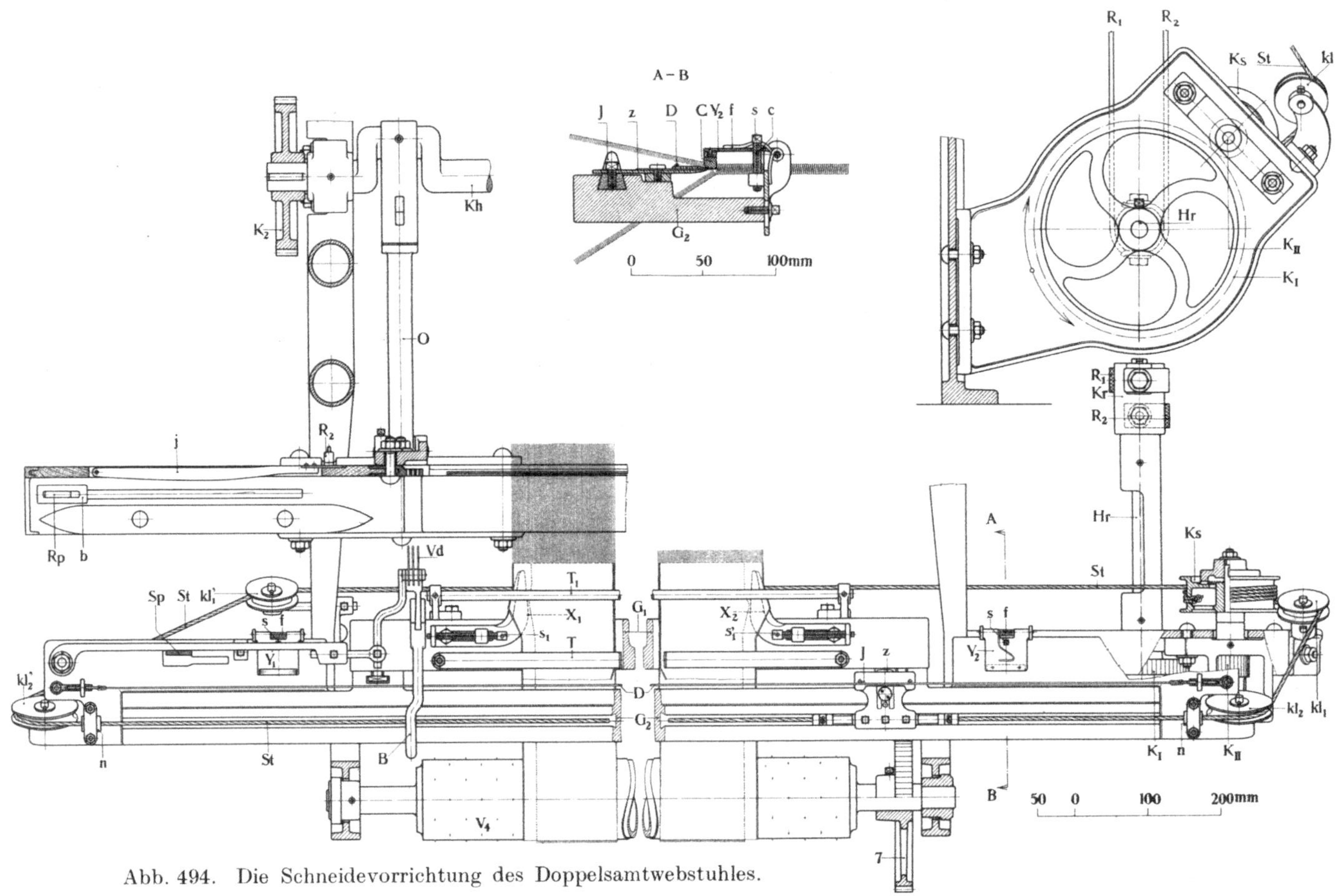

Abb. 494. Die Schneidevorrichtung des Doppelsamtwebstuhles.

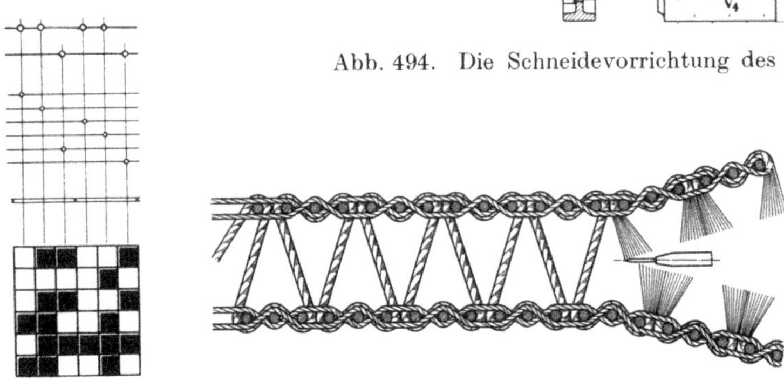

Abb. 493. Bindung und Schnitt des Doppelsamtes.

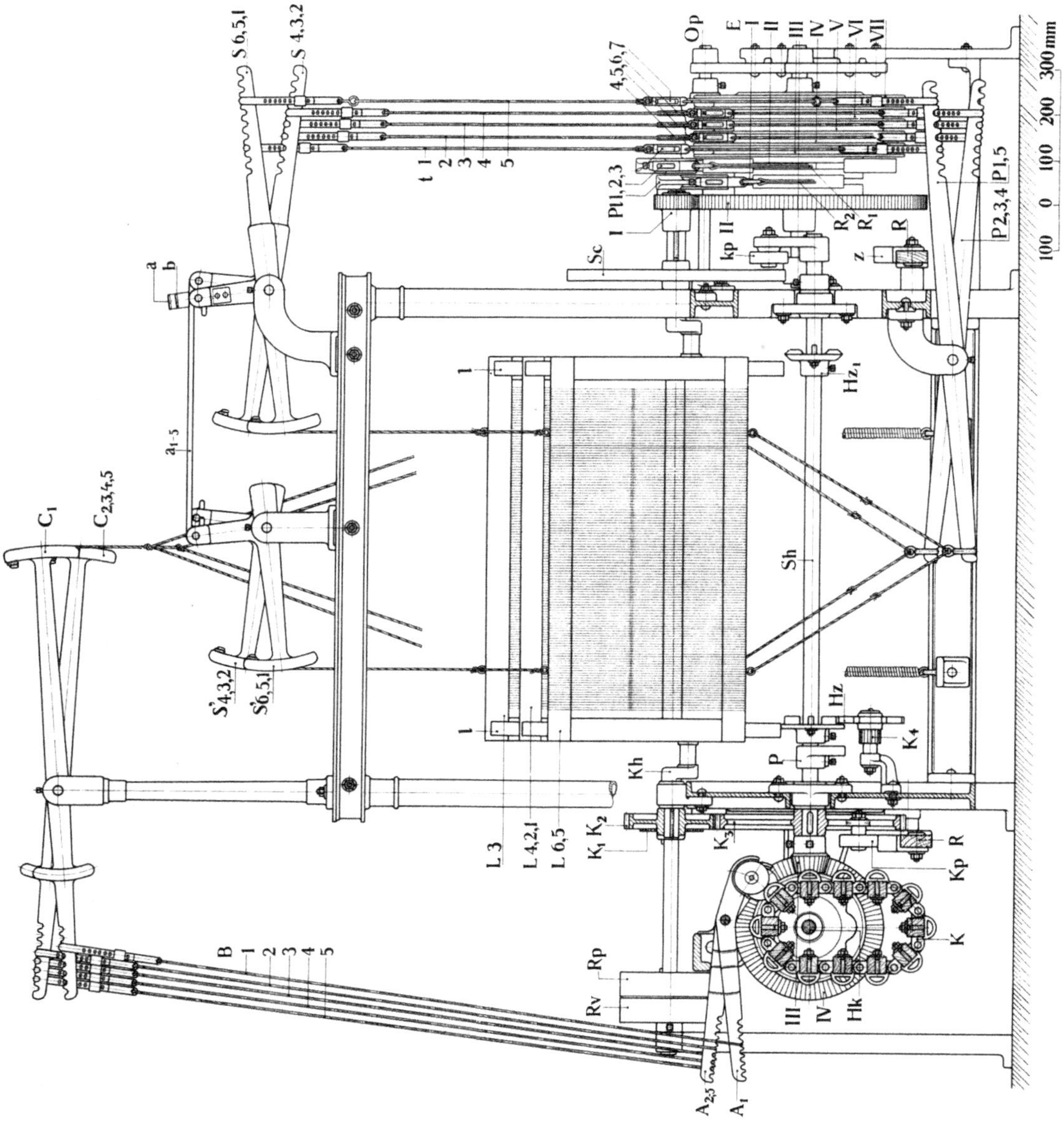

Abb. 495. Die Fachvorrichtung des Doppelsamtwebstuhles.

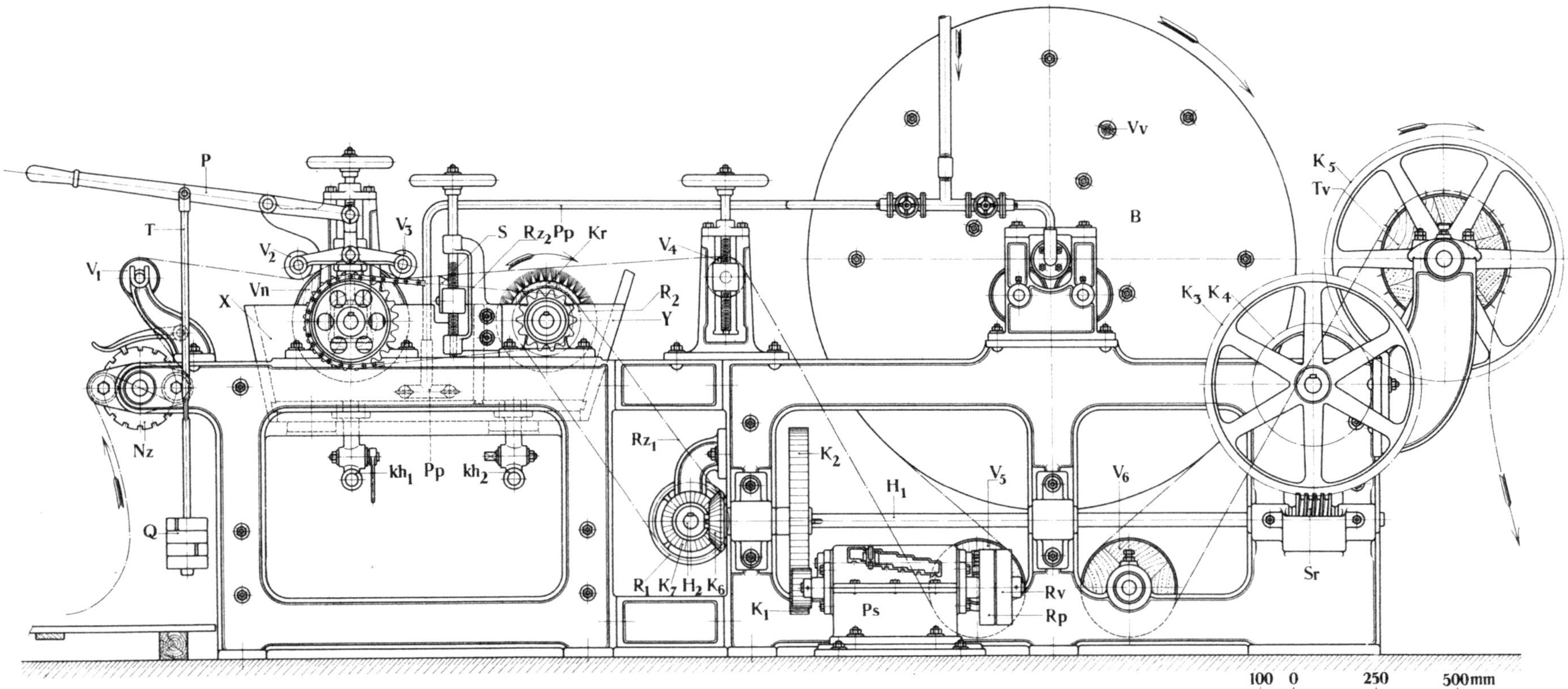

Abb. 496. Die Teppichleimmaschine.

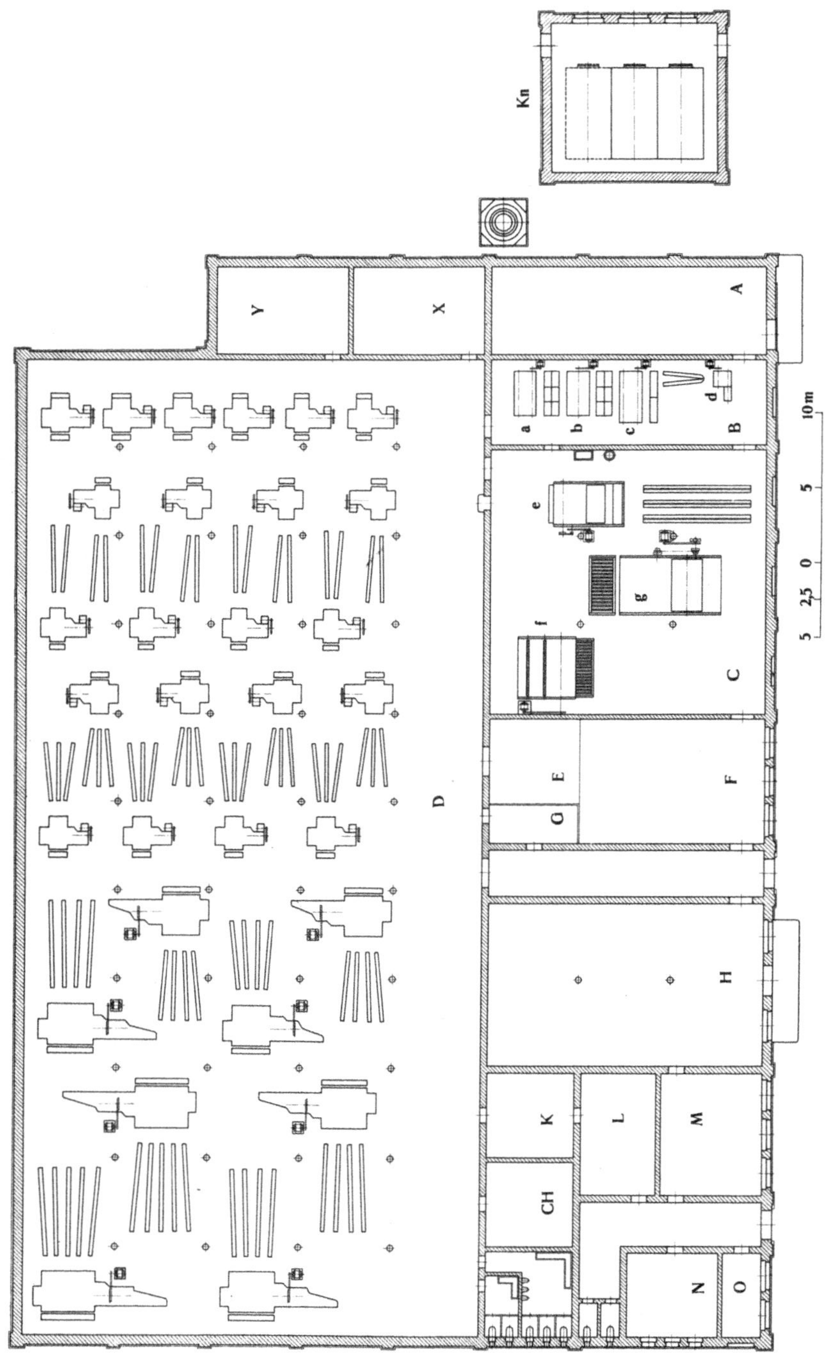

Abb. 497. Der Plan der Plüschweberei.

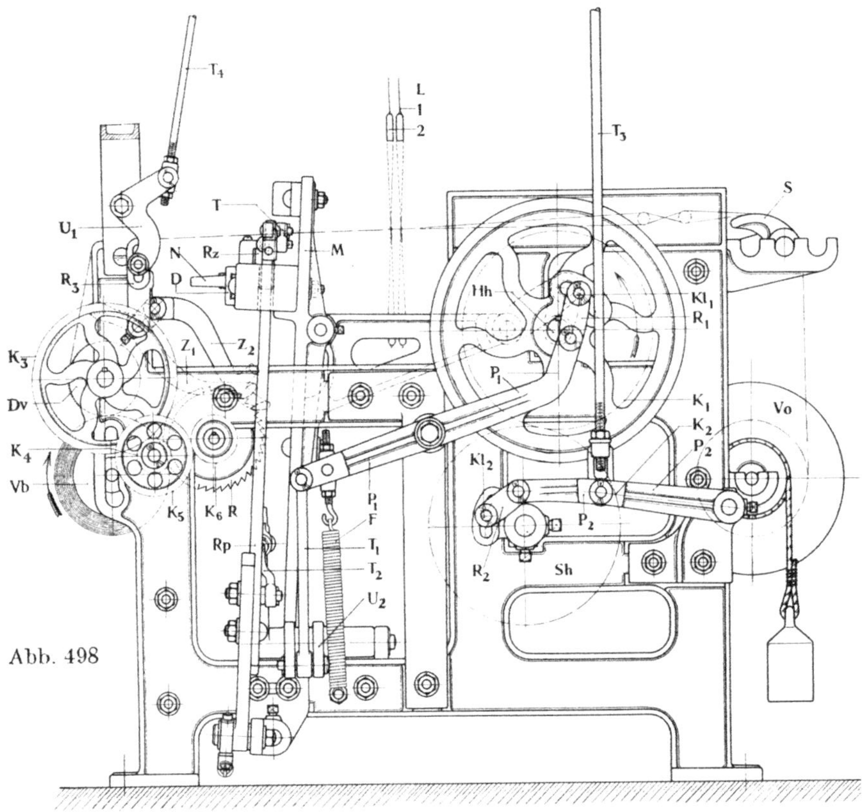

Abb. 498

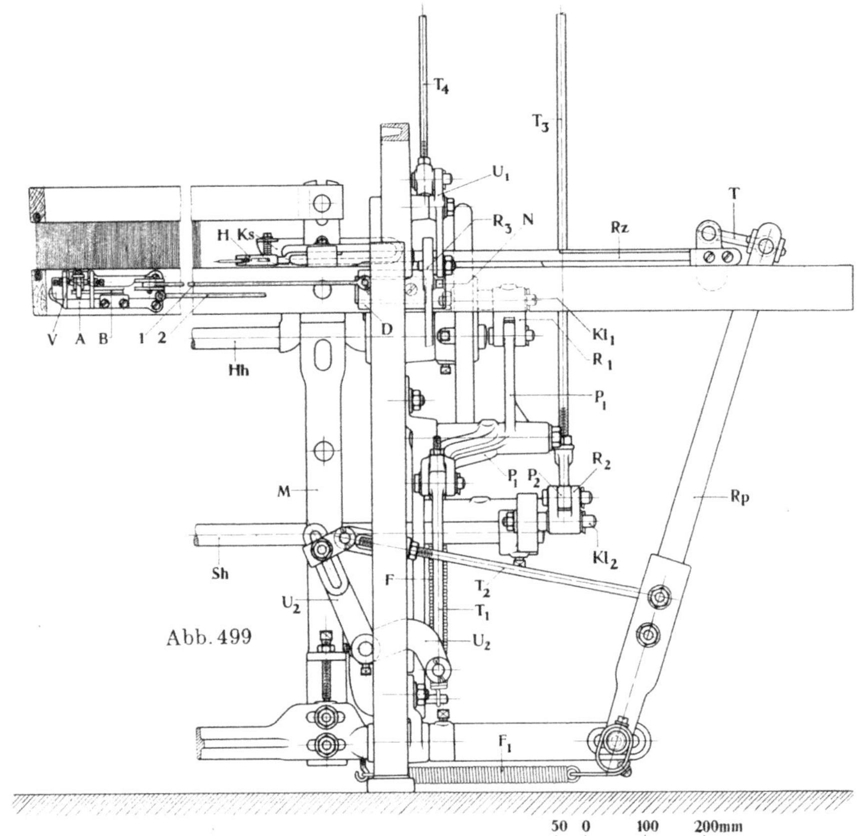

Abb. 499

Abb. 498—499. Der Roßhaarwebstuhl (Seiten- und Vorderansicht).

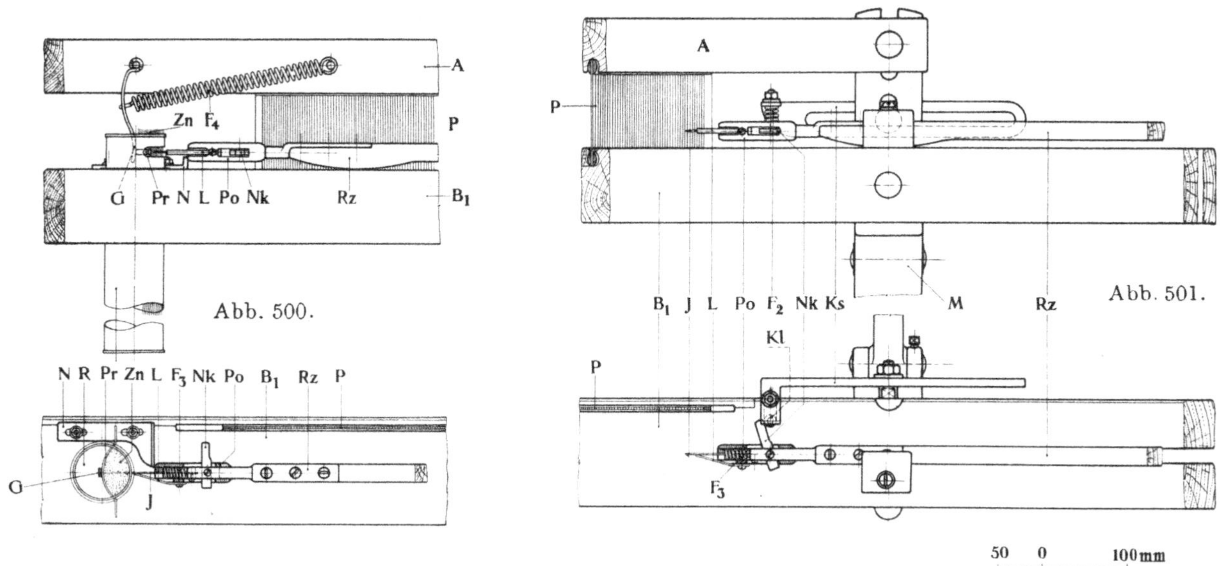

Abb. 500.

Abb. 501.

Abb. 500—501. Der Eintragmechanismus des Roßhaarwebstuhles.

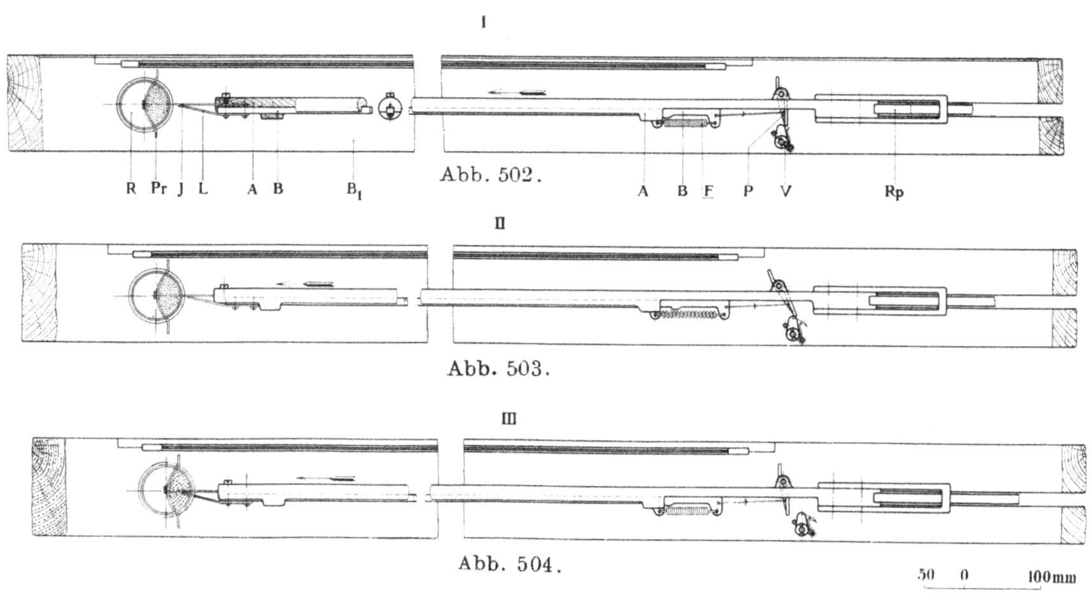

Abb. 502.

Abb. 503.

Abb. 504.

Abb. 502—504. Der Eintragsarm für Roßhaar.

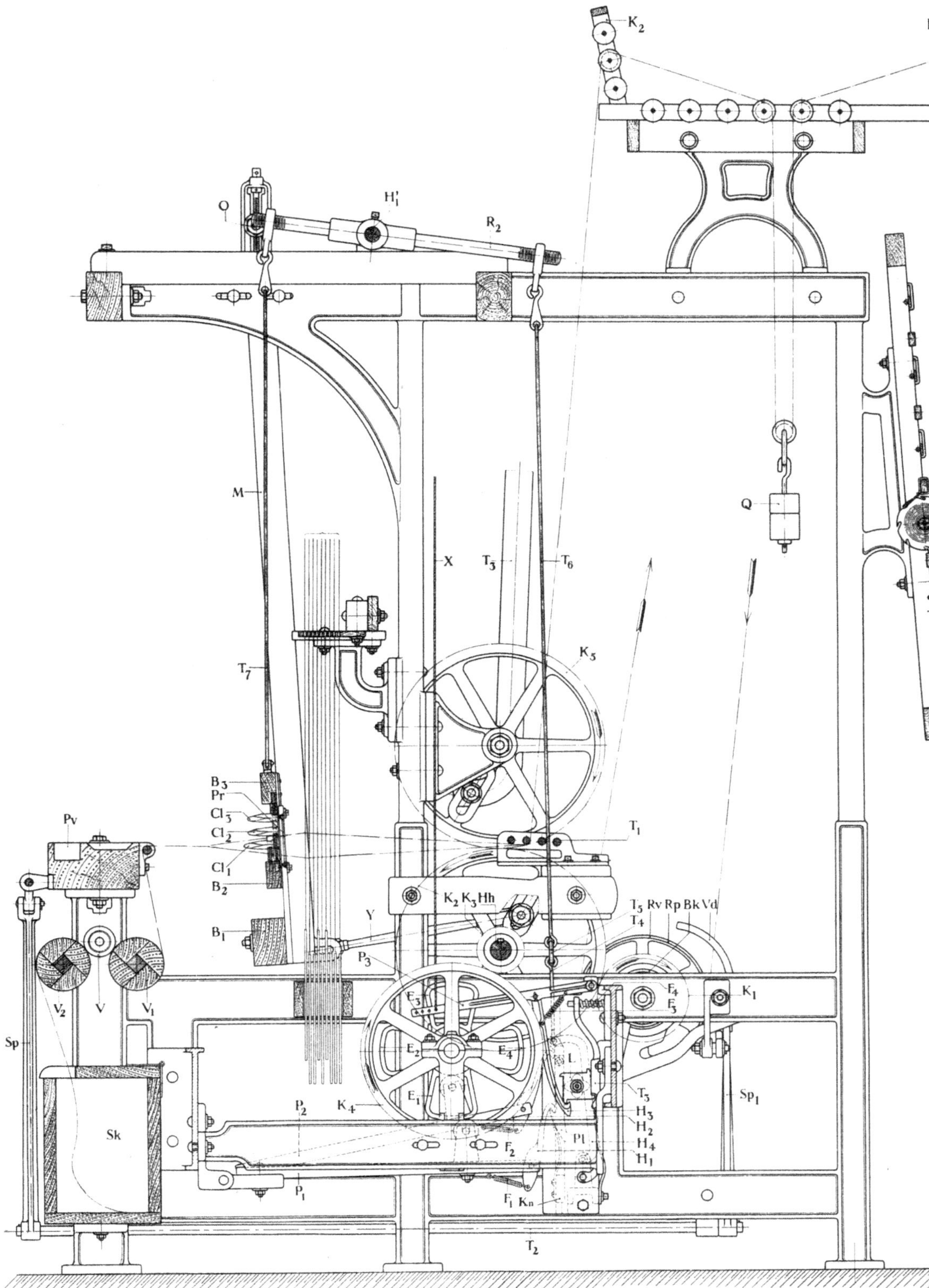

Abb. 505. Der Bandwebstuhl der Firma Lüdorf & Co., Barmen.

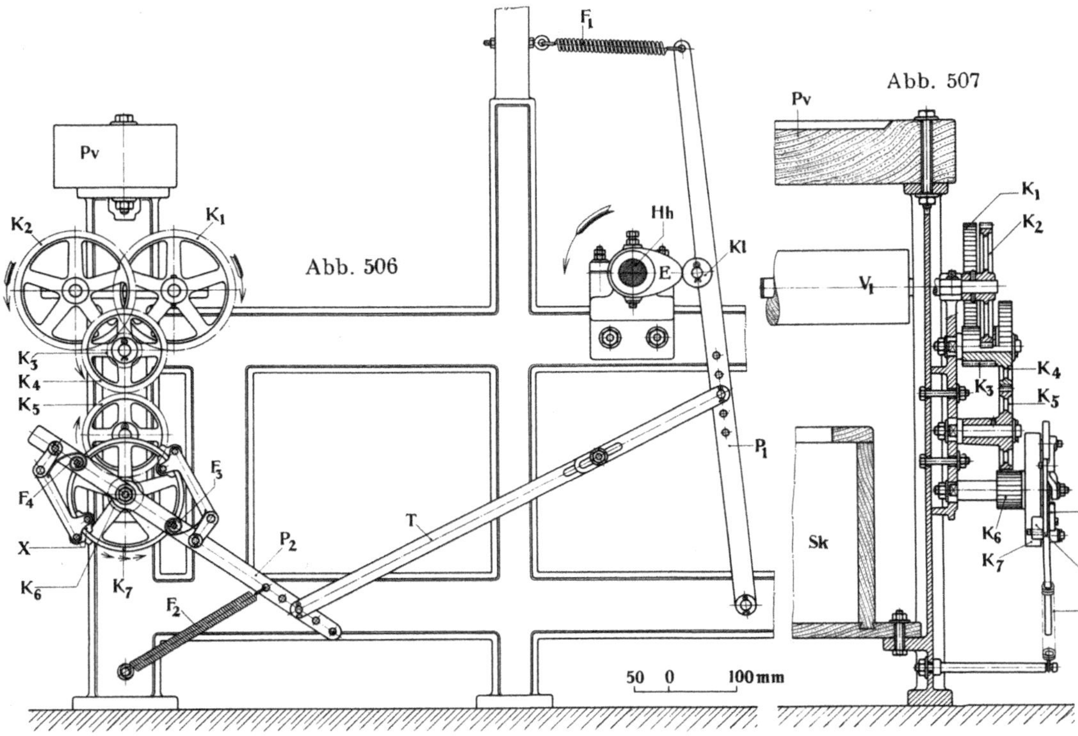

Abb. 506—507. Der Regulator des Hochleistungs-Bandwebstuhles.

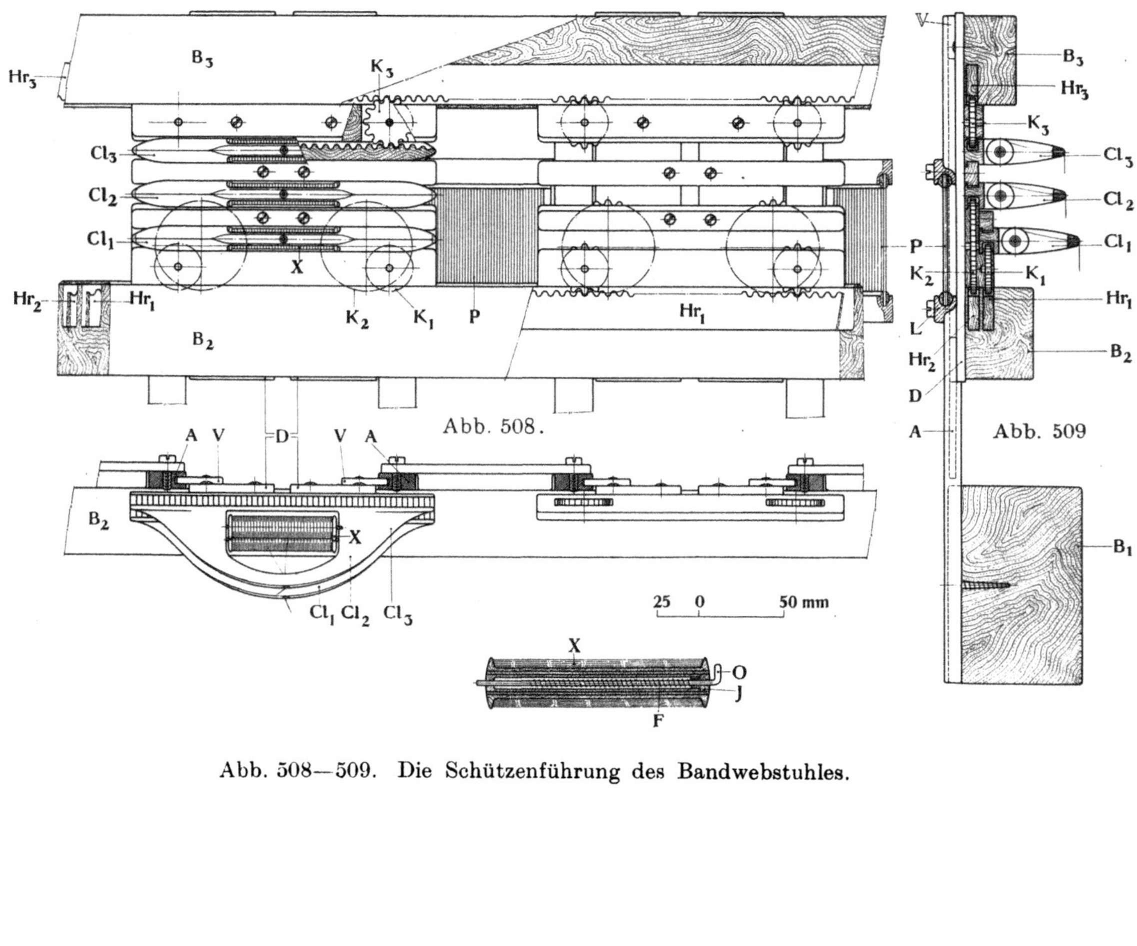

Abb. 508—509. Die Schützenführung des Bandwebstuhles.

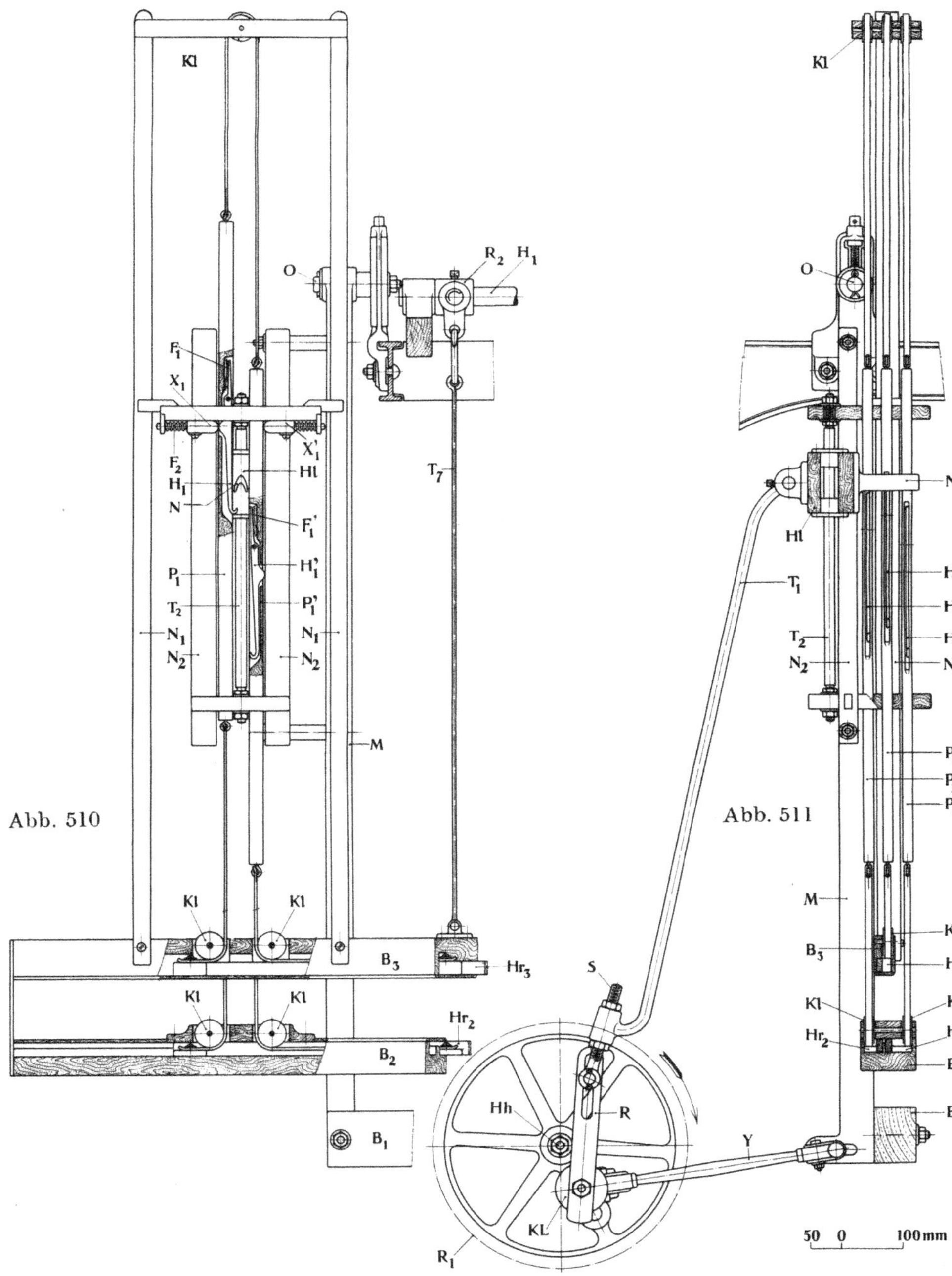

Abb. 510—511. Die Hänge-Lade des Bandwebstuhles.

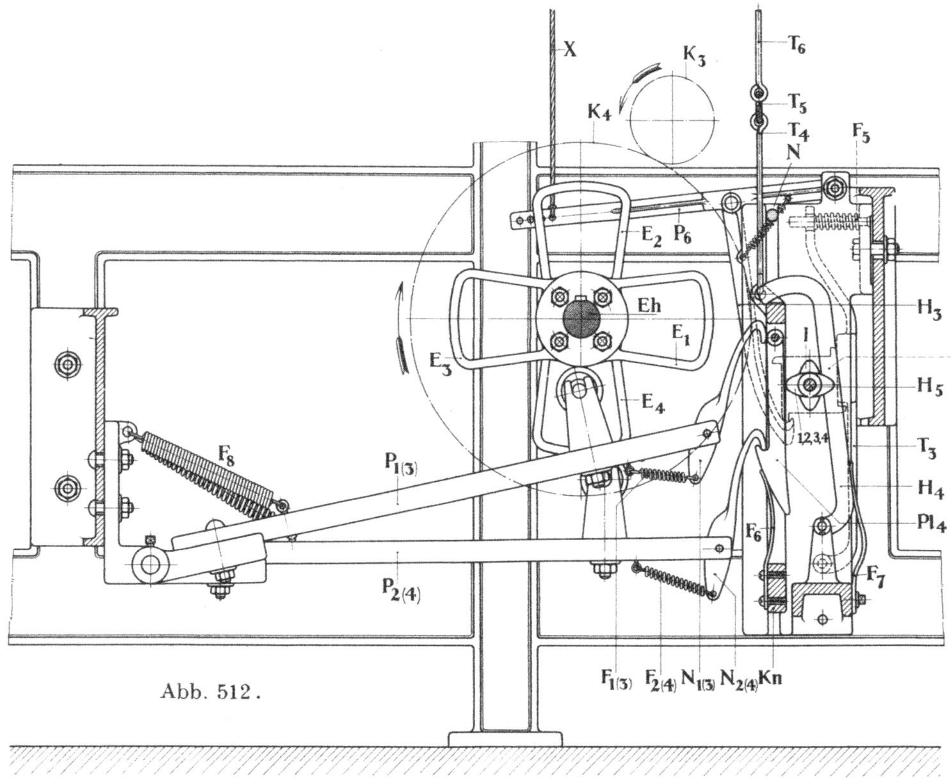

Abb. 512.

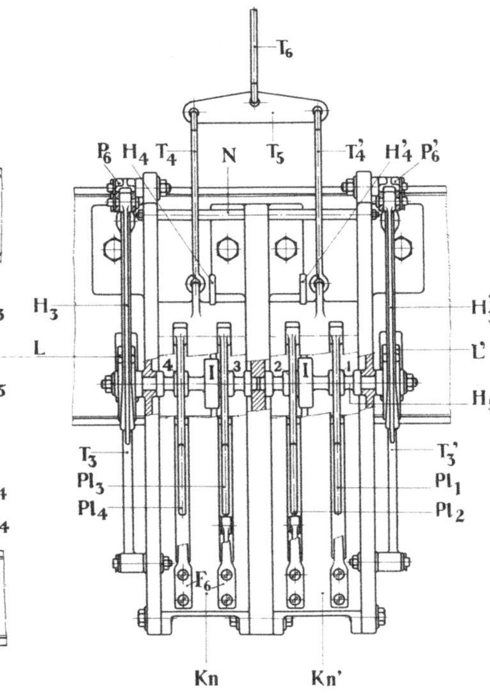

Abb. 513.

Abb. 512—513. Der Schützenwechselbewegungsmechanismus des Bandwebstuhles.

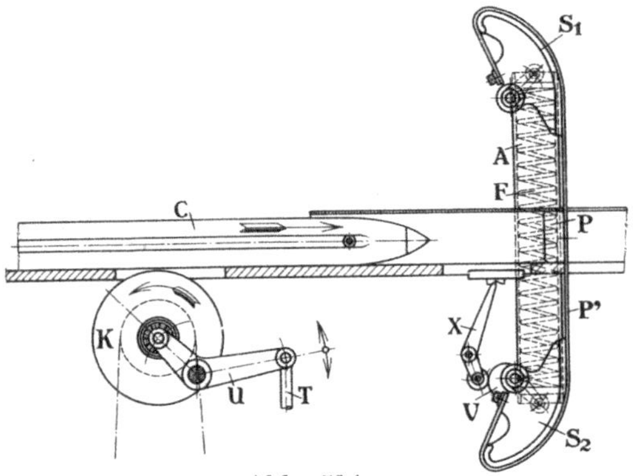

Abb. 514.

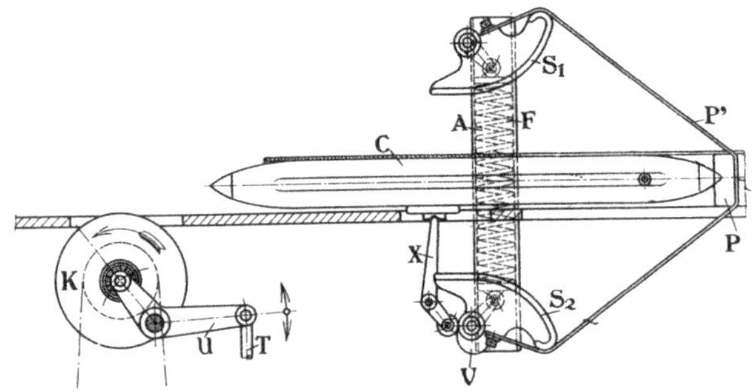

Abb. 515.

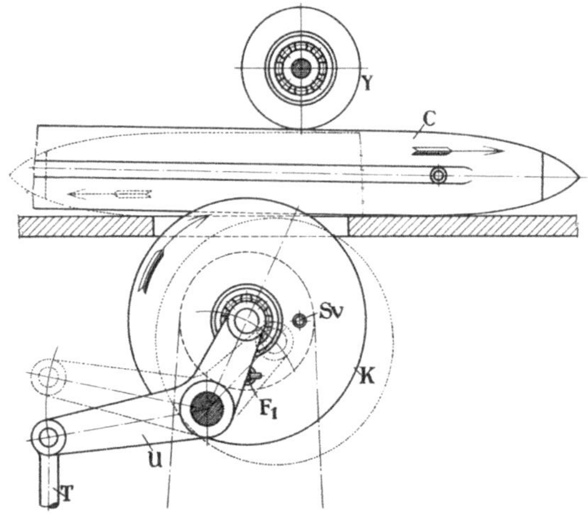

Abb. 516.

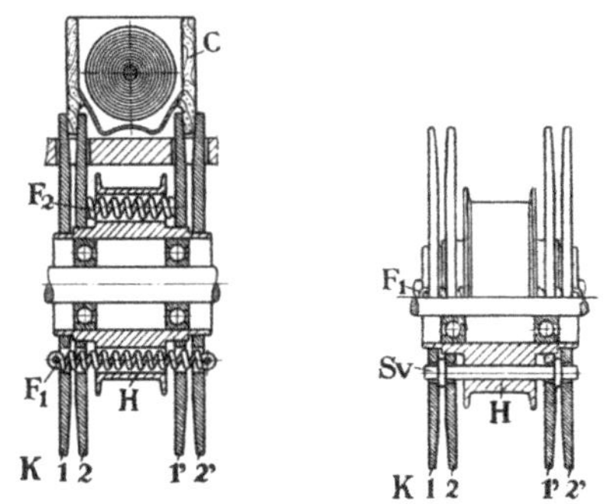

Abb. 514—517. Die Treibvorrichtung für Schützen des Součzekwebstuhles.

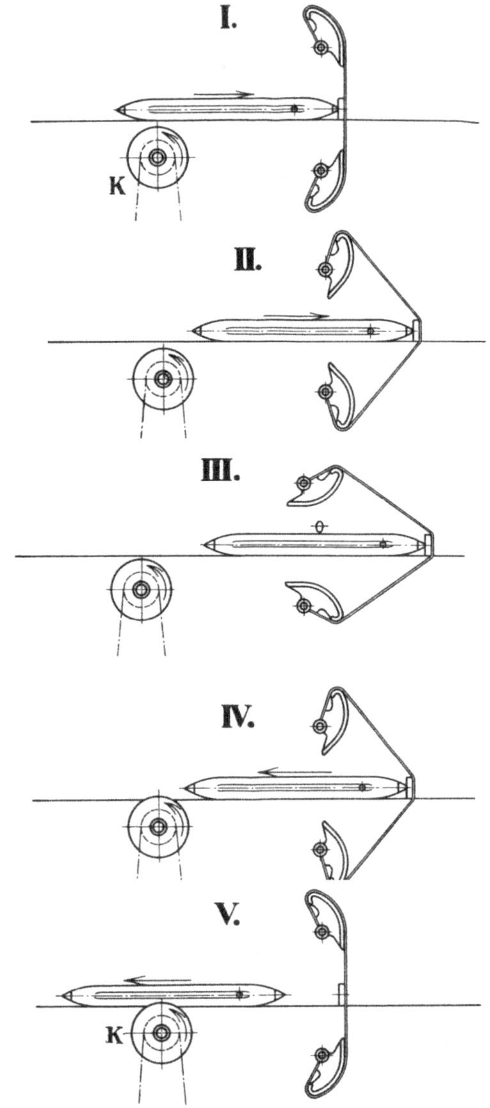

Abb. 518. Die einzelnen Lagen der **Friktionsrolle,** des Schützens und des Kraftspeichers beim Součzek-Webstuhl.

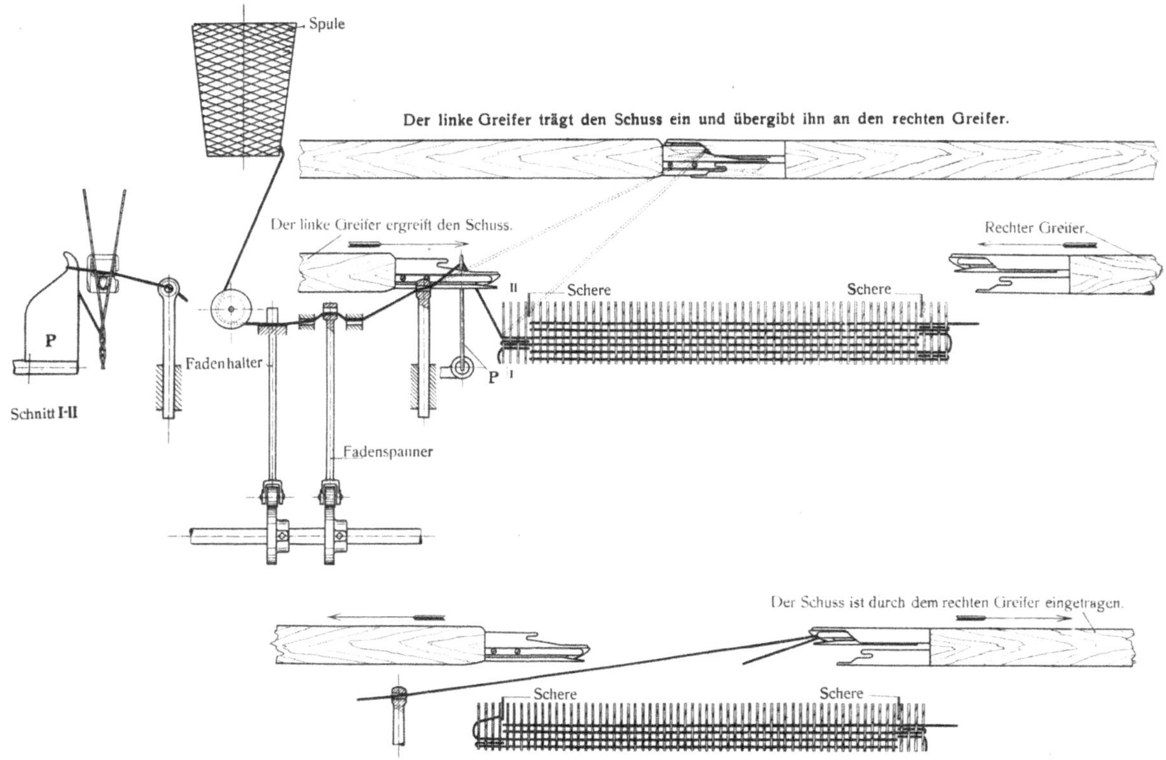

Abb. 519. Die Zuführung des Schußfadens zum Greifer beim Gablerwebstuhle.

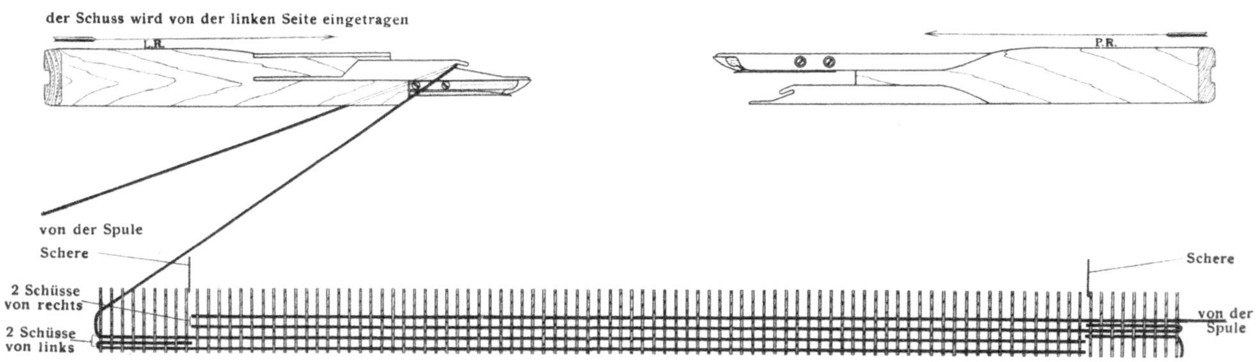

Abb. 520. Der linke Greifer des Gablerwebstuhles trägt den Schuß ein.

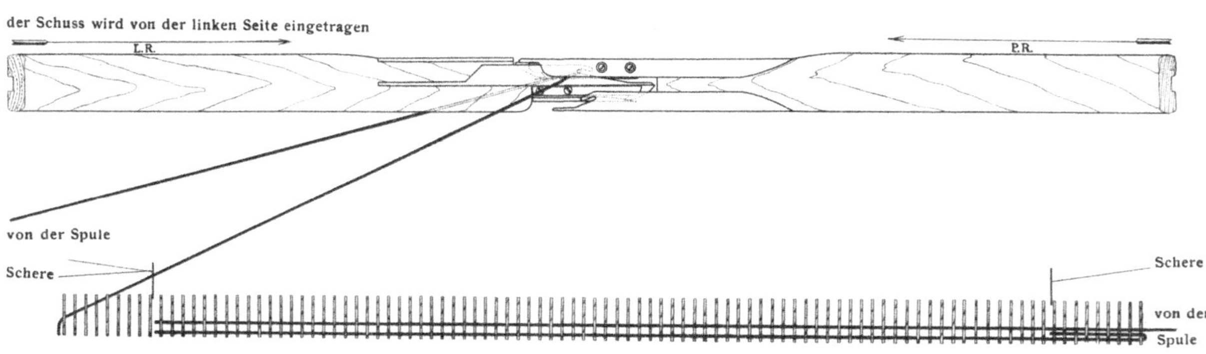

Abb. 521. Die Verbindung der beiden Greifer am Gablerwebstuhle.

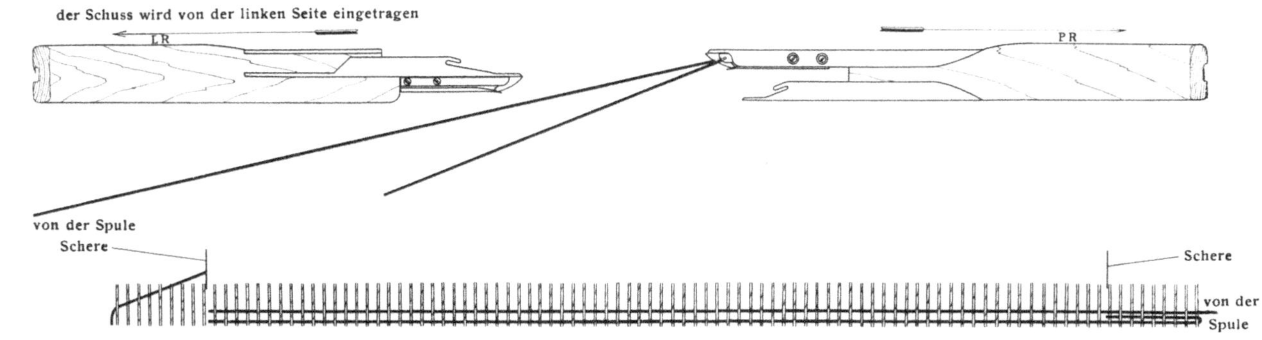

Abb. 522. Die Übernahme des Schusses durch den rechten Greifer zum weiteren Eintragen des Schusses in das Fach.

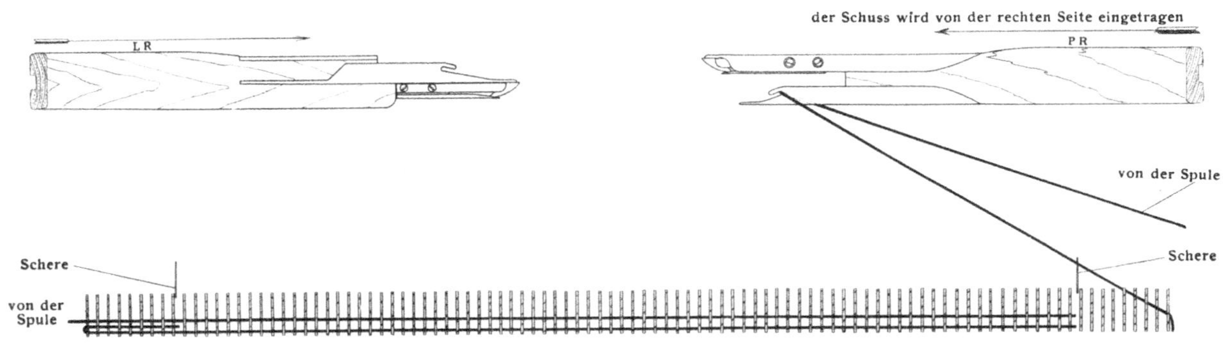

Abb. 523. Der rechte Greifer des Gablerwebstuhles trägt den Schuß ein.

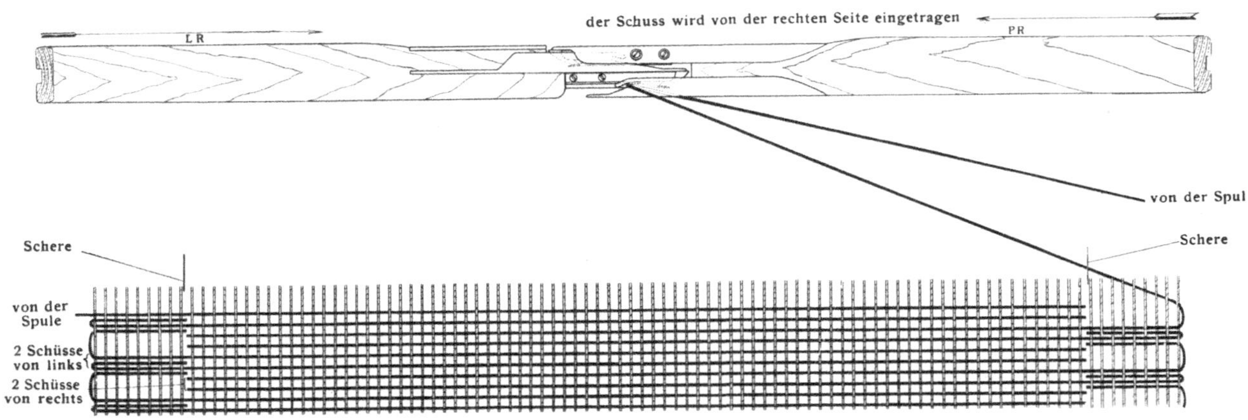

Abb. 524. Die Verbindung der beiden Greifer am Gablerwebstuhle.

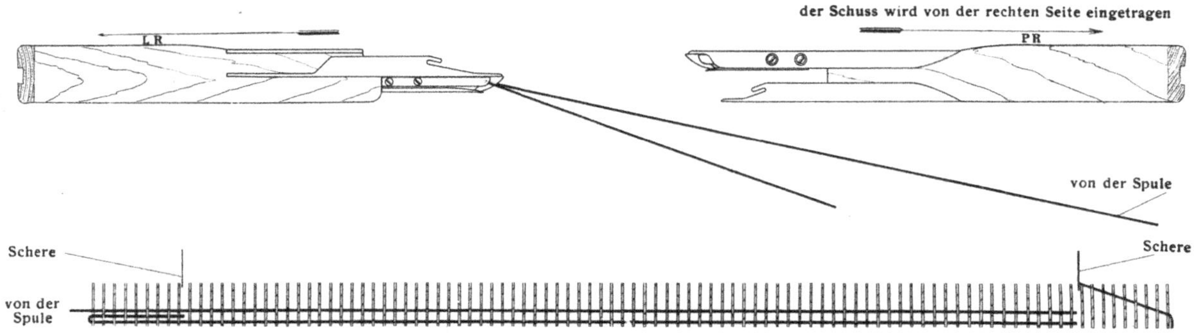

Abb. 525. Die Übernahme des Schusses durch den linken Greifer zum weiteren Eintragen des Schusses in das Fach.

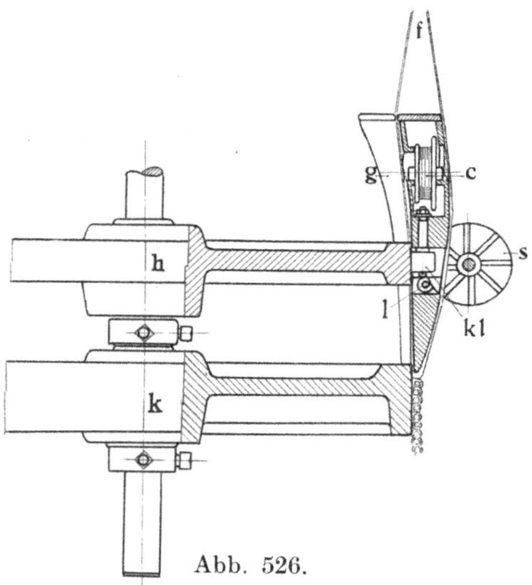

Abb. 526.

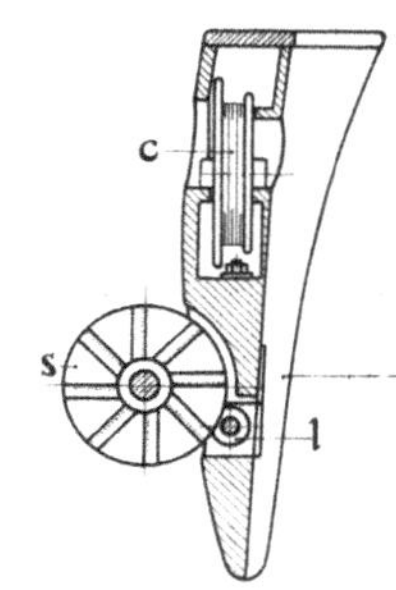

Abb. 527.

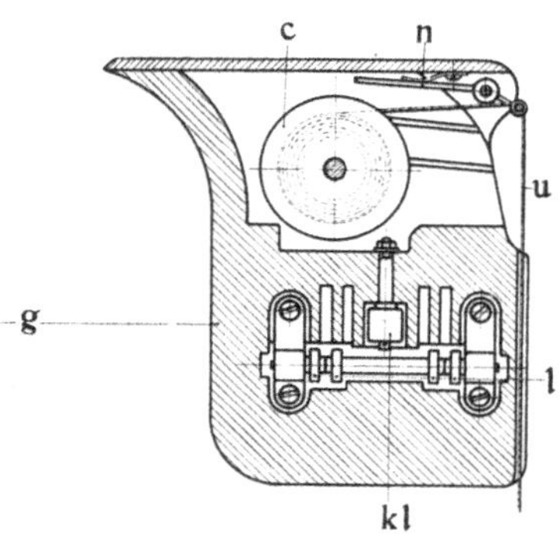

Abb. 528.

Abb. 526—528. Der Mechanismus zum Eintragen des Schusses am Jabouley-Rundwebstuhl.

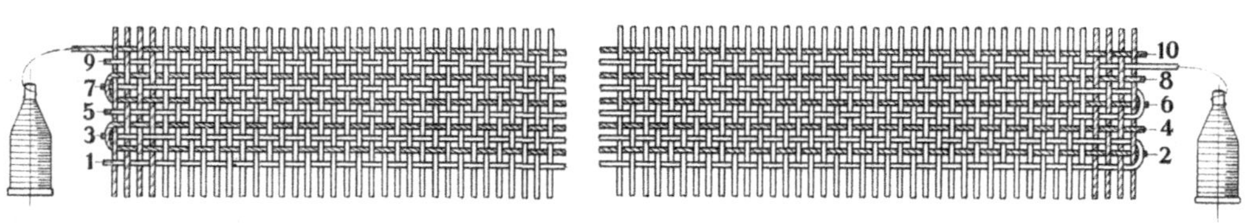

Abb. 529. Das Schema der Schußeintragung am Seatonwebstuhl.

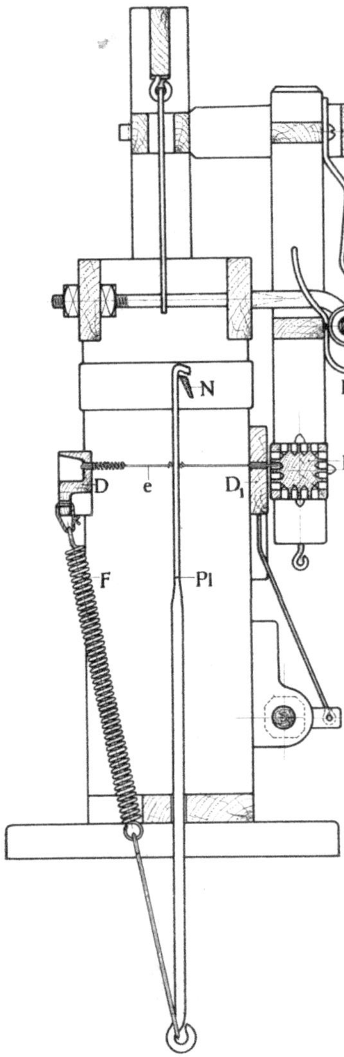

Abb. 530. Die Handwebstuhlschaftmaschine für damastartiges Gewebe mit einer Platinenreihe.

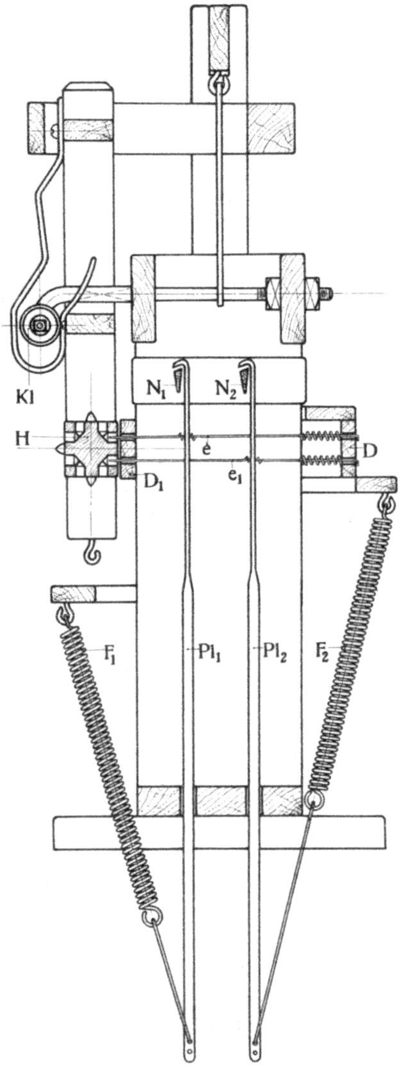

Abb. 531. Die Handwebstuhlschaftmaschine für damastartiges Gewebe mit zwei Platinenreihen.

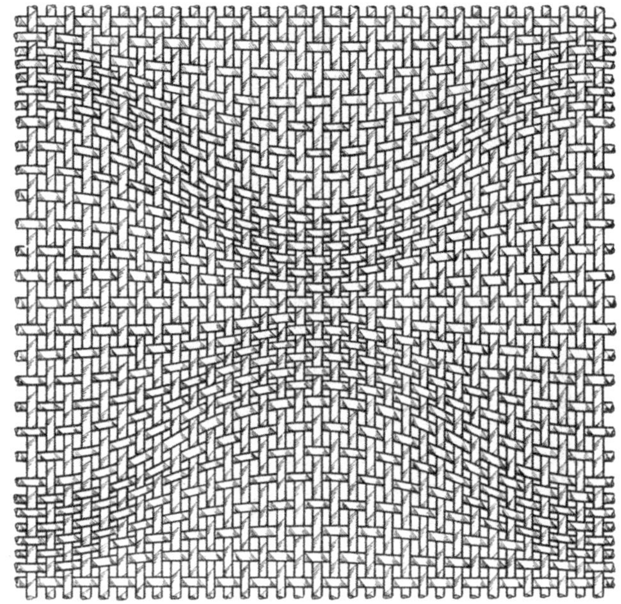

Abb. 532. Das Gewebeaussehen, welches durch das bewegliche Wellenried erzielt wird.

Abb. 533.

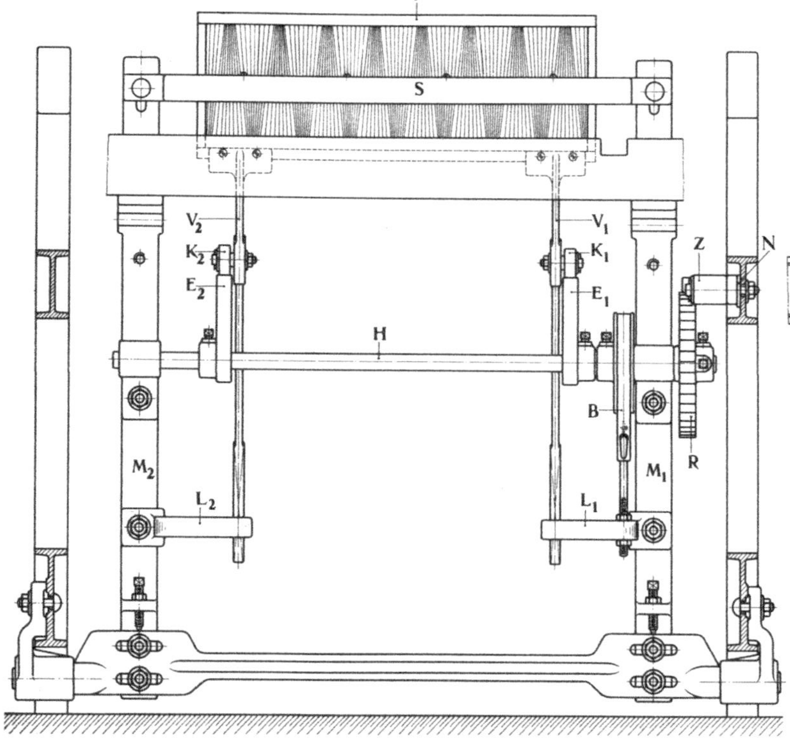

Abb. 534.

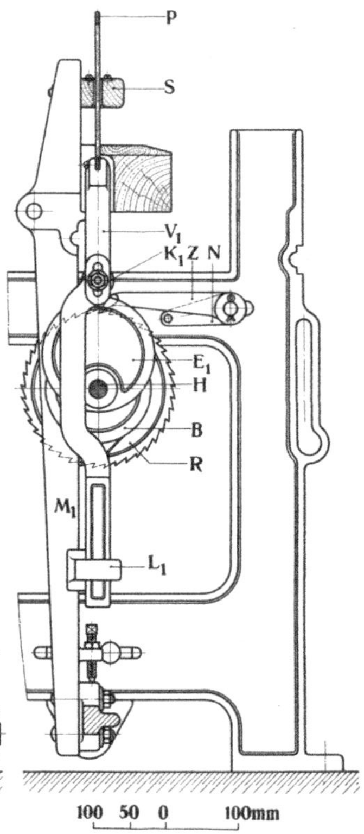

Abb. 533—534. Mechanischer Webstuhl mit beweglichem Blatt, dessen Zähne gebogen sind.

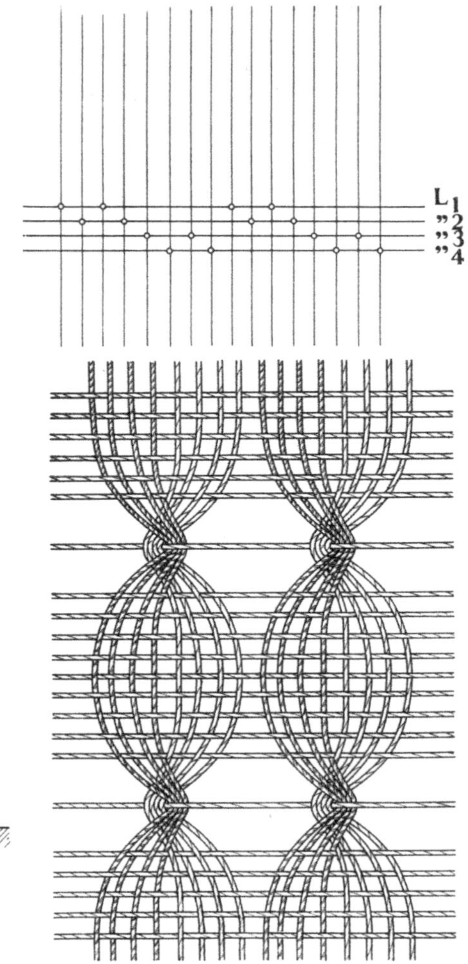

Abb. 535. Der ausgewebte Effekt durch die Häkchenlade.

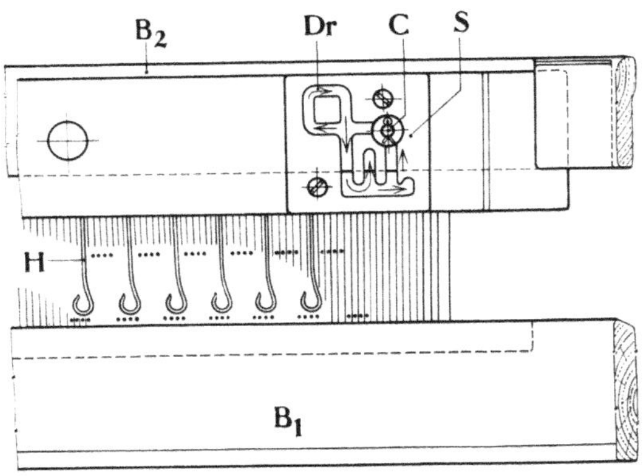

Abb. 536.

25 0 50 mm

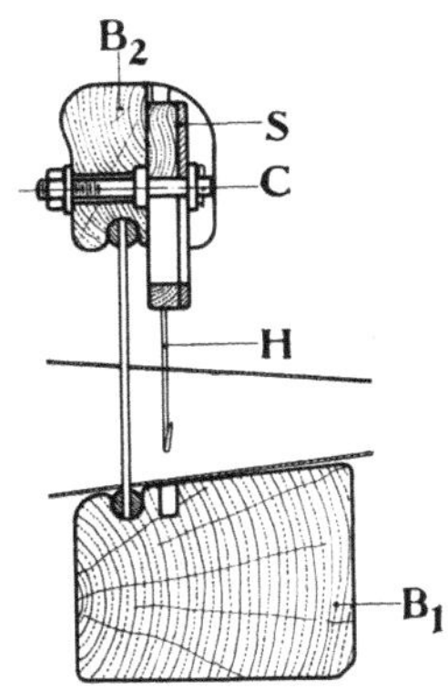

Abb. 537.

Abb. 536—537. Das Detail der Handwebstuhllade mit dem Häkchenstab.

Abb. 538. Der ausgewebte Mustereffekt durch die Nadelstablade.

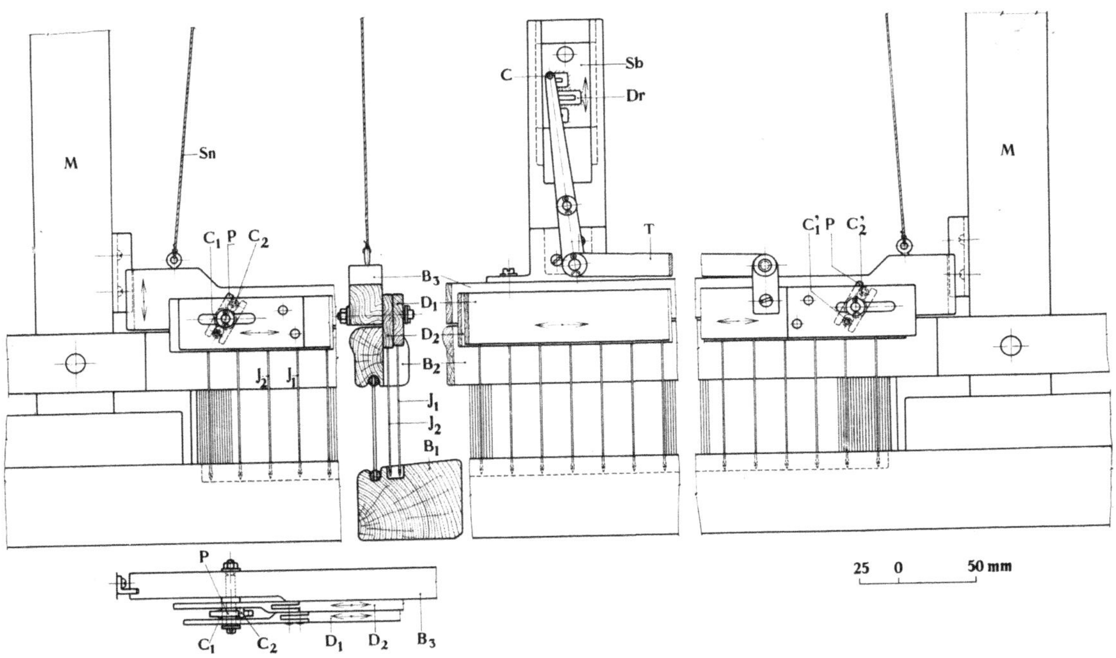

Abb. 539. Die Lade mit dem Nadelstab für Handwebstühle mit der Musterschablone (Sh).

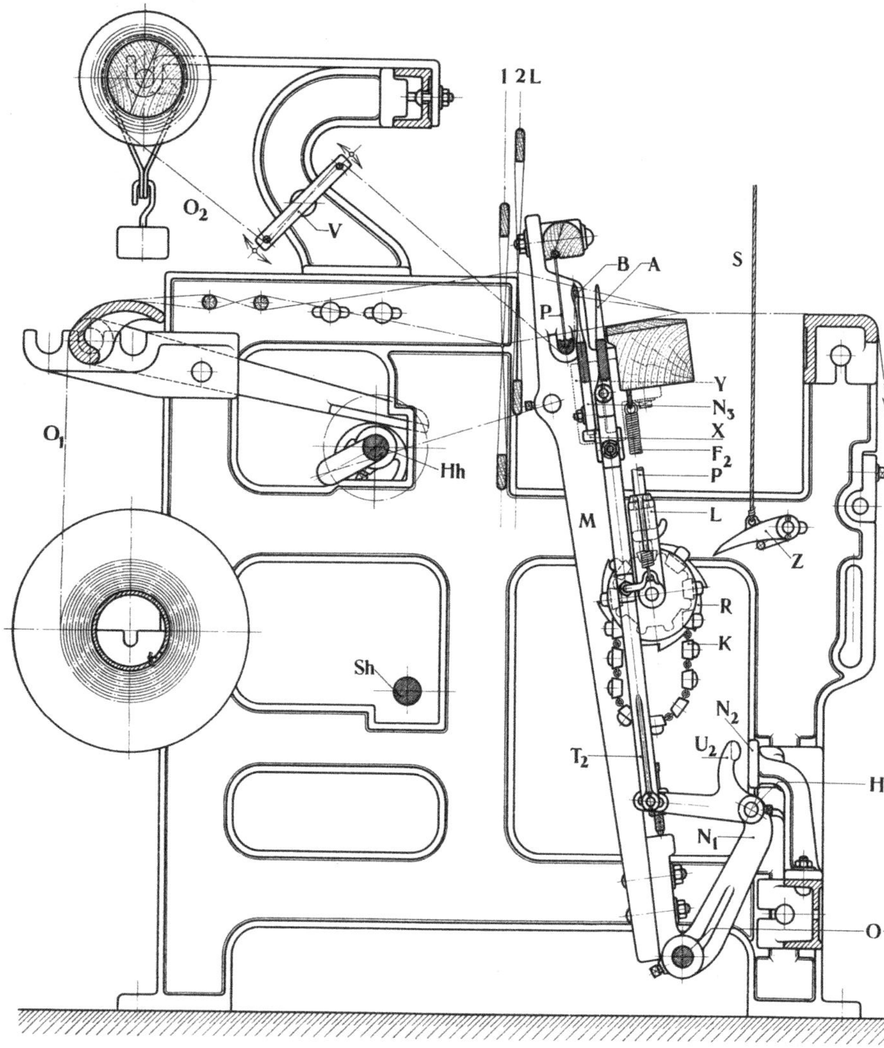

Abb. 540.

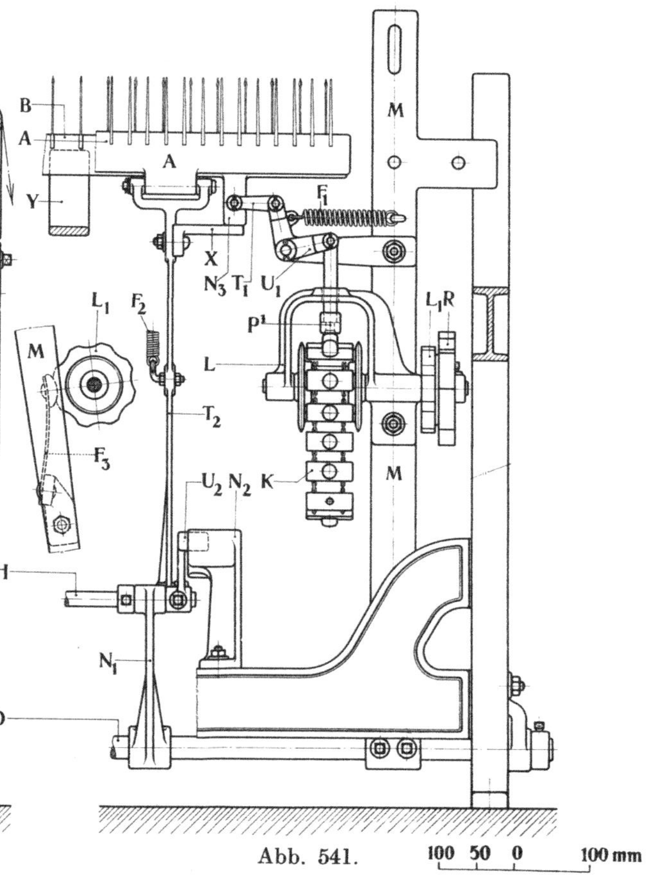

Abb. 541.

Abb. 540—541. Der mechanische Webstuhl mit der Nadelstablade.

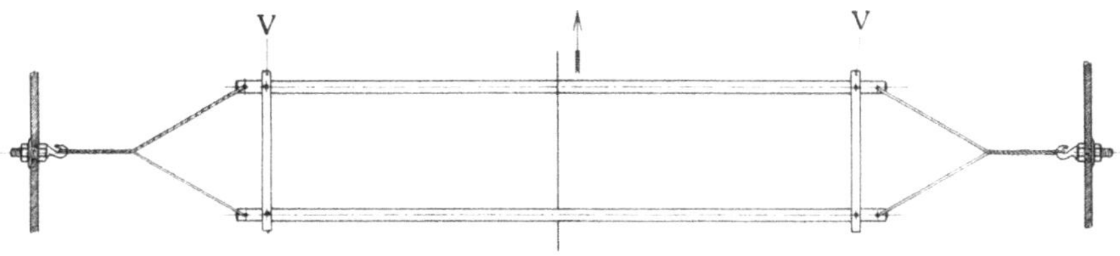

Abb. 542. Der Spannrahmen für elastische Spannung der Effektfäden bei dem Nadelstabstuhl.

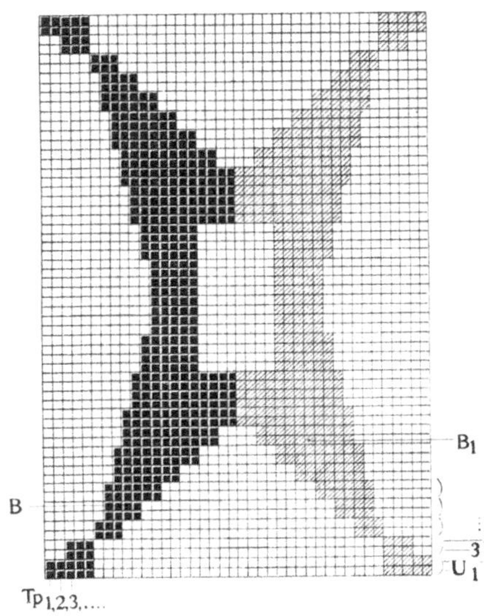

Abb. 543.

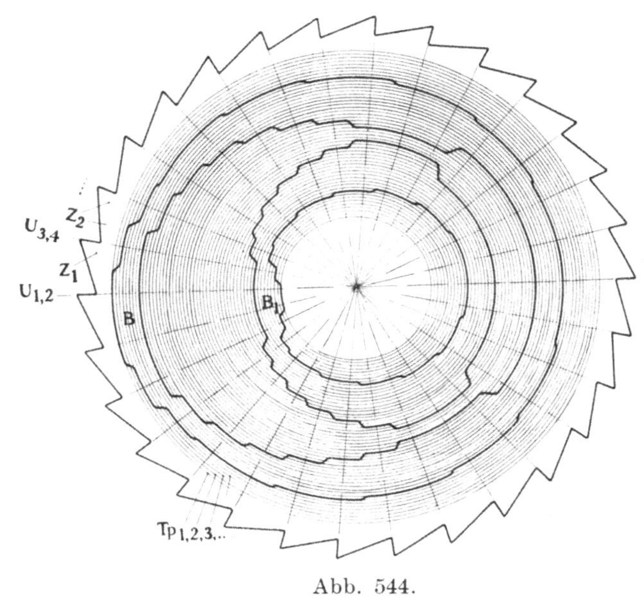

Abb. 544.

Abb. 543—544. Die Konstruktion der Nutenscheibe für den Nadelstab-Webstuhl.

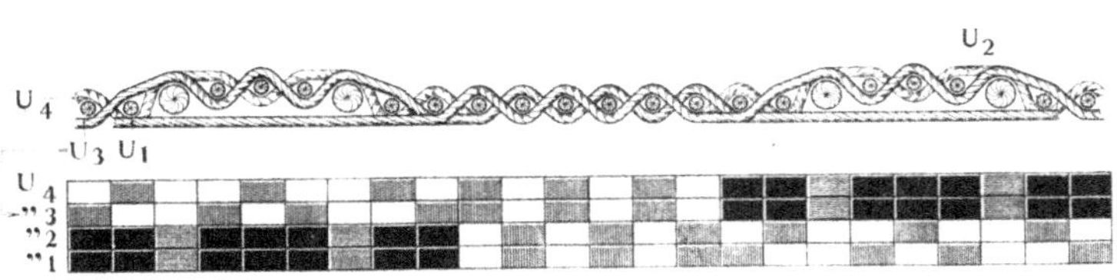

Abb. 548. Das Struckgewebe (der Querschnitt und die Bindung).

Abb. 545 und 546 befinden sich auf Seite 202.
Abb. 547 befindet sich auf Seite 203.

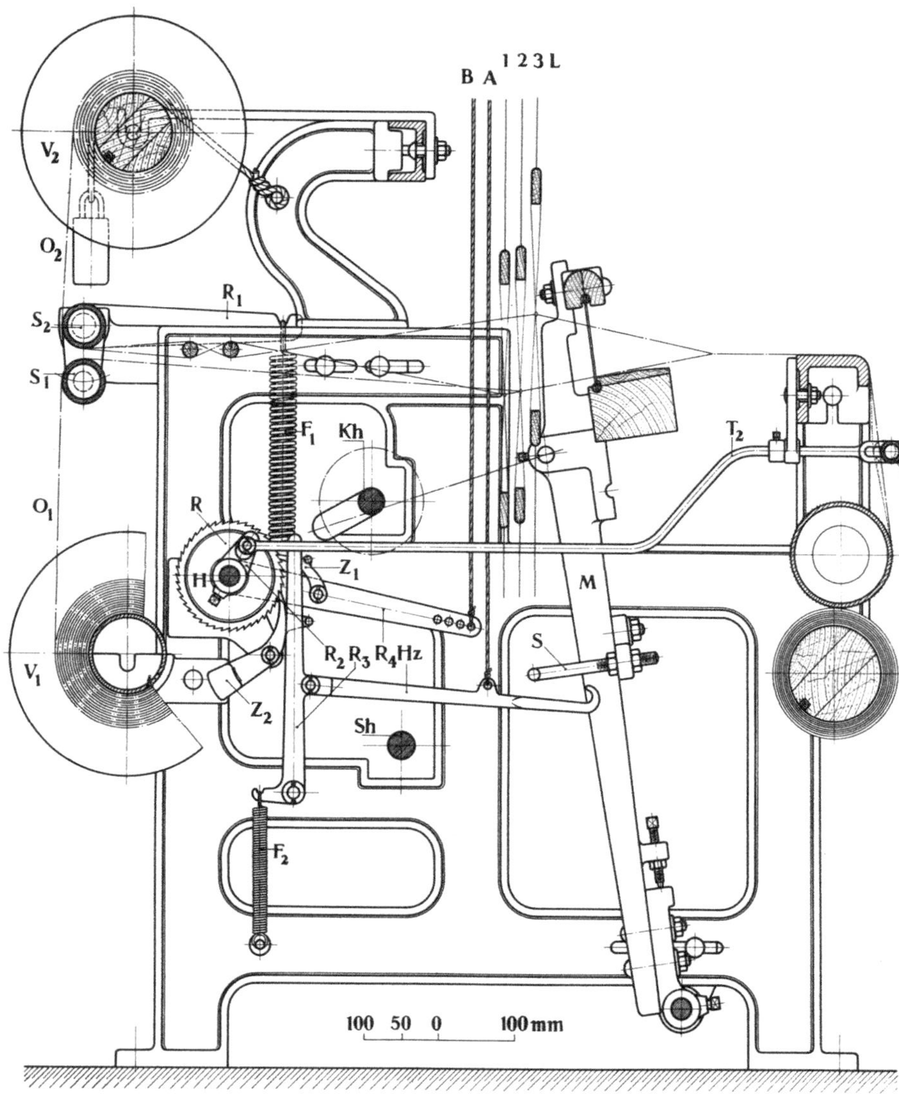

Abb. 545. Die Webstuhleinrichtung für Plisseegewebe

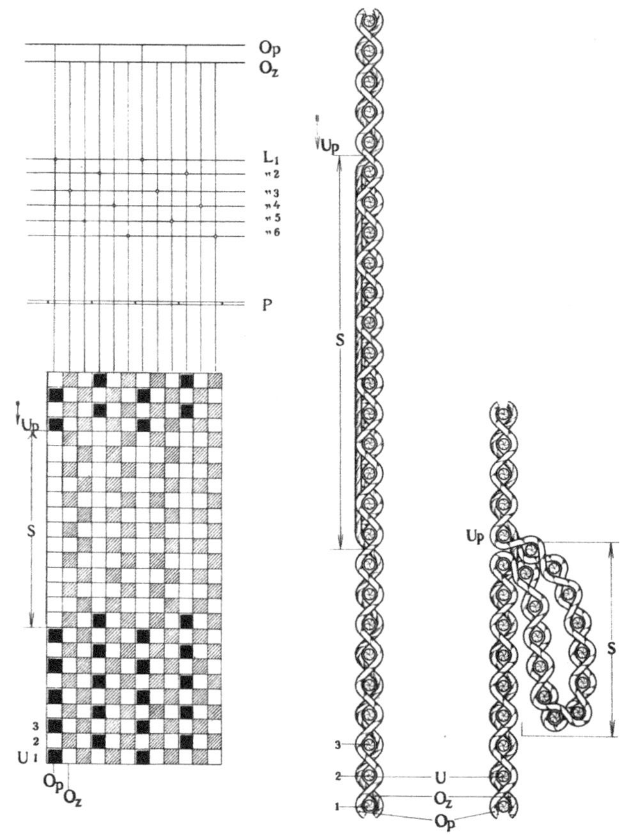

Abb. 546. Das Querfaltengewebe (mit Hohlschläuchen in der Schußrichtung).

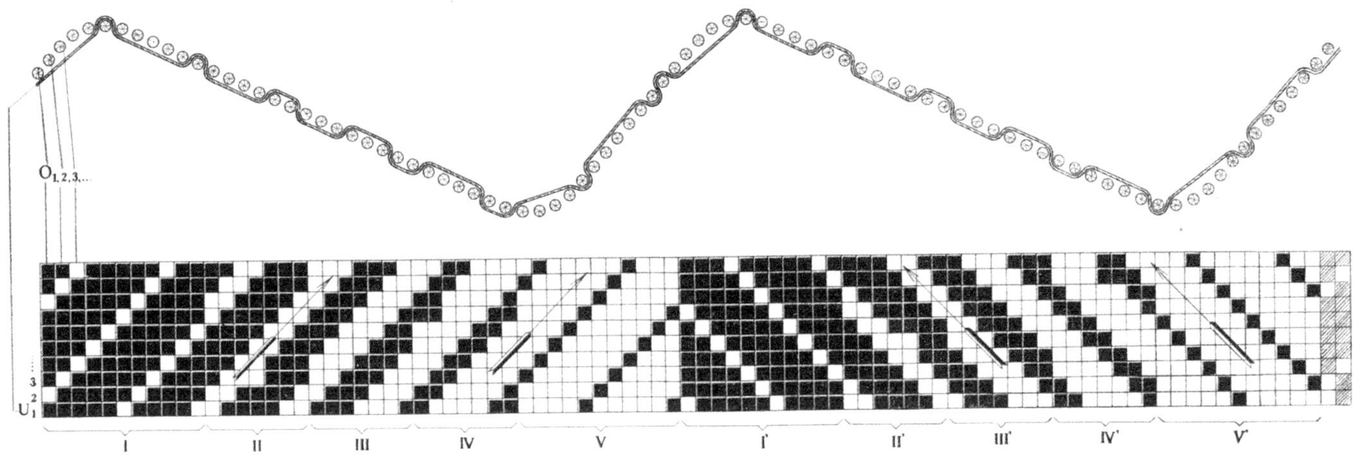

Abb. 547. Das Faltengewebe mit den Falten in der Längsrichtung; der Effekt wird durch die verstärkte Köperbindung erzielt.

Abb. 549. Die Bindung und der Schnitt eines einfachen Schußdoublegewebes.

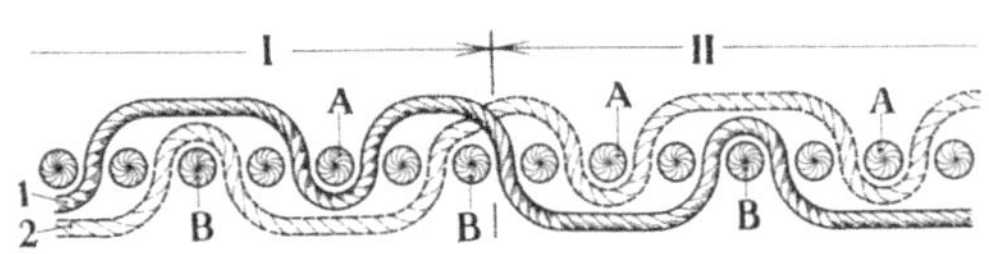

Abb. 550. Der Schnitt eines figurierten Schußdoublegewebes.

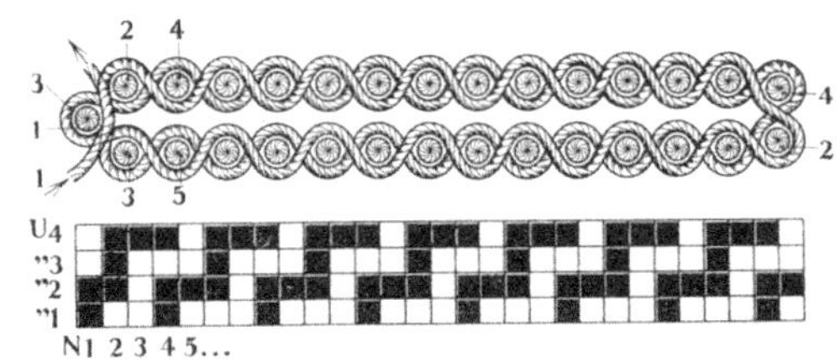

Abb. 551. Der Schnitt und die Bindung eines Schlauchgewebes.

Abb. 548 befindet sich auf Seite 201.

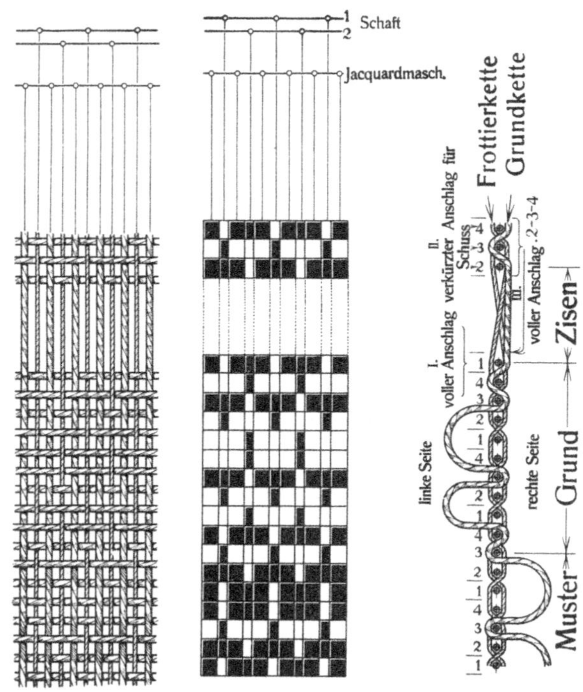

Abb. 552. Die Bindung des Frottiergewebes.

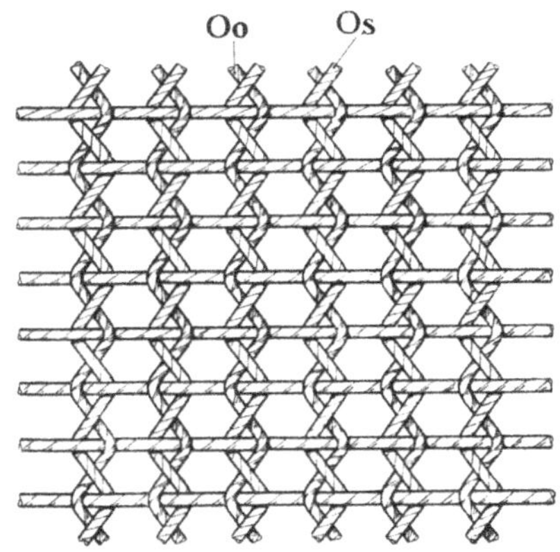

Abb. 557. Der einfache Dreher (Draufsicht).

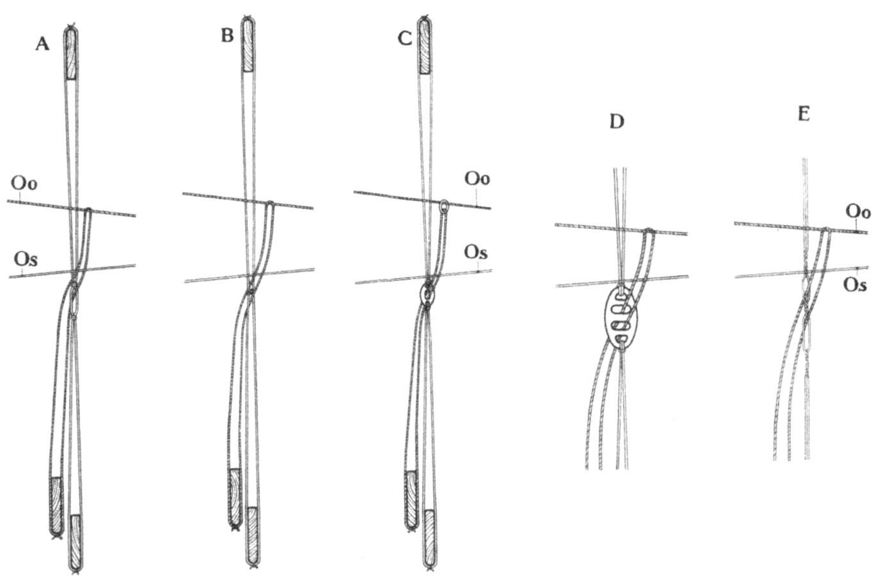

Abb. 558. Die verschiedenen Formen der Halblitzen für die Herstellung der Drehergewebe.

Abb. 555 und 556 befinden sich auf Seite 206.

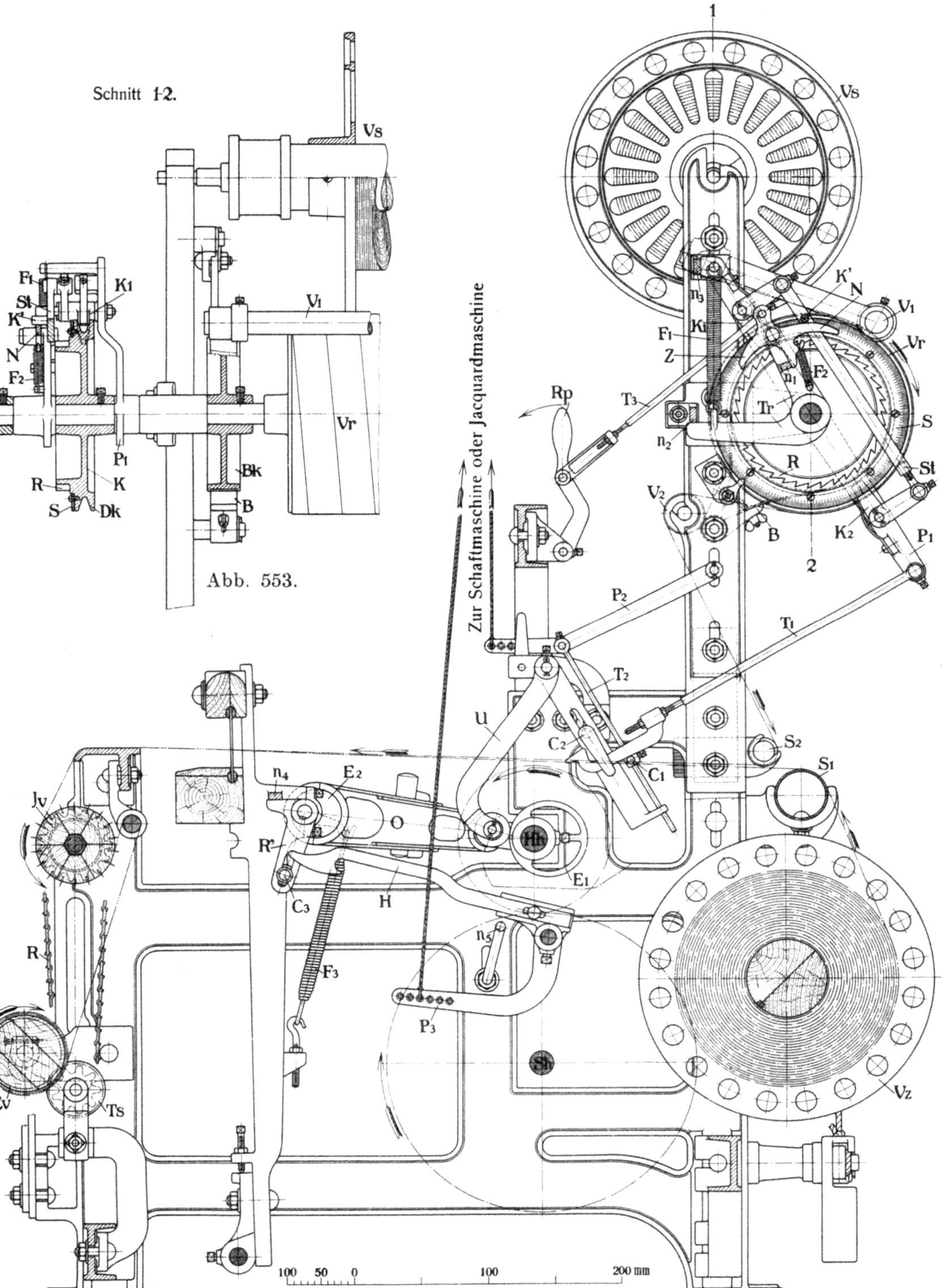

Abb. 554.

Abb. 553—554. Roschers Webstuhl für Frottiergewebe.

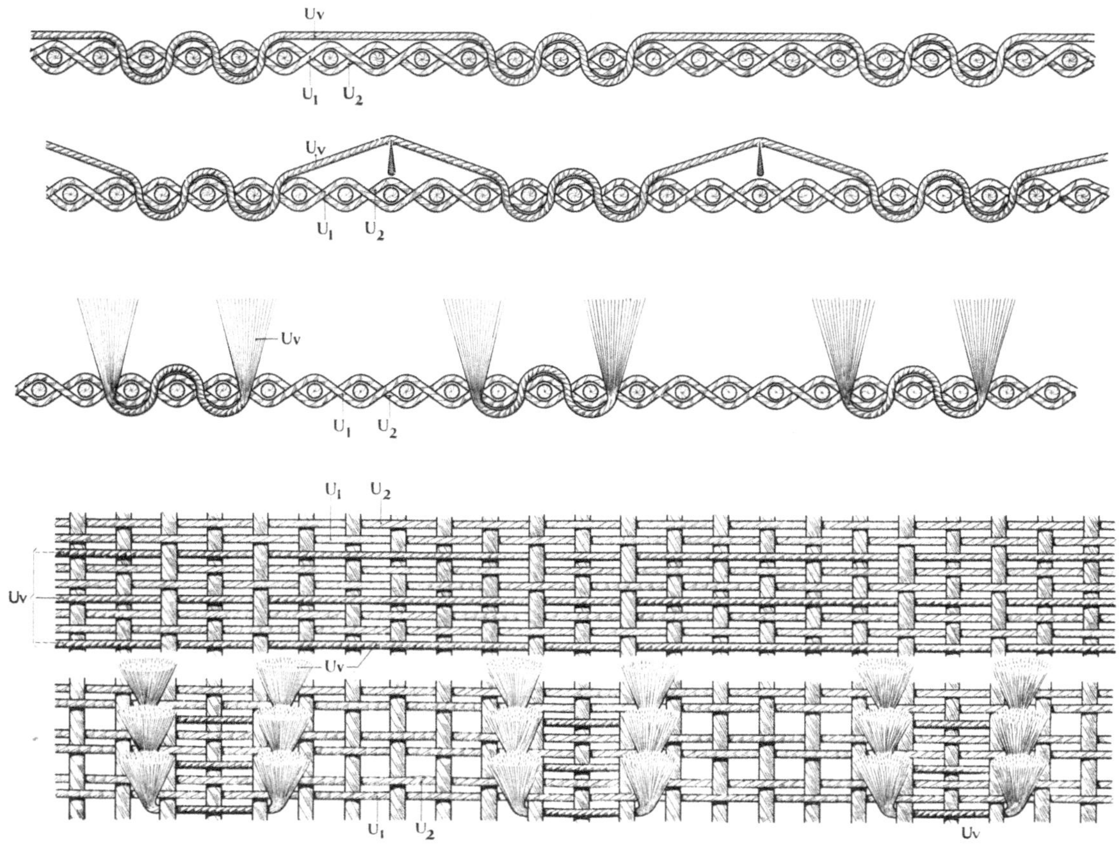

Abb. 555. Der Werdegang der Manchesterherstehung und Draufsicht auf die ungeschnittenen und geschnittenen Gewebe.

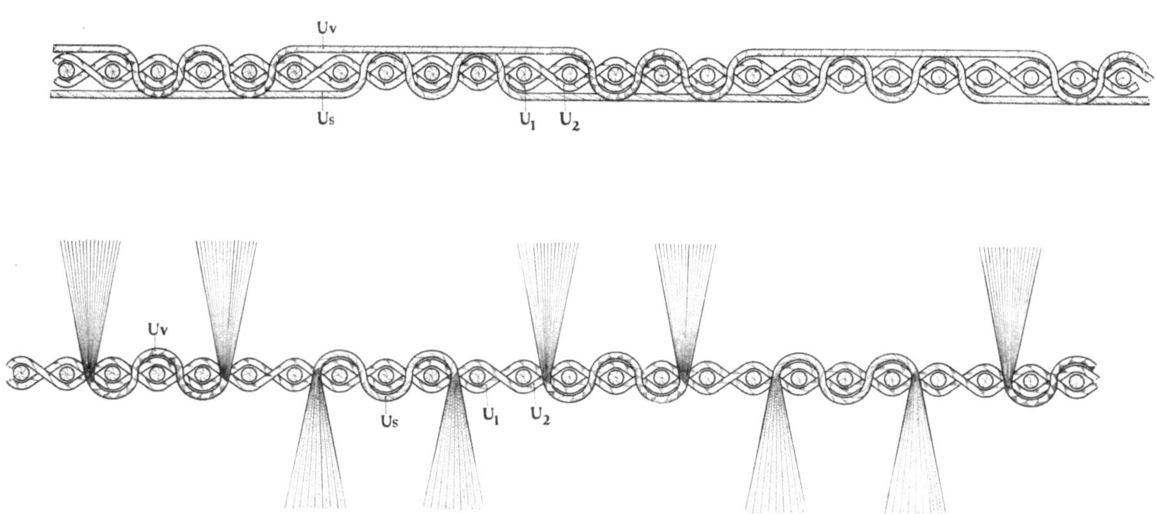

Abb. 556. Der Schnitt (in der Schußrichtung) des beiderseitigen Manschesters.

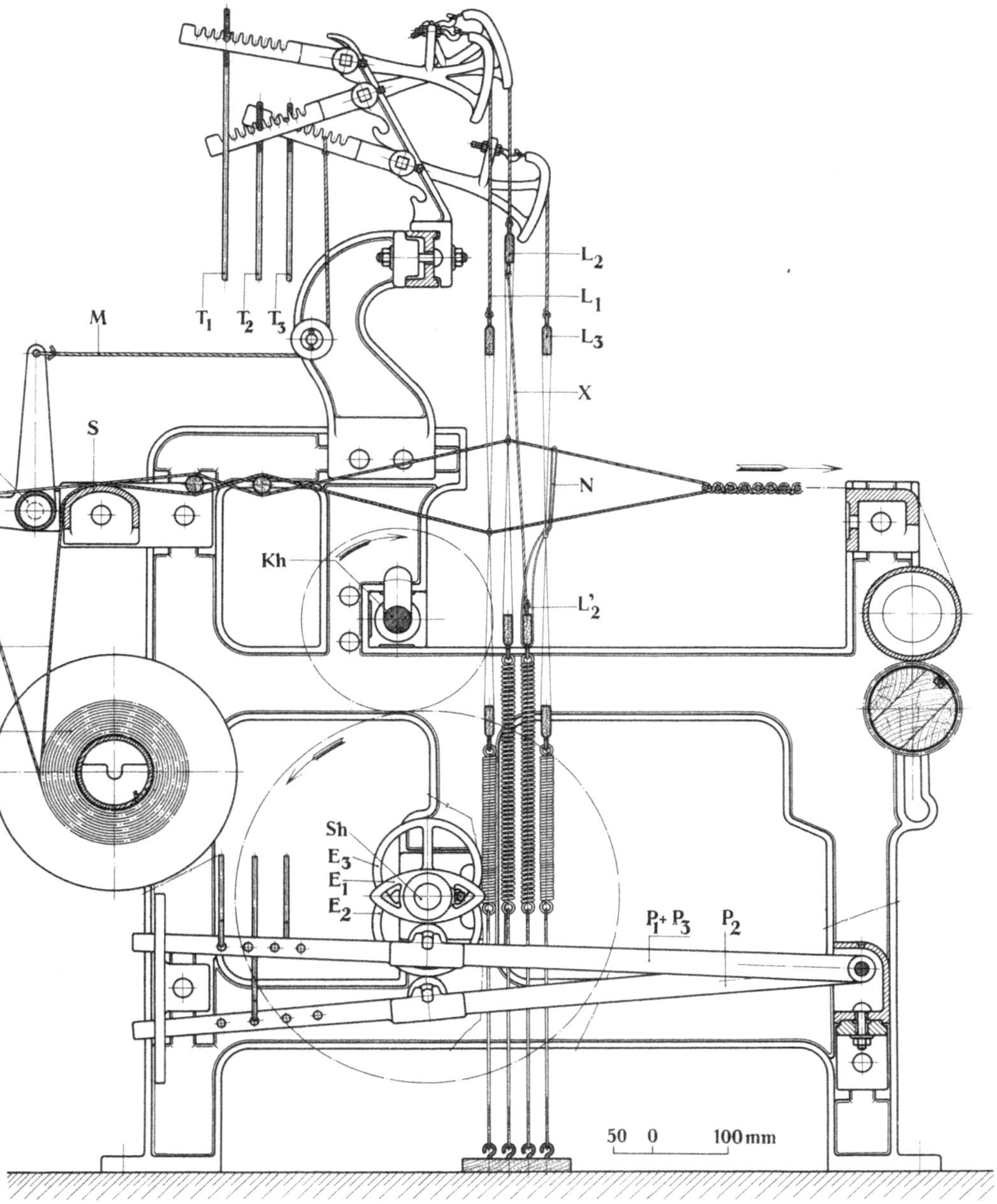

Abb. 559. Die Webstuhleinrichtung für das einfache Drehergewebe.

Abb. 557 und 558 befinden sich auf Seite 204.

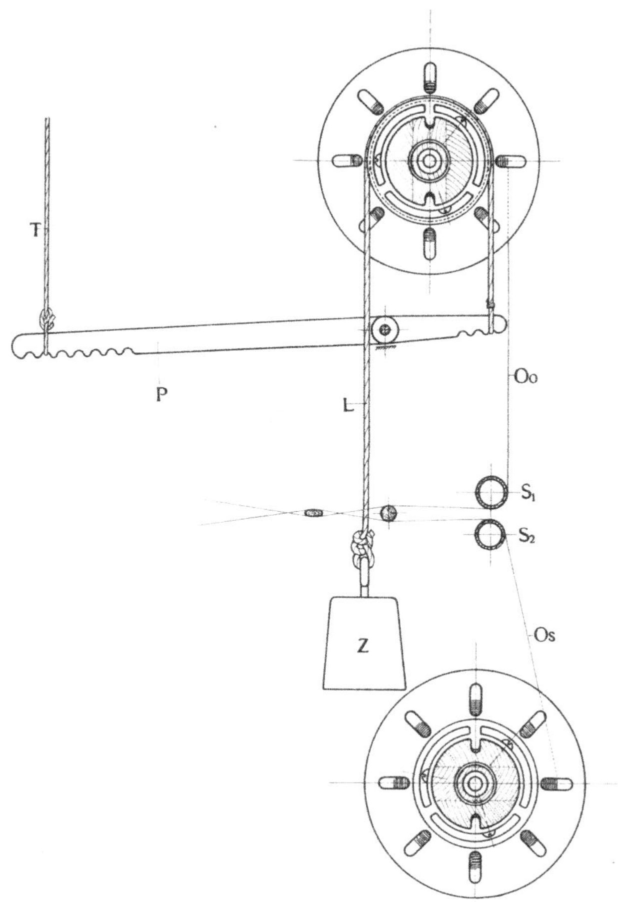

Abb. 561. Einrichtung für das Nachlassen der Dreher-Kette beim Weben des Drehergewebes.

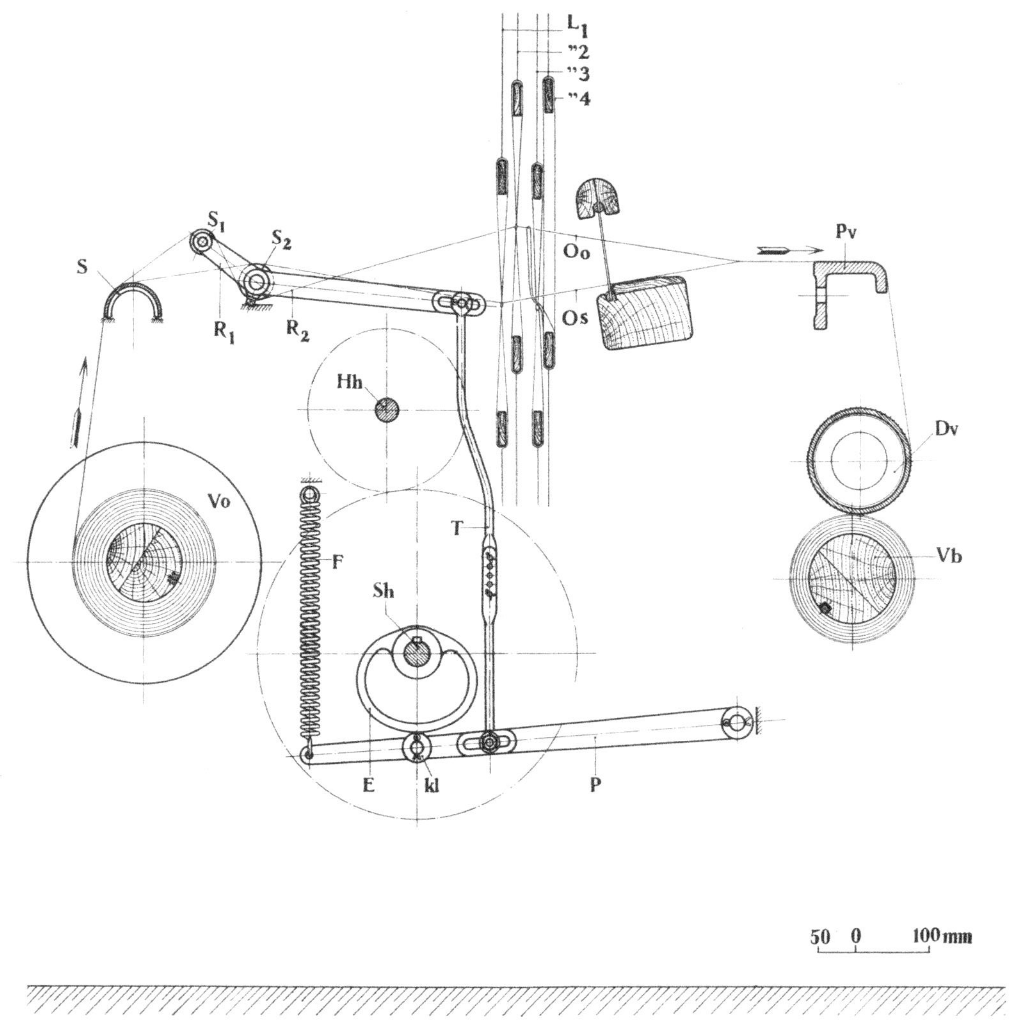

Abb. 560. Die Webstuhleinrichtung für das glatte Drehergewebe.

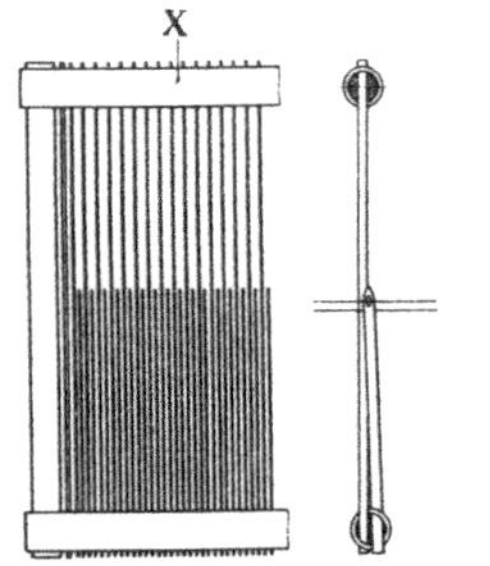

Abb. 562. Das Blatt für einfachste Herstellung der glatten Gazegewebe.

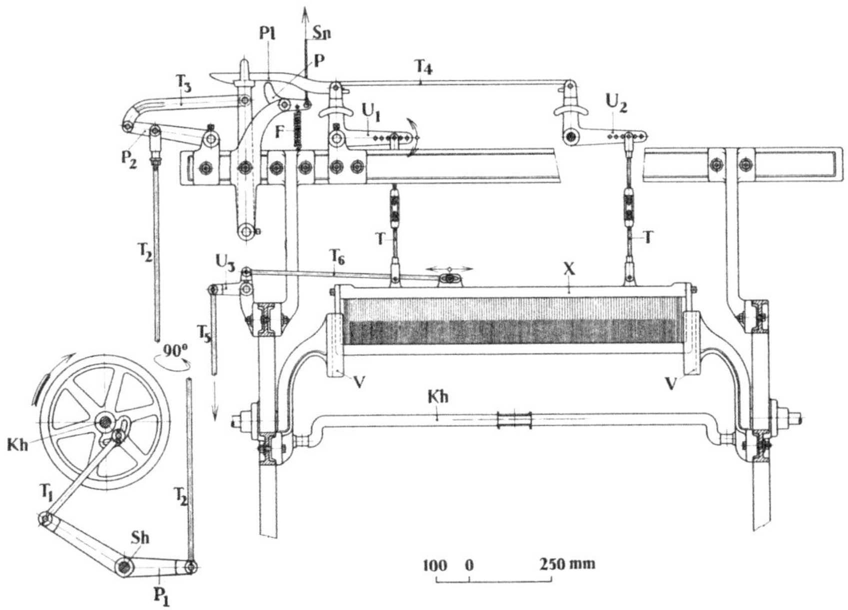

Abb. 563. Die Webstuhleinrichtung für Madrasgewebe der Sächs. Webstuhlfabrik.

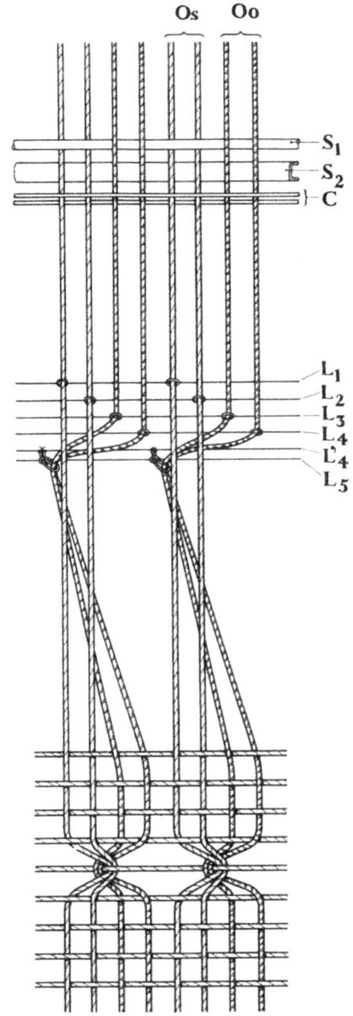

Abb. 564.

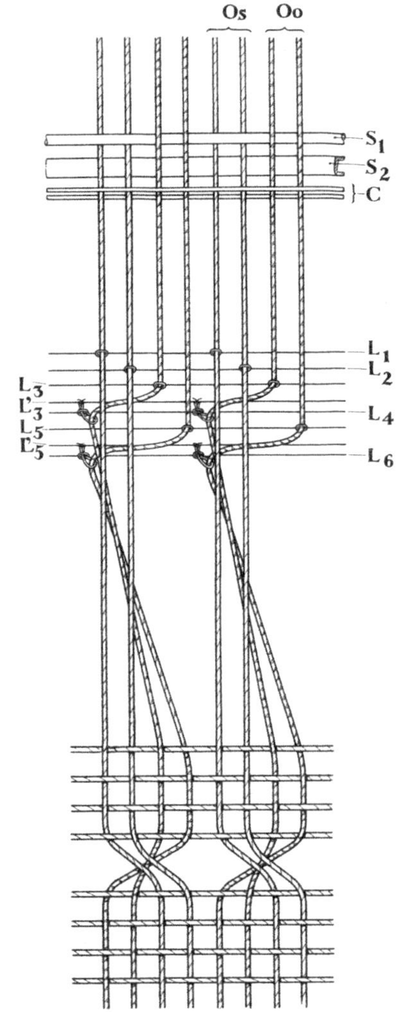

Abb. 565.

Abb. 564—565. Der Fadeneinzug und die Bindung für das vierfädige Drehergewebe.

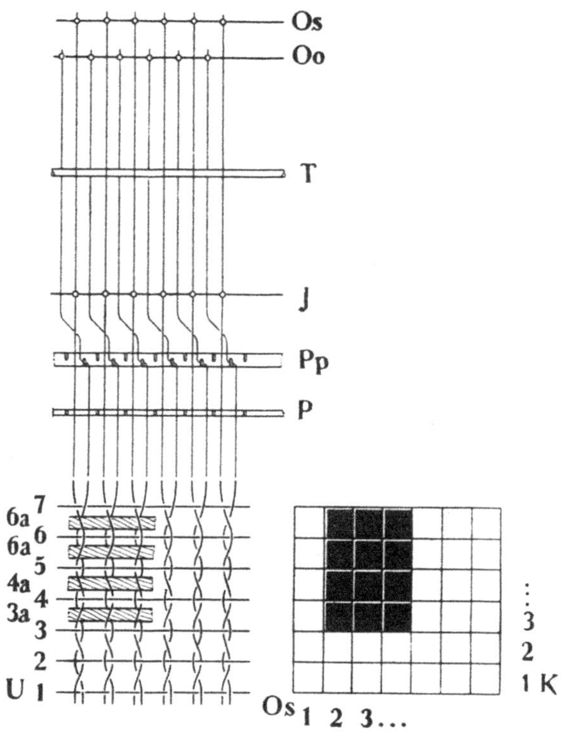

Abb. 566. Der Fadeneinzug und die Bindung für das Madrasgewebe.

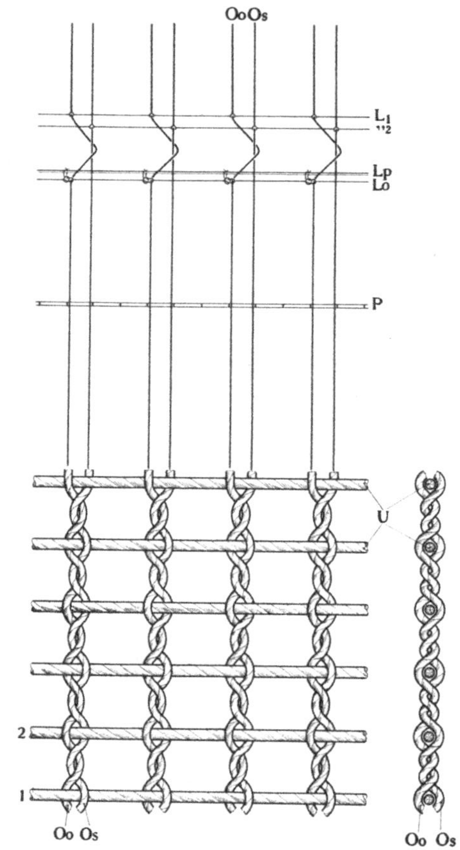

Abb. 567. Der Fadeneinzug, die Bindung und der Schnitt des Ganz- und Halbdrehers (Eineinhalbdrehers).

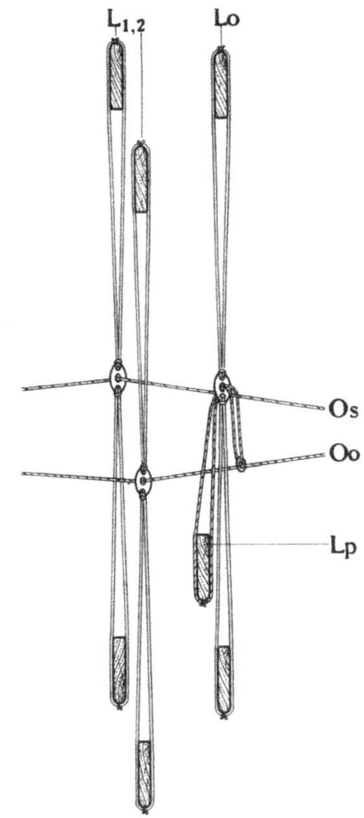

Abb. 568. Die Fachbildung für Ganz- und Halbdreher (Eineinhalbdreher).

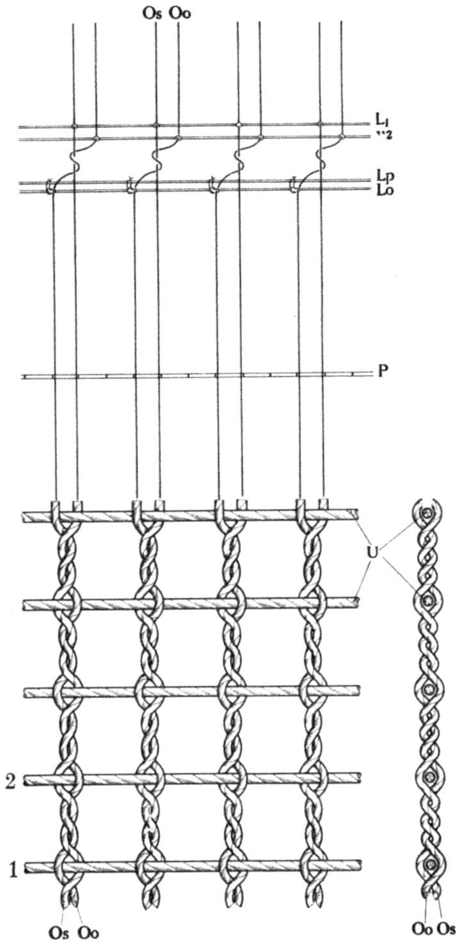

Abb. 569. Der Volldreher und der Längsschnitt desselben.

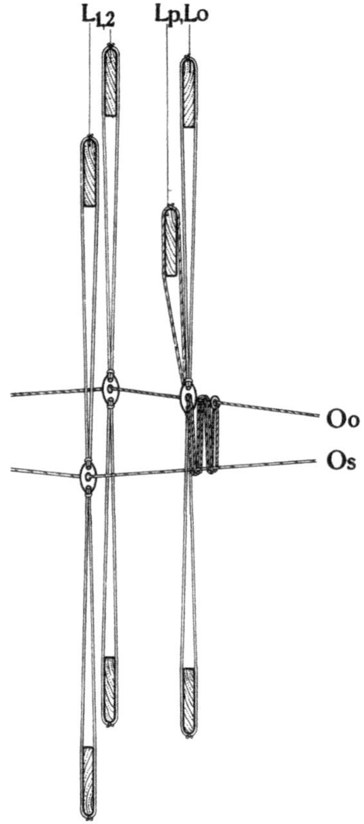

Abb. 570.

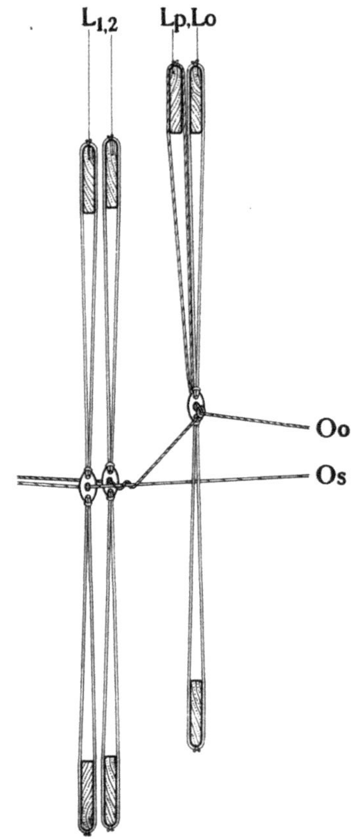

Abb. 571.

Abb. 570—571. Die Fachbildung für Volldreher.

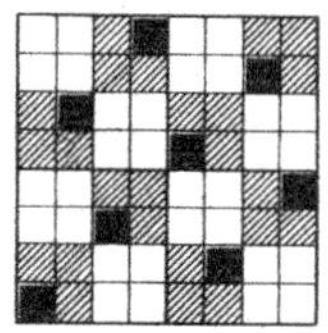

Abb. 572.
Die Kombination des achtbindigen Atlas mit vergrößerter Leinwandbindung (ungestört).

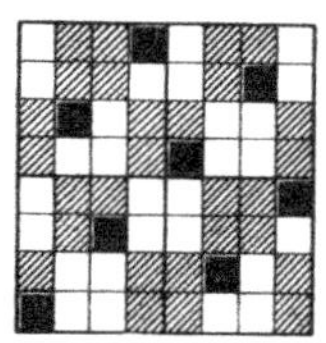

Abb. 573.
Die Kombination des achtbindigen Atlas mit vergrößerter Leinwandbindung (gestört).

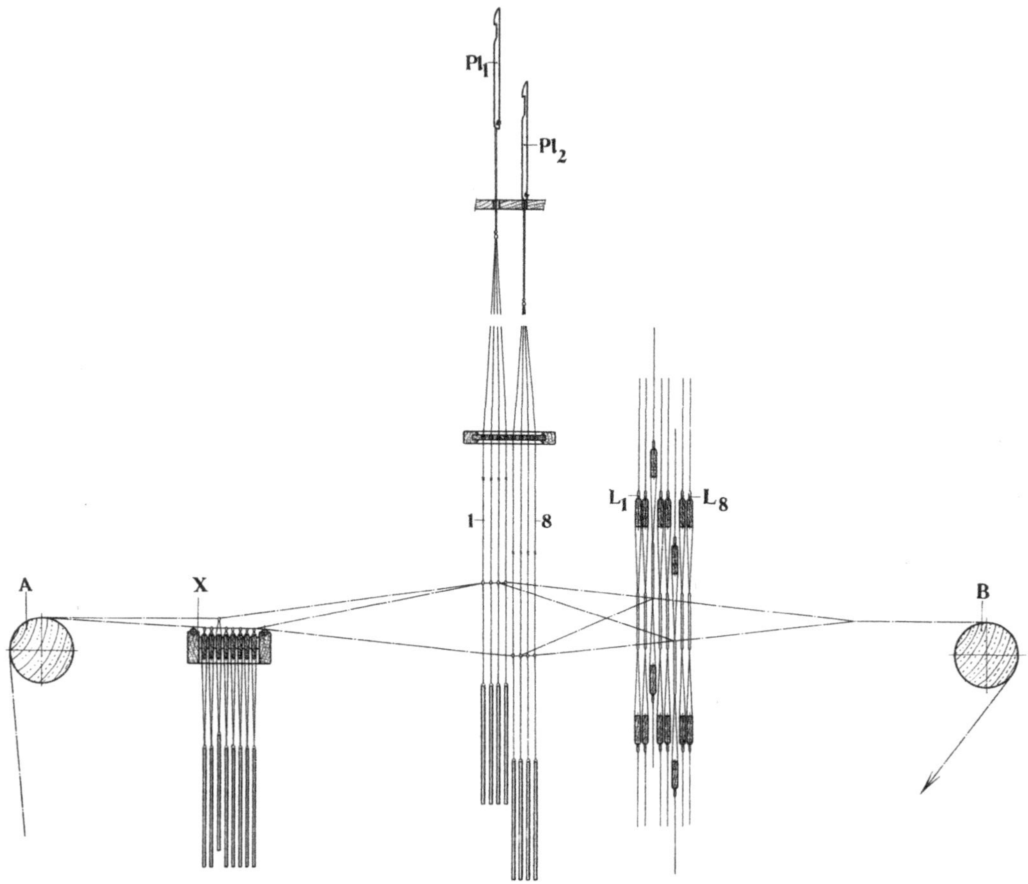

Abb. 574. Das halbe Geschirr (bei X) zur Verminderung der Spannung der Kettenfäden während des Kreuzfaches.

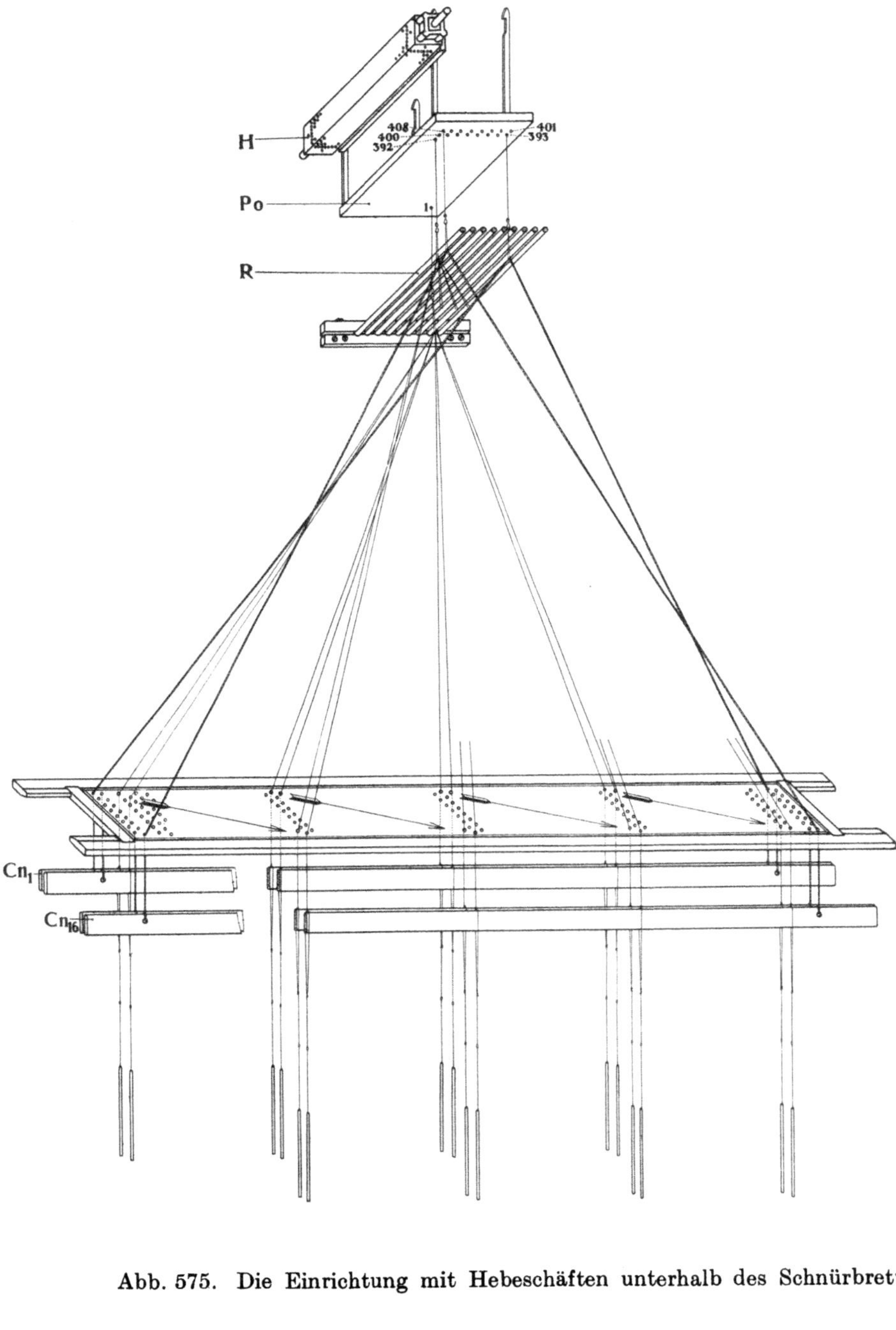

Abb. 575. Die Einrichtung mit Hebeschäften unterhalb des Schnürbrettes.

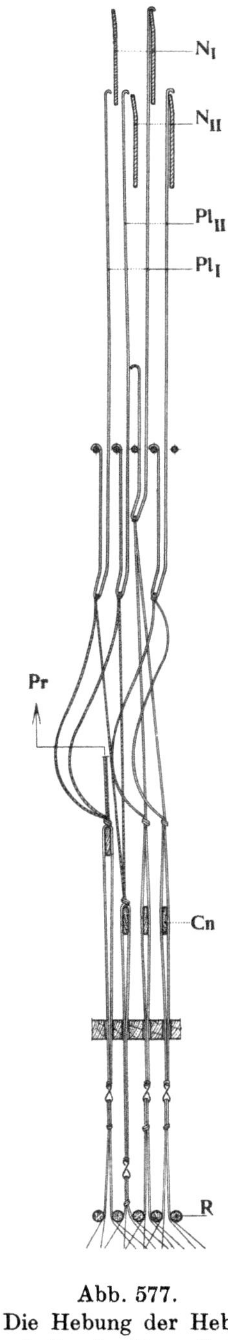

Abb. 577.
Die Hebung der Hebeschnüre der Doppelhubjacquardmaschine (je durch 2 Platinen).

Abb. 576 befindet sich auf Seite 214.

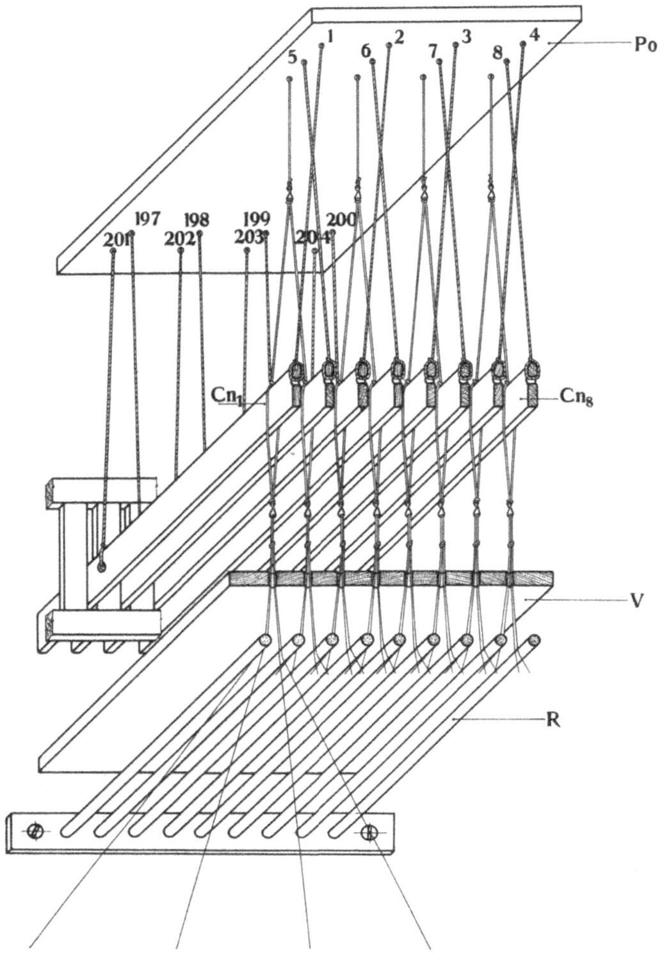

Abb. 576. Die Einrichtung der Hebeschäfte unterhalb des Platinenbodens.

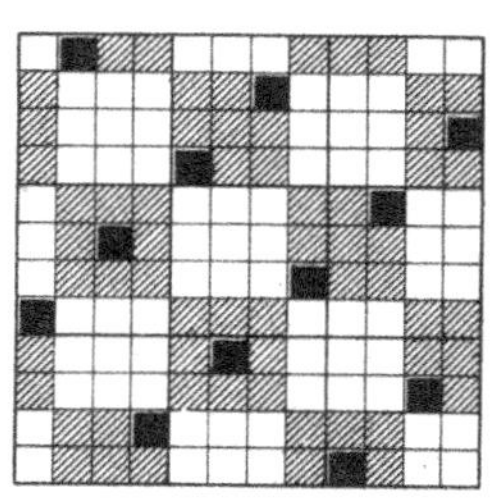

Abb. 578.
Die Kombination des zwölfbindigen Atlas mit dreifädigem Kettenteil.

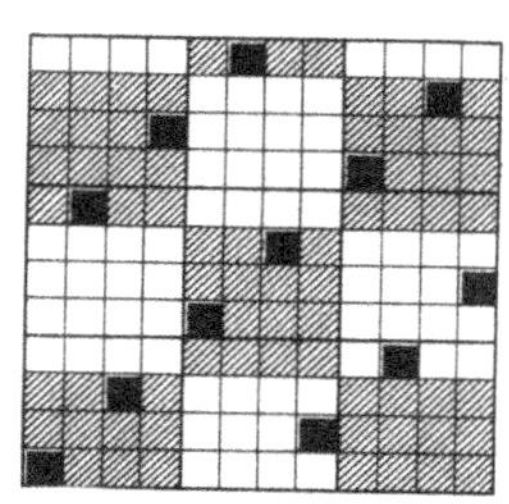

Abb. 579.
Die Kombination des zwölfbindigen Atlas mit vierfädigem Kettenteil.

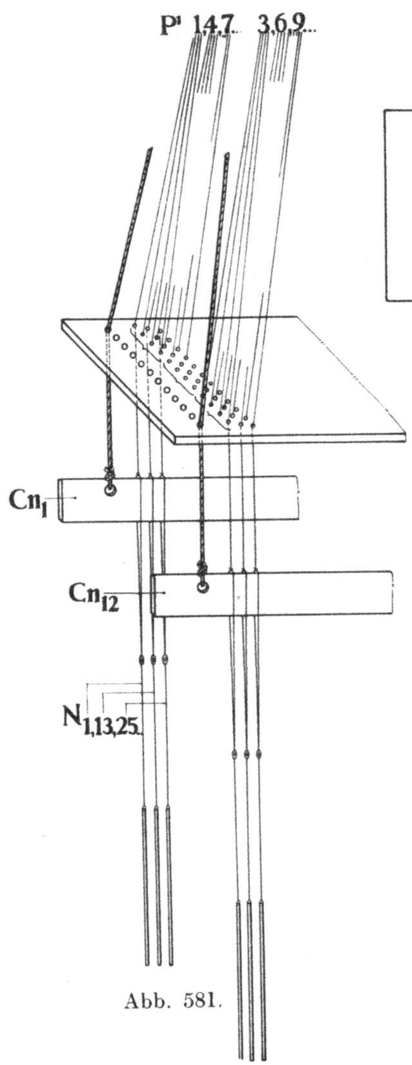

Abb. 581.

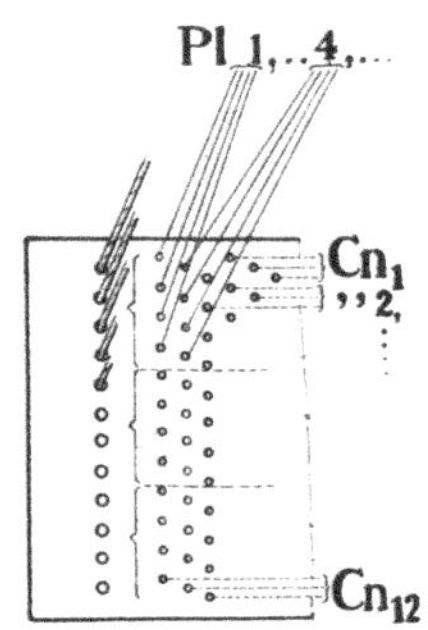

Abb. 582.

Abb. 581—582. **Die französische Gallierung für damastartiges Gewebe mit den Hebeschäften unterhalb des Schnürbrettes für 12-bindigen Atlas.**

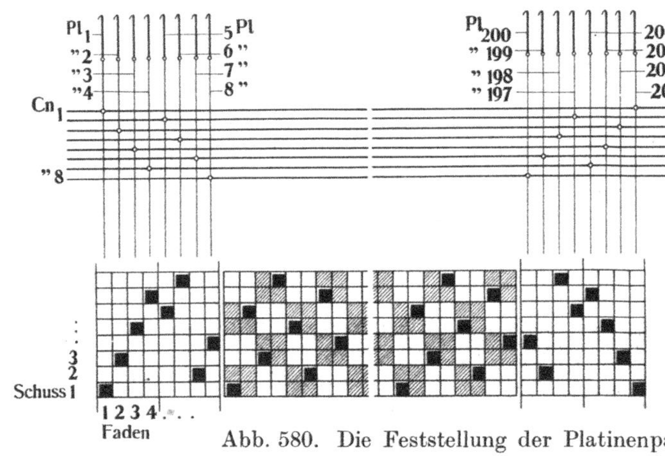

Abb. 580. Die Feststellung der Platinenpatrone für die Hebeschäfte unterhalb des Platinenbodens.

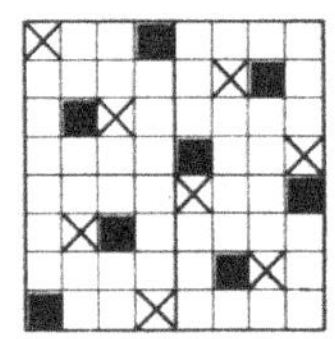

Abb. 583.
Die Kombination der zwei Atlasbindungen.

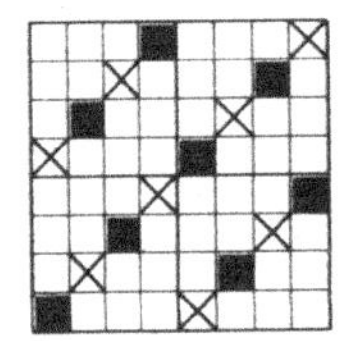

Abb. 584.
Die Kombination der zwei Atlasbindungen.

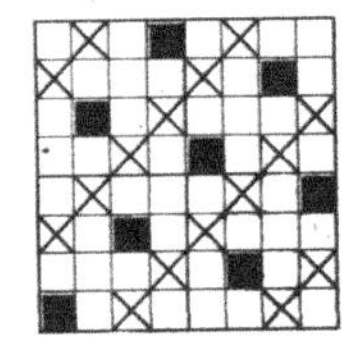

Abb. 585.
Die Kombination des achtbindigen Atlas mit dem vierbindigen Köper.

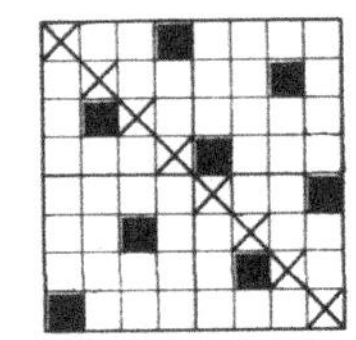

Abb. 586.
Die Kombination des achtbindigen Atlas mit dem achtbindigen Köper.

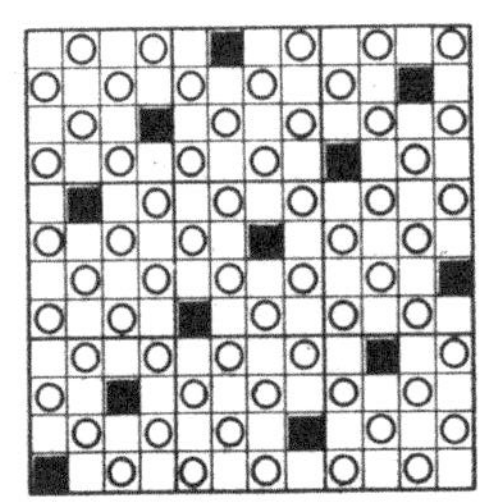

Abb. 588.
Die Kombination des zwölfbindigen Atlas mit der Leinwandbindung.

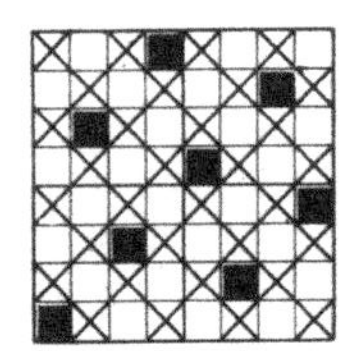

Abb. 587.
Die Kombination des achtbindigen Atlas mit der Leinwandbindung.

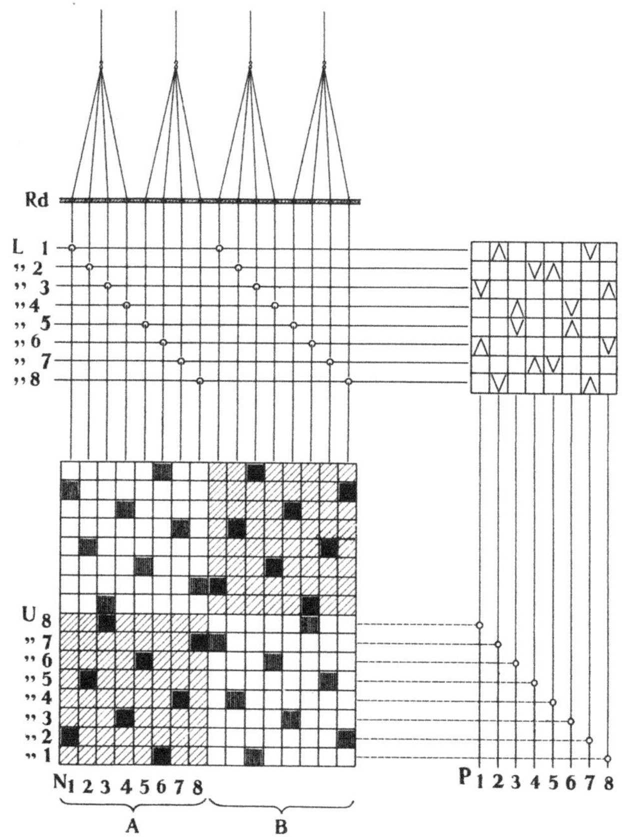

Abb. 589. Die Bindung im Muster und im Boden mit der Schnürung für das achtschäftige Vordergeschirr; der erste Schaft ist mit dem achten verbunden.

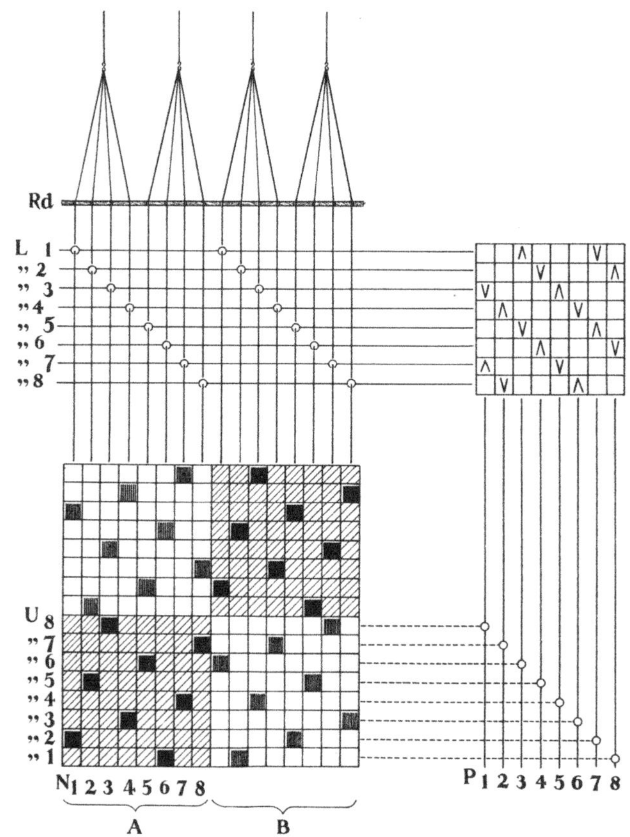

Abb. 590. Die Schnürung für das achtschäftige Vordergeschirr; der erste Schaft ist mit dem fünften verbunden.

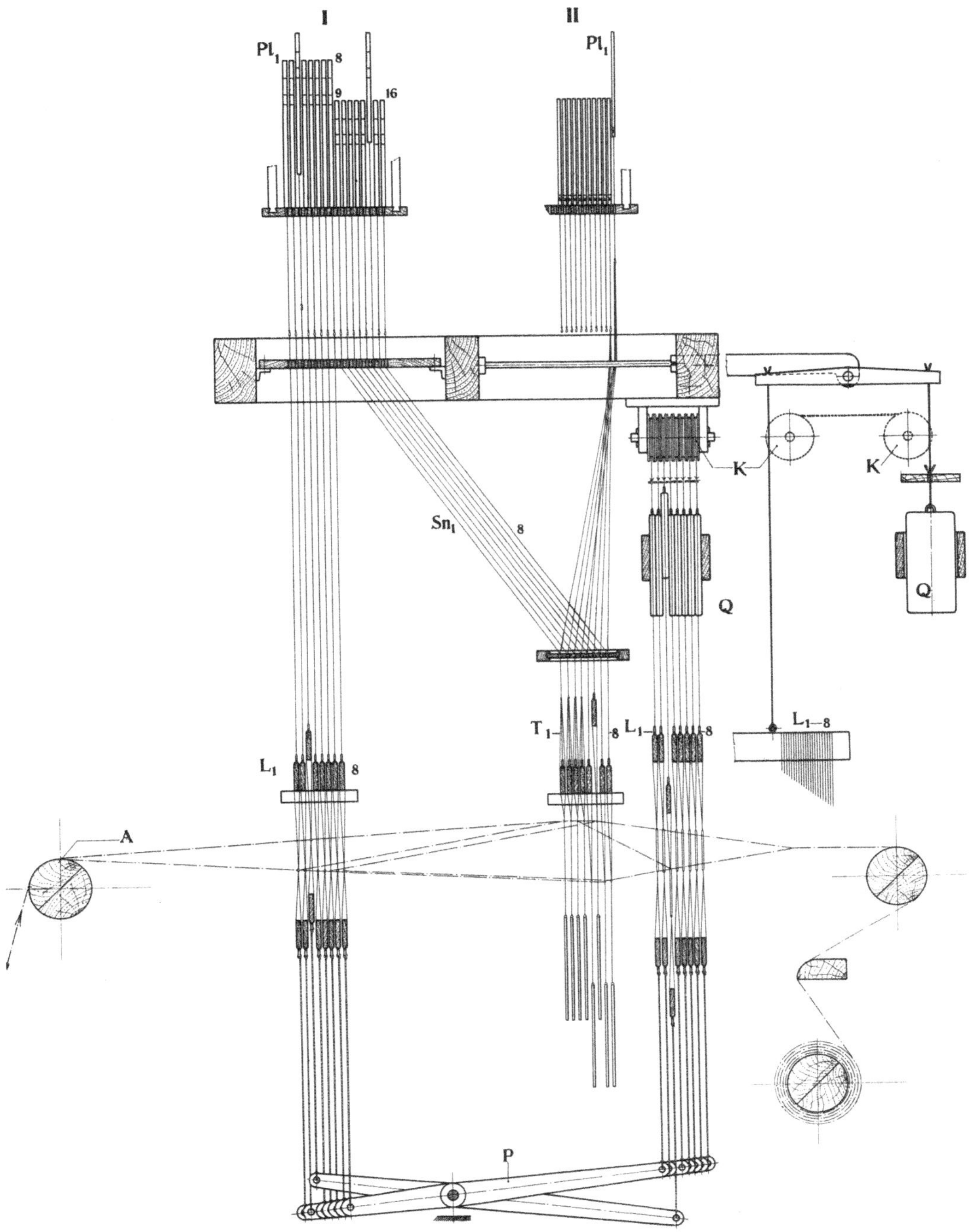

Abb. 591. Die Anordnung eines Damasthandwebstuhles ohne Kreuzfach.

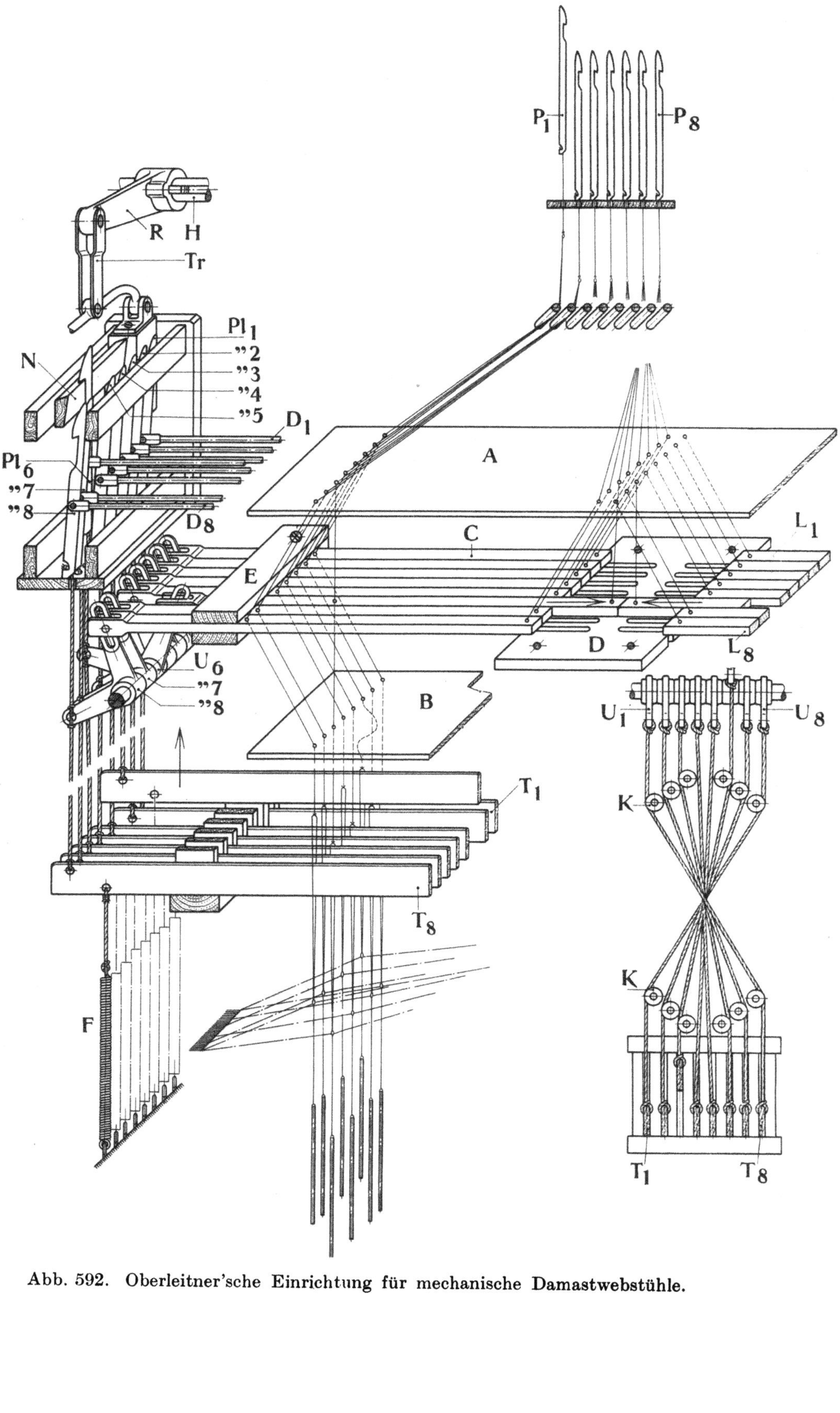

Abb. 592. Oberleitner'sche Einrichtung für mechanische Damastwebstühle.

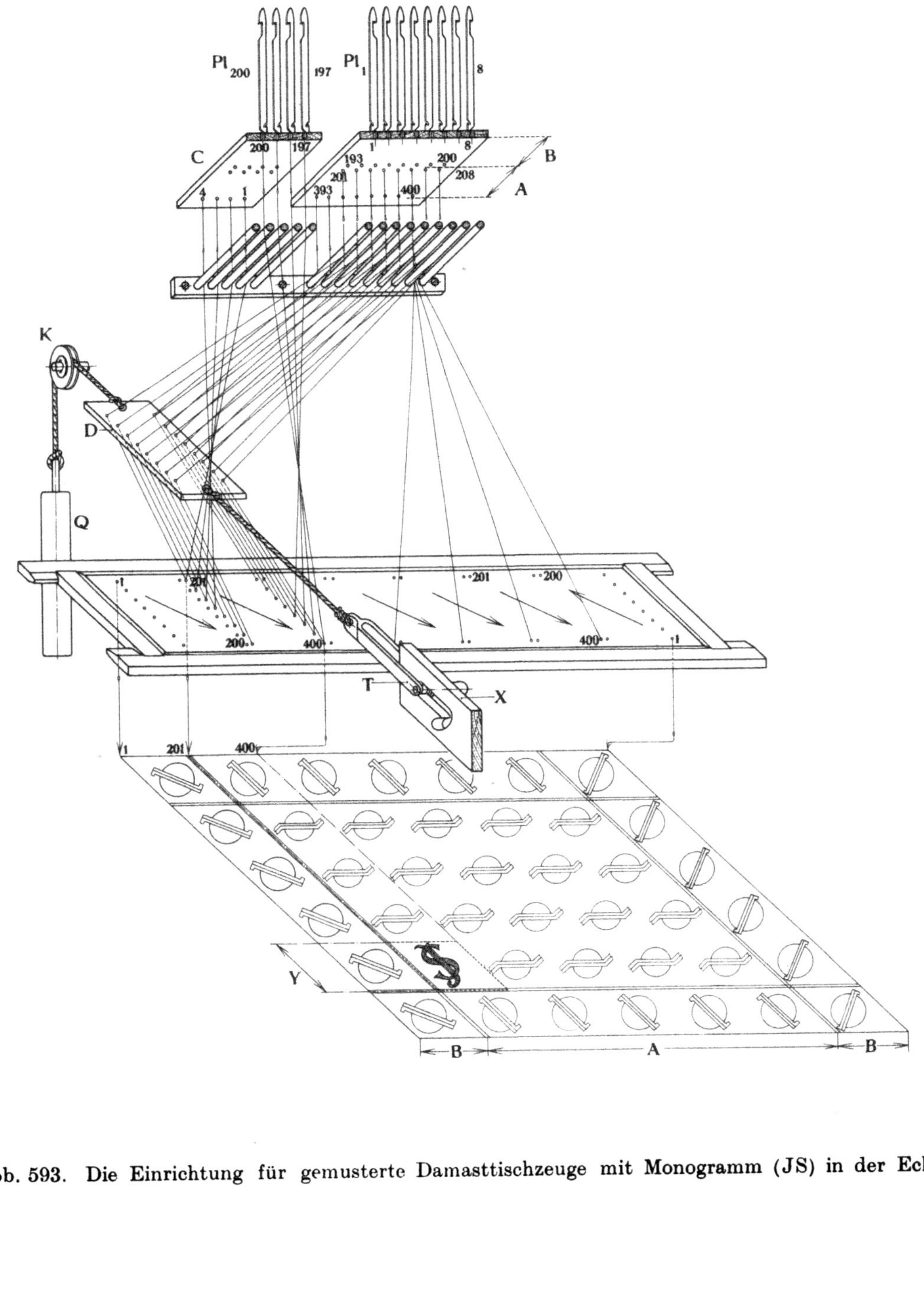

Abb. 593. Die Einrichtung für gemusterte Damasttischzeuge mit Monogramm (JS) in der Ecke.

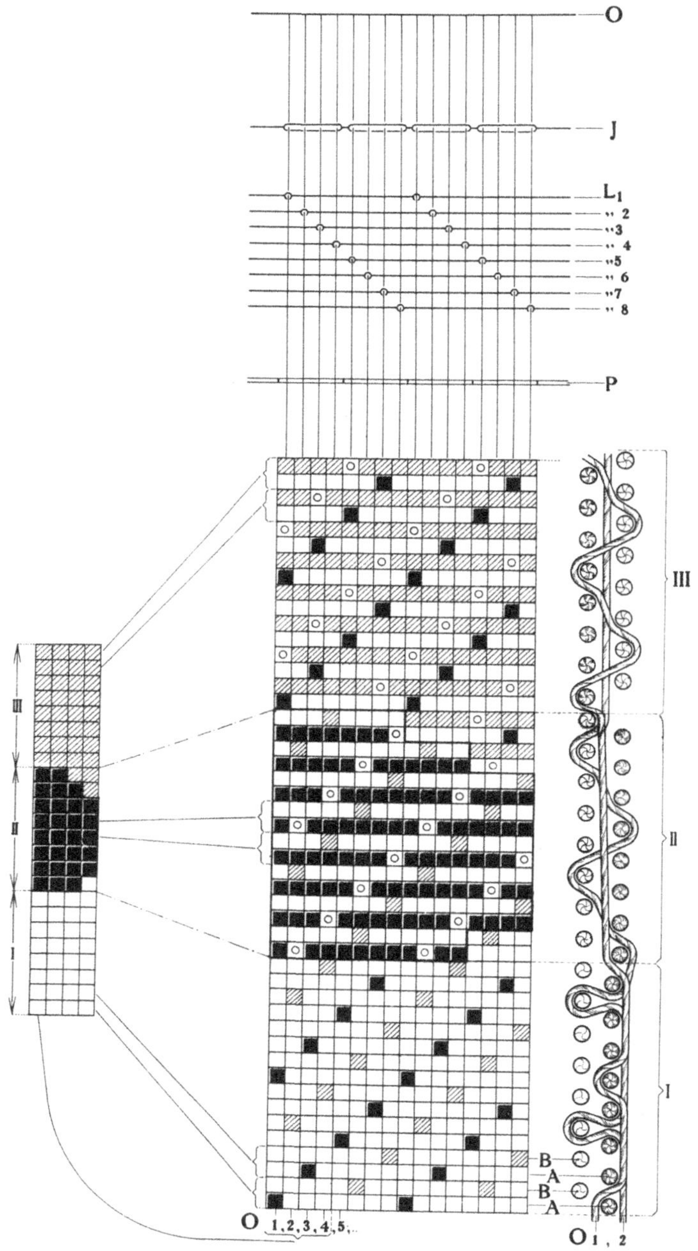

Abb. 594. Der Schnitt, die Bindung und der Fadeneinzug des zweischüssigen Damastes.

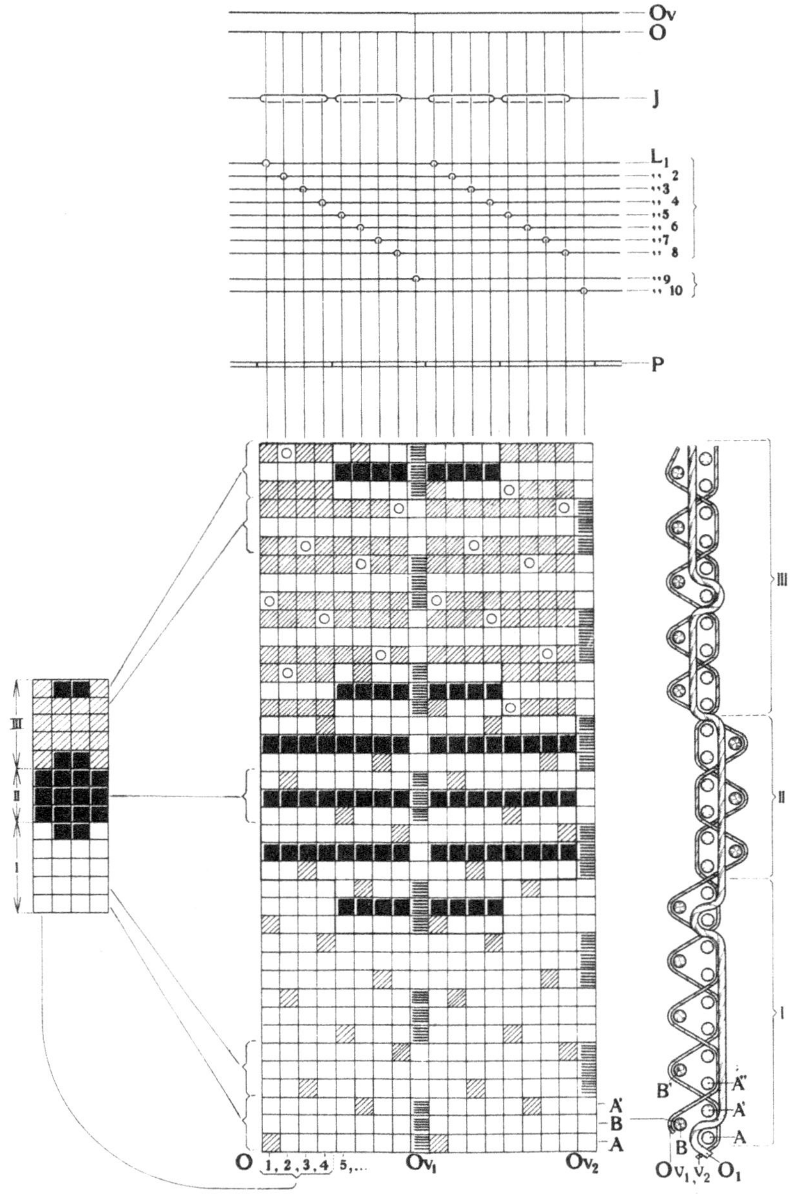

Abb. 595. Eine andere Webeart des zweischüssigen Damastes.

Abb. 596.

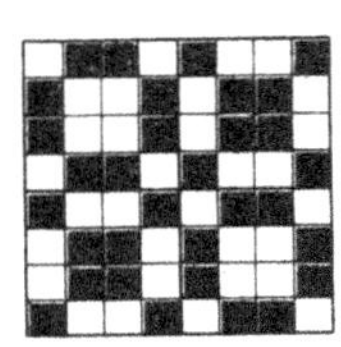

Abb. 597.

Abb. 596—597. Die üblichen Kanevasbindungen.

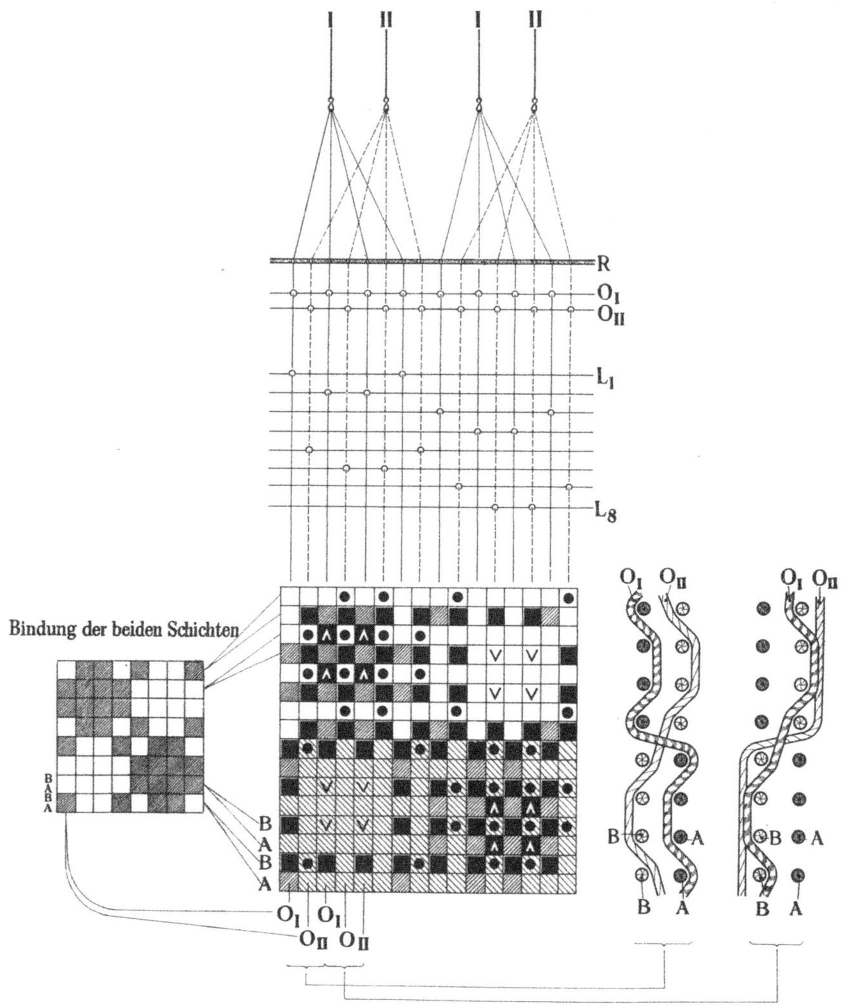

Abb. 598. Die damastartige Einrichtung für das doppelte Kanevasgewebe (links die Grundbindung, rechts die Längsschnitte).

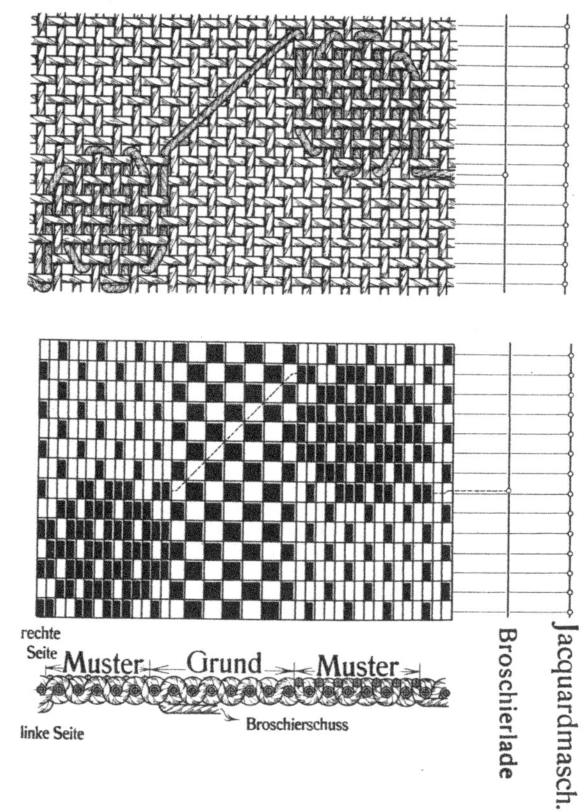

Abb. 599. Broschiergewebe (Die Ansicht, die Bindung).

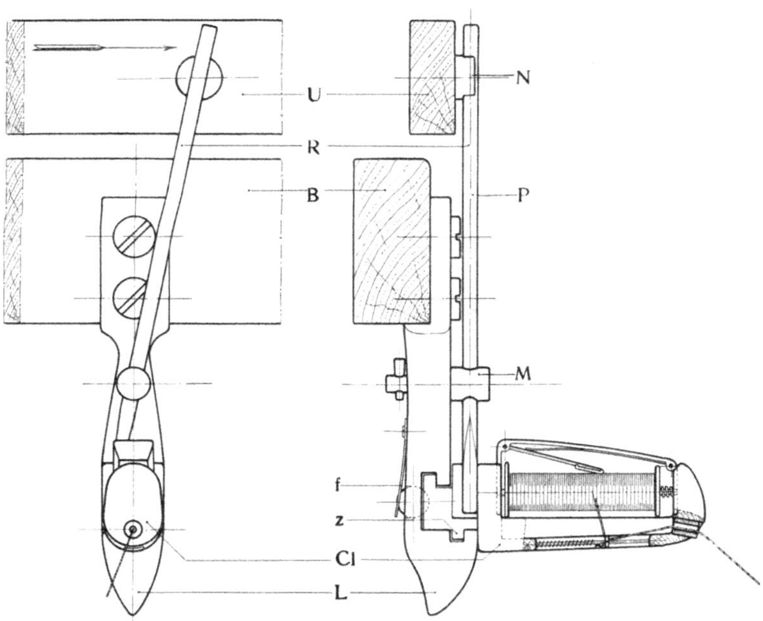

Abb. 600. Die hölzerne Schweizer Broschierlade.

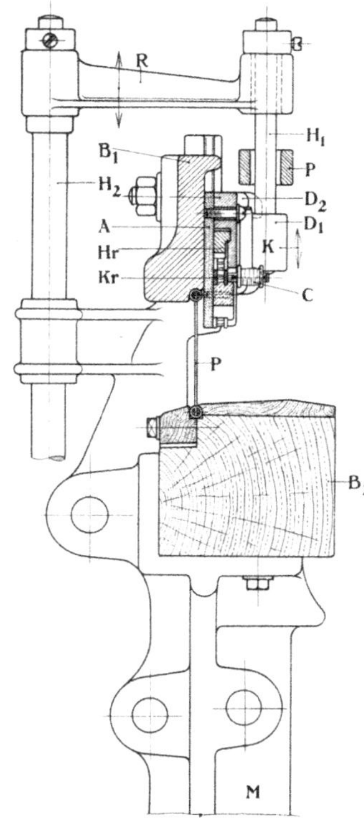

Abb. 602.

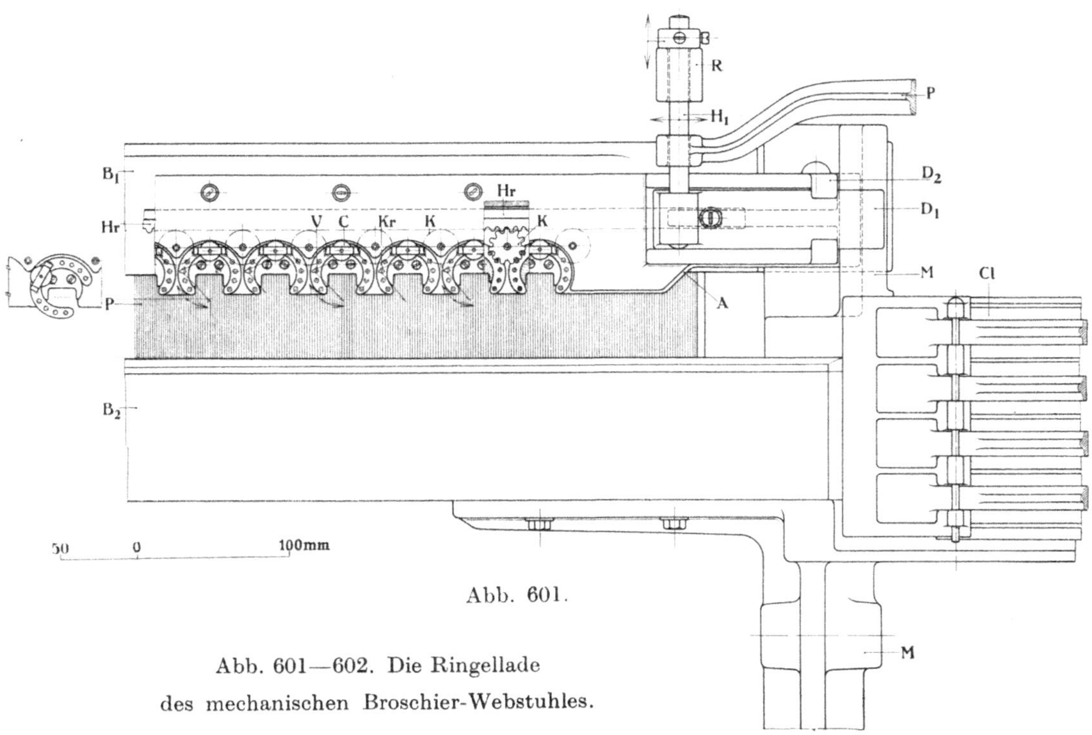

Abb. 601.

Abb. 601—602. Die Ringellade
des mechanischen Broschier-Webstuhles.

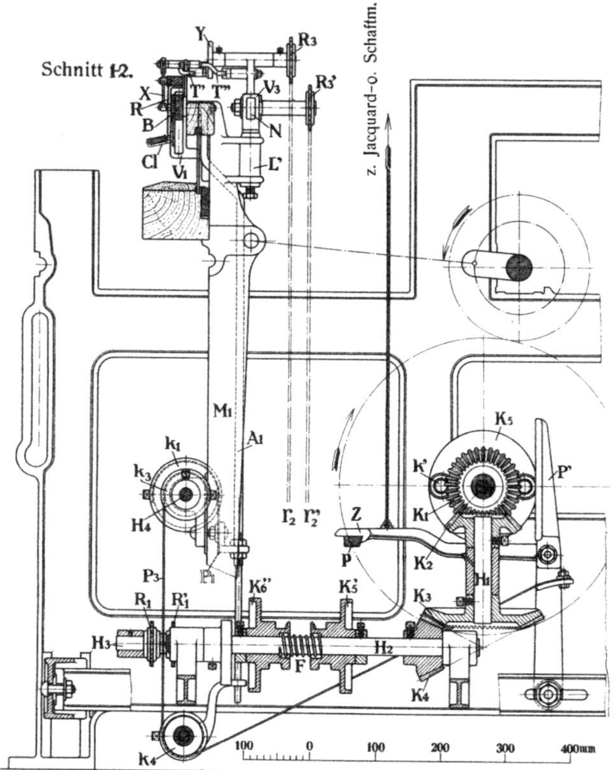

Abb. 603.

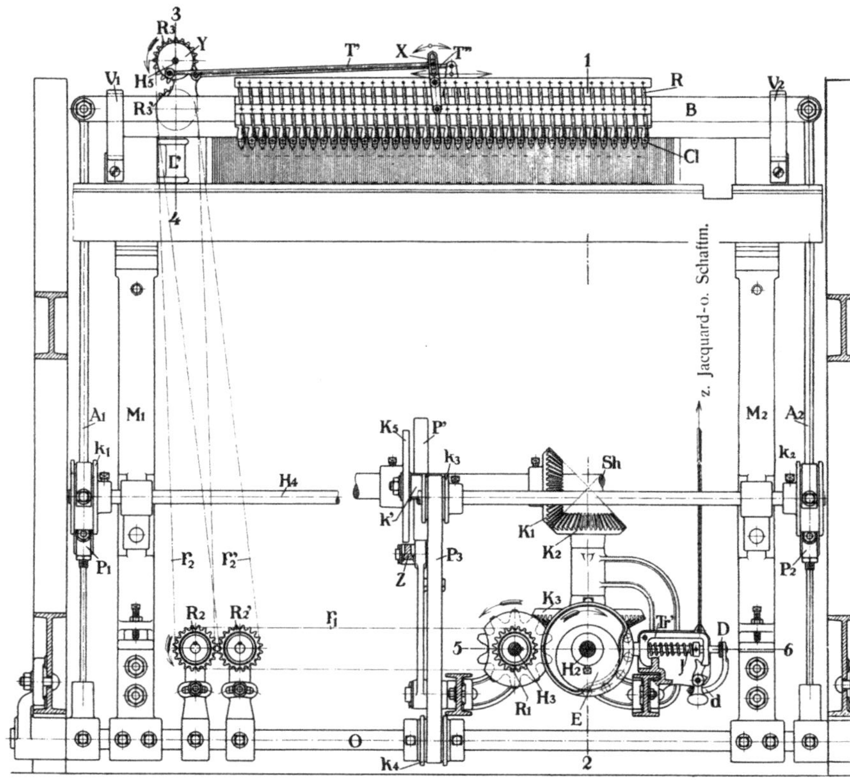

Abb. 604.

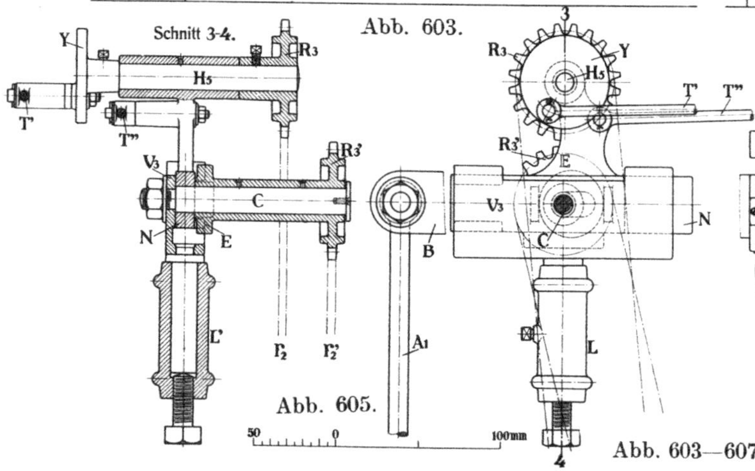

Abb. 605.

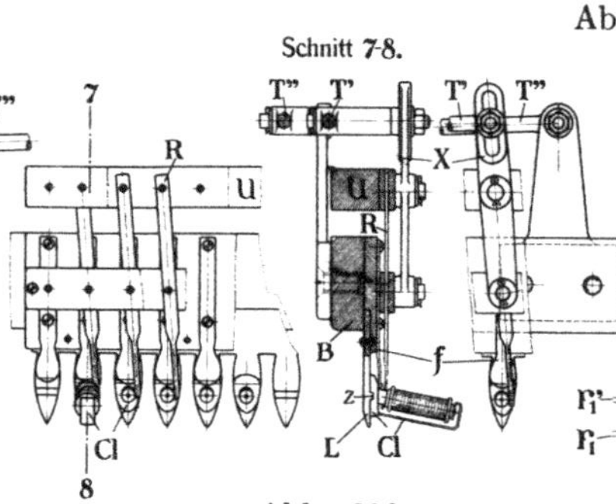

Abb. 606.

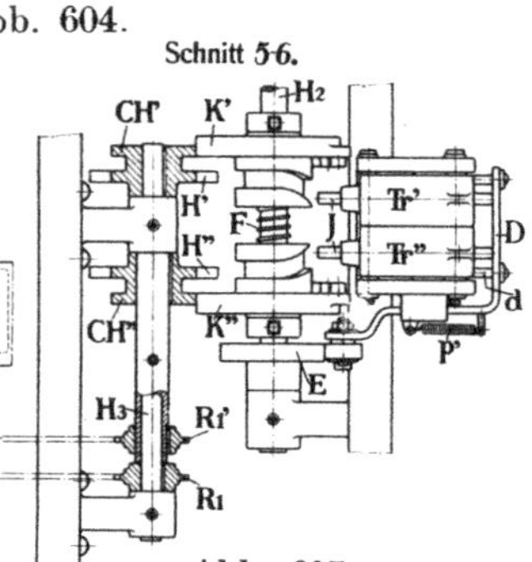

Abb. 607.

Abb. 603—607. Der Webstuhl mit **Broschierlade** der **Firma** C. A. **Roscher** in **Georgswalde.**

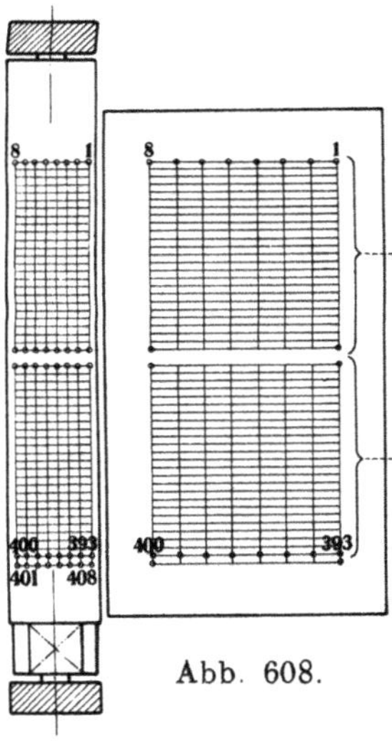

Abb. 608.

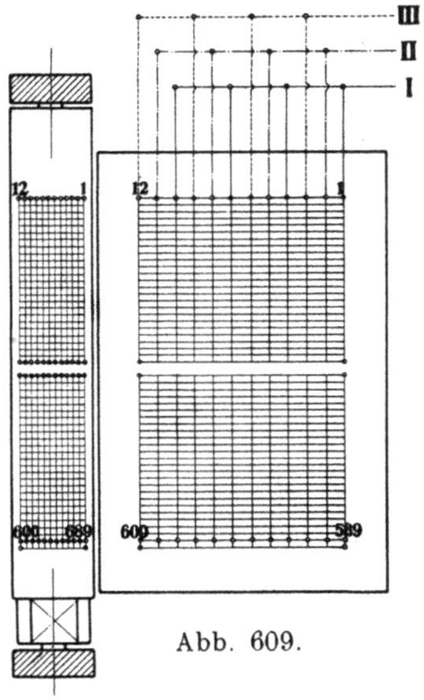

Abb. 609.

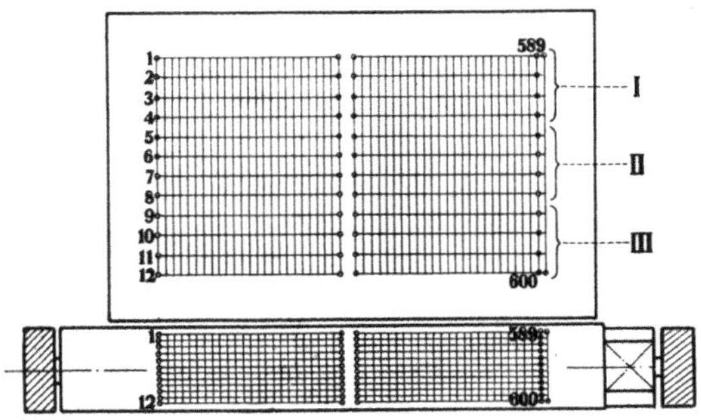

Abb. 610.

Abb. 608—610. Die Teilung der Platinen der Jacquardmaschine für mehrchorige Gewebe.

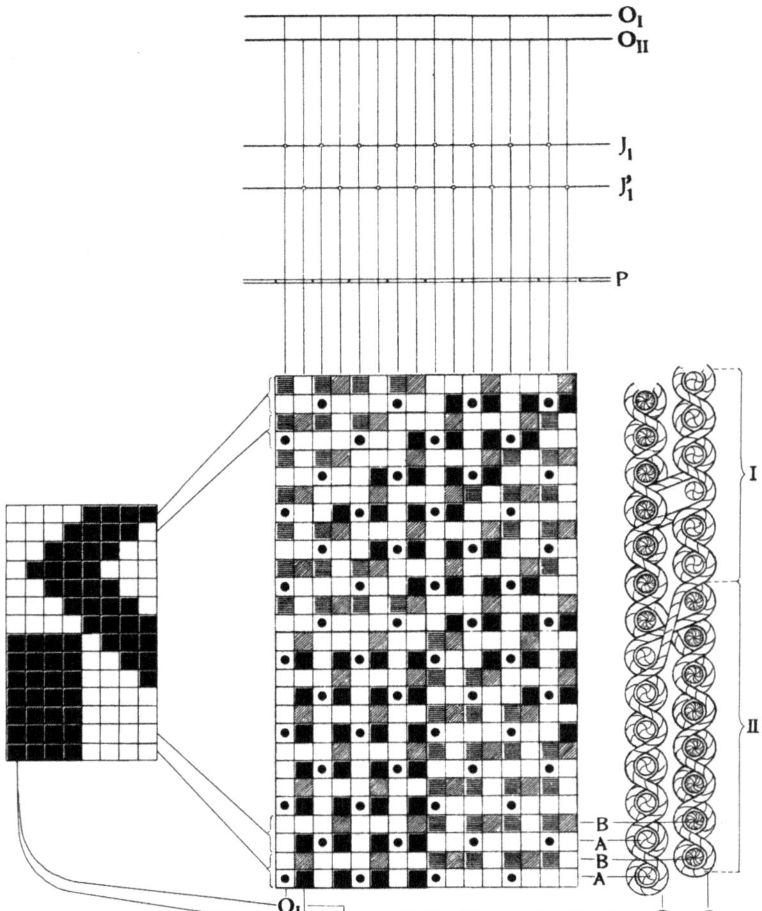

Abb. 612. Der Fadeneinzug, die Bindung und der Schnitt eines zweichorigen Gewebes.

Abb. 611 befindet sich auf Seite 226.

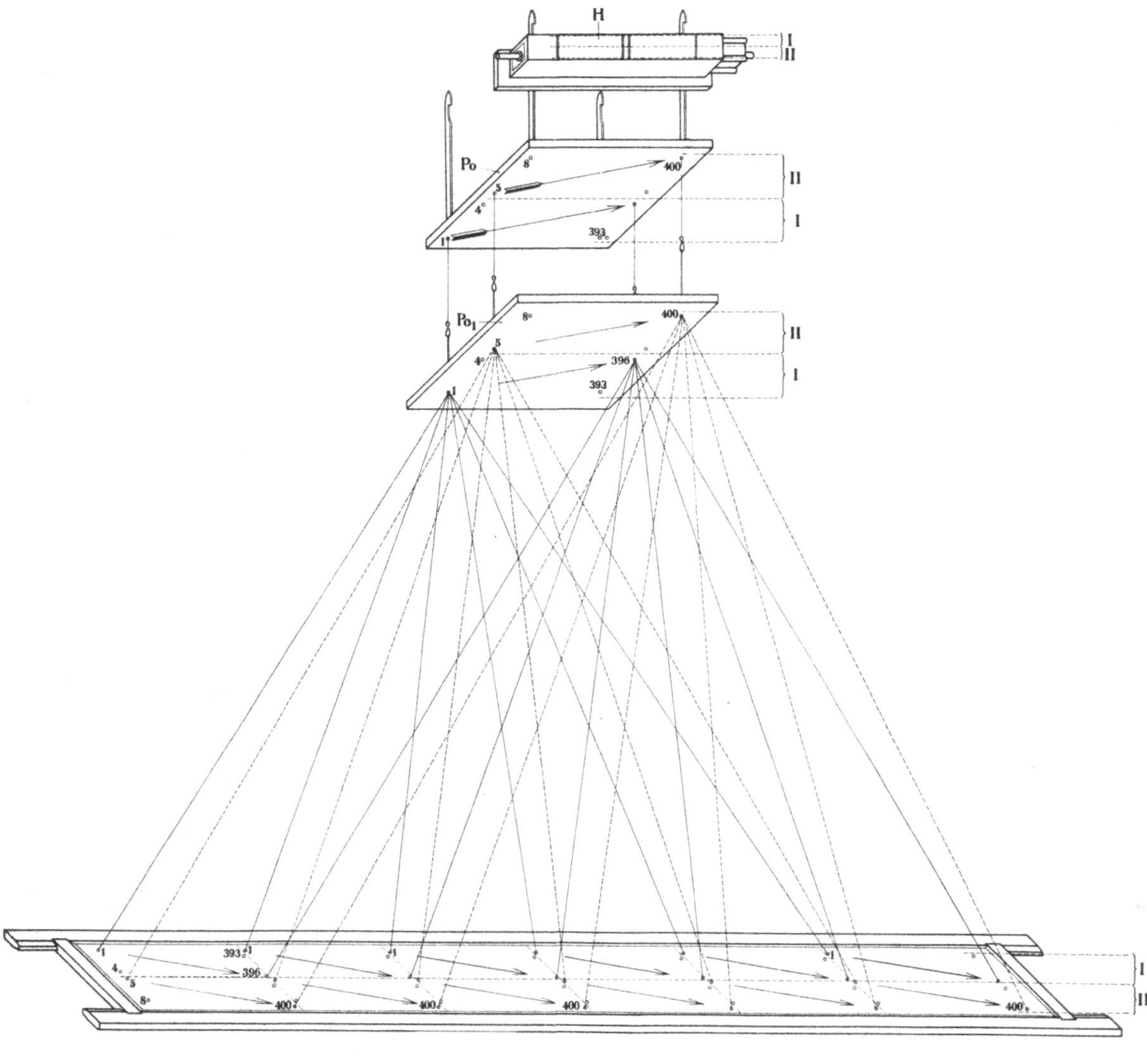

Abb. 611. Die Teilung der nach engl. Art gestellten Jacquardmaschine für zweichoriges Gewebe. (Anstatt des unteren Platinenbodens soll ein Rost vorhanden sein.)

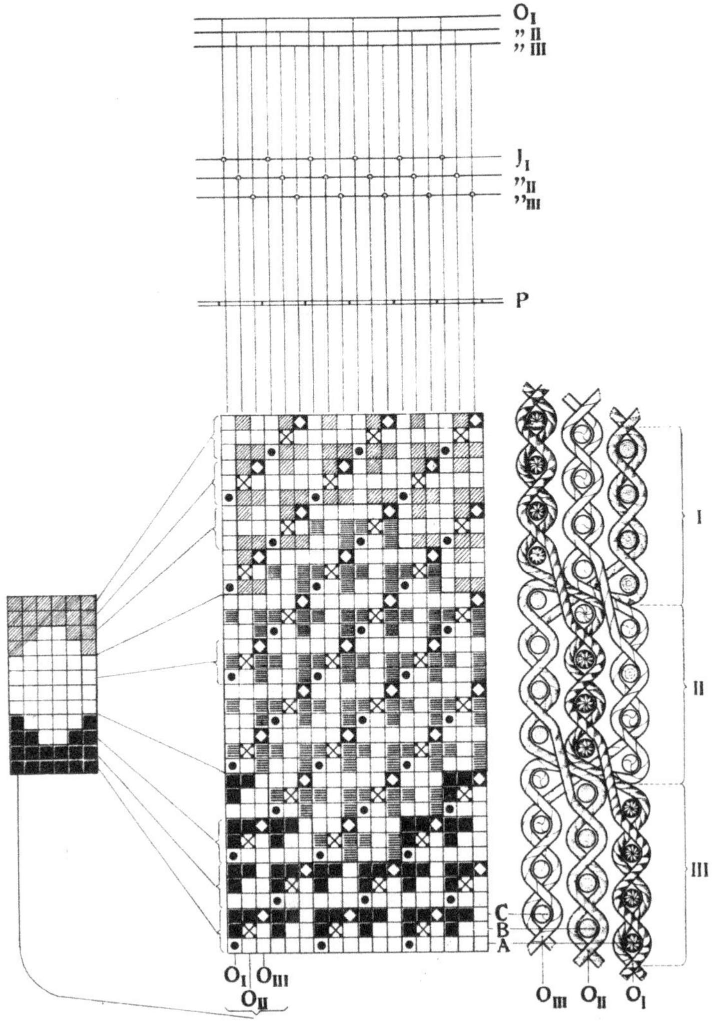

Abb. 613. Das dreifache Gewebe (Kidderminsterteppiche); links die Bindung und der Fadeneinzug, rechts der Schnitt in der Kettenrichtung.

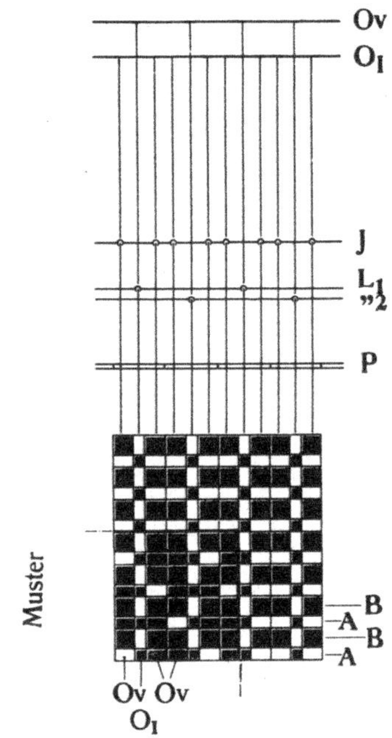

Abb. 616. Der Fadeneinzug für einfachen Rips.

Abb. 614 und 615 befinden sich auf Seite 228.

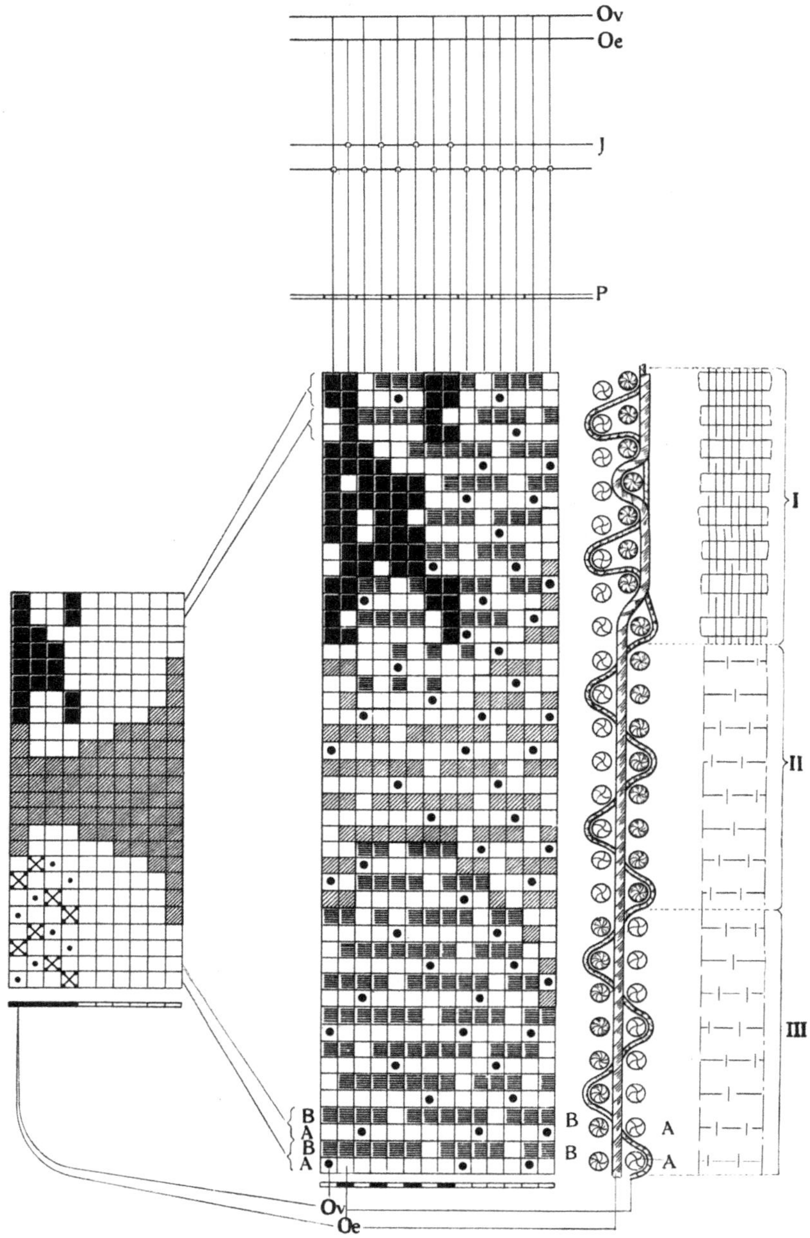

Abb. 614. Der Fadeneinzug, die Bindung und der Schnitt eines Flanellgewebes mit lanziertem Effekt.

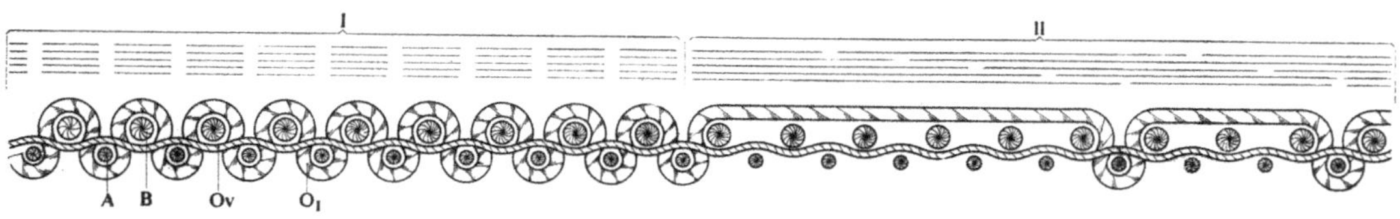

Abb. 615. Der Schnitt eines gemusterten Ripsgewebes.

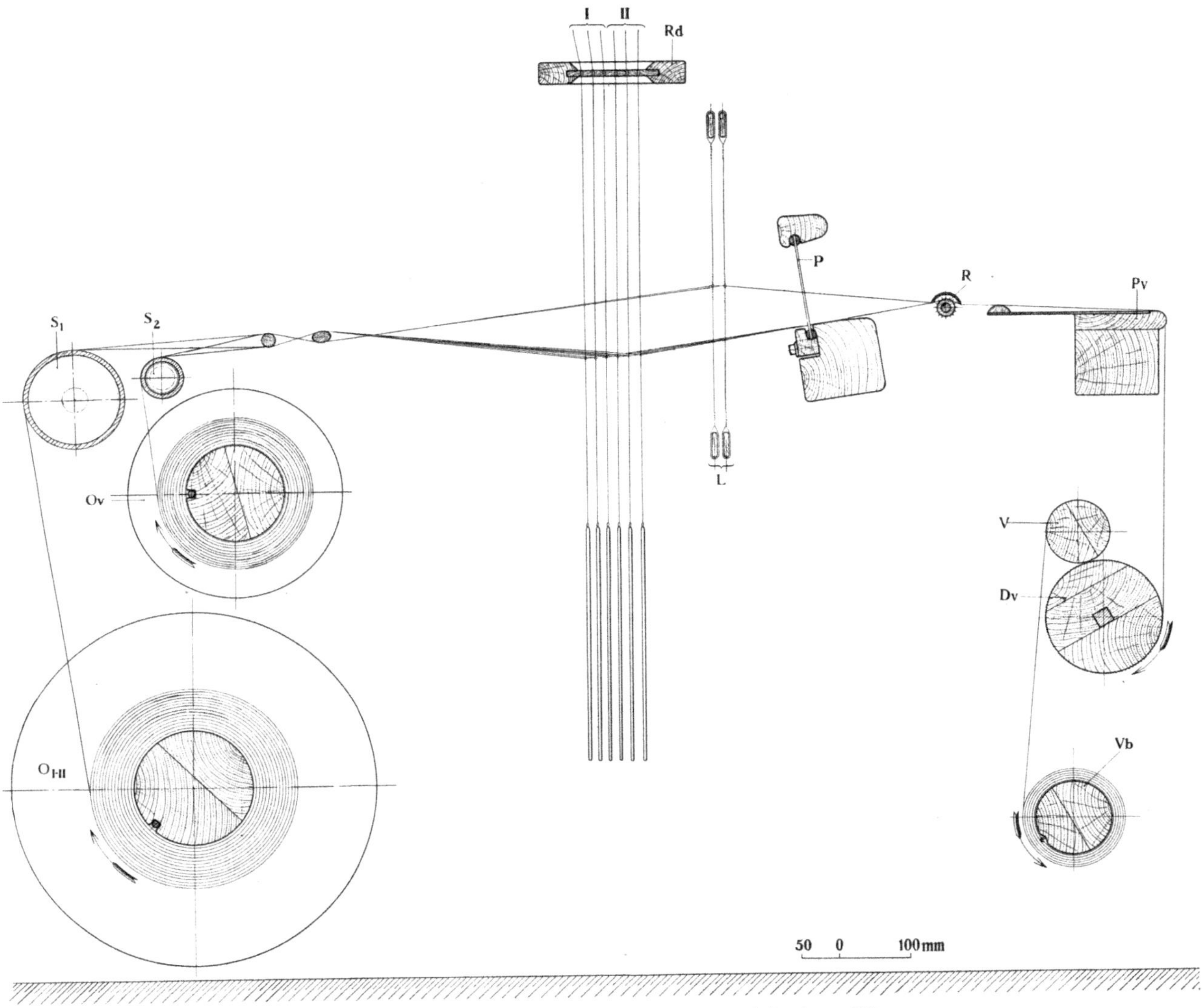

Abb. 617. Die Webstuhleinrichtung für zweichorigen Rips.

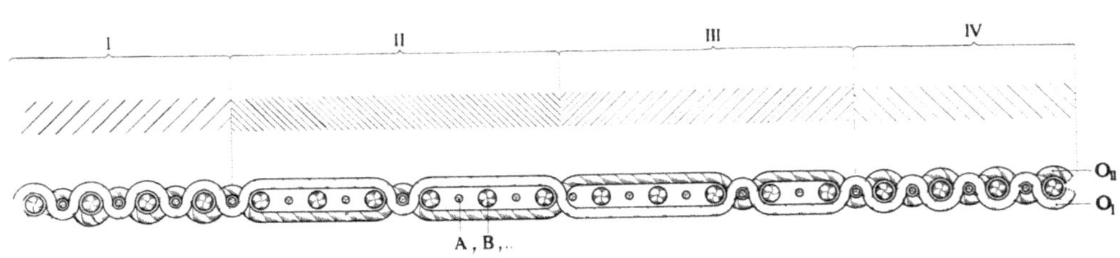

Abb. 618. Der Schnitt des zweichorigen (beiderseitigen) Ripses.

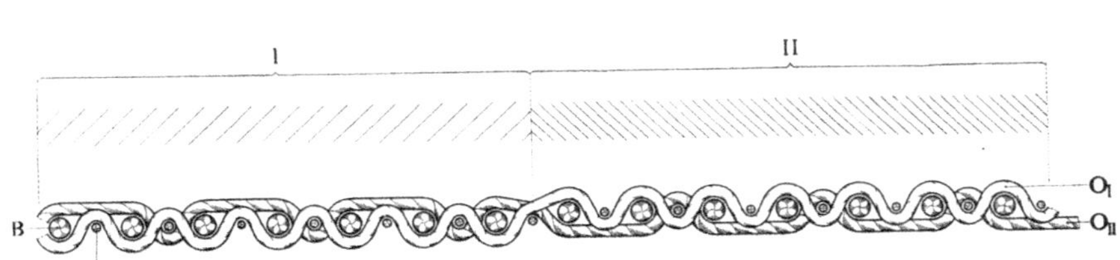

Abb. 619. Der Schnitt des zweichorigen, beiderseitigen Ripses anderer Art.

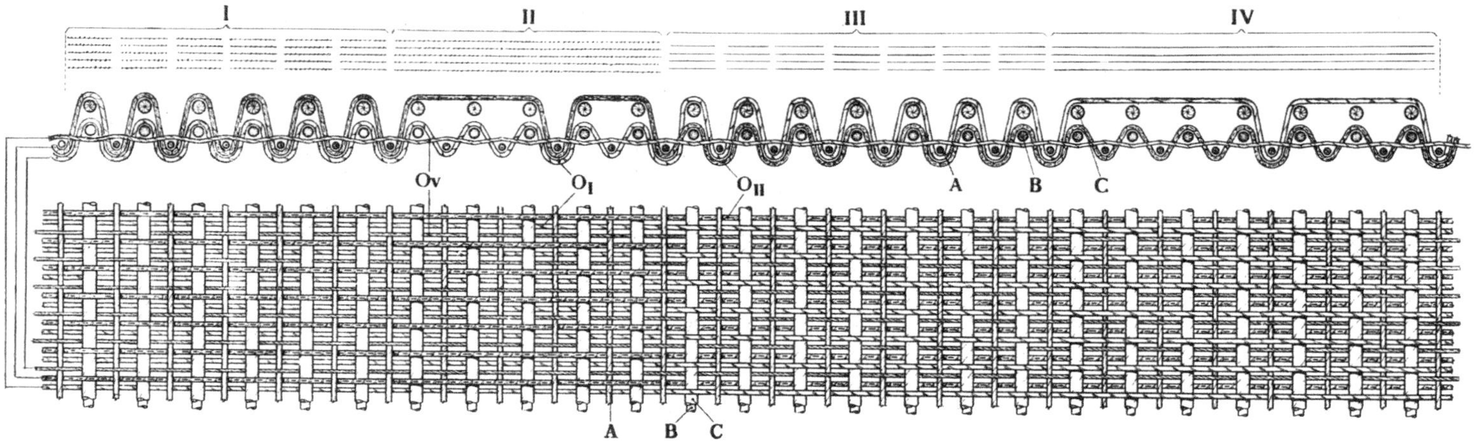

Abb. 620. Der Schnitt und die Bindung eines zweichorigen Ripses.

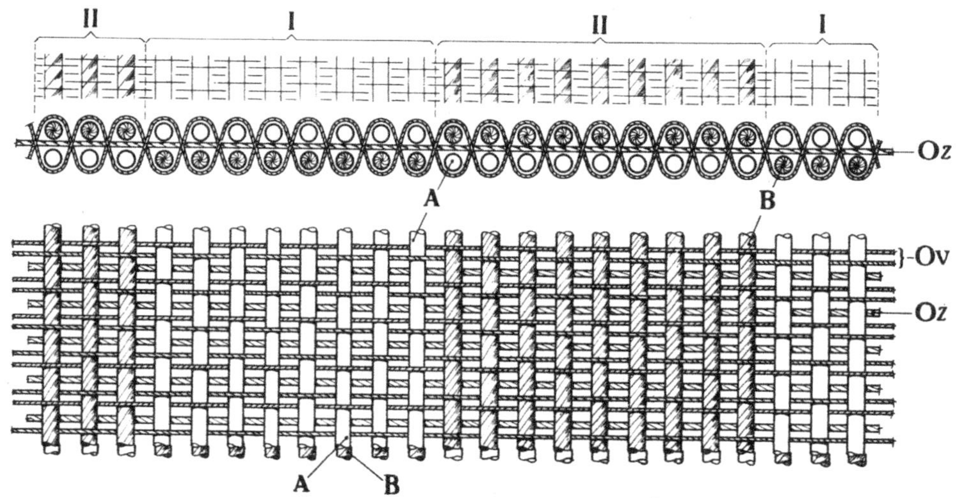

Abb. 624. Das Schema, der Schnitt und die Bindung des einfachen Gobelins.

Abb. 623 befindet sich auf Seite 232.

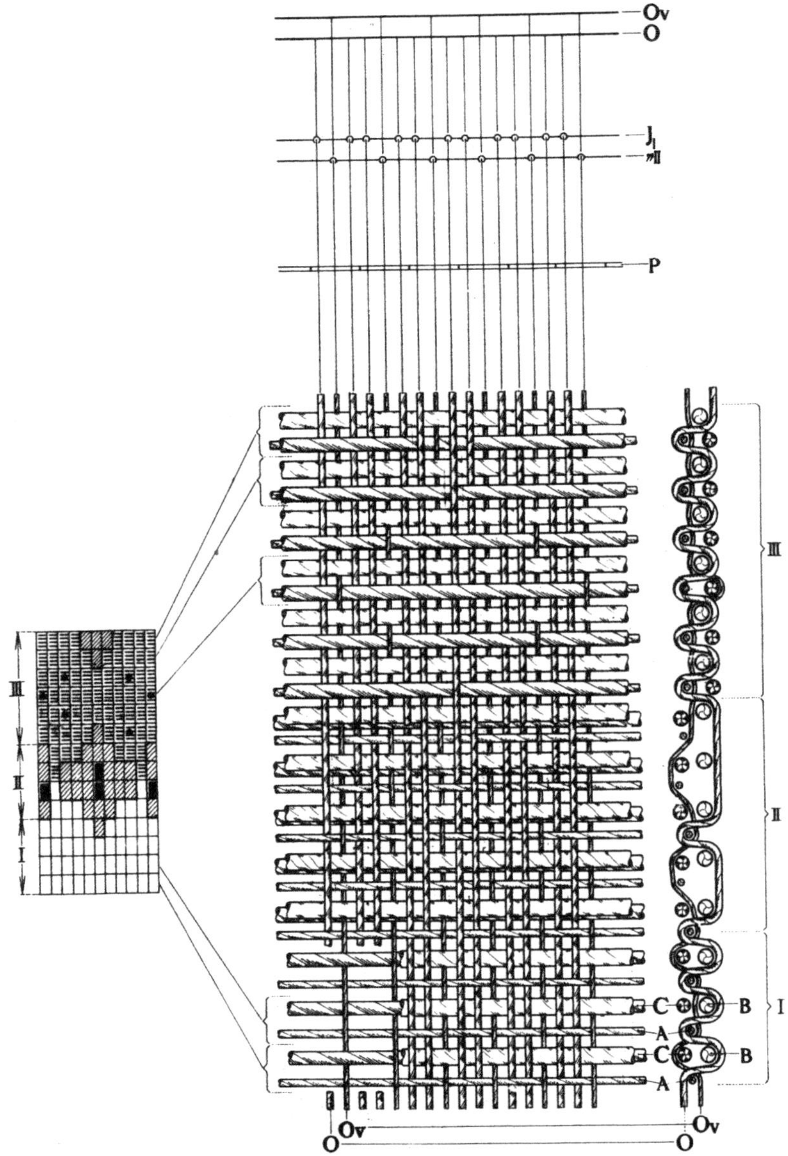

Abb. 621—622. Der Fadeneinzug, die Bindung und der Schnitt des Ripsgewebes mit den Musterschüssen.

Abb. 621—622. Der Fadeneinzug, die Bindung und der Schnitt des Ripsgewebes mit den Musterschüssen.

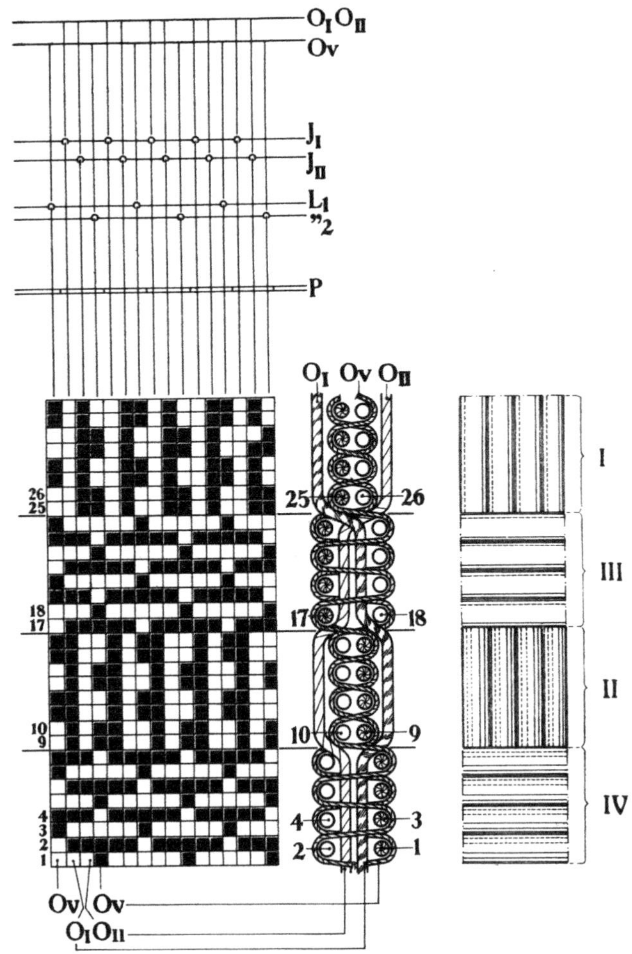

Abb. 625 — 626 befinden sich auf Seite 233.

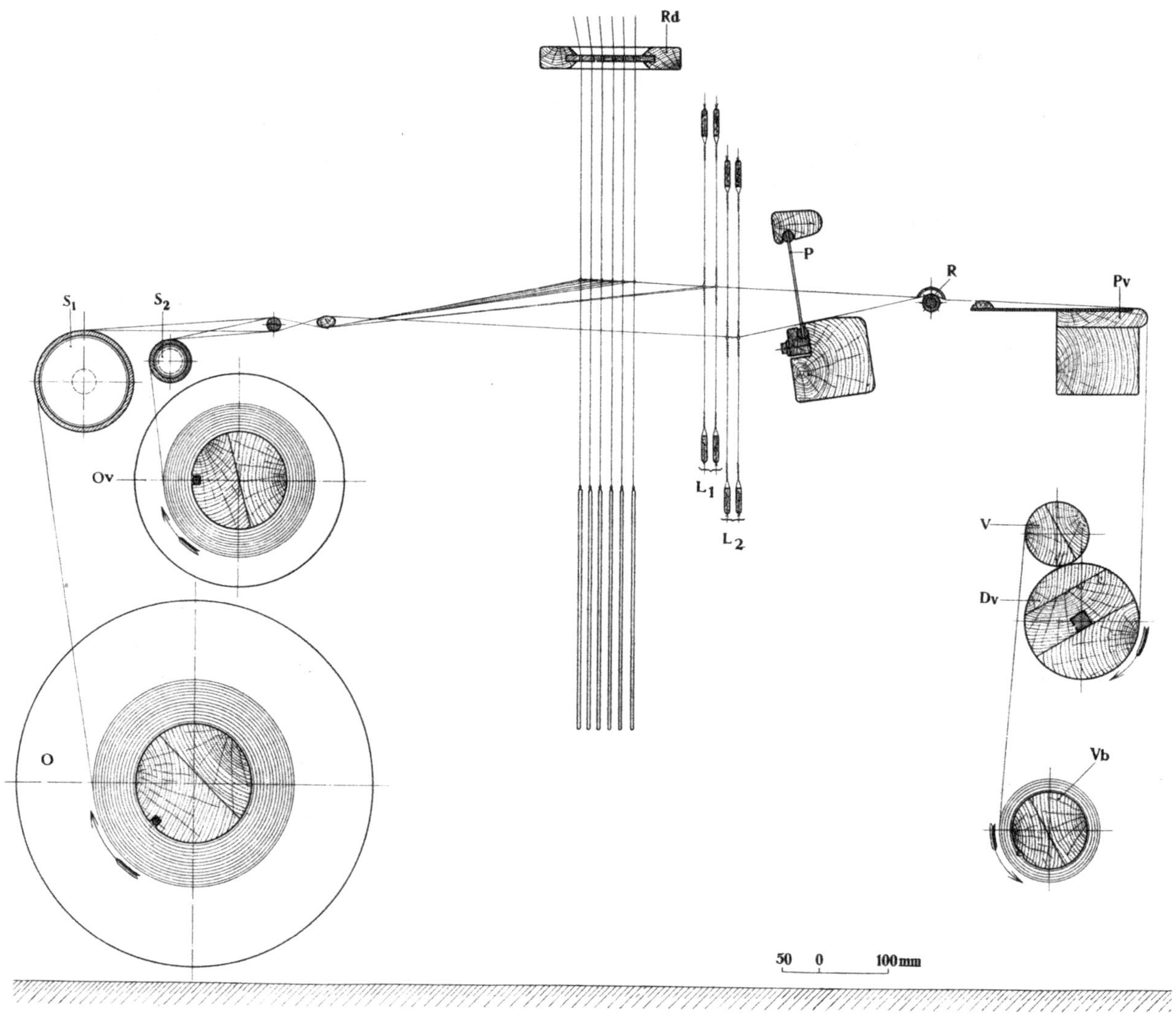

Abb. 623. Die Webstuhleinrichtung für gewöhnlichen Gobelin.

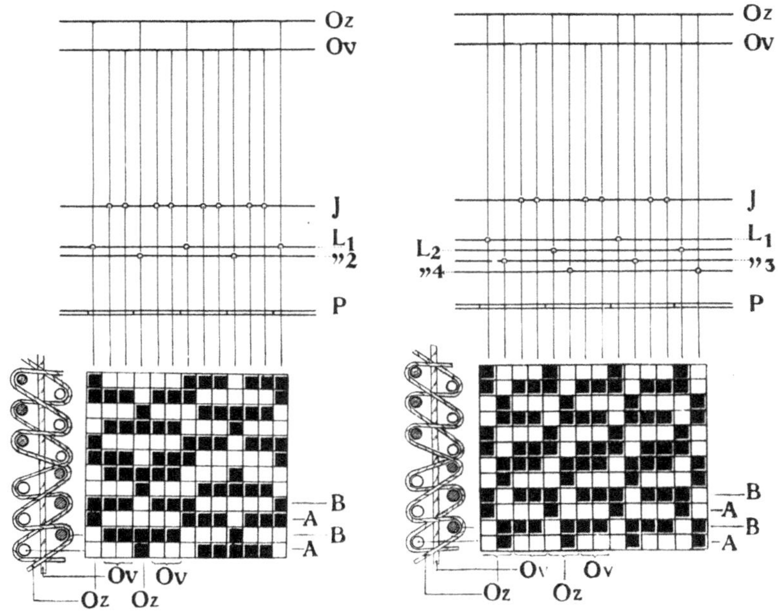

Abb. 625--626. Die Bindung, der Fadeneinzug und der Schnitt für den zweischüssigen Gobelin;
in der ersten Abb. wechselt 1 Bindefaden mit 2 Musterfäden,
in der zweiten Abb. wechseln 2 Bindefäden mit 2 Musterfäden.

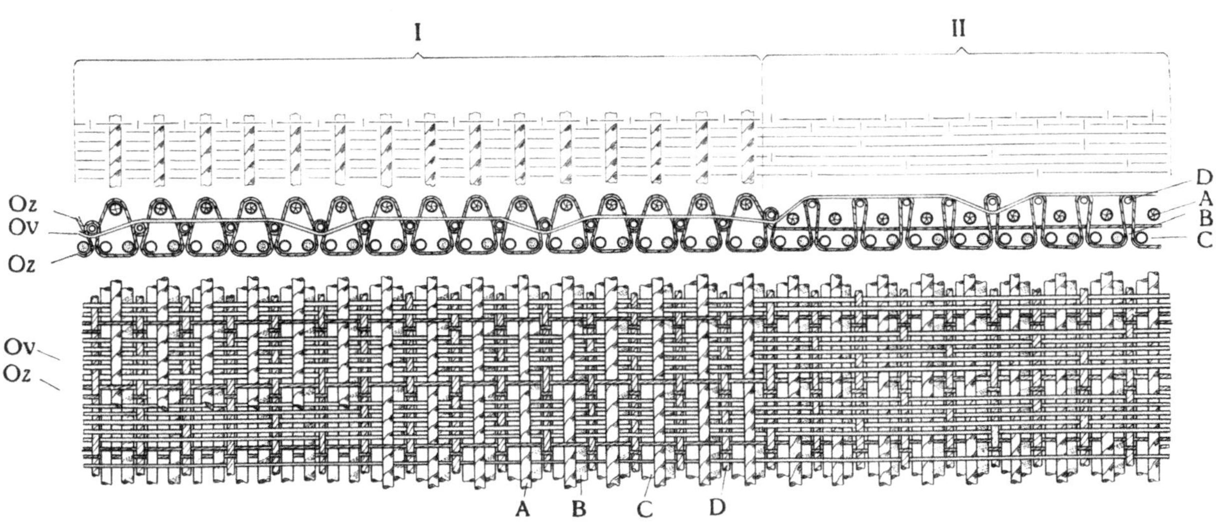

Abb. 630. Der Damastgobelin (schematische Draufsicht, Schnitt und Bild der Gewebeoberfläche).

Abb. 627 befindet sich auf Seite 231.
Abb. 628 befindet sich auf Seite 234.
Abb. 629 befindet sich auf Seite 235.

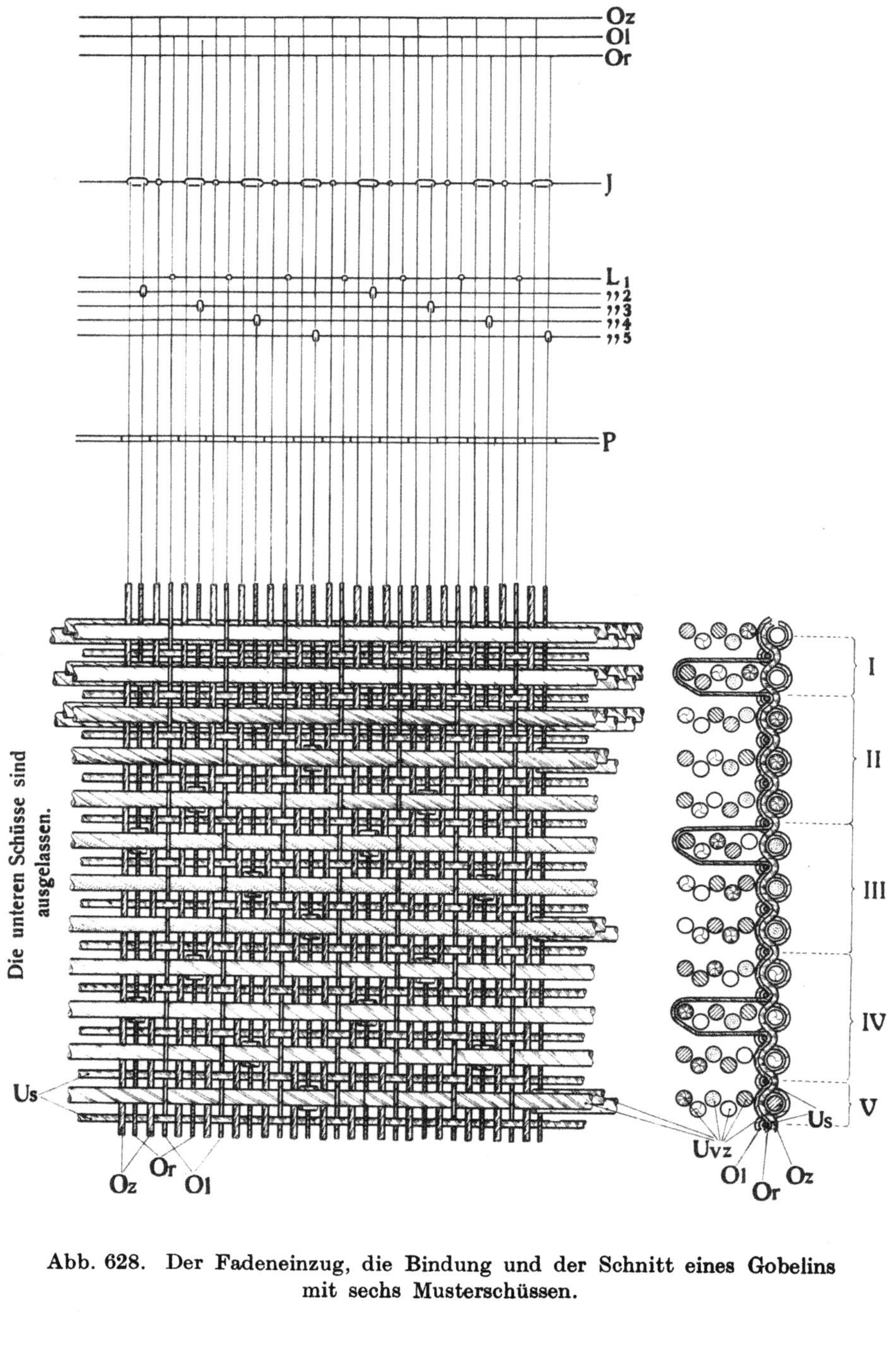

Abb. 628. Der Fadeneinzug, die Bindung und der Schnitt eines Gobelins mit sechs Musterschüssen.

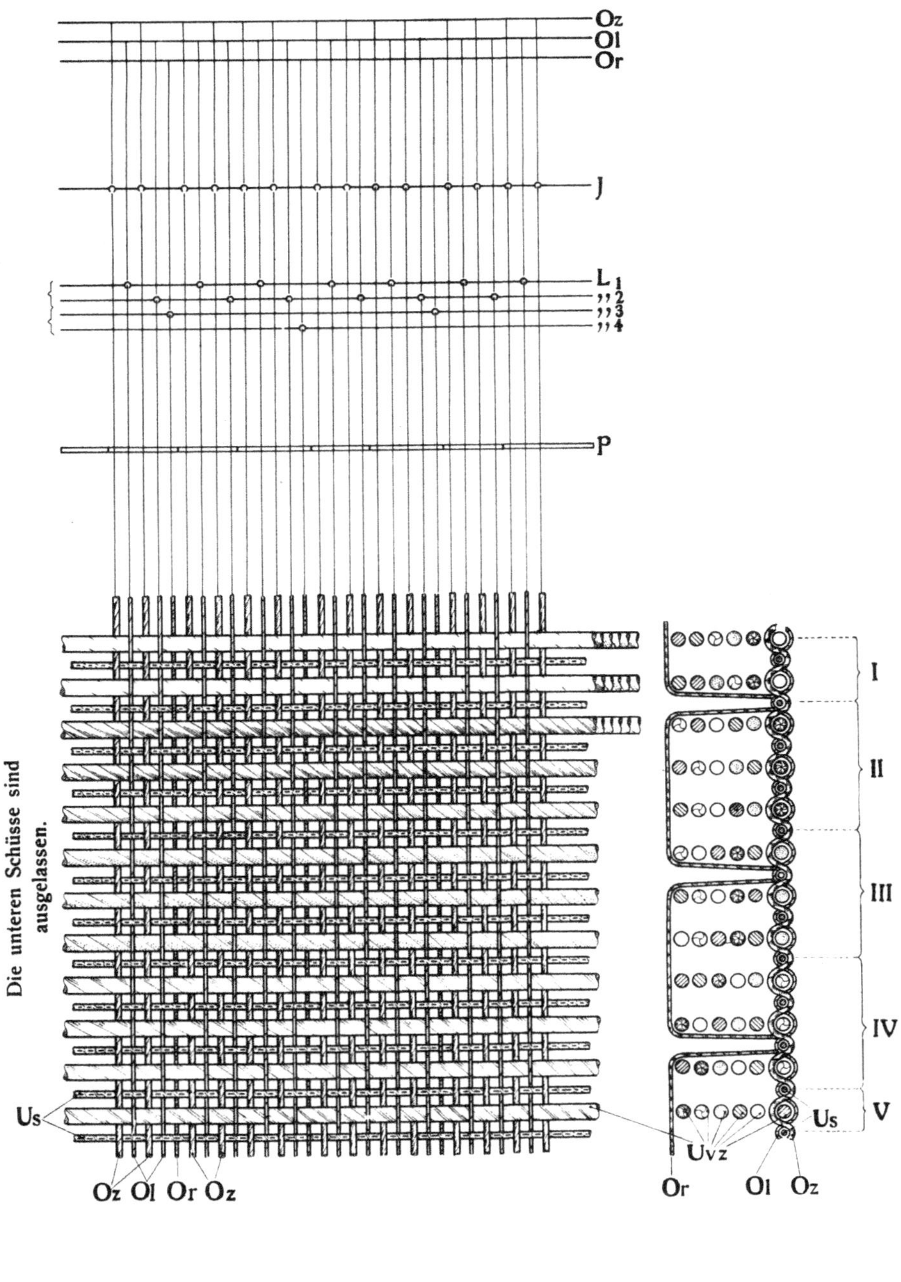

Abb. 629. Der Fadeneinzug, die Bindung und der Schnitt eines Gobelins mit sechs Musterschüssen.

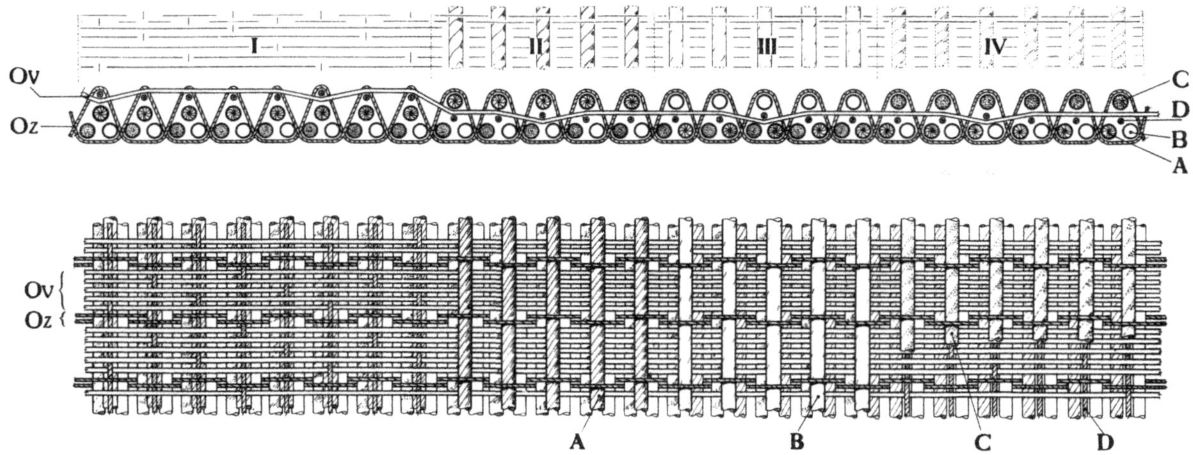

Abb. 631. Der Damastgobelin (schematische Draufsicht, Schnitt und Bild der Gewebeoberfläche).

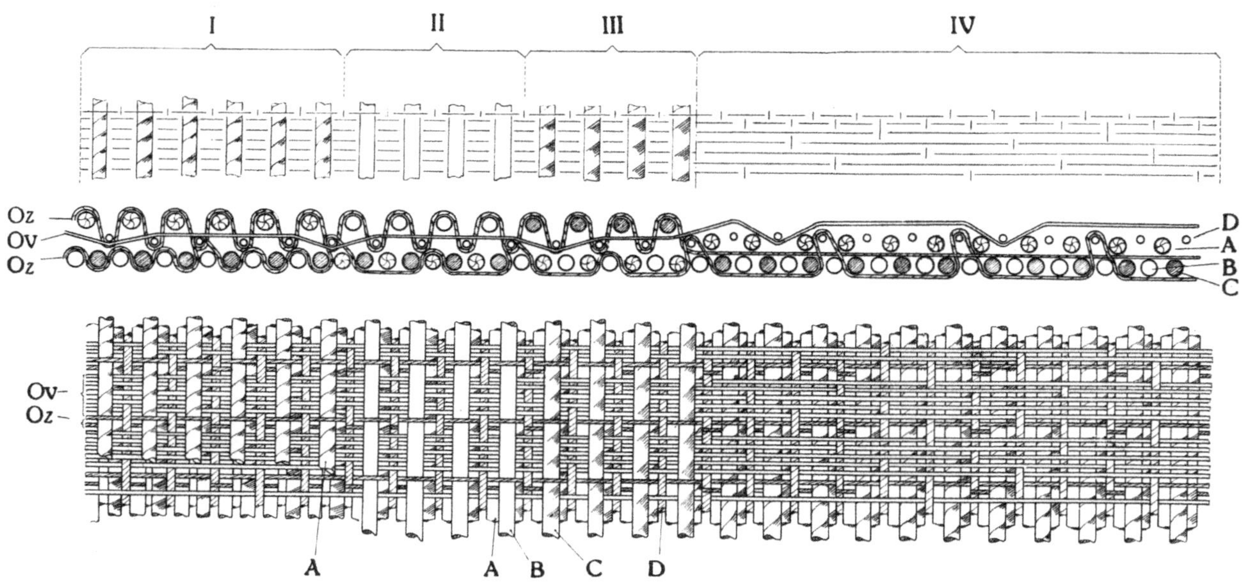

Abb. 632. Das Schema, die Bindung und der Schnitt eines Damastgobelins.

Abb. 630 befindet sich auf Seite 233.

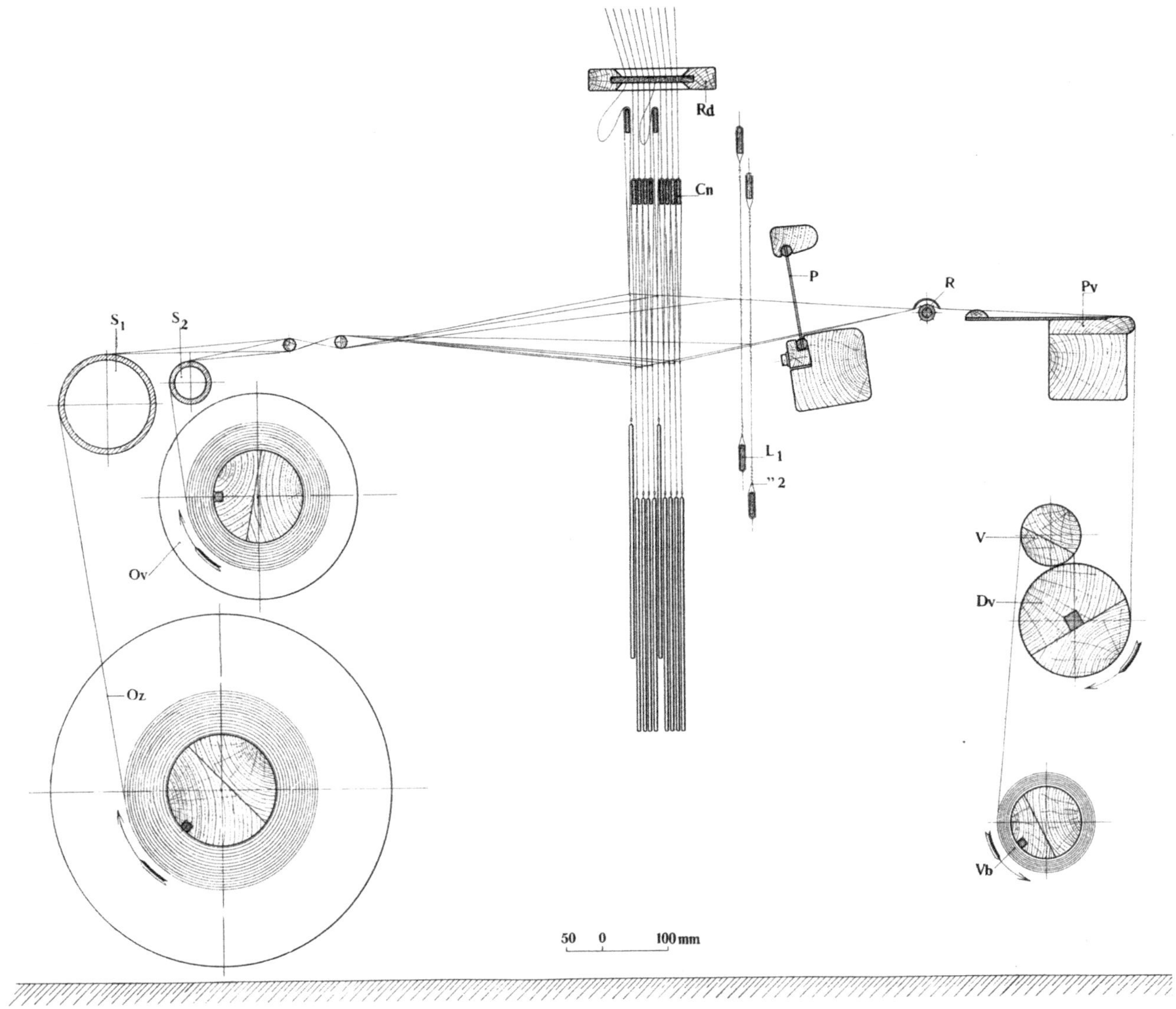

Abb. 633. Die Einrichtung des mechanischen Webstuhles für den Damastgobelin.

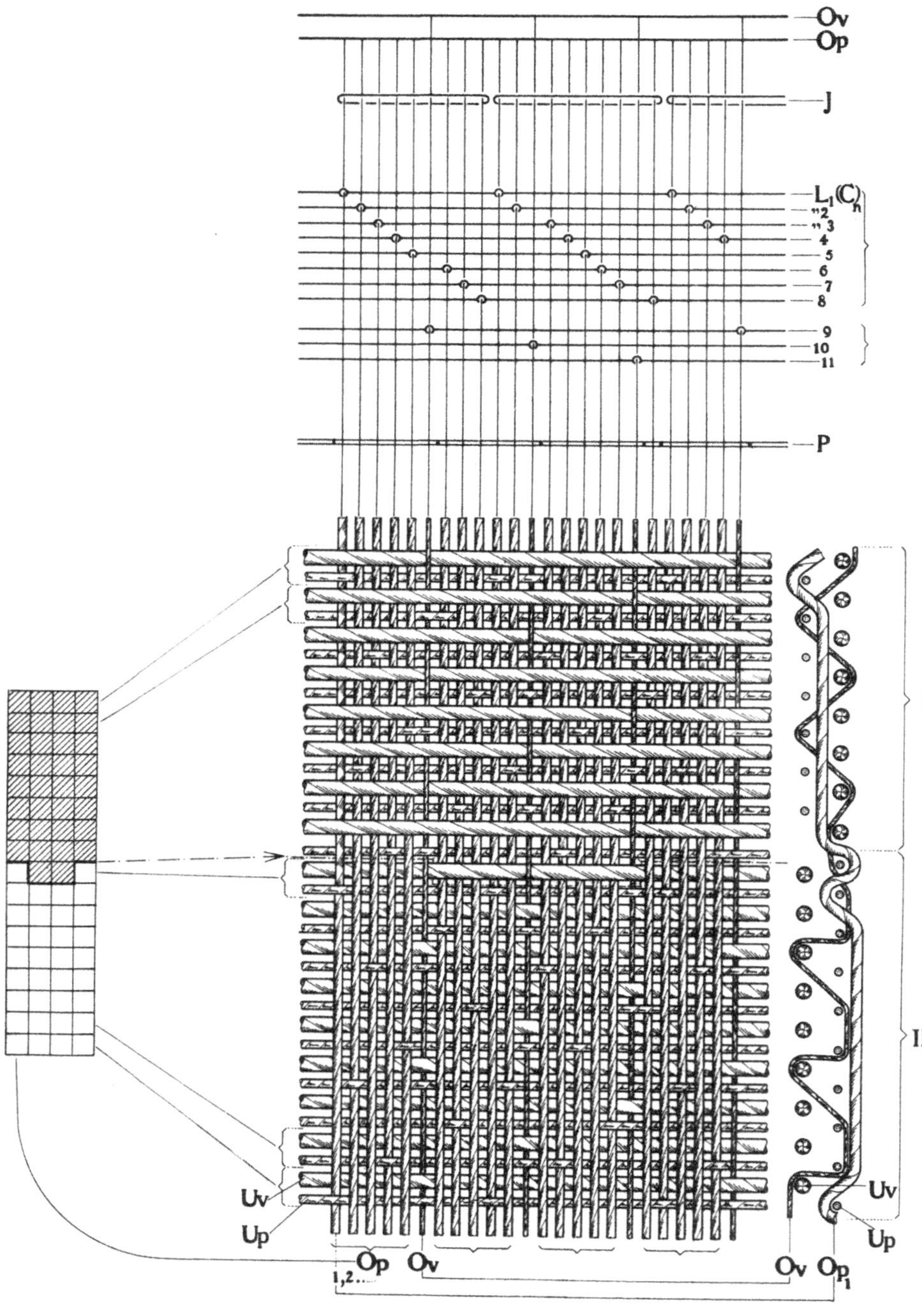

Abb. 634. Der Fadeneinzug, die Bindung und der Schnitt eines Lampasgewebes.

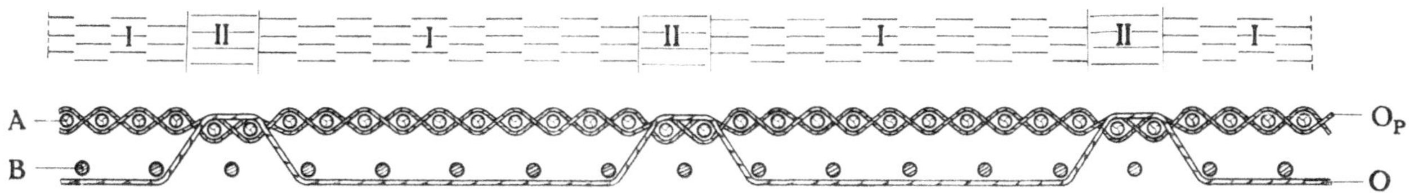

Abb. 635.

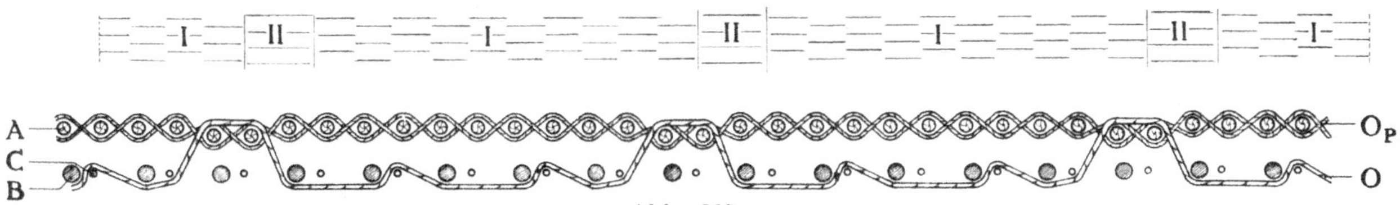

Abb. 637.

Abb. 635 und 637. Schema und die Längsschnitte durch das Pikeegewebe.

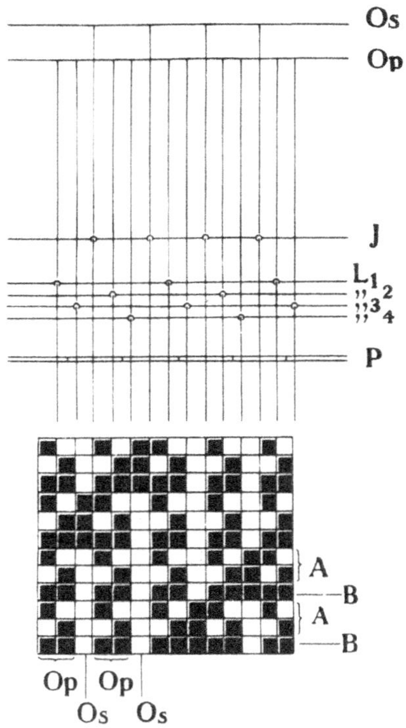

Abb. 636.
Die Bindung und der Fadeneinzug für das gewöhnliche Pikeegewebe.

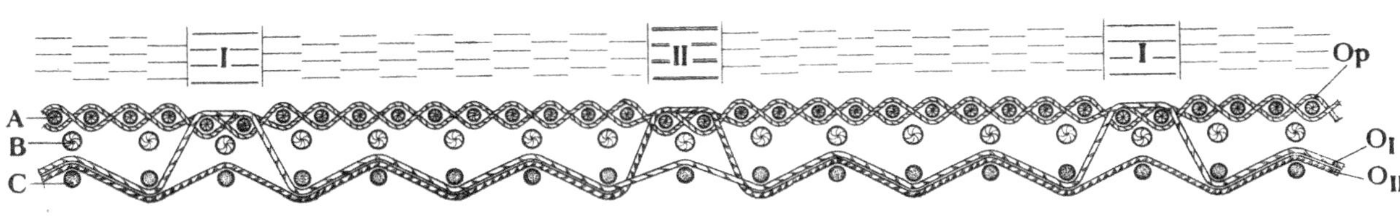

Abb. 638. Das Schema und der Schnitt eines zweichorigen Pikeegewebes, bei welchem die an der linken Seite liegende Kette in Leinwand bindet.

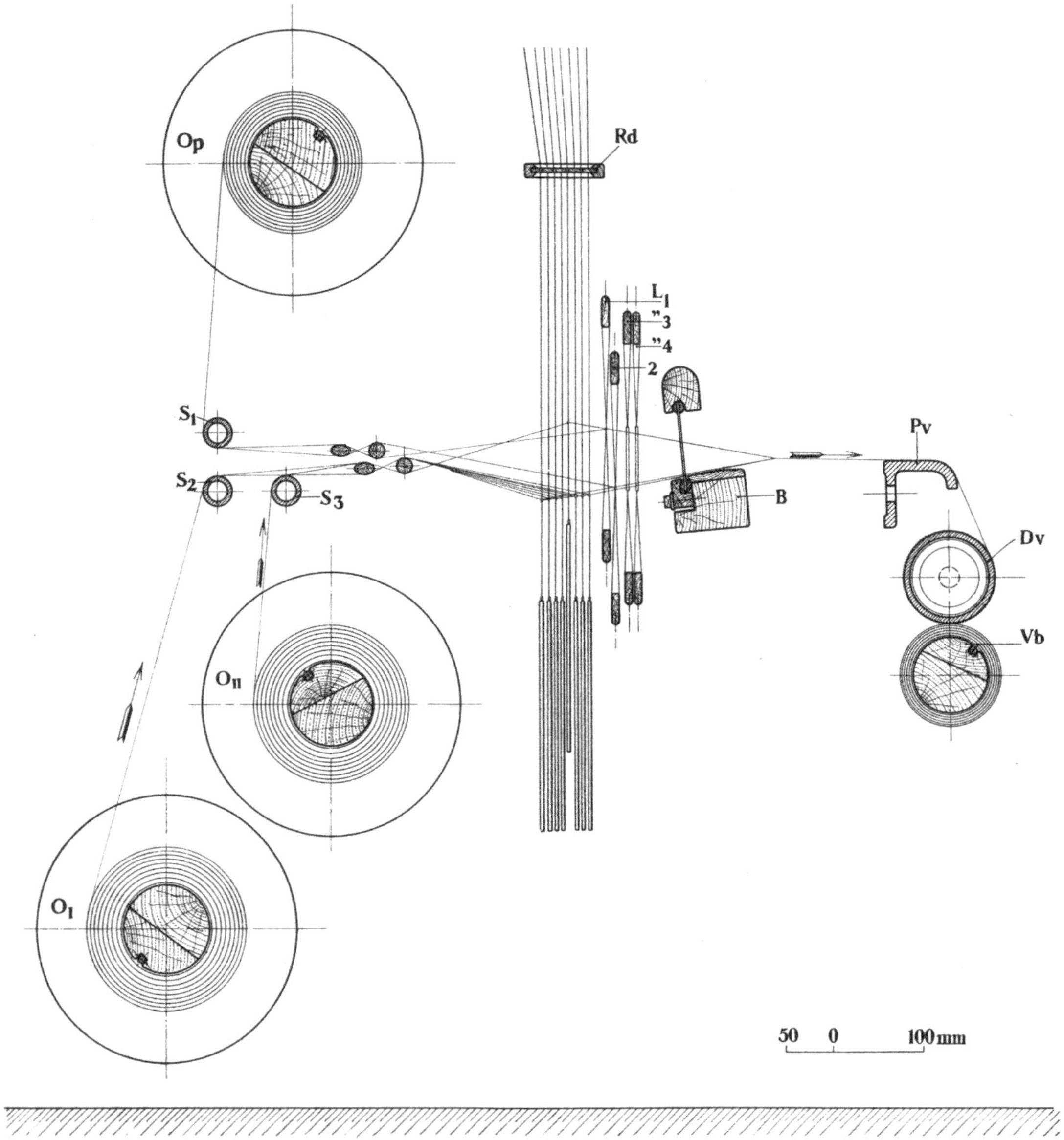

Abb. 639. Die Einrichtung des mechanischen Webstuhles für das Pikeegewebe, dessen Musterkette an der linken Seite in Leinwand bindet.

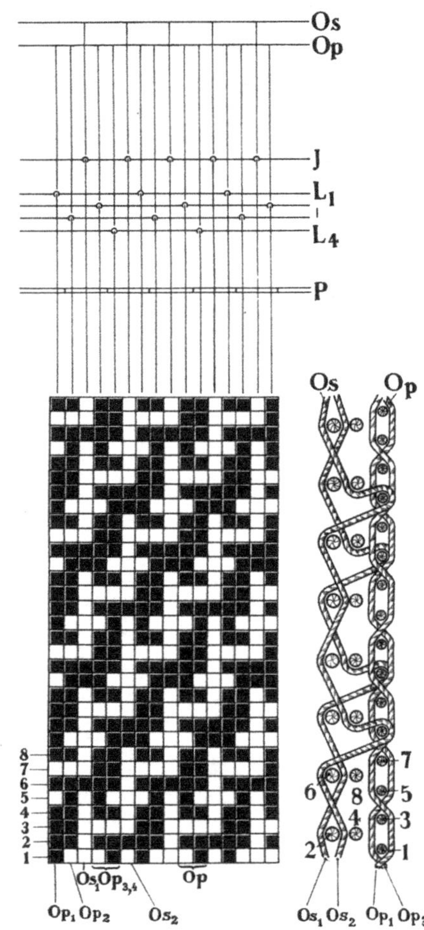

Abb. 642. Der Fadeneinzug, die Bindung und der Längsschnitt für das figurierte Matelasségewebe.

Abb. 640 befindet sich auf Seite 241.
Abb. 641 befindet sich auf Seite 242.

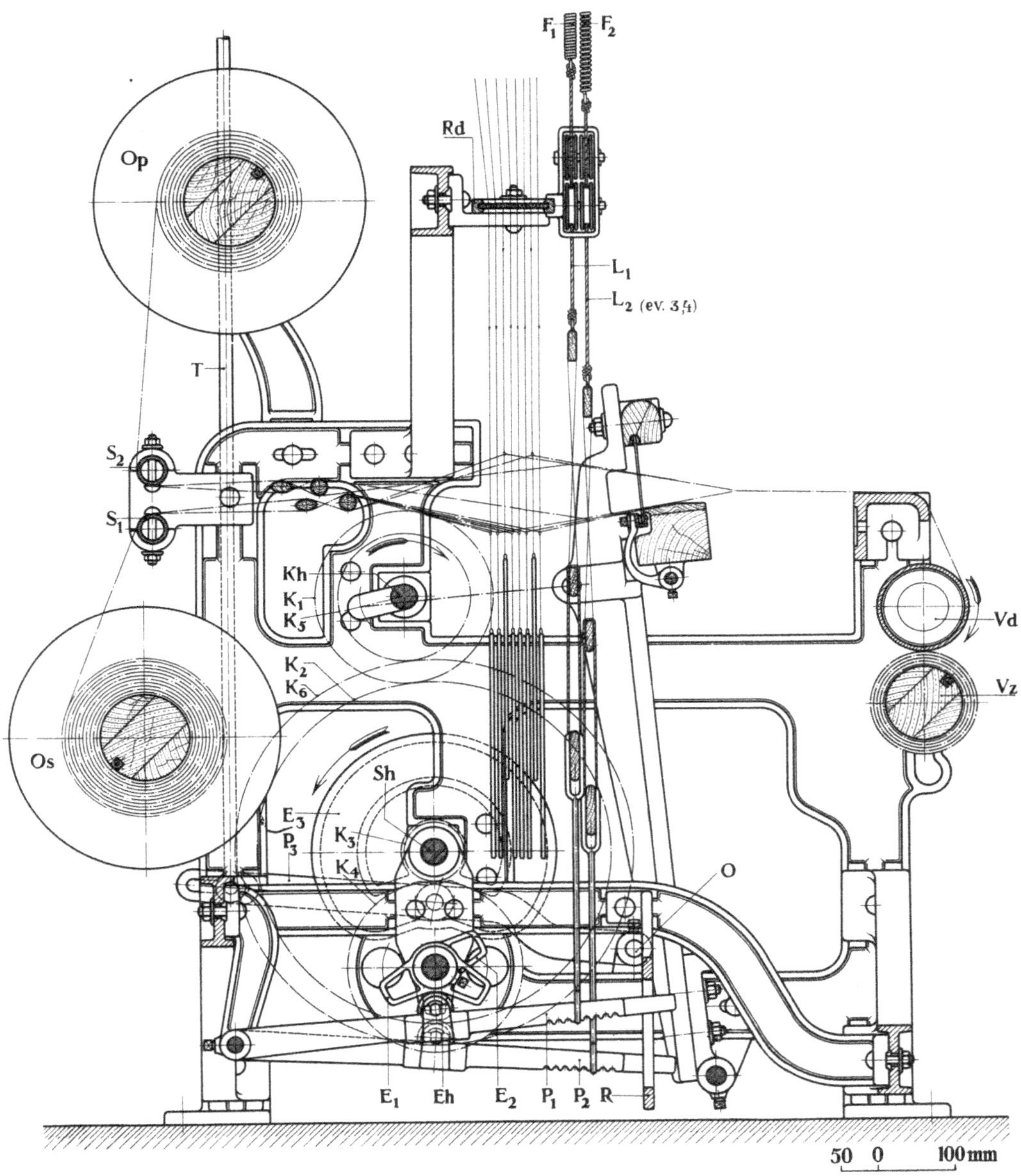

Abb. 640. Die Einrichtung des gewöhnlichen mechanischen Webstuhles für das einfache Pikeegewebe.

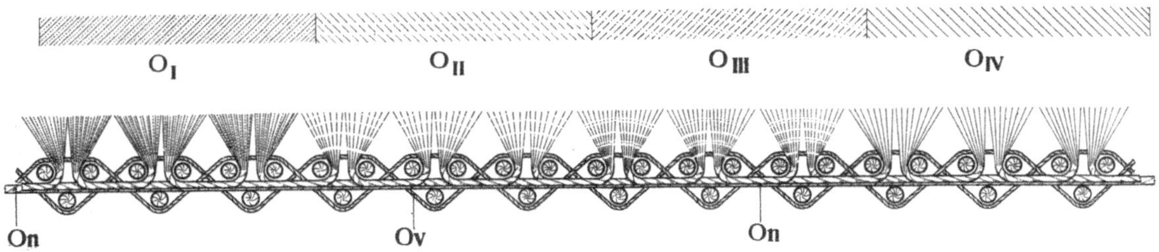

Abb. 644. Das Schema und der Schnitt eines vierchorigen Teppichpolgewebes.

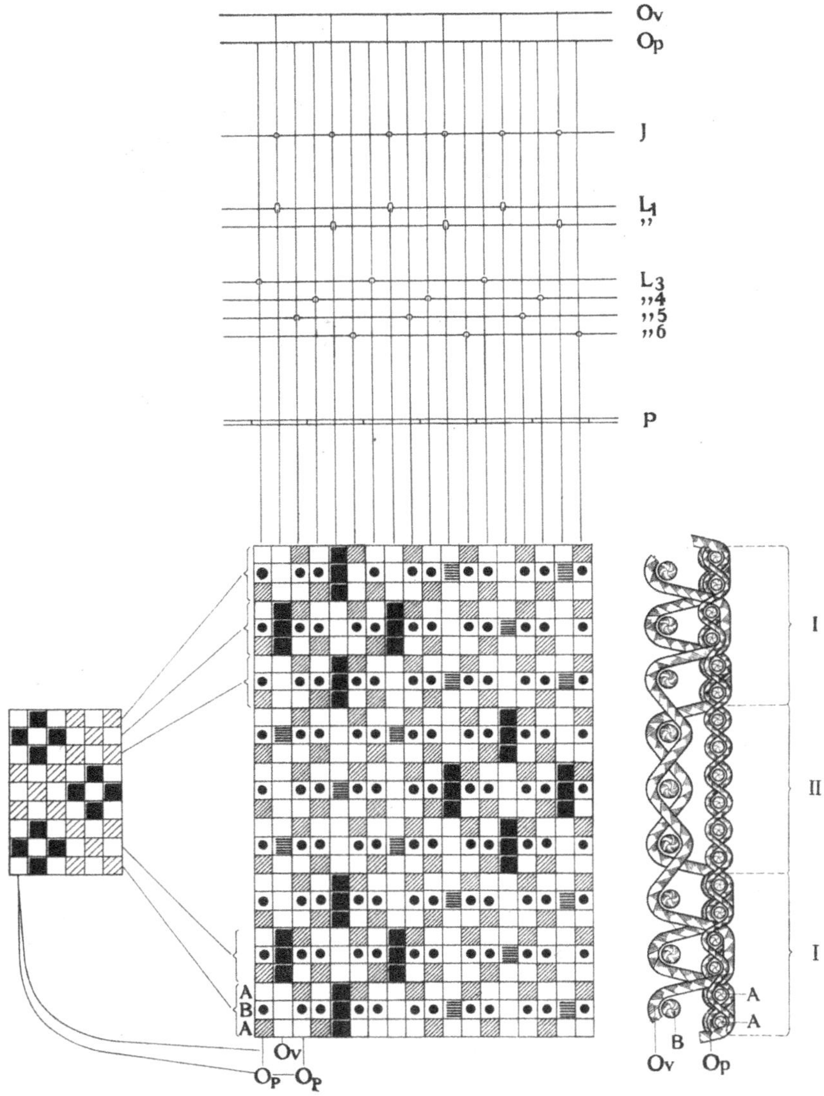

Abb. 641. Die Bindung, der Fadeneinzug und der Längsschnitt für das figurierte Matelasségewebe.

Abb. 642 befindet sich auf Seite 240.

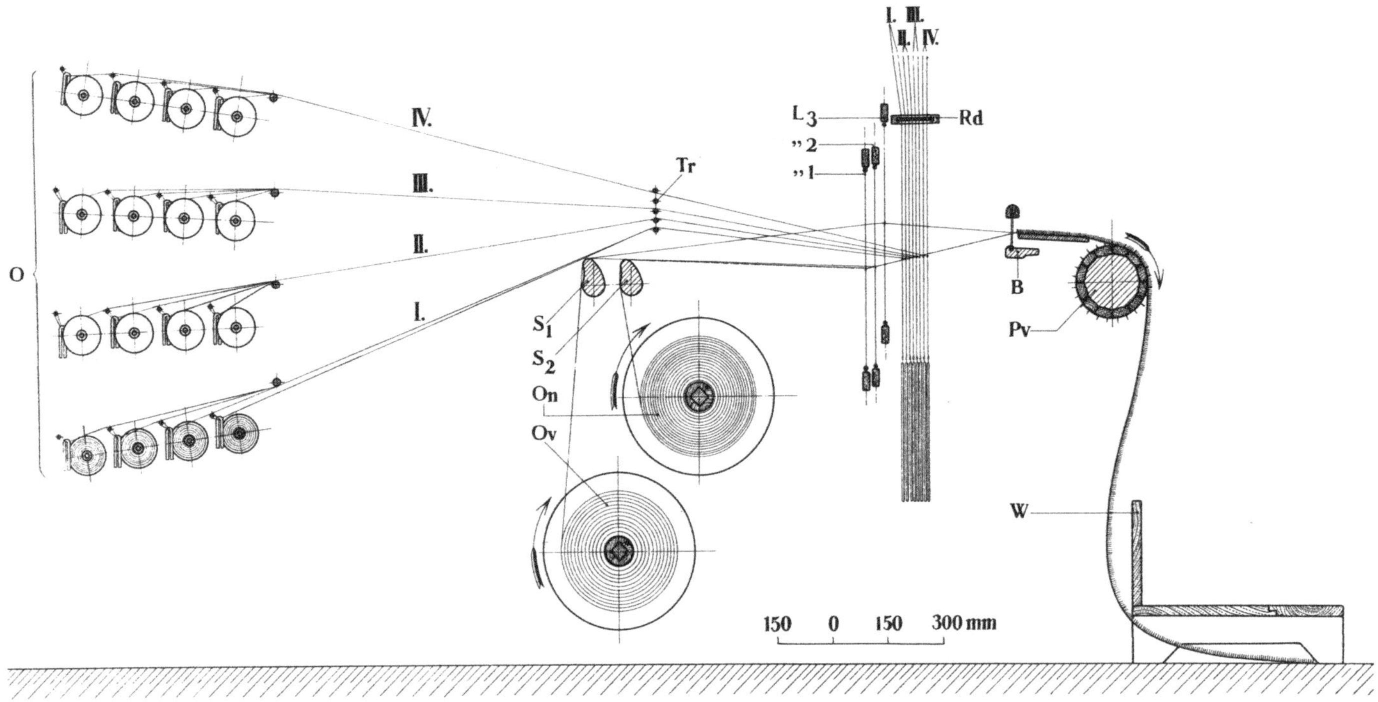

Abb. 643. Die Webstuhleinrichtung für vierchoriges Teppichpolgewebe.

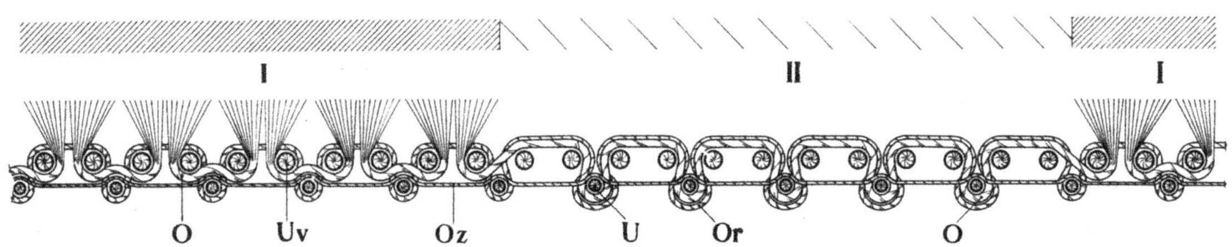

Abb. 646. Das Schema und der Schnitt eines Polgewebes mit der Ripsgrundbindung.

Abb. 645 befindet sich auf Seite 244.

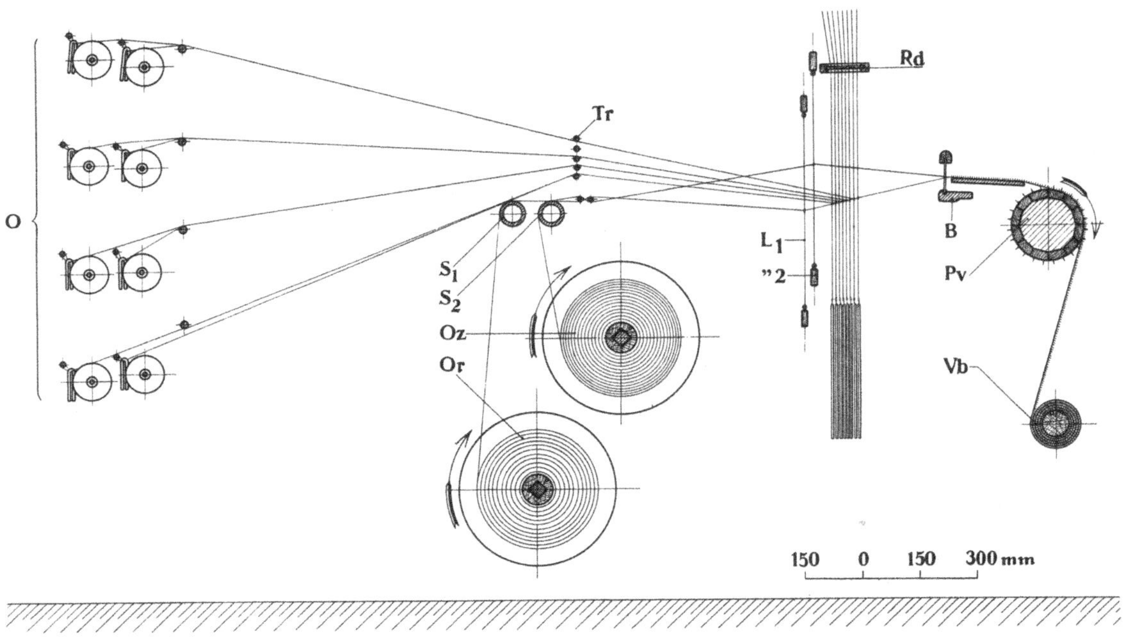

Abb. 645. Die Webstuhleinrichtung für das Polgewebe mit Ripsgrundbindung.

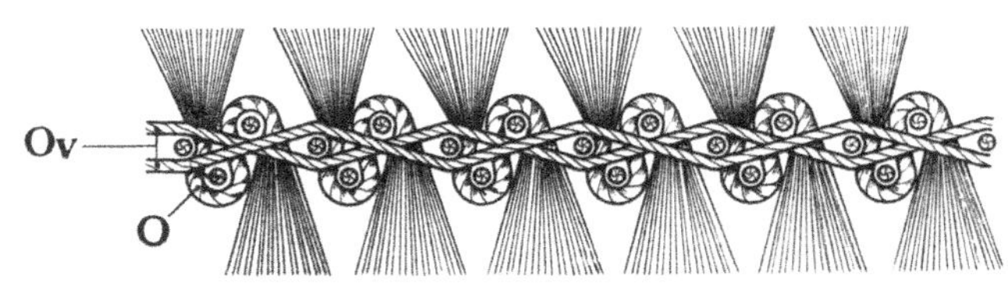

Abb. 647. Der Schnitt eines doppelseitigen Polgewebes mit hohem und dichtem Haar.

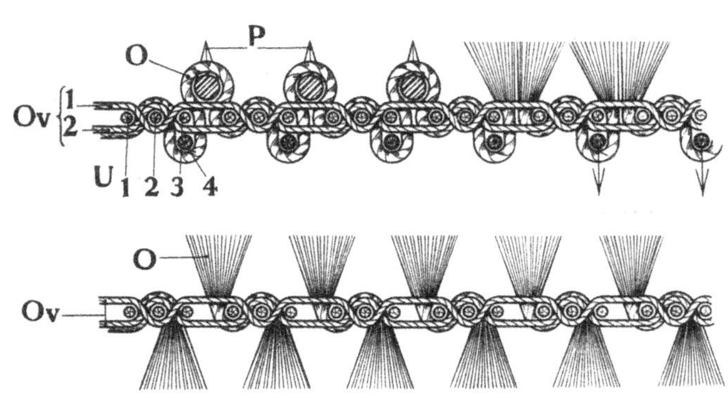

Abb. 648. Der Schnitt eines doppelseitigen Polgewebes.

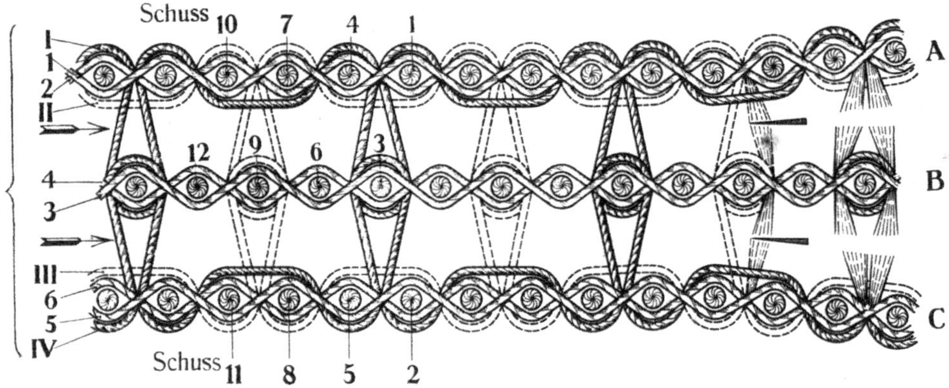

Abb. 649. Der Schnitt eines dreifachen Plüschgewebes.

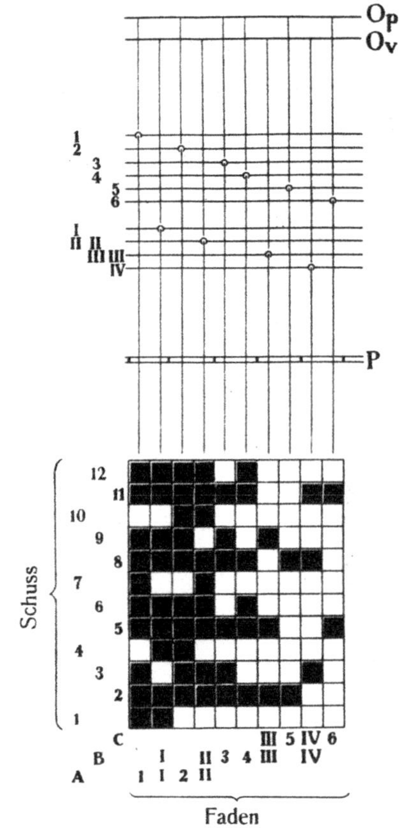

Abb. 650. Die Bindung und der Fadeneinzug für das dreifache Plüschgewebe.

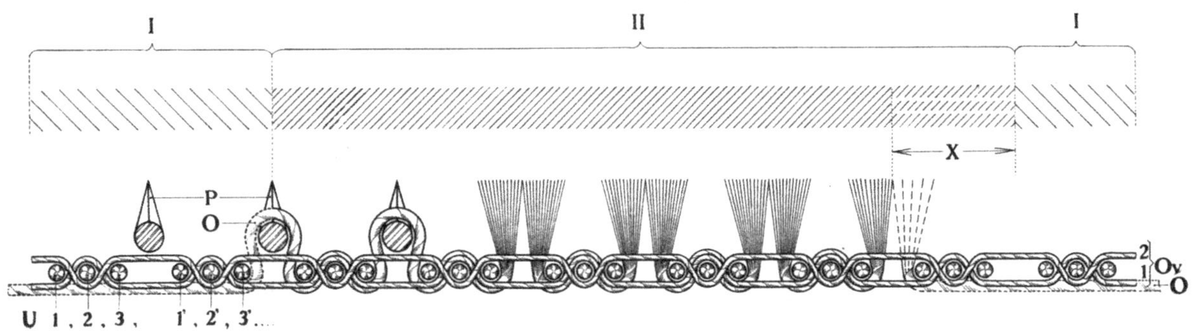

Abb. 651. Das Schema und der Längsschnitt des gemusterten Polgewebes mit Flor nur im Muster.

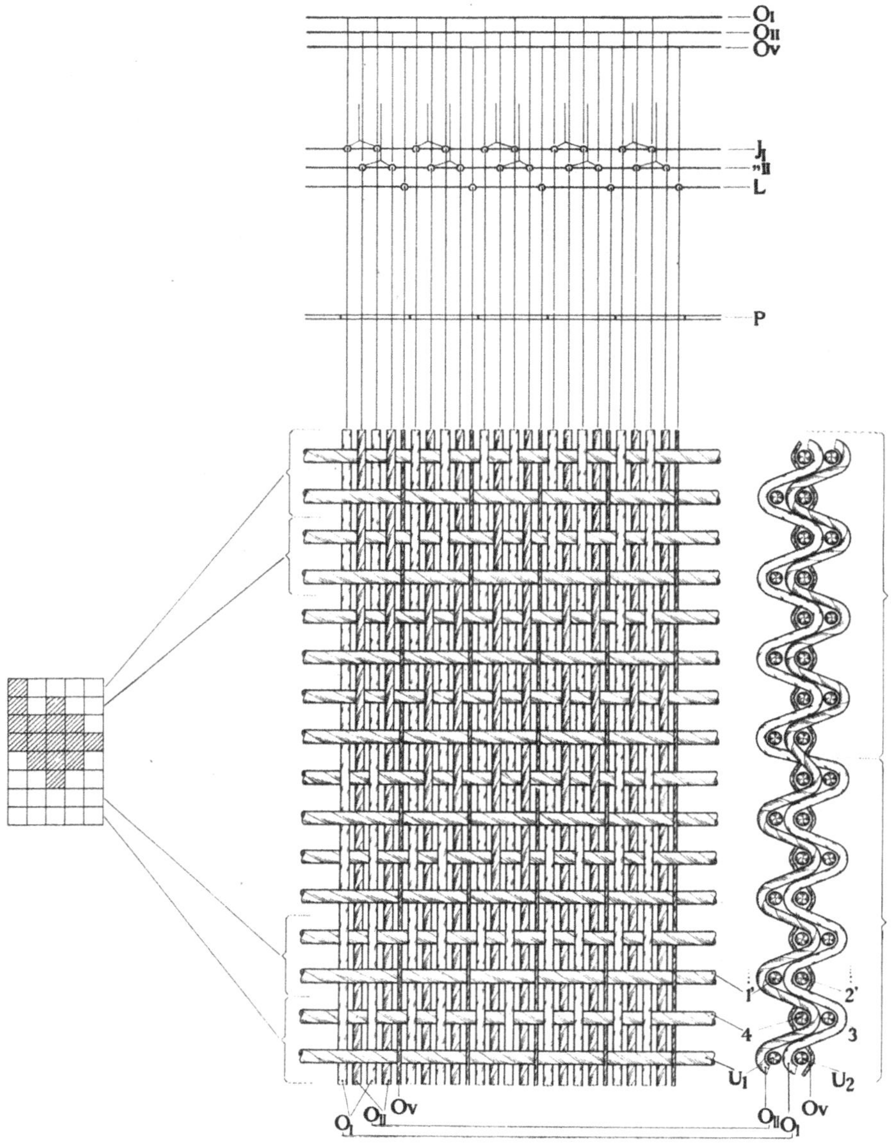

Abb. 652. Der Fadeneinzug, die Bindung und der Längsschnitt für die gemusterten Tapestrinteppiche.

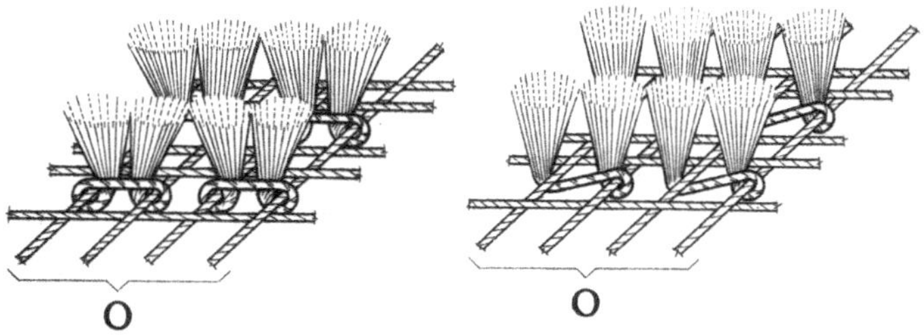

Abb. 658—659. Zwei gewöhnliche Knotenarten für „Smyrna“- und Perser-Teppiche.

I.

Abb. 653.

II.

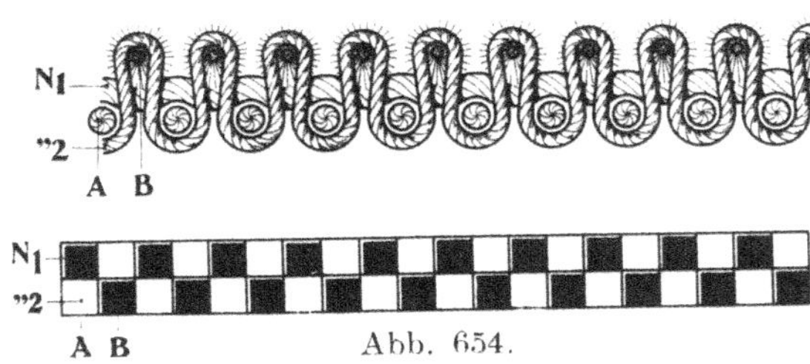

Abb. 654.

III.

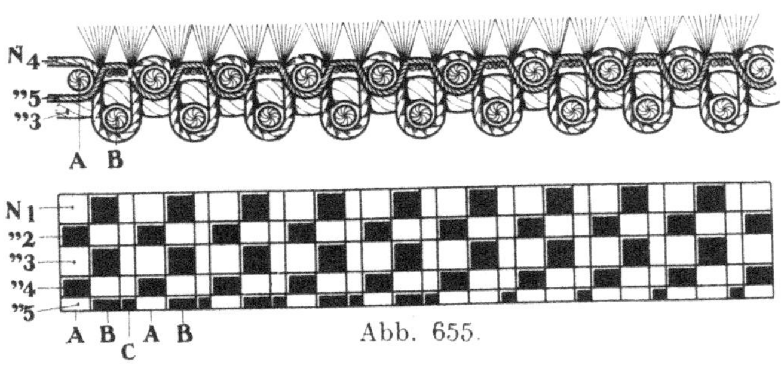

Abb. 655.

IV.

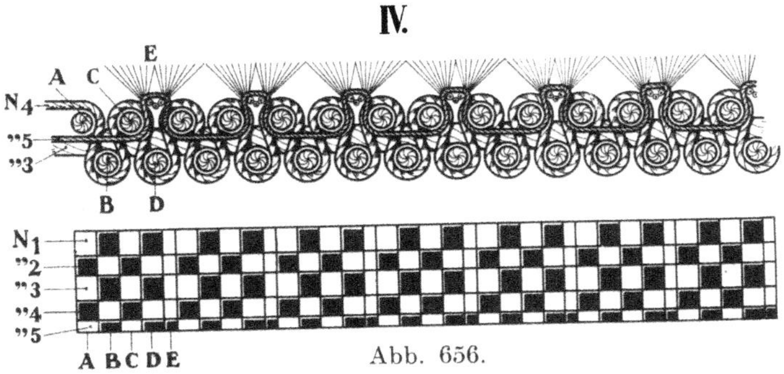

Abb. 656.

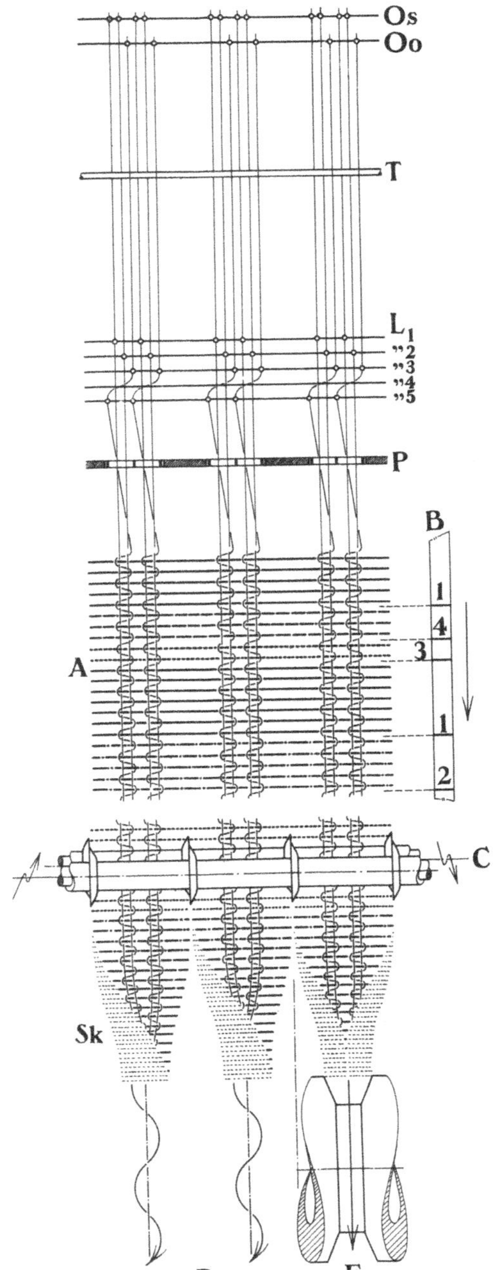

Abb. 657. Der Fadeneinzug, die Bindung und das Schneiden der Chenillevorware.

Abb. 653. (I) Die Bindung und der Schnitt des gewöhnlichen Chenillegewebes,
Abb. 654. (II) Die Bindung und der Schnitt der leichten Teppichart mit Chenille,
Abb. 655. (III) Die Bindung und der Schnitt der leichten Art von Axminsterteppichen,
Abb. 656. (IV) Andere Bindung und der Schnitt eines Axminsterteppichs.

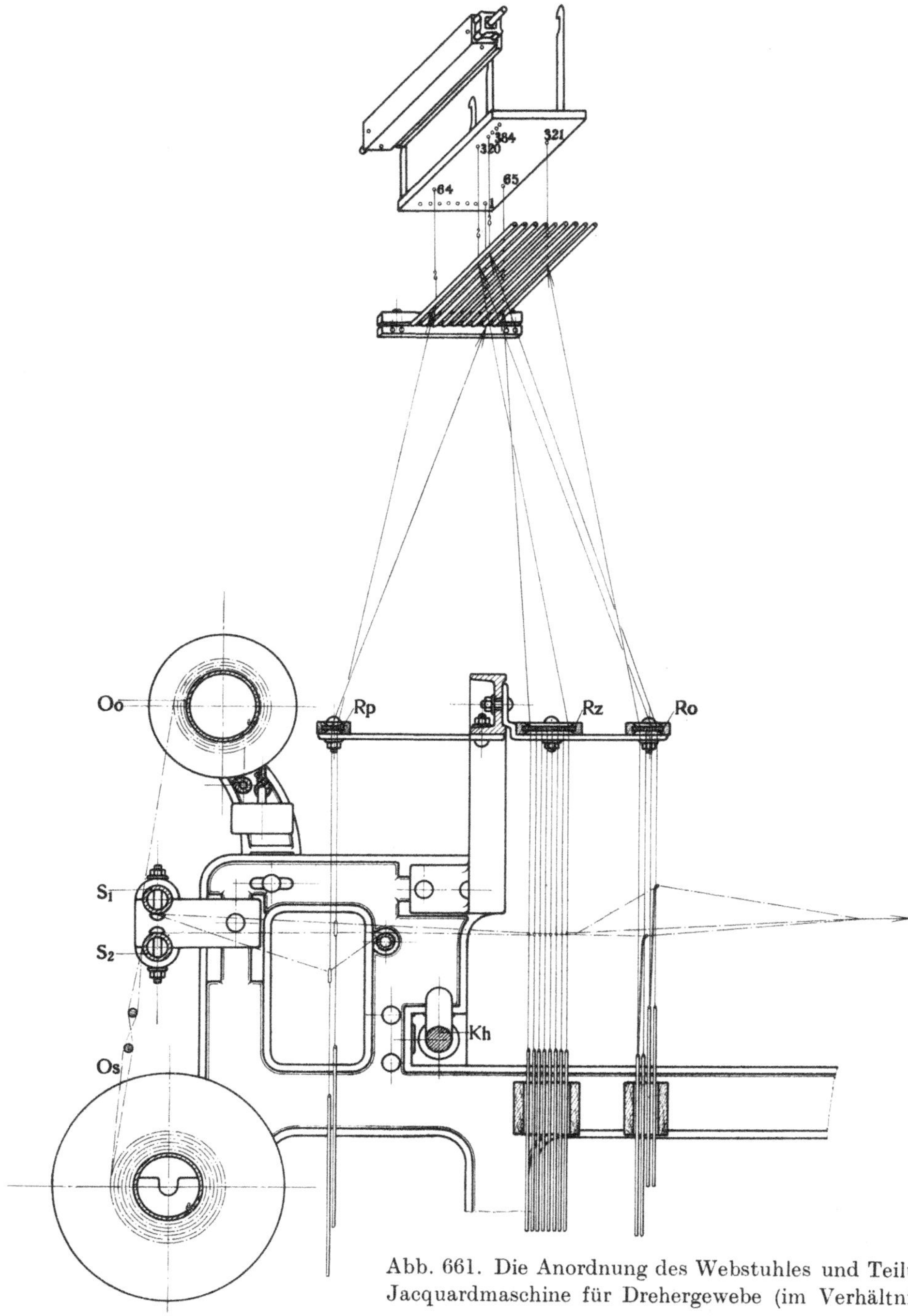

Abb. 661. Die Anordnung des Webstuhles und Teilung der Jacquardmaschine für Drehergewebe (im Verhältnis 3:1).

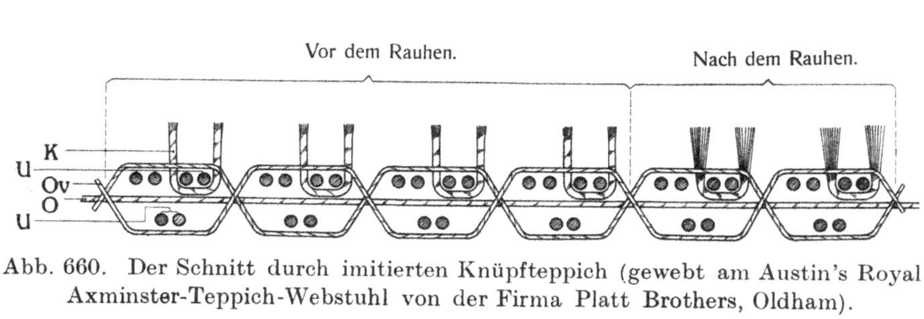

Abb. 660. Der Schnitt durch imitierten Knüpfteppich (gewebt am Austin's Royal Axminster-Teppich-Webstuhl von der Firma Platt Brothers, Oldham).

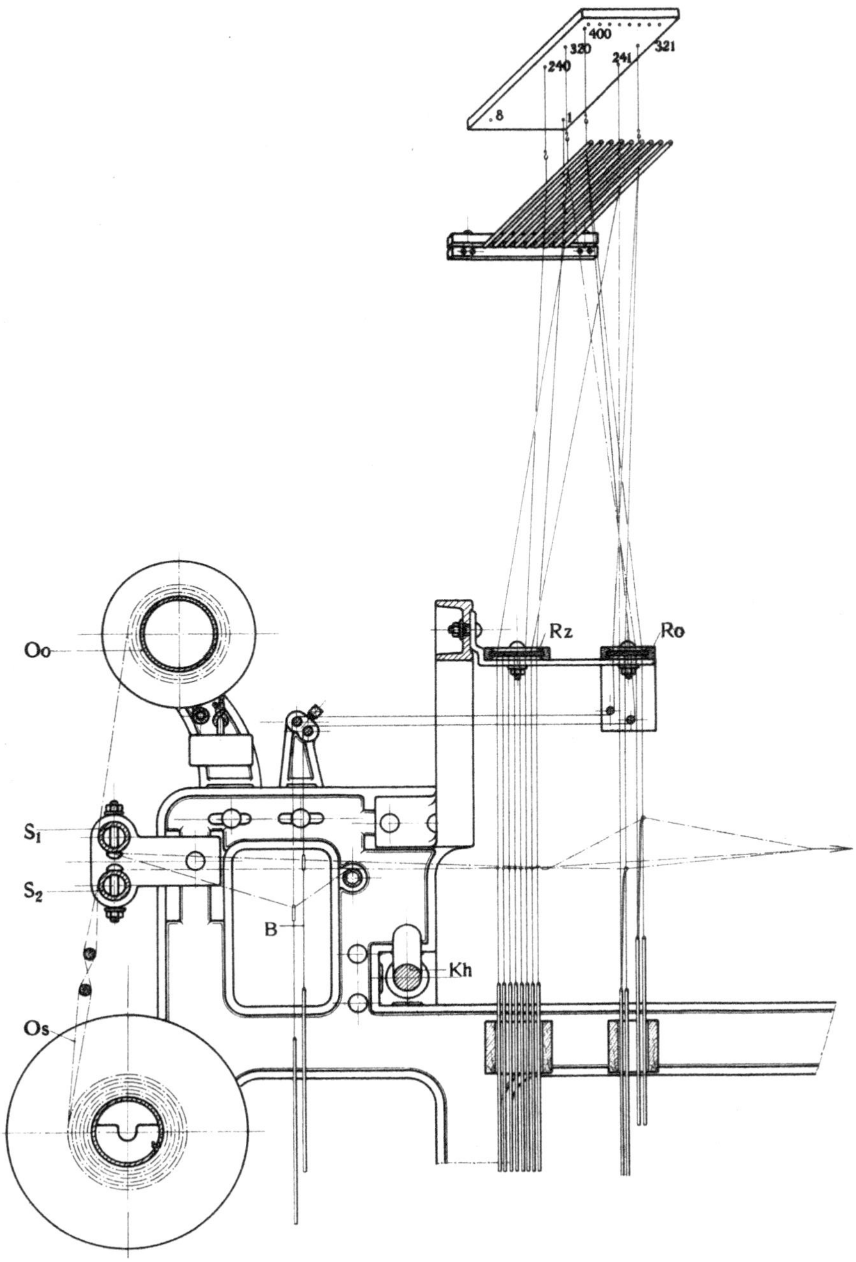

Abb. 662. Die Webstuhleinrichtung für Drehergewebe, bei welchem die Platinen für die Dreherlitzen auch zur Lockerung der Dreherfäden benützt sind.

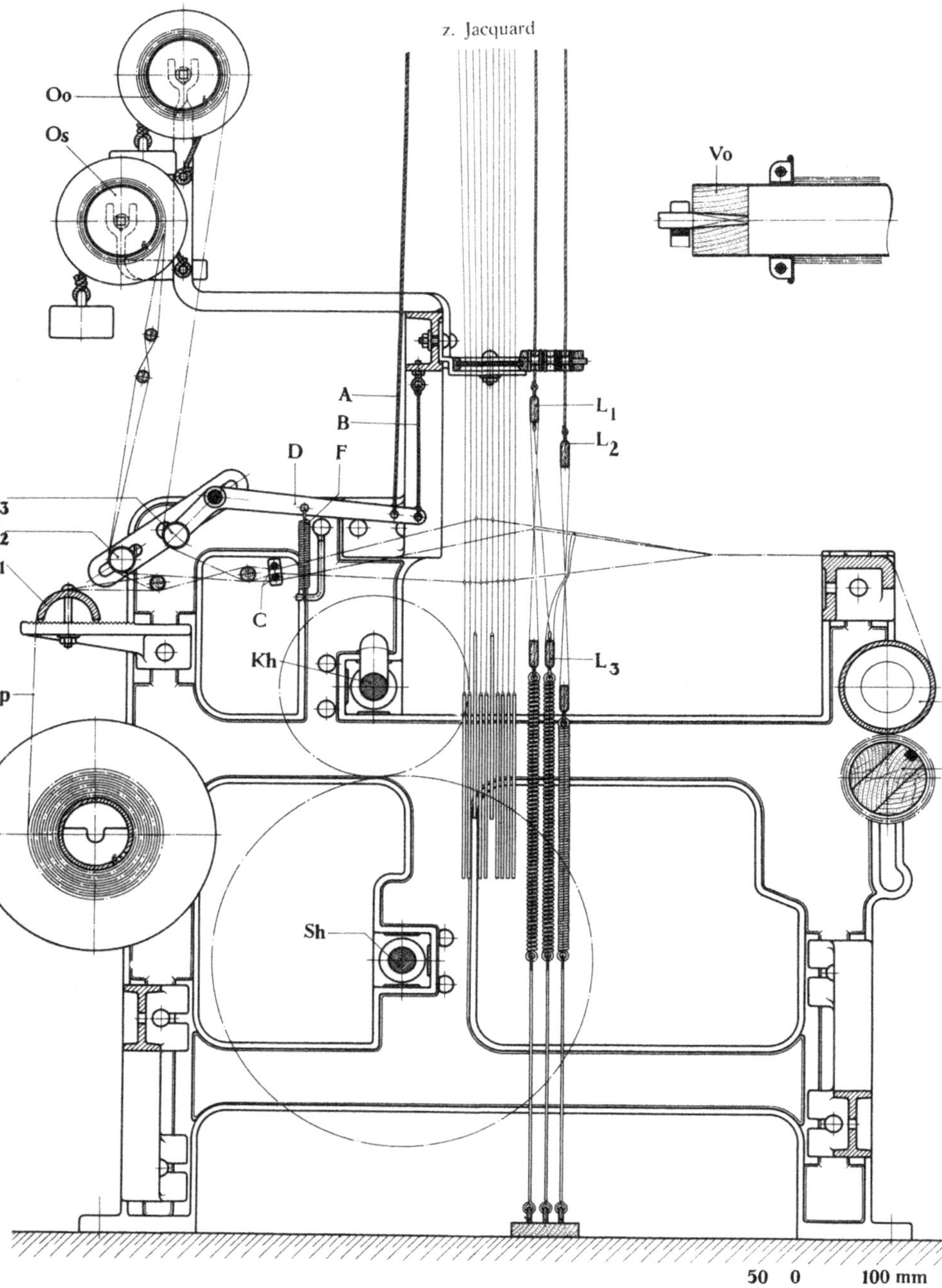

Abb. 663. Die Einrichtung eines mechanischen Webstuhles mit Jacquardmaschine für Drehergewebe.

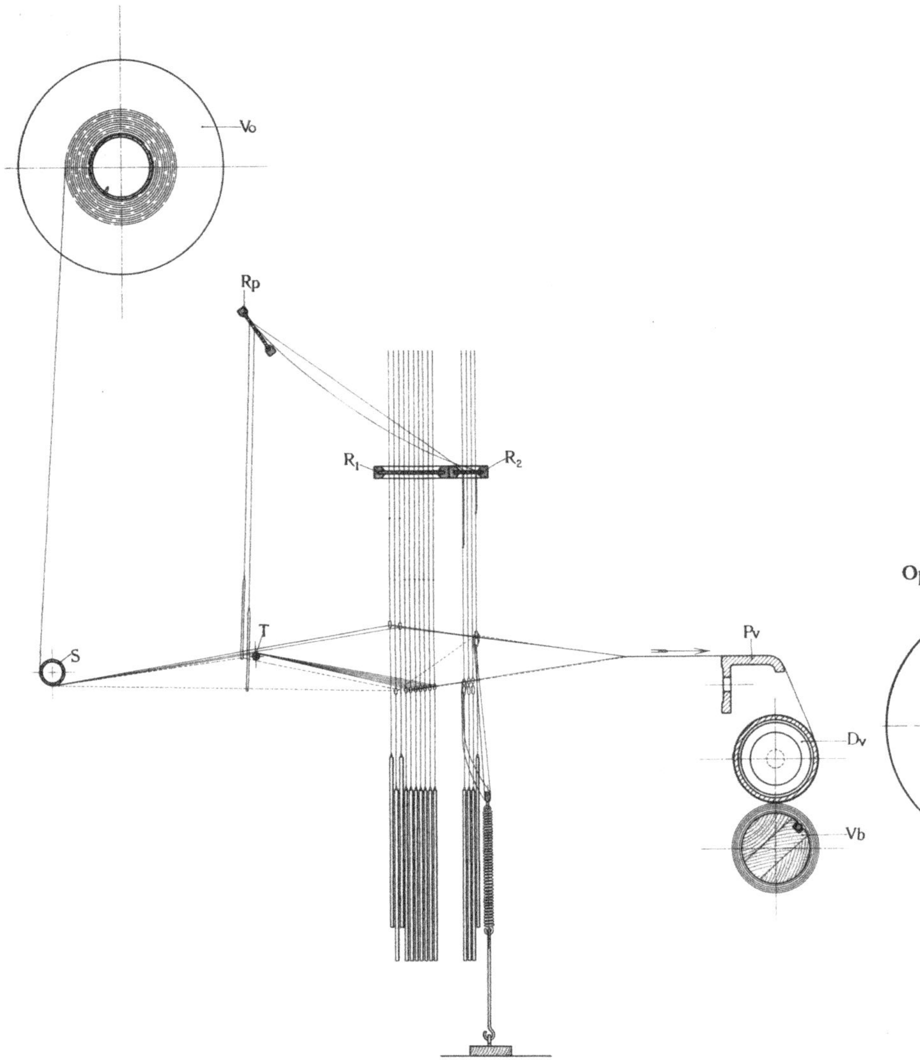

Abb. 663a. Die Webstuhleinrichtung für Drehergewebe mit einem Hilfsschnürbrett Rp, welches das Nachlassen der Drehfäden ermöglicht.

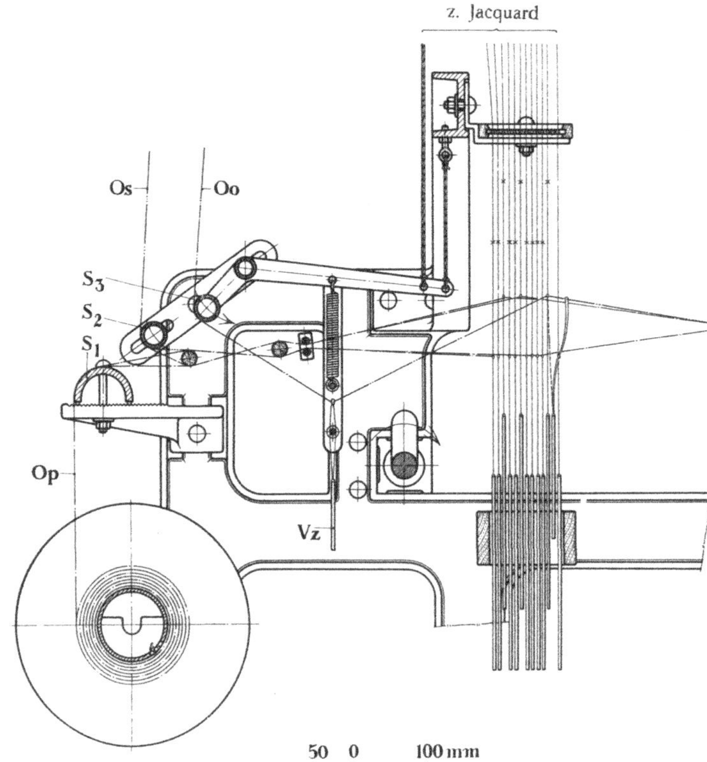

Abb. 664.

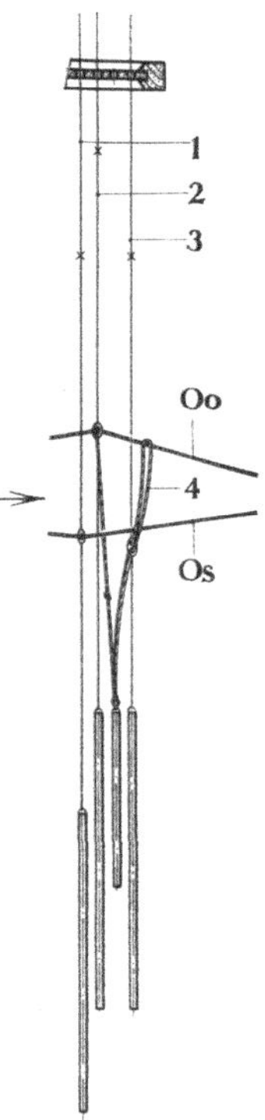

Abb. 665.

Abb. 664—665. Die Nachlaßvorrichtung für die Kettenspannung am mechanischen Dreherwebstuhl.

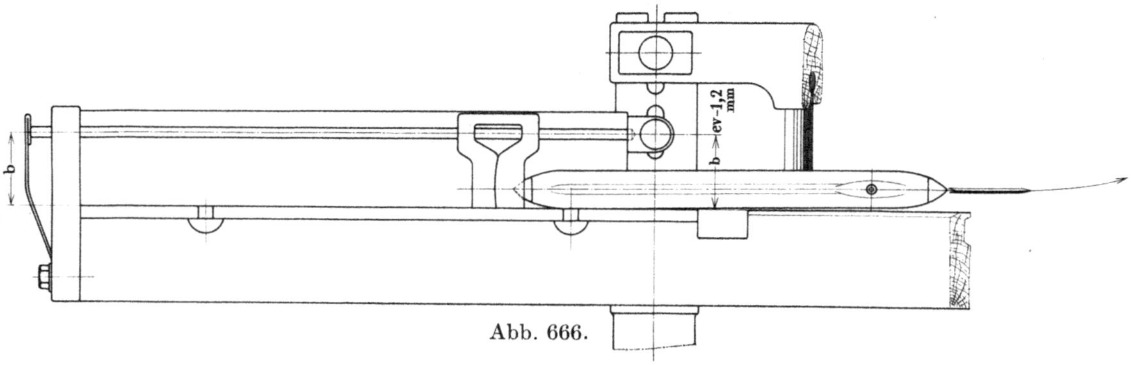

Abb. 666.

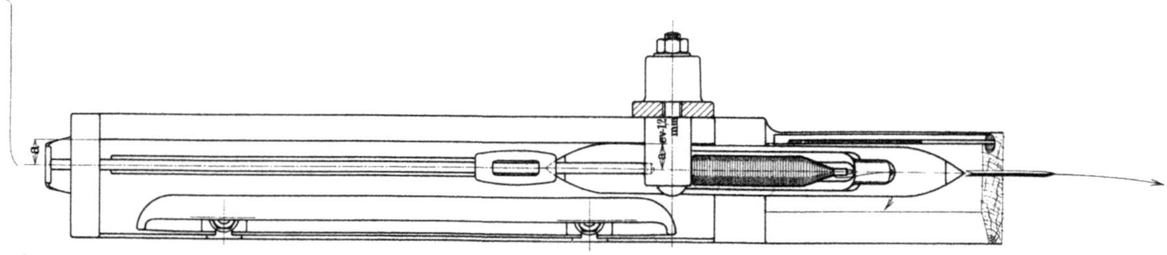

Abb. 667.

Abb. 666—667. Unrichtige Stellung der Pickerspindel beim Oberschlag.

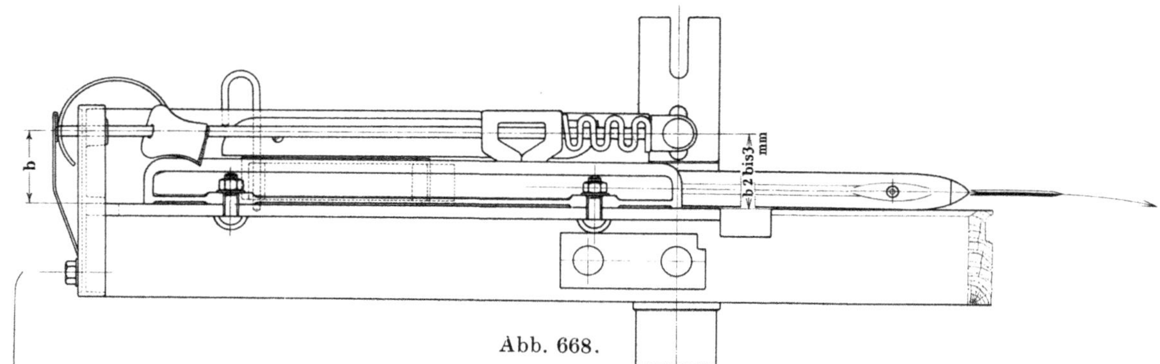

Abb. 668.

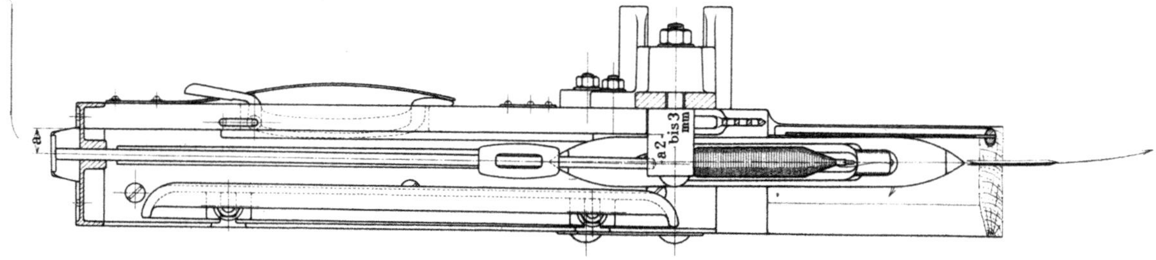

Abb. 669.

Abb. 668—669. Richtige Stellung der Pickerspindel beim Oberschlag.

Sachverzeichnis.

Abbindepunkt 2.
Ablaßvorrichtung 6.
Abstellbremse 58.
Abstellmechanismus 56.
Abstellschiene 57.
Andrehmaschine 86.
Anhangeisen 2, 26.
Anlauf 6.
Anknüpfen 86.
Anknüpfmaschine 78.
Anknüpfvorrichtung 86.
Ansatzstück 75.
Anschlag 9.
Anschlagbolzen 75.
Antrieb 6, 98.
Antriebsart 93.
Antriebriemenscheibe 79.
Apparat-Injektorbefeuchter 103.
Arbeiter 4.
Arm 10, 20.
Art 2.
Atherton-Webstuhl 80.
Atlas 2.
Atlasbindung 2.
Aufstecken 60.
Aufwickeln 4.
Aufwindevorrichtung 35, 115.
Ausgleichklinke 36.
Ausrücker 148.
Ausrückhebel 57.
Außentrittexzenter 167.
Außentrittstuhl 16.
Austausch der Schützen o. Spulen 63, 71.
Automatische Webstühle 63.
Axminsterteppich 191.

Backen 8.
Backenbremse 139.
Balancierhebel 17.
Balken 30.
Bandbremse 126.
Banaystuhl 192.
Bandfeder 166.
Bandweberei 11, 33.
Bandwebstuhl 159.
Baumwolle 4.
Baumwollindustrie 5.
Baumwollkette 42, 86.
Baumwolleinwand 2.
Baumwollstoff 3.
Baumwollwaren 11.
Baumwollweberei 7.
Baumwollwebstuhl 4, 5.
Baumwollweißware 2.
Beleuchtung 85, 94.
Bestandteil 4.
Beweglicher Streichbaum 10.
Bild 2.
Bindekette 144.
Bindepunkt 2.
Bindung 1, 2.
Bindungszeichnung 19.
Blatt 4, 33, 42, 82.
Blattbreite 61, 81.
Blattmesser 85.
Blattzahn 42.
Blechkarte 17, 131.
Blechnase 52.
Blenden 36.
Bobine 88.
Bolzen 48.
Bolzenrad 48.
Bordure 27.
Bradford-Anordnung 14.
Bradforder Exzentereinrichtung 14.
Bradfordstuhl 16.
Breithalter 34, 40, 114.
Bremse 100.
Bremseband 126.
Bremsgewicht 7.
Bremshebel 7.
Bremskette 8.
Bremsscheibe 6, 7, 8.
Bremsseil 109.
Bremszunge 57, 133.
Brett 32, 60.
Brettchen 38, 183.
Broschiereinrichtung 182.
Broschiergewebe 181.
Broschierlade 181.
Broschierschuß 181.
Broschierschiffchen 183.
Broschierschützchen 33.
Bruch 57.
Brustbaum 6, 34, 115.
Brüssel-Teppichstuhl 157.
Buckskinstuhl 126.
Büffelleder 43.
Bügel 48.
Bundradstuhl 16.
Buntware 64, 93.
Burnleyschaftmaschine 20.

Cartarigata 2.
Cartwright 4.
Chenillegewebe 191.
Clavismaschine 31.
Cops 38.
Cord 172.
Corps 27.
Cromptonstuhl 5.
Cromptonschaftmaschine 128.

Damast 12.
Damastgewebe 177.
Damastgobelin 187.
Damastpatrone 178.
Damentuche 142.
Dämpfleder 39.
Dämpfriemen 44, 46.
Daumen 58, 157.
Decke 60.
Deckelstück 6.
Dickinsonschaftmaschine 17.
Dichte 2.
Doppelfadenkreuz 10.
Doppeldreher 173.
Doppelgeschirr 168.
Doppelhubjacquardmaschine 26, 111.
Doppelhubschaftmaschine 17.
Doppelplatine 17, 134.
Doppelplüsch 154.
Doppelring 105.
Dorn 40.
Dragoner 23.
Draht 155.
Drahtgewebe 5.
Drahtlitze 11.
Drahtweberei 159.
Dreher 171.
Dreherbildung 173.
Dreherblatt 173.
Dreherfach 173.
Drehergeschirr 173.
Drehergewebe 173.
Drehfäden 173.
Drehklinke 37.
Drehung 5.
Dreikastenschützenwechsel 161.
Dreischäftigen-Einzug 10.
Druck 8, 155.
Drücker 17, 27, 52.
Drückerei 96.
Druckringe 8.
Durchwurf 39.
Düsen 103.

Eccles-Stuhl 51.
Effektart 169.
Effektfäden 11.
Einfacher Revolverwechsel 54.
Einhubjacquardmaschine 27.
Einhub(schaft)maschine 17, 20.
Einprismenschaftmaschine 21.
Einrichtung 5, 93, 167, 174.
Eintragen 1.
Einziehgestell 85.
Einziehmesser 85.
Einzug 11, 85.
Eisenbaum 7.
Eisenplatine 29.
Eisenrohr 138.
Eisenzapfen 7.
Elberfelder Teilung, feine 25.
Elektromotor 99.
Englische Teilung, feine 25.
Englischer Stuhl 4.
Entlastungsgeschirr 193.
Eschenholz 44.
Erzeugung 2.
Erzeugungsprogramm 93.
Exzenter 6, 13.
Exzenterhülse 14.
Exzenternase 43.
Exzenterkarte 16, 111.
Exzenterkartenstuhl 16.
Exzentermechanismus 13, 47.
Exzenterring 48, 112.
Exzentersatz 16.
Exzenterschlagstuhl 5.
Exzenterstuhl 5, 16.
Exzentervorrichtung 13, 16, 111.
Exzenterwechsel 51.
Exzenterwelle 16.
Exzentrique 118.

Fabrikat 93.
Fach 1, 13, 38.
Fachbildung 1, 4, 12.
Fachbildungmechanismus 13.
Fachexzenter 14, 15.
Fachhelfen 190.
Fachhöhe 9, 13.
Fachtiefe 2.
Faden 1, 73.
Fadenbruch 56.
Fadeneinstellung 7.
Fadengruppe 1, 4.
Fadenhalter 165.
Fadenkreuz 10.
Fadenstellung 1, 2.
Fadensystem 1.
Fadenzahl 1.
Faltengewebe 170.
Fangnetze 60.
Fahgriemen 43.
Fangstange 60.
Farbe 2, 53.
Farbenwechsel 53.
Färberei 96.
Feder 6.
Federblatt 42.
Federbremse 49.
Federkraft 7.
Federschlagstuhl 5.
Federzug 13.
Fehler 12.
Feinheit 2.
Feintuch 142.
Fenster 96.
Festblattstuhl 79, 88.
Fester Streichbaum 9.
Festes Blatt 42.
Festigkeit 61.
Feuchte 103.
Figurdreher 173.
Filzplatten 84.
Filztuchstühle 5.
Finger 65, 77.
Flachfeder 62, 88.
Flachsstuhl 5.
Flanell 142.
Fliegendes Blatt 61.
Florgewebe 190.
Florkette 143.
Flug 38.
Flügelmutter 8.
Form 1.
Französische Teilung, feine 25.
Friktionsrollenschlagstuhl 5.
Frosch 57.
Frottiergewebe 28, 172.
Frottierstoffe 4.
Frottierstuhl 41, 172.
Frottierweberei 11.
Fühler 77.
Fühlerspindel 66.
Führung 6.
Führungskamm 169.
Füllhebel 57.
Füllkette 144.
Füllvorrichtung 66.
Fuß 8, 41, 46.
Fußboden 9.

Gabel 58.
Gablerstuhl 164.
Gallierung 112, 118.
Gang 6, 22.
Garn 9, 95.
Garnart 4.
Garnausgabe 97, 105.
Garnlager 97.
Garnnummer 11.
Gaze 33.

Gefederte Rahmen 19.
Geflechteware 1.
Gegengewichtbremse 108, 110.
Gegenhaken 28.
Gegenklinke 130.
Gegenkurbel 28.
Gegenzuggeschirr 167.
Gegenzugmechanismus 13.
Geschirr 2, 4, 9, 10.
Geschirrhöhe 12.
Gestell 4.
Gewebe 1, 2.
Gewebeart 2.
Gewebebindung 2, 7.
Gewebemeßvorrichtung 59.
Gewicht 6.
Gitter 58.
Glasstangen 26.
Gleitlager 58.
Gleitsteine 15.
Gleitstück 15.
Gobelin 4, 187.
Gobelingewebe 186.
Greifer 143.
Greifermechanismus 164.
Greiferschützen 166.
Grube 49.
Grundbindung 2, 3, 112.
Grundgeschirr 168.
Grundkette 145.
Grundmuster 27.
Grundplatte 8, 67.
Grundschaft 33.
Grüner-Čerych, automat. Webstuhl 66.
Gruppen 2.
Gruppenantrieb 82, 98.
Gurten 5.
Gurtenwebstuhl 124, 171.
Gußwalze 113.

Häkchenstab 79, 168.
Haken 7, 58.
Halbdreher 173.
Halblitze 33, 173.
Halbschaft 173.
Halbteilung 26.
Hammer 64.
Handkurbel 32.
Handrad 6, 8.
Handregulierung 6.
Handwagen 97.
Handweberei 1.
Handwebstuhl 4.
Hanfleinwand 2.
Hängebahn 97.
Hartgummiwalze 115.
Hartmannstuhl 5, 138.
Hattersley-Schaftmaschine 18.
Hattersley-Webstuhl 5.
Hauptnadel 28.
Hauptplatine 28.
Hauptprisma 29.
Haupttypen 4.
Hauptwelle 4, 14.
Hauptwellenkurbel 16.
Hebeelement 2, 10.
Hebedaumen 16.
Hebel 6, 8.
Hebelarm 7.
Hebelmechanismus 4.
Hebelzug 168.
Hebenasen 16.
Hebeschnur 1, 2, 4, 10, 13, 112.
Helfen 10.
Helfenauge 11, 168.
Hemdenleinwand 2.
Hessian 2.
Hilfseinrichtung 59.
Hilfsgeschirr 179.
Hilfsmesser 135.
Hilfsnadel 28.
Hilfsplatine 28, 111, 135.
Hochfach 9, 15.
Hodgson-Schaftmaschine 17.
Hohlgewebe 171.
Holz 8, 109.
Holzbaum 7, 8.
Holzbrett 16.
Holzkarte 169.
Holzprisma 21.
Holzriemenscheiben 62.
Holzwalze 110.
Honegger-Webstuhl 5.
Horáks-Exzentervorrichtung 16.
Houget-Webstuhl 137.
Hub 12, 13.
Hubkastenwechsel 47.
Hubkastenschützenwechsel 36, 39, 47.
Hülse 14, 50.
Hutchinson-Hollingsworth-Webstuhl 4.

Industriezweig 1.
Inentrittexzenter 167.
Inentrittstuhl 16.
Injektorbefeuchter 103.
Inlett 3.

Jabouley-Webstuhl 165.
Jacquardbindung 2.
Jacquardgeschirr 2, 6, 10.
Jacquardgewebe 174.
Jacquardmaschine 4, 24, 111.
Jute 11.
Juteware 124.
Jutewebstuhl 124.

Kaliko 2.
Kamm 86.
Kammbreite 95.
Kammdichte 129.
Kammgarnstuhl 35.
Kammstab 31.
Kanevas 3.
Karabine 26.
Karierkontrollvorrichtung 59.
Karogewebe 168.
Karomuster 19.
Karte 17, 112.
Kartebindemaschine 32.
Kartebinderahmen 32.
Kartenkette 16.
Kartenkopiermaschine 31.
Kartenlauf 31.
Kartenpatrone 114.
Kartenprisma 129.
Kartenschlagmaschine 19, 31.
Kartenschlagregel 18.
Kartensparvorrichtung 20, 52, 111.
Kartenstück 26.
Kartenzahl 18.
Kartenzylinder 21, 129.
Kasten 87.
Kastenzunge 89.
Kästchen 71.
Kegel 105.
Kegelrad 110.
Keilplatine 31.
Keilsegment 172.
Kerbe 38.
Kette 1.
Kettenbaum 4, 6, 9.
Kettenbaumbremse 6, 8, 126.
Kettenbaumregulator 7, 9, 110, 127.
Kettenbaumzapfen 8.
Kettenbindung 9.
Kettenbreite 7.
Kettenbremse 109.
Kettendichte 10.
Ketteneffekt 12.
Ketteneinstellung 59.
Kettenfäden 6.
Kettenfadenbruch 11.
Kettenfadenspannung 2, 7.
Kettenfadenwächter 59.
Kettenrapport 1.
Kettenrichtung 2.
Kettenspannung 7.
Kettenteil 168.
Kip-Backerstuhl 68.
Klappe 74.
Klapfeder 39.
Klemmscheibe 43.
Klinke 4, 130.
Klinkenvorrichtung 116.
Klötzchen 17.
Knoten 31.
Knüpfer 4.
Knüpfteppich 192.
Kompensationsregler 108.
Kompensationsregulator 35, 115.
Kongreßstoff 174.
Konsole 23, 68.
Kontermarsch 168.
Köper 2.
Köperbindung 2.
Kopf 65.
Korb 68.
Kordstühle (Cordstühle) 79.
Korps 185.
Kötzer 38.
Kraft 50.
Kranz 166.
Kreuzfach 173.
Kreuzschienen 4.
Kreuzung 2.
Kreuzspule 164.
Kronenkupplungsscheiben 6.
Kugellager 99.
Kulisse 27, 116.
Kunstseide 109.
Kunstseidewebstuhl 123.
Kunstwollgewebe 33.
Kupplung 43.
Kurbel 9, 14, 41, 118.
Kurbelarmhalbmesser 51.
Kurbelradius 41.
Kurbelschlag 131.
Kurbelwebstuhl 126.
Kurbelwechsel 51.
Kurbelwelle 118.
Kurbelzapfen 51, 118.
Lacasse-Maschine 25.
Lade 4, 58, 117.
Ladenanschlag 9, 22, 27, 64.
Ladenarm 35, 40, 116.
Ladenbahn 38, 69.
Ladendeckel 40.
Ladenhub 37, 41.
Ladenklotz 40, 42.
Ladenrinne 168.
Ladenzapfen 37.
Lamelle 59.
Lampasgewebe 188.
Lancashirestuhl 16.
Längsrichtung 1.
Lanzierkette 171.
Lanzierschuß 184.
Lappen 88.
Laterne 27, 54, 66, 72.
Laterneklinke 55.
Latte 1, 11.
Latzschnur 31.
Läufer 144.
Leerscheibe 82.
Leimtrog 157.
Leinenware 11.
Leinenweberei 7.
Leinenwebstuhl 124.
Leinwand 85.
Leinwandart 2.
Leinwandbindung 2, 13.
Leinwandexzenter 14.
Leinwandstoff 3.
Leiste 7, 90.
Leistenapparat 113.
Leistenbildevorrichtung 90.
Leseschiene 19.
Leviergestell 31.
Levierschlagmaschine 31.
Lineal 28, 32, 51.
Linie 2.
Linienpapier 2, 19.
Litze 1, 2, 10.
Litzenzahl 11.
Litzenauge 1.
Litzengruppe 1.
Litzenhöhe 11.
Litzennummer 11.
Liveseywebstuhl 80.
Loch 19, 51, 113.
Lochstempel 31.
Lochzange 31.
Loden 142.
Losscheibe 133.
Lücken 168.
Luftbefeuchtung 91.
Lupton Place-Bremse 7.
Lyra 155.

Magazin 65.
Magazinmunde 68.
Manchester 24.
Manchesterstuhl 41.
Mannesmannrohr 7.
Matelasségewebe 189.
Material 2.
Mechanische Weberei 11.
Mechanismus 12.
Mehrprismenmaschine 111.
Meister 13.
Melton 142.
Mertz-Apparat 104.
Meßband 59.
Messer 4, 17, 27, 54.

Messerhebel 27.
Messerkasten 27, 112.
Messerruten 150.
Messingblatt 90.
Messingzähne 42.
Meßvorrichtung 83.
Metallschablone 169.
Militärtuch 142.
Mittelfach 188.
Mittelleistenapparat 32, 83.
Mittelschlag 108.
Möbelstoff 5.
Möbelstoffweberei 1.
Mohairplüsch 190.
Molino 2, 10.
Motor 98.
Motorantriebsbock 99.
Muffe 109.
Muldenbremse 124.
Muster 1, 2, 4.
Musterbindung 2.
Mustergewebe 3.
Musterkarte 19.
Musterkette 144.
Musterschützen 39.
Musterweberei 1.
Musterzylinder 19.
Mutter 8, 127.

Nabe 45.
Nachlassen 4, 6.
Nadel 13, 48.
Nadelbrett 20.
Nadelringe 34.
Nadelscheiben 34.
Nadelspitzen 34.
Nadelstab 169.
Nadelwalze 125, 172.
Nadelteilung 2.
Nanking 2.
Nase 14, 16.
Nebenketten 7.
Nebenprisma 29.
Nebenwelle 17, 120.
Negativer Regulator 7, 35.
Nester 39, 91.
Nocke 157.
Northropwebstuhl 5, 66.
Nute 15, 42.
Nutenexzenter 124.
Nutenscheiben 15.
Nuttallschaftmaschine 23.

Obergewebe 154.
Oberfach 114, 168.
Oberkette 170.
Obermesser 17.
Oberschlag 5, 43.
Oberschlagstuhl 5.
Oberseite 4, 9, 119.
Obertringle 112.
Oberwelle 45.
Oel 29.
Offenfach 9, 12.
Offenfachexzenter 15, 86.
Offenfachschaftmaschine 18.
Oxford 3.

Panama 165.
Papierkarte 17, 19.
Papierkartenschaftmaschine 20.
Pappendeckelblätter 114.
Pappkarte 31, 128.
Parafin 92.
Patrone 174.
Pedal 77.
Periode 66.
Perserteppiche 192.
„Pick and Pick" 54, 162.
Pickelbremse 8.
Picker 43.
Pickerloch 39.
Pickerspindel 38.
Pikeegewebe 171, 189.
Pikeekette 189.
Pillingwebstuhl 5.
Pincops 38.
Platte 65, 112.
Platine 2.
Platinenboden 26, 27.
Platinenhub 18.
Platinenschnüre 26.
Platte 163.
Plisseegewebe 170.
Plüsche 173.
Polgewebe 190.
Polkette 144.
Polnischer Dreher 173.
Positiver Regulator 7.
Preßrolle 88.
Prisma 17.
Prismalaterne 29.
Progreßschaftmaschine 22.
Puffer 57, 62, 68.
Pufferhebel 68.
Pufferriemen 46.
Pufferschraube 57.
Punkt 2.

Querbaum 4.
Querreihe 24.
Querrippen 171.
Quersystem 1.
Querträger 30.
Quertraversen 30.

Rad 23, 46.
Radkranz 160.
Radstern 46, 155.
Rahm 4, 17.
Rahmenzahnstange 55.
Rand 1.
Randfaden 90, 113.
Randscheibe 7.
Rapport 1, 2, 52.
Rapportzahl 1.
Raspel 34.
Rauhmaschine 142.
Raum 9, 28.
Rechen 50.
Rechtseite 13.
Regler 116.
Regulator 6, 35, 115.
Regulatorklinke 35.
Regulierung 6.
Reibungskupplung 5, 63, 133.
Reibungsscheibchen 163.
Reihe 2, 13.
Reihkamm 109.
Reines Fach 12.
Reiter 147.
Repetiervorrichtung 52.
Reserveplatinen 50.
Revolverstuhl 59.
Revolverwechsel 54.
Riemen 6, 33.
Riemenscheibe 6, 62.
Riemenstuhl 124.
Riemenantrieb 82.
Riet 33.
Riffelbaum 35.
Rille 23, 65.
Ring 8, 65.
Ringbreithalter 34.
Ringellade 182.
Rippe 182.
Rips 2.
Ripsgewebe 171.
Rohhaut 100.
Roßweißweberei 13, 97.
Rohr 43.
Rohware 93.
Rolle 21.
Rollenkarten 21.
Rollenplatinen 21.
Rollenzugeinrichtung 167.
Roßhaarwebstuhl 158.
Rost 24.
Rückenwand 39.
Rückgang 74.
Rückseite 22.
Rufsignal 167.
Rundwebstuhl 165.
Ruten 143, 146, 150.
Rutenführung 143.
Rutenkopf 150.
Rutenschiene 147.
Rutenzugmechanismus 147.
Rutenzugvorrichtung 147.
Rutenwebstuhl 143, 149.
Ruthardtwebstuhl 62.
Rutschkupplung 99.

Sack 12.
Sackleinwand 2.
Samt 173.
Samtwebstuhl 79.
Sandbaum 6, 35.
Schablone 11.
Schachbrett 2.
Schaft 1.
Schaftbindung 2.
Schafthebel 21.
Schaftgeschirr 2, 10.
Schafthöhe 12.
Schaftmaschine 4, 16.
Schaftmaschinenstuhl 5.
Schaftregulierer 23.
Schaftstäbe 1, 11.
Schaftstuhl 5.
Schaftzahl 2, 4, 12.
Schaltklinke 35, 64.
Schaltrad 36, 125.
Schaltungsrapport 19.
Schaufelschaftmaschine 17.
Scheibe 13, 37, 48.
Scheibenrad 48.
Schemel 17.
Schieber 50.
Schiffchen 38, 183.
Schild 23.
Schirting 2.
Schlag 5, 40, 82.
Schlagarm 5, 6, 40, 120, 136.
Schlagbolzen 19.
Schlägerstuhl 79.
Schlagexzenter 5, 46, 120.
Schlagdämpfer 46.
Schlagdämpfung 120.
Schlagkopf 72.
Schlagkupplung 40.
Schlagleder 89.
Schlagmechanismus 5, 44, 88.
Schlagnase 45, 88.
Schlagriemen 40, 43, 84.
Schlagrolle 40, 44, 88.
Schlagsegmente 120, 136.
Schlagstempel 31.
Schlagvorrichtung 42, 46.
Schlagwelle 5.
Schlangendreher 173.
Schläuche 5.
Schlauchgewebe 171.
Schlauchspule 38.
Schlauchwebstuhl 15, 124.
Schleifspule 38.
Schleifstein 155.
Schlichten 10, 92.
Schlichterei 96.
Schlingen 1, 31, 91.
Schlingenkette 172.
Schlitten 133.
Schlitz 65.
Schmale-Webstühle 4.
Schmirgelleinwand 36.
Schnecke 110, 127.
Schneckenrad 110.
Schnellbremse 58.
Schnürbrett 13, 26, 112.
Schnüre 1, 2, 112.
Schnürung 26.
Schnürweise 28, 30.
Schönherrwebstuhl 5.
Schraube 8.
Schraubenschlüssel 83.
Schubstangen 5.
Schubwechsel 47.
Schuß 1.
Schußbindung 9.
Schußblenden 92.
Schußbruch 167.
Schußdichte 35, 93.
Schußdublee 171.
Schußeffekt 12.
Schußfaden 2, 6, 38.
Schußfühler 59, 60.
Schußfühlervorrichtung 65.
Schußgabel 38.
Schußkötzer 38.
Schußmuster 52.
Schußrapport 1, 14.
Schußrichtung 2.
Schußspule 38, 59, 117.
Schußspulmaschine 94.
Schußstreifen 92.
Schußsuchen 28, 59.
Schußsucher 141.
Schußwächter 56, 58, 133.
Schußzahl 46.
Schußzähler 59, 60.
Schutzbrett 60.
Schützen 7, 38.
Schützenautomat 71.
Schützenbahn 56, 87.
Schützenbremse 45.
Schützenfänger 60.
Schützenkasten 9, 56.
Schützenkastenstange 121.
Schützenkastenzunge 39, 40, 44.
Schützenspindel 89.
Schützenspitze 39.
Schützenschlag 5, 39, 42, 49, 119.

Schützenschlagwelle 14, 56, 57.
Schützenwächter 46, 56, 57.
Schützenwand 48.
Schützenwechsel 47, 120.
Schützenwechselautomat 65.
Schutzvorrichtung 57, 60.
Schweifen 92.
Schweiferei 96.
Schweinerohhautleder 43.
Schwingarm 146.
Schwungscheibe 5, 50.
Schwungrad 6, 63.
Seatonstuhl 166.
Sechskastenwechsel 47.
Segeltuch 82.
Segment 14, 122, 131.
Segmentarm 120.
Seide 2, 123.
Seidengewebe 2.
Seidenketten 86.
Seidenknoten 86.
Seidenplüsch 117.
Seidenweberei 111.
Seidenwebstuhl 35, 108.
Seil 7, 8, 37.
Seilbremse 7, 35.
Seilknoten 7.
Seitenwand 5, 23.
Seitenwelle 5.
Sektor 120.
Sempelschnüren 31.
Senkel 83.
Servietten 32.
Sicherheitsfeder 57.
Sicherheitsklinke 35.
Sicherheitskupplung 49, 57, 61, 121.
Sicherungseinrichtung 57, 61.
Smyrnateppiche 192.
Sondernplatine 28.
Souczekwebstuhl 163.
Spannen 6.
Spanndraht 60.
Spannrolle 99.
Spannung 7.
Sperrad 4, 19, 33.
Sperrklinke 19, 35, 46.
Sperrzahl 17.
Spezialgewebe 5.
Spillraum 23.
Spindel 8, 38.
Spinnerei 38, 103.
Spiralkupplung 133.
Spitze 38.
Spitzeneinzug 27.
Spitzmuster 27.
Sprinkler 103.
Spule 38.
Spulenaustausch 63.
Spulengestell 144.
Spulenhammer 75.
Spulenspindel 38.
Spulenumtauschsystem 74.
Spulenwechsel 63, 64.
Spulenwechselautomat 63.
Spulenwechselmechanismus 16.
Spulerei 96.
Stab 2, 59.
Stahllitzen 127.
Stange 10, 121.
Stäubli-Schaftmaschine 18.
Stecher 38, 54, 88, 122.
Stecherlappe 88.
Stehfach 12.
Stehfaden 33.
Steigkasten 49.
Steiglade 47.
Steigwechsel 47.
Stellring 29, 119.
Stellung 9.
Stelzen 41.
Steppkette 169.
Sternrad 30, 48, 112.
Stift 22.
Stiftenkarte 17.
Stiftenrad 30, 48.
Stiftel 17.
Stifthebel 20.
Stillstand 58.
Stirnräder 145.
Stoff 1, 81.
Stoffart 4, 119.
Stoffbreite 4, 42.
Stoffstärke 4.
Stoffzweck 4.
Stoßfänger 8.
Stoßriegel 88.
Streben 8.
Streichbaum 4, 9, 110.
Streichstab 173.
Streichbaumexzenter 85.
Strickgewebe 1.
Strickware 1.
Struckgewebe 171.
Stück 7.
Stuhl 46.
Stuhlsystem 4.
Stuhlteile 5.
Stuhltraverse 7.
Stuhltype 4.
Stuhlwand 40.
Stützhebel 18, 68.

Taft 2.
Taftbindung 167.
Tapestrinteppiche 191.
Tapestryteppiche 149
Tappetwebstuhl 16.
Taster 77.
Teilung 12.
—, feine Elberfelder 25.
—, — englische 25.
—, — französische 25.
—, — Verdolsche 25.
—, — Wiener 25.
Teller 48.
Teppich 2.
Teppichleimmaschine 157.
Teppichwebstuhl 15.
Textilbetrieb 93.
Textilit 100.
Tiefbewegung 12.
Tieffach 9, 15.
Tiefziehen 7.
Totgang 48.
Totpunkt 16, 43.
Tourenzahl 4, 14.
Tragbänder 5.
Tragbolzen 58.
Transmission 5.
Transmissionsantrieb 98.
Traverse 4, 34, 41.
Treiber 5, 39.
Treibriemenwebstuhl 171.
Treiberspindel 89.
Treiberwelle 43, 87, 119.
Trennen 127.
Tretten 4.
Trichter 38.
Triebmechanismen 13.
Tringle 112, 176.
Tritt 4.
Trittexzenter 123.
Trittbrett 150.
Trittstühle 5.
Trittvorrichtung 85.
Trommel 54, 65.
Tuch 2.
Tuchmacherknoten 86.
Tuchwebstuhl 126.
Tüllstoff 1.

Übergangskarten 53.
Überprüfung 93.
Übersetzung 55.
Überspringer Revolverwechsel 54.
Umdrehungszahl 4.
Umschlingung 174.
Umtausch 64.
Unreines Fach 12.
Untergewebe 154.
Unterkette 170.
Untermesser 17.
Unterschlag 5, 43, 46.
Unterschlagstuhl 5.
Unterseite 181.
Unterwelle 6.

Ventil 105.
Ventilation 103.
Verdol-Jacquardmaschine 28, 111.
Verdolsche Teilung, feine 25.
Verschieben 7.
Verschieber 50.
Vertikalwelle 43.
Vierkastenschützensteigwechsel 47.
Vlček-Automatwebstuhl 68.
Volldreher 173.
Vorbereitungsmaschinen 97.
Vordergeschirr 168.
Vorderseite 22.
Vorgelegewelle 5.
Vorrichten 13.
Vorrichter 108
Vulkanfiber 117.
Vulkanfiberbelage 68.

Waagenbalkens 21.
Wachs 92.
Wagen 17.
Walzenbreithalter 34.
Ware 2, 4.
Warenbaum 4, 6, 9, 35.
Warenbreite 11, 58.
Warengattung 11.
Warenrand 9.
Warzen 29.
Warzenlöcher 29, 91.
Wasser 193.
Weben 1, 2, 13.
Weber 10, 86.
Weberei 1.
Weberknoten 86.
Webeprozeß 6.
Webmeister 13.
Webstuhlbremse 57.
Webstuhlkrone 23, 86.
Webstuhlseitenwände 6.
Webwaren 1.
Wechsel 38.
Wechselkarte 19, 54.
Wechselkasten 38.
Wechselmechanismus 48, 66.
Wechselplatine 55.
Wechselprisma 54.
Wechselrad 36.
Wechselstühle 5.
Wechselzylinder 54.
Welle 5.
Wellenvorrichtung 4, 85.
Wendehaken 17, 50.
Werk 2, 17.
Werkzeuge 83.
Wertikalwelle 43.
Wiener Teilung, feine 25.
Wickelwalze 6.
Winkelhebel 16.
Winkelübertragung 5.
Winkelmesser 28.
Wippe 99.
Wolfrumschaftmaschine 135.
Wolle 5, 10, 38.
Wollgewebe 2.
Wollweberei 59.
Wollwebstühle 5.

Zahl 4.
Zahn 72.
Zahnkranz 48.
Zahnkupplung 43.
Zahnrad 51, 132.
Zahnradgetrieb 5.
Zahnradpaare 6.
Zahnradsegment 50.
Zahnradübertragung 7, 14.
Zahnplatine 132.
Zahnstange 132.
Zahntrommel 140.
Zapfen 8, 41.
Zeitdiagramm 55.
Zentralschußwächter 58, 133.
Zephir 3.
Zettlerin 95.
Zeug 10.
Zierkettenfäden 169.
Zinken 165.
Zubringer 164.
Zugkette 146.
Zugkraft 8.
Zugstange 8.
Zugvorrichtung 92.
Zunge 57, 65.
Zweiprismenschaftmaschine 20, 21, 111.
Zwinge 8.
Zwischenraum 1.
Zwirnblatt 42.
Zwirnlitze 11.
Zylinder 19.

Druckfehlerberichtigungen.

Auf dem Einband, Titelblatt und am Vorwortschluß lies den Taufnamen des Verfassers richtig „Bohumil" statt „Bohůmil".

Seite 74, Zeile 14 von unten, lies „Klappe k", statt „Klappe K".

Seite 116, Zeile 11 von oben, lies „Winkelhebel U_1", statt „U" (siehe Abb. 349).

Seite 118, Zeile 5 von oben, lies „Seiden-", statt „Seiden".

Abbildungsseite 69, Abb. 217—218, im Detail links unten, lies X statt v.

Abbildungsseite 141, Abb. 400, der Zugdraht oben muß nach links angeordnet sein.

Abbildungsseite 165, Abb. 461, der Schnitt durch eine moderne Färberei ist ein Projekt nach Dr. Bauer, Wien, nicht nach Prof. Bernhardt.

GPSR Compliance

The European Union's (EU) General Product Safety Regulation (GPSR) is a set of rules that requires consumer products to be safe and our obligations to ensure this.

If you have any concerns about our products, you can contact us on ProductSafety@springernature.com

In case Publisher is established outside the EU, the EU authorized representative is:

Springer Nature Customer Service Center GmbH
Europaplatz 3
69115 Heidelberg, Germany

Batch number: 10578435

Printed by Printforce, the Netherlands